Fachberichte Messen, Steuern, Regeln

Fachberichte
Messen · Steuern · Regeln

Herausgegeben von M. Syrbe und M. Thoma

5

Meß- und
Automatisierungstechnik

Technologien, Verfahren, Ziele
INTERKAMA-Kongreß 1980

Herausgegeben von D. Ernst und M. Thoma

Springer-Verlag Berlin Heidelberg GmbH 1980

Wissenschaftlicher Beirat:

G. Eifert, D. Ernst, E. D. Gilles, E. Kollmann, B. Will

Herausgeber:
Dipl.-Ing. Dr. sc. techn. h.c. Dietrich Ernst
Siemens AG
Werner-von-Siemens-Straße 50
D-8520 Erlangen

Professor Dr.-Ing. Manfred Thoma
Institut für Regelungstechnik
Universität Hannover
Appelstraße 11
D-3000 Hannover

CIP-Kurztitelaufnahme der Deutschen Bibliothek
Meß- und Automatisierungstechnik : Technologien, Verfahren, Ziele /
INTERKAMA-Kongreß 1980. Hrsg. von D. Ernst u. M. Thoma.
- Berlin, Heidelberg, New York : Springer, 1980.
(Fachberichte Messen, Steuern, Regeln ; Bd. 5)
NE: Ernst, Dietrich [Hrsg.]; INTERKAMA < 08, 1980, Düsseldorf>

ISBN 978-3-540-10344-8   ISBN 978-3-642-45521-6 (eBook)
DOI 10.1007/978-3-642-45521-6

Offsetdruck und Bindearbeiten: Julius Beltz/Hemsbach
2061/3020/543210

VORWORT

Mit dem Erscheinen dieses Berichtswerkes öffnet die INTERKAMA 1980
ihre Tore zur Begegnung von Wissenschaftlern, Herstellern und
Anwendern auf dem Gebiet der Meß- und Automatisierungstechnik.

Diese Begegnung findet nicht nur statt in den Hallen mit den vielfältigen Exponaten, sondern auch - zu Beginn und am Ende des Aus-
stellungszeitraumes in zwei gleichartigen Veranstaltungen - im
Kongreß, der damit zu einem wichtigen Bestandteil der INTERKAMA
geworden ist.
Die Vorträge aus diesem Kongreß sind im vorliegenden Berichtswerk
zusammengetragen. Es dient damit einmal der Intensivierung der
Diskussion und Aussprache unter den Kongreßteilnehmern und zum
anderen einer umfassenden Dokumentation des Standes der Meß- und
Automatisierungstechnik im Jahre 1980.

Dieses Fachgebiet ist seit Jahren durch hohe Innovationsraten
gekennzeichnet. Geräte, Systeme und Anwendungswissen beeinflussen
sich erheblich, die integrierte Problemlösung ist eine ständige
Herausforderung. Außerdem liefert die Meß- und Automatisierungstechnik seit langem Beiträge zur Erhöhung von Sicherheit und
Qualität sowie zur Verbesserung der Wirtschaftlichkeit bei Ma-
terial- und Energieeinsatz und wird sie weiterhin liefern. Auch
bei den Lösungen der vorliegenden Probleme des Umweltschutzes ist
die Meß- und Automatisierungstechnik zu einem unentbehrlichen
Helfer geworden.

Bei der Auswahl und Zusammenstellung des INTERKAMA-Kongresses
1980 haben wir uns bemüht, diese Verknüpfungen und gegenseitigen
Ergänzungen verschiedener Fachgebiete sowie die wichtigsten Entwicklungslinien von hervorragenden Fachleuten darstellen zu lassen.
Wie auch aus den Themengruppen hervorgeht, handelt es sich nicht
um einen Schwerpunkt-Kongreß, sondern um eine vielfältige und
detaillierte Untermauerung des diesjährigen Mottos der INTERKAMA:
"Schritte nach vorn".

Allen Autoren danken wir an dieser Stelle für die Mühe, die sie
aufwenden mußten, um unser gestecktes Ziel sach- und zeitgerecht
zu erreichen. Dem Kongreßbeirat und den Betreuern der einzelnen
Themengruppen sei Dank für die Vorbereitung der Auswahl und Abstimmung und nun auch noch für die Durchführung und Moderation.

Dem Verlag danken wir für den ansprechenden, in relativ kurzer
Zeit erstellten Berichtsband, der sowohl als Arbeitsunterlage des
Kongresses als auch als Dokument in späteren Jahren Beachtung
finden wird.

Dietrich Ernst   Manfred Thoma

INHALTSVERZEICHNIS / CONTENTS

AUFBAU KOMPLEXER AUTOMATISIERUNGSSYSTEME
The structure of complex automation systems

Gilles, E.-D., Syrbe, M.

EXPERIENCES WITH MODERN METHODS OF FLOW MEASUREMENT

ERFAHRUNGEN MIT MODERNEN METHODEN DER DURCHFLUSSMESSUNG

A. T. J. Hayward

Moore, Barret and Redwood Ltd.

London

Zusammenfassung

Der Vortrag gibt einen Überblick über die wichtigsten Entwicklungen auf dem Gebiete der Durchflußmessung von Flüssigkeiten in geschlossenen Leitungen während der letzten zehn Jahre. Besondere Aufmerksamkeit wird den Ultraschallmeßgeräten sowie den Wirbel-Ablösemeßgeräten gewidmet. Gleichzeitig wird auf zwölf weitere, neue Arten von Meßgeräten in knapper Form eingegangen. Darüber hinaus finden Verbesserungen an bekannten Meßgeräten Beachtung, so z.B. Verdrängungsmesser, Turbinen, elektromagnetische Geräte und Aerometer; der Einfluß von Mikroprozessoren wird dabei diskutiert.

Der Vortrag wendet sich in erster Linie an die Anwender. Deshalb liegt die Betonung mehr auf der Funktionsweise als auf der Konstruktion der Geräte.

1. INTRODUCTION

So many interesting developments have taken place in the technology of flow measurement in recent years that it is impossible to mention them all in the space of one lecture. To make the best use of the available space there will be no mention of insertion meters, velocity meters or open-channel flow measurement instruments. Instead, the lecture will concentrate on recent developments in connection with full-bore flowmeters. First, improvements in the design, calibration, and use of the older types of flowmeter will be discussed; then ultrasonic flowmeters and vortex-shedding flowmeters will be described in some detail; and finally, a dozen novel flowmeters worth knowing about will be mentioned briefly.

To avoid filling out the paper with too many bibliographical references only 15 of these have been cited, but they are all dated within the previous three years. Readers wishing to explore the literature in greater depth will find many more references in the publications cited, and especially in Reference 14.

2. THE CLASSIC METERS

Positive displacement meters, differential pressure meters, rotameters, turbine meters, and electromagnetic flowmeters have all been in use for so long that one might expect them to be practically fully developed. This is not the case, however, since the last few years have seen many developments in connection with these classic meters. The most important of these are in three main areas, namely, improvements in detailed design of the flowmeters themselves, improved methods of calibrating them, and improved methods of data processing. These three areas will be considered separately, below.

2.1   Improvements in Design

Continuous improvement in the design of the old-established types of meter has led in many cases to improved performance or increased economy or both. In turbine meters, for example, improvements in the shape of blades have led to reduced dependence on viscosity, and improved bearing design has led to greater durability.

The most impressive improvements have probably taken place in the field of electromagnetic meters, where the introduction of square-wave (pulsed DC) excitation and other electrical refinements has led to greatly improved long-term stability and hence greater accuracy (1,2).

2.2   Improved Methods of Calibration

About ten or twenty years ago it was quite common for most flowmeters to be sold without individual calibration, because of the expense of calibrating them. Within recent years the value of accurate calibration has become widely recognised and many new calibration rigs have been built. At the same time, new methods of calibration have been developed, some of which are more cost-effective than methods previously in use (3,4).

In the field of liquid meter calibration the use of master meters combined with fundamental flow standards is perhaps the most important development. This has enabled the convenience and cheapness of operation of the master meter form of calibration to be combined with the accuracy of the flow standard to which it is linked (3).

Where gas meters are concerned the outstanding development is undoubtedly the widespread adoption of sonic (critical) nozzles as flow standards. These are best regarded as secondary standards, that is to say, as very stable reference devices which give of their highest accuracy only when they have themselves been calibrated against a primary flow standard. Their performance can, however, be predicted fairly accurately, so that they can be used without prior calibration if a rather lower standard of accuracy for them is tolerated (5). They are used in two ways: they may be used in works laboratories for calibrating newly constructed flowmeters; or they may be used as portable devices for calibrating gas meters in their installed positions, using the actual gas flowing through the meter under its normal operating conditions

2.3   Improved Methods of Data Processing

The introduction of microprocessors in flow measurement systems has had two main effects. The first and most obvious is the improvement in the convenience of operation with a consequent saving of staff time and reduction in cost.

Equally important, although less obvious, is the improvement in the overall

accuracy of certain flow measurement systems when microprocessors are installed.
This is particularly noticeable in orifice plate systems for the metering of natural
gas. To enable variations in flowrate and other operating parameters to be taken
into account, the conventional method employed in such systems has been to record
data on charts which have to be integrated graphically by the operator at daily
intervals. With microprocessor data handling this work can be done digitally with
far greater accuracy. Moreover, the microprocessor can make continuous corrections
to such factors as the expansibility coefficient and the flow coefficient whenever
these change slightly because of changes in flowrate, pressure, or temperature; this
leads to significantly better accuracy than the conventional practice of adopting
an average value for each of these coefficients.

Another important use of microprocessors is in mass flow measurement systems.
The microprocessor can either calculate the density of a known fluid from measurements of pressure and temperature, or it can take the output from an on-line
densitometer, and then combine the density with the indicated volumetric flowrate to
give a value of mass flowrate. Finally, it can integrate the mass flowrate over an
accounting period to reveal the total mass of gas delivered (6).

3   ULTRASONIC METERS

One of the most noticeable developments in flow measurement during the nine-
teen seventies has been the introduction and widespread acceptance of a variety of
flowmeters employing ultrasound. These are of several entirely different types,
each of which needs separate consideration.

3.1   The Doppler-Effect Ultrasonic Flowmeter

The Doppler meter (Figure 1) is the simplest and cheapest form of ultrasonic
meter available. Most manufacturers of this type supply it in the form of a unit
which can be clamped or glued on the outside of an existing pipe, and which will
then indicate the flowrate of the liquid travelling along the pipe. (It is not
generally suitable for use with gases). Even under the most favourable conditions
of use the accuracy obtainable is only moderate: most manufacturers claim an
accuracy in the region of 5 to 10 per cent (7).

3.2   The Cross-Correlation Ultrasonic Meter

The first commercial cross-correlation meter was not put on the market until
1978 (8), and so far as it is known to the writer this manufacturer's version is
still the only one available commercially. It is intended especially for suspensions
of solids in liquids that are different to meter by other means. As shown in Figure 2
it employs two transverse beams of ultrasound placed some distance apart along the
pipe, and by correlating the signals from these two beams the time taken by the liquid to travel the distance between the beams can be inferred, and hence the flowrate.

The ultrasonic transducers required for this meter are supplied in clamp-on form for the user to fix to the outside of his own pipe. An accuracy of about 2 per cent is claimed (8).

3.3   The Single-Path Diagonal-Beam Ultrasonic Meter

The principle of the diagonal-beam ultrasonic flowmeter is illustrated in Figure 3. Transducers are installed on opposite sides of the pipe in positions such that a line joining them makes an angle of about 45° with the centre-line of the pipe. Short ultrasonic pulses are sent alternatively upstream and downstream between the two transducers, and the time of flight of each pulse is measured. By comparing the upstream and downstream velocities of the pulses it is possible to deduce the mean velocity of flow across the line of flight of the pulse. By assuming a particular velocity profile for the flow in the pipe it is possible to convert this mean velocity to a value of flowrate. Most meters of this kind are intended only for use with liquids.

Like all ultrasonic meters, the diagonal-beam meter has the advantage that it does not obstruct the flow in any way. This type is potentially more accurate than either of the types previously described, but a major disadvantage is that, as the velocity profile changes with changing Reynold's number, the relationship between the output of the meter and the actual flowrate changes. This means that the basic meter has a poor linearity, being only about ±2 per cent over a range of 10 to 1. Some manufacturers are now offering a meter of this kind with a microprocessor device for linearising the output of the meter, and under favourable conditions this can lead to a meter with a linearity of ±0.2 per cent over a range of 10 to 1.

The simplest and least expensive meters of this kind are of the clamp-on kind, which the user has to attach to the outside of his own pipe. The manufacturers claim an accuracy between 1 and 4 per cent of full scale reading for meters of this kind (9). Better accuracy is obtainable if the transducers are permanently installed in the wall of a special spool of pipe (10), since this avoids errors caused by inaccurate positioning of the transducers and variations in the thickness and composition of the pipe wall. An accuracy of ±1 per cent of actual reading over a range of 10 to 1 is claimed by the manufacturers, and is probably obtainable under favourable conditions with the best available meters.

Meters of this kind are now available also for use with gases (11), but it is doubtful whether they are as accurate as the comparable liquid meters.

3.4   The Multipath Diagonal-Beam Ultrasonic Meter

By using four parallel diagonal beams instead of a single beam, as shown in Figure 4, it is possible to obtain a much better integration of velocity over the entire cross-section of the pipe. (Two parallel beams and three parallel beams are also used by some manufacturers, but it is generally conceded that four parallel beams give the best result).

The advantages of using several beams in this way are greatly improved linearity, better repeatability, and the ability to predict to within 1 per cent, or possibly within 0.5 per cent in the case of very large meters, the performance of the meter from a knowledge of its geometry. This last advantage is particularly important in the case of very large meters which cannot be calibrated against an accurate flow standard. The main disadvantage is the high cost of this type of meter: by way of illustration, the current price of a 500 mm four-path meter is about a quarter of a million dollars.

4.   VORTEX-SHEDDING METERS

The only other type of flowmeter to come into use in a really big way in the 1970's is the vortex-shedding meter. Numerous manufacturers are now marketing this, but although their designs differ in detail they all operate on exactly the same principle, which is illustrated in Figure 5. A rod, which is usually called a "bluff body" to indicate that in shape it is far removed from being streamlined, is placed across a diameter of the pipe containing a flowing liquid or gas. Vortices are shed at regular intervals from each side of the bluff body alternately, and in a well designed meter the frequency of vortex-shedding is proportional to the flowrate.

Different manufacturers employ bluff bodies of different shapes, some of which are illustrated in Figure 6. They also employ many different types of detector, including thermal, acoustic and mechanical types. These minor variations in design do not have a great effect on the performance of vortex-shedding meters, although some manufacturers do claim a higher performance for their meters than others, with some justification. The following broad generalizations are true of all types of vortex-shedding meter.

4.1   Advantages of Vortex-Shedding Meters

Vortex-shedding meters have many advantages, of which the following are probably the most important:

1.   There are no moving parts, except for the slight movement which occurs in vortex-shedding meters with mechanical vortex detectors. This means that there is no danger of mechanical wear, so that the meters can be expected to have a long life and retain their initial calibration factor for a long time.

2.   They have a linear output - that is to say, the number of vortices shed and consequently the number of electrical pulses emitted by the detector is directly proportional to the total volume passing through the meter irrespective of the flowrate.

3.   The output is directly digital so that there is no need for analogue-to-digital conversion.

4.   When a number of meters of a given design have been calibrated it becomes possible to predict quite accurately the calibration coefficients of similar meters of other sizes without the necessity of calibrating them. This leads to a substantial saving in cost.

5.   The meters are fairly inexpensive. In sizes below about 150 mm they are actually cheaper than an orifice plate of similar size if the accompanying differential pressure cell is taken into account.

6.   The accuracy and repeatability of the vortex-shedding meter is quite good although not outstanding.

7.   One meter can generally be used over a wide range of flowrates. Under favourable conditions the range can be anything from 10 to 1 up to perhaps 50 to 1.

4.2   Disadvantages of Vortex-Shedding Meters

No flowmeter is ideal, and the vortex-shedding meter is also subject to a list of disadvantages, of which the following are the most likely to affect the user.

1.   The meter becomes seriously inaccurate at Reynolds numbers of less than about ten thousand, and even at Reynolds numbers between ten thousand and thirty thousand there is a tendency for the accuracy to be reduced significantly. This can be a serious limitation in the use of the smaller sizes of vortex-shedding meters, especially if they are intended to be used with viscous liquids.

2.   The frequency of the emission of pulses is inversely proportional to the cube of the diameter, so that the large sizes of vortex-shedding meter have a very low frequency of output. This, combined with the fact that the spacing between consecutive pulses is liable to vary within about ±20 per cent of the average interval, means that the meters are difficult to calibrate and that modern techniques of electronic pulse interpolation cannot be used to increase the frequency of pulse emission without introducing errors.

3.   The performance of the meter is affected by mechanical vibration transmitted through the pipework, if this exceeds a certain amplitude.

4.   The vortex-shedding meter causes a considerable pressure loss.

5.   The accuracy of the meter, in common with many other types of flowmeter, is seriously affected by the presence of swirl and distorted velocity profile upstream of the meter.

4.3   Applications of Vortex-Shedding Meters

The vortex-shedding meter occupies a position approximately in the middle of

the flowmeter market. It is not sufficiently accurate to be a serious competitor
to the positive displacement meter used for measuring liquids being sold, and it is
too good and too expensive for use where simple types of flowmeter having a low cost
and a rather low accuracy are acceptable. Between these two extremes, however,
there is a wide range of applications for a meter with moderate cost, fairly high
accuracy, and good reliability; this is where the vortex-shedding meter comes into
its own. It is particularly suitable for many applications in the field of process
control, both with liquids and with gases, provided that the liquids are not too
viscous.

Several manufacturers of vortex-shedding meters claim an accuracy of ±0.5
per cent for their product, and one manufacturer has supported this claim with an
analysis of data on the performance of 167 meters (12). An experimental investigation of the vortex-shedding meters made by three other manufacturers has been
reported by Inkley and his colleagues (13). They calibrated these meters with
three liquids - water, kerosene and a mixture of kerosene and lubricating oil -
over a range of flowrates and a range of temperatures. They found that the
performance of each meter was practically as good as claimed by its manufacturers,
and that the results of all their tests on any one meter could be correlated on the
basis of Reynolds number equivalence alone, regardless of viscosity and temperature.

5. SOME OTHER MODERN FLOWMETERS

Although none of them has achieved the popularity of ultrasonic and vortex-
shedding meters, quite a number of other new flowmeters have come into general use
within the past decade. A selection of twelve of these meters has been made for
special mention here because they are regarded as particularly interesting, but this
should not be taken as implying that all other new flowmeters are of no importance.

It is not possible to give in this paper either a detailed description or an
illustration of all these meters. For such information about the first eleven of
the meters described here the reader should refer to the book "Flowmeters" (14), and
to a recent paper (15) for a description of the twelfth meter, which was introduced
only recently.

5.1 The Laminar Flowmeter

Most differential pressure flowmeters have a highly non-linear output. The
laminar flowmeter is a differential pressure meter for use with gases in which a
linear output is achieved by using a bundle of capillary passages to create laminar
flow within the meter. This instrument has a high performance but is costly, and a
high standard of filtration of the incoming gas is essential if the performance is
to be maintained.

5.2 The "Gilflo" Meter

This is another differential pressure meter in which a linear output is obtained, although by an entirely different method. It comprises a spring-loaded variable-area orifice in which one member is specially profiled to give the required linear relationship between flowrate and differential pressure. The main field of use is with liquids and especially with highly viscous liquids such as fuel oil, but it is also used sometimes with gases. It has a reasonable accuracy over an exceptionally wide range of flowrates.

5.3 The Drag-Plate Meter

The drag-plate meter is like an orifice plate turned inside out, that is to say, with solid plate near the centre of the pipe and an annular orifice around the perimeter. There are no pressure tappings, the pressure on the plate being measured by a strain gauge. Its flow characteristics and its accuracy are similar to those of the orifice plate, but it has the great advantage that it can be used with suspensions of solids in liquids without fear of the orifice plate or the pressure tappings blocking up.

5.4 The Servo-Controlled Positive Displacement Meter

Positive displacement meters are widely used on account of their high accuracy, but they have several disadvantages. Because of friction they impose a fairly high pressure loss on the flowing fluid; at low flowrates a disproportionate amount of fluid slips through the clearances and causes a serious departure from linearity; and the meter's calibration factor changes if the viscosity of the fluid being metered changes significantly. All these disadvantages can be greatly reduced if the rotor is driven by an independent motor that is servo-controlled by a signal from the flowing fluid. The resulting instrument is costly but of very high performance.

5.5 The Miniature Pelton-Wheel Meter

The miniature Pelton-wheel meter is designed to enable low liquid flowrates to be measured fairly accurately at very moderate cost. The liquid is concentrated into a jet which impinges on a rotor whose shape is vaguely reminiscent of that of a Pelton wheel. The meter is designed so that the speed of rotation of the rotor is proportional to the flowrate, thus providing a linear output in the form of a train of electrical pulses.

5.6 The "Hoverflo" Meter

The Hoverflo is a kind of turbine meter in which the rotor is suspended hydrodynamically by the flowing liquid. Its performance is not as good as that of a conventional turbine meter for liquids, but because there are no solid bearing surfaces to suffer wear the Hoverflo can be used for metering liquids with abrasive particles in suspension, and with other solid-liquid mixtures that are too difficult to meter with conventional liquids.

5.7   The Fluidic Flowmeter

Fluidic devices for switching the flow of liquid have been in use in control systems for many years. From such devices fluidic flowmeters have been evolved, in which the flowing fluid is made to oscillate between two alternative paths at a frequency proportional to the flowrate. The resulting flowmeter is free from mechanical moving parts, has a direct digital output and a linear characteristic, but it is rather large in relation to its flow capacity and is expensive.

5.8   The "Swirlmeter"

In the Swirlmeter a stream of flowing gas is made to rotate about the axis of the pipe, and a contraction causes the core of the resulting vortex to follow a helical path. As the coils of this helix pass a detector in the wall of the pipe they generate a train of electrical pulses. The frequency of the output signal is linear with flowrate, and the total number of pulses generated is a measure of the total volume of gas flowing through the meter, as in a turbine meter. Unlike a turbine meter, however, the Swirlmeter has no moving parts and no bearings to wear.

5.9   The Nuclear Magnetic Resonance Flowmeter

The nuclear magnetic resonance meter is especially useful for suspensions of solids in liquids and for other liquids that are not easy to meter by other means. Magnetism is imparted to the nuclei of hydrogen atoms in the flowing liquid, and these magnetised atoms are used as tracer particles to enable the mean velocity of flow to be measured. The meter has a reasonable performance, and because there are no moving parts to wear it can be expected to have a longer life than conventional meters in situations where the conditions of operation are severe. Its initial cost is high, however.

5.10   The Thermal Flowmeter

In the thermal flowmeter heat is applied at a steady rate to the gas flowing through a pipe, and the mass flowrate of the gas is deduced from the consequent rise in temperature. This meter gives a reasonably accurate indication of mass flowrate, provided that the composition of the gas does not change and that the temperature does not vary very much, since the thermal properties of the gas changes with composition and temperature. It can, however, accomodate fairly large changes in pressure without loss of accuracy, and under favourable conditions an accuracy of ± 1 per cent can be obtained, which is better than that given by most methods for measuring the mass flow of gases. Running costs tend to be high because of the amount of electrical power consumed, and become prohibitively expensive at very high flow-rates.

5.11   The Wheatstone Bridge Mass Flowmeter

The Wheatstone Bridge flowmeter is a mass flowmeter for liquids in which the flowing liquid passes through a network of pipes forming a hydraulic analogy of a Wheatstone bridge. In place of an applied EMF there is a pump which constantly applies a pressure difference to the bridge, and in place of a voltmeter is a differential pressure gauge, whose output is directly proportional to the mass flow-rate through the meter. The resulting mass flowmeter is too bulky and expensive to be used in large pipe sizes, but a meter of this type does have a high accuracy over a wide range of flowrates and a reasonable range of densities.

5.12   The "Micro Motion" Mass Flowmeter

The Micro Motion mass flowmeter was introduced only recently (15), but it has already made a considerable reputation for itself. Liquid is passed through an oscillating U-tube, and the deflection of the tube caused by the resulting Coriolis forces is used to indicate the mass flowrate passing through the tube. This provides a mass flowmeter of good performance and moderate cost, and the absence of any internal obstruction in the pipe means that this meter has a lower pressure loss than most other types of mass flowmeter for liquids. It also has the advantage of being easily cleaned so that it is suitable for use with liquid foodstuffs.

6.   CONCLUSIONS

An engineer needing to measure flow now has a great many more flowmeters to choose from than was the case a few years ago. It is therefore necessary for him to keep abreast of current developments, so that he can choose the most cost-effect-ive flowmeter for his particular application. In making his selection he may find it useful to refer to Table 1 for guidance, which is reproduced from "Flowmeters" (14) by kind permission of the publishers.

Key:

- X Generally suitable, or very useful in certain circumstances
- ? Worth considering, or sometimes suitable
- 0 Unsuitable, or not normally applicable

Requirement	Venturi tube	Orifice plate	Nozzle	Low-loss DP meters	Drag plate	Rotameter (glass)	Rotameter (metal)	Spring-loaded	Laminar	Pos. disp. (high quality)	Pos. disp. (servo driven)	Turbine	Pelton wheel	Mass-produced rotary	Constrained vortex	'Hoverflo'	Angled propeller	Bypass	Metering pumps	Electromagnetic	Ultrasonic (1 diag. beam)	Ult. (multi-diag. beam)	Ult. (cross-correlation)	Ult. (Doppler)	Vortex-shedding	Fluidic (flowmeter)	Swirlmeter	Nuclear mag. resonance	Thermal (tracer type)	Insertion (¼-radius)	Insertion ('Annubar')	Insertion (v − a integ'n.)	Mass flow (momentum)	Mass flow (Wh. bridge)
Water flow	X	X^a	X	X^c	X	X	X	X	0	?	?	X	X	X	X	0	?	X	0	X^b	X	X	?	X	X	?	0	?	?	X	X	X	0	0
Suspensions of solids in liquids	0	0	0	0	0	0	X	0	0	0	0	0	0	?	?	X	X	0	?	X^b	?	?	X	X	?	0	0	X	0	0	0	0	0	0
Low viscosity organic liquids	X	X	X	X	?	X	X	X	0	X	X	X	X	?	X	?	?	X	0	0	X	X	X	X	X	X	0	X	?	?	?	X	X	X
High viscosity organic liquids	0	X	0	X^c	X	?	?	X	0	X	X	?	0	0	X	0	X	X	X	0	?	?	?	X	X	0	0	X	0	?	0	0	?	X
Gases at pressures close to ambient	X	X	X	0	0	X	0	0	X	X	?	?	0	0	0	0	0	0	0	0	0	0	?	0	0	?	?	0	0	X	0	X	0	X
Gases at high pressure	X	X	X	0	0	X	X	0	X	X	X	X	0	0	0	0	0	0	0	0	0	0	0	0	X	X	X	0	0	X	X	X	0	0
Very large water pipes	X	X	X	X	X	0	0	0	0	0	0	?	0	0	0	X	X	0	0	X	X	X	X	X	0	0	0	0	X	X	X	X	0	0
Very large air ducts	?	X	?	X	X	0	0	0	0	0	0	0	0	0	?	X	X	0	0	0	0	?	0	0	0	0	0	0	0	X	X	X	?	0
Very small liquid flows	0	0	0	0	0	X	X	0	X	X	X	0	0	X	0	0	0	0	X	0	0	0	0	0	0	0	0	X^d	0	0	0	0	0	0
Very small gas flows	0	?	?	0	0	X	X	0	X	X	X	0	0	X	0	0	0	0	0	0	0	0	0	0	X	0	0	X	X	0	0	0	0	X
Very wide rangeability^m	0	0	0	0	0	?	?	X	0	X	X	X	X	0	?	X	0	X	0	X^b	0	0	0	0	X	?	X	0	X^d	X^d	0	X^f	X	X
Cryogenic liquids	?	0	?	0	0	?	?	?	0	0	0	X	X	?	?	0	0	0	0	0	0	0	0	0	?	?	0	0	0	0	0	0	0	0
Hot liquids	X	X	X	X	X	X	X	X	0	0	0	X	X	0	X	X	X	X	X	X^b	X	X	X	X	X	X	X	X^b	X	X	X	X	0	0
Hot gases, including steam	?	X	?	X	X	?	?	?	0	0	0	?	0	0	?	0	0	0	0	0	0	0	0	0	?	?	?	0	?	?	?	?	?	?
Pulsating flow	?	?	?	0	0	0	0	0	X	X^g	X^g	X	?	X	?	0	0	0	0	0	0	0	0	0	?	?	0	0	?	X^f	0	X^f	0	X^i
High accuracy measurement of liquid flowrate^p	?	?	?	0	0	0	0	0	X	X	X	X	X	0	0	0	0	0	0	X	0	X	0	0	0	0	0	X	0	0	0	0	0	0
High accuracy measurement of liquid quantity^p	0	0	0	0	0	0	0	0	?	X	X	X	X	0	0	0	0	0	X	0	0	0	0	0	0	0	0	X	0	0	0	0	0	0
High accuracy measurement of gas flowrate and quantity^p	?	X	X	0	0	0	0	0	X	X	X	X	X	0	?	0	0	0	0	0	0	0	0	0	X	X	X	0	0	X^h	X^h	X^h	?	?
Insensitive to poor upstream flow conditions^m	0	0	0	0	?	X	X	X	?	X	X	0	0	X	0	0	0	X	X	X	0	0	?	0	0	0	X	X	X^d	X	0	0	0	0
Low head loss	X	0	0	X	X	0	0	0	0	0	0	0	0	0	0	X	X	0	0	X^b	X	X	X	X	0	0	0	X	X	X	X	X	0	0
Long life without maintenance or recalibration^m	X	X	X	X	X	X	X	X	?	?	?	?	?	X	X	X	?	?	?	X^b	X	X	X	X	X	X	X	X	X^n	X^p	?	?	?	?
Low initial cost (including essential secondary devices)^m	0	?	0	0	0	X	0	0	0	0	0	0	0	X	X	X	X	0	0	0	0	0	0	0	?	X	X	0	X^n	X	?	0	0	0

^{a} Use only segmental type.
^{b} Use only with electrically conducting liquids (e.g. water).
^{c} Use only quarter-circle or conical-entrance types.
^{d} Hot-resistor, propeller and rotating-vane types only.
^{e} Special secondary instrumentation is necessary.
^{f} Hot-wire type only.
^{g} Only in the medium size range, and only if electrical pulse-generator is fitted.
^{h} Only in sizes above about 50 mm diameter, and only if frequently recalibrated, preferably with a dedicated pipe prover.
^{i} Refers to mass flowrate only.

^{j} Accuracy of very small and very large meters is less good than that of medium-sized meters.
^{k} However, there is a substantial consumption of thermal energy, which increases with increasing size of meter.
^{m} Turbine meters for gases are better in this respect than those designed for use with liquids
   Note that it is easier for moderate-accuracy instruments to meet this requirement.
^{n} Depends on the type.
^{p} Note that a higher standard of accuracy is generally called for in the metering of liquids than of gases.
^{q} Depends upon the standard of cleanliness and the maintenance of filters.

TABLE 1   Flowmeter Selection Table.

(Reproduced from FLOWMETERS (Macmillan, 1979) by kind permission of the Publishers)

References

(1)   Kiene W. Enhanced magmeter performance with pulsed DC excitation. In:
        Dijstelbergen H.H. and Spencer E.A., Proceedings of Flomeko, 1978 (Flow
        Measurement of Fluids). North Holland Publishing Co., Amsterdam, 1979.

(2)   Al-Khazraji, Y. and Baker R.C. New design concepts for electromagnetic flow-
        meters for the process industries. Paper 6.1 of: Proceedings of IMEKO
        Symposium on Flow Measurement and Control in Industry. The Society of
        Instrument and Control Engineers of Japan, Tokyo, 1979.

(3)   Hayward, A.T.J. Methods of calibrating flowmeters with liquids - a
        comparative survey. Measurement and Control, 10 (3), p. 106-116 (1977).
        Reprinted in French translation in Mesures April, 1978, p. 59-74.

(4)   Brain, T.J.S. Reference standards for gas flow measurement. Measurement
        and Control, 11 (8), p. 283-288, (1978).

(5)   Granier, G. Discharge coefficients of cylindrical nozzles used in sonic
        conditions. Paper 1.2 of: Proceedings of NEL Fluid Mechanics Silver
        Jubilee Conference. National Engineering Laboratory, Glasgow, 1979.

(6)   Agar J. The use of a density meter and microprocessor for energy measure-
        ment and control. Proc. Am. Petrol. Inst. Refin. Dept., 57, p. 131-138
        (1978).

(7)   Cousins T., The Doppler ultrasonic flowmeter. In: Dijstelbergen H.H
        Proceedings of Flomeko, 1978 (Flow Measurement of Fluids). North Holland
        Publishing Co., Amsterdam, 1979.

(8)   Flemons. R.S. A new non-intrusive flowmeter. In: Proceedings of the
        Symposium on Flow Measurement in Open Channels and Closed Conduits.
        National Bureau of Standards, Washington D.C., 1977.

(9)   Baumoel J. Application considerations and performance capability of the
        time differential clamp-on ultrasonic flowmeter. In: Proceedings of the
        Symposium on Flow Measurement in Open Channels and Closed Conduits.
        National Bureau of Standards, Washington D.C., 1977.

(10)   Gehman, S.E. and Holmes A.B. Evaluation of ultrasonic flowmeters for liquid
        petroleum measurement. In: Proceedings of the Fifty-Fourth International
        School of Hydrocarbon Measurement. University of Oklahoma Center for

Continuing Education, Norman, Oklahoma 1979.

(11)   Pederson, N.E. and others. A new ultrasonic flowmeter for the natural gas
         industry. In: Proceedings of the Symposium on Flow Measurement in Open
         Channels and Closed Conduits. National Bureau of Standards, Washington D.C.,
         1977.

(12)   Miller R.W. and others. A vortex flowmeter - calibration results and
         application experiences. In: Proceedings of the Symposium on Flow
         Measurement in Open Channels and Closed Conduits National Bureau of
         Standards, Washington D.C., 1977.

(13)   Inkley F.A. and others. Flow Characteristics of vortex-shedding flowmeters.
         J. Inst of Measurement and Control 13 (5) p.166-170 May, 1980.

(14)   Hayward, A.T.J. Flowmeters: A basic Guide and Source-Book for Users.
         Macmillan, London, 1979.

(15)   Tullis, J.P. A unique mass flowmeter. Paper 6.3 of: Proceedings of NEL
         Fluid Mechanics Silver Jubilee Conference. National Engineering Laboratory,
         Glasgow, 1979.

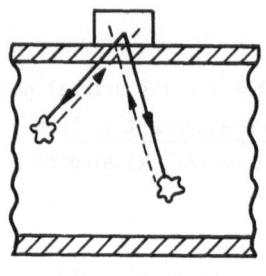

FIG. 1.
DOPPLER METER.

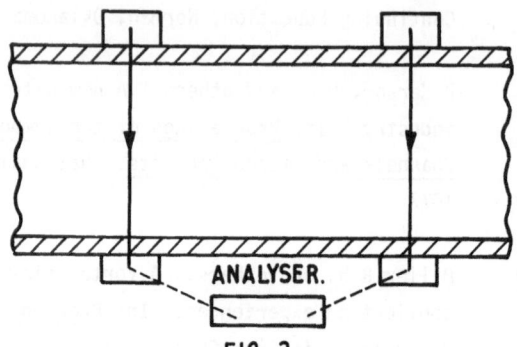

ANALYSER.

FIG. 2.
CROSS-CORRELATION METER.

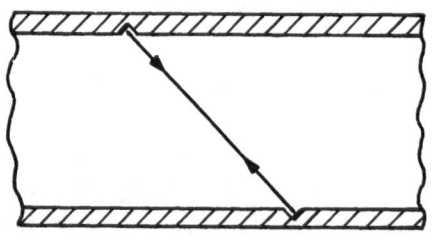

FIG. 3
DIAGONAL-BEAM ULTRASONIC METER.

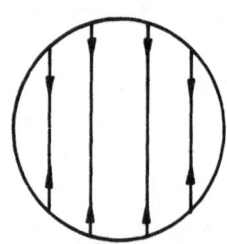

FIG. 4
MULTIPATH DIAGONAL-BEAM METER.

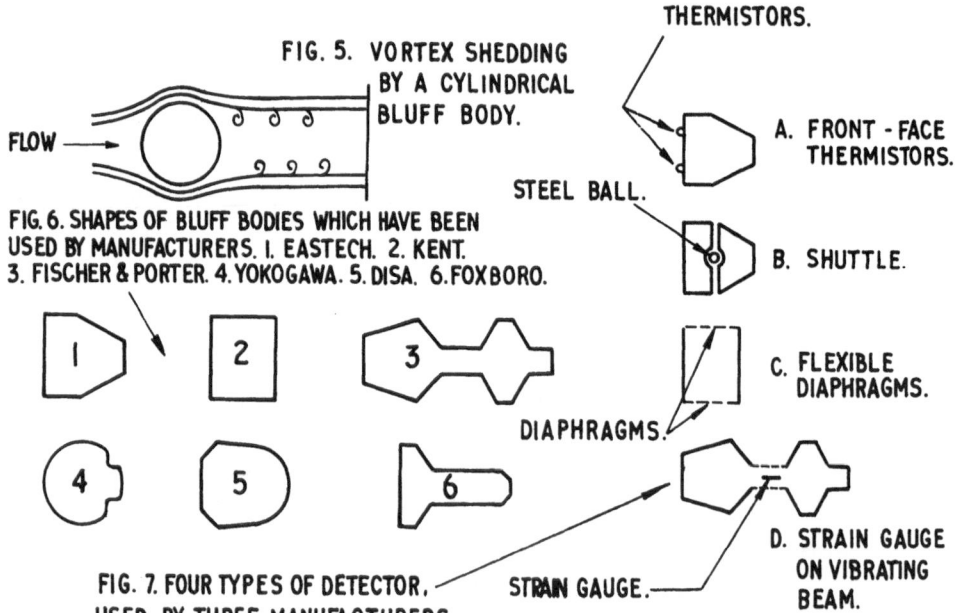

FIG. 5. VORTEX SHEDDING BY A CYLINDRICAL BLUFF BODY.

FLOW

FIG. 6. SHAPES OF BLUFF BODIES WHICH HAVE BEEN USED BY MANUFACTURERS. 1. EASTECH. 2. KENT. 3. FISCHER & PORTER. 4. YOKOGAWA. 5. DISA. 6. FOXBORO.

THERMISTORS.

A. FRONT-FACE THERMISTORS.

STEEL BALL.

B. SHUTTLE.

C. FLEXIBLE DIAPHRAGMS.

DIAPHRAGMS.

D. STRAIN GAUGE ON VIBRATING BEAM.

STRAIN GAUGE.

FIG. 7. FOUR TYPES OF DETECTOR, USED BY THREE MANUFACTURERS.

THE APPLICATION OF ION-SELECTIVE ELECTRODES TO INDUSTRIAL MONITORING

DIE ANWENDUNG IONEN-SELECTIVER ELEKTRODEN ZUR BETRIEBSUBERWACHUNG

P L Bailey
Kent Industrial Measurements Limited
EIL Analytical Instruments
Chertsey, Surrey.

INTRODUCTION

Over the last few years ion-selective electrodes have become widely used as sensors
in industry for the measurement and control of a range of inorganic determinands,
including ammonia, sodium, nitrate, fluoride, cyanide and sulphide. In many countries,
applications in the water and power industries are now well-established. In other
industries, electrodes are becoming increasingly used for the analysis of such diverse
materials as ores, animal feedstuffs, petroleum and atmospheric particulates.

Ion-selective electrodes offer several advantages over alternative methods of analysis.
In contrast to spectrophotometric methods, both turbid and highly coloured samples may
be analysed directly without filtration or decolorisation. Analyses may be carried
out rapidly and, for laboratory samples, with the minimum of ancillary equipment.
Additionally, the electrodes lend themselves to use in industrial continuous flow
monitors, which may be used for the on-line analysis of samples such as boiler feed
water or potable water supplies.

The precision and accuracy achievable with the electrodes are often not as good as
those attainable with alternative procedures. They are, however, usually adequate for
most purposes. The use of a potentiometric titration technique or a Gran's Plot
method will improve precision and accuracy, but at the expense of the speed and convenience of the analysis; moreover, such techniques require more sophisticated control
for successful automation.

A list of determinands which may be measured with ion-selective electrodes is given
in Table 1, together with the measurement range of each electrode and a list of typical
applications. A selection of gas-sensing probes is also included.

MEASUREMENT PRINCIPLE

An ion-selective electrode is used in conjunction with a reference electrode to form
an electrochemical cell. The response to this cell to ions in solution is given by
a modified form of the standard Nernst equation referred to as the Nicolsky equation,

Table 1

Applications of Ion-Selective Electrodes and Gas-Sensing Probes

Species Sensed	Concentration Range	Principal Interferents	Principal Applications
F^-	sat - 10^{-7}M	OH^-	Potable waters, ores
Na^+	1 - 5×10^{-9}M	H^+, Ag^+	Boiler water, clinical samples
Cl^-	1 - 1×10^{-5}M	I^-, S^{2-}	Boiler water, soil, clinical samples
	10^{-3} - 3×10^{-7}M	I^-, S^{2-}	Boiler water
S^{2-}	sat - 10^{-7}M	None	Effluents, paper liquors, steel, cyanide measurement
NO_3^-	10^{-1} - 10^{-5}M	Cl^-, NO_2^-	Potable and natural waters
Ca^{2+}	10^{-1} - 10^{-5}M	Zn^{2+}, Fe^{2+}	Water hardness, clinical samples
K^+	10^{-1} - 10^{-6}M	Rb^+, Cs^+	Clinical samples
NH_3	3×10^{-2}- 10^{-6}	Volatile amines	Waters, Kjeldahl digest
SO_2	5×10^{-2}- 5×10^{-6}	Acetic acid	Foodstuffs and beverages
CO_2	2×10^{-3} - 2×10^{-6}	Volatile acids	Cooling water, clinical samples

which for a monovalent determinand, A, and monovalent interferent, B, reduces to:-

$$E = E^\circ + E_{ref} + \frac{RT}{F} \ln (a_A + k_{A,B}^{pot} a_B)$$

Where E is the measured cell potential

E° is the standard potential of the ion-selective electrode

E_{ref} is the reference electrode potential

R and F are constants

T is the absolute temperature

a_A and a_B are the activities of A and B

$k_{A,B}^{pot}$ is the potentiometric selectivity coefficient

For a cell to be analytically useful in a particular application, the concentration of the interferent ion B must be sufficiently small so that the term $k_{A,B}^{pot} a_B$ is much smaller than a_A. Also, E_{ref} must remain constant both during the calibration of the cell and its subsequent use in the analysis of samples; consequently it is important that the reference electrode has good stability characteristics. If both these conditions are met, it follows from this equation that at 25°C the output of the cell changes by 59mV for every decadic change in activity of the determinand ion A.

Commonly, the analyst wishes to measure the concentration of the determinand, c_A, rather than the activity, a_A. Since the activity is related to the concentration by the equation, $a_A = \gamma_A c_A$ (where γ_A is the activity coefficient), it is necessary to ensure that γ_A remains constant. A large excess of inert electrolyte is therefore added to both samples and standards to stabilise the ionic strength and hence γ_A; the cell potential thus becomes proportional to the logarithm of the determinand concentration.

Analogously, gas-sensing probes primarily sense the partial pressure of dissolved gases in solution, but are usually used to measure concentration. The partial pressure is related to determinand concentration by the Henry's Law coefficient, which is kept constant by adding excess electrolyte to solutions to standardise the total concentration of dissolved solids. The electrolyte chosen for the addition is usually a pH buffer, as pH adjustment is usually required to convert the determinand into the dissolved gaseous form in which it is measured. Unlike ion-selective electrodes, gas-sensing probes are complete electrochemical cells and thus require no separate reference electrode.

Pictures of a typical ion-selective electrode and gas-sensing probe are shown in Figure 1.

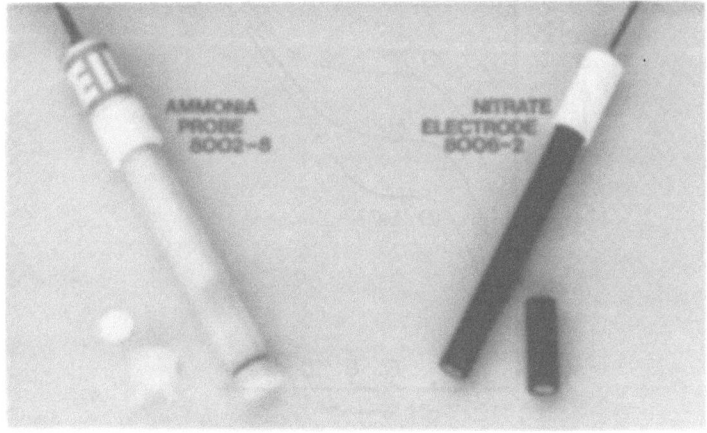

Figure 1.   Kent EIL Ammonia Probe and Nitrate Electrode

METHOD DEVELOPMENT

The obvious analogy between pH measurement with glass electrodes and measurements with other ion-selective electrodes has in many respects been unhelpful to the progress of the development of analytical methods and systems.

For ion-selective electrodes, other than the glass electrode, it is usually very important to pre-treat samples and to closely control temperature. Sample conditioning may thus be split into two parts, chemical conditioning and physical conditioning.

Reagents for chemical sample conditioning are formulated to meet five objectives:-

1. To fix the sample pH
2. To fix the ionic strength
3. To decomplex the determinand
4. To remove species likely to interfere with the electrode response
5. To preserve the determinand from degradation

The importance of fixing the pH may be seen from Figure 2, which shows the typical response of a fluoride electrode in samples of constant fluoride ion concentration, but changing pH. At high pH, the electrodes respond to hydroxyl ions, in addition to fluoride ions, thus causing erroneously high readings. Conversely, at low pH, part of the fluoride in the sample complexes with hydrogen ions and thus cannot be measured by the electrode, causing erroneously low readings.

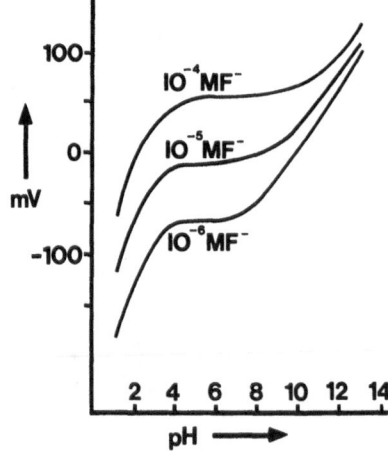

Figure 2.   Typical pH Response of a Fluoride Electrode

As an example of a reagent for chemical sample conditioning, an acetate buffer plus CDTA is commonly added to fluoride samples. The acetate serves to fix the pH at 5.2, (in order to avoid hydroxide interference or HF formation), and fix the ionic strength. The CDTA breaks down fluoride complexes with metal ions such as calcium, magnesium or iron (III) ions.

As another example, ammonia samples are treated with a buffer comprising 0.1M sodium hydroxide, plus EDTA. The sodium hydroxide raises the pH of samples to 12, (so that all the ammonium ions present are converted to ammonia), and also fixes the total concentration of dissolved solids. The EDTA releases ammonia from complexes such as those with copper ions.

Physical conditioning of samples is primarily concerned with the control of two parameters:-

1.   Temperature
2.   Sample Flow Rate

In view of the measurement accuracy usually required and the inherent logarithmic response of the electrodes over their normal operating range, it is necessary to design the measurement system so that the cell response is stable to $\pm$ 0.2mV or often better. This implies the need for either close temperature control of the electrodes, as may be seen from the temperature coefficients quoted in Table 2, or alternatively accurate compensation for the effect of temperature change. This latter approach is less usual because of the relatively high thermal capacity of the components of the cell which can lead to drifting responses. Therefore, it is usually advisable to keep the temperature of samples, standards and electrodes constant to within $\pm$ 1°C or preferably better. This is most readily achieved by use of a thermostatted flow-cell.

Table 2

Temperature Coefficients (Non-Isothermal

Sensor	$dE°/dT$ - mV/K	Sensor	$dE°/dT$ - mV/K
Ag^+	- 0.1	Cu^{2+}	+ 1.0
Cl^-	+ 0.2	NH_3	+ 1.4
Br^-	+ 0.4	SO_2	+ 0.5
I^-	+ 0.6	NO_x	+ 0.1
S^{2-}	- 0.2	CO_2	+ 1.0

Data are for typical commercial electrodes

As previously mentioned, the stability of the cell response is strongly influenced by the performance of the reference electrode. In particular, it is important to keep the liquid junction potential of the reference electrode constant. Both this, and the actual potential of the ion-selective electrode itself, are functions of the sample flow velocity at the membrane and liquid junction surfaces. These potentials are most stable if the sample velocity is maintained at a high level, but not so high as to generate streaming potentials. This requirement may again be most conveniently met by use of a continuous flow system either in the laboratory or in an industrial analyser.

MEASUREMENT SYSTEMS AND APPLICATIONS

In this section, some examples are given of successful applications of ion-selective electrodes, together with some details of two new industrial monitors. Many other applications are given in reference 1.

One of the most useful applications of the ammonia probe has been in the measurement of nitrogen in Kjeldahl digests. The use of the probe in this application removes the necessity for samples to be distilled before measurement. In the laboratory, the measurement is best carried out in a thermostatted continuous flow system such as that shown in Figure 3.

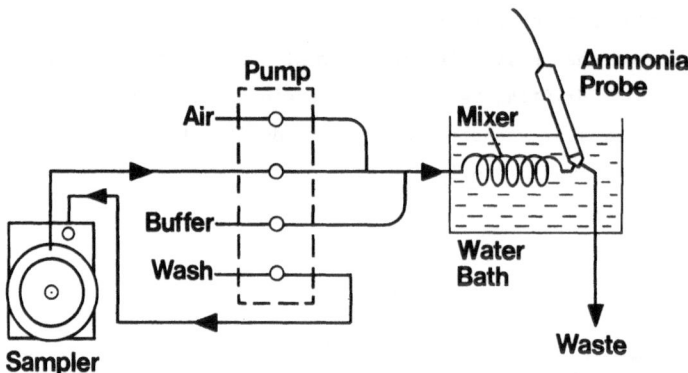

Figure 3.   Laboratory Continuous Flow System

Results from such a system are given in Table 3, (from Ref. 2). It may be seen that excellent accuracy and precision are achievable for wort, beer and malt samples. Comparable results have also been obtained in several other analyses.

Table 3

Results of Kjeldahl Nitrogen Determinations

(from Ref. 2)

Sample	Range (10 determinations)	Average	Standard Deviation
Acetanilide	-	10.33% N(w/w)	0.04% N
Glycine	-	18.64% N(w/w)	0.02% N
Wort	77.3 - 78.4mgN/100ml	78.1mgN/100ml	0.3mgN/100ml
Beer	47.2 - 47.6mgN/100ml	47.3mgN/100ml	0.2mgN/100ml
Malt	1.46 - 1.49% N	1.48% N	0.01% N

In river and potable water analysis, the measurement of ammonia and nitrate using ion-selective electrodes is now commonplace in many countries. Riverside monitoring stations have been established and also riverborne stations. Examples of the latter are the floating laboratories operating on several Dutch rivers and an internal view of the laboratory on the River Lek at Hagestein is shown in Figure 4.

Figure 4   Monitors on a barge at Hagestein

The monitors in use here are industrial monitors designed for continuous unattended operation; such monitors may be calibrated for ranges between 0.05 and 100mg/l ammonia and between 1.0 and 1000mg/l nitrate. The Dutch laboratories also contain monitors for fluoride and chloride.

The electrodes are housed in a flow cell in a thermostatted cabinet; reagent addition is automatic and standardisation takes place at pre-set intervals. The use of the ammonia probe in such a monitor is preferred over alternative measurement techniques because of the very high selectivity of the device, low reagent consumption and long intervals between services. The measurement of nitrate in this type of sample by electrode is also attractive in view of the unreliability and other problems assoc-iated with the alternative spectrophotometric techniques. Recent inter-laboratory tests and national surveys have demonstrated wide use of this method and also the accuracy and precision achievable. In the analysis of discrete samples on the bench, the accuracy and precision is not as good as the much slower spectrophotometric techniques, but the results are very substantially improved in the automatic systems.

A further example of the use of ion-selective electrodes in potable water analysis is the application of the fluoride electrode in the control of fluoridation schemes.

In the analysis of boiler feed waters, most commonly in power stations, ion-selective electrodes have been used for the analysis of sodium, ammonia, chloride and, most recently, carbon dioxide. The results of recent power station trials with a new industrial chloride monitor are shown in Table 4.

Table 4

Low-Level Chloride Monitor - Kent EIL Model 8974

Test Results

Range	0 - 1000 μg/l
Response Time	t_{90} (100 - 300 μg/l) 80s
(sensor cell only)	t_{90} (300 - 100 μg/l) 100s
Calibrated accuracy	$\pm$ 2 g/l at 100 μg/l
	$\pm$ 6 g/l at 300 μg/l
	$\pm$ 6 g/l at 500 μg/l

The monitor has a full range of 0-5000 microgrammes chloride/litre, but has high resolution in the 0-100 microgrammes/litre range also. This allows the monitor to be used for monitoring in normal operating conditions as well as in abnormal conditions. The monitor may also be used for stations operating in a variety of chemistry regimes, including low solid and zero solid types. The monitor is based on a mercurous chloride/mercuric sulphide electrode in place of the conventional silver/silver chloride electrode; this affords a twenty-fold increase in sensitivity. In view of the very low sample concentration there is no concern with variations in the activity coefficient of the chloride ions and hence ionic strength adjustment is not necessary. However, the electrode will only operate under acidic conditions and it is necessary to adjust the pH by acid dosing with nitric acid.

Table 5

CO_2 Monitor - Kent EIL Model 8954

Test Results

Range	$0.1 - 100$ mg/l CO_2
Response Time	t_{90} (1 - 10 mg/l) 11min.
Repeatability	± 0.002 mg/l at 0.65 mg/l
	± 0.08 mg/l at 6.3 mg/l
	± 0.43 mg/l at 55 mg/l

The latest of the industrial monitors developed is the carbon dioxide monitor for use in AGR Nuclear Power Stations. The performance of this monitor is given in Table 5. The monitor is based on the carbon dioxide-sensing membrane probe and has a comparatively wide response range for a carbon dioxide sensing system, but suffers from a lengthy response time. Fortunately, this response time is quite satisfactory in the particular application for which the monitor is designed.

CONCLUSIONS

Ion-selective electrodes are valuable sensors for use in industrial monitors for on-line applications. Such monitors are reliable, cheap to operate and require the minimum of servicing. In the laboratory, the electrode may be used in thermostatted continuous flow-systems for the rapid analysis of large numbers of samples with excellent accuracy and precision. Alternatively, when used for the analysis of samples in beakers, rapid screening tests may be made with somewhat inferior accuracy and precision to some alternative techniques, but with much greater speed and simplicity.

Progress continues to be made in both improving the selectivity of electrodes and in reducing errors due to interference by the formulation of appropriate sample conditioning reagents.

REFERENCES

1. Bailey, P.L.: Analysis with Ion-Selective Electrodes, 2nd Edition
    Heyden & Son Ltd., London 1980

2. Buckee, G.J.: J. Inst. Brewing, 80, (1974) 291.

MODERNE METHODEN ZUR KORREKTUR DER ÜBERTRAGUNGS-
CHARAKTERISTIK VON MESSWERTAUFNEHMERN

MODERN METHODS FOR THE CORECTION OF THE TRANSFER
CHARACTERISTICS OF PICK-UPS

GÜNTHER BAUER
Institut für Meß- und Regelungstechnik
der Hochschule der Bundeswehr
8014 Neubiberg

Summary:

This report describes the principle of on-line-corection of linearity
errors and actuating variables using a microprozessor. Two numerical
methods will be discussed and the gain of quality will be described
for the example of displacement pick-ups:

- the Spline-Approximation
- the "Basisfunktionsverfahren", a new method, which uses a-priori-
  information about the charakteristic curve.

1. Einführung

Von einem idealen Meßwertaufnehmer wird verlangt, daß nur die Meßgröße
in das, i. allg. elektrische, Ausgangssignal abgebildet wird. Das ist
eine Forderung, die in der Praxis kaum erfüllt werden kann, da jeder
Meßwertaufnehmer mit der realen Umwelt in Wechselwirkung steht. Abhängig von den realen Betriebsbedingungen muß mit Meßfehlern gerechnet
werden, die dadurch entstehen, daß interne und/oder externe Einflußgrößen sich entweder der Meßgröße überlagern oder die Parameter verändern, die den Verlauf der Istkennlinie bestimmen.

Bei hohen Anforderungen an die Genauigkeit muß deshalb jede Meßeinrichtung wiederholt im Prüffeld abgeglichen werden. Der damit verbundene Aufwand kann erheblich sein und ist aus wirtschaftlichen Gründen
nach Möglichkeit zu vermeiden. Es sind Vorkehrungen zu treffen, die
den Einfluß der Störgrößen so gering wie möglich halten oder in ausreichendem Maß on-line korrigieren.

Neben der Stabilität der Übertragungsparameter ist die Linearität der
Kennlinie die wichtigste statische Eigenschaft eines Meßwertaufnehmers.
Alle Anstrengungen bei dem Entwurf von Meßeinrichtungen haben deshalb
das Ziel, dieses Sollverhalten zu erreichen, obwohl in vielen Fällen
eine erhebliche Qualitätsverbesserung erzielt werden kann, wenn ein
nichtlinearer Zusammenhang zwischen der Eingangs- und der Ausgangsgröße zugelassen wird.

So ist bei niederfrequenten Meßsignalen die Periodendauermessung der
direkten Frequenzmeßmethode wegen der höheren Genauigkeit vorzuziehen.
Halbleiterfühler (z. B. Thermistoren, Halbleiterdehnmeßstreifen) besitzen eine Empfindlichkeit, die um Größenordnungen höher ist, als die
herkömmlicher Meßwertaufnehmer. Bestimmte Meßeffekte (z. B. elektromechanische Oszillatoren) erhöhen die Zuverlässigkeit und verringern
die Störanfälligkeit der Meßeinrichtung durch eine prinzipnahe Konstruktion.

Obwohl diese Zusammenhänge bekannt sind, werden viele Verbesserungsmöglichkeiten nur vereinzelt genutzt. Der Grund liegt darin, daß die
bekannten Korrekturverfahren (z. B. Differenzprinzip, Kompensations-
verfahren) nur unter Einschränkungen (z. B. des Meßbereiches) realisierbar sind oder einen vergleichsweise hohen Aufwand erfordern, so
daß eine breite Anwendung wegen des ungünstigen Preis-/Leistungsver-
hältnisses unwirtschaftlich ist.

2. Linearisierung durch Reihenschaltung

Ein für alle Meßgrößen realisierbares Korrekturverfahren, das keine
Einschränkung des Meßbereiches notwendig macht, besteht darin, dem
nichtlinearen Meßwertaufnehmer ein ebenfalls nichtlineares Übertra-
gungsglied nachzuschalten. Bildet dieses Korrekturglied die Umkehr-
funktion (Inverse) zur Kennlinie des Meßwertaufnehmers nach, (Bild 1),
so wird die resultierende Gesamtkennlinie $A_2 = f(E_1)$ linear.

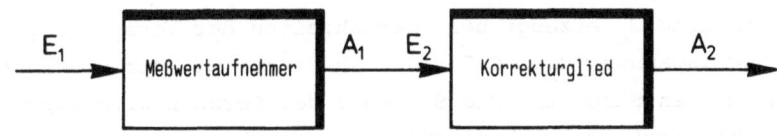

Bild 1
Linearisierung durch Reihenschaltung

Bekannte technische Problemlösungen sind u. a.
- Kurvenscheiben, wie z. B. Radizierschwert bei Quecksilberschwimmer-
  manometer
- Kompensationsschreiber mit nichtlinearen Getriebe
- über Diode oder Transistor rückgekoppelte Meßverstärker.

2.1. Diodenfunktionsgenerator

Da i. allg. die Inverse nicht explizit als Funktion der Ausgangsgröße
A_1 darstellbar ist, muß diese durch eine geeignete Funktion approximiert werden.

Eine bekannte Problemlösung ist der Einsatz von Diodenwiderstandsnetz-
werken [5]. Hier wird die inverse Kennlinie durch einen Polygonzug
nachgebildet.

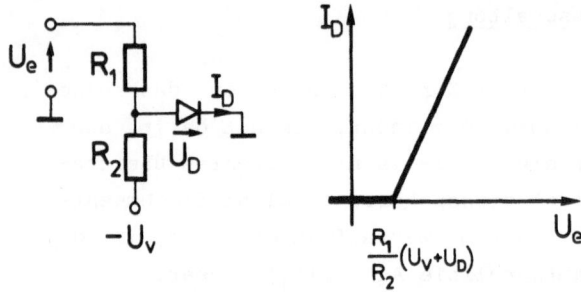

Bild 2
Prinzip des Diodenfunktionsgenerators

Die Eingangsspannung U_e erzeugt bei Überschreiten der Vorspannung $-U_V$
und Diodenschwellspannung $U_D (\approx 0,7 \text{ V})$ einen linear mit der Eingangsspannung zunehmenden Strom I_D. Die Steigung der Geraden wird durch den
Widerstand R_1 bestimmt. Durch Aneinanderreihen mehrerer dieser Knick-
kennlinien kann jeder gewünschte Polygonzug realisiert werden.

Der Diodenfunktionsgenerator besitzt allerdings mehrere Nachteile, die
den universellen Einsatz für meßtechnische Zwecke einschränken:

- So erfolgt das Umschalten der Dioden nicht mit dem in Bild 2 dargestellten scharfen Knick, sondern kontinuierlich. Eine Eigenschaft,
  die den genauen Abgleich erschwert.

- Wegen Überlappung dieser Abrundungsfehler können die Abstände der
  Knickpunkte nicht beliebig verkleinert werden. Damit ist die Anzahl
  der Approximationsintervalle und somit die erreichbare Genauigkeit
  eingeschränkt.

- Durch die unterschiedliche Belastung der Dioden und der daraus resultierenden, unterschiedlichen Erwärmung der Bauelemente können sich

die Knickspannungen des Polygonzuges verschieben und die Steigungen der Geradenabschnitte verändern. Das Korrekturglied ist also selbst einflußgrößenabhängig.

2.2 Nichtlineare Analog-Digital-Umsetzung

Die bislang bekannt gewordenen Verfahren der Analog-Digital-Umsetzung arbeiten alle linear. Je nach Verfahren wird der analogen Eingangsgröße eine Zeit oder eine Frequenz zugeordnet, die sich leicht digitalisieren läßt.

Die wohl günstigsten Eigenschaften besitzt der Zweirampenumsetzer (Dual Slope), der als Zwischengröße eine dem analogen Eingangssignal proportionale Impulsbreite t_x liefert. [1]

Das digitale Ausgangssignal D wird dadurch gebildet, daß die von einem Taktoszillator herrührenden Impulse der Frequenz f_t während der Zeit t_x in einem n-stelligen Ausgangszähler einlaufen. Solange die Taktfrequenz f_t konstant bleibt, ist das Ausgangssignal D der Eingangsgröße direkt proportional. Wird die Taktfrequenz über einen programmierbaren Teiler variiert, kann ein nichtlinearer Zusammenhang realisiert werden.

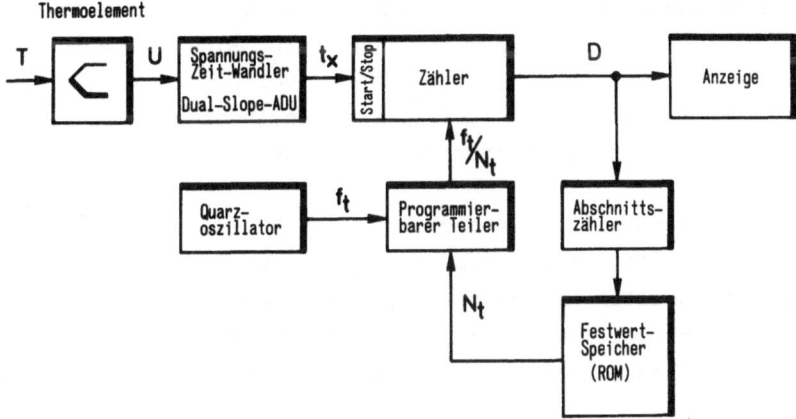

Bild 3
Blockschaltbild des Digitalthermometers 2100 A (Fluke)

Dieses Prinzip wird von der Firma Fluke im Digitalthermometer 2100 A angewendet [3] [4].

Die Linearisierung und Skalierung der Kennlinien der gebräuchlichsten Thermoelemente erfolgt dadurch, daß der tatsächliche Verlauf der inversen Kennlinie durch 64 Geradenabschnitte approximiert wird.

Für jeden Abschnitt wird off-line, in Abhängigkeit der einzelnen Steigungen, ein Teilungsverhältnis N_t bestimmt, das in einem Festwertspeicher abgelegt wird. Der Abschnittszähler hält während der Rückwärtsintegration mit den Abschnitten Schritt und veranlaßt das ROM, das jeweils gültige Teilungsverhältnis an den Frequenzteiler weiterzugeben. Demzufolge ist für jeden Geradenabschnitt die Anzahl der in den Zähler fließenden Impulse von der Steigung der Approximationsgeraden abhängig. Die Anzahl aller, während der Rückwärtsintegration gezählten Taktimpulse ist damit ein Maß für die Meßgröße Temperatur.

Der besondere Vorteil dieses Verfahrens besteht darin, daß das Korrekturglied aufgrund der digitalen Signalstruktur unabhängig von Einflußgrößen ist. Die Parameter des Korrekturalgorithmus können in digitalen Speichern driftfrei über beliebig lange Zeiträume gespeichert werden. Die Anzahl der Parameter ist theoretisch unbegrenzt.

Das besprochene Verfahren setzt allerdings voraus, daß die Kennwerte des zu korrigierenden Meßwertaufnehmers bestimmte Toleranzen erfüllen, da der Aufwand wirtschaftlich nicht zu vertreten ist, der entsteht, wenn für jeden Meßwertaufnehmer der individuelle Parametersatz ermittelt werden muß. Eine weitere Einschränkung ergibt sich aus der Tatsache, daß der Korrekturalgorithmus nach einem vorgegebenem, starrem Schema abläuft. Kennlinienänderungen, die durch Einflußgrößen hervorgerufen werden, können damit nicht korrigiert werden.

Bessere Eigenschaften verspricht deshalb der Einsatz von freiprogrammierbaren Korrektureinheiten, der durch die Verfügbarkeit von leistungsfähigen und preiswerten Mikroprozessoren möglich geworden ist. Da der Korrekturalgorithmus einfach an sich ändernde Betriebsbedingungen angepaßt werden kann, erhalten diese Linearisierer adaptive Eigenschaften.

3. Das statische adaptive System (saM)

Ein saM besteht demnach aus der Reihenschaltung eines Meßwertaufnehmers und einer frei programmierbaren Arithmetikeinheit (Mikroprozessor). Die inverse Kennlinie wird im Programmspeicher des Prozessors durch eine Rechenvorschrift abgebildet. Einflußgrößen, die das statische Übertragungsverhalten des Sensors beeinflußen, werden dadurch kompensiert, daß während eines Kalibrierzyklus die Parameter des Korrekturalgorithmus dem augenblicklichen Systemzustand angepaßt werden.

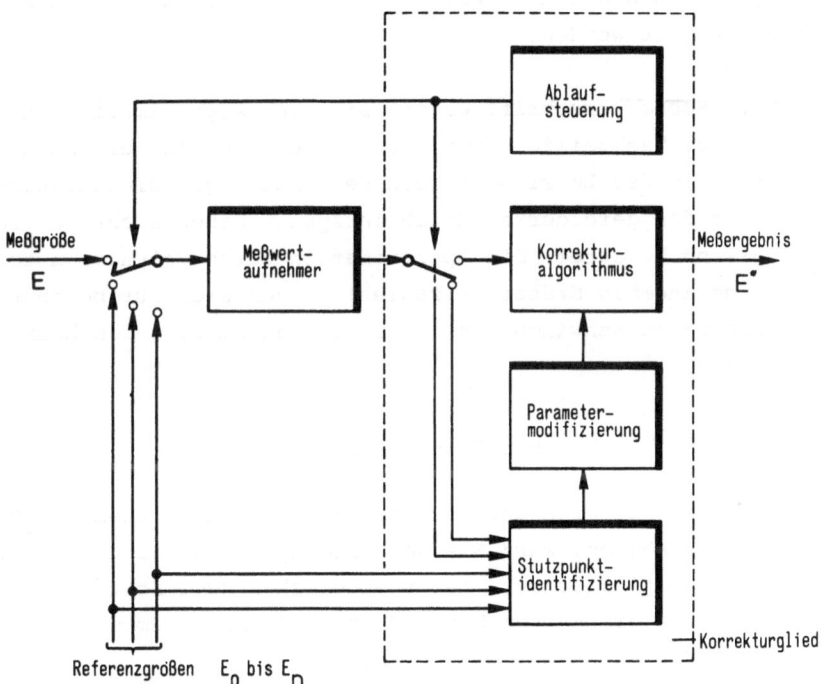

Bild 4
Prinzip des statisch adaptiven Systems

Die Menge der möglichen Korrekturalgorithmen ist zunächst unbegrenzt.
Durch die Randbedingung aber, daß die Korrektur in endlicher Zeit und
mit vertretbarem Aufwand durchgeführt werden muß, sind, beim heutigen
Stand der Technik, nur Algorithmen sinnvoll, bei denen jeder Zwischen-
wert einfach zu berechnen ist. Für den Anwender ist es außerdem wichtig, daß der für einen Kalibrierzyklus nötige Aufwand (Anzahl Referenzgrößen) so klein wie möglich ist. Dazu sind Korrekturalgorithmen notwendig, die gute Approximationseigenschaften besitzen und mit wenigen
Stützpunkten auskommen.

3.1. Approximation durch Polynome

Die Approximation der inversen Kennlinie durch Polynome erfüllt die zuletzt genannte Bedingung, da zur Berechnung der Korrekturparameter
(Kalibrierzyklus) und der Meßergebnisse (Meßzyklus) nur die vier Grund-
rechenarten benötigt werden.

Die einfachste Rechenvorschrift ergibt sich bei Approximation durch
einen Polygonzug. Nachteilig wirkt sich jedoch aus, daß die Anzahl
der Stützpunkte in der Regel sehr hoch sein muß (vgl. Digitalthermometer), was für den geforderten Kalibrierzyklus einen nicht vertretbaren Zeitaufwand bedeutet. Die Approximation durch Polynome n-ter
Ordnung (bei geringeren Stützpunktzahlen) eignen sich nur bedingt wegen ihrer Neigung zu Schwingungen innerhalb und am Rand des betrachteten Meßbereiches.

3.2. Approximation durch SPLINE-Funktionen

Um die starken Oszillatoren auszuschließen, die bei Polynomen n-ter
Ordnung auftreten können, wird als Nebenbedingung für die Interpola-
tionsfunktion $P_i(A_1)$ gefordert, daß sie zwischen zwei Stützpunkten a_i
und a_{i+1} möglichst "glatt" verläuft, d. h. daß ihre Krümmung bzw. ihre
2. Ableitung im Mittel ein Minimum wird.

$$\int_{a_i}^{a_{i+1}} \left[\frac{d^2 P_i(A_1)}{d_{A_1}^2} \right]^2 dA_1 = \text{Min}$$

Diese Bedingung führt zu einer Variationsaufgabe, die durch Aufstellen
und Lösung der zugehörigen Euler'schen Differentialgleichungen gelöst

werden kann. Man erhält als Ergebnis, daß die interpolierende Funktion $\dot{P}_i(A_1)$ eine kubische Parabel sein muß.

Ein Interpolationsverfahren, das darin besteht, daß zu n+1 Stützpunkten nicht ein Polynom n-ten Grades bestimmt wird, sondern eine interpolierende Näherungsfunktion S, die aus mehreren kubischen Parabeln so zusammengesetzt wird, daß diese an den Nahtstellen in Funktionswert, Steigung und Krümmung übereinstimmen, muß daher mit wenigen Stützstellen bereits beste Approximationseigenschaften besitzen [2].

3.3. Das Basisfunktionsverfahren

Kubische Splines besitzen ausgesprochen gutmütige Approximationseigenschaften. Dennoch zeigt sich bei bestimmten Kennlinien (z. B. Bild 8), daß auch bei Spline-Approximation mehr Referenzgrößen notwendig sein können, als für einen oft zu wiederholenden Kalibrierzyklus zulässig sind. Hier zeigen sich besonders die Vorteile eines ganz neuartigen Verfahrens, des Basisfunktionsverfahrens [9], das Kenntnisse (a-priori-Informationen) über den charakteristischen Kennlinienverlauf bei Nennbedingungen (Basisfunktion) zur Aktualisierung der Korrekturparameter miteinbezieht. Durch die Verwendung dieser a-priori-Information, die in der Regel immer verfügbar ist, kann die Anzahl der notwendigen Referenzgrößen verringert werden.

Das Basisfunktionsverfahren geht davon aus, daß der charakteristische Verlauf der Kennlinie durch die Einflußgrößen, die auf den Meßwertaufnehmer einwirken, nicht verändert, sondern nur verschoben, gedreht und/oder gestreckt wird. Unter dieser Voraussetzung, die im allgemeinen immer erfüllt sein wird, kann die inverse Kennlinie durch einen Reihenansatz angenähert werden:

$$A_2 = K_o + K_1 \cdot B(A_1) + K_2 \cdot B(A_1)^2 + \ldots + K_m \cdot B(A_1)^n \qquad (1)$$

Die globalen Parameter K_o bis K_n werden in einem Kalibrierzyklus so bestimmt, daß zumindest in den Stützpunkten die aktuelle Inverse und die interpolierende Korrekturfunktion übereinstimmen. Dabei zeigt sich, daß in der Regel die ersten drei Glieder der Reihe für eine gute Approximation ausreichen und somit nur drei Referenzgrößen für einen Kalibrierzyklus notwendig sind:

$$A_2 = K_o + K_1 \cdot B(A_1) + K_2 \cdot B(A_1)^2 \qquad (2)$$

Das Korrekturglied hat demnach folgende Rechenschritte durchzuführen:

Kalibrierzyklus:

a) die Berechnung der Sollordinaten über die Basisfunktion $B(A_1)$ und den beobachteten Stützpunktordinaten A_{11}, A_{12}, A_{13}

$$B(A_1{=}A_{11}) = a_{12}$$
$$B(A_1{=}A_{12}) = a_{22} \tag{3}$$
$$B(A_1{=}A_{13}) = a_{32}$$

b) die Berechnung der globalen Parameter K_o, K_1 und K_2 aus den Sollordinaten a_{12}, a_{22}, a_{32} und den bekannten Referenzwerten E_{11}, E_{12}, E_{13} über:

$$\begin{pmatrix} 1 & a_{12} & a_{22}^2 \\ 1 & a_{22} & a_{22}^2 \\ 1 & a_{32} & a_{32}^2 \end{pmatrix} \begin{pmatrix} K_o \\ K_1 \\ K_2 \end{pmatrix} = \begin{pmatrix} E_{11} \\ E_{12} \\ E_{13} \end{pmatrix} \tag{4}$$

Meßzyklus:

c) die Berechnung des Meßergebnisses über:

$$E = K_o + B(A_1) \cdot K_1 + B(A_1) K_2 \tag{5}$$

4. Technische Realisierung, Ergebnisse

Um das vorgetragene Systemkonzept unter Berücksichtigung des rechentechnischen Aufwandes, auf den erreichbaren Qualitätsgewinn zu untersuchen, wurde eine statisch adaptive Meßeinrichtung auf der Basis des Mikroprozessors TMS 9900 entwickelt. Als Meßwertaufnehmer wurden ohm'sche und induktive Weggeber untersucht, deren Istkennlinie mit Hilfe einer schrittmotorgesteuerten Positioniereinrichtung und einem Laserinterferometer als Längenstandard überprüft werden konnte.

Der erreichbare Qualitätsgewinn läßt sich am Beispiel eines ohm'schen Weggebers wie folgt darstellen: Betrachtet wird die auf die dimensionslose $\mathcal{z},\eta$ -Ebene transformierte Kennlinie des Weggebers, die sich durch den Ansatz

$$\eta = P_o\left(\frac{\mathcal{z}}{\mathcal{z}+P_1} - 0{,}5\right) \tag{6}$$

beschreiben läßt, bei Nennbedingungen ① und nach dem Einwirken von
Einflußgrößen ⑧ .

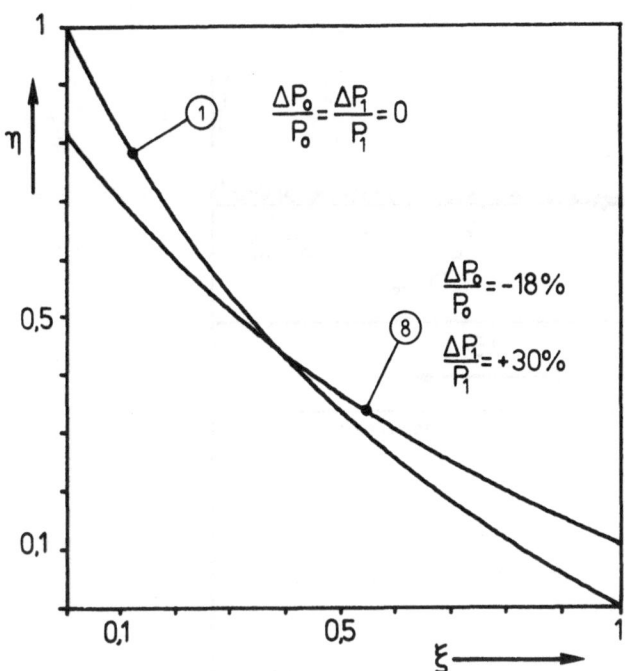

Bild 5
Kennlinie des ohm'schen Weggebers bei Nennbedingungen ① und bei
größtem Einflußeffekt ⑧

Bei symmetrischer Stützpunktverteilung und mit Hilfe von drei bzw.
fünf Referenzgrößen, können die in Bild 6 dargestellten Ergebnisse
erzielt werden.

Dabei zeigt sich, daß der verbleibende Linearitätsfehler der gesamten
Meßeinrichtung nach Anwendung des Basisfunktionsverfahrens und nur drei
Referenzgrößen auf etwa 0,7 Promille verbessert werden kann, während
eine entsprechende Polygonzug- bzw. Spline-Approximation den Linearitätsfehler nur bis auf 4,1 % (bzw. 1,7 %) korrigieren kann (ohne Abb.).

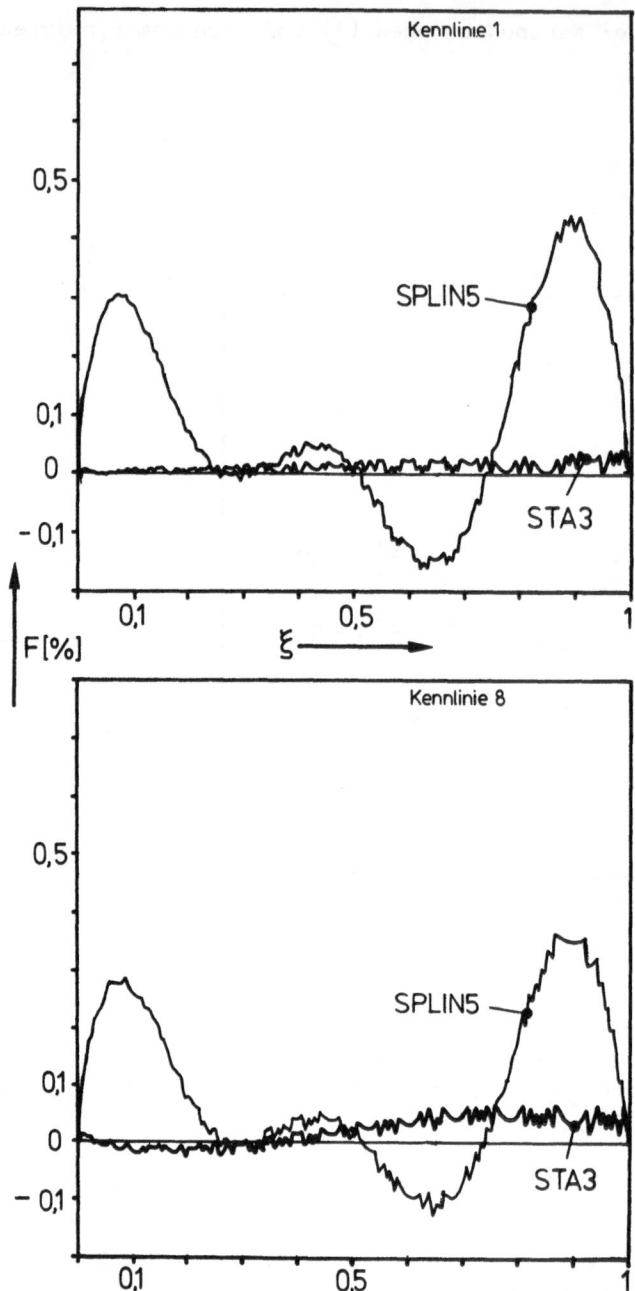

Bild 6
Vergleich der verbleibenden Linearitätsfehler bei Approximation der
inversen Kennlinie durch kubischen Spline und fünf Referenzgrößen
(SPLIN 5) und durch das Basisfunktionsverfahren bei nur drei Referenzgrößen (STA 3)

Bei dem ausgezeichneten Ergebnis, das sich mit dem Basisfunktionsverfahren erreichen läßt, muß allerdings gesagt werden, daß die Basisfunktion $B(A_1)$ durch den funktionalen Zusammenhang (6) nachgebildet wurde.

Im allgemeinen ist der Verlauf der inversen Kennlinie nicht explizit darstellbar. Deshalb muß untersucht werden, welche Verbesserungen mit dem Basisfunktionsverfahren erreicht werden können, wenn die Basisfunktion durch einen Polygonzug oder kubische Spline approximiert wird. In Bild 7 ist das Ergebnis einer entsprechenden Untersuchung dargestellt, die die Güte des Verfahrens bestätigt und gleichzeitig die ausgleichenden Eigenschaften der Spline-Approximation aufzeigt.

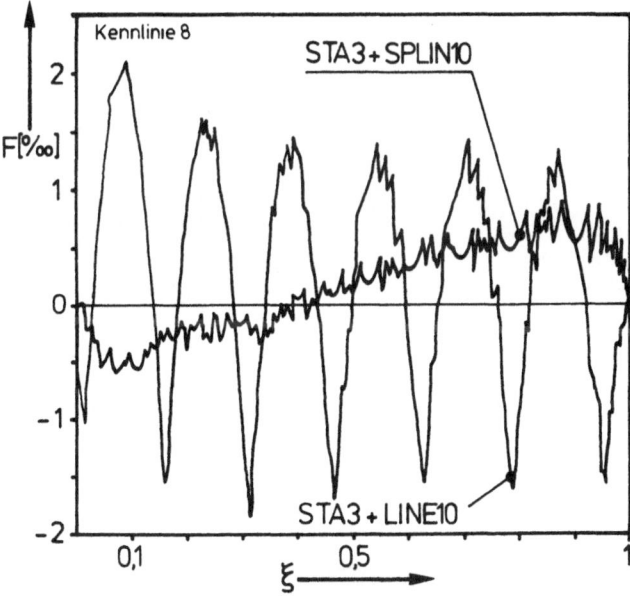

Bild 7
Verbleibender Linearitätsfehler bei Approximation der Basiskennline ①
durch (LINE 10) und kubischen Spline (SPLIN 10) und 10 Referenzgrößen
und Anwendung des Basisfunktionsverfahrens STA 3 (drei symmetrisch
verteilte Stützstellen)

Ein zweites Beispiel macht den besonderen Vorteil der Kombination von
Basisfunktionsverfahren und Spline-Approximation noch deutlicher:

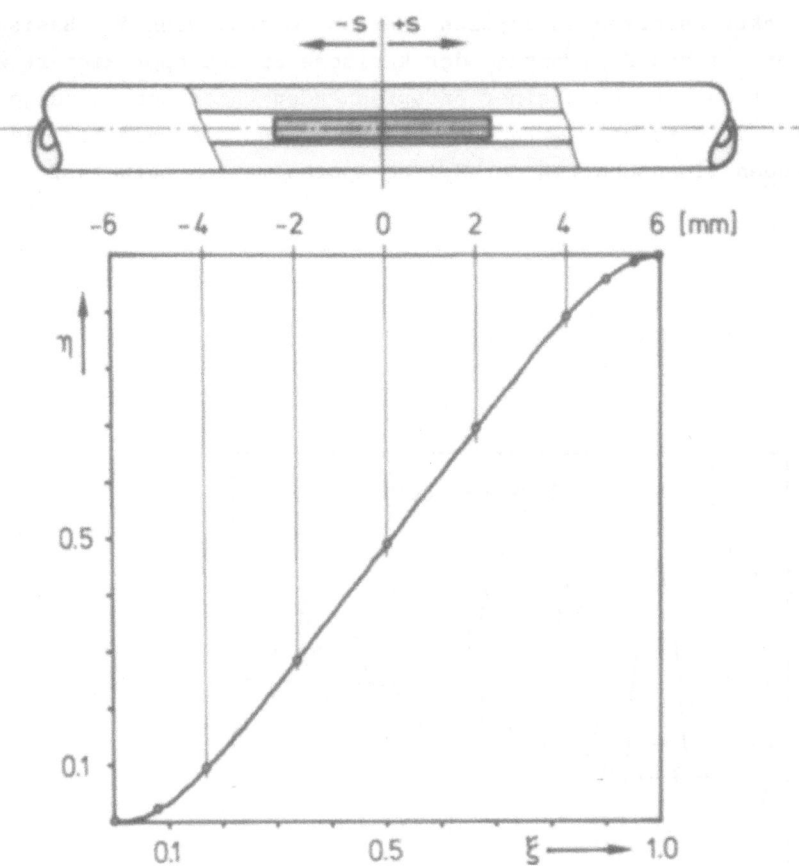

Bild 8
Kennlinie eines Differential-Tauchankergebers

Die Kennlinie des in Bild 8 gezeigten, induktiven Weggebers ist im mittleren Teil gut linear, besitzt aber an den Grenzen des Meßbereichs einen stark gekrümmten Verlauf. Untersuchungen ergaben, daß mindestens 10 Stützpunkte und die Spline-Approximation notwendig sind, den Linearitätsfehler für den skizzierten Meßbereich ($\pm$ 6 mm) auf 1 Promille zu korrigieren. Damit ist aber der für einen wiederholten Abgleich erforderliche Aufwand zu hoch. Erst durch Kombination mit dem Basisfunktionsverfahren läßt sich die gleiche Genauigkeit bei nur drei Referenzwerten erreichen. Nur so sind wiederholte Kalibrierzyklen realistisch.

Um den technischen Aufwand besser abschätzen zu können, sollen an dieser Stelle ergänzende Angaben zu den benötigten Rechenzeiten und dem erforderlichen Speicherplatz gemacht werden:

Wegen der zu erstrebenden Rechengenauigkeit reicht das 16 bit Format des TMS 9900 nicht aus. Aus diesem Grund wurde eine 32 bit Gleitkommaarithmetik installiert. Die typischen Ausführungszeiten sind in Tabelle 1 aufgeführt (Systemtaktfrequenz = 3 MHZ); der erforderliche Speicherplatzbedarf beträgt ca. 1 kByte.

Tabelle 1   Typische Rechenzeiten für 32-Bit-Gleitkommaarithmetik für TMS 9900

Addition	t_{ADD} = 0,5 ms
Subtraktion	$t_{SUB} = t_{ADD}$
Multiplikation	t_{MUL} = 1,2 ms
DIVISION	t_{DIV} = 1,5 ms

Tabelle 2   Erforderliche Rechenzeiten für Kalibrierzyklus (t_K) und Meßzyklus (t_M) bei n-Stützpunkten

LINEn $t_K = 2(n-1) \cdot t_{ADD} + (n-1) \cdot t_{DIV}$

$t_M = 2 \cdot t_{ADD} + t_{MUL} \doteq const.$

SPLINEn
$$t_K = (12n-21) \cdot t_{ADD} + (8n-16) \cdot t_{MUL} + (8n-12) \cdot t_{DIV}$$
$$t_M = 4 \cdot t_{ADD} + 3 \cdot t_{MUL} = const.$$

Basisfunktionsverfahren, n = 3

STA3
$$t_K = 13 \cdot t_{ADD} + 9t_{MUL} + 4t_{DIV}$$
$$t_M = 2 \cdot t_{ADD} + 2 \cdot t_{MUL} = const.$$

Tabelle 3   Erforderlicher Speicherplatz bei n-Stützpunkten für TMS 9900

LINEn   :   208 + 32 · n   Bytes

SPLINEn :   588 + 32 · n   Bytes

Basisfunktionsverfahren, n = 3:   380 Bytes

Mit der in Tabelle 1 aufgeführten Rechenzeiten können mit dem Basisfunktionsverfahren innerhalb von t_K = 23,3 ms die aktuellen Korrekturparamter und innerhalb von t_M = 3,4 ms ein korrigierter Meßwert ermittelt werden.

5. Ausblick

Aus der Kombination der gutmütigen Spline-Approximation und des anwenderfreundlichen Basisfunktionsverfahrens können sich weitreichende Konsequenzen ergeben. So kann der Hersteller, im Prüffeld, Lage und Anzahl der für eine Spline-Approximation notwendigen Stützstellen bestimmen. Er kann während der Endkontrolle über einen automatischen Kalibrierplatz den individuellen Parametersatz ermitteln und damit die Basisfunktion des betreffenden Meßwertaufnehmers beschreiben.

Der Aufbau des Korrekturgliedes kann durch die digitale Struktur modular ausgeführt werden. Damit ist es möglich, statt der bei Präzisionsinstrumenten heute üblichen Kalibrierkurven, jedem Aufnehmer den in einen Festwertspeicher gebrannten, individuellen Parametersatz beizugeben. Der Anwender wechselt mit dem Meßwertaufnehmer das entsprechende Parameter-ROM aus und muß am Meßort nur noch mit drei Referenzgrößen kalibrieren.

Bei zukünftigen Meßgeräteentwicklungen ist es damit nicht mehr erforderlich, bei der Behandlung der physikalischen Wandlungsprinzipien, besondere Forderungen hinsichtlich der Linearität oder der Arbeitsbereiche mit der geringsten Nichtlinearität zu diskutieren. Es werden Sensoren realisierbar, die vorwiegend im Hinblick auf Reproduzierbarkeit und weniger hinsichtlich guter Linearität und geringer Einflußeffekte konzipiert werden. Meß-Systeme, die durch einen prinzipnahen Aufbau nicht nur die Wirtschaftlichkeit, sondern auch die Zuverlässigkeit erhöhen können.

Literatur

1. Tränkler, H.-R.: Die Technik des digitalen Messens. München: Oldenbourg 1976

2. Jordan-Engeln, G.; Reutter, F.: Formelsammlung zur numerischen Mathematik. Mannheim: Bibliographisches Institut 1976

3. Monday, M.: Moderne Techniken für Temperaturmessungen mit Thermoelementen und digitaler Meßwertanzeige. messen und prüfen/automatik Dez. (1977) 809-812

4. Fluke: Digital Thermometer 2100A-10. Datenblatt, 1974

5. Bretschi, J.: Linearisierung von Meßumformern, demonstriert am Beispiel von Halbleiter-Dehnungsmeßstreifen. Technisches Messen atm 11 (1976) 349-356

6. Tränkler, H.-R.: Strukturelle Möglichkeiten zur Qualitätserhöhung von Meßeinrichtungen. München: VDE-Kongreß 1976

7. Tränkler, H.-R.: Interdependenz von Strukturtheorien und Mikroprozessortechnologien bei der Konzeption von Meßinformationssystemen. Frankfurt/Main: Aussprachetag VDI/VDE 1978

8. Syrbe, M.; Thoma, M. (Hrsg.): Automatisierungstechnik im Wandel durch Mikroprozessoren. Berichtband zum Interkama-Kongreß 77. Berlin: Springer 1977

9. Bauer, G.: Ein adaptiv strukturiertes Meßsystem zur Korrektur der Übertragungscharakteristik von Meßwertaufnehmern. Universität Dortmund. Dissertation 1980

HALBLEITERSENSOREN

SEMICONDUCTOR SENSORS

H. Reichl und E. Obermeier

Fraunhofer-Institut für Festkörpertechnologie
D-8000 München

Summary:

The application of microprocessors in automatization and measurement
technique essentially depends on the development of appropriate
peripheric devices. Microprocessor compatible sensors have to deliver
a digital or a simple convertible output signal, and their price should
be compatible with integrated circuits. With sensors based on silicon
for some physical parameters and resticted measurement ranges, these
requirements can be fulfilled. As examples for microprocessor compatible
silicon sensors, some new developments of pressure, temperature and
humidity sensors are shown.

1. Einleitung

Für die Bewältigung der Aufgaben der modernen Meß- und Automatisierungstechnik ist der Einsatz hochintegrierter elektronischer Bauelemente von
entscheidender Bedeutung. Jedoch hängen derzeit die technischen als
auch die wirtschaftlichen Realisierungsmöglichkeiten wesentlich von der
Bewältigung der Meßwerterfassung ab. Zukünftig müssen deshalb Sensoren
entwickelt werden, die sowohl die Bestimmung der jeweiligen physikalischen Parameter am gegebenen Meßort ermöglichen, als auch den Forderungen hochintegrierter elektronischer Schaltkreise, wie z. B.
Mikroprozessoren,Rechnung tragen. Einen entscheidenden Impuls für derartige Entwicklungen gibt die Konsumelektronik, die einen Absatz von
sehr hohen Stückzahlen garantiert.
Im Folgenden sollen die Anforderungen an zukünftige Mikroprozessor-
kompatible Sensoren im Bereich der Konsumelektronik diskutiert und
einige Lösungsmöglichkeiten aufgezeigt werden.

2. Anforderungen an Sensoren für die Konsumelektronik

Unter dem Begriff "Sensor" werden hier alle Systemelemente zusammengefaßt, die bisher mit Meßfühler, Meßwertgeber, Meßaufnehmer oder Transducer bezeichnet wurden /1/. Sensoren bilden eine nichtelektrische
physikalische Größe in ein proportionales elektrisches Signal ab.
Hierzu muß im realen Sensor die zu messende physikalische Größe meist
in eine andere nichtelektrische Größe umgesetzt werden. Im eigentlichen Sensorelement wird diese Größe dann in eine elektrisch auswert-
bare Größe (z.B. Spannung, Widerstand, Kapazität u.a.) umgesetzt. Man
bezeichnet diese beiden Funktionsblöcke als den Elementarsensor. Das
Signal des Elementarsensors wird meist in einem Umformer/Umsetzer aufbereitet und verstärkt. In zukünftigen Entwicklungen ist auch eine
nachfolgende Signalvorverarbeitung im Sensor denkbar. Das derart vor-
verarbeitete elektrische Signal stellt das Ausgangssignal eines Sensors
dar.

Anhand der Form bzw. der Vorverarbeitung des Ausgangssignales unterscheidet man:

- (Amplituden-)analoge Sensoren
- Digitale Sensoren
- Frequenz-, zeitanaloge Sensoren
- Binäre Sensoren
- Multisensoren
- Intelligente Sensoren

Mit Ausnahme von nur wenigen Beispielen sind heute für die Konsumelektronik nur amplitudenanaloge Sensoren am Markt erhältlich. Dies bedingt, daß heute im wesentlichen das langsamere und teurere amplitudenanaloge Meßwerterfassungssystem zur Anwendung kommt. Hier werden die amplitudenanalogen Ausgangssignale der Sensoren in einem Analogmultiplexer zusammengefaßt und über einen zentralen Analog-/Digital-Konverter dem Mikroprozessor zugeführt. Einen wesentlich geringeren Aufwand an peripheren elektronischen Bauelementen erfordert das zeit- oder frequenzanaloge Meßwerterfassungssystem. Die Umsetzung der Information, die in diesen Meßwerterfassungssystemen eine Impulsbreiten- oder -folgemodulation darstellt, in ein paralleles Digitalwort kann mit Hilfe eines Zählerbausteines relativ kostengünstig erreicht werden. Zusätzlich ist diese Art der Signalübertragung relativ störsicher. Wegen dieser Vorteile wird an der Entwicklung von Sensoren mit frequenz-, zeitanalogen oder digitalen Ausgangssignalen gearbeitet.

In der Zusammenstellung der Anforderungen an zukünftige Mikroprozessorkompatible Sensoren im Bereich der Konsumelektronik, die Tabelle 1 zeigt, muß deshalb die Forderung nach digitalfreundlichen Ausgangssignalen stehen. Eine weitere Bedingung ist die reproduzierbare, eindeutige Kennlinie. In Meßwerterfassungssystemen ohne Prozeßrechner wurden an den Sensor sehr hohe Anforderungen hinsichtlich einer linearen Charakteristik zwischen der Meßgröße und dem Sensorausgangssignal gestellt, da der Einsatz von Linearisierungsnetzwerken einen hohen Aufwand bedeutete. Gleichzeitig war eine Kompensation der Störgrößen meist unumgänglich. In Mikroprozessor- oder allgemein Prozeßrechnergestützten Meßwerterfassungssystemen kann eine rechnerische, d.h. softwaremäßige Linearisierung und Störgrößenelimination vorgenommen werden. Dabei ist der hierzu notwendige Softwareaufwand meist relativ gering, da ohnehin Umrechnungen der Meßgrößen vorgenommen werden müssen. Für die häufigsten Anwendungen genügen wenige Kalibrierpunkte, um die Sensorkennlinie mit einer ausreichenden Genauigkeit approximieren zu können. Vielfach wird bereits bei der Herstellung von Sensoren eine automatische Messung durchgeführt, so daß die Ausgangsdaten für einige Meßwerte bekannt sind. Problematisch ist die Form des Datenträgers zwischen Hersteller und Anwender. Erhöhte Anforderungen an das Verhalten von Sensoren ergeben sich aus der Bedingung der Austauschbarkeit einzelner Exemplare in einem realisierten Meßwerterfassungssystem. Damit sollen zukünftige Sensoren mit Herstellungsmethoden gefertigt werden,die geringe Exemplarstreuungen ermöglichen. Wichtig im Konsumelektroniksektor ist die Kostengünstigkeit. Zukünftige Sensoren sollen kostenkompatibel zu den peripheren Bausteinen und Mikroprozessoren sein.

Als Beispiel seien hierzu Drucksensoren genannt, die derzeit in einer
Preisklasse von 50 bis 1.500.- DM erhältlich sind. Die Automobilindustrie aber fordert Drucksensoren in einer Preisklasse von 2 bis
5 Dollar /2/. Dies bedeutet, daß die konventionellen Herstellungsverfahren, die im wesentlichen halbautomatisch erfolgten, geändert
werden müssen. Zusätzlich muß mit hohen Stückzahlen im Bereich der
Konsumelektronik gerechnet werden. Zum Beispiel benötigt die Ameri-
kanische Automobilindustrie 1980 mehr Drucksensoren als auf der
gesamten Welt produziert werden /3/. Dabei müssen Sensorkonzepte entwickelt werden, die eine Integration mehrerer Elementarsensoren mit
elektronischen Schaltungen erlauben, um die Gehäuse- und Verpackungs-
kosten zu erniedrigen. Kostenreduzierend ist auch die damit verbundene
geringere Anzahl von externen Anschlüssen. Außerdem kann mit elektronischen Schaltungen bereits im Sensor eine Datenverarbeitung durchgeführt werden. Damit sind die Übertragungskanäle von unnötigen Datenmengen freigehalten. Eine wichtige Voraussetzung für die Entwicklung
derartiger intelligenter Sensoren ist die Erhaltung der Flexibilität
gegenüber Kundenwünschen. Hinsichtlich der Genauigkeit werden im Kon-
sumbereich meist zwischen 1 % und 5% gefordert [4]. Die Ausfallrate
soll relativ gering sein. In der Automobilindustrie werden z.B. für
Sicherheitseinrichtungen nur 1,5 Ausfälle bei 100.000 Automobilen und
8 Std. Fahrzeit toleriert /5/. Zusätzlich liegen im Konsumelektronik-
bereich oft relativ hohe Störspannungen vor, so daß Sensoren auch eine
hohe Störsicherheit aufweisen sollen.

Tabelle 1
Anforderungen an Mikroprozessor-kompatible Sensoren im Bereich der
Konsumelektronik

> Digitalfreundliches Ausgangssignal
> Reproduzierbare, eindeutige Kennlinie
> Kostengünstiges Herstellungsverfahren
> Integr. von Elementarsensoren und elektronischen Schaltungen
> Datenvorverarbeitung im Sensor
> Hohe Zuverlässigkeit
> Hohe Störsicherheit

Um allen diesen in Tabelle 1 aufgeführten Anforderungen gerecht werden
zu können, müssen neue Herstellungstechniken und Sensorprinzipen entwickelt werden. Als wirtschaftlich günstig hat sich die Produktion von
Bauelementen mit halbleitertechnologischen Verfahren erwiesen. Dies
kann anhand der Preisentwicklung elektronischer Bauelemente beurteilt

werden. Durch die Nutzung der Siliziumtechnologie kann über die Miniaturisierung der Sensorelemente eine Produktion von sehr hohen Stückzahlen
erreicht werden. Dabei können mit gleichen Fertigungsprozeßschritten
unterschiedliche Sensoren in verschiedenen Bauformen für die gewünschten Meßbereiche hergestellt werden. Zusätzlich können bewährte Passi-
vierungsverfahren und kostengünstige Kontaktier-, Montage- und Ge-
häusetechniken verwendet werden.

Tabelle 2
Voraussetzungen für die Realisierung monolithisch integrierter Sensoren

      Eingeschränkter Temperaturbereich des
      Sensors
      Technologiekompatibilität
      Ausbeutekompatibilität
      Geringe Verlustleistung der Schaltung
      Anwendung störsicherer Technologien
      Anwendung zuverlässiger Technologien
      Anpassungsfähigkeit an verschiedene Kundenwünsche

Mit der Verwendung der Siliziumtechnologie zur Herstellung der Elementarsensoren kann auch der Forderung nach monolithisch integrierten Sensoren Rechnung getragen werden. Diese Integration von Elementarsensor und Signalmodifizierblock in einem Chip hat die technischen Vorteile der Verringerung der Leitungskapazitäten und Induktivitäten, die gute thermische Kopplung und nicht zuletzt die erhöhte
Störsicherheit wegen der geringen Leitungslängen. Für eine Realisierung monolithisch integrierter Sensoren müssen jedoch die grundlegenden Voraussetzungen, wie sie in Tabelle 2 zusammengefaßt sind, erfüllt
sein.

3. Sensoren auf der Basis von Silizium
Die physikalischen Eigenschaften von Silizium sind aus den Untersuchungen im Rahmen der Entwicklung von elektronischen Bauelementen weit-
gehendst bekannt. Daraus läßt sich auch der Anwendungsbereich von
Silizium als Sensormaterial abschätzen. Jedoch weist Silizium den
Vorteil auf, daß schlechtere Eigenschaften, wie z.B. niedrige Empfindlichkeiten durch die monolithische Integration von Verstärkern kompensiert werden können. Ein Beispiel dafür ist der integrierte Silizium-
Hall-Generator, der wesentlich einfacher herstellbar ist und eine höhere Empfindlichkeit als ein InSb-Hall-Generator hat, obwohl InSb eine

fünfzigfache Elektronenbeweglichkeit aufweist. Außerdem sind bei Silizium die Herstellungstechnologien wie z.B. Ätztechniken besonders ausgereift, so daß der für manche Sensorprinzipien nachteilige Effekt der hohen Wärmeleitung durch Dünnätzen bis zu Dicken von 1 µm oft ausgeglichen werden kann. Zusätzlich lassen sich auch die besseren mechanischen Eigenschaften des einkristallinen Siliziums für Sensorfunktionen nutzen. Ein wesentlicher Nachteil von Silizium ist die relativ niedrige Obergrenze des Temperaturbereiches, der maximal bei ca. 150°C spezifiziert wird. Bei Temperaturen von 200°C bis 300°C überschreitet die Eigenleitungsdichte übliche Dotierungen, was zu einem Kurzschluß der pn-Übergänge und zu einem drastischen Abfall der Widerstandswerte führt. Um eine sichere Funktion der Bauelemente zu garantieren, wird deshalb die Temperaturobergrenze je nach Produkt zwischen 100°C und 150°C festgelegt. Die untere Grenze des Temperaturbereiches ist mit ca. -180°C theoretisch durch die Abnahme der Dotierungskonzentration bedingt. In der Praxis liegt sie aus Gründen der Gehäuse- und Kontaktiertechnologien meist bei größer -80°C.

Als Beispiele für die Entwicklung von Sensoren auf der Basis von Silizium sollen nun einige für den Bereich der Konsumelektronik interessante Sensorprinzipien diskutiert werden. Die Auswahl wird auf die Bereiche Temperatur, Druck und Feuchte beschränkt.

3.1 Temperatursensoren

Für die Realisierung von elektrischen Berührungsthermometern werden in Silizium zwei Effekte verwendet:

- Ausbreitungswiderstand (Spreading Resistance)
- Durchlaßspannung des pn-Überganges.

Als Ausbreitungswiderstand bezeichnet man den Widerstand einer relativ kleinen Kontaktfläche gegenüber dem unendlich ausgedehnten Material. In der Praxis wird meist der Widerstand zwischen einem Kontaktfleck mit dem Durchmesser d auf der Oberseite des Siliziumchips und dem relativ großflächigen Rückseitenkontakt gemessen (siehe Abb. 1, Aluminiumkontakte).

Sind die Kantenlängen des Chips und die Waferdicke wesentlich größer als der Kontaktdurchmesser, so ist der gemessene Widerstand lediglich vom spezifischen Widerstand ρ (T) des Siliziums und dem Kontaktdurchmesser d abhängig:

$$R_{(T)} = \frac{\mathcal{G}(T)}{2d} \sim \frac{1}{n\mu_{n(T)}} \qquad \text{n-Typ} \qquad (1)$$

Für n-Typ Silizium ist der spezifische Widerstand umgekehrt proportional zur Konzentration der freien Elektronen n und der Beweglichkeit der Elektronen μ_n. In einem Temperaturbereich zwischen 100 K und 500 K

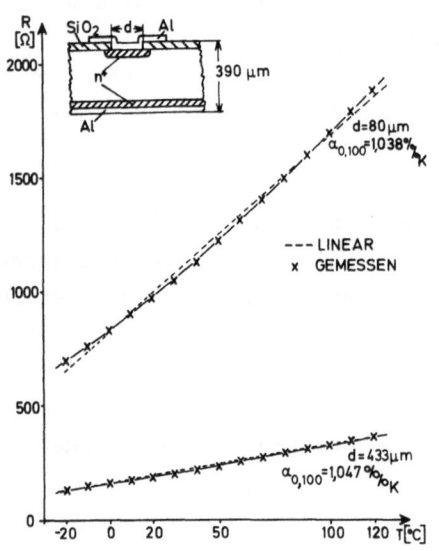

Abb. 1:
Temperaturabhängigkeit des
Ausbreitungswiderstandes

ist die Dichte der freien Elektronen temperaturunabhängig. Wählt man die Dotierungskonzentrationen zwischen $10^{15} \text{ cm}^{-3} \leqslant n \leqslant 10^{17} \text{ cm}^{-3}$, so nimmt die Beweglichkeit der Elektronen annähernd linear mit der Temperatur ab. Man erhält damit einen Widerstandsverlauf, wie er in Abb. 1 an eigenen Proben gemessen wurde. Die Abweichung vom linearen Verhalten kann durch Vergleich der strichlierten und durchgezogenen Kurven in Abb. 1 ersehen werden. Die Linearitätsabweichung ist gegenüber Platinwiderständen ($\pm$ 1,5 K) größer. Jedoch wird auch ein höherer Temperaturkoeffizient ($\alpha_{0,100} \simeq 1$ %/K) als bei Platinwiderständen er-

reicht. In Abb. 2 sind die Widerstands-/Temperaturabhängigkeiten üblicher
elektrischer Widerstandsthermometer dargestellt. Die Empfindlichkeit
von Silizium-Spreading-Resistance-Sensoren ist auch höher als von Ni-
Widerständen. Jedoch ist der Einsatzbereich im Vergleich zu Pt-Wider-
ständen (-220°C bis +750°C) bei Silizium-PTC-Sensoren wesentlich kleiner (je nach Gehäuse -180°C bis +200°C). Ein wesentliches Problem bei
der Herstellung ist die Streuung der Widerstandswerte. Dazu sind Ab-
gleichmethoden notwendig, um mit hoher Ausbeute eng tolerierte Widerstände herstellen zu können. Verglichen mit Platinwiderständen, die
für Preise zwischen DM 30.- und DM 100.- angeboten werden, sind diese
Temperatursensoren heute schon ab DM 1,50 erhältlich.

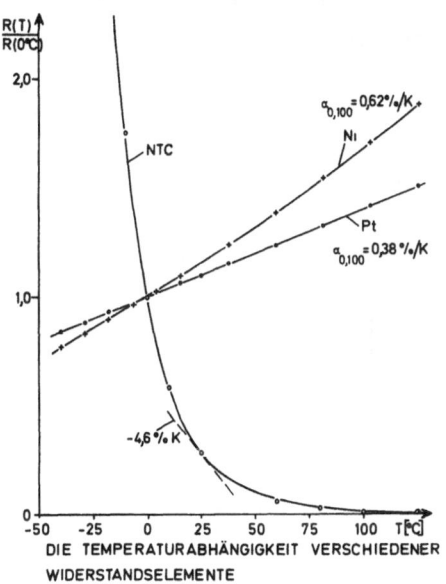

Abb. 2:
Die Temperaturabhängigkeit
verschiedener Widerstands-
elemente

Das zweite Sensorprinzip zur Bestimmung der Temperatur mit Siliziumbau-
elementen ist die Messung der Durchlaßspannung eines pn-Überganges.
Bei einem konstanten Durchlaßstrom nimmt die Durchlaßspannung einer
Diode mit ansteigender Temperatur annähernd nach folgender Bedingung ab:

$$U_{(T,I)} \cong - \alpha_{(I)} T + U_{o(I)} \qquad (2)$$

Dabei sind der Temperaturkoeffizient α und die Durchlaßspannung U_o vom gewählten Durchlaßstrom abhängig. Typische Werte bei Strömen im Bereich 0,1 mA bis 1 mA sind: α = 2 mV/K, U_o = 600 mV. Die Linearitätsabweichung der Durchlaßspannung (± 2 K) von Siliziumdioden entspricht in seinen Absolutwerten denen des Platinwiderstandes. Jedoch ist auch die Empfindlichkeit von -0,4 %/K ähnlich gering. Dioden oder Transistoren werden von verschiedenen Firmen mit und ohne integrierten Verstärkern angeboten. Der Temperaturmeßbereich dieser Sensoren liegt zwischen -55°C und +150°C. Die Preise betragen derzeit DM 1,50 bis DM 15.-.

Im Rahmen der Entwicklung von Mikroprozessor-kompatiblen Sensoren wurden eigene Untersuchungen an I^2L-(Integrated-Injection-Logic)-Ringoszillatoren /6/ durchgeführt. Der I^2L-Ringoszillator besteht aus einer ungeradzahligen Anzahl von monolithisch integrierten Inverterstufen, wobei die letzte auf die erste Stufe rückgekoppelt ist. Abb. 3 zeigt die prinzipielle Schaltung. Der technologische Aufbau einer

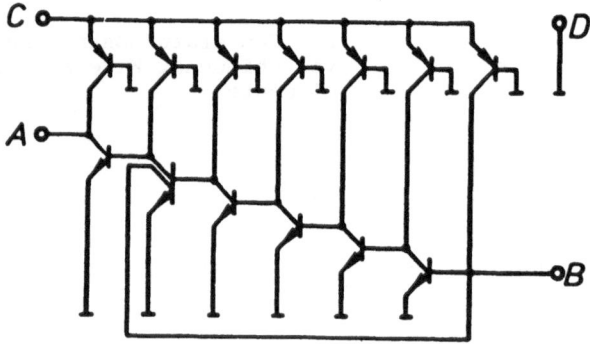

Abb. 3: Prinzipschaltbild eines I^2L-Ringoszillators

Stufe kann Abb. 4 entnommen werden. Das Ausgangsmaterial stellt eine n-Typ Epitaxieschicht auf einem hochdotierten Substrat (n^+) dar. In die Epitaxieschicht wird eine p-Typ Dotierung eingebracht, die den

Emitter (Injektor) und den Kollektor des lateralen pnp-Transistors
darstellt. Mit Hilfe einer nachfolgenden n-Typ-Dotierung werden die
Kollektoren des vertikalen npn-Transistors hergestellt. Der Kollektor
des Lateraltransistors ist gleichzeitig die Basis des Vertikaltransistors. Wird der Emitter des pnp-Transistors Ep an positive Spannung

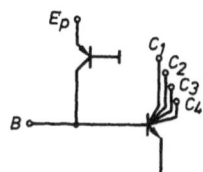

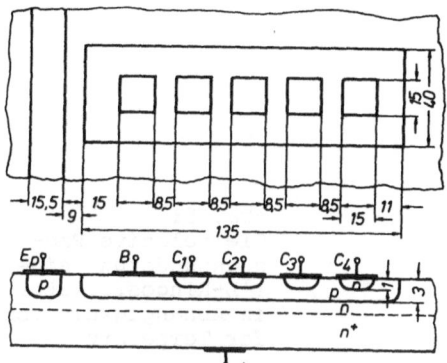

Abb. 4:
Aufbau einer I²L-
Inverterstufe

gelegt (0,7 V bis 0,8 V), so fließt ein konstanter Strom in die Basis
des Vertikaltransistors B. Je nachdem ob B im Leerlauf oder kurzgeschlossen ist, kann durch den Vertikaltransistor ein Strom fließen
(Inverter). Aufgrund der Abmessungen, die Abb. 4 zu entnehmen sind, ist
erkennbar ,   daß ein derartiger Ringoszillator nur relativ wenig
Chipfläche in Anspruch nimmt (z.B. 0,2 mm x 0,2 mm bei einem fünfstufigen Oszillator). In Abb. 5 ist die relative Frequenzänderung
(Bezugstemperatur 20°C) eines fünfstufigen Ringoszillators in Abhängigkeit der Temperatur für verschiedene Versorgungsströme (Strom durch
Anschluß c aus Abb. 3) dargestellt. Bei kleinen Strömen (z.B. 30 µA)
nimmt die Oszillatorfrequenz annähernd linear mit dem Versorgungsstrom
zu. Dies ist durch die Abnahme der Durchlaßspannung einer Diode mit

zunehmender Temperatur bedingt. Deshalb ist die maximale Empfindlichkeit der Oszillatorfrequenz (0,4 %/K) ähnlich der Durchlaßspannungs-
änderung einer Siliziumdiode. Bei höheren Strömen (300 µA, 500 µA) ist
die Oszillatorfrequenz nahezu unabhängig von der Temperatur. Für hohe Ströme (> 500 µA) bedingt der Spannungsabfall am Basisbahnwider-
stand eine Frequenzabnahme mit ansteigender Temperatur.

Die Verwendung von I^2L-Ringoszillatoren als Temperatursensor und seine
Integrationsmöglichkeit mit anderen Sensoren wird derzeit untersucht.

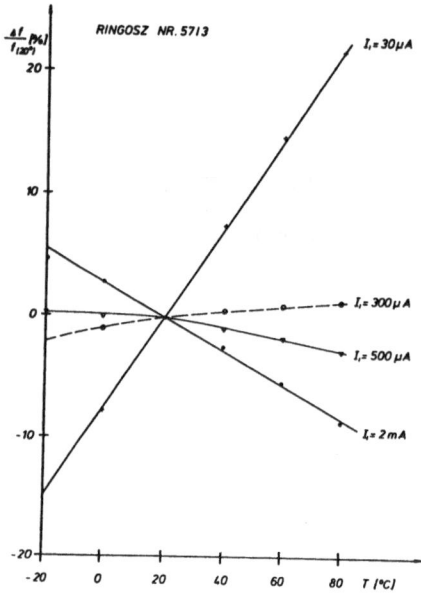

Abb. 5:
Die relative Fre-
quenzänderung eines
I^2L-Ringoszillators
in Abhängigkeit von
der Temperatur

3.2 Drucksensoren

Drücke werden über die Verformung von Membranen gemessen. Die resultierende Dehnung in der Membrane kann mittels Dehnmeßwiderständen bestimmt werden. Die in einem Halbleiter-Dehnmeßwiderstand infolge mechanischer Spannung bewirkte Änderung des Widerstandes wird als piezo-
resistiver Effekt bezeichnet. Der Zusammenhang zwischen der Dehnung
ε und der Widerstandsänderung ΔR/Ro ist durch den Gage-Faktor (K-Faktor)

gegeben:

$$\frac{\Delta R}{Ro} = K\epsilon \qquad\qquad (3)$$

Der K-Faktor kann je nach der Lage des Widerstandes zur Kristallorien-
tierung und zur Richtung des Spannungsvektors in seiner Größe und
im Vorzeichen verschieden sein. Außerdem ist er vom Leitungstyp und
der Dotierungskonzentration abhängig. In p-Typ <100> Silizium wurden
K-Faktor > 100 gemessen (Metalle: K $\cong$ 2). Den prinzipiellen Aufbau
eines Siliziumdurcksensors zeigt Abb. 6. In n-Typ <100> Silizium werden

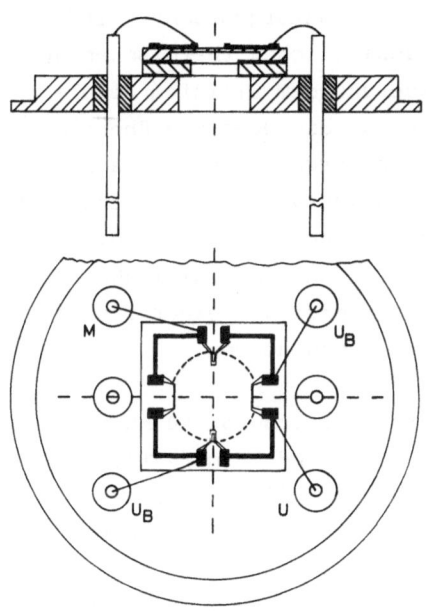

Abb. 6:
Prinzipieller Aufbau eines
piezoresistiven Drucksen-
sors

p-typ Widerstände in radialer (Abb. 6 oben, unten) und in tangentialer
Lage (Abb. 6 links, rechts) am Rande der Membrane eindiffundiert oder
implantiert. Die optimale Dotierungskonzentration liegt bei ca.
$5 \cdot 10^{18}$ cm^{-3}. In diesem Bereich werden K-Faktoren um 70 und niedrige
Temperaturkoeffizienten der Widerstände ($\alpha < 2 \cdot 10^{-3}$ 1/K) erreicht. Am
Rande der Membrane überwiegt die radiale Spannung, so daß je zwei
Widerstände longitudinal (Abb. 6 oben, unten) und transversal (Abb. 6
links, rechts) beansprucht werden. In <100>-p-Typ-Silizium ist der

longitudinale Piezokoeffizient im Betrag annähernd gleich dem transversalen Piezokoeffizienten, jedoch entgegengesetzt im Vorzeichen, d.h.
die Widerstandsänderungen von je zwei Widerständen sind entgegengesetzt gleich. Da die Temperaturabhängigkeit der einzelnen Widerstände
aber gleich ist, kann mit einer Brückenschaltung der Temperaturgang kompensiert werden. Aufgrund der entgegengesetzten Vorzeichen der Widerstandsänderung zwischen den transversalen und longitudinalen Widerständen
wird die Empfindlichkeit verdoppelt.

Die Membrane wird durch lokales Dünnätzen der Rückseite hergestellt
(s. Abb. 6). Je nach Meßbereich liegt die Membrandicke zwischen 10 µm
und einigen 100 µm, der Membrandurchmesser bei einigen mm. Verschiedene Hersteller verwenden auch rechteckige Membranen. Das die Membrane
enthaltende Si-Plättchen wird meist auf einem Silizium-Trägerplättchen
befestigt (siehe Abb. 6) und in einem Gehäuse untergebracht. Mit der
Si-Substratplatte wird die aus den unterschiedlichen thermischen Aus-
dehnungskoeffizienten zwischen dem Gehäuse und dem Silizium resultierende Dehnung nur im verringertem Maße auf die Membrane übertragen.
Die Drahtverbindungen werden mittels Bonden hergestellt. Je nach Gehäu-
seform können mit einem derartigen Aufbau Relativ- und Differenzdruck-
sensoren hergestellt werden. Für Absolutdrucksensoren werden die
Siliziumchips unter Vakuum mit einer geschlossenen Siliziumsubstrat-
platte verbunden. Vielfach wird auf dem Chip oder auf einer zusätzlichen Keramik-Platte ein Widerstandsabgleich vorgenommen.

Piezoresistive Drucksensoren werden im Druckbereich von 50 mbar bis
3500 bar mit Empfindlichkeiten zwischen 5 mV/V und 70 mV/V für den
Meßbereichsendwert angeboten /7/. Die Linearität liegt zwischen
± 0,25 % und ± 2 % vom Endwert. Die meisten Sensoren sind für Über-
druckbelastungen vom 1,5-fachen bis zum 3-fachen des Endwertes ausgelegt. Der Gebrauchstemperaturbereich ist zwischen -40°C und +120°C
spezifiziert. Der Preis dieser Druck-sensoren bewegt sich zwischen
DM 50.-- und DM 1.500.--.

In Verbindung mit dem I^2L-Ringoszillator (s. Abb. 3) wurde ein frequenzanaloger Drucksensor untersucht. Abb. 7 zeigt das Prinzipschaltbild. Je ein longitudinal und transversal beanspruchter Widerstand
wird in Serie zu einem I^2L-Ringoszillator geschaltet. Legt man an die
Widerstände eine konstante Versorgungsspannung U_B an, so wird die
Widerstandsänderung in eine Stromänderung umgesetzt und damit eine
Frequenzänderung des Ringoszillators erreicht. Mit Hilfe der entgegengesetzten Widerstandsänderungen an den longitudinal und transversal

beanspruchten Widerständen kann durch Subtraktion der Oszillatorfre-
quenzen die Empfindlichkeit verdoppelt und die Temperaturabhängigkeit
eliminiert werden. Voraussetzung dafür ist, daß das Temperaturverhalten der I^{2}L-Ringoszillatoren identisch ist. Ein besonderer Vorteil des
I^{2}L-Ringos-illator ist, daß er monolithisch mit dem Drucksensor integriert werden kann und beide mit gleichen technologischen Schritten
herstellbar sind. Monolithisch integrierte Drucksensoren werden derzeit entwickelt. Erste Messungen an hybrid aufgebauten Mustern zeigten
eine Empfindlichkeit von ca. 10 kHz/bar. Die Versorgungsspannung war
4 V. Die Linearität war jedoch wegen der noch nicht optimalen technologischen Daten des Ringoszillators ungenügend.

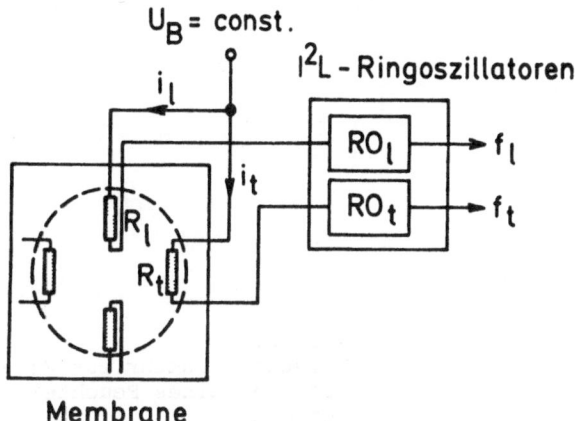

Abb. 7: Frequenzanaloger Drucksensor mit I^{2}L-Ringoszillatoren

3.3. Feuchtesensoren zur Bestimmung der Feuchte in Gasen
Ein Großteil der Sensoren zur Messung der relativen Luftfeuchte beruht
auf der Änderung der Perimittivitätszahl des Sensorelementes unter der
Einwirkung des Feuchtegehaltes eines Gases (Luft). Das Sensorelement
kann dabei aus organischen Folien, porösem Al_2O_3 oder Keramik bestehen.

Die Funktionsweise des porösen, nach einem Eloxalverfahren hergestell-
ten Al_2O_3-Feuchtesensors ist derzeit noch umstritten. Zum einen wird
die Feuchteabhängigkeit der Kapazität alleine auf die Einlagerung von
Wassermolekülen in Poren des Oxides, zum anderen auf die besondere

Affinität der Elektrolytreste in den Poren auf Wassermoleküle zurückgeführt. Eine Optimierung des Herstellungsverfahrens ist nur schwer
möglich. Feuchtesensoren dieser Bauart müssen oft sehr langwierigen
Alterungsprozessen unterzogen werden.

Es wurde deshalb versucht, mit den Mitteln der Siliziumtechnologie ein
reproduzierbares Herstellungsverfahren zu entwickeln [8]. Dazu wurde
die Versuchsstruktur aus Abb. 8 verwendet. Ausgangsmaterial ist ein
Siliziumsubstrat. Das Silizium wurde thermisch oxidiert und mit Alu-
minium-Kammelektroden versehen. Die Al_2O_3-Schicht wurde durch HF-
Kathodenzerstäubung hergestellt. Die Al_2O_3-Schichten waren porenfrei.
Kapazitätsmessungen lassen auf sehr gute Oxidqualität schließen.

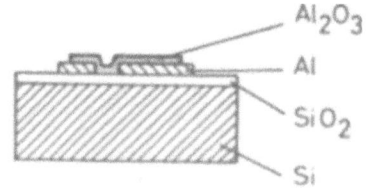

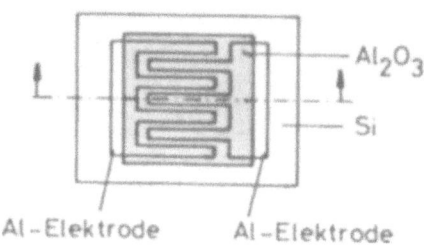

Abb. 8:
Versuchsstruktur zur Ent-
wicklung eines Feuchte-
sensors

Die gemessene Kapazität der Versuchsstruktur war 900 pF. Wie die Messungen aus Abb. 9 (untere Kurve) zeigen, war die Kapazität feuchteun-
abhängig. Mittels Implantation von Ar-Ionen konnte die Al_2O_3-Schicht
aktiviert und ein nahezu linearer Anstieg der Kapazität zwischen
10 % und 90 % relativer Luftfeuchte erreicht werden. Untersuchungen
der implantierten Schicht ergaben eine Änderung des Brechungsindex
und der Ätzrate, was auf eine Auflockerung der Struktur des Oxides

schließen läßt.

4. Zukünftige Entwicklungstätigkeiten im Bereich der Siliziumsensoren

Die zukünftigen Entwicklungstätigkeiten im Bereich der Sensoren für
die Konsumelektronik erstrecken sich auf die Untersuchungen von Sensorprinzipien, die mit Verfahren der Siliziumtechnologie herstellbar
sind. Über diesen Weg soll versucht werden, kostengünstige, qualitativ hochwertige und eng tolerierte Sensoren in hohen Stückzahlen
zu erzeugen /9/. Über den Einbezug der Möglichkeit der monlithischen

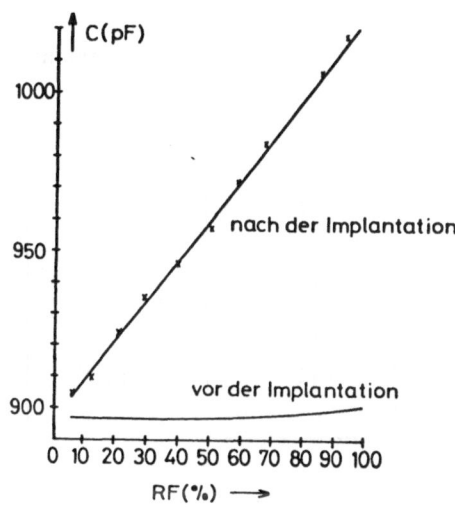

Abb. 9:
Gemessene Feuchte-
abhängigkeit der
Kapazität vor und
nach der Ar-Implan-
tation

Integration von Elementarsensor und Signalmodifizierblock wird es
dann gelingen, extrem kostengünstige Bauelemente herzustellen /10/.
Im folgenden sollen einige Beispiele für zukünftige Entwicklungstätigkeiten diskutiert werden.

In Tabelle 3 sind die Eigenschaften verschiedener Dehnmeßwiderstände
aus Metall und Silizium gegenübergestellt. Betrachtet man das Verhältnis zwischen den Temperaturkoeffizienten des Widerstandes und der
Empfindlichkeit (K-Faktor), so stellt man fest, daß monokristallines

Silizium ein ähnliches α/K-Verhältnis wie Metall hat. Erste eigene
Versuche mit polykristallinen Siliziumschichten zeigen, daß der K-
Faktor abhängig von der Dotierung im Bereich zwischen 30 und 45 liegt
(s. Abb. 10). Der Temperaturkoeffizient des Widerstandes entspricht
dem von Metall, d.h. das Verhältnis zwischen Temperaturkoeffizienten
und K-Faktor ist bereits bei diesen ersten Messungen um den Faktor 5
besser als bei Metall. Dies gab den Anstoß, polykristalline Siliziumschichten auf ihre Verwendbarkeit als Sensormatieral zu untersuchen.
Ähnlich wie Metall-Dünnfilm-DMS können Polysiliziumschichten auf verschiedene Substratmaterialien abgeschieden werden. Damit könnten
Kraftsensoren, Drucksensoren, Temperatursensoren und Durchflußmesser
auf Silizium-, Keramik-, Glas- und Stahlsubstraten realisiert werden.
Ein Vorteil von Polysilizium ist, daß der Temperaturbereich über 200°C
ausgedehnt werden kann.

Tabelle 3: Zusammenstellung der Eigenschaften der verschiedenen Dehnmeßwiderstände

Sensorelement	Gagefaktor K	Linearität bei $\varepsilon = 10^{-3}$ [%]	Widerst. TK α [K^{-1}]	Gagefakt. TK β [K^{-1}]	$\frac{\alpha}{\bar{K}}$ [$\bar{K}^1$]
Metall-DMS	2	0,1	$2\cdot10^{-5}$	$2\cdot10^{-4}$	10^{-5}
Halbleiter-DMS monokr. Silizium	150	1,0	$2\cdot10^{-3}$	$-2\cdot10^{-3}$	$2\cdot10^{-5}$
Si Dünnfilm-Dehnmeßwiderstand (eigene Messungen)	30-45	0,25	$5\cdot10^{-5}$	$1,3\cdot10^{-4}$	$2\cdot10^{-6}$

Weitere Forschungsaktivitäten erstrecken sich auf die Untersuchung
der mechanischen Eigenschaften von dünnen Siliziumschichten (2 μm bis
10 μm) /10/.

Aufgabe der nächsten Jahre muß es sein, integrierte Sensorkonzepte
zu entwickeln. Gerade für die Erfassung der Größen Temperatur, Feuchte
und Luftdruck von Raumklimaten sind integrierte Sensorkonzepte vor-
stellbar. Es soll hierzu die Entwicklung monolithisch integrierter
frequenzanaloger Multisensoren mit I^2L-Ringoszillatoren durchgeführt
werden. Abb. 11 zeigt einen Vorschlag. Eine wesentliche Voraussetzung

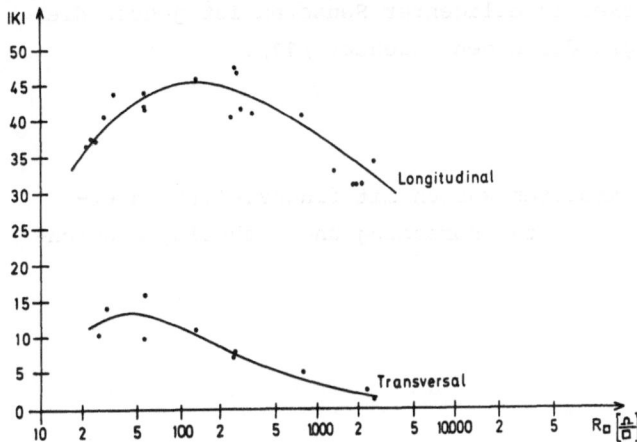

Abb. 10: Der K-Faktor von polykristallinen Siliziumschichten in Abhängigkeit von Flächenwiderstand $R_\square$

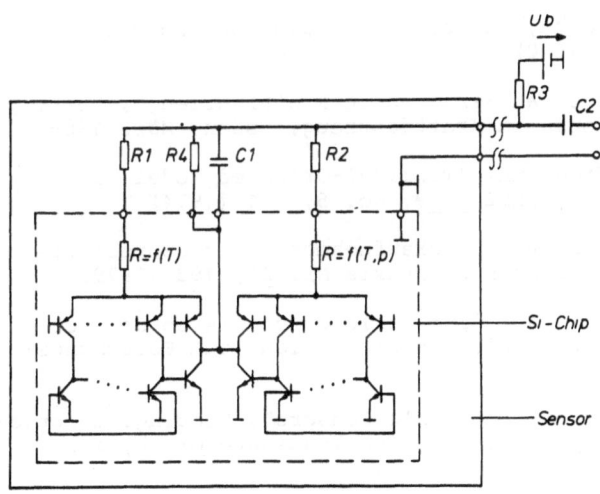

Abb. 11: Monolithisch integrierter frequenzanaloger Multisensor

für die Entwicklung komplexer intelligenter Sensoren ist jedoch die Definition der Anforderungen durch den Anwender /11/.

Die beschriebenen eigenen Arbeiten wurden mit finanzieller Unterstützung des Bundesministeriums für Forschung und Technologie durchgeführt.

Literatur

1. E. Obermeier und H. Reichl, "Meßwerterfassungssysteme und und Sensorprinzipien", Elektronik, H. 26, 23 (1979)

2. S. Ohr, "Focus on transducers", Electronic Design, 14, July 5, 89 (1979)

3. W.G. Wolber und K.D. Wise, "Sensor Development in the Microcomputer Age", IEEE Trans. on ED-26, 1864 (1979)

4. K. Bethe, D. Meyer-Ebrecht, "Sensoren für die Konsumelektronik", Elektronik, H. 10, 41 (1980)

5. F. Heintz, "Anforderungen an Sensoren im Kraftfahrzeug", Vortrag auf der Tagung: Elektronik im Kraftfahrzeug, Essen, März 1980

6. H.H. Berger und S.K. Wiedmann, "Terminal-Oriented Model for Merged Transistor Logic", IEEE SC-9, No. 5, 211 (1974)

7. A. Schwaier, "Miniaturisierte Druckaufnehmer mit piezoresistiven Fühlern", Regelungstechnische Praxis Nr. 21, 193 (1979)

8. H. Reichl, E. Obermeier u.a., "Entwicklung von Mikroprozessorspezifischen Sensorbausteinen", Abschlußbericht zum Forschungsvorhaben NT 790, März 1980

9. H. Reichl, "Microprocessor Compatible Sensors", Meeting: Electronic Sensors and Their Applications, The Institute of Physics, London, 22. April 1980

10. H. Bernt und H. Reichl, "Zukunftsperspektiven für die elektronischen Bauelemente und Sensoren", VDI-Bericht Nr. 348, 137 (1979)

11. H. Reichl, "Siliziumsensoren als Schrittmacher neuer Computeranwendungen", Computerwoche Nr. 51/52, 56 (1979).

NEUE SPEICHERTECHNOLOGIEN:

DIE ZENTRALE PROZESSDATENARCHIVIERUNG MIT OPTISCHEN MASSENSPEICHERN

NEW STORAGE TECHNOLOGIES:

CENTRALIZED PROCESS DATA FILING BY MEANS OF OPTICAL MASS STORES

W. Hoekstra[*], D. Meyer-Ebrecht[**]

[*]Philips Data Systems B.V. Apeldoorn

[**]Philips GmbH Forschungslaboratorium Hamburg, D-2000 Hamburg 54

Summary

The automation of technical processes requires a reliable, fast and
complete knowledge of the process variables over a long period for
process supervision, early fault detection, trend evaluation and
optimization. In view of the vast amount of data, computerized process automation systems may make profit of novel optical mass stores,
which are currently under development. The storage medium of those
storage systems is a 30 cm glass disc with an evaporated metal layer
featuring a storage capacity of about 10^{10} bits. Special data for-
matting procedures and data compression techniques will enable a
fast and flexible access to the filed data.

Situation

Wir erleben heute ein rasches Vordringen der Computertechnologie in
den Bereich der Prozeßautomation. Typische traditionelle Systemfunktionen wie der analoge Prozeßregler werden durch programmgesteuerte
digitale Prozessoren (Mikroprozessor-Regler) ersetzt. Leistungsfähige
Prozeßrechner andererseits übernehmen die hierarchisch übergeordneten
Funktionen. Insbesondere konzentrieren sie die auf der untersten
hierarchischen Ebene eines Prozeßinstrumentierungssystem meßtechnisch
erfaßte Vielfalt von Prozeßgrößen und stellen sie - der Situation angepaßt - übersichtlich dar, um dem Prozeßwartenpersonal die Überwachung
des Prozesses und den manuellen Eingriff in Ausnahmesituationen zu ermöglichen.

Die lückenlose Aufzeichnung einer großen Anzahl der Prozeßgrößen über
lange Zeiträume ist darüber hinaus notwendig - und in bestimmten Fällen
sogar gesetzlich vorgeschrieben -, um sich langsam anbahnende Störungen
und Ausfälle frühzeitig zu erkennen, langfristige Trends zu berechnen,
globale Optimierungen durchzuführen oder Fehlerursachen durch Auswertung der Prozeßhistorie zu rekonstruieren. Heutige Computerspeicher
wie Magnetplatten- oder Magnetbandsysteme sind hierführ nur partiell
geeignet. Problematisch sind sie vor allem bezüglich Zugriffszeit,
Dauerhaftigkeit und Kosten aufgrund der enormen Anforderungen an die
Speicherkapazität: Die Erfassung von z.B. 1000 Meßgrößen in einem
Großprozeß (Abtastrate 1/s) erzeugt eine Datenmenge von ca. 10^9 bit
pro Tag! Wir finden deshalb selbst in hochmodern instrumentierten Prozeßwarten immer noch die traditionellen Prozeßschreiber, die kilo-
meterweise Papierstreifen produzieren.

Hier nun können neue Speichersysteme auf der Basis der optischen Plattenspeicher in Zukunft sehr vorteilhaft eingesetzt werden. Sie bieten
die Möglichkeit, die erzeugten riesigen Datenmengen dauerhaft und in
nicht-manipulierbarer Weise - was den Ansprüchen des Gesetzgebers
entgegenkommt - und dennoch kostengünstig zu archivieren. Die sehr
kompakte Speicherung erlaubt darüber hinaus einen schnellen Datenzugriff.

Der optische Plattenspeicher

Unter weitgehender Anwendung der Technolgie, wie sie für die VLP-
Bildplatte (Video-Longplay [1]) entwickelt wurde, ermöglicht der im
folgenden beschriebene optische Digitalspeicher das Aufzeichnen und

Lesen von digitalen Daten mit hoher Dichte [2]. Als Speichermedium
dient eine rotierende, mit Führungsspuren versehene doppelseitige
Platte von 30 cm Durchmesser. Diese Platte speichert eine Datenmenge
von 10^{10} bit. Sie ist damit den größten heute angebotenen Speichern
mit Magnetplatten in der Speicherdichte (bit pro Volumeneinheit) weit
überlegen. Vorteile des optischen Speichers sind die Möglichkeit,
Daten unmittelbar nach dem Schreiben zu lesen, und der schnelle, wahl-
freie Zugriff: Im Durchschnitt dauert der Zugriff zu einer beliebigen
Speicherstelle nur 250 ms. So ist ein nahezu sofortiger Zugriff zu
5×10^9 bit, dem Inhalt einer Plattenseite, möglich.

Für das Lesen und Schreiben der Daten wird ein Diodenlaser vom Alu-
minium-Gallium-Arsenid-Typ verwendet. Er besteht aus einem Halbleiter-
plättchen, das in einem Gehäuse in der für einen Transistor üblichen
Größe untergebracht ist. Trotz der geringen Abmessungen hat die pul-
sierende Lichtquelle eine so hohe Leistung, daß sie einen großen Gas-
laser und den dazugehörigen Modulator ersetzen kann. Der Laser ist
in ein optisches System eingebaut (Bild 1), das außerdem die Optoelektronik für die Spur-Nachlaufsteuerung und die Fokussierung enthält.

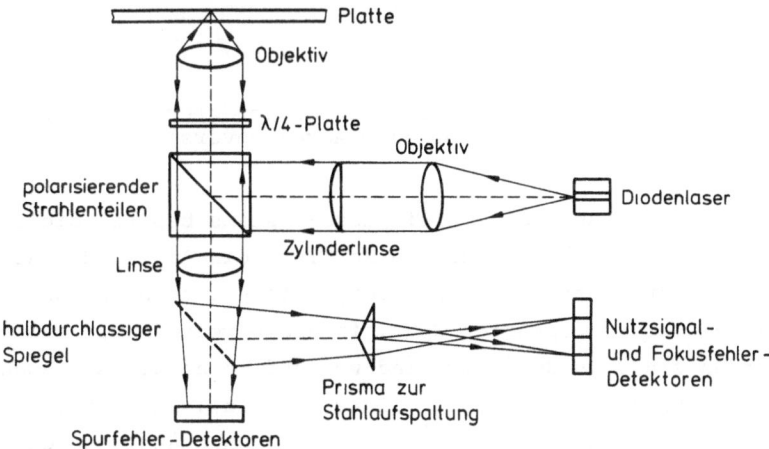

Bild 1: Schematische Darstellung des optischen Systems für das
Beschreiben und Lesen von optischen Speicherplatten

Die Diodenlaser-Optik kann Daten auf eine ähnliche Weise lesen wie ein
Video-Longplay-System. Mit erhöhter Leistung vermag der Laser außerdem
Daten in Form von Löchern von ca. 1 µm Durchmesser in die Tellur-
haltige Beschichtung der Speicherplatte "einzubrennen". Optische Da-
tenbits, die auf diese Weise auf die Platte geschrieben worden sind,
lassen sich sofort danach aufgrund ihrer Reflexionseigenschaften lesen:
Die Optoelektronik erkennt den Unterschied zwischen dem starken Licht,
das von der unzerstörten Metallschicht zurückgeworfen wird, und dem
schwachen Licht, das von einem eingebrannten Loch kommt. Die beiden
unterschiedlichen Helligkeitsstufen werden in ein binäres elektrisches
Signal umgewandelt, aus dem die ursprünglichen Daten dekodiert werden.

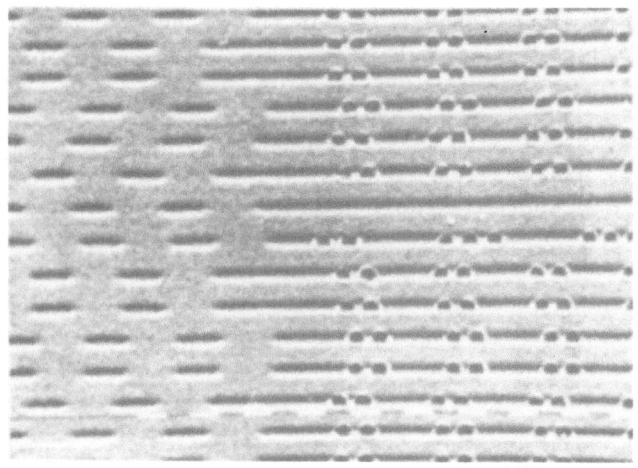

Bild 2: Elektronenstrahlmikroskopaufnahme vorgeprägter und beschrie-
bener Spuren (links vorgeprägter Adressenvorspann)

Zur exakten Positionierung des Schreib/Lese-Systems besitzt die rotierende Platte eine vorgeprägte Spur, deren Tiefe ein Achtel der Wellenlänge des Laserlichts beträgt. Bild 2 zeigt die Elektronenstrahlmikro-
skop-Aufnahme dieser vorgeprägten Spur, in die bereits Daten eingeschrieben worden sind. In der Spur sind von Anfang an die Adressen
für die Speichersektoren eingeformt (links im Bild). Das optische
System kann somit der eingeprägten Spur folgen, unabhängig davon, ob
bereits Daten eingeschrieben wurden oder nicht, und zugleich den Adressenvorspann suchen und lesen. Somit können Daten beliebig überall auf
den nutzbaren Spurensektoren aufgezeichnet und gelesen werden. In beiden Betriebsarten ist der Zugriff zu den gewünschten Adressen in beliebiger Reihenfolge möglich.

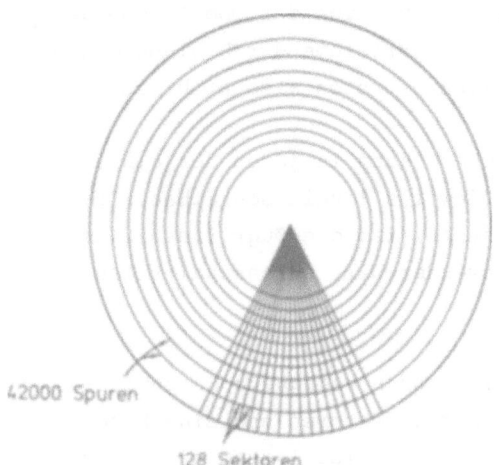

Bild 3:
Datenorganisation auf der optischen Speicherplatte

Führungsspur und Adressenvorspann werden nach den für die VLP-Platte
entwickelten Aufzeichnungs- und Vervielfältigungsverfahren in Kunst-
stoffplatten oder beschichtete Glasplatten geprägt. Wie Bild 3 zeigt,
hat die Platte auf einer Seite 42.000 Spuren. Jede Spur besitzt
128 Sektoren. Zwischen den Adressenvorspannen liegen die flacheren
vorgeprägten Spursektoren. Nach dem Prägen der Platte wird das Auf-
zeichnungsmaterial auf die Oberfläche aufgedampft. Je zwei solcher
Platten werden Rücken an Rücken zu einer Doppelplatte mit Luftzwischen-
raum verbunden (Bild 4).

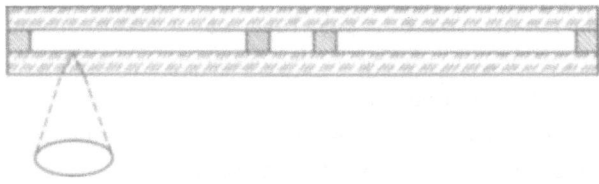

Bild 4: "Sandwich"-Aufbau der optischen Speicherplatte

Wie in Bild 4 dargestellt, wird das Lichtbündel des Lasers durch die
1 mm dicke transparente Platte hindurch auf die Speicherschicht ge-
richtet. So ergibt sich ein hoher Schutz gegen Störungen durch Staub,
Fingerabdrücke oder Kratzer. Der Optikkopf liest die Adressenvorspanne,
positioniert sich selbständig über der vorgeprägten Spur und kann
durch Einbrennen von Löchern in die Speicherschicht Daten auf die

Platte schreiben. Die Linse des Objektivs hat von der Oberfläche der Speicherplatte einen Abstand von 2 mm. Probleme durch einen engen Kopfabstand wie bei Magnetplattenspeichern treten also nicht auf.

Der Anwender des optischen Datenspeichers kann in jeden der einzeln adressierbaren 42.000 x 128 Sektoren jeweils 1 kbit schreiben. Da sich die Platte pro Sekunde 2,5 mal dreht, ist die Zugriffszeit auf eine Speicherkapazität von 5×10^9 Anwender-bit durchschnittlich 250 ms.

Das fehlerfreie Auslesen der Daten wird durch geeignete Datenmodulation, das Einfügen von Codeworten in die Sektoren und eine hohe Redundanz von 20% sichergestellt. Auf diese Weise lassen sich 99,9% aller Fehler aufspüren und durch das elektronische Fehlerkorrektursystem automatisch korrigieren. Die nicht korrigierbaren. restlichen 0,1% Fehler werden ebenfalls schon beim Schreiben vom System erkannt, wonach alle Daten dieses Sektors in einem neuen Sektor abermals geschrieben werden. Für den Anwender bedeutet dies, daß das Speichersystem praktisch fehlerfrei arbeitet.

Unempfindlichkeit und geringe Abmessungen der Speicherplatten machen es möglich, eine größere Zahl von Platten in einem automatischen Wechselmechanismus ("juke box") zu lagern und auf diese Weise die Speicherkapazität noch einmal zu vervielfachen.

Organisation und Kodierung der Prozeßdaten

Ähnlich wie beim Übergang von der parallel strukturierten und simultan arbeitenden klassischen analogen Prozeßinstrumentierung auf sequentiell arbeitende Digitalrechner muß auch beim Ersatz der parallel angeordneten Prozeßschreiber durch einen einzigen zentralen Massenspeicher besondere Sorgfalt auf die Organisation der Daten und Datenflüsse angewandt werden, um den besonderen Anforderungen in der Prozeßautomation gerecht zu werden: Die große Anzahl von parallel einlaufenden Datenströmen - die Prozeßgrößen P_o ... P_n - müssen so auf dem Speichermedium organisiert werden, daß ein schneller Zugriff zur zeitlichen Folge einzelner Prozeßgrößen sowohl in einer groben Übersicht über einen großen Zeitbereich, als auch im zeitlichen Detail innerhalb kürzerer kritischer Zeitphasen möglich wird.

Daß sich diese Forderungen bei einem Speichermedium mit einem einzigen
sequentiellen Datenkanal einander widersprechen, ist in Bild 5 an-
schaulich dargestellt. Werden die Elemente der Prozeßgrößenmatrix
ihrem Eintreffen entsprechend spaltenweise geschrieben, dann erfordert das zeilenweise Auslesen für die zeitliche Darstellung einzelner
Prozeßgrößen einen sehr umständlichen Zugriff zu den zugehörigen
Datenelementen.

Bild 5:
Während die Prozeßgrößen zeitgleich eingespeichert werden, sollen sie normalerweise "orts"-gleich
(d.h. einzelne Prozeßgrößen über
ein bestimmtes Zeitintervall) gelesen werden.

Ein erster Schritt zur Lösung dieses Problems besteht in der Umordnung
der Matrixelemente vor dem Schreiben in eine Zeilenstruktur. Dies erfordert einen Pufferspeicher, dessen Kapazität mit der Länge des Zeitintervalls, innerhalb dessen die einzelne Prozeßgröße als zusammen-
hängender Datenblock aufgezeichnet werden soll, zunimmt. Ausgehend
von der Strukturierung der optischen Speicherplatte (Bild 3) wird
beispielsweise ein günstiger Kompromiß erzielt, wenn jeder Prozeßgröße eine individuelle Spur zugeordnet wird. Sequentiell werden dann
alle Prozeßgrößen jeweils sektorweise geschrieben. Da ein Datensektor
128 Bytes umfaßt, ist zur Umordnung von n Prozeßgrößen eine Puffer-
speicherkapazität von $n \cdot 128$ Bytes erforderlich.

Ein zweiter Schritt zur Optimierung des Datenzugriffs und gleichzeitig
zur Kompression der Datenströme besteht in der Anwendung eines
Signalquellen-angepaßten Kodierungsverfahrens. Bei der Analyse der
Signalfolgen ergeben sich im allgemeinen starke statistische Abhängigkeiten zwischen zeitlich aufeinanderfolgenden Abtastwerten derselben Prozeßgröße. D.h., für die Differenzen zwischen den Abtastwerten erhält man ein deutliches Häufigkeitsmaximum bei Null, während
die Häufigkeit mit zunehmenden Betrag der Differenz schnell abklingt
(Bild 6, oben). Dieser Effekt ist bei zeitlich aufeinanderfolgenden
Abtastwerten am ausgeprägtesten und nimmt mit zunehmender zeitlicher

Distanz ab. Ein Blick auf Prozeßgrößenschriebe bestätigt dies: Im Normalfall bewegen sich die Meßgrößen geringfügig um ihren Sollwert
herum; große, plötzliche Abweichungen sind selten. Die Darstellung der
Prozeßgrößen durch eine zeitlich dichte Folge von Abtastwerten mit
hoher Auflösung (Anzahl der bit pro Abtastwert) ist zwar notwendig,
um die Prozeßgrößen sowohl im quasi-stationären Fall mit genügender
Genauigkeit als auch im Fall sprungartiger Änderungen mit genügender
zeitlicher Auflösung rekonstruieren zu können. Sie birgt jedoch ein
hohes Maß an Redundanz (wenn im quasi-stationären Fall nur ein geringer Teil des Amplitudenbereichs ausgenutzt wird) und Irrelevanz
(wenn im dynamischen Fall eine feinstufige Quantisierung unwichtig
ist) in sich.

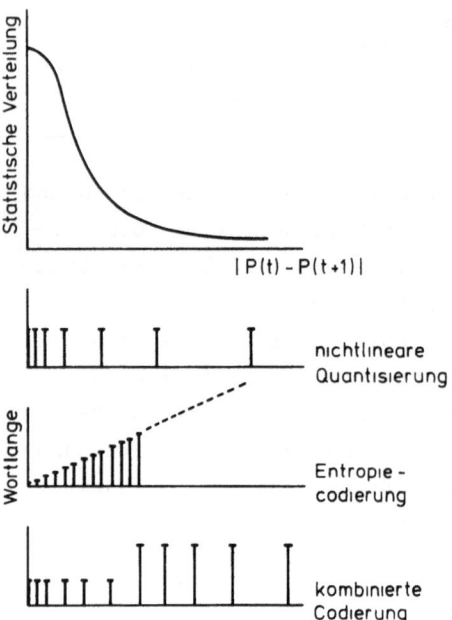

Bild 6:
Redundanz- und Irrevalenzreduktion

Um sowohl Redundanz als auch Irrelevanz wirkungsvoll zu reduzieren,
erweist sich unter den verschiedenen Quellenkodierungsverfahren die
S-Transformation [3] als besonders günstig. Die Abtastwerte werden
hierbei zunächst zu Paaren benachbarter Werte zusammengefaßt (Bild7).
Die Wertepaare werden vollständig beschrieben durch die Summe und die
Differenz der beiden Abtastwerte. Gegenüber der mit z.B. 10 bit
quantisierten Darstellung der ursprünglichen Abtastwerte sind zur
Darstellung der Differenzwerte entsprechend ihrer Statistik im Mittel

wesentlich weniger bit notwendig. Dies wird erreicht , wie in Bild 6
unten dargestellt, durch nichtlineare Quantisierung (kleine Quantisierungsstufen bei kleinen Differenzwerten, d.h. im quasi-stationären
Fall, und große Quantisierungsstufen, wenn bei großen schnellen Signal-
änderungen hohe Auflösung irrelevant ist), durch Entropiekodierung
(kleine Wortlängen für die häufigen kleinen Differenzwerte, große Wortlängen für die seltenen großen Differenzwerte) oder durch die Kombination beider Techniken.

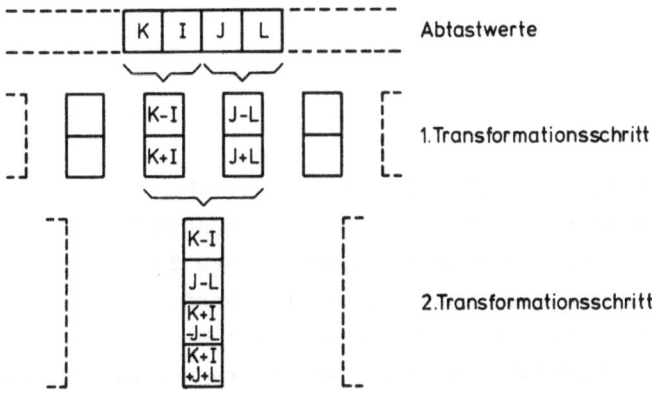

Bild 7: Anwendung der Sukzessiven-Hadamard-Transformation auf eine
        Zeitserie von Meßwerten

Die Summenwerte müssen natürlich mit dem vollen Quantisierungsumfang
der ursprünglichen Abtastwerte beschrieben werden. Nun stellt die
Folge der Summenwerte allein bereits die Prozeßgröße dar, und zwar
mit der halben zeitlichen Auflösung. (Die Summenbildung bewirkt dabei
gleichzeitig eine zur Vermeidung von Alias-Signalen notwendige Tiefpaß-
filterung.) Wenn auch in abgeschwächter Form, gelten für diese Signal-
folge dieselben statistischen Abhängigkeiten wie für die Folge der
ursprünglichen Abtastwerte. Es liegt daher nahe, in einem zweiten
Transformationsschritt auch die Summenwerte wieder paarweise zusammenzufassen und wie vorher mit den Abtastwerten zu verfahren. Nach m
solchen Trnasformationsschritten erhält man eine Folge von Datenvek-
toren, die sich aus den Mittelwerten über Signalabschnitte von jeweils 2^m Abtastperioden sowie aus den zur sukzessiven Rekonstruktion
der Dynamik innerhalb dieser Zeitintervalle notwendigen Koeffizienten
- geordnet nach der zeitlichen Auflösung - zusammensetzen.

Die mit diesem Kodierungsverfahren erzielbare Datenkompression verbessert sowohl die Wirtschaftlichkeit als auch die Zugriffsgeschwindigkeit eines zentralen Prozeßdatenspeichers. Darüber hinaus leistet sie einen wichtigen Beitrag zur Optimierung der Datenorganisation. Durch entsprechende Zusammenfassung jeweils der Globalinformation (Summenkoeffizienten) und der Detailinformation (Differenzkoeffizienten) auf dem Speichermedium kann ein schneller Zugriff zu einer Übersichtsdarstellung einzelner Prozeßgrößen erreicht werden, ohne daß die Möglichkeit einer Detaildarstellung beliebiger Zeitphasen ("Lupendarstellung") erschwert wird.

Zusammenfassung

In der Prozeßautomation ist für die Prozeßüberwachung, Fehlerfrüherkennung, Trendberechnung und Optimierung eine genaue, schnelle und lückenlose Kenntnis der Prozeßgrößen über längere Zeiträume erforderlich. In computergestützten Automationssystem werden sich wegen der notwendigen großen Speicherkapazitäten optische Massenspeicher, die sich zur Zeit in Entwicklung befinden, besonders vorteilhaft einsetzen lassen. Das Speichermedium dieser Speichersysteme ist eine Metallschicht-bedampfte Glasplatte von 30 cm Durchmesser mit einer Speicherkapazität von ca. 10^{10} bit. Spezielle Datenorganisationsformen und Datenkompressionstechniken werden einen flexiblen und schnellen Zugriff zu den archivierten Daten ermöglichen.

Literatur

1. Compaan, K., Kramer, P.: The Philips "VLP"-System. Phil. Techn. Rev. Band 33 (1978), S. 178-180.

2. Bulthuis, K., Carasso, M.G., Heemskerk, J.P.J., Kivits, P.J., Kleuters, W.J., Zalm, P.: Ten billion bits on a disk. IEEE Spectrum Vol. 16, Nr. 8 (1979), S. 26-33.
Kenney, G.C., Lon, D.Y.K., McFarlane, R., Chan, A.Y., Nadan, J.S., Kohler, T.R., Wagner, J.G., Zernike, F.: An optical disk replaces 25 mag tapes. IEEE Spectrum Vol. 16, Nr. 2 (1979), S. 33-38.

3. Lux, P.: A Novel Set of Closed Orthogonal Functions for Picture Coding. AEÜ, Band 31 (1977), S. 267-274.

LICHTLEITERSYSTEME DER MESS- UND PROZESSTECHNIK, AUFBAU UND ERFAHRUNGEN

FIBRE-OPTIC SYSTEMS IN MEASURING AND PROCESS ENGINEERING, DESIGN AND EXPERIENCE

K. Fiebelkorn, Siemens AG, 7500 Karlsruhe

P. Peschke, Fraonhofer-Institut für Informations-
und Datenverarbeitung (IITB), 7500 Karlsruhe

Summary

Optical fibers are more suitable for data transmission in process control systems than conventional copper wires because of their immunity
against electromagnetic interferences. After a brief discussion of the
components and the requirements under severe environmental conditions
some typical applications and bus configurations are presented.

Experience in the optical communication system of the fault-tolerant
RDC-System (Really Distributed Computer Control System) is described
in more detail.

1. Aufbau

Für die Datenübertragung in der Meß- und Prozeßtechnik werden zunehmend
Lichtleitersysteme verwendet. Aufgrund der Eigenschaften dieser Systeme

- galvanische Trennung von Sender und Empfänger,
- keine Erdungsprobleme,
- Unempfindlichkeit gegen elektromagnetische Störungen,
- keine Entzündung von explosionsgefährdeten Gasen und Stoffen -
  daher problemloser Ex-Schutz möglich,

eignen sich Lichtleiter-Übertragungssysteme besonders für

- Kraftwerke und Schaltanlagen,
- Anlagen mit hohen Potentialdifferenzen,
- Eisenhüttenanlagen,
- explosionsgefährdete Bereiche der chemischen Industrie und Bergwerke
- Bereiche mit korrosiver Atmosphäre und
- Bordnetze in Flugzeugen und Schiffen,

und dort besonders für

- Fernwirk-Anlagen und
- Prozeßrechner-Systeme.

1.1 Komponenten

Die Aufgabe von Lichtleiter-Übertragungssystemen in der Meß- und Prozeßtechnik ist es, Informationen zu übertragen. Sie empfangen digitale
oder analoge Daten, wandeln diese in Licht um, übertragen das Licht in
elektrische Signale und geben die Information möglichst ohne Änderung
in der Form aus, wie sie dem Sender angeboten wurde. Die Senderseite
besteht aus einem Modulator, der die Spannungsimpulse (TTL- oder andere Formate) in Stromimpulse wandelt sowie einer Leuchtdiode zur
Wandlung der elektrischen Energie in Lichtenergie. Halbleiter-Laser
sind vorerst noch zu teuer und haben eine zu geringe Standzeit. Der
Modulator kann mit der Leuchtdiode eine Funktionseinheit bilden oder
auch separat angeordnet sein. Die Leuchtdiode ist entweder in dem
Buchsenteil einer Steckverbindung oder in einem Koppelgehäuse für Lei-
terplattenmontage untergebracht. Hieran wird das Lichtleiterkabel gekoppelt (Bild 1). Am empfängerseitigen Ende des Kabels liefert eine
Fotodiode in entsprechenden Gehäusen jeweils einen dem ankommenden
Licht proportionalen Strom. Dieses Signal wird mit einem Verstärker
auf das jeweilige Datenformat verstärkt und umgeformt.

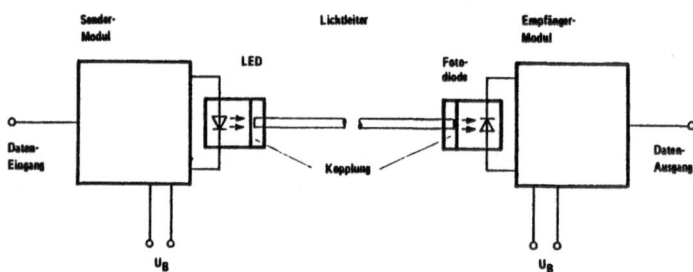

Bild 1:   Schematische Darstellung eines Übertragungssystems

Damit solche Systeme problemlos industriell eingesetzt werden können,
sollten die Modulator- bzw. die Verstärker-Module robust und wartungs-
frei sein, eine lange Lebensdauer besitzen, dem industriellen Temperaturbereich genügen, schwingungs- und schockfest sein, bei Einbau in
Einschubsystemen eine maximale Höhe von 10 mm nicht überschreiten sowie die Koppelelemente staubdicht sein und das Lichtleiterkabel zug-
entlastet und knickgeschützt ankoppeln. Die auf dem Markt befindlichen
Lichtleiterkabel erfüllen fast alle die industriellen Anforderungen,
zumal man unter verschiedenen Kabelkonfigurationen wählen kann.

Die Kosten für Lichtleiterübertragungssysteme, die von einigen Herstellern angeboten werden, sind für kurze Strecken (400 m bis 500 m) schon relativ niedrig (ab ca. 4.-/m). Die Kosten für längere Strecken werden im wesentlichen durch die Kabelkosten bestimmt. Es ist jedoch zu erwarten, daß sich bei verstärktem Einsatz dieser Systeme die Kosten weiter verringern. Zu beachten sind jedoch außerdem die Kosten für Verlegung und Montage sowie für die zusätzlichen Komponenten, die die Lichtleiter-Übertragungssysteme komplettieren und systemfähig machen.

1.2 Komplettsysteme

Um ein funktionsfähiges Übertragungssystem für industriellen Einsatz zu realisieren, sind neben den vorher erwähnten Systemkomponenten noch weitere Teile notwendig. Das Übertragungssystem muß mit den am meisten verbreiteten Schnittstellen - TTL, V 24 sowie eingeprägter Strom (TTY) - kompatibel sein. Filterbauteile müssen dafür sorgen, daß keine elektrische Verkopplung entstehen kann. Neben einer Leiterplatte, auf der die Module aufgebracht sind, muß bei Einschubsystemen die Frontplatte oder bei separatem Einbau das Gehäuse entsprechend gestaltet werden. Wird nur in eine Richtung übertragen (Simplex-Übertragung), benötigen die Sender- und die Empfängerseite je eine Leiterplatte im Einfach-Europaformat (100 mm x 140 mm) (Bild 2). Oft jedoch muß die Übertragung in zwei Richtungen erfolgen (Duplex-Übertragung), dann befinden sich Sender- und Empfängerseite auf je einer Leiterplatte, z.B. im Einfach-Europaformat.

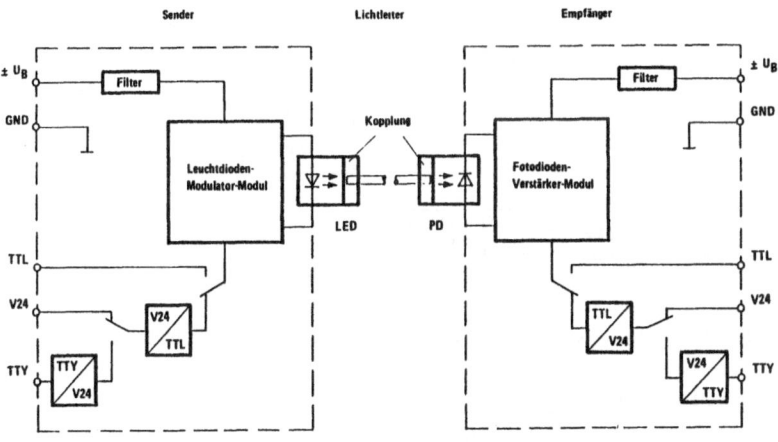

Bild 2: Schematische Darstellung eines Komplett-Systems (Simplex-Übertragung)

1.3 Analoge Datenübertragung

Analoge Meßwerte lassen sich nach Umwandlung in eine normierte Spannung
mittels Spannungs/Frequenz- sowie Frequenz/Spannungs-Umsetzung mittels
Lichtleiter übertragen (Bild 3).

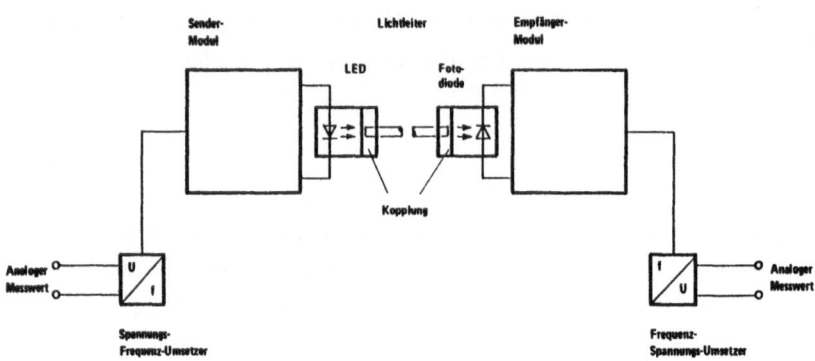

Bild 3:   Schematische Darstellung einer Analog-Übertragung mit
          Lichtleitern

Eine solche Übertragungsstrecke wurde in einer 220 kV-Schaltanlage
parallel zu einer herkömmlichen analogen Fernmessung über eine Strecke
von 400 m installiert (Bild 4). Ein Fehlervergleich durch Differenz-
messung ergab nach einem Jahr Laufzeit außer nach dem Zuschalten einer
langen Fernwirkstrecke keine Abweichung.

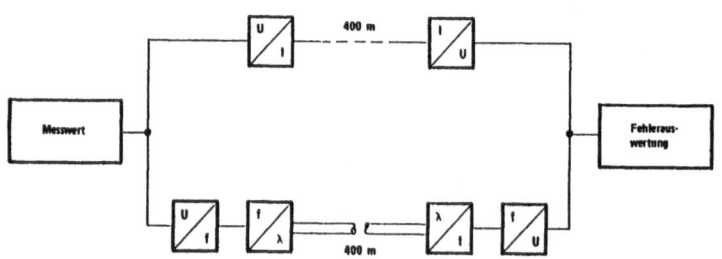

Bild 4:   Analog-Übertragung mit Vergleichsstrecke und Fehlerauswertung

1.4 Bussysteme mit Lichtleitern

In der chemischen Industrie, der Eisenhüttenindustrie und in Kraftwerken werden Automatisierungssysteme mit verteilten Prozessoren in der
Anlage (Distributed Process Control System) benötigt. Die Verbindungen

der Prozessoren untereinander und mit der Warte werden mit Bussystemen realisiert (Bild 5).

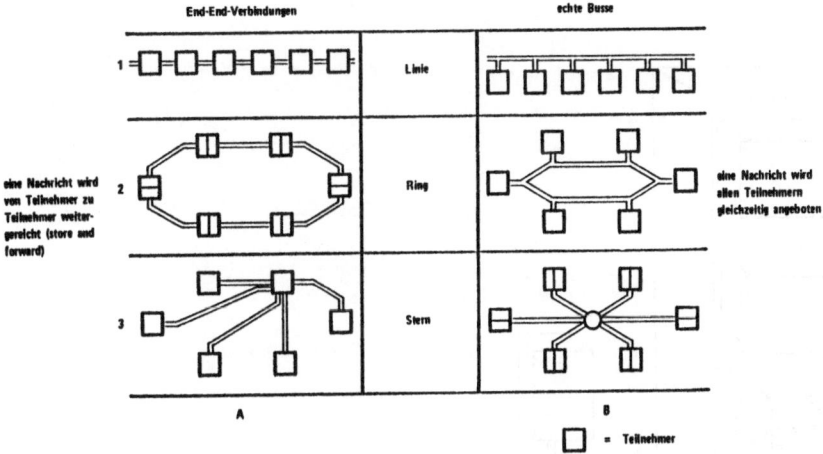

Bild 5:   Realisierungsmöglichkeiten von Übertragungsnetzen

Bei einem Bussystem können mehrere Prozessoren, z.B. über eine gemeinsame Ringleitung oder ein Sternsystem, miteinander verkehren. Ringsysteme können mit geketteten End-End-Verbindungen realisiert werden (Bild 5; 2a). Bei rein optischen Bussystemen können Sternsysteme mit Sternkopplern (Bild 5; 3b) aufgebaut werden. Sternnetze mit Sternkopplern bieten sich besonders an, da Sternkoppler das Licht auf die Empfängerleitungen nahezu gleichmäßig aufteilen (Bild 6).

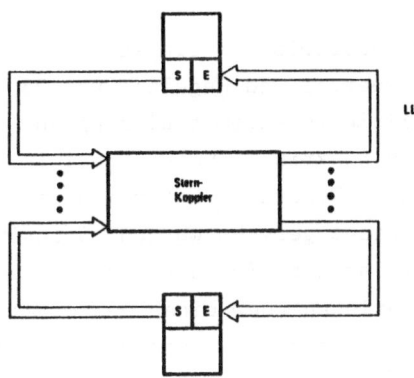

Bild 6:   Schematische Darstellung eines Sternkopplers

Die Anordnung des zentralen Sternkopplers erfolgt am Ort eines der
Prozessoren (Bild 7).

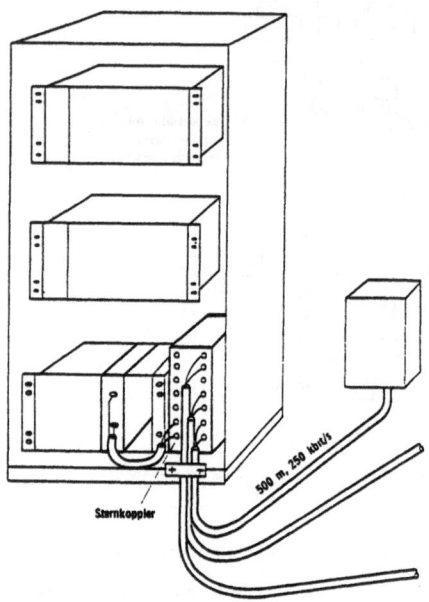

Bild 7:   Einbau eines Sternkopplers in ein Prozessbus-System

2.   Erfahrungen beim praktischen Einsatz

2.1 Systemübersicht

Für einen Großbetrieb in der Eisenhüttenindustrie war ein Automatisierungssystem zur direkten digitalen Steuerung und Regelung von 28
Tieföfen zu erstellen. Bisherige zentralisierte Automatisierungskon-
zepte konnten den Anforderungen bezüglich Funktionsumfang, Flexibilität, Ausfallsicherheit und disponierbarer Reparatur unter den vorliegenden erschwerten Umweltbedingungen nicht gerecht werden. Deshalb
wurde ein neuartiges verteiltes, fehlertolerantes Prozeßrechnersystem
entworfen, das autonome Mikroprozessorstationen über einen dezentral
gesteuerten Lichtleiterbus miteinander verbindet und durch die Nutzung
dynamischer funktionsbeteiligter Redundanz mit selbsttätiger Fehlerdiagnose stufenweise Systemrekonfiguration ermöglicht [1]. Die vorliegenden Erfahrungen über einen Zeitraum von fast zwei Jahren beziehen

sich auf eine erste Ausbaustufe mit 4 Mikroprozessorstationen und einem zentralen Leitstand und zwei Prozeßbedienstationen, bestehend aus einem Ein-/Ausgabefarbbildsystem und einem on-line-Programmierplatz, die über einen Doppellichtleiterring gekoppelt sind.

Bild 8 zeigt die Gerätestruktur dieses verteilten Echtzeitrechnersystems, RDC-System genannt (Really Distributed Control System). Zwei voneinander unabhängige Mikroprozessoren PµP und LµP übernehmen die Prozeßsteuerung und Leitungssteuerung in jeder Mikroprozessorstation. Ein besonders ausfallgesicherter zentraler Busumschalter koordiniert die lokalen und übergreifenden Buszugriffswünsche beider Prozessoren [2].

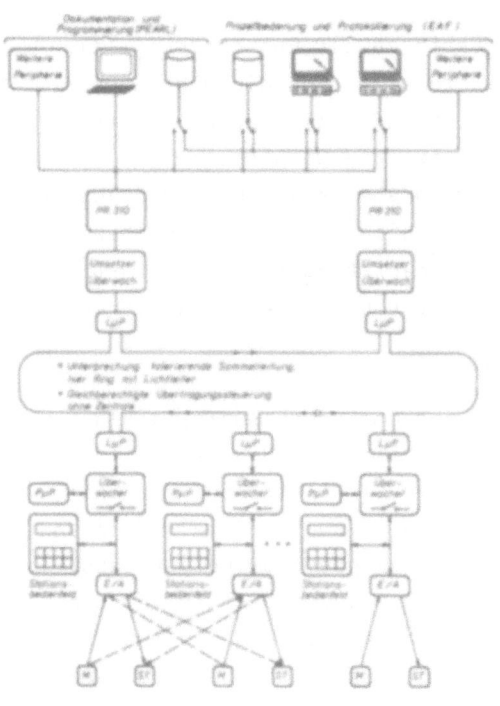

Die Leitungssteuerung unterstützt ein dezentrales Kommunikationssystem mit aktiver Leitungsankopplung und toleriert vollständige Unterbrechungen der Lichtleitersammelleitung. Bei Unterbrechung einer Lichtleitfaser schaltet das System selbsttätig auf die andere redundante Übertragungsrichtung um. Bei vollständiger Unterbrechung des Doppelrings führt der leitungssteuernde Mikroprozessor LµP den unidirektionalen Ringverkehr in einen zeitscheibengesteuerten Pendelverkehr mit periodischer Richtungsumschaltung und reduzierter Übertragungsleistung. Nach Behebung mindestens einer Unterbrechung wechselt der Pendelverkehr selbsttätig in den unidirektionalen Ringverkehr mit voller Übertragungsleistung. Das System ist ausführlich in [3] beschrieben.

Bild 8: Gerätestruktur des verteilten fehlertoleranten Prozeßrechnersystems

2.2 Umweltbedingungen

Der Einsatzort des verteilten Prozeßrechnersystems stellte erhöhte
Anforderungen an die Mikroprozessorstationen und an das Kommunikations-
system bezüglich mechanischer, thermischer und elektromagnetischer
Beanspruchung. Im einzelnen waren dabei folgende Beeinflussungen bzw.
Belastungen zu berücksichtigen:

- starke mechanische Erschütterungen,
- hohe kurzzeitige Temperaturunterschiede bis zu 80°C,
- große elektromagnetische Störungen und Überkopplungen,
- Einbrüche und kurzzeitige Spitzen in der Versorgungsspannung,
- Unterschiede der Bezugspotentiale der Versorgungsspannungen,
- starke Staub- und Schmutzeinwirkungen,
- möglicherweise agressive Gase,
- erhöhte Zug- und Biegebelastung bei der Kabelverlegung.

Die Gesamtheit dieser Anforderungen führte zu der Entscheidung, als
Kommunikationsmedium Lichtleitkabel einzusetzen, da diese bei hoher
Übertragungsrate und geringer Dämpfung unempfindlich gegen elektromagnetische Beeinflussung sind und gleichzeitig Optokoppler zur Po-
tentialtrennung ersetzen. Der erste verwendete Kabeltyp zeigte jedoch
eine starke Abhängigkeit der Dämpfung des Lichtleiters von mechanischer
und thermischer Beanspruchung. Erst eine neuartige Kabelkonstruktion
mit stützenden Stahlelementen konnte diese Abhängigkeit beseitigen.

2.3 Übertragungsmedium Lichtleiter

Lichtleitkabel zeichnen sich gegenüber herkömmlichen Kupferkabeln
durch eine nahezu frequenzunabhängige niedrige Dämpfung aus. Bild 9
zeigt den Dämpfungsverlauf a = a (f) zweier Lichtleitkabel mit unterschiedlichem Berechnungsprofil im Vergleich zu zwei Koaxialkabeln und
einem symmetrischen Kabel. Bei der im vorliegenden Kommunikationssystem verwendeten Multimoden-Gradientenfaser mit parabelförmigem Bre-
chungsprofil beginnt der Dämpfungsanstieg erst oberhalb 200 MHz für
eine Übertragungslänge von 1 km. Neben dem ausgezeichneten Frequenzverhalten sind Lichtleitkabel vollkommen unempfindlich gegen elektromagnetische Einkopplungen. Demgegenüber besitzen zu je nach Ader- bzw.
Kabelaufbau eine mehr oder weniger ausgeprägte Dämpfungsabhängigkeit
bei Zugbelastung. Bild 10 zeigt für vier verschiedene "Aderverpackungen"
die belastungsabhängige Zusatzdämpfung zu den in Bild 9 angegebenen
Werten. Um die Lichtleitfaser möglichst spannungsfrei zu verkabeln,
wird sie in einer Hohlader als Schraubenlinie (Helix) untergebracht

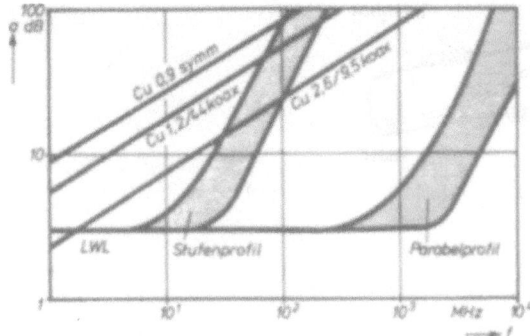

Bild 9: Dämpfungsmaß a = a (f) verschiedener Übertragungsmedien
         (Länge 1 km)

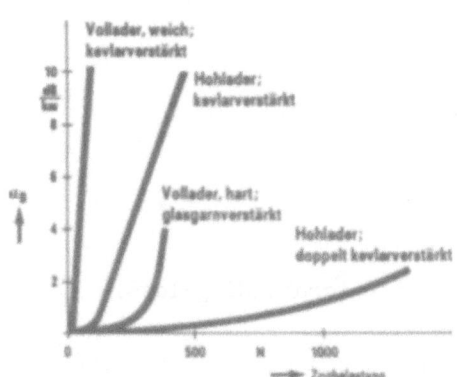

Bild 10: Zusatzdämpfung a_B unter
         Zugbelastung

(Bild 11). Mit zusätzlicher Um-
mantelung durch abwechselnde
Schichten aus Kevlar-Fasern und
Polyurethan erreicht man einen stabilen Kabelaufbau, der in normalen
Temperaturbereichen (10^oC - 50^oC)
eine fast konstante Dämpfung garantiert. Das am Anfang hier verwendete Kabel war in erster Linie
für hohe Temperaturen ausgelegt.
Bei einem unerwarteten Kälteein-
bruch in der Tiefofenhalle (Temperaturen unter 0^oC) stieg die Dämpfung
des verwendeten Kabels fast auf den
dreifachen Wert bei Normaltempera-
tur an, so daß die Kommunikation.
infrage gestellt war. Durch die
starke Abkühlung hatte sich der
Mantel des nicht angeschallten
Kabels stärker als die Glasfaser

zusammengezogen. Dadurch bekam die Schraubenlinie einen größeren Durchmesser und die Faser legte sich an mehreren Stellen fest an die relativ
rauhe Innenwand der Hohlader. Durch die statistisch verteilten Mikro-
Verbiegungen wurde der Grenzreflektionswinkel in der Faser überschritten
und ein Teil des im Faserkern geführten Lichts konnte in den Fasermantel
übergehen. In Bild 12 ist dieser Strahlengang für eine Kernmantelfaser
dargestellt, der zur Dämpfungserhöhung durch den sog. Microbending-

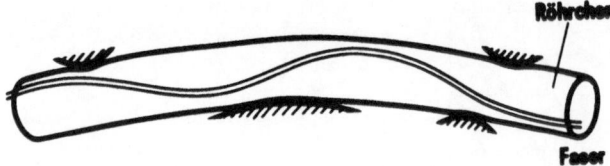

Bild 11: Prinzip der Hohlader

Effekt führt [4]. Neben der Zugempfindlichkeit von Lichtleitkabeln
(Bild 10) gibt es eine "Druckempfindlichkeit", deren Ursachen durch
Microbending erklärbar sind. In Bild 13 sind die Dämpfungsabhängig-
keiten von Zug und Druck bzw. von der relativen Längenänderung $\frac{\Delta L}{L}$

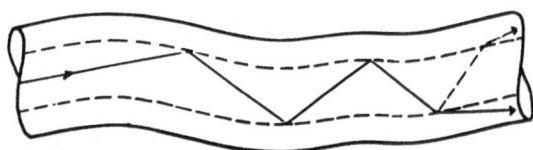

Bild 12: Zusatzdämpfung durch Verbiegungen (microbending-loss)

qualitativ dargestellt. Es ergibt sich daraus ein bestimmter "Arbeitsbereich", innerhalb dessen die Zusatzdämpfung einen vorgegebenen Wert
nicht überschreitet. Die gleiche Kurve kann auch als Zusatzdämpfung
für einen bestimmten Temperaturbereich verstanden werden, da eine Tempe-
raturerhöhung einer Verlängerung und eine Temperaturerniedrigung einer
Verkürzung des Kabelmantels entsprechen.

In der vorliegenden Anwendung wurde - soweit das möglich war - die Licht- leitfaser auf eine Kabellänge von etwa 25 m um ca. 20 cm verkürzt. Später wurde ein spezialverseiltes Kabel aus zwei Hohladern und zwei gepolsterten Stahldrähten eingesetzt. Bild 14 zeigt neben einem 8-Faser- Kabel links den Querschnitt des ver- wendeten Spezialkabels. Die Dämpfungs- erhöhung betrug in einem Temperatur- bereich von -20°C bis +70°C weniger als 0,5 dB/km. Die Temperaturabhängig- keit von Lichtleitkabeln ohne stützen- de Stahlelemente kann durch Anschel- len des Kabels erheblich reduziert werden, weil dadurch bei Temperatur- erniedrigung ein Zusammenziehen des Kabelmantels verhindert wird.

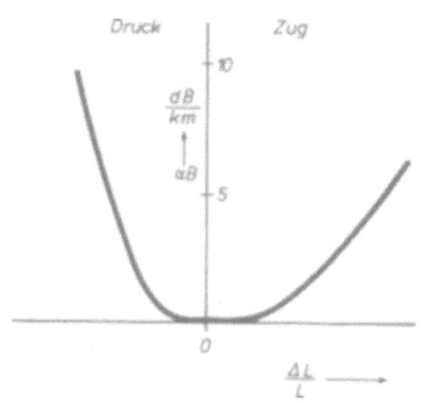

Bild 13:   Zusatzdämpfung unter
           Zug-/Druckbelastung
           (Hohlader mit Ø 0,8/
           1,1 mm)

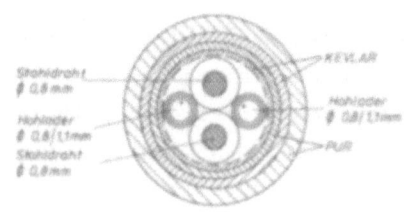
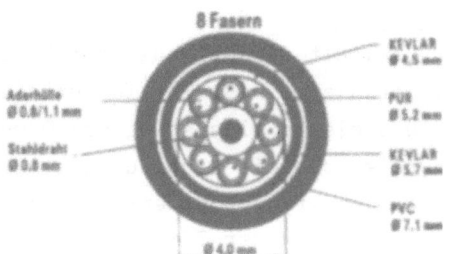

Bild 14:   Verschiedene Aufbauformen von Mehrfaserkabeln

2.4 Elektro-/optische und opto-/elektrische Wandler

Zur Umsetzung der elektrischen Sendesignale in optische Signale ver- wendet das Übertragungssystem Luminiszenz-Dioden (LEDs) im nahen Infra- rotbereich (880 nm), die über Konstantstromquellen von 100 mA gespeist werden. Zur Abschaltung der optischen Strahlung übernimmt ein zur LED parallel geschalteter Transistor den vollen Strom einer Konstantstrom- quelle. Dadurch kann die Versorgungsspannung in weiten Bereichen ver- ändert werden, ohne die optische Ausgangsleistung zu beeinflussen.

Die LED FV21IR besitzt eine emittierende Fläche von 100 µm Durchmesser und koppelt etwa 1.2 µWatt in die Multimoden-Gradientenfaser
von 63µm Kerndurchmesser ein. Die Faser bzw. das Kabel wird über eine
Präzisionssteckvorrichtung direkt an die Sendediode angekoppelt. Dabei
muß die Diode in dem Diodengehäuse sorgfältig justiert sein. Für eine
Betriebsdauer von 10^5 Stunden garantiert der Hersteller einen Leistungsabfall von weniger als 3 dB.

Auf der Empfängerseite wandelt eine schnelle PIN-Diode (BPX-65) die
optischen Empfangssignale in zur Empfangsleistung proportionale Stromänderungen. Ein gleichstromgegengekoppelter zweistufiger Strom-/Span-
nungswandler verstärkt die elektrischen Signale soweit (100 x), daß
sie von einem nachgeschalteten Kabelempfänger (SN75107B) sicher erkannt werden. Eine speziell entwickelte amplitudenadaptive Schaltung
sorgt dafür, daß neben dem Empfangssignal dessen halber gespeicherter
Amplitudenwert auf die Eingänge des Differenzverstärkers gelangen. Die
Ankopplung der Empfangsdiode an den Lichtleiter ist unkritisch, da
deren lichtempfindliche Fläche 1 mm^2 beträgt. Empfangsdiode bzw. Strom-/
Spannungswandler-Verstärker müssen sorgfältig gegen Fremdlicht bzw.
elektromagnetische Einstreuungen geschützt sein.

2.5 Meßtechnik

Aus der Vielfalt der Methoden zur Messung der Übertragungseigenschaften
interessieren an dieser Stelle nur die Messung der Dämpfung und die
Messung und die Lokalisierung von Dämpfungssprüngen. Für eine qualitative Aussage über die Lichtdurchlässigkeit genügt es, den Lichtleiter
einfach mit einer gerade verfügbaren Lichtquelle zu "durchleuchten".
Genauere Messungen der Dämpfung, z.B. nach der Kabelverlegung (Zug-

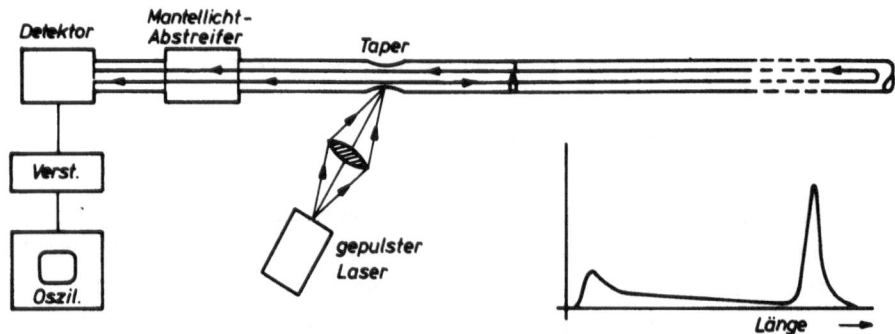

Bild 15: Rückstreumeßanordnung zur Lokalisierung von Leitungsunterbre-
chungen

spannung) oder bei größeren Temperaturschwankungen erfordern empfind-
lichere Dämpfungsmeßgeräte. Es ist auch möglich, die Sender-/Empfänger-
einrichtungen des Übertragungssystems mit einem nachgeschalteten Anzei-
gegerät zur Dämpfungsmessung zu verwenden. Dabei ist jedoch zu beachten,
daß von der Messung eines kurzen Kabelstücks (<100 m) nicht über das
Längenverhältnis die Dämpfung eines wesentlich längeren Kabelstücks
ermittelt werden kann, weil bis zu einigen 100 m noch ein beträchtlicher
Anteil des übertragenen Lichts als Mantellicht geführt wird (bis 100 m
50% oder mehr). Die Lokalisierung von Dämpfungssprüngen erfolgt nach
der Methode der Impulsreflektometrie [5, 6]. Dazu wird, wie in Bild 15
dargestellt, durch einen gepulsten Laser über einen Taper Licht in den
Lichtleiter eingekoppelt. Ein Teil des Lichts gelangt direkt zum Empfänger, der andere Teil erst nach Reflektion an der Bruchstelle. Aus
dem Laufzeitunterschied läßt sich die Lage der Bruchstelle ermitteln.
Zur quantitativen Bewertung von Dämpfungssprüngen ist noch ein Mantel-
lichtabstreifer erforderlich, da sonst aus obigen Gründen das Meßergebnis verfälscht würde. Der rechte Teil von Bild 15 zeigt ein Oscillo-
graphenbild, wobei der zeitliche Abstand der beiden Pulse der doppelten
Weglänge entspricht.

2.6 Reparaturtechnik

Ist eine Leitungsunterbrechung zunächst qualitativ mit "Durchleuchten"
ermittelt und dann über einen
Rückstreumeßplatz lokalisiert
worden, so muß das Kabel und
damit die Faser wieder repariert werden. Mit einfachen
Werkzeugen efolgt das Abman-
teln des Kabels bis die Faser
ganz freigelegt und die Schutz-
schicht entfernt ist. Vor dem
Zusammenfügen der beiden Faserenden müssen saubere glatte
Bruchflächen erzeugt werden.
Dies geschieht durch Anritzen
der auf einer gekrümmten Fläche
anliegenden und gespannten Faser. Die beiden Faserenden werden entweder nach Selbstzentrie-
rung in einer V-Nut durch schnell
härtende Kleber verbunden oder

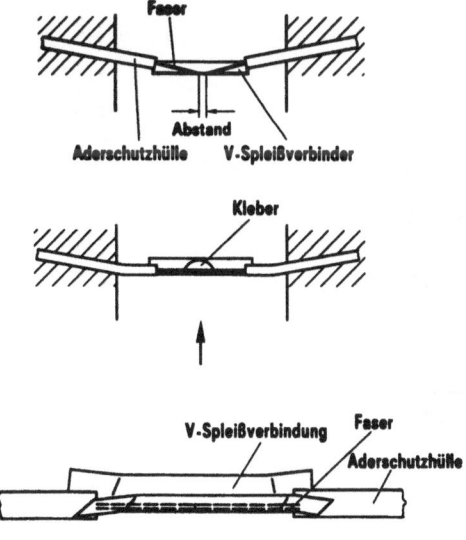

Bild 16:   Mechanisches Splicen

im Lichtbogen verschweißt [7]. Beide Splice-Verfahren liefern Repara-
durdämpfungen zwischen 0,2 und 0,5 dB. Nach dem Splicen muß die Repa-
raturstelle geschützt und spannungsfrei in einer Kabelmuffe untergebracht werden. Bild 16 zeigt die wichtigsten Phasen eines mechanischen
Splice.

Das Konfektionieren eines Kabelsteckers ist etwas schwieriger, da die
Faser in einen optisch vorjustierten Stecker eingeklebt und anschließend
sauber angeschliffen werden muß. Die Exzentrizität der Faser relativ
zur Steckerpassung darf zumindest auf der Sendeseite nur gering sein,
da der Faserkern von 63 µm Ø noch innerhalb der aktiven Fläche der Sendediode mit 100 µm Ø bleiben muß. Beide Reparaturarten wurden auch unter schwierigen Bedingungen in der Tiefofenhalle des Stahlwerks mit guten Dämpfungsresultaten durchgeführt.

2.7 Verlegungs- und Aufbautechnik

Die Verlegung eines Lichtleiterkabels unterscheidet sich kaum von der
Verlegung eines normalen Kupferkabels, sofern die zulässige Zugbean-
spruchung von 20 N (kurzzeitig 200 N) nicht überschritten und der
kleinste Biegeradius von 50 mm (kurzzeitig 30 mm) nicht unterschritten
werden. Bei Mehrfaserkabeln muß darauf geachtet werden, daß die abge-
setzten und evtl. mit Steckern versehenen dünneren Einzelfaserkabel

A Höchstzugbelastung im Betrieb
(kein Dämpfungsanstieg)

B Einziehkraft
(reversibler Dämpfungsanstieg)

C Beginn der Fasergefährdung

D Zereißkraft des Kabels

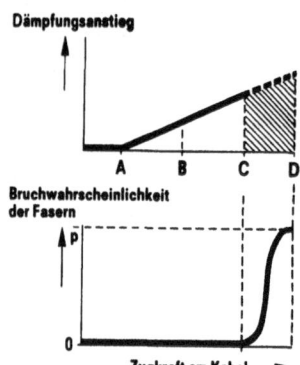

Bild 17: Kabelverhalten unter Zugbelastung

nicht abknicken oder brechen. Bei Zugbeanspruchungen über 400 N und
Biegeradien unter 20 mm muß mit bleibenden Veränderungen der Faser
(Dämpfungsanstieg) gerechnet werden. Bild 17 zeigt noch einmal die drei
Belastungsbereiche und die zugehörige Bruchwahrscheinlichkeit.

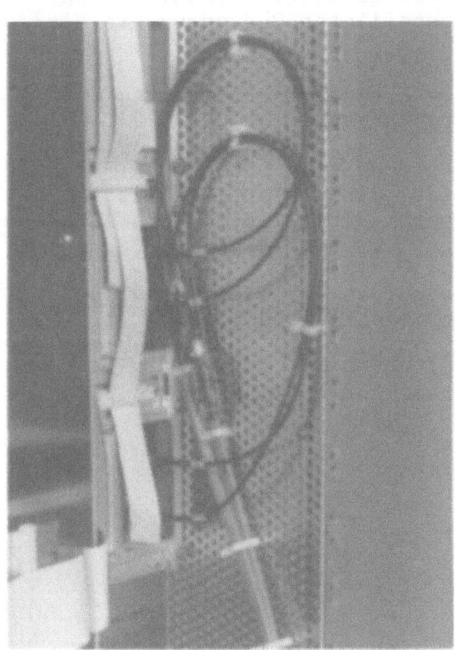

In Standard-Aufbausystemen ergeben
sich beim Übergang der Lichtleiterkabel vonder Sender-/Empfängerbau-
gruppe in den Kabelkanal Verlegungs-
probleme (Unterschreitung des zulässigen Biegeradius). Im vorliegenden Anwendungsfalle hat es sich
als sehr zweckmäßig erwiesen, als
Abfangvorrichtung und zur Einhaltung des zulässigen Biegeradius
Lochrasterplatten mit eindrück-
baren Plastikklammern zu verwenden.
Bild 18 zeigt ein Foto einer günstigen Anordnung der Lichtleiterkabel
beim Übergang vom Kabelkanal zu der
optischen Wandlerbaugruppe.

Bild 18:   Kabelfixierung auf einer Lochrasterplatte

3. Zusammenfassung

Der vorliegende Beitrag zeigt im ersten Teil einen Ausschnitt aus der
Vielfalt der Einsatzmöglichkeit für Lichtleiter-Komplettsysteme. Er
schließt mit der Darstellung verschiedener Buskonfigurationen, die
sowohl aktive und passive Ankopplung der Teilnehmer berücksichtigt.
Der zweite Teil berichtet über Erfahrungen, die in einem Zeitraum von
fast zwei Jahren an einem System in der Eisenhüttenindustrie gesammelt
wurden. Lichtleiter sind danach auch unter sehr ungünstigen Umweltbedingungen als Kommunikationsmedium einsetzbar. Die anfänglichen Schwierigkeiten mit dem Lichtleitkabel selbst konnten durch einen speziellen
Kabelaufbau vollkommen gelöst werden.

Literatur

[1] Heger, D.: Dezentrales Mikroprozessorsystem mit Farbbildschirmen zentràl geführt. In diesem Band, 6. Themengruppe.

[2] Bonn, G.; Patz, M.; Saenger, F.: Grundprinzipien und Betriebserfahrungen mit Fehlererkennung und -anzeige bei fehlertoleranten Prozeßrechnersystemen mit funktionsbeteiligter Redundanz. In diesem Band, 6. Themengruppe.

[3] Heger, D.; Steusloff, H.; Syrbe, M.: Echtzeitrechnersystem mit verteilten Mikroprozessoren BMFT-Forschungsbericht DV 79-01.

[4] Midwinter, J.: Measurement of fiber propagation proportion. Fiber packaging and cable design. In: Optical Fibers for Transmission. New York, Chichester, Brisbane, Toronto: John Wiley & Sons 1979, S. 233 - 307.

[5] Barnoski, M.; Jensen, S.: Fiber waveguides: A novel technique for investigating attenuation characteristics. Appl. Opt. Vol. 15 No. 9, Sept (1976) 2112 - 2115.

[6] Barnoski, M.; Personick, S.: Measurements in fiber optics. Proc. IEEE Vol. 66 No. 4 April (1978) 429 - 441.

[7] Liertz, H.: Schweißen von Lichtleitfasern. Telcom report 3, Heft 1 (1980) 44 - 48.

PASSIVE ELEKTRO-OPTISCHE ANZEIGEN

UND DEREN ANWENDUNGEN

PASSIVE ELECTRO-OPTICAL DISPLAYS

AND THEIR APPLICATION

H.-P. Klein

Videlec AG - ein Gemeinschaftsunternehmen

von BBC Brown Boveri und Philips

CH-5600 Lenzburg / Schweiz

Summary

This report describes shortly the principles of operation of four different electro-optical displays. From these only the liquid crystal display are now firmly established in the display field due to their inherent advantages. Therefore the properties of the liquid crystall displays and their limitations are reported in more detail. The advantages and disadvantages of the possible driving schemes - static or multiplex - are discussed. In the last chapter examples for the use of liquid crystall displays are given.

1. Einleitung

Passive Anzeigen senden kein eigenes Licht aus, sondern modulieren die Lichtintensität von externen Lichtquellen. Aus dieser Eigenschaft resultieren ihre beiden wesentlichen Vorteile : i) Sie sind im Gegensatz zu selbstleuchtenden Anzeigen bei Tageslicht auch bei grosser Helligkeit sehr gut ablesbar. ii) Da sie kein Licht aussenden, ist auch der Energieverbrauch von passiven Anzeigen gering. Ihr unter Umständen entscheidender Nachteil ist die schlechte Ablesbarkeit im Dämmerlicht und bei Dunkelheit, die eine externe Beleuchtung notwendig macht.

Es gibt passive elektro-mechanische und elektro-optische Anzeigen. Zu den elektro-mechanischen Anzeigen können die wohlbekannten Zähler, relaisgesteuerte Zustandsanzeigen und Klappendisplay für Grossuhren gezählt werden. All diese Anzeigen zeichnen sich durch einen guten Kontrast z.B. weisse Ziffern auf schwarzem Hintergrund, eine geringe Winkelabhängigkeit des Kontrastes, d.h. eine gute Ablesbarkeit aus einem

grossen Sichtwinkelbereich, einem Gedächtniseffekt und eine grossflächige Darstel-
lungsmöglichkeit aus. Andererseits ist der mechanische Aufbau dieser Anzeigen aufwendig und daher verschleissanfällig. Der graphischen Gestaltung ist nur wenig Freiheit gegeben und der Informationsgehalt pro Flächeneinheit ist aus geometrischen
Gründen begrenzt.

Diese Schwierigkeiten konnten mit den passiven elektro-optischen Anzeigen überwun-
den werden. Bei dieser werden mittels eines elektrischen Feldes oder eines Strom-
pulses zwischen zwei Elektroden die sehr fein strukturiert sein können, in einem Fest-
körper oder einer Flüssigkeit Aenderungen hervorgerufen, die die Intensität des einfallenden Lichtes modulieren und so einen Kontrast erzeugen. Der Vorteil dieser Anzeigen ist, dass sie keine bewegten Teile haben, meist mit sehr niederer Spannung
und kleinen Leistungen betrieben werden können und deshalb zumindest teilweise direkt von den elektronischen Schaltkreisen bzw. integrierten Schaltungen angesteuert
werden können. Andererseits erlauben sie aber auch eine grossflächige Darstellung
mit sehr grosser Freiheit in der Elektrodengestaltung.

2. Passive elektro-optische Anzeigen

Zu den Passiven elektro-optischen Anzeigen gehören: die elektrochrome Anzeige
(ECD: Electrochromic Display), die Anzeige mittels elektrolytischer Abscheidung
(RED: Reversible Electrodeposition Display) die elektrophoretische Anzeige (EPID:
Electrophoretic Image Display) und die Flüssigkristallanzeigen (LCD: Liquid Crystal
Display). Alle aufgezählten elektro-optischen Anzeigen sind im Prinzip gleich aufgebaut. Wie ein Vergleich der Bilder 1 - 4 zeigt. In einem Hohlraum, der von zwei
Glasplatten und einem Umfangverschluss gebildet wird, befindet sich eine Flüssig-
keitsschicht einheitlicher Dicke. Die beiden Glasplatten sind auf der Innenseite
teilweise mit einer transparenten, leitenden Schicht bedeckt; die Ueberlappungsfläche
zwischen Front- und Rückelektrode ergibt das gewünschte Elektrodenmuster. Darüber
hinaus gibt es noch bei jeder Anzeigenart spezifische Oberflächenschichten.

Der elektrochromen Anzeigen liegt eine electrochemische Reaktion zu Grunde, bei der
ein Jon von einem Ladungszustand in einen anderen geschaltet wird; jeder der beiden
Ladungszustände hat seine eigene Farbe. So kann in einem electrochromen Material
durch einen Strompuls eine dauerhafte Farbänderung hervorgerufen werden, die durch
einen Strompuls umgekehrten Vorzeichens wieder rückgängig gemacht werden kann. Die
heute am weitesten entwickelte Anzeige hat einen WO_3 - Film als electrochromes
Material und einen flüssigen Elektrolyten. Die ablaufende Reaktion ist:

$$WO_3 + e^- + H^+ \longleftrightarrow H\,WO_3$$

$$\text{farblos} \qquad\qquad \text{blau}$$

Bild 1 zeigt den schematischen Aufbau eines ECD.

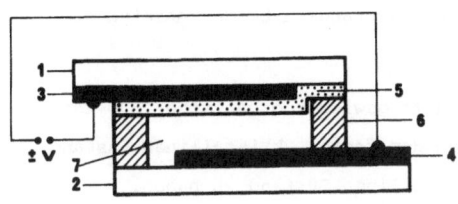

Bild 1
Schematischer Aufbau einer elektrochromen Anzeige.

1, 2	=	Front-, Rückglas
3, 4	=	Transparente Dünnschicht-elektrode
5	=	WO_3 - Film
6	=	Verschlusssteg
7	=	Elektrolyt

Die Zelle der elektrophoretischen Anzeige (Bild 2) ist mit einer Suspension farbiger,

geladener Teilchen von ca. 1μm Durchmesser in eine andersfarbige Flüssigkeit ge-

füllt. Beim Anlegen eines elektrischen Feldes bewegen sich die Partickel je zu der

entsprechenden Elektrode (Elektrophorese). Der Kontrast wird durch die unter-

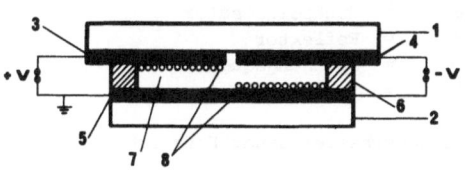

Bild 2
Schematischer Aufbau eines EPID

1, 2	=	Front-, Rückglas
3,4,5	=	Transparente Dünnschicht-elektroden
6	=	Verschlusssteg aus Glaslot oder Plastik
7	=	Gefärbte Flüssigkeit
8	=	Pigmentteilchen

schiedliche Farbe der Partickel an der Frontelektrode und der Flüssigkeit hervor-

gerufen .

Beim RED wird in einer elektrolytischen Zelle (Bild 3) ein Metallfilm (Silber) auf

der transparenten Frontelektrode aus einem Elektrolyten (Ag I in organischem Lösungs-

mittel) abgeschieden.

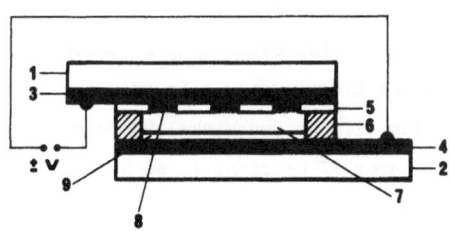

Bild 3
Schematischer Aufbau der elektrolytischen Anzeige

1, 2	=	Front-, Rückglas
3	=	Transparente Dünnschicht-elektrode
4	=	Gegenelektrode (aus Silber)
5	=	Isolierende Schicht
6	=	Verschlusssteg
7	=	Elektrolyt
8	=	Abgeschiedenes Silber
9	=	Poröser gefärbter Untergrund

Als Gegenelektrode dient eine Metallelektrode (aus Silber);diese ist mit einer ein-
gefärbten, porösen Schicht überzogen, die die Hintergrundsfarbe der Anzeige ergibt.

In der Flüssigkristallanzeige wird die Eigenschaft gewisser organischer Substanzen
ausgenützt, in einem Temperaturbereich zwischen dem festen, kristallinen Zustand
und der isotropen Flüssigkeit einen flüssigkristallinen Zustand zu haben.

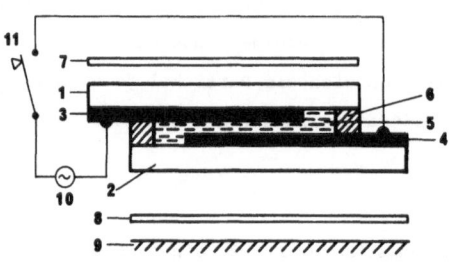

Bild 4
Schematischer Aufbau einer Flüssigkristallanzeige

1, 2	=	Front-, Rückglas
3, 4	=	Transparente Dünnschicht-Elektroden
5	=	LC-Substanz
6	=	Verschlusssteg
7	=	Frontpolarisator
8	=	Rückpolarisator
9	=	Reflektor
10	=	Spannungsquelle
11	=	Schalter

In diesem Zustand weist die Substanz neben den Eigenschaften einer Flüssigkeit,
z.B. dem viskosen Fliessen, eine kristallähnliche Ordnung der länglichen Moleküle
auf, so dass viele physikalischen Eigenschaften wie die Dielektrizitätskonstante,
die elektrische Leitfähigkeit und der Brechungsindex anisotrop sind.

Bei Flüssigkristall-Anzeigen wird dieser Zustand zur Lichtmodulation, mittels einer
veränderlichen Spannung, ausgenützt. Dazu wird in einer Zelle (Bild 4) zwischen
zwei Glasplatten mit transparenten Elektroden eine etwa 10µm dicke Schicht der
flüssigkristallinen Substanz (LC) verwendet. Die Zelle wird seitlich durch einen Ver-
schlusssteg aus Glas oder Epoxy hermetisch abgedichtet.

Der heute vorwiegend benutzte Anzeigetyp ist die nematische Drehzelle, deren Funktionsprinzip Bild 5 schematisch darstellt. Die beiden Deckgläser der Zelle sind derart behandelt, dass die Moleküle flach an ihnen anliegen und die Orientierung der
Molekülachse auf den gegenüberliegenden Flächen um den Winkel 90° verdreht wird.
Dadurch wird dem Flüssigkristall im Zwischenraum eine schraubenförmige Struktur
aufgezwungen. Die Schwingungsebene von polarisiertem Licht, das vom Polarisator I
kommt wird nun beim Durchgang durch die Zellen ebenfalls um den Winkel 90° gedreht.
Wird die Zelle in Transmission durch einen Polarisator II betrachtet, so erscheint

sie hell, sofern die Polarisationsrichtung des Polarisators senkrecht zur Polarisationsrichtung des einfallenden Lichtes ist, und dunkel im Falle paralleler Ausrichtung.

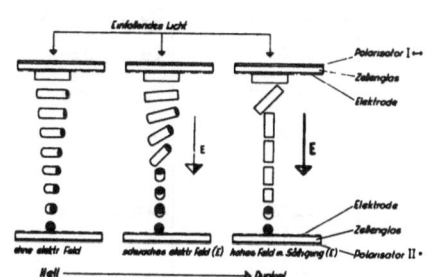

Bild 5
Funktionsprinzip der nematischen Drehzelle

Funktionsprinzip der nematischen Drehzelle

Legt man zwischen den beiden Elektroden eine Spannungsdifferenz an, so stellen sich
mit zunehmender Feldstärke die Moleküle mehr und mehr parallel zur Feldrichtung ein.
Der ursprüngliche Zustand der Zelle, Transmission oder Absorption, wird vertauscht,
da bei einer derartigen Ausrichtung der Moleküle die Polarisationsebene des einfallenden Lichtes nicht mehr gedreht wird, das Licht also unverändert aus der Zelle
wieder herauskommt. Man kann die Anzeige im Durchlicht oder aber auch im reflek-
tierten Licht betrachten.

Ein Vergleich der aufgezählten passiven elektro-optischen Anzeigen gibt Tabelle 1.
Von den aufgeführten Anzeigen sind mit Ausnahme der Flüssigkristall-Anzeige alle
noch im Forschungs- oder Entwicklungsstadium. Nur Flüssigkristall-Anzeigen werden
heute seriemässig in grossen Stückzahlen hergestellt und eingesetzt. Deshalb werden
im Folgenden die Flüssigkristall-Anzeigen eingehender behandelt.

3. Eigenschaftn von Flüssigkristall-Anzeigen (Drehzelle)

Die Vorteile der LCD sollen noch einmal kurz zusammengefasst werden:
- extrem niedere Leistungsaufnahme von $1\mu W/cm^2$.
- niedere Ansteuerspannung von einigen Volt, wodurch die LCD direkt CMOS- kompatibel
- sind.
- grossflächige Anzeigen mit Abmessungen von 100 mm x 100 mm und grösser bei
  gleichzeitig sehr hoher Informationsdichte.
- flexible Gestaltung der Elektrodenform, die neben Ziffern die Darstellung von
  Symbolen, ganzen Worten und Punktmatrizen ermöglicht.

Tabelle 1

Vergleich der Eigenschaften von einigen passiven elektro-optischen Anzeigen

Spannung	LCD Drehzelle	ECD	RED	EPID
Spannung	1.5... 6 V	1 ... 2 V	1 ... 2 V	20 ... 60 V
Leistungsverbrauch pro cm^2	1μ W	5m J/ Um- schaltung	5m J/Um- schaltung	1μ J/ Um- schaltung
Ansteuerung	AC	DC-Puls	DC-Puls	DC-Puls
Ansprechzeit bei 25°C	< 0.1 S	> 0.1 S	> 0.1 S	~0.1S
Farben	+	+	(+)	+
Gedächtnis	-	+	+	+
Sichtwinkelbereich	begrenzt	180°	180°	180^{0}
Optik	reflektiv, transmissiv	reflektiv	reflektiv	reflektiv
Multiplex An- steuerung	bis 1 : 10	-	-	-
Lebensdauer	> 5 x 10^4 h	> 10^6 Um- schaltungen	> 10^6 Um- schaltungen	10^6 - 10^8 Umschaltungen
Temperaturbereich	- 20°C ÷ +80°C	-20°C ÷ + 70°C	-25°C ÷ +60°C	-20°C ÷ +70°C

- mit selektiven Polarisatoren können verschiedenfarbige Anzeigen hergestellt werden.
- gute Ablesbarkeit bei Sonnenlicht.
- LCD können in Transmission, Reflexion betrieben werden.
- in Flüssigkristallen gibt es eine Vielfalt optischer Effekte, die zu Anzeigezweck-
  en ausgenützt werden können. Neben der heute üblichen Drehzelle gibt es unter
  anderem noch den Guest-Host-Display (GHD), der farbige Anzeigen mit einem sehr
  grossen Sichtwinkelbereich ermöglicht und Anzeigen mit dynamischer Lichtsteue-
  rung für sehr grossflächige Anzeigen.

Neben diesen Vorteilen haben die LCD jedoch auch einige Begrenzungen und Nachteile.
So haben die Anzeigen nach dem Drehzellenprinzip eine sehr starke Winkelabhängigkeit
des Kontrastes wie Bild 6 zeigt. Darin ist die von einer LCD durchgelassene Lichtintensität als Funktion der angelegten Effektivspannung aufgetragen. Die zugehörige
Messanordnung und die Definition der Beobachtungsrichtungen ist in Bild 7 wiedergegeben. Sowohl die Schwellspannung V_t als auch der Verlauf der Intensitätskurve

sind stark vom Beobachtungswinkel abhängig. Erst bei relativ hohen Spannungen

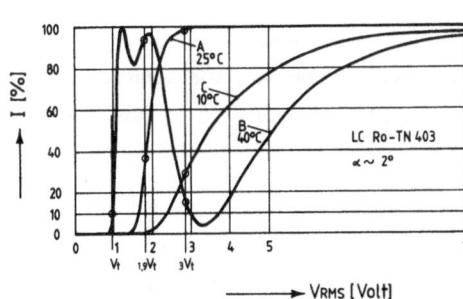

Bild 6
Relative Lichtintensität I in Funktion der Effektivspannung V_{RMS} für unterschiedliche Blickrichtungen A, B und C und Temperaturen.

(> 5 Volt) wird in einem grossen Sichtwinkelbereich ein guter Kontrast erhalten.

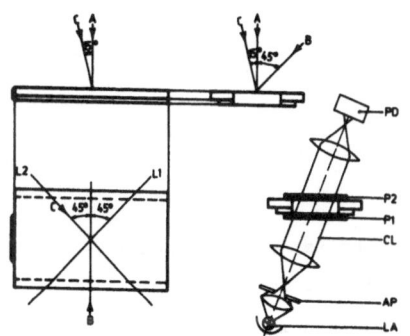

Bild 7
Anordnung zur Messung der Intensitätskurven und Definition der Messrichtungen A, B und C. L_1 und L_2 sind die Polarisations- und Oberflächenorientierungsrichtungen der 90° verdrillten nematischen Zelle
PD   Photometrischen Detektor
LA   Halogen Lampe
AP   Blende
P_1, P_2 Polarisatoren
CL   Kollimiertes Licht

Schwellspannung und Kurvenverlauf hängen von der jeweiligen Flüssigkristallsubstanz (in gezeigtem Fall RO-TN403) dem Elektrodenabstand und dem Anstellwinkel der Moleküle an der Elektrodenoberfläche (Tiltwinkel α)ab.Fortschritte in der Substanzentwicklung und der Zellentechnologie ermöglichen es heute, LCD mit einem sehr grossen Sichtwinkelbereich herzustellen.

Der Temperaturbereich in dem LCD eingesetzt werden können ist begrenzt. Die obere Grenze ist durch den Verlust der flüssigkristallinen Eigenschaften beim Klärpunkt festgesetzt. Diese Temperatur liegt bei den heute üblichen Substanzen zwischen 60°C

und 100°C. Die untere Temperaturgrenze ist durch das Anwachsen der Ansprechzeiten
auf mehreren Sekunden gegeben. Ansprech- und Abklingzeit von LCD sind direkt proportional zur Viskosität. Deshalb sind diese Zeiten stark temperaturabhängig.
Die besten heute erhältlichen Substanzen ergeben bei - 20° C noch eine Abklingzeit
von etwa 1 sec., ein häufig noch akzeptierter Wert. Leider wird dieser gute Wert
nicht von einer Substanz mit einem sehr hohen Klärpunkt erreicht; man kann also
noch nicht mit einer Substanz im gesamten Temperaturbereich von - 20° C bis + 90° C
eine befriedigende Anzeigenqualität bekommen.

Um den Temperaturbereich von LCD z.B. für Automobile bis zu - 40° C auszudehnen,
muss eine Beheizung der Anzeige vorgesehen werden, mit der die Zellentemperatur
in ungefähr 30 sec. auf über 0° C ansteigt. Dies kann mit einer Widerstandsheizung
gemacht werden. Bild 8 zeigt die Anzeigetemperatur als Funktion der Heizzeit bei

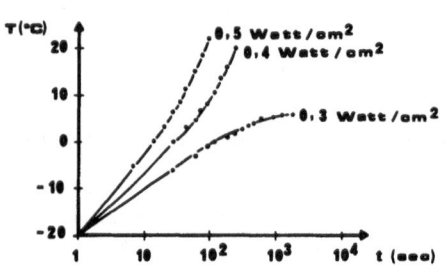

Bild 8
Wirkung der Zellenheizung:
Zellentemperatur als Funktion der
Beheizungszeit bei einer Umgebungs-
temperatur von - 20° C und für ver-
schiedene Heizleistungen.

einer Umgebungstemperatur von - 20° C. Der Heizwiderstand ist eine transparente
leitende Schicht auf der Aussenseite eines Elektrodenglases. Man sieht, dass selbst
für eine kleine Anzeige die erforderliche Leistung, um innerhalb von 30 sec. eine
Temperatur von 0° C zu erreichen, gross ist.

Da die LCD passive Anzeigen sind, muss für die Dunkelheit eine spezielle Beleuchtung vorgesehen werden. Es gibt verschiedenste Arten von Beleuchtungen. Bild 9
zeigt die Beleuchtung mit einer Mikroglühlampe und einem Kunststoffkörper zur Licht-
verteilung. Ein teilweise durchlässigen Reflektor an der Oberseite des Lichtver-
teilers wirkt als reflektierender Hintergrund bei Tageslicht und ermöglicht die
Beleuchtung in Transmission. Andere Beleuchtungssysteme basieren auf LED,
Electroluminiszens-Schirmen oder radioaktiven β-Strahlern.

ILLUMINATION FOR LCD's

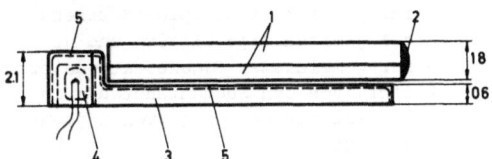

Bild 9
Beleuchtung eines LCD

1 = LCD
2 = Füllloch
3 = Lichtverteiler
4 = Glühbirne
5 = Teilweise durchlässiger Reflektor

4.1. Parallel-Ansteuerung

LCD für Uhren und Messinstrumente werden gegenwärtig meistens in "Parallelansteuerung" betrieben. Diese ist durch je einen elektrischen Kontakt von der Ansteuerungselektronik (integrierte Schaltung, IC) zu jedem Anzeigesegment gekennzeichnet. Diese Technik führt zur grössten Anzahl Anschlüsse. Dafür besteht bezüglich Ansteuerspannung und Betriebstemperaturbereich grössere Freiheit als bei Ansteuerungstechniken, die auf eine Verminderung der Kontaktzahl ausgerichtet sind. Dies sieht man aus den Lichtintensitätskennlinien von Bild 6. Durch Anlegen einer Wechselspannung mit einem Effektivwert von mehr als dreifacher Schwellspannung V_t wird der Sättigungskontrast bei senkrechter Betrachtung annähernd erreicht (Kurve A). Betrachtet man jedoch solche Anzeigen unter besonders ungünstigen Winkeln, wie z.B. Blickrichtung C, so stellt man fest, dass der maximal mögliche Kontrast bei noch höheren Ansteuerspannungen auftritt. Mit Parallelansteuerung ohne Spannungsbegrenzung durch das Ansteuerungsprinzip kann deshalb leichter eine FK-Anzeige verwirklicht werden, die in einem vorgegebenen Winkelbereich optimal ablesbar ist. Die obere Grenze der Betriebsspannung ist durch die Möglichkeiten der gewählten Ansteuerungselektronik (z.B. CMOS 15 V maximal), die Leistungsaufnahme und die Lebenserwartung der FK-Anzeige bestimmt.

4.2. Zeitmultiplex-Ansteuerung

Um die Kontaktzahl insbesondere bei Anzeigen mit über 40 getrennt ansteuerbaren Segmenten zu verkleinern, werden die Segmente in geeignete Gruppen zusammengefasst und über eine mehrteilige Rückelektrode zyklisch angesteuert. Die entsprechende Ansteuerungstechnik wird Zeitmultiplex genannt. Bild 10 zeigt ein schematisches Ausführungsbeispiel zur Erläuterung des Prinzips. In diesem Fall besteht pro Ziffer eine getrennte Rückelektrode. Gleichbedeutende Segmente der Frontelektrode sind untereinander elektrisch verbunden. Die N Ziffernelektroden werden nacheinander vom Bild unabhängig angesteuert. In zeitlich kontrollierter Koinzidenz wird über die Segmentelektroden das Bild geschrieben. Es handelt sich um eine Anzeigematrix mit Zeilen-(Segment-) und Kolonnen-(Ziffern-) Elektroden.

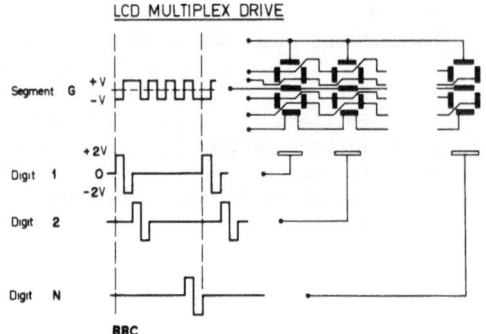

Bild 10
Prinzip des Zeitmultiplex-Betriebs
mit N gleichartige Ziffern und je
einer gemeinsamen Gegenelektrode pro
Ziffer. Von den Segmentansteuersig-
nalen ist nur dasjenige von Segment
G gezeigt.

Bei dieser Ansteuerungsart liegt sowohl an den EIN- wie an den AUS-Segmenten eine
Spannung. Da für die Ansteuerung der Flüssigkristall-Anzeigen nur der Effektivwert
der Spannungsdifferenz zwischen Zeilen und Kolonnenelektrode massgebend ist, kann
ein Zusammenhang zwischen dem Tastverhältnis (Anzahl Ziffern-Elektroden bzw. Gruppen) und dem Spannungsverhältnis (Diskrimination) von EIN- und AUS- Segmenten abgeleitet werden. Tabelle 2 enthält einige derart berechnete Werte.

Tabelle 2
Abhängigkeit der Spannungsverhältnisse und Kontaktzahl vor der Gruppeneinteilung
einer Multiziffernmatrixanzeige

Anzahl Gruppen	1 (parallel)	2	3	4	8
Spannungsverhältnis EIN - AUS		2.41	1.93	1.73	1.45
Anzahl Kontakte bei 10 Ziffern mit je 7 Segmenten und je einem Dezimalpunkt	81	42	33	24	

Die Bedeutung der Spannungsverhältnisse von Tabelle 2 wird in Bild 6 veranschaulicht.
Da die Spannung an den AUS-Segmenten unterhalb der tiefsten zu berücksichtigenden
elektro-optischen Schwelle V_t liegen muss (Blickrichtung B bei der höchsten Betriebs-
temperatur), ergibt sich für die verschiedenen Tastverhältnisse des Zeitmultiplex-
Betriebes der Grad der Aussteuerung durch das Spannungsverhältnis EIN : AUS. Es ist
ersichtlich, dass schon bei einem Tastverhältnis von 1 : 3 (3 Gruppen) die EIN-
Segmente nur teilweise ausgesteuert sind (1,9 V_t) und somit ein kleinerer Kontrast
entsteht als bei Parallelansteuerung. Es gibt heute jedoch Flüssigkristallsubstanzen

mit wesentlich steileren Kennlinien und geringerer Winkelabhängigkeit des Kontrastes, so dass Tastverhältnis bis etwa 1 : 10 noch mit brauchbaren Sichtwinkelbereichen erreichbar sind.

5. Anwendung von LCD

In Quarzarmbanduhren mit digitaler Zeitdarstellung und für Taschenrechner werden LCD schon längere Zeit in sehr grosser Stückzahl eingesetzt. Fortschritte in der Technologie sowie in der Entwicklung neuer FK-Substanzen ermöglichen heute die Herstellung immer grossflächigerer Anzeigen mit denen Informationen in Matrix-Form dargestellt werden können. Dadurch haben sich der LCD eine Menge neuer Anwendungsgebiete eröffnet.

Bild 11 zeigt ein digitales Messinstrument mit einer parallel angesteuerten 4-Ziffern-Anzeige. Im Gegensatz dazu wird die 12-Ziffern-Anzeige von Bild 12 im Zeitmultiplex Betrieb mit einem Tastverhältnis 1 in 2 angesteuert, wodurch die Zahl der Anschlüsse fast um den Faktor zwei reduziert wird (Tabelle 2). Diese Anzeige ist Teil eines portablen Datenspeichergerätes. Es erlaubt Eingabe, Speicherung und allfällige nachträgliche Modifikationen von etwa 600 Worten zu 12 Ziffern mit Hilfe eines CMOS-

Bild 11
Digitales Voltmeter mit 4 Ziffern

Bild 12

12-Ziffern-Anzeige in einem Datenspeicher-
gerät. Multiplexansteuerung 1 : 2.

Mikroprozessors und Halbleiterspeichern, die von einem Akkumulator gespiesen werden.
Die gespeicherten Daten werden bei Gelegenheit mittels akustischer Ankoppelung
über normale Telefonwählverbindungen an eine automatische Datenempfangszentrale
übermittelt. Aehnliche Anzeiger sind für vielfältige Aufgaben verwendbar. So können
Zählerstand, Koordinaten oder andere digitale Messgrössen in Industrie-Anwendungen
mit Hilfe solcher Anzeigen dargestellt werden. Bei Telefonapparaten wäre eine Rückmeldung der gewählten Nummer und eine laufende Taxmeldung von Vorteil. Nach geeigneten Umstellungen im Telefonsystem könnten zusätzliche interessante Angaben abgelesen werden, wie z.B. Identifikation der anrufenden Gegenstation oder gespeicherte
Daten von Anrufern während einer Abwesenheit.

Schriftzeilen können mit Hilfe eines Bildpunktrasters geformt werden. (Bild 13).
In Anlehnung an LED-Anzeigen wird pro Zeichen ein Format von entweder 5 x 7 oder

Bild 13
Schriftzeile mit 5 x 7 Matrizen.
Zur Darstellung von 8 Zeichen.

5 x 9 Bildpunkten verwendet. Hierzu ist ein Zeitmultiplex-Betrieb mit einem Test-
verhältnis von 1 in 7 oder 1 in 9 notwendig. Schriftzeilen mit bis zu 40 Charakter
pro Zeile sind heute als Prototypen vorhanden. Wegen des hohen Tastverhältnisses
ist jedoch der Winkelbereich, aus dem eine gute Ablesung möglich ist, stark eingeschränkt. Für die Wartentechnik wurden Doppel- Bargraphen mit je 53 Segmenten d.h.
einer Auflösung von 2 % entwickelt (Bild 14). Zusätzlich zu der analogen Darstellung kann in einem sparaten Feld noch der genaue Wert abgelesen werden. Die
Ansteuerung erfolgt wiederum im Zeitmultiplex-Betrieb. Die linke Anzeige ist mit
einem Reflektor versehen, die EIN-Segmente sind dunkel auf hellem Hintergrund. Die
rechte Zelle hat eine Lichtquelle hinter den Anzeigen und ist in Transmission be-

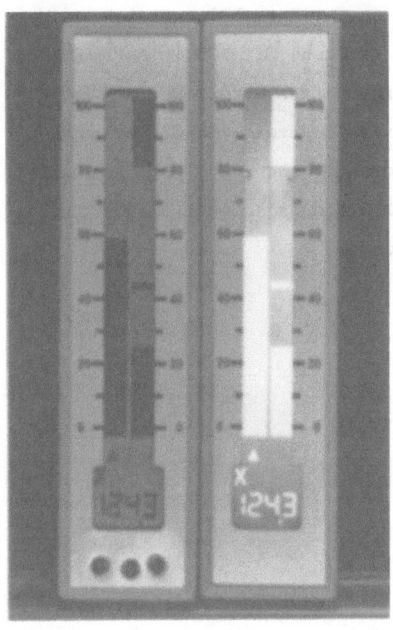

Bild 14
Doppel-Bargraph-Anzeige für Wartentechnik.
Die Balken haben eine Auflösung von 2 %.

trieben, die EIN-Segmente sind hell. Quasianaloge Anzeigen mit verhältnismässig
geringer Auflösung werden mit Vorteil eingesetzt, um verschiedene Anzeigegrössen
in ihrer relativen Beziehung rasch beurteilen zu können. Dazu gehören z.B. Soll-
Ist-Vergleiche von Prozess-Steuergrössen und Trend-Darstellungen. In Bild 15 wird
die Kurven-Darstellung mittels einer Matrixanzeige demonstriert. Während eine
Matrixanzeige mit vielen Zeilen und Kolonen und unbeschränktem variablen Bildinhalt
(Bildschirm) bei direkter Ansteuerung über die gemeinsamen Zeilen- und Kolonnen-
leiter heute nicht herstellbar ist, können Matrizen, bei denen pro Zeile bzw. pro
Kolonne nur ein Bildelement angezeigt wird ohne Zeitmultiplex-Betrieb angesteuert
werden und haben somit einen hohen Kontrast. Solche Anzeigen können mit Vorteil in
der Messtechnik eingesetzt werden.

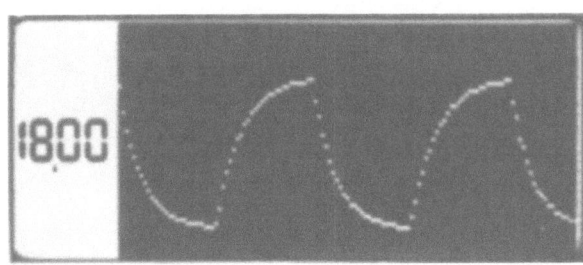

Bild 15
Kurvenformdarstellung mit
Matrixanzeige. Nur ein Bildelement pro Kolonne ist hervorgehoben.

Weitere Anwendungen eröffnen sich neuerdings dem LCD in der Unterhaltungselektronik, bei Haushaltgeräten, in der Datentechnik u.s.w. Erst Versuche mit LCD in Automobilen für Radio, Trip-Computer und kombinierte Anzeigeneinheiten wurden bereits durchgeführt. Der ständige Fortschritt der Flüssigkristall-Anzeigetechnik erlaubt in Zukunft die Darstellung eines immer grösseren Informationsgehaltes, so dass LCD mit ihrer direkten CMOS-Kompatibilität zunehmend in Anwendungsgebieten eingesetzt werden, die bis heute anderen Techniken vorbehalten waren.

WAAGEN ALS DATENGEBER UND INDUSTRIELLE WÄGEDATENVERARBEITUNG

DATA LOGGING SCALES AND INDUSTRIAL DATA HANDLING

Dipl.-Ing. Helmwart Fülles
Toledo-Werk GmbH, Köln

Dipl.-Ing. Wolfgang Pitsch
Siemens AG, Karlsruhe

Summary:

Microprocessor controlled weighing systems in three different applications are discribed. First weighing systems itself which control only
the weighing process. Second extended weighing systems equipped with
mini computers and peripherals like display console, printer and
keyboard. Third large process-control-systems are showed with modern
display consoles. In this application the weighing system is only a
part of the whole system and is monitored and operated by the host
computer.

Einleitung

Noch bis zum ersten Viertel dieses Jahrhunderts wurden Gewichtsdaten
fast nur durch Ablesen der Waagen ermittelt.
Eine Dokumentierung erfolgte handschriftlich, eine Aufarbeitung und
Auflistung wurde meistens auch manuell durchgeführt.

Bild 1: Wägung und Datenerfassung in den Zwanziger Jahren (Toledo)

Wägekartendrucker schufen erste eichfähige Belege in den Dreißiger
Jahren. In der zweiten Hälfte unseres Jahrhunderts machten elektromechanische Ableseeinrichtungen erste Gewichtswerte zur Datenfernübertragung in Dezimalform oder binär codiert verfügbar.

Bild 2:
Elektromechanischer
Abgriff an einer
Kreiszeigerwaage
(Toledo)

Integrierte Schalttechniken und die Einführung von Mikroprozessoren
in die Wägetechnik ermöglichen heute eine sichere Datenerfassung und
eine simultane Wägedatenverarbeitung. Neben der eigentlichen Aufgabe
der Gewichtswerterfassung findet man bei industriellen Waagen zunehmend die Aufgabe der Steuerung oder Regelung des Prozesses. Beispielsweise muß aus einem oder mehreren Behältern eine vorgegebene Menge
abgefüllt werden. Diese mit der Wägung verbundenen Steuerungsaufgaben
wurden bis vor kurzem noch mit fest programmierten Steuerungen ausgeführt und mußten von Fall zu Fall mit großem Projektierungsaufwand
festgelegt und verdrahtet werden. Mit Einsatz der Mikroprozessoren in
der industriellen Wägetechnik ergeben sich eine Reihe von Verbesserungen und neue Anwendungsmöglichkeiten.

Bei der Gewichtswerterfassung kann die Intelligenz des Mikroprozessors beispielsweise zur Fehlerkorrektur und zur Fehlererkennung verwendet werden. Nullpunkts- und Endwertkorrekturen oder die Linearisierung nichtlinearer Kraftumsetzerkennlinien werden ohne Schwierigkeiten ermöglicht. Eine Bedienerführung, die das Bedienen der Waage,
z.B. die Eingabe der notwendigen Parameter, erleichtert und auf Zuverlässigkeit prüft, läßt sich mit Hilfe der Mikroprozessortechnik ebenfalls verwirklichen. Eine zyklisch gesteuerte Überwachung der Waagen-
funktion erlaubt die Fehlererkennung. Der Einsatz von Mikroprozessoren trägt damit zur Erhöhung der Zuverlässigkeit und zu besseren und
genaueren Wägeergebnissen bei.

Das physikalische Meßprinzip - ob durch Dehnmeßstreifenlastzellen,
magnetostriktive Umwandlung oder schwingende Saiten zur Frequenzmo-
dulation - hat nur noch einen begrenzten Einfluß auf die eigentliche
Meßwertbestimmung und -verarbeitung.

Als Beispiel werden hier Datengeber für Dehnmeßstreifenlastzellen
erläutert, da diese sich in der industriellen Verwendung größter
Verbreitung erfreuen.

Als Einlastzellenwaagen decken sie einen Wägebereich von wenigen kg
bis zu mehreren Tonnen mit einer Kleinstauflösung bis in den Milli-
grammbereich ab. Als Mehrlastzellensysteme, wie Fahrzeug- und Gleis-
waagen oder Behälterwaagen, erreichen sie Wägebereiche bis zu
1000 Tonnen. Die nachfolgenden Fachvorträge erläutern Details der
einzelnen physikalischen Prinzipien und die Vorteile für die Praxis.

Bild 3: Fahrzeugwaage (Toledo)

Das Meßprinzip mit Dehnmeßstreifen ist weltweit für kommerzielle
Handelswaagen von den Eichbehörden akzeptiert und auch für indu-
strieinterne Meßverfahren mit hohen Auflösungen im Einsatz.
Später wird über erreichbare und notwendige Genauigkeit und über
den Einfluß neuer Technologien auf die Gestaltung der Eichgesetzge-
bung für den kommerziellen Waageneinsatz ein Fachvortrag in weitere
Einzelheiten gehen.

Bei den mit der Wägung in industriellen Prozessen verbundenen Aufgaben der Steuerung und der Regelung der Prozeßabläufe lassen sich
grundsätzlich drei verschiedene Stufen unterscheiden:

In der ersten Stufe wird ausschließlich eine Wägung vorgenommen, und
die Waagenelektronik wird mit den wenigen zur Wägung gehörenden
Steuerungs-, Sicherungs- und Regelungsaufgaben betraut.

In der zweiten Stufe findet man eine Waage mit erweiterter Dateneingabe über Tastaturen oder Sichtgeräte und Bedienerführung sowie
Waagen, die Steuerungs- oder Regelungsaufgaben kleineren Umfangs
lösen.

In der dritten Stufe sind die Waagen integraler Bestandteil einer
übergeordneten Prozeßsteuerung. Die Stufe eins wird man dann an-
wenden, wenn der eigentliche Wägevorgang im Mittelpunkt des Ge-
schehens steht und die Steuerungs- oder Regelungsaufgaben nur einen
sehr bescheidenen Umfang annehmen oder vom Wäger übernommen werden
können. Solche Wägungen sind z.B. alle Stückgutwägungen und Kom-

missionierungen, das Verladen von Kies, Zement oder Mehl in geeignete
Transportmittel (Behälter oder LKW) oder die Ermittlung einer Stückzahl auf einer Stückzählwaage. Die Bedienung der Auswerte- und digitalen Anzeigeeinrichtung wird direkt an der Waage vorgenommen.

Bild 4: Bedien- und Anzeigevorrichtung (Toledo 8132)

Das Gerät Toledo 8132 z. B. kann an Waagenunterwerke mit 1 bis 6
Wägezellen angeschlossen werden. Die Standardanzeigeeinheit mit den
Abmessungen 430 x 216 x 90 mm kann freistehend oder aber für Feucht-
raumbetriebe in ein rostfreies Stahlgehäuse eingebaut werden. Das
Eingangssignal von den Lastzellen wird über Vorverstärker und A/D-
Wandler mit Hilfe eines Mikroprozessors ausgewertet und über einen
Anzeigentreiber auf 7-Segmentanzeigen auf der Frontplatte angezeigt.
Die angezeigte Auflösung ist wählbar von 1000 bis 20000 Teilen.
Die innere Auflösung ist generell 200000 Teile.

Auf das Hauptboard sind für eichpflichtigen Gebrauch Platinen mit
Anzeigeüberwachung und Analogverifizierung sowie bei Bedarf ein Pa-
rallel-Schnittstellenausgang aufsteckbar. Die Anzeige besteht aus
sechs Dekaden für die Gewichtswertanzeige und aus fünf Dekaden für
die Taraanzeige. Bei Überschreiten des über Mikroschalter vorbestimm-
ten Wägebereichs wird die Anzeige ausgeblendet.

Das Gerät ist ausgestattet mit einem seriellen Datenausgang (TTY-
20mA), zwei Ausgangsformatierungen sind vorgesehen:
eine für den Gebrauch mit intelligenten Datendruckern (300 baud)
und eine für automatische Dosier- und Steuerungssysteme (4800 baud).
Druckerfehler werden in der Anzeigeeinheit signalisiert.
Wird die Waage mit dem Netz verbunden, so blinken die Anzeigen, falls
der Gewichtswert nicht in der Nähe des Nullpunktes +/- 1/4 d ist,
sonst muß die unbelastete Waage durch Drücken der "Zero"-Taste auf
Null gestellt werden. Bei negativen Gewichtswerten erscheint in der

höchsten Dekade ein Minuszeichen (mittleres Segment). Unterhalb der
Anzeige sind zwei Lampen angebracht, die für folgende Funktionen
stehen:
Handelt es sich bei dem angezeigten Gewichtswert um eine Nettoanzeige,
d. h. es ist ein Tarawert übernommen worden, so leuchtet die "T"-Lam-
pe. Gibt ein an die Anzeigeeinheit angeschlossener Drucker eine Fehlermeldung aus, so leuchtet die Lampe "Drucker-Fehler."

Tastenfunktion:
Die Tasten "0 - 9" sind für die Eingabe eines bekannten Tarawertes
vorgesehen; die eingegebenen Zahlen werden von rechts nach links in
die Taraanzeige geschoben und durch TR quittiert.

Die Löschtaste "C" (Clear) hat eine doppelte Funktion.
1. Über die Tastatur "0 - 9" eingegebene Werte können mit ihr gelöscht werden.
2. Wird die "C"-Taste gedrückt, so werden alle Anzeigentreiber und
   Anzeigen aktiviert, d. h. es ist eine visuelle Kontrolle möglich,
   ob alle Anzeigen leuchten.

Wird die "C"-Taste ein zweites Mal gedrückt, so müssen sämtliche
Anzeigen erlöschen.
Die Taste "TV" (Test verify) ist für die Kontrolle der Anzeigenüber-
wachung vorgesehen. Wird die Taste gedrückt, so wird ein Anzeigesegment kurzgeschlossen, also ein Fehler simuliert, den der Prozessor
erkennt und die Fehlermeldung "Error d" anzeigt. Danach verschwindet
diese wieder, und die Anzeigeeinheit ist wieder in Normalfunktion.
Die "Zero"-Taste dient zum Nullsetzen der Anzeigeeinheit
(4 % von Max). Mit der "TR"-Taste wird entweder ein von Hand über die
Tasten "0 - 9" eingegebener Tarawert übernommen (Tarawägeeinrichtung)
oder der in der Gewichtsanzeige stehende Wert nullgestellt und als
Tarawert gespeichert und wahlweise angezeigt (Taraausgleich).
Die "AV"-Taste dient zur Prüfung der Analogteile der Waagen. Wird
die Taste gedrückt, so erscheint in allen Dekaden während der Test-
phase "U". Ist der Test fehlerfrei verlaufen, so geht die Waage wieder in den normalen Wägezyklus über.

Verläuft der Test fehlerhaft, so erscheint blinkend in der Anzeige die
für einen Analogfehler stehende Meldung "Error u".

Nach nochmaligem Betätigen der Taste "AV" wird die Testzahl angezeigt, und der aufgetretene Fehler muß behoben werden, um in den normalen Wägezyklus zurückzugelangen.

Die "Print"-Taste startet den Druckzyklus eines angeschlossenen Abdruckgerätes.

Zero-Potentiometer
Mit dem rechts auf der Frontplatte befindlichen Potentiometer kann der Nullpunkt eingestellt werden (4 % von Max). Das Potentiometer kann mittels eines aufgesteckten Knopfes oder mit einem Schraubenzieher betätigt werden.

Die auf der Frontplatte rechts und links sitzenden Befestigungsschrauben können zusammen mit zwei vorstehenden Bügeln verplombt werden.

Ein weiteres Beispiel zeigt Bild 5.

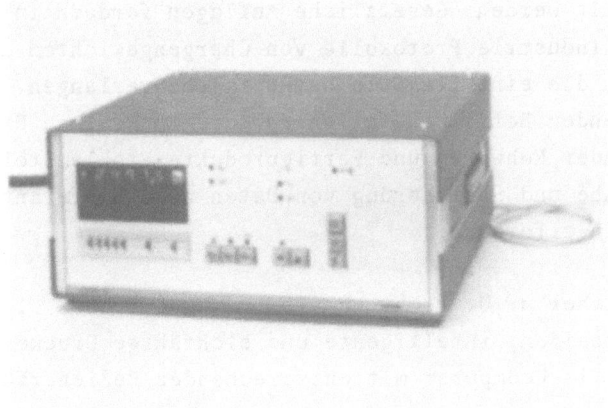

Bild 5: Gerät mit Bedienungs- und Anzeigeeinheit (Siemens).

Bedienungs- und Anzeigeelemente dieser eichfähigen Siemens-Waage sind an der Frontplatte angebracht und gestatten die Bedienung der Waage und das Ablesen des Gewichtswertes. Die Tasten sind hierbei mit genormten Symbolen versehen.

Über den Zahlensteller können Tarawerte und obere und untere Grenzwerte einprogrammiert werden. Die Leuchtdioden geben Aufschluß über den momentanen Zustand der Waage oder melden eine Falschbedienung. Die Auflösung der Waage liegt zwischen 5.000 und 20.000 Teilen, wobei die interne Auflösung 100.000 Teile beträgt. Die Bedienungs-, Sicherungs- und Anzeigefunktionen sind ähnlich wie in dem eben schon erwähnten Beispiel.

Oft werden in diesem Zustand Drucker an die Waage angeschlossen, um Belege für den ermittelten Gewichtswert abzudrucken. Häufig ist die Waage aber auch als Datengeber für eine kommerzielle Datenverarbeitungsanlage eingesetzt, mit deren Hilfe dann die notwendigen Buchungen und Rechnungserstellungen erfolgen. Die damit verbundenen Probleme der Eichfähigkeit sind bekannt und müssen hier nicht behandelt werden.

In der zweiten Stufe wird die Waage erweitert um Eingabetastaturen, Sichtgeräte und mit Steuerungs- und Regelungsaufgaben kleineren Umfangs beaufschlagt. Beispiele für solche Waagen sind Mischanlagen in der chemischen oder Eisenhüttenindustrie, bei denen aus mehreren Behältern nach vorgegebenen Rezepturen Mischungen in festgelegtem Verhältnis erstellt werden. Gesetzliche Auflagen fordern in der pharmazeutischen Industrie Protokolle von Chargengewichten und Rezepturbestandteilen, die eine flexible Dateneingabe verlangen. Auch in fleischverarbeitenden Betrieben fallen für die lückenlose Erfassung ein- und ausgehender Rohwaren und Fertigprodukte Problemstellungen an, die die Eingabe und Speicherung von Daten nach Lieferanten, Artikeln und Gewichten erfordern.

Zur Bedienung solcher u.u. U. recht komplexer Wägeaufgaben sind Eingabetastaturen und Anzeigen, intelligente und eichfähige Drucker, Datensichtgeräte oder Tischcomputer mit entsprechender Bedienerführung notwendig.

Die freizügige Kombination dieser Geräte zusammen mit der Waage ist aber nur möglich, wenn diese Geräte über geeignete Datenschnittstellen verfügen. Diese waren in der Vergangenheit sehr oft parallele Schnittstellen in 1 aus 10 oder BCD Code mit entsprechendem Aufwand an Verkabelung und Elektronik. In den letzten fünf Jahren hat sich weltweit die TTY als serielle Schnittstelle durchgesetzt, die dem Anwender eine Reihe von wirtschaftlichen Vorteilen bietet:

Vierdrahtleitung über große Entfernung

Störsichere Stromübertragungsverfahren ohne aufwendige
Abschirmung für die Leitungen

ASC II Code

Sicherung der Datenübertragung mit Parity Bit und Block-
sicherung

Beliebige Serienschaltung von Geräten

Kostengünstige Schaltungsrealisierung durch Verwendung
von hochintegrierten Schaltkreisen (LSI)

Beispiele solcher moderner Tastaturen und Anzeigegeräte mit Bedienerführung sind in den nachfolgenden Bildern dargestellt.
Dabei handelt es sich um Geräte mit eigenem Mikroprozessor, der die
Bedienungsführung übernimmt und den Bediener schrittweise die für
den Programmablauf der Waage notwendigen Parameter abfragt. Danach
werden die aktuellen Parameter über eine TTY-Schnittstelle zur
Waage bzw. zu einem Drucker übertragen.

Bild 6: Waagenterminal zur Bedienerführung (Toledo TSM 3000)

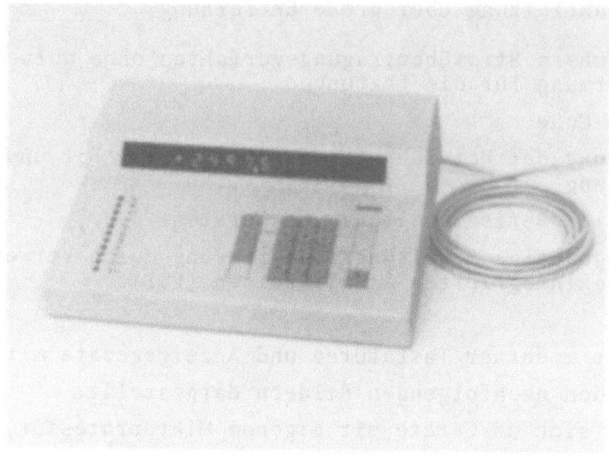

Bild 7: Terminal mit Bedienerführung (Siemens)

In der Industrie haben sich - bedingt durch unterschiedliche Druck-
technologien - eine Vielzahl von Wägebelegen in der Vergangenheit
durchgesetzt, die durch die Modernisierung eines zusätzlichen Wäge-
platzes noch nicht verändert werden sollen.

Ein eichfähiger, moderner Ferndrucker muß daher höchst flexibel auf
bestehende und neue Wägeformulare programmierbar sein.

Das abgebildete moderne Industrienadeldruckwerk erfüllt diese Forderungen und bietet folgende Eigenschaften:

Bild 8:
Industriedrucker
(Toledo 8810)

alpha-numerischer Druck durch 9-Nadeldruckwerk.
Beliebige Eingabe von Beizeichen und Kennworten.
Max. Zeilenlänge 168 mm = 66 Zeichen.
Jedwede Information in jeder beliebigen Formularposition.
Automatischer Zeit- und Datumdruck sowie laufende Numerierung.
Gute Druckbeleglesbarkeit bei vielseitiger Nutzbarkeit.
Variable Schriftgröße bei kleinen Abmessungen.

Bei Wägekartendruck:
Papiereingabe von drei Seiten möglich.
Automatische Papierhalteeinrichtung.
Kein Abdruck ohne Papier durch Papiersensor.
Beliebige Papierformate bedruckbar.

Papierantrieb: Mechanischer Druckrollentransport von Hand oder Motor,
Stachelwalzenantrieb und Aufwickelmechanismus, bei
flexibler Papierbreite mit Endlosformularen.

Vorschub 1/12 inch programmierbar bis 3 inches mit und ohne Wieder-
holdruck.

Der Drucker kann für ca. 500 verschiedene Standarddruckversionen
variiert werden.

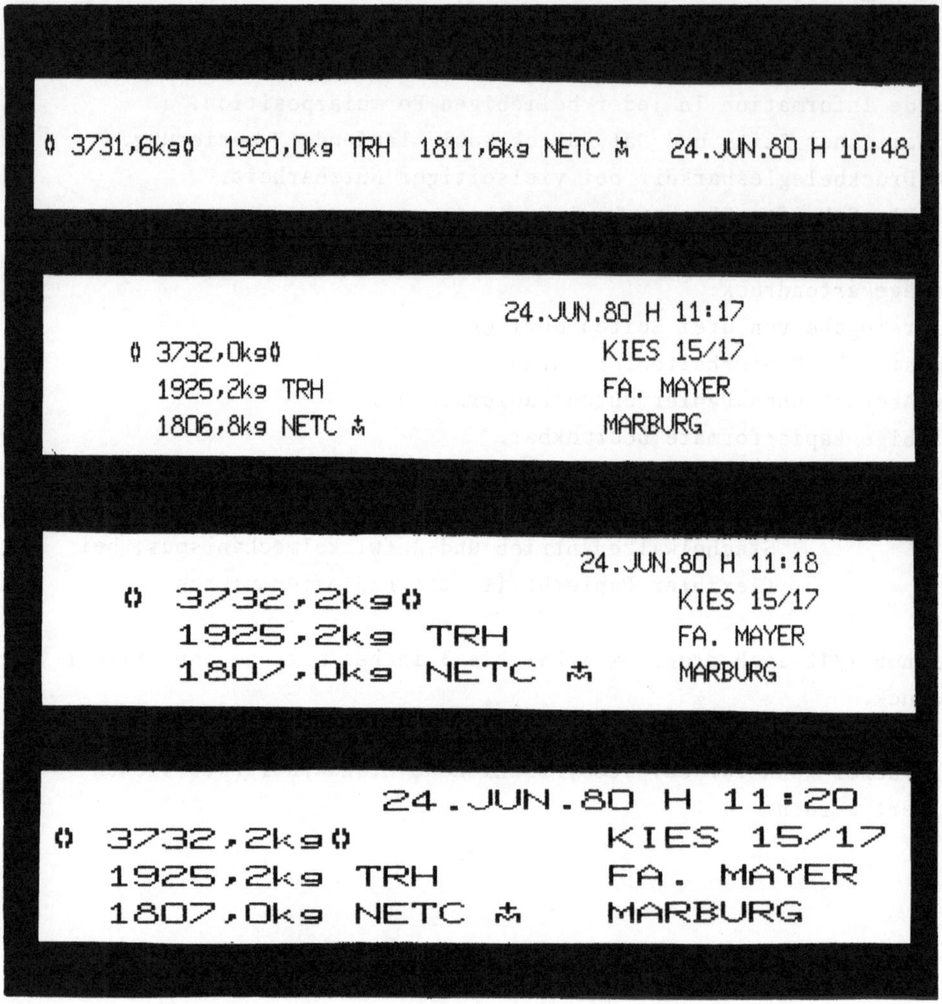

◊ 3731,6kg◊   1920,0kg TRH   1811,6kg NETC ⚒   24.JUN.80 H 10:48

```
                         24.JUN.80 H 11:17
    ◊ 3732,0kg◊              KIES 15/17
      1925,2kg TRH           FA. MAYER
      1806,8kg NETC ⚒        MARBURG
```

```
                         24.JUN.80 H 11:18
    ◊  3732,2kg ◊            KIES 15/17
       1925,2kg  TRH         FA. MAYER
       1807,0kg  NETC ⚒      MARBURG
```

```
                   24.JUN.80  H 11:20
    ◊  3732,2kg ◊          KIES 15/17
       1925,2kg  TRH       FA. MAYER
       1807,0kg  NETC ⚒    MARBURG
```

Bild 9: Druckbildbeispiele (Toledo)

Durch die Verwendung von leistungsfähigen Tischcomputern in Zusammen-
arbeit mit der Waage erhält man Kleinsysteme, die es ermöglichen, die
Bedienung der Waage über Sichtgeräte vorzunehmen. Dabei werden diese
Sichtgeräte zur Vorgabe ganzer Rezepturen und zur übersichtlichen
Darstellung von Wägeergebnissen verwendet. Mit Hilfe der eingebauten
Floppy-Laufwerke lassen sich dann schnell und einfach die einmal
programmierten Rezepturen eingeben sowie Ergebnisse abspeichern.

In diesem Zusammenhang taucht die Frage nach der Programmiersprache
solcher Tischcomputer auf. Da der Tischcomputer nur die Bedienerführung und die übersichtliche Darstellung der Wägeergebnisse übernimmt
und alle wägespezifischen Vorgänge von der Waagenelektronik gesteuert
werden, sind seine Aufgaben zeitunkritisch. Daher können einfache
Sprachen wie Pascal oder Basic verwendet werden, die es dem Anwender
ermöglichen, ohne großen Ausbildungsaufwand seine eigenen Programme
zu schreiben.

Bild 10: Systemcontroller (Siemens)

Die Einführung der Mikroprozessoren in die Wägetechnik hat nicht nur
zur Verbesserung der bekannten Wägeverfahren geführt, sondern wandelt
auch allmählich die Bediengeräte von den herkömmlichen Tasten und Anzeigen zu Bediengeräten auf Basis moderner Sichtgeräte, wie schon gezeigt. Darüber hinaus werden aber auch neue Wägeverfahren erschlossen,
die erst mit Hilfe der Mikroprozessoren mit einem vertretbaren Aufwand realisiert werden können. Ein Beispiel dafür ist die dynamische
Achslastwaage, die es gestattet, in Verbindung mit in der Straße eingebauten Induktionsschleifen und Kraftaufnehmern in Form von Wäge-
platten u. a. die Achslasten von LKW sowie den zugehörigen LKW Typ zu
ermitteln. Die LKW dürfen dabei mit einer Geschwindigkeit bis zu
130 km/h die in der Straße eingebauten Sensoren überfahren. Die Achslasten werden dabei mit einem Fehler von ± 5 % bestimmt. Bei Verdacht
auf Überladung werden die Fahrzeuge über eine automatische Ampelsteue-
rung auf eine zweite Waage gelenkt, auf der dann gemäß den gesetzli-
chen Bestimmungen des jeweiligen Landes die Achslasten entweder wiederum dynamisch in Langsamfahrt oder statisch bei Stillstand kontrolliert
werden. Die bei der Schnellwaage auftretenden Probleme der dynamischen
Vorgänge beim Überfahren mit großer Geschwindigkeit und Identifizieren
der LKW Type können wirtschaftlich nur mit Mikroprozessoren gelöst
werden. Beispiel einer solchen Waage zeigt Bild 11.

Bild 11: Achslastverwägung (Siemens)

Steht die Wägung nicht im Mittelpunkt des Prozeßgeschehens, sondern
sind darüber hinaus umfangreiche Steuerungs-, Sicherungs- und Regelungsaufgaben zu lösen, so erfordert dies ein umfangreiches elektronisches System. Würde man die Waagenelektronik mit solchen komplexen
Aufgaben betrauen, so würden sich die Waagenhersteller in ein Gebiet
der klassischen Automatisierungstechnik begeben, in dem es bereits
eine Vielzahl von Steuerungs-, Regelungssystemen und Prozeßrechnern
gibt.

Es muß daher für die Lösung dieser Aufgabe eine dritte Stufe gefunden
werden. Man beaufschlagt die Waage nur mit den wägespezifischen Aufgaben, wie z. B. Gewichtswerterfassung, Tarieren, externe Taravor-
gabe, Grenzwertüberwachung, Feinstrom-, Grobstrom- und Nachlaufsteu-
erung. Die darüber hinausgehenden Aufgaben der Prozeßsteuerung oder
Regelung werden dann von geeigneten Systemen übernommen. Eine solche
Lösung unterstreicht auch die Notwendigkeit für geeignete Waagen-
Datenschnittstellen, über die eine Kommunikation mit dem übergeordneten System stattfinden kann. Fast alle auf dem Markt befindlichen
Prozeßrechner, Steuerungs- und Regelungssysteme besitzen TTY-Schnitt-
stellen zum Anschluß entsprechender Geräte. Damit steht der Waage eine
einfache und robuste Schnittstelle mit extrem kleinem Verkabelungs-
aufwand zur Verfügung, um als Datengeber für überlagerte Systeme zu
arbeiten. Die konsequente Einbeziehung von Waagen mit standardisierter
Schnittstelle in die industrielle Automatisierung ist damit ohne große
Probleme möglich. Wägen ist damit nicht mehr ein isolierter Vorgang
am Rande der Automatisierung, sondern ein integraler Bestandteil.
Damit ergibt sich aber für den Bediener des Prozesses die Aufgabe,
die Waage nicht mehr mit besonderen Bedienungsmitteln zu betreiben,
sondern mit den Mitteln, die ihm das Automatisierungssystem zur Verfügung stellt. Dies sind heute in vielen Fällen farbige Prozeßsicht-
geräte, die in zunehmendem Maße die herkömmliche Wartentechnik ver-
drängen.

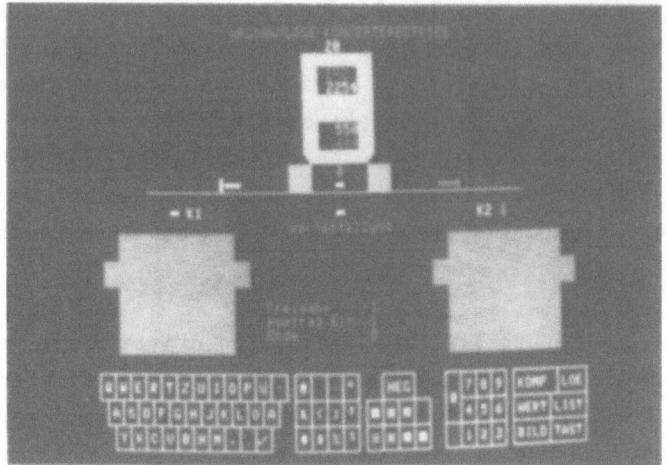

Bild 12: Prozeßsichtgerät (Siemens)

Deswegen wird die Waage aber dann nicht nur zum Datengeber, sondern
auch zum Daten- bzw. Befehlsempfänger, da die notwendigen Parameter
jetzt vom Bediener im übergeordneten System vorgegeben werden und von
dort zur Waage gelangen.

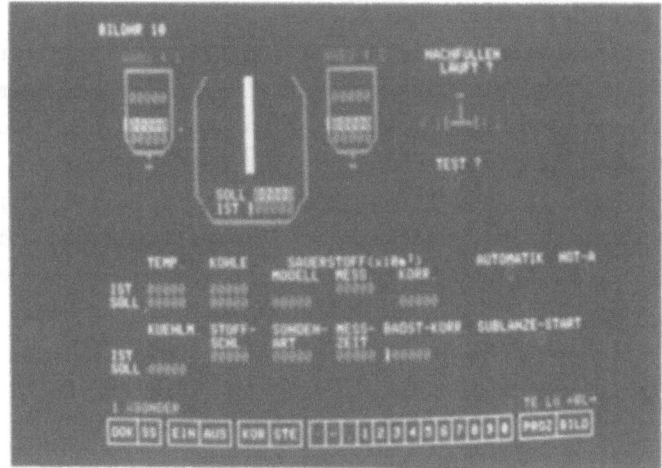

Bild 13: Prozeßsichtgerät (Siemens)

Eine wesentliche Erleichterung für Waagen-Dosiersteuerungen und den
nachgeschalteten Last-Steuerungsteil bieten auch programmierbare
Steuerungen, die auf Mikroprozessorbasis über eine umfangreiche
Speicherkapazität verfügen und über zahlreiche galvanisch getrennte
Ein- und Ausgänge eine Vielzahl von Steuerfunktionen wirtschaftlich
übernehmen können. Der von Toledo-Reliance entwickelte AutoMate 35
bietet hier durch sein Zweisystemkonzept für Waagensteuerungen besondere Vorteile. Ein Anwendungsbeispiel aus der Stahlbranche soll
dies erläutern.

Bild 14: Programmierbare Steuerung (AutoMate 35 Toledo-Reliance)

Anwendungsbeispiel: Gießkranwaagen in Brammengießerei

Drei Kräne transportieren Gießpfannen mit geschmolzenem Eisen zu den
Kokillen, um das richtige Gewicht zu gießen. Jeder Kran verwendet eine
programmierte Steuerung AutoMate 35, um die Kranbewegungen, die Wäge-
prozeßsteuerung und die Datenverarbeitung zu erfüllen.

Jeder Kran hat eine digitale Waage und eine Bedienstation. Da die
Kräne über eine große Distanz fahren und mit einem Zentralrechner verbunden sind, hat jeder Kran ein Fernübertragungssystem. Jeder Kran
hat einen Drucker.

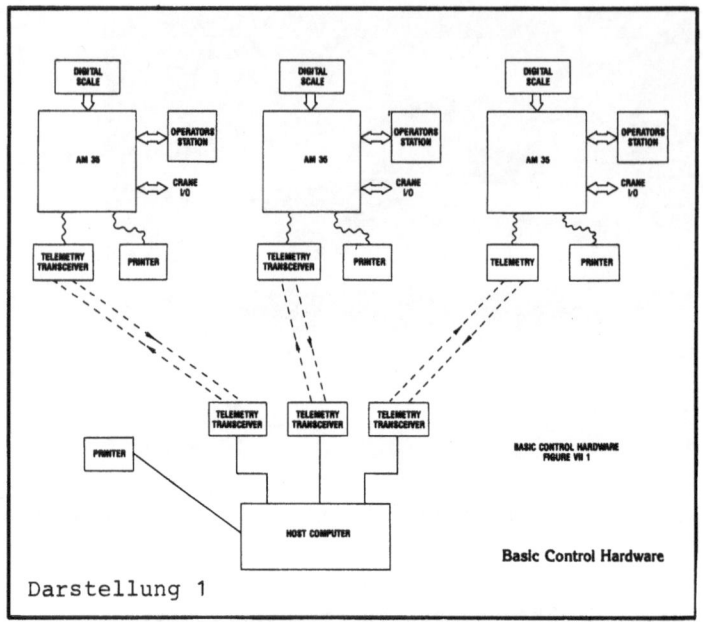

Darstellung 1

Die vereinfachte Arbeitsweise des Systems ist folgende:
Ein Kran bringt die Gießpfanne zur Ausgangsposition, wo die leere
Gießpfanne gewogen wird. Diese Daten werden gespeichert zur Nettoge-
wichtserrechnung. Die erforderliche Eisenmenge wird in der Pfanne verwogen. Der Kran bringt die Pfanne zur entsprechenden Kokille und
gießt das gewünschte Eisengewicht in die Form. Die jeweilige Gewichts-
und Kokillenauswahl kann über Wählschalter an der Bedienungsstation
oder durch Befehle vom Zentralrechner bestimmt werden. Bei jedem
Guß wird ein Bericht am Drucker vor Ort erstellt und die Daten zum
Zentralrechner gesandt zur Zentralinformation und Datensammlung. Der
gleiche Ablauf gilt für alle drei Kräne.

Zuweilen wird eine Kokille durch einen Kran teilgefüllt belassen,
und ein anderer Kran beendet dann die Füllung. Daher müssen die Daten
zwischen den Kränen über Zentralrechner übermittelt werden.

Der AutoMate 35 ist für diese Aufgabe so besonders geeignet, da er
ein Zweisprachenkonzept bietet. Eine Vielzahl von relaislogischen
Funktionen müssen zur Kransteuerung erfüllt werden. Es gibt aber auch
eine Anzahl komplexerer Prozeßsteuerfunktionen. Gewichtsdaten müssen
von der Waage abgelesen, gespeichert, verrechnet und verglichen werden.

Berichte müssen ausgedruckt werden, und Informationen müssen ausgetauscht werden mit dem Zentralrechner. Diese Funktionen werden richtig gehandhabt durch die Steuerschritte. Die notwendigen Verbindungen zwischen Logik- und Prozeßfunktionen können leicht erstellt werden. Besonders bezüglich der TTY-ASC II Schnittstellen zum Zentralrechner gibt die Steuerschrittsprache die notwendige Flexibilität, die Aufgabe zu lösen. Mehr detailliert zeigt Darstellung 2 die Einrichtung für jeden Kran.

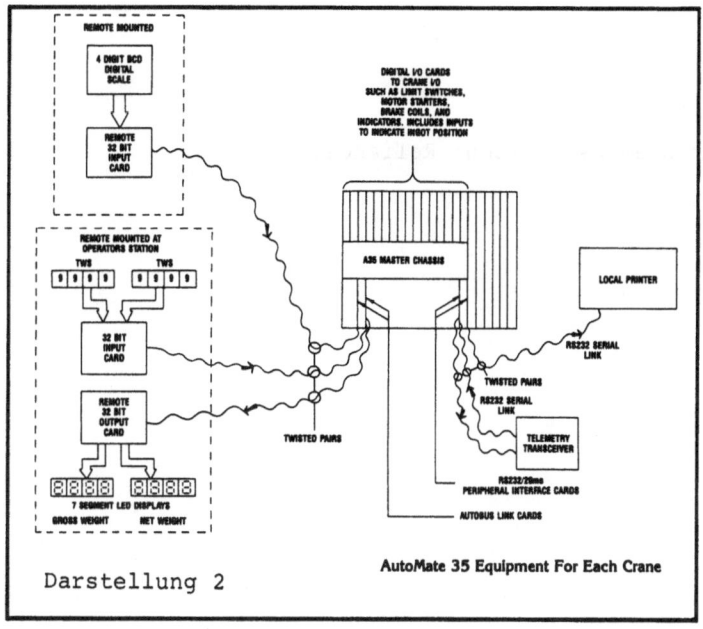

Darstellung 2

AutoMate 35 Equipment For Each Crane

Man beachte, daß entfernte 32 bit Eingangs-/Ausgangs-Hardware benutzt wird für die Dekadenschaltereingänge, digitalen Waageneingänge und die Siebensegment LED-Ausgänge. Dies erlaubt eine verdrillte 2-Draht-Verbindung im Gegensatz zu einer großen Zahl von Signalträgern mit niedrigem Spannungsniveau.

Die Bedien- und Anzeigegeräte der zweiten Stufen werden sehr oft in dieser dritten Stufe aus Sicherheitsgründen ebenfalls verwendet, um bei einem Ausfall des überlagerten Systems mit diesen Mitteln den Prozeß teilweise von Hand weiterfahren zu können.

Die digitalanzeigenden Datengeber der modernen Wägetechnik bieten
neue Möglichkeiten für einen rationelleren Einsatz von Waagen in
Verbindung mit der Wägedatenverarbeitung. Teilweise verschmelzen
die Waagenanzeigen regelrecht in den Systemen der Wägedatenverarbeitung. Bei kommerzieller Verwendung ist es hier oft schwer, eine klare
Abgrenzung für die eichbehördliche Überwachung zu finden. Weitere
spezielle Details werden aus den nachfolgenden Fachvorträgen ersichtlich.

Literaturhinweis:
Werksliteratur Siemens; Toledo; Reliance.

THE IMPACT OF NEW TECHNOLOGY ON EUROPEAN WEIGHING MACHINE REGULATIONS

EINFLUSS UND AUSWIRKUNG NEUER TECHNOLOGIE AUF EUROPÄISCHE WAAGENBAUVORSCHRIFTEN

G.F. Hodsman B.Sc Ph.D F.Inst. P.

Avery Research Administration Limited, Birmingham, England

President - Comité Européen des Constructeurs d'Instruments de Pesage

Zusammenfassung

Das Manuskript umreißt die 3 wesentlichen Aspekte der Vorschriftengebung für Waagen: Bauartzulassung, Ersteichung und Prüfung im Betrieb (Nacheichung). Einfluß und Auswirkung neuer Technologie (Elektronik) auf jede dieser Prüfungen werden berücksichtigt und die dadurch entstandenen Probleme diskutiert. Es werden einige Lösungen vorgeschlagen, die die Zusammenarbeit von Meßtechnischem Dienst und Industrie beinhalten.

Es wird hervorgehoben, daß die Vorschriften zwar im notwendigen Maße strikt, aber dennoch nicht komplizierter sein müssen, als dies im Hinblick auf die zusätzlich zur Vorschriftengebung existierenden Beschränkungen im Handel für den Verbraucherschutz notwendig ist.

Es wird auf die Schwierigkeiten eingegangen, die bei der Harmonisierung von Waagenbauvorschriften in Europa, vor allem durch die neue Technologie, aufgetreten sind. Interpretationsprobleme sind entstanden. Als eine Lösungsmöglichkeit wird das Konzept einer einzigen Europäischen Zulassungsbehörde vorgeschlagen.

1. INTRODUCTION

Regulations governing the design and performance of weighing machines have existed in most developed countries for many years - in some cases even for many centuries. Their purpose has been, essentially, to ensure fair trading. The weighing machine is required by law to be a fair arbiter as between buyer and seller. The regulations exist to protect both.

With the formation of the EEC, the need arose to "harmonise" the regulations of the various member states so that there would be no technical barriers to inter-community trade in weighing machines. This process, which has been continuing for over 20 years has proved to be more difficult than expected.

One of the main reasons is that, unfortunately for the "harmonisers", this period has coincided with a major revolution in electronic technology which has completely altered the design of weighing machines. Prior to 1960, weighing was based, as it had been for centuries, on well-known mechanical principles of beams, levers, pendulums and springs. These machines would still have been recognisable to Leonardo da Vinci, who invented the cam/pendulum system, and perhaps even to the ancient Egyptians who used tolerably accurate beam weighers.

However, the last twenty years has revolutionized weighing technology and the way in which weighing results are used. The government "regulators" and Community "harmonisers" have not been able to adapt their procedures to the situation. The exploitation of new technology to its fullest extent across Europe is being inhibited by the application of old thinking to new problems.

This paper highlights some of the difficulties and examines some of the possibilities which have been proposed to solve the problems.

2. THE NATURE OF WEIGHING MACHINE REGULATIONS

Three traditional controls over the design and performance of weighing machines exist in most European countries and are the subject of attempts to harmonise.

2.1 Pattern Approval

The object of pattern approval is to ensure "suitability for use for trade" as it is defined in the UK. Similar definitions apply in other countries although sometimes, (eg. in France), pattern approval is required even for machines being used privately where no trade transaction is involved.

Pattern approval therefore, in most cases, has a relatively limited objective. It should not be concerned with total avoidance of fraud or malfunction but with a "reasonable" presumption that these factors will not be possible. The object of the pattern examination is not to pass a judgement on the quality of the design or the abilities of the designer, but to determine whether or not, the equipment is suitable for trade use and will operate fairly as between buyer and seller. The problems arise when this distinction becomes blurred.

2.2 Initial Verification

The object of initial verification by the metrological service is to ensure that individual production models conform with the approved pattern and also operate satisfactorily to the performance specification in the regulations. Thus whilst pattern approval examination is concerned with the design and is conducted on usually only one model, initial verification is undertaken on every model produced. This is done sometimes at the factory and sometimes in situ at the users premises - or a combination of both.

2.3 In-Service Examination

This is a performance check, similar to the initial verification, undertaken periodically on machines in use. Regulations vary in different countries as to the thoroughness and periodicity of the examination. The end result is, however, always the same. The user ultimately, will be prohibited from continuing to use the machine if it is not operating within specified limits of performance and in some cases he may even face prosecution as a criminal. This is a very powerful sanction, which operates in respect of relatively few products outside the weighing machine industry. It leads to a special relationship between a weighing machine manufacturer and his customer. This has an influence which is often not fully appreciated by the legislators.

3. IMPACT OF NEW TECHNOLOGY ON THE REGULATIONS

3.1 On Pattern Approval

With the older types of machine there was rarely a problem. Approval for a mechanical machine could be given almost by a visual inspection supplemented by some simple tests. The new electronic technology has led the legislators to much more complex requirements for approval. Machines now have to undergo tests for the effects of temperature, humidity, creep, mains interference, radio interference, voltage variation, frequency variation, supply interruption, static discharge, vibration and shock - to name just a few, and the list tends to grow longer each year.

The problem of software associated with modern weighing machines creates further problems. Programs are regarded by manufacturers as trade-secrets since their compilation requires considerable investment and expertise. Although the confidentiality of a metrological service is never in question, it does nevertheless, impose an unfair burden on officials of the service if they are required to obtain information on programs from competing manufacturers with whom they have to discuss the details.

Harmonisation of European regulations has become almost totally inhibited by a further problem arising from new technology. In the early years of the new technology, electronic components were not always reliable and this led to some less than satisfactory experience with early electronic weighing machines. In some countries this caused the legislators to insist that any malfunction of a machine which would lead to a wrong result being displayed, must automatically cause the machine to shut-down and to be made incapable of operation until the fault had been rectified. This is the "fail-safe" approach which some regard as an essential feature of the regulation of modern weighing equipment.

Other countries took a more flexible view, arguing that this approach was expensive and unnecessary. They argued that provided the pattern approval examination and tests were properly conducted, the risk of failure was no greater than with mechanical machines and that such faults as did arise were likely to be of such magnitude as to be obvious to the user.

Attempts to resolve these different views have led to compromise proposals which seem to combine the worst aspects of each argument. It may be, however, that the latest developments in digital techniques will lead to agreement in this area, although there could still be problems in the analogue part of the machine.

Another problem has arisen more recently with the pattern approval of weighing systems. Users are no longer satisfied with the read-out, or even print-out of a weighing result. They require this result to be manipulated perhaps by a computer. The weighing result becomes part of a much larger systems operation at the end of which the final transaction data is produced. This may be at a different location from the weighing machine and at a different point in time from the weighing operation. Credit-card transactions and invoicing systems can result in the purchaser receiving information about the transaction a month or more after the weighing operation. The traditional pattern examination cannot cope with systems of this nature. The legislators and the industry have been searching for a solution to this problem.

The inevitable outcome of these various problems has been to increase the cost and delay in obtaining pattern approval. More complex regulations, more sophisticated equipment, more time in pattern examination have all combined to make it more difficult for the small innovative manufacturer to seek and obtain approval. The time delay - in some countries now two years - means that the manufacturers' equipment is obsolescent even before it has reached the market-place. The user is denied the full benefits of modern technology.

A balance has to be struck between a genuine need to protect the interests of weighing machine users and the equally important need to avoid unnecessary inflation of the price of weighed products. For it is the ultimate purchaser of these products who pays for the cost of the control processes and suffers if he is denied the benefits of the latest technology.

3.2 On Initial Verification

The verification of series production machines presented little problem with traditional mechanical machines. Conformity with approved pattern could be checked visually and the necessary performance tests were simple. With the new technology, the inspector is faced with a series of "black-boxes" and software is an integral part of the design. How is he to check conformity with approved pattern? And if he cannot adequately do this, why have an approved pattern in the first instance?

A further problem arises due to the elaborate series of tests which have been conducted at the pattern approval stage on one prototype or early production model. To what extent can all the series production models be expected to conform? If the inspector is to be required to carry out all, or even some of these tests, then either a much larger inspection force would be needed or production would be seriously impeded.

A solution to these problems is both important and urgent. It is particularly important in its impact on the harmonised EEC regulations. A machine verified in one member country and given an e-stamp can be freely sold, without further metrological control, in any other member country. Unless the metrologists have confidence in the uniform rigour with which the verification requirements are being implemented in the various countries, it is asking too much to expect them to accept each other's machines without question, as they are obliged to do.

3.3 On In-Service Examination

There is no harmonisation problem with in-service inspection since this is entirely a national operation within each country. The function is to ensure continued conformity with the regulations and to prohibit the use of unsatisfactory machines. The problems created by modern technology do however place an increasing burden on inspectors in keeping the machines for which they are responsible, under adequate supervision.

Users are well-advised to participate in the service/maintenance schemes offered by most suppliers which ensure that their machines are maintained in good working order.

4. THE WAY AHEAD

4.1 Pattern Approval

The key to a solution of the problems which the new technology has created for pattern approval, can be found in closer collaboration and mutual understanding between the legislators and the manufacturers. This is already improving at European level where a dialogue is developing between the European manufacturers federation (CECIP) and the

EEC Commission. Collaboration at national level varies in the different countries but is generally becoming better.

For example, there is a growing realisation that for the larger, complex weighing installation where perhaps only one or a very few installations will ever be made, the traditional pattern approval examination is both inappropriate and time-consuming. Such equipment is usually operated by trained personnel and the general public is not involved. The normal commercial contract between supplier and customer coupled with the sanctions provided at the verification stage should make all but a formal pattern approval unnecessary.

The problems created by much modern technology and the security problems of software, can be handled by an extension of the "black-box" philosophy. If the manufacturer's equipment can be mentally segregated into a series of units performing specified functions, it should be possible for the metrologist to check the functional performance against the requirements of the legislation without becoming in any way involved in the design of the unit. Where this approach has been tried, it has led to a simpler and quicker examination without sacrifice of user protection.

The problem of weighing systems, where the weighing machine forms only part of a much larger system is one needing urgent attention. The U.K. government, in collaboration with the industry is developing some interesting solutions aimed to limit the extent of pattern examination without lessening user protection. In general, where a weighing machine is connected to peripheral equipment, this can be done through a suitable interface. This interface will be examined along with the machine at pattern approval stage to ensure that signals cannot pass back through the interface to corrupt the operation of the weighing machine. Any equipment used beyond the interface will not then be subject to any control by the metrologists. It is sufficient to require that a printed record is made by the weighing machine with appropriate identification to any transaction data subsequently produced by the peripheral equipment. If a purchaser has cause to query such transaction data, reference can always be made to the printed record made, at the time of weighing, by the approved machine. It is of course necessary to have a legal requirement for the printed records to be retained by the user for an adequate period - possibly 3 or 6 months.

This procedure lifts a whole burden of pattern examination from the metrologist and enables innovative manufacturers to offer the benefits of the latest technology to their customers without involving pattern approval delays. This principle is now being applied in a modified form to the problem which is arising in supermarket weighing.

The rapid development of the "bar-code" system for pre-packed products creates a problem for the variable-weight "self-selection" items such as fruit and vegetables which bear no human-readable label. These are weighed at the checkout, where there is little point in producing a bar-code by an expensive printer, for the purpose of immediate scanning. The user requires to link the weigher direct to an in-store computer which in turn feeds the cash-register. It is clearly impossible for the metrologists to become involved in the approval of the computer and, in some cases, even of the cash register. The solution evolved in the U.K. offers a relatively easy but safe procedure. Various acceptable alternatives are shown in Fig. 1.

<u>Figure 1</u>

<u>Approval of Weighing Machines linked to Cash Registers</u>

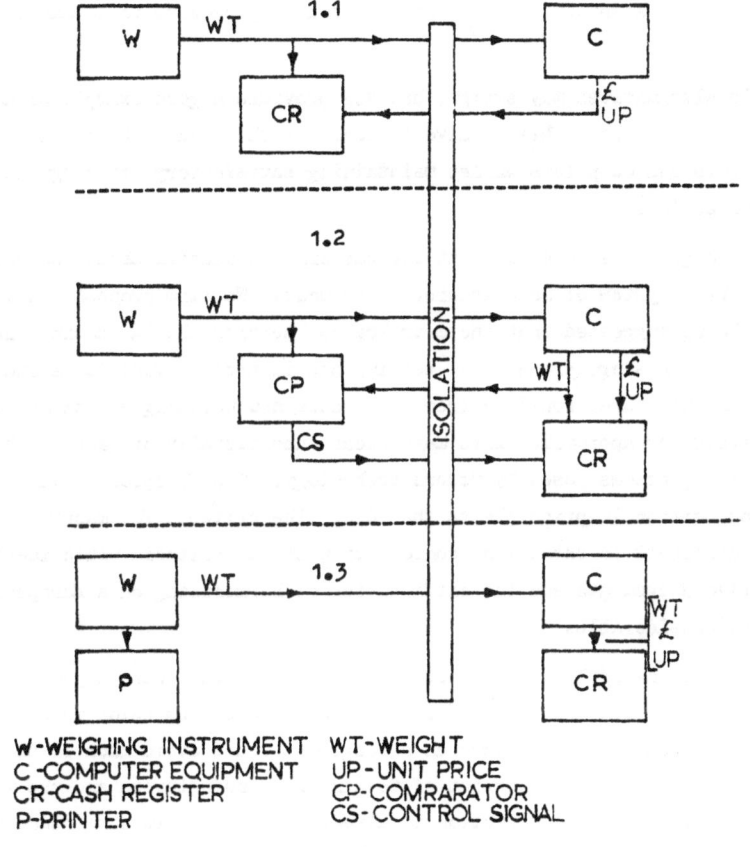

W-WEIGHING INSTRUMENT   WT-WEIGHT
C-COMPUTER EQUIPMENT   UP-UNIT PRICE
CR-CASH REGISTER   CP-COMRARATOR
P-PRINTER   CS-CONTROL SIGNAL

Only the equipment to the left of the interface isolator is subject to the full rigours of examination. Equipment to the right is not examined by the metrologist. The alternative shown in 1.1 is suitable where the cash register is relatively simple and can meet the requirements of the pattern examination. Weight is transmitted direct to the cash register and also to the in-store computer. The computer provides the computed price signal for the cash register, which prints a ticket showing weight, unit price and computed price.

Fig. 1.2 shows a solution which avoids approval of the cash register. The weight signal is fed via the isolator to the computer but also direct to a comparator unit. The weight signal from the output of the computer is fed to the cash register and also fed back to the comparator which sends an inhibit signal to the cash register if the weight information has been corrupted by the computer. The customer is thus assured of correct weight and the arithmetic on the ticket issued by the cash register enables him to confirm correct computed price.

Fig. 1.3 illustrates the more general case, mentioned above, where an approved printer maintains a record with a serial reference to that issued by the cash register. This record, in the case of a supermarket operation would only require to be maintained for one week.

Other acceptable alternatives may emerge, but 1.2 provides a good example of how a metrological service has been able to divest itself of the need to become involved with cash registers and computers whilst maintaining satisfactory metrological control and customer protection.

There have been suggestions recently that the pattern examination should be substantially replaced by a system of manufacturer assessment. No firm proposals have been made but it is being suggested that the metrological service should examine the manufacturers design, purchasing, production, testing and inspection facilities and if found acceptable, the manufacturer would be free to produce new weighing equipment with only minimum formalities for approval. This may appear superficially attractive, but is no solution to the problems posed by modern technology. The European weighing industry has expressed opposition in principle to the idea. The criteria for manufacture assessment would be difficult to establish, conformity with the criteria would inevitably involve subjective judgements and the difficulties of harmonising on a European basis would seem to be considerable.

It could, however, be helpful, if manufacturers test facilities were approved so that the performance tests which the manufacturer must do before submission would be acceptable to the metrological service. Such an arrangement could avoid much of the present expensive and time-consuming duplication of testing by manufacturers and the metrological service. Progress in this direction is already being made in some countries.

4.2 Initial Verification

The problems associated with initial verification of instruments involving new technology also require a new approach. The check for complete conformity with approved pattern is now a virtual impossibility for the local inspector, except at prohibitive expense. He is bound to place considerable reliance on his knowledge of the manufacturer and confidence in his integrity. The right of the central metrology service to call for a sample production model for more thorough examination, already exists in many countries and should provide additional safeguards.

There are suggestions that a statistical approach should be adopted by local inspectors, to the problem of the extensive testing which is theoretically required on all new models. The statistical approach is already in general use for checking pre-packages under the EEC "Average Weight" system. Production batches of pre-packs are sampled and information about the whole batch is deduced from tests on the relatively small random sample, using statistical concepts.

This approach has been proposed for verification of weighing machines. Instead of testing each machine, tests would only be made on 1 out of every X machines produced. Information about the production would be deduced from the results on the sample.

The difficulty with this approach is that weighing machines are produced in relatively small quantities, compared with pre-packs such as sugar, coffee and tea. Also the problem of examining and correcting a possibly defective machine is more difficult than dealing with a possibly defective pre-pack. Serious production difficulties can be envisaged in the operation of such a system. The right of the metrological service to monitor performance seems to offer a better safeguard.

5. CONCLUSIONS

Modern technology has led inevitably to more complex regulations and in turn to more difficulty in harmonising the rules within the EEC. More complex regulations lead to more difficulties in obtaining a uniform interpretation as between different national metrological services. Already interpretation problems have been identified and are not always easy to solve.

The European weighing machine industry has always favoured strong regulations as being best for both manufacturer and user. There is certainly no wish to see relaxation of weighing accuracies but regulations should be no more complex than is necessary for consumer protection. They should be servants, not masters. Regulations which start complex are rarely subsequently simplified - in fact they often tend to become even more complex in an effort to overcome interpretation problems. A better approach is to start with straightforward regulations, without attempting to foresee and provide for every conceivable eventuality. The regulations can then be refined in the light of practical experience.

There are three ultimate sanctions, available in every country which supplement the approval and verification regulations:-

- every weighing machine in use for trade is subject to control by an inspecting force who have powers to prohibit use of a defective machine.

- the commercial constraint of the supplier/customer contract in relation to a defective machine which has been prohibited for use.

- the criminal offence of a vendor giving "short weight" to a purchaser or using a prohibited machine.

Regulations, particularly where the new technology is involved should always be considered against the background of these constraints on the supply of a potentially defective machine and the consequences flowing from its use.

The advance of technology will undoubtedly continue and will always outpace those who try to formulate rigid rules for to-days technology. The problems of harmonisation and interpretation will then become even more difficult. Eventually it is likely that there must be a single European authority granting approvals valid for the whole EEC community. Such a body would eliminate interpretation problems, eliminate the need for harmonisation and if wisely administered, could become a powerhouse for the application of new technology in the weighing industry. The problems of setting-up such an organisation are great but so are the prizes to be won. It is along this road that we should seek the solution of our current difficulties.

ACKNOWLEDGEMENT

The author is indebted to GEC-Averys Ltd of the U.K. for facilities in connection with the preparation and presentation of this paper.

EINIGE GEDANKEN ZUR NOTWENDIGEN UND ERREICHBAREN
GENAUIGKEIT BEI WÄGUNGEN
TOUGHTS TO THE NECESSARY AND OBTAINABLE
ACCURACY OF WEIGHING PROCESSES

Prof. Dr.-Ing. Hans Boekels
5100 Aachen

Summary: Evaluation whether a better than the actual accuracy - mainly
for industrial weighers - is necessary or if further developments
should aim at other improvements.

Für jeden Arbeitsgang, der unter Benutzung einer Waage durchgeführt
wird, sei es eine einfache Wägung in einer öffentlichen Verkaufsstelle, eine Analyse oder auch eine Massenbestimmung innerhalb eines
automatischen Prozesses, gilt zunächst einmal, daß das Ergebnis der
Wägung nicht genauer sein kann, als dies durch die Fehlergrenzen der
benutzten Waage bedingt ist.

Nun ist jede Waage mit einem natürlichen Fehler behaftet. Kein technisches Erzeugnis kann ja an sich ideal fehlerfrei sein. Zu diesen
natürlichen Fehlern kommen im Betrieb noch weitere, auf die Genauigkeit einwirkende Einflußgrößen, die bei eichpflichtigen Waagen durch
die Eichordnung zugelassen und zahlenmäßig definiert sind. Als solche Einflußgrößen sind zu nennen: Umgebungstemperatur, Temperaturgradienten am Aufstellungsort, Abhängigkeit von der örtlich vorhandenen
Schwerkraft und bei elektromechanischen Waagen der Einfluß der Stabilität des Versorgungsnetzes. Schließlich gibt es bei jeder Waage,
gleich welcher Bauart, Abnutzungs- und Alterungserscheinungen. Damit
ist immer die Betriebsgenauigkeit geringer, als die - "natürlich" zu
nennende - Eichgenauigkeit. Wir unterscheiden zwischen "Eichfehler"
und "Verkehrsfehler". Jede Waage muß also zweckmäßigerweise einen geringeren Verkehrsfehler aufweisen, als der Wägevorgang an Ungenauig-
keit zuläßt.

Nun haben wir in den letzten 25 Jahren in der Wägetechnik eine Revolution erlebt, die zur weitgehenden Substitution der rein mechanischen Waage durch die elektromechanische Waage geführt hat. (Es sei
hier am Rande vermerkt, daß heute die Grenze zwischen dem, was man
"elektromechanisch" nennt und was man als "mechanisch" bezeichnet,
mehr oder minder fließend ist. Man wird wohl bald nur noch in beiden
Fällen von "Waagen" sprechen.)

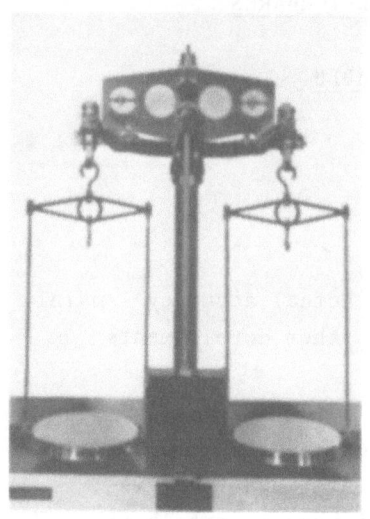

Bild 1

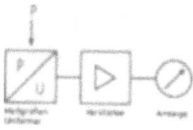

Bild 2

Das natürliche Verfahren einer Wägung ist der Vergleich einer nicht bekannten Masse mit einer bekannten, einem Normal, also einem Gewichtsstein, an einer Balkenwaage (Bild 1). Hier werden zwei physikalisch gleichartige Größen unmittelbar miteinander verglichen.

Bei der klassischen elektromechanischen Waage dagegen beschreitet man einen Umweg. (Bild 2) Hier wird die Kraft, die das Wägegut aufgrund der Gravitation direkt oder unter Zwischenschaltung von Hebelübertragungen auf eine oder mehrere Meßzellen - man nennt sie "Meßgrößenumformer" - ausübt, in ein elektrisches Signal umgewandelt. Dieses elektrische Signal wird, meist unter Zwischenschaltung eines Verstärkers, über elektrische Leitungen zum Anzeigeinstrument übertragen. Man hatte zu Beginn dieser Entwicklung, die ja mehr von der Elektronik, als vom klassischen Waagenbau herkam, den Grundgedanken, möglichst auf Schneiden und Zwischenhebel zu verzichten und die Schwerkraft so früh wie möglich in ein elektrisches Signal umzuwandeln, welches sich über Leitungen beliebig weit und einfach zum Anzeigeinstrument übertragen läßt.

Man hat damals die Frage der Genauigkeit des Wägeresultates als weniger wichtig angesehen, dachte man doch mehr an innerbetrieblich genutzte Waagen als an solche im "öffentlichen Verkehr", wo ja Eichpflicht vorgeschrieben ist. Unter Benutzung der damals zur Verfügung stehenden Mittel - der Transistor ist erst rund 30 Jahre bekannt -, also mit Röhren, war ohnehin an eine Eichfähigkeit nicht zu denken. Im Industriebetrieb aber (Kohle, Hüttenwerke usw.) hatten Begriffe, wie Ablesbarkeit an zentraler Stelle, größere Unempfindlichkeit gegen Verschmutzung und einfache Einbaumöglichkeit der Wägezelle den Vorrang vor hoher Genauigkeit.

Nicht jeder technische Fortschritt hat eben seinen Ursprung in der
Forderung nach höherer Präzision, er ist oft nur aus dem Wunsch nach
größerer Handlichkeit oder Robustheit entstanden.

Nun ist heute, dank der Entwicklung, die - vom Transistor ausgehend -
integrierte Schaltkreise und Mikroprozessor durchgemacht haben, die
elektromechanische Waage der mechanischen in vielen Bereichen gleich-
wertig geworden. Fachmännisch ausgeführt und mit gutem Design der
Schaltung ist sie, soweit nötig, eichfähig. Sie ist jetzt auch stabil
und nicht störanfälliger als eine klassische mechanische Waage.

Es stellt sich nun die Frage, ob wir derzeit in der Wägetechnik eine
höhere, als die derzeit erreichbare Genauigkeit überhaupt brauchen.
Schließen wir die Präzisionswägung, also etwa den Anschluß von Ge-
wichtsstücken (Gewichtssteinen) an Normale (Prototypen) und ebenso
Wägungen im Zusammenhang mit Analysen aus, bei denen ja die höchste
Genauigkeit wünschenswert ist, so dürfte im Bereich zwischen Laden-
tischwaage und Industriewaage kein Problem bestehen.

Es sei hier ein Hinweis gestattet: Die Technik der Analog-Digital-
wandler erlaubt es, einen Meßbereich in beliebig viele Digitalschritte
zu unterteilen. Das bringt zwar "Ablesegenauigkeit", täuscht aber
"Meßgenauigkeit" oft nur vor. Um nur ein Beispiel zu nennen: Bei einer
Fuhrwerkswaage, die im Freien steht, greift der Wind an und erzeugt
je nach Richtung und Stärke aerodynamisch Auftrieb oder Abtrieb. Die
Anzeige wird also, wenn diese zu fein unterteilt ist, schwanken, das
Resultat wird unsicher. Es ist also hier sinnlos, so "fein" wie möglich
unterteilen zu wollen. Hier versagt nicht die Waage, die Wägung gestattet eben nicht eine so genaue Gewichtsfeststellung. In solchen Fäl-
len drängen sogar die Eichbehörden darauf, die Anzahl der möglichen
Digitalschritte zu beschränken, also nicht so "genau" messen zu wollen.

Wenn also die erreichbare Genauigkeit von Waagen - im Bereich der La-
dentischwaage und Industriewaage - der sinnvollerweise geforderten
entspricht, so liegen heute für den Waagenbauer die Probleme darin,
daß die Waage mehr und mehr im automatisierten Prozeß eingesetzt ist.
Statt ein selbständiges Instrument zu sein, ist sie als Glied in die
Kette integriert, muß Informationen aufnehmen, verarbeiten und oft
Befehle an andere Organe weitergeben.

Vielleicht ein Beispiel: Es besteht seit einigen Jahren eine sogenannte "Fertigpackungsverordnung". Güter des täglichen Gebrauches,
beispielsweise Lebensmittel, werden nicht mehr individuell im Beisein
des Käufers abgewogen. Sie stehen mehr und mehr fertig abgepackt in
Regalen. Die Verordnung verlangt nun, daß - Kundenschutz - der Inhalt
solcher Packungen mit der aufgedruckten Gewichtsangabe in sehr engen
Grenzen übereinstimmt. Man prüft das heute so, daß man beim Verpak-
kungsprozeß laufend Stichproben entnimmt und aus den Einzelgewichten
dieser Proben statistisch ermittelt, ob das gesamte Los innerhalb der
zulässigen Grenzen liegt. Dabei ist das Ergebnis dieser statistischen
Ermittlung natürlich um so aussagefähiger, je mehr Stichproben entnommen werden. Ist die Unsicherheit der Ermittlung zu groß, so greift
man zu dem Ausweg, die Zuteilanlage, also die Verpackungsmaschine, so
einzustellen, daß sie im Mittel etwas mehr als das erforderliche Soll-
gewicht abfüllt. Man verschenkt also Ware.

Es könnte hier eine wesentliche Verbesserung erreicht werden, wenn
man alle Packungen und nicht nur Stichproben innerhalb der Abfüll-
straße nachprüfen würde. Man könnte so Ausreißer automatisch erfassen
und ausscheiden. Auch würde man in der Lage sein, falls die Tendenz
im Mittel falsch ist, die Abfüllmaschine entsprechend zu korrigieren.
Es sind für diesen Zweck sogenannte "selbsttätige Kontrollwaagen"
auf dem Markt, die in die Abpackstraße eingebaut sind. Jeder einzelne
Gewichtswert wird einem Rechner zugeleitet, der laufend Durchschnitts-
gewicht und Streubreite der Einzelgewichte ermittelt, dabei auch,
wie vorgeschrieben, ein Protokoll ausdruckt und meist auch automatisch
nachregelt.

Das Verfahren bewährt sich, hat aber dort eine Grenze, wo die Stückzahl der Packungen pro Zeiteinheit zu groß wird. Die Kontrollwaage
ist dann zu "langsam", sie hat nicht mehr die Zeit zum Einschwingen
und damit streut mehr und mehr die Erfassung der Einzelwerte. Eine
gute selbsttätige Kontrollwaage kann bei 100 Packungen pro Minute
noch Einzelgewichte von 250 Gramm mit einer Unsicherheit von etwa
einem halben Gramm richtig klassieren, geht aber der Takt auf 300
pro Minute hoch, und diese Abpackgeschwindigkeit wird oft noch überschritten, so erhöht sich die "Unsicherheitszone", in der die Waage
nicht mehr hinreichend sicher das Gewicht erfaßt, auf bis zu fast
5 Gramm. Damit wird die Grenze der zulässigen Unsicherheit überschritten. Die Waage ist für ihren Zweck nicht mehr geeignet.

Wir haben hier den Zustand, daß eine Waage als solche zwar im statischen Betrieb hinreichend genau ist, sie jedoch nicht mehr für den ihr zugedachten Zweck ausreicht, weil sie - zu langsam - nicht mehr die notwendige Genauigkeit besitzt. Es ist also nötig und dürfte auch unter Benutzung der heute zur Verfügung stehenden Mittel möglich sein, selbsttätige Kontrollwaagen zu entwickeln, die schneller arbeiten, ohne die erforderliche Genauigkeit zu verlieren.

Mögen diese Darlegungen mit einem zugegebenermaßen heute noch etwas utopisch anmutenden Gedanken abgeschlossen werden:
Vor Jahrzehnten hat eine Sand- oder Kiesgrube ihre Ware nach "Kubikmeter" verkauft. Ein Lastwagen, eine Karre, faßte eben so und so viele Kubikmeter, wenn sie normal beladen war. Heute macht man das angeblich genauer. Man rechnet nach Gewicht ab. Der Lastwagen wird gewogen.
Nun sind bekanntlich die Straßen in der Nähe solcher Sand- und Kiesgruben auch im trockensten Sommer immer naß. Das im Kies fast immer enthaltene Wasser tropft heraus. An der Verkaufsstelle erhält der Kunde Kies oder Sand und - schätzen wir - 5 bis 10 Prozent Wasser, das er als Sand bezahlt.

Nun die utopisch klingende Frage: Was wäre, wenn man bei der Verladung laufend den Wassergehalt messen und diesen zusammen mit der Gewichtsanzeige der Waage einem Rechner zuleiten würde, der das für den Kaufpreis maßgebliche Trockengewicht feststellt? Man kann gewiß einwenden, bei dem geringen Wert des verladenen Gutes lohne der Aufwand nicht. Überträgt man nun aber etwa den Vorschlag auf Kohle oder Koks: Der Heizwert, also der mitentscheidende Faktor, wird laufend erfaßt und die Berechnung erfolgt nicht nach "Tonnen", sondern nach "Steinkohleneinheiten."

Die zwei Beispiele, die Kontrollwaage und die Errechnung des "Echtwertes" beim Verkauf von Schüttgütern zeigen vielleicht eine Tendenz dessen auf, was für die Wägetechnik Zukunftsaufgabe ist: Nicht so sehr die Waage muß genauer werden, die Wägetechnik wird Umweltdinge, die an sich nichts mit der Waage zu tun haben, in ihre Ermittlungsverfahren von Massen mit einbeziehen müssen.

Technischer Fortschritt kann sich eben in sehr divergierenden Richtungen auswirken.

EIGENSCHAFTEN UND KENNDATEN MODERNER WÄGEZELLEN

a) DMS-WÄGEZELLEN

FEATURES AND CHARACTERISTICS OF MODERN WEIGHING CELLS

a) STRAIN GAUGE LOAD CELLS

Dr.-Ing. W. Nürnberger

Siemens AG, Karlsruhe

Summary

Construction and characteristics of strain gauge weighing cells will
be described by block-pictures with construction part of a weighing
cell and with sketch of different types of frequently used measuring
springs.

By the example of a double cylinder weighing cell a construction
with integrated load introduction and transverse load consideration
and overload protection is explained.

The most important characteristics of VDI/VDE direction 2637 will be
explained. The environmental influences affecting on the weighing
cell will be described.

1. Einleitung

Wägezellen sind Bestandteile von elektromechanischen Waagen, die in
ihrer einfachsten Ausführungsform aus Lastträger, Wägezelle und elektronischer Meßeinrichtung bestehen. Die Wägezelle ist ein mechanisch-
elektrischer Kraftaufnehmer, der unter erschwerten Einsatzbedingungen
die Gewichtskraft (Last) einer zu wägenden Masse in ein eindeutiges,
mit der Masse zusammenhängendes elektrisches Signal umformt. Die
DMS-Wägezelle ist am weitesten verbreitet und nimmt eine Sonderstellung bei den Wägezellen ein. Der verwendete Sensor ist der Dehnungs-
meßstreifen (DMS), der ihr auch den Namen gibt.
Diese Sonderstellung ist auch der Grund, daß in der VDI/VDE-Richt-
linie 2637 "Wägezellen-Kenngrößen" die Definition vorwiegend auf den
DMS-Wägezellen-Typ bezogen wird.

Mit der Definition der wichtigsten Kenngrößen von Wägezellen soll erreicht werden, daß die meßtechnischen Eigenschaften von Wägezellen verschiedener Ausführungen nach gleichen Definitionen angegeben und mit vergleichbaren Meßmethoden geprüft werden können.

2. Aufbau und Eigenschaften von DMS-Wägezellen

Die DMS-Wägezelle besteht prinzipiell aus den in Bild 1 dargestellten Teilen. Der Zusammenhang zwischen der Eingangsgröße "Last" und der Ausgangsgröße "Signal" hängt von der Technik und Konstruktion der im Blockschaltbild dargestellten Einzelteile ab. In welchem Umfang die Krafteinleitungselemente sowie die Querkraft-Elimination und der Überlastschutz in die Wägezelle integriert sind, hängt von der Konstruktion der Wägezelle ab.

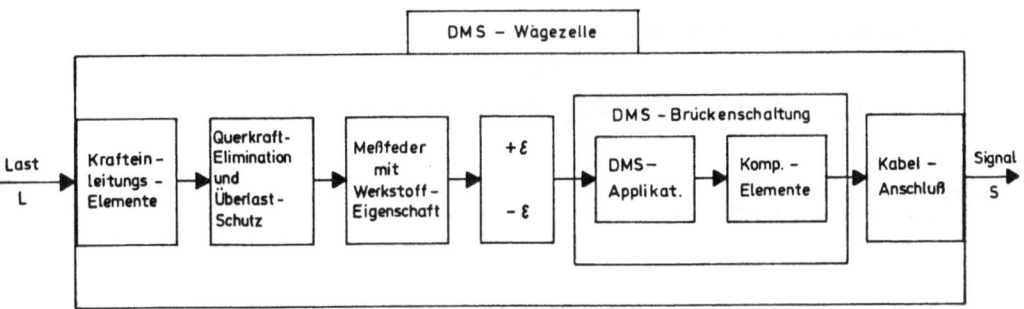

Bild 1: Blockschaltbild einer DMS-Wägezelle

Die Last L wird über die Krafteinleitungselemente sowie den Elementen zur Querkraftelimination und Überlastschutz auf die Meßfeder übertragen, in der nach dem Hookeschen Gesetz die Dehnung ε entsteht. Mit dem Elastizitätsmodul E und dem Federquerschnitt A folgt für den Druckstab (-) bzw. Zugstab (+)

$$\varepsilon = \pm \frac{L}{A \cdot E} \; .$$

Durch Übertragung der Dehnung auf den DMS entsteht die Widerstandsänderung

$$\frac{\Delta R}{R} = k \cdot \varepsilon \; .$$

Der Faktor k ist ein Empfindlichkeitsfaktor, der für Metall-DMS, die
bei Wägezellen verwendet werden, den Wert $k \approx 2$ hat.[x] Die
Größen A, E und k, die in oben angegebenen Gleichungen verwendet
werden, sind bei den in der Wägetechnik vorkommenden hohen Genauigkeiten keine Konstanten. Sie sind abhängig von Temperatur, Spannungs-
zustand usw.

Für Präzisionsmessungen werden die DMS in Vollbrücken zusammengeschaltet. Für die einfache Vollbrückenschaltung mit den vier DMS-Wider-
ständen $R_1 = R_2 = R_3 = R_4 = R$ und den Widerstandsänderungen ΔR_1 bis ΔR_4
ergibt sich für Spannungsspeisung

$$\frac{\Delta U_{(u)}}{U_N} \approx \frac{\Delta R_1 - \Delta R_2 + \Delta R_3 - \Delta R_4}{2(2R + \Delta R_1 + \Delta R_2 + \Delta R_3 + \Delta R_4)} \cdot$$

Für den Kennwert ergibt sich mit

$$\Delta R_1 = -\Delta R_2 = \Delta R_3 = -\Delta R_4 \quad \text{und} \quad \varepsilon = 1\text{‰ und } k = 2$$

$$\frac{\Delta U_{(u)}}{U_N} \approx 2 \frac{mV}{V} \cdot$$

Für Stromspeisung folgt anlog mit $R = 250$ Ohm

$$\frac{\Delta U_{(i)}}{I_N} \approx \frac{R \cdot (\Delta R_1 - \Delta R_2 + \Delta R_3 - \Delta R_4)}{4R + \Delta R_1 + \Delta R_2 + \Delta R_3 + \Delta R_4},$$

$$\frac{\Delta U_{(i)}}{I_N} \approx 500 \frac{\mu V}{mA} \cdot$$

---

[x] Der Halbleiter - DMS, z. B. aus Silizium, hat einen der Dotierung
des Halbleiters entsprechenden k-Faktor von 20 bis 100. Wegen des
großen und nichtlinearen Temperaturverhaltens sowie der Langzeitkonstanz hat er keine Bedeutung bei den Wägezellen erlangt.

In Bild 2 ist eine Brückenschaltung, umschaltbar für Strom- und
Spannungsspeisung dargestellt. Sie enthält neben den DMS, Widerstände für den Nullpunktsabgleich, Kennwertabgleich, Temperaturabgleich
für Nullpunkt und Kennwert sowie Abgleichwiderstände für den Eingangs-
und Ausgangswiderstand.

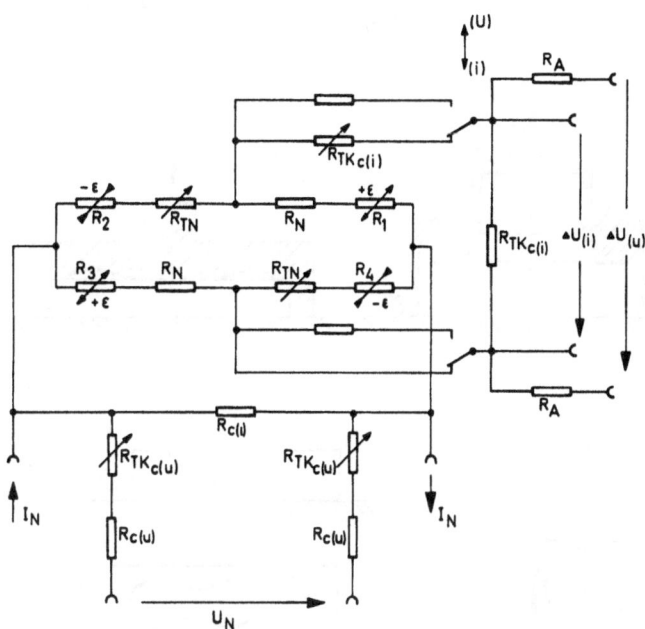

Bild 2:   Stromlaufplan für Strom- und Spannungsspeisung

Verschiedene häufig verwendete Meßfederformen sind in Bild 3 dargestellt. Der zylindrische Druckstab wird oberhalb 5 t eingesetzt,
und der hohlzylindrische Druckstab ab etwa 1 t.

Die Doppelzylindermeßfeder wird ab etwa 1 t eingesetzt und benötigt
keine speziellen Linearisierungsmaßnahmen, da der innere Zylinder
auf Zug und der äußere auf Druck beansprucht wird.

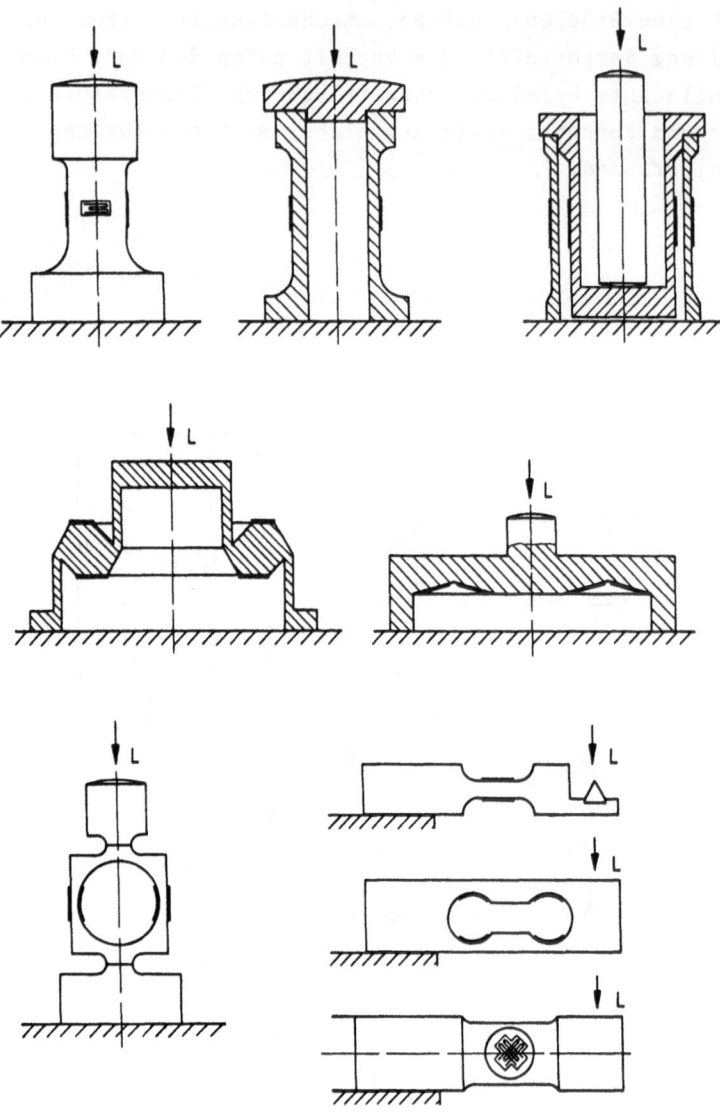

Bild 3: Verschiedene typische Meßfederformen

Bei der Ringtorions-Meßfeder wird der zwischen den beiden Krafteinleitungsrohren liegende Ring in sich tordiert, so daß die obere Fläche - $\mathcal{E}$ und die untere Fläche + $\mathcal{E}$ erfährt.

Membran-Meßfedern gestatten den Bau sehr flacher Wägezellen.
Für mittlere Lasten wird der radial belastete Meßbügel verwendet, der in vielen Variationen angewendet wird. Für kleinere Lasten kommen einfache Biegestäbe in Betracht. Wegen des Hebelarm-Einflusses werden übereinander oder nebeneinander parallel gekoppelte Biegestäbe verwendet.
Die letzte Meßfederform in Bild 3 zeigt die Verwendung der Scherbeanspruchung bei einem einseitig eingespannten Stab. Die DMS werden unter 45° schräg zur Längsachse der quer beanspruchten Feder angeordnet.

Bild 4 zeigt den Aufbau einer Wägezelle mit der Doppelzylinder-Meßfeder und integrierte bewegliche Krafteinleitungselemente sowie Querkraft-Elimination und Überlastschutz.

Die Meßfeder besteht aus zwei ineinander angeordneter Meßzylinder. Die DMS sind entlang der äußeren Mantellinien der beiden Meßzylinder aufgeklebt. Die Meßzylinder sind so ausgelegt, daß oberhalb des Gebrauchsbereiches (siehe Bild 6) der Boden des inneren Meßzylinders sich am Gehäuseboden abstützt.

Durch die in die Wägezelle integrierte Pendelstütze, kombiniert mit dem Querkraftrohr und der Membran wird erreicht, daß Querkräfte keinen Einfluß auf das von der Last L erzeugte Meßsignal haben. Die Querbewegung der Druckplatte wird durch einen Anschlag am Gehäusedeckel begrenzt. Dadurch ist die Membran vor einer Überlastung in Querrichtung geschützt.

Für den dauerhaften Schutz der DMS-Applikation und Meßbeständigkeit der Wägezelle über lange Zeit ist die Meßfeder metallisch gekapselt und die elektrischen Anschlüsse werden über Glasdurchführungen herausgeführt.

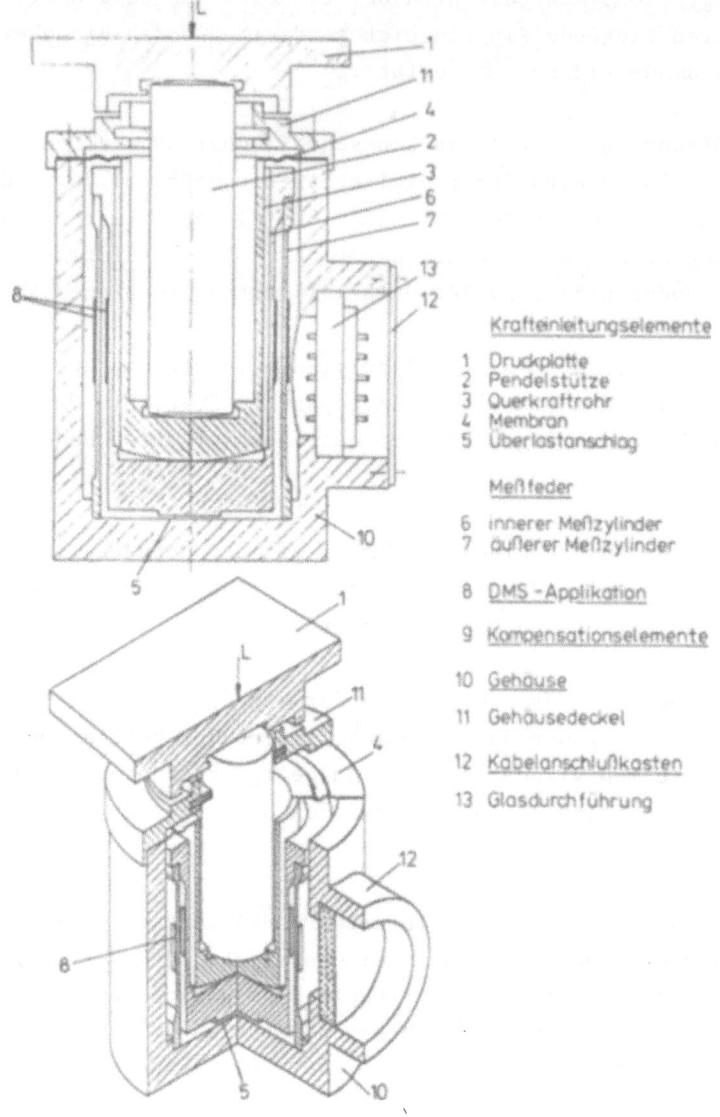

Krafteinleitungselemente

1 Druckplatte
2 Pendelstütze
3 Querkraftrohr
4 Membran
5 Überlastanschlag

Meßfeder

6 innerer Meßzylinder
7 äußerer Meßzylinder

8 DMS-Applikation

9 Kompensationselemente

10 Gehäuse

11 Gehäusedeckel

12 Kabelanschlußkasten

13 Glasdurchführung

Bild 4:   DMS-Doppelzylinder Wägezelle

Die Kennlinie einer solchen Wägezelle ist in Bild 5 dargestellt. Der
auffallend kleine Linearitätsfehler ist begründet durch die Anordnung
der DMS auf der Mantellinie des auf Druck beanspruchten äußeren
und auf Zug beanspruchten inneren Meßzylinders. Die Beträge der
positiven Dehnung und der negativen Dehnung sind in erster Näherung
gleich und bei zunehmender Last wird die Zunahme der positiven
Dehnung durch die Abnahme der negativen Dehnung kompensiert.

Es werden keine zusätzlichen Linearisierungsmaßnahmen benötigt.

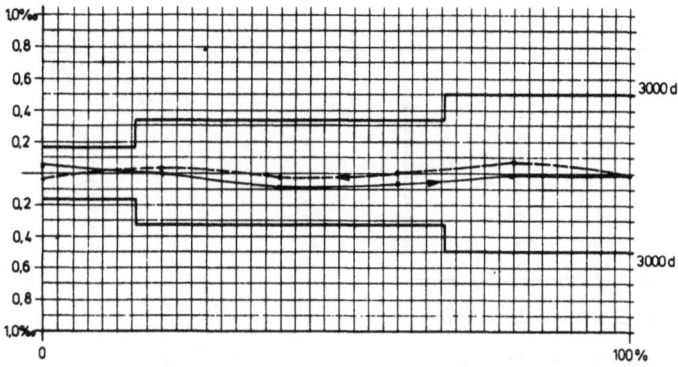

Bild 5: Kennlinie

3. Die wichtigsten Kenndaten und Einflußgrößen von DMS-Wägezellen

Die Kenngrößen von Wägezellen sind in der VDI/VDE-Richtlinie 2637
vom Arbeitskreis 12 "Kenngrößen für Wägezellen" des Technischen
Ausschusses der Arbeitsgemeinschaft Waagen und den Mitgliedern des
Ausschusses "Elektromechanische Wägetechnik" der VDI/VDE Gesellschaft
Meß- und Regelungstechnik erarbeitet worden.

Einige wichtige Kenndaten werden in folgenden Bildern beschrieben:
In Bild 6 sind die verschiedenen Lasten und Belastungsbereiche in
einem Diagramm ausführlich dargestellt.

Die Kennlinie einer Wägezelle mit der Definition des Kennwertes C
zeigt Bild 7. Die dargestellte Kennlinie entspricht dem ersten Abschnitt im Bereich B_m in Bild 6.

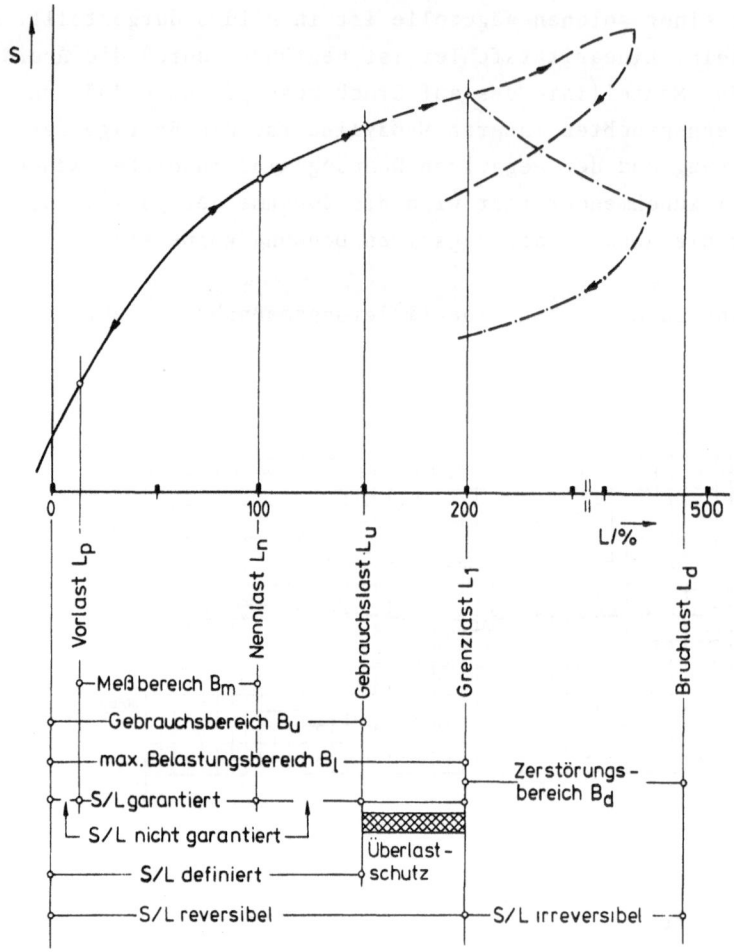

Bild 6: Darstellung der verschiedenen Lasten und Belastungsbereiche
einer Wägezelle (VDI/VDE 2637)

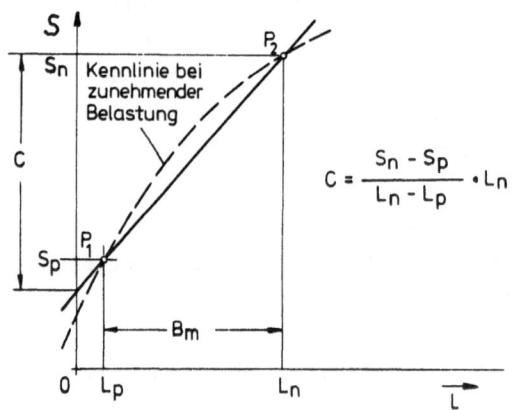

$$C = \frac{S_n - S_p}{L_n - L_p} \cdot L_n$$

Bild 7: Zur Definition des Kennwertes C

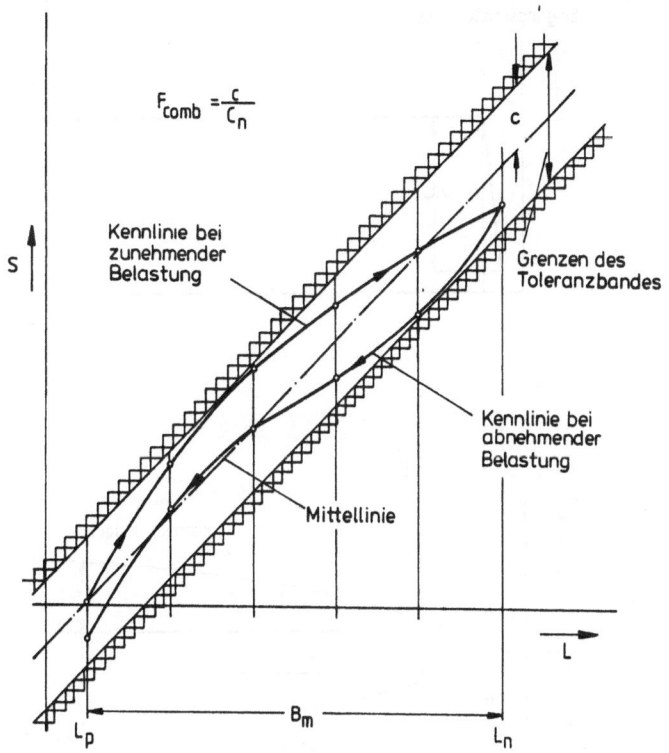

Bild 8: Zur Definition des zusammengesetzten Fehlers F_{comb}

Der zusammengesetzte Fehler F_{comb} ist in Bild 8 erklärt. Der halbe
Abstand c zwischen den Grenzen des Toleranzbandes, das die Kennlinie
im Meßbereich B_m bei zu- und abnehmender Belastung umschließt, bezogen auf den Nennkennwert C_n ist der Fehler F_{comb}. Die Mittellinie
des Toleranzbandes schneidet die Kennlinie bei zunehmender Belastung
in Punkt L_p (Vorlast). Der Fehler F_{comb} ist eine Kombination von
Kennwerttoleranz

$$D_C = \frac{C_i - C_n}{C_n}$$

und Linearitätsfehler

$$F_{lin(z)} = \frac{z}{C_n} \quad \text{oder} \quad F_{lin(a)} = \frac{a}{C_n}$$

und relative Umkehrspanne (Hysterese)

$$F_n = \frac{n}{C_n} \quad .$$

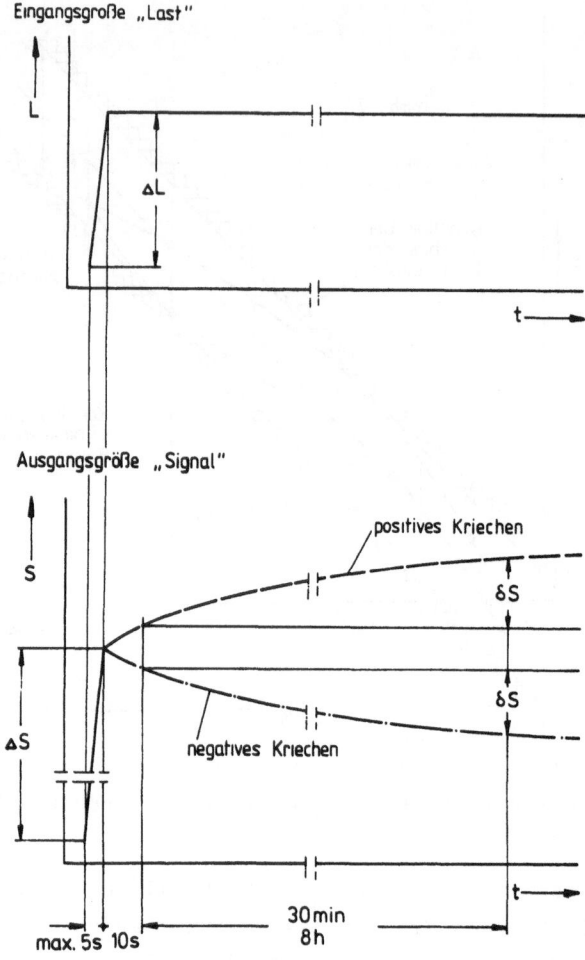

Bild 9: Zur Definition des Kriechfehlers F_{cr}

Die Definition des Kriechfehlers ist in Bild 9 dargestellt. Die Ursache für diese zeitabhängige Signaländerung bei konstanter Belastung sind Fließ- und Relaxationserscheinungen der Meßfeder, der DMS-Applikation und der beteiligten Komponenten zur Übertragung der Dehnung auf das Meßgitter des DMS. Der Kriechvorgang ist von einer großen Anzahl von Einflußgrößen abhängig, wie

- Materialeigenschaften von Meßfeder, Meßgitter, DMS-Trägerwerkstoff und Kleber,
- Geometrie der Meßfeder und des DMS-Meßgitters,

- Art der Applikation und Abdeckung der DMS,
- Belastungs- bzw. Entlastungsgeschwindigkeit,
- Betrag der Belastung,
- Überlagerung dynamischer Störbelastung,
- Temperatur.

Die Wirkung der Einflußgrößen auf die in Bild 1 dargestellten Wäge-
zellenteile zeigt das Blockschaltbild in Bild 10. Durch die geeignete
konstruktive Gestaltung der Wägezelle und die besonderen technologischen Maßnahmen werden die Folgen dieser Einflußgrößen innerhalb gewisser Grenzen gehalten.
Die Querkraft ist eine Einflußgröße, die das Meßergebnis verfälscht.
Sie verursacht eine Verschiebung des Lasteinleitungspunktes und als
Folge eine Veränderung des Formänderungszustandes der Meßfeder.
Gleichzeitig verursacht die Querkraft selbst eine weitere Veränderung
des Formänderungszustandes. Die integrierte Querkraft-Elimination
koppelt beide Effekte so miteinander, daß sie sich kompensieren.

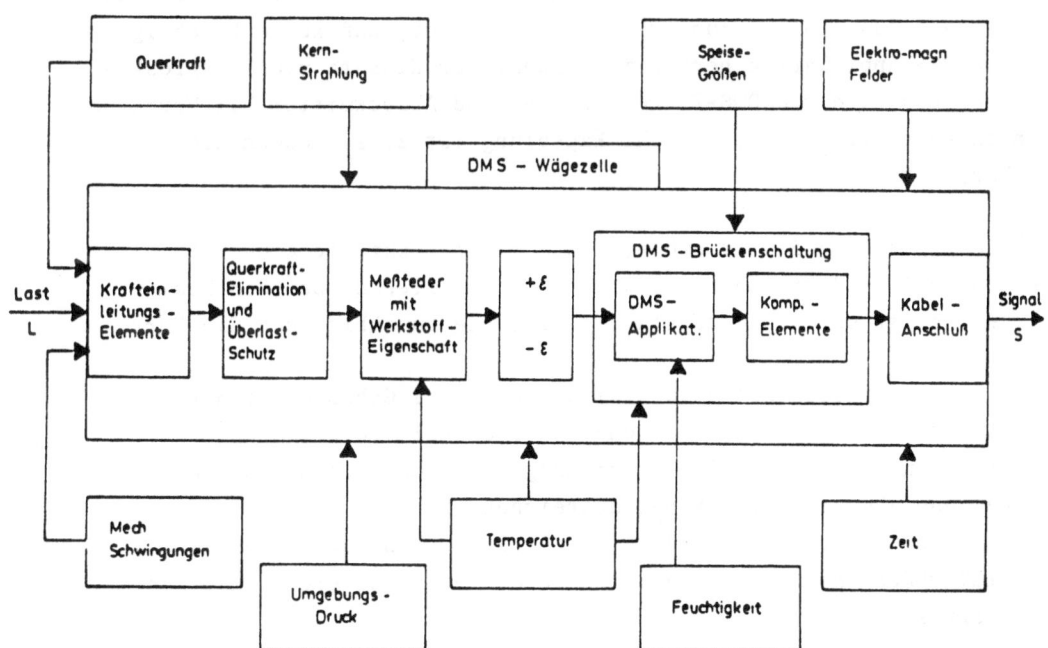

Bild 10: Blockschaltbild einer DMS-Wägezelle mit Einflußgrößen

Im anderen Fall wird die ganze Wägezelle durch Anwendung von äußeren
Einbauhilfselementen geschützt.
Die mechanischen Schwingungen sind besonders kritisch und stellen
große Anforderungen an das Meßaufnehmersystem dar. Die zulässige
Schwingbreite (Spitze-Spitze) wird in den technischen Daten, bezogen
auf B_m angegeben (z.B. 0,7 . B_m). Die max. Gesamtlast sollte kleiner
als die Nennlast sein, damit die im Meßbereich B_m festgelegten Daten
gehalten werden.
Der Umgebungsdruck übt über das Gehäuse (Membran, Balg) Kräfte auf
die Meßfeder aus. Abhängig von der Federform, Meßprinzip und Größe
der Nennlast, müssen Maßnahmen bei der Konstruktion ergriffen werden.

Der Einfluß der Temperatur ist sehr komplex. Die Temperatur greift
nach Bild 10 an 3 Stellen ein. Bei der Meßfeder erzeugt sie Temperaturdehnung und Temperaturänderung des E-Moduls. Am Gehäuse erzeugt
sie über Temperaturdehnung Kräfte auf die Meßfeder. Bei der DMS-
Brückenschaltung werden die elektrischen Bauelemente und die DMS-
Applikation von der Temperatur belastet und verändert. Die Temperatur-
bereiche und -Fehler werden nach VDI/VDE 2637 in den Listenblättern
der Hersteller angegeben.
Die Feuchtigkeit wirkt auf die DMS-Applikation ein und verändert das
Meßsignal. Aus diesem Grund wird dafür gesorgt, daß keine Feuchtigkeit
an die DMS-Applikation herankommen kann. Der Einsatz nicht hygroskopischer Bauteile wie DMS-Träger, Kleber und Abdeckmittel hat Verbesserungen gezeigt. Die metallische Kapselung ist z. Z. jedoch die
sicherste Maßnahme.

Die Zeit ist eine Einflußgröße, die auf alle Bauteile einwirkt.
Beim Signal wird sie über das Kriechen beschrieben. Bei den Bau-
elementen ist es die Zeitbeständigkeit; hierzu zählt auch die Korro-
sion.
Die elektromagnetischen Felder wirken über das Gehäuse auf das
elektrische Netzwerk ein und können das Signal beeinflussen. In
den meisten Fällen ist die Abschirmung durch das Gehäuse und die
Verwendung abgeschirmter Kabel ausreichend.
Die Änderungen der Speisegrößen des elektrischen Netzwerkes sind
Einflußgrößen und müssen den technischen Daten entsprechend dimen-
sioniert sein.
Bei der Einflußgröße Kernstrahlung wird mit einer Beständigkeit der
DMS-Meßfeder bis mind. 10^6rad gerechnet.

4. Zukunftsaspekte bei DMS-Wägezellen

Die Evolution der DMS-Wägezellen führt zu einer weiteren Sicherstellung
der Qualität. Moderne Technologien, wie beispielsweise das Verfahren
der Aufdampftechnik, das heute noch nicht die Präzision der herkömmlichen DMS erreicht hat, können in der Zukunft weiter an Bedeutung gewinnen und bei verschiedenen Anwendungen zum Einsatz kommen. Die Klebe-
schicht zwischen der Trägerfolie und dem DMS-Gitter entfällt bei den
aufgedampften Metall-DMS.

Der Einsatz anderer Federwerkstoffe, mit einem größeren Hookeschen
Bereich oder mit einem kleineren E-Modul, kann bei speziellen Anwendungen bei Wägezellen, vor allem bei kleineren Meßbereichen, Vorteile
bringen.

Versuche, das Metallgehäuse durch einfachere Kapselung der DMS-Meßfeder oder durch Einsatz neuartiger Abdeckschichten zu ersetzen, sind
weltweit im Gange. Sie haben bisher noch nicht zum Erfolg geführt.
Ein Grund ist auch darin zu suchen, daß der mechanische Schutz durch
das Metallgehäuse am besten gegeben ist.

Literatur:

1. VDI/VDE-Richtlinie Nr. 2637
   September 1978 "Wägezellen Kenngrößen"

2. Meißner, B.: Süß, R.:
   VDI-Bericht Nr. 312, 1978
   Beitrag zur Prüfung von DMS-Wägezellen auf Eignung zum Einsatz
   in eichfähigen elektromechanischen Waagen

3. Rohrbach, Chr.:
   Handbuch für elektrisches Messen mechanischer Größen
   VDI-Verlag 1967

FORTSCHRITTE BEI SAITEN-WÄGEZELLEN

IMPROVEMENTS ON VIBRATING STRING WEIGHCELLS

Dr.-Ing. A. Seibt

Maatschappij van Berkel,s Patent N.V., Niederlande

Summary:

Improvements in performance as well as a reduction of manufacturing
costs can be realized with a vibrating string weighcell by a
suitable combination of mechanical design and microcomputer-con-
trolled electronics.

1. PRINZIP DER SAITENWAAGE:

Die Eigenfrequenz einer Saite hängt von der Kraft ab, mit der sie
gespannt wird; diese von Musikinstrumenten bekannte Eigenschaft
macht sich die Saitenwaage zunutze. Die von dem zu messenden Gewicht aufgrund der Erdbeschleunigung verursachte Kraft spannt
oder entspannt hierbei die Saite.

Nachteilig ist bei dieser einfachen Anordnung, daß die Abhängigkeit der Eigenfrequenz von der Kraft nicht linear verläuft.
Ferner gehen in das Meßergebnis noch die Eigenschaften der Saite,
vor allem ihre Temperaturabhängigkeit, ein.

Durch Verwendung zweier Saiten, die in einem bestimmten Verhältnis miteinander mechanisch gekoppelt und durch eine Referenzmasse vorgespannt sind, wurde schon vor vielen Jahren eine praktisch verwendbare Waage geschaffen.

Das zu bestimmende Gewicht ergibt sich dabei direkt aus dem Verhältnis der beiden Saitenfrequenzen. Die Eigenschaften der Saiten
beeinflussen das Meßergebnis nur wenig, als weiterer Vorteil
ergibt sich, daß die Waage ein Massen-Komparator ist, wodurch
sie unabhängig von der Erdbeschleunigung sowie weitgehend
unabhängig von der Neigung wird.

Bild 1 zeigt die elektrische Schaltung für die Erregung einer
Saite in ihrer Eigenfrequenz. Die Saite ist zwischen einem oder
mehreren Polpaaren eines Permanentmagneten gespannt. Der vom
Ausgang eines Verstärkers gelieferte Strom durchfließt die Saite.
Das vom Strom verursachte Magnetfeld bewirkt eine Auslenkung der
Saite aus der Ruhelage. Gleichzeitig entsteht durch die Bewegung
der Saite als Leiter im Magnetfeld an ihren Enden eine Spannung,
die, dem Verstärkereingang zugeführt, die Rückkoppelung und
damit die Schwingungen aufrechterhält.

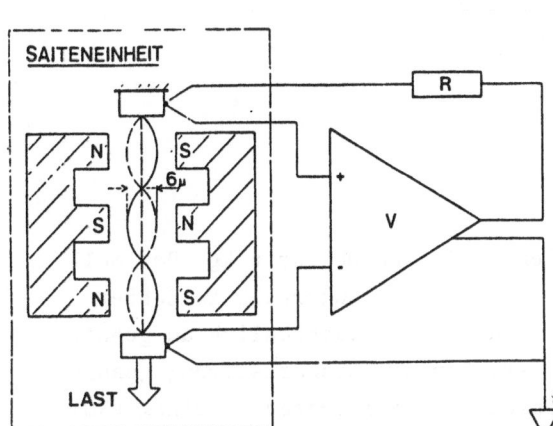

Bild 1
Schema der Erregung
einer Saite.

2. PRINZIP DER SAITENWAAGE BERKEL ED6000:

Mit dem Ziel, niedrige Herstellkosten bei gleichzeitig höherer
Auflösung zu erreichen, wurde eine neue Saitenwägezelle mit einer
Auflösung von 6000d in den Kapazitäten 6 kg und 12 kg für den
Ladenwaagensektor geschaffen.

Die mechanische Konstruktion geht von zwei gleichen getrennten
Saiten für das Gewicht und die Referenzmasse aus.

Die beiden hierdurch entstehenden gekrümmten Kennlinien werden m
Hilfe des ohnehin in der Waage vorhandenen Mikrocomputers linear
siert, wobei zur Vereinfachung erst das Frequenzverhältnis geme
sen wird bevor die Linearisierungsrechnung erfolgt.

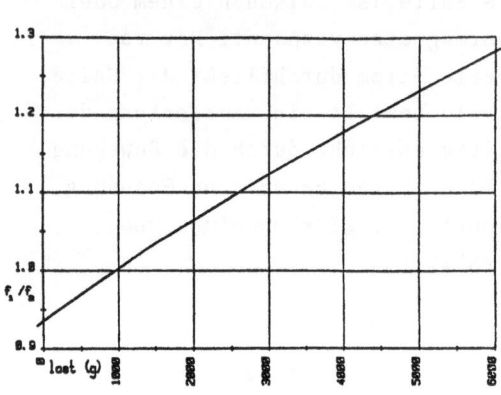

Bild 2
Übertragungskennlinie
nicht linearisiert)
einer Wägezelle ED6000
für 6 kg

Bild 2 zeigt die Übertragungskennlinie ED6000 für 6 kg. Der Nullpunkt des Frequenzverhältnisses liegt weit außerhalb im Gebiet
negativen Gewichts, so daß die Krümmung im tatsächlich ausgenutz-
ten Teil der Kennlinie gering ist. Für die Linearisierung genügt
ein Polynom dritten Grades, dessen 4 Koeffizienten in einem PROM
gespeichert sind. Jeder Wägezelle ist ein eigenes PROM fest zugeordnet, das in der Fabrik programmiert wird.

Bild 3 zeigt die hiermit erzielte Fehlerkurve, Bild 4 den
Innenaufbau einer Meßzelle; Bild 5 die geöffnete Wägezelle mit
zwei Meßzellen (ohne Abdeckung). Bild 6 die ED6000 im Tischgehäuse zusammen mit dem zugehörigen Auswertgerät.

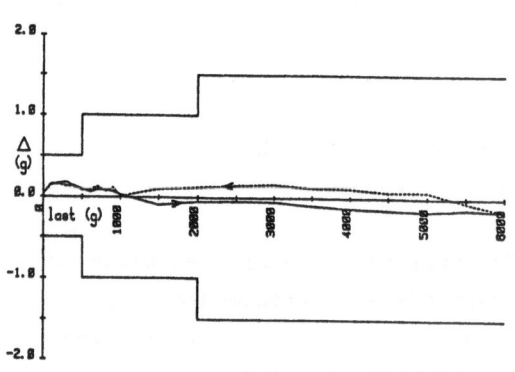

Bild 3
Fehlerkurve nach
Linearisierung.

Bild 4
Innenansicht einer
der beiden gleichen
Meßzellen.

Bild 5
Blick in die geöff-
nete Wägezelle.
(Abdeckung der Meß-
zellen entfernt).

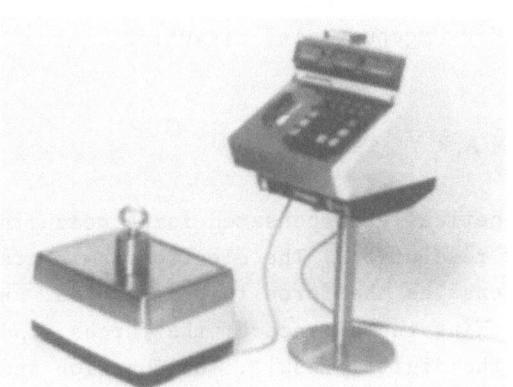

Bild 6
Wägezelle ED6000 im
Tischgehäuse für
Ladenwaagen.

ELEKTROMAGNETISCH KOMPENSIERENDE

WAEGEZELLE

ELECTROMAGNETICALLY COMPENSATING

WEIGHING CELL

A. REICHMUTH
METTLER INSTRUMENTE AG
FORSCHUNG UND ENTWICKLUNG,
GREIFENSEE (ZÜRICH)
SCHWEIZ

Z U S A M M E N F A S S U N G

Das Prinzip der elektromagnetisch kompensierten Kraftmessung wird für hohe und höchste Auflösungen eingesetzt. Der elektrodynamische Wandler der Kraftmesszelle kompensiert die zu messende Kraft. Ein elektronischer Regelkreis sorgt für das Gleichgewicht, und ein Rampen-A/D-Wandler erzeugt das digitale Messresultat. Auf die Funktionsweise wird eingegangen und Einflüsse der Umgebung sind diskutiert.

S U M M A R Y

The principle of the electromagnetically compensated force measuring is applied for high and highest resolutions. The electrodynamic transducer of the weighing cell compensates the force to be measured. An electronic control circuit maintains the balance of the forces, and a ramp A/D converter generates the digital result. The function and the influences of the surroundings are discussed.

INHALTSVERZEICHNIS

1. EINLEITUNG

1.1 EINSATZ

Die elektromagnetisch kompensierende Wägezelle stellt ein mögliches
Messprinzip dar, um eine unbekannte Kraft zu bestimmen. Sie hebt sich
von allen anderen Prinzipien dadurch ab, daß sie als heute einzige bekannte Methode relative Auflösungen von einer Million Teilungswerten
und mehr erlaubt, dies bei mäßigen Umgebungseinflüssen. Damit ist die
elektromagnetische Zelle zum Einsatz in Analysen- und Präzisionswaagen
prädestiniert (vgl. Bild 1.1, Klassen I und II). Allerdings werden vor
allem Präzisionswaagen mehr und mehr auch in der Industrieumgebung
unter härteren Bedingungen als im Labor eingesetzt, so daß von dieser
Seite her größere Robustheit und Stabilität der Wägezelle gefordert
werden.

Die nachfolgenden Ausführungen sollen einen Anhaltspunkt geben über
Eigenschaften, Aufbau und Funktionsweise der Zelle. Störeinflüsse werden am Schluß diskutiert.

1.2 EIGENSCHAFTEN

Hervorragende Eigenschaften der elektromagnetisch kompensierenden Wägezelle sind ihre hohe Reproduzierbarkeit, die kleine Hysterese und vor
allem die ausgezeichnete Linearität. Die Anfälligkeit gegen Tempera-
turwechsel, sowie die Langzeitkonstanz sind relativ gut beherrschbar.
Dennoch darf nicht übersehen werden, daß diese Effekte um so mehr ins
Gewicht fallen, je größer die Auflösung der Zelle sein soll.

Zusammen mit anderen Wägeprinzipien gehört die elektromagnetisch kompensierende Zelle zu der Gruppe der Kraftmesser [2]. Das Messresultat
erfährt grundsätzlich dieselben inhärenten Fehler wie sie allen Kraftmessern eigen ist, speziell wenn sie zur Bestimmung der Masse eingesetzt werden. In den weiteren Ausführungen wird daher nur am Rande auf
diese Probleme eingegangen.

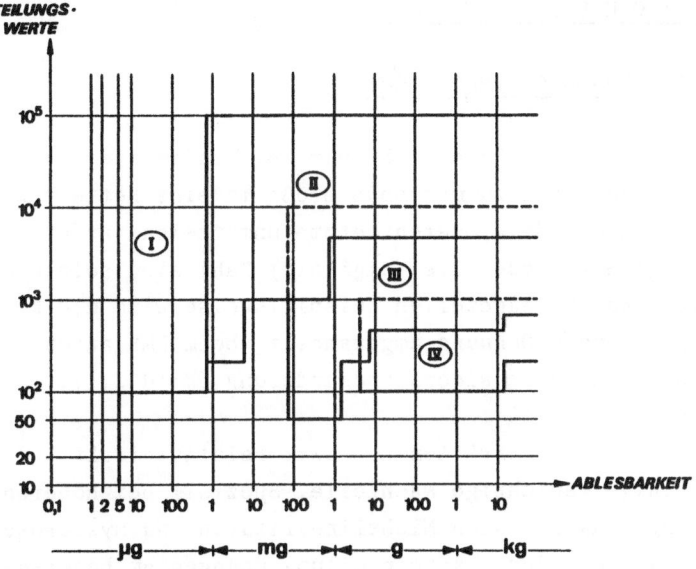

Bild 1.1: Die Einteilung der Waagen in vier Genauigkeitsklassen

I   Feinwaagen
II   Präzisionswaagen
III Handelswaagen
IV   Grobwaagen

Der Einsatzbereich der elektromagnetisch kompensierenden Wägezelle
umfaßt mehrere Zehnerpotenzen. Höchstlasten bis zu 100 kg mit Ables-
barkeiten von 1.g (entsprechend 100'000 d relative Auflösung) bei
Brückenwaagen gehören ebenso dazu wie Höchstlasten von 160 g mit Ab-
lesbarkeiten von 0,1 mg (entsprechend 1,6 Mio d) bei Analysenwaagen.
Ultra-Mikro-Waagen mit einer Ablesbarkeit von 0,1 µg werden serien-
mäßig hergestellt. Aber auch Waagen mit mittleren Auflösungen von
einigen 10'000 Teilungswerten, bei Maximallasten von einigen kg,
sind mit dem Kompensationsprinzip preiswert realisierbar.

2. FUNKTIONSPRINZIP

2.1 KOMPENSATIONSMESSUNG (VERGLEICH)

Eine bekannte Methode - welche nicht nur bei Kraftmessern angewandt
wird - beruht darauf, die zu messende Größe in eine Kette von proportionalen Größen umzuwandeln, deren letzte unmittelbar erfaßt werden
kann. Die analoge Skala oder die (digitale) Zahl sind solche Größen.
Bei Federwaagen und DMS-Wägezellen beispielsweise wird die Kraft in
eine kraftproportionale Dehnung umgewandelt, beim DMS anschließend
noch in eine proportionale Widerstandsänderung (Bild 2.1).

Diese Art der Messung von Kräften ist zwar relativ direkt und bewährt,
besitzt aber einige gewichtige Nachteile. Speziell bei höheren (relativen) Auflösungen machen sich Nichtlinearitäten und Hystereseeffekte
des Federmaterials und der Krafteinleitung unangenehm bemerkbar. Maximale Auflösungen von einigen zehntausend Teilungswerten sind noch erreichbar. Diese Probleme umgeht das Kompensationsprinzip [1], [2],
und macht damit höhere Auflösungen möglich. Der unbekannten Größe
(Aktion) wird eine davon getrennt erzeugte, gleich große entgegengestellt (Reaktion), was den Schluß von dieser (bekannten) Größe auf die
zu messende (unbekannte) erlaubt (vgl. Bild 2.2). Die Messaufgabe wird
dadurch in zwei Teile aufgespalten. Der erste Teil besteht darin, mit
Hilfe eines Null-Detektors die Gleichheit der Kräfte zu überprüfen.
Somit muß nur noch der Nullpunkt direkt gemessen werden; eine Linearität des Detektors ist nicht erforderlich. Dies ist mit ein Grund,
warum mit dem Kompensationsmeßprinzip grundsätzlich höhere Auflösungen
zu erreichen sind. Allerdings muß eine weitere Voraussetzung erfüllt
sein. Das Wandlerprinzip, d. h. der Zusammenhang zwischen Eingangsgröße und Reaktionskraft am Wandler, muß selbst bis zum gewünschten
Grad der relativen und absoluten Auflösung linear sein. Dies trifft
für den elektrodynamischen Wandler in hohem Maße zu.

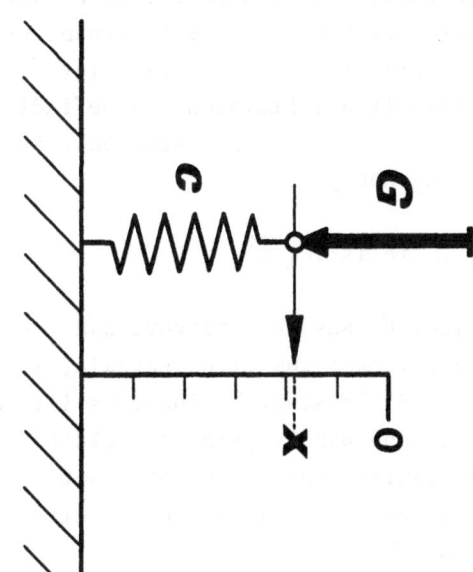

Bild 2.1: Direktmessende Kraftmeßzelle, am
Beispiel der Federwaage

G: zu messende Kraft
c: Feder, bzw. deren Konstante
x: Auslenkung $\sim$ Meßresultat
(Reaktionskraft der Feder nicht eingezeichnet)

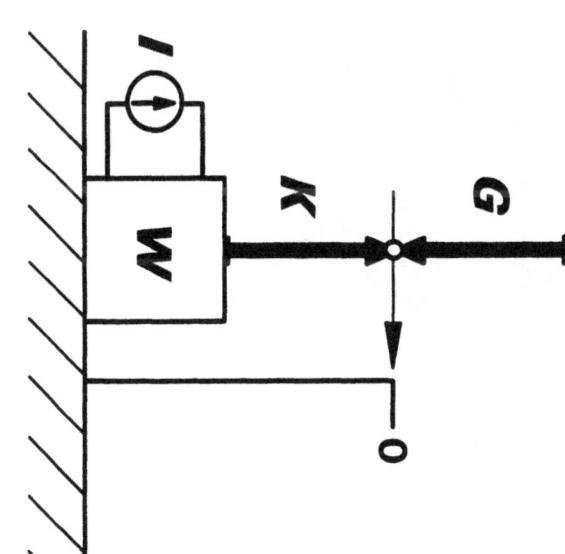

Bild 2.2: Kompensierende Kraftmeßzelle, am
Beispiel der el.-magn. komp. Wägezelle

G: zu messende Kraft
K: Kompensationskraft
I: zur Erzeugung der Kompensationskraft
benötigter Strom $\sim$ Meßresultat

2.2 ELEKTROMAGNETISCHE KOMPENSATION

Im Falle der elektromagnetisch kompensierenden Wägezelle wird der zu
messenden Kraft eine gleich große, elektrodynamisch erzeugte Kraft
entgegengesetzt. Das Prinzip des Wandlers zeigt Bild 2.3. Der über die
Länge 1 im Magnetfeld mit der Flußdichte $\vec{B}$ befindliche Leiter führe
den Strom $\vec{I}$. Dadurch erfährt er eine (senkrecht zu $\vec{B}$ und $\vec{I}$ wirkende)
Kraft $\vec{F}$, welche betragsmäßig mit

$$F = 1BI \quad , \quad (falls \ \vec{I} \perp \vec{B}) \tag{2.1}$$

angegeben werden kann. Daraus geht hervor, daß sich die vom Wandler
ausgeübte Kraft proportional zum Strom verhält, solange die beiden
anderen Größen (1 und B) konstant bleiben. Es ist das vielleicht häufigste elektromechanische Wandlerprinzip, welches auch z. B. bei
Gleichstrommotoren, Lautsprechern usw. eingesetzt wird. Die Umwandlung
der Meßgröße in eine ihr proportionale Größe wird implizit durch den
Wandler vollzogen; die Mechanik der Zelle bleibt in ihrem unausgelenk-
ten Zustand (actio gleich reactio), zumindest statisch. Dies im Ge-
gegensatz zu Meßprinzipien ohne Kompensation, wo die Reaktion gerade
erst durch die Auslenkung hervorgerufen wird.

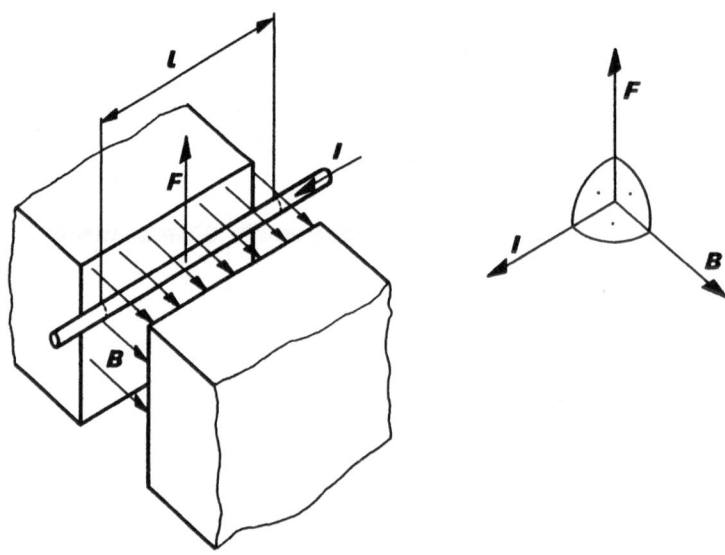

Bild 2.3: Prinzipskizze des elektrodynamischen Wandlers

Das Kompensationsprinzip funktioniert nur solange, als die Kompensationskraft gleich groß ist wie die zu messende Kraft. Wird das Kräftegleichgewicht durch die Veränderung der zu messenden Kraft gestört, so wird das mechanische System (kurzzeitig) aus seiner Ruhelage bewegt. Ein Positionsgeber veranlaßt den Regler, den Kompensationsstrom durch den Wandler, und damit die Kompensationskraft solange zu verändern, bis sich das Kräftegleichgewicht und die Ruhelage des mechanischen Systems wieder eingestellt hat (Bild 3.7).

Bild 2.5 zeigt das Signalfluß-Diagramm einer Federwaage: Die Kraft G wird über die (inverse) Federkonstante (Bild 2.4) in einen proportionalen Weg umgewandelt, welcher (im gewählten Beispiel) seinerseits durch die Konstante A_X in eine digitale Größe Z umgewandelt wird. Für diese gilt dann

$$Z_{FEDER} = \left(\frac{A_X}{c} \right) \cdot G \, , \tag{2.2}$$

d. h. die Ablesung Z_{FEDER} ist proportional zur Kraft G.

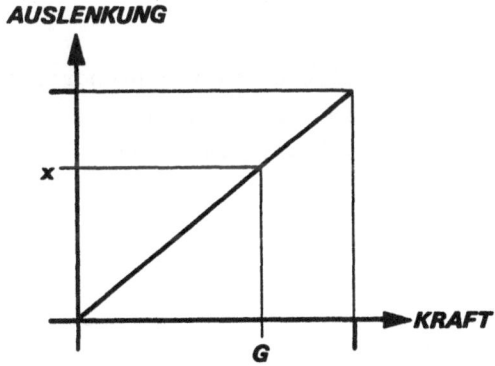

PROP.-KONSTANTE

$$\frac{AUSLENKUNG}{KRAFT} = \frac{x}{G} = \frac{1}{c} \quad (\, c = FEDERKONSTANTE \,)$$

Bild 2.4: Kennlinie der Federzelle

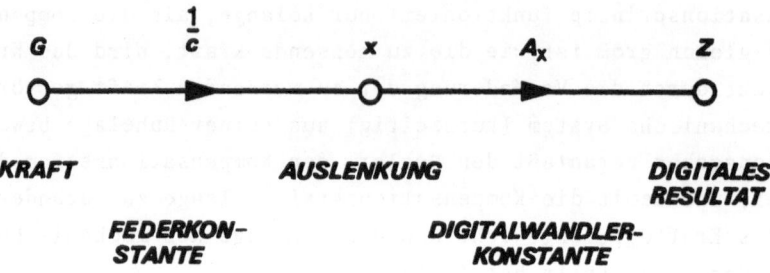

$$Z = \left(\frac{A_x}{c}\right) G$$

Bild 2.5: Signalflußdiagramm der Federzelle
(mit anschließender Weg-Digitalwandlung)

Als Vergleich zeigt Bild 2.7 das Signalfluß-Diagramm einer elektromagnetisch kompensierenden Wägezelle. Der zu messenden Kraft G wird
die Kraft F entgegengestellt, von der bekannt ist, wie sie mit dem
Strom I zusammenhängt (Bild 2.6). Faßt man die geometrischen und magnetischen Eigenschaften des elektrodynamischen Wandlers in der Wandlerkonstanten

$$w = \frac{F}{I} \tag{2.3}$$

zusammen, so ist daraus ersichtlich, daß die Kraft F proportional zum
Wandlerstrom I ist. Mit A_I, der zu A_X analogen Konstanten, ergibt sich
aus dem Strom die (digitale) Anzeige Z. Damit erhält man

$$Z_{KOMP} = \left(\frac{A_I}{w}\right) \cdot G \; , \tag{2.4}$$

falls gilt

$$F = G \; , \tag{2.5}$$

also auch hier eine Proportionalität zwischen der Ablesung Z_{KOMP} und
der Kraft G.

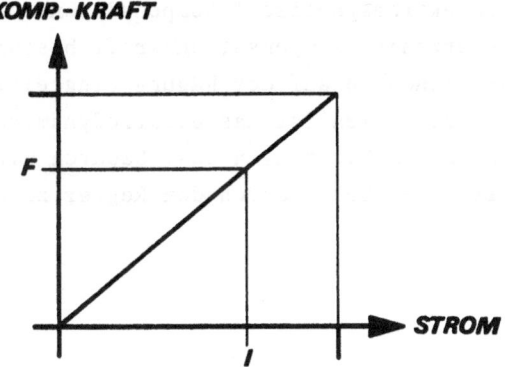

PROP.- KONSTANTE

$$\frac{KOMP.\ KRAFT}{STROM} = \frac{F}{I} = w$$

(w : EL.- DYN. WANDLERKONSTANTE)

Bild 2.6:   Kennlinie des elektrodynamischen Wandlers

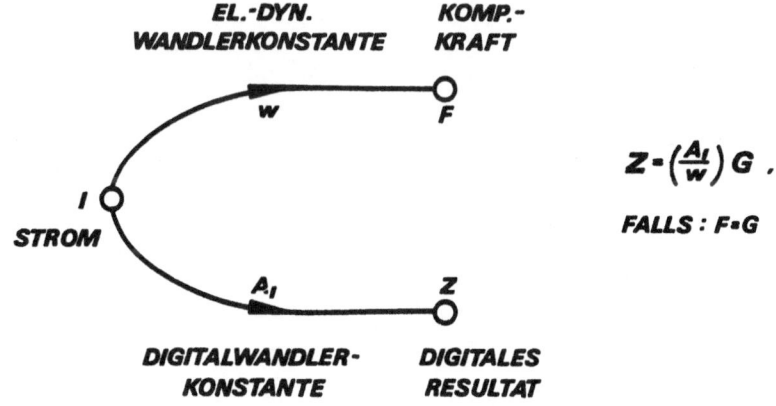

$$Z = \left(\frac{A_I}{w}\right) G \ ,$$

FALLS : F=G

Bild 2.7:   Signalflußdiagramm der elektromagnetisch kompensierenden
Zelle (mit anschließender Strom-Digitalwandlung)

Vorteilhaft bei der (elektromagnetisch) kompensierenden Wägezelle ist
die Tatsache, daß die erzeugte Kompensationskraft beschleunigend oder
verzögernd in den zeitlichen Ablauf der Wägung eingreift. Im Gegensatz
zu den meisten Wandlerprinzipien ist das elektrodynamische aktiv, d.h.
es tauscht Energie in beiden Richtungen aus. Dadurch wird es möglich,
das dynamische Verhalten der Zelle durch den Regler zu beeinflussen.

3. A U F B A U

3.1 MECHANIK

Bild 3.2 zeigt schematisch den Aufbau einer elektromagnetisch kompensierenden Meßzelle am Beispiel einer oberschaligen Präzisionswaage.

Die Waagschale (1) trägt die Last, deren Gewichtskraft vom Gehänge (2)
übernommen wird. Bei exzentrischer Auflage entstehende Momente fängt
die Parallelführung auf, bestehend aus den Lenkern (3), sowie den
elastischen Biegelagern (4; vgl. auch Bild 3.1). Lediglich die senkrecht wirkende Kraftkomponente (Gewicht) wird über den Koppel (5) auf
den Hebel (6) übertragen.

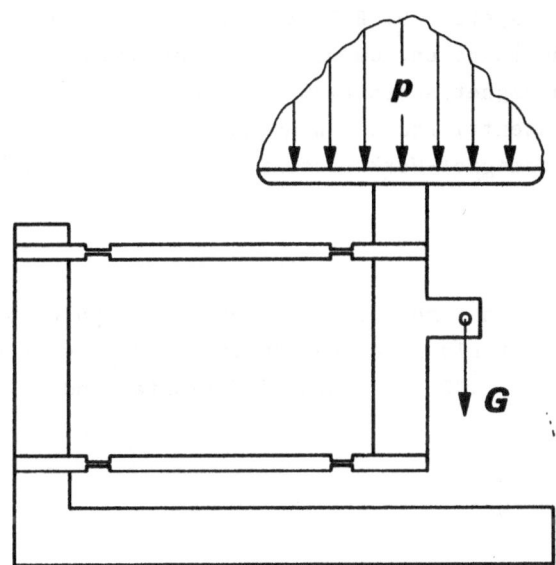

Bild 3.1: Oberschalige Lastübertragung

An sich ist die beschriebene Parallelführung (Bild 3.1) nicht spezifisch für die elektromagnetisch kompensierende Wägezelle. Jede oberschalige Zelle (Waage) braucht eine sinngemäß wirkende Mechanik. Mit
steigender relativer oder absoluter Auflösung nehmen aber die Anforderungen an dieses System enorm zu. Rückwirkungen, welche durch die
(Biege-) Lager eingeführt werden, müssen möglichst vermieden werden.
Die beiden Lenkerebenen müssen ausreichend parallel sein, oder aber
genügend genau justiert werden können, damit die angestrebten hohen
Auflösungen überhaupt erreichbar sind.

Der Hebel (6, Bild 3.2) mit dem Drehpunkt im Stehlager (7) dient zur
mechanischen Anpassung von Gewicht und Kompensationskraft des elektrodynamischen Wandlers. Mechanische Übersetzungen von 1 : 10 bis 1 : 15
sind ohne größere Probleme mit einem Hebel realisierbar. Die an die
Biegelager gestellten Anforderungen gelten sinngemäß für den Koppel
und die Stehlager des Hebels. Sie sollten einerseits möglichst massiv
sein, um Überlasten und Schläge ohne Schaden zu überdauern. Dem ist
aber durch die eingeschleppten Lagerkräfte eine Grenze gesetzt.

3.2 ELEKTRODYNAMISCHER WANDLER

Magnetsystem

Das zur Erzeugung der Kompensationskraft nötige magnetische Feld wird
durch das Dauermagnetsystem (9, Bild 3.2) bereitgestellt. Dieses besteht aus einem Dauermagneten, umgeben von hochpermeablen Flußleit-
stücken, welche den magnetischen Fluß (10) im Luftspalt dem Kompensationsspule (8) konzentrieren und homogenisieren. Für den Magneten
kommen bekannte Dauermagnet-Werkstoffe wie AlNiCo in Frage.

Wandler

Die im Bild 3.2 rotationssymetrische Kompensationsspule (8) befindet
sich im radialen Magnetfeld B des Luftspaltes und trägt n Windungen
der Länge des Umfangs l_U. Die in (2.3) definierte Wandlerkonstante w
beträgt dann gemäß (2.1)

$$w = 1 \cdot B = l_U nB \qquad (3.1)$$

und hängt, wie bereits erwähnt, von der Geometrie und der Flußdichte
ab. Die elektrodynamische Kraft F, welche am Hebel angreift, wenn die
Spule vom Kompensationsstrom $I = I_K$ durchflossen wird, beträgt

$$F = l_U nBI_K = c_G BI_K \, , \qquad (3.2)$$

wo c_G als eine nur noch von der Geometrie abhängige Konstante betrachtet werden kann.

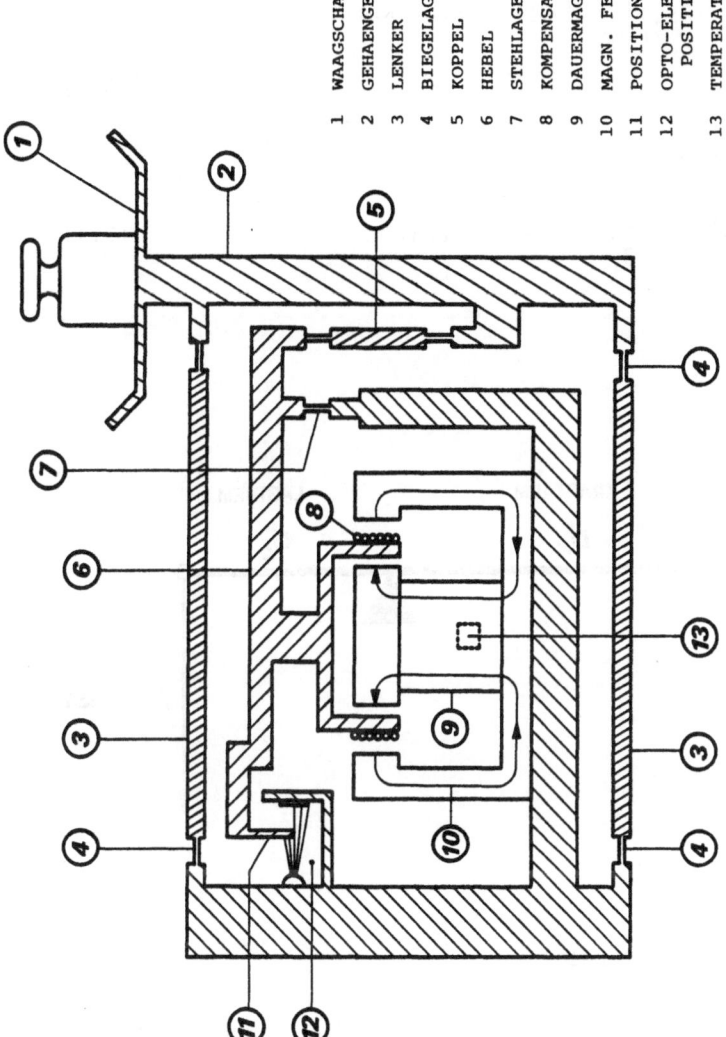

1 WAAGSCHALE
2 GEHAENGE
3 LENKER
4 BIEGELAGER
5 KOPPEL
6 HEBEL
7 STEHLAGER
8 KOMPENSATIONS-SPULE
9 DAUERMAGNET
10 MAGN. FELDLINIEN
11 POSITIONS-FAHNE
12 OPTO-ELEKTRONISCHER
   POSITIONSGEBER
13 TEMPERATURFUEHLER

Bild 3.2: Schematischer Aufbau einer oberschaligen, elektromagnetisch kompensierenden
Waage (Erklärungen im Text)

Hebel
<u>   </u>

Die Kompensationskraft K, welche am Gehänge (2, Bild 3.2) angreift
(und die Last G kompensiert), ist die um das Übersetzungsverhältnis u
des Hebels vergrößerte elektrodynamische Kraft F:

$$K = uF \; ,$$
(3.3)

wobei sich die Übersetzung als

$$u: = \frac{\text{KRAFTARM}}{\text{LASTARM}} = \frac{d_K}{d_L} \quad (>1 \text{ üblich})$$
(3.4)

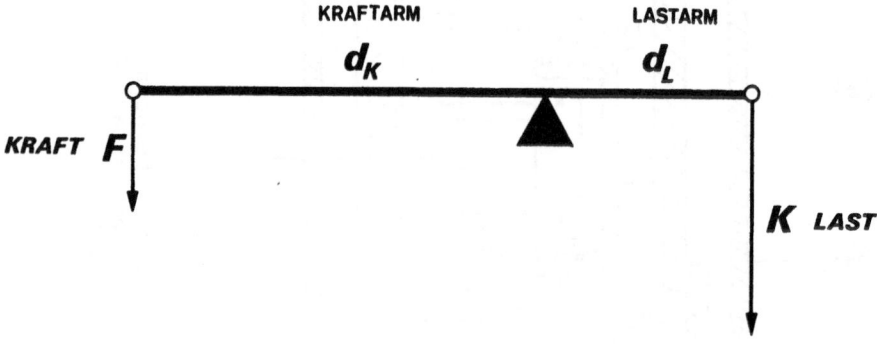

Bild 3.3: Mechanischer Hebel

Kräfte unter etwa 1..10 N können auch ohne Hebel kompensiert werden.

3.3 REGLER
<u>   </u>

Die Bedingungen des Gleichgewichtes von Last und Kompensationskraft
(2.5) wird durch eine elektronische Schaltung erfüllt, welche den hierzu nötigen Kompensationsstrom an den Wandler liefert. Folgende Elemente sind daran beteiligt:

1. ein Positionsgeber, welcher den Ort und damit die Auslenkung des Hebels (bzw. des Gehänges bei Kompensation ohne Hebel) erfaßt,

2. ein Regelverstärker, welcher das Positionssignal verstärkt, sowie

3. eine Stromquelle, deren Strom, gesteuert vom Ausgang des Reglers, durch den Wandler fließt.

Positionsgeber

Der Positionsgeber wird heute fast durchwegs mit optischen Mitteln realisiert, obwohl auch induktive oder kapazitive Fühler angewendet werden können. Optische Positionsgeber sind meist mit Differential-Photowiderständen oder -Photodioden aufgebaut. Eine optische Quelle bestrahlt diese mehr oder weniger, abhängig von der Stellung der am Hebel befestigten Fahne (12, Bild 3.2). Die Ausgangsspannung U_p des Positionsgebers ist ein Maß für die Auslenkung des Hebels aus seiner Ruhelage. Die Konstante k_p ist der Quotient aus der Änderung der Ausgangsspannung U_p und der Positionsveränderung x,

$$k_p = \frac{\Delta U_p}{\Delta x}\bigg|_{x \approx 0} \qquad\qquad (3.5)$$

in der Umgebung der Ruhelage (Bild 3.4).

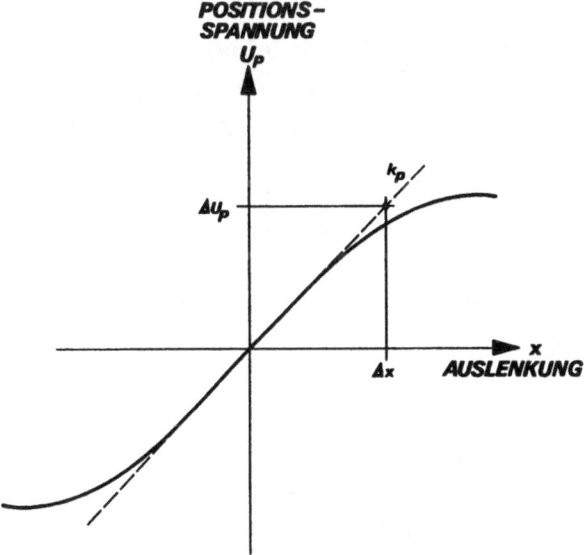

Bild 3.4: Kennlinie des Positionsgebers
   k_p: Charakteristische Konstante des Gebers

Regler

Der Regler schließt (zusammen mit dem Wandler) den Regelkreis vom
Positionssignal zur Kompensationskraft. Die wesentlichen Eigenschaften der Regelstrecke sind aus Bild 3.5 ersichtlich.

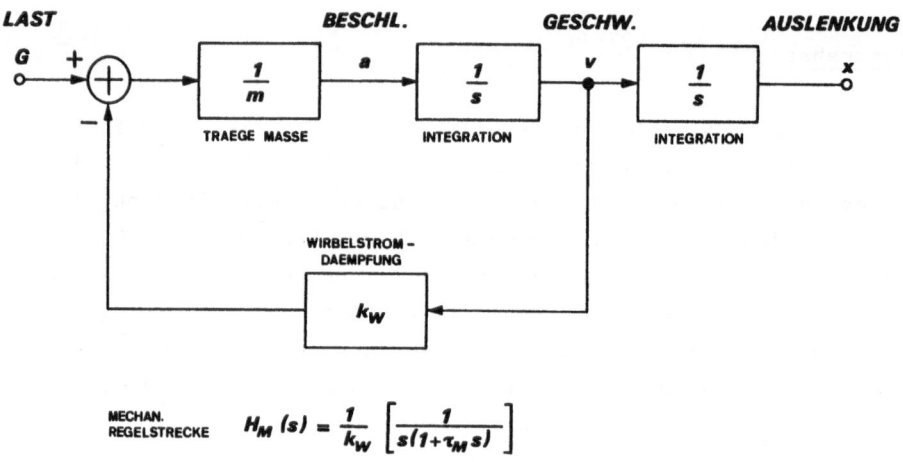

Bild 3.5: Verhalten des mechanischen Systems

Infolge der auf das mechanische System einwirkenden Kraft G erfährt
dieses die Beschleunigung a. Die Größe m stellt dabei die in den Kraft-
angriffspunkt reduzierten trägen Massen dar. Die Geschwindigkeit v ergibt sich durch Integration der Beschleunigung a, analog erhält man
die Auslenkung x aus der Geschwindigkeit v. Da die Bewegung des Spulen-
trägers im Luftspalt Wirbelströme hervorruft, kommt die Dämpfungskon-
stante k_W zusätzlich in Betracht. Wegproportionale Rückstellkräfte
sind dagegen vernachlässigt. Die gesamte Regelstrecke (im Laplace-
Bereich) zeigt Bild 3.5.

An den Regler, der dieses System regeln soll, sind folgende Bedingungen zu stellen: Erstens soll der Kreis stabil bleiben, und zweitens
soll der Regler, ausgehend von der Auslenkung bis zur Kompensationskraft, ein integrierendes Verhalten zeigen. Ersteres erlaubt stabile
Wägungen mit der Zelle, letzteres bewirkt die erwähnte Rückkehr des
mechanischen Systems in seine Ruhelage. Zweckmäßigerweise wird eine
derartige Aufgabe mit einem PID-Regler erfüllt.

$$H_R(s) = \frac{U_R(s)}{U_p(s)} = A \left(\frac{1}{s\tau_I} + 1 + s\tau_D \right) \tag{3.6}$$

A stellt die Verstärkung des Reglers dar, τ_I und τ_D sind die Zeitkonstanten seines Integral- bzw. Differentialanteiles. Die Konfiguration des geschlossenen Kreises zeigt Bild 3.6.

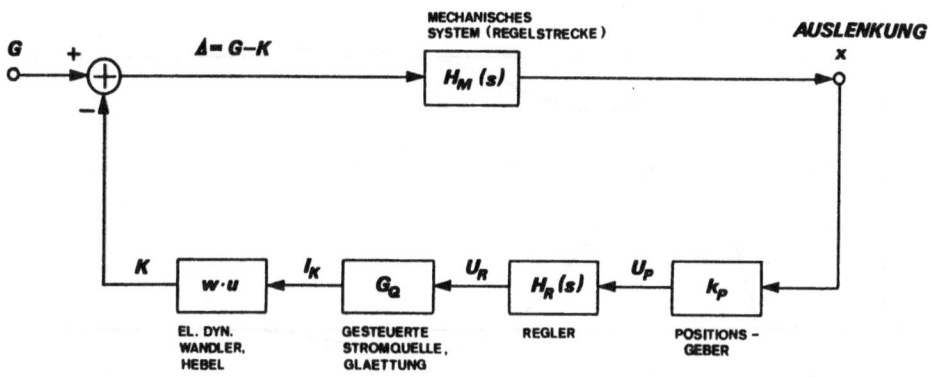

Bild 3.6: Regelkreis (Erläuterungen im Text)

Stromquelle

Zwischen Regler und elektrodynamischem Wandler fügt sich die gesteuerte Stromquelle ein (Bild 3.6). Sie besitzt den Transferleiterwert

$$G_Q = \frac{I_K}{U_R} . \tag{3.7}$$

Der durch den Wandler fließende Strom I_K wird durch die an der Stromquelle momentan anliegende Regelspannung U_R gesteuert.

3.4 DYNAMISCHES VERHALTEN

Das Verhalten des Regelkreises wurde bereits im Kapitel 2.2 beschrieben. Kurz rekapituliert (siehe auch Bild 3.6): Die Differenzkraft G-K beschleunigt das mechanische System der Zelle. Die entstandene Auslenkung x wird vom Positionsgeber erfaßt, vom Regler verstärkt und dem elektrodynamischen Wandler zugeführt. Dies dauert solange, bis das

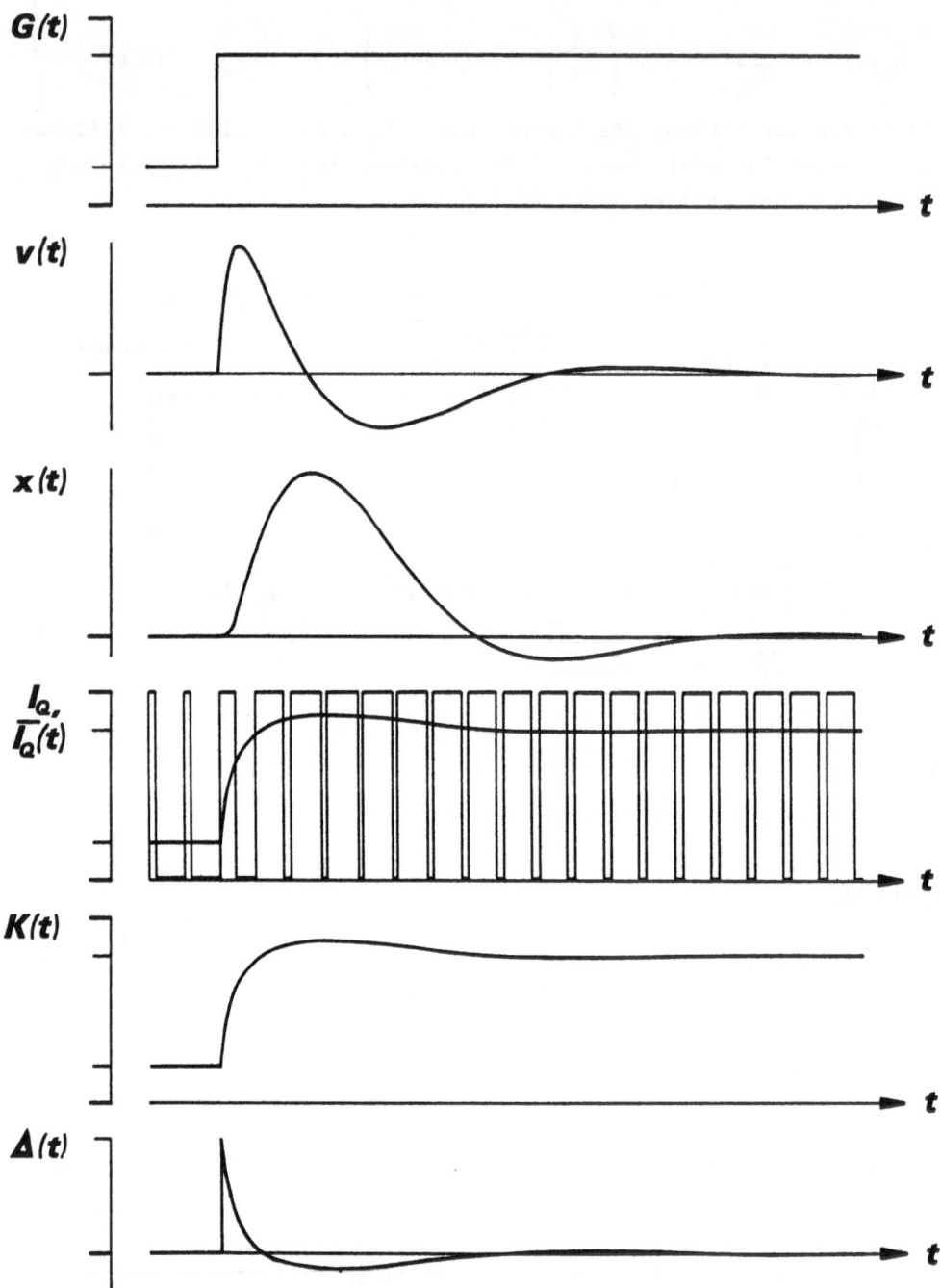

Bild 3.7: Schrittantwort des Gesamtsystems

mechanische System in seine Ruhelage zurückgekehrt ist. Dann herrscht
Gleichgewicht zwischen Last G und Kompensationskraft K. Die zeitlichen
Vorgänge der Schrittantwort einer typischen Zelle zeigt Bild 3.7.

Die Reaktionsgeschwindigkeit der Zelle auf eine Laständerung hängt ab
von der Trägheit des mechanischen Systems, sowie vom Frequenzgang des
Reglers. Die mechanischen Parameter sind mehr oder weniger durch die
Konstruktion bestimmt. Trotzdem lassen sich die Einschwingzeit oder
die dynamischen Eigenschaften der Zelle ganz allgemein, in gewissen
Grenzen, dem spezifischen Wägeproblem anpassen. Dies ist durch die
Wahl der Regelparameter zu erreichen. Eine solche Möglichkeit besteht
bei unkompensierten Zellen nicht, so daß dort im allgemeinen zusätzlich externe Dämpferelemente nötig werden, welche nur passiv wirken.

4. A U S W E R T U N G

Um einen Anzeigewert (Meßkette) als Endergebnis der Meßkräfte zu erhalten, muß zuerst eine der Last G proportionale Größe in einen entsprechenden digitalen Wert umgewandelt werden. Zu diesem Zweck zieht
man den Kompensationsstrom I_K heran, da dieser mit der Last linear zusammenhängt, wie noch gezeigt werden wird.

4.1 ANALOG/DIGITAL WANDLER

Geht man aus von einer relativen Auflösung von einer Million Digits
(Teilungswerte), so ist zur A/D-Wandlung eines solchen Signals ein
20-Bit Binärwandler erforderlich. Damit scheiden heute übliche, auf
dem Elektronikmarkt erhältliche Wandler wegen zu kleiner Auflösung
aus. Umgekehrt unterliegt ein zur Auswertung eines Lastsignals mit
so hohen Auflösungen verwendeter A/D-Wandler im allgemeinen keinen
einschränkenden Anforderungen bezüglich seiner Geschwindigkeit. Für
so präzise Messungen müssen ohnehin System-Einschwingzeiten in der
Größenordnung von Sekunden in Kauf genommen werden. Ein A/D-Wandler-
typ, der sowohl die geforderte Auflösung bringt, als auch die zur Verfügung stehende Zeit ausnützt, ist der Mehrrampen-Wandler. Die nachfolgend beschriebenen A/D-Wandler stellen Beispiele dieses Typus dar.

A/D-Wandler im Regelkreis

Eine mögliche Realisierung der im Regelkreis benötigten gesteuerten
Stromquelle stellt zugleich den Ansatz für einen A/D-Rampenwandler dar.
Bild 4.1 zeigt ein Prinzipschema eines solchen kombinierten Quellen-
Wandlers.

Ein (autonomer) Oszillator (1) erzeugt ein Clock-Signal der Periode
T_{osc}, welches sowohl auf ein Gate (3), als auch an den Frequenzteiler
(2) gelangt. Das um den Faktor N untersetzte Ausgangssignal des Teilers
(Reset-Signal) setzt sowohl den Rampengenerator (5), als auch den Digitalzähler (4) nach der Periode

$$T_0 = NT_{osc} \qquad\qquad\qquad (4.1)$$

zurück. Am Komparator (6), an dessen Eingängen die Rampenfunktion und
die Steuerspannung liegt, erscheint ein logisches Signal (Gate-Signal).

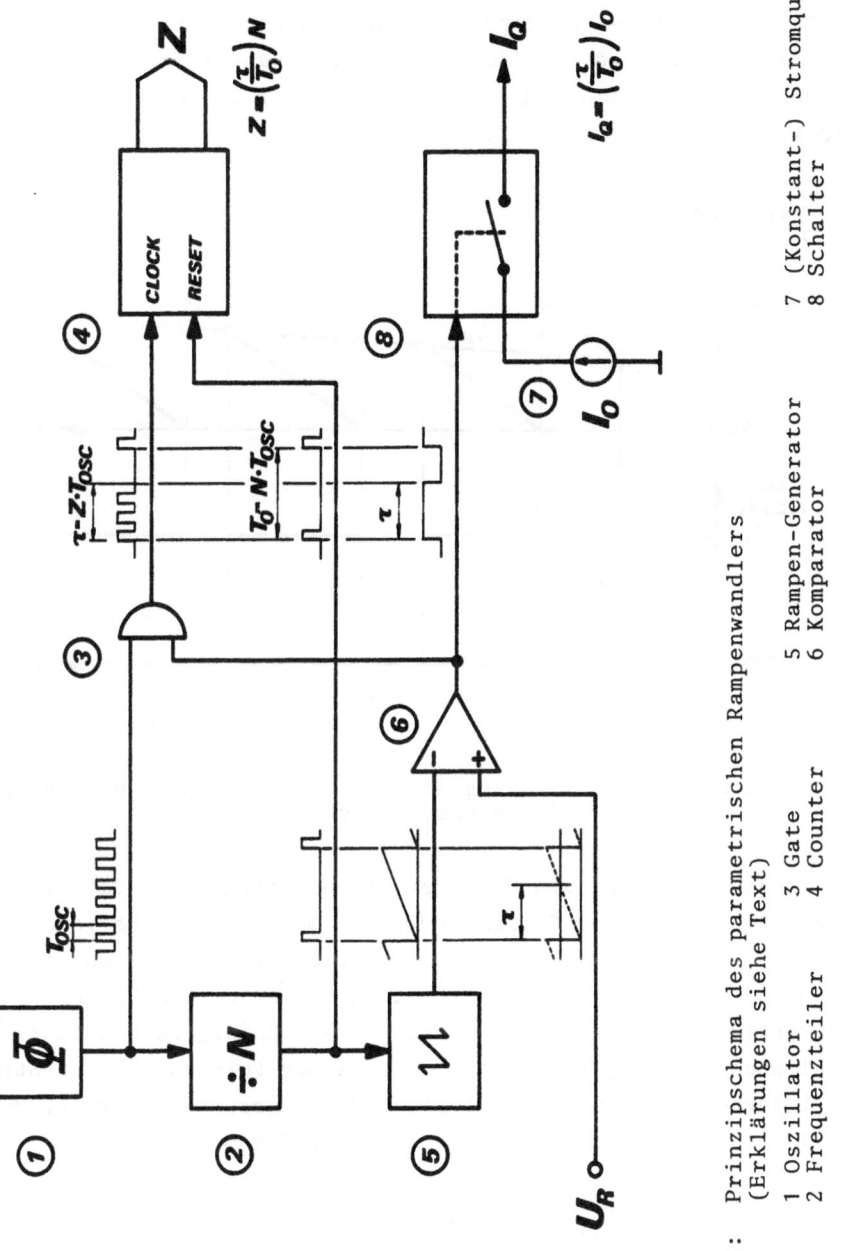

Bild 4.1: Prinzipschema des parametrischen Rampenwandlers
(Erklärungen siehe Text)

1 Oszillator   3 Gate   5 Rampen-Generator   7 (Konstant-) Stromquelle
2 Frequenzteiler   4 Counter   6 Komparator   8 Schalter

Solange die Steuerspannung U_R (Ausgangsspannung des Reglers) größer
ist als die Rampenspannung, nimmt das Gate-Signal den logischen Zustand "1"; an, sonst den Zustand "0". Dadurch entsteht ein charakteris-
tischer, rechteckförmiger Verlauf mit der konstanten Periode T_0 und
der veränderlichen Pulsdauer τ, abhängig von der Größe der Spannung
U_R (Bild 4.2, ev. auch Bild 3.7).

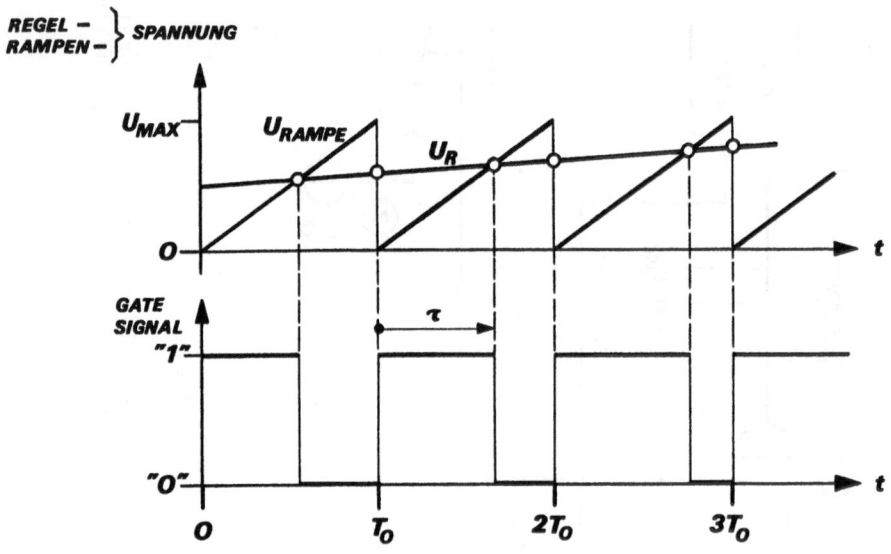

Bild 4.2: Zeitdiagramm: Erzeugung des Gate-Signals durch die Steuer-
und Rampenspannungen.

Das Gate-Signal schließt den Schalter (8) und öffnet das Gate (3) zeitlich synchron während der Pulsdauer τ, für den Rest der Perioden T_0
kehren beide in ihre Grundstellung zurück. Damit ergibt sich ein Zusammenhang zwischen Ausgangs-Quellenstrom I_Q und der am Zähler er-
scheinenden (digitalen) Zahl Z. Dieser wird nachfolgend bestimmt. Gemäß Schaltungsanordnung fließt nur während der Pulsdauer τ der Strom
I_0 (der internen Stromquelle) bezogen auf die gesamte Dauer der Periode T_0. Im zeitlichen Mittel fließt dann der Strom

$$\overline{I_Q} = \frac{1}{T_0} \left[\tau I_0 + (T_0 - \tau) \right] . 0 = \frac{\tau}{T_0} \cdot I_0 , \qquad (4.2)$$

aus der gesteuerten Stromquelle, d.h. der mit dem Tastverhältnis (Duty
Cycle)

$$D: = \frac{\tau}{T_0} \qquad (4.3)$$

gewichtete (interne) Konstantstrom I_0 (Bild 4.3).

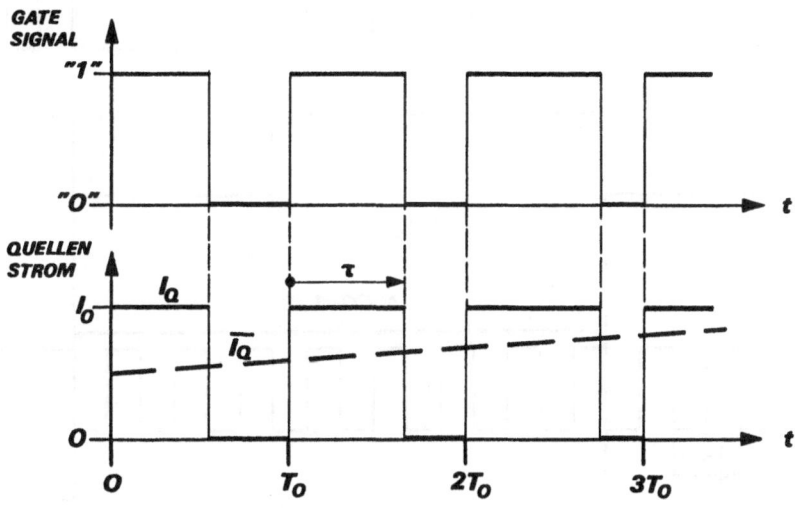

Bild 4.3: Zeitdiagramm
Mittlerer Ausgangsstrom $\overline{I}_Q$ der gesteuerten Stromquelle

Andererseits kann das Clock-Signal ebenfalls nur während der Pulsdauer τ das Gate passieren. Es werden im Digitalzähler (4, Bild 4.1) gemäß

$$\tau = Z T_{OSC} \qquad\qquad (4.4)$$

die Anzahl von Z Counts akkumuliert (Bild 4.4, oben). Während der Dauer einer Periode T_0 (= τ_{MAX}) kann der Zähler maximal N Counts (= Z_{MAX}) akkumulieren

$$T_0 = N T_{OSC} \quad , \qquad\qquad (4.1)$$

bis der Zähler durch das Reset-Signal wieder zurückgestellt wird (Bild 4.4, unten). Aus dem vorangehend Gesagten ergibt sich sofort, daß folgender Zusammenhang besteht (Gleichungen (4.4), (4.1)

$$\frac{\tau}{T_0} = \frac{Z}{N} \quad , \qquad\qquad (4.5)$$

d.h. Duty-Cycle und Quotient aus effektiver zu maximaler Zahl im Counter sind einander gleich.

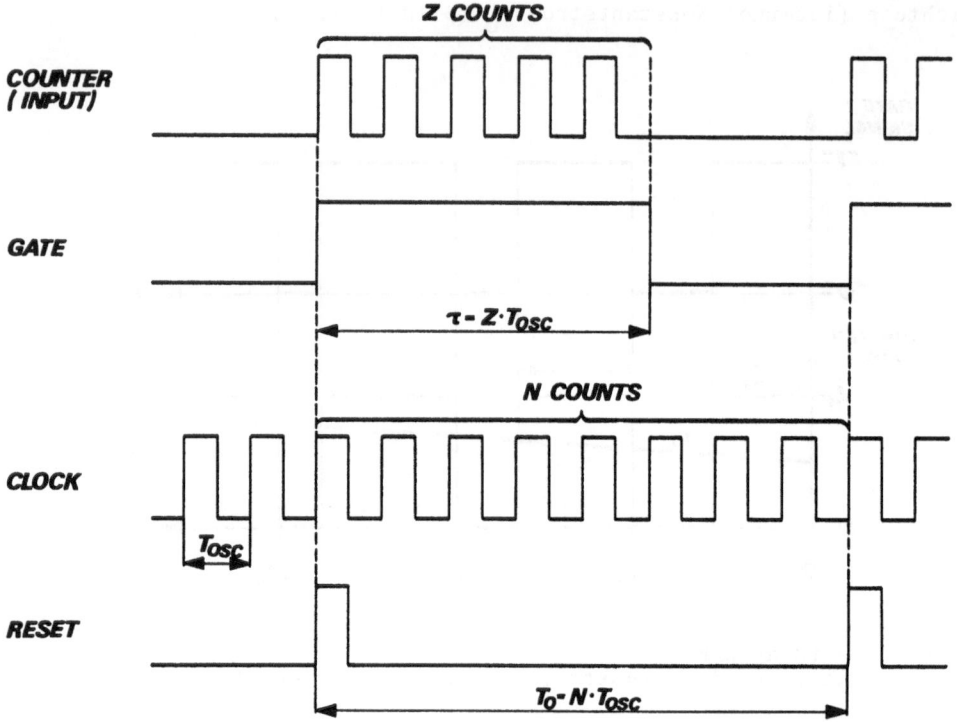

Bild 4.4: Zeitdiagramm der Zähler-Signale

Damit ist auch die gesuchte Beziehung zwischen mittlerem Quellstrom $\overline{I}_Q$ und der Zahl 7 gefunden, denn aus Gleichungen (4.2) und (4.5) ergibt sich

$$\frac{\overline{I}_Q}{I_o} = \frac{Z}{N} = \frac{\tau}{T_o}$$

Daraus ist ersichtlich, daß sowohl der mittlere Quellstrom $\overline{I}_Q$ als auch die Zahl Z lineare Funktionen des Steuerparameters τ sind; insbesondere aber $\overline{I}_Q$ und Z zueinander proportional sind, und daß diese Proportionalität weder vom Steuerparameter τ , noch von der Rampen- (Oszillator-)Periode abhängt, solange I_0 und N konstant bleiben. Der Teilfaktor N des Frequenzteilers ist eine digitale, inhärente Größe desselben und somit unveränderlich. Dagegen ist eine der relativen Auf- lösung entsprechende Stabilität von Referenzspannung und Referenzwider- stand erforderlich, um eine ausreichende Konstanz des Quellenstromes I_0 zu erhalten (7, Bild 4.1).

Der beschriebene A/D-Wandler gehört zu den parametrischen Wandlern, weil die digitale Ausgangsgröße nicht direkt aus der analogen Eingangs- größe (Kompensationsstrom) gewonnen wird, sondern weil beide eine Funktion der Pulsbreite τ sind, welche ihrerseits wiederum von der Steuerspannung U_R (Parameter) abhängt (Bild 4.5).

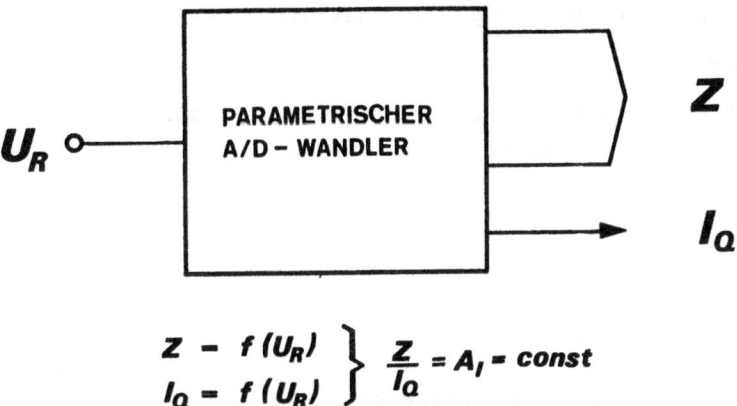

$$Z - f(U_R) \Big\} \frac{Z}{I_Q} = A_I = const$$
$$I_Q - f(U_R) \Big\}$$

Bild 4.5: Parametrischer A/D-Wandler (Prinzipskizze)

U_R: Steuerparameter
Z: Zahl (digitale Größe)
I_Q: mittlerer Quellstrom (analoge Größe)
A_I: A/D-Wandlerkonstante

Setzt man diesen Wandler in den beschriebenen Regelkreis ein (Bild 3.6), so kann er die Aufgabe der gesteuerten Stromquelle übernehmen und gleichzeitig die zum Strom proportionale digitale Größe abgeben. Allerdings muß zur Glättung des abrupt verlaufenden Quellenstromes I_Q (vgl. Bild 4.3, unten) eine genügend große Kapazität parallel geschaltet werden, um den mittleren Strom $\overline{I_Q}$ zu erhalten, was einer Digital-Analog-Wandlung des zeitlich geschalteten Quellenstromes I_Q gleichkommt.

Zwischen der digitalen Größe Z und der Last G ergibt sich nun anschließend folgender Zusammenhang (vgl. auch Bild 3.6): Der Ausgangsstrom der gesteuerten Stromquelle beträgt gemäß (4.6)

$$\overline{I_Q} = \frac{I_o}{N} Z \quad . \tag{4.7}$$

Dieser fließt als Kompensationsstrom

$$I_K = \overline{I_Q} \tag{4.8}$$

durch den elektrodynamischen Wandler und erzeugt die Kraft

$$F = wI_K \quad , \tag{2.3}$$

welche über den Hebel die Kompensationskraft

$$K = uF \tag{3.3}$$

bewirkt. Der elektronische Regler wiederum sorgt dafür, daß die Reaktionskraft gleich der aufgelegten Last wird

$$K = G \quad . \tag{2.5}$$

Damit erhält man für die Last,

$$G = uw \frac{I_0}{N} \cdot Z \tag{4.9}$$

oder nach der digitalen Größe aufgelöst

$$Z = \left(\frac{N}{uwI_0} \right) \ G = A_G \cdot G \tag{4.10}$$

(A_G: Digitalwandlerkonstante der Last G). Ersetzt man das Übersetzungsverhältnis u und die Wandlerkonstante w durch ihre Ausdrücke (3.4) bzw. (3.1), ergibt sich

$$Z = \left(\frac{d_L N}{d_K l_U nBI_0} \right) \ G \quad . \tag{4.11}$$

Dieses Ergebnis läßt sich wie folgt interpretieren:

1. Die am Zähler erscheinende Zahl Z ist proportional (mit A_G) zur Last G, womit das Problem der Messung und Digitalwandlung (grundsätzlich) gelöst ist.

2. Der Proportionalitätskoeffizient A_G bleibt solange konstant, als sich die elektrodynamische Wandlerkonstante w, das Hebelübersetzungsverhältnis u und der Quellstrom I_0 nicht verändern (N ist konstant).

Andere A/D-Wandlerkonfigurationen

Die eben beschriebene Realisierung der gesteuerten Stromquelle durch einen Rampenwandler stellt eine Variante dar. Bei dieser Anordnung bildet der A/D-Wandler selbst ein Glied im Regelkreis, wie Bild 4.6 schematisch zeigt. Es besteht aber auch die Möglichkeit, den Kompensationsstrom I_K mit einem (autonomen) A/D-Wandler außerhalb des Regelkreises umzuwandeln. Diesen Aufbau zeigt Bild 4.7. Auch hier wird meist ein Mehrrampenwandler eingesetzt, um die geforderten Auflösungen zu erreichen.

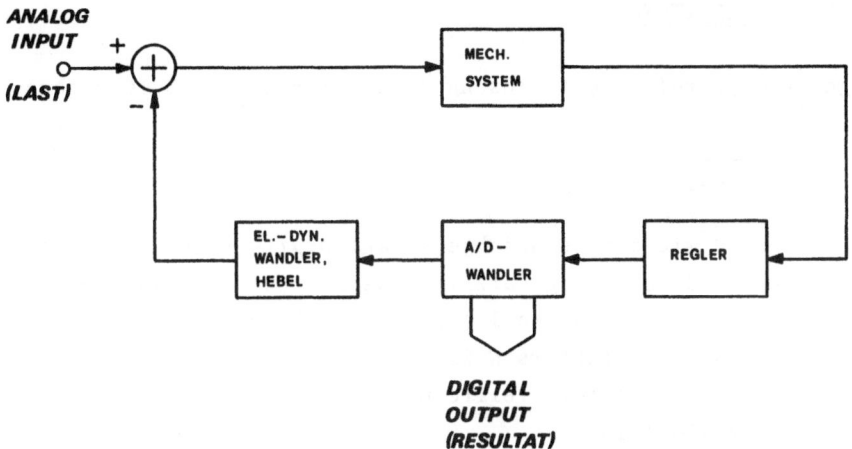

Bild 4.6:   Anordnung des A/D-Wandlers:
            Im Regelkreis

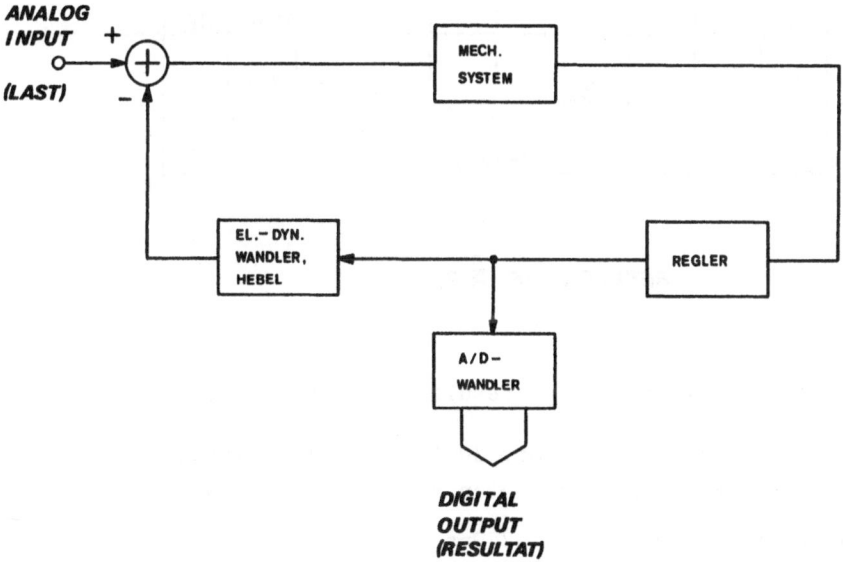

Bild 4.7:   Anordnung des A/D-Wandlers:
            Außerhalb des Regelkreises

4.2 RESULTATAUFBEREITUNG

Um eine geforderte relative Auflösung zu erreichen, muß Z (Gleichung (4.1))

$$Z \leqslant N = \frac{T_0}{T_{osc}} \qquad (4.12)$$

mindestens so groß wie die gewünschte Anzahl Digits sein. Weder kann die Oszillatorperiode beliebig kurz (Frequenz), noch die Rampenperiode beliebig lang gemacht werden, weil sonst die Glättung nicht mehr ausreicht. Die Wahl des Teilfaktors N ist damit nicht frei. Ein Ausweg besteht darin, daß man soviele Teilresultate aufsummiert, bis die nötige Auflösung erreicht ist

$$R = \sum_{i=1}^{n} Z_i \leqslant \sum_{i=1}^{n} N = nN \qquad (4.13)$$

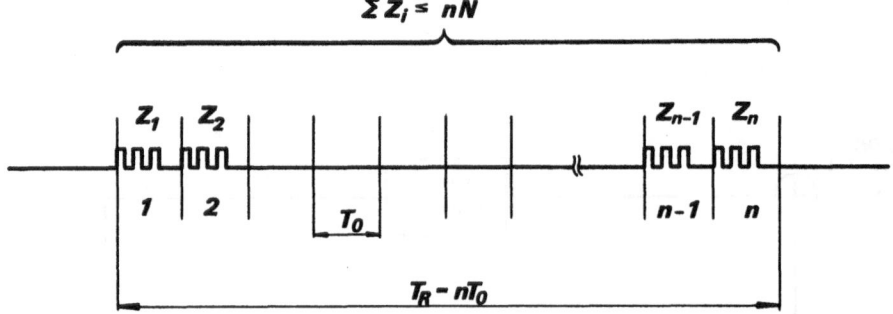

Bild 4.8: Aufbereitung der Teilresultate zum Gesamtresultat

Als Beispiel sei eine Messung mit 200'000 Digit Auflösung gefordert. Dies könnte z.B. mit folgenden Daten realisiert werden:

Oszillatorperiode T_{osc} = 250ns   (= 4 MHz)
Rampenperiode T_0 = 1ms   (= 1 kHz)

Die maximale Auflösung einer Rampenperiode ergibt

$$Z_{MAX} = N = \frac{T_0}{T_{osc}} = \frac{1ms}{250ns} = 4000 \; [d]$$

Summiert man die Teilresultate von n = 600 Rampen gemäß (4.13), so
steigt die relative Auflösung auf

$$R \leqslant nN = 600 \cdot 4000 = 2'400'000 \ [d]$$

Zieht man einen Rundungsfaktor von 10 in Betracht, so ergibt sich eine
Auflösung von 240'000 d, womit noch eine Reserve von 40'000 d (z.B.
für die Totlast) auf die geforderten 200'000 d verbleibt. Die Konver-
sionszeit beträgt bei diesem Beispiel

$$T = nT_o = 600 \cdot 1ms = 600ms$$

und liegt damit für solche Auflösungen im Bereich der Einschwingzeit.
Sollen in unruhiger Umgebung (Gebäudeerschütterungen, Luftzug, Tier-
wägungen, usw.) Wägungen vorgenommen werden, so kann die Anzahl der
Teilresultate erhöht und dem Problem angepaßt werden.

5. S T Ö R E I N F L Ü S S E

Auch die elektromagnetisch kompensierende Wägezelle ist - wie jedes
andere Meßprinzip - äußeren und inneren Störgrößen ausgesetzt, welche
das Wägeresultat mehr oder weniger beeinflussen können. Ausgangspunkt
für diese Betrachtungen sind vor allem Gleichungen (4.10) und (4.11).
Die letztere sei hier nochmals (leicht verändert) wiedergegeben:

$$Z = A_G G = \frac{N}{u(1_U nB) I_O} G \qquad (5.1)$$

5.1 NICHTLINEARITÄT, HYSTERESE

Die mit der Kompensationszelle linear erreichbaren relativen Auslösun-
gen (Digits) reichen a priori, wegen der Kompensationsmessung, um
Größenordnungen weiter als nichtkompensierende Meßprinzipien. Da sich
das mechanische System (im Endzustand) im Kräftegleichgewicht und in
der Ruhelage befindet, werden die Rückwirkungen der Lager- bzw. Biege-
stellen vermindert. Dadurch verkleinern sich nicht nur der Linearitätsfehler, sondern auch die Hysterese. Letztere rührt nur noch von den
elastischen Lagern her und verschwindet bei sorgfältiger Konstruktion
praktisch vollständig.

Die obigen Ausführungen gelten nur soweit, als der Kompensations-Wandler
selbst von Nichtlinearitäten frei ist. Beides trifft für einen richtig
ausgelegten elektrodynamischen Wandler zu (vgl. Kap. 2.1).

5.2 STABILITÄT

Kurzzeitstabilität

Um überhaupt eine Wägung vornehmen zu können, muß die Zelle kurzzeit-
stabil sein. Aus Kapitel 4.1, speziell Gleichung (4.6) ist ersichtlich,
daß hierzu vor allem eine wenigstens während einer Konversionsphase
konstante Oszillatorfrequenz nötig ist, d.h. daß dessen Phasenfluktua-
tion um so kleiner sein muß, je größer die angestrebte Auflösung wird.
Schwankungen im Resultat könnten sonst die Folge sein. Aus demselben
Grunde sollten der Positionsgeber sowie die Spannungreferenz möglichst
wenig rauschen.

Auch äußere Magnetfelder können störend wirken, da sie die elektrodynamische Wandlerkonstante w verändern oder Kräfte direkt auf das
Wägegut ausüben können, sofern dieses magnetisch permeabel ist. Durch
die Konstruktion wird versucht, den Magnetkreis möglichst gut zu
schließen, um ihn damit auch gegen äußere Felder unempfindlicher zu
machen.

Hierher gehören auch Kriecheffekte. Diese sind, obwohl störend, um Zehnerpotenzen kleiner als Hystereseeffekte, wie sie zum Beispiel beste
Federmaterialien zeigen. Durch geeignete Maßnahmen kann das Kriechen
reduziert werden.

Langzeitstabilität

Alterungserscheinungen aller beteiligten Elemente machen sich ungün-
stig bemerkbar. Der Alterung unterliegen vor allem die zur Erzeugung
des Quellenstromes I_0 benötigten Referenzelemente, wie Spannungs- und
Widerstands-Referenz, dann auch der Dauermagnet, ferner das Hebelver-
hältnis, der Positionsgeber und die gesamte mechanische Konstruktion.

Durch geeignete Maßnahmen lassen sich diese Effekte drastisch reduzieren. So verändert sich z. B. die Flußdichte eines unbehandelten Dauermagneten in AlNiCo-Qualität etwa wie folgt:

- 1 %   im ersten Jahr
- 1/2 % im zweiten Jahr
- 1/4 % im dritten Jahr, usw.

Ein vor dem Einbau geeignet behandelter Dauermagnet, bei welchem die
Alterung der ersten 10 Jahre vorweggenommen wird, zeigt eine etwa um
den Faktor 1000 verringerte Flußdichte-Änderung, d. h. es sind im
ersten Jahr typisch noch etwa 10 ppm zu erwarten.

Elektrische Referenzspannungs-Elemente mit einer Alterungsrate von
typisch 40 ppm pro Jahr sind erhältlich, ebenso Referenzwiderstände
mit Alterungsraten von ca. 20 ppm pro Jahr.

Die Langzeitstabilität des mechanischen Systems, insbesondere des
Hebel-Übersetzungsverhältnisses, ist kaum bekannt, dürfte sich aber
etwa in der Gegend von einigen ppm pro Jahr bewegen.

Soll die Zeile für hochauflösende Absolut-Wägungen eingesetzt werden, so ist eine periodische Kalibrierung unerläßlich. Diese ist z. B. bei gewissen Waagen auf Knopfdruck abrufbar.

5.3 TEMPERATURABHÄNGIGKEIT

Störende Einflüsse der Temperatur rühren von der Umgebungstemperatur her, werden aber auch durch Eigenerwärmungen hervorgerufen. Da sich diese Temperaturveränderungen meist nur langsam auswirken, erscheint der Fehler als Drift (Kurzzeit-Instabilität), obwohl er durch die Temperatur verursacht wird. Ein Beispiel dieses Verhaltens ist das bereits erwähnte Kriechen. Temperaturfehler wirken sich auf die Empfindlichkeit und den Nullpunkt aus.

Empfindlichkeit

Als weitaus größter Faktor fällt hier die Temperaturabhängigkeit der Remanenz des Dauermagneten ins Gewicht, welche bei AlNiCo-Magneten typisch -200 ppmK^{-1} beträgt (Gleichung 5.1). Ein Temperaturfühler (13, Bild 3.2) im Innern des Magneten sowie eine Zusatzschaltung an der Stromquelle (7, Bild 4.1) sorgen für die Kompensation des temperaturbedingten Verlustes der magnetischen Flußdichte ΔB. Der Quellenstrom wird um $\Delta I (\theta)$ erhöht, so daß der Verlust der Kraft wettgemacht wird, gemäß Gleichung (3.2)

$$F = c_G B(\theta) I(\theta) = c_G \left[B - B(\theta) \right] \left[I + I(\theta) \right] \qquad (5.2)$$

Weitere Einflüsse auf die Empfindlichkeit stammen auch von der Referenzspannung. Allerdings werden heute hochstabile, thermostatisierte Zenerdioden mit einem Temperaturkoeffizienten von typisch kleiner 1 ppmK^{-1} gefertigt.

Der Referenzwiderstand der Stromquelle schließlich besitzt einen Temperaturkoeffizienten von einigen ppmK^{-1} bis hinunter auf 1 ppmK^{-1}, je nach Auswahl. Was die Mechanik der Zelle betrifft, fällt auch hier die allgemeine Konstruktion ins Gewicht, welche möglichst materialhomogen ausgeführt sein sollte, damit sich keine Fehler durch unterschiedliche thermische Ausdehnungen einstellen, welche nicht nur eine thermische Empfindlichkeitsdrift, sondern auch eine Nullpunktsdrift hervorrufen können. Im speziellen betrifft dies den Hebel, da Änderungen des Übersetzungsverhältnisses u auch Empfindlichkeitsänderungen bewirken. (Gleichung 5.1).

Mit Hilfe der erwähnten Kompensationsschaltung wird der gesamte Temperaturkoeffizient der Wandlerkonstanten A_G (Gleichung 5.1) jeder Zelle individuell auf wenige ppmK^{-1} abgeglichen.

Nullpunkt

Die thermische Nullpunktsdrift ist abhängig von den thermischen Ausdehnungen der mechanischen Konstruktion (siehe oben) sowie den dadurch hervorgerufenen Rückwirkungen der Lagerstellen. Die (thermische) Drift des Nullpunktes fällt um so mehr ins Gewicht, je kleiner die zu messende absolute Kraft der Wägezelle wird. Mit Kompensationselementen kann auch dieser Störeffekt nötigenfalls auf ein erträgliches Maß reduziert werden.

Störend auf das Temperaturverhalten wirken sich auch die inneren Wärmequellen aus, vor allem die Verlustleistung der Elektronik (speziell bei Waagen), aber auch die Verlustwärme der Kompensationsspule macht sich bemerkbar.

5.4 ANDERE EINFLÜSSE

Umgebungsdruck und -Feuchte nehmen Einfluß auf das Meßresultat. Es ist allerdings schwierig, diese genau zu quantifizieren, da sie von den jeweiligen Eigenschaften jedes Zellen-Typus abhängen. Sofern die Zelle bei Normalatmosphäre bzw. deren üblichen Schwankungen arbeitet, sind keine wesentlichen Beeinträchtigungen zu erwarten.

Die Einflüsse von Luftzug, Vibrationen (Gebäudeschwingungen), Neigungen der Auflagefläche sowie örtlichen und zeitlichen Änderungen der Gravitation sind nicht spezifisch für das Prinzip der elektromagnetisch kompensierenden Wägezelle; letztere ist sogar nur dann relevant, wenn mit einer (beliebigen) Kraftmeßzelle eine Masse bestimmt wird. Vielmehr werden alle Kraftmeßzellen, unabhängig vom Wandlerprinzip, durch diese Einwirkung gestört. Es sei hier lediglich darauf hingewiesen, daß mit Hilfe des Reglers (vgl. Kap. 3.4) und der Resultatauswertung (vgl. Kap. 4.2) gewisse Anpassungen an Ort und Stelle möglich sind, um die Zusatzkräfte, welche durch Luftzug und Vibration (oder ähnliches) hervorgerufen werden, zu unterdrücken.

L I T E R A T U R

1. Jones, B.E.:   Feedback In Instruments And Its
                            Aplications.
                            J. Phys. E: Sci. Instrum. 12(1979)145 - 158.

2. Jenemann, H.R.:   Substitutionswägung - heute und vor zwei-
                            hundert Jahren.
                            Wägen + Dosieren 1 (1980)24 - 31.

3. Kupper, W.:   Waagen und Wägung.
                            Ullmanns Encyklopädie der technischen Chemie,
                            Band 5, 4.Auflage.
                            Verlag Chemie, Weinheim (1980)
                            (z.Z. im Druck)

RATIONALISIERUNG IM HANDELSVERKEHR DURCH MASCHINENLESBARE
KENNZEICHNUNG VON WARENPACKUNGEN UNGLEICHER FÜLLMENGEN

RATIONALIZATION IN COMMERCE AND TRADE THROUGH MACHINE-READABLE
CODE LABELLING OF PACKAGES WITH CONTENTS OF VARIOUS WEIGHTS

H.-D. Schulz-Methke
Espera-Werke, Duisburg

Summary: The report describes the automatically readable characters
for practical use in retailers labelling. A weight and price labeller
is presented with EAN or UPC bar code pricing.

Warenpackungen im Handelsverkehr mit unterschiedlichem Gewicht durch
eine zufällige Füllmenge müssen mit Etiketten versehen werden, auf denen die Menge als Gewicht, der Preis pro Gewichtseinheit und der sich
daraus ergebende Verkaufspreis angegeben sind. Diese Aufgabe wird von
Preisrechnungswaagen übernommen, die im Bereich von 40 g bis etwa 5 kg
die Packungen wiegen, das Verpackungsgewicht subtrahieren und aus dem
von Hand eingestellten oder von einer Codierung am Warenkennzeichnungs-
klischee abgeleiteten Grundpreis den betreffenden Verkaufspreis berechnen. Sie steuern eine elektromechanisches Druckwerk an, das diese
Werte in visuell lesbarer Form auf einem Selbstklebeetikett abdruckt.
Es wird direkt auf die Warenpackung geklebt. Derartige Waagen sind
seit ihrer ersten volltransistorisierten Ausführung im Jahre 1958/59
in der Form einer elektronischen Ladentisch-Waage zu einem hohen
technischen Stand geführt worden, der heute im vollautomatischen Betrieb bis zu 100 gewichtisbezogene Auszeichnungen pro Minute gewährleistet.

Der Abdruck muß den Vorschriften des Gesetzes über das Meß- und Eich-
wesen (1) entsprechen und der hierzu erlassenen Eichordnung (2) auf
der einen Seite und den Kennzeichnungsverordnungen (3) des Handels,
auf der anderen Seite innerhalb zulässiger Fehlergrenzen richtig sein.
Er ist deutlich lesbar und dauerhaft auszuführen. Die Dauerhaftigkeit
bezieht sich auf die Resistenz des Abdruckes gegenüber Umwelteinflüs-
sen, die bie üblicher Verwendung zu erwarten sind. Die leichte Lesbarkeit wird strittig, wenn sehr kleine oder, abweichend von der üblichen Schriftform, stilisierte Ziffern verwendet werden. Mit einem
Abdruck ist die Bestimmung der Leistung im Handelsverkehr erfolgt,
und es steht einer Abwicklung des Geschäftes mit vorverpackter Ware,
vornehmlich im Lebensmittelbereich an der Registrierkasse am Ausgang
eines Supermarktes, kein Hindernis entgegen.

Es gibt jedoch mehrere Gründe, diese seit Jahren geübte Praxis im
Selbstbedienungsgeschäft zu verbessern: Die Beschleunigung der Rech-
nungserstellung an der Kasse für den Kunden zur Beseitigung des "Eng-
paß Kasse"; der Wunsch, den Umsatz nicht nur global,sondern artikelbe-
zogen und zeitgleich mit dem Warenausgang zu erfassen, um die Vorrats-
haltung und Angebotsdisposition zu verbessern und die Bindung finanzieller Mittel in der Lagerhaltung zu verringern; die Notwendigkeit,
Irrtümer und Fehler bei der Abrechnung zu vermeiden, um Verluste zu
verhindern und das Personal von Arbeiten zu entlasten, die von technischen Vorkehrungen übernommen werden können.

Die Lösung dieser Aufgabe wird darin gefunden, daß maschinenlesbare
Beschriftung der Warenpackungen den direkten Zugang zum elektronischen
Datenverarbeitungssystem ermöglicht, ohne eine zwischengeschaltete,
menschliche Aktivität. Schriften, die automatisch gelesen werden können, sind unabhängig von der Preisauszeichnung entwickelt und weitgehend genormt worden.
Die wichtigsten sind in der nachfolgenden Tabelle zusammengefaßt (4):

Bezeichnung	Schriftzeichen	Normung
OCR-A	redundante	DIN 66008
Optical character	Stilisierung	ANSI X3.17-1974
recognition A	arabischer	ISO 1073 part 1
OCR-B	Ziffern	DIN 66009
Schrift SC	helle und	DIN 66236
bar code	dunkle Striche	FNI 3.5
Schrift H	standardisierte	DIN 66225
	Handschrift	
Magnetschrift	redundante	
E 13 B	Stilisierung	
	arabischer	
	Ziffern	
Magnetschrift	strichgerasterte	DIN 66007
CMC 7	arabische	
	Ziffern	

Mit Ausnahme der Strichcode-Schrift sind alle Schriften auch visuell
lesbar, wobei eine gewisse visuelle Lesbarkeit der Strichcode-Schrift
dadurch hergestellt wird, daß korrespondierende Ziffern in OCR-B-
Schrift unterhalb des Strichsymbols abgedruckt werden.

Aus diesen Möglichkeiten maschinell lesbarer Schriften ergeben sich
meßtechnische und informationsbezogene Probleme, die die Verwendbarkeit beeinflussen. Andere Darstellungsformen,wie Lochkarte oder magnetische Aufzeichnungsträger,kommen für den Einzelhandelsbereich nicht
zur Anwendung, da sie schwer anbringbar sind und mit der Ware nicht
mitgeführt werden können, ohne Beschädigungen zu erleiden, die eine
spätere Lesung unmöglich machen. In gleicher Weise ungeeignet sind
die Magnetschriften, da sie nur im direkten Kontakt mit einem Aufnah-
mekopf gelesen werden können und damit zu hohe Anforderungen an Pla-
nität und Homogenität der Oberfläche des Auszeichnungsetikettes stellen.

OCR - Schrift

Die OCR-Schrift ist entstanden aus dem Bemühen, eine sowohl visuell
als auch photoelektrisch lesbare Schrift zu schaffen. Die Schriftform
ihrer Zeichen orientiert sich dabei an der zu erreichenden Sicherheit,
gelesene Zeichen als Ziffern, Buchstaben oder Symbole erkennen und
identifizieren zu können. Dementsprechend ging man von der Schriftform der arabischen Ziffern und den lateinischen Großbuchstaben aus
und schränkte zunächst die Mannigfaltigkeit ihrer Darstellungsmög-
lichkeit in zweckmäßiger Weise so ein, daß sie durch eine begrenzte
Anzahl von Parametern wiedergegeben werden. Insbesondere ist die Darstellung der Ziffern 0-9 für viele Leseverfahren geeignet, da sie
sich in das Punktraster 9 x 5 einfügen, eine ausgeprägte Startkante
und nur horizontale und vertikale Strichelemente haben. Bei den Buchstaben und Sonderzeichen treten weitere Elemente auf, deren nachteili-
ger Einfluß auf die maschinelle Lesung um so größer wird,wie der Umfang der verwendeten Zeichenmenge ansteigt. Aus diesem Grunde ist die
Zeichenzahl der NRMA (5) auf die zehn Ziffern, im wesentlichen 8 Buchstaben und 5 Sonderzeichen einschließlich des Dollar-Zeichens beschränkt. Für die Lesbarkeit sind ferner der Kontrast der dunklen
Zeichenelemente gegenüber dem hellen Umfeld des Papieres, die Anzahl
und Größe von Löchern im dunklen Element, von dunklen Verschmutzungen
des hellen Bereiches und sonstige optische Einflüsse wie Papiertrans-
parenz, Fluoreszenz der Druckfarbe, Papiereinschlüsse von Bedeutung.

Schließlich sind es mechanische Beschädigungen oder eine unebene Oberfläche oder Nebenlichteinflüsse, deren Störeffekte beim Vorgang der
Zeichenerkennung berücksichtigt werden müssen. Das mündet in die Frage, wie die optische Anordnung zu treffen ist, um eine möglichst ge-
treue Abbildung des Schriftbildes in der Auswertelektronik zu erhalten
und welche Entscheidungskriterien ihrer Erkennungsstruktur zu Grunde
gelegt werden müssen, um ein OCR-Zeichen als solches und eindeutig zu
erkennen.

Fig. 1

Fig. 2

Einen wesentlichen Fortschritt brachte in diesem Jahr der Omnidirekti-
onale Klarschriftleser (6), bei dem das Prinzip eines OCR-Handlesers
mit einem optischen System aus Drehspiegel und einer hochwertigen Ab-
bildungsoptik verbunden ist. Dieser Leser kann in ein Warentransport-
band vor einer Registrierkasse am Kassenterminal eingebaut werden und
liest die OCR-Schrift während des Warentransportes. Obwohl das optische System hinsichtlich Tiefenschärfe verbesserungswürdig ist, ist
hier ein Weg beschritten worden, der geeignet ist, den technologischen
Vorsprung der Artikelkennzeichnung durch Strichcodierung wieder einzu-
holen.

Der Vorgang der Erkennung einer OCR-Schrift durch die Auswertelektronik, die vom eigentlichen Leser gesteuert wird, wird begünstigt durch
stochastische Rechnerkonstruktionen, die die einfache Entscheidungs-
aussage durch eine Wahrscheinlichkeitsaussage ersetzen. Es erfolgt
eine Mittelwertsbildung über eine gewichtete Schar zufälliger Variablen, deren Ergebnis eine Majoritätsentscheidung ist, die die Identifizierung mit einer Wahrscheinlichkeitsangabe versieht, aufgrund
derer das Zeichen als erkannt oder nicht erkannt klassifiziert werden
kann. Dieser, von J. v. Neumann (7) im Anschluß an die Shannon'schen
Arbeiten (8) verfolgte Gedanke, Verhaltensweisen eines animalischen
Zentralnervensystemes durch stochastische Rechner nachvollziehen zu
lassen, ist inzwischen mehrfach auf seine Realisierbarkeit untersucht
und dargestellt worden (9).Hier spielt auch die Walsh-Transformation
eine Rolle, die durch Überlagerung mit einem Bildmuster gemäß der
Walsh-Funktion Plausibilitätsaussagen in der Zeichenerkennung zuläßt
(10). In der weiteren Entwicklung wird man davon ausgehen können, daß

-OCR-Leser als Scanner selbsttätig Warenkennzeichnungs- und
Preisangaben zu erkennen in der Lage sind, die im heutigen
Verständnis nicht optimal angeboten werden
-Erkennungslogiken eine Auswahl durch Wertung treffen, die durch
die große Verarbeitungsgeschwindigkeit von Mikroprozessor-Syste-
men ermöglicht wird und eine Sicherheit der Identifikation
ähnlich der der visuellen Erfassung ergeben.

Strichcodierung

Von den Strichcode-Schriften sind neben den inzwischen genormten eine
ganze Reihe ähnlicher vorgeschlagen und verwendet worden. Der entscheidende Durchbruch geschah erst 1970, als der Uniform Grocery Product
Code Council auf Vorschlag des Battelle-Institutes den vorliegenden
Strichcode als Darstellungsform für den Universal Product Code UPC
für verbindlich erklärte und ein 12-stelliges Symbol festlegte. In
ihm sind je eine Stelle für die Kennung und für die Prüfung vorgesehen,
so daß er insgesamt eine Anzahl von 10 Variablen enthält. Er gestattet
auch die direkte Preiswiedergabe und ist damit für Warenpackungen

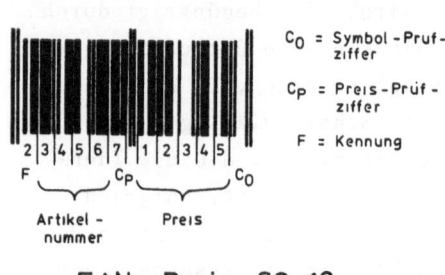

C_O = Symbol-Pruf-
ziffer

C_P = Preis-Prüf-
ziffer

F = Kennung

Artikel-
nummer   Preis

EAN—Preis SC-13

Fig. 3

zufälliger Füllmenge geeignet. Dieses Symbol wurde bei der Übertragung auf europäische Verhältnisse um eine Stelle erweitert durch Ausnutzung einer Paritätswechsel-Codierung im Symbol, damit vorhandene europäische Numerierungssysteme für Handelsware unverändert in das Kennzeichnungssystem übernommen werden konnten. Es trägt dann die Bezeichnung European Article Numbering EAN und ist in Fig. 3 dargestellt (10).

Die Erzeugung der 13. Stelle und die Bildung der Prüfziffern im EAN-Symbol lassen sich verstehen, wenn die für die Darstellung der Ziffern 0 - 9 verwendeten Strichzeichen einzeln betrachtet werden.
Jedes Zeichen des Symbols besteht aus 7 Längsfeldern, die nach einer Zeichensatztabelle hell oder dunkel eingefärbt werden. Es sind 4 Zeichensätze A,B,C,D gebildet worden, von denen je zwei zueinander komplementär (D = $\overline{A}$; C = $\overline{B}$) und über Kreuz zyklisch vertauscht sind ($\overrightarrow{B}$ = $\overleftarrow{A}$; $\overrightarrow{C}$ = $\overleftarrow{D}$). Ausgewählt werden zwei zueinander komplementäre Zeichensätze, die überdies noch die Bedingung erfüllen, daß alle Zeichen des einen Satzes links mit einem hellen Feld beginnen und rechts mit einem dunklen Feld enden, womit es sich beim zweiten Zeichensatz genau umgekehrt verhält. Sie geben die Möglichkeit, beim Lesevorgang zu entscheiden, ob das Symbol von links nach rechts oder umgekehrt gelesen wurde, wenn alle Zeichen links von der Symbolmitte dem einen, rechts von der Symbolmitte dem anderen Zeichensatz entnommen werden. Diese Festlegung: Zeichensatz A im linken und Zeichensatz D im rechten Teil des Symboles gewährleistet ein bidirektionales Lesen mit der Erkennung der Leserichtung.

Die Bildung der weiteren 13. Stelle erfolgt, indem im linken Teil des Symbols einzelne Ziffern nicht mit den normalerweise verwendeten Strichzeichen dargestellt werden, sondern durch solche, die dem komplementär und zyklisch vertauschten entstammen. IM EAN-Symbol ist das der Zeichensatz C, dessen Zeichen an die Stelle von Zeichen aus dem Zeichensatz A treten. Mit einem solchen Zeichensatzwechsel innerhalb von 5 dargestellten Ziffern ist es mühelos möglich, eine weitere Ziffer zu codieren und die Erkennbarkeit der Leserichtung zu erhalten. Im Strichcode-Symbol ist es überdies möglich, eine weitere Ziffer zu codieren, indem das gleiche Verfahren auf die rechte Hälfte des Symboles durch Ersatz von Zeichen aus Zeichensatz D durch solche aus Satz B angewandt wird.

Mit der automatischen Lesbarkeit eng verbunden ist die Notwendigkeit, die Richtigkeit der Lesung schnell und sicher überprüfen zu können. Zu diesem Zweck werden Prüfziffern in das Symbol eingebaut und zwar bei einer Warenpreiscodierung für sie allein eine Prüfziffer C_p innerhalb des Symboles eine weitere C_o über alle Ziffern im Endzeichen. Der Algorithmus besteht darin, daß jede Ziffer des Symboles entsprechend ihrer Stellung innerhalb des Symboles gewichtet wird, die gewichteten Werte zu einer Quersumme aufaddiert, komplementiert werden und der Wert der niedrigsten Stelle als Prüfziffer eingefügt wird. Obwohl die Algorithmen für die beiden Prüfziffern etwas unterschiedlich sind, im Falle der Preisprüfziffer aufwendig zu errechnen ist, um gegen Ziffernvertauschen bei manueller Eingabe abgesichert zu sein, rechtfertigt dieser Aufwand die so erreichte relativ hohe Redundance des Strichcodes: Die Redundance der Zeichendarstellung selbst, die der Paritätsforderung im rechten und linken Teil des Symbols und die Fehlererkennbarkeit durch die Bildung von zwei Prüfziffern im Falle mengenbezogener Preiswiedergabe. Der Mangel, visuell nicht lesbar zu sein, wird ausgeglichen durch Unterschreiben der Strichsymbole mit Ziffern in OCR-B-Schrift, die jedoch nicht den Bedingungen der maschinellen Lesbarkeit unterliegen, sondern nur der Orientierung dienen. Faßt man die Gegebenheiten der Strichcode-Darstellung von Leistungen im Handelsverkehr zusammen, so lassen sich folgende Vorteile angeben:

- die Strichcode-Schrift im UPC- oder EAN-Symbol ist ausreichend umfangreich, um ein Nummerierungs- und Auspreisungssystem aufbauen zu können und hinreichend redundant, um eine praktisch tolerierbare Fehlererkennung zu gewährleisten.
- sie ist bidirektional bis zu einem Winkel von 45° lesbar.
- sie unterscheidet sich von anderen Kennzeichnungen auf der Warenpackung hinreichend, um am Kassenterminal Lesevorgänge einleiten zu können.
- sie ist mit technisch verfügbaren Mitteln druckbar und kann mit Laser-Scannern auch aus größerem Abstand gelesen werden.
- sie ist systematisch aufgebaut und schwer fälschbar.
- sie ist relativ unempfindlich gegen mechanische Beschädigungen des Symbolträgers, insbesondere resistent gegen partielles Verwischen und Verschmutzen.

Preisauszeichnungswaage

Zur Erprobung der vielfältigen Probleme und Möglichkeiten einer strich-
codierten Darstellung von Wägeergebnissen wurde eine Preisauszeichnungswaage entwickelt, deren Druckwerk neben den visuell lesbaren Daten auch den Warenpreis im UPC- oder EAN-Format bzw. das Warengewicht
im EAN-System einschließlich Warenbezeichnung und Prüfziffern in
Strichcode-Schrift auf einem Selbstklebe-Etikett maschinell lesbar
wiedergibt. Dabei war vor allem die Frage der Eichfähigkeit zu berücksichtigen. Die Physikalisch-Technische Bundesanstalt stellt bei
Meßwertdruckern die berechtigte Forderung, daß fehlerhafte Funktions-
weisen der elektronischen Einrichtungen und der Druckerfunktion den
Abdruck verhindern, ihn aber mindestens als fehlerhaft kennzeichnen
(12). Diese Forderung konnte erfüllt werden, indem das gesamte Wäge-
und Preisrechensystem funktionsfehlersicher ausgeführt wurde und die
Funktion des Druckwerkes durch eine Operationsschleife einer Paritäts-
kontrolle den Forderungen angepaßt wurde. Da sich die Eichung nur
auf eine Darstellung von Meßwerten bezieht, die lesbar sind, kann die
strichcodierte Darstellung nur eine Nebenanzeige sein, die nur inso-
weit in Zulassung und Eichung einbezogen sein kann, als ihre Dokumentation rückwirkungsfrei sein muß. Dieser Auffassung haben sich inzwischen die meßtechnischen Dienste aller EG-Staaten angeschlossen, mit
der Folge, daß die strichcodierte Kaufpreisdarstellung als nicht eichfähig angesehen wird und auch nicht eichpflichtig ist, solange primär
eine Meßwertdarstellung erfolgt, die visuell deutlich lesbar ist.

Die Preisauszeichnungswaage Fig.4
besteht aus einer Torsionsstab-
waage mit 5 kg Tragkraft, photo-
elektrischer, inkrementaler Ge-
wichtsabtastung in Stufen von
2 g, einem elektronischen Meßwertwandler und Preisrechengerät,
die funktionsfehlersicher ein
Trommeldruckwerk steuern. Dieses
Druckwerk druckt im sogenannten
"fliegenden" Druck sowohl die
Ziffern der visuell lesbaren Ge-
wichts- und Preisdarstellung als
auch den Strichcode im UPC- oder
EAN-Format. Ob die Strichcodierung sich auf den Preis oder das

Fig. 4

Gewicht bezieht, ist wählbar und es werden gleichzeitig mit der Umschaltung von UPC auf EAN die Berechnungsabläufe für die Prüfziffer im internen Rechner geändert.

Da diese Einsatzbreite erkauft werden mußte mit einer Reduktion der Arbeitsgeschwindigkeit, letztere aber die Verwendbarkeit in sehr hohem Maße beeinflußt, wurde eine zweite Version mit einer maximalen Geschwindigkeit von/bis zu 60 Auszeichnungen/min entwickelt, die UPC-Symbol-Preis druckt. Dieses konnte geschehen, da erfahrungsgemäß bislang die Programmierungen der Leser an den Kassenterminals nur diese Codierung auswerten können. Beide Ausführungen der Preisauszeichnungswaage werden in pilot projects gegenwärtig getestet. Ein abschließendes Urteil darüber, welches Format der Strichcodierung die zukünftig bleibende Lösung ist (13) oder ob sich die OCR-Schrift durchsetzt, hängt wesentlich davon ab, wie die Entwicklungsmöglichkeit der OCR-Leser gesehen wird. Hier sind wegen der allgemeinen Bedeutung einer Entwicklung von Schriftlesern und Zeichenerkennungsgeräten im Fortschritt der elektronischen Rechenanlagen unter Einsatz von Mikroprozessoren in den nächsten Jahren wesentliche Verbesserungen zu erwarten. Damit kann die OCR-Schrift auch für gewichtsbezogene Warenauszeichnung erheblich an Bedeutung gewinnen.

Literatur:
(1) Strecker, A.: Eichgesetz, Einheitengesetz, Kommentar.
    Dt. Eich-Verlag, Braunschweig 1971
(2) Eichordnung Bd. 5 Anlage 9: Nichtselbsttätige Waagen,
    Vieweg Braunschweig 1975
(3) Bundesgesetzblatt (I) Nr. 7 (1972) S. 85-88
(4) DIN-Normen; Beuth-Verlag, Berlin
(5) American National Standards Institut ANSI, New York und
    Voluntary Retail Identification Standard Specification
    -A-1974. National Retail Merchants Association (NRMA),
    New York 1974
(6) Omnidirektionaler Klarschriftleser, Battelle aktuell. H.1
    (1980) S. 3-4
(7) v. Neumann, J.: Probabilistic logies and the synthesis of
    reliable organisms from unreliable components. Automata
    Studies, ed. C.E. Shannon, Princeton University Press 1956
(8) Shannon, C.E. und Weaver, W.: Mathematische Grundlagen der
    Informationstheorie, Oldenburg, München, 1976

(9) Ehrenstrasser, G.: Stochastische Signale und ihre Anwendung.
    Hüthig, Heidelberg 1974
    Massen, R.: Stochastische Rechentechnik. Hauser, München 1977
    Kopperschmidt, G.: Die Majoritätslogik in der Schaltungspraxis.
    Elektronik (1976) h. 10 S. 71-78

(10) Der EAN-Strichcode, Centrale für Coorganisation, Köln (1977)

(11) Roszeitis, D.: Zweidimensionale Walsh-Transformation mit einer
     DAP-Effekt-Flüssigkeitskristall-Matrix. Frequenz 28 (1974)
     2 S. 34-37

(12) Fachberichte Messen, Steuern, Regeln Bd. 1 Automatisierungs-
     technik im Wandel durch Mikroprozessoren: div. Autoren zu
     "Zuverlässigkeit und Sicherheit (Geräte)" S. 460-508,
     Springer, Berlin 1977

(13) Protocol ESTAG-Meeting, Brussels, Dec. 1979

EIN MODELL ZUR FAHRZEUG-ENDKONTROLLE

A PATTERN FOR FINAL VEHICLE CHECKING

Dr.-Ing. G. F. Kamiske

Volkswagenwerk AG - Qualitätssicherung Wolfsburg

Summary:

A model is offered for discussion of the change over from testing methods which still contain a very marked subjective element to methods which are fully automated and therefore objective.

Those testing methods which at present are not able to be automated because the technology is not available will be made more reliable by giving the tester computer guidance.

Die Bedeutung der Qualitätssicherung ist in vielen Unternehmen, unabhängig von der Branche, gewachsen. Dies resultiert aus

. dem gestiegenen Qualitäts- und Rechtsbewußtsein der Verbraucher

. der Gesetzgebung im Hinblick auf Sicherheits- und Zuverlässigkeitsanforderungen

und äußert sich darin, daß der Begriff "Qualität" vorrangig in der Werbung benutzt wird.

Am Beispiel der Automobilindustrie soll ein Modell zur Diskussion gestellt werden, wie die dem Kunden zugesagte hohe Qualität umfassend sichergestellt werden kann.

Da der Mensch immer noch maßgeblichen Einfluß bei der Fertigung ausübt, er andererseits nicht fehlerfrei arbeiten und auch nicht ohne Fehlerdurchschlupf prüfen kann, müßte folgerichtig die Prüfung soweit wie möglich durch objektive, vollautomatische Prüfeinrichtungen durchgeführt werden.

Autos fahren normalerweise auf der Straße. Praxisnah wäre deshalb eine Fahrzeugendkontrolle auf Funktionsfehler ebenfalls auf einer Straße, die Abschnitte mit verschiedenen Zuständen aufweist. Bis auf wenige Ausnahmen erfolgt jedoch heute die Abnahmeprüfung auf Rollenprüfständen. Rollenprüfstände heutiger Bauart simulieren aber die Straßenverhältnisse nur sehr unvollständig und sind deshalb im Hinblick auf gestiegene und weiter steigende Qualitätsanforderungen nicht mehr ausreichend. Die Weiterentwicklung bestehender und Neuentwicklung zukunftsorientierter Prüfverfahren und Systeme muß deshalb energisch betrieben werden.

Der Istzustand der Fahrzeugendkontrollen ist durch die intensive Eingliederung des besonders geschulten Prüfers, der die wichtigsten Funktionen und das Finish des Fahrzeugs in subjektiver Weise beurteilt, gekennzeichnet. Das Prüfergebnis hängt somit einerseits von der Fähigkeit und der jeweiligen Verfassung des Prüfers ab, der andererseits allerdings auch in Grenzsituationen akzentuierte Entscheidungen treffen kann. Der Prüfautomat ist dazu nicht in der Lage, garantiert demgegenüber einen stets gleichbleibenden Abnahmemaßstab, nachdem dieser eindeutig festgelegt wurde.

Die zukünftige Tendenz läßt den Einsatz spezieller Prüfeinrichtungen für die einzelnen Prüffunktionen erkennen. Dabei bietet sich im Bereich der Endabnahme eine Zusammenfassung der einzelnen Prüfeinrichtungen in einer Prüfstraße an.
Im wesentlichen werden solche Prüfungen bzw. die dazu notwendigen Prüfeinrichtungen angesprochen, die entweder aus Gründen der Sicherheit erforderlich oder zur Vermeidung von für den Kunden besonders lästigen Ausfällen wichtig sind.

Insbesondere wird zur Bremsendichtigkeit und -funktion, zum Problem der Verschraubung, zur Prüfung der Elektrikanlage, zur Leerlauf- und Scheinwerfereinstellung, zur Justierung des Achs- und Lenkungssystems sowie zur Geräusch- und Oberflächenprüfung Stellung genommen.

Die Steuerung der zuvor erwähnten Prüfvorrichtungen, die Auswertung der Prüfergenisse sowie deren Bewertung und Zusammenfassung erfolgt durch ein hierarchisch aufgebautes Rechnersystem.
Das bedeutet die Zustellung eines gezielten Prüfumfanges und Prüfablaufes für das jeweilige Fahrzeug. Dabei werden gleichzeitig die gültigen Einstellwerte und Toleranzen eingegeben und bei der Auswertung der Ergebnisse berücksichtigt.

Zur Absicherung hinsichtlich Produzentenhaftung sollen gleichzeitig die Dokumentation der Prüfergebnisse sowie deren exakte Fahrzeugzuordnung durchgeführt werden.

Da trotzdem viele Prüfungen, insbesondere Sicht- und Vollständigkeitskontrollen, noch nicht durch objektive vollautomatische Prüfvorrichtungen in einem wirtschaftlich vertretbaren Rahmen durchgeführt werden können, bleibt nach wie vor der Prüfer in dem Gesamtsystem integriert. Der Fortschritt gegenüber dem bisherigen Verfahren liegt in der Führung des Prüfers durch den Rechner. Dadurch ist sichergestellt, daß durch die Vorgabe der Prüfreihenfolge und notwendigen Quittierung kein Prüfschritt ausgelassen werden kann.

DATENVERARBEITUNGSSYSTEME
FÜR DIE
UNIVERSELLE LÄNGENMESSTECHNIK

DATA PROCESSING SYSTEMS FOR UNIVERSAL
LENGTH MEASUREMENT

Manfred Zick, Erich Bühler
Daimler-Benz AG
Verfahrensentwicklung
7000 Stuttgart 60

Summary:

In order to improve length measurement technique and quality control
in an automotive engine plant, data processing ist the adequate
support. For this purpose different computers can help to solve the
problems. This article reports about an extensiv application of a real
time data processing system.

Vorbemerkung:

Die Längenmeßtechnik bildet eine der elementaren Voraussetzungen für
die Produktqualität einer Fertigung. Messen ist ein entscheidender
Schritt zu genauerer Kenntnis (oder Information) über das Produkt bzw.
dessen Qualität.

Ein zweiter Schritt ist die sinnvolle und optimale Verwertung der
durch Messen gewonnenen Information.

Hier kann die Datenverarbeitung hervorragende Dienste leisten, es ist
sogar möglich, die Meßarbeitsplätze oder Meßmaschinen wesentlich zu
beschleunigen, wie gezeigt werden kann.

1. Situation heute in der Meßtechnik

Betrachtet man die in der Längenmeßtechnik vorkommenden Arbeitsplätze
unter dem Gesichtspunkt einer Unterstützung durch ein DV-System, dann
stellt sich der Bereich als ein Feld in der im Bild gezeigten Form
dar.

Bild	Steuerung des Meßablaufs am Meßplatz	Daten-erfassung	Verarbeitung bzw. Auswertung	Entscheidung
1	Hand	Hand	von Hand	Prüfer
2	Hand	Hand	teilautomatisiert mit Rechner	Prüfer
3	Hand	automatisch	automatisch mit Rechner	Rechner + Prüfer
4	automatisch mit Meßmaschine	automatisch	automatisch mit Rechner	Rechner + Prüfer

	Automatisierungsgrade in der Meß- und Prüftechnik durch Einsatz von Rechnersystemen	GDV-VEN 7 3 2 057 11 923

Bild 1

Die Entwicklung der Meßplätze ging vom einfachen Meßplatz über eine
Verbesserung der Datengewinnung in Rechnung Meßmaschine und eine Verbesserung der Auswerteunterstützung mit Rechner. Das Bild zeigt die
einzelnen Typen, auf die im folgenden näher eingegangen wird.

Die schnelle Entwicklung in der Fertigungstechnik in Richtung auf genauere und schnellere Produktionsanlagen bleibt natürlich nicht ohne
Rückwirkung auf die Meßtechnik. Die Folge dann ist die Forderung, uns
schnelle, übersichtliche Meßergebnisse zu liefern.

2. Neue Arbeitsplätze mit DV-Unterstützung

Das Bild links zeigt den klassischen Meßplatz wie er auch heute noch in Meßräumen anzutreffen ist.

Bild 2

Dieses Bild zeigt ein bereits digitalisiertes Höhenmeßgerät, das gegenüber der früheren Methode bereits erhebliche Vorteile bringt.

Bild 3

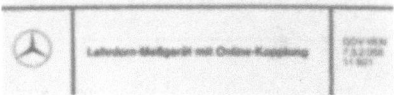

Dieses Bild zeigt einen Arbeitsplatz **in** einer Prüfmittelkontrolle
der sowohl analog und digital anzeigt als auch on line an ein Rechnersystem angeschlossen ist.

Bild 4

Als Beispiel für eine Meßmaschine
sei hier eine Lehrenmeßmaschine
gezeigt, andere Universalmeßmaschi-
nen sind Ihnen ja alle geläufig und
unterscheiden sich zum Teil in der
CNC Fähigkeit und einen vor Ort-
Rechner. Diese Anlage erhält sowohl
Sollwerte als auch Meßstrategien
vom Zentralen Rechner.

Bild 5

3. Überlegungen zu Rechnerkonzeptionen

Die ersten Datenverarbeitungskonzeptionen in der Längenmeßtechnik wurden mit Tischrechnern realisiert.

Bei den Meßgeräten wurde je nach Komplexität der Meßaufgabe durch den Einsatz von Mikroprozessoren teilweise eine direkte Meßwertverarbeitung ermöglicht. Für Graphiken und Übersichten sind jedoch Tischrechnersysteme wegen ihrer einfachen, schnellen Programmierung sowie leichten Handhabung weit verbreitet und häufig bis zu der in Bild gezeigten Konfiguration ausgebaut.

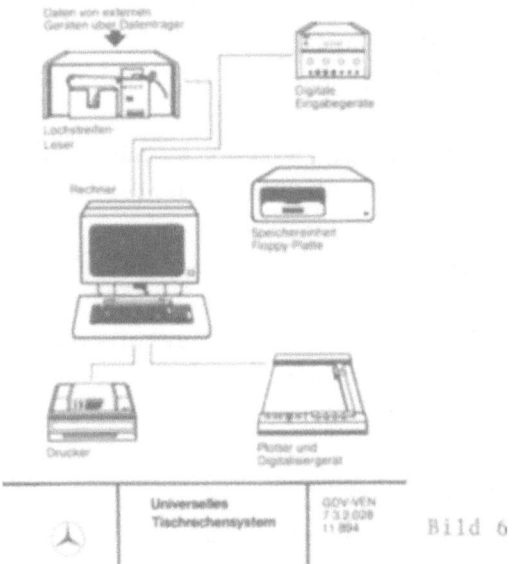

Bild 6

Ein solches System hat natürlich auch seine systembedingten Grenzen, die vor allem dann erreicht werden, wenn große Datenmengen zu verwalten sind oder zwischen vielen Anwendern laufend die Verfügbarkeit der Anlage untereinander abgestimmt werden muß.

Daraus ergaben sich im Laufe des Betriebs neue Zielsetzungen im Hinblick auf den Aufbau eines erweiterten Gesamtsystems.

Die Anforderungen stellen sich wie folgt dar:

3.1 Forderungen des Anwenders an ein Meßdaten-Rechnersystem bezüglich Aufbau des Systems und Bedienbarkeit

- Direkter Anschluß der Meßgeräte an den Rechner für eine automatische Meßwerterfassung.

206

- Bei Verwendung eines zentralen Rechners dürfen für den Meßtechniker keine Wartezeiten bei der Datenübernahme, Auswertung, Ausgabe und eventuellen Rückmeldungen entstehen.
- Der Betrieb des Rechners darf keinen Spezialisten erfordern. Das "Operating" muß sich auf das Ein- und Ausschalten, Papierwechsel usw. beschränken.
- Jeder Meßtechniker muß in der Lage sein, seine Aufgaben vollständig selbst durchzuführen. Die Bedienung der Datenstationen muß einfach sein. Dialogbetrieb!
- Verwaltungsdaten und Meßwerte sollen nur einmal eingegeben werden, auch wenn man sie für mehrere Aufgaben benötigt, z. B. Meßprotokollerstellung und Kontrollkartenführung.
- Falsche Eingaben müssen vom Meßtechniker einfach geändert werden können.
- Durch **den** Meßtechniker festgelegte Sollwerte, müssen über einen längeren Zeitraum gespeichert werden und jederzeit für eine Auswertung abgerufen werden können.
- Für besondere Auswertungen müssen die Meßwerte graphisch dargestellt werden können.
- Parallelbetrieb muß möglich sein um eine Koordinierung der Meßtechniker über die Benutzung des Rechners zu vermeiden.

4. Basissystem Zentral-Meßraum

Aufgrund dieser Anforderungen wurde ein im Bild 7 in der Struktur gezeigtes "Zentrales Meßraumsystem"entwickelt, das im Rahmen der Qualitätskontrolle eine Vielzahl von Aufgaben der Längenmeßtechnik zu erfüllen hat. Besondere Bedeutung haben folgende Aufgaben

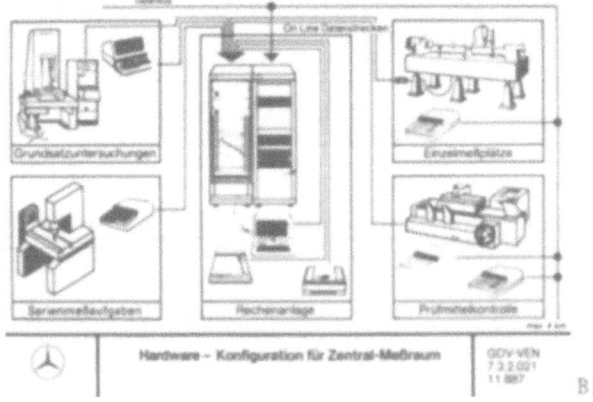

Hardware - Konfiguration für Zentral-Meßraum

Bild 7

- Stichprobenhafte Prüfung von Motorenteilen im Rahmen der Fertigungs-
  kontrolle. Es werden vorwiegend solche Merkmale geprüft, die in den
  Fertigungskontrollen vor Ort nicht geprüft werden können.
- Prüfmittelüberwachung. Erstmalige und regelmäßige Überprüfung aller
  im Betrieb verwendeten Prüfmittel.
- Grundsatzuntersuchungen und Fertigungsversuche.
- Begutachtung von Werkstücken bei Maschinenabnahmen.
- Fehlerursache bzw. Qualitätsuntersuchungen im Rahmen der Gütesiche-
  rung.

Hierfür wurde ein zentrales Prozeßrechnersystem aufgebaut. Die Meßgeräte für die Prüfmittelüberwachung sind direkt an den Rechner angeschlossen. Die Verkabelung an den Rechner erfolgte sternförmig durch
Bodenkanäle. Zusätzlich ist durch den gesamten Meßraum eine Datenbus-
leitung geführt, die an jedem Arbeitsplatz über eine Steckdose eine
schnelle Anschlußmöglich bietet, sowohl für Terminals als auch Daten-
Direkterfassung. Dadurch ist es möglich, nach und nach alle Meßplätze
des Meßraums zu erfassen ohne ständig neue Datenleitungen installieren zu müssen.
Zur Peripherie des PR-Systems gehören Magnet-Wechselplattensysteme,
Plotter, Drücker, graphische Bildschirmgeräte und Kleinterminals die
mit Display, Funktionstasten, Signallampen und Zahlentastatur ausgerüstet sind.
Besondere Probleme brachte der Anschluß der zum größten Teil bereits
vorhandenen Meßgeräte. Da diese im Datenausgang teilweise sehr unterschiedlich waren, mußten spezielle Anpaßeinheiten entwickelt und gebaut werden. Um diese Schwierigkeiten künftig zu vermeiden, wird bei
Bestellung neuer Meßgeräte darauf geachtet, daß diese mit einheitli-
chen Datenschnittstellen versehen sind.
Aus diesem Grund wurde versucht, sowohl in der Hardware als auch in
der Software, modulare Strukturen zu entwickeln.
Dies wurde erreicht, indem die gesamte Datenerfassung und Auswertung
in gruppierbare Zellen und Moduln eingeordnet und dafür jeweils einheitliche Erfassungssysteme entwickelt wurden.

5. Strukturen von Meßdatenerfassungszellen

Jede Zelle kann wie im Bild 8 dargestellt aus

- einfachen
- teilintelligenten

- rechnergesteuerten (CNC)

Systemmoduln bestehen.

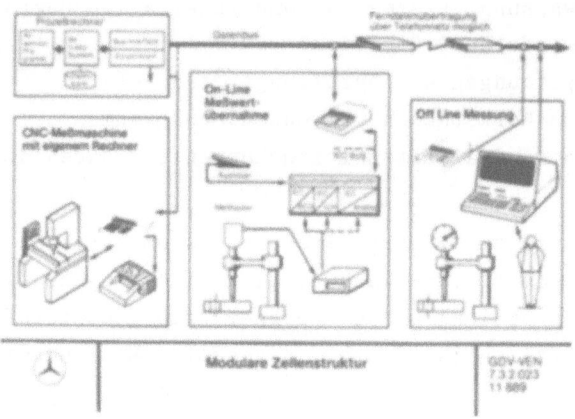

Bild 8

Alle Meßeinrichtungen können in diese 3 Hauptgruppen Erfassungs-
moduln eingeteilt werden, welche mit der einfachsten rechts beginnend,
im Bild 8 dargestellt sind.

5.1 Einfache Meßmoduln - off Line

Ein Meßgerät, dessen on-Line Anschluß sich nicht lohnt oder nicht
darstellbar ist, wird entweder über ein DE-Terminal oder DSG erfaßt.

5.2 Schnittstellenorientierte Meßmoduln

Die mittlere Gruppe umfaßt den schwierigsten Teil der Meßdatenerfas-
sung, hier hat man es mit den teilweise leider noch nicht genormten
Schnittstellen zu tun, die wir jedoch alle konsequent in IEC umsetzen
und dadurch eine hohe Standardisierung der Meßdatenerfassungssoftware
erreichen.

5.3 Rechnerorientierte Meßmoduln

Dies sind in der Regel Meßmaschinen oder koplexe Meßeinrichtungen mit
eigenem Rechner.
Hierfür wurden spezielle Rechnerkoppelprozeduren entwickelt, die sowohl den Austausch von Steuerprogrammen als auch von Meßdaten ermöglichen. Hier sind zwei Wege möglich, das Stern- oder Busprinzip, wobei

in der Regel die zu übertragenden Datenmenge/Zeit über die Anschluß-
art solcher Zellen, die sowohl in der Fertigung als auch im Meßraum
auftreten, entscheidet.

6. Beispiele von Systemzellen

Im folgenden werden beispielhaft zwei Systemzellen gezeigt

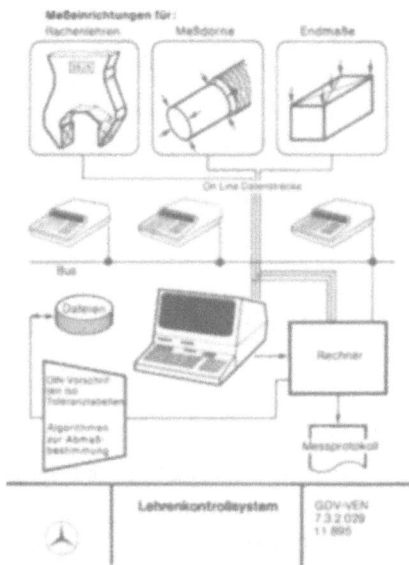

Bild 9

6.1 Prüfmittelkontrolle

Das Bild 9 zeigt eine Systemzelle für die Prüfmittelkontrolle (und Verfolgung) mit dem die gesamte automatische Lehrenmaßerfassung und Ab-
maßbestimmung durchgeführt wird.
Um sicherzustellen, daß die im Betrieb im Einsatz befindlichen Prüfmittel in Ordnung sind, müssen diese durch ein Prüfmittelüberwachungs-
system regelmäßig geprüft werden. Außerdem ist bei neu eingehenden
Prüfmitteln eine Überwachung erforderlich. Ein besonderer Arbeitsum-
fang ist bei Rachenlehren, Lehrdornen und der Endmaßprüfung gegeben.
Die Rachenlehrenprüfung erfolgt an einem horizontalen Längenmeßgerät,
die Lehrdornprüfung an einem vertikalen Längenmeßgerät und die Endmaßprüfung abhängig von der Güteklasse und der Endmaßgröße an einem Ver-
gleichmeßstand oder einem vertikalen Längenmeßgerät.

Das folgende Bild 10 zeigt die Tastatur der Eingabestation mit Funktionstasten und Meldelampen.

Bild 10

6.2 Wareneingang

Ein weiteres Beispiel einer solchen Systemzelle die alle 3 Elemente
der Erfassung beinhaltet ist der Wareneingang. Es handelt sich dabei
um einen Bereich, der mit einem übergeordneten Rechner zusammenarbei-
tet und dessen Hauptaufgabe die Datenerfassung und sofortige Auswertung der Meßdaten ist. (Bild 11)

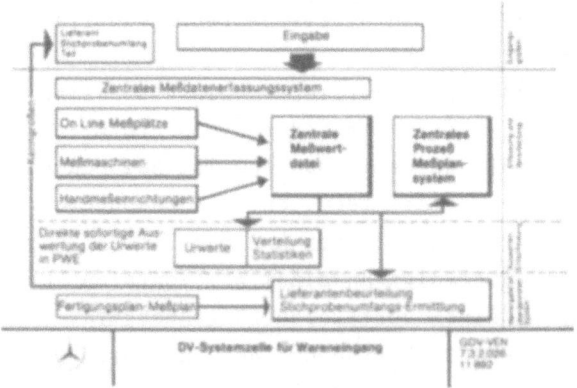

Bild 11

7. Softwarekonzeption

Neben der Entwicklung der bereits gezeigten Hardwarestrukturen wurde ein besonderer Schwerpunkt auf die Erstellung eines umfassenden Softwarekonzepts gelegt, das alle Arbeiten in Meßräumen und Fertigungsmeßstellen flexibel bedienen kann.

Dieses Meßdatenmanagementsystem besteht aus einem fünfgliedrigen Aufbau mit einer zentralen, speziell auf die Längenmeßtechnik abgestimmten, Datenbank.

Die wichtigsten Softwarekomplexe sind das Meßplansystem, Auftragssystem und das Datenerfassungssystem, das wie gezeigt aus Zellen und Moduln besteht.

Der Output aus dem Gesamtsystem verläuft auf zwei Ebenen, die erste lokal vor Ort mit allen Möglichkeiten, die im System vorhandene Datenbank zu nutzen und die verschiedensten Auswertungen zu erzeugen.

Der zweite Weg der Auswertung betrifft Meßaufgaben, deren Ergebnisse für überlagerte Rechner wichtig sind und an diese übergeben werden.

8. Gesamtkonzept

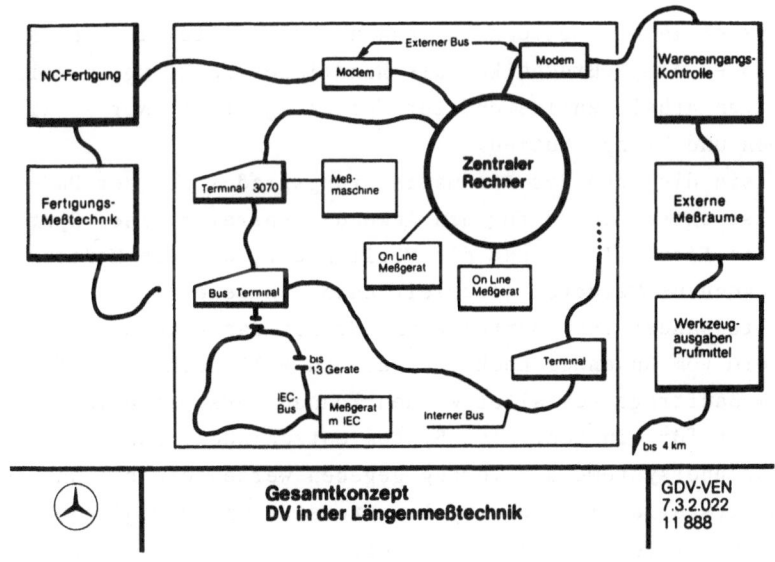

Bild 12

Das zentrale Rechnerkonzept mit einem gezeigten modularen Aufbau hat
in seiner im Einsatz befindlichen Version auch externe Aufgaben zu
erfüllen. (Bild 12)

Dabei wurde das in den Meßräumen angewandte Bus-Konzept beibehalten.
Aufgrund der in Meßdatenerfassungszellen orientierten Systeme wird
auch eine Erweiterung in die Bereiche möglich, die entweder die Meßdaten benötigen oder aber für die Gesamt-Werkstückbeurteilung auch
Meßdaten gewinnen und an den Zentralrechner abgeben müssen.

Der gesamte Datenverkehr wird über interne und externe Äste eines
Bussystems abgewickelt denen mit standardisierten Schnittstellen ein
IEC-Bus für jede Zelle nachgeschaltet sein kann.

Das Bild zeigt die Bereiche in denen DV-Systeme in der Längenmaßtech-
nik direkt eingesetzt werden.

9. Schlußfolgerung

Das Ihnen von der einzelnen Meßwertgewinnung bis zum Gesamtkonzept
gezeigte System brachte uns im Laufe der Entwicklung wichtige Erkenntnisse auf dem Gebiet des Einsatzes von Datenverarbeitungssystemen und
der Längenmeßtechnik.

Einige wichtige seine hier nochmals zusammengefaßt:

- Ein DV-System in der Meßtechnik kann nur dort effektiv eingesetzt
  werden, wo es dem Meßtechniker als handliches Werkzeug in seiner
  qualitativen Arbeit entlastend zur Verfügung steht. Nur so wird es
  angenommen und bringt Nutzen.

- Nicht allein die Höhe des Automatisierungsgrades bei der Datenerfassung ist entscheidend für den Anwendungsbereich eines Systems,
  sondern die Flexibilität und die Möglichkeit, daß ein Meßtechniker
  einmal gewonnene Meßdaten jederzeit nach den jeweiligen Erforder-
  nissen miteinander verarbeiten kann. Selbst das Druckprotokoll muß
  in der Form vom Anwender noch von Fall zu Fall nach den Anforderungen des Meßauftrags gestaltet werden können (Systemflexibilität).

- Hat man sich für ein zentrales System entschieden, dann sollte
  solchen Rechnersysteme der Vorzug gegeben werden die bis an die
  Datenschnittstelle eine hohe Systemunterstützung ermöglichen.

- Im direkten Vergleich zwischen Einzellösungen und der Zentral-
  Rechnerlösung ist zwar von den Kosten her der Einstieg in ein zentrales Konzept höher, jedoch lassen sich die Softwarekosten und die
  Erweiterungen weit besser abschätzen als bei diskreten Einzellösungen.

PROZESSRECHNERGESTEUERTE SERIENPRÜFUNG

UND PROZESSÜBERWACHUNG

IM AUTOMOBILBAU

COMPUTER-AIDED SERIAL TESTING AND

PROZESS MONITORING

IN THE AUTOMOBILE INDUSTRY

D. Schützenauer, G. Ernst
Daimler-Benz AG
D-7000 Stuttgart-Untertürkheim

Summary

The report descripes the existing possibilities of process automation
in the automobil industry by giving as an example the computer-aided
serial testing of car-engines. By developing new measuring and
testing procedures and relevant softwaresystems and by utilizing
modern computer and controlling technology, it has been possible to
automatic serial testing to a high degree. In combination with new
storage and transporting technologies, hierarchally-decentralized
over all system has been developed which aims at higher productivity,
even better quality, and improved clearity.

1. Allgemeines

Durch den Prozeßrechnereinsatz in Produktion und Qualitätskontrolle hat die Automobilindustrie ein wichtiges leistungsfähiges Hilfsmittel zur Verfügung qualitativ hochwertige Produkte wirtschaftlich zu produzieren.

Die Prüfung der wichtigsten Pkw-Aggregate wie Motoren, mechanische, automatische Getriebe usw. erfolgt heute rechnergesteuert. Aber auch zur Qualitätsüberwachung der Einzelteile und zur Produktionsdatenerfassung in der Fertigung werden heute eine Vielzahl von Rechnern eingesetzt.

Als Beispiel zur Erläuterung der Möglichkeiten der modernen Rechnertechnik verbunden mit der Meß-, Prüf- und Steuertechnik soll hier die Motorenprüfung dienen. Die Funktionsprüfung und Endkontrolle der Pkw-Motoren erfolgt heute rechnergesteuert in einem neuen Prüffeld. Diese Anlage stellt einen Teil eines integrierten Gesamtsystems dar, das in der Motorenmontage beginnt und bis zum Versand reicht.

2. Gesamtkonzept

Die technischen und organisatorischen Zusammenhänge in der Produktion werden zusehens komplexer. Durch die Zunahme der Typenvariantenzahl, durch die Einführung neuer Technologien verbunden mit der laufenden Verkürzung der Entwicklungs- und Inbetriebnahmezeiten muß immer mehr Wert auf einen sicheren und transparenten Material- und Informationsfluß gelegt werden.

Ein wichtiges Hilfsmittel dieser Zusammenhänge, überschaubar und den Qualitätsstandard aufgrund von jederzeit verfügbaren Auswertungen "im Griff" zu haben, stellt die heutige Rechnertechnik dar.

Mit den Prozeß- oder Minicomputern sowie unterlagerten Mikrocomputern, -prozessoren bzw. speicherprogrammierbaren Steuerungen (SPS) kann man direkt oder indirekt Prozesse steuern und als Nebenprodukt natürlich die vielfältigsten Auswertungen erzeugen.

Im Zusammenhang mit der Planung eines neuen rechnergesteuerten
Motorenprüffeldes wurde ein hierarchisch-dezentrales Rechnersystem (Abb. 1) konzipiert.

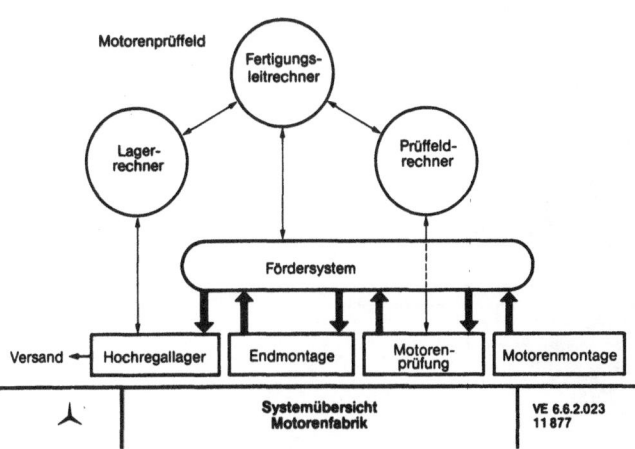

Abb. 1   Systemübersicht Motorenprüfung

Ein Fertigungsleitrechner übernimmt den Informationsaustausch zwischen Motorenmontage, Prüffeld, Endmontage, Hochregallager und
Versand. Seine Hauptaufgaben bestehen aus der Motorenmontagesteue-
rung, der Materialverfolgung und der Steuerung von Fördersystem,
Lager und Versand. Zur Lösung der speziellen Aufgaben im Lager
und Motorenprüffeld wurden Prozeßrechner eingesetzt.

Das Fördersystem besteht aus einer Vielzahl von Speicher- und Sor-
tierstrecken, hat eine Gesamtlänge von 9 km und enthält ca. 3 600
Förderwagen zum Aggregatetransport. Da jeder Förderwagen eine fest
zugeordnete, visuell und automatisch lesbare Nummer hat, kann der
Prozeßrechner jedem Förderwagen einen Datensatz zuordnen.

Dieser Datensatz enthält alle wichtigen Motordaten, wie die Pro-
duktionsnummer, Motornummer, Typ, Variante, Termin, Ziel usw. Er
wird am Montagebandende mit einem Lichtstift von dem am Motor befestigten Motordatenträger (Abb. 2) gelesen und vom Rechner dem
Förderwagen zugeordnet.

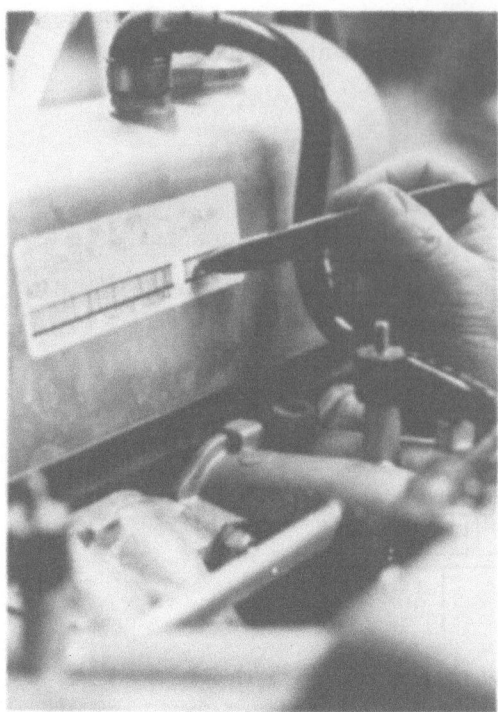

Abb. 2   Motor mit
          Datenträger

Der Fertigungsleitrechner übernimmt nach dieser Zuordnung die Aufgabe, jeden Motor nach seinen spezifischen Daten zum richtigen
Zeitpunkt zum richtigen Ort im Prüffeld zu steuern. Da vor jeder
Weiche im Fördersystem, die Förderwagennummer vom Rechner gelesen
wird, kann der Fertigungsleitrechner diese Steuerungsaufgabe erfüllen.

3. Motorenprüffeld

Bis vor wenigen Jahren war es üblich, Motoren zur Prüfung auf
Prüfstände aufzusetzen, manuell anzuschließen und weitgehend subjektiv zu prüfen. Da die Prüfstände nur zu einem geringen Prozentsatz für die eigentliche Prüfung genutzt werden konnten, der Rest
war für Rüstzeiten erforderlich, wurden relativ viele Prüfstände
benötigt.

Durch die konsequente Trennung dieser Arbeitsvorgänge in Rüsten und Prüfen, konnte sowohl die Prüfstandszahl um über 50 % reduziert als auch eine Großzahl der Prüfumfänge wirtschaftlich automatisiert werden.

3.1 Prinzipaufbau

In Abb. 3 ist der Prinzipaufbau und der Materialfluß des Prüffeldes dargestellt. Im Prüffeld besteht die Aufgabe, neu montierte Motoren sämtlicher Typen und Typvarianten so zu prüfen bzw. gefundene Fehler zu beheben, daß dem Fahrzeug - und damit dem Kunden - nur einwandfrei funktionierende Aggregate zur Verfügung gestellt werden.

Abb. 3   Prinzipaufbau
des Prüffeldes

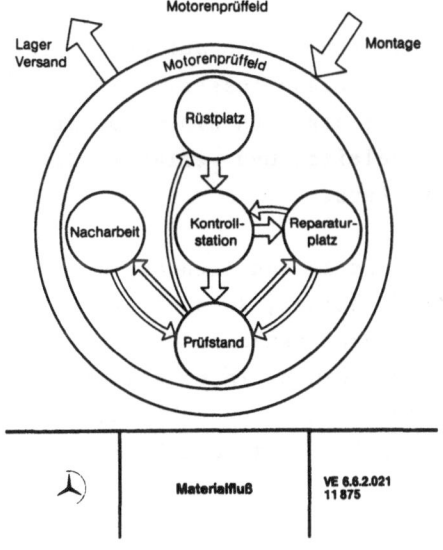

Motorenprüffeld

Lager
Versand

Motorenprüffeld

Montage

Rüstplatz

Nacharbeit

Kontroll-
station

Reparatur-
platz

Prüfstand

Materialfluß

VE 6.6.2.021
11 875

Das Prüffeld besteht im Prinzip aus 5 Funktionsgruppen

- Rüststand
- Kontrollstand
- Prüfstand
- Reparaturprüfstand und
- Nacharbeitsbereich

Vor dem Prüffeld wird die Förderwagennummer im Fördersystem vom Rechner gelesen. Bei der Übergabe jedes Motores vom Fördersystem in das Motorenprüffeld werden per Rechnerkopplung vom Fertigungs-leitrechner alle Motordaten dem Prüffeldrechner übergeben. Damit entfällt jede sonst notwendige manuelle Eingabe der Motordaten.

Auf dem Rüstplatz werden die Motoren auf spezielle Prüffeldpalet-ten, die für alle Motoren passen, aufgesetzt und manuell mit typ-spezifischen Adaptern mit der Palette verbunden. Der auf der Pa-lette sitzende Motor wird bevor er vom Rechner auf einen Prüfstand geschickt wird, mit Hilfe eines Kontrollstandes die Anschlüsse auf Dichtheit geprüft. Fehlerhaft mit der Palette verbundene Motoren werden sofort zum Reparaturprüfstand geleitet.

Motoren mit allen notwendigen Anschlüssen werden auf den Prüfstand geschickt, automatisch eingezogen und angeschlossen. Voll funk-tionsfähige Motoren - ohne Mängel - werden nach einem 10- bis 12minütigen Prüflauf zum Rüstplatz geleitet und verlassen das Prüffeld in Richtung Endmontage und Lager.

Werden kleinere Mängel festgestellt und lassen sich diese nicht mit wenigen Handgriffen am Prüfstand beheben, so schickt der Rech-ner die Motoren auf spezielle Reparaturprüfstände. Größere Repa-raturen werden in der Nacharbeit vorgenommen. In beiden Fällen laufen die Motoren auf jeden Fall nocheinmal zum Prüfstand, da nur Motoren ohne Beanstandungen das Prüffeld verlassen dürfen.

3.2 Rüstbereich

Im gesamten Prüffeld befinden sich ca. 300 Motorpaletten (Abb. 4).

Abb. 4   Palette

Jede Palette hat eine vom Rechner während des Transportvorganges
lesbare feste Nummer. Dieser Nummer ordnet der Rechner alle Motordaten zu. Somit ist er in der Lage, jeden Motor auf jeden beliebigen Platz zu schicken, da die oben erwähnten Prüffeldstationen
mit einem Rollenbahntransportsystem verbunden sind. Die Konzeption dieser Palette mit ihren mechanischen bzw. elektrischen Verbindungen und Versorgungseinrichtungen war ein schwieriger erster
Schritt in Richtung auf ein modernes Prüfkonzept. Um z. B. den
Motor exakt auf der Palette und damit im Prüfstand justieren zu
können, erhält jeder Motor in der Montage einen Hilfsträger, der
erst nach dem Prüffeld gegen den Originalmotorträger getauscht
wird.

Am Rüstplatz (Abb. 5) wird der Motor vom Fördersystem auf Arbeits-
höhe abgesenkt, manuell auf die Palette aufgesetzt und mit allen
für die spätere Prüfung notwendigen Adaptern versehen. Über ein
Terminal mit digitaler Anzeige kann das Rüstplatzpersonal mit
dem Prüffeldrechner Informationen austauschen. Es kann während
des Rüstens Motornummer und Typ überprüfen und verschiedene Meldungen eingeben.

Abb. 5   Rüstplatz

Der nun fertig gerüstete Motor wird per Knopfdruck aus dem Rüstplatz geschleust und wird vom Rechner auf den Prüfstand gesteuert, der diesen Motortyp prüfen kann und der als nächster frei
wird. Auf dem Rüstplatz gegenüberliegenden Warteplatz steht schon
ein geprüfter Motor zum Abrüsten.

3.3 Prüfbereich

Nachdem automatisch an jedem Motor auf dem Kontrollstand die Dichtheit von Kraftstoff-, Wasser-, Ölverbindungen und das Vorhandensein elektrischer Anschlüsse geprüft wurde, erreicht der zu prüfende Motor den für ihn geeigneten Prüfstand (Abb. 6). Sobald ein
geprüfter Motor einen Prüfstand verläßt, wird ein neuer Motor in
den Prüfstand eingezogen und automatisch an das Kraftstoff-, Was-
ser- und Ölsystem angeschlossen.

Abb. 6   Prüfstand

Über einen in den Prüfstand eingebauten Hydraulikmotor wird der
Motor "angeschleppt". Das Reaktionsmoment und die sich dabei ergebende Drehzahl, die Reibleistung, ermöglichen eine Aussage über
die Lager- und Kolbenspiele des Motors. Liegen die Meßwerte innerhalb des typspezifischen Toleranzbereiches, wird beim Erreichen
der Anschleppdrehzahl beim Benzinmotor die Zündung, beim Diesel-
motor die Kraftstoffversorgung zugeschaltet. Ab diesem Zeitpunkt
läuft der Motor mit eigener Kraft.

Bei der Konzeption der Prüfstände wurde versucht, neue Meß- und
Prüfsysteme einzusetzen bzw. zu entwickeln mit dem Ziel, die Prüfung weitgehend zu objektivieren. Da für jeweils 3 - 4 Prüfstände
nur 1 Abnehmer zur Verfügung steht und über 1 400 verschiedene
Motortypvarianten mit unterschiedlichen zulässigen Toleranzen für
die einzelnen Prüfungen geprüft werden müssen, wurde für diese
Aufgabe der Prozeßrechner eingesetzt.

Während des etwa 12minütigen Prüflaufes erfaßt der zentrale Prüffeldrechner von jedem der 42 Prüfstände laufend alle Meßwerte und
zeigt am Prüfende das Prüfergebnis an - normalerweise "in Ordnung".
Er schaltet den Prüflauf sofort bei Erkennen von größeren Mängeln
ab oder gibt am Ende des Prüflaufes über das Prüfstandsterminal
festgestellte Fehler mit Schrittnummer, Meßwert, Sollwert und
Dimension aus.

3.4 Prüftechnik

Neben den bekannten Meßverfahren, wie Wassertemperatur, -druck,
Öldruck, Drehzahl, Zündzeitpunkt, Kurbelgehäuseentlüftung usw.,
mußten neue Meßverfahren entwickelt werden, um z. B. die Laufruhe,
Abgaszusammensetzung, -farbe, Ölverunreinigungen und beim Diesel-
motor den Einspritzzeitpunkt prüfen zu können. Eines der schwierigsten Meßaufgaben stellt die objektive Geräuschprüfung dar.

Zwei von diesen neuen Meß- und Prüfverfahren werden nachfolgend
kurz beschrieben. Sämtliche Meßverfahren werden im Hause Daimler-
Benz selbst oder in Zusammenarbeit mit Instituten oder Meßsystem-
herstellern entwickelt.

In Abb. 7 ist das Rundlauf- bzw. Laufruhemeßverfahren dargestellt.
Bisher war es nur subjektiv möglich, grobe Funktionsfehler dieser
Art zu erkennen, wenn der Motor während des Betriebs "schüttelte".
Um eine objektive Prüfaussage ableiten zu können, werden folgende
Informationen benötigt: der Zündzeitpunkt des 1. Zylinders, eine
ausreichend genaue Anzahl von Impulsen pro Umdrehung der Kurbel-
welle und die Zahl der Zylinder des geprüften Motors. Eine digitale Logikschaltung ermittelt die Laufzeit für die einzelnen Zylinder, indem sie die genaue Zeit mißt, die z. B. beim 4 Zylinder-
Motor für 180° und beim 6 Zylinder-Motor für 120° Kurbelwellenum-
drehung benötigt wird.

Vom Rechner werden über einen längeren Zeitabschnitt diese Zeiten
der einzelnen Motor-Takte erfaßt, verglichen und über Mittelwert-
bildung und entsprechende Berechnungen und Abweichungen festgestellt. Mit diesem Verfahren ist es möglich, Mängel im Ansaug-,
Zünd- und Kraftstoffsystem zu lokalisieren.

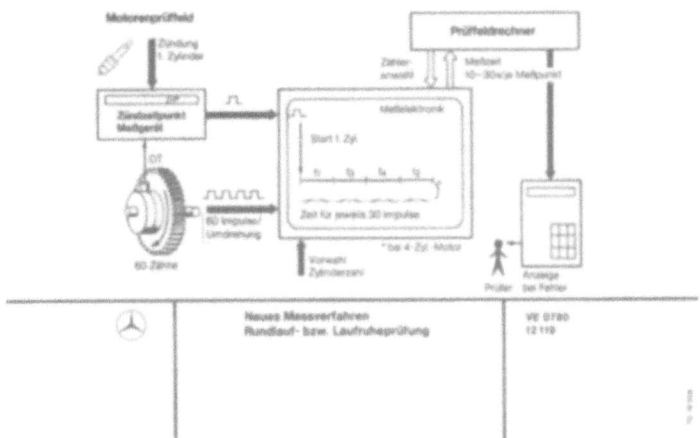

Abb. 7   Meßverfahren Rundlauf

Als zweites Verfahren sei hier die Messung des Dieseleinspritz-
zeitpunktes (Abb. 8) erwähnt. Der Förderbeginn des Dieselmotors
war bisher nur statisch durch die Überlaufmethode mit hohem Zeitaufwand und nur manuell meßbar. Wird der zeitliche Versatz des
Einspritzzeitpunktes der 1. Einspritzdüse zum oberen Totpunkt (OT)
dynamisch gemessen, kann der Einspritzzeitpunkt exakter als bisher eingestellt und überwacht werden. Auf akustischem Weg (Kör-
perschall) wird das Schließen der Einspritzdüsennadel gemessen.
Dieses Signal kann relativ leicht digitalisiert und in einem
marktüblichen Zündwinkel- und Zündzeitpunktmeßgerät zur Lage des
OT-Punktes in Beziehung gebracht werden.

Die Meßwerte beider Methoden werden vom Rechner erfaßt und typspe-
zifische Abweichungen werden über das Prüfstandsterminal am Ende
des Prüflaufes dem Abnehmer angezeigt.

Über dieses Terminal geben die Abnehmer vom Rechner bisher nicht
meßbare Beanstandungen codiert ein. Diese Beanstandungen beziehen
sich auf Wasser , Kraftstoff- und Öldichtheit, Abgasfarbe und Ge-
räusch.

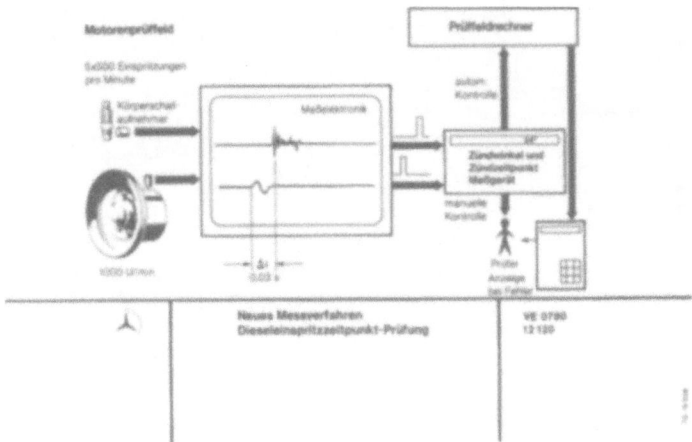

Abb. 8   Meßverfahren Dieseleinspritzzeitpunkt

Im Gegensatz zu den 42 Prüfständen sind die Reparaturprüfstände
und die Nacharbeitsbereiche mit Sichtgeräten ausgerüstet (Abb. 9).
Auf den Sichtgeräten werden das komplette Prüfprotokoll mit objek-
tiv und subjektiv festgestellten Beanstandungen und sonstigen Meßwerten angezeigt. Nach Beseitigung der Beanstandung werden Ar-
beitsumfang und Fehlerursache ebenfalls eingegeben. Dadurch ist
das Rechnersystem sowohl in der Lage in Form von Fehler- und Nach-
arbeitsübersichten alle Informationen auch über längere Zeiträume
zusammenzufassen als auch aufgrund von bestimmten Fehlern definierte Reparaturdiagnosen zu erstellen.

Abb. 9   Reparaturprüfstand

Das gesamte Prüffeld besteht aus 42 Prüfständen, 24 Rüstplätzen
und 6 Reparaturprüfständen (Abb. 10). Aus Sicherheits- und Kapa-
zitätsüberlegungen, ist das Prüffeld aus 3 Linien aufgebaut. Je
1 Linie prüft Diesel- bzw. Benzinmotoren. Die 3. Linie ist für
beide Motorarten eingerichtet. Durch eine Lärmschutzwand ist der
Prüfbereich von dem relativ ruhigen Rüstbereich abgetrennt, in
dem die meisten Mitarbeiter beschäftigt sind.

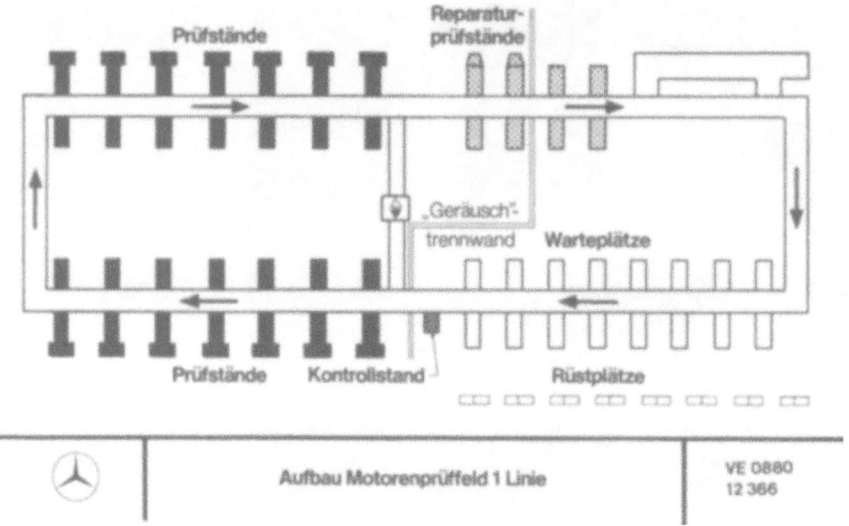

Abb. 10   Aufbau der 3 Prüflinien

3.5 Rechnersystem

Das gesamte Prüffeld wird vom Informations- und Materialfluß von
einem Doppelprozeßrechnersystem (Abb. 11) gesteuert. Das Rechnersystem ist mit einer umfangreichen Peripherie,bestehend aus alphanumerischen und grafischen Bildschirmen, Druckern, Plotter und
Plattenspeichern ausgerüstet. Einer der beiden Rechner steuert
das gesamte Prüffeld. Der zweite führt sämtliche Auswertungen
durch und kann jederzeit die Arbeit des 1. Rechners übernehmen.
So kann ein sicherer Betrieb im 2 Schicht-Betrieb garantiert werden.

Durch mikroprozessorunterstützte Rechnerkopplungen ist das Rechnersystem mit 21 programmierbaren Steuerungen zu einem integrierten System verbunden. Es können automatisch Daten ausgetauscht
und Steuerbefehle übernommen werden. Pro Tag fallen bei der Prüfung von 2 300 Motoren ca. 250 000 Daten an, von denen bestimmte
Umfänge 2 Jahre in einer Datenbank gespeichert werden.

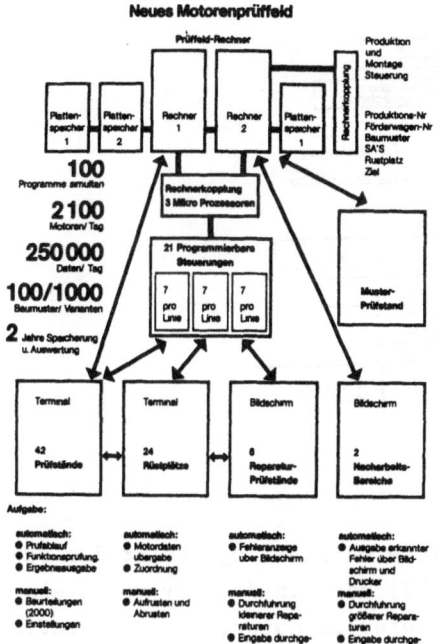

Neues Motorenprüffeld

Abb. 11   Hierarchi-
          scher Aufbau

Das Datenbanksystem (Abb. 12) speichert sämtliche motorbezogenen
subjektiven und objektiven Prüfergebnisse einschließlich der
Nacharbeits- bzw. Fehlerumfänge und der Zustandsdaten. Das sind
Informationen, die beinhalten, wann welche Motoren auf welchen
Prüfständen geprüft wurden.

Die verschiedensten über den aktuellen Produktions- und Qualitäts-
stand oder -trend aufschlußgebenden Auswertungen sind damit relativ rasch per Knopfdruck verfügbar. Die Auswertungen bestehen
z. B. aus Tagesübersichten von geprüften Motoren und Fehlern, den
Prüfergebnissen, Statistiken über gewünschte Parameter, über typ-
bezogene Fehler und Nacharbeiten bis zur Langzeitauswertung.

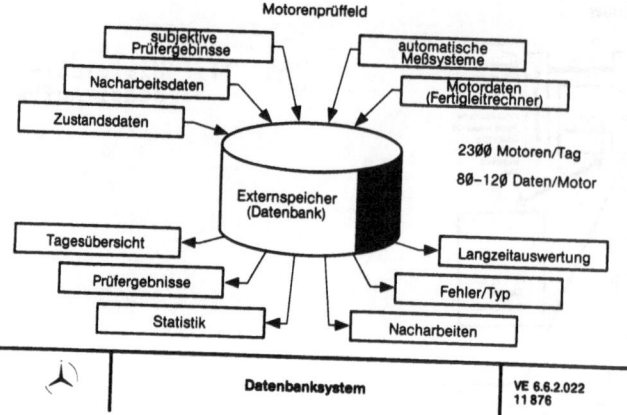

Abb. 12   Datenbank

Eine komprimierte und übersichtliche Darstellung stellt das Tages- oder Schichtprotokoll (Abb. 13) dar, in dem für jeden einzelnen Motortyp aufsummiert wird, wieviel Motoren in das Prüffeld gekommen sind, gut abgeliefert, nachgearbeitet oder in die Gütesicherung geschickt wurden.

Motorenprüffeld
Tagesprotokoll vom: Mi 11.06.1980

Typ	Motor kommt	Ablieferung		
		gut	Nacharbeit	Gütesicherung
615.940	259	254	0	5
616.912	340	331	5	4
⋮	⋮	⋮	⋮	⋮
Dieselmotore	1216	1193	14	9
102.920	17	15	0	2
102.980	170	167	2	1
⋮	⋮	⋮	⋮	⋮
Benzinmotore	1027	1009	11	7
Gesamt	2243	2202	25	16

Schichtprotokoll

VE 0680
12 074

Abb. 13   Schichtprotokoll

Von jedem Motor werden die wichtigsten Motordaten über einen längeren Zeitraum gespeichert. Diese Informationen sind nach Eingabe von Typ und Motornummer am Bildschirm abrufbar (Abb. 14). Mit Hilfe dieser Daten können auch Langzeittrends und entsprechende Zusammenhänge ermittelt werden.

Motorenprüffeld
Prod.Nr.: 568400 Motor-Nr.: 089314 Baumuster: 617.950/10
geprüft am: 02.06.1980   Prüfcode: 080
auf Prüfstand: 110

Schrittnummer	Istwert	Sollwertgrenzen	Meßgröße
09	0,1 Bar	0,0 – 8,5 Bar	Öldruck
13	0,9 Bar	0,8 – 8,5 Bar	Öldruck
33	625 U/min	600 – 750 U/min	Drehzahl
33	5,9 Grad	8,5 – 10,5 Grd. n. OT	Förderbeginn
38	0,48 %	0,0 – 1,2 %	Rundlauf
47	Gut		Gesamtergebnis

	Langzeit-Dokumentation	**VE 0680 12 073**

Abb. 14   Motordatendokumentation

Das gesamte Software- und Programmsystem besteht aus etwa 100 simultan auf dem Rechner laufenden Programmen, die miteinander in Verbindung stehen (Abb. 15). Für die Konzeption, Entwicklung und laufende Anpassung an neue Aufgabenstellungen wurden vom Prüffeldhersteller und vor allem von Daimler-Benz etwa 10 Mannjahre aufgewendet.

Das gesamte System bestehend aus Prozeßrechnerhardware, -software, Meßsystemen, Steuerungstechnik und Prüfeinrichtungen stellt heute eines der modernsten Anlagen seiner Art dar.

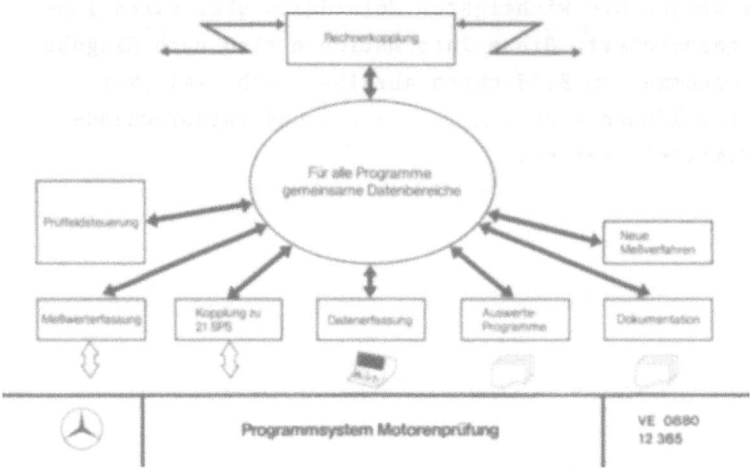

Abb. 15   Programmsystem

4. Endmontage, Lager und Versand

Die geprüften, fehlerfreien Motoren gelangen über die Rüstplätze
und Fördersysteme in die Endmontage, in dem jedem Motor seinem
Typ entsprechend ein automatisches oder mechanisches Getriebe an-
geflanscht wird und noch verschiedene Montagevorgänge durchgeführt werden. Die Getriebe werden synchron zum Montagefluß rechnergesteuert über das Fördersystem zugeführt. Im System befinden
sich etwa 60 verschiedene Typen von automatischen und 10 verschiedene mechanische Getriebe.

Danach werden die Motoren in das bis zu 4 000 Motoren fassende
rechnergesteuerte Hochregallager nach bestimmten Sortierkriterien
eingelagert. Es sind jederzeit Informationen über den Lagerinhalt
und -veränderungen möglich.

Die Auslagerung und das Bereitstellen der für den Einbau in das
Karosseriewerk optimalen Motortypzusammensetzung und -reihenfolge
erfolgt auch automatisch. Mit dem Verladen auf den Lkw (Abb. 16)
und dem Drucken der Ladeliste verlassen die Motoren die Motoren-
fabrik.

Abb. 16   Transport ins Karosseriewerk

Schlußbemerkung

Durch den Einsatz von Prozeßrechnern, programmierbaren Steuerungen
und neuen Meß- und Prüfverfahren konnte die Endprüfung der Motoren
weitgehend automatisiert werden. Seit über 1 Jahr läuft die gesamte
Motorenproduktion über das neue Motorenprüffeld. Das System hat sich
inzwischen bewährt und wird mit weiteren Motortypen und neuen Meß-
und Prüfverfahren erweitert und noch leistungsfähiger. Die hohe Verfügbarkeit ist durch den hierarchischen dezentralen Aufbau des Rech-
ner- und Steuerungssystemes gewährleistet.

In Zukunft wird die Rechner- und Automatisierungstechnik in den Mon-
tagebereichen, der Einzelteilfertigung und den Fertigungslinien zur
Qualitäts- und Produktionsüberwachung in verstärktem Maße eingesetzt.

Für einen erfolgreichen Einsatz derartiger komplexer Rechner-, Steue-
rungs- und Prüfsysteme muß der Anwender mit eigenen qualifizierten
Mitarbeitern in der Lage sein, derartige Systeme selbständig bzw. in
hohem Maße mitzuentwickeln.

Werden diese rechnergesteuerten Systeme in Verbindung mit der entsprechenden Automatisierungstechnik nach wirtschaftlichen und technischen Gesichtspunkten gezielt eingesetzt, wird eine höhere Produktivität, weiterverbesserte Qualität und eine hohe Flexibilität zur
schnellen Anpassung an Anforderungen des Marktes erzielt.

RECHNERGESTEUERTER PRÜFSTAND FÜR DIE QUALITÄTSSICHERUNG
IN DER HAUSGERÄTEFERTIGUNG

COMPUTER CONTROLLED TEST SYSTEM FOR
QUALITY ASSURANCE IN APPLIANCE MANUFACTURING

Richard Graf
Bosch Siemens Hausgeräte GmbH

Ulrich Rembold
Institut für Informatik III
Universität Karlsruhe

Summary

This paper describes the conception and implementation of a computer
controlled test system for water pumps for washing machines. In the
first section the different tests and the test procedures are discussed. Thereafter a description of the pilot test system is given.
With the help of the experience obtained from the pilot system two
different test apparatuses were designed one for development tests
and one for receiving inspection. The latter system uses a hierarchical
microcomputer configuration.

1. Einleitung

Prozessrechner werden seit einigen Jahren als ein unentbehrliches
Hilfsmittel in der Prüftechnik eingesetzt. Durch die Verwendung kosten-
günstiger Mikrorechner können jetzt die Vorzüge der rechnergeführten
Prüftechnik auch für kleine und mittlere Prüfaufgaben wirtschaftlich
genutzt werden. Bei einer sinnvollen Kombination von Rechnern, Software und Meßgeräten lassen sich intelligente Prüfsysteme konzipieren,
die programmierbar sind und flexibel der Prüfaufgabe angepaßt werden
können.

Die Aufgabe des hier beschriebenen Systems ist es, mögliche Fehler
eines Produktes schon in seiner frühen Entwicklungsphase oder nach
der Montage in der Fabrik zu erkennen und einen Fehlerbericht zu erstellen. Häufig sind die Prüfverfahren in der Produktentwicklung und

Qualitätskontrolle sehr ähnlich, und es liegt nahe, ein entwickeltes
Prüfverfahren für beide Anwendungen zu verwenden. In diesem Vortrag
wird die Konzeption und Entwicklung eines rechnergesteuerten Prüfsystems für die Prüfung von Laugenpumpen für Waschautomaten be-
sprochen. Zunächst wurde das System auf einem großen Prozessrechner
für Prüfaufgaben der Entwicklungsabteilung erstellt, ausprobiert und
als ein festes Prüfgerät für die Entwicklung eingesetzt. Mit Hilfe der
dabei gewonnenen Erfahrungen wurde dann für die Qualitätskontrolle
im Wareneingang ein weiteres kleines mikrorechnergesteuertes Prüfsystem mit ähnlichen Funktionen entwickelt. Es wurden für die Prüfverfahren verschiedene Hardware/Softwarealternativen untersucht, um
die besonderen Fähigkeiten eines programmierbaren Rechners in das
Prüfsystem zu integrieren. Zu erkennende Prüfparameter waren Leistungsdaten, Materialfehler und Herstellungsmängel. Das entwickelte System
überwacht den Prüfvorgang, erlaubt mehere Pumpen parallel durchzuprüfen und ihre Prüfdaten automatisch zu erfassen und auszuwerten.
Besonderer Wert wurde auf einen vollen automatischen Ablauf des
Prüfvorganges gelegt.
Von Interesse bei der Entwicklung dieses Prüfsystems ist die Zusammenarbeit eines Universitätsinstituts mit einem Industrieunternehmen.
Die grundlegenden Forschungsarbeiten an dem System wurden an dem
Hochschulinstitut in engem Kontakt mit dem Industrieunternehmen
durchgeführt. Das ausgearbeitete Konzept wurde dann von dem Unternehmen auf die besonderen Anforderungen von industriellen Prüfein-
richtungen umgearbeitet und als ein komplettes Prüfsystem installiert.

2. Aufgabe des Prüfsystems

Bei der Entwicklung eines Hausgerätes muß seine Funktionstüchtigkeit
und sein Langzeitverhalten gewährleistet werden. Aus diesem Grund
ist es unbedingt notwendig das Gerät in umfangreichen Kurz- und Lang-
zeitversuchen durchzuprüfen. Es ist hierbei wichtig, daß die erhaltenen Daten hinreichend genau und für die Statistik von Bedeutung
sind. Ein Hausgerät, wie zum Beispiel eine Waschmaschine besteht aus
einer großen Anzahl unterschiedlicher Funktionselemente, die sehr
verschiedene Prüfmethoden erfordern. Hierzu ist es bei konventionellen
Prüfverfahren notwendig spezielle Versuchseinrichtungen zu entwickeln,
die an die durchzuführende Aufgabe angepaßt werden. Für Dauer-
prüfungen ist es meistens notwendig mehrere parallele identische
Prüfeinrichtungen zu bauen, um schnell relevante Daten zu erhalten.
Die Prüfeinrichtungen für solche Produkte sind aus diesem Grund sehr
teuer und tragen erheblich zu seinen hohen Entwicklungskosten bei.
Zusätzlich ist die Prüfung in der Regel sehr personalintensiv und
nur mit gut geschulten Prüfern durchzuführen.

Ein besonderes Problem bereitet bei den konventionellen Prüfsystemen
die Um- oder Neukonstruktion eines Produktes. Die Prüfvorrichtung
muß entweder neu verdrahtet oder in vielen Fällen neu gebaut werden.
Mit der Entwicklung des Prozess- und Mikrorechners wurde es möglich
flexible Prüfeinrichtungen zu konzipieren, die auf veränderte
Prüfanforderungen schnell umprogrammiert werden können. Der Rechner
kann automatisch den Prüfvorgang einleiten, überwachen und mit den
Meßwerten notwendige Berechnungen durchführen. Es ist von Vorteil,
Universalmeßvorrichtungen für ein Produktionsspektrum mit gleichen
oder ähnlichen Produkten zu konzipieren, die ähnliche oder gleiche
Prüfabläufe erfordern. In der Regel lassen sich Funktionselemente
von Produkten in verwandte Klassen einteilen. Z.B. ist bei Haus-
geräten die folgende Gruppeneinteilung denkbar:

- Druck- und Kippschalter
- Rotierende Schalter
- Elektromotoren
- Pumpen
- Elektronische Schaltelemente
- Meßwertgeber

Für jede dieser Gruppe kann eine Universalmeßeinrichtung entwickelt werden, bei der mit wenig Aufwand verschiedene Elemente angeschlossen werden können. Das Eingeben von unterschiedlichen Prüfparametern und-abläufen wird durch Programme bewerkstelligt. Es ist von Vorteil, eine solche Universalprüfvorrichtung autark zu gestalten, damit sie unabhängig bedient werden kann und sie selbständig mit Hilfe eines Mikroprozessors den Prüfablauf überwacht. Die Erstanschaffung von einer solchen Spezialprüfeinrichtung ist meistens recht teuer. Jedoch macht sich das Gerät in der Regel dann schnell bezahlt, wenn viele unterschiedliche Bauelemente zu prüfen sind und die Meßwertauswertung umfangreich ist.

Das hier beschriebene Gerät für die Überwachung der Prüfung einer Laugenpumpe mußte die folgenden Parameter erfassen:

- Nenndrehzahl
- Stromaufnahme bei Nennspannung
- Lagerreibung
- Ableitstrom
- Windungsschluß
- Dichtigkeit des Pumpengehäuses
- Funktion des Pumpenflügels

Das Prüfgerät war so zu konzipieren, daß es im Kurzzeitversuch, Dauerversuch und unter zyklischen Bedingungen zuverlässig arbeitete. Weitere Forderungen waren die Möglichkeit mehrere Pumpen parallel prüfen zu können, eine vollständige Automatisierung des Prüfablaufs, die selbständige Auswertung und Dokumentation der Prüfparameter und das Erkennen von Fehlern beim Prüfen.

3.   Ausarbeiten des Prüfverfahrens

Für die Erfassung der im vorhergehenden Abschnitt aufgelisteten Prüfparameter mußten die entsprechenden Meßverfahren aufgebaut und zum Teil neu entwickelt werden. Bei der Ausarbeitung dieser Verfahren wurde besonders darauf geachtet, daß die Programmierbarkeit des Rechners vorteilhaft in das Prüfsystem mitintegriert wurde. Eine ausgewogene Hard/Softwarealternative ermöglichte die Konzeption eines sehr flexiblen Prüfsystems. (1)

Für die Drehzahlmessung wurde ein optisches Meßverfahren entwickelt,
das aus einer Lichtquelle, einem Reflektor auf dem Flügelrad der
Pumpe und einem Photoverstärker bestand. Bei jedem Durchgang des
Reflektors durch die Lichtschranke erhielt der Rechner ein Signal.
Aus der zeitlichen Folge der Signale errechnete er die Drehzahl.
Dieses Meßverfahren wurde für die Ermittlung der Nenndrehzahl und
der Lagerreibung verwendet. Korrekturkurven für die Lagerreibung
wurden experimentell ermittelt und dem Rechner eingegeben.

Zur Messung des Ableitstromes diente ein Spezialschaltkreis, der den
Ableitstrom als Funktion eines Spannungsabfalls über einem Wirkwider-
stand ermittelte. Mit Hilfe einer experimentell erhaltenen Kennlinie
der Ableitstromschaltung konnte der Rechner den Ableitstrom errechnen.
Bei dieser Schaltung waren besondere Schutzmaßnehmen gegen mögliche
Überspannungen und Kurzschlüsse notwendig.

Besondere Schwierigkeiten bereitete das Meßverfahren für den Windungsschluß. Es wurde hier nicht nur verlangt, einen Windungsschluß zu
finden, sondern auch die Anzahl der Schlüsse zu ermitteln. Ein
Windungsschluß gibt Aussage über Isolationsfehler in der Spule.
Diese können im Extremfall zu Wicklungsbränden führen. Das erar-
beitete Verfahren ermöglichte, bis zu etwa 5 individuelle Windungs-
schlüsse zu erkennen. Bei einer höheren Anzahl von Windungsschlüssen
konnte nur festgestellt werden, daß es mehr als 5 waren.

Die Dichtigkeitsmessung war notwendig, um mögliche Undichtigkeiten
im Pumpengehäuse zu entdecken. Der Druckmeßwert wurde über einen
Druck-Stromwandler erfaßt und an den Rechner übertragen.

Der Funktionstest für den Pumpenflügel diente dazu, um einen
fehlenden oder defekten Pumpenflügel zu entdecken. Der Pumpenflügel
wurde mit Luft betrieben und der erzeugte Luftstrom nach dem Anemometer-
verfahren gemessen. Nachteilig bei diesem Verfahren war die große
Zeitspanne, die benötigt wurde, um einen stabilen Meßwert zu erhalten.

Der gesamte Versuchsaufbau wurde so konzipiert, daß jeder Pumpen-
prüfstand seine eigenen Meßeinrichtungen hatte. Diese teure Lösung
hat gegenüber einem System mit einer einzigen Meßeinrichtung wesentliche Vorteile. Sie sind etwa wie folgt:

- Individueller Betrieb von Prüfeinrichtungen

- Einfacherer Auf- und Abbau von Prüflingen

- Bei Störungen Weiterbetrieb von intakten Prüfeinrichtungen

- Vermeidung von unnötigen Schalterkontakten an
  Signal- und Stromversorgungsleitungen

- Schnellere Meßzyklen durch Parallelbetrieb

Bild 1 zeigt den Aufbau eines Prüfstandes. Jeder einzelne Prüfstand
kann vom Rechner mit Hilfe von Relais ein- und abgeschaltet werden.
Die Prüfsequenz wird vom Programmierer bestimmt und durch das Programm gesteuert. Bei dieser Anordnung war auch darauf zu achten, daß
Verriegelungsschaltungen die falsche Bedienung der Anlage verhindern.
Grundsätzlich ist es möglich, die Verriegelung durch Hardware oder
Software zu garantieren, wobei die Hardwarelösung den Vorzug hat,
daß sie bei Rechnerausfall noch funktionstüchtig bleibt. Außerdem
kann bei dieser Lösung die Verriegelung durch eine Programmänderung
nicht beeinflußt werden.

4. Aufbau einer Pilotanlage mit einem Prozessrechner

In der ersten Phase des Projektes wurde eine Pilotanlage des Prüfstandes mit 3 parallelen Prüfständen aufgebaut, Bild 2. Diese Anlage
diente zur Ausarbeitung der verschiedenen Prüfverfahren und zur
Programmentwicklung. Als Entwicklungsrechner diente ein Prozessrechner Siemens 310. Später sollte das Prüfsystem dann in einem 24"
Einschub eingebaut werden. Die Verwendung des Pilotsystems hatte
für die schnellere Entwicklung des Prüfverfahrens einige Vorteile.
Erstens konnte die Prüfeinrichtung und Elektronik weitflächiger auf
der Versuchsanordnung aufgebaut werden. Damit ließen sich Experimente
und Änderungen leichter durchführen. Zweitens wurde die Entwicklung
des Verfahrens nicht so leicht durch sekundäre Störeinflüsse,
wie z.B. Übersprechen bei eng verlegten Leitungen, beeinflußt.
In der Praxis würde man beim Vorhandensein eines größeren Prozess-
rechners das Ausarbeiten des Prüfverfahrens vorteilhaft auf diesem
durchführen, da ein großes Rechnersystem viele Vorteile bietet,
z.B. ist hier in der Regel komfortable Entwicklungssoftware, eine
höhere Programmiersprache und bessere Entwicklungshardware vorhanden.
Ist das Prüfverfahren einmal ausgearbeitet, so wird die Anlage auf
einen kleinen dedizierten Rechner oder auf ein einfacheres Rechner-

system übertragen.

Bild 2 zeigt das für den Versuchsaufbau verwendete Rechnersystem. Der Siemens 310 Rechner hatte einen Arbeitsspeicher von 32K. Als Prozessinterface dienten eine Digitalausgabe DA 3621, eine Digitaleingabe DE 3612, eine integrierte Analogeingabe IAE I 3631 und ein Zeittaktgeber ZG 3691. Der Pilotprüfstand ist in Bild 3 gezeigt.

5. Aufbau des Programmsystems

Die Steuerung des Prüfstandes, die Meßwertauswertung, die Textausgabe und das Bedienen und Abändern von Grenzwerten wurde programmtechnisch auf drei Programme aufgeteilt:

Das Bedien- und Testhilfeprogramm. Es dient dem Anwender dazu Grenzwerte, Umrechnungsfaktoren und andere Variablen während des Programmlaufes eingeben zu können.

Das Prozessprogramm. Es steuert den Prüfstand, schaltet Hilfs- und Versorgungsspannungen ein und aus, setzt und überwacht vorgegebene Zeiteinheiten und transferiert asynchrone Meßwerte und Digitalwerte in die Listen des Ausgabeprogrammes.

Das Meßwertumrechnungs- und Textausgabeprogramm. Es rechnet die Meßwerte in Endwerte um, prüft die erfaßten Meß- und Digitalwerte auf vorgegebene Grenzwerte und bereitet eine entsprechende Textausgabe auf.

Die Zusammenarbeit der 3 Programme ist aus Bild 4 zu erkennen. Beim Entwurf des Prozessprogrammes wurde auf die folgenden Anforderungen besonders geachtet:

- leicht erweiterungsfähig
- schnelle Überschaubarkeit
- die Fähgikeit ein Abbild des Prozesses darzustellen
- Ermöglichung flexibler Zeit- und Alarmverwaltung

Diese Anforderungen ließen sich jedoch nur teilweise verwirklichen, da vielfach Konflikte entstanden. Z.B. wäre ein universelles Prüfprogramm sehr kompliziert geworden, und hätte bei eventuellen späteren Änderungen zu Schwierigkeiten geführt.

Beim Aufbau aller Programme wurde darauf geachtet, sie möglichst modular und übersichtlich zu gestalten. Bild 5 zeigt die modulare Struktur des Prozessprogrammes. Jedes Modul überwachte die gleichen Funktionen in allen parallel angeordneten Prüfständen.

Für das Pilotsystem wurde die Software in Assemblercode geschrieben und mit Hilfe eines Crossassemblers auf einem Siemens 330 Rechner entwickelt. Danach wurde das fertige Programm über eine direkte Datenleitung auf den Siemens 310 Rechner übertragen und dort für den Betrieb des Prüfsystems abgespeichert.

Beim Aufbau aller Programme wurde darauf geachtet, sie möglichst modular und übersichtlich zu gestalten. Bild 5 zeigt die modulare Struktur des Prozessprogrammes. Jeder Modul überwacht die gleichen Funktionen in allen parallel angeordneten Prüfständen.

Für das Pilotsystem wurde die Software in Assemblercode geschrieben und mit Hilfe eines Crossassemblers auf einem Siemens 330 Rechner entwickelt. Danach wurde das fertige Programm über eine direkte Datenleitung auf den Siemens 310 Rechner übertragen und dort für den Betrieb des Prüfsystems abgespeichert.

6. Implementierung des Prüfsystems im Entwicklungslabor (Bild 6 + 7)

Der Betrieb der Prüflinge erfolgt wahlweise unter realistischen oder verschärften Bedingungen innerhalb vorgegebener Betriebsphasen (Warmlaufen, Abkühlen), die während der Dauer des Prüflaufs abwechselnd durchlaufen werden. Während des Prüfbetriebs können folgende Parameter der Pumpe erfaßt werden:

1. Wicklungswiderstand,
2. Wicklungsdämpfung,
3. Ableitstrom,
4. Anlaufverhalten,
5. Auslaufverhalten,
6. Stromaufnahme,
7. Drehzahl,
8. Dichtigkeit des Pumpengehäuses.

Parallel zum Prüfbetrieb erfolgt die Ausgabe eines Protokolles über die laufenden Aktivitäten des Prüfsystems. Im Anschluß an den Prüflauf stehen die ermittelten Parameter sowie Informationen über den Prüfablauf in einer Peripherspeicherdatei zur statistischen Auswertung zur Verfügung.

Die variablen Parameter eines Prüflaufs werden vom Benutzer im Dialogbetrieb eingegeben und können bei Bedarf auch während des Prüfbetriebs geändert werden. Der Dialog wurde unter Berücksichtigung der Forderungen nach Verständlichkeit und Angemessenheit entworfen und gestattet die Eingabe folgender Daten:

1. Gesamtdauer des Prüflaufs,

2. Dauer der einzelnen Betriebsphasen,

3. Bedingungen, die während des Betriebs einzuhalten sind,

4. Meßhäufigkeiten der einzelnen Parameter,

5. Bedingungen, die während der Ermittlung eines Parameters einzuhalten sind,

6. Grenzwerte der Prüflingsparameter zur Durchführung einer zwei-
   stufigen Grenzwertkontrolle,

7. Angaben zur Protokollsteuerung.

Bei der Entwicklung der Software wurde eine hohe Flexibilität angestrebt, um weitere Dauerlaufprüfstände nach dem gleichen Prüfkonzept
mit angemessenem Aufwand realisieren zu können.

Die Implementierung erfolgte in PROZESS-FORTRAN 300 auf einem Siemens-
Prozeßrechner 330.

7. Aufbau des hierarchischen, mikrorechnergesteuerten Prüfsystems für die Qualitätskontrolle

Um den besonderen Bedingungen des Einsatzortes, wie z.B. hoher Prüf-
durchsatz mit möglichst geringen Ausfallzeiten, gerecht werden zu
können, wurde für das Prüfsystem ein Mehrrechner-Konzept entwickelt
(Bild 8).

Das Rechnersystem ist universell einsetzbar. Für andere Prüfaufgaben
als die Qualitätskontrolle von Laugenpumpen sind lediglich die objekt-
spezifische Meßwerterfassung sowie ein Teil der Software anzupassen.

Bis zu vier gleiche oder verschiedene Prüfprozesse können parallel
und unabhängig ablaufen, da jeder Prozeß durch einen eigenen "Slave"-
Rechner gesteuert wird. Eine Diagnose-Anzeige neben dem Prüflings-
Adapter gestattet über eine "Gut/Schlecht"-Aussage eine einfache
Selektierung. Zusätzlich übernimmt ein übergeordneter "Master"-Rechner
die gemeinsame Protokollierung der Meßwerte. Mittels Eingabe-Dialog
kann durch den "Master" Einfluß auf die einzelnen Prüfabläufe sowie
auf den Protokollumfang genommen werden.

Über eine gepufferte Schnittstelle kann der "Master"-Rechner bei Bedarf
mit Speicher und Peripherie erweitert oder für die zentrale Betriebs-
datenerfassung an entsprechende Rechner gekoppelt werden.

Die "Slave"-Rechner sind mit Microcomputern des Typs SAB 8748 aufgebaut, deren Programmspeicher um 2k Bytes auf 3k Bytes erweitert wurde.

Als "Master"-Rechner wird der Prozessor SAB 8085 mit 4k Bytes Programm-speicher (Grundausbau) verwendet.

Die Einrichtungen zur Meßwerterfassung bei der Laugenpumpenprüfung sind für zwei Prüfplätze in einem Pultgehäuse (Bild 9) untergebracht; damit sind kurze Verbindungen zwischen dem Prüfling und den einzelnen Meßschaltungen möglich - eine entscheidende Voraussetzung zur Vermeidung von Fremdstörungen.

Die Betriebssicherheit wird außerdem dadurch erhöht, daß sämtliche Relaiskontakte lastfrei geschaltet werden. Die Aufschaltung der Prüf-spannungen erfolgt kontaktlos elektronisch.

Digitalisiert werden die Meßwerte in eingebauten Digitalvoltmetern, deren Anzeigen eine Beobachtung des Prüfablaufs ermöglichen.

Literatur:

/1/   L. Gerst: "Aufbau eines rechnergesteuerten Prüfsystems für einen Laborteststand". Diplomarbeit, Institut für Informatik III, Universität Karlsruhe, 1977.

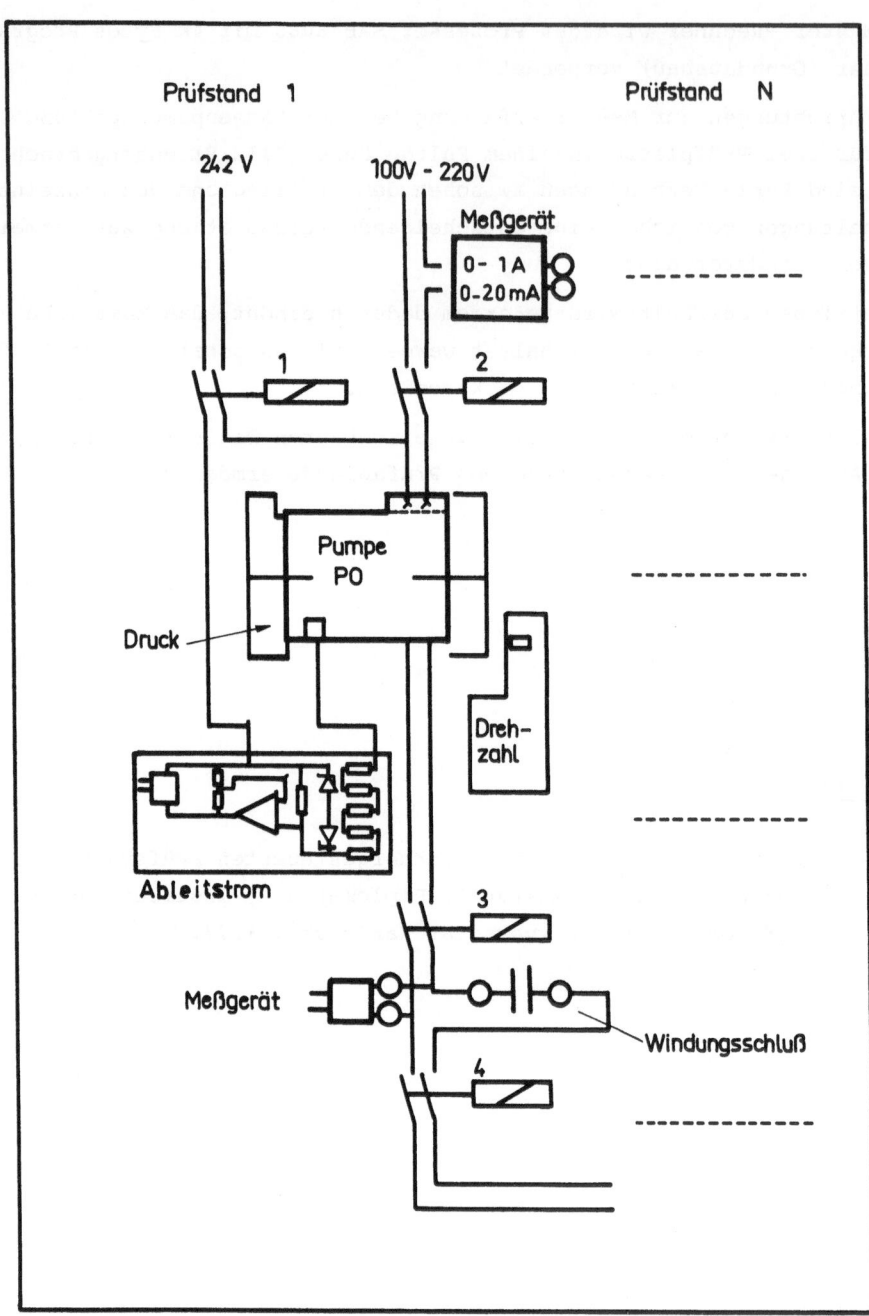

Bild 1 : Aufbau des Laborteststandes

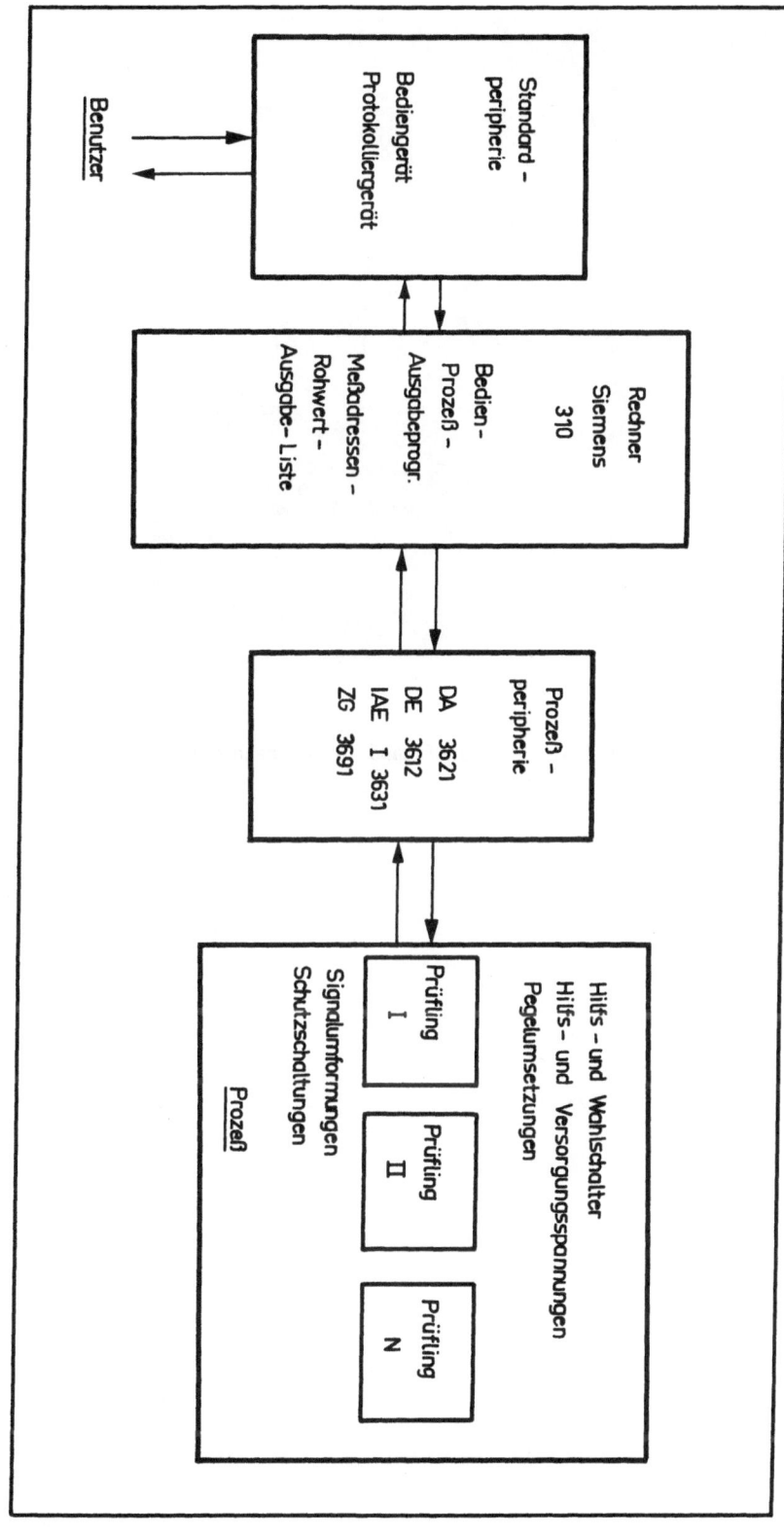

Bild 2 : Übersicht über das Prüfsystem für einen Laborteststand für drei Laugenpumpen

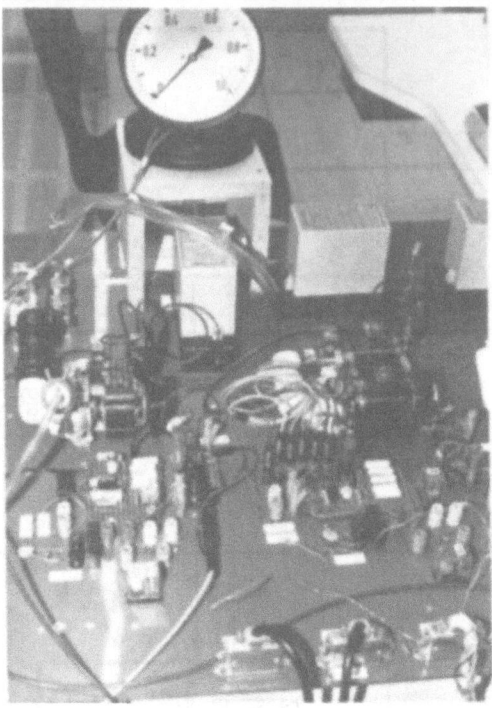

Bild 3: Pilotprüfstand für Laugenpumpen

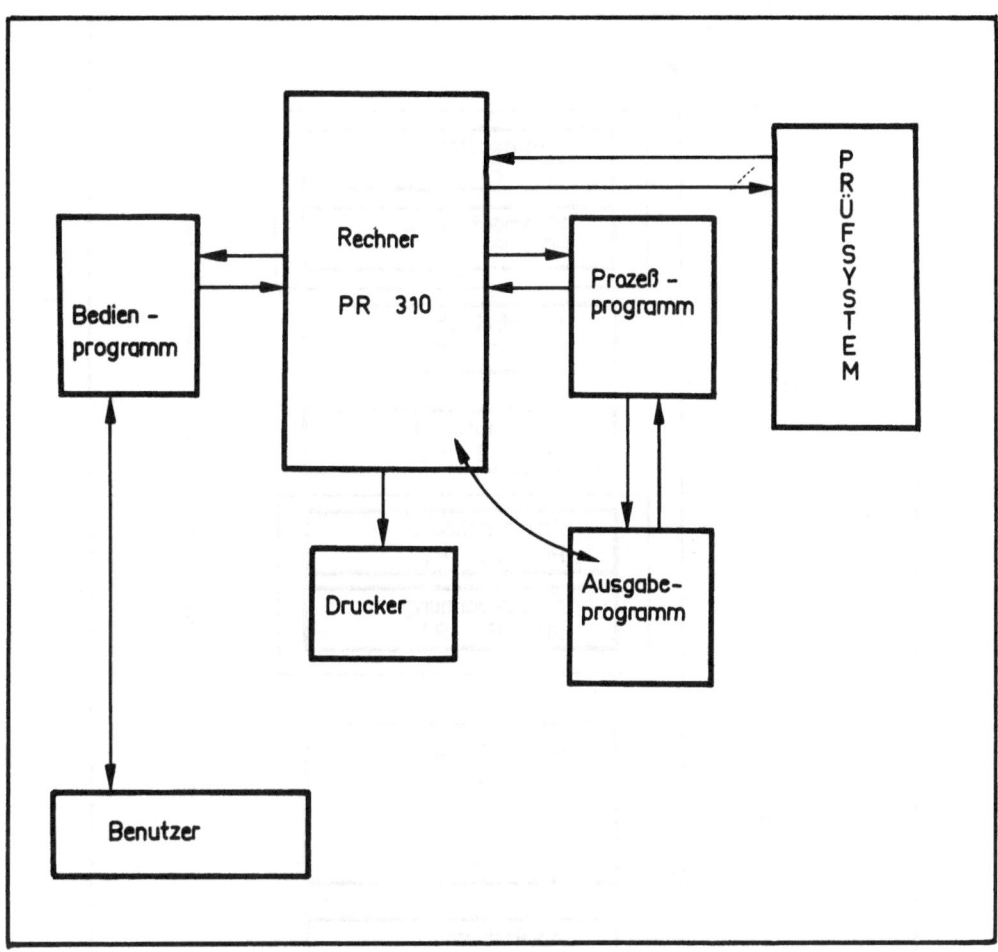

Bild   4 :   Aufgabenverteilung   und   Zusammenspiel   der   Programme

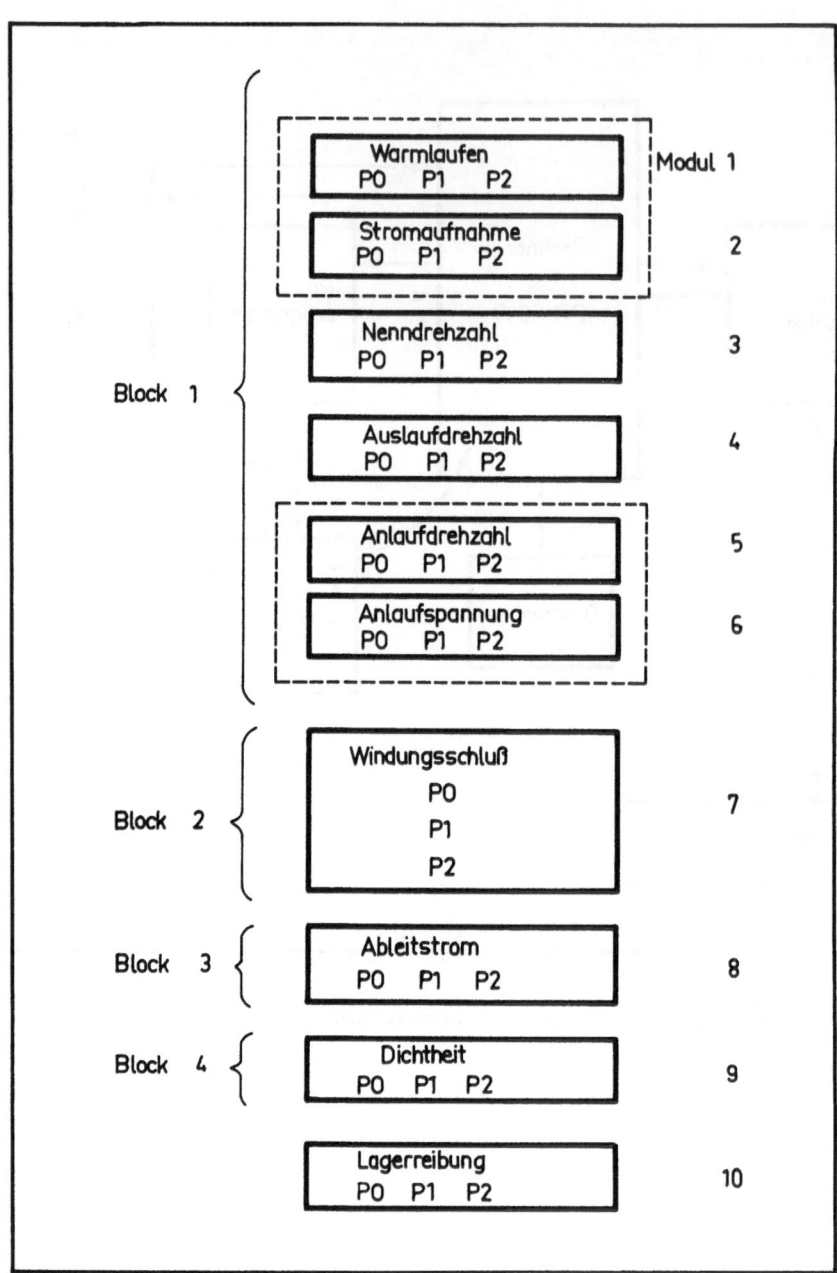

Bild   5 :   Aufgabenplan des Prozeßprogrammes

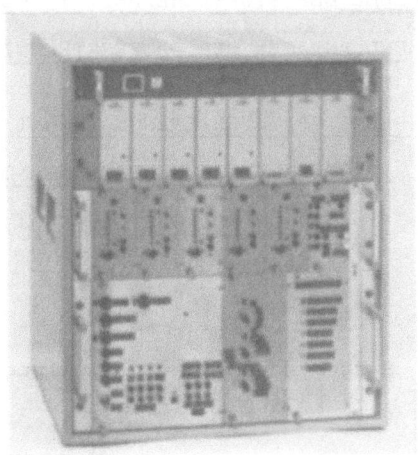

Bild 6

Bild 7

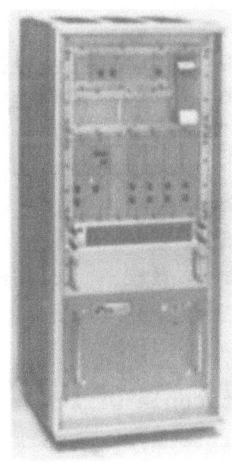

Bild 8   Bild 9

PROBLEME DER STÖRSICHERHEIT IN GERÄTEN

UND ANLAGEN DER PROZESSTECHNIK

PROBLEMS OF INTERFERENCE IMMUNITY IN

PROCESS INSTRUMENTATION AND

CONTROL SYSTEMS

F. Huml

Siemens AG

Systemtechnische Entwicklung

7500 Karlsruhe

Summary

Concerning "problems of interference immunity" it is necessary to distinguish different types of disturbances. The possible disturbances are illustrated by the example
of influences caused by walkie-talkies. To judge the interference immunity, a classification of those disturbances is proposed. Visible destruction or total failures during a test are not sufficient to determine the maximum limit of transient voltages.
For devices with semiconductor components the maximum limit transient voltages are
defined. In case of application of broad-band digital equipment, problems of shield-
ing, earthing and lead inductances as well as problems arising from the testing
methods will be discussed.

1. Übersicht

Die Störsicherheit einer Anlage ist bestimmt durch die Störfestigkeit
der unter verschiedenen Randbedingungen im Betrieb bestehenden Stör-
senken gegenüber Störquellen. Störfestigkeit sowie Zerstörfestigkeit
werden üblicherweise gegenüber Störersatzquellen nachgewiesen. Dazu
werden Modalitäten und Werte erarbeitet, die - wenn sie sich nach wis-
senschaftlichen Erkenntnissen als richtig und unanfechtbar darstellen
und auch durchweg in dem Kreis der betreffenden Techniker bekannt und
als richtig anerkannt sind - zu technischen Regeln (und Normen) führen
[1].

Als wichtigste Störquellen in Anlagen der Prozeßtechnik wirken

- leitungsgebundene Impulsstörer in den Betriebsmitteln der Starkstromtechnik
- Spannungen und Ströme mit Netzfrequenz
- hochfrequente Felder der immer weiter verbreiteten tragbaren Funkgeräte
- im Zeitalter der Kunststoffe auch elektrostatische Entladungen.

Als <u>Störsenken</u> interessieren hier im wesentlichen Geräte oder Funktionseinheiten der MSR-Technik, zwischen denen nach Art der verwendeten Darstellung der Information unterschieden wird in
- Analog ≙ Analogfunktionen (überwiegend mit kleinen Bandbreiten)
- Binär ≙ 1-Bit-Information (Schalter)
- Digital ≙ Darstellung durch Zeichen (bei überwiegend hohen Betriebs-
  frequenzen)
Eine Vielzahl von Geräten ist außerdem oft noch zu räumlich ausgedehnten Funktionsgruppen (Anlagenteilen) zusammengefaßt.

<u>Randbedingungen</u> sind die für gegenseitige Beeinflussungen relevanten
Parameter in den Gegebenheiten des Anlagenaufbaus, z.B. Abschirmung,
Dämpfung und Kopplungen zwischen Quellen und Senken, Ableitung von
Störströmen usw.

Im Störungsfall zeigen die Geräte <u>Auswirkungen</u> als
- auf die Dauer der Einwirkung beschränkte gerätespezifische Funktionsstörungen
- qualitative Ausweitungen in andere Kategorien (z.B. Änderungen von
  Betriebszuständen), besonders bei starken Belastungen oder bei Belastungen außerhalb des Nutzgebrauchsbereiches
- Zerstörung bei Überlastung.

Die Auswirkungen haben im Themenkreis "Störsicherheit von Anlagen"
doppelte Bedeutung (Bild 1).

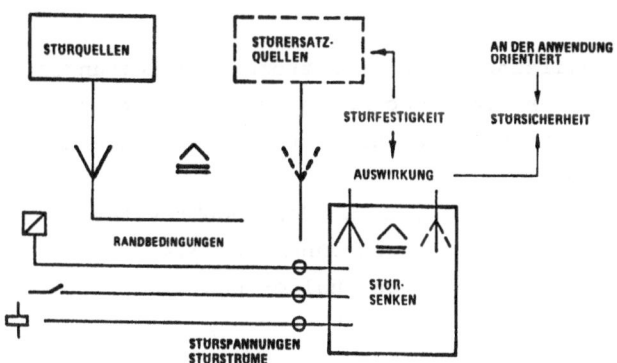

Bild 1 Übersicht: Der
Themenkreis Störsicherheit
in Anlagen

Zusammen mit meßtechnisch bestimmten oder aus Erfahrungswerten entnommenen Randbedingungen werden die Auswirkungen einerseits herangezogen bei der Schaffung der nötigen Äquivalenzen für den Ersatz der
Störquellen, andererseits sind ihre Grenzwerte in Quantität und
Qualität vom Anwendungsfall her bestimmt.

Innerhalb der Auswirkungen wird gegenwärtig noch wenig differenziert. In den auch für Geräte mit Halbleiterbauteilen übernommenen Normen werden Kriterien verwendet, die entweder unscharf sind (keine Funktionsstörung, keine Zerstörung) oder an Bedingungen bei "langsamen" elektromechanischen Geräten mit höheren Betriebsspannungen orientiert sind (Durchschlag, Überschlag, sichtbare Zerstörung). Daraus resultieren unklare Aussagen über die Störfestigkeit, überhöhte Anforderungen an die Geräte sowie Schädigung bei Prüfungen mit nicht adäquaten Grenzbelastungen.

Daneben resultieren aus der Anwendung von breitbandigen Geräten einige Probleme hinsichtlich zusätzlicher Anforderungen an die Randbedingungen und an Meßmethoden zum Nachweis der Störfestigkeit.

2. Breitbandige Geräte und Anforderungen an Randbedingungen und Meßmethoden

Im Gegensatz zu Einzelgeräten müssen nach bestehenden Vorschriften für die Funkentstörung [2] Störfeldstärken und -leistungen von Störquellen innerhalb ausgedehnter Anlagen nur an den Geländegrenzen vorgegebene Werte einhalten. Deren Bewertung erfolgt nach Gesichtspunkten des Funkempfangs.
Ohne zusätzliche Entstörmittel an den Quellen können daher bei der heute angestrebten Kompaktbauweise in Betriebsmittel der Leistungstechnik integrierte breitbandige Geräte (z.B. Kleinrechner in Fernwirkstationen) durch Einzelimpulse (Knackstörer) überdurchschnittlich belastet werden.

Zum Schutz gegen großräumige Einwirkungen von Störströmen auf Leitungen und Geräte ist es in ausgedehnten Anlagen zweckmäßig, alle Erdverbindungen von Signalbezugsleitern, Kabelschirmen usw. sternförmig an einen "zentralen Erdungspunkt" zu führen.
Mit zunehmender Frequenz verursachen Störströme an den Induktivitäten der Erdungsleitungen und der Bezugsleiter Längsspannungen [3,4], die bei begrenzten Bandbreiten in den Eingängen von Analog- und Binärgeräten meist zu vernachlässigen sind.

Im Bereich der Arbeitsfrequenzen von Digitalgeräten führen schon kleine Stromanteile im Störspektrum zu Belastungen der Eingänge oder zu Beeinflussungen breitbandiger Teile innerhalb von Funktionseinheiten.
Aus diesen Gründen ist es erforderlich, festzulegende Prüfanordnungen sowie die Frequenzbänder der Störersatzquellen dem Prüfungsziel anzupassen. So ist beispielsweise bei dem nach IEC-Publ. 255-4 [7] mit einer gedämpften Sinusschwingung von 1 MHz auszuführenden "Hochfrequenz-

Störtest" oft nur die Wirkung der nicht definierten steilen Anstiegs-
flanke maßgebend.

In Bezug auf Ableitung von Störströmen mit höheren Frequenzen verliert
der Begriff "Erdung" an Bedeutung. Es gibt hier keine "gute Erde" oder
"störspannungsfreie Erde". Benötigt werden viele "niederinduktive
Stromsenken" an den Anschlußstellen oder innerhalb der Geräte, über die
einfließende Ströme abgeleitet (verteilt) werden können.

3. Einwirkung von Funkgeräten

Im Bereich hoher Frequenzen werden die größten Störeinwirkungen durch
tragbare Funkgeräte verursacht, da man davon ausgehen muß, daß sie bis
auf 0,3 m bis 0,5 m an Anlagenteile angenähert werden können. Die Fre-
quenzbereiche und die Leistungen dieser Geräte sind regional festgelegt.
Anlagenteile außerhalb von Gebäuden können durch bewegliche Funkgeräte,
z.B. die CB-Sender mit (bei uns nicht zugelassenen) hohen Leistungen
in ausländischen Kraftfahrzeugen merklich beeinflußt werden.
Eine Einwirkung von benachbarten Rundfunksendern ist i.a. nur bei sonst
auch ungenügenden Randbedingungen zu erwarten.
Die Geräte der Prozeßtechnik werden bei Beeinflussung durch diese HF-
Dauerstörer weit außerhalb ihres Nenngebrauchsbereichs beansprucht.
Auch an vielen heute üblichen Geräten der Starkstromtechnik zeigen sich
Auswirkungen, wenn Hochfrequenzspannungen ab etwa 1 V an sie gelangen.
Ihre "Störsicherheit" besteht oft nur darin, daß Störspannungen nicht
lange genug einwirken oder daß tragbare Funkgeräte nicht nahe genug
herangebracht werden können.

Dem Frequenzbereich der Störquellen (Schwerpunkte zwischen etwa 20 MHz
und 500 MHz) adäquate Randbedingungen sind nur an kritischen Stellen zu
finden. Nicht nach diesen Gesichtspunkten ausgeführte Entflechtungen
üblicher Leiterplatten sowie die Verkablung von Funktionseinheiten werden über Längsinduktivitäten und Streukapazitäten durchlässig.

Die in offenen Geräten durch direkte Feldeinwirkung, überwiegend aber
an Leitungen in der Nähe der Einwirkungsstelle hervorgerufenen Störspannungen und -ströme folgen nicht dem Weg der Nutzsignale. Filter sowie auch die für diesen Frequenzbereich ausgelegten Geräteteile können
umgangen werden. Es werden mehrere Stromkreise gleichzeitig betroffen.

Gleichrichterwirkungen sind meist die Ursache für eine Belastung von
Bauteilen außerhalb ihrer Spezifikation, z.B. Ansteuerung von Digital-
schaltkreisen mit Analogsignalen. Verschiebungen von Arbeitspunkten
über Zeitkonstanten sowie mögliche Temperaturänderungen an Bauelementen
bewirken eine Abhängigkeit der Auswirkungen von der Dauer der Einwirkungen.

Aus den nur kurz angedeuteten Gründen wird ersichtlich, daß die bei HF-Einwirkung zu beobachtenden Auswirkungen ihrer Qualität nach Meßfehler, Fehlsignale, Blockierung sowie Änderungen der Betriebszustände umfassen können.

Quantität und Qualität der jeweiligen Auswirkungen sind stark von der Frequenz der Störer abhängig und werden von Parametern beeinflußt, die für den Nutzgebrauchsbereich nicht relevant sind und deshalb auch nicht kontrolliert werden.

In der IEC TC 65 sind zur Zeit Meßmethoden zum Nachweis der Störfestigkeit gegen Funkgeräte in der Diskussion. Dabei werden Feldstärkenwerte von 10 V/m im Frequenzbereich 20 (30) MHz bis 500 MHz zugrunde gelegt. Diese Werte können überschritten werden durch CB-Leistungsstufen bei 27 MHz bei einem angenommenen Minimalabstand von 3 m sowie bei Verwendung von Antennen mit höherem Gewinn an tragbaren Funkgeräten.

Die bei Annäherung einer Senderantenne bis auf Abstände von 0,3 m bis 0,5 m an einem Prüfling tatsächlich wirksame Feldstärke ist nur ungenau anzugeben, solange die Ausdehnungen des Prüflings in Abstandsrichtung nicht klein gegen den Abstand und dieser klein gegen die Wellenlänge ist.

Die vorgeschlagene Anwendung "ebener" Ersatzfelder mit größeren Abständen zum Prüfling ist bei den unter Betriebsbedingungen vorzunehmenden Messungen an größeren Anlagenteilen einschließlich der dabei erforderlichen Verkabelung mit beträchtlichem Aufwand an Senderleistung, geschirmten (absorbierenden) Räumen, Transport, Aufstellung und Inbetriebnahme verbunden. Die erforderlichen Strahlungsleistungen können für Menschen gefährliche Werte erreichen. Feldeinwirkungen auf Prüfgeräte und auf die erforderlichen Hilfsgeräte sowie Rückwirkungen auf die Prüfbedingungen sind nicht auszuschließen. Messungen an Teilen der Prüflinge sind nicht möglich.

Praktikabler und aussagekräftiger erscheint ein Meßverfahren nach Bild 2, wobei die bei komplexen Funktionseinheiten wichtige Lokalisierung von Schwachstellen sowie eine Erfassung der vielfältigen Auswirkungen an den Prüflingen möglich sind.
Die zum Betrieb erforderlichen Spannungsquellen, Signalgeber und die Prüfgeräte befinden sich in ausreichendem Abstand und werden über ein geschirmtes Sammelkabel und breitbandige Hochfrequenzsperren an den Prüfling angeschlossen.

Bei Messungen in einem weiten Frequenzbereich wird die Spannung (U_{HF}) eines Generators zwischen Anschlußklemme und einen benachbarten Körper-

punkt des Prüflings gelegt, bei Leiterplatten zwischen Steckeranschluß
und eine untergelegte Blechplatte.

In Abhängigkeit von der Frequenz werden diejenigen Spannungen bestimmt,
die zu Auswirkungen in vorgegebenen Grenzen führen (siehe "Störschwelle"
im Abschnitt 5).

Angegeben werden die Spannungswerte (U_{HF}) an dem Abschlußwiderstand
R_a = 50 Ω ohne angeschlossenen Prüfling.

Die Abstrahlung der Generatorfrequenz ist durch geeignete Stromführung
und Abschirmung zu vermeiden.

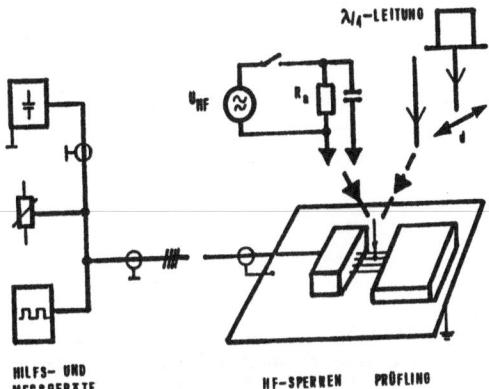

Bild 2 Meßanordnung zur Prüfung
der Empfindlichkeit gegen HF-
Einwirkungen
a) Anlegen einer Spannung
b) Schnelltest, $\lambda/4$-Leitung an
   Prüfpunkt, Funkgerät annähern

Zur Nachbildung der Einwirkung eines Funkgeräts über die Anschlußlei-
tungen wird an die Klemmen eine $\lambda/4$-Leitung (Antenne) angeschlossen,
an die ein Funkgerät mit genehmigter Frequenz angenähert wird.
Generatorspannung und Funkgerät sind etwa im Sekundenrhythmus aus- und
einzuschalten.

Als Ersatz der von Funkgeräten mit 1 W Sendeleistung, $\lambda/8$- oder Kompakt-
antenne, unter ungünstigsten Bedingungen (Einkopplung in ungeschirmte
Zuleitungen oder in eine angeschlossene $\lambda/4$-Leitung) am Prüfling verursachten Spannungen durch einen Generator mit R_a = 50 Ω wurden die in
Tafel 1 angegebenen mittleren Werte gefunden.

Tafel 1 Äquivalente Werte für Belastung durch Funkgeräte bei
"ungünstiger" Lage (normale Anforderungen)

d	150 MHz	470 MHz
0,2 m	2 V	1,2 V
0,5 m	1,2 V	0,5 V

Bei Funkgeräten mit besseren
Antennen können bis zu drei-
mal größere Werte auftreten
(harte Anforderungen)
d   Abstand zwischen $\lambda/4$-Leitung
und Antenne des Funkgeräts

Ein Prüfling ist dann im Betrieb störfest, wenn beim Anlegen dieser
Spannungwerte die Auswirkungen innerhalb der Auswirkungsklasse 2
bleiben (siehe unten).

Im folgenden sind einige Beispiele für das Verhalten von Geräten bei
Einwirkungen von HF-Spannungen angegeben.

Differenzdruck-Meßumformer

Die für eine Änderung des Ausgangsstroms von $\pm$ 0,1 mA an den beiden
Ausgangsklemmen zulässigen HF-Spannungen sind unterschiedlich und stark
von der Frequenz abhängig (Bild 3). Bei gleicher Einwirkung auf beide
Klemmen erhält man etwa den Kurvenverlauf wie an der Klemme mit
geringem Einfluß.

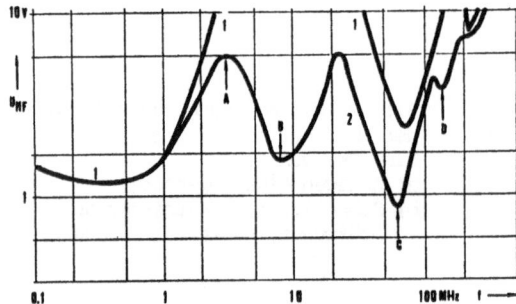

Bild 3 Spannung UHF, die - an
Ausgangsklemmen (1) oder (2) angelegt - eine Änderung des Ausgangsstroms um $\pm$0,1mA verursacht

Die Abhängigkeit des Meßfehlers ΔI_A von der Amplitude der HF-Spannung
zeigt bei verschiedenen Frequenzen (A,B,C,D) einen unterschiedlichen
Verlauf (Bild 4). Im gesamten Meßbereich ändert sich das dargestellte
Verhalten nur unwesentlich.

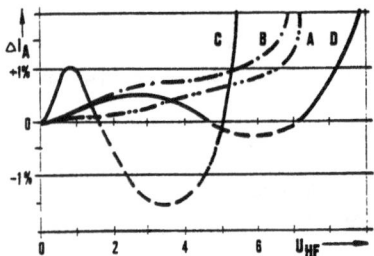

Bild 4 Abhängigkeit des Meßfehlers (% VE) von der Spannung
UHF bei den im Bild 3 angegebenen
Frequenzen (A,B,C,D)
--- unstabiler Bereich

In der Meßanordnung nach Bild 2 wurden die Änderungen des Ausgangsstroms I_a registriert, die bei Annäherung eines Funkgeräts an die

$\lambda/4$-Leitung auftreten (Bild 5 oben). Darunter sind die Spannungswerte (U_{HF}) angegeben, die in Abhängigkeit vom Abstand (d) an der Klemme liegen und die Abstände (d), bei denen die Stromänderungen registriert wurden.

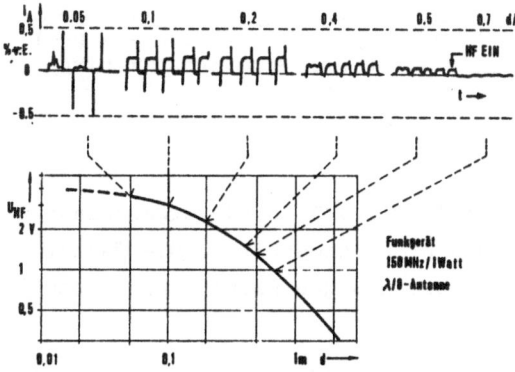

Bild 5 oben: Bei verschiedenen Abständen (d) des Funkgeräts registrierte Änderung des Ausgangsstroms (Δ IA)
unten: Spannung am Anschlußpunkt der $\lambda/4$-Leitung (UHF) in Abhängigkeit vom Abstand (d) des Funkgeräts

Drehstrom-Phasenüberwachungsrelais

Bei manchen elektronischen Phasenüberwachungsrelais genügen schon kleine, in den Zuleitungen induzierte Hochfrequenzspannungen, um Betriebsstörungen zu verursachen. Im Bild 6 sind die Spannungswerte aufgetragen, die zwischen MP-Anschluß und Umgebung zum Auslösen führen.

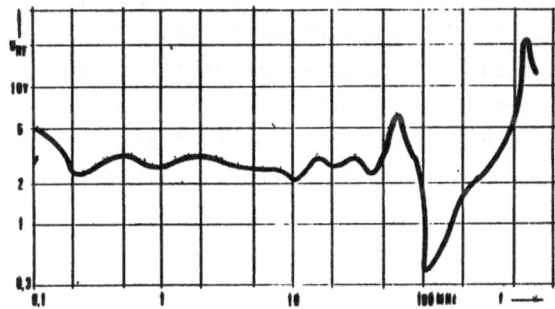

Bild 6 Spannung (UHF) über der Frequenz, die bei einem Phasenüberwachungsrelais zum Ansprechen führt.
Die Lage der Resonanzstellen ist von vielen Parametern abhängig

Stromversorgungsgeräte

An stabilisierten Netzgeräten wurden Schwankungen der Ausgangsspannungen festgestellt, die auf hochfrequente Spannungen zwischen einer Anschlußklemme (–) und Schutzleiter zurückgeführt werden konnten. Im Bild 7 sind Spannungswerte angegeben, bei denen eine Änderung der Ausgangsspannung und das Ansprechen der Überlastungssicherung erfolgt.

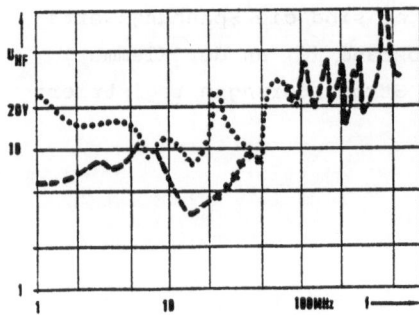

Bild 7 Hochfrequenzspannung (UHF),
die zu Auswirkungen als Spannungs-
änderung um +1% (+++) oder -1% (---)
oder zum Ansprechen der Sicherung
führt (...)

Bei Prüfung der Störsicherheit nach den in VDI/VDE [5,6] vorgeschlagenen Methoden zeigten sich große Streuungen der Ergebnisse, die darauf
zurückzuführen sind, daß die Einwirkungsbedingungen nicht scharf genug
präzisiert wurden.

In einem Fall [5] ist über die elektrischen Bedingungen am Prüfling und
an den freien Enden der angeschlossenen Leitungen nichts gesagt, im anderen Fall [6] ist gleichzeitige Feldeinwirkung auf Prüfling und Leitungen nicht auszuschließen.

4. Zulässige Überspannungen an Geräten mit Halbleiterbauteilen

Innerhalb der möglichen Auswirkungen wird die durch Überlastung bedingte Zerstörung abgegrenzt. Die noch verbreitete Orientierung der
Spannungsfestigkeit und der Anzahl der zusätzlichen Belastungen an den
Folgen - sichtbare Zerstörung, Totalausfall, Funktionsstörung [4,7] -
ist bei Geräten mit Halbleiterbauteilen kein brauchbares Maß.
Bei Halbleiterbauteilen können bereits geringfügige, kurzzeitige Überschreitungen der vom Hersteller angegebenen Grenzwerte Änderungen der
Parameter bewirken, die bei Funktionsprüfungen am Gerät kaum feststell-
bar sind, die aber zu einem Ansteigen der Ausfallwahrscheinlichkeit
führen.

Wie weit diese Grenzwerte überschritten werden dürfen, ist bei Bauele-
menten des gleichen Typs von Hersteller zu Hersteller und auch bei den
einzelnen Chargen des gleichen Herstellers verschieden (z.B. nach Re-
Design, Verkleinerung der Kristallabmessungen). Bei hochintegrierten
Bauteilen wird der Abstand zwischen Zerstörgrenze und garantierten
Grenzwerten immer kleiner.

Sicherheit gegen die an eine Schaltungsstruktur angelegten Spannungs-
oder Stromamplituden z.B. bei Prüfung der Überspannungs- oder der Zerstörfestigkeit nach [4,7] besteht nur, solange dabei Grenzwerte an den

betroffenen Bauteilen nicht überschritten werden. Der Nachweis erfolgt durch Worst-case-Rechnung - unter Berücksichtigung der anliegenden Versorgungs- und Signalspannungen sowie einer im Bereich der Überspannungen wirksamen Bandbegrenzung - und durch experimentelle Kontrolle.

Die Anzahl der zulässigen Belastungen sowie die zulässigen Energien (z.B. bedingt durch die Kurvenform der Überspannungen) werden durch Dimensionierung und Verhalten der als "Puffer" in Schutzschaltungen oder in den Schaltungsstrukturen eingesetzten Widerstände bestimmt [8,9].

Zwischen den aus Bauteilegrenzwerten ermittelten Überspannungen und Werten, die an Geräten zu unmittelbar erkennbarer Zerstörung führen, kann nach unseren Untersuchungen eine Grauzone mit einem Streubereich bis 1:100 liegen, was Spannungswerte und Anzahl der Belastungen betrifft. Die für Prüfungen empfohlene Reduzierung dieser Grenzwerte auf 60 % ist zum Vermeiden von Schäden nicht hinreichend [4].

Grenzwerte von Halbleiterbauteilen werden oft unbemerkt überschritten. Das kann auch bei Isolationsprüfungen nach den neuesten Bestimmungen [10] geschehen, wenn nicht alle zu einem Stromkreis gehörenden Anschlußpunkte durch Kurzschließen mit dem Bezugsleiter gegen Einwirkungen von Verschiebungsströmen geschützt werden.

5. Kriterien zur Bewertung der Auswirkungen

In Vereinbarungen über die Störfestigkeit gegenüber äußeren Einwirkungen unterhalb der Zerstörgrenze ist es zweckmäßig, die in Tafel 2 skizzierten Kriterien zugrundezulegen.

Für die Angabe "nicht gestört" sind bei Analoggeräten sowie bei Binär- oder Digitalgeräten auf der physikalischen Ebene - vor einer Datensicherung (oder auch nach einer ersten Datensicherung als Bitfehlerrate) - eindeutige Kriterien vorhanden. Auf Anwendungsebenen hinter Datensicherungen ist ein Bereich "nicht gestört" nur dadurch abzugrenzen, daß man einen "Sicherheitsabstand" der Einwirkung zu einer Störschwelle angibt.

"Bedingt gestört" bedeutet, daß die Abbildung der Eingangsgrößen nicht über das durch die Störschwelle hinaus gegebene Maß verfälscht wird.

Als Störschwelle werden entweder meßtechnisch zweckmäßige Grenzwerte oder von der Anwendung her tolerable Bedingungen und deren Äquivalente auf der physikalischen Ebene angenommen. Diese Werte sollten bei Prüfung der Störfestigkeit zugrunde gelegt werden.

Bei Auswirkungen nach Zeile 3 ist ein störungsfreier Betrieb der Anlage nicht mehr möglich. Die sie verursachenden Belastungen sind

kein eindeutiges Maß für die Störfestigkeit. Je nach beobachteter
Kategorie erhält man unterschiedliche Ergebnisse.

Tafel 2   Bewertung von Auswirkungen

AUSWIRKUNG: DIE FUNKTION IST ...	ANALOGGERÄTE, z.B. MEßUMFORMER, SCHREIBER MEßINSTRUMENTE STROMVERSORGUNG	BINÄR-DIGITAL-GERÄTE (DATENÜBERTRAGUNG)	
		PHYSIKALISCHE EBENE, VOR DATENSICHERUNG	NACH DATENSICHERUNG
1 NICHT GESTÖRT	ZUSÄTZLICHE FEHLER INNERHALB DER KLASSENGENAUIGKEIT	SIGNALVERZERRUNGEN FÜHREN NICHT ZU FEHLENTSCHEIDUNGEN	KEINE FESTSTELLBARE BEEINTRÄCHTIGUNG DER FUNKTION
2 BEDINGT GESTÖRT DEFINIERTE ABHÄNGIG- KEIT VON STÖRGRÖßEN	SELBSTABKLINGENDE FEHLER IM ZULÄSSIGEN STREUBEREICH	TOLERABLE SIGNAL- QUALITÄT (BITFEHLERRATE)	TOLERABLE EFFIZIENZ UND RESTFEHLERWAHR- SCHEINLICHKEIT
3 GESTÖRT AUSWIRKUNGEN AUCH IN ANDEREN KATEGORIEN, HANDEINGRIFF ERFORDERLICH	FEHLER IM GRENZGEBRAUCHSBEREICH, NACHWIRKUNGEN, FEHLREAKTIONEN	NICHT MEHR VERWERTBARE SIGNALE, SIGNALWEG KANN UMGANGEN WERDEN	LOGISCHE FEHLER, DIE NICHT DURCH ROUTINEN ZU BESEITIGEN SIND
		UNDEFINIERTE REAKTIONEN AUF DIE EINGANGSGRÖßEN	

Literatur

1. Redecker, K.: Die anerkannten Regeln der Technik als Rechtsbegriff
   im öffentlichen Recht. In: Technische Normung und Recht, DIN-Nor-
   mungskunde Heft 14. Berlin, Köln: Beuth-Verlag GmbH 1979, S.19-29

2. DIN 57875/VDE 0875, Juni 1977: VDE-Bestimmung für die Funkentstörung von elektrischen Betriebsmitteln und Anlagen. Abschnitt 3.3

3. Ott, H.W.: Noise reduction technique in electronic systems.
   New York, John Wiley & Sons, 1976

4. Svensk Standard SEN 36 1503, 04.01.1977: (Störumgebungsklassen und
   Prüfbedingungen für Elektronikgeräte in Regel- und Steuerausrüstung
   für Kraftwerksanlagen. Ausgabe 1)

5. VDI/VDE 2190, Blatt 3, Dezember 1976: Beschreibung und Untersuchung
   stetiger Regelgeräte, elektrische Regler. Abschnitt 4.3.5.3. Einwirkung von Störspannungen und -feldern, Funksprechgeräte

6. VDI/VDE 2191, Seite 9, September 1977: Meßumformer für Temperatur,
   Beschreibung und Untersuchung. Abschnitt 3.4.4.3.4. Direkt einwirkende Störstrahlung

7. IEC-Publikation 255-4, 1976

8. Mosch, R.: Überspannungsschutz bei Vermittlungseinrichtungen mit
   elektronischen Bauelementen. Elektronisches Nachrichtenwesen,
   49 (1974)Nr. 2, S.138-148

9. DIN 44052, April 1976: Kohleschicht-Festwiderstände. Anhang E

10. DIN 57160/VDE 0160, April 1980: Ausrüstung von Starkstromanlagen
    mit elektronischen Betriebsmitteln. Abschnitt 4.4

UNTERSUCHUNGEN DER ELEKTROMAGNETISCHEN VERTRÄGLICHKEIT ZUM ZUVERLÄSSIGEN
BETRIEB VON DATENERFASSUNGSSYSTEMEN IN HOCHSPANNUNGSANLAGEN.

STUDIES ON THE ELECTROMAGNETIC COMPATIBILITY WITH RESPECT TO THE
RELIABLE OPERATION OF DATA-PROCESSING SYSTEMS IN HIGH-VOLTAGE PLANTS.

E. Sanetra
AEG-TELEFUNKEN
Seligenstadt (Hessen)

1. Einführung

Elektronische Datensysteme werden im Hochspannungsschaltanlagenbereich zur Erfassung
und Verarbeitung von
- Schaltzuständen an Trennern und Leistungsschaltern (Digitalwerte)
- Strom- und Spannungsmeßwerten an Wandlern (Analogwerte)
eingesetzt. Die Systeme bestehen im allgemeinen aus Fernwirkanlagen zur Datenerfassung
sowie nachgeordneten Rechnersystemen, in denen die Meßwerte und Meldungen ausgewertet,
verdichtet und zur zentralen Steuerung und Überwachung des Hochspannungs-Netzes herangezogen werden.
Fernwirkanlagen und Rechner sind in der Regel in Betriebs- oder Wartengebäuden installiert und befinden sich somit nicht im unmittelbaren Wirkungsbereich der Hochspannungs-
schaltfelder. Meß-, Melde- und Steuerleitungen sowie die Stromversorgung stellen jedoch aufgrund verschiedenster elektromagnetischer Kopplungen die Verbindung zwischen
Datenerfassungssystem und Hochspannungsbereich her. Die Gefahr unzulässig hoher Stör-
beeinflussung des Datenerfassungssystems, angezeigt durch verfälschte Meßwerte und
Signale, Funktionsstörungen oder gar Zerstörungen von Teilen der Datenelektronik,
ist daher groß. Grundlage einer Aussage über den zuverlässigen Betrieb eines Datenerfassungssystems in der vorhandenen elektromagnetischen Störumwelt ist daher die
Kenntnis
- von Höhe und Frequenzen der auf die oben genannten Sekundärleitungen direkt eingekoppelten Störungen,
- der Stördämpfung dieser Übertragungswege zum Datensystem,
- der Störfestigkeit des Datenerfassungssystems selbst.
Fehlen hier ausreichende Werte, so sind sie durch Messung und Simulation zu ermitteln.

2. Störentstehung, Kopplungsmechanismus und Maßnahmen

Betrachtet man die Störquelle, so sind die potentiellen Störer nicht in der betriebs-
mäßig hohen Netzspannung von 110/220/380 kV oder deren Korona-Erscheinungen auf Freileitungen zu suchen, sondern in transienten Überspannungen als Folge konzentriert ab-
laufender Energie-Entladungen. Diese treten auf
- bei normalen betrieblichen Schalthandlungen an Trennern und Leistungsschaltern,
- bei Blitzeinschlägen, Spannungsüberschlägen, Erd- und Kurzschlüssen und schließlich
  auch
- bei Betätigung induktiv wirkender Niederspannungs-Schaltgeräte und Stromkreise.
In diesen Fällen bildet sich an der Entladungsstelle ein mehrmals zündender Lichtbogen
bzw. Schaltfunken mit sehr hohen Spannungs/Stromänderungen du/dt, di/dt, durch welche
Leitungsschwingkreise angeregt und gedämpfte Schwingungen erheblicher Amplituden und
Frequenzen generiert werden. Diese stark koppelnd und im MHz-Bereich auch zunehmend
strahlend wirkenden transienten Überspannungen (TÜ) können in den nahen Sekundärleitungen Störwerte von mehreren kV erzeugen. Wie Bild 1 zeigt, sind Wandlerleitungen am
stärksten betroffen, da ihre kapazitive, induktive und galvanische Kopplung zum Hoch-
spannungskreis am größten ist.

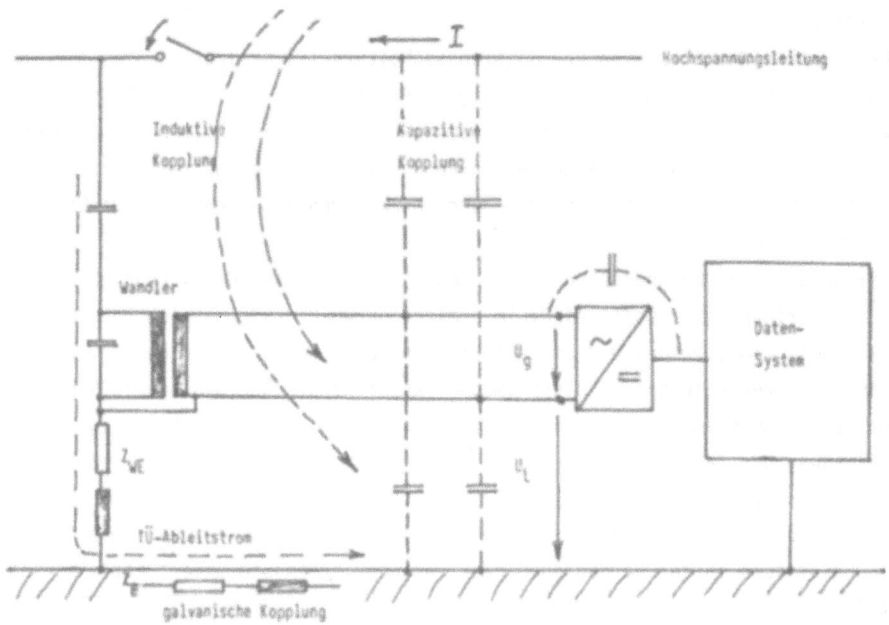

Bild 1: Modell der galvanischen, induktiven und kapazitiven Kopplung durch TÜ
im Hochspannungszweig.

Generierte Längsspannungen (Gleichtaktstörung gegen Erde) können hier durch Isolations-
beanspruchung und Kopplung Funktionsstörungen oder Zerstörung im Datensystem verursachen. Umfangreiche Untersuchungen zur Entstehung , Ausbreitung und Höhe dieser TO
und deren Koppelmechanismen sind im CIGRE-Bericht 1974, 34-01 [1] sowie in [2] [3]
[4] beschrieben. Hieraus geht hervor, daß neben einem kopplungsarmen Aufbau der Wandler vor allem entsprechende Maßnahmen am Erdungssystem und in der Kabelschirmung, und
hier insbesondere auch eine beidseitige Erdung der Kabelschirme mit Potentialausgleich,
zu einer beträchtlichen Reduzierung der Störungen auf den Sekundärleitungen führen.
Die aus den Untersuchungen gewonnenen Erkenntnisse sind in den VDEW-Richtlinien [5][6]
niedergelegt und werden in Abständen ergänzt. Die Richtlinien behandeln in Schlagworten
- Auslegung und Vermaschung der Erdungsanlage,
- Auswahl, Verlegung, Schirmerdung und Potentialausgleich bei Sekundärkabeln,
- Hochfrequente Entkopplung potential getrennter Sekundär-Stromkreise,
- Beschaltungsmaßnahmen mit spannungsmindernd wirkenden Elementen.
Störungen auf Wandlerleitungen konnten durch diese Maßnahmen in 90 % aller betrieblichen
Trennerschaltungen auf $\hat{U}_S$ < 500 V abgesenkt werden [7] . Keine Meßwerte in Sekundärlei-
tungen lagen bisher vor bei extremen Störbeeinflussungen, wie sie durch Schaltüber-
spannungen, Erdkurzschluß und Blitzentladungen auf Leiter und Erdseil auftreten können.
Sie sind wegen ihrer Sporadität und tiefgreifenden Beeinträchtigung des Hochspannungs-
anlagen Betriebes nur durch Modell-Simulation nachzubilden.
Nachfolgend soll nun über eine Zuverlässigkeitsuntersuchung berichtet werden, in welcher
die elektromagnetische Verträglichkeit eines Datensystems einer 380/110 kV-Umspann-
anlage in Freiluftbauweise getestet wurde. Hierbei wurde auch eine Simulation extremer
Störbeeinflussungen durchgeführt.

3. Zuverlässigkeitsuntersuchung eines Datensystems in einer 380 kV-Umspannanlage in Freiluftbauweise

3.1 Umfang der Untersuchungen

Zur Ermittlung von Zuverlässigkeitswerten wurde ein in einer Freiluft-Umspannanlage
in Betrieb befindliches Datensystem, bestehend aus einer Fernwirkanlage und einem
nachgeschalteten Prozeßrechner, auf seine elektromagnetische Verträglichkeit überprüft.
Das Sekundärleitungsnetz besitzt Trennstufen im Relaishaus und Betriebsgebäude. Die
Kabelschirme sind beidseitig geerdet. Die Untersuchungen erstreckten sich auf die
- Messung von Störspannungs- und Störstrahlungseinwirkungen auf Sekundärleitungen
    bei betrieblichem Schalten von Trennern und Leistungsschaltern,
    bei der Simulation von Erdkurzschluß und Blitzentladung,
- Simulation von Impulsstörungen auf die Sekundärleitungen zur Überprüfung der kri-
  tischen Störhöhe des Datensystems.
Behandelt werden soll hier aus dem Meßprogramm ein Freileitungsabgang, der dem zu über-
prüfenden Datensystem im Betriebsgebäude am nächsten liegt. Bild 2 zeigt schematisch

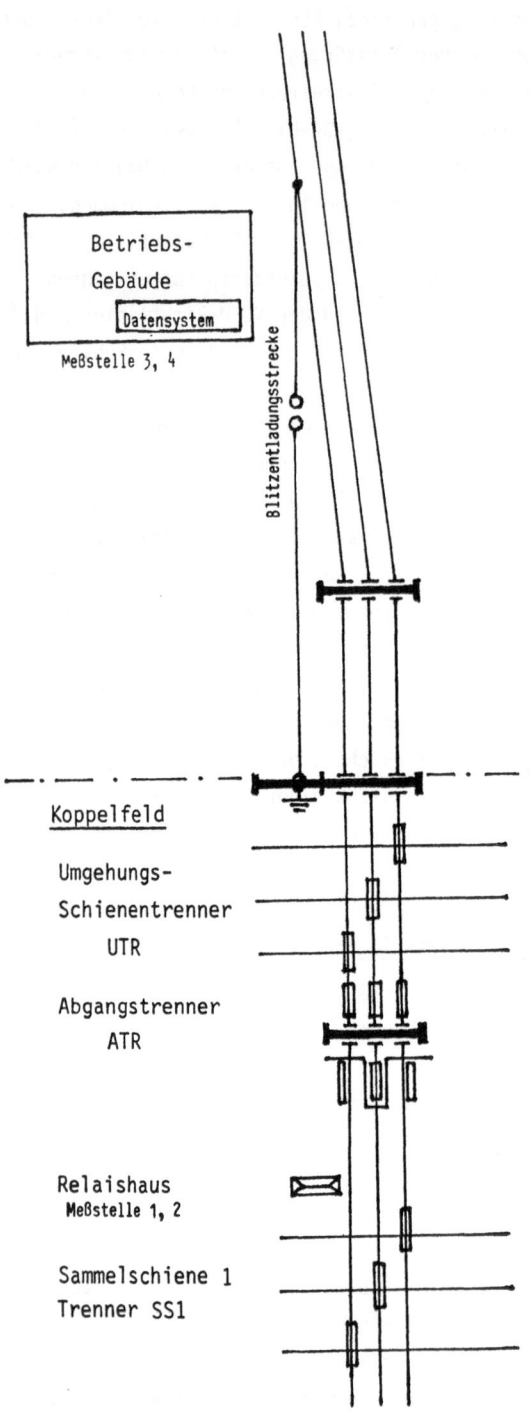

Betriebs-
Gebäude

Datensystem

Meßstelle 3, 4

Blitzentladungsstrecke

Koppelfeld

Umgehungs-
Schienentrenner
UTR

Abgangstrenner
ATR

Relaishaus
Meßstelle 1, 2

Sammelschiene 1
Trenner SS1

Bild 2: 380 kV-Freileitungsabzweig
mit Koppelfeld

die örtliche Anordnung der betätigten
Schaltgeräte: Abgangstrenner ATR,
Umgehungsschienentrenner UTR und Sammelschienentrenner SS1,sowie die Anordnung der simulierten Blitzentladungsstrecke und der Datenstation.
Im peripheren Signalleitungsbereich
wurden im Relaishaus die Meßstellen
1, 2 und im Betriebsgebäude die Meßstellen 3, 4 festgelegt, wobei gemäß Bild 3 (im Bild oben) Melde-,
Befehls- und analoge Meßwertleitungen
vor und hinter den jeweiligen Strom-
kreis-Trennstufen überprüft wurden.
Meßstelle M5 diente der Störaufnahme
auf der Stromversorgung des Datensystems.

3.2 Betriebliche Schaltungen mit
Hochspannungs-Schaltgeräten

Störspannungen durch Trenner-Schaltungen wurden durch mehrfache Betätigung der in 3.1 genannten HS-Schalt-
geräte in Höhe und Frequenz statistisch
erfaßt. Bild 4 zeigt die Häufigkeitsverteilung aus 16 Störvorgängen an
Meßstelle 4 beim Schalten des Trenners
ATR. Entscheidend für die Beeinflussung eines digitalen Datensystems ist
jedoch nicht der Mittelwert, sondern
der zu erwartende Maximalwert.
Im Bild 3 sind daher einige der an
allen vier Meßstellen aufgenommenen
Maximalwerte der aufgetretenen Störungen in Diagrammform zusammengestellt,
wobei die Schaltvorgänge "AUS" gegenüber "EIN" bis zu 35 % höhere Werte
aufwiesen. Die höchsten Störamplituden
lieferte das Schalten der Umgehungsschiene mit $\hat{U}_s$ = 75 V am Dateneingang
(Meßstelle 4).

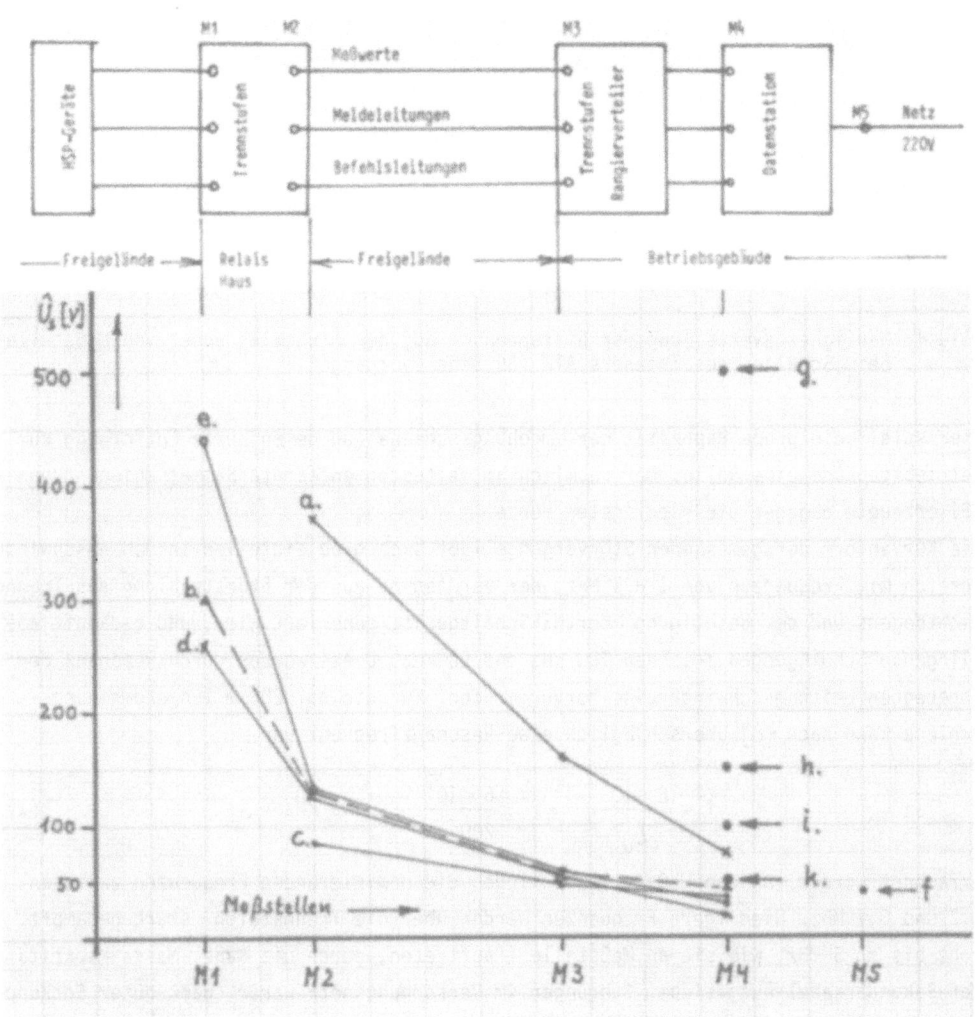

Bild 3: Maximale Störwerte an den Meßstellen M1 bis M4

Gemessene Werte bei betrieblichen
        Schaltungen

Schaltglied		Signalleitung
a) Trenner	UTR	Meldeleitung
b) Trenner	ATR	"
c) Trenner	SS1	"
d) Trenner	ATR	Befehlsleitung
e) Trenner	UTR	Meßleitung
f) Trenner	UTR	Netz

Extrapolierte Simulationswerte

an Meßstelle 4

g) Blitzeinschlag ins Erdseil alle 10 Jahre
h) Blitzüberspannung alle 10 Jahre
i) Überschlag durch Schaltüberspannung
   alle 10 Jahre und Blitzeinschlag
   0,75/Jahr
k) Überspannung durch Kurzschlußströme

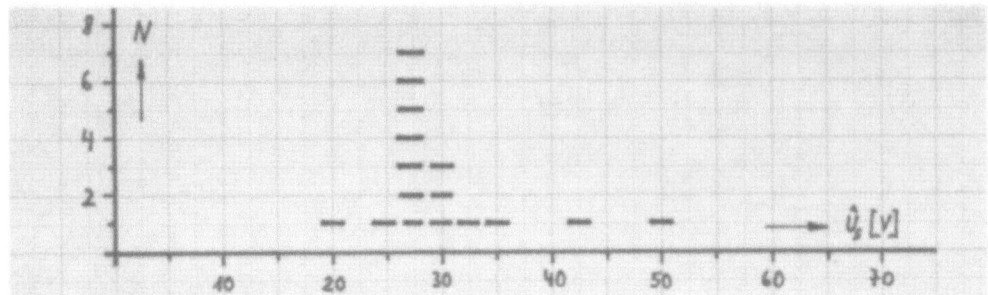

Bild 4: Häufigkeitsverteilung der Störspannung auf den Steuerleitungen von Meßstelle 4
beim Schalten des Trenners ATR (16 Schaltvorgänge)

Hier spielt die große Kapazität der Umgehungsschiene und deren kurze Entfernung zum
Betriebsgebäude eine Rolle. Der räumlich am weitesten entfernte Sammelschienentrenner
SS1 erzeugte dagegen die niedrigsten Werte.

Die Kurvenform der gemessenen Störvorgänge läßt sich grob einteilen in den Anschwing-
bereich mit Frequenzen von 1 - 5 MHz, der vorwiegend aus der Störstrahlung des Trenner-
lichtbogens und der Betätigung der NS-Schaltgeräte generiert wird, und gedämpft ab-
klingende Schwingungen zwischen 700 kHz und 50 kHz. Diese werden durch Resonanz der
angeregten Leitungsschwingkreise hervorgerufen. Für die ca. 200 m lange Umgehungsschiene kann nach [8] überschläglich eine Resonanzfrequenz von

$$f = \frac{6 \cdot 10^7}{\ell_u} = \frac{6 \cdot 10^7}{200} = 300 \text{ kHz} \tag{1}$$

errechnet werden. An den Meßstellen 4 liegen die dominierenden Frequenzen zwischen
0,2 und 0,7 MHz. Niedrigere Frequenzen werden über die Trennstufen stark gedämpft,
hohe bis zu 5 MHz, wie sie an Meßstelle 1 auftreten, durch die Kabel-Masse-Kapazitäten
der Sekundärkabel ausgesiebt. Störungen im Versorgungsnetz waren, dank guter Entkopplung vom Hochspannungsnetz über Zwischenpuffer und Wechselrichter, mit $\hat{U}_s$ = 40 V vernachlässigbar klein.

3.3 Simulation von Blitz und Erdkurzschluß

Aufbau und Durchführung der Entladungssimulation sowie die Ermittlung der Modellfak-
toren zur Berechnung realer Störwerte lag in Händen der FGH-Mannheim [9] . Die Simulation bestand in der Funkenstreckenentladung des mit 200 kV aufgeladenen Freileitungs-
abzweiges auf das Erdungssystem der Hochspannungsanlage (Topologische Anordnung siehe
Bild 2). Die während der Simulationsentladung an Meßstelle 4 aufgenommenen und mit dem
entsprechenden Modellfaktor extrapolierten Störwerte sind in Bild 3, Pkt. g bis k
zum Vergleich mit den betrieblichen Schaltungen dargestellt. Die Extrembelastung mit
einer Störamplitude von $\hat{U}_s \approx 500$ V tritt demnach statistisch gesehen an Meßstelle 4
alle 10 Jahre ein bei einem Blitzschlag ins Erdseil der nahen Freileitungen (Bild 3
Pkt. g). Werte größer 700 V werden auch mit einer Wahrscheinlichkeit von 0,01 Ent-

ladungen/Jahr nicht überschritten.

Demgegenüber wurden für Meßstelle 3 (Eingang Betriebsgebäude) wahrscheinliche Störamplituden von

1000 V alle 2 Jahre

5000 V alle 10 Jahre

mit einer dominierenden Frequenz von 700 kHz bis 800 kHz extrapoliert [9]. Die extrapolierten Störwerte für Schalt- und Blitzüberspannung in den Leiterseilen, sowie bei
einpoligem Erdkurzschluß liegen demgegenüber wesentlich niedriger (Bild 3, Pkt. i bis k).

3.4 Störstrahlungsmessungen

Diese Messungen hatten zum Ziel herauszufinden, in welchem Mindestabstand von Hoch-
spannungsleitungen ein Datensystem ohne direkte schädliche Störeinstrahlung durch
Lichtbogen und Antennenwirkung der Freileitungen aufgestellt werden kann. Gemessen
wurde die in eine Leiterschleife (0,8 m^2) induzierte Störspannung als Äquivalent der

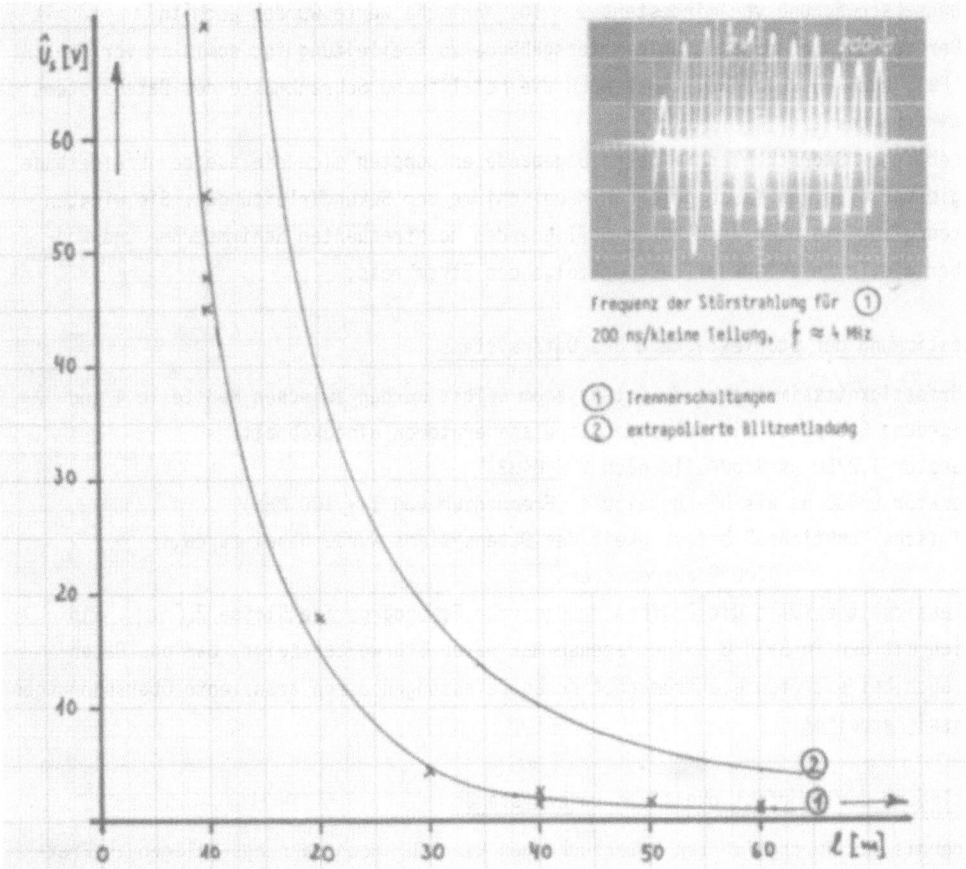

Bild 5: Störstrahlungseinkopplung auf eine 0,8 m^2 Leiterschleife.
Spannung in Abhängigkeit vom Abstand zur Störquelle.

Leitungsführung einer Elektronik-Verdrahtung. Die Meßwerte wurden im Freien im rechten Winkel zur Freileitung in 10 - 60 m Entfernung vom Hochspannungsschalter aufgenommen und in Bild 5 eingetragen. Kurvenzug 1 zeigt den Störpegel bei betrieblichen Trenner-schaltungen. Er folgt den Feldstärkebedingungen für das Übergangsfeld.

$$E \sim \frac{1}{\ell^2} \qquad\qquad H \sim \frac{1}{\ell^2} \qquad\qquad\qquad (2)$$

welches mit der gemessenen Frequenz der Lichtbogenstrahlung von ca. 4 MHz (λ = 75 m) im Bereich von

$$0,1 \lambda \lessgtr \ell < 4 \lambda \qquad d.h. \qquad 7,5 \text{ m} \lessgtr \ell < 300 \text{ m}$$

Gültigkeit hat [10]. Die Kurve kann rechnerisch durch U_s = 5500/ℓ^2 ausgedrückt werden. In ca. 40 m Entfernung sind die Störwerte auf einen vollkommen ungefährlichen Rest-pegel abgesunken.

Im Kurvenzug 2 ist zum Vergleich das Ergebnis der extrapolierten Extrembelastung durch Blitzeinschlag in das nahe Erdseil eingetragen.

Vergleichende Messungen zwischen Freigelände und Betriebsgebäudeinnenraum ergaben eine Strahlungsabschwächung von mindestens 1 : 10. Ähnliche Werte wurden auch in [11] ermit-telt. Der vorhandene Abstand von Betriebsgebäude zu Freileitung ist somit im vorlie-genden Fall noch ausreichend, zumal auch die metallische Schrankmasse des Datensystems Schirmwirkung besitzt.

Als erheblicher Störstrahler im Betriebsgebäude entpuppten sich die aus dem Freigelände am Rangierverteiler an Masse gelegten Kabelschirme der Sekundärleitungen. Sie wirkten als Antenne für die hier nach Masse abfließenden hochfrequenten Schirmströme und kop-peln über die Trennstufen auf den nachfolgenden Stromkreis.

3.5 Bestimmung der Störfestigkeit des Datensystems

Zur Störfestigkeitssimulation am Datensystem selbst wurden zwischen Meßstelle 4 und System-Erdung Störpulse mit folgenden Impulsgeneratoren eingekoppelt
a) Generator 1,2/50 µs Stoßwelle nach VDE 0433
b) Generator 5/500 ns als HF-Koppelpuls (Frequenzen von 1 - 100 MHz).
Die kritische Funktions-Störfestigkeit des Datensystems wurde dabei zu ca.

1000 V ausgemessen

Diese Festigkeit erfüllt die Prüfbedingungen für Sekundärgeräte Klasse 2 [12] . Ein Vergleich mit den in Bild 3 aufgetragenen maximalen Störwerten zeigt, daß das Daten-system auch bei extremen elektromagnetischen Belastungen durch transiente Überspannungen zuverlässig arbeitet.

4. Auslegung der Störfestigkeit von Datensystemen

Das Ergebnis der durchgeführten Untersuchungen kann für Hochspannungs-Anlagen in Frei-luftbauweise, deren Erdungs- und Schirmsystem nach VDEW-Richtlinien ausgelegt sind, als repräsentativ angesehen werden. Es stellt jedoch noch keine umfassende Standard-aussage dar, da viele Einzelfaktoren auf den Verlauf der Störungen einwirken.

269

Der Verfasser von [13]leitet bei Annahme eines entsprechend zulässigen Fehlerrisikos aus diesen Untersuchungen folgende notwendige Festigkeiten für Sekundärgeräte und Datensysteme ab:

5 kV im Bereich von 0,05 MHz bis   5 MHz ⎫
2 kV im Bereich von 20   MHz bis 100 MHz ⎬ gegen Erde
                                          ⎭

Hierbei ist der Bereich von 20 MHz bis 100 MHz in dieser Störhöhe bislang durch Messungen oder Modellversuche nicht bestätigt worden, zumal sich Störungen in diesem Frequenzbereich im wesentlichen durch Strahlung ausbreiten.

HF-Spannungsfestigkeiten über 1 kV sollten wegen starker Koppel- und Strahlungswirkung der Störungen von einem Datensystem mit empfindlicher Elektronik nicht gefordert werden. Störungen sind bereits bei Eintritt ins Betriebsgebäude bzw. Datensystemraum entsprechend zu dämpfen und abzuleiten. Hierzu eignen sich folgende, über die VDEW-Richtlinien hinaus gehende, Maßnahmen:

- Schirmerdung der Kabel nicht erst am Rangierverteiler oder Datensystem selbst, sondern bei Einlaß ins Betriebsgebäude. Hierdurch werden koppelnd und strahlend wirkende Schirmableitströme von Datensystem und Elektronik-Erdung ferngehalten und eine Verseuchung der gebäude-internen Umwelt weitgehend vermieden.
- Trennstufen sind durch getrennte Kabelführung HF-mäßig zu entkoppeln.
- Externe Erdströme sind von Elektronik-Erdungen durch Schaffung einer Erderinsel für das Datensystem fernzuhalten.

Diese Maßnahmen sind im Bild 6 schematisch dargestellt.

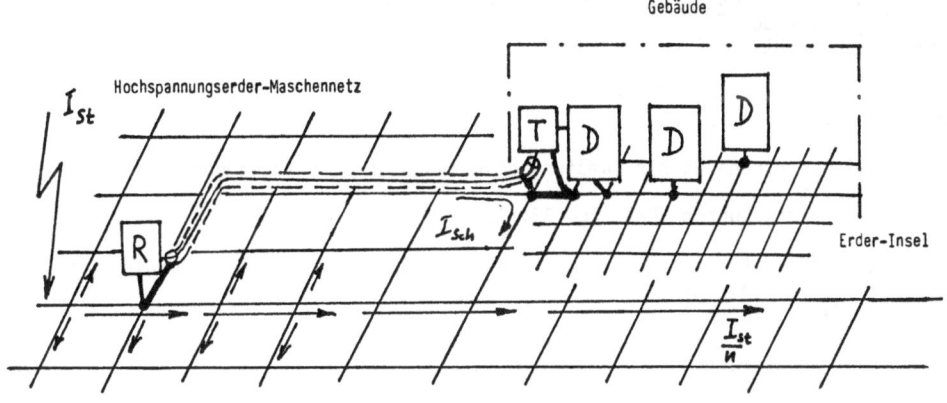

R = Relaishaus, T = Trennstufen, D = Datengeräte, I_{Sch} = Schirmstrom, I_{St} = Störstrom

Bild 6: Insel-Erdung und Schirmstromableitung am Datensystem

Literatur

[1] O.Vogel und H.Hubensteiner: Measures for limiting transient overvoltage in the measuring-, control- and signal-wires of extensive HV outdoor stations.
CIGRE 1974, Report No. 34-01

[2] O. Vogel: Entstehung und Ausbreitung der transienten Überspannungen
ETZ-A Bd. 97 (1976) H.1, S. 2-6

[3] R. Requa: Die Reduzierung transienter Überspannungen in Sekundärleitungen durch Maßnahmen im Schaltanlagenbau
ETZ-A Bd. 97 (1976) H.1, S. 9-13

[4] H. Remde: Herabsetzung transienter Überspannungen auf Sekundärleitungen in Schaltanlagen
Elektrizitätswirtschaft Jg. 74 (1975) H.22, S. 822-826

[5] Empfehlungen für Maßnahmen zur Herabsetzung von transienten Überspannungen in Sekundärleitungen innerhalb von Freiluftschaltanlagen
Vereinigung Deutscher Elektrizitätswerke - VDEW - Ausgabe Mai 1973

[6] Empfehlungen für Maßnahmen zur Herabsetzung von transienten Überspannungen in Sekundärleitungen innerhalb bestehender Freiluftschaltanlagen
Anhang 1: Entkopplungsmaßnahmen zur Herabsetzung von transienten Überspannungen in Sekundärleitungen
Anhang 2: Beschaltungsmaßnahmen zur Herabsetzung von transienten Überspannungen in Sekundärleitungen
Vereinigung Deutscher Elektrizitätswerke - VDEW - Ausgabe 1978

[7] H.D. Menge: Ergebnisse von Messungen transienter Überspannungen in Freiluft-schaltanlagen
ETZ-A Bd. 97 (1976) H.1, S. 15-17

[8] R. Anders, A.C. Campling: Investigations into interference in substation and power station auxiliary cabling
CIGRE-Bericht 36-09, 1976

[9] K.H. Weck: Elektromagnetische Verträglichkeit (EMV) der Rechenanlage im Umspann-werk Engstlatt der EVS
Versuchtsbericht der FGH, Juni 1979

[10] Warner: Taschenbuch der Funk-Entstörung,
VDE-Verlag, Berlin, S. 41

[11] E. Georgi: Untersuchung der Dämpfung hochfrequenter elektromagnetischer Felder durch Gebäude.
Technische Mitteilungen RFZ, Jg. 13 (1969) H. 1, S. 27-31

[12] H. Hubensteiner: Auswirkung der transienten Überspannungen und Koordinierung der Abhilfemöglichkeiten
ETZ-A Bd. 97 (1976) H.1, S. 6-9

[13] A. Strnad: Beanspruchung von Sekundärgeräten und Sekundärsystemen in Hochspannungs-anlagen durch elektromagnetische Störvorgänge
Elektrizitätswirtschaft Jg. 79 (1980) H. 7, S. 232-236

GEWINNUNG VON ZUVERLÄSSIGKEITSKENNGRÖSSEN
UND ZUVERLÄSSIGKEIT LEITTECHNISCHER KOMPO-
NENTEN BEI KERNKRAFTWERKEN

REACHING OF RELIABILITY-CHARACTERISTICS
AND RELIABILITY OF CONTROL-COMPONENTS
AT NUCLEAR POWER STATIONS

W. Fischer, P. Hömke, J. Weingarten
RWE-Betriebsverwaltung Biblis
Gesellschaft für Reaktorsicherheit mbH Köln
Gemeinschaftskernkraftwerk Neckar

1. EINLEITUNG

An die Sicherheit eines Kernkraftwerkes (KKW) werden enorme
Anforderungen gestellt. Wegen der hohen Investitionskosten ist
eine möglichst große Verfügbarkeit des KKW eine Voraussetzung für
einen wirtschaftlichen Betrieb. Diese zwei Dinge bestimmen die Art
und den Umfang der eingesetzten Leittechnik.

In einem Block sind ca. 30 000 Elektronikbaugruppen, ca. 3 000
analoge und binäre Fernmeßstellen und ca. 300 Regelkreise installiert. In Tabelle 1 im Anhang ist die prozentuale Verteilung der
Geräte und Baugruppen auf die wichtigsten Herstellerprogramme für
das Gemeinschaftskernkraftwerk Neckarwestheim aufgeführt.
Sicherheitstechnisch von besonderer Bedeutung ist das Reaktorschutzsystem, das die Anlage bei allen Störungen und Störfällen
abschaltet und automatisch in einen sicheren Zustand überführt.
Zur Gewährleistung der geforderten hohen Zuverlässigkeiten ist
das System mehrfach redundant und weitgehend selbstüberwachend
aufgebaut.

Um die Sicherheit und Verfügbarkeit der Leittechnik abzusichern,
wird das Ausfallverhalten der Geräte ständig unter den folgenden
vier Gesichtspunkten überwacht:

- Auffindung von Schwachstellen zur Steigerung der Sicherheit
  und Verfügbarkeit
- Identifizierung von Problemstellen mit hohem Instandhaltungsaufwand
- Beobachtung des Langzeitverhaltens

- Ermittlung von Zuverlässigkeitskenngrößen für Systemanalysen
  und zur Überwachung der Qualität

2. ERFASSUNG VON VORKOMMNISSEN IN DER LEITTECHNIK

Zur Abwicklung und Überwachung des Arbeitsablaufes in der Instandhaltung ist in KKW's ein Störmelde- und Auftragswesen eingeführt.
Über dieses Auftragswesen werden auch die Primärinformationen
über Ausfälle und Instandhaltungsarbeiten an leittechnischen Komponenten erfaßt.

In Bild 1 ist beispielhaft ein Auftragsformular angegeben, das je
nach der Organisation in der Anlage modifiziert aufgebaut sein kann,
aber die aufgeführten, wesentlichen Details enthält. Der organi-
satorische Ablauf der Ausfüllung ist in Bild 1 mit dargestellt.
Der Auftragsveranlasser oder Aussteller ist bei störungsbedingten
Arbeiten zumeist das Bedienungs- oder Produktionspersonal der Anlage. Es trägt den Auftragstext und das betroffene Objekt mit Anla-
genkennzeichnen ein. Im wesentlichen ist immer die Art der Beobachtung und damit die Auswirkung des Vorkommnisses angegeben.
Der zuständige Sachbearbeiter der Fachabteilung wird durch den
Auftragszettel informiert und ergänzt die Art der durchzuführenden
Arbeiten auf dem Formular. Die Arbeit wird dann durch das Personal
der Meß- und Regelwerkstatt durchgeführt, die danach Art und Umfang der durchgeführten Arbeiten angibt. Für die Geräte des Reaktorschutzsystems wird ein gesondertes Protokollbuch geführt, in
das alle Arbeiten, einschließlich etwaiger Einzelwerte und Meßwerte eingetragen werden. Nachdem der Arbeitsauftrag ausgeführt
ist, erhält der zuständige Sachbearbeiter das ausgefüllte Formular
zur weiteren Störungsauswertung zurück.

3. CODIERUNG UND AUSWERTUNG DER DATEN

Die Informationen auf dem Auftrag werden für eine weitere maschinelle Bearbeitung codiert und zunächst in ablochfähige Listen
(Bild 2) übernommen. Verschlüsselt werden die folgenden Informationen:

- Ausfalldatum
- Anlagenkennzeichen
- Art des ausgefallenen Gerätes
- Art des Ausfalls
- Ursache des Ausfalls

Die Listen werden von Zeit zu Zeit abgelocht und mit einem EDV-
Programm nach verschiedenen Gesichtspunkten ausgewertet.

4. AUFFINDUNG VON SCHWACHSTELLEN

Das erste Augenmerk richtet sich auf Schwachstellen bei den einzelnen eingesetzten Baugruppen und Geräten, um frühzeitig Gegenmaßnahmen ergreifen zu können. Nachfolgend sind einige Beispiele für
eine solche Schwachstellenauffindung und deren Beseitigung aufgeführt.

4.1 Programmdurchschaltbaustein in der Steuerstabsteuerung

Die Leistungsregelung eines KKW wird durch das Verfahren von Steuer-
stäben im Reaktorkern mit Hilfe eines Schritthubwerkes vorgenommen.
Im Block A des KKW Biblis ereigneten sich zunächst sporadisch einige Steuerstabfehleinfälle, die Leistungseinschränkungen zur Folge
hatten. Wie in Bild 3 dargestellt, stieg die Zahl der Ereignisse
ständig an.
Oszillographische Untersuchungen ergaben, daß der Fehler im Pro-
grammdurchschaltebaustein zu suchen war, der daraufhin, nach Auftreten eines Fehlers, jeweils ausgetauscht wurde.

Im weiteren Verlauf wurden die fehlerhaften Bausteine näher untersucht. Es wurde ermittelt, daß die für die Durchschaltung der Signale eingesetzten Miniaturrelais die Ausfälle verursachten.
Diese Relais ziehen nach längerem Einsatz unter erhöhter Umgebungstemperatur beim Ansteuern nicht mehr zuverlässig an. Hierdurch
wird die Haltespule des Steuerstabes nicht programmgemäß angesteuert, was zum Einfallen des Steuerstabes führt.

Nach Erkennen dieser Ursache wurden zunächst kurzfristig Maßnahmen
zum Absenken der Umgebungstemperatur durch Öffnen der Schranktüren
getroffen.

Nachdem durch diese Maßnahme eine wesentliche Reduzierung der Ausfälle erzielt wurde, wurden zur weiteren Temperaturabsenkung auch
noch die Frontplatten der Baugruppen entfernt, um eine bessere Belüftung zu erzielen.

Die Fehlerrate ging hierdurch nochmals zurück. Als langfristige Maßnahme wurde der Austausch der relaisbetriebenen Programmbausteine
gegen eine transistorisierte Ausführung vorgenommen.

Seitdem ereigneten sich keine Stabfehleinfälle mit dieser Fehlerursache mehr.

4.2 Reaktorschutz-Zeitstufen

Die Funktion der Zeitstufen-Bausteine wird durch wiederkehrende
Prüfungen überwacht. Beim Prüfen wurden wiederholt Fehler festgestellt. Die Zeitstufen lieferten dabei entweder kein Ausgangssignal (überwiegender Teil der Fehler) oder das Ausgangssignal stellte
sich nach der eingestellten Zeit nicht zurück.

Die Störungen wurden vom Betreiber und vom Hersteller untersucht.
Als Ursache wurden Mängel am Leiterplattenaufbau ermittelt. Es wurde
eine ertüchtigte Ausführung hergestellt und redundanzweise eingebaut. Die Zeitstufen arbeiten seitdem zufriedenstellend.
Aufgrund der geringen Ausfallrate konnte man sogar auf eine von
14täglich auf monatlich verlängerte Prüffrist übergehen.

4.3 Analoggeberbaustein

Durch die bei GKN geführte Ausfallstatistik wurde festgestellt, daß
der Analoggeberbaustein häufiger ausfiel als andere Bausteine, die
in ähnlicher Anzahl eingesetzt sind.

Bei näherer Untersuchung wurde festgestellt, daß bei Anschluß eines
Meßumformers mit geringer Eigenleistung die Stromüberwachung nicht
genau eingestellt werden konnte, da auf der Versorgungsspannung ein
zu großer Brummeffekt war. War nun der Baustein in einer Zeile mit
hoher Packungsdichte eingebaut, so erwärmten sich die Baugruppen
gegenseitig so stark, daß sie einen Fehler meldeten. Eine Neuein-
stellung der Stromüberwachung ist nur möglich, wenn die Baugruppe
gezogen ist. Dadurch kühlt diese aber wieder ab und eine exakte
Einstellung ist nicht möglich.

Nach Rücksprache mit dem Hersteller wurden weitere Untersuchungen
an der Baugruppe durchgeführt.
Dies führte zu folgenden Änderungen an der Baugruppe:

1. Austausch der zur Stromüberwachung eingebauten JC UA 741 gegen
   einen temperaturunempfindlicheren JC vom Typ RA 1787, der auch
   in Reaktorschutzbaugruppen eingesetzt ist.
2. Einbau eines Siebgliedes zur Beseitigung eines zu großen Brumm-
   effektes auf der Versorgungsspannung.
3. Unabhängig zu dem erwähnten Fehler wurden die binären Ausgänge
   (Meldeausgänge) kurzschlußfest gemacht.

Nachdem in der Revision 1978 die 1200 im GKN eingesetzten Analog-
geberbausteine gegen verbesserte ausgetauscht worden sind, ist die
Baugruppe nicht mehr unangenehm aufgefallen.

5. LANGZEITVERFOLGUNG VON GERÄTEN

Neben der Langzeitverfolgung der Ausfälle von Baugruppen und Geräten werden auch die Ergebnisse von Wiederholungsprüfungen, die in
KKW's an allen sicherheitstechnisch wichtigen Einrichtungen vorgenommen werden, laufend registriert und langfristig verfolgt, um
Driftausfälle und Alterung von Geräten zu erkennen. Im folgenden
sind zwei Beispiele für Langzeitverfolgungen angegeben.

5.1 Langzeitverfolgung der Neutronenflußmeßeinrichtung

Die Neutronenflußmeßeinrichtungen unterliegen den routinemäßigen
Wiederholungsprüfungen. Im Rahmen der Erhaltung der Zuverlässigkeit
werden darüber hinaus mindestens 2mal wöchentlich während des Lei-
stungsbetriebes über automatische Registriereinrichtungen die Halb-
stundenmittelwerte der Meßsignale aufgenommen und ausgedruckt. Die
verschiedenen Redundanzen werden auf Übereinstimmung verglichen.
Da die Kalibrierung der Neutronenflußsignale auf Leistung über die
sekundärseitige Leistungsberechnung von einem langfristigen ord-
nungsgemäßen Arbeiten der Neutronenflußmeßfühler ausgeht, kommt den
Plausibilitätsbetrachtungen bei der Meßwertverfolgung besondere
Bedeutung zu. Bild 4 zeigt den Verlauf "Differenz der verschiedenen
Neutronenflußmeßsignale in der oberen und unteren Kernhälfte".
Zu Zyklusbeginn ergab sich in einer Redundanz (einem Kernviertel)
ein Peak-unten (Leistungsverschiebung nach unten) von etwa 3% gegen-
über einem Mittelwert von 1%.
Diese Erscheinung war zunächst weder physikalisch noch meßtechnisch
erklärbar.
Im Laufe des Zyklus änderte sich das Signal zu einem Peak-oben von
etwa 1%.
Da keine Anzeichen für physikalische Besonderheiten im betroffenen
Kernviertel vorlagen, wurde der Austausch des Gliederzuges für die
Neutronenflußmeßeinrichtung durchgeführt. Als Geber für die Neutro-
nenflußmeßeinrichtungen werden Ionisationskammern eingesetzt. Die
Überprüfung der Abhängigkeit Kammerstom und Hochspannung ergaben
Annomalien, die zur Zeit untersucht werden (Bild 5).
Ohne ständige Meßwertverfolgung wäre der Fehler unbemerkt einkali-
briert worden.

5.2 Langzeitüberwachung von Meßumformern

Die Meßumformer des Reaktorschutzsystems werden langzeitmäßig hinsichtlich ihres Driftverhaltens überwacht.

Grundlage hierzu bilden die jährlichen Wiederholungsprüfungen.
Aus den Prüfergebnissen werden jeweils die Nullpunktfehler und die größte Abweichung aus den 25, 50, 75 und 100%-Kalibrierpunkten in eine Kurvendarstellung (Bild 6) eingetragen.

Auch Nachjustierungen bei Abweichungen über das Toleranzband hinaus werden erfaßt und dargestellt.

Mit dieser Untersuchung soll vor allem gezeigt werden, ob die Abweichungen bei gleichen Meßstellen in derselben Richtung (parallel) verlaufen, wie häufig nachjustiert wird, ob Abweichungen ungleichförmig oder in eine bestimmte Richtung verlaufen.

6. ERMITTLUNG VON ZUVERLÄSSIGKEITSKENNGRÖSSEN

Im Rahmen der statistischen Auswertung der Geräte- und Baugruppenausfälle wurde ein Sortierlauf mit dem Rechnerprogramm gefahren, der die Ausfallraten der Gerätearten

- Reaktorschutz
- Meß-, Regel-, Steuerelektronik
- Analoggeber
- Binärgeber

ermittelt.

Die Ausfallrate λ ergibt sich zu

$$\lambda = \frac{n}{N \cdot t},$$

wobei   n = Anzahl Ausfälle
         N = Anzahl eingebaute Geräte oder Baugruppen
         t = Beobachtungszeitraum (h)

sind.

Die Ergebnisse sind für beide Kernkraftwerke im Bild 7 und 8 dargestellt.

Bei der Betrachtung des Diagrammes sind eindeutig die Zuverlässigkeitsunterschiede zwischen Elektronik und Gebern ersichtlich, bei den Gebern wiederum der Unterschied zwischen Analog- und Binärgebern. Ein Vergleich der Werte zeigt, daß die Ergebnisse innerhalb der statistisch zu erwartenden Differenzen übereinstimmen.

6.1 Verteilung der Ausfälle über die Zeit an leittechnischen Baugruppen im GKN

Bild 9 zeigt die leittechnischen Baugruppenausfälle von Februar 1977 bis Februar 1980.

Im Mittel fallen im Monat bei GKN 5 Baugruppen aus. Dies ist ein Wert, der auch aus vergleichbaren Anlagen bekannt ist. Die Verteilung der Ausfälle führt zu folgendem Schluß:

1. Baugruppenfehler traten verstärkt in und nach der Revision auf.
2. Baugruppenfehler traten verstärkt bei Anlagenstörungen auf (April 1978)

Da das Ausfallverhalten bezogen auf die einzelne Baugruppe kaum mit den Revisions- und Störungszeiträumen korreliert, sind in vielen Fällen Arbeiten an der Anlage Ursache für Baugruppenausfälle.

7. SCHLUSSFOLGERUNGEN

Berücksichtigt man bei der Bewertung der Ergebnisse, daß die Leittechnik in Kraftwerken die Sicherheit und Verfügbarkeit maßgeblich beeinflußt, so ist aus den vorliegenden Untersuchungen zu folgern, daß durch kritische Geräteauswahl, sorgfältige Prüfanweisungen und sorgfältige systematische Auswertungen und Verwendung von Betriebserfahrungen konstruktive Beiträge zur Verbesserung geleistet werden können.

Verschiedene Leittechniksysteme im GKN

Elektroniksystem-bezeichnung	Hersteller	Verwendung	Anteil in % vom Gesamtsystem
Geamatic	AEG	Steuerungen Verriegelungen Automatiken	26
Teleperm C	Siemens	Regelungen Messungen	23
Transicont	Siemens	Grenzwertgeber Turbinenent-wässerung	11
Simatic N	Siemens	Reaktorschutz Turbinensteuer. Turbinenregler Reaktorregelung Stabsteuerung Reaktorleistungs-begrenzung	8
Teleperm B	Siemens	Turbinenregler Neutronenflußm.	8
Transidyn	Siemens	Turbinenregler	5
Sinuperm	Siemens	Strahlenmessung	4
Simatic P	Siemens	Reaktorschutz Turbinen-steuerung Lademaschine	3
H & E	Hager & Elsässer	Wasseraufbe-reitung	2
AEG-Kanis	AEG-Kanis	Wellenschwing-ungen u.Drehungen	2
Spezialsysteme Logidyn Video H & B etc.	Kimmel AEG Grundig Hartmann & Braun Herfurth	Erregung Generatorschutz Video Heizungsregler Kugelmeßsystem Strahlungsüber-wachung	8

Tabelle 1

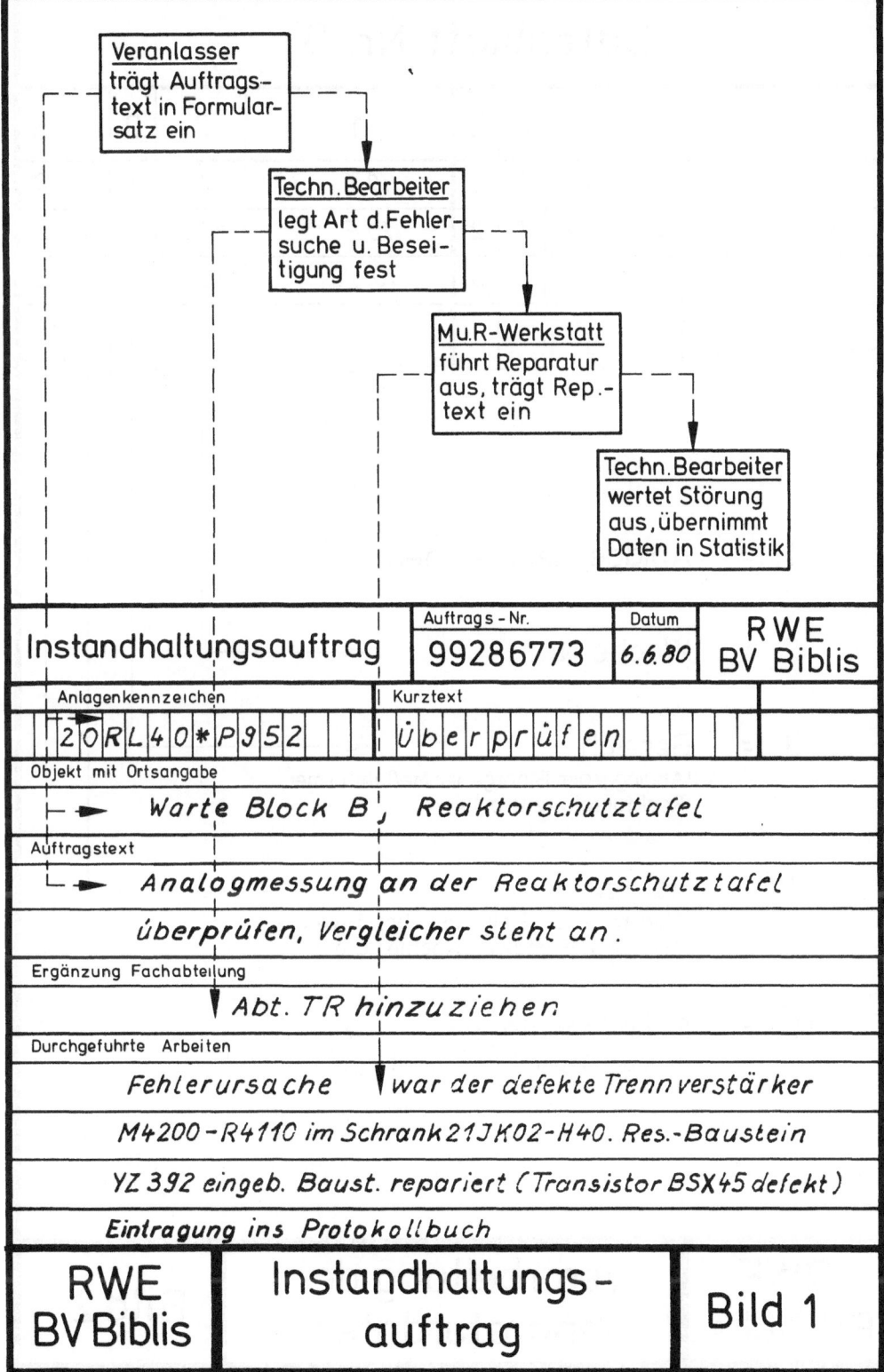

Veranlasser
trägt Auftrags-
text in Formular-
satz ein

Techn. Bearbeiter
legt Art d. Fehler-
suche u. Besei-
tigung fest

Mu.R-Werkstatt
führt Reparatur
aus, trägt Rep.-
text ein

Techn. Bearbeiter
wertet Störung
aus, übernimmt
Daten in Statistik

Instandhaltungsauftrag	Auftrags - Nr.	Datum	RWE
	99286773	6.6.80	BV Biblis

Anlagenkennzeichen | Kurztext

2 0 R L 4 0 * P 9 5 2 | Ü b e r p r ü f e n

Objekt mit Ortsangabe

Warte Block B, Reaktorschutztafel

Auftragstext

Analogmessung an der Reaktorschutztafel
überprüfen, Vergleicher steht an.

Ergänzung Fachabteilung

Abt. TR hinzuziehen

Durchgeführte Arbeiten

Fehlerursache war der defekte Trennverstärker
M4200-R4110 im Schrank 21JK02-H40. Res.-Baustein
YZ 392 eingeb. Baust. repariert (Transistor BSX45 defekt)
Eintragung ins Protokollbuch

| RWE BV Biblis | Instandhaltungs-auftrag | Bild 1 |

Datenblatt Nr. 7

1	2	3	4	5	1	2	3	4	5
10 YR	203	7	1	2	10 T	134	7	1	2
10 YG	204	2	1	2	10 P	204	1	4	2
10 S	202	2	1	3	10 YZ	203	2	1	2

1 = Anlagenkennzeichen

2 = Woche Nr.

3 = Bereich
(Analoggeber,Binärgeber,Meßumformer, Reaktorschutz u.a.)

4 = Bauteil
(Thermofühler, Stellungsgeber, Niveau- messung, Grenzwertwächter u.a.)

5 = Schadensklasse
(Ausfall, Reparatur, Einstellung)

RWE BV Biblis	Verarbeitung der Reparaturdaten	Bild 2

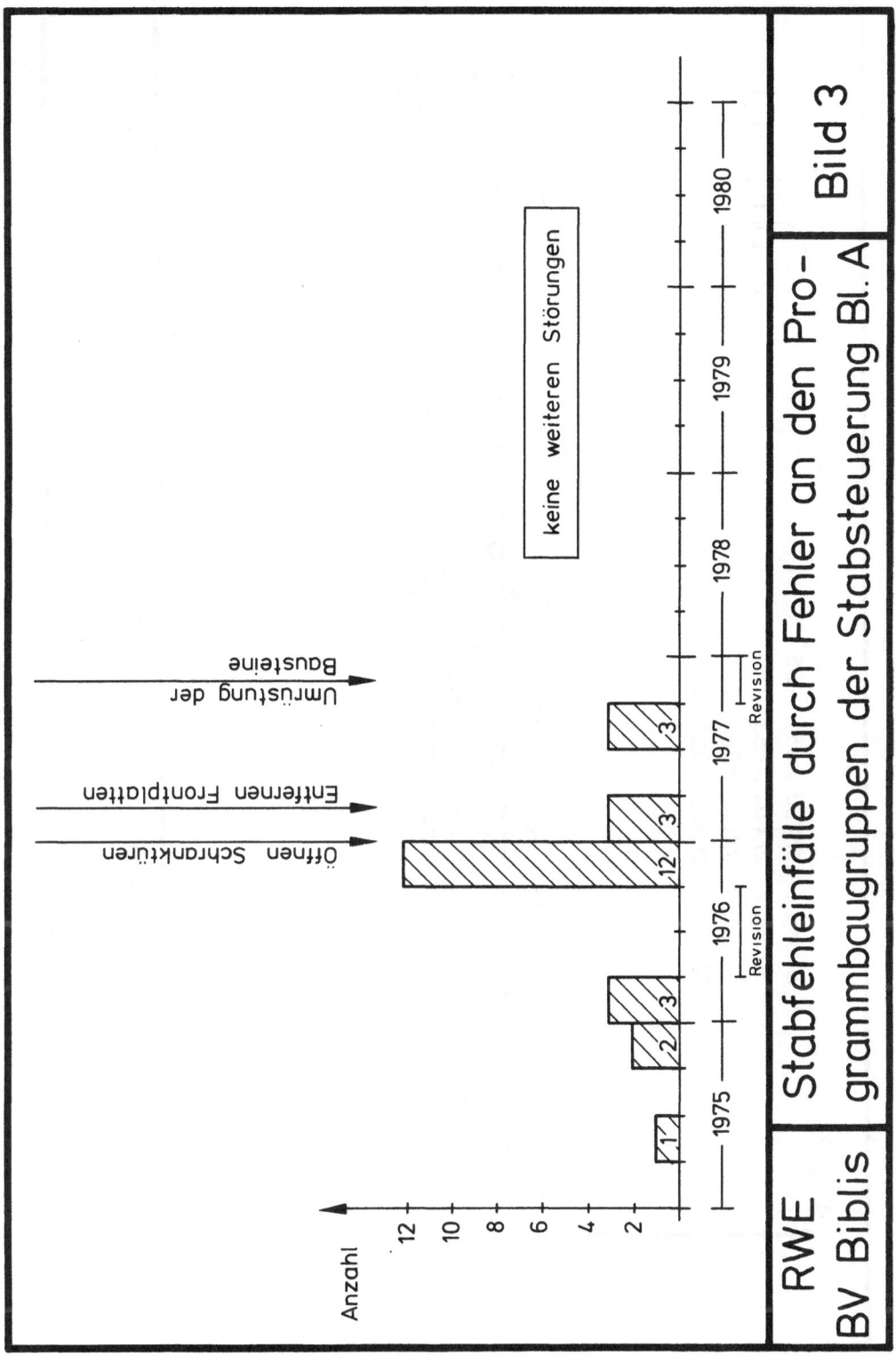

Bild 3

282

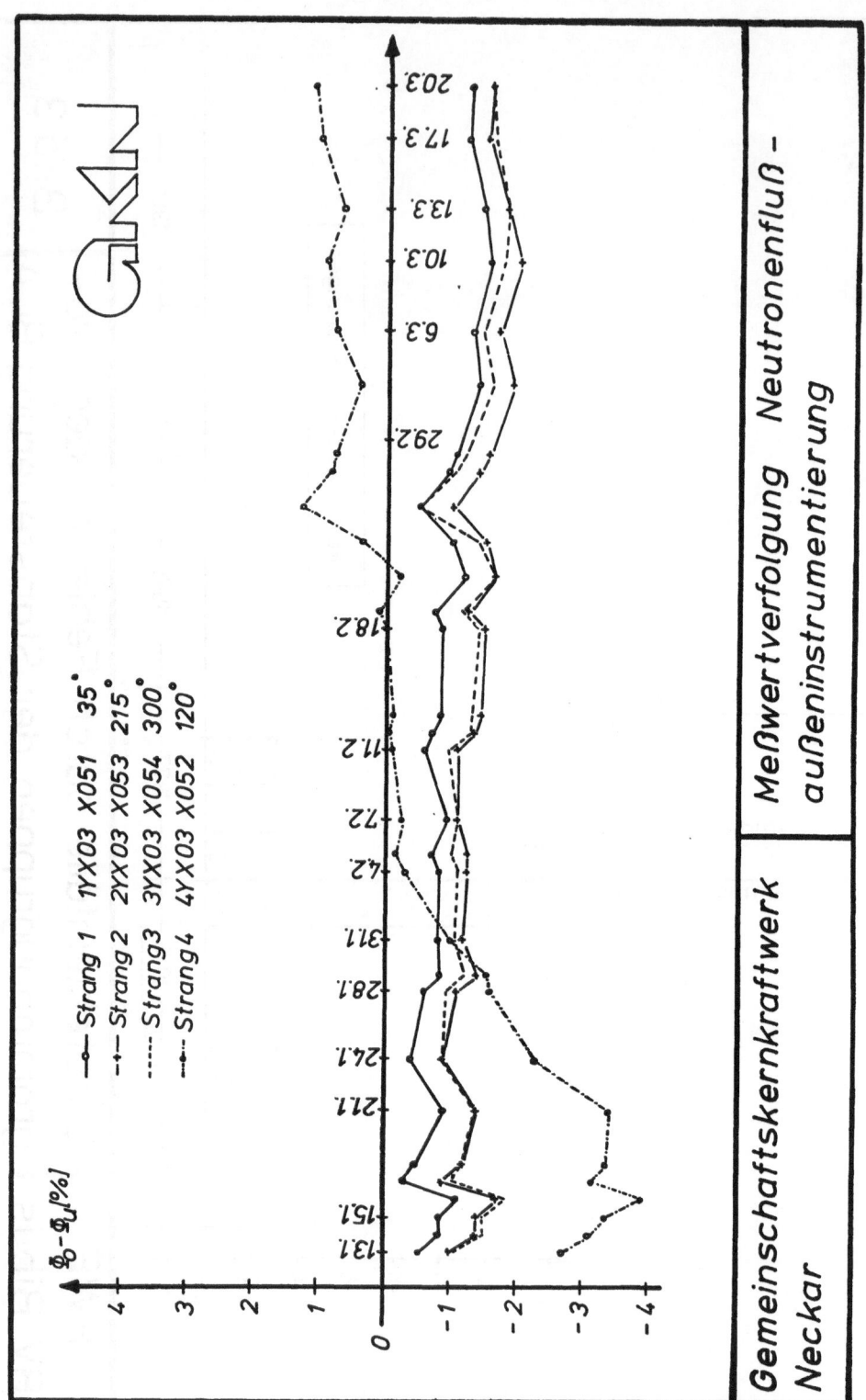

Bild 4

283

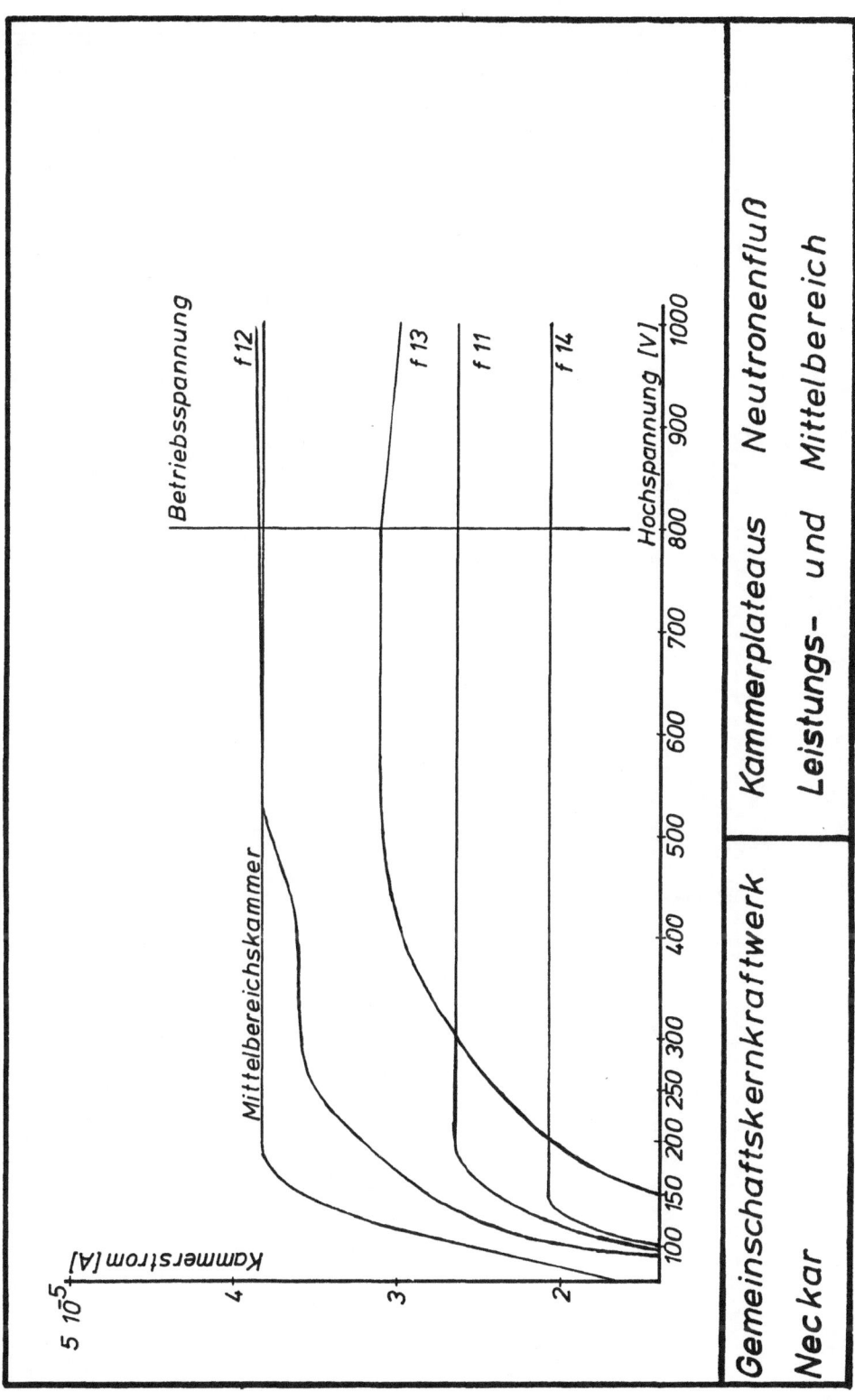

Bild 5

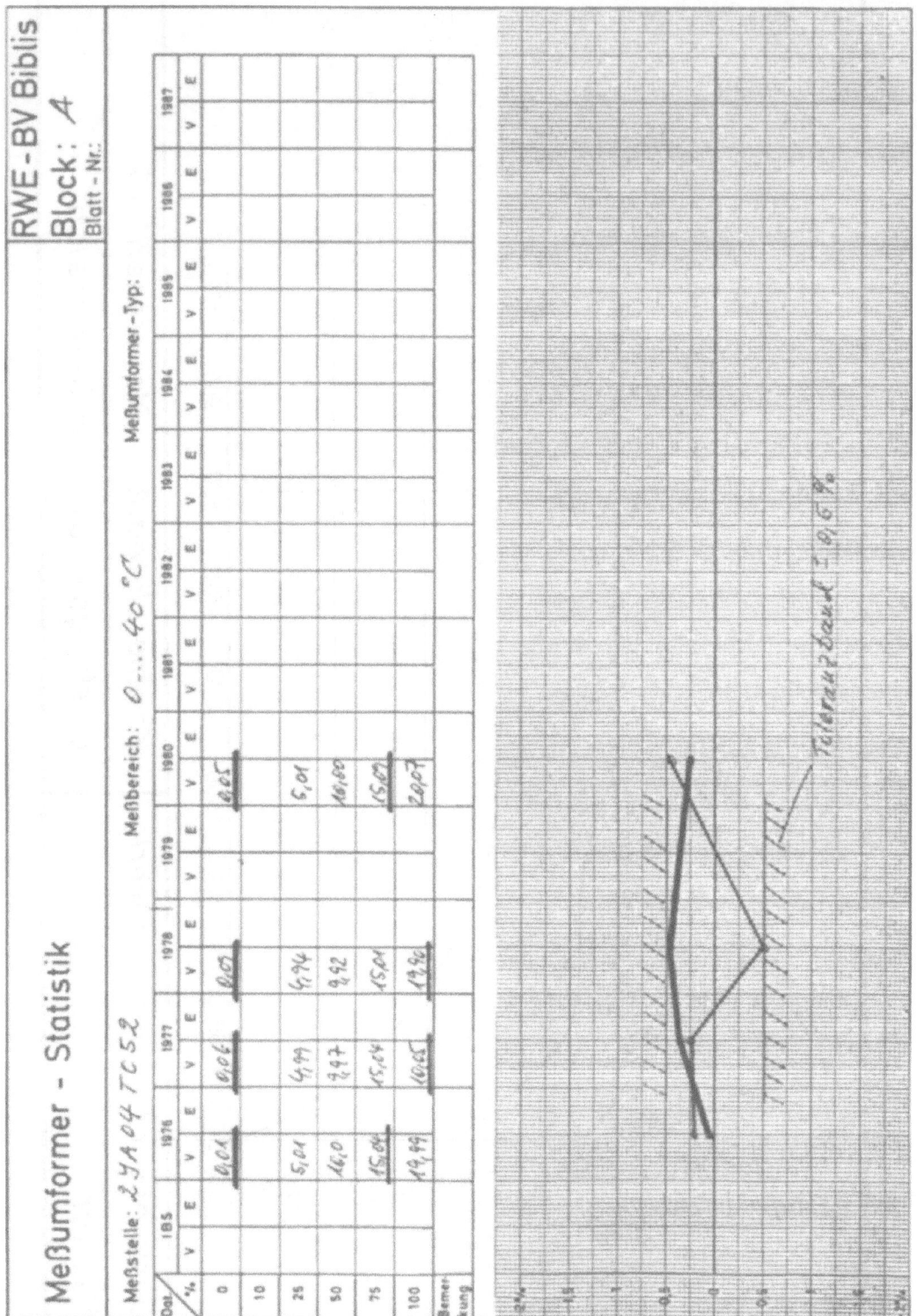

Bild 6

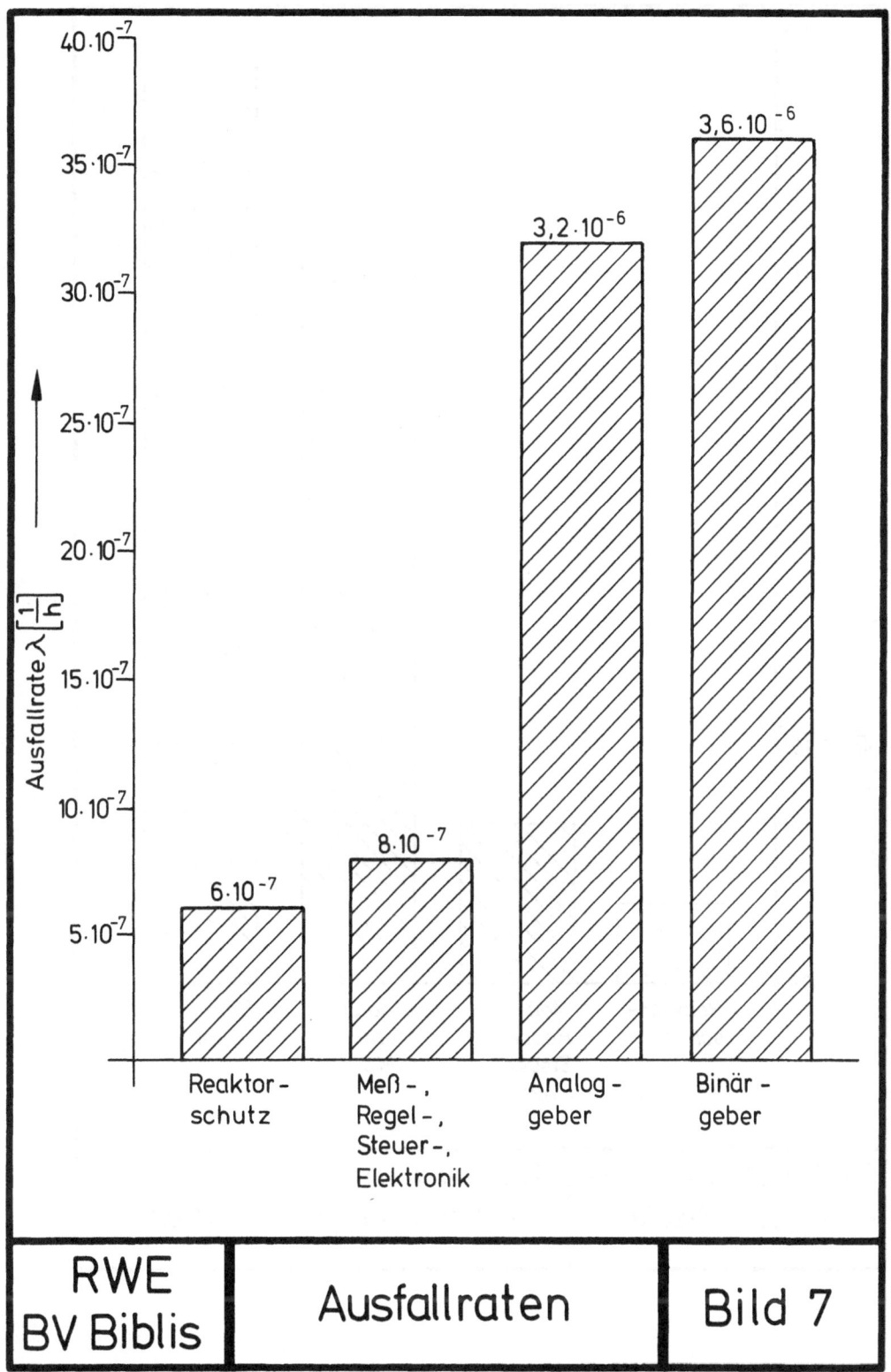

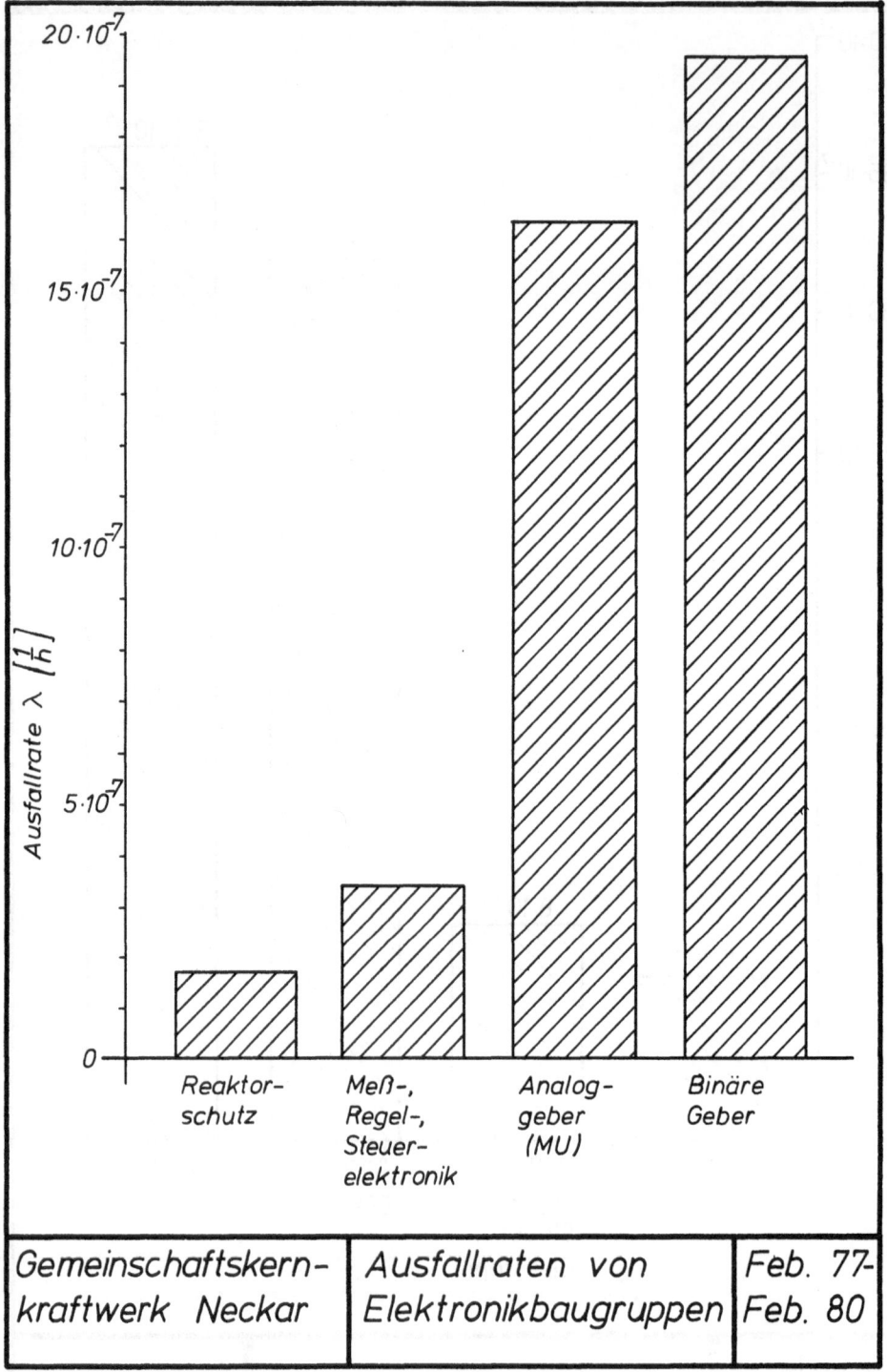

| Gemeinschaftskern-kraftwerk Neckar | Ausfallraten von Elektronikbaugruppen | Feb. 77-Feb. 80 |

Bild 8

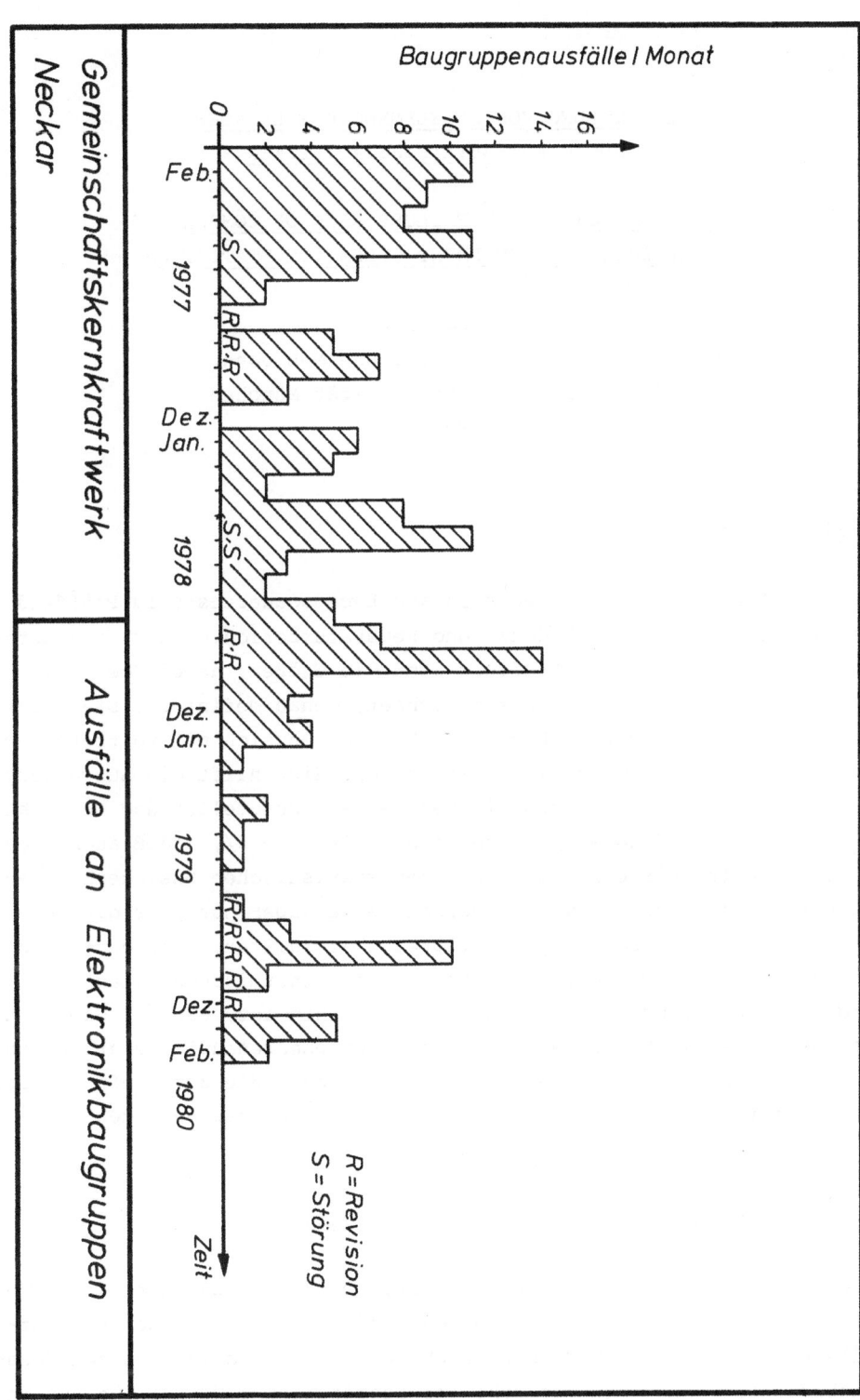

Bild 9

ERMITTLUNG VON BAUELEMENTAUSFALLRATEN
AUS GERÄTEBETRIEBSSTATISTIKEN

DETERMINATION OF THE FAILURE RATE OF COMPONENTS
ON THE BASIS OF EQUIPMENT OPERATION STATISTICS

E. Schrüfer
Lehrstuhl für Elektrische Meßtechnik
der Technischen Universität München
8000 München 2

1. Einleitung

Bauelementausfallraten lassen sich aus Lebensdauertests im Prüffeld
oder indirekt aus den Schadens- und Reparaturberichten der eingesetzten Geräte ermitteln. Im Prüffeld sind die Größen, deren Über- oder
Unterschreitung den Ausfall kennzeichnet, genau definiert. Die niedrigen Ausfallraten moderner Produkte aber lassen sich mit vertretbarem
wirtschaftlichen Aufwand nicht nachweisen. Hier hilft die Auswertung
von Schadens- und Reparaturberichten weiter. Hersteller und Betreiber
haben zum Teil umfangreiche Daten gesammelt /1 - 5/, sodaß auch niedrige Ausfallraten mit einer nur geringen statistischen Unsicherheit angegeben werden können. Im allgemeinen werden aber nur über die verschiedenen Einsatzbedingungen gemittelte Ausfallraten berechnet und
ihre Abhängigkeit von der elektrischen oder thermischen Belastung z.B.
wird nicht untersucht. Problematisch weiterhin ist, daß bei dieser Art
des Zuverlässigkeitsnachweises nur die Komponentenausfälle erfaßt und
in die Ausfallrate eingerechnet werden können, die zuvor ein Versagen
der Gerätefunktion zur Folge hatten und so erkennbar geworden sind.

2. Auswertung der Schadens- und Reparaturberichte

Werden Betriebserfahrungen ausgewertet, so müssen zunächst die in der
betrachteten Einheit eingesetzten Geräte, die in diesen Geräten enthaltenen Bauelemente und die Betriebszeit bekannt sein. Aus den Scha-
densberichten kann dann die Zahl der ausgefallenen Geräte und aus den
Reparaturberichten die der ausgefallenen Bauelemente entnommen werden.

Wird für ein spezielles Bauteil die Zahl der ausgefallenen Elemente n
auf das Produkt aus der Zahl der insgesamt eingesetzten Elemente N und
der Betriebszeit T bezogen, so ergibt sich der Schätzwert der Ausfallrate λ aus der bekannten Beziehung

$$\lambda = \frac{n}{NT} \ .$$

Der Schätzwert ist wegen der als zufallsbedingt angenommenen Ausfälle
unsicher. Zusätzlich zu dieser von der Losgröße abhängenden statistischen Unsicherheit können aber noch systematische Fehler in das Ergebnis kommen selbst dann, wenn die Schadens- und Reparaturberichte korrekt, vollständig und detailliert geführt worden sind. Dies ist deshalb
der Fall, weil insbesondere die Zahl n der ausgefallenen Elemente nicht
exakt ermittelt werden kann.

2.1 Effekte, die eine zu niedrige Ausfallrate vortäuschen

Die Zahl der Bauelementausfälle wird unterschätzt, da nicht jeder Bau-
elementausfall zu einem Ausfall der Gerätefunktion führt. Erfaßt werden aber nur die Bauelementausfälle, die einen Geräteausfall zur Folge
haben. Die anderen bleiben unentdeckt und gehen nicht in die Berechnung
der Ausfallrate ein. Experimentelle Ausfalleffektanalysen, die an unserem Lehrstuhl für 15 Geräte der analogen und digitalen Signalverarbeitung durchgeführt worden sind, zeigen, daß ein gutes Drittel aller simulierten Bauelementausfälle nicht zu einer Änderung des Ausgangssignales führt und dementsprechend nicht durch eine Überwachung der Gerätefunktion erkennbar ist. Hierfür können verschiedene Gründe maßgebend
sein:

- Nicht alle der in einem Gerät enthaltenen Bauelemente sind beim jeweiligen Anwendungsfall im Einsatz. Manche Geräte enthalten mehrere mögliche Empfindlichkeits-, Meß- oder Zeitbereiche, von denen jeweils nur
einer angewählt werden kann. Mehr noch läßt sich bei Steuerungssystemen
beobachten, daß nicht alle auf den Karten vorhandenen Funktionseinheiten
ausgenutzt, nicht alle Ein- oder Ausgänge beschaltet werden. Der Ausfall
eines Bauelements in einem nichtgenutzten Geräteteil wird nicht bemerkt.

- Ein Teil der Bauelemente eines Gerätes legt das dynamische Verhalten
fest. Ein Ausfall einer hierfür benutzten Komponente führt unter Umstän-

den zu einer anderen Zeitkonstante oder Schaltzeit, beeinträchtigt aber
nicht die sonstige Funktion und bleibt somit unentdeckt.

- Weiter werden Bauelemente zur Verbesserung der elekromagnetischen
Verträglichkeit verwendet, z.B. Überspannungsableiter, Schutzdioden,
Strombegrenzungswiderstände oder Kondensatoren. Diese Bauelemente können
defekt sein, ohne daß die Schaltung ausfällt. Die defekten Bauelemente
erscheinen nicht in den Reparaturprotokollen.

- Ausfälle infolge zu großer Parameteränderungen werden nur sehr unterschiedlich erfaßt. Hier hängt es von der Parameter-Toleranzfähigkeit
der Schaltung ab, ob die Parameteränderung zu einem erkennbaren Funk-
tionsausfall führt /6/. Auch sind Fälle denkbar, in denen sich Parameteränderungen verschiedener Bauteile ganz oder teilweise kompensieren.
Die Gesamtschaltung ist dann noch funktionsfähig, obwohl bei einer Ein-
zelprüfung die Bauelemente als ausgefallen erkannt werden würden.

- Schwierig sind auch die Ausfälle zu entdecken, die im Meldeteil der
eingesetzten Geräte liegen. Der Ausfall der Überwachungseinrichtung
bleibt häufig so lange unbemerkt, solange nicht ein Ansprechen der über-
wachten Funktion notwendig ist.

- Bauelementausfälle in logischen Schaltungen können dazu führen, daß
der Signalausgang ständig auf hohem oder tiefem Potential liegt. Erst
bei Anforderung der Funktion, verzögert also, wird ein derartiger Ausfall entdeckt.

Diese Effekte unterschätzen die Ausfallrate; andere sind in der entgegengesetzten Richtung wirksam.

2.2 Effekte, die eine zu große Ausfallrate vortäuschen

Die Angabe einer von der Zeit unabhängigen Ausfallrate setzt eine Le-
bensdauerverteilung voraus, die ausschließlich durch Zufallsausfälle
geprägt wird. Die Reparaturberichte aber geben nicht immer die Ausfall-
ursache an oder sie klassifizieren nach anderen Kriterien. So unterscheiden einige - um die Frage der Gewährleistung zu klären - nur
zwischen

- Ausfällen, die der Hersteller zu vertreten hat und
- Ausfällen, die zu Lasten des Anwenders gehen,

und nur wenige heben deterministische Ausfallursachen wie z.B. Ausfall infolge

- einer fehlerhaften Auslegung,
- einer schlechten Fertigung,
- eines falschen Geräteeinsatzes und
- einer unzulässigen Behandlung

besonders hervor.

Um nun nicht prüfen zu müssen, ob die gewählte Unterscheidung zu recht erfolgt ist, wurden bei den an unserem Lehrstuhl durchgeführten Auswertungen weitgehend alle bekanntgewordenen Bauelementausfälle in die Ausfallrate eingerechnet. Nur in völlig eindeutigen Fällen wurden die systematischen Ausfallursachen nicht mitgezählt. Fiel zum Beispiel bei einem Gerät ein bestimmtes Bauteil gehäuft aus und wurde daraufhin dieses spezielle Bauteil in allen Geräten ausgetauscht, so sind die Ausfälle vor der generellen Umrüstung in die Ausfallrate eingerechnet, nicht jedoch die später insgesamt ertüchtigten Geräte. Des weiteren wurden die als "Behandlungsfehler" deklarierten Ausfälle dann nicht in die Berechnung der Ausfallrate aufgenommen, wenn sie bei einer Prüfung erfolgten, sofort entdeckt und auch beseitigt wurden. Insgesamt sind also neben den probabilistischen Ausfällen auch deterministische in die Ausfallrate eingerechnet.

Auch die beiden nachfolgend erwähnten Effekte führen zu einer Überschätzung der Zahl n der ausgefallenen Bauelemente:

- Folgeausfälle werden nicht immer als solche erkannt und damit als unabhängige Zufallsausfälle gewertet und

- mitunter werden zur Beschleunigung der Reparatur die Fehler nicht genau lokalisiert und Bauelemente werden ausgewechselt und in die Ausfallrate eingerechnet, die gar nicht ausgefallen waren.

2.3 Eingrenzung der Unsicherheiten

Die Frage entsteht nun, ob die erwähnten gegenläufigen Effekte sich kompensieren, oder ob eine systematische Fehleinschätzung in der einen oder anderen Richtung übrig bleibt. Glücklicherweise sind wir hier nicht auf bloße Überlegungen angewiesen, sondern können für den Bereich der Steuerungstechnik in Kraftwerken auf umfangreiche Untersuchungen zurückgreifen. In den Kraftwerken Pleinting und Schwandorf, die mit den Baugruppen des Steuerungssystems Geamatic ausgerüstet sind, und in dem Kraftwerk Aschaffenburg, welches das Decontic Steuerungssystem enthält, wurden alle eingesetzten Baugruppen nach einer 5-jährigen Betriebszeit ausgebaut und mit Hilfe eines Prüfautomaten sorgfältig durchgemessen /7,8/. Der Prüfumfang war dem der Fertigungsendkontrolle vergleichbar. Bei dieser generellen Untersuchung wurden rund noch einmal so viele Fehler gefunden wie in den vorausgegangenen 5 Jahren insgesamt aufgetreten waren. Dieses Ergebnis läßt den Schluß zu, daß - über alle Bauelemente gemittelt - höchstens die Hälfte der Ausfälle unentdeckt bleibt. Die aus Betriebserfahrungen gewonnenen Ausfallraten sind also im Schnitt um den Faktor 2 zu niedrig, ein Wert, der bei den passiven Bauelementen etwas größer, bei den aktiven geringer ist.

3. Vergleich mit den Werten des MIL-HDBK 217

Die hier diskutierten Bauelemente stammen aus dem europäischen industriellen Bereich und sind zum Teil schon mehr als 10 Jahre im Einsatz. Da in Deutschland und in Europa noch kein nationales oder internationales Gütesicherungssystem generell eingeführt ist, wurden und werden diese Bauelemente nach den entsprechenden internen Richtlinien der Hersteller gefertigt. Sie sind im Sinne einer übergreifenden Norm weder mustergeprüft noch gütebestätigt.

Trotzdem werden für diese nach Hausnorm gefertigten und geprüften Bauelemente oft Zuverlässigkeitsrechnungen mit den Werten des Handbuchs MIL 217 durchgeführt /9/. Dieses Standardwerk gibt die Ausfallraten und ihre Einflußgrößen sehr detailliert wieder, ist weit verbreitet und allgemein anerkannt. In dem Handbuch ist der "quality level" eine der in die Ausfallrate eingehenden Größen. Unterschieden werden mehrere Qualitätsstufen, wobei die mit der niedrigeren Ausfallrate Bauelemente voraussetzen, die nach anderen Mil-Spezifikationen gefertigt, qualifi-

ziert und geprüft sind /lo/. Diese Voraussetzungen liegen bei den im
europäischen industriellen Bereich eingesetzten Bauelementen nicht vor.
Sollen nun trotzdem die Zahlenwerte des Mil-Handbuchs auf diese Bauelemente übertragen werden, so erhebt sich die Frage, welcher Mil-Quali-
tätsstufe diese Bauelemente zuzuordnen sind. Um eine derartige Festlegung nicht willkürlich treffen zu müssen, wurden aus Schadens- und
Reparaturberichten von

- Meßumformern
- Baugruppen der Steuerungssysteme Decontic, Geamatic, Iskamatic und
  Simatic und
- von Geräten der Nachrichtentechnik

Ausfallraten für Bauelemente ermittelt, von denen nachfolgend einige
als Beispiele diskutiert werden sollen.

Das Bild 1 zeigt die für <u>Si-Universal-Dioden</u> erhaltenen Ergebnisse.
Die aus den beiden Labormessungen ermittelten Ausfallraten sind etwa
um einen Faktor lo schlechter als die aus Felddaten gewonnenen. Hierfür sind zwei Gründe anzuführen: Die Labormessungen wurden unter verschärften Bedingungen durchgeführt und anschließend mit ungenauen De-
ratingfaktoren konservativ auf Normalverhältnisse umgerechnet. Außerdem ist zu erwarten, daß während der relativ kurzen Laborversuche noch
Frühausfälle das Ergebnis verschlechtern. Im Feldeinsatz wurden insgesamt 5o5 Ausfälle bei $23o \cdot 1o^9$ Bauteilstunden beobachtet. Die Ausfallraten liegen weiter auseinander, als zunächst von der Statistik her zu
erwarten ist. Dies weist auf noch vorhandene systematische Einflüsse
hin (Beanspruchung, Klima, Betriebspersonal). Das MIL-HDBK 217 schließlich definiert für Einzelhalbleiter 5 Qualitätsstufen. "Pl" steht für
Bauelemente, die mit organischem Material gekapselt sind; "L" für
"lower", für normale Handelsware. Das patentrechtlich geschützte Waren-
zeichen JAN darf nur dann den Bauelementen verliehen werden, wenn die
folgenden 3 Voraussetzungen zutreffen:

- die Bauelemente müssen in ihren elektrischen, mechanischen und physikalischen Eigenschaften bestimmten Mil-Spezifikationen genügen,
- der Hersteller muß sich generell für die Fertigung der Bauteile
  qualifiziert haben und
- die Prüfung auf Übereinstimmung mit der geforderten Qualität muß

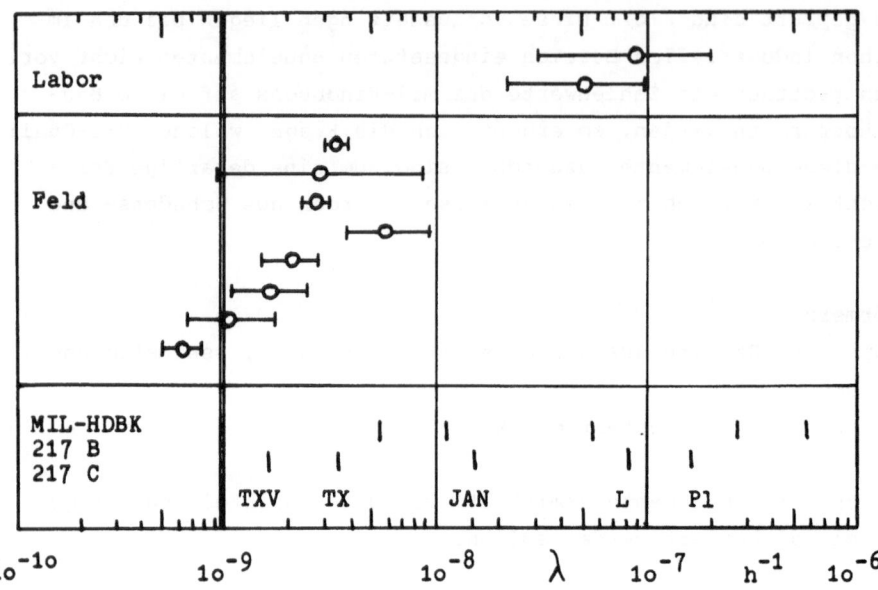

Bild 1.   Ausfallraten für Si-Universal-Dioden
   ∘ Schätzwert, ⊢—⊣   9o % Vertrauensbereich

Tabelle 1.   Qualitätsstufen und Ausfallraten λ in 10^{-9} h^{-1}
   des MIL-HDBK 217 für Si-Dioden

	quality level	TXV	TX	JAN	L	Pl
Ausgabe B:	λ	5.46	11	54.6	273	546
Ausgabe C:	λ	1.64	3.28	16.4	82	164

Die Ausfallraten gelten für folgenden Anwendungsfall:
4o °C Umgebungstemperatur, 5o % Strombelastung
   $\pi_E = 5$ (ground fixed)
   $\pi_A = 0.8$ (5o % Kleinsignal-, 5o % Schaltbetrieb)
   $\pi_R = 1$ (Ströme kleiner 1 A)
   $\pi_{S2} = 0.7$ (65 % Spannungsbelastung)
   $\pi_C = 1$ (Kontakte gebondet)

stichprobenartig an dem Lieferlos durchgeführt sein.

Die bessere Qualitätsstufe TX (testing extra) verlangt vor Auslieferung
einen Betrieb bei erhöhten Temperaturen (burn in) und eine gezielte
Auswahlprüfung (screening) nicht nur stichprobenartig, sondern durch-

295

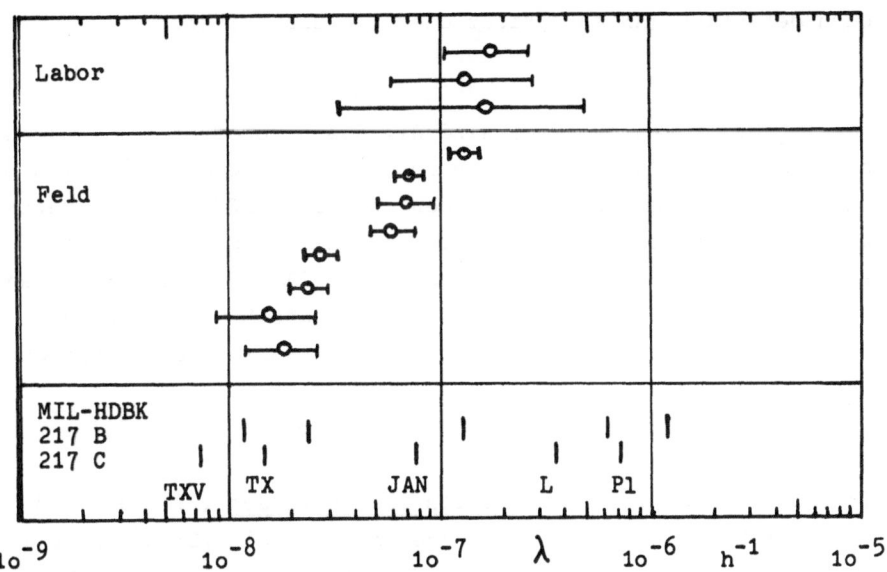

Bild 2. Ausfallraten für Si-Universal-Transistoren
    o Schätzwert, ⊢─┤ 9o % Vertrauensbereich

Tabelle 2. Qualitätsstufen und Ausfallraten λ in $10^{-9}\ h^{-1}$
            des MIL-HDBK 217 für Si-Transistoren

	quality level	TXV	TX	JAN	L	Pl
Ausgabe B:	λ	12.4	25	124	62o	124o
Ausgabe C:	λ	7.4	15	74	372	744

Die Ausfallraten gelten für folgenden Anwendungsfall:
Mittelwert aus 6o % NPN- und 4o % PNP-Transistoren, 4o °C Umgebungstemperatur und 5o % Leistungsbeabspruchung,
    π_E = 5 (ground fixed)
    π_A = 1 (4o % Kleinsignal-, 6o % Schaltbetrieb)
    π_R = 1 (Leistung kleiner 1 Watt)
    π_{S2} = 1 (65 % Spannungsbelastung)
    π_C = 1 (1 Transistor pro Gehäuse)

geführt an allen gelieferten Bauteilen. Die Sichtprüfung vor dem Ver-
schließen der Chips (visual precap inspection) kommt bei den TXV-Typen
noch hinzu. In der Ausgabe C des Mil-Handbuchs werden um den Faktor 3
geringere Ausfallraten als in der Ausgabe B angegeben. Der Vergleich
der Felddaten mit den Mil-Werten zeigt, daß die Qualität der beobach-

teten Dioden der Stufe JAN entspricht oder sie übertrifft.

Auch bei den <u>Transistoren</u> (Bild 2) sind die aus Labordaten ermittelten Ausfallraten größer und statistisch unsicherer als die aus Felddaten gewonnenen. An Betriebserfahrungen wurden insgesamt $26 \cdot 10^9$ Bauelementstunden mit 1189 Ausfällen ausgewertet. Die Qualitätsstufen des Mil-Handbuchs sind dieselben wie bei den Dioden. Die Ausfallraten für Transistoren sind in der Ausgabe C gegenüber der Ausgabe B um die Hälfte zurückgenommen. Die Qualität der ausgewerteten Transistoren entspricht etwa der der Stufe JAN.

Die Betriebserfahrungen mit <u>integrierten Schaltkreisen</u> (Bild 3) sind geringer als mit Einzelhalbleitern. Insgesamt konnten $7,2 \cdot 10^9$ Bauteilstunden (bipolare und MOS-Schaltkreise für digitale Schaltungen) bei 824 aufgetretenen Ausfällen beobachtet werden. Das Mil-Handbuch unterscheidet die einfacheren Qualitätsstufen D1 und D, die etwa den Stufen

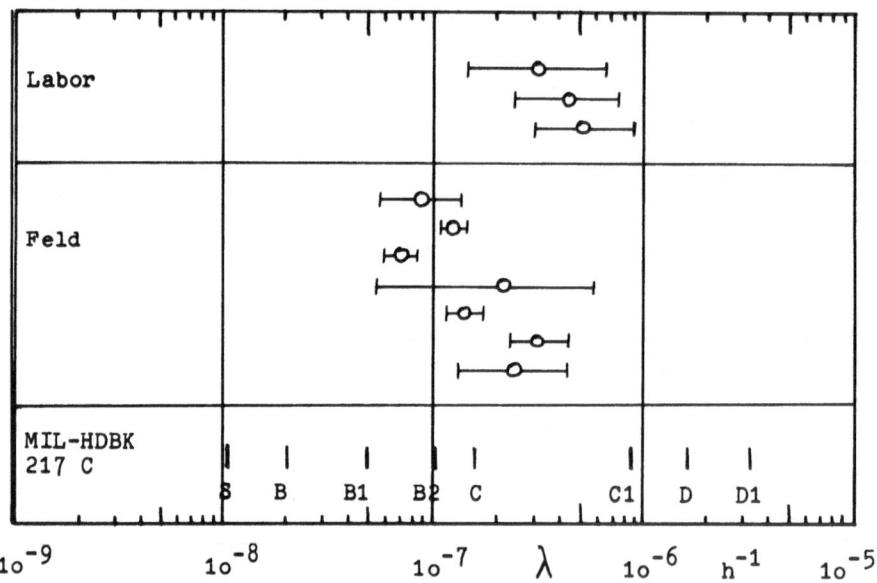

Bild 3. Ausfallraten für integrierte Schaltkreise (SSI)
   o Schätzwert, ⊢——⊣ 9o % Vertrauensbereich

Tabelle 3. Qualitätsstufen und Ausfallraten λ in 10^{-9} h^{-1}
des MIL-HDBK 217 C für integrierte Schaltkreise

quality level	S	B	B1	B2	C	C1	D	D1
bipolar digital	1o	2o	5o.5	1o1	161	9o9	1516	3o32
MOS digital	11	22	56	111	178	1oo4	1674	3348
linear	2o	4o	1oo	2oo	32o	18oo	3ooo	6ooo

Die Ausfallraten gelten für folgenden Anwendungsfall:
SSI-Schaltkreise mit höchstens 32 Transistoren, 4o $^{\circ}$C Umgebungstemperatur
$\pi_L = 1$ (unveränderte Produktion)
$\pi_E = 1$ (ground fixed)
$\pi_P = 1$ (höchstens 24 Pins)

Pl und L bei den Einzelhalbleitern entsprechen, von den Klassen C, B
und S, für die spezielle Auswahlprüfungen vorgeschrieben sind. Anders
als bei Einzelhalbleitern sind in der Ausgabe C die Ausfallraten gegenüber der Ausgabe B praktisch nicht geändert. Die untersuchten Schaltkreise liegen in ihrer Qualität zwischen den Stufen Cl und C.

Die bei der Beobachtung von Schichtwiderständen erhaltenen Ergebnisse
sind in Bild 4 zusammengestellt. Widerstände haben sehr geringe Ausfallraten, deren Nachweis entsprechend schwierig ist. Verfolgt wurden insgesamt $167 \cdot 10^9$ Bauteilstunden mit 29o Ausfällen. Darunter waren 2 Lose,
in denen überhaupt keine Fehler aufgetreten sind. Das Mil-Handbuch
unterscheidet bei passiven Bauelementen die Stufe des einfachen, nach
einer Mil-Spezifikation gefertigten Bauteils ("Mil-R-") von den 4 Klassen M, P, R und S mit "nachgewiesener Zuverlässigkeit" (established
reliability). Für letztere sind immer Zusatzprüfungen durchzuführen,
um insbesondere die Frühausfälle zu eliminieren. Die Ausgabe C des Mil-
Handbuchs gibt niedrigere Ausfallraten als die Ausgabe B an. Die beobachteten, nicht nach einer Mil-Spezifikation gefertigten Widerstände entsprechen ihrer Qualität nach der Stufe M mit "nachgewiesener Zuverlässigkeit".

4. Schluß

Für Hersteller und Betreiber bedeutet es zweifelsohne eine gewisse Mühe,
die Schadens- und Reparaturberichte genau zu führen. Der Aufwand aber

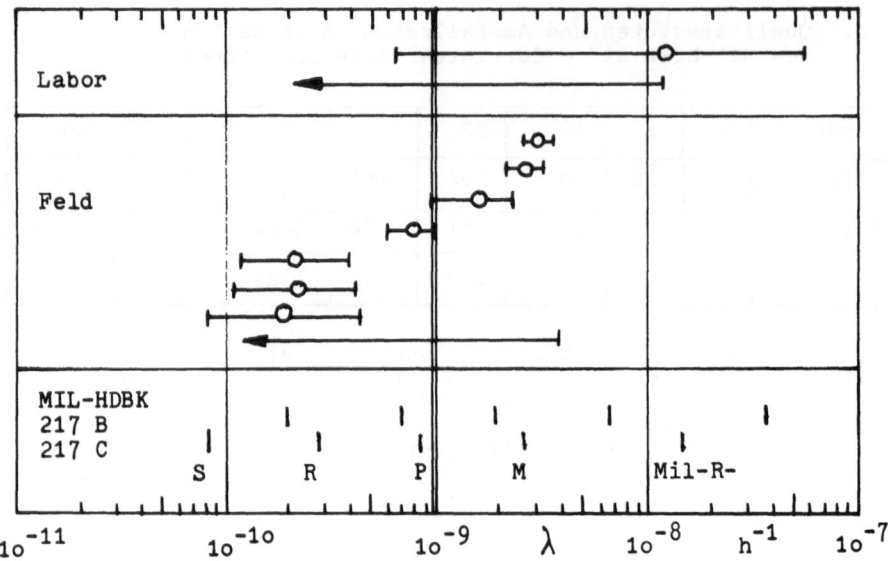

Bild 4. Ausfallraten für Schichtwiderstände
         o Schätzwert, ⊢——⊣ 9o % Vertrauensbereich

Tabelle 4. Qualitätsstufen und Ausfallraten λ in 10^{-9} h^{-1}
            des MIL-HDBK 217 für Schichtwiderstände

	quality level	S	R	P	M	Mil-R-
Ausgabe B:	λ	o.2	0.68	2.o3	6.75	33.75
Ausgabe C:	λ	o.o8	0.28	o.84	2.8	14

Die Ausfallraten gelten für folgenden Anwendungsfall:
Schichtwiderstände nach Mil-R-lo5o9, 4o °C Umgebungstemperatur und
5o % Belastung
        π_E = 2 (ground fixed)
        π_R = 1 (Widerstand kleiner loo Kiloohm)

ist doch gerechtfertigt. Aufgrund einer dokumentierten Zuverlässigkeit
können z. B. die Fristen für notwendige Wiederholungsprüfungen begründet festgelegt und die Ersatzteillager vernünftig bestückt werden. Bei
einer gezielten Auswertung der aufgetretenen Ausfälle werden Schwachstellen erkannt und können so beseitigt werden. Dies führt mit wachsen-

der Betriebszeit zu einer steigenden Zuverlässigkeit der eingesetzten Komponenten /11/.

Wir sind den Firmen sehr verbunden, daß sie uns bereitwillig interne und bisher vertraulich behandelte Daten zur Verfügung gestellt haben. Gleichzeitig danken wir dem BMFT für die Förderung dieser Untersuchung.

Literatur

/1/ IEEE Std 5oo-1977, IEEE Guide to the Collection and Presentation of Electrical, Electronic, and Sensing Component Reliability Data for Nuclear-Power Generating Stations

/2/ VDI/VDE 354o Blatt 1 und 3, Erfassung von Ausfalldaten

/3/ Houzer, H. G.: Ausfallerfassung leittechnischer Kraftwerkskomponenten, VGB Kraftwerkstechnik Heft 4 April 1979, S. 297 - 3o4

/4/ Zscherpe, E. C.: Die Fehlerstatistik für TF-Geräte der DBP aus Herstellersicht, Siemens AG, A42o2o-S86-A1-1-75

/5/ Lutz, G.: Fernsprech-Betriebsstatistik mit elektronischer Datenverarbeitung, telefon report lo (1974) Heft 1-2

/6/ Kesselyak, P.: Gesetzmäßigkeiten der Zuverlässigkeit von Bauelementen und Baugruppen in Fernsprechzentralen, Fermeldetechnik 16 (1976) Heft 3 S. 85 - 87

/7/ Houzer, H.G.: Erfassung und Verbesserung der Zuverlässigkeit der elektronischen Steuerung in den Kraftwerken Pleinting, Block 1 und Schwandorf, Block D, Elektrizitätswirtschft 75 (1976) 24, S. 913 - 92o

/8/ BBC AG Untersuchungsbericht 15/77: Geräteausfalliste und deren Ausfallursachen beim Steuerungssystem Decontic b im Kraftwerk Aschaffenburg.

/9/ US Department of Defense, Military-Handbook 217, Ausgabe B vom 2o. Sept. 74, Ausgabe C vom 9. April 79

/lo/ Huber, O.: Was ist ein "militärisches" Bauteil? Elektronik 1979 Heft 22 S. 68 - 71

/11/ Sauerberg, J. u.a.: Betriebsgüte durch Betriebsstatistik - Erfahrungen mit dem ESK-System in Dänemark, telefon report 13 (1977) Heft 1 S. 5 - 9

GESICHTSPUNKTE UND VERFAHREN ZUM ERREICHEN
HOHER ZUVERLÄSSIGKEIT VON SOFTWARE

ASPECTS AND TECHNIQUES
FOR ACHIEVING HIGH RELIABILITY OF SOFTWARE

von

H. Trauboth

Kernforschungszentrum Karlsruhe GmbH
Institut für Datenverarbeitung in der Technik
Postfach 3640, D-7500 Karlsruhe
Bundesrepublik Deutschland

Summary

As more complex safety-oriented applications and approval of computer systems by licensing authorities will be required, ensuring
high reliability of software will be of increasing importance. This paper outlines the approaches and tools available today and used for the
development and validation of software for nuclear reactor safety systems. During the total life cycle, constructive measures, fault-tolerant software mechanism and analytical/test tools are applied as part
of the development and validation strategy.

In this context, some of our own experiences are mentioned. The
techniques and tools presented can be used for the development and
validation of any software system that requires high reliability.

Einleitung

Ein hoher Grad an Zuverlässigkeit wird von Rechnersystemen gefordert, die integraler Bestandteil technischer Anlagensysteme sind und die durch diese Integration erheblichen Schaden an Leben und teueren Einrichtungen verursachen können, wenn sie fehlerhaft arbeiten. Falls sie sicherheitsorientierte Funktionen ausführen wie die Überwachung zum Schutz eines Kernreaktors, so muß die Hardware und Software einem langwierigen und gründlichen Genehmigungsverfahren durch die Überwachungsbehörden unterworfen werden. Es ist sicher zu erwarten, daß zukünftig weitere Bereiche der Software genehmigungspflichtig werden, wenn Rechnersysteme weitere Funktionen übernehmen, die die Sicherheit und den Umweltschutz beeinträchtigen können. In dem Maße, in dem die Anwendungen und die damit verbundene Software komplexer werden, umso schwieriger wird es werden, den geforderten hohen Grad an Zuverlässigkeit zu gewährleisten und nachzuweisen. Die Genehmigungsbehörden beginnen gerade damit, sich mit dem Problem der Genehmigung von Software auseinanderzusetzen. Dabei darf der wichtige Gesichtspunkt nicht außer acht gelassen werden, daß der Nachweis der Zuverlässigkeit den Behörden gegenüber transparent dargelegt werden soll während des gesamten Entwicklungsprozesses von der Anforderungsanalyse bis zum Abnahmetest.

Es gibt keine einzige oder beste Methode, die die geforderte Zuverlässigkeit der Software garantiert, aber eine Reihe von Maßnahmen muß angewendet werden, die in die Entwicklungs- und Verifikationsstrategie eingebettet sind. Diese Maßnahmen sollten darauf abzielen, spezifische

Fehlerquellen und ihre Folgen zu bekämpfen. Wir unterscheiden zwischen
konstruktiven, fehlertoleranten, analytischen und Managementmaßnahmen.
Wenn diese Maßnahmen in ihrer Gesamtheit eingesetzt werden, so kosten
sie allerdings viel Aufwand. Der Wert dieses Aufwands muß am Grad der
geforderten Sicherheit gemessen werden und an den Kosten der Schäden,
die entstehen können, wenn der Aufwand nicht erbracht wird. Die hier
skizzierten Maßnahmen sollen die Methoden und Werkzeuge erläutern, die
uns heute zur Verfügung stehen, um die hohe Zuverlässigkeit zu erreichen. Die Entscheidung über ihren Einsatz hängt von der Kritikalität
der einzelnen Aufgaben ab, die der Rechner mit hoher Zuverlässigkeit
ausführen muß und hängt davon ab, wieviel die Verantwortlichen bereit
sind dafür zu zahlen /1, 2/.

1. Charakteristische Eigenschaften der Fehlerquellen

Die vielfältigen Fehlertypen lassen sich durch mehrere Merkmale
kennzeichnen:
- Zeit, Ort und Ursache des Fehlereintretens (Fehlertyp);
- Häufigkeit des Fehlereintretens (sporadisch, permanent);
- Aufwand, um Fehler zu entdecken, zu lokalisieren und ihn zu
  korrigieren;
- den Fehlerfortpflanzungseffekt;
- die Schwere der Fehlerfolgen.

Die Methoden und Werkzeuge zur Verhinderung und Eingrenzung von
Fehlern sollten auf mindestens eines dieser Merkmale abzielen.
Aber die Strategie, die während des Entwicklungsprozesses verfolgt
wird, sollte alle Merkmale inbetrachtziehen.

In den letzten Jahren wurden eine Reihe von Studien durchgeführt,
um Daten über Fehler zu sammeln, um sie zu klassifizieren und um
mehr über ihre Merkmale zu lernen /3, 4, 5, 6, 52/. Aber es mangelt
noch an einer wohl-fundierten Analyse der Softwarefehler, wie sie
in anderen Technologien wie z.B. Elektronik und Maschinenbau entwickelt wurde. Die Studie in /3/ zeigt, daß die meisten Fehler in
großen Softwaresystemen während der frühen Phasen des Entwicklungsprozesses auftreten, d.h. während der Anforderungsanalyse und des
Entwurfs. Sie weist auch auf die Tatsache hin, daß der Aufwand für
die Entdeckung und die Korrektur von Entwurfsfehlern während des
Abnahmetests und danach viel größer ist als für Programmierfehler
(Bild 1 und 2). Während einer prototypischen Entwicklung eines mit-
telgroßen Softwaresystems wurden über den gesamten Zeitraum der
Entwicklung alle Fehler gesammelt /1,8/. Die Auswertung der Fehler

zeigte, daß die Fehler der Anforderungsanalyse sich durch die Ent-
wurfs- und Programmierphasen bis zum Abnahmetest stärker fortpflan-
zen als Fehler, die in anderen Phasen erzeugt wurden (Bild 3). Änderungen der Anforderungen wirken auch stark auf alle Phasen ein
und verursachen mit hoher Wahrscheinlichkeit weitere sich fortpflan-
zende sekundäre Fehler.

Aus diesen Ergebnissen können wir schließen, daß wir großen Nach-
druck auf die Verhinderung und Entdeckung von Fehlern während der
Anforderungsanalyse und der Entwurfsphase legen müssen.

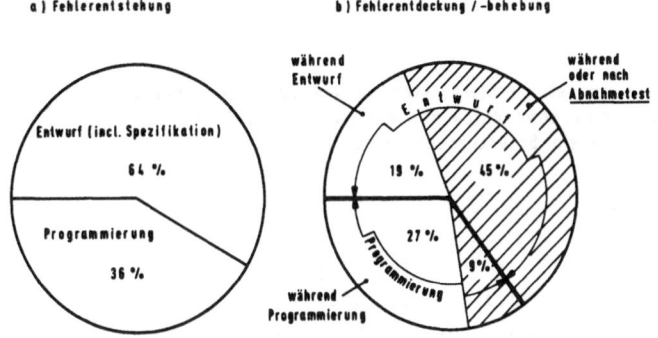

Bild 1 Relative Zahl der Fehler während der Entwicklung von Software [3]

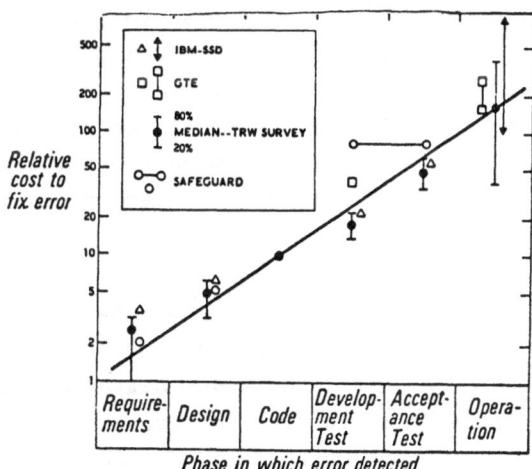

Bild 2: Relative Kosten der Behebung von Fehlern während der Lebensdauer von Software [7]

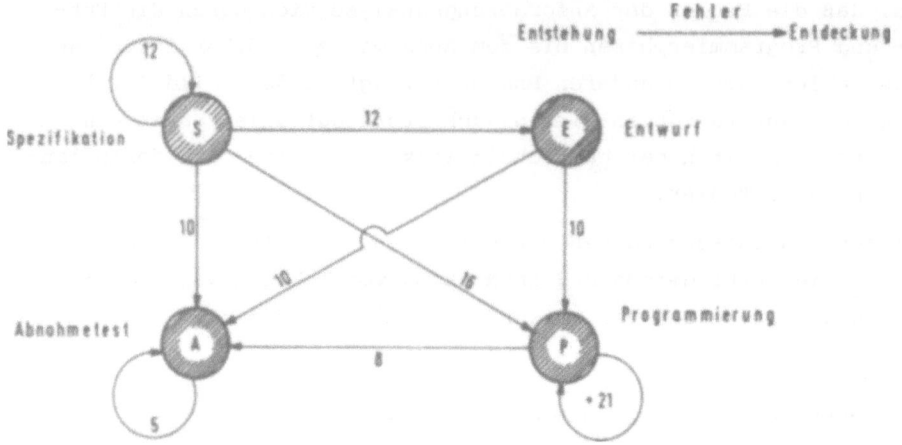

Bild 3   Beziehung zwischen Fehlerentstehung und Fehlerentdeckung
          (anhand gemessener Daten während der Entwicklung von
          Software für ein Schutzrechnersystem) [1]

2.   Konstruktive Maßnahmen

Die konstruktiven Maßnahmen zielen auf die Verhinderung oder Reduzierung von Fehlern im Entwurf und im Betrieb der Software sowie auf
die Erleichterung des Testens während der Entwicklung und Wartung.
Sie sollten während des gesamten Entwicklungsprozesses eingesetzt
werden (Bild 4).

2.1   In der Anforderungsanalyse

Zu Beginn des Entwicklungsprozesses sollen die Problemstellung
und die Anforderungen an die Software so vollständig und präzise wie möglich spezifiziert werden. Gewöhnlich werden die
Anforderungen vom Anwender nur vage formuliert. Daher muß der
DV-Systemanalytiker die Initiative ergreifen und einen Satz
klarer Fragen aufstellen, die vom Anwender beantwortet werden.
Mehrere Iterationen der Kommunikation zwischen dem Systemanalytiker und dem Anwender sind nötig, bis alle Anforderungen
bestimmt sind. Die Zuverlässigkeit der Software wird bereits
während dieser Aktivität eingepflanzt. Besondere Aufmerksamkeit sollte hierbei den abnormalen und fehlerhaften Situationen gewidmet werden. Alle Anforderungen bezüglich der Zuverlässigkeit und Sicherheit wie z.B. Fehlerentdeckung, Korrektur, Wiederanlauf und Notbetrieb durch den Rechner und den
Operateur müssen genau spezifiziert werden /14/. Alle Bedingungen, die von der Umgebung des Rechnersystems einwirken,

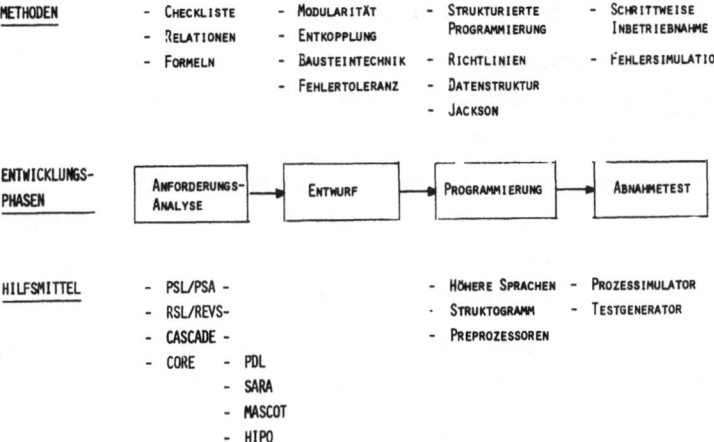

BILD **4:** KONSTRUKTIVE MASSNAHMEN WÄHREND DES ENTWICKLUNGSPROZESSES VON ZUVERLÄSSIGER SOFTWARE

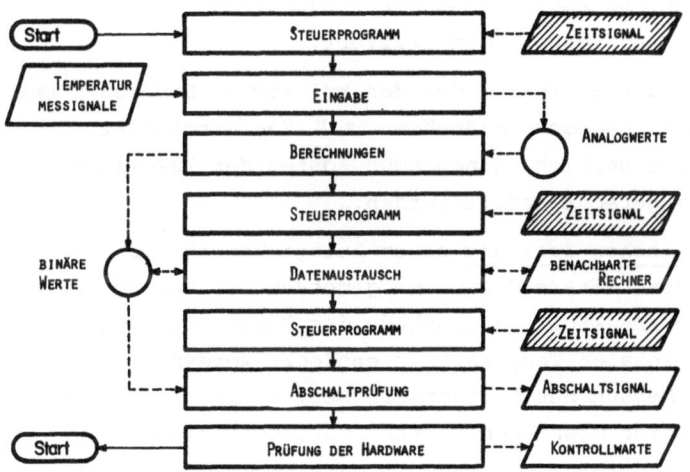

BILD 8: BEISPIEL EINER ZEITGESTEUERTEN SEGMENTIERTEN SOFTWARE

müssen berücksichtigt werden.

In diesem Zusammenhang muß der Systemanalytiker die kritischen
Bereiche der technischen Anlage, die vom Rechnersystem beeinflußt werden, bestimmen.

Ein Prozeßrechnersystem empfängt Signale direkt von der technischen Anlage, die vom Rechner gesteuert oder überwacht wird,
oder indirekt über den Operateur. Es sendet Signale direkt an
die technische Anlage oder indirekt über den Operateur.

Wir können drei Bereiche einer Anlage definieren, die unterschiedlich vom Rechnersystem beeinflußt werden (Bild 5):

- Bereich A, der überhaupt nicht beeinflußt wird;
- Bereich B, der beeinflußt wird, aber Fehler im Rechnersystem
  führen nicht zu gefährlichen Situationen;
- Bereich C, der beeinflußt wird und in dem Fehler des Rechner-
  systems zu gefährlichen Situationen führen können, d.h. die
  Sicherheit des gesamten Systems kann gefährdet sein.

Aus diesem Grund ist eine der ersten Aufgaben der Anforderungsanalyse, die Grenzen durch eine vorläufige Störfallanalyse zu
bestimmen. Hierbei werden die gefährlichen Zustände der Anlage
und deren Auslösung identifiziert.

Der Teil der Software, der den kritischen Bereich C beeinflußt,
erfordert besondere Maßnahmen, z.B. Fehlertoleranz. In diesem
begrenzten Bereich können hohe Kosten der Zuverlässigkeit der
Software gerechtfertigt werden.

Die kritischen Zustände einer Anlage können durch unterschiedliche, diversitäre Meßfühler gemessen werden. So kann z.B. in
einem Kernreaktor die Blockade des Kühlsystems durch das Messen der lokalen Temperaturen entdeckt werden und durch diver-
sitäres Messen des Neutronenflußes. Im Rechner können diese
diversitären Messungen seperat verarbeitet werden, und die Ergebnisse zu ihrer Überprüfung miteinander verglichen werden.

In kerntechnischen Anlagen sind die kritischen Bereiche genau
bestimmt, da umfangreiche Störfallanalysen über mehrere Jahre
durchgeführt worden sind. Bei anderen technischen Anlagen kann
es für den Analytiker schwierig sein, alle kritischen Zustände
zu bestimmen, da gegenseitige Abhängigkeiten der Prozesse
schwierig zu erfassen sind. Die Genehmigungsbehörden verlangen
jedoch eine klare Trennung der sicherheitsbezogenen Funktionen
von anderen Funktionen.

Die Problemstellung und die Softwareanforderung sollten so
präzise wie möglich formuliert werden durch formale Schemata
wie mathematische oder Sprachausdrücke, Tabellen oder graphische Symbole. Es gibt hierfür spezielle Sprachen und rechnergestützte Werkzeuge wie PSL /9/, RSL /10/ und CASCADE /11/,
die sich aber noch im Erprobungsstadium befinden. Graphische
Methoden wie SADT /12/ und Checklisten wie die von ADV/ORGA
/ 13/ entwickelt wurden, stellen eine Art Kurzschrift zur Beschreibung der Anforderungen dar.

Nach unserer Erfahrung ergibt die formalisierte Beschreibung
der Anforderung eine Präzisierung der Spezifikationen, aber
ist keine Garantie gegen Fehler. Wenn die Semantik der Formalisierung nicht gut definiert ist, sind falsche Interpretationen möglich. Wir fanden Checklisten ganz nützlich. Der Einsatz von SADT-Aktigrammen erwies sich als wertvoll zur Beschreibung von Folgen von Aktivitäten, von Software-Funktionen
und dem Hauptdatenfluß. Die graphische Notation SADT hilft bei
der Kommunikation mit dem Anwender und den Operateuren. Die
Automation und der manuelle Betrieb wurden transparent für den
Anwender und die hierarchische Zerlegung erlaubte einen umfassenden Überblick über das System. Es gibt allerdings noch häufig Mehrdeutigkeit bei der Spezifizierung des Steuer- und Datenflusses. Wir haben die Diagramme durch Tabellen für Dialog-
information, Datenstrukturen und Bedingungen erweitert. Verba-
ler Text ist weiterhin notwendig zur Beschreibung der Funktionen und Beziehungen.

In /15/ wird berichtet, daß die Anforderungen für kritische
Software in einem strukturierten Dokument niedergeschrieben
wurden, begleitet von einem Satz detaillierter Abnahmetestda-
ten. Das Dokument besteht aus zwei Teilen: Der Entwurfsbasis,
die die Umgebung und die Physik des Problems beschreibt, und
den Softwareanforderungen, die aus Sprachanweisungen und Algorithmen bestehen, wobei beide eingehend von den Anwendungs-
spezialisten validiert wurden. Diese Spezifikationen wurden
mehrere Male revidiert wegen mangelnder Vollständigkeit, Wi-
dersprüchlichkeiten und Mehrdeutigkeiten. Diese Tatsache weist
auf die Notwendigkeit einer guten Überwachung und Automation
der Dokumentation hin.

Für den funtionalen Entwurf wurde RSL /10/ erfolgreich verwendet. Die R-Netzstruktur erlaubt die individuellen funktionalen
Anforderungen präziser zu verfolgen. Außerdem wurden der Review

und die Wartung des vorläufigen Entwurfsdokuments sehr erleichtert durch die Verwendung der Sortier- und Ausdruckfähigkeiten
durch RSL in / 15/ (Bild 6 und 7).

Die Art, in der die Anforderungen spezifiziert werden, hängt
sehr vom Typ der Anwendung und der Qualifikation des Personals
ab. Man ist sich aber einig, daß eine formalisierte Notation
und rechnergestützte Werkzeuge notwendig sind, die die Dokumentation, die Wartung, den Review und die Analyse unterstützen,
um sicherzustellen, daß die Spezifikationen vollständig,
konsistent und präzise formuliert sind. Dies ist eine Voraussetzung für hohe Zuverlässigkeit des Entwurfs von Software.

2.2   In der Entwurfsphase

Die Entwurfsphase beginnt mit dem funktionalen Entwurf, in dem
die Softwarefunktionen und die Hardwarekonfiguration definiert
werden. Um die Komplexität des Entwurfs und die Fehlerfortpflanzung zu reduzieren und das Testen zu erleichtern, sollte das
Prinzip der Entkopplung der Komponenten angewendet werden. Die
Entkopplung bezieht sich hier sowohl auf die Software wie auf
die Hardware und auf den Datenfluß sowie den Steuerfluß.

Nachdem die Hauptfunktionen und Dateien definiert worden sind,
werden sie den einzelnen Hardwarekomponenten (Prozessoren,
Speichern) zugeordnet. Gewöhnlich gibt es einige alternative
Systemkonfigurationen, die Fehlertoleranz für die kritischen
Funktionen eingebaut haben. Grundsätzlich besteht das Hardware-
system aus lokalen Prozessor/Speichermodulen, die durch ein
Bussystem zum globalen Datenzugriff miteinander verbunden sind.
Verschiedene Konzepte ordnen diese Module und Busse in verschiedener Weise an und mit unterschiedlicher Redundanz und
Fehlertoleranzmechanismen. Die Handhabung der Fehlerentdeckung,
der Diagnose und des Wiederanlaufs kann unterschiedlich gestaltet sein, entweder durch Software oder durch Hardware / 16, 17,
18, 19 /. Solche fortgeschrittenen fehlertolerante Multiprozes-
soren sind für Flugsteuerung und Kernreaktorschutzsysteme entwickelt worden. Für jede dieser Konfigurationen können grobe
Zuverlässigkeitsmodelle abgeleitet werden, die eine Abschätzung der relativen Zuverlässigkeit dieser Systemkonfigurationen erlauben / 20, 21, 37/. Eine Vorhersage der absoluten Systemzuverlässigkeit ist nicht möglich, da genaue Daten über Fehlerraten der Systemkomponenten nicht verfügbar sind. Um die beste
Konfiguration von mehreren Alternativen auszuwählen, sind je-

doch bereits relative Zuverlässigkeitszahlen wertvoll. Eine
hoch-zuverlässige, fehlertolerante Hardwaresystemstruktur ist
eine gute Grundlage für die Konstruktion von hoch-zuverlässiger Software.

Die Entkopplung des Steuerflusses der Softwarefunktionen kann
z.B. erreicht werden durch die Segmentierung der Software und durch
die Zuordnung eines bestimmten Zeitintervalls für jedes Segment während des Ablaufs (Bild 8).

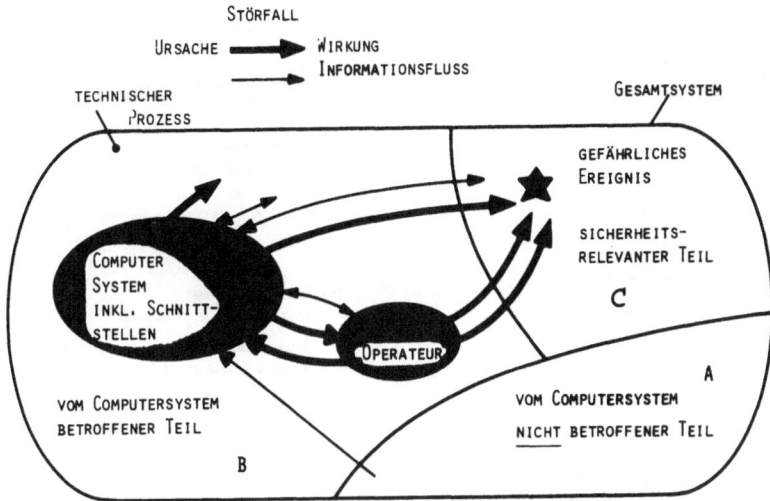

BILD 5: BEZIEHUNG ZWISCHEN FEHLEREINTRITT IM RECHNER UND FEHLERFOLGE
IN DER AUTOMATISIERTEN ANLAGE

Am Ende eines Segments ist ein Checkpunkt, wo wesentliche
Steuerparameter und Daten geprüft werden, wie z.B. entsprechend dem Prinzip des "Stafettenläufers" /22, 23/. Eine Entkopplung des Datenflusses kann durch den kontrollierten Zugriff auf die Datenbank unter Einsatz spezieller Schutzmecha-
nismen erreicht werden /24, 25 /. Ein Datenbanksystem mit diesen eingebauten Fähigkeiten kann als zentraler Baustein des
Anwendungs-Softwaresystems dienen. Auch die Wiederverwendung
von vorgetesteten, erprobten Softwaremodulen mit sauber definierten Schnittstellen sollte soweit wie möglich in Betracht
gezogen werden.

Während der Entwurfsphase sollten Testdaten spezifiziert werden, die die verschiedenen Softwaremodule und Datenbankelemen-
te treiben. Außerdem sollten Vergleichsdaten zur Verifikation
bereitgestellt werden. Es soll also frühzeitig während des

1) A <u>patient monitoring program</u> is required for a hospital. 2) <u>Each patient is monitored</u> by an analog device which measures factors such as pulse, temperature, blood-pressure, and skin resistance. 3) <u>The program reads these factors</u> on a periodic basis (specified for each patient) and stores these factors in a data base. 4) For each patient, safe ranges for each factor are specified (e.g., patient X's <u>valid temperature range is 98 to 99.5 degrees Fahrenheit</u>). 5) <u>If a factor falls</u> outside of the patient's safe range, or if an analog device fails, the <u>nurse's station is notified.</u>

BILD 6A   VERBALE BESCHREIBUNG DER ANFORDERUNGEN AN EIN VEREIN-
FACHTES PATIENTEN-ÜBERWACHUNGSSYSTEM IM KRANKENHAUS

```
ORIGINATING_REQUIREMENT   SENTENCE_2.
    DESCRIPTION:  "DEFINES ANALOG DEVICE MEASUREMENTS".
    TRACES TO.  MESSAGE DEVICE_REPORT.

MESSAGE.  DEVICE_REPORT.
    PASSED THROUGH.  INPUT_INTERFACE FROM_DEVICE.
    MADE BY.  DATA DEVICE_NUMBER, DATA TYPE_MESSAGE,
             DATA DEVICE_DATA.
    TRACED FROM  SENTENCE_2.

DATA   DEVICE_DATA.
    INCLUDES.  DATA PULSE, DATA TEMPERATURE,
               DATA BLOOD_PRESSURE,
               DATA SKIN_RESISTANCE

ENTITY_CLASS.  PATIENT.
    ASSOCIATES.  DATA PATIENT_NUMBER,
                 DATA SAFE_FACTOR RANGE
                 FILE FACTOR_HISTORY.

DATA:  SAFE_FACTOR RANGE.
    INCLUDES:  DATA LOW_PRESSURE, DATA HI_PRESSURE,
               DATA LOW_TEMPERATURE, DATA HI_TEMPERATURE,
               DATA LOW_SKIN_RESISTANCE,
               DATA HI_SKIN_RESISTANCE.
    TRACED FROM:  SENTENCE_4.

FILE.  FACTOR_HISTORY.
    CONTAINS   DATA MEASUREMENT_TIME, DATA HPULSE,
               DATA HTEMPERATURE, DATA HBLOOD_PRESSURE,
               DATA HSKIN_RESISTANCE.
    TRACED FROM.  SENTENCE_3.

ALPHA   EXAMINE_FACTORS.
    INPUTS   DATA DEVICE_DATA, DATA SAFE_FACTOR_RANGE.
    OUTPUTS   RANGE.
    DESCRIPTION  "THIS PROCESSING STEP FIRST RETRIEVES THE SAFE
                 FACTOR DATA ASSOCIATED WITH THE DEVICE, COMPARES
                 THE DEVICE DATA TO THE SAFE FACTOR RANGES FOR
                 THE PATIENT BEING MONITORED, AND DETERMINES
                 WHETHER THE FACTORS ARE IN BOUNDS (RANGE_SAFE)
                 OR OUT OF BOUNDS"

DATA.  PATIENT_DEVICE_NUMBER.
    INCLUDED IN:  DATA SAFE_FACTOR_RANGE.
```

BILD 6C   BESCHREIBUNG DER ANFORDERUNGEN MIT HILFE DER
FORMALEN SPRACHE RSL (10)

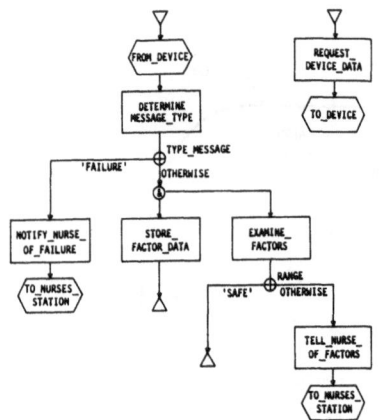

BILD 6B   R-NETZ FÜR DIE ANFORDERUNGEN AN EIN VEREINFACHTES
PATIENTEN-ÜBERWACHUNGSSYSTEM VON BILD 6A (10)

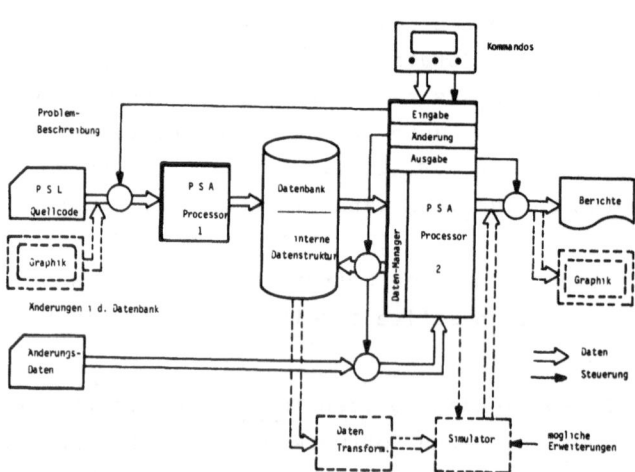

Bild 7   Prinzipieller Aufbau eines rechnergestützten Spezifikations- und Entwurfssystems (z.B PSL/PSA)

Entwicklungsprozesses Vorsorge für das spätere Testen und die Wartung getroffen werden.

Die Eingabedaten sollten so gründlich wie möglich auf ihre Plausibilität und Konsistenz bereits bei Eintritt in das Rechnersystem geprüft werden, bevor sie weiter verarbeitet werden.

Für die Teile der Hardware, die nicht durch fehlertolerante Mechanismen geschützt sind, sollen Prüfprogramme bereit gestellt werden, die im Hintergrund oder zu speziell festgelegten Zeitintervallen ablaufen.

Fehlerkorrekturprozeduren und reduzierter Betrieb im Falle eines Fehlers sollten als Teil des normalen Entwurfs betrachtet werden.

Es gibt grundsätzlich zwei Arten, um fehlertolerante Software zu entwerfen:
- durch 'recovery blocks' / 26 /, die ähnlich der 'kalten Reserve' in der Hardware zu betrachten sind,
- durch 'N-version programming' / 27 /, die ähnlich ist der 'heißen Reserve' in der Hardware.

Die 'recovery block'-Methode sieht mehrere alternative Softwarekomponenten für die gleiche Funktion als 'Ersatzteile' vor. Wenn eine Komponente den Abnahmetest nicht besteht, wird eine andere 'gute' alternative Komponente eingeschaltet, um die fehlerhafte zu ersetzen (Bild 9). In der Praxis können weniger effiziente, aber funktionell geeignete alte Versionen als 'Ersatzteile' verwendet werden. Dadurch ist diese Methode weniger kostspielig. Sie hat aber einige Nachteile, wie z.B. zusätzlichen Speicheraufwand zum Retten der Systemzustände, besondere Vorsorge zur Koordination der parallelen Prozesse und irreversible Aktionen durch unmittelbare Ausgabe in einer Realzeitumgebung / 27 /. Außerdem kann der Abnahmetest oft nicht die Korrektheit der Softwarekomponente nachweisen. Daher ist die Gültigkeit dieser Methode begrenzt.

Bei der 'N-version programming' Methode ist keine Selbstprüfung erforderlich. Die vorhandenen Hardwarefehlertoleranz-Mechanismen können ausgenutzt werden. N verschiedene Versionen der gleichen Funktion werden realisiert und gleichzeitig ausgeführt. Die Ergebnisse jeder Version werden miteinander verglichen und es wird darüber abgestimmt. Im Falle einer Diskrepanz zwischen den Ergebnissen entscheidet die Mehrheit,

deren Ergebnis an die nächste Funktion weitergegeben wird
(Bild 10).

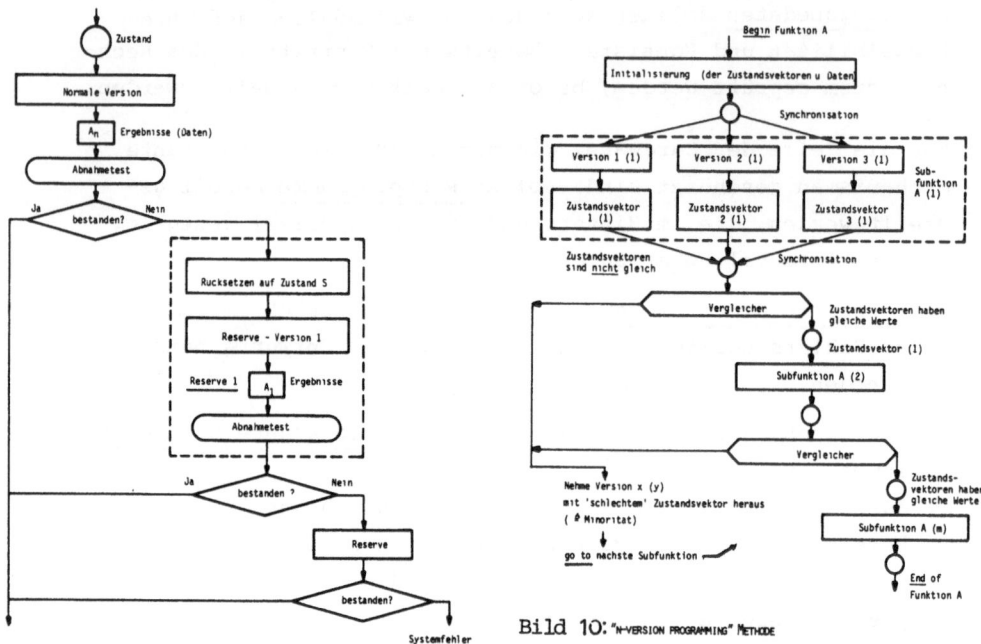

Bild 9. "Recovery block" Methode

Bild 10: "N-VERSION PROGRAMMING" METHODE

Natürlich erfordert diese Methode besondere Maßnahmen zur
Synchronisation in einem Einzelprozesser, zur Initialisierung
und zum Vergleich innerhalb eines Toleranzbandes, da keine
genauen gleiche Ergebnisse erwartet werden können. Der Grad
der Diversität der N-Versionen kann variieren. In zwei kerntechnischen Projekten erzielte man die Diversität durch N
verschiedene Programmierteams (N=2; 3), die N verschiedene
Sprachen zur Realisierung der gleichen Algorithmen verwendeten /15, 28/. Man kann auch die Software segmentieren und
verschiedene Algorithmen für die gleiche Funktion eines Segments einsetzen. Der zusätzliche Aufwand zur Synchronisation,
Initialisierung und zur Abstimmung ist kostspielig, er kann
aber gerechtfertigt werden für die Softwareteile, die die
kritischen Bereiche beeinflussen.

Zur Unterstützung der Beschreibung des Entwurfs wurden eine
Reihe von Beschreibungsmethoden entwickelt wie PDL /30/.
HIPO/31/ und SAMM/32/. Außerdem können rechnergestützte Werkzeuge zur Unterstützung der Anforderungsanalyse wie RSL (SREM)
/10/, PSL/PSA/9/ und CASCADE /11/ für die erste Ebene des

Softwareentwurfs angewendet werden. Wir haben eine Beschrei-
bungsmethode ähnlich SAMM zur Darstellung des Datenflusses
verwendet /39/. Zusätzliche Tabellen beschreiben Bedingungen
und Beziehungen von Funktionen mit Daten, die in der Datenbank gespeichert sind und durch ein zentrales Datenbanksystem
verwaltet werden. Ein relationales Modell ist Grundlage zur
Beschreibung der Daten auf der ersten Ebene (konzeptionelles
Schema) und für das Datenbanksystem FADAB, das auf einem Kleinrechner läuft /38/. Wir haben PSL/PSA für einige typische
kleine Softwareteile zur Erprobung verwendet. Die Software-
strukturen und die Datensätze können zwar auf der Entwurfs-
ebene systematisch mit einer formalen Sprache beschrieben
werden, aber wir meinen, daß wir zuerst eine umfassende Methodology von der Anforderungsanalyse bis zur Programmierphase
entwickeln müssen, bevor wir ein rechnergeschütztes Werkzeug
wie PSL/PSA wirksam beim Entwerfen, bei der Verifikation und
der Verfeinerung in der Implementierungsphase einsetzen
können.

Durch Verwenden der Datenflußdiagramme in Verbindung mit Be-
dingungstabellen und Kommentaren wird die hierarchische Struktur des Entwurfs transparenter und auch sichtbar für den Anwender. Dadurch kann auch die Konsistenz mit den Anforderungsspezifikationen geprüft werden. Der nächste Schritt zum Programmentwurf ist aber noch nicht ersichtlich und nicht direkt
möglich ohne intelligente Transformation des Systementwurfs
in den Programmentwurf.

In /15/ wurde RSL verwendet, um den Entwurf von den Anforderungsspezifikationen abzuleiten, indem in jedes Verarbeitungsmo-
dul input/output Assertionen eingebaut wurden. Diese Assertionen werden in einer FORTRAN-ähnlichen Syntax mit einigen zusätzlichen Notationen der Logik und durch eine Liste von in-
put/variablen und ihren Einschränkungen ausgedrückt. Diese
Methode erwies sich als recht wirksam und zuverlässig, um An-
wendungsprogramme zu erzeugen und sie dem Inspektionspersonal
transparent zu machen.

2.3 In der Programmierungsphase

Neben den Regeln der strukturierten Programmierung sollten
einschränkende Richtlinien der Programmierung befolgt werden,
um unzuverlässige und undurchsichtige Programmkonstruktionen
zu vermeiden, selbst auf Kosten der Effizienz des Codes / 33,

34 /. Eine höhere Programmiersprache sollte verwendet werden, die zuverlässige Konstruktionen vorsieht und Prüfungen durch den Compiler erlaubt wie bei PASCAL (mit Datentypendefinitionen und Prüfungen), strukturiertes FORTRAN (mit Steuerstrukturen gemäß den Regeln der strukturierten Programmierung) oder PEARL (mit asynchroner Realzeit-Tasksteuerung und Prozeßschnittstellendeklarationen). Die Entscheidung, in welcher Sprache die Programme geschrieben werden sollten, hängt von mehreren Faktoren ab wie Zuverlässigkeit des verfügbaren Compilers, Typ der Anwendung, die geforderten wesentlichen Spracheigenschaften und ob wiederverwendbaren Programme in dieser Sprache verfügbar sind. Ein spezielles Betriebssystem sollte entwickelt werden, daß nur jene Funktionen enthält, die für diese besondere Anwendung gebraucht werden. Es sollte zuverlässige und schützende Mechanismen zur Steuerung der asynchronen Tasks, der Betriebsmittelzuweisung, des Speicherzugriffs und der Unterbrechungshandhabung eingebaut haben / 35, 36 /.

Das defensive Programmieren entdeckt Fehler am Ende eines jeden Segmentes durch gewisse Prüfungen und löst Gegenaktionen unmittelbar nach der Entdeckung aus, um rechtzeitig die Fehlerfortpflanzung zu verhindern /4/.

Die Programmstruktur muß konsistent mit der Entwurfsstruktur sein. Dies ist oft schwierig zu erreichen, da es eine Kluft gibt zwischen der Beschreibung des Entwurfs und der des Programms. Man kann aber die Modularität der Software, die Schnittstellen, die Steuer- und Datenflußstruktur, die Fehlertoleranzmechanismen und die wesentlichen Datenstrukturen auf Übereinstimmung bringen. Wir beschreiben die Programme durch Struktogramme und funktional strukturierten Kommentartext. Während unsere Programme meistens in FORTRAN geschrieben sind, benutzen wir eine PL/1-Notation oft als Programmspezifikation. Da es noch eine Menge manueller Übertragung vom Entwurf zum Programm gibt, können leicht Fehler durch den Menschen auftreten. Aus diesem Grund benötigen wir rechnergestützte Dokumentationshilfsmittel, die eine konsistente Beschreibung des Entwurfs und der Programme erzwingen durch die Standardsder Formalisierung.

3.   Analytische und Testmaßnahmen

In der Entwicklung hoch-zuverlässiger Software sollten Analyse und Testen der Produkte jeweils zum Ende einer Phase erfolgen.

Diese Aktivitäten zielen auf die Verifikation und Validation
der Software ab während sie wächst, und zwar in systematischer
Weise gemäß einer Teststrategie und einem Testplan (Bild 11).
Verifikation ist hier definiert als die Feststellung der wahren
Übereinstimmung zwischen dem Software-Produkt und seiner Spezifikation. Die Validation ist definiert als die Feststellung der
Tauglichkeit eines Softwareprodukts für seine betriebliche Aufgabe / 7 /. Tests zielen auf die Entdeckung von Fehlern und die
Korrektur des Softwareprodukts ab. Verifikation vergleicht das
Softwareprodukt (Ausgang) mit den Spezifikationen (Eingang) jeder Phase, während die Validation das Softwareprodukt aufgrund
der Anforderungsspezifikation bewertet. Das endgültige Softwaresystem wird im System-und Abnahmetest getestet. Diese Aktivitäten sollten von getrenntem neutralem Personal durchgeführt
werden. Es gibt dazu eine Reihe von Test- und Analysewerk-
zeugen / 42, 43 /.

3.1 Teststrategie

Ein Testplan sollte frühzeitig im Entwicklungsprozeß entwickelt
werden, der im wesentlichen die Teststrategie, die zu verwen-
denden Testwerkzeuge und das beteiligte Testpersonal festlegt.
Die hier beschriebene Teststrategie ist ziemlich die gleiche,
die wir zur Validation von Software für ein Kernreaktorschutz-
system verwendet haben / 1/.

Die Anforderungsspezifikationen werden auf ihre Vollständigkeit und Plausibilität geprüft. Diese Prüfungen sind offensichtlich wie etwa, daß jede Eingangsdate einer Funktion eine
entsprechende Ausgangsdate einer anderen Funktion hat oder,
wenn Funktionen hierarchisch zerlegt werden, so wird geprüft,
daß die entsprechenden Eingangs/Ausgangsdaten konsistent zerlegt sind.

Der Systementwurf wird in ähnlicher Weise geprüft. Zusätzlich
können gewisse Leistungsdaten wie obere und untere Grenze der
Antwortszeiten oder Datenraten vom Entwurf geschätzt und mit
den geforderten Werten verglichen werden. Komplexere Beziehungen und das dynamische Verhalten können simuliert werden,
wobei Modelle des Systementwurfs wie Petrinetze, Warteschlangenmodelle und Daten/Steuerflußmodelle verwendet werden. Kritische
Fehler können absichtlich erzeugt werden, um das Verhalten des
Systems in einem reduzierten Betrieb abschätzen zu können. Des

weiteren können **Schnittstellen** zwischen **Softwaremodulen, Zugriffs-**
kontrolle auf Dateien und die Kooperation zwischen
asynchron arbeitenden Modulen statisch und bis zu einem gewissen Grade auch dynamisch geprüft werden.

Die <u>implementierte Software</u>, das sind Programme, Datenbasis,
Datenstrukturen, Datenfluß und Steuerfluß können zur Validation
durch eine Reihe von Verfahren und Werkzeugen getestet und
analysiert werden. Wir unterscheiden zwei Arten von Tests:
- den Softwaretest und
- den Systemtest.

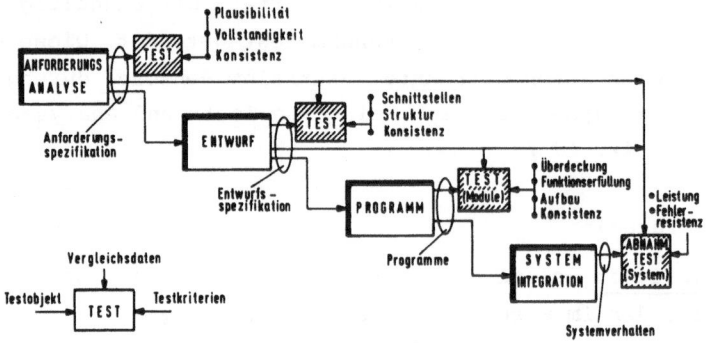

Bild 11: Testaktivitäten während des Entwicklungsprozesses von
zuverlässiger Software

3.2. <u>Softwaretest</u>

In Softwaretests wird die Software analysiert und getestet,
ohne daß sie mit externen Daten betrieben wird, d. h. keine
Daten werden in Realzeit von der Umgebung (technischer Prozeß)
zum zu testenden Rechner gesendet.

Die systematische Erzeugung von <u>Testdaten</u> ist Voraussetzung
für ein gut organisiertes Testen und ist wesentlich zum Erreichen eines hohen Grades an Vertrauen in das Testen. Bei
unserer Validation ist das strukturelle Testen dominierend,
wobei rechnergestützte statische und dynamische Analyse der
Programmstrukturen zur Auswahl der Testeingabedaten verwendet
werden./ 41 /. Die notwendigen Testeingangsdaten und die erwartenden Testergebnisse werden durch den Testplan beschrieben,
der für jedes Programm Modul als auch für das gesamte Programm
aufgestellt wird. Die erwarteten Testergebnisse werden von den
Programm-Spezifikationen abgeleitet, was zur Zeit noch durch

manuelle Analyse erfolgt, und was in Zukunft über rechnergestützte Werkezeuge erfolgen soll / 9, 10/.

Die Reihenfolge des Testens ist gewöhnlich von unten nach
oben. Jeder Modul wird separat mit seiner speziellen Eingangs-
Ausgangsumgebung getestet, die durch einen sogenannten Testrahmen erzeugt werden kann. Der 'Testrahmen' ist ein spezielles
Softwaresystem, das die Eigenschaften des Betriebssystems und
anderer angeschlossener Anwendungsprogramm-Module nachbildet
/ 44/. Die Module werden in ein Programmsystem integriert, daß
im Integrationstest geprüft wird. Dieser Test schließt das
Überprüfen der Schnittstellen zwischen den Modulen wie Modul-
Parameter und verwendete globale Variablen ein. Wenn die Regeln der strukturierten Programmierung eingehalten werden, so
kann eine Mischung von 'top-down' und 'bottom-up' Tests angewendet werden. Die Module der unteren Schicht, die noch nicht
vollständig programmiert sind, können durch ihre Schnittstellen-
angaben emuliert werden gegenüber den entsprechenden Modulen
der höheren Schicht, die gerade getestet werden.

3.3 Systemtest

Im Systemtest werden die Subsysteme, die aus verbundenen Programm-Modulen zusammengesetzt sind, und schließlich das vollständige technische System (das ist das vollständige Reaktorschutzsystem) unter Realzeitbedingungen getestet.
Die Testdaten werden ausgewählt, in dem die Spezifikationen
und die Kenntnis über kritische und häufig wiederkehrende Situationen der tatsächlichen Anwendung beachtet werden. Die
Test werden mit Hilfe eines Testcomputers ausgeführt, der mit
dem zu testenden Computer verbunden ist. Zuerst wird der 'spezifikationsbezogene Test' eines einzelnen Schutzrechners ausgeführt, dann der 'anwendungsbezogene Test' des vollständigen
Reaktorschutzsystems, das aus dreifach redudanten Rechnern
besteht. Im 'spezifikationsbezogenen Test' wird die gesamte
unmodifizierte Software getestet, während im Softwaretest das
Programm durch die Instrumentation modifiziert wurde. Die Testdaten werden von der funktionalen Softwarespezifikation abgeleitet, wobei ein systematisches Testen der verschiedenen Fälle der Spezifikation angestrebt wird.

Im 'anwendungsbezogenen Test' wird das komplette Reaktorschutzsystem getestet einschließlich der A/D-Umsetzer für

die Eingabesignale und den Mehrheitsvoter des Ausgangssignals.

Der Testcomputer erzeugt eine Reihe von Testeingabesätzen, die typische normale Betriebsbedingungen und verschiedene Arten von Brennelementfehlern simulieren (z.B. lokale Brennelemente- ausfälle). Außerdem werden verschiedene Arten von Ausfällen der Prozeßinstrumentierung und deren Kombinationen simuliert. Nicht eine perfekte Simulation des tatsächlichen Reaktorbe- triebs wird durchgeführt, sondern typische Situationen werden erzeugt. Diese Testeingabedaten werden in Realzeit an das Test- objekt gesendet.

Während der spezifikationsbezogene Test auf die Abdeckung aller möglichen Eingabefälle der Spezifikationen abzielt, strebt der anwendungsbezogene Test die häufigen und die kritischen Fälle der Anwendung intensiver an, da ja der fehlerfreie Betrieb der Software in kritischen Situationen von vorrangigem Interesse ist. (Bild 12).

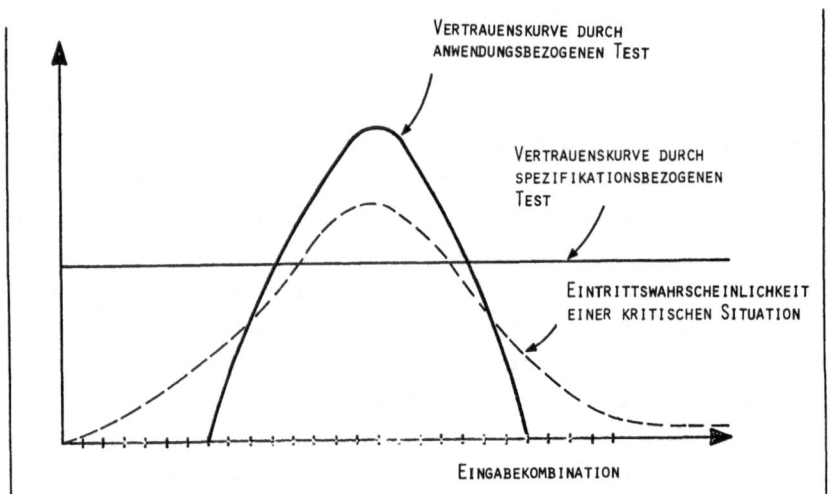

Bild 12: Qualitative Darstellung der unterschiedlichen Ziele des spezifikationsbezogenen Tests und des anwendungs- bezogenen Tests

Die große Zahl von Testläufen und die große Menge der Testda- ten erfordern eine automatische Analyse der Korrektheit der Testergebnisse in Bezug auf die Spezifikationen. Das wird aus- geführt durch Unterstützung des Testrechners wie in Bild 13 zu ersehen ist.

Der Testrechner erzeugt die Testdaten, gibt sie an das Testob- jekt weiter, liest die Testresultate ein, überprüft diese und dokumentiert die Testläufe.

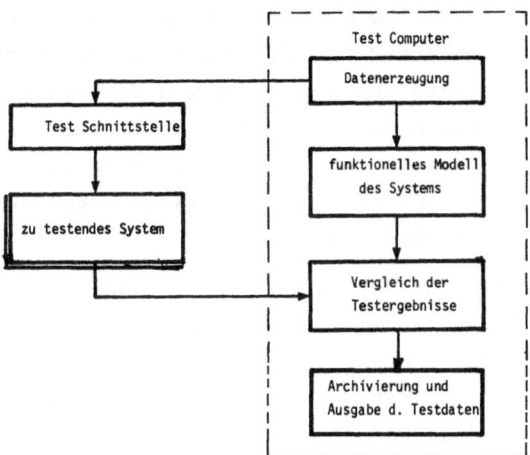

Bild 13: Aufbau des Systemtests und Prüfung der Testergebnisse

Um die Ergebnisse des Tests zu überprüfen, wird ein funktionales Modell des Testobjekts von den Spezifikationen abgeleitet. Die Testdaten werden dann auch von dem Modell verarbeitet. Dann werden die Testergebnisse des tatsächlichen Systems mit denen des Modells verglichen.

Um identische Fehler im tatsächlichen System und im Modell zu vermeiden, wird das Modell von einem unabhängigen Team und in höherer Sprache implementiert.

3.4 Abschätzung der Zuverlässigkeit

Die Abschätzung der Zuverlässigkeit von Software basiert hauptsächlich auf der Auswertung der Ergebnisse von Test und Analysen. Unter anderem gibt es zwei Arten von Kriterien, die bei der Bewertung berücksichtigt werden müssen. Erstens, die Überdeckung der Tests bestimmt das Ausmaß, zu dem die Software unter normaler Belastung und abnormalen Bedingungen getestet worden ist. Das schließt den Umfang und die Menge der Eingabedaten ein, den Zugriff auf gespeicherte Daten und die ausgeführten Steuerpfade. Das C_1-Kriterium ist erfüllt, wenn jeder Programmzweig mindestens einmal ausgeführt wurde und das C_K-Kriterium ist erfüllt, wenn jede Schleife K-mal ausgeführt wurde. Auch die Länge der Testdauer, der die Software unterworfen wurde, ist solch ein Kriterium. Zweitens, die Anzahl und die Arten der Fehler, die während der verschiedenen Tests entdeckt wurden, sind ein weiteres Maß der Zuverlässigkeit der Software.

Eine Reihe von quantitativen Maßzahlen für die Softwarequalität kann in Fachveröffentlichungen und Standards gefunden wer-

den, und weitere solche Maßzahlen wurden vorgeschlagen, wie
Fehlerdichte, Fehlerraten, das Verhältnis von nichtbestandenen
zu bestandenen Tests und die Dauer von Testläufen. Jedoch nur
wenige dieser Maßzahlen sind genügend erprobt /45/. Zusätzliche qualitative Kriterien können / 46/ nachgelesen werden.
Tabelle 1 / 45/ zeigt einen militärischen Standard für Quali-
tätstestkriterien als Beispiel.

Die Fehlerdichte ist definiert als die Zahl der Softwarefehler
die während des Entwicklungsprozesses pro Tausend Befehle entdeckt wurden. Der Standard der Tabelle 1 gibt unterschiedliche
Grenzwerte für fünf verschiedene Prioritäten an, d.h. für unterschiedliche Schwere der Fehlerfolgen. Das bedeutet, daß
nicht bloß die Zahl der Fehler, sondern auch die Schwere der
Fehlerwirkung gemessen wird.

Die Fehlerrate ist die Anzahl der Fehler, die pro Stunde der
Testausführungszeit auftreten. Dieses vorgeschlagene Kriterium
ist sehr abhängig von der Softwareanwendung und daher wenig
geeignet zur Standardisierung.

Das Verhältnis von nichtbestandenen Tests zu bestandenen Tests
während einer bestimmten Zeitdauer wird als ein sinnvolles
Maß und Abschätzung der Softwarezuverlässigkeit vorgeschlagen.
Dieses Maß scheint stabile Werte über einen längeren Testzeit-
raum zu geben.

Der Dauertest demonstriert die Fähigkeit eines Softwaresystems
fehlerfrei für eine bestimmte Zeitdauer unter maximaler Last
zu laufen.

Ein anderer Weg zur Abschätzung der Softwarezuverlässigkeit
ist durch das sogenannte 'Fehler säen'. Hierbei werden Fehler
verschiedener Arten gezielt in die Software plaziert und die
Häufigkeit, daß die Software keinen spezifizierten stabilen
Zustand erreicht, wird gezählt. Diese Methode erfordert gute
Kenntnisse der Spezifikationen und der Struktur der zu testenden Software.

Der Aufwand des Testens relativ zur Anzahl der entdeckten Fehler ist ein Maß für die Effizienz des Testens, die auch bei
der Abschätzung der Zuverlässigkeit mit in Betracht gezogen
werden sollte.

3.5 Einsatz von automatischen Testmittel

Es gibt eine Reihe automatischer Testwerkzeuge unterschiedli-

cher Art mit spezifischen, begrenzten Fähigkeiten. Die meisten
von ihnen wurden zur Unterstützung der Fehlersuche und Editie-
rung von Programmen entwickelt, aber nicht für ausgedehnte
Verifikation und Validation von Softwaresystemen. Sie sind gewöhnlich auch nicht als ein kommerzielles Produkt auf dem
Markt verfügbar. Ein Testwerkzeug mit vielfältigen automatischen Fähigkeiten zur Programmanalyse, zum Testen und zur Dokumentation ist RXVP und sein Nachfolger SQLAB / 47 /. Ein
ähnliches System aber in kleinerem Maßstab ist SADAT /48,53/.
Diese automatischen Testwerkzeuge sind Voraussetzung für die
Zuverlässigkeitsabschätzung großer Softwaresysteme, da sie
gestatten, große Sätze von Testeingabedaten zu erzeugen, die
Testergebnisse zu archivieren und zu dokumentieren und die
entdeckten Fehler für Fehlerstatistik aufzuzeichnen. Solch
ein Testsystem kann ein nützliches Werkzeug während der Im-
plementationsphase für das Modultesten und das Systemtesten
sein / 50 /.

Der Grundaufbau eines solchen Testsystems ist im Bild 14 gezeichnet. Die Eingabedaten für das Testsystem sind Quellcode,
der anlysiert werden soll und Benutzerkommandos zur Steuerung
des Tests und der Programmanalyse. Die Benutzerkommandos werden vom Kommandointerpreter verarbeitet. Jeder der Hauptkom-
ponenten (statische Analyse, dynamische Analyse, Testdatenerzeugung) kommunizieren über die gemeinsame Datenbank. Die
verschiedenen Testfunktionen werden nun beschrieben.

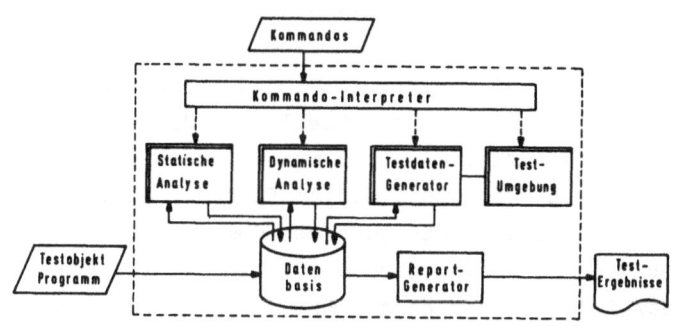

Bild 14: Prinzipieller Aufbau eines Programm Analyse und Testsystems
(am Beispiel von S A D A T (53))

In der statischen Analyse wird der Quellcode des Programms
statisch analysiert, ohne daß der übersetzte Code ausgeführt

wird. Die drei Hauptteile der statischen Analyse sind:

- Syntaktische Dokumentation
- Steuerstrukturanalyse
- Konsistenzüberprüfung.

Die syntaktische Dokumentation liefert informative strukturierte Quell-Listings, die in den meisten Compiler nicht verfügbar sind.

Die Steuerstrukturanalyse zeigt den möglichen Programmsteuer-fluß auf. Mit Hilfe von Graphen können fehlerhafte Konstruktionen entdeckt werden. Die Steuerstruktur bildet auch die Basis zur Testüberdeckung während der dynamischen Analyse.

Mehr Konsistenzprüfung durch die statische Analyse wird getan als bei den meisten Compilern in der syntaktischen Analyse.

Während der statischen Analyse wird eine Datenbasis erzeugt, die als Zentrale dient, von der alle Information extrahiert werden kann für das Ausdrucken von Berichten, für dynamische Analyse und für die Testdatenerzeugung.

Die dynamische Analyse unterstützt die Überwachung des dynamischen Verhaltens von Programmen. Sie besteht aus
- Instrumentierung
- Ablauf des Testobjekts mit Testdaten und
- Auswertung und Dokumentation der Testergebnisse.

Die Instrumentierung eines Testobjekts zur Messung des Steuer-flusses und des Datenflusses wird automatisch vor der Kompilierung durchgeführt. Sie besteht aus dem Einsetzen von Test-punkten an strategisch günstigen Stellen, sodaß man alle Steuer-pfade und die minimalen und maximalen Werte einer Datenvariablen messen kann. Nach der Ausführung des Tests werden die aufgezeichneten Testergebnisse dem Tester als Bericht zu seiner Auswertung ausgegeben. Der Tester erhält auch ein Ausführungsprofil, von dem er den Grad der Testüberdeckung ablesen kann. Wenn die Testziele nicht erfüllt wurden, wird der Test mit neuen Testdaten wiederholt, bis die Testziele erreicht wurden. Der Datenfluß und die Wertebereiche der Variablen können auch von diesen Testdaten, die während der Ausführung aufgezeichnet wurden, beobachtet werden.

Zur Testdatenerzeugung werden statische und dynamische Analyse

bei der Auswahl der Testeingabedaten verwendet. Die statische
Analyse zeigt explizit die Steuerstruktur und die Verwendung
der Variablen innerhalb eines Programms auf. Falls die dynamische Analyse eine nicht ausgeführten Programmpfad entdeckt
hat, wird für diesen Pfad ein Pfadprädikat automatisch errechnet. Das Prädikat wird über symbolische Ausführung abgeleitet.

Der Einsatz eines automatischen Testsystems hat viele Vorteile,
neben der routinemäßigen Überprüfung z. B.
- eine umfangreiche Dokumentation der tatsächlichen Programme
  und ausgeführten Tests,
- eine systematische Testdatenauswahl,
- die Aufzeichnung der Programmanalyse und Testdaten und
- Dokumentation zur Überwachung des Testfortschritts.

Während der Anforderungsanalyse und der Entwurfsphase können
solche automatischen Werkzeuge wie SREM / 10 / und PSL/PSA / 9 /
verwendet werden, um die Spezifikation statisch auf ihre Vollständigkeit, Plausibilität und Konsistenz zu analysieren.

Zuverlässigkeitsmanagement

Die verschiedenen konstruktiven, fehlertoleranten und analytischen Verfahren und die automatischen Werkzeuge müssen vernünftig eingesetzt werden. Sie sind von keinem Nutzen, wenn ihre
Anwendung während des Entwicklungsprozesses nicht richtig geplant und überzeugend vom Management durchgesetzt werden. Das
Ziel des Zuverlässigkeitsmanagements sollte das gleiche sein
wie das der Qualitätskontrolle. Die Qualitätskontrolle überwacht die Softwareprodukte während und am Ende ihrer Entwicklung,
damit sie den gültigen Standards genügen, die zur Erfüllung der
Anforderung des Betriebes erstellt wurden / 51 /. Leider ist es
schwierig, solche Standards zu entwickeln und sie existieren
noch nicht in dem notwendigen Außmaße wie bei der Hardware. Das
Ziel des Zuverlässigkeitsmanagements für Software sollte daher
sein, sicherzustellen, daß die optimalen konstruktiven, analytischen und fehlertoleranten Maßnahmen und die entsprechenden
Werkzeuge in kosteneffektiver und zeitgerechter Weise eingesetzt
werden.

Während jeder Phase des Entwicklungsprozesses müssen auf der
einen Seite gewisse zuverlässigkeitsorientierte Aktionen durch
das Entwicklungspersonal durchgeführt werden und auf der anderen
Seite durch das Qualitätskontrollpersonal. Das Entwicklungsper-

sonal kümmert sich hauptsächlich um den Einsatz der konstruktiven Maßnahmen, während das Qualitätskontrollpersonal beschäftigt ist mit dem Analysieren, mit dem Bewerten und dem
Verifizieren der Leistung und Qualität der Software. Das Zuverlässigkeitsmanagement befaßt sich mit der Revision, der
Prüfung und Steuerung dieser zuverlässigkeitsorientierten Aktionen und ihrer Ergebnisse am Ende einer jeden Phase des Entwicklungsprozesses und wenn wesentliche Änderungen der Software durchgeführt werden. Um die Unabhängigkeit des Zuverlässigkeitsmanagements zu garantieren, sollte eine gesonderte
Managementorganisation eingerichtet werden.

Ich kann   nicht in die Details der Managementaufgaben eingehen, aber ich möchte betonen, daß neben einer guten zuverlässigkeitsorientierten Entwicklungsmethodologie ein gut organisiertes Zuverlässigkeitsmanagement Voraussetzung für zuver-
lässsige Software ist.

5. Schluß

Ich hoffe, daß Sie einen wertvollen Einblick in die vielfältigen, verfügbaren Maßnahmen zur Gewährleistung zuverlässiger
Software gewonnen haben. Es sei aber darauf hingewiesen, daß
das Gebiet der Softwarezuverlässigkeit in der wissenschaftli-
chen Bearbeitung erst am Anfang steht. Weitaus mehr Forschung
muß in diesem Gebiet getan werden, besonders wenn wir an den
zukünftigen Einsatz komplexer verteilter Rechnersysteme denken,
die weitaus verantwortungsvollere Aufgaben übernehmen sollen.

Ein großer Teil dieses Vortrags basiert auf der Arbeit und Dokumentation meiner Mitarbeiter, der Herren W. Geiger, L. Gmeiner
und U. Voges, denen ich hiermit meine Anerkennung ausdrücken
möchte.

Literatur

1. Geiger, W. et al: Program testing techniques for nuclear reactor protection systems. Computer vol 12 no 8 (Aug. 1979) 10-18.

2. Trauboth, H.: Software testing and validation techniques for highly reliable process-information systems. Infotech State of the Art Rep computer audit and control Infotech Ltd Maidenhead UK (to be published Nov. 1980).

3. Boehm, B. et al: Some experience with automated aids to the design of large-scale reliable software. Proc. Conf. on Reliable software (Apr. 1975).

4. Kopetz, H.: Software reliability. Hanser-Verlag München 1979 (in German 1976).

5. Endres, A.: An analysis of errors and their causes in system programs. IEEE Transactions on Software Engineering (June 1975).

6. Boehm, B. et al: Characteristics of software quality. TRW Series of software Technology 1 North-Holland Publishing Co 1978 .

7. Boehm, B.: Guidelines for verifying and validating software requirements and design spezifications. Proc. Euro-IFIP Conf. London Sep. 1979 .

8. Gmeiner, L.: Error recording and error analysis during implementation of a prototype computerised reactor protection system. Internal Rep KFK-PSB Kernforschungszentrum Karlsruhe (Jan. 1980).

9. Teichroew, D. and Hershey, E.: PSL/PSA: a computer-aided technique for structured documentation and analysis of information processing systems. IEEE Transactions on Software Engineering (Jan. 1977).

10. Alford, M.: A requirements engineering methodology for real-time processing requirements. Proc. IEEE 2 Intl. Conf. on Software engineering San Francisco: Oct. 1976.

11. Solvberg, A.: Computer-Aided Systems Construction And Design Evaluation (CASCADE). Data (1976).

12. Ross, D.: Structured Analysis (SA): a language for communicating ideas. IEEE Transactions on Software Engineering (Jan. 1979).

13. ADV/ORGA: Orgware 4, Planung und Implementierung von Informations-systemen. F.A. Meyer KG, Wilhelmshafen: 1975.

14. Trauboth, H. and Frey, H.: Safety considerations in project management of computerised automation systems. Proc. IFAC-Workshop SAFECOMP '79, Stuttgart: May 1979 .

15. Ramamoorthy, C. et al: A systematic approach to the development and validation of critical software for nuclear power plants. Proc. 4th Intl. Conf. on Software engineering, Munich: Sep. 1979.

16. Holik, A.: Concepts of ultra-reliable distributed multi-processor systems. Study Rep. INTERATOM Bensberg Germany, Nov. 1979 and verbal communication.

17. Wensley, I. et al: SIFT - design and analysis of a fault-tolerant computer for aircraft control. Proc. IEEE '66 (10) (Oct. 1978) 1240-1254.

18. Hopkins, A. et al: FTMP - a highly reliable fault-tolerant multi-processor for aircraft. Proc. IEEE '66 (10) (Oct. 1978).

19. Gallagher, I. et al: Microprocessor-based integrated protection system. ENS/ANS Intl. Meeting on Nuclear power reactor safety, Brussels, Oct. 1978.

20. Hopkins, A. and Lala, J.: Survival and disparate probability models for the FTMP-computer. Proc. 'th. Intl. IEEE Conf. in Fault-tolerant computing Toulouse, June 1978.

21. Bouricius, W. et al: Reliability modelling on fault-tolerant computers. IEEE Transactions on Computers C-20 (1971) 1306-1311.

22. Ramamoorthy, C. et al: Optimal placement of software monitors aiding systematic testing. IEEE Transactions of Software Engineering vol SE-1 no 4 (Dec. 1975) 303-411.

23. Yau, S. et al: An approach to real-time control flow checking. Proc. COMPSAC '78 Chicago, Nov. 1978.

24. Boi, L. and Michel, P.: Design and principles of a fault-tolerant system. Proc. 3rd. Intl. Conf. in Software engineering Atlanta, May 1978, S. 207-214.

25. Cardenas, A.: Database management systems. Allyn and Bacon Boston: 1979

26. Randell, B. et al: Reliability issues in computing system design. Computing Surveys vol 10 no 2 (June 1978).

27. Avizienis, A. and Chen, L.: N-version programming: a fault-tolerance approach to reliability of software operation. Proc. 8th. Intl. Conf. on Fault-tolerant computing Toulouse: June 1978, S. 3-9.

28. Gmeiner, L. and Voges, U.: Software diversity in reactor protection systems: an experiment. IFAC-Workshop SAFECOMP 1979 Stuttgart: May 1979.

29. Carter, W.: Fault detection and recovery algorithms for fault-tolerant systems. Proc. Euro IFIP'79 London, North-Holland Publishing Co, Sep. 1979, S. 725-734.

30. Caine, S. and Gordon, K.: PDL - a tool for software design. Proc. National Computer Conf. 1975, S. 271-276.

31. Katzgan, H.: Systems design and documentation - an introduction to the HIPO-method. Van Nostrand Reinhold New York: 1976.

32. Lamb, S. et al: SAMM: a modelling tool for requirements and design spezification. Proc. COMPSAC '78, Chicago: Nov. 1978.

33. Voges, U. and Ehrenberger, W.: Proposal of programming standards for a computerised protection system. (in German) KFK-Ext. 13/75-2 Kernforschungszentrum Karlsruhe: 1975.

34. Kernighan, B. and Plauger, P.: The elements of programming style. McGraw Hill, Now York: 1974.

35. Wegner, P. (editor): Research directions in software engineering. MIT Press 1979.

36. Nehmer, J. and Goos, G.: Computerised safeguarding on nuclear power plants: a case for reliable software. IFIP TC-2 Working Conf. on Constructing quality software Novosibirsk: May 1977.

37. Eggenberger, O.: Ein Zustandsmodell zur Beschreibung des sicherheitsrelevanten Verhaltens von Rechnersystemen. Angewandte Informatik 8 (1979) 334-339.

38. Polster, F. J.: FADABS: Ein Datenbanksystem für die SIEMENS-Prozessrechner S330. Tagungsbericht 9, Jahrestagung des SIEMENS-Anwenderkreises I, Kernforschungszentrum Karlsruhe KFK-Ber. 2642.

39. Friehmelt, R. et al.: A systematic approach to data processing in the analytical laboratory of a nuclear fuel reprocessing plant. Proc. 12th Symposium on Computer applications in chemical engineering, Montreux 8, vol. 1: 11 Apr. 1979, 27-36.

40. Sorkowitz, A.: Certification testing: a procedure to improve the quality of software testing. Computer, vol. 12, no. 8: 1979.

41. Voges, U.: Aspects of design, test and validation of the software for a computerized reactor protection system. Proc. 2nd Internat. Conf. on Software engineering, San Francisco: October 1976, 606-610.

42. Miller, E.: Guest editor's introduction: software quality assurance. Computer, vol. 11, no. 4 (August 1978) .

43. Miller, E.: Program testing. Computer, vol. 11, no. 4 (Apr 1978).

44. Sneed, H.: Program testing technology - an overview and projection. Infotech State of the Art Conf. on software testing, London: Sept. 1978.

45. Bowen, J.: A survey of standards and proposed metric for software testing. Computer (Aug. 1979) 37-42.

46. ACM software engineering notes. Proc. Software Quality and Assurance. Workshop San Diego: Nov. 1978.

47. Andrews, D. and Benson, J.: Software quality laboratory, user's manual. General Research Corporation, CR-4-770: May 1978.

48. Amschler, A. et al.: SADAT - an automated testing tool. Workshop on software testing and test documentation, Fort Lauderdale: Dec. 1978.

49. Gannon, C.: Error detection using path testing and static analysis. Computer (Aug. 1979) 26-32.

50. Geiger, W.: Experience with an automated test and documentation system for FORTRAN programs. Practice in Software Adaptation and Maintenance. R. Ebert, J. Lügger and L. Goecke (eds): North-Holland Publishing Co.: 1980.

51. Fujii, M.: A comparison of software assurance methods. Proc. Soft-

ware Quality and Assurance. Workshop San Diego: Nov. 1978.

52. Daniels, B.: Experience with computers in some UK powerplants. Proc. IFAC Workshop SAFECOMP '79, Stuttgart: May 1979.

53. Voges, U. et al.: SADAT - An Automated Testing Tool. IEEE Transactions on Software Engineering, vol. SE-6, no. 3 (May 1980) 286-290.

GRUNDPRINZIPIEN UND BETRIEBSERFAHRUNGEN MIT
FEHLERERKENNUNG UND -ANZEIGE BEI FEHLER-
TOLERANTEN PROZESSRECHNERSYSTEMEN MIT
FUNKTIONSBETEILIGTER REDUNDANZ*

BASIC PRINCIPLES AND OPERATING EXPERIENCE
WITH FAULT DIAGNOSIS AND DISPLAY IN FAULT-
TOLERANT SYSTEMS WITH "IN FUNCTION"
REDUNDANCY

G. Bonn, M. Patz**, F. Saenger
Fraunhofer-Institut für Informations- und
Datenverarbeitung
7500 Karlsruhe

**Lehrstuhl für Prozeßrechner
Technische Universität München
8000 München

Summary

Technical systems are becoming more and more complex due to increasing
demands, nevertheless they have to be of high reliability and good
maintenability. This is especially true for multi process computer
systems. Availability and reliability cannot only be reached by means
of perfection, fault-tolerance has to be added.
With the RDC-Process Computer System a fault-tolerant system is presented, which allows full performance of all computer components (with
different tasks) being in the normal state and with high system availability by means of dynamical functional redundancy, error detection,
error diagnosis and automatic reconfiguration, therefore the repair of

* Die Arbeiten zu diesem Beitrag wurden im Rahmen des vom BMFT geförderten Vorhaben DV 4908-081 5604 und teilweise des vom BMVg geförderten Vorhaben T/RF33/60010/61017 durchgeführt. Die Verantwortung
  für die Richtigkeit der Ergebnisse liegt allein bei den Verfassern.

defect components is disposable.

Programming computer systems with dynamic redundance languages must provide features to describe reactions on failures of system parts, i.e. state dependent configuration of program-modules. MEHRRECHNER-PEARL, an extention of the high level language PEARL, involves such features and is used for programming the RDC system.

Furthermore an automatic method for backward error recovery is described considering interactions between tasks.

Operating experiences with an application in steel industry processes of 28 RDC-microcomputers in final configuration are reported.

1. Problemstellung

Technische Systeme werden aufgrund steigender Anforderungen komplexer und müssen dennoch von hoher Zuverlässigkeit und guter Wartbarkeit sein. Das gilt in hohem Maße für Mehrrechnersysteme, die zur Steuerung, Regelung und Bedienung von automatisierten technischen Prozessen eingesetzt werden. Der Zuverlässigkeit und damit der Verfügbarkeit von Prozeßrechnersystemen wirken Fehler entgegen, die sich im wesentlichen in drei Gruppen zusammenfassen lassen [1].

- Physikalische Fehler
- Entwurfsfehler
- Bedienungsfehler

Fortschritte in Richtung Fehlervermeidung durch Perfektion sind u.a. durch folgende Maßnahmen erreichbar:

- bessere Bauelemente und Fertigungsverfahren,
- geringere Beanspruchung,
- genauere Spezifikation,
- Prüfungs- und Gültigkeitsnachweise von Programmen und Mikroprogrammen,
- bessere Mensch-Maschine-Schnittstellen,
- Operatortraining,
- Sicherheits- und Datenschutzmaßnahmen.

Diese reichen allein nicht aus und sind teilweise zu kostenaufwendig (z.B. Einsatz hochzuverlässiger Halbleiterelemente), die fallende Zuverlässigkeit aus wachsender Komplexität der Systeme auszugleichen. Eine weitere Maßnahme ist zu ergänzen: Fehlertoleranz.

Fehlertoleranz setzt Redundanz voraus, die prinzipiell auf zwei Arten in technische Systeme integriert werden kann: Als

- statische, blinde Redundanz oder
- dynamische, funktionsbeteiligte Redundanz.

Durch den Einbau von Redundanz in Form von Komponenten oder Funktionen
wird also der Fehler bzw. seine Ursache nicht behoben, sondern das
System wird in die Lage versetzt, die Fehlerwirkung zu tolerieren - es
wird damit fehlertolerant.

2. Grundprinzipien

Fehlertolerante Rechnersysteme werden so konzipiert, daß sie durch den
Einsatz von Redundanz das Auftreten von Fehlern bestimmter Anzahl und
Art zulassen. Diese führen zu einer Reduzierung von Leistung und Ver-
fügbarkeit des Systems, nicht jedoch zu seinem Ausfall. Die Redundanz
kann - abhängig von der Größenordnung des Systems, der zu bearbeitenden
Aufgabe und der gewählten Teststrategie - in unterschiedlich geeigneten
Systemebenen hinzugefügt werden:
- Baustein
- Funktionseinheit (z.B. Addierwerk)
- Systemkomponente (z.B. Prozessor)
- Teilsystem.

Bei Integration von Ersatzbaueinheiten in das System ohne Übertragung
einer speziellen Funktion auf diese im fehlerfreien Betrieb spricht man
von statischer oder bei Fehlermaskierung auch von fehlermaskierender
Redundanz. In Bild 1 ist hierzu ein Beispiel (2-aus-3 Schaltung) angegeben. Ein Vergleicher (C) prüft, ob eine Mehrheit der identischen
Moduln (M) - also mindestens 2 -
gleiche Ergebnisse liefern.

Bei dynamischer oder auch funktionsbeteiligter Redundanz sind oder
können alle Betriebsmittel eines
Rechnersystems bei fehlerfreiem
Betrieb zur Bearbeitung von verschiedenen Aufgaben eingesetzt
werden. Das Auftreten eines Fehlers
in einem Modul oder einer Systemkomponente ist zu erkennen und dem
System mitzuteilen, das mit einer
Strukturänderung (Rekonfiguration)
auf diesen Fehler zu reagieren hat.
Bei entsprechender Auslegung der
Redundanz ist auch nach einer Re-

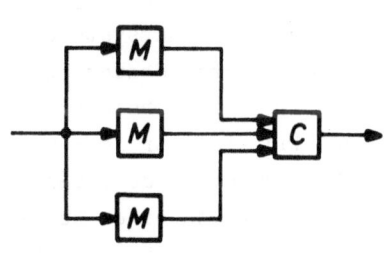

Bild 1:
Prinzipien redundanter Systeme:
Blockschaltbild für statische,
blinde Redundanz (fehler-
maskierend, z.B. 2 aus 3)

konfiguration die Bereitstellung der Gesamtfunktion, wenn auch eingeschränkt, gewährleistet. Bild 2 zeigt das Prinzip der dynamischen funktionsbeteiligten Redundanz für den Rekonfigurationsfall. Der Geräte-

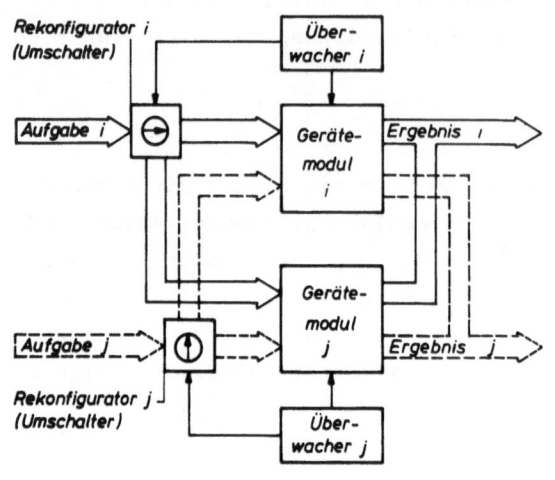

Rekonfigurator i
(Umschalter)

Überwacher i

Aufgabe i

Gerätemodul i

Ergebnis i

Gerätemodul j

Aufgabe j

Ergebnis j

Rekonfigurator j
(Umschalter)

Überwacher j

Bild 2:
Prinzipien redundanter Systeme:
Rekonfigurationsschema für das Prinzip
der funktionsbeteiligten dynamischen
Redundanz

modul i bearbeitet die Aufgaben i und j, da der Überwacher j des Gerätemoduls j einen Fehler in diesem erkannt und ein Umschalten der Aufgabe j zum Gerätemodul i veranlaßt hat.

Zur Wiederbereitstellung der ursprünglichen Gesamtleistung des Systems und zur Vermeidung eines Systemausfalls durch den unbemerkten Ausfall weiterer Komponenten ist es notwendig, das Fehlverhalten defekter Moduln anzuzeigen und sie zu reparieren. Es ist hervorzuheben, daß die Reparatur defekter Moduln in fehlertoleranten Rechnersystemen disponierbar ist.

Fehlertolerante Rechnersysteme, die auf dynamischer, funktionsbeteiligter Redundanz basieren, gestatten den Aufbau erheblich kostengünstigerer und flexiblerer Rechnerstrukturen. Im fehlerfreien Betriebszustand (Normalzustand) ist eine Auslastung aller Systemkomponenten möglich. Den vorgestellten Lösungskonzepten für fehlertolerante Rechnersysteme wird daher das Prinzip der dynamischen, funktionsbeteiligten Redundanz zugrundegelegt. Fehlertolerante Systeme, die nach dem oben beschriebenen Prinzip arbeiten, können so ausgelegt werden, daß sie mehr oder weniger viele Komponentenausfälle ohne Ausfall des Systems überleben. Dabei wird die Gesamtleistung zunehmend reduziert. Man spricht von einem sanften Leistungsabfall (graceful degradation). In der Regel lassen sich hierbei Aufgaben für Rechnersysteme, besonders aus dem Bereich der Prozeßautomatisierung in Klassen einteilen, was ihre Notwendigkeit für die Erfüllung der gestellten Aufgabe, also z.B. die Prozeßführung betrifft. In Bild 3 werden drei Klassen unterschieden. Hier wird die Leistung eines fehlertoleranten Systems als Funktion der Zeit mit Berücksichtigung von Bauteilausfällen, Rekonfiguration und manueller Reparatur gezeigt. Nach Fehlererkennung und Rekonfiguration sind Funktionen der Klasse A unverändert bereitzustellen, während Funktionen der Klasse B mit verminderter Leistung angeboten werden. Auf die in Klasse C zusam-

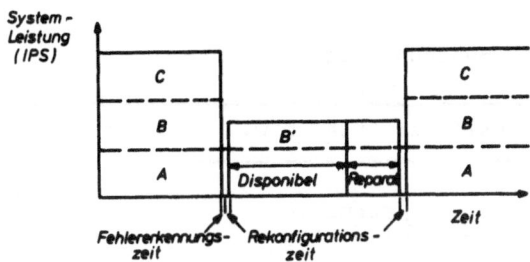

Systemleistung als Funktion
der Zeit mit Berücksichtigung
von Bauteilausfällen, Rekonfiguration und manueller
Reparatur

mengefaßten Funktionen wird für die Dauer des reduzierten Gesamt-
betriebes verzichtet, da sie zur Bereitstellung der unbedingt notwendigen Systemfunktion für eine gestellte Aufgabe nicht erforderlich
sind.

Das Lösungskonzept baut auf folgenden wesentlichen Rechnereigen-
schaften auf:

- modulare Systemarchitekturen (Komponenten gleichen Typs sind
  mehrfach vorhanden)
- Fehlererkennungs-(Test-)verfahren
- Fehlerlokalisierung (Diagnose) mit Anzeige und Auswertung
  der Testergebnisse
- Rekonfigurationsverfahren
- Wiederaufsetzverfahren

In Tabelle 1 sind Beispiele für Verfahren der Fehlerbehandlung angegeben.

Mehrrechnersysteme mit Mikroprozessoren eröffnen Möglichkeiten zur
Verbesserung der Systemzuverlässigkeit durch fehlertolerante Strukturen. Zur exakten Beschreibung ist es nötig, die Menge der Fehler f_i
und die Menge der Tests t_i enumerativ aufzuführen. Ein fehlertolerantes System ist nur über den drei Mengen "Moduln", "Fehler", "Tests"
definierbar. Hierauf abgestützt gelten folgende Definitionen:

"Ein System {M} ist dann und nur dann n-Fehler-detektierbar, wenn
irgend ein Test der Testmenge {t_i} definitiv Fehler in all den Fällen
anzeigt, in denen mindestens 1 Fehler (1 ausgefallener Modul) auftritt,
aber die Zahl der Fehler n nicht überschreitet."

"Ein System {M} ist dann und nur dann k-Fehler-diagnostizierbar (vor
Reparatur), wenn ein Ablauf der Testmenge {t_i} genügt, exakt alle
Fehler (ausgefallene Moduln) des Systems {M} zu identifizieren, voraus-
gesetzt, die Zahl der Fehler überschreitet nicht k."

Tabelle 1:

Arten, Erkennung, Lokalisierung und Behebung von Fehlern

	Beispiele wesentlicher Arten bzw. Verfahren
Fehlerarten	Entwurfsfehler Physikalische Fehler $\begin{cases} \text{permanent} \\ \text{flüchtig} \end{cases}$ Bedienungsfehler
Fehlererkennung (Testverfahren)	Fehlercodes (z.B. Parity, modulo n) Mehrfachaufbau mit Ergebnisvergleich (auf mehreren Ebenen) Testprogramme (SW, FW) Zeitüberwachung bestimmter Ereignisse und/oder deren Häufigkeit Plausibilitätsprüfungen
Fehlerlokalisierung (Diagnose)	Anzeige und Auswertung der Testergebnisse durch Diagnoseeinheit (Lokalisierung defekter HW-Moduln auf unterschiedlichen Ebenen, z.B. Flachbaugruppe)

Fehlerbehebung
(Ursache oder
Wirkung)
	Fehlerkorrektur
	- Wiederholung von Funktionen, wirksam bei
	  flüchtigen Fehlern (Zeitredundanz)
	- Fehlerkorrigierende Codes
	Fehlertoleranz durch das System
	- Statische, fehlermaskierende (Geräte-)Redundanz
	  oder
	- Dynamische, funktionsbeteiligte Redundanz
	  ($\rightarrow$ graceful degradation)

Im folgenden Abschnitt werden an einem konkreten Beispiel für ein
fehlertolerantes Mehrrechnersystem Verfahren zur Fehlererkennung,
Fehlerdiagnose, Rekonfiguration und Wiederaufsetzen beschrieben.

3.   Ein System in Betrieb

3.1 Fehlererkennungsverfahren

Das dezentrale RDC-Prozeßrechnersystem [2], dessen Gerätestruktur
Bild 4 zeigt, ist ein fehlertolerantes System mit umfassenden und wir-
kungsvollen Testeinrichtungen. Ausgehend von einer Kosten-/Nutzenana-
lyse wurde hier nicht das Prinzip der vollständigen Fehlererkennung,
z.B. über Geräteverdopplung mit anschließendem Vergleich verwirklicht,
sondern es wurden gezielte Tests implementiert, mit denen der größte
Teil der Fehler erkannt wird. Die hierfür aufgewendeten Kosten betragen weniger als 15 % der Gerätekosten bezogen auf eine Stations-

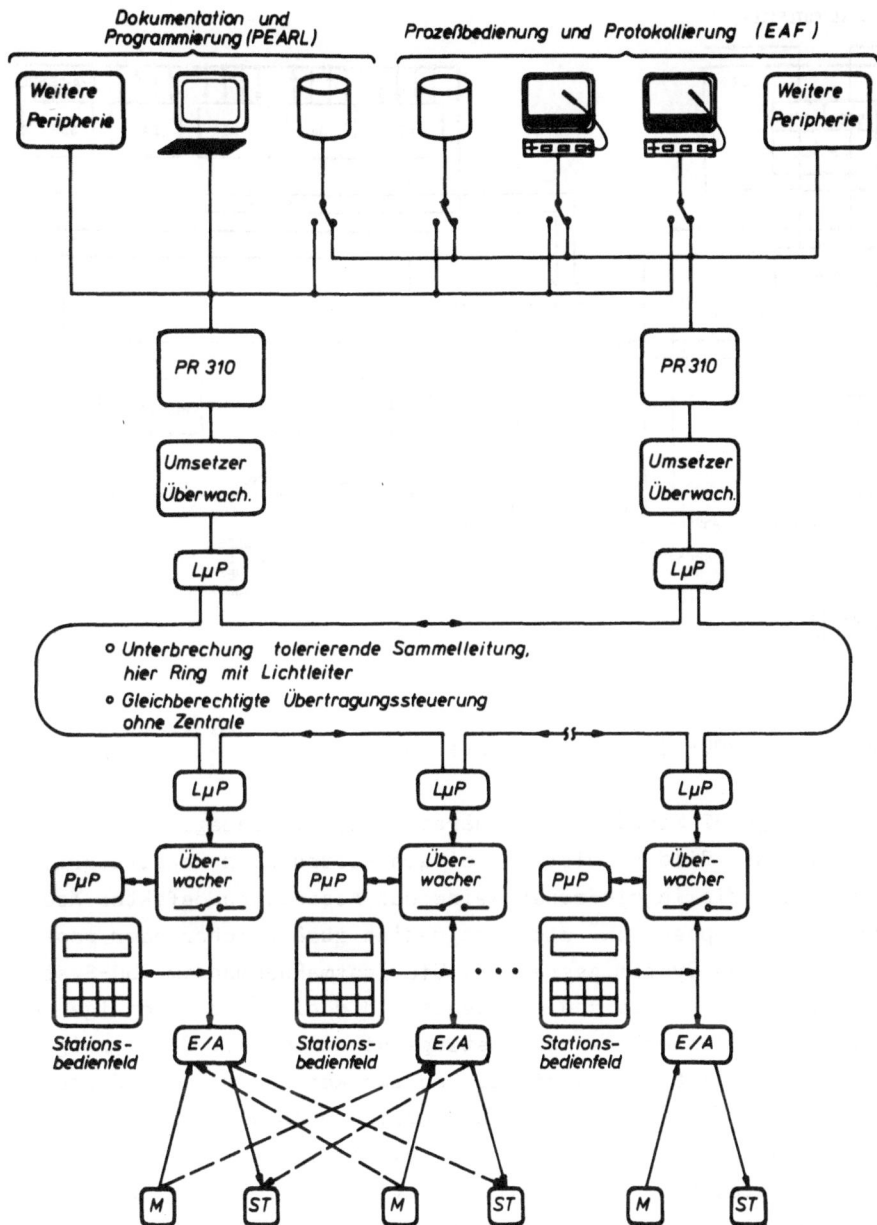

Bild 4:

Gerätestruktur des fehlertoleranten RDC-Systems mit verteilten
Mikrorechnerstationen, gekoppelt über ein dezentral gesteuertes
Sammelleitungssystem (hier Lichtleiter-Ringbus), verbunden mit
dem zentralen Leitstand mit EAF-System und dem Programmerzeugungs-
und dynamischen Ladesystem

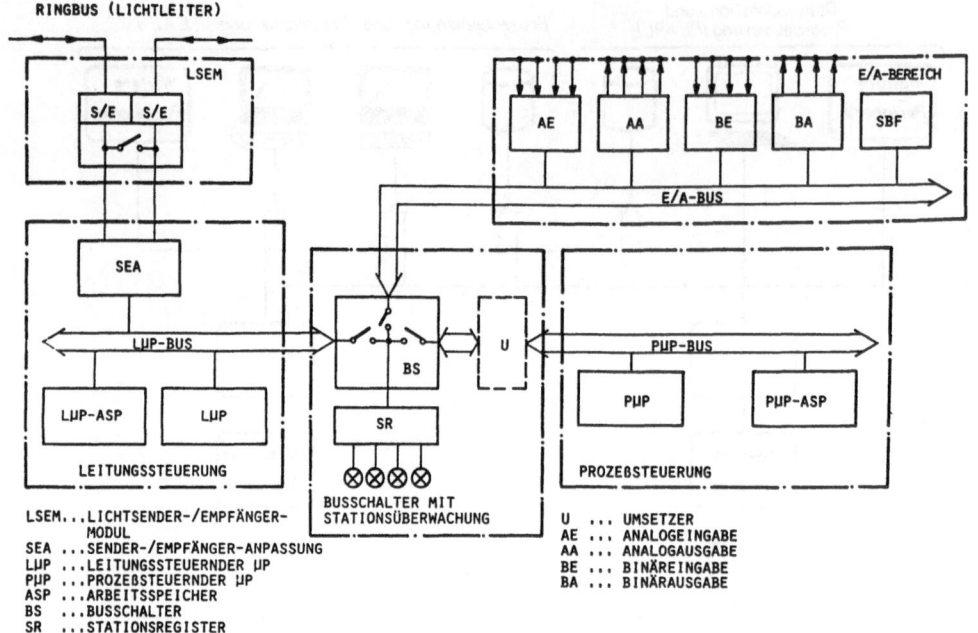

RINGBUS (LICHTLEITER)

LSEM...LICHTSENDER-/EMPFÄNGER-
        MODUL
SEA ...SENDER-/EMPFÄNGER-ANPASSUNG
LµP ...LEITUNGSSTEUERNDER µP
PµP ...PROZEßSTEUERNDER µP
ASP ...ARBEITSSPEICHER
BS ...BUSSCHALTER
SR ...STATIONSREGISTER

U ... UMSETZER
AE ... ANALOGEINGABE
AA ... ANALOGAUSGABE
BE ... BINÄREINGABE
BA ... BINÄRAUSGABE

Bild 5:

Struktur einer RDC-Mikroprozessorstation

struktur mit je 32 Kanälen für Binäreingabe, Binärausgabe und Analogeingabe, wie sie Bild 5 zeigt. In diesen Kosten sind Schalteinrichtun-
gen enthalten, die in einfacher Weise das Abschalten defekter Moduln
oder Funktionsgruppen bzw. die Integration zusätzlicher oder reparierter Moduln in das System gestatten. Die Testmaßnahmen im RDC-System
werden ergänzt durch die Fehlerdiagnose, die einmal die Anzeige und
zum anderen die Auswertung der Testergebnisse umfaßt. Die Anzeige der
Testergebnisse dient unterschiddlichen Zwecken und wird im System bezüglich Ort und Darstellung unterschiedlich behandelt. Der überwiegende
Anteil der Testergebnisse wird je Teilsystem in 4 Fehler- und Status-
registern angezeigt und dem Betriebssystem über Unterbrechungsanforde-
rungen mitgeteilt. Ein Teil der Testergebnisse, die durch Anwender-
und Betriebssystem-Software ermittelt werden, werden unmittelbar dem
Betriebssystem angezeigt. Das Betriebssystem wertet die Testergebnisse
aus, lokalisiert den defekten Modul, nimmt diesen außer Betrieb und
konfiguriert das System neu mit einer Neu- und Umverteilung der Aufgaben. Die Anzeige der Testergebnisse für das Betriebssystem zum Zweck
der Rekonfiguration wird ergänzt durch diejenigen für die Wartung zum

Zweck der Reparatur defekter Moduln, die jetzt disponierbar wird. Die Fehleranzeige erfolgt hier einmal durch das EAF-System als zentralem Bildschirm-Leitstand. Hier werden die Fehlermeldungen aller Stationen (Teilsysteme) zusammengefaßt und bereichsweise dargestellt (Bild 6).

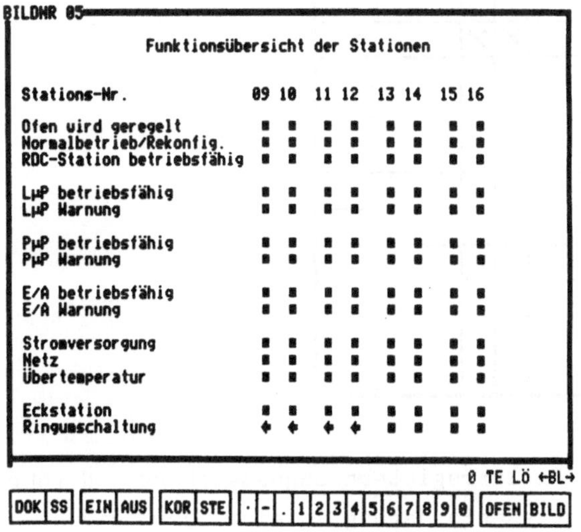

```
BILDNR 85
          Funktionsübersicht der Stationen

Stations-Nr.            09 10  11 12  13 14  15 16

Ofen wird geregelt       ▪ ▪   ▪ ▪   ▪ ▪   ▪ ▪
Normalbetrieb/Rekonfig.  ▪ ▪   ▪ ▪   ▪ ▪   ▪ ▪
RDC-Station betriebsfähig ▪ ▪  ▪ ▪   ▪ ▪   ▪ ▪

LµP betriebsfähig        ▪ ▪   ▪ ▪   ▪ ▪   ▪ ▪
LµP Warnung              ▪ ▪   ▪ ▪   ▪ ▪   ▪ ▪

PµP betriebsfähig        ▪ ▪   ▪ ▪   ▪ ▪   ▪ ▪
PµP Warnung              ▪ ▪   ▪ ▪   ▪ ▪   ▪ ▪

E/A betriebsfähig        ▪ ▪   ▪ ▪   ▪ ▪   ▪ ▪
E/A Warnung              ▪ ▪   ▪ ▪   ▪ ▪   ▪ ▪

Stromversorgung          ▪ ▪   ▪ ▪   ▪ ▪   ▪ ▪
Netz                     ▪ ▪   ▪ ▪   ▪ ▪   ▪ ▪
Übertemperatur           ▪ ▪   ▪ ▪   ▪ ▪   ▪ ▪

Eckstation               ▪ ▪   ▪ ▪   ▪ ▪   ▪ ▪
Ringumschaltung          ◆ ◆   ◆ ◆   ▪ ▪   ▪ ▪

                                        0 TE Lö ←BL→

DOK SS EIN AUS KOR STE . - . 1 2 3 4 5 6 7 8 9 0 OFEN BILD
```

Bild 6:
Übersicht über den Funktionszustand der Stationsbereiche auf dem EAF-System

Zur genaueren Diagnose, die weitgehend eine Lokalisierung der defekten Baugruppe zuläßt, dient eine weitere Form der Anzeige in den Teilsystemen selbst. In diesen werden durch das Betriebssystem laufend Testergebnisse mit Zusatzinformation in bestimmten Speicherzellen abgelegt, auch solche, die nicht zum Ausfall des gesamten Teilsystems oder eines Bereiches in diesem führen. Diese Information kann bei den Stationen über das stationsspezifische Bedienelement: "Stationsbedienfeld" abgefragt werden. Die Abfrage ist sowohl im Normalbetrieb als auch im ausgefallenen Zustand einer Station durch Einstellen des Wartungsmodus möglich. Mit Hilfe einer Zuordnungstabelle (Bild 7) von Fehlerinformation zu defekten Baugruppen läßt sich vor Ort eine baugruppenbezogene Diagnose durchführen.

Die Fehlerüberwachung im RDC-System findet auf zwei Ebenen statt:
- Geräteebene
- Betriebssystem-/Anwenderprogrammebene

Innerhalb der Geräteebene wird zwischen Hardware- und Firmwaretests unterschieden. Im folgenden werden die Fehlererkennungsverfahren für das Teilsystem Mikroprozessorstation, dessen Grundstruktur Bild 5 zeigt, näher beschrieben. Die Überwachung der Station beinhaltet einmal eine Fehlertyp-, zum anderen aber auch eine Fehlerortbestimmung, aufgeteilt nach den Bereichen Prozeßverarbeitung (P/uP), Leitungskommunikation (L/uP) und Eingabe/Ausgabe (E/A). Eine Fehlerortbestimmung nach Baugruppen innerhalb eines Bereiches ist indirekt weitgehend möglich. Jedes negative Testergebnis (Fehler) innerhalb der

Baugruppe / Test: Anzeige	PµP	PµP-ASP	LµP	LµP-ASP	• • •	SBF	BA	• • •
T16: C100/0002	X	X						
T21: C100/0400			X	X				
T31: C100/0020						X	X	
⋮								
T19: 0140/8000		X						
T33: 0141/F017						X		
T33: 0141/FF00							X	
⋮								

Bild 7:

Fehlerzuordnungs-matrix

Station wird in einem von zwei Fehlerregistern abgespeichert und führt
unmittelbar zu einer Unterbrechungsanforderung in einer der beiden
höchstprioren Ebenen. Fehler bei der Übertragung von Telegrammen werden über ein Kommunikationsregister erfaßt.

Jeder der drei Bereiche einer Station verfügt über einen Status, der
den jeweiligen Betriebszustand anzeigt. Dieser stellt sich in Abhängigkeit vom Auftreten eines bestimmten Fehlertyps und vom Grundstellen
ein. Die Betriebszustände werden bereichsspezifisch durch jeweils
3 Bits gekennzeichnet, die im Statusregister der Station gespeichert
sind. Durch Setzen dieser Bits per Befehl kann ebenfalls eine Änderung
des Betriebszustandes ausgelöst werden. Bei "Grundstellung" und "Ausfall" ist der zugehörige Stationsbereich nicht betriebsfähig, während
"Warnung" und "Betriebsfähig" einen betriebsfähigen Zustand anzeigen.
Die Fehler lassen sich bezüglich ihrer Wirkung auf den Betriebszustand
eines Stationsbereiches in 3 Gruppen unterteilen:

1. Die Fehler haben keinen unmittelbaren Einfluß auf den Betriebszustand. Dazu gehören z.B. Fehler, die erfolgreich korrigiert
   wurden.

2. Mit der zweiten Fehlergruppe sollen hauptsächlich die flüchtigen
   Fehler erfaßt werden, die zwar dem Betriebssystem mitgeteilt werden, aber noch nicht zu einem unmittelbaren Ausfall des Bereiches
   führen sollen. Diese Fehler veranlassen zunächst den betreffenden
   Bereich, den Betriebszustand "Warnung" einzunehmen. Der Betriebs-

zustand "Ausfall" wird erst dann ausgelöst, wenn eine bestimmte
Häufigkeit des Fehlers festgestellt wird.

3. Zu der dritten Fehlergruppe gehören die Testergebnisse, die schon
bei einmaligem Auftreten den Betriebszustand "Ausfall" veranlassen.
Das ist z.B. der Fall bei Anzeige negativer Testergebnisse von
Testroutinen aus dem P/uP- und L/uP-Bereich.

Eine Übersicht über die Teststrategie für eine Station ist in Bild 8
mit Hilfe eines Diagnose- bzw. Testgraphen [1] dargestellt. Die Teststrategie geht dabei von einem Rechnermodell aus, das sich aus den
drei Mengen "Moduln", "Fehler" und "Tests" zusammensetzt und der Menge
von Moduln eine definierbare Menge von Fehlern und diesen eine Menge
von Tests zuordnet. Bild 8 zeigt die Blockstruktur der Station, hierbei sind die einzelnen Blöcke identisch mit den Moduln bzw. Baugruppen
in dieser Station. Die Pfeile stellen die Tests dar, wobei die Spitze
auf den zu testenden Modul und der Pfeilanfang auf den den Test ver-
anlassenden Modul weist. Die Tests unterscheiden sich unter anderem
durch ihre Implementierungsart - in Hardware, Firmware oder Software.

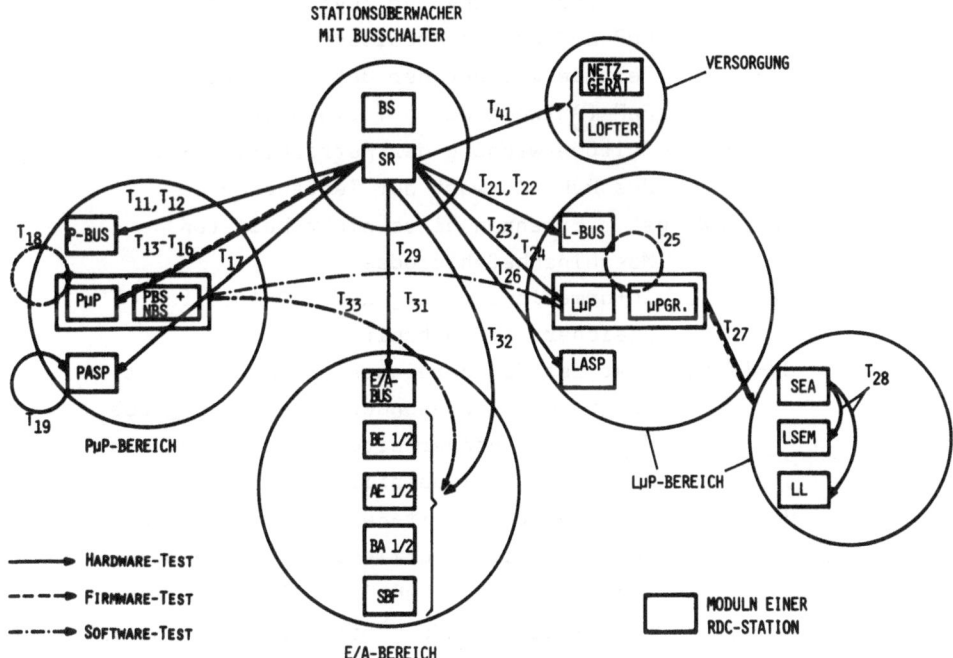

Bild 8:
Diagnosegraph einer RDC-Mikroprozessorstation

In Tabelle 2 ist die Fehlermenge mit der ihr zugeordneten Testmenge
aufgelistet. Die Fehlererkennung ist nicht auf die Stationen selbst
beschränkt, sondern sie bezieht in einem System den Test jeder Station
durch jede andere mit ein, selbst, wenn die zu testende nicht mehr in
der Lage ist, mit ihrer Umgebung zu kommunizieren. Durch gegenseitige
Unterrichtung über den Stationsstatus automatisch in regelmäßigen Abständen und spontan bei Statusänderungen wird eine Überwachung der
sich selbsttestenden Stationen untereinander bewirkt. Dieser Test- und
Anzeigemechanismus erleichtert dem Betriebssystem eine effektive Rekonfiguration im Fehlerfall.

Tabelle 2:
Auflistung der Testmenge (t_i) und Fehlermenge (f_i) zum Diagnosegraph
Bild 8

Testmenge:	Fehlermenge:
T_{11}:	HW-Test, Überwachung der PµP-Bus Belegungsfrequenz
T_{12}:	HW-Test, Informationsprüfung mit Parity auf dem PµP-Bus mit einmaligem Wiederholungsversuch
T_{13}:	HW-Test, Zeitüberwachung der Zugriffsfrequenz des PµP auf seinen Arbeitsspeicher
T_{14}:	HW-Test, Zeitüberwachung der Betriebsfähigkeit des PµP (Antwort durch Totmannsignal)
T_{15}:	HW-Test, Zeitüberwachung der Betriebsfähigkeit des PµP (Antwort auf Testanstoß)
T_{16}:	HW-, FW-Test, Erkennen eines nicht belegten Maschinenbefehlscodes
T_{17}:	HW-Test, Informationsprüfung des PµP-Arbeits- speichers auf Mehrbitfehler
T_{18}:	SW-Test, Test des PµP-Bereiches über Selbsttest- programme, insbesondere Überwachung des Unterbrechungsverhaltens und anwendungs- spezifische Plausibilitätsprüfungen
T_{19}:	HW-Test, Erkennen von 1 bit-Fehlern im PµP-Arbeits- speicher mit anschließender Korrektur
T_{21}:	HW-Test, Überwachung der LµP-Bus Belegungsfrequenz
T_{22}:	HW-Test, Informationsprüfung mit Parity auf dem LµP-Bus mit einmaligem Wiederholungsversuch
T_{23}:	HW-Test, Zeitüberwachung der Zugriffsfrequenz des LµP auf seinen Arbeitsspeicher
T_{24}:	HW-Test, Zeitüberwachung der Betriebsfähigkeit des LµP (Antwort auf Testanstoß)

Testmenge:	Fehlermenge:

T_{25}: FW-Test, Test des LµP-Bereiches über Selbst-
testprogramm mit Überwachung der Sammelleitung auf Störungen und Verletzung von
Zeitbedingungen

T_{26}: HW-Test, Informationsprüfung des LµP-Arbeits-
speichers mit Parity

T_{27}: HW-, FW-Test, Prüfung auf korrekte Information eines
empfangenen Telegramms (CRC-Prüfung), Zeitüberwachung der Übertragungsfähigkeit des
Lichtleiterringes im Normal- und im Pendel-
betrieb (Taktabstands-, Pendelphasen- und
Takteinschaltsüberwachung)

T_{28}: HW-Test, Prüfung der korrekten Bitanzahl in
Telegrammwörtern (n=16) und Pausensymbolen
(m=4)

T_{29}: SW-Test, Test des LµP-Bereiches durch Kommunikations-
protokoll des Netzbetriebssystems, insbeson-
dere Überwachung auf Sende-/Empfangsbereit-
schaft und Telegramm-Quittungsverzug

T_{31}: HW-Test, Informationsprüfung mit Parity auf dem
E/A-Bus mit einmaligem Wiederholungsversuch

T_{32}: HW-Test, Zeitüberwachung des Quittungssignals von
angesprochenen E/A-Baugruppen und damit
gleichzeitig Überprüfung falscher E/A-
Adressen

T_{33}: SW-Test, Plausibilitätsprüfung der Prozeßsignale und
damit indirekt Erkennen defekter E/A-Bau-
gruppen + Peripherie, Erkennung von Dauer-
interrupts

T_{41}: HW-Test, Überwachung der Netzversorgung, der Hilfs-
spannungen und der Temperatur im Schrank

3.2 Rekonfigurationsverfahren

3.2.1 Fehlerreaktion

Überwacher lösen als Reaktion auf erkannte und gemeldete Fehler unter
Abschaltung fehlerhafter Module eine Rekonfiguration des Restsystems
aus, d.h. die Verlagerung der Aufgabenbearbeitung von gestörten auf
funktionsbeteiligte Bereiche des Systems. Bild 9 zeigt einen solchen
Vorgang (dynamische Programmkonfiguration) am Beispiel dreier Stationen eines Mehrrechnersystems mit unbedingt aufrecht zu erhaltenden

Funktionen A_i, leistungsdegradierbaren Funktionen B_i und suspendier-
baren Funktionen C_i.

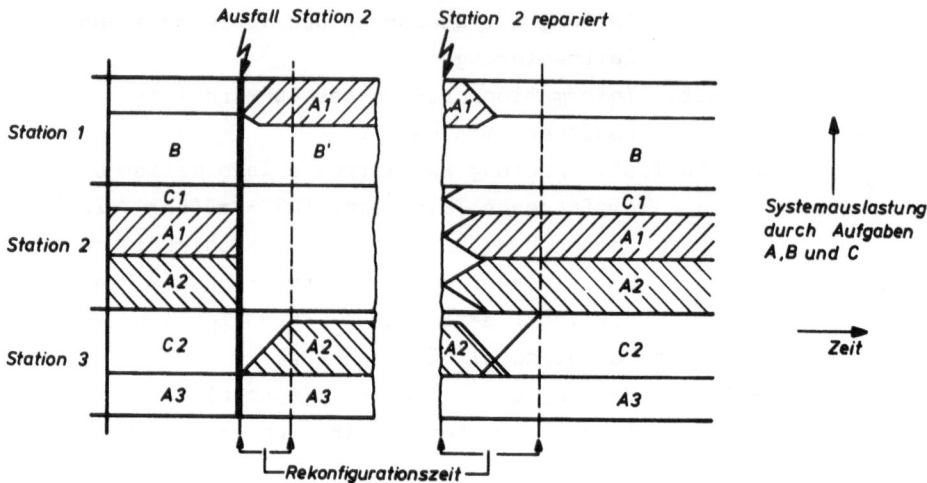

Bild 9:
Beispiel einer zustandsabhängigen Programmkonfiguration

Die Fehlerreaktion, d.h. die Rekonfigurationsmaßnahmen sind i.a. stark
anwendungsspezifisch. Daraus resultiert die Forderung, funktionsbeteiligte Redundanz prorammiersprachlich fassen zu können. Mit der Entwicklung von MEHRRECHNER-PEARL [3], eine Erweiterung der höheren Pro-
zeßautomatisierungssprache PEARL [4], ist diese Forderung in hervorra-
gender Weise erfüllt. Für die Anwendungsprogrammierung mehrerer Pilot-
implementierungen des RDC-Systems wurde ausschließlich diese Sprache
eingesetzt. In Bild 10 sind die wesentlichen Sprachkonstrukte von
MEHRRECHNER-PEARL zur Formulierung der Fehlertoleranzmaßnahmen aufgelistet.

Aus den Angaben des Stations-, Lade- und Systemteils erzeugt das Pro-
grammproduktionssystem Tabellen, die als Informationsbasis des RDC-
Betriebssystems DISPOS (Distributional PEARL Operating System) [2]
die selbsttätige Programmkonfiguration des Systems ermöglichen durch
   - Nachladen von Programm-Moduln
   - Aktivierung und Terminierung von Programm-Moduln
   - Dynamische Zuordnung von Prozeßendstellen zu Programm-
     variablen.
Die dynamische Zuordnung von Prozeßendstellen durch DISPOS entkoppelt
das Ansprechen von E/A-Geräten von der betriebszustandsabhängigen
Programmkonfiguration.

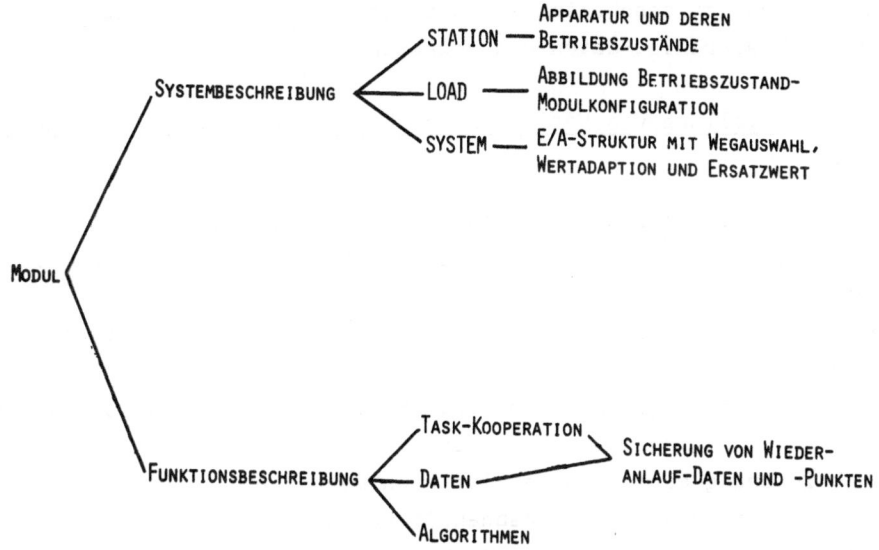

Bild 10:
Beschreibung der Fehlertoleranzmaßnahmen durch Programmrekonfiguration
in MEHRRECHNER-PEARL

Die Rekonfiguration, die auf ein stochastisches Ereignis hin erfolgt,
bedingt ein Aktivieren und Terminieren von Programm-Moduln und damit
auch von Rechenprozessen (Tasks). In manchen Anwendungsfällen erfordern diese Wiederanlaufvorgänge die Einbeziehung der Ablaufhistorie,
d.h. die Daten und Zustände von Prozessen vor dem Auftreten eines
Fehlers (Rückwärtswiederaufsetzen).

Das erforderliche Einrichten von Datenkopien kann der Anwender mit
drei Programmfunktionen formulieren:
- Spezifikation modulglobaler Datenobjekte
- Spezifikation hauptspeicherresidenter DATIONs (Botschaften) [5]
- Spezifikation peripherspeicherresidenter DATIONs

Die Ausführung von Zuweisungsfunktionen und damit das Updaten dieser
nicht stationslokalen Datenkopien ist eine Funktion von DISPOS. Mit
diesen Maßnahmen kann der Anwender einerseits den sinnvollen Integri-
tätsgrad des Wiederanlaufs, andererseits aber auch die zusätzliche
Systembelastung durch Fehlertoleranzmaßnahmen selbst bestimmen. In
[6] ist am Beispiel einer RDC-Pilotimplementierung die Verteilung re-
sidenter Datenkopien beschrieben.

Der nächste Abschnitt beschreibt ein automatisches Verfahren zur
Sicherung von Wiederanlaufdaten und -punkten.

3.2.2 Wiederherstellung von Variablen und Definition des Wiederanlauf-
punkts

Ein automatisches Verfahren zur Sicherung von Wiederanlaufdaten und der
Auswahl des richtigen Wiederanlaufpunkts sollte sich an folgenden Zielen
orientieren [7]:

- Der Programmierer sollte von Überlegungen zur Rekonfiguration weitgehend entlastet werden.
- Nur diejenigen Tasks, die von einem Fehler betroffen sind, sollten
  von Rekonfigurationsmaßnahmen betroffen werden.
- Die Aktivierung einer Task sollte nach Beendigung ihrer eigenen
  Rekonfigurationsmaßnahmen unabhängig von dem Ablauf in anderen
  Systemteilen vorgenommen werden. Dies ist wichtig, weil in verteilten Systemen eine Übereinkunft über einen gemeinsamen Wieder-
  anlaufpunkt ein sehr komplizierter Prozeß ist.

In [8] wird eine formale Festlegung von wiederherstellbaren Datensätzen
durch die Definition von "Recovery-Blöcken" vorgeschlagen. Diese
Recovery-Blöcke dienen dazu, Software fehlertolerant zu gestalten. Der
Gedanke dabei ist, für ein Problem mehrere Programmalternativen anzubieten. In einem Akzeptanztest wird die korrekte Ausführung einer Alternative geprüft. Ist der Test positiv, wird der Recoveryblock verlassen.
Fällt der Test negativ aus, wird der bei Blockeintritt gültige Datensatz wiederhergestellt und die Bearbeitung mit der nächsten Alternative
versucht. Wurden alle Alternativen vergeblich bearbeitet, wird ein
Fehler gemeldet.

Dieser Ansatz ist auch für die Behandlung von Hardwarefehlern geeignet.
Der Akzeptanztest besteht darin, zu prüfen, ob inzwischen ein Hardware-
fehler auftrat; die Alternative besteht darin, daß das Programm an
einem anderen Rechner bearbeitet wird.

Die Festlegung der Wiederanlaufpunkte und der zu rettenden Daten durch
die Blockstruktur ist bei der vorliegenden Aufgabenstellung sinnvoll,
weil

- Beginn und Umfang der Programmwiederholung durch die Blockstruktur klar definiert sind,
- die Wiederholung nur ab dem Beginn von funktionell zusammen-
  gehörenden Programmeinheiten sinnvoll ist. Diese Einheiten
  werden üblicherweise durch Programmblöcke definiert;
- eine einheitliche Methode zur Notation von Hardware- wie auch

Softwarefehlertoleranz möglich ist.

Bedingt durch die Blockstruktur existieren in jedem Bearbeitungszeit-
punkt für jede Task n-1 Daten-Versionen, wenn n in augenblickliche
Blockschachtelungstiefe des Programms ist. Eine Methode zur Verwaltung
der geretteten Daten wird in [9] beschrieben.

Besondere Bedeutung hat dabei die Minimierung des Aufwands zur Rettung
der Daten, da das Retten mit einer Übertragung an einen anderen Rechner
verbunden ist und damit das Transportsystem belastet. Außerdem müssen
die geretteten Daten in geeigneter Form gespeichert werden. Geht man
von der realistischen Annahme aus, daß in einem Programmblock nur ein
Teil der globalen Variablen geändert wird, so ist es ausreichend, nur
jeweils die Variablen zu retten, deren Wert sich im umgebenden Block
geändert hat. Die Variablen müssen demnach bei schreibenden Zugriffen
markiert werden. Bei Eintritt in einen Block werden alle markierten
Variablen gerettet und dabei die Markierung gelöscht. Bei dieser Methode ist die Belastung des Transportsystems weitgehend unabhängig von
der Länge des Intervalls zwischen den Rettungspunkten.

3.2.3 Berücksichtigung von Interaktionen in Multitasksystemen

In der Prozeßautomatisierung besteht ein zunehmender Trend, komplexe
Prozeßlenkungsaufgaben in weitgehend unabhängige Teilaufgaben zu ver-
legen, und diese als Rechenprozesse (Tasks) zu bearbeiten. Die nicht
vollständige Unabhängigkeit der Tasks voneinander erfordert ein
Betriebssystem, das die Bearbeitung der Tasks koordiniert und auch
eine Intertaskkommunikation ermöglicht. Moderne Realzeitbetriebs-
systeme, wie z.B. DISPOS [2] stellen dazu u.a. folgende Funktionen
bereit:
- Taskausführungskontrolle: Taskstart
                             Taskabbruch
                             Taskweiterführung
- Intertaskkommunikation: Sende Nachricht
                             Empfange Nachricht
                             Setze Merker (Flag)
- Tasksynchronisation: Warte auf Nachricht
                             Warte auf Merker (Flag).

Bei der Wiederherstellung eines konsistenten Systemzustandes sind die
Interaktionen zwischen den Tasks unbedingt zu berücksichtigen. Dies
soll anhand des folgenden Programmausschnitts erläutert werden:

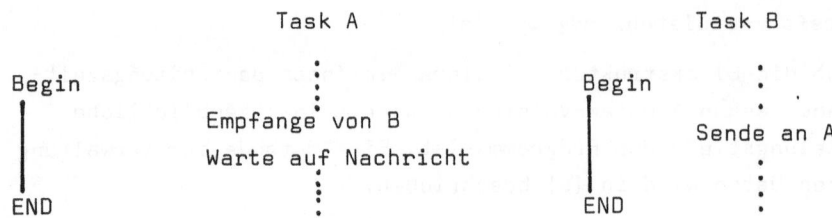

Task A erwartet von Task B eine Nachricht und fährt dann mit der Bearbeitung fort. Wird jetzt die Task A an den Anfang des Blocks zurück-
gesetzt, so wird sie vergeblich auf den Empfang einer Nachricht warten,
da Task B bereits den entsprechenden Sendeauftrag bearbeitet hat.
Eine Lösung wäre, die Task B zur Wiederholung des Sendevorgangs zu veranlassen, beispielsweise dadurch, daß ebenfalls ein Rücksetzen an den
Blockanfang erfolgt.
In [10] wird vorgeschlagen, Abhängigkeiten zwischen den Tasks in
einem "Ereignis Graph" darzustellen. Dieser Graph beschreibt die kau-
salen Abhängigkeiten von Ereignissen, wie sie durch das System im Laufe
der Bearbeitung erzeugt werden.
Elemente des Graphen sind Ereignisse und Bedingungen. Ereignisse werden
durch Balken dargestellt. Bedingungen können z.B. die Existenz von
Daten oder das Auftreten von externen Ereignissen sein. Bedingungen
werden als Kreise dargestellt. Ereignisse und Bedingungen werden durch
gerichtete Kanten verbunden: Ein Ereignis fand erst dann statt, wenn
alle Bedingungen erfüllt wurden, die mit dem Ereignis durch zum Ereignis gerichteten Kanten verbunden sind. Andererseits wurden alle Be-
dingunen mit Auftreten des Ereignisses erfüllt, die mit dem Ereignis
durch von ihm wegführende Kanten verbunden sind.
Bild 11 zeigt am Beispiel einer SENDE-EMPFANGE-Interaktion einen
derartigen Ereignisgraphen.

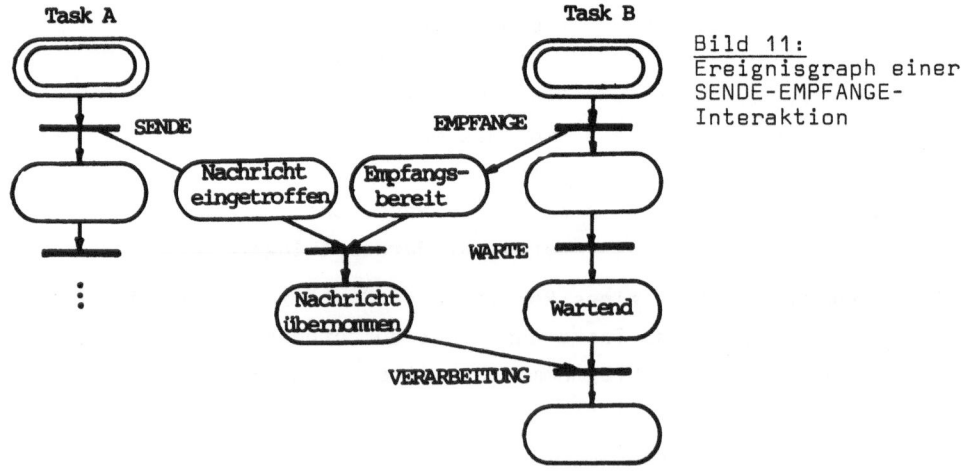

Bild 11:
Ereignisgraph einer
SENDE-EMPFANGE-
Interaktion

Die Tatsache, daß der Taskzustand bei Blockeintritt wiederherstellbar ist, eine <u>wiederherstellbare Bedingung</u> vorliegt, wird graphisch durch eine Umrandung des Bedingungszeichens dargestellt (a).

Ist das Ereignis des Blockaustritts eingetreten, so ist damit der Zustand zu Beginn <u>dieses</u> Blocks nicht wiederherstellbar. Die wiederherstellbare Bedingung wird in eine nichtwiederherstellbare umgewandelt. Dieser Vorgang wird <u>Aufhebung der wiederherstellbaren Bedingung</u> genannt.
Wenn nun ein Fehler entdeckt wird, muß ein früherer Zustand wiederhergestellt werden. Das bedeutet, daß nicht mehr aktive Bedingungen wiederhergestellt, d.h. "reaktiviert" werden müssen und aktive ungültige Bedingungen "deaktiviert".

Wird eine Bedingung deaktiviert, so werden alle Ereignisse, die von ihr abhingen, ungültig. Alle Bedingungen, die von ungültigen Ereignissen erzeugt wurden, werden ebenfalls ungültig.

Der Vorgang des Ungültigerklärens von Ereignissen und Bedingungen ist dann relativ einfach, wenn er als eine Transaktion durchgeführt werden kann. Das bedeutet, daß während dieses Vorgangs keine Änderungen des Ereignisgraphen vorgenommen werden dürfen.

Dies ist aber in einem verteilten Multitaskingsystem im allgemeinen nicht sichergestellt, weil die Wiederherstellungsmechanismen nur über den Austausch von Nachrichten bewerkstelligt werden können, der eine bestimmte Zeit benötigt.
In dieser Zeit können beliebige Änderungen eingetreten sein: aktive Bedingungen können inaktiv, wiederherstellbare Bedingungen nicht wiederherstellbar und neue aktive Bedingungen entstanden sein.

Die Erstellung eines konsistenten Wiederanlaufstatus in verteilten Rechnernetzen kann durch ein sogenanntes "Verfolgungsprotokoll" [10] erreicht werden. Bei diesem Protokoll ist es notwendig, daß jeder Netzknoten mindestens seinen Teil der Systemhistorie kennt und die abgewickelten Interaktionen mit anderen Teilsystemen nicht vergißt. Außerdem wird davon ausgegangen, daß jede Bedingung mit jedem direkt ververbundenen Ereignis und jedes Ereignis mit jeder direkt verbundenen Bedingung das Protokoll unabhängig von anderen durchführen kann. Jedes Ereignis und jede Bedingung können zwei Zustände annehmen:
- ungültig
- gültig.
Zur Benachrichtigung wird eine Nachricht "FAIL" eingeführt.

Es gelten folgende Regeln für Ereignisse und Bedingungen:

Ereignisse:

T1: Übergangsbedingung: (Aktion wird als ungültig erklärt) V (Ereignis
                        erhält FAIL-Nachricht)
    Tätigkeit: Sendet FAIL über alle Kanten, die mit Ereignis
                        verbunden sind.

Bedingungen:
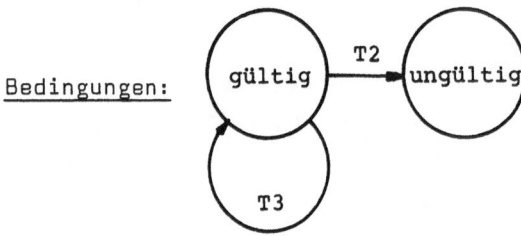

T2: Übergangsbedingung: (Bedingung wird als ungültig erklärt) V
                        (Bedingung erhält FAIL von ankommender Kante)
                        V (Bedingung erhält FAIL von auslaufender
                        Kante∧Beding. ist nicht wiederherstellbar)

Wird eine Task nach Abwicklung des Protokolls nach einem Fehler neu
gestartet, ohne auf die Beendigung der Protokollabwicklung in anderen
Tasks zu warten (wie in den Zielen im Abschnitt 3.2.1 gefordert wird),
so kann eine FAIL-Nachricht eintreffen, die aus der Abwicklung des
Protokolls des gerade behandelten Fehlers stammt [7]. Diese Situation,
"Zirkulation von FAIL-Nachrichten" genannt, erzwingt eine erneute Behandlung des Fehlers und i.a. ein erneutes Rücksetzen der Task. Dieses
ungünstige Verhalten kann vermieden werden, wenn jede durch Task-
interaktionen geschaffene Bedingung wiederherstellbar ist [9].

4. Betriebserfahrungen
Betriebserfahrungen mit dem RDC-Prozeßrechnersystem beziehen sich hauptsächlich auf den Betrieb einer Pilotanlage zur Tiefofenregelung in
einem Blockwalzwerk. Diese Anlage umfaßt im Endausbau 28 Teilnehmer,
wobei jeweils ein Teilnehmer zur Regelung eines Tiefofens eingesetzt
wird. Zur Zeit sind davon 4 Stationen und der zentrale Warten-Leit-
stand mit EAF-Bildschirmsystem in Betrieb.
Das System ist als fehlertolerantes System mit dynamischer funktionsbeteiligter Redundanz ausgelegt. Jeweils zwei Stationen arbeiten in

der Weise zusammen, daß bei Ausfall einer der beiden die jeweilige
Partnerstation die Funktion der ausgefallenen mitübernimmt. Damit im
Rekonfigurationsfall die Funktionsübernahme durch den Partner möglich
ist, sind die E/A-Baugruppen in jeder Station doppelt aufgebaut, um
auch auf die Prozeßperipherie des Partners zugreifen zu können.

Die Anlage arbeitet in sehr rauher Umgebung mit relativ großen Temperaturschwankungen und erheblich verschmutzter Luft. Sie ist außerdem
Vibrationen und Erschütterungen ausgesetzt. Zum Schutz gegen Verschmutzung sind die Stationen (jeweils 2 in einem Schrank) in Schränken
nach Schutzart IP54 eingebaut. Zur Kühlung wird ein Wärmetauscher eingesetzt mit getrennten Kreisläufen für den inneren und äußeren Luftstrom.
Damit läßt sich eine Temperaturdifferenz von ca. 15 ^{o}C zur Außentempe-
ratur aufrechterhalten.

Die gesammelten Betriebserfahrungen erstrecken sich über eine 1. Erprobungsphase von Juni 79 bis November 79 und eine 2. Erprobungsphase
von Dezember 79 bis 15. Juli 80. Seit Juni 79 läuft die Pilotanlage im
Produktionsbetrieb ohne Überwachung durch Personal des Herstellers. Die
1. Phase ist hierbei durch eine Reihe von Änderungsarbeiten an der SW
und HW gekennzeichnet, einmal, um vereinbarte Spezifikationen einzuhalten bzw. genauer einzuhalten, zum anderen, um Kundenwünsche zu imple-
mentieren. Im einzelnen traten folgende Fehler auf, wobei nur einzelne
davon die Systemverfügbarkeit (alle Tieföfen werden geregelt) geringfügig beeinflußten:

1. Erprobungsphase (Juni 79 - November 79)

a) Physikalische Fehler

- Ausfall von Halbleiterrelais (13 Fälle)
  Ursache: Erhöhte Betriebsspannung und damit Nichteinhalten ver-
  einbarter Spezifikationen
  Wirkung: Störmeldung;
  bei Kurzschluß einer Triacrichtung ist Regeln noch möglich, da die
  Gegensteuerung mit beiden Halbwellen arbeitet und sich durchsetzt,
  bei Kurzschluß beider Triacrichtungen bleibt der angesteuerte
  Stellantrieb stehen, da die Gegensteuerung mit gleicher Spannung
  arbeitet. Die Sicherheitsschaltung zum Abschalten des Tiefofens
  hat in keinem Fall angesprochen, der Defekt wurde jeweils vorher
  bemerkt.
- Ausfall von IC's (2 Fälle)
  Wirkung: Stationsausfall
- Ausfall von Sicherungen auf Baugruppen (2 Fälle)
  Wirkung: Stationsausfall
- Ausfall von Schaltreglern der Stromversorgung (1 Fall)

Ursache: Evtl. durch erhöhte Betriebsspannung

Wirkung: Stationsausfall

- Ausfall diskreter Bauelemente, hier:

  Kurzschluß von Kondensatoren (1 Fall)

  Wirkung: Stationsausfall durch Sekundärfehler (= Sicherungs-

  ausfall)

- Ausfall einer Sendediode für den Lichtleiter (Defekt flüchtig,

  abhängig von der Temperatur) (1 Fall)

  Wirkung: (siehe Entwurfsfehler in Phase 2)

b) Bedienungsfehler

- Verwechseln einer Funktionstaste mit einer Rechnerkernbedien-

  taste (Grundstellung) (1 Fall)

  Wirkung: Stationsausfall

2. Erprobungsphase (Dezember 79 - 15. Juli 80)

a) Physikalische Fehler

- Ausfall von Halbleiterrelais (20 Fälle)

  wie bei 1. Erprobungsphase

- Ausfall von IC's (1 Fall)

  Wirkung: Stationsausfall

- Ausfall von Schaltreglern (2 Fälle)

  Ursache: Evtl. durch erhöhte Betriebsspannung

  Wirkung: Stationsausfall

- Dejustage der Plattenlaufwerke

  Ursache: Nicht durchgeführte vorbeugende Wartung

  Maßnahme: Umschalten auf Ersatzlaufwerk

- Kontaktfehler bei Steckverbindern (Plattenspeicher)

  Maßnahme: Umschalten auf Ersatzlaufwerk oder auf andere Zentral-

  einheit

b) Bedienungsfehler

- Falsches Kopieren von Daten auf dem Plattenspeicher. Ziel mit

  Quelle vertauscht.

  Wirkung: Initialisieren des Systems nach beendeter Stillegung

  zwischen Weihnachten und Neujahr (79/80) war nicht möglich.

c) Entwurfsfehler

- Der bereits in Phase 1 aufgetretene physikalische Fehler: Spora-

  dische Störungen auf dem Lichtleiter, verursacht durch eine defekte

  Sendediode, führte - ebenfalls sporadisch - zu einer Verfälschung

  von Pausensymbolen und Telegrammen. Bei hoher Frequenz verfälsch-

  ter Pausensymbole und bei Verfälschung der Länge in Telegrammen

  gab es Stationsausfälle mit Wirkungen auf die Systemverfügbarkeit.

  Durch Simulation im Institut wurden diese Fehler nachgebildet und

das Mikroprogramm im Leitungsteuerungsprozessor inzwischen gegenüber diesen Störungen unempfindlich gemacht.

Durch den zuletzt beschriebenen Fehler war die Systemverfügbarkeit ca.
3 h in der 1. und ca. 2 h in der 2. Erprobungsphase nicht gegeben. Das
entspricht bei 4270 Nettobetriebsstunden einer Nichtverfügbarkeit des
Systems ($\bar{V}_s$) von $7 \cdot 10^{-4}$ in der 1. Erprobungsphase und $\bar{V}_s = 3,7 \cdot 10^{-4}$
bei 5360 Nettobetriebsstunden in der 2. Erprobungsphase. Hier sind
allerdings nicht die Zeiten berücksichtigt, in denen zur Durchführung
von Hardware- und/oder Softwareänderungen das Gesamtsystem - oft nur
aus praktischen Erwägungen - abgeschaltet wurde. Diese Zeiten, die sich
ebenfalls nur auf wenige Stunden beschränken, wurden mit dem Kunden
abgestimmt und so gelegt, daß damit keine Störung des Betriebes verbunden war.
Sämtliche Fehler, die Stationsausfall bewirkten, waren durch automatische Rekonfiguration (Übernahme der Funktion durch die Partnerstation)
ohne Einfluß auf die Systemverfügbarkeit. Eine Ausnahme bildet der oben
beschriebene Entwurfsfehler. Durch die implementierten Tests wurden
bisher sämtliche aufgetretenen Fehler entdeckt und bereichs- oder sta-
tionsweise angezeigt. Damit wurde auch die gewählte Teststrategie bestätigt. Einige Entwurfsfehler, die ebenfalls als Sekundärfehler physikalischer Fehler auftraten, wurden bereits im Institut entdeckt und
inzwischen behoben. Die bis jetzt mit dem System gesammelten Betriebs-
und Produktionserfahrungen zeigen, daß das gesteckte Ziel der Fehlertoleranz weitgehend erreicht wurde und nur im Detail Verbesserungen zu
erzielen sind. Verbesserungen dieser Art, die aus den Erfahrungen abgeleitet wurden, haben inzwischen den Reifegrad des Systems weiter anwachsen lassen.

Literatur

1. Syrbe, M.: Über die Beschreibung fehlertoleranter Systeme.
   rt 28 (1980), H. 10, S. ...

2. Heger, D.; Steusloff, H.; Syrbe, M.: Echtzeitrechnersystem mit
   verteilten Mikroprozessoren. Forschungsbericht DV 79-01,
   Datenverarbeitung, 1979.

3. Steusloff, H.: Zur Programmierung von räumlich verteilten, dezentralen Prozeßrechensystemen. Dissertation Universität Karlsruhe,
   1978.

4. DIN 66 253 Teil 1, Programmiersprache PEARL, Basic PEARL.
   Normenentwurf, Juni 1978.

5. Heger, D.: Dezentrales Mikroprozessorsystem mit Farbbildschirmen
   zentral geführt. In diesem Band, 6. Themengruppe.

6. Bonn, G.; Lorenz, L.: Steuerung, Synchronisation und Kommunikation
   bei parallelen Prozessen. IITB-Mitteilungen 80 (1980), S. 36-41.

7. Patz, M.: Error recovery in distributed computer networks to
   process control. Preprints of 6th IFAC/IFIP Int. Conf. to Process
   Control, Düsseldorf, OCT. 1980.

8. Randell, B.: System structure for software fault tolerance.
   IEEE Trans. Softw. Eng. SE-1, 2, p. 220-232.

9. Patz, M.: Fehlertoleranz in Prozeßrechnernetzen. Dissertation
   (in Vorbereitung), Fachbereich Elektrotechnik, Technische Universität München.

10. Merlin, P.M.; Randell, B.: State restoration in distributed
    systems. In Digest of IEEE Int. Symposium on Fault Tolerant
    Computing, 8, Toulouse 1977, pp. 129 - 134.

ZUVERLÄSSIGKEIT BEI INDUSTRIEANLAGEN

GEPÄCKFÖRDERANLAGE IM FLUGHAFEN FRANKFURT/MAIN

RELIABILITY OF INDUSTRIAL PLANT

BAGGAGE CONVEYING SYSTEM

FRANKFURT AIRPORT

H. BÜRSKENS
AEG-TELEFUNKEN, FRANKFURT/MAIN

Summary

The excellent results obtained during a couple of years prove the
correctness of theoretical considerations and the efficiency of structural measures based thereon regarding the availability of today's
worldwide greatest baggage conveying system.

Moderne Industrieausrüstungen kontrollieren die Prozeßabläufe durch
eine automatische Steuerung und Überwachung der Material-, Energie- und
Informationsflüsse.
Die wesentlichen Merkmale industrieller Prozesse sind der Materialtrans-
port und die Materialumwandlung.
Die Energietechnik ist dabei eng mit der Produktionstechnik und der In-
formationstechnik verknüpft.
Die Zuverlässigkeit der Industrieanlage wird bestimmt durch die Qualität
der eingesetzten mechanischen, elektrischen und elektronischen Betriebs-
mittel. Als Umweltbedingungen müssen z. B. Witterungseinflüsse, die
Atmosphäre in Hütten- und Walzwerken, Seeluft und Raffinerieabgase bei
Umschlagsanlagen berücksichtigt werden.

Während Produktionsprozesse durchweg in überschaubaren Dimensionen ablaufen, sind Transportaufgaben in der Energieversorgung und im Materi-
alflußbereich durch erhebliche räumliche Ausdehnung gekennzeichnet.
In allen erwähnten Merkmalen ist die Gepäckförderanlage im Flughafen
Frankfurt/Main eine echte Industrieanlage.
Die Beanspruchung der eingesetzten Betriebsmittel wird zusätzlich durch
die Strategie des Förderprozesses und die Belegungsdichte der Förderanlage beeinflußt.

Bild 1 (Schematische Darstellung der Gepäckanlage) gibt schematisch den
Überblick über das Gesamtsystem, bestehend aus Aufgabe- und Zielstatio-
nen, Speichern und Verteilern, sowie die verbindenden Materialflußwege.

Diese automatisch arbeitende Gepäckförder- und Sortieranlage hat 40 km
Förderwege.
Bild 2 (Förderanlage im Verteiler)
Die Anlage ist prozeßrechnergesteuert und gibt ein Beispiel eines
Transportsystems mit einer extrem großen Anzahl mechanischer, elektri-
scher und elektronischer Bauteile.
Seit 1974 ist diese Anlage in Betrieb. Seither wurden ca. 35 Mio. Ge-
päckstücke sortiert und transportiert.

Zielsetzung für die Anlage

Zwei Zielsetzungen waren für dieses Automatisierungssystem von Vorrang:

- eine hohe Abfertigungsleistung,
  um z. B. für den hohen Umsteigeranteil von ca. 50 % aller Fluggäste
  eine Umsteigezeit von weniger als 45 Minuten zu erreichen,
  und

- eine niedrige Fehlleistungsrate FR,
  die deutlich unter den Werten bei manueller Beförderung (1 %) liegen
  sollte und die niedriger sein sollte als der bekannte internationale
  Standard (2 o/oo).

Die Fehlleistungsrate FR ist definiert zu

$$FR = \frac{\text{Anzahl fehlgeleiteter Gepäckstücke}}{\text{Gesamtzahl beförderter Gepäckstücke}} \times 1000 \; [o/oo]$$

Generell können Fehlleistungen verursacht werden durch

- Bedienungsfehler, z. B. bei manueller Dateineingabe,
  oder

- technische Fehlfunktionen der Anlage.

Ermittlung der Zuverlässigkeit

Für die Berechnung der Fehlleistungsrate ging man zunächst den konventionellen Weg, indem man die Zuverlässigkeit der Anlage und die MTBF-Werte aller Anlageteile für den nicht redundanten Aufbau ermittelte. Dabei war grundsätzlich zu unterscheiden zwischen

- der Zuverlässigkeit des mechanischen Transportsystems
  und

- der Zuverlässigkeit des elektrischen Steuerungssystems einschließlich der Antriebe für die Bewegungen des mechanischen Systems.

Es wurde angenommen, dass

- Fehlfunktionen im mechanischen Teil durch turnusmäßige Wartung vermieden werden können,

- der Steuerungs- und Antriebsteil sporadisch Fehlfunktionen während der normalen Nutzungszeit aufweisen.

Einen Überblick über die Zahl der eingesetzten Bauelemente und die Vielzahl von Anlagenteilen gibt Tabelle 1 (Zahl der Bauelemente in den einzelnen Anlageteilen).

Resultierend aus dieser hohen Bauteilezahl erhält man rein rechnerisch eine Ausfallrate

$$\sum n \cdot \lambda = 1,34 \text{ / h.}$$

Dem entspricht ein MTBF-Wert von

$$MTBF = 0,75 \text{ h.}$$

D. h. rein theoretisch fällt im Mittel alle 45 Minuten irgendein Teil aus, das zum Stillstand der Anlage führt.

Die sich daraus ableitende Zuverlässigkeit der Anlage ist keineswegs zufriedenstellend, aber auch nicht realistisch in Bezug auf die Aufgabenstellung, wenn durch diese Aussage der Zuverlässigkeit die Zahl transportierter Gepäckstücke charakterisiert werden soll, die das vorgesehene Flugzeug nicht rechtzeitig oder überhaupt nicht erreichen.

Die Missionswahrscheinlichkeit

Es bereitet selbstverständlich keine Schwierigkeiten, auf Grund von bekannten Ausfallraten der eingesetzten Bauelemente und Geräte Aussagen über die Verfügbarkeit der Gesamtausrüstung zu machen.

Wegen der Redundanz beim Betrieb der Aufgabeschalter, in der Anordnung der Förderanlage und in der Transportstrategie des Fördersystems ist es bei einer so komplexen Anlage sehr schwierig und höchst unsicher, die Fehlleistungsrate aus der Anlagenverfügbarkeit abzuleiten.
Daher wurde in der Entwurfsphase der Anlage zur Abschätzung der Fehlleistungsrate anhand eines Modells die Missionswahrscheinlichkeit des Transportsystems ermittelt.

Die Wahrscheinlichkeit für die Erfüllung der Mission eines Gepäckstückes wird dabei ausgedrückt durch das Produkt der Wahrscheinlichkeiten, mit denen die einzelnen Anlageteile zu dem Zeitpunkt noch funktionsfähig sind, an dem das Gepäckstück bei seinem Durchlauf den jeweiligen Anlagenabschnitt verläßt.

Diese Missionswahrscheinlichkeit ist definiert zu:

$$R_M = \prod_{i=1}^{n} e^{-\lambda_i t_0} \, e^{-\lambda_i t_i}$$

Die auf dieser Grundlage durchgeführten Berechnungen sind 1975 veröffentlicht worden [1] und führten zu folgender Aussage:

- Bei Betrachtung einer Einzelmission werden etwa 0,4 o/oo der beförderten Gepäckstücke wahrscheinlich von einer technischen Fehlfunktion der Anlage betroffen.

- Bei der Betrachtung eines Pulks von 100 bzw. 500 Einheiten werden wahrscheinlich etwa 0,55 o/oo bzw. 1,2 o/oo der Gepäckstücke von technischen Fehlfunktionen betroffen.

- Nimmt man bei einer weiteren Abschätzung an, daß ein Fehler in der

Mitte der Mission eines Pulks auftritt und somit im Mittel die
Hälfte der Gepäckstücke dieses Pulks ihr Ziel nicht zeitgerecht
erreicht, so beträgt die Missionswahrscheinlichkeit bei einem
Pulk von 100 Einheiten

$$R_M = 0,277 \ o/oo$$

und bei einem Pulk von 500 Einheiten

$$R_M = 0,6 \ o/oo,$$

also die gleiche Größenordnung wie die Einzelmissionswahrschein-
lichkeit.

Betriebserfahrungen mit der GFA

Der Vergleich der im Laufe von sechs Betriebsjahren erzielten Werte mit
den damaligen Berechnungen und Überlegungen bestätigt voll folgende
Tatsachen:

o Wegen des zum Teil redundanten Aufbaues der Anlage führt nicht
   jede Störung zu einer Unterbrechung der Gepäckförderung bzw. zur
   Fehlleitung eines Gepäckstückes.

o Es gibt in der komplexen Anlage eine Reihe offenliegender oder
   verdeckter Redundanzen. Deshalb ist eine Aussage zur Fehlleistungsrate allein aus der Anlagenverfügbarkeit nicht zulässig.

Die Betriebsstörungsstatistik des Jahres 1979 (Bild 3) zeigt das deutlich.

Die Auswertung dieser Betriebsstörungsstatistik für 1979 liefert folgende Ergebnisse:

1. Transportierte Gepäckstücke   7'8 GPS

2. Fehlleistungsrate   1,35 % des Gepäckaufkommens

   Darin sind alle Gepäckstücke enthalten, die durch technisches und
   menschliches Fehlverhalten das vorgesehene Flugzeug nicht erreichten.

Die mehrjährige Analyse technischen und menschlichen Fehlverhaltens zeigt:

- technisches Fehlverhalten geht zu 40 % und

- menschliches Fehlverhalten geht zu 60 %

anteilig in diese Fehlleistungsrate ein.

3. Die Anzahl der Störungen, die im elektrischen Teil der Transport-
   anlage zu technischen Fehlleistungen führten, wurden für vier Be-
   triebsjahre mit folgendem Ergebnis analysiert:

Tabelle 2: Analyse elektrischer Störungen

GERÄT	ANZAHL	ZAHL DER AUSFÄLLE			
		1976	1977	1978	1979
Initiatoren Lese- und Zählstellen	14.182	leicht abnehmend auf			68
Schaltgeräte Schütze und Relais	68.000	leicht abnehmend auf			80
Antriebe mit Getriebe	12.000	1.175	1.217	11208	1.058

Während die Ausfallraten von Initiatoren und Schaltgeräten im o/oo-
Bereich liegen, erreichen die Störungen an Antrieben mit Getriebe
die 10 %-Marke.
Häufigste Ursache für Ausfälle von Antrieben sind Wellen-Dicht-
probleme bei der Verbindung des Getriebes zum Motor.

4. Entscheidend für die dennoch extrem niedrige Fehlleistungsrate sind
   die niedrigen MTTR-Werte, die im Mittel bei 8,5 min liegen.
   Ausschlaggebend dafür sind:

- die Instandhaltungsstrategie,
- die schnelle Erkennung von Störort und Störursache,
- die schnelle Störungsbeseitigung.

Dabei werden ca. 10 % für vorbeugende Instandhaltung und ca. 90 %
für störungsabhängige Instandhaltung aufgewendet [2] .

Diese Strategie, die sich wesentlich auf die Beseitigung eingetretener Störungen konzentriert, führt zum Erfolg, weil

o das Instandhaltungspersonal so über die Förderanlage verteilt ist und ständig über den Anlagenzustand so informiert wird, daß es nie länger als 45 bis 90 s dauert, bis der Störort erreicht wird;

o das eingesetzte Gerätesystem leicht austauschbar ist, und die erforderlichen Geräte in unmittelbarer Nähe der Funktionsorte gelagert werden,

o die Störungserkennung bereits bei der Konstruktion der Anlage so ausgebildet wurde, daß das Wartungspersonal durch Anzeige des Störortes und durch die Hinweise auf die Störungsursache zeitoptimal eingreifen kann.
Dazu gehören:

die Sammelmeldung auf dem Symbolbild in der Steuerzentrale,

die Anzeige des gestörten Schaltraumes, des Schaltschrankes und der Baugruppe,

die Protokollierung von Fehlfunktionen auf dem Störmeldedrucker.

Parallel dazu werden die wesentlichen Daten des Störereignisses und die durchgeführten Wartungsarbeiten protokolliert und systematisch codiert.
Eine EDV-Auswertung unterstützt, wenn notwendig, die Schadensanalyse und liefert die Lebensdaten der eingesetzten Betriebsmittel.

Weitere Maßnahmen sind der gezielte Einsatz des Wartungspersonals durch Wartungsanweisungen und die Schulung im gesamten Anlagenbereich.

5. Erheblichen Einfluß auf die Missionswahrscheinlichkeit des gesamten Transportsystems haben Störungen des Prozeßrechnersystems.
Auf Grund der zentralen Bedeutung für die Steuerung der gesamten Anlage wurde es redundant als Triplex-System ausgeführt mit einer rechnerischen Verfügbarkeit von A_{PZR} = 99,3 %.

Die Analyse der aufgeführten PZR-HW-Störungen zeigt drei Fehlergruppen:

- Ausfall elektrischer Baugruppen   35 %
- Kontaktschwierigkeiten in der Prozeßperipherie   38 %
- Kurzzeitige, nicht lokalisierbare Fehler   27 %

Um trotz dieser Fehlerquoten eine hohe technische Verfügbarkeit
zu erzielen, muß die Redundanz des Triplex-Systems durch Verfüg-
barkeitssicherungsmaßnahmen gestützt werden.
Dazu gehören:

o Bevorratung von Austauschteilen,

o sofortige Reparatur von ausgefallenen Teilkomponenten,

o regelmäßige Systemtests,

o Kontrolle der Klimatisierungseinrichtung,

o Rechnerservice im Rahmen eines Wartungsvertrages.

Die auf dieser Basis im Laufe von fünf Betriebsjahren $\lfloor 3 \rfloor$ erzielten Ergebnisse zeigt Tabelle 3. Diese Resultate liegen deutlich
besser als der internationale Standard, der mit einer Fehlleistungsrate von 2 o/oo angegeben wird.

Tabelle 3: Fehlleistungsrate der GPA

	1975	1976	1977	1978	1979
Fehlleistungsrate FR o/oo	1,20	2,00	1,35	1,28	1,35
Anzahl der Gepäckstücke	4'5	5'5	6'15	7'0	7'8

Diese hohe Missionswahrscheinlichkeit bzw. geringe Fehlleistungsrate ist ein Beweis für

o die Wirksamkeit der gewählten Instandhaltungsstrategie,

o die Qualität des Wartungspersonals,

o die Qualität des eingesetzten Materials und

o die bemerkenswert gute Übereinstimmung mit den theoretischen
    Vorausberechnungen

für diese komplexe Industrieanlage.

Zusammenfassung

Die nach mehrjährigem Betrieb erzielten guten Ergebnisse beweisen die
Richtigkeit der theoretischen Überlegungen und die Wirksamkeit der
darauf beruhenden strukturellen Maßnahmen für die Verfügbarkeit der
heute noch weltweit größten Gepäckförderanlage.

Literatur

1. Seifert, W.; Simon, H.-J.:
   Systemzuverlässigkeit der Gepäckförderanlage im Flughafen
   Frankfurt (Main)
   Techn. Mitteilungen AEG-TELEFUNKEN 65 (1975) 8, S. 320 - 323

2. Brendlin, K.; Nubert, G.; Simon, H.-J.:
   Instandhaltung einer Großanlage
   etz-b Bd. 28 (1976) H. 19, S. 639 - 641

3. Brendlin, K.: Neumann, K.:
   Gepäckförderanlage Flughafen Frankfurt/Main - Betriebserfahrungen
   nach fünfjährigem Betrieb
   airport forum

	Antriebe	Schütze	Zeit-relais	Licht-schranken	Weichen-steuerung	Lese-stellen
Aufgabe-Schalter (159x)	21	225	20	9	1	1
Verteilerkreisel (3x)	2 000	11 000	1700	–	54	54
Speicher	1200	5000	700	–	30	30
Schnellbahn (LH)	260	1800	100	–	4	4
Schnellbahn (FO/FW)	390	2300	150	–	2	2
Schnellbahn (FO 45)	160	900	70	–	2	2
Gateraum (29x)	41	460	75	–	2	2
Deckenhohlraum	1500	11000	1000	–	100	100
Summe Bauelemente	12890	90235	10375	1431	461	461

AEG-TELEFUNKEN

Zahl der Bauelemente und Anlagenteile

Tab. 1

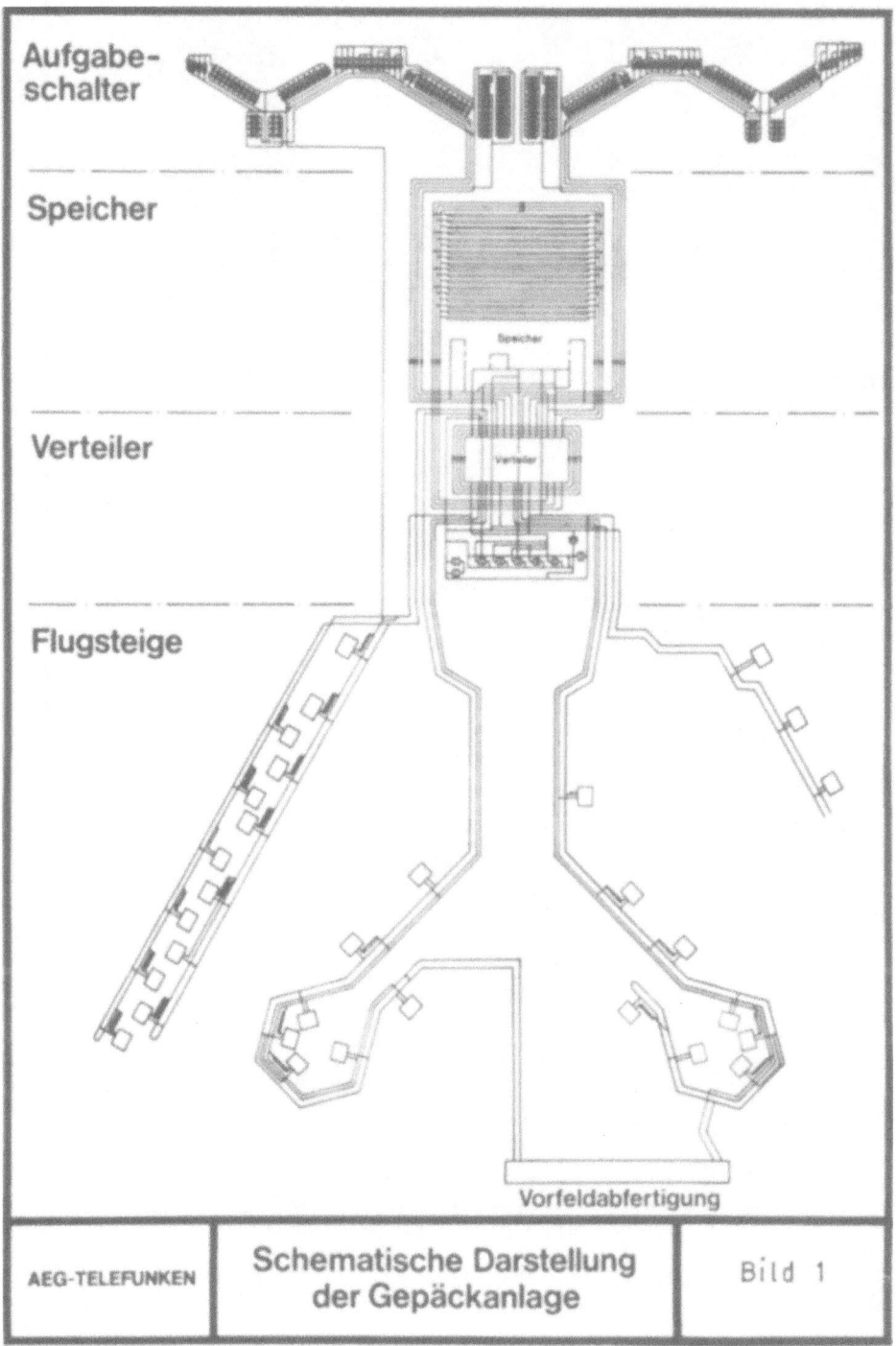

Aufgabe-
schalter

Speicher

Verteiler

Flugsteige

Vorfeldabfertigung

| AEG-TELEFUNKEN | Schematische Darstellung der Gepäckanlage | Bild 1 |

AEG-TELEFUNKEN   Förderanlagen im Verteiler   Bild 2

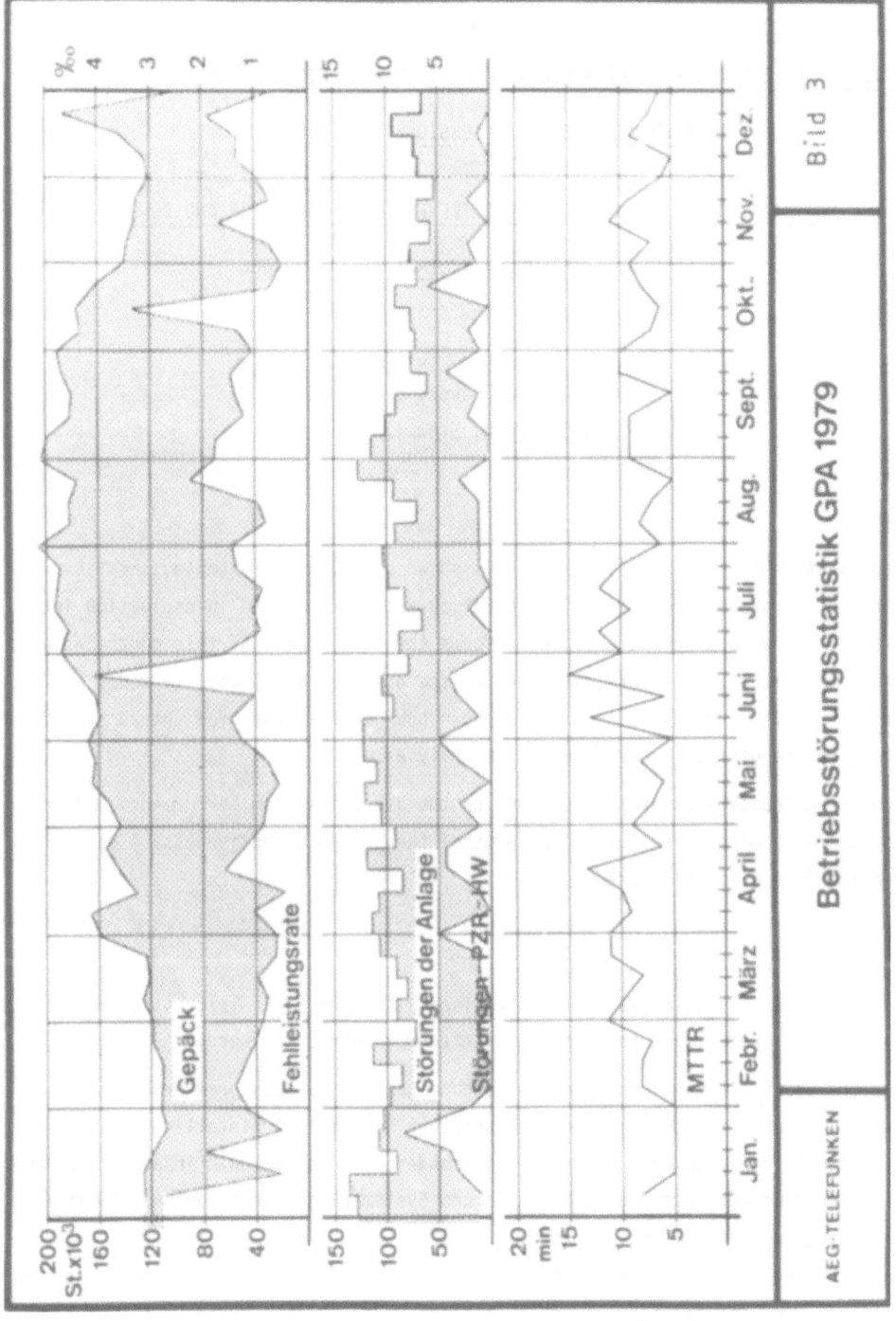

Betriebsstörungsstatistik GPA 1979

AEG-TELEFUNKEN

Bild 3

OPTIMIERUNG DER SYSTEMWIRKSAMKEIT INFORMATIONS-UND LEISTUNGSELEKTRONISCHER

ANLAGEN MITTELS ZUVERLAESSIGKEITSSICHERUNG

OPTIMIZATION OF THE SYSTEM EFFECTIVENESS OF INFORMATION AND POWER

ELECTRONIC SYSTEMS BY RELIABILITY ASSURANCE

H. Frey, H.P. Povel

BBC AG Brown Boveri & Cie

5400 Baden, Schweiz

Summary:

The application of reliability planning is shown using, as an example, the "employment of process computers in automation and control". An investigation into the fault tolerance of computer systems forms the focal point of this contribution. Aspects of fault tolerance are evaluated on the basis of a reliability model and the numerical results are discussed. It is shown how general rules for future system planning may be derived from these system analyses.

The effect of quality assurance measures on the overall system performance and on the system economics is evaluated in terms of the system effectiveness. A possible mathematical model is discussed.

1. Einführung

Aus der Vielzahl verschiedener elektronischer Anlagen soll als Beispiel der Einsatz von Prozesscomputern in der Leittechnik betrachtet werden.

Die Verfügbarkeit von schnellen, kostengünsigen Mikroprozessoren ermöglicht heute die Realisierung komplexer, technischer Systeme mit "intelligentem Systemverhalten". Davon profitiert insbesondere die Leittechnik in allen Sparten der Steuerung und Regelung von technischen Systemen und Prozessen, wie Energie-erzeugung und -verteilung, Verkehr, Traktion, Gebäude-Automatisierung, Schutz- und Sicherheitstechnik, etc.. Jedoch haben alle Anwendungen von Mikroprozessoren, wie auch jede andere Technologie, ihre gemeinsamen, spezifischen Probleme. Diese beginnen mit der Spezifizierung der Systemanforderungen (Leistungsfähigkeit und Langzeitbetriebsverhalten). Die Systemplanung und -entwicklung, der Nach-weis der Leistungsfähigkeit (korrekte Funktion), Zuverlässigkeit, Sicherheit und Verfügbarkeit (Instandhaltung über eine vorgegebene Einsatzdauer) sowie die Ermittlung des Nutzen / Aufwandverhältnisses über den gesamten Lebenszyklus (Systemwirksamkeit [1], [2]) sind weitere Stationen, welche spezifische Massnahmen zur Problemlösung beim Einsatz von Mikroprozessoren erfordern.

Auf der produktspezifischen Ebene sind es vor allem die zentralen Probleme der Ausfallerkennung und -lokalisierung (Selbstdiagnose der Mikroprozessorsysteme) und Systemrekonfiguration zur Aufrechterhaltung einer bestimmten Systemfunktion beim Auftreten von Ausfällen (Ausfalltoleranz), sowie der Erfüllung bestimmter, geforderter Werte dieser Systemeigenschaften und deren Nachweis. Der Nachweis bestimmter Systemeigenschaften erfordert die Definition geeigneter Bewertungskenngrössen und deren quantitative Ermittlung [3]. Diese Bewertungskenngrössen bilden aber auch die Basis für die Systemevaluation, den Vergleich alternativer Systemkonfigurationen und die Optimierung der Systemeigenschaften.

2. Aufgabenstellung

Für die Erfüllung verschiedener, leittechnischer Aufgaben soll ein modulares Prozessdatenverarbeitungssystem geplant und entwickelt werden, welches verschiedenen Anforderungsstufen, entsprechend der Einsatzart, genügen soll.

Da der genaue Verwendungszweck zum vornherein nicht bekannt ist, wurden verschiedene grundsätzliche Computerkonfigurationen untersucht und dabei erstens nach Leistungsfähigkeit (Anzahl und Komplexität der leittechnischen Funktionen) und zweitens nach dem geforderten Langzeitbetriebsverhalten (Zuverlässigkeit, Sicherheit, Verfügbarkeit der Funktionen) unterschieden.

Im weiteren soll nur der Aspekt des Langzeitbetriebsverhaltens betrachtet werden.

Für die Projektierung eines Anwendungssystems mittels der Moduln des Prozessdatenverarbeitungssystems (Prozessor, Speicher, Peripheriegeräte, etc.) ist es notwendig dem Systemplaner allgemeine, aber konkrete Richtlinien und Methoden zur Verfügung zu stellen, damit er eine die Forderungen erfüllende Systemstruktur entwerfen kann.

3. Grundlegende Begriffe und Merkmale ausfalltoleranter Computersysteme

3.1 Korrekte Funktion

Die korrekte Funktion eines Computersystems kann folgendermassen umschrieben werden:

a) Die Ergebnisse (Ausgangssignale) enthalten keine durch Hardwareausfall und Umgebungseinflüsse bedingte Fehler. (Hardware-Zuverlässigkeit, Ausfalltoleranz).

b) Logische (konzeptuelle) Fehler und Programmierfehler in der Software sind ausgeschlossen (Software-Qualität).

c) Programme und deren Daten erfahren nur Aenderungen in einer spezifizierten Art und Weise und der Programmablauf wird nur aufgrund bestimmter Kriterien gestoppt. (Software Integrität).

d) Die Durchführungszeit jedes Programmes zur korrekten Ausführung der Aufgabe liegt innerhalb eines bestimmten Zeitintervalls. (Software-Zuverlässigkeit).

e) Ein bestimmter, minimaler, intakter Speicherplatz bleibt für jedes Programm und seine Daten in jedem Betriebsfall und auch im Störfall erhalten (Daten-Integrität).

f) Handlungen des Operators erfolgen nur in einer spezifizierten Art und Weise zu bestimmten Zeiten. (Operatorzuverlässigkeit).

3.2 Funktionsausfall

Ein Ausfall der Systemfunktion (unzulässige Abweichung von der korrekten Funktion) kann transienter oder permanenter Natur sein. Die Auswirkung manifestiert sich dabei durch fälschlicherweise veränderte Daten, einen falschen Programmablauf, Anhalten des Programmablaufes, Verlust der Daten- oder Programmspeicherinhalte, falsche Ausgangssignale, etc.. Der Systemausfall bei einer bestimmten Anwendung bedarf einer exakten Definition als Teil der Anforderungen.

3.3 Ausfall-Toleranz

Für ein "ausfalltolerantes" Betriebsverhalten eines Systems ist die Ausfall-erkennungswahrscheinlichkeit und Ausfallerkennungszeit von grundlegender Bedeutung. Wird ein Ausfall bzw. eine defekte Einheit entdeckt, so muss vom System weiter erkannt werden, ob ein transienter oder permanenter Ausfall vorliegt. Liegt ein transienter Ausfall vor, so kann z.B. die Wiederholung eines bestimmten Programmteiles mit den alten Daten (zeitsequenzielle Redundanz) veranlasst werden. Beim Auftreten eines permanenten Ausfalles muss das ausgefallene Funktionsmodul vom Betrieb ausgeschlossen (ersetzt) und das System rekonfiguriert werden (Parallel-redundanz). D.h., die Systemfunktion wird trotz des Ausfalles korrekt erfüllt.

Definition: Ausfall-Toleranz ist die Fähigkeit eines Systems, bei Anwesenheit einer gewissen Anzahl Ausfälle, korrekt zu funktionieren.

Eine ausfalltolerantes Betriebsverhalten kann somit nur durch Redundanz (zusätzliche Funktionspfade) erreicht werden, wobei diese je nach den zu kompensierenden Ausfallarten (Hardware und Software) in Form von

a) Hardware (r-aus-n Struktur)

b) Software (z.B. Diversität)

c) Information (Daten Codes) oder

d) Kombination von a), b) und c) (z.B. SHIFT)

implementiert sein kann. Weiter kann Redundanz systematisch nach den in Tabelle I aufgeführten grundlegenden Merkmalen evaluiert werden.

Tabelle I: Grundlegende Merkmale der Redundanz

(a) parallel- oder sequentiellredundante Funktionsstruktur

(b) aktive oder passive (Nicht-Betrieb, standby, mitlaufend) Redundanz

(c) unabhängige/abhängige redundante Funktionseinheiten

(d) Entscheidungsart (Vergleich, Plausibilität, r-aus-n Voter, Statusmatrix, Master/Slave, etc.)

(e) Ausfallerkennung (kontinuierlich, periodisch, aperiodisch, Wahrscheinlichkeit, Erkennungszeit)

(f) Ausfalllokalisierung (Art, Zeit, Modullevel)

(g) Rekonfigurationsart (adaptiv, nicht-adaptiv, Rekonfigurationszeit, Funktionsausfallzeit)

(h) Prüfbarkeit, Reparierbarkeit und Wartbarkeit während des Betriebs (Prüfzeit, Ausfallzeit).

Tabelle I dient als Checkliste, denn aufgrund der Eigenschaften dieser Merkmale kann bereits eine qualitative Systemzuverlässigkeitsanalyse durchgeführt werden, da jedes dieser Merkmale eine bestimmte Wertung für Zuverlässigkeits- und Sicherheitsaspekte (ausfalltolerantes Verhalten) hat. Dabei soll auch berücksichtigt werden, dass bestimmte dieser Eigenschaften nicht miteinander vereinbar sind.

So sind z.B. redundante Prozessoren welche notwendigerweise mit einem Datenlink verbunden sind niemals unabhängig voneinander; aber gerade die Eigenschaften der unabhängigen Funktionseinheiten (c) in Verbindung mit einem Mehrheitsentscheid (d) ergibt eine hohe Zuverlässigkeit und Sicherheit. (Z.B. wird bei der Eigenbedarfsversorgung von Kernkraftwerken die absolute Unabhängigkeit der redundanten (vier) Energieversorgungskanäle, zwecks Vermeidung von "Common Mode"-Ausfällen, strikte gefordert).

Weiter ist die Eigenschaft (h) grundlegend für eine hohe Zuverlässigkeit. Die Instandhaltung während des Betriebs (ohne Betriebsunterbruch) kann aber nur unter der Bedingung geschehen, dass eine passiv-redundante Systemstruktur (abschaltbare und zugängliche Einheiten) vorliegt (b) und die grundlegenste aller Eigenschaften, die Ausfallerkennung mit einer hohen Wahrscheinlichkeit und kurzer Erkennungszeit (e) gewährleistet ist.

Mathematische Zuverlässigkeitsmodelle und statistische Ausfall- und Ereignisdaten erlauben zusätzlich eine quantitative Evaluation des Langzeitbetriebsverhaltens solcher Systeme, z.Bsp. [2]-[7] ; siehe Kap. 4.

Das ausfalltolerante Schema unterster Ordnung ohne Selbstdiagnose ist offenbar die 2-aus-3 Struktur. Der erste Ausfall von einer der 3 (gleichen) aktiven Einheiten kann durch Mehrheitsentscheid erkannt und lokalisiert werden. Dabei muss eingeschränkt werden, dass gewisse Ausfallarten auf der Bit-Ebene (Mehrfachausfälle, Common-Mode-Ausfälle, etc.) nicht entdeckt werden können. Der Ausfall einer weiteren Einheit kann grundsätzlich nur noch erkannt aber nicht lokalisiert werden (nicht-adaptive Systemstruktur).

Das ausfalltolerante Schema unterster Ordung mit Selbstdiagnose ist eine 1-aus-2 Struktur. Beim Ausfall einer Einheit wird deren Ausfall durch Selbst-bzw. Fremddiagnose erkannt und ist somit auch lokalisiert, während die andere Einheit den Betrieb weiterführt.

Das Risiko eines Totalausfalles einer gegebenen redundanten Systemstruktur ist offenbar umso kleiner, je rascher ein Ausfall erkannt, die verbleibende Struktur rekonfiguriert und die defekte Einheit ersetzt und wieder in Betrieb genommen wird. Wird dieser Ablauf durch das System selbst gesteuert (hardware- oder softwaremässig) so liegt ein adaptives Verhalten der Systemstruktur vor.

4.   Ein Zuverlässigkeitsmodell zur Evaluation einer adaptiven Systemkonfiguration

Das vorliegende Beispiel ist der Zuverlässigkeitsplanung eines redundanten Bahn-computersystems mit Sicherheitsaufgaben entnommen. Es handelt sich um ein Modell mit 2-aus-3 Redundanz und adaptiver Systemrekonfiguration, wobei zwischen perma-nenten und transienten Ausfällen unterschieden wird. Bild 1 zeigt das Zustands-diagramm dieses Modells.
Ein Problem bei der Rekonfiguration von Computersystemen nach einem Ausfall ist das Wiederstarten von ausgefallenen Einheiten ohne Betriebsunterbruch und die Aufrechterhaltung des neuesten Informationsstands von Stand-by-Einheiten.Offenbar ist dieses Problem aber unter Inkaufnahme gewisser Nachteile (z.B. Verlust der Unabhängigkeit der Moduln) durch eine adaptiveSystemkonfiguration lösbar.
Unter Annahme exponentieller Ereignisverteilungen lässt sich das Zustandsdiagramm in Bild 1 durch eine Markowkette numerisch auswerten. Zum Vergleich ist in Bild 2 das Zustandsdiagramm eines Systems gezeichnet, in welchem nicht zwischen transienten und permanenten Ausfällen unterschieden wird.

Die Uebergangsraten in den Bildern 1 und 2 sind:

λ_{Cp} = Ereignisrate für permanente Computerausfälle

λ_{Ct} = Ereignisrate für transiente Computerausfälle

λ_R = Rekonfigurationsrate

μ = Reparaturrate nach einem "fail safe"-Ausfall

Ausserdem sind folgende Wahrscheinlichkeiten definiert:

q = Wahrscheinlichkeit, dass ein transienter Ausfall von der Identifikationsroutine als permanent interpretiert wird

s = Wahrscheinlichkeit, dass die Systemausfallart "fail-safe" ist.

Die komplementären Wahrscheinlichkeiten sind $\bar{q}$ = 1-q und $\bar{s}$ = 1-s.

Da die Zuverlässigkeit des Systems in Abhängigkeit vom Verhältnis der Ausfall-
raten λ_{Ct} und λ_{Cp} untersucht werden soll (Sensitivitätsanalyse), wird im Folgenden
λ_{Ct} = x λ_{Cp} gesetzt. Für grosse Werte von x, d.h. wenn die transienten Ausfälle
überwiegen, ist die Effizienz der Identifikationsroutine für die Zuverlässigkeit
des Systems wesentlich.

Die Zustände in Bild 1 sind folgendermassen definiert:

1: alle drei Computer funktionieren korrekt
2: ein Computer befindet sich im permanenten Ausfallzustand
3: ein Computer befindet sich im transienten Ausfallzustand
4: nicht-sicherheitsgefährdender Systemausfall (fail-safe)
5: sicherheitsgefährdender Systemausfall (Sicherheitsbruch, ein für den Prozess
   gefährlicher Ausfall).

Der Zustand 2 wird einerseits durch permanente Ausfälle mit der Rate 3 λ_{Cp} besetzt und andererseits durch den Anteil q von transienten Ausfällen, die von der
Identifikationsroutine irrtümlich als permanent identifiziert werden, mit der
Rate 3 q λ_{Ct}. Der Zustand 3 wird durch den Anteil $\bar{q}$ = 1-q transienter Ausfälle
besetzt, die von der Identifikationsroutine richtig identifiziert werden. Der
fail-safe-Zustand 4 wird durch den Anteil $\bar{s}$ aller Ausfälle besetzt, d.h. es wird
vereinfachend angenommen, dass der "fail-safe"-Anteil bei den permanenten und bei
den transienten Ausfällen gleich gross ist. Vom Ausfallzustand 4 führt die Reparaturrate μ in den Zustand 1 zurück. Die mittlere Rekonfigurationszeit 1/λ_R im transienten Ausfallzustand 3 ist viel kürzer als die mittlere Lebensdauer 1/2(λ_{Ct}+λ_{Cp})
bezüglich permanenter und transienter Ausfälle.

Um die Empfindlichkeit der Zuverlässigkeit des Systems gegenüber Aenderungen der
Parameter λ_{Cp}, λ_{Ct} = xλ_{Cp} und q in einer Sensitivitätsanalyse zu untersuchen, wurde

das Modell für verschiedene Parameterwerte berechnet. Die Bilder 3 und 4 zeigen die resultierenden Zuverlässigkeitsfunktionen. Die dazugehörenden mittleren Ausfallabstände m sind in Tabelle II eingetragen.

Tabelle II: Mittlere Ausfallabstände m für verschiedene Parameterwerte
Annahme: $\lambda_{Ct} = 2 \cdot 10^{-4}$/h, s = 0.001

$x = \dfrac{\lambda_{Ct}}{\lambda_{Cp}}$	$\dfrac{q}{1-q}$	λ_R [1/h]	μ [1/h]	m [h]
1	1/100	0	0	2180
1	1/100	1200	0	3280
10	1/100	0	0	380
10	1/100	1200	0	1750
100	1/100	1200	0	860
1000	1/100	1200	0	150
100	1/1000	1200	0	1540
100	1/100	1200	0,5	820000

Die Bilder 3 und 4, sowie die Tabelle II zeigen, dass sich (insbesondere bei hohen Transientenausfallraten) die Zuverlässigkeit bzw. der mittlere Ausfallabstand des Computersystems durch Transientenausfallerkennung erheblich verbessern lassen.

Bild 4 zeigt die Wahrscheinlichkeitsverteilung F(t) = 1-R(t) für gefährliche Ausfälle, wenn der "fail-safe"-Ausfallzustand repariert wird. Es gibt F(2000h) =0.0023 bzw. R(2000h) = 0.9977. Der entsprechende mittlere Ausfallabstand ist ungefähr drei Grössenordnungen grösser, als wenn nicht repariert wird (siehe Tabelle II).

Dies hängt mit der Annahme zusammen, dass die Wahrscheinlichkeit s für sicherheitsgefährdende (nicht reparierbare) Ausfälle 1000 mal kleiner ist als die Wahrscheinlichkeit $\bar{s} = 1-s$ für "fail-safe"-Ausfälle.

Die oben beschriebenen Modellparameter λ_{Cp}, λ_{Ct}, λ_R, q und s sind offenbar besonders aussagekräftige Kenngrössen für ein redundantes Computersystem. Diese Grössen können mittels mehr oder weniger aufwendigen Sicherheits- und Zuverlässigkeitsanalysen des Systems bestimmt werden.

5. Folgerungen und Regeln

Das vorangehende Beispiel einer Zuverlässigkeitsanalyse und die grundsätzlichen Ueberlegungen bezüglich Ausfall-Toleranz zeigen, wie man für die Systemprojektierung bestimmter Produktelinien (unser Beispiel: Computer in der Leittechnik) allgemeine Regeln und Richtlinien erarbeiten kann. Solche Regeln, welche sich aus der Gesamtanalyse ergeben, sind beispielsweise (siehe auch [7], [8]):

a) Die Spezifikation eines ausfalltoleranten Systems muss die Ordnung der Ausfall-Toleranz enthalten. (Bei Anwesenheit welcher Anzahl und Art von Ausfällen muss das System noch funktionsfähig bleiben?)

b) Ist die "Funktionstotzeit" des Systems, während der Rekonfigurationszeit nach dem Eintreten eines Ausfalles, zu gross, so muss für diese Zeit eine zusätzliche redundante Einheit vorgesehen werden. (Im Beispiel müsste somit eine 2-aus-4 Struktur anstatt einer 2-aus-3 Struktur vorgesehen werden).

c) Eine hohe Verfügbarkeit und Wirtschaftlichkeit der Funktion eines redundanten Prozesscomputersystems wird grundsätzlich nur unter Anwendung adaptiver Ausfallerkennungsschemen erreicht.

d) Abhängig von der Wahl eines adaptiven Ausfallerkennungsschemas (z.B. Datalinks zwischen den Computern) ist die Forderung nach funktionell unabhängigen, redundanten Einheiten (Computer) nur beschränkt erfüllbar (Common-Mode-Ausfälle !). Die Redundanz ist somit auf einer hohen Funktionsebene zu wählen.

6. Systemwirksamkeit

In den vorangehenden Kapiteln wurden grundlegende Gedanken zur Zuverlässigkeitsplanung an einem Beispiel erläutert. Solche Aktivitäten (Teil der Qualitätssicherung) bilden einen wesentlichen Beitrag zur Sicherung der Systemwirksamkeit (Bild 5 und 6).[1],[9].

Wie aus Bild 5 hervorgeht, muss zur numerischen Evaluation der Systemwirksamkeit ein mathematisches Modell für die operationelle Wirksamkeit U(t) und die Lebenszykluskosten C(t) gefunden werden [1]. Aus Bild 5 ist weiter ersichtlich, dass das Langzeitbetriebsverhalten einen entscheidenden Beitrag zur operationellen Wirksamkeit U(t) (Zuverlässigkeit, Verfügbarkeit, etc.) erbringen, aber auch zur Kostenseite C(t) (Beschaffung, Instandhaltung) einen entsprechenden Beitrag addieren kann. Dabei ist die Systemwirksamkeit E(t) definiert durch [1]:

$$E(t) = \frac{U(t)}{C(t)} \tag{1}$$

6.1 Operationelle Wirksamkeit

Die Zuverlässigkeits- und Sicherheitsplanung soll sicherstellen, dass die Forderungen bezüglich Langzeitbetriebsverhalten durch eine zweckmässige Lösung erfüllt werden.

Ein mögliches, einfaches mathematisches Modell zur Erfassung der operationellen Wirksamkeit ist:

$$U(t) = \sum_i u_i U_i(t) \tag{2}$$

wobei

$U(t)$ = Operationelle Wirksamkeit (Utility)

$U_i(t)$ = Beitrag der Eigenschaft i (Leistungsfähigkeit, Zuverlässigkeit, etc.) zur operationellen Wirksamkeit $U(t)$

u_i = Gewichts- und Normierungsfaktor der Eigenschaft i in Bezug zu den übrigen Eigenschaften der Funktion $U(t)$

t = Lebenszykluszeit

Dieses Modell setzt offenbar voraus, dass die Spezifikation eines Systems nach den Parametern Bild 5 eindeutig gegliedert und quantitativ messbar sind [1]. Der Einwand mag gelten, dass viele Spezifikationen solchen Forderungen nicht entsprechen. Doch stellt sich dann die Frage, welchen Nutzeffekt, welche Uebereinstimmung mit den Vorstellungen und welche Wirtschaftlichkeit bei ungenügenden, mehrdeutigen Spezifikationen erwartet werden darf?

Als Beispiel sei in unserer Fallstudie angenommen, die Eigenschaft i entspräche der Zuverlässigkeit bzw. einer minimalen Missionszeit = $1/n \cdot MTBF_{min}$ (z.Bsp. n = 3), oder unter Einbezug der Instandhaltung einer spezifizierten Funktionsverfügbarkeit A_0. Daraus ergäbe sich folgende Beziehung:

$$U_i(t) = \hat{A}(t) = f(MTBF, MTTR, t) \tag{3}$$

wobei

$\hat{A}(t)$ = Effektiv gemessene (statistisch ermittelte) Verfügbarkeit A zur Zeit t bzw. im Zeitintervall T_k

MTBF = mittlerer Ausfallabstand (Mean Time Between Failure)

MTTR = Ausfallzeit (Mean Time To Repair)

t = Lebenszykluszeit (t_0 = Projektbeginn)

Für alle andern den Nutzeffekt bestimmenden Parameter (Eigenschaften i) müssen entsprechende Beziehungen definiert werden.

In der Fallstudie wurde z.Bsp. die Notwendigkeit der adaptiven Systemstruktur zur Reduktion der Systemausfälle, verursacht durch transiente Ausfälle, erkannt. Die Realisierung dieser Eigenschaft wird die Verfügbarkeit A sicher verbessern, die Frage ist aber, wie viel und unter welchen Bedingungen. In der Planungs- und

Entwicklungsphase ist $\hat{A}(t)$ durch eine Zuverlässigkeitsanalyse abschätzbar und in der Nutzungsphase durch statistische Datenerfassung und- Auswertung ermittelbar, womit letztere Frage genau beantwortet werden kann.

Eine adaptive Systemstruktur zu entwickeln und instand zu halten erfordert aber auch entsprechenden Aufwand, der durch die Kenngrösse $C(t)$, Lebenszykluskosten berücksichtigt wird.

6.2. Lebenszykluskosten

Als mathematisches Modell der Lebenszykluskosten $C(t)$ kann eine ähnliche Beziehung gewählt werden.

$$C(t) = \sum_j c_j C_j(t) \tag{4}$$

wobei

$C(t)$ = Lebenszykluskosten (cost)

$C_j(t)$= Kostenarten j (Beschaffungs-, Betriebs-, Instandhaltungs- oder Ausserbetriebnahmekosten)

c_j = Gewichts- und Normierungsfaktor der Kostenart j

t = Lebenszykluszeit.

Im Falle unserer adaptiven Systemstruktur erfordert die Entwicklung wahrscheinlich mehr Aufwand gegenüber einer einfacheren Lösung. Es ist aber anzunehmen, dass durch die erhöhte Verfügbarkeit (Intelligenz in der Ausfallerkennung und Lokalisierung), im Verhältnis zu einer einfacheren Lösung, bescheidenere Instandhaltungskosten erwachsen und damit eine weitere Erhöhung der Systemwirksamkeit erreicht wird.

6.3 Aussagekraft der Modelle

Aufgrund der ermittelten Werte für die Funktionen $U(T_k)$ und $C(T_k)$ kann die mittlere Systemwirksamkeit $E(T_k)$ pro Erfassungszeitintervall T_k (Bild 6) ermittelt werden. Der Wert $E(T_k)$ wird irgend eine Zahl ergeben. Dieser Wert kann aber mittels E_o normiert werden, wobei E_o die spezifizierte Systemwirksamkeit, berechnet aufgrund der spezifizierten Systemparameterwerte (z.Bsp. Verfügbarkeit A_0), darstellt. Das Verhältnis

$$\frac{E(T_k)}{E_0} = \frac{U(T_k)/C(T_k)}{E_0} \tag{5}$$

wird somit 1, wenn die statistisch erfasste Systemwirksamkeit genau den Erwartungen (Spezifikationen) entspricht. Die relative Systemwirksamkeit E/E_0 ist damit auch unabhängig von einem bestimmten Projekt und kann für Vergleiche verschiedener Projekte herangezogen werden[1].

Im Moment ist eine Pilotstudie im Gange, welche über die Durchführbarkeit zur Erfassung der Systemwirksamkeit weiteren Aufschluss geben soll.

Literatur:

[1] Frey, H.: System Effectiveness, a comprehensive characteristic for assessing complex system performance throughout the life cycle. Proc. 6th INTERNET Congress, Garmisch Partenkirchen, 1979, Vol. 3, p 105-114, (VDI-Verlag).

[2] Frey, H.; Signer, K,: Netzleittechnik; Zuverlässigkeitsplanung der Systeme. Brown Boveri Mitteilungen, März 1979, Heft 3, Band 66, S 216-224.

[3] Frey, H.: Safety and Reliability-Their Terms and Models of Complex Systems. IFAC Workshop SAFECOMP'79 May 16-18, 1979, Stuttgart.

[4] Frey, H.: Zuverlässigkeitsplanung von Elektroniksystemen. E und M, Elektronik und Maschinenbau, 95.Jg., Wien, Juni/Juli, Heft 6/7, 1978.

[5] Frey, H.: Glavitsch, H.; Wahl, H.: Availability of Power as affected by the Characteristics of the System Control Center. Part I & II, IFAC Symp. Feb. 21-25, 1977, Melbourne.

[6] Frey H.: Safety evaluation of mass transit systems by reliability analysis. IEEE Trans. on Reliability, Aug. 1974.

[7] Frey, H.: Computerorientierte Methodik der Systemzuverlässigkeits- und Sicherheitsanalyse. Diss. Nr. 5244, ETH Zürich, 1973.

[8] Schüller, H.: Methoden zum Erreichen und zum Nachweis der nötigen Hardwarezuverlässigkeit beim Einsatz von Prozessrechnern. Diss., Inst. für Automationstechnik der Tech. Uni. München, 30.10.78.

[9] Frey, H.: Qualitätsbewusste Entwicklung, Konstruktion und Fertigung in der Elektronik. Brown Boveri Mitteilungen, Okt. 1980, Heft 10.

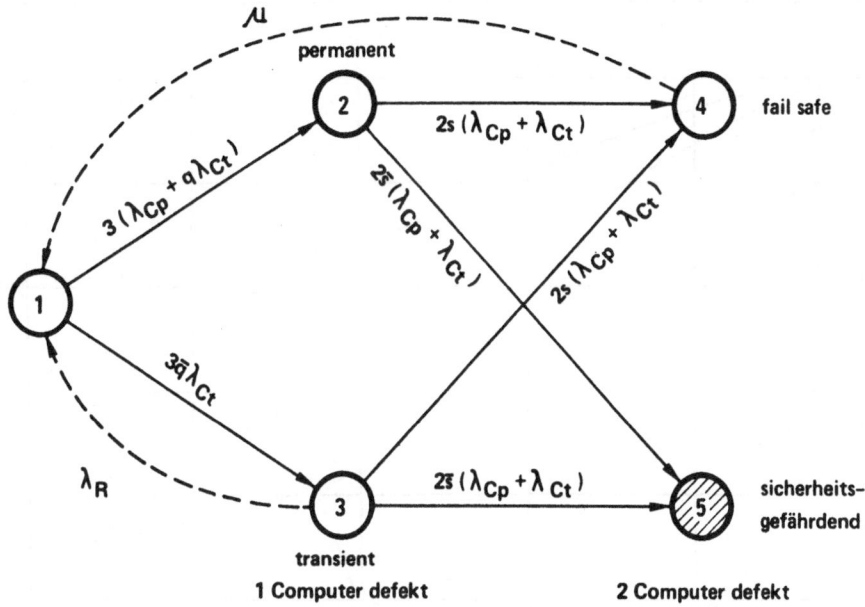

Bild 1: Zustandsdiagramm eines Computersystems mit
2-aus-3-Redundanz und Transientenausfallerkennung

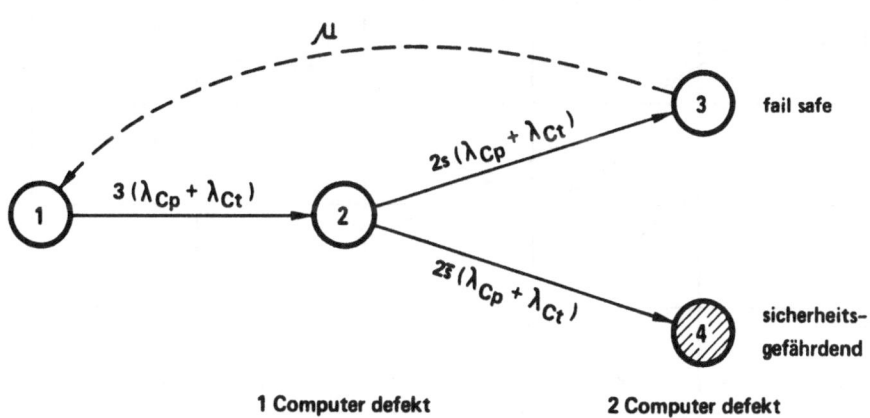

Bild 2: Zustandsdiagramm eines Computersystems mit
2-aus-3-Redundanz ohne Transientenausfallerkennung

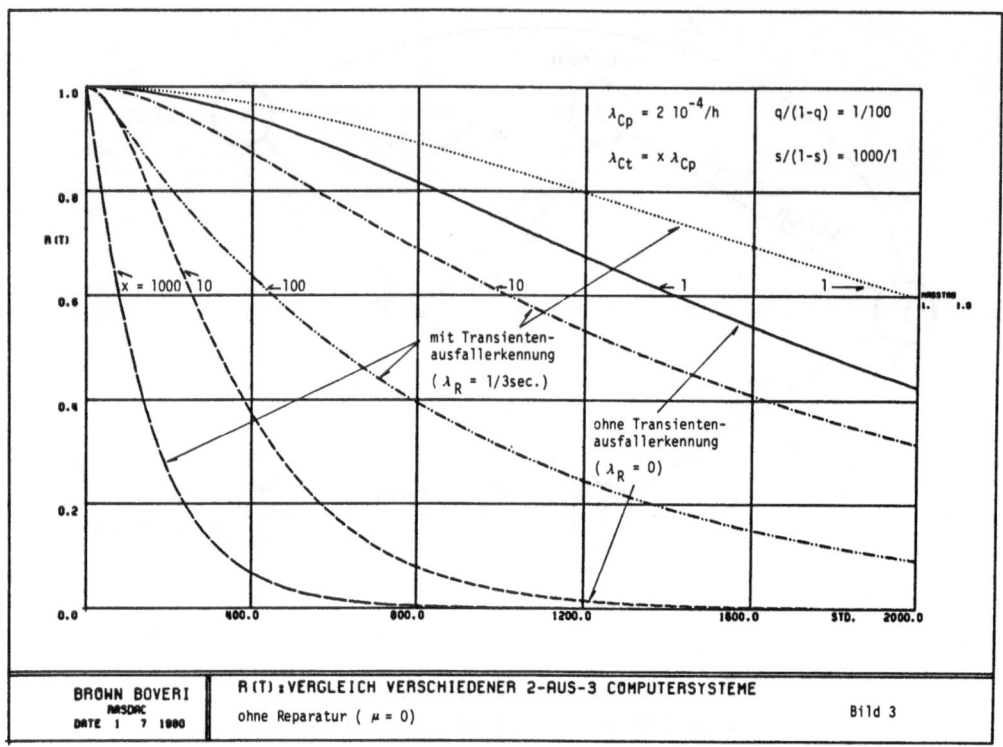

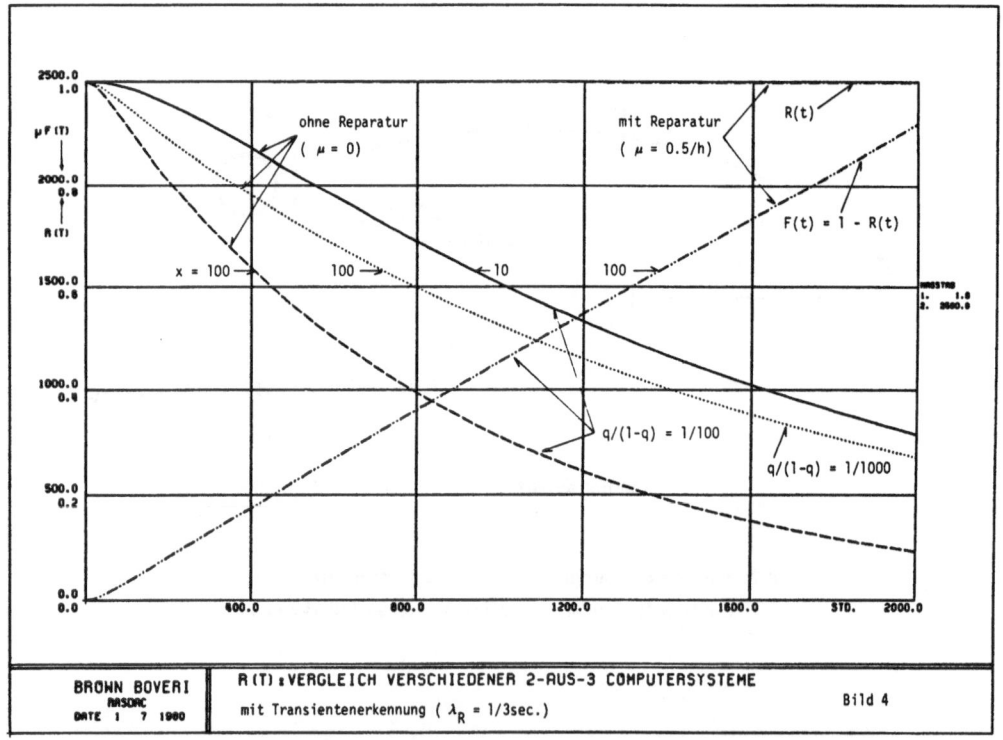

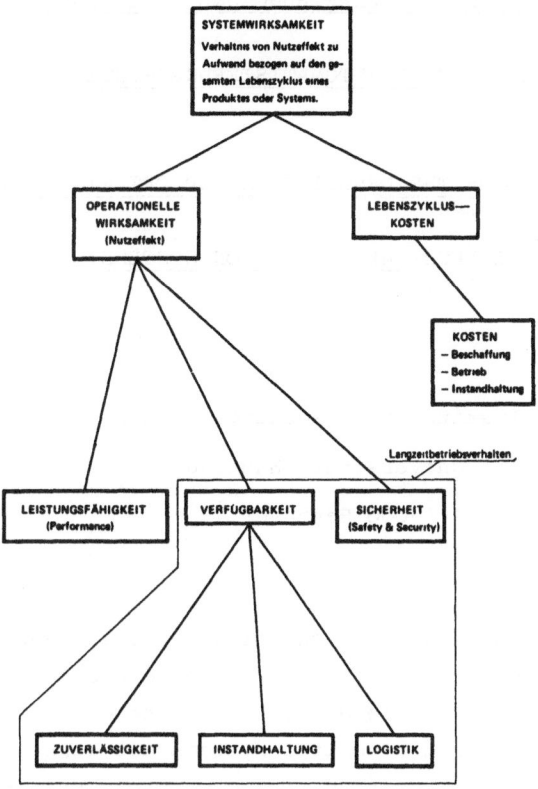

Bild 5   Konzept der Systemwirksamkeit

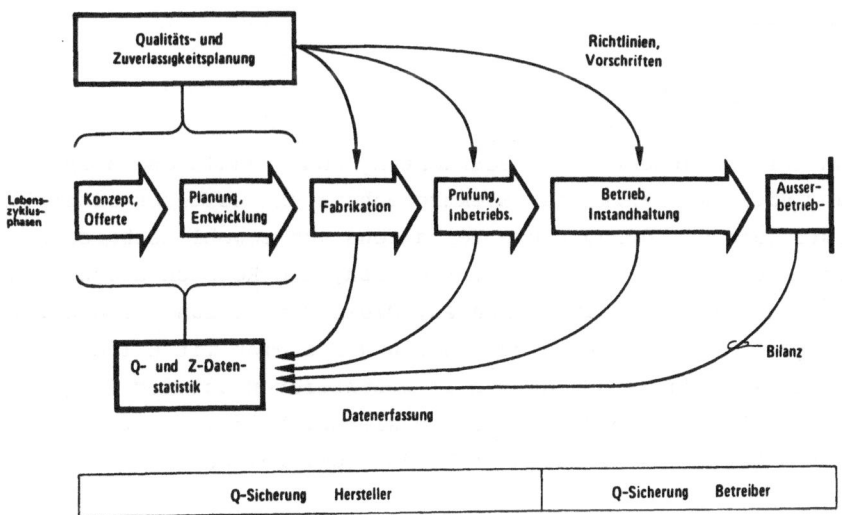

Bild 6   Qualitätssicherung und Lebenszyklusphasen

VERFAHREN ZUR BESCHREIBUNG UND OPTIMIERUNG

HIERARCHISCHER AUTOMATISIERUNGSSYSTEME

PROCEDURES FOR THE DESCRIPTION AND OPTIMIZATION

OF HIERARCHICAL AUTOMATION SYSTEMS

M. Thoma

Institut für Regelungstechnik

Universität Hannover

3000 Hannover 1

Summary

After some remarks on classical control a short introduction to optimal
control is given. These concepts are then extended to hierarchical
control principles. The two level control first of static systems and
afterwards of linear dynamic control systems are considered in more
detail. In the case of linear quadratic control systems the necessary
decomposition of completely controllable and observable overall systems
is restricted to again controllable and observable subsystems. In order
to do so the principles of structural controllability and structural
observability are introduced; the consideration is based on digraph
representations.

1. Klassische Regelung

Die einheitliche strukturelle Betrachtung von grundlegenden Prinzipien
der angewandten Mechanik, der Elektrotechnik und weiterer Disziplinen
zur Darstellung des dynamischen Verhaltens von sowohl technischen als
auch nichttechnischen Systemen führte dazu, die Regelungstechnik als
eigenständige Disziplin anzuerkennen. Diese Entwicklung begann mit der
Behandlung von linearen Eingrößenregelungssystemen mit Hilfe der sogenannten klassischen Methoden, die im wesentlichen auf der Frequenzgang-
und der Wurzelortskurvendarstellung basieren. Bild 1 zeigt die prinzipielle Struktur eines linearen Eingrößenregelkreises.

Die klassische Behandlungsweise hat sich insbesondere aus zweierlei
Gründen bei der Behandlung von sowohl Nachlauf- als auch Festwertrege-

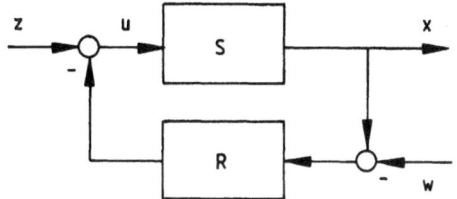

x: Regelgröße

u: Steuergröße

w: Führungsgröße

z: Störgröße

Bild 1: Linearer Eingrößen-Regelkreis

lungen bewährt. Einmal vermitteln diese Verfahren einen hervorragenden
Einblick in das (physikalische) *Verhalten*, d.h. sie stehen in engem
Zusammenhang mit dem realen Geschehen und zum anderen sind sie weitgehend *unempfindlich gegenüber kleinen Parameterabweichungen bzw. geringen Änderungen der Systemstruktur*, d.h. sie besitzen "Robustheits-
eigenschaften" (robustes Systemverhalten).

2. Strukturoptimale Regelungsvorgänge

Die klassischen Methoden erweisen sich jedoch bei der Behandlung von
Systemen mit komplexer Struktur (z.B. Mehrgrößenregelung von Groß-
systemen) sowie bei höherwertigen Regelungskonzepten, so z.B. bei der
adaptiven oder optimalen Regelung, als nicht ausreichend. Um diese in
geeigneter Form behandeln zu können, wurden neue theoretische Darstel-
lungs- und Behandlungsmethoden entwickelt, die sich grob durch die Bezeichnung *Zustandsraumdarstellungen* charakterisieren lassen [1].Diese
modernen Betrachtungsweisen gewähren zweifelsohne einen besseren Einblick in viele komplexe Regelungsvorgänge. Wir wollen hier lediglich
auf die (strukturelle) *Optimierung von Mehrgrößensystemen* eingehen.
Auf der anderen Seite erfordern sie jedoch einen ungleich umfangreiche-
ren mathematischen Aufwand, wodurch vielfach das intuitive bzw. physikalische Verständnis litt. Diese Entwicklung wird durch die Verfügbarkeit leistungsfähiger Digitalrechenanlagen besonders begünstigt.

Die optimale Regelung erfordert neben den Systemgleichungen (Regelstrecke) ein Kriterium, das die Regelgüte bewertet. Die allgemeine
mathematische Formulierung weist dann im Falle von zeitinvarianten
linearen Systemen die folgende Form auf:

Regelstrecke: $\dot{\underline{x}}(t) = \underline{A}\underline{x}(t) + \underline{B}\underline{u}(t)$ $\qquad$ $\underline{x}(t_o) = \underline{x}_o$ $\hfill$ (1a)

$$\underline{y}(t) = \underline{C}\underline{x}(t) + \underline{D}\underline{u}(t) \quad . \hfill (1b)$$

Dabei ist $\underline{x} \in \mathbb{R}^n$ der n-dimensionale Zustandsvektor,

$\qquad\qquad$ $\underline{u} \in \mathbb{R}^m$ der m-dimensionale Steuervektor,

$\qquad\qquad$ $\underline{y} \in \mathbb{R}^r$ der r-dimensionale Ausgangsvektor

und $\underline{A}$, $\underline{B}$, $\underline{C}$, $\underline{D}$ zugehörige Matrizen geeigneter Dimensionen, wobei vielfach die Durchgangsmatrix $\underline{D} = \underline{0}$ ist. Hinzu tritt ein Gütekriterium
(Gütefunktional)

$$\int_{t_o}^{t_1} g[\underline{x}(t), \underline{u}(t)] \, dt = \text{Min!} \hfill (2)$$

Mit anderen Worten, es sind die Steuerfunktionen gesucht, die auf der
einen Seite die *Bewegungsgleichungen* (1) erfüllen und gleichzeitig das
Gütekriterium (2) zum Minimum (Optimum) machen.

In der Praxis spielen dabei besonders das energieoptimale (quadratische)
und das zeitoptimale Gütekriterium eine wesentliche Rolle. Sie lauten:

a) *Quadratisches Gütekriterium*

$$J = \frac{1}{2} \int_{t_o}^{t_1} [\underline{x}^T(t)\underline{Q}\underline{x}(t) + \underline{u}^T(t)\underline{R}\underline{u}(t)] \, dt . \hfill (3a)$$

Der erste Term mit der positiv semidefiniten Matrix $\underline{Q}$ bewertet das
"Systemverhalten" und der zweite Term mit der positiv definiten
Matrix $\underline{R}$ die "Steuerenergie". Die quadratischen Terme des Integranten
lassen sich als Energien interpretieren.

b) *Zeitoptimales Gütekriterium*

$$J = \int_{t_o}^{T} dt = T - t_o \quad \text{(T frei)} . \hfill (3b)$$

In diesem Falle ist die minimal mögliche Zeit gesucht, die z.B. ein
Fahrzeug benötigt, um von einer gegebenen Anfangsposition in eine gesuchte Endposition zu gelangen; d.h. je kürzer diese Zeitdauer ausfällt, umso besser ist das Systemverhalten.

Der wesentliche Unterschied der optimalen gegenüber der klassischen
Regelung ist , natürlich auch im Falle der Eingrößenregelung (m = r = 1),

grob gesprochen darin zu sehen, daß nicht eine geeignete Regelung, z.B. mit Hilfe eines PID-Reglers angestrebt, sondern nach der Struktur des Reglers gesucht wird, die einen *optimalen* Regelungsvorgang ergibt. Im Falle des sogen. linear-quadratischen Regelungsproblems, d.h. es liegt das quadratische Gütekriterium (3a) zugrunde und die Regelstrecke gehorcht der linearen Systemgleichung (1), führt die optimale Lösung auf eine proportionale Rückführung (Regler).

Wir wollen nicht im einzelnen auf die Lösung des Problems eingehen, sondern lediglich für das linear-quadratische Regelungsproblem den Lösungsweg skizzieren [2] bis [4]. Ausgehend von der Hamiltonschen Funktion

$$H[\underline{x}(t),\underline{u}(t),\underline{p}(t)] = \frac{1}{2}\underline{x}^T(t)\underline{Q}\underline{x}(t) + \frac{1}{2}\underline{u}^T(t)\underline{R}\underline{u}(t) + \underline{p}^T(t)[\underline{A}\underline{x}(t) + \underline{B}\underline{u}(t)] \quad (4)$$

erhält man die Stationaritätsbedingungen

$$\underline{\dot{p}}(t) = -\frac{\partial H}{\partial \underline{x}} \quad (5a)$$

$$\underline{\dot{x}}(t) = \frac{\partial H}{\partial \underline{p}} \quad (5b)$$

$$\underline{0} = \frac{\partial H}{\partial \underline{u}} \quad (5c)$$

mit den Randbedingungen $\underline{x}(t_o) = \underline{x}_o$, $\underline{p}(t_1) = \underline{0}$ und dem Lagrangeschen Multiplikator $\underline{p}(t)$. Die Lösung der Stationaritätsbedingungen (5) führt schließlich auf das Steuergesetz

$$\underline{u}(t) = -\underline{R}^{-1}\underline{B}^T\underline{K}(t)\underline{x}(t) = -\underline{K}^*(t)\underline{x}(t), \quad (6)$$

wobei die Matrix $\underline{K}(t)$ die sog. (Matrix-)Riccati-Differentialgleichung

$$\underline{\dot{K}}(t) = -\underline{K}(t)\,\underline{A} - \underline{A}^T\underline{K}(t) + \underline{K}(t)\,\underline{B}\underline{R}^{-1}\underline{B}^T\underline{K}(t) - \underline{Q} \quad \text{mit } \underline{K}(t_1) = \underline{0} \quad (7)$$

erfüllt. Gleichung (6) kann als Rückführung aufgefaßt werden, d.h. es liegt eine Regelkreisstruktur vor. Häufig liegt dem Gütekriterium (3a) eine obere Integralgrenze $t_1 = \infty$ zugrunde; dann wird $\underline{\dot{K}}(t) = \underline{0}$ und somit, wie in Bild 2 gezeichnet, die Rückführung $\underline{R}^{-1}\underline{B}^T\underline{K} = \underline{K}^*$ zeitunabhängig, da dann Gl. (7) eine algebraische Gleichung darstellt.

Die vorstehende Betrachtung läßt eine starke Mathematisierung des Lösungsproblems und die damit verbundene Gefahr zur Abstraktion erkennen.

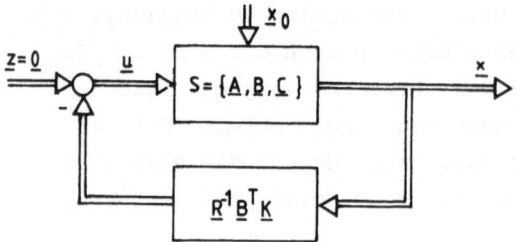

Bild 2: Strukturoptimale Regelung eines linear-quadratischen
Regelungssystems

Darüber hinaus führt dieses Konzept auf eine zentrale Regelungsstruktur,
d.h. die Regelung erfolgt, wie in Bild 2 dargestellt, durch einen zentral
angeordneten Regler. Dabei wird man natürlich bei komplexen Systemen
die Regler durch einen (zentralen) Prozeßrechner realisieren.
Die *zentrale Regelung* mittels Prozeßrechner stellte noch vor mehreren
Jahren das einzig mögliche Konzept zur Regelung (Automatisierung) von
umfangreichen komplexen Systemen (Großsysteme) dar, da man bestrebt sein
mußte, den relativ teuren Rechner möglichst weitgehend auszunutzen.
Durch die rasante Entwicklung der hochintegrierten Halbleiterbausteine
fallen die Kosten der (Mikro-)Rechner kaum mehr ins Gewicht. Damit lassen sich in der Zukunft in immer größerem Maße *dezentrale Regelungskonzepte* kostengünstig realisieren, die aus regelungstechnischer Sicht
wesentliche Vorzüge aufweisen.

Auch wenn man in vielen Fällen Großsysteme prinzipiell mathematisch beschreiben kann, so ist dennoch der erforderliche Rechenaufwand selbst
mit Hilfe moderner schneller Rechenanlagen schwer zu bewältigen; außerdem geht dabei die Verbindung zum realen Geschehen weitgehend verloren.
Man ist daher in praktischen Fällen auf die *Reduzierung der Systemord-
nung (Aggregation)* oder auf die *Zerlegung in überschaubare Teilsysteme
(Dekomposition)* angewiesen. Reale Großsysteme setzen sich im allgemeinen
sowieso vielfach aus teilautonomen Einheiten mit mehr oder weniger gegenseitigen Beeinflussungen (Kopplungen) zusammen. Durch die zentrale
Regelung können dabei infolge der Vermaschung im Regler die gegenseitigen Kopplungen verstärkt werden, was dann leicht zu unüberschaubaren
Verhältnissen führt; mit anderen Worten, durch eine separate Regelung
der schwach gekoppelten Teilsysteme ist ein ungleich besseres (physi-
kalisches) Verständnis des Systemverhaltens zu erwarten. Auch wenn
andererseits der zentrale Prozeßrechner in 98 % aller Fälle zuverlässig
arbeitet, so wirkt sich dennoch ein auch kurzfristiger Ausfall gravie-
rend auf den Betriebsablauf aus. Die dezentrale Regelung erhöht daher

die Zuverlässigkeit und auch die Sicherheit der Anlage bei eventuellen
Teilausfällen wesentlich. Darüber hinaus ist es einfacher, kompliziertere, wie z.B. optimale und adaptive Regelungskonzepte, dem speziellen
Problem anzupassen, sowie, falls erforderlich, Identifikation, Modellbildung usw. durchzuführen; dezentral aufgebaute Regelungen sind daher
auch flexibler. Die vorgenannten Gesichtspunkte sprechen somit für eine
dezentrale Regelung.

3. Hierarchische Regelung

Eine auch von praktischen Gesichtspunkten aus interessante Möglichkeit
der *dezentralen Regelung* beruht auf der Zerlegung des Gesamtsystems in
hierarchisch angeordnete Teilsysteme. Man spricht dann von einem hierarchischen Regelungssystem, wenn bei mehreren angeordneten Reglern einige
davon die Wirkungsweise der anderen beeinflussen oder überwachen.
Mit anderen Worten, die Regler der jeweils *höheren Ebene* besitzen Prio-
ritätseigenschaften gegenüber denjenigen der *unteren Ebene*.
Die Regler der unteren Ebene hängen somit von der von den Reglern der
darüber liegenden Ebene zugeführten Information ab, d. h. ihre Wirkungsweise ist durch die nach unten gegebene Information bestimmt. Grundsätzlich können zwar die oberen Regler ohne Rückmeldung von der darunter
liegenden Ebene arbeiten, aber vielfach ist die Rückinformation wünschenswert, so z.B. zur Prüfung der Güte des Systemverhaltens. Es
haben sich im wesentlichen zwei grundlegende Prinzipien der hierarchischen Regelung herausgebildet, die als *Mehrschichtenregelung* (Multi-
layer Control) und *Mehrebenenregelung* (Multilevel Control) bezeichnet
werden [5], [6].

a) *Mehrschichtenregelung* [7]

In diesem Fall ist die Regelung in übereinanderliegende Schichten
(Algorithmen) aufgespalten, die einen unterschiedlichen Zeithorizont
aufweisen; siehe Bild 3. Im allgemeinen wirken die Regler der
Schichten in unterschiedlichen, von den unteren zu den oberen
Schichten zunehmenden Zeithorizonten, wobei alle Regler durch Rückführung oder aus den Umgebungsbedingungen entsprechende Informationen
erhalten. Diese Aufspaltung nach unterschiedlichen Zeithorizonten
ist bei einer Reihe von realen Systemen anzutreffen; jedoch läßt
die theoretische Behandlung noch eine Reihe von wichtigen Fragen,
wie die Bestimmung der notwendigen Schichtenzahl, welchen Zeithorizont sollen die einzelnen Schichten aufweisen usw. noch weitgehend unbeantwortet. Wir wollen nicht weiter auf dieses Konzept

eingehen, siehe hierzu z.B. [8].

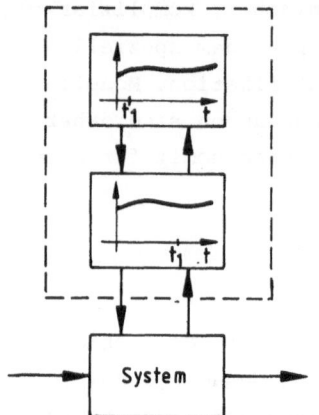

2. Schicht: (Langsamer Eingriff- langer Zeithorizont)

1. Schicht: (Schneller Eingriff - kurzer Zeithorizont)

Bild 3: Zweischichtendiagramm mit unterschiedlichen Zeithorizonten

b) *Mehrebenenregelung* [9]

Das Gesamtsystem wird in diesem Falle in relativ unabhängige (autonome) Teilsysteme zerlegt (Dekomposition), wobei jedes Teilsystem
für sich geregelt bzw. optimiert wird. Die hierbei notwendige Verbindung der Teilsysteme kann recht unterschiedlich aussehen. Eine
wichtige Form stellen dabei die hierarchisch gegliederten Systeme
dar, bei denen die Regler einer oberen Ebene, auch Koordinator
genannt, die Teileinheiten der darunter liegenden Ebene beeinflussen,
oder anders herum, die Einheiten der unteren Ebene werden durch die
darüber liegende Ebene koordiniert; siehe Bild 4.

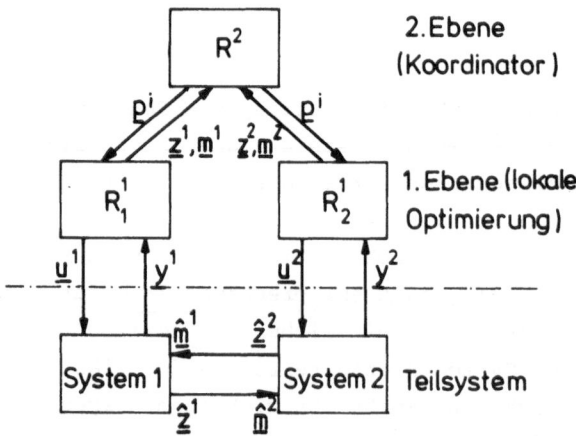

Bild 4: Zweiebenendiagramm bei Zielkoordination

Die weitere Betrachtung befaßt sich ausschließlich mit dem Prinzip
der Mehrebenenregelung, und zwar aus Übersichtlichkeitsgründen mit
der Zweiebenenregelung.

Abhandlungen über hierarchische Systeme sind z.B. auch in [10] bis
[13] zu finden.

3.1 Statische Zweiebenenregelung

Der wichtigste Grundgedanke bei der Mehrebenenregelung ist die *Zerlegung
des Gesamtsystems* in relativ *unabhängige Teilsysteme (Subsysteme)*, wobei jedes Teilsystem für sich geregelt bzw. optimiert wird. Dabei ist
natürlich besonders darauf zu achten, daß sich die Aufspaltung bezüglich des Gesamtverhaltens als zweckmäßig erweist. Häufig liegen folgende
Gesichtspunkte zugrunde: Man optimiert die Subsysteme mittels geeigneter Kriterien für sich (1. Ebene in Bild 4) und bestimmt die Koordination (2. Ebene in Bild 4) so, daß die Teiloptimierung gleichzeitig auch
ein Gesamtoptimum liefert.

Um etwas konkreter zu werden, gehen wir von dem in Bild 5 dargestellten
Subsystem aus, wobei

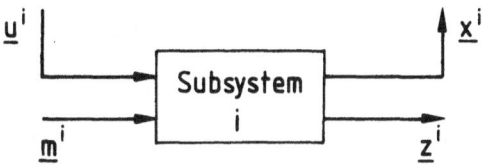

Bild 5: Typisches Subsystem

$\underline{x}^i$ Ausgangs-(Zustands-)vektor des i-ten Subsystems

$\underline{u}^i$ Steuervektor des i-ten Subsystems

$\underline{m}^i$ Eingangsvektor des i-ten Subsystems, von anderen Subsystemen
kommend (Kopplungseingangsvektor),

$\underline{z}^i$ Ausgangsvektor des i-ten Subsystems zu anderen Subsystemen
gehend (Kopplungsausgangsvektor)

bedeuten. Das i-te Subsystem läßt sich dann im statischen Fall, d.h. die
Dynamik wird unterdrückt, durch die Gleichungen

$$\underline{x}^i = \underline{f}^i(\underline{u}^i, \underline{m}^i) \quad i = 1, \ldots, N \qquad \text{(allgemeine Ausgangsgleichung)} \qquad (8)$$

$$\underline{z}^i = \underline{k}^i(\underline{u}^i, \underline{m}^i) \quad i = 1, \ldots, N \qquad \text{(Kopplungsausgangsgleichung)} \qquad (9)$$

mit den allgemeinen Funktionssymbolen $\underline{f}^i$ bzw. $\underline{k}^i$ und N der Anzahl der Subsysteme vollständig beschreiben. Fügt man zu den Gln. (8) und (9) die Kopplungsbedingung

$$\underline{m}^i = \sum_{j=1}^{N} \underline{C}_{ij} \underline{z}^j \qquad i = 1, \ldots, N \tag{10}$$

hinzu, so erhält man das Modell des Gesamtsystems; die Elemente der Matrix $\underline{C}_{ij}$ sind dabei 1 oder 0, je nachdem, ob eine Ausgangsgröße des j-ten Subsystems Eingangsgröße des i-ten Subsystems ist oder nicht.

Das zu minimierende globale Gütekriterium wird in additiver Form angenommen, d.h. es setzt sich aus der Summe der lokalen Gütekriterien

$$F = \sum_{i=1}^{N} F^i(\underline{u}^i, \underline{m}^i) \tag{11}$$

zusammen.

Im vorliegenden statischen Fall beschreiben die Gln. (8) bis (10) die Strecke und die Gl. (11) das Gütekriterium.

Als eine notwendige Bedingung, damit das Gütekriterium Gl. (11) unter den Nebenbedingungen Gln. (8) - (10) ein Minimum annimmt, muß die Lagrangesche Funktion

$$L = \sum_{i=1}^{N} \left\{ F^i(\underline{u}^i, \underline{m}^i) + \underline{\lambda}^{i^T}[\underline{k}^i(\underline{u}^i, \underline{m}^i) - \underline{z}^i] + \underline{p}^{i^T}[\sum_{j=1}^{N} \underline{C}_{ij} \underline{z}^j - \underline{m}^i] \right\} \tag{12}$$

stationär bezüglich der lokalen Größen $\underline{u}_i$, $\underline{m}^i$, $\underline{z}^i$ und den Lagrangeschen Multiplikatoren $\underline{\lambda}^i$, $\underline{p}^i$ für alle i sein.
Dies führt auf die Stationaritätsbedingungen:

$$L_{\underline{u}}^i = \frac{\partial}{\partial \underline{u}^i} [F^i(\underline{u}^i, \underline{m}^i) + \underline{\lambda}^{i^T} \underline{k}^i(\underline{u}^i, \underline{m}^i)] = \underline{0} \tag{13a}$$

$$L_{\underline{m}}^i = \frac{\partial}{\partial \underline{m}^i} [F^i(\underline{u}^i, \underline{m}^i) + \underline{\lambda}^{i^T} \underline{k}^i(\underline{u}^i, \underline{m}^i) - \underline{p}^{i^T} \underline{m}^i] = \underline{0} \tag{13b}$$

$$L_{\underline{\lambda}}^i = [\underline{k}^i(\underline{u}^i, \underline{m}^i) - \underline{z}^i] = \underline{0} \tag{13c}$$

$$L_{\underline{z}}{}^i = \sum_{j=1}^{N} \underline{C}_{ji}^T \underline{p}^i - \underline{\lambda}^i = \underline{0} \tag{14a}$$

$$L_{\underline{p}}{}^i = \underline{m}^i - \sum_{j=1}^{N} \underline{C}_{ij} \underline{z}^i = \underline{0}, \tag{14b}$$

dabei sind die Größen in den Gln. (13) bis (14) im Optimum zu bestimmen. Man beachte, daß alle Größen in den Gln. (13) lediglich dem i-ten Subsystem zugeordnet sind und nicht von den (anderen) j-ten Subsystemen abhängen.

Nachfolgend werden zwei unterschiedliche Koordinationsmöglichkeiten betrachtet, wobei wir uns aus Zweckmäßigkeitsgründen auf Zweiebenen-Regelungssysteme mit N = 2 beschränken.

a) *Kopplungs-Balance-Prinzip (Zielkoordination)* [14]

In diesem Fall werden die beiden Multiplikatoren $\underline{p}^1$ und $\underline{p}^2$ als variable Koordinationsparameter angesehen ("Preise") und durch den Koordinator R^2 vorgegeben; siehe Bild 4. Die Regler der ersten Ebene R_1^1 und R_2^1 sorgen für die "Lösung" der Gln. (13) und (14a). Der Koordinator verbessert sodann die (willkürlich) vorgegebenen Koordinationsparameter so lange, bis die Fehlersignale

$$L_{\underline{p}}{}^1 = \underline{z}^2 - \underline{m}^1 \tag{15a}$$

$$L_{\underline{p}}{}^2 = \underline{z}^1 - \underline{m}^2 \tag{15b}$$

entsprechend der Gl. (14b) den Wert Null annehmen. Dies kann z.B. auf iterative Weise mit Hilfe von Gradientenverfahren geschehen. Der Vorteil dieses Prinzips ist eine allgemeine Anwendbarkeit, aber die Kopplungsbedingungen sind im allgemeinen verletzt und lediglich im optimalen Fall erfüllt.

Dieser Sachverhalt läßt sich auch folgendermaßen interpretieren. Es wird ein modifiziertes globales Gütekriterium der Form

$$F^* = F^1(\underline{u}^1, \underline{m}^1) + F^2(\underline{u}^2, \underline{m}^2) + \underline{p}^{1T}(\underline{z}^2 - \underline{m}^1) + \underline{p}^{2T}(\underline{z}^1 - \underline{m}^2)$$

$$= F^1(\underline{u}^1, \underline{m}^1) - \underline{p}^{1T}\underline{m}^1 + \underline{p}^{2T}\underline{z}^1 + F^2(\underline{u}^2, \underline{m}^2) + \underline{p}^{1T}\underline{z}^2 - \underline{p}^{2T}\underline{m}^2 = F^{1*} + F^{2*}.$$

$$\tag{16}$$

gewählt. Da bei Erfülltsein der Bedingung Gl. (15) die zusätzlichen Terme in Gl. (16) verschwinden, bezeichnet man diese Darstellung als *Nullsummenmodifikation*.

Die lokale Optimierung erfüllt dabei die notwendigen Bedingungen Gln. (13) und (14a). Der Koordinator R^2 sorgt dafür, daß Gl. (14b) erfüllt ist. Das Balance-Prinzip weist demnach folgende wichtige Eigenschaft auf: Das globale Optimum ist dann erreicht, wenn die im System vorhandenen Kopplungsgrößen genau mit den durch die lokale Optmierung ermittelten Kopplungsgrößen übereinstimmen. Bild 4 zeigt ein prinzipielles Strukturdiagramm für das Kopplungs-Balance-Prinzip.

b) *Kopplungs-Vorhersageprinzip (Modellkoordinator)* [15]

In diesem Fall sind die Kopplungsparameter fest und werden als variable Koordinationsparameter betrachtet. Die Regler der ersten Ebene R_1^1 und R_2^1 "lösen" die Gln. (13) und (14b). Der Koordinator R^2 verbessert mit Hilfe der Fehlersignale Gl. (14a)

$$L_{\underline{z}}^1 = \underline{p}^2 - \underline{\lambda}^1 \tag{17a}$$

$$L_{\underline{z}}^2 = \underline{p}^1 - \underline{\lambda}^2 \tag{17b}$$

die gewählten Koordinationsparameter.

Die Lösung führt zu einem ähnlichen Strukturdiagramm wie in Bild 4. In diesem Fall sind zwar die Kopplungsbedingungen stets erfüllt, aber die Anzahl der Steuergrößen $\underline{u}^i$ muß größer oder gleich der von $\underline{z}^i$ sein. Hierauf wird jedoch nicht weiter eingegangen, da im nachfolgenden dynamischen Fall lediglich das Kopplungs-Balance-Prinzip zugrunde liegt.

4. Dynamische Mehrebenenregelung [16]

Da statische und dynamische Mehrebenensysteme gewisse Ähnlichkeiten aufweisen, wurden die statischen Systeme zuerst behandelt. Wir wenden uns nun dem sog. "linear-quadratischen" Optimierungsproblem zu. Hierbei wird von dem *vollständig steuer-* und *beobachtbaren* System

$$\underline{\dot{x}}(t) = \underline{A}\underline{x}(t) + \underline{B}\underline{u}(t) \qquad \underline{x}(t_o) = \underline{x}_o \tag{1a}$$

$$\underline{y}(t) = \underline{C}\underline{x}(t) \tag{1b}$$

und dem quadratischen Gütekriterium

$$J = \frac{1}{2} \int_{t_o}^{t_1} [\underline{y}(t)^T \underline{Q} \underline{y}(t) + \underline{u}(t)^T \underline{R} \underline{u}(t)] dt \tag{18}$$

ausgegangen. Hierbei ist $\underline{x}(t) \in \mathbb{R}^{ng}$ der Zustandsvektor, $u(t) \in \mathbb{R}^{mg}$ der Steuervektor, $\underline{y}(t) \in \mathbb{R}^{rg}$ der Ausgangsvektor; die gegebenen Matrizen $\underline{A}$, $\underline{B}$, $\underline{C}$ einschließlich der positiv semidefiniten Matrix $\underline{Q}$ sowie die positiv definite Matrix $\underline{R}$ weisen eine entsprechende Dimension auf.

Das Gesamtsystem bestehe dabei aus N untereinander gekoppelten Subsystemen der Dimension n_i, d.h.

$$\sum_{i=1}^{N} n_i = n_g . \tag{19}$$

Es wird außerdem vorausgesetzt, daß die Kopplungen zwischen den Subsystemen lediglich über die Zustandsgrößen erfolgen. Die Systemmatrix $\underline{A}$ setzt sich dann aus den Teilmatrizen $\underline{A}_{ij}$ $(i,j = 1,2,\ldots,N)$ zusammen, während die Matrizen $\underline{B} = \text{diag}(\underline{B}_i)$, $\underline{C} = \text{diag}(\underline{C}_i)$, $\underline{Q} = \text{diag}(\underline{Q}_i)$ und $\underline{R} = \text{diag}(\underline{R}_i)$ blockdiagonal sind. Unter diesen Voraussetzungen, die im eigentlichen Sinne keine Einschränkungen darstellen, sondern lediglich der einfacheren Handhabung dienen, kann man die Gln. (1a) und (18) wie folgt umschreiben:

$$\dot{\underline{x}}_i(t) = \underline{A}_{ii}\underline{x}_i(t) + \underline{B}_i\underline{u}_i(t) + \sum_{j \neq i}^{N} \underline{A}_{ij}\underline{x}_j(t), \ \underline{x}_i(t_o) = \underline{x}_{io}, \ (i = 1,\ldots,N) \tag{20}$$

$$J = \sum_{i=1}^{N} \frac{1}{2} \int_{t_o}^{t_1} [\underline{x}_i(t)^T \underline{C}_i^T \underline{Q}_i \underline{C}_i \underline{x}_i(t) + \underline{u}_i(t)^T \underline{R}_i \underline{u}_i(t)] \, dt. \tag{21}$$

Die symmetrischen Bewertungsmatrizen $\underline{Q}_i$ und $\underline{R}_i$ seien wieder positiv semidefinit bzw. positiv definit vorausgesetzt und die Subsysteme wiederum *vollständig steuer-* und *beobachtbar.*

Zwei Bemerkungen sind hier angebracht. Man beachte, daß in dem Gütekriterium Gl. (21) neben dem Steuervektor der Ausgangs- und nicht der Zustandsvektor bewertet wird; dies geschieht lediglich aus Zweckmäßigkeitsgründen. Von erheblich größerer Tragweite ist die Zerlegung in sowohl vollständig steuer- als auch vollständig beobachtbare Subsysteme. Da in den meisten Fällen die Zerlegung in Subsysteme nicht in der obigen Form vorliegt, muß man das Gesamtsystem in entsprechende vollständig steuer- und beobachtbare Systeme zerlegen. Auch wenn das Gesamtsystem diese Eigenschaft aufweist, so können die durch Dekomposition erhaltenen Subsysteme diese Eigenschaft verlieren. Es gibt sogar Systeme, die eine Zerlegung in vollständig steuer- und beobachtbare Subsysteme nicht zulassen [17].Daher ist bei einer formalen Dekomposition Vorsicht geboten. Dieser Zusammenhang wird im 5. Abschnitt eingehender betrachtet.

Die im folgenden dargestellte Dekomposition und Koordination basiert auf der vorher erwähnten Zielkoordinationsmethode. Zur Dekomposition des Gesamtsystems in Subsysteme wird die Pseudosteuervariable $\underline{m}_i(t)$ in die Systemgleichung und mit Hilfe des Lagrangeschen Multiplikators auch in das Gütekriterium wie folgt eingeführt:

$$\dot{\underline{x}}_i(t) = \underline{A}_{ii}\underline{x}_i(t) + \underline{B}_i\underline{u}_i(t) + \underline{m}_i(t) \tag{22}$$

mit

$$\underline{m}_i(t) = \sum_{\substack{j=1 \\ j \neq i}}^{N} \underline{A}_{ij}\underline{x}_j(t) \qquad i = 1,..,N, \tag{23}$$

und dem Gütekriterium

$$J = \sum_{i=1}^{N} \left\{ \int_{t_o}^{t_1} \frac{1}{2}[\underline{x}_i(t)^T\underline{C}_i^T\underline{Q}_i\underline{C}_i\underline{x}_i(t) + \underline{u}_i(t)^T\underline{R}_i\underline{u}_i(t)] \right.$$

$$\left. + \underline{v}_i(t)^T [\sum_{\substack{j=1 \\ j \neq i}}^{N} \underline{A}_{ij}\underline{x}_j(t) - \underline{m}_i(t)] \right\} dt. \tag{24}$$

Auch hier stimmt bei Erfülltsein der Kopplungsbedingungen Gl. (24) mit Gl. (21) überein - es liegt also wiederum eine Nullsummen-Modifikation vor. Faßt man die Lagrangeschen Multiplikatoren $\underline{v}_i$ als Parameter auf, dann gelingt es, wiederum das Gesamtgütekriterium in geeignete Teilgütekriterien zu zerlegen. Eine Übereinstimmung der Summe der optimalen Teilgütekriterien mit dem optimalen Wert des ursprünglich gegebenen Gesamtgütekriteriums liegt nur dann vor, wenn die Parameter $\underline{v}_i$ so vom Koordinator vorgegeben werden, daß die Kopplungsbedingung (23) durch die optimale Lösung für die Pseudosteuervariablen $\underline{m}_i(t)$ und die Zustandsvariable $\underline{x}_j(t)$ erfüllt sind.

Es ist charakteristisch für das Kopplungs-Balance-Prinzip, die Kopplungseingangsgrößen der Subsysteme als zusätzliche Steuergrößen einzuführen.

Stellt man üblicherweise zur Lösung der Optimierungsprobleme die Hamil-
tonsche Funktion auf, so tritt in ihr der Pseudosteuervektor linear auf.
Dies führt jedoch bei der Lösung der Subprobleme auf ein singuläres
Optimierungsproblem (singular control problem). Da die Koordination
mit Hilfe von iterativen Verfahren erfolgt, ist es zweckmäßig, die aufwendigen Lösungsverfahren von singulären Subproblemen tunlichst zu vermeiden. Es wird daher das Gesamtkostenfunktional erweitert, indem man
auch die Kopplungsgrößen bewertet, d.h. es gilt

$$J = \sum_{i=1}^{N} \frac{1}{2} \int_{t_o}^{t_1} [\underline{x}_i(t)^T \underline{C}_i^T \underline{Q}_i \underline{C}_i \underline{x}_i(t) + \underline{u}_i(t)^T \underline{R}_i \underline{u}_i(t) + \underline{m}_i(t)^T \underline{S}_i \underline{m}_i(t)] dt, \quad (25)$$

dabei seien die Bewertungsmatrizen $\underline{S}_i$ (i = 1, 2, ...,N) ebenfalls positiv
definit vorausgesetzt. Hierdurch werden wegen der Kopplungsbedingung
(23) die Zustandsvariablen in Gl. (25) zusätzlich bewertet. Die Wahl
der Matrizen $\underline{Q}_i$ und $\underline{S}_i$ ist so vorzunehmen, daß sich insgesamt eine entsprechende Bewertung der Zustandsgröße wie im ursprünglichen Gütekri-
terium Gl. (21) ergibt; dabei lassen sich, wie in [16] gezeigt, die
Elemente der Matrizen $\underline{S}_i$ klein wählen.

Entsprechend der oben beschriebenen (non-feasible) Dekompositionsmethode
ergeben sich die folgenden modifizierten Teilgütekriterien:

$$J_i = \frac{1}{2} \int_{t_o}^{t_1} [\underline{x}_i(t)^T \underline{C}_i^T \underline{Q}_i \underline{C}_i \underline{x}_i(t) + \underline{u}_i(t)^T \underline{R}_i \underline{u}_i(t) + \underline{m}_i(t)^T \underline{S}_i \underline{m}_i(t)] dt$$

$$+ \int_{t_o}^{t_1} [\underline{x}_i(t)^T \sum_{j \neq i}^{N} \underline{A}_{ji}^T \underline{v}_j(t) - \underline{m}_i(t)^T \underline{v}_i(t)] dt. \quad (26)$$

Die Lösung der durch Gl.(22) und Gl. (26) beschriebenen Subprobleme
erfolgt für vorgegebene Koordinationsvariable $\underline{v}_i(t)$ (i = 1,2,...,N) auf
die (beim linear-quadratischen Optimierungsproblem) übliche Art. Hierzu gehen wir für gegebene $\underline{v}_i$ von der Hamiltonschen Funktion

$$\underline{H}_i = \frac{1}{2} [\underline{x}_i(t)^T \underline{C}_i^T \underline{Q}_i \underline{C}_i \underline{x}_i(t) + \underline{u}_i(t)^T \underline{R}_i \underline{u}_i(t) + \underline{m}_i(t)^T \underline{S}_i \underline{m}_i(t)]$$

$$+ \underline{x}_i(t)^T \sum_{j \neq i}^{N} \underline{A}_{ji}^T \underline{v}_i(t) - \underline{m}_i(t)^T \underline{v}_i(t)$$

$$+ \underline{p}_i(t)^T [\underline{A}_{ii} \underline{x}_i(t) + \underline{B}_i \underline{u}_i(t) + \underline{m}_i(t)] \quad (27)$$

aus, die auf die Stationaritätsbedingungen

$$\dot{\underline{x}}_i(t) = \frac{\partial H_i}{\partial \underline{p}_i} = \underline{A}_{ii}\underline{x}_i(t) + \underline{B}_i\underline{u}_i(t) + \underline{m}_i(t) \tag{28}$$

$$\dot{\underline{p}}_i(t) = -\frac{\partial H_i}{\partial \underline{x}_i} = -\underline{A}_{ii}^T\underline{p}_i(t) - \underline{C}_i^T\underline{Q}_i\underline{C}_i\underline{x}_i(t) - \sum_{j\neq i}^N \underline{A}_{ji}^T\underline{v}_j(t) \tag{29}$$

$$\underline{0} = \frac{\partial H_i}{\partial \underline{u}_i} = \underline{R}_i\underline{u}_i(t) + \underline{B}_i^T\underline{p}_i(t) \tag{30}$$

$$\underline{0} = \frac{\partial H_i}{\partial \underline{m}_i} = \underline{S}_i\underline{m}_i(t) + \underline{p}_i(t) - \underline{v}_i(t) \tag{31}$$

mit den Randbedingungen

$$\underline{x}_i(t_o) = \underline{x}_{io} \text{ und } \underline{p}_i(t_1) = \underline{0} \tag{32}$$

führt.

Die Lösung der Stationaritätsbedingungen führt schließlich auf ein der Gl. (6) entsprechendes Steuergesetz

$$\underline{u}_i(t) = -\underline{R}_i^{-1}\underline{B}_i^T\underline{K}_i(t)\underline{x}_i(t) + \underline{R}_i^{-1}\underline{B}_i^T\underline{g}_i(t), \tag{33}$$

wobei entsprechend Gl. (7) $\underline{K}_i(t)$ auf die Matrix-Riccati-Differential-gleichung

$$\dot{\underline{K}}_i(t) = -\underline{K}_i(t)\underline{A}_{ii} - \underline{A}_{ii}^T\underline{K}_i(t) + \underline{K}_i(t)[\underline{B}_i\underline{R}_i^{-1}\underline{B}_i^T + \underline{S}_i^{-1}]\underline{K}_i(t) - \underline{C}_i^T\underline{Q}_i\underline{C}_i$$

$$\underline{K}_i(t_1) = \underline{0}. \tag{34}$$

Gleichzeitig lassen sich die Vektoren $\underline{g}_i(t)$ durch die Differential-gleichung

$$\dot{\underline{g}}_i(t) = [\underline{K}_i(t)(\underline{B}_i\underline{R}_i^{-1}\underline{B}_i^T + \underline{S}_i^{-1} - \underline{A}_{ii}^T]\underline{g}_i(t) + \underline{K}_i(t)\underline{S}_i^{-1}\underline{v}_i(t) + \sum_{j\neq i}^N \underline{A}_{ji}^T\underline{v}_j(t)$$

$$\underline{g}_i(t_1) = \underline{0} \tag{35}$$

berechnen. Auch hier treten, entsprechend dem statischen Fall, in Gl. (34) lediglich Größen auf, die sich auf das i-te Subproblem beziehen, d.h. die Lösung der Riccati-Differentialgleichung ist unabhängig von den Koordinationsvariablen. Es wird also jedes Subsystem für ein fest vorgegebenes $\underline{g}_i(t)$ nach dem linear-quadratischen Optimierungs-

gesetz für linear-quadratische Systeme geregelt; vergl. hierzu
die Gln. (6) und (7) mit (33) und (34) sowie die Bilder 2 und 6. Dies
ist auch für die numerische Behandlung besonders vorteilhaft, da beim
iterativen Koordinationsverfahren die Lösung nur einmal bestimmt zu
werden braucht und dann abgespeichert werden kann. Die Koordinationsvariablen gehen dagegen in die Beziehung des Vektors $\underline{g}_i(t)$ ein und sind
daher bei jeder Iteration neu zu berechnen.

Die Aufgabe des Koordinators besteht in der Bestimmung der optimalen
Koordinationsvariablen $\underline{v}_i^o(t)$. Wie in [16] gezeigt, erfüllen in diesem
Fall die Lösungen der untergeordneten Subprobleme mit den modifizierten
Teilgütekriterien auch die Lösung des Gesamtproblems (notwendige Bedingungen). Ebenfalls in [16] und [18] werden verschiedene Koordina-
tionsstrategien, wie Gradientenmethoden, kontrahierende Abbildungen und
weitere untersucht.

Die vorstehende Betrachtung erweist sich beim behandelten linear-
quadratischen Optimierungsproblem als recht vorteilhaft. Die für die
Koordination erforderliche Dekomposition und Modifikation des Gesamt-
optimierungsproblems läßt sich stets so wählen, daß bei der Lösung der
untergeordneten lokalen Teiloptimierungsprobleme eine geschlossene Regelkreisstruktur auftritt. Auf diese Weise entsteht ein (dezentralisiertes)
Mehrebenenregelsystem mit hierarchischer Struktur. Die optimalen Zu-
standsrückführungen der einzelnen gekoppelten Subsysteme lassen sich
unabhängig voneinander ermitteln; die lokale Optimierung bildet die
erste (untere) Ebene. Sie besteht demnach aus einzelnen geschlossenen
Regelkreisen mit einer nach Gl. (34) ermittelten optimalen Zustandsrückführung der Teilsysteme. Die optimale Regelung des Gesamtsystems erfordert eine zweite (obere) für die Koordination verantwortliche Ebene.
Das Zusammenwirken dieser lokalen (optimalen) Regler erfolgt durch die
Bestimmung der optimalen Vektorfunktion $\underline{g}_i(t)$ nach Gl. (35) mit Hilfe
einer geeigneten Koordinationsstrategie.

Die folgenden Bemerkungen weisen darauf hin, daß die abgeleitete dezentrale Regelungsstruktur besonders auch im Hinblick auf praktische Überlegungen Vorteile aufweist.

1. Das in Bild 6 dargestellte hierarchische Regelungssystem weist eine
   sogenannte *"offene-geschlossene Struktur"* auf. Das System ist *offen*
   bezüglich der *Koordination*, aber *geschlossen* bezüglich der *lokalen*
   Optimierung der unteren Ebene. Die eingezeichneten Schalter sollen

diese Struktureigenschaften verdeutlichen. Einmal weisen sie darauf hin, daß die optimalen Vektorfunktionen $\underline{g}_i(t)$ off-line ermittelt und dann der ersten Ebene zugeführt werden. Diese Vorgehensweise ist erforderlich, da bei realen Regelstrecken die Kopplungen nicht aufgetrennt werden dürfen. Andererseits kann man daran denken, zur Erfassung von in der Regelstrecke während des Optimierungsintervalles auftretenden Störgrößen die Zustandsgröße periodisch zu messen und dem Koordinator zuzuführen.

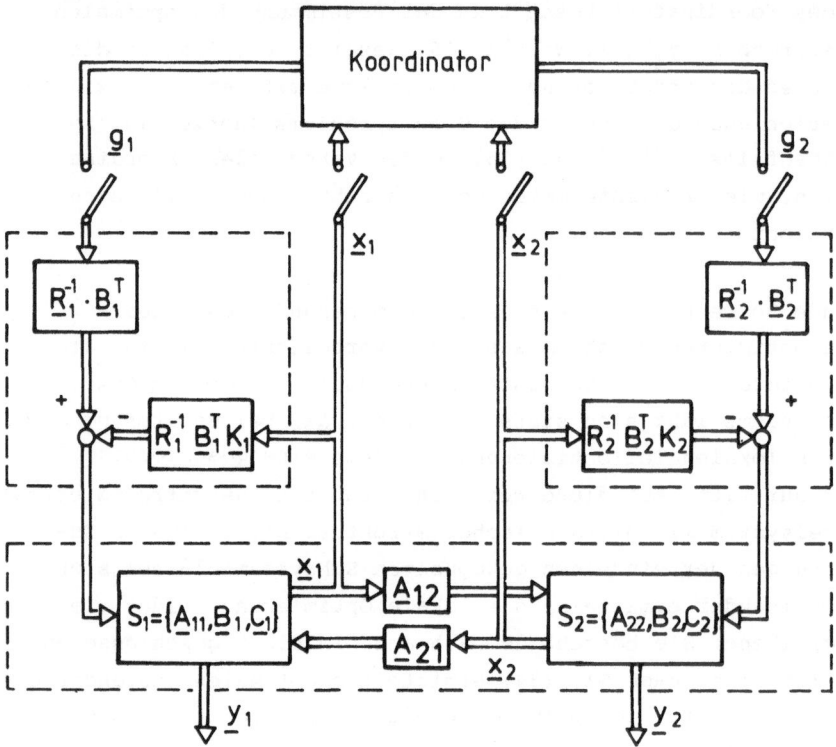

<u>Bild 6:</u> Zweiebenenregelung eines aus zwei gekoppelten Teilsystemen zusammengesetzten Gesamtsystems.

2. Da in dem betrachteten Fall die Kopplungen nicht aufgetrennt werden dürfen, muß die Koordination *mittels eines Modells der Subsysteme* erfolgen. Die Modellbildung mit Hilfe eines Minirechners stellt jedoch heute kein ernsthaftes Problem dar.

3. Wie ebenfalls aus Bild 6 hervorgeht, tritt bei der *optimalen Regelung der Subsysteme eine geschlossene Regelkreisstruktur* auf, wobei im Falle $t_1 = \infty$ eine konstante Rückführung vorliegt (P-Regler). Diese Regelkreisstruktur wirkt sich natürlich günstig auf Störungseinflüsse und dergleichen aus.

4. Es liegt eine recht gute Übereinstimmung zwischen dem *mathematischen Modell und der tatsächlichen Regelkreisstruktur* vor. Dadurch gelingt es leichter, lokale Auswirkungen, z.B. durch Unterbrechung von Signalwegen oder durch Störeinflüsse etc., auf das Systemverhalten zu erkennen und zu beherrschen - *robustes Systemverhalten*.

5. Die hierarchische Struktur führt, verglichen mit einer einzigen komplizierten Zustandsrückführung, auf eine *höhere Flexibilität* sowie *Betriebssicherheit*.

6. Neben der Tatsache, daß reale Systeme oftmals von sich aus hierarchisch strukturiert sind, verstärkt die gegenwärtige Entwicklung der Mikroprozessoren das Interesse an derartigen Systemstrukturen. Sie erlauben es, umfangreiche *Prozeßregelsysteme aus einer Vielzahl von parallel arbeitenden Mikroprozessoren* aufzubauen.

7. Wie in der Arbeit [16] gezeigt, ist die hierarchische Systemstruktur in Bild 6 praktisch *unabhängig von der gewählten Koordinationsstrategie*. Sie enthält numerisch ermittelte Ergebnisse einer Anzahl untersuchter Beispiele; die Koordinationsverfahren wurden dabei im FORTRAN-Programm erstellt.

5. <u>Struktureigenschaften von Systemen</u> [12]

Eine fundamentale Bedeutung kommt bei der hierarchischen Mehrebenenregelung der *Dekomposition* zu. Es existieren eine Anzahl von Dekompositionsverfahren, siehe z.B. [6] und [13], aber auch hier erweisen sich für praktische Belange Verfahren als zweckmäßig, die eng mit dem realen System in Verbindung stehen. Im Fall des im vorangehenden Abschnitt 4 betrachteten linear-quadratischen Regelungsproblems war als entscheidende Voraussetzung die vollständige *Steuer-* und *Beobachtbarkeit* der durch Dekomposition erhaltenen Teilsysteme erforderlich. Diese Voraussetzung gibt Anlaß zu einer prinzipiellen Untersuchung über die *Struktureigenschaften von Systemen* [17, 19, 20].
Zuerst sind einige Erläuterungen zum Begriff der *Struktur* eines Systems angebracht. Ein durch die Zustandsgleichungen (1a) und (1b) beschriebenes System {A, B, C} ist durch die Elemente der drei Matrizen vollständig charakterisiert. Dabei treten neben den Elementen, die durch die Systemparameter mehr oder weniger genau bekannt sind, auch exakt gegebene Nullelemente auf, wie auch aus den Zustandsgleichungen

$$
\begin{bmatrix} \dot{i}(t) \\ \\ \dot{u}(t) \end{bmatrix} = \begin{bmatrix} -\dfrac{R_1}{L} & -\dfrac{1}{L} \\ \\ \dfrac{1}{C} & 0 \end{bmatrix} \begin{bmatrix} i(t) \\ \\ u(t) \end{bmatrix} + \begin{bmatrix} \dfrac{1}{L} \\ \\ 0 \end{bmatrix} u_e(t)
\tag{36a}
$$

$$
u_a(t) = \begin{bmatrix} 0 & \dfrac{R_3}{R_2 + R_3} \end{bmatrix} u(t)
\tag{36b}
$$

des in Bild 7 dargestellten Reihenschwingkreises hervorgeht.

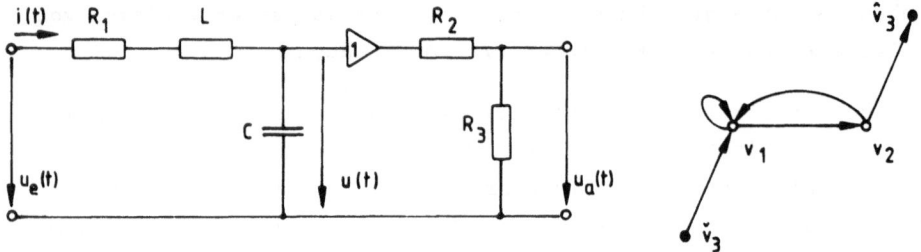

Bild 7: Reihenschwingkreis mit zugehörigem Strukturgraph

Man unterscheidet daher zwischen festen Nullelementen, die lediglich durch Änderung des (physikalischen) Aufbaus beeinflußbar sind, und den variablen Elementen, die stets durch Parameteränderung ungleich Null gemacht werden können; letztere werden mit (*) gekennzeichnet.

Im Falle des Reihenschwingkreises Gl. (36) nehmen dann die Struktur-matrizen die folgende Form

$$
\underline{A} \ \hat{=} \ \begin{bmatrix} * & * \\ * & 0 \end{bmatrix} , \quad \underline{b} \ \hat{=} \ \begin{bmatrix} * \\ 0 \end{bmatrix} , \quad \underline{c}^T \ \hat{=} \ \begin{bmatrix} 0 & * \end{bmatrix}
\tag{37}
$$

an.

Für die weitere Untersuchung erweist es sich als zweckmäßig, Struktur-matrizen als Graph, den sog. *Strukturgraphen*, zu charakterisieren. Ohne auf Details der Strukturgraphen einzugehen, siehe hierzu [17, 21, 22], wird folgende Definition zugrundegelegt:

Der *Strukturgraph* G($\underline{A}$, $\underline{B}$, $\underline{C}$) eines Systems setzt sich wie folgt zusammen:

a) Jede *Zustandsvariable* x_i entspricht einem *Knoten* v_i (i = 1,2,...,n) und jedes durch (*) gekennzeichnete Element a_{ij} der Matrix $\underline{A}$ einer Kante von v_j nach v_i.

b) Jede *Eingangsgröße* u_j entspricht einem *Fußknoten* $\check{v}_{n+j}$ (j = 1,...,m) und jedes durch (*) gekennzeichnete Element b_{ij} der Matrix $\underline{B}$ einer einer Kante von $\check{v}_{n+j}$ nach v_i.

c) Jede *Ausgangsgröße* y_k entspricht einem *Kopfknoten* $\hat{v}_{n+j}$ (k = 1,...r) und jedes durch (*) gekennzeichnete Element c_{ki} der Matrix $\underline{C}$ einer Kante von v_i nach $\hat{v}_{n+k}$.

Nach der obigen Definition kann jeder Fußknoten nur Anfangsknoten und jeder Kopfknoten nur Endknoten einer Kante sein. Der Strukturgraph G($\underline{A}$,$\underline{B}$) benötigt lediglich die Eigenschaften a) und b) und entsprechend benötigt G($\underline{A}$,$\underline{C}$) lediglich a) und c). Der Strukturgraph von Gl. (37) ist ebenfalls in Bild 7 mit angegeben. Zwischen dem Strukturgraphen und dem üblichen Signalflußdiagramm bestehen gewisse Analogien; diesen Zusammenhang macht Bild 8 deutlich, das sowohl das Signalflußbild als auch den Strukturgraphen des durch die folgende Strukturdarstellung charakterisierten Mehrgrößensystems zeigt:

$$\underline{A} \,\hat{=}\, \begin{bmatrix} 0 & 0 & 0 & 0 \\ * & * & 0 & 0 \\ 0 & 0 & 0 & 0 \\ 0 & * & * & 0 \end{bmatrix}, \quad \underline{B} \,\hat{=}\, \begin{bmatrix} 0 & * \\ 0 & 0 \\ * & 0 \\ 0 & 0 \end{bmatrix}, \quad \underline{C} \,\hat{=}\, \begin{bmatrix} 0 & 0 & 0 & * \\ * & 0 & 0 & 0 \end{bmatrix}. \tag{38}$$

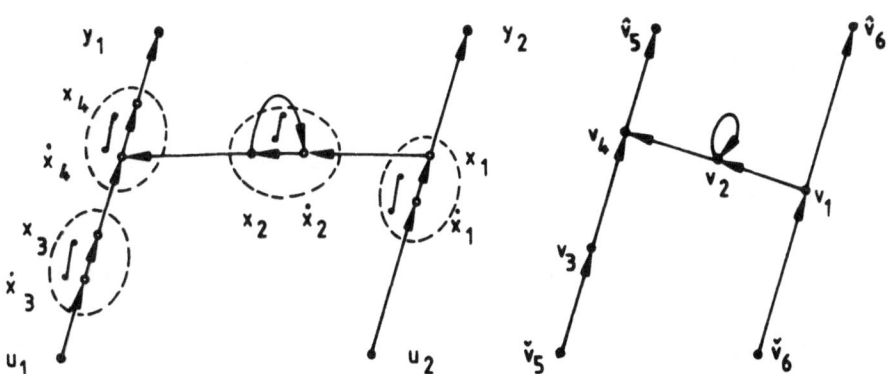

Bild 8: Signalflußbild und Strukturgraph des Mehrgrößensystems (Gl. 38)

Der Strukturgraph ergibt sich aus dem Signalflußdiagramm durch Zusammenfassung der Knoten x_i und $\dot{x}_i$, die man mit v_i (i = 1, ...,n) bezeichnet;
gleichzeitig werden die Eingangsgrößen u_j durch Fußknoten $\check{v}_j$ (j = 1,2)
und die Ausgangsgrößen y_k durch Kopfknoten $\hat{v}_k$ (k = 1,2) charakterisiert.
Eine grundlegende Voraussetzung bei der Dekomposition von dynamischen
Systemen war im vorausgehenden Abschnitt die vollständige Steuer- und
Beobachtbarkeit aller Subsysteme. Die Graphenstrukturen, die den inne-
ren Aufbau von Systemen beschreiben, ermöglichen auf anschauliche Weise
die Zerlegung in vollständig steuer- und beobachtbare Teilsysteme.
Nachfolgend werden graphentheoretische Kriterien für die *strukturelle
Steuerbarkeit (s-Steuerbarkeit)* und *strukturelle Beobachtbarkeit (s-
Beobachtbarkeit)* angegeben und anhand zweier Beispiele erläutert.
Beide Begriffe weisen ebenfalls dualen Charakter auf [1].

Die in Bild 9 gezeigte Brückenschaltung ist im abgeglichenen Zustand,
d.h. $R_1R_4 = R_2R_3$, weder vollständig steuer- noch beobachtbar [1]; hingegen für $R_1R_4 \neq R_2R_3$ ist sie sowohl vollständig steuer- als auch beobachtbar; durch Parameteränderungen sind somit die geforderten Bedingungen erfüllbar. Hingegen im zweiten durch Bild 10 charakterisierten Beispiel sieht man, daß für $\alpha = 0$ der Kopfknoten $\hat{v}_3$ keine Verbindung mit
v_2 aufweist. Dieses System ist für alle reellen a nicht vollständig

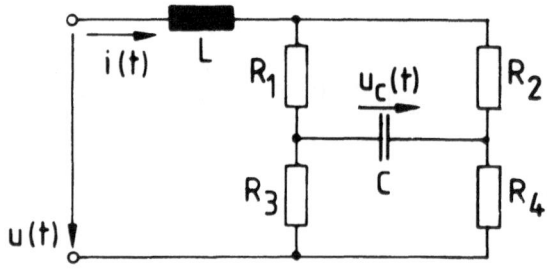

__Bild 9:__ Parameteränderung bei Brückenschaltung

beobachtbar, wie sich leicht durch Berechnung der Beobachtbarkeitsmatrix
[1] nachprüfen läßt. Hier benötigt man eine *Strukturänderung des Systems,*
um zu einem vollständig steuer- und beobachtbaren System zu gelangen.
Lassen sich die Steuer- und /oder Beobachtbarkeit, wie im ersten Beispiel durch bloße Parameteränderungen erreichen, dann spricht man von
einem strukturellen steuer- und /oder beobachtbaren System. In Fällen
jedoch, die wie im zweiten Beispiel eine Strukturänderung erfordern, ist
das System nicht strukturell steuer- und/oder beobachtbar.

$$\underline{A} = \begin{bmatrix} 0 & \alpha \\ a & a \end{bmatrix} \qquad \underline{b} = \begin{bmatrix} a \\ 0 \end{bmatrix}$$

$$\underline{c}^T = \begin{bmatrix} a & 0 \end{bmatrix}$$

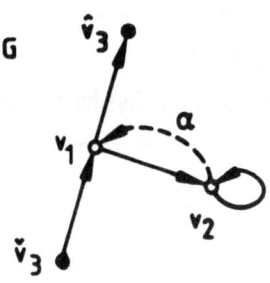

Bild 10: Strukturänderung eines Systems

Ist entweder ein Knoten v_i des Strukturgraphen *nicht erreichbar*, d.h. es existiert keine in v_i endende Kantenfolge, die in einem Fußknoten beginnt oder der Strukturgraph besitzt eine *Dilation*, d.h. in r Knoten enden höchstens r-1 von Knoten oder Fußknoten ausgehende Kanten, dann ist das System $\{\underline{A},\underline{B}\}$ nicht steuerbar. Bild 11 verdeutlicht diesen Sachverhalt. Die Dilation besagt mit anderen Worten, daß sich r Knoten höchstens von r-1 Knoten und Fußknoten ansteuern lassen, d.h. das System besitzt nicht unabhängige voneinander beeinflußbare Zustandsvariable.

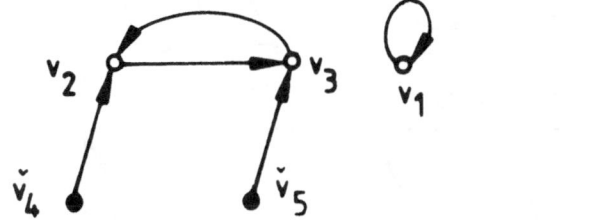 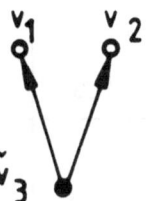

Bild 11: s-Steuerbarkeit

Ausgehend von dieser Definition kann man Graphenstrukturen für s-steuerbare Systeme bilden [17]. Bild 12 zeigt in der linken Spalte strukturell steuerbare Systeme. Durch Streichen einer beliebigen Kante in der Fußkaktushecke M̌ (bzw. in W̌, Ǩ und Š) entsteht ein nicht s-steuerbares System, d.h. man erhält einen nicht erreichbaren Knoten oder eine Dilation (maximale Restriktion). Damit ergeben sich folgende äquivalente Aussagen:

a) Das System $\{\underline{A},\underline{B}\}$ ist s-steuerbar.

b) Der Strukturgraph $G(\underline{A},\underline{B})$ enthält weder nicht erreichbare Knoten noch eine Dilation.

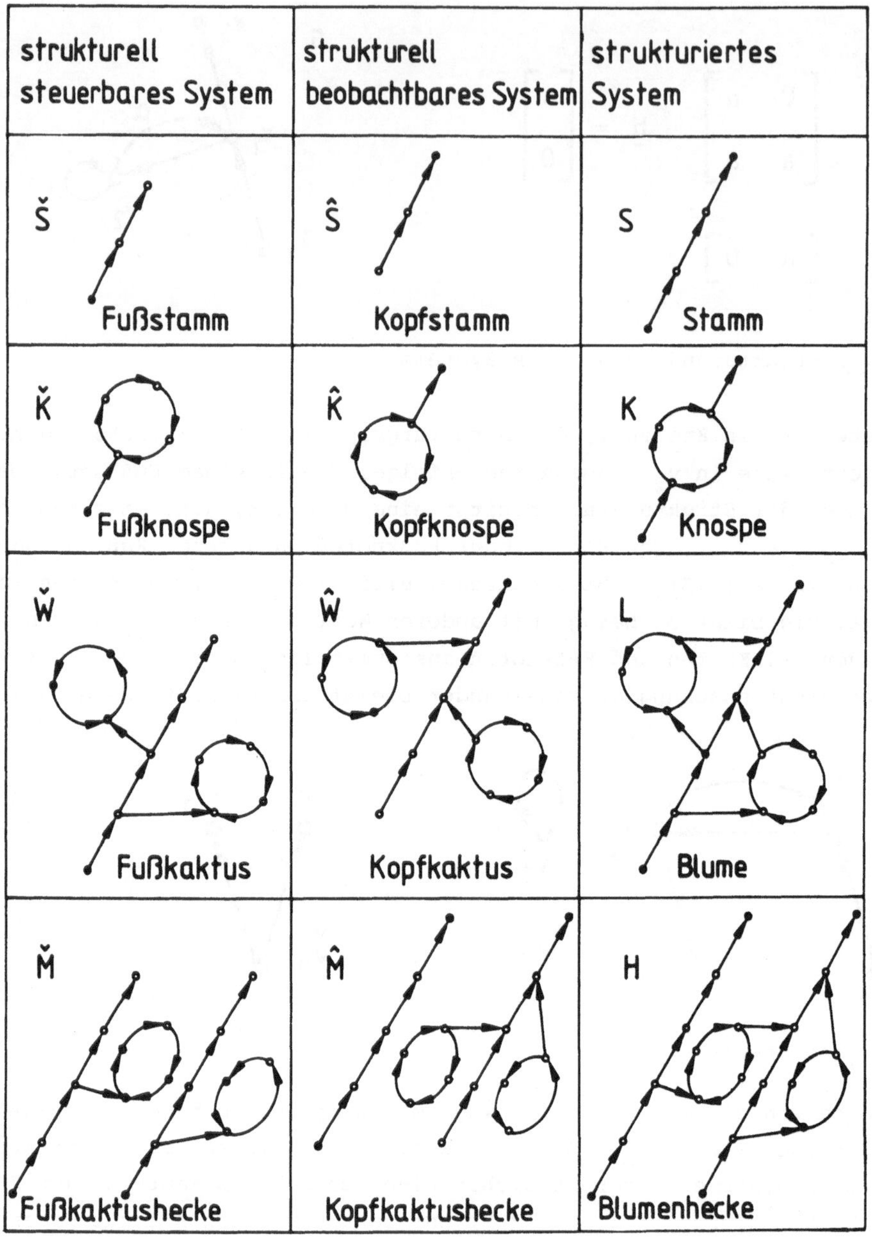

strukturell steuerbares System	strukturell beobachtbares System	strukturiertes System
Š Fußstamm	Ŝ Kopfstamm	S Stamm
Ǩ Fußknospe	K̂ Kopfknospe	K Knospe
W̌ Fußkaktus	Ŵ Kopfkaktus	L Blume
M̌ Fußkaktushecke	M̂ Kopfkaktushecke	H Blumenhecke

Bild 12: s-steuerbare, s-beobachtbare und strukturierte Systeme

c) G(A,B) wird durch eine Fußkaktushecke aufgespannt.

Bild 13 zeigt einen Strukturgraph mit aufspannender Fußkaktushecke, bei der die strichpunktierten Kanten entfallen.

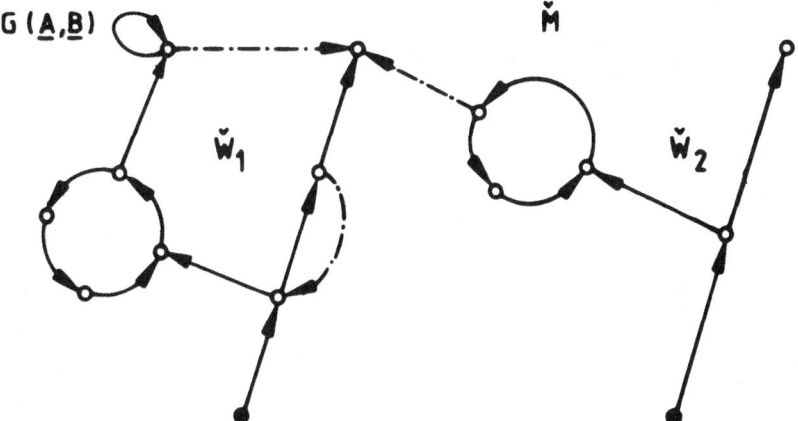

Bild 13: Strukturgraph mit aufspannender Fußkaktushecke

Aus Dualitätsgründen erhält man für die strukturelle Beobachtbarkeit analoge Ergebnisse. Ist entweder ein Knoten v_i des Strukturgraphen *nicht meßbar*, d.h. ex existiert keine in v_i beginnende Kantenfolge, die in einem Kopfknoten endet, oder der Strukturgraph besitzt eine *Kontraktion*, d.h. von r Knoten gehen höchstens r-1 Kanten aus, die in einem Knoten oder oder Kopfknoten enden, dann ist das System $\{A,C\}$ nicht s-beobachtbar, siehe Bild 14.

Mit anderen Worten, bei einem System mit Kontraktion im Strukturgraph lassen sich nicht alle Zustandsvariablen unabhängig voneinander ermitteln. Bild 12 zeigt in der mittleren Spalte strukturell beobachtbare Systeme. Damit ergeben sich folgende äquivalente Aussagen:

a) Das System $\{A,C\}$ ist s-beobachtbar.
b) Der Strukturgraph $G(\underline{A},\underline{C})$ enthält weder nicht meßbare Knoten noch eine Kontraktion.
c) $G(\underline{A},\underline{C})$ wird durch eine Kopfkaktushecke aufgespannt.

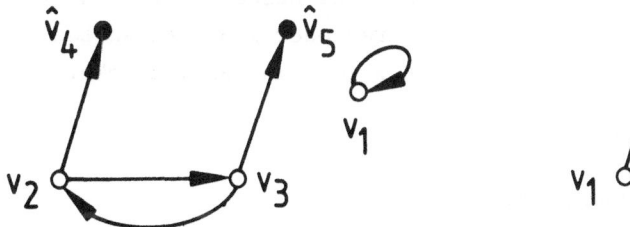

Bild 14: s-Beobachtbarkeit

Bild 15 zeigt einen Strukturgraphen mit aufspannender Kopfkaktushecke;
sie weist ebenfalls maximale Restriktionen auf, d.h. durch Streichen
einer beliebigen Kante entsteht ein nicht s-beobachtbares System.

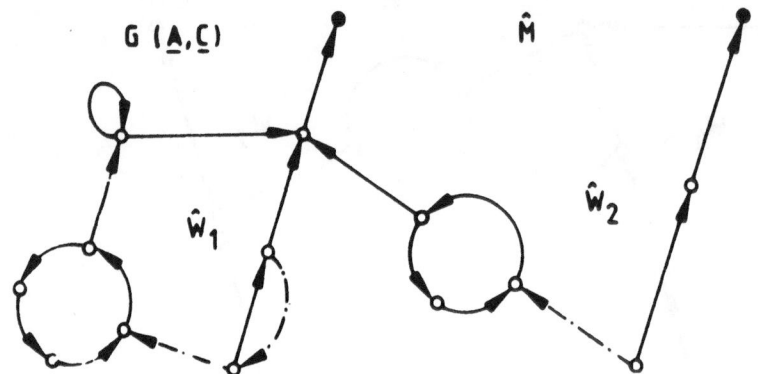

Bild 15: Strukturgraph mit aufspannender Kopfkaktushecke

Ist ein System schließlich sowohl s-steuerbar als auch s-beobachtbar,
so spricht man von einem *strukturierten System*. Der Strukturgraph eines
Systems $\{A,B,C\}$ enthält neben den die Zustandsvariablen charakterisie-
renden Knoten noch Fuß- und Kopfknoten. Faßt man die beiden Aussagen bezüglich der s-Steuer- und s-Beobachtbarkeit zusammen, dann ist ein
System nur dann *strukturiert*, wenn $G(A,B)$ durch eine Fußkaktushecke und
$G(A,C)$ durch eine Kopfkaktushecke als Untergraph aufgespannt werden. Der
Strukturgraph eines *nicht strukturierten Systems* enthält daher mindestens
einen nicht erreichbaren oder nicht meßbaren Knoten oder eine Dilation
oder eine Kontraktion.

Durch Einführung einer entsprechenden Strukturgraphenform $G(A,B,C)$, die
als *Blumenhecke* bezeichnet wird, gelingt es, ohne Aufspaltung in Fuß-
und Kopfkaktushecken auf strukturierte Systeme zu schließen; die genaue
Definition ist in [17] zu finden. Bild 12 enthält in der rechten Spalte
strukturierte Systeme. Auch die Blumenhecke unterliegt wiederum maximalen Restriktionen, d.h. durch Streichung einer beliebigen Kante erhält
man entweder mindestens einen nicht erreichbaren oder meßbaren Knoten
oder eine Dilation oder Kontraktion. Bild 16 zeigt eine Blumenhecke.

Folgende Aussagen sind äquivalent:

a) Das System $\{A,B,C\}$ ist strukturiert.

b) Der Strukturgraph $G(A,B,C)$ enthält weder nicht erreichbare oder nicht
   meßbare Knoten noch eine Dilation oder eine Kontraktion.

c) G($\underline{A}$,$\underline{B}$,$\underline{C}$) wird durch eine Blumenhecke aufgespannt.

System ($\underline{A}$,$\underline{B}$,$\underline{C}$)

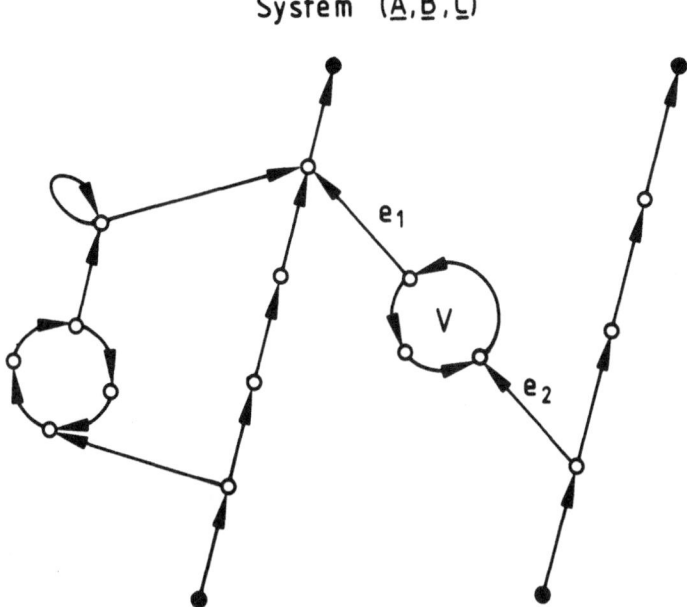

Bild 16: Blumenhecke

Nach den obigen Ausführungen ist demnach ein strukturiertes Gesamtsystem höchstens in N = min (m,r) strukturierte Teilsysteme zerlegbar; dabei bedeuten m die Dimensionen des Eingangs- und r die des Ausgangsvektors.

Bild 17a zeigt den Strukturgraphen und Bild 17b die zugehörige Blumen-hecke - Dekomposition in strukturierte Teilsysteme - als Mehrgrößen-system mit je drei Ein- und Ausgängen. Doppelkreise charakterisieren Knoten mit einer Rückführung; Fuß- bzw. Kopfknoten sind durch mit E bzw. A gekennzeichnete Kästchen dargestellt. Die Kurven wurden durch ein Computerprogramm (Algorithmus) erstellt. Abschließend sind noch einige Bemerkungen angebracht:

1. Die Strukturgraphen eignen sich natürlich nicht nur zur Prüfung von strukturierten Systemen, sondern sie stellen ein geeignetes Hilfs-mittel zur Systemanalyse und Systemsynthese, Modellbildung und dergleichen dar, da sie den inneren Aufbau eines Systems charak-terisieren.

2. Die Strukturgraphen stehen in engem Zusammenhang mit dem realen Geschehen; sie sind daher für ingenieurmäßige Anwendung besonders geeignet.

a)

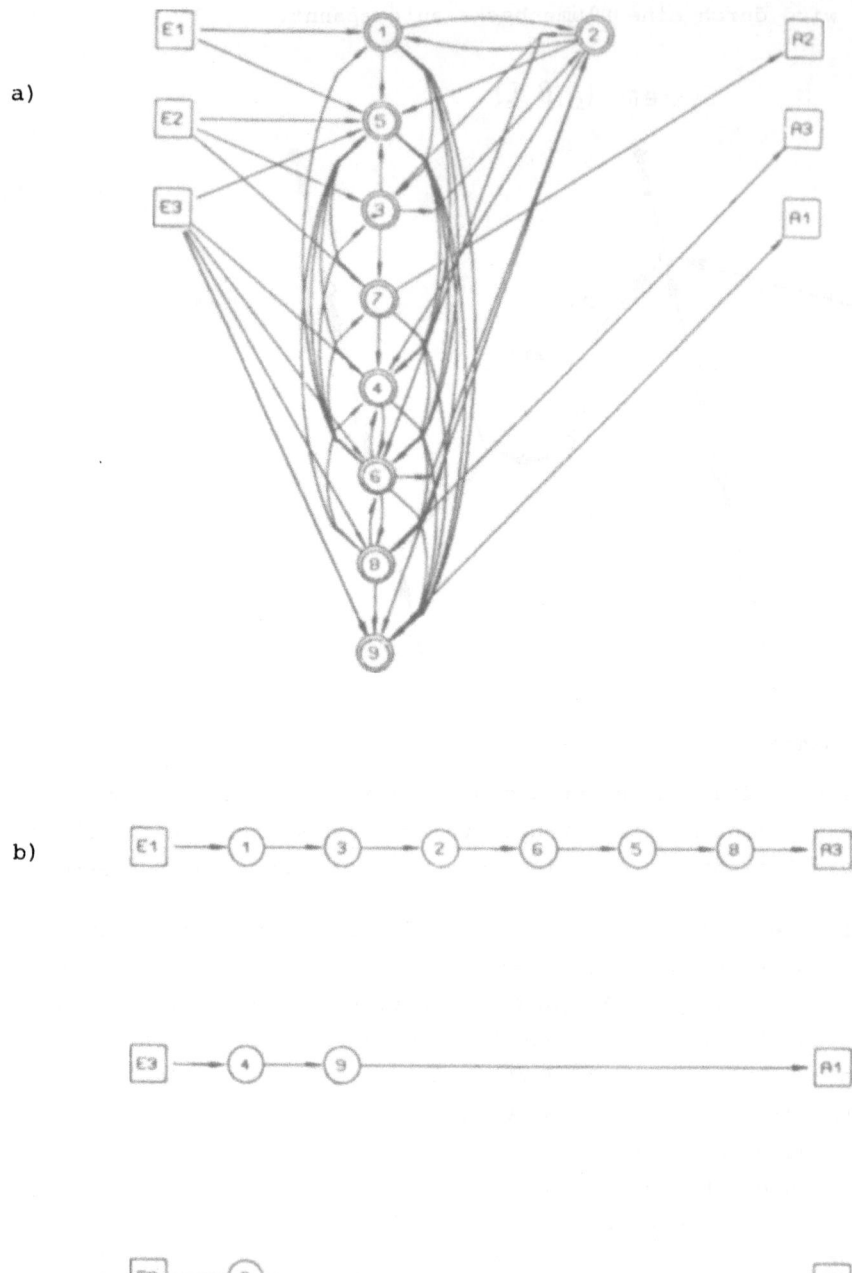

b)

Bild 17: Mehrgrößensysteme mit je drei Ein- und Ausgängen
a) Strukturgraph, b) Blumenhecke

3. Es läßt sich ein Algorithmus angeben, der den Strukturgraph eines
   Systems graphisch darstellt und die Dekomposition in strukturierte
   Teilsysteme vornimmt [19].

4. In [23] wurde der Begriff der strengen strukturellen Steuerbarkeit
   für Systeme (Graphen) eingeführt, bei denen für beliebige Parameter
   ungleich Null das zugehörige System immer vollständig steuerbar ist.
   Die Brückenschaltung in Bild 9 ist demnach nicht streng s-steuerbar.

5. Bei Mehrgrößenregelungen kommt es natürlich nicht allein auf die
   s-Steuer- bzw. s-Beobachtbarkeit an, sondern man muß natürlich auch
   die Stabilität prüfen. Vor allen Dingen verlangt man gewisse Robust-
   heitseigenschaften, so soll z.B. die Stabilität erhalten bleiben, auch
   wenn beliebige Verbindungen (Kopplungen) unterbrochen werden. Man
   spricht dann von der "Verbundstabilität" (connective stability) [12].
   Auch hier erweisen sich Graphendarstellungen als zweckmäßig; es ist
   jedoch zu beachten, daß die Graphendefinitionen nicht immer einheitlich sind.

6. Bei realen Systemen kann jedoch die Kopplungsintensität wesentlich
   davon abhängen, ob man das "Kurzzeitverhalten" (transiente Vorgänge)
   oder das "Langzeitverhalten" (stationäre Vorgänge) betrachtet
   [24, 25]. Eine Änderung der Kopplungsintensität kann sich auch auf
   die praktische Dekomposition auswirken.

6. Literatur

[1]   Thoma M.: Theorie linearer Regelsysteme. Vieweg Verlag,
      Braunschweig, 1973.

[2]   Weihrich, G.: Optimale Regelung linearer deterministischer
      Prozesse. R. Oldenbourg Verlag, München, 1973.

[3]   Athans, M.; Falb, P.L.: Optimal Control. McGraw-Hill,New York, 1966.

[4]   Bryson, A.E. and Ho, Y.-C.: Applied Optimal Control.
      Blaisdell Publ. Co. Woltham, Mass., 1969.

[5]   Findeisen, W.: Hierarchical Control Systems - State of the art
      and directions of research. Berichtsband des 24. Internationalen
      Wissenschaftlichen Kolloquiums vom 22. - 26. Oktober 1979 in
      Ilmenau. Herausgegeben von der Technischen Hochschule Ilmenau, 1979.

[6]   Wilson, I.D.: Foundations of Hierarchical Control.
      International Journal of Control. Vol. 29 (1979),
      Seite 899 - 933.

[7] Lefkowitz, I.: Multilevel approach applied to control system design. Proceedings Joint Automatic Control Conference (JACC) 1965, Troy, N.Y., S. 100 - 109.

[8] Lefkowitz, I. und Cheliustkin A. (eds): Integrated system control in the steel industry. IIASA Report CP-76-13, Laxenburg, Österreich.

[9] Mesarovic, M.D., Macko, D. und Takahara, Y.: Theory of hierarchical multilevel systems. Academic Press, New York, 1970.

[10] Findeisen, W.: Hierarchische Steuerungssysteme. VEB-Verlag Technik, Berlin, 1974.

[11] Singh, M.G. und Titli, A. (eds): Handbook of large scale system engineering. North-Holland Publ. Co., Amsterdam, 1978.

[12] Siljak, D.D.: Large-Scale Dynamic Systems - Stability and Structure. North-Holland Publ., Co., New York, 1978.

[13] Wilson, I.D.: Three applications of decomposition method for designing hierarchical control systems. International Journal of Control, Vol. 29 (1979), S. 935 - 947.

[14] Lasdon, L.S. u. Schoeffler, J.D.: A multi-level technique for Optimization. Proceedings Joint Automatic Control Conference (JACC) 1965, Troy, N.Y., S. 85 - 92.

[15] Brosilow, C.B., Lasdon, L.S. u. Pearson, J.D.: Feasible optimization methods for interconnected systems. Proceedings Joint Automatic Control Conference (JACC) 1965, Troy, N.Y., S. 79 - 84.

[16] Wend, H.D.: Zur Anwendung der Theorie hierarchischer Systeme auf die Optimierung linearer Regelungssysteme. Dissertation TU Hannover, April 1976.

[17] Söte, W.: Eine strukturorientierte Untersuchung zur Approximation von linearen zeitinvarianten Systemen. Dissertation Universität Hannover, Januar 1979.

[18] Wend, H.D.: On hierarchical control of complex technological systems. Journal of Large Scale Systems - Theory and Applications, Vol. 1, (1980), S. 63 - 75.

[19] Söte, W.: Strukturelle Methoden zur Dekomposition von Großsystemen. Regelungstechnik 28, (1980), S. 37 - 44.

[20] Thoma, M.: Mehrebenenregelung von linearen dynamischen Systemen. Berichtsband des Fortgeschrittenenstudienprogramms "Dynamische Systeme und Signalverarbeitung", TU Berlin, Brennpunkt Kybernetik, 1979.

[21] Busacker, R.G. u. Saaty, T.L.: Endliche Graphen und Netzwerke. R. Oldenbourg Verlag, München, 1968.

[22] Chen, W.-K.: Applied graph theory. North-Holland Publ., Co., Amsterdam 1976.

[23] Mayeda, H. u. Yamada, T.: Strong Structural Controllability. SIAM J. Control and Optimization, 17, No. 1 (1979), S. 123 - 138.

[24] Khalil, H.K. und Kokotovic, P.V.: Decentralized stabilization of systems with slow and fast modes. Proceedings Joint Automatic Control Conference (JACC) 1980, Colorado, Denver, S. 108 - 112.

[25] Kokotovic, P.V.: Subsystems, time scales and multimodelling. Preprints and to appear in the proceedings of the 2nd IFAC Symposium on "Large Scale Systems: Theory and Applications", Toulouse , 24. - 26. Juni 1980.

COORDINATED DECENTRALIZED CONTROL OF CHEMICAL PILOT PLANT

USING A MULTI-MICROPROCESSOR SYSTEM

KOORDINIERTE, DEZENTRALE REGELUNG EINER CHEMISCHEN PILOT-ANLAGE MIT

HILFE EINES MEHRFACH-MIKROPROZESSOR-SYTEMS

R. Perret - Z. Binder

Laboratoire d'Automatique de Grenoble
Institut National Polytechnique
Grenoble, France

Zusammenfassung

Der Fortschritt in der Entwicklung regelungstechnischer Methoden für komplexe Systeme und die Mikrocomputertechnologie eröffnet für die industrielle Prozeßautomatisierung neue Horizonte. Die Verfahrensweise in der zunehmenden Automatisierung industrieller Prozesse ist ein Ergebnis der Zusammenarbeit zwischen Automatisierungs- und Computerspezialisten und Technologen. Beginnend mit der Funktionsanalyse eines durch den Menschen gelenkten Prozesses kann eine hierarchische Organisationsstruktur des Systems aufgestellt werden. Studien an den Algorithmen und der Architektur von Mehrfach-Computern führen uns zu der Definition von Entscheidungszentren, die die menschlichen Eingriffe innerhalb eines Regelungssystems repräsentieren. Manchmal sind mehrere Zentren notwendig, um verschiedene Regelungsstrategien sowie deren Kriterien, Strukturen oder andere verwendbare Modelle zu beurteilen. Die Kommunikation zwischen den Zentren dient einem doppelten Zweck: erstens zur Verbesserung des Modells, welches die Einsicht in den Prozeß kennzeichnet, und zweitens der Koordination der verschiedenen Teilprozesse.

Die Nachführung der Modelle der oberen Ebenen durch solche der unteren Ebene ist eine der Hauptaufgaben der Entscheidungszentren. Die Algorithmen minimieren die Summe der Differenzen zwischen Eingang und Ausgang der Modelle in den verschiedenen Ebenen. In dieser Weise wird eine Koordination der Zentren durch alle niedrigeren Stufen der Regelungspyramide des Systems erreicht, die das Regelungssystem in Beziehung zu den Prozessen auf der Grundebene der Pyramide setzt.

Die Mehrfach-Mikroprozessor-Architektur ist als die grundlegende Hardwarestruktur der Entscheidungszentren gewählt. Zwei der von uns betrachteten Strukturen sind ein Doppelt-Prozessor mit gemeinsamem Speicher für die Instrumentation und ein Mehrfach-Prozessor mit einer asynchronen Ringkommunikation für Vielfach-Zentren.

INTRODUCTION

Recent developments in microprocessor technology and diversification of its application have crated a new outlook to the conception of the control of large scale systems of complex processes. The historical reasons for the birth of hierarchical control concepts [1] and decentralised control concepts [2] remain as valid as ever. But,
the design methods and implementation techniques have now to take into account, the
existance of multiprocessor systems. All though the introduction of multiprocessors
does bring in certain computational advantages (e.g. parallel processing), it also
introduces supplementary constraints in the implementation and operation of control
systems (e.g. information transfer).

These consideration have motivated development a number of hierarchical control methods to get around the computational difficulties [3] [4]. The interest posed by limitations in the transfer of information between interconnected systems has led to
the development of several decentralised control methods [5].

Our research activities in this area have been motivated by the constraints of structure, which introduces the use of distributed processing in the control system design.
The hierarchical organisation of interconnected microprocessor controllers has oriented our efforts towards the development of suboptimal control methods to handle the
computational and information transfer difficulties. Our first orientation is towards
the use of a coordinator model of reduced dimension leading to the method of "Coordinated Decentralised Control" (CODECO-I) [6] [7]. The second direction leads to the
"Cooperative Decentralised Control" (CODECO-II) [8], [9].

The methods based on the decentralised control approach, where in the main purpose
in the proper operation of an assembly of subsystems. Although each subsystem of free
to decide and follow its own evaluation criterion, we try to maintain its operation
compatible with the over all objectives by introducing hierarchical levels in the control system. These levels operate with a simplified representation of the subsystems
to be coordinated, so as to predict their evolution trends.

The approach proposed leads to an algorithmic decomposition, thus facilitating a progressive building up of the control system and allowing the use of a quadratic tracking type optimisation [10]. The development of this approach has been motivated by
the application of hierarchical control concepts to production systems. We have oriented ourselves to continuous production systems which are characterised by well defined axes for material flow or energy flow with very little recycling. These processes
are formed of units directed to attain certain production objectives taking into account constraints on raw material provision and on energy comsumption. This is the
case of the pilot distillation unit of our laboratory which we used as an example.

CONTROL SYSTEM ORGANISATION

The control of industrial processes is generally based on a multilevel hierarchical organisation. The different levels are characterised by differences in the responsabilities and in the hardware and software involved. The diversity in the means adopted is justified by the control objectives forming in general a coherent assembly. This structuration in the different decision centres forms distinct entities composed of hardware and control algorithm software. The modularity and standardisation of the decision centres facilitates implantation and adds to their reliability. The success of automation depends on the manner in which the centre is constructed about a microprocessor and the application software implanted.

The appearance of powerful computers has strengthened the tendency towards centralisation of decision making ; microprocessors, on the contrary, offer means of decentralisation. These two different tendencies are bridged in the "CODECO" [7] [11] organisation schematised in fig. 1. The advantage of this organisation lies in the possibility of a progressive implementation and the safety it offers in the case of degraded functioning.

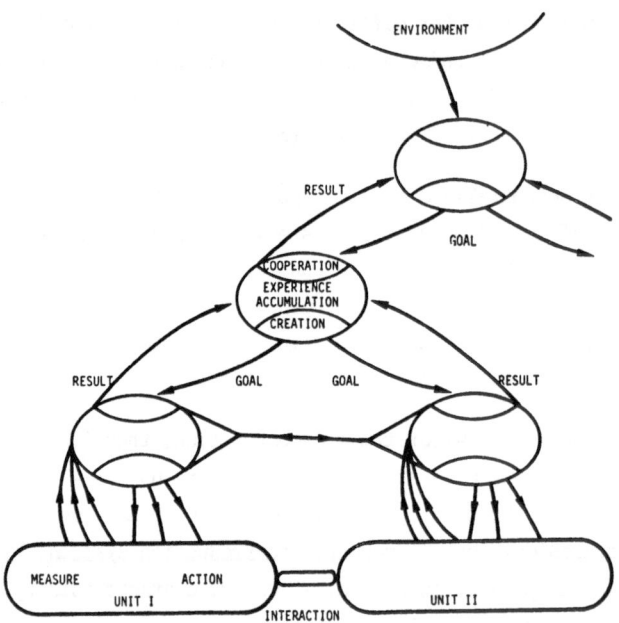

Fig. 1.   Coordonated Decentralized Control (CODECO) Organization.

Moreover, the structure of the control system may be correlated with the architecture of the physical system and transformed in the case of system modification. The control system is formed by a multilevel network of decision centres, linking the process and the environment. Information exchanges take place between the decision centres of the same level (interaction) and centres situated at hierarchically different levels.

Let us suppose that the aim of this network of decision centres is to interpret objectives (even if they are contradictory) of the environment for the physical process with a view to attaining them. In other words, it ensures the satisfaction of the objectives of the environment by the process in the sense of a predefined criterion. In this manner, the functions of a control system may be defined as well as those of its component centres.

A fundamental function of each centre is the continuous conservation and amelioration of operational experience. It could be noted that centres situated at a higher level in the hierarchy conserve the experience (usually expressed by a model) of a larger area although with lesser details. This information serves to define a strategy for satisfying the objectives with respect to the environment in a cooperative sense. The strategy obtained and the evolution of the model subsequently serve to create objectives for centres situated generally at lower levels in the hierarchy.

The basic properties which we have just defined may be adapted according to specific conditions of the criterion and the relative position of the centre in the overall control system. Moreover, certain centres are multiplied in order to ensure proper functioning under different operating conditions (start up, transition, critical operation), or to ensure the change of structure, or evolution of the physical system and of the control system.

Tracking control approach.

In order to represent the relations between the decision centers and their models and to express the functioning, we propose a tracking formulation [10]. In this sense, the functioning of a control system may be defined as a successive tracking of hierarchically superior centres by lower level centres. The "distance" between these centre, or their models (represented often as mathematical criterion) expresses an index of tracking performance. The reduction of the distance may be obtained by modifying control inputs, parameters or by changing these models.

The relation between models (or the systems they represent) is translated by the relation between their variables, in particular, their external variables (input - output variables). Generally the models of a lower level track the model of the centres situated at a higher level. (see fig. 3).

THE PROCESS AND ITS CONTROL

The application of new methods developed on regular industrial plants is preceded generally by tests on pilot plants. In our case we have made use of a chemical process installed at the "Laboratoire d'Automatique de Grenoble". This process (Fig. 2) is composed columnes and a remixer which can be interconnected to form different configurations.

All the functional components, including the columns are in glass. The distillation columnes are of the tray type of 150 mm diameter with 9 trays for the first columns and 15 for the second. Heating is by an electrical heater rated 72 kW for the first column and 54 kW for the second. This pilot plant is fed with a water-methanol mixture. The daily turnover is about 2 tonnes.

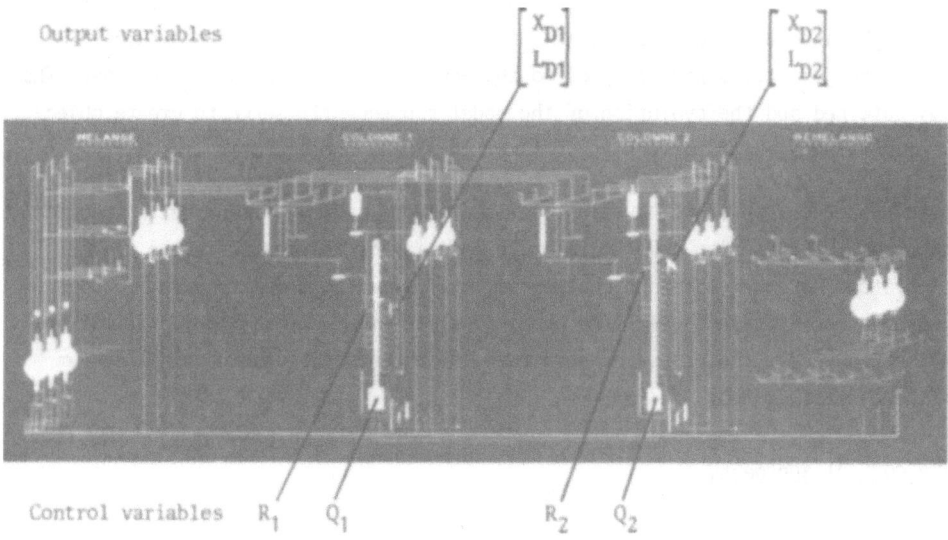

Fig. 2.   Chemical process pilot plant

For testing our methods, we have employed the two distillation columns connected in series. The control actions applied on each column are the heating power Q of the boiler and the reflux rate R (a fraction of the condensed product flow recycles inside the column, the other fraction forms the output product). Knowing feed flow concentration X_F and feed flow rate L_F the two control actions are elaborated so as to control the quality X_D (concentration) and quantity L_D (flow rate) of the top product.

The aim is the coordinated control of this plant. That is, knowing the feed of the first column how can the efforts be partitioned between the two columns ; and how to partition the efforts for each column so as to satisfy of the second column output product. We can also define objectives on the control variables which might represent the energy consumption (heating power).

The solution of this problem involves searching a compromise between the production and the consumption of the ensemble. The model for the process shall be used to give a measure of the deviation between the objectives and the actual performance. In Fig. 3 the coordinator model is controlled in such a way as to reduce the deviation between the objectives and the model. In other words, the reduction is achieved by trying to track the reference variables by the variables of the model so as to minimise a tracking performance index.

The fundamental problem is that of representing the system by the coordinator model. A compromise between the exactness of the model and the dimensions of the system lead us to a simplified and reduced model which helps determine the evolutionary trend of the system as it tries to achieve its global objectives. This is transposed into an evolution of the interval variables of the model, representing interactions between the subsystems their input variables and their output variables.

The system controller takes all these information as reference variables for determining the evolution of the system using the local models which are relatively more detailed and precise. In other words, the local model is made to track a part of the coordinator model so as to minimise the tracking performance index simultaneously taking into account local constraints (interactions etc...). The solution obtained results in the application of the model control law simultaneously on the physical system.

Modelling the process.

The quality of the results obtained on a real system depend largely on the representation used in the models. Constructions of models from a knowledge of each of the units might appear to be a simple affair. Unfortunately, these models, which are usually nonlinear and of large dimensions, cannot be used in a real time control.   Moreover, considering the nature of control input and inspite of the non linearities, the process shall be represented by linear models. This linearisation of the process about an operating point restricts the range of validity of the models. This zone could be very large, involving significant transitions between two operating points.

On the other hand, for non linearities which reduce the range of validity of each of the models a multimodel approach could be envisaged. In this case, several models representing the operation of the process about different operating points enable us to cover a very large field.

Each model is written in the following linear matrix form :

$$\left| \begin{array}{l} x(t+1) = A\ x(t) + Bu(t) \\ y(t) = C\ x(t) \end{array} \right. \qquad \begin{array}{l} u : \quad \text{input vector.} \\ y : \quad \text{output vector.} \end{array} \qquad (1)$$

t is the sampling instant and x is the vector of state variables which may or may not have a physical significance. These models shall describe the behaviour of the system about a given operating point.

The multivariable identification method [12] has permitted us to obtain a state model of the process in the canonical observable form, from a record of the input and output of the system.

The coordinator model being an overall model for the whole system, is obtained from a more approximate identification or from aggregation based on the local models [13]. The construction of the coordinator model is such that certain states do have a physical significance. In our case the states represent the output product of the columns.

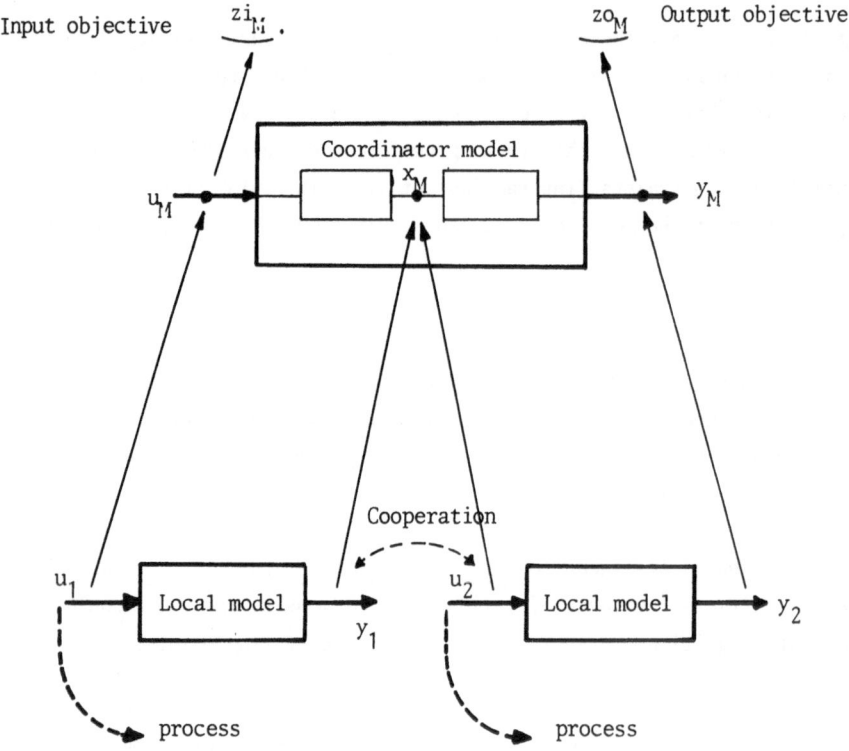

Fig. 3. Coordination by tracking.

CONTROL ALGORITHMS

The algorithms used in all the levels of the proposed structure [14] are based on the minimisation of a quadratic cost function. We present a brief description of the algorithms :

Consider a model described by the equations of the form of equ.(1).We fix the objectives for the input vector u as zi and the objectives for the output vector y as zo. The weighted quadratic cost function chosen quantifies the deviation between these objectives and the corresponding variables. This criterion could be written as :

$$J = \sum_{i=0}^{N-1} [(zi(t)-u(t))^T R(zi(t)-u(t)) + (zo(t+1)-y(t+1))^T Q(zo(t+1)-y(t+1))] \qquad (2)$$

R and Q are the weighting matrices which penalise the deviations (zi - u) and (zo - y) respectively. Thus, if the objectives are not compatible, a compromise will be established between the input and output deviations. The control strategy would be to control the system defined by equ. (1) so as to track the objectives zi and zo by minimising the function of equ. (2).

The expression for u thus calculated, takes different forms according to the choice of the optimisation period N and the evolution of the objectives zi and zo.

Certain hypotheses allow calculating a control law applicable in real time. In this case, the optimisation period must be considered large compared with the time constants of the system of equ. (1). The objectives are assumed constant or elaborated by another linear system. [6].

Coordinated level.

This level exploits a unified model for the complete system. Following the defined objectives, it takes a decision, which according to its knowledge is best for the complete system. The decision taken for each subsystem, depends obviously on the information known to the coordinator about these units. This information is presumed by a linear simplified model of the form of equ. (1). The control input vector, the state vector and the output vector of the coordinator model shall be represented respectively by u_M, x_M and y_M.

The coordinator model shall track the constant global objectives : zi_M for the input and zo_M for the output. These objective variables in general represent a change in the operating point and are the results of static optimisation studies.

The control input which minimises the tracking criterion of equ. (2) with weighting matrices R_M and Q_M is written as

$$u_M(t) = - L_M \, x_M(t) + M_1 \, zi_M - M_2 \, zo_M \tag{3}$$

The complete expression for the matrices is given in [6] [7].

The coordinator thus takes a control decision which it judges best based upon a global view of the overall system.

Local level.

We shall study the introduction of a supplementary control level between the coordinator level and the physical process. This local level is formed of as several local centres as the number of physical units of the process.

Each local centre (k^{th}) uses one model (or several models) whose form is as in equ. (1). The model is described by an input vector u_k, a state vector x_k and an output vector y_k.

The functions of local centre would be :

a) Tracking the objective variables, as determined by the coordinator model.

b) Multimodel control in the case of a multiple representation of physical unit.

c) Respecting interactions between the units in terms of cooperation.

d) Correcting the error between the local model and the process.

Tracking the coordinator model : It was seen the earlier paragraphe that the coordinator level takes a first decision on the evolution of the local centre. Each local model tends to track the part representing it in the coordinator level, independantly of other local centres. (Fig. 3) zi_k, zo_k represent the objective variables of the kth centre, extracted from $u_M \, x_M$ and y_M.

At each decision centre, the basic control shall be calculated to minimise the cost function J_k (equ. 2), defined over the deviations $(zi_k - u_k)$ and $(zo_k - y_k)$. (k = 1 for the first column, k = 2 for the second column).

The input and output objectives of each model are linearly elaborated as functions of the coordinator model states and the global objectives variables. The basic control u_k that minimises J_k under certain hypotheses [6] is written as

$$u_k(t) = - L_k \, x_k(t) + M_k \, x_M(t) + N_k \cdot \begin{bmatrix} zi_M \\ zo_M \end{bmatrix} \tag{4}$$

Multimodel control : The basic control law (equ. 4) is calculated as a function of a local model representing the physical unit. In the case of major transitions, this

representation of the unit by a single linear model may be insufficient. It is therefore necessary to adapt the parameters of these model to the different operating
points, or to search for a linear multi-model representation of the physical unit.
We shall use the multi-model approach [15]. It is thus possible to replace the adaptation of the model parameters by selecting the best model considering the evolution
of the process and the tracking of the objective variables.

We therefore profess a set of linear state models of the physical system. Each model
tracks the corresponding part of the coordinator model (see Fig. 4) and proposes the
basic control from equ. (4). Thereafter the control applied to the system is obtained
as the basic control of the best model or as the weighted combination of basic controls of several models.

This is the "*location*" step which ensures recognition of the relative situation of
the models versus the system. It gives the classification of the candidate models in
relation to its quality index. In order to calculate a global control synthesis, we
have tested two real time location procedures.

(a) In the "*tracking location*" [16] the input and output variables of the system are

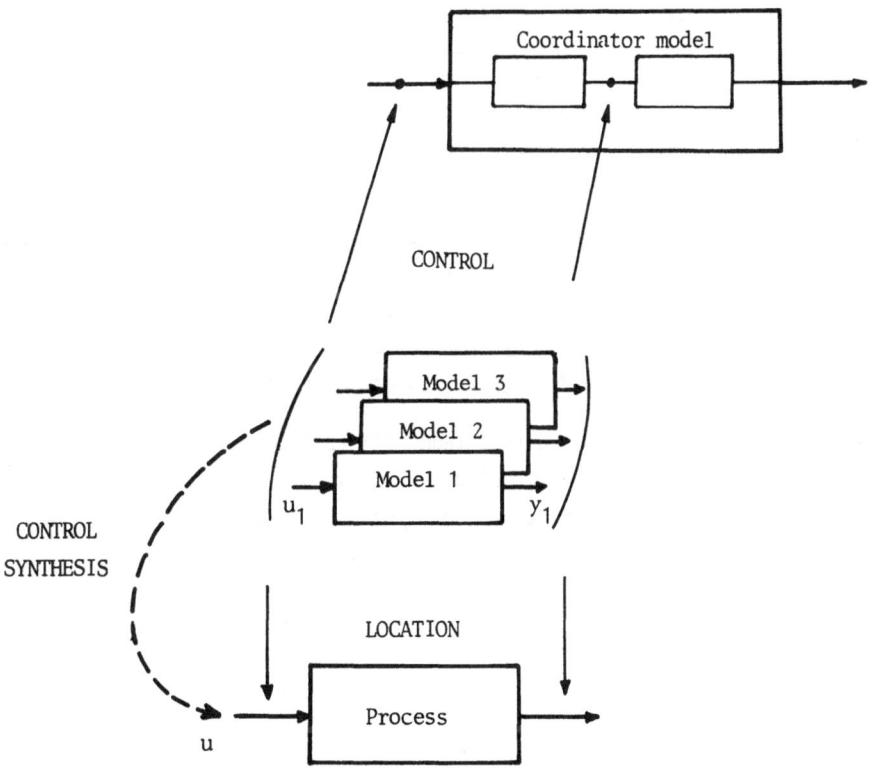

Fig. 4. Multimodel tracking control.

tracked by the corresponding variables of each candidate model as shown in Fig. 4. The performance index is a function of the deviations between the system and candidate model and it is expressed by tracking criterion equ. (2). It is then sufficient to take the smallest of the criteria to determine the best model for controlling the system.

In the same way the value of criteria permits the classification of models and the synthesis of control as shown in the next paragraph b).

(b) The "*filtering location*" [15] [17] is based on the stochastic quality index for classification of models. The corresponding algorithms use an optimum filtering of the output signals of the system on the basis of each candidate model. The error between the predicted output and this real value is used in the classification of models by computing the probability for each model. In the global control (u) synthesis the model probability Pr_j is used as weighted coeficient in the combination of basic control (u_j) of M models

$$u = \sum_{j=1}^{M} Pr_j \cdot u_j \qquad (5)$$

Interactions constraint satisfaction : The evolution of the coordinator model also determines the values of the interaction between the physical units. In the case of the two columns in series, the output of the first column as forecasted by the coordinator level determines the common desired interaction between the two units.

As the coordinator model is simplified, the tracking of the desired interactions by each local model does not always ensure the respect of those interactions in the local level.

Thereafter the adjacent decision centres cooperate in approaching the corresponding interaction variables so as to give the correct interaction. This cooperation in order to help the adjacent units leads naturally to an increase in the local cost and consequently to the suboptimality. A global policy could be envisaged for determining the contribution of each unit and to guide its cooperation. [9].

For the quadratic tracking local control (equ. (1) (2)) the control variable (u) realises input-output tracking of local objective variables (zi) and (zo) issued from coordinator model (equ. (4)). A part of the objective variables called (zw) and (zv) is tracked by interaction of systems termed (w) and (v)

For the input :   and for the output :

$$zi = \begin{bmatrix} zw \\ zi_e \end{bmatrix} \qquad\qquad zo = \begin{bmatrix} zv \\ zo_e \end{bmatrix}$$

$$u = \begin{bmatrix} w \\ u_e \end{bmatrix} \qquad\qquad y = \begin{bmatrix} v \\ y_e \end{bmatrix} \qquad (6)$$

The respect of interaction in terms of cooperation is achieved by a simultaneous modification of the objective variables (Δzw) tracked by the interaction input (w) of the downstream system and of the objective variable (Δzv) tracked by the interaction output (v) of the upstream system.

As an example of three systems (j, i, k) connected in series, the modification of the objective variables of the intermediate system is given as a function of difference between the proposed interaction by the adjacent systems (v_j) (w_k) :

$$
\begin{bmatrix} \Delta zw_i \\ \Delta zv_i \end{bmatrix} = M_i^{-1} \begin{bmatrix} F_{ji} & 0 \\ 0 & -(I-F_{ik}) \end{bmatrix} \begin{bmatrix} v_j(t) - w_i(t) \\ v_i(+1) - w_k(t+1) \end{bmatrix}
\tag{7}
$$

The expression for matrix M_i is given in [8] [9]. F represents the cooperation parameter between connected systems. Its value determines the contribution from each system to respect an interaction in the term of the increase of the local criterion value. Generally a global policy is proposed to determine a cooperation parameter, for example minimisation of the sum of the increases in the cost functions (1) resulting from the satisfaction of the interaction constraint [9].

Let us note that the modification of objective variables as given by equ. (7), induces the complementary therm in equ. (4) and consequently the modification of the control variables of the quantity (Δu) calculated similarly to equ. (3).

Correction : The local control law was calculated on the basic of a model of the physical unit. The errors in the modeling and other perturbations result in a deviation between the outputs of the local model and the physical unit. There are different manners of calculating the correction of this deviation. In our case, the reduction of the deviation can be realised by a corrective term added to the local control law.

The input - output tracking algorithm proposed earlier could also provide a satisfactory solution to this problem [18] [7].

A model of the process similar to the one used for the tracking control (equ. (2)) is used in the corrector and the corrective input is calculated from an equation similar to equ. (3). This corrective input is added to the basic control variable (u) provided by equ. (4). For computing (equ. (3)) the corrective input (u_c) we fix (zi_c) and (zo_c) as the input and output objective variables of the correction module.

The choice of the objective variables is a function of desired characteristics of a corrector. For the corrector which assures zero static error the objective variables are as follows :

$$zi_c(t) = u_c(t-1)$$
$$zo_c(t) = y_c(t) + (y(t) - y_p(t))$$

with u_c , y_c as corrector input and output respectively

    y output of local model

    y_p output of physical system.

In the practical application the respecting of constraints by the corrector may be achieved using the method presented in the preceding paragraph.

In Figure 5 we present the algorithmic structure of a decision centre for local control. It is made up of a tracking control and a corrector. Interaction constraints are respected on the inputs both for the local model and for the corrector. The presented algorithm is applied in the control of a distillation column which is part of a process pilot plant [19].

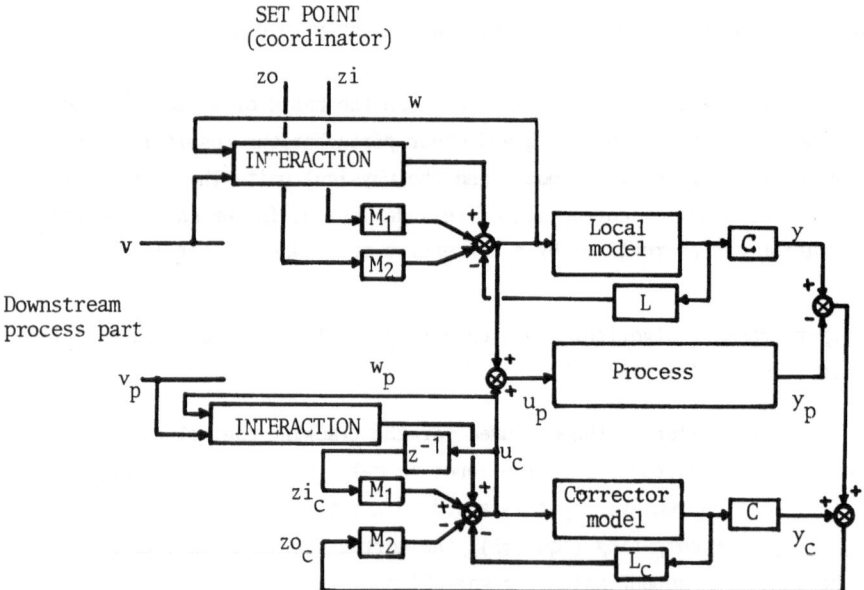

Fig. 5. Algorithm of the local control centre.

MULTICENTRE - MULTIPROCESSOR SYSTEM APPLICATION

Using experience obtained by the study of algorithms, a pilot process control system constituted as follows, was constructed.

<u>Instrumentation level</u> : It was necessary at this level to be able to assure the acquisition and processing of measures, and to achieve local controls of the type P.I.D. At this level we made use of the multiprocessor instrumentation and control system called SMIRE. This system includes a treatment processor, a processor of communication with the rest of the network and eventually an operator dialogue processor.

<u>Multivariable local control level</u> : In our case this level consisted of two decision centres ; Each centre possessing the functions of multivariable control as shown in the earlier paragraph. The internal architecture of the control centre consists, as may be necessary, of either one or a number of processors. The processing is carried out by a multiprocessor where multimodel control is applied. The particular ring architecture has been developed in our laboratory (CEMUTA).

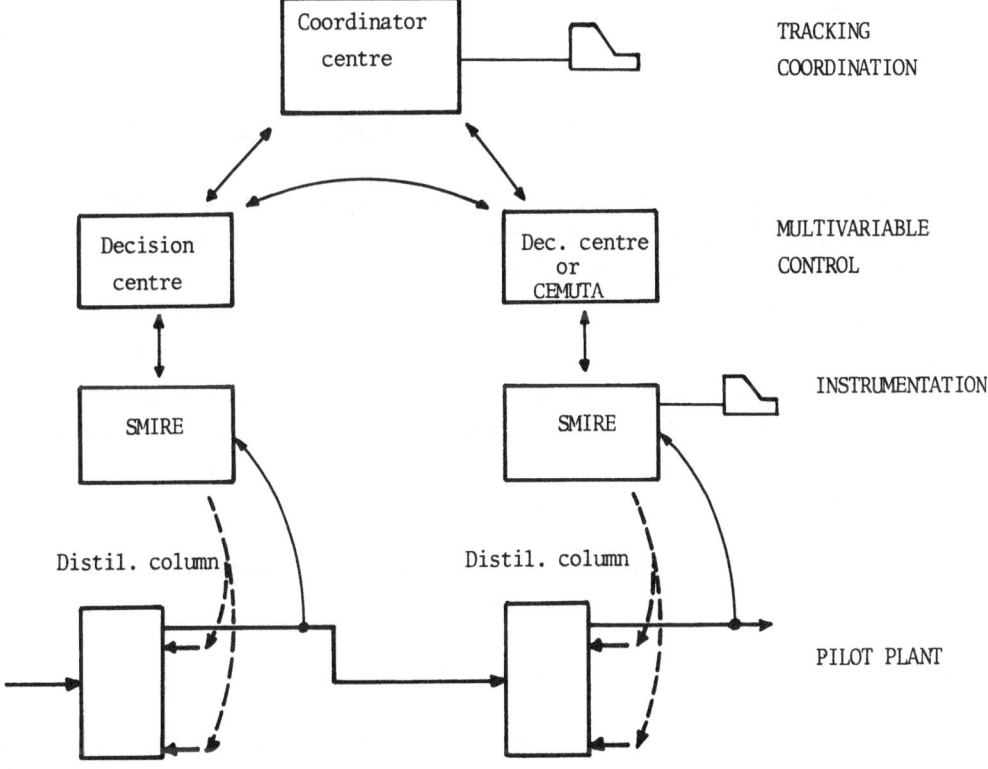

Fig. 6. Pilot process control system.

<u>Coordination level</u> : The unique decision centre inserted at this level will be similar to the local level control centres from the point of view of automatic and informatic functions. The equivalence of automatic functions is obtained by means of tracking coordination shown before. A global centre operator dialogue will be added to the decision centre network.

This will lead us on to the addition of the following structure to the pilot process.

<u>Communication</u> : Two communication systems with different specifications appear :

(a) An interior communication system at each decision centre in close proximity, of speedy operation in the multibus or ring type and in parallel. In effect the different internal processors at the centre work together to achieve the local functions which necessitate a flow and large speed changes. The processes undertaken by the various different internal processors can be redistributed in the case of any single malfunction.

(b) A long distance system of communication used in industrial environment relies on different decision and numerical instrumentation centres. This system of message communication has two forms and direct relationship or ring relationship are being studied.

<u>SOFTWARE FOR DECENTRALISED MULTIVARIABLE CONTROL</u>

Our experience [20] leads to the following observations on the use of microprocessors in the control of complex systems and on the methods which seem useful to employ if these ventures have to be successful. [21]

<u>Functional organization of control</u>.

The control system is composed of decision centres. If the quadratic optimisation part is calculated off-line by a mini computer and the real time part (i.e. the evolution of the model, the feedback loops, anticipation terms and correction terms) may be implanted on a microprocessor decision centre.

Thus each centre fulfils two functions : an environment dependant function and computation function based on a standard algorihm.

<u>The communication function</u> : has three principal roles. They are :

(a) Structuration of the algorithm by activation of specific computations. This helps modifying and real time restructuring of control algorithms distributed over different centres. This structuration itself is composed of acquisition of matrices necessary for the calculations, the dimensions of these matrices being dynamically determined. This role is fulfilled by communicating with the unit responsible for structuration of the control.

(b) With other centres of the same hierarchical level, the respecting of interactions is achieved. With a higher level, the objectives to be followed are obtained. Directives are transmitted to a lower level.

(c) Synchronisation, particularly detection of sampling impulses for triggering the computations.

These roles could be achieved depending on the implantation of the control. One could quote for example their triggering either by external interrupts or by request through input/output devices or by consulting dedicated memory words which would be positionned by special transparent devices.

The computation function : The algorithm utilised is a standard algorithm. As we have already suggested, the functions specific to each installation are activated by positioning pointers depending upon flags manipulated by the communications module.

We recall the three main parts of the computation :

(a) Evolution of the model and calculation of the control law by tracking of objectives defined by higher levels.

(b) Respecting of interaction with other centres of the same level, thus leading to constraints.

(c) Correction of directives to lower levels, using information provided by the lower levels.

Method of design of the software.

A modular concept should be adopted and dialogue protocols between the different modules should be defined precisely. At first sight, this conception could seem to bloat up programmes and an additional time and effort for the first debugging operations.

In our case we define these independant modules [22] [23] :

(a) communication with the environment,
(b) definition of the framework of standard control algorithms,
(c) matrix operators,
(d) arithmetic library.

We define thereafter, a protocol for the dialogue between these modules so as to render one module transparent to the other. Thus the modification of any module would not affect the others in any way. This feature is highly interesting in the case of microprocessors where the multitude of tools available render it difficult to transport software. This transportation is done in most of the cases by using passive memories containing a fixed module.

Floating point library : The control of complex systems necessitates floating point arithmetic. We used actually three arithmetic devices, two of which are programmed arithmetic (FPAL of INTEL and our FP.ATMI) [22] and the third being hardware (AM 9511). Each one of this is based on an different type of internal representation.

Matrix operators : Control calculations are a series of matrix operations. The constitution of a set of generalised independant matrix operations of a particular algorithm is necessary for the dynamic structuration of the control system and for its future evolution.

Similarly the independance of these operators with respect to the arithmetic device is ensured by the protocol of dialogue.

An example for two matrix operands and two dimensions :

operand 2 = < operator > operand 1.

The complete set of operators for the microprocessor (product, sum, difference, transfer, transposition, reset to zero, change of sign, identity matrix) occupies less than 1 k byte of memory. The matrices are arranged column by column in the memory, as in the case of FORTRAN.

The standard algorithm : It is constituted by a sequence of calls to matrix operators and to branching out to the communication module. We can thus achieve the functions necessary for most of the computations in control theory, as presented before. It is well understood that all the decision centres would not need all the functions ; Optional sequences are preceded by a word of flags (MODFLAG) whose bits are positionned by the structuration function of the communication module. For example, MODFLAG permits to tailor the algorithm for the coordinator centre, for a local centre or for an isolated centre, or permits to incorporate the corrector or not etc... With the microprocessor INTEL 8080, the algorithms in their most comprehensive form occupy 1k byte of memory. They take about 2 seconds for execution for each sampling step with a model of 4 states, 4 inputs and 4 outputs, (the communication time with the environment not included). The algorithm is presented on the Fig. 5.

The communication module : It is intended for the following three roles :

(a) Structuration of the standard algorithm by dialogue with the pole responsible for the structuration. i.e. positioning of the bits of MOD.

(b) Synchronisation of the centre : the routine ATTN helps recognise the synchronisation signals. (e.g. synchronisation bip of the real time clock).

(c) Reception and dispatch of information to other control centres.

SPECIALISED HARDWARE ARCHITECTURE

S M I R E
" *Système Multiprocesseur pour Instrumentation et REgulation* "

In order to make the use of microprocessors easier in connection with instrumentation, we have created the SMIRE system. This system is built up in the following ways [24] :

(a) Data processing processor
(b) Communication processor
(c) Operator dialogue processor.

Data processing : The role of this processor is to accept measures to constitute a data bank, to make the calculations relative to these data or the control algorithms and to guide the actuators according to operator requirements.

From a logical planning this processor undertakes : A programme-bank of standard processing functions upon measures, actions and regulation. Among other operations the calculation of square roots, linearisation, filtering can be obtained as necessary for different applications. This programme-bank can be finished off with specific processing of the processes to be used. Periodically a priority programme accepts measurements, the output to actuators and the request for processing activation. A monitor programme takes into account all these activities and carries out the linking of the processings which have been made.

Communication processor : Its task is to undertake and interpret supply messages from operators and the sending out of warning signals. Such messages allow :

(a) The definition of processing which we would like to see handled.

(b) The activation or suspension of a processing or the input and output of a variable acquisition.

(c) The visualisation of measures or the results of processing whether in periodic or continuous sequence.

(d) The modification of actions values, the set point of regulators and processing coefficients.

(e) Warning signals (eg : limits passed).

The linking between the processing and communication processors is carried out through a common memory in which it is possible to obtain all the information on the varia- bles to be used as well as the coefficients and results of the processing. These two processors will constitute an unit which will be decentralised on site. In order to have access to this unit, there are two means available : a numerical calculator and operator dialogue processor which can be situated in the control room. The linkings are numerical and in asynchronous series.

Structure : The "*processing-communication*" unit of the instrumentation system has been built up in modular and symetrical fashion (Fig. 7). This structure consist of two microcalculators. These microcalculators are capable in the case of individual breakdown of taking in band part of the work intended for the other. In the start of programming stage, one of the microcalculator becomes "*Processing and communication processor*". In the initial phases the processors undertake the peripheral parts ne- cessary for the required function. There is a watch-dog supervision to make sure that the processor is operating correctly and to make certain that the calculations have been properly effected.

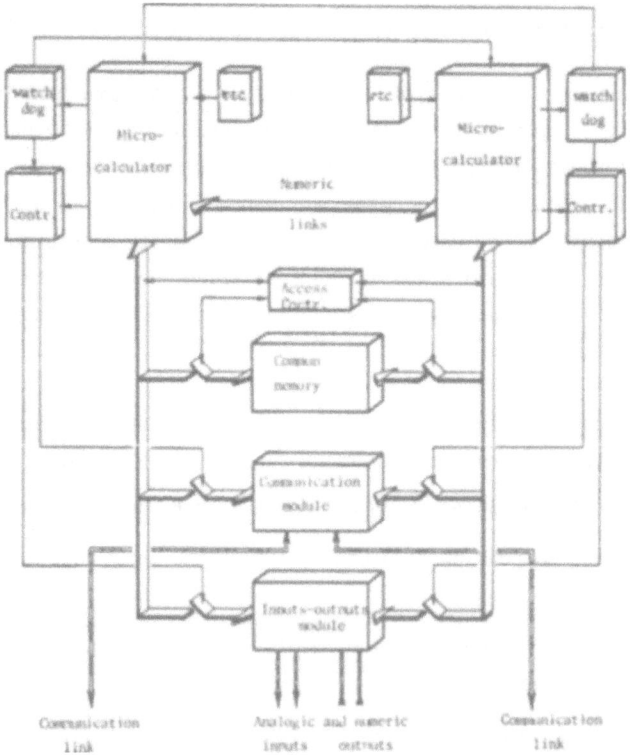

Fig. 7. S M I R E - Bi-processor system instrumentation.

Operator dialogue : An operator dialogue screen will allow an operator to communicate with one or a number of "processing-communication" units. The description of a sequence of processing or the definition of a regulation feedback requires a different training from that which is necessary for the utilisation of the results obtained. Two dialogues have been created to satisfy the needs of these two type of operators :

(a) *"Processing definition dialogue"* which is aimed at the specialist in instrumentation and the specialist in automatics. It allows both the description of linking treatments and control structures.

(b) An *"Exploitation dialogue"* allows the acquisition of results, the modification of some parameters, and it allows a representation of the process state and *"rescue"* sequences. It is the dialogue which is intended principally for *"procedure users"*.

C E M U T A

" CEntre MUltiprocesseur pour le Traitement en Automatique ")

The basic idea in developing the CEMUTA system has been to obtain a powerful and practical multiprocessor system for automatic control especially multi-model control with the least amount of software [25]

Hardware structure : Basic building blocks are processor-private memory pairs built from conventionnal microprocessors or specially designed modules. The communication between the different modules is done through First In First Out queues (FIFO) laid one behind another to form a ring (see Fig. 8).

At the junction of two FIFO, we have an observation window through which a module can emit or receive informations. The ring topology is becoming increasingly popular to-day for the design of distributed computer networks.

A hardwired administrating interface is associated with each module to ensure the following functions :

(a) Communication between processors.
(b) Transmission error control.
(c) Management of the ring at local level.
(d) Implementation of synchronisation and certain real time primitives by the use of associative memory and data control registers.

The proposed system takes into account certain technical details :

(a) The variables handled by the multivariable control algorithms are generally matrices or vectors with reduced dimensions.

(b) The physical proximity of processors permits information exchange in parallel mode.

(c) The structure has to be adaptible to both 8 bit and 16 bit microprocessor systems.

The hardwired interface permits us to reduce the delay buffer involved for transition at the local processor level and to increase the capacity of exchange through the ring.

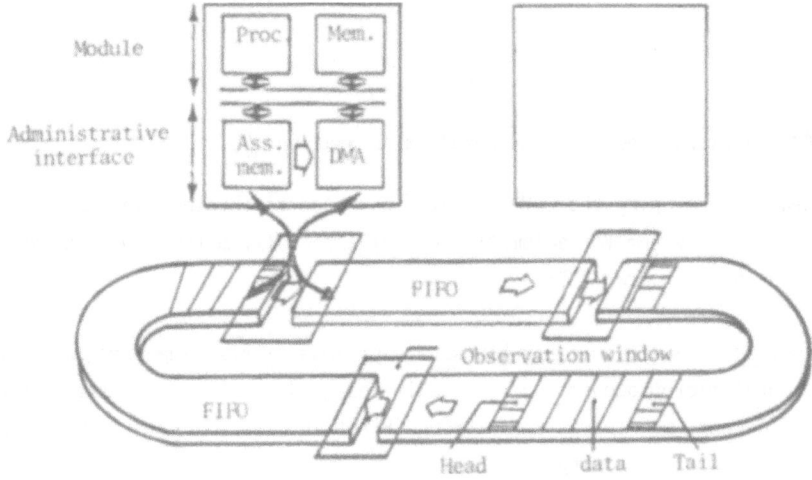

Fig. 8. CEMUTA - Multiprocessor hardware system.

Logical structure : The CEMUTA consists essentially of a set of interconnected modules. Automatic control functions are allocated in a static fashion to the different modules. It is evident that this strategy does not exploit fully the capabilities of the processors but permits to keep the volume of software within limits. It is a well known fact that the cost of software rises exponentially as the maximum performance of the processor is approached. Our choice also helps to maintain the homomorphism discussed earlier.

The communication between modules is made up of explicit messages with multiple unspecified destinations (broadcast mode). Each module transmits, at its own initiative, its results as soon as they are ready. Each address space being disjoint, data is referenced by names. In fact, the communication protocol can support three types of message mechanisms :

(a) Data in broadcast message mechanism, used at the level of the CEMUTA.

(b) Process to process message mechanism. The messages contain the labels of processes with no assumption at all about where the processes actually reside. It is chiefly used between the CEMUTA of the plant and the coordinator centre.

(c) Processor to processor message mechanism, used for program loading and reconfiguration and testing.

CEMUTA operation : The interface is addressed by the processor as a memory area. A set of registers is coupled to the associative memory where each line constitutes a status word. The associative memory contains a list of labels of input/output variables of the module as well as their lengths and addresses in the private memory. By analogy with programming languages the variable whose label is placed in the associative memory is similar to a variable which has been declared global in a program block. Only global variables declared in output can be accessed by the modules. Each of these global variables is declared once only in output in the whole of the interfaces.

Like in all ring systems, the messages circulate through the ring and pass under each observation window. The module interested in the label, receives into its private memory, by Direct Memory Access (DMA), a copy of the data which immediately follows the header. The data is recognized as valid for a module if its label matches with any one of the labels listed in the associative memory and declared in input and ready to receive it. The associative memory furnishes to the DMA mechanism, the complementary information which is the length and the address where the data must be stored in the private memory. If no errors are detected in the message, the ring interface changes the *"End of Message"* code in the tail in to *"Acknowledgement"* code if it is not yet changed by an up-stream interface. If errors are detected, *"End of Message"* code is changed in to *"Error"* code. If the module is not ready to receive the dedicated data, the ring interface changes it in to *"Incomplete Acknowledgement"* code and sets a dedicated flag in the *"Availability"* register to indicate to the module that data is available. A read command message must be emitted when the module needs this data.

In a broadcast mode, the message is removed from the ring after one complete turn. In the other cases it is removed by the destination with just letting the tail to continue around the ring with its operation code changed.

A message for requesting a read is made up of a header. If the dedicated data *"Access"* flag is set, the data required is inserted automatically behind this header after modification of its operation code.

To send a message, the processor puts the message header on a register of the interface. Having done that, the processor then relinquishes control. The interface inter-
prets this header as a command message which passes under its observation window.
The interface then, in direct memory access, extracts the words of data and inserts
it on the ring behind the header. The processor inserts parameters of transmission
and beginning address where the message is located in memory, into two specified registers. After completion of data transmission, the interface inserts the tail behind the data to delimit the message.

The mechanism adopted has permited us to standardize the message handling mechanism.
It also lets us by pass the transmission of the message onto the subnet for processes
which could exist in the same host, in process of communication.

CONCLUSION

In the proceding paragraphs, we have demonstrated an approach to the automation of
complex processes. This has resulted in a cooperative organization of the control
system, partitioned between several levels. This system satisfies the objectives that
we have fixed, namely the possibility of decentralisation of the computer support and
the progressive realisation. On the other hand, it is worth noting the homogenity of
the methods used.

The tracking method, a version of quadratic optimisation rests on the knowledge of the
system through its model and on the definition of the criterion. Since there is no model which can replace the real one, and since the form of the criterion is not well
adapted to a physical justification, we guard the optimality notion only for the development of the basic algorithms. The criterion used is to examine the distance of the
model with respect to its objective variables. We then adopt these algorithms to so-
lue the problem posed, which leads us to use it in situations which do not always satisfy the optimality hypothesis. In this manner, the solution of the coordinator is
optimal with regard to its model. But as this model is simplified, this solution will
be modified in the local level and at the corrector level. The amelioration of the
behaviour of the ensemble results in the modification of the coordinator behaviour
as a function of the results obtained and the process evolution.

The progressive implantation of control systems has lead us to define an organization
consisting of a network of decision centres. The realisation of these centres based
on microprocessors requires certain transformations of the algorithms and the software. The practical constraints posed by microprocessors implie certain simplification of the algorithms. Thus, modularity of algorithms is necessary for facilitating
interchange of the basic elements of the microprocessor. The decision centre algorithms

having been tested in advance on a real life process, have proved to be robust and efficient. Similar tests on microprocessors have been satisfactory in as much as execution time and memory requirement are concerned. It must be noted that the software developed by us has a modular structure and can be easily used for constructing other control algorithms.

In this context we have studied the synthesis of a multiprocessor centre. Two structures have been proposed.

The first one is a bi-processor with a part of common memory. The application in the industrial instrumentation presents good results.

The second solution is a multiprocessor with an asynchronous ring communication system. Its first application in the multimodel control leads us to the conclusion that the system obtained has become a powerful and practical operation for automatic control with the least amount of software.

REFERENCES

1. Mesarovic, M.D. ; Macko, D. ; Takahara, Y. : *Theory of Hierarchical Multi-level Systems*. Academic Press - New York 1970.

2. Aoki, M. : *Some iterative schemes for decentralized dynamic system control*. Proceeding of 5th Congress IFAC, Paris 1972. ISA Pittsburg, Part. 3, pap. 30.2.

3. Titli, A. et al. : *Analyse et commande des systèmes complexes*. Cepadues Editions 1969.

4. Siljak, D. ; Sundareshan, M.K. : *A multilevel optimisation of large scale dynamic systems*. I.E.E.E. Trans. Autom. Control, vol. AC-21, 79-84. 1976.

5. Sandell, N.R. ; Varaiya, P. ; Athans, M. : *A survey of decentralized control methods for large scale systems*. I.E.E.E. Trans. Autom. Control, vol. AC-23, 108-128. 1978.

6. Binder, Z. : *Sur l'optimisation et la conduite des systèmes complexes*. Thèse Docteur-es-Sciences, Grenoble. 1977.

7. Rey, D. : *Sur la commande décentralisée coordonnée, application à un procédé pilote de distillation*. Thèse Docteur-Ingénieur, Grenoble. 1978.

8. Hagras, A.N. : *Commande décentralisée coopérative des systèmes dynamiques interconnectés*. Thèse Docteur-Ingénieur, Grenoble. 1979.

9. Hagras, A.N. ; Binder, Z. : *Three level cooperative decentralized control for interconnected dynamic systems*. Preprints of I.F.A.C. Symposium "Large Scale Systems" Toulouse - 1980 . Pergamon Press, pp. 149-156.

10. Binder, Z. ; Badr, O. ; Perret, R. : *Tracking approach to the control problems*. Preprints of IFAC Congr., Boston 1975. IFAC/ISA Pits 75. Part. 1C-37. 3 p. 1-10.

11. Binder, Z. ; Perret, R. : *Synthesis of complex objects as an integrated system*. KLIR(ed) : Appl. Gen. Syst. Research. (Plenum Press - N.Y. 1978, pp.471-485).

12. Barraud, A. : *Réalisation minimale et approximation optimale des systèmes dynamiques linéaires invariants*. Thèse Docteur-es-Sciences, Nantes. 1975.

13. Binder, Z. ; Commault, C. : *Une revue des méthodes de simplification de modèles dynamiques linéaires invariants*.RAIRO Aut. vol.12, n°3, p. 199-219. 1978.

14. Binder, Z.; Janex, A.; Monnier, B.; Rey, D. : *Coordonated decentralized control of the complex pilot plant*. Dig. Comp. Appl. LEMKE(ed).North Holland 77,A1-4 pp.149-157.

15 Lainiotis, D.G. : *Partitionning : a unifying framework for adaptive system, estimation,control*. Proceedings of the I.E.E.E., vol. 64, n°8. 1976.

16 Monnier, B. : *Contributions à la commande d'une classe de procédés dynamiques industriels dans de grands domaine de fonctionnement*. Thèse Doct.Ing. Grenoble, 1977.

17. Jawhari, S. : *Sur la commande stochastique adaptative multi-modèles*. Thèse Docteur en Automatique, Grenoble, 1979.

18. Badr, O.; Binder, Z.; Rey, D. : *Contrainte et correction par la technique de poursuite*. Congrès A.F.C.E.T. Toulouse, 1975, (AFCET p. 357-371.

19. Rey, D.; Franco, A.; Binder, Z. : *Generalised tracking algorithm for the multivariable control of industrial process*. IFAC/IFIP Symposium SOCOCO 79 - Prague - 1979.

20. Deschizeaux, P.; Binder, Z. : *"Spécification des structures multi-microprocesseurs pour la conduite des procédés*. Proc. of Symp.MIMI 75-Zurich.1975(ACTA PRESS-Calgary 1975, p.167-171).

21. Deschizeaux, P.; Ladet, P. : *Links definition and management in structuration of real time applications*. IFAC/IFIP Workshop on Real Time Programing, Eindoven 1977.

22. Eynard, J.P. : *Réalisation d'outils logiciels pour la mise en oeuvre de microproces. dans la conduite automat. de procédé complex*.Mémoire ing. CNAM, CUEFA Grenoble, 1979.

23. Barrero, L.; Binder, Z.; Eynard, J.P.; Rey, D. : *A microprocessor controller for decentralised hierarchical control*. IFAC/IFIP Symp. SOCOCO 79. Prague. 1979.

24. Acquadro, J.P. : *SMIRE - Système multiprocesseur pour l'instrumentation et la régulation*. Thèse I.N.P.G. 1980.

25. Olaiwan, Z. : *Système multimicroprocesseur pour la commande automatique*. Thèse Docteur-Ingénieur, Grenoble, 1979.

KONZEPTION VON MIKROPROZESSOR-INTEGRIERTEN AUTOMATISIERUNGSSYSTEMEN
UND IHRE ANWENDERFREUNDLICHE STRUKTURIERUNG UND PARAMETRIERUNG

CONCEPTION OF MICROPROCESSOR-INTEGRATED AUTOMATION SYSTEMS AND THEIR
USER-ORIENTED STRUCTURING AND VALUE SETTING

N. Korn   W. Sowada, H.-W. Weitzel
Hartmann & Braun AG   AEG-TELEFUNKEN
Meß- und Regeltechnik   Energie- und Industrietechnik AG
Frankfurt   Seligenstadt

Summary: On the basis of an analysis of the requirement to automation
equipment and making use of those means given by microprocessors,
automation structures with distributed intelligence were developed.
The design of those automation systems is shown by two examples for
industrial plant engineering resp. process engineering. Emphasis is
laid upon demonstrating the capabilities of those systems with respect
to simple planning, assembly, and processing.

1. Einleitung

Prozesse realisieren sich häufig in miteinander vernetzten Teilanlagen,
die topografisch konzentriert oder verteilt aufgebaut sind. Ihre Automatisierung begann daher mit punktuellen Teillösungen, d. h. es wurden
einzeloptimierte Geräte und Teilsysteme eingesetzt. Die zur Lösung
einer Automatisierungsaufgabe notwendige Kombination von analogen Reglern bzw. Regelsystemen mit verdrahtungs- oder speicherprogrammierten
Steuereinrichtungen, zentralen Überwachungs- und Bedieneinheiten führte
zu Schnittstellenproblemen, die sich einerseits im Aufwand für Planung
und Errichtung niederschlugen, zum anderen auch mitunter Funktionsein-
schränkungen sowie Änderungs- und Serviceprobleme zur Folge hatten.

Der Versuch, durch den Einsatz von Prozeßrechnern alle Aufgaben in
einer zentralen Gesamtlösung zu integrieren, brachte das Problem sehr
umfangreicher Systemanalysen und komplexer, anwendungsorientierter Programmierung mit sich, was den Einsatz teurer und häufig nicht verfüg-
barer Software-Spezialisten erforderlich machte.

Die Einführung der Mikroprozessoren ermöglichte schließlich die Aufteilung der Aufgaben. Man kommt damit zu netzartigen Automatisierungsstrukturen, die sich aus standardisierten Grundeinheiten der jeweiligen

Aufgabe angepaßt aufbauen lassen. Aus der funktionalen Analyse dieser Strukturen können die Anforderungsprofile für die Automatisierungseinrichtungen abgeleitet werden.

2. Anforderungen an moderne Automatisierungssysteme (Bild 1)

2.1 Anforderungen bedingt durch primäre Automatikfunktionen

Die primären Automatikfunktionen werden realisiert durch die Techniken des Steuerns, Regelns, Überwachens. Die Aufgaben, Sollverhalten zu erzielen und Abweichungen zu erkennen, sind unter Anwendung von Verfahren zur Messung, Datenverarbeitung, Optimierung, Adaptierung zu lösen. Dabei sind bestimmte Randbedingungen wie Zeitverhalten, Umgebungsbedingungen, Zuverlässigkeitsforderungen, Kosten zu berücksichtigen.

Bisher hatten die unterschiedlichen Techniken ihre speziellen Systeme (Steuerungs-, Regelungs-, Überwachungssysteme). Hier vollzieht sich ein Wandel. Durch die Möglichkeiten der Mikroprozessortechnik können die Automatisierungseinrichtungen stärker auf die technologischen Aufgabenstellungen ausgerichtet werden. Hierbei darf jedoch nicht übersehen werden, daß diese Ausrichtung nur durchführbar ist, wenn der zu treibende Aufwand wirtschaftlich vertretbar ist. Daraus ergibt sich die Forderung nach Automatisierungsstandards für technologische Teilprozesse einerseits und nach einer Vorkonfektionierung der Automatisierungsmittel andererseits, um die Anforderung an vielseitig konfigurierbare Systeme bezüglich Leistungsstaffelung und peripherer Anpassung in vertretbaren Grenzen zu halten.

Neben diesen Forderungen nach technologischen Automatisierungsstandards bleibt die Notwendigkeit bestehen, Automatisierungssysteme einzusetzen, die technisch und funktional exakte Problemlösungen gestatten. Gründe hierfür können vor allem Qualitäts- und Zuverlässigkeitsgesichtspunkte sein.

2.2 Anforderungen abgeleitet aus dem Erstellungsvorgang von Automatisierungseinrichtungen

Das Erstellen umfaßt Problemanalyse, Lösungsentwurf, Planung, Projektierung, Programmierung oder Konfigurierung, Fertigung, Montage, Inbetriebnahme und Service.

Bisher standen für diese Tätigkeiten entsprechende Techniken und Hilfsmittel zur Verfügung (Analyse- und Programmiertechniken, Beschreibungsmethoden, Datenblätter), die vorzugsweise manuell angewendet wurden.

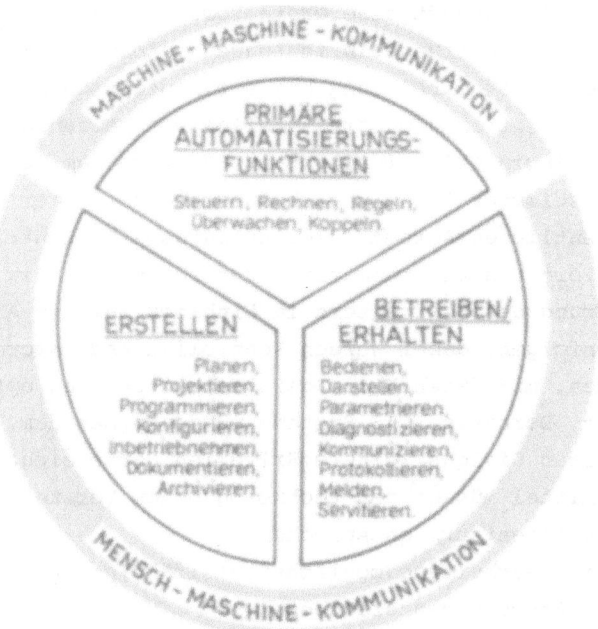

Bild 1. Anforderungen an Automatisierungseinrichtungen.

Die Leistungen des Projektierers bestanden darin, sowohl Arbeitstechniken bei der Aufgabenbewältigung zu entwickeln, zu erlernen und anzuwenden, als auch die sog. primären Aufgabenstellungen zu lösen. In nur wenigen Fällen existierten Vorgaben über Arbeitsmethoden /1/; auch hier vollzieht sich ein Wandel. Das breite Angebot leistungsfähiger Mikrocomputer-Terminals schafft eine erste Voraussetzung, den Erstellungsvorgang für Automatisierungseinrichtungen selbst stärker zu automatisieren. Eine wesentliche Leistung bei der Konzeption moderner Automatisierungssysteme liegt in dem Bereitstellen von Verfahren für das sog. Computer-Aided-Engineering (CAE). Beim CAE wird dem Bearbeiter die Beherrschung bestimmter Techniken abgenommen, so daß er sich auf die Lösung der eigentlichen Automatisierungsaufgabe konzentrieren kann. Dies geschieht in Form von programmierten Unterweisungen bzw. einer systematischen Führung des Bearbeiters im Hinblick auf die Abarbeitung bestimmter Aufgabenfolgen; dabei werden Kontrollen und Informationstechniken einbezogen, mit deren Hilfe der Bearbeitungsweg optimal gestaltet werden kann. Derartige CAE-Systeme müssen neben dem Prinzip des maschinengeführten Dialogs weitere Kriterien berücksichtigen:
- Die Darstellungsmittel müssen der technologischen Vorstellungswelt des Projektierungsingenieurs entsprechen.
- Das System muß die Bearbeitung möglichst vielfältiger Automatisierungsaufgaben und Prozeßtypen erlauben.
- Es sollte eine klare Trennung in realisierungsmittelfreie und -bezogene Bearbeitungsstufen vorhanden sein.
- Eine sog. top-down-Bearbeitung, die die Abstraktionsebenen von der Grobstruktur bis zur letzten Verfeinerung gleichartig und mit gleicher Eignung umfaßt, muß möglich sein. Hierzu gehören auch die Aufteilung, Zusammenfassung und Neuordnung von Automatisierungsfunktionen.
- Funktionskontrollen zum möglichst rechtzeitigen Erkennen von Entwurfsfehlern sowie Echtzeittestmöglichkeiten in Verbindung mit dem jeweiligen Automatisierungssystem sind vorzusehen.

Die Erarbeitung von Hilfsmitteln für das CAE wird kurz- bis mittelfristig wesentlich zur Wirtschaftlichkeit bei der Erstellung von Automatisierungssystemen beitragen, da die Bearbeitungskosten von der Planung bis zur Inbetriebnahme ca. das 1 1/2fache der Hardwarekosten für Automatisierungseinrichtungen betragen. Wichtige Voraussetzungen für eine derartige Vorgehensweise sind geschaffen, wie noch am Beispiel modularer Systeme (hard- und softwaremäßig) und der damit implizierten Schnittstellen zu zeigen sein wird.

2.3 Anforderungen hinsichtlich des Betreibens von Automatisierungs-einrichtungen

Das Betreiben von automatisierten Anlagen erfolgt durch den Operateur, für den aufgrund seiner technologisch ausgerichteten Aufgabenstellung die Automatisierungeinrichtung ein Hilfsmittel ist, auf deren störungs-freien Betrieb er angewiesen ist. Sein Aktionsbereich ist der techno-logische Prozeß. Seine Aufgaben sind demzufolge

- das Fahren des Prozesses mit den technologisch bedingten Eingriffen
  (Parameter-, Last-, Strukturänderungen),
- das Überwachen des Prozesses, um Abweichungen vom Sollgeschehen zu
  beurteilen,
- das Eingreifen im Störungsfall, um Ausweitungen zu verhindern,
- das Klären der Störungsursache, um ihre Behebung zu veranlassen.

Aus diesen Aufgaben sind die Anforderungen an die Mittel und Methoden der Betriebsführung abzuleiten.

Diese Mittel und Methoden waren bisher überwiegend individuell dem Prozeßgeschehen zugeordnete Anzeige- und Bedienteile mit entsprechen-der Handhabung. Durch den Einsatz von Videosichtgeräten lassen sich diese Aufgaben effektiver lösen. Die Funktionszuweisung wird durch die o. a. Aufgabengliederung bestimmt, so daß eine ausreichende Abgrenzung und definierte Aufgabenstellung für die jeweiligen Aktionen gegeben ist. Hinzu kommt noch die Berücksichtigung einer Reihe anthropotech-nischer Gesichtspunkte /2/. Wichtigstes Kriterium ist dabei die Mög-lichkeit der geführten Operation (computer-aided-operating, CAO); dies gilt besonders für den Störungsfall. Besonders zu beachten ist, daß es hier um Methoden geht, die es dem Techniker gestatten, sein sog. CAO-System im maschinengeführten Dialog technologieorientiert mit Hilfe einer geeigneten Fachsprache zu programmieren bzw. zu konfigu-rieren. Diese Forderung erhält ihre Bedeutung auch dadurch, daß z. B. die speziellen Verfahrenstechnologien die grundlegenden und daher sehr vertraulich behandelten Know-how-Elemente eines Unternehmens sind.

3. Folgerungen für die Konzeption eines Automatisierungssystems

Betrachtet man die Anforderungen, die bei der Beurteilung von Automa-tisierungssystemen zu berücksichtigen sind, so werden bei den beiden letztgenannten - Methoden des Erstellens und Methoden des Betreibens - sicherlich in naher Zukunft die wichtigsten Veränderungen bzw. Weiter-entwicklungen zu erwarten sein.

Für die Konzeption eines modernen Automatisierungssystems sind die
klassischen Beurteilungskriterien

- technische Eigenschaften
- Zuverlässigkeit
- Kosten

im Hinblick auf die drei genannten Kategorien

- primäre Automatisierungsfunktionen (Wirken)
- Erstellen (Fügen)
- Betreiben/Erhalten (Leiten)

zu sehen.

Zusätzlich sind Maßnahmen zu treffen, um innovationsbedingte Anpassungen vornehmen zu können. Die Möglichkeit, Innovationen (Weiterentwicklung des Standes der Technik) in geeigneter Weise berücksichtigen zu
können, ist insbesondere für Systeme mit größerer Anwendungsbreite
wichtig, da ihre Entwicklung entsprechend aufwendig und der Einsatz
solcher Systeme auch für den Anwender mit Investitionsaufwand (Pro-
grammierungs-, Projektierungsplätze) verbunden ist. So darf z. B. die
Notwendigkeit, einen neuen leistungsfähigeren Mikroprozessortyp zu
integrieren, der nicht softwarekompatibel zu den bereits vorhandenen
ist, nicht zu wirtschaftlich unvertretbarem Änderungsaufwand führen.
Oder es muß z. B. möglich sein, Software, die für die Programmierung
und Projektierung im Rahmen des CAE-Systems erstellt wurde, auch mit
vertretbarem Anpassungsaufwand auf unterschiedlichen (weil z. B. beim
Anwender vorhandenen) Mikrocomputer- oder DV-Systemen laufen zu lassen.

Um die hier angesprochenen Anforderungen bezüglich ihrer Realisierbarkeit zu veranschaulichen, wird auf ausgeführte Automatisierungssysteme
Bezug genommen.

Schwerpunkte der Konzeption dieser Systeme sind

- Modularer Aufbau bei deutlicher Ausprägung von Standardkonfigurationen
- Konsequente Anwendung von Schnittstellen im Hard- und Softwarebereich
- Wirkungsblockorientierte Programmierweise einschließlich anwendungs-
  orientierter Entwurfshilfen
- Portabilität der Projektierungs-/Programmierungs-(CAE)Software
- Handhabung, die sich an der prozeßtechnologischen Vorstellungswelt
  der Ingenieure orientiert
- Standardisierung von Handhabungsfunktionen bei maschinengeführtem
  Dialog
- Verteilung der Automatik- und Bedienfunktion auf Mehrprozessorzu-
  ordnungen

Wichtigste Voraussetzung für Mehrprozessoranordnungen sind leistungsfähige Bus-Systeme. Im Bereich der Bus-Systeme ist eine gewisse Stabilisierung - leider noch nicht Standardisierung oder gar Normung - zu
verzeichnen. Erkennbar sind im wesentlichen 3 Bus-Kategorien:
- parallele Mikroprozessor-Busse für geräteinterne Verbindungen bis zu
  ca. 1 m Länge. Hier kommen aufgrund der großen Verbreitung spez. Mikroprozessoren deren entsprechende Bus-Standards zur Anwendung,
- parallele E/A-Busse für systeminterne Anwendungen bis zu ca. 10 m
  Länge. Hier wird vorwiegend mit firmen- bzw. systemspezifischen Festlegungen gearbeitet,
- serielle Busse für Entfernungen bis in den Kilometer-Bereich. Hier
  ist insbesondere der PDV-Bus[1] zu nennen.

4. Beispiele für realisierte Automatisierungssysteme

An Beispielen von realisierten Automatisierungssystemen, die viele
Teilaspekte der drei angesprochenen Anforderungsgruppen befriedigen,
werden die Möglichkeiten bezüglich der Automatisierungsfunktionen, der
Verminderung des Planungs-, Erstellungs- und Änderungsaufwands und der
Vereinfachung der Prozeßführung erläutert.

4.1 Automatisierungssystem für den Anwendungsschwerpunkt Industrie-technik

(W. Sowada, H.-W. Weitzel)

Das Automatisierungssystem (Bild 2a, b) ist gekennzeichnet durch ingenieurmäßige Anwendungsorientierung und bietet somit die Voraussetzungen
für einen wirtschaftlichen Einsatz im industriellen Bereich. Es unterscheidet sich damit von den sog. universellen Mikroprozessorsystemen.

Steuer- und Regelsystem

Die Verwirklichung der Forderung nach anwendungsgerechter Gestaltung
wird beim mechanischen Aufbau besonders deutlich. Die herkömmliche sog.
elektronische Bauweise tritt nicht mehr so sehr in Erscheinung; es do-
miniert die anschlußfertige Einheit, bei der Anschluß-, Bedien- und
Sichtelemente von vorne zugänglich sind. Das gilt sowohl für die Steuer-
und Regelgeräte mit geringem Leistungsumfang (sog. low-end), als auch
für Modularsysteme komplexer Konfigurationen.

---

1) PDV: Ein vom Bundesministerium für Forschung und Technologie (BMFT)
   gefördertes Forschungsvorhaben "Prozeßlenkung mit Datenverarbeitungs-
   anlagen". Die Normung des sog. PDV-Bus steht bevor.

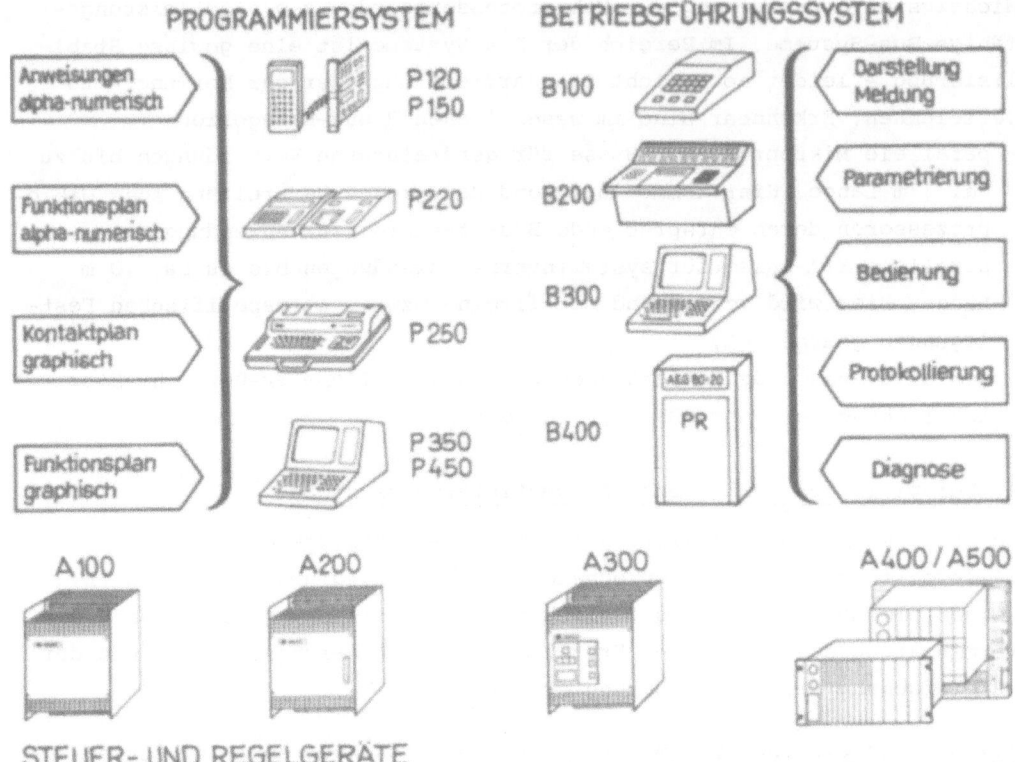

Bild 2a. Funktionsgliederung des integrierten Automatisierungssystems Logistat CP 80.

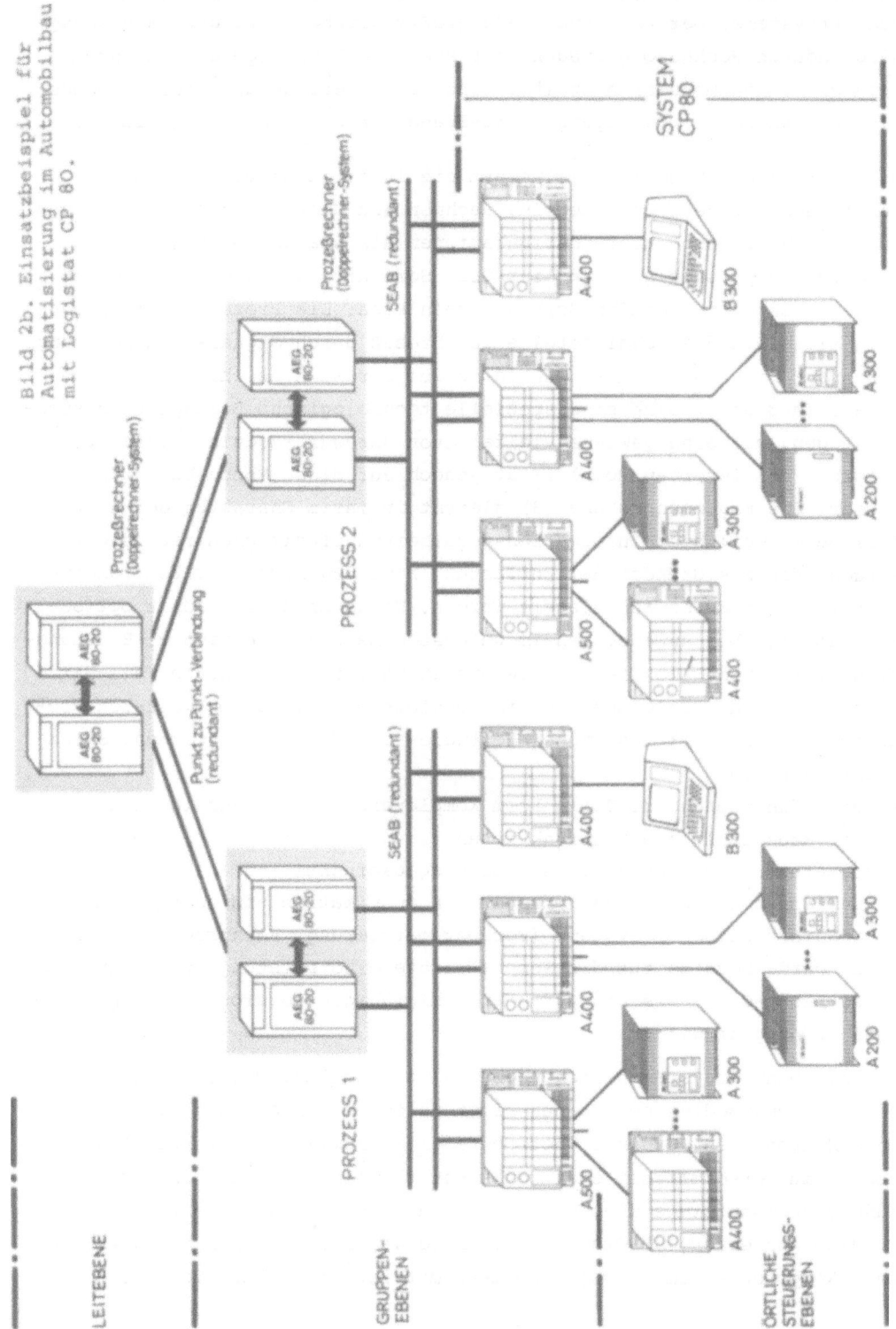

Bild 2b. Einsatzbeispiel für Automatisierung im Automobilbau mit Logistat CP 80.

Das zu betrachtende System zeigt eine Gliederung in Kompaktgeräte und Modularsysteme. Der Forderung nach größtmöglicher Anwendungsanpassung wird dadurch Rechnung getragen, daß auch die Kompaktgeräte in ihrem inneren Aufbau modular gestaltet sind. Zu unterscheiden sind 3 Ebenen: Zentralteilebene, Prozeßperipherie-Ebene, Ergänzungsebene (Bild 3).

Die Zentralteilebene (1) realisiert die informationsverarbeitenden Funktionen (Steuern bzw. Regeln, Rechnen und Überwachen) mit Hilfe von speziellen Mikrocomputer-Konfigurationen als Standard-Hardware. Die Anwendungsanpassung erfolgt hier über Software, die sowohl residente System- als auch Anwender-Software sein kann. Die Prozeßperipherieebene (2) realisiert die Schnittstelle zum Prozeß durch Signal- und Leistungs- anpassung bis hin zur Anschlußklemme zum direkten Anschluß der Prozeß- kabel. In dieser Ebene sind spezielle technologische Belange zu berück- sichtigen, was eine gewisse Vielfalt von Hardware-Moduln erfordert, die aufgrund der internen Modularität jedoch auf diese Ebene beschränkt bleibt. Die Ergänzungsebene (3) gleicht in ihrem Charakter der Zentral- teilebene, weil hier Informationsverarbeitungsfunktionen realisiert werden, die aus Gründen der Entlastung bzw. Ergänzung der Zentralein- heit in diese Ebene ausgelagert werden. Diese Ebene ist somit optional und entfällt bei Anwendungen im untersten Leistungsbereich z. B. Stand- Alone-Versionen. Die Ergänzungsebene enthält im einfachsten Fall Hard- ware-Zeit- und -Zähleinheiten, im komplexeren Fall einen weiteren Pro- zessor, dessen Funktionen über Software-Moduln variiert werden. Solche Funktionen sind:
- Sonderfunktionen, z. B. in Form komplexerer Steuerungsalgorithmen oder auch Zähl- und Zeitfunktionen
- prozeßbezogene Überwachungs- und Diagnosefunktionen
- Funktionen für die Mensch-Maschine-Kommunikation und/oder den Auf- bau hierarchischer Systeme (Fernparametrierung, Fernprogrammierung).
Somit wurde bereits für die Kompaktgeräte eine Leistungsstaffelung vom Stand-Alone-Gerät bis hin zur hierarchiefähigen Version in Zweiprozes- soranordnung erreicht.

Bei den Modularsystemen stehen ebenfalls anschlußfertige Einheiten mit Anschluß und Bedienung von nur einer Seite im Vordergrund. Die Hard- ware-Komponenten wurden im betrachteten Beispiel so gestaltet, daß sie sowohl in herkömmlicher elektronischer Bauweise als auch in der sog. Wandmontagebauform einsetzbar sind. Eine Wandmontageeinheit besteht im Prinzip aus einer 19"-Grundplatte (Bild 4). Für die Aufnahme der Hard- ware-Komponenten im Doppel-Europa-Format ist ein Rahmen vorgesehen,

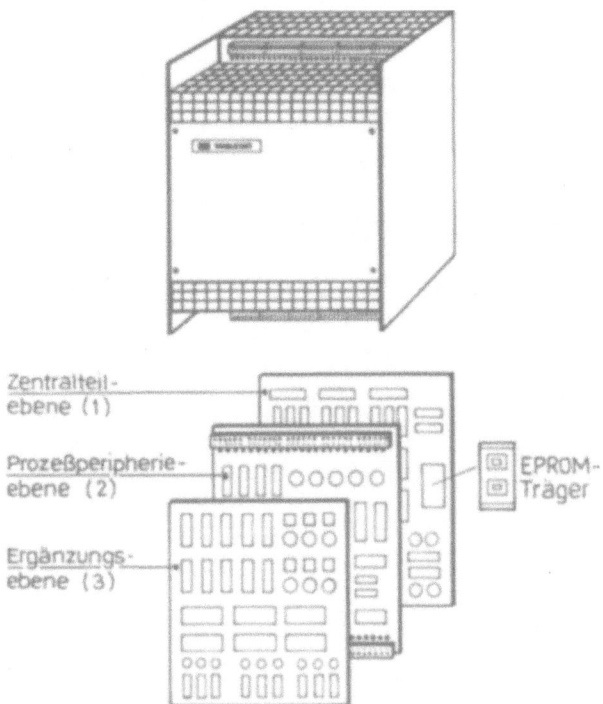

Bild 3. Modularer Aufbau bei Kompaktgeräten.

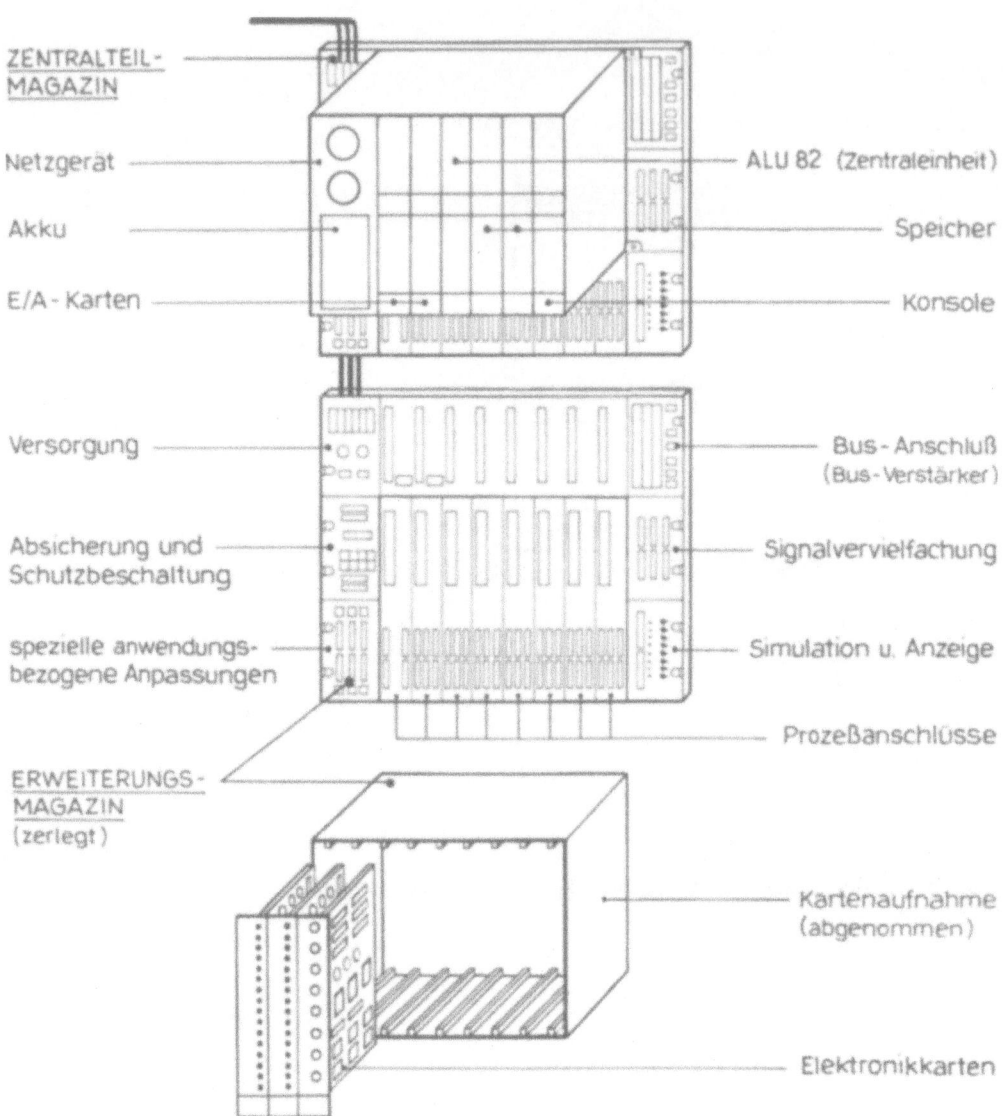

ZENTRALTEIL-
MAGAZIN

Netzgerät ——————————————————— ALU 82 (Zentraleinheit)

Akku ————————————————————————— Speicher

E/A - Karten ————————————————————— Konsole

Versorgung ——————————————————— Bus - Anschluß
(Bus-Verstärker)

Absicherung und ————————————— Signalvervielfachung
Schutzbeschaltung

spezielle anwendungs- ————————— Simulation u. Anzeige
bezogene Anpassungen

————————————————————————— Prozeßanschlüsse

ERWEITERUNGS-
MAGAZIN
(zerlegt)

————————————————————————— Kartenaufnahme
(abgenommen)

————————————————————————— Elektronikkarten

Bild 4. Mechanischer Aufbau mit direktem Prozeßkabelanschluß für
Modularsysteme.

der nach der Installation (Prozeßverdrahtung) der Einheit auf diese
aufgehängt und mit Steckkarten bestückt wird. Unmittelbar unterhalb
der Kartensteckplätze befinden sich von vorne zugänglich die Anschlußpunkte für die Prozeßverdrahtung (z. B. Faston-Steckverbinder 2,8 x
0,8/6,3 x 0,8). Seitlich sind Module für die Signalvervielfachung,
Simulation und Anzeige, Sicherungen und Schutzbeschaltung sowie Span-
nungsversorgung und Bus-Standard-Verkabelung angeordnet. Darüber hinaus
existieren Freiplätze für die evtl. Unterbringung individueller an-
wendungsbezogener Moduln. Die Busverdrahtung einschließlich der bei
Großausbauten erforderlichen Busverstärker sind in die Grundeinheit
integriert, jedoch leicht auswechselbar.

Neben dem Trend zur Anpassung des mechanischen Aufbaus an industrielle
Vor-Ort-Bedingungen, geht die Weiterentwicklung in struktureller Hinsicht - wie bei den Kompaktgeräten bereits dargelegt - zur Anwendung
von Mehrprozessoranordnungen.

Aus dem hier betrachteten Automatisierungssystem wurde ein Beispiel
gewählt, bei welchem die beiden vorgenannten Kategorien (Mikroprozessor-
Bus und paralleler EA-Bus) benutzt werden (Bild 5). Über den seriellen
Bus oder über Punkt-zu-Punkt-Verbindung ist der Aufbau von Automatisie-
rungsnetzen möglich.

Im dargestellten Beispiel sind folgende Arten von Prozessoranwendungen
zu unterscheiden (Bild 5):
- Zentralprozessor (1) mit passiven EA-Komponenten. Zu beachten ist,
  daß hiermit bereits ein vollständiges System vorliegt, welches hier-
  archiefähig ist.
Die nachfolgend genannten Prozessoren dienen ausschließlich der Leistungssteigerung des Systems, sind also prinzipiell nicht immer notwendig.
- Abgesetzte Prozessoren (2), die als aktive bzw. intelligente EA-Bus-
  Teilnehmer anzusprechen sind. Sie erfüllen selbständig bestimmte ausgelagerte Automatisierungsfunktionen und stehen mit dem Zentralprozessor (1) zum Zweck des Datenaustauschs für Parametrierung und Struk-
  turierung in Verbindung. Sie verfügen über eigene EA-Komponenten.
Die Prozessortypen (1) und (2) sind freiprogrammierbar im Sinne der in
Abschnitt 2.2 behandelten Programmiermethoden.
- Kommunikationsprozessoren (3), unmittelbar am Mikroprozessor-Bus be-
  triebene Prozessoren, die in der Lage sind, ein leistungsfähiges
  Kommunikationsnetz zu bedienen. Diese Prozessoren enthalten vorzugs-
  weise Firmware.
- Zusatz-Prozessoren (4) zum Zentralprozessor für spezielle z. B. schnell

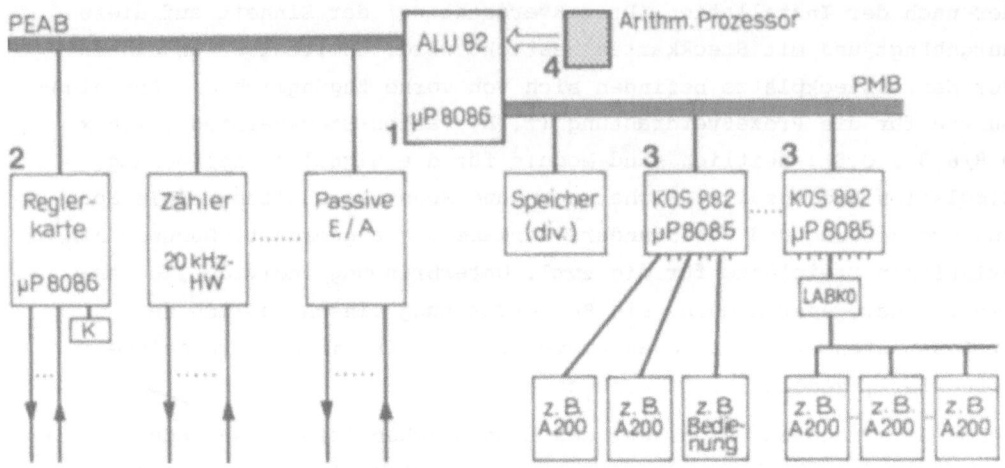

Bild 5. Mehrprozessoranordnung zur Steigerung der Leistungsfähigkeit
und Vereinfachung der Programmierung.

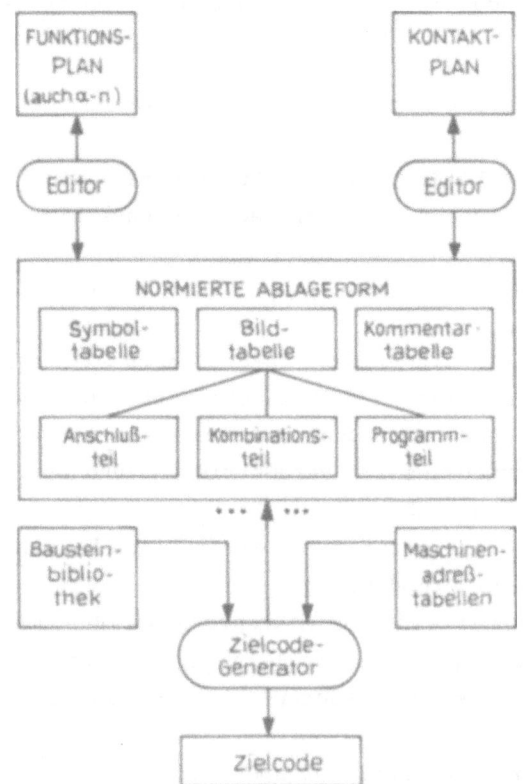

Bild 6. Erweiterungsfähiges
Software-Konzept für unterschiedliche Eingabenotationen
und unterschiedliche Mikro-
prozessortypen.

zu erledigende Aufgaben, wie ausgelagerte Arithmetik-Funktionen und dergleichen. Derartige Prozessoren sind festprogrammiert (sog. "Software on Silicon" /3/).

Die hier skizzierten Strukturen machen einen Trend deutlich, der durch den Begriff Arbeitsteilung zu kennzeichnen ist - d. h. die ursprünglich eine Zentraleinheit mit extremer Leistungsfähigkeit in Hard- und Software wird ersetzt durch mehrere Prozessoren. Die daraus resultierende Vorgehensweise, festprogrammierte Prozessoren für bestimmte Funktionen einzusetzen, führt zwangsläufig zu einer Standardisierung der Software und damit zu einer besseren Beherrschung der in ihr liegenden Aufwandsproblematik.

Programmierung/Projektierung

Einen weiteren Beitrag zur Lösung der hier angeschnittenen Problematik leistet der Einsatz von anwendungsorientierten Fachsprachen /4/. Die wesentlichen Eigenschaften, die eine Fachsprache kennzeichnen, sind in Tabelle 1 aufgelistet. In zunehmendem Maße werden Fachsprachen in Form grafischer Eingabenotationen angewendet (siehe Bild 2, Programmiersystem). Dies gilt insbesondere für die Darstellung in Form von Wirkungs- oder Funktionsblöcken (z. B. nach DIN 40 700/ 40 719) sowie für Regelschemata, wogegen sog. Kontaktplandarstellungen schon seit vielen Jahren üblich sind.

Tabelle 1: Eigenschaften einer Fachsprache für Automatisierungssysteme.

- Technologisch orientierte Funktionen
- Notation entsprechend jeweiliger Fachnorm
  (Steuern: DIN 40 700/ 40 719)
- Notation in Baustein - (Block) - Struktur
- Festes Format der Bausteine
- Einfaches Fügen der Bausteine
- Hardware-bezogene Parameterbezeichnungen
- Einfach erlernbar
- Erweiterbarkeit

. Geführte Eingaben (Dialog)
. Rückdarstellbarkeit
. Format- und Plausibilitätskontrollen
. Leichte Änderbarkeit vor Ort

Die Projektierung von Automatisierungseinrichtungen wird somit in zunehmendem Maße über mikrorechnergesteuerte Bildschirme (Terminals) automatisiert. Eine ausführliche Darstellung der Methoden und Vorgehensweisen wird in /5/ gegeben, so daß nur zwei spezielle Aspekte im Zusammenhang mit Innovationen im Bereich der Mikroprozessoren einerseits und der Terminals andererseits kurz beleuchtet werden sollen.

Das hier als Beispiel gewählte Automatisierungssystem verfügt über eine in der Leistungsfähigkeit gestaffelte Reihe von Steuer- und Regelgeräten, die alle in mehreren Fachsprachenotationen programmierbar sind (Bild 2). Forderungen waren u. a.

- die Programmierung sollte für alle Geräte unter Berücksichtigung des jeweiligen Leistungsumfanges einheitlich sein,
- die Hinzunahme weiterer Steuer- und Regelgeräte, die mit anderen als den bereits im System vorhandenen Prozessoren ausgerüstet sind, sollte möglich sein,
- die für das Programmierungs-/Projektierungssystem erstellte Software sollte nicht auf einen Terminaltyp festgelegt sein.

Die prinzipielle Lösung, die den genannten Forderungen gerecht wird, geht aus Bild 6 hervor (dargestellt für grafische Funktionsplan- und Kontaktplaneingabe). Die grafischen Eingaben werden zunächst in eine sog. normierte Ablageform gebracht, die aus den Symbol-, Bild- und Kommentartabellen besteht. Die Bildtabelle, welche die grundsätzlichen Funktionsaussagen (Steuerstruktur, Reglerstruktur) enthält, wird in entsprechende algorithmische Darstellungen (Kombinations-, Programmteil) sowie entsprechende Anschlußorientierungen (Anschlußteil) umgesetzt. In einem weiteren Schritt wird unter Zuhilfenahme einer Bausteinbibliothek und der entsprechenden Kenndaten des Zielprozessors über einen sog. Codegenerator der eigentliche Zielcode erzeugt. Bis auf den Vorgang zur Erzeugung des Zielcodes sind alle Bearbeitungen zielmaschinenunabhängig. Die Einfügung eines weiteren Prozessors ins System bedeutet lediglich die Erstellung eines weiteren Codegenerators.

Im betrachteten Beispiel wurden die für diese Vorgehensweise erforderlichen Programme in einer Hochsprache geschrieben, so daß damit die Übertragbarkeit auf andere Mikrorechnersysteme oder auch DV-Anlagen gegeben ist.

4.2 Automatisierungssystem für den Anwendungsschwerpunkt Verfahrenstechnik

(N. Korn)

Bild 7 zeigt die Systemstruktur eines Automatisierungssystems, das die Automatikfunktionen Regeln, Steuern und Überwachen in sich vereinigt /6/. Prozeßstationen mit einem leistungsfähigen Mikrorechner, modularer Funktionssoftware und modularer E/A-Peripherie sind als dezentrale Einheiten über einen seriellen Bus (PDV) für die Datenübertragung zusammengefaßt und ermöglichen eine der Automatisierungsaufgabe angepaßte, freizügige Zuordnung der Automatik- und Bedienfunktionen. Dabei kann sowohl eine Gliederung nach Automatisierungsfunktionen als auch nach Aggregaten oder apparativen Einheiten gewählt werden /7/. In größeren Automatisierungsanlagen, in denen eine hierarchische Funktionsgliederung z. B. von Gruppen- und Leitebenen zweckmäßig erscheint, lassen sich mit Koordinatorstationen funktionelle Vermaschungen zwischen den einzelnen Prozeßstationen herstellen.

Der Aufwand für das vielseitig konfigurierbare System bezüglich Leistungsstaffelung und peripherer Anpassung wird durch Vorkonfektionierung in Grenzen gehalten. Im Bereich der Hardware geschieht dies durch Verwendung einheitlicher Mikrorechner, Buskoppler, V24-Datenschnittstellen und standardisierter Aufbaumechanik und Anschlußtechnik. Die individuelle Anpassung der Stationen an Art und Menge der benötigten Prozeßeingänge und -ausgänge, an die Anzahl anzuschließender Bedienteile und Protokolldrucker oder an den erforderlichen Speicherbedarf erfolgt durch Aufrüstung mit steckbaren Komponenten.

Im Bereich der Software erfolgt die Konfektionierung durch Bildung universeller Funktionsprogramme die für bestimmte Aufgaben z. B. mit den Schwerpunkten Regelung, Steuerung, Überwachung, Protokollierung usw. paketiert in den Stationen als Firmware (PROM-Bereich) bereitstehen. Erweiterung oder Änderung des Funktionsumfanges erreicht man in einfacher Weise durch Tausch oder Ergänzung von PROM-Bausteinen. Bild 8 läßt am Beispiel einer konfektionierten "Prozeßstation Regelung" diese Modularität erkennen.

Die einfache, aufgabenbezogene Zuordnung der Verarbeitungsprogramme wird dadurch möglich, daß ihre Anfangsadressen ebenso wie die der Meßstellen in Listen (RAM-Bereich) eingetragen werden, die ein im PROM vorhandenes Betriebssystem interpretativ abarbeitet. Die softwaremäßige Verknüpfung gemäß der durchzuführenden Automatisierungsaufgabe übernimmt ein Konfigurierprogramm, indem es die Adressenverweise in den

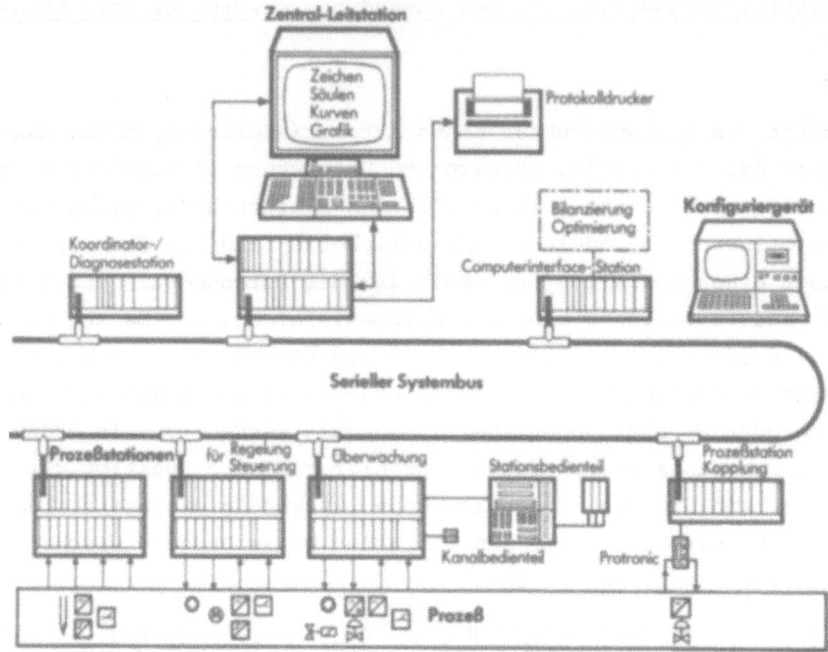

Bild 7. Funktionsgliederung des integrierten Automatisierungssystems Contronic P.

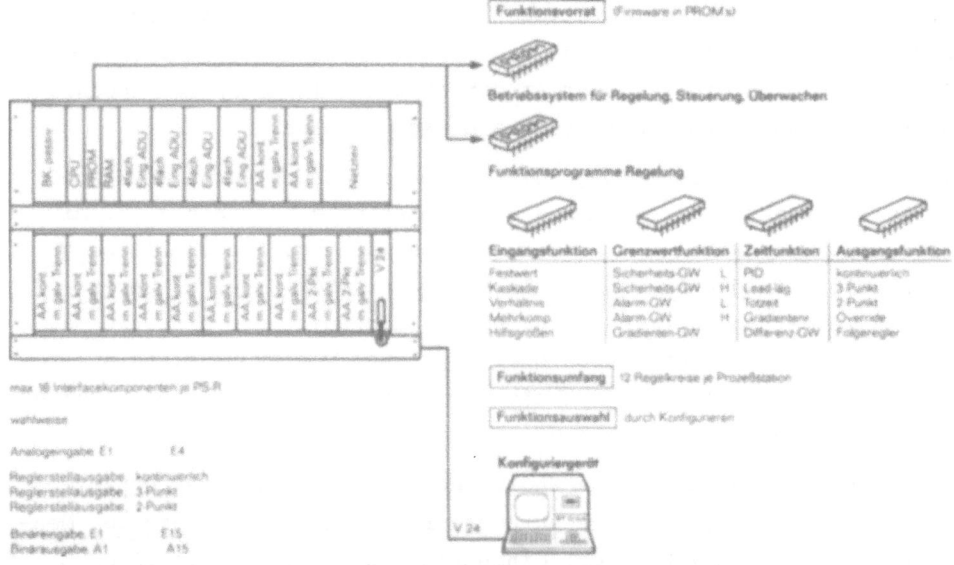

Bild 8. Konfektionierung einer Prozeßstation Regelung (Hard- und Software-Modularität).

Listen neu definiert bzw. ändert. Diese Konfigurierung kann ohne jede
Programmierkenntnis dialogunterstützt entweder an einem zusteckbaren
Konfiguriergerät oder an einer Zentralleitstation vorgenommen werden.
Der Konfigurierdialog ist so gestaltet, daß Anwender und Planer mit
allgemeinen Prozeß- und Instrumentierungskenntnissen in der Lage sind,
direkt mit gebräuchlichen Planungsunterlagen wie Meßstellenliste, Regelschema oder Funktionsplan nach DIN 40 719 die Funktionsauswahl und
-festlegung vorzunehmen. Der Konfigurierdialog umfaßt die Bereiche:

Ein-/Ausgabedefinition: Zuordnung von MSR-Namen zu den Prozeßperipherie-
                         Komponenten

Verarbeitung: Verknüpfung von Automatisierungsfunktionen
                         (Regeln, Steuern, Überwachen) mit den entspre-
                         chenden MSR-Namen

Kommunikation: Zuordnung von Protokoll- oder Darstellungsfunk-
                         tionen zu den entsprechenden MSR-Namen.

Diese Dreiteilung hat den Vorteil, daß die softwaremäßige Rangierung
zwischen Ein- und Ausgängen, den Verarbeitungsfunktionen sowie der
Informationsdarstellung über die MSR-Namen durchgeführt werden kann.
Dies ist eine wesentliche Voraussetzung für die einfache Handhabe des
Systems.

Bild 9 zeigt zwei Schritte für den Dialog zur Konfigurierung eines
Regelkreises. Das Konfigurierprogramm läßt auf dem Bildschirm die im
oberen Bildteil dargestellten Texte und Zeichen erscheinen. Für den
jeweils vom Bediener einzugebenden Parameter leuchtet das auszufüllende
Feld auf. Gleichzeitig erscheinen am unteren Bildrand mögliche Einzel-
texte, von denen einer durch Drücken der unmittelbar darunter angeordneten Taste anzuwählen ist. Auf diese Weise entsteht schrittweise das
unten dargestellte Konfigurierbild. Das Konfigurierprogramm im Bedienteil veranlaßt dabei durch Einträge in die entsprechenden Listen die
"softwaremäßige Verdrahtung". Die Eingabe von Parametern kann in ähnlicher Weise zu einem späteren Zeitpunkt, z. B. bei der Inbetriebnahme durch Einträge in ein Parametrierbild erfolgen.

Für die Prozeßbeobachtung und -bedienung bietet die Systemstruktur
hierarchische Eingriffsmöglichkeiten. Während in der Prozeßinterface-
ebene jeder Funktion noch einzelne Bediengeräte zugeordnet werden können, sind in den darüberliegenden Ebenen sowohl die Prozeßinformationen
als auch die Bedienfunktionen nach und nach zentralisiert. Durch Auswahl aus einer Palette von Tastatur- und Anzeigemoduln lassen sich vom
Stationsbedienteil bis zur Zentralleitstation für die verschiedenen
Anwendungsfälle jeweils optimale Bedienteile zusammenstellen. Dabei

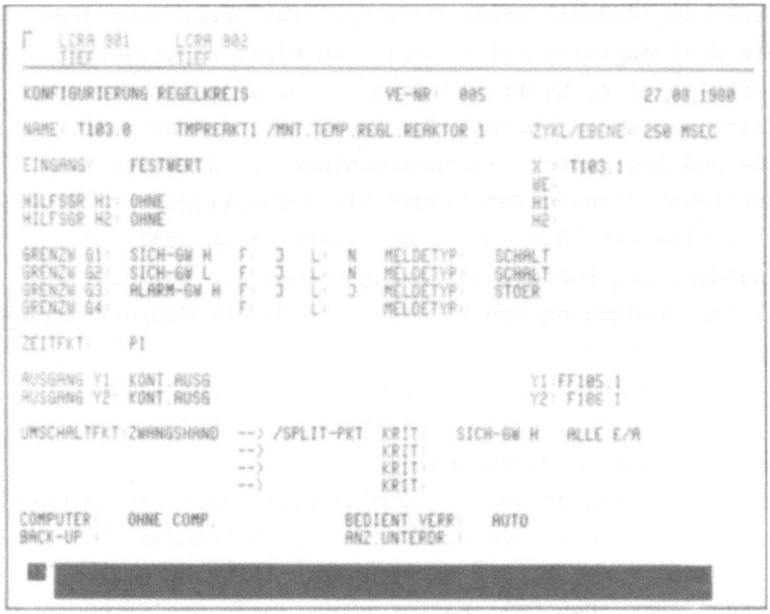

(a) Konfektioniertes Bild vor dem Eintragen der Konfigurierdaten.

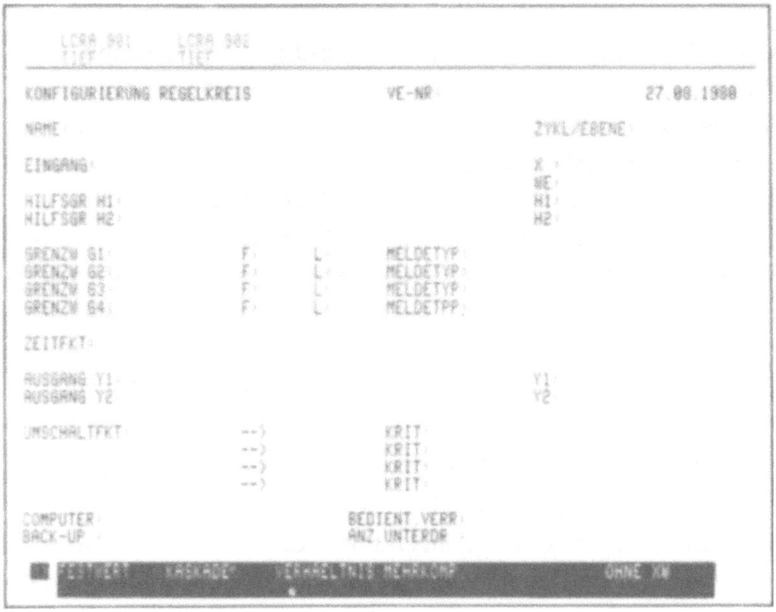

(b) Konfektioniertes Bild mit eingetragenen Konfigurierdaten.

Bild 9. Konfigurierung eines Regelkreises mit Bildschirmdialog.

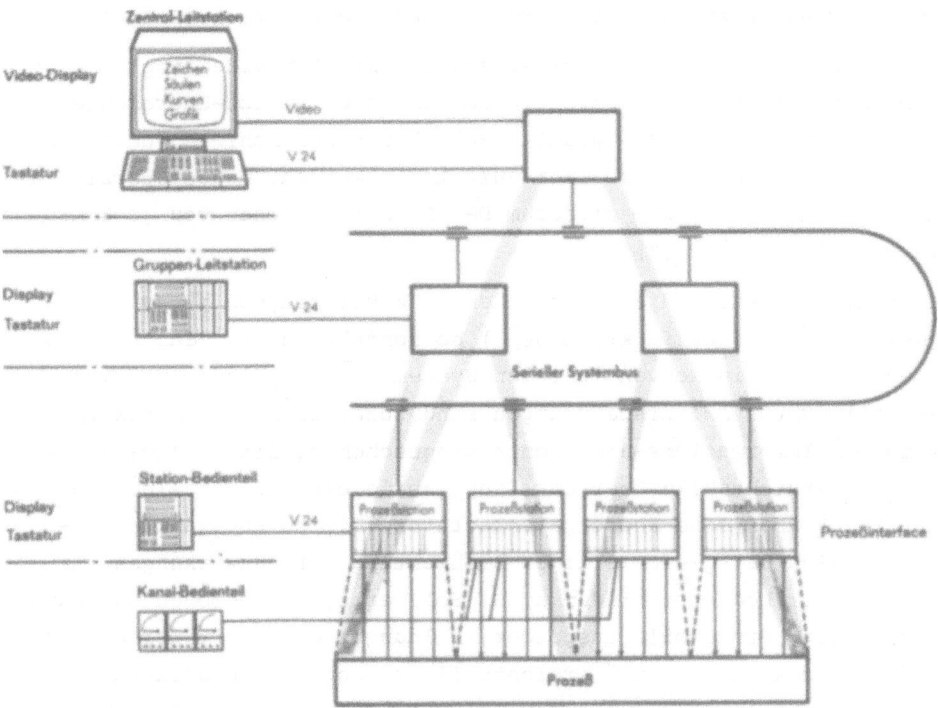

Bild 10. Prozeßbeobachtung und -bedienung.

kann eine teilweise oder vollständige Überlappung von Bedienmöglich-
keiten sowohl auf der gleichen Bedienebene als auch innerhalb einer
hierarchisch gegliederten Bedienstruktur aufgebaut werden (Bild 10).

Für Leiteingriffe von der Zentralleitstation mit Farbvideodisplay gibt
es die Möglichkeiten einer konfektionierten Informations-Hierarchie.
Die Prozeßinformationen der Gesamtanlage können auf mehrere, über Tasten
direkt anwählbare Übersichtsbilder aufgeteilt werden. Jedes Übersichtsbild umfaßt 24 Gruppen, die wiederum Detailinformationen von je 6 MSR-
Stellen enthalten (Bild 11).

Die Darstellung ist für die verschiedenen Funktionstypen (Regelkreis,
Analogwert, Einzelsteuerfunktion usw.) so konfektioniert, daß sie den
gewohnten Anzeigen in konventionellen Systemen weitgehend entspricht.
Zur Darstellung von Ablaufsteuerungen sind zusätzlich sog. Struktur-
bilder in die Informations-Hierarchie eingeschoben. Die Informationsanwahl vom Übersichtsbild über das Gruppenbild bis zur einzelnen MSR-
Stelle erfolgt über eine Koordinatentastatur. Die so angewählte MSR-
Stelle läßt sich bei gleichzeitiger Beobachtung der Auswirkungen mit
der Leittastatur bedienen, indem z. B. Sollwerte, Stellgrößen und Parameter verstellt, Protokolle ausgelöst, Meldungen quittiert werden. Anstelle der konfektionierten Übersichtsbilder können auch anlagenbezo-
gene Mosaikbilder Ausgangspunkt zur Informations- und Bedienanwahl sein.

Ausgehend von dem modularen Systemaufbau, der Konfektionierung im Bereich der Hard- und Firmware sowie der einfachen Funktionsfestlegung
durch Konfigurieren ist der Planungsablauf des hier beschriebenen
Systems gegenüber konventionellen Systemen von der Bestellung und Zu-
lieferung der Automatisierungseinrichtung weitgehend entkoppelt (Bild 12).
Bereits in der Angebotsphase eines Projektes können die Gliederung und
der Umfang der benötigten Komponenten mit geringem Aufwand ermittelt
werden, da bei großzügiger Ausstattung der konfektionierten Stationen
mit Firmware der benötigte Funktionsumfang nur recht grob abgeschätzt
zu werden braucht.

In der Projektierungsphase besteht schon nach sehr kurzer Zeit die Möglichkeit, die konfektionierten Stationen zu definieren und zu bestel-
len, ohne daß die Detailfunktionen z. B. einer Regel- oder Rechnerstruktur bzw. die Meßbereiche der Prozeßgrößen bekannt sind. Die De-
tailplanung kann sich problemlos bis in die Zeit der Montage ausdeh-
nen; letzte Änderungen lassen sich bis unmittelbar vor Inbetriebnahme
durch Konfigurierung in die Stationen eingeben.

Interessant ist sicher auch die Möglichkeit, eine Funktionsfestlegung

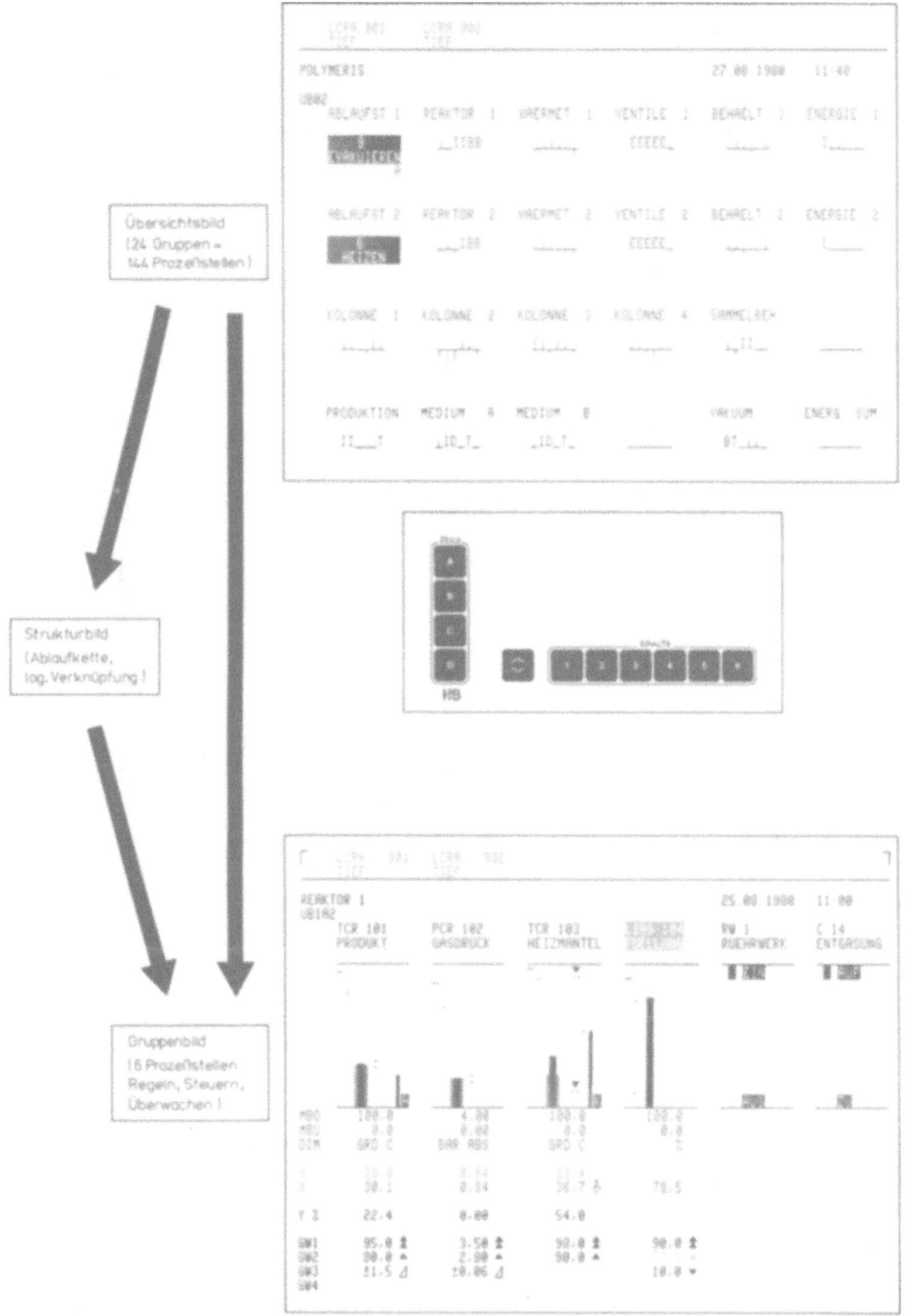

Bild 11. Bedienung mit hierarchischer Prozeßstellenanwahl.

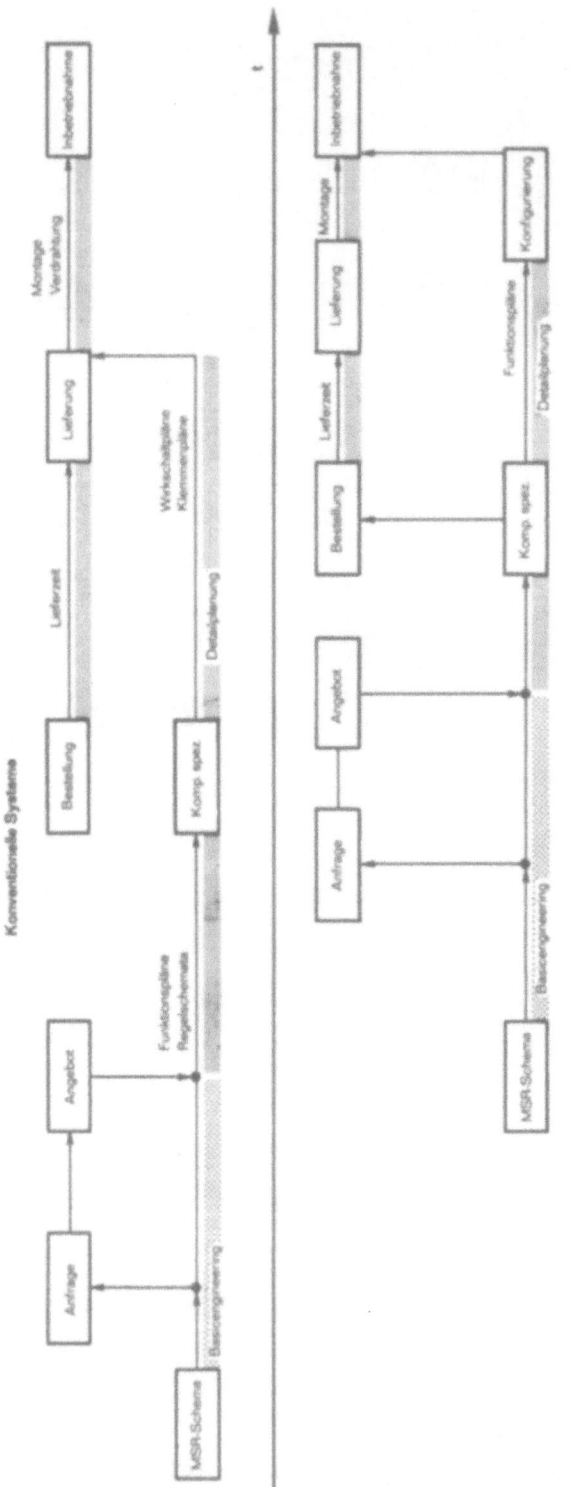

Bild 12. Zeitlicher Planungsablauf bei konventionellen Systemen und Contronic P.

mit dem bereits erwähnten Bildschirm-Dialogverfahren an einem von der
Anlage unabhängigen Konfiguriergerät - z. B. auch direkt beim Planer -
zu treffen und die so erzeugten Listendaten über eine Kassette später
auf die Anlage zu übertragen. Dabei entsteht eine entscheidende Erleichterung, wenn alle Eingaben auf der Basis gebräuchlicher Planungsunterlagen, wie Meßstellenliste, Regelschema oder Funktionsplan, ohne
manuelle Umsetzung (in Listen oder Tabellen) oder Programmierung möglich sind. Die Übereinstimmung der konfektionierten Funktionsprogramme
mit den Funktionen konventioneller Automatisierungsgeräte und die Beibehaltung der vom Anwender bereits vorgegebenen MSR-Namen für Prozeß-
ein- und -ausgänge sowie Funktionen bilden dazu die Basis.

5. Zusammenfassung

Anhand der Analyse von Anforderungen an Automatisierungseinrichtungen
wurden unter Nutzung der Mittel, die die Mikroprozessortechnik bietet,
Automatisierungsstrukturen mit verteilter Funktion entwickelt. Der Aufbau solcher Automatisierungssysteme wird an zwei praktischen Beispielen
für die Industrieanlagen- bzw. Verfahrenstechnik dargestellt. Die Vorteile solcher Systeme im Hinblick auf einfache Projektierung, einfachen
Aufbau und Betrieb werden näher erläutert.

Literatur

/1/ H. Töpfer: Wechselwirkungen zwischen Theorie, Gerätetechnik und
Anlagenprojektierung. Regelungstechnik 27 (1979), S. 12 - 18.

/2/ W. Büsing: Dezentrale Prozeßautomatisierungssysteme - Anforderungen und Schnittstellen. Regelungstechnische Praxis 22 (1980) 2,
S. 37 - 42.

/3/ N.N.: Problem-Software, Hardware-Funktionen kontra Kostenexplosion.
Elektronik-Zeitung ez, Computertechnik, vom 23.06.1980.

/4/ H.-W. Weitzel: Problemorientiert programmierbare Prozeßsteuerung.
Fachberichte Messen, Steuern, Regeln (M. Syrbe, M. Thoma; Hrsg.)
(Kongreßband Interkama 1977) Springer-Verlag, Berlin, Heidelberg,
New York, (1977), S. 645 - 656.

/5/ W. Jüngst: Rationelle und anwendungsorientierte Software-Erstellung für speicherprogrammierbare Steuerungen. Interkama-Kongreß 1980.

/6/ N.N.: Systemübersicht Contronic P. Firmenschrift der Hartmann & Braun
AG, Frankfurt.

/7/ H. Wilking: Anpassen von Automatisierungseinheiten durch Verknüpfen
von Regel-, Steuer- und Überwachungsfunktionen in einem Mikroprozessorsystem. Interkama-Kongreß 1980.

PRACTICAL CONSIDERATIONS FOR THE
DEVELOPMENT OF PROCESS CONTROL SOFTWARE

PRAKTISCHE BETRACHTUNGEN ZUR SOFTWARE-ENTWICKLUNG FÜR PROZESSFÜHRUNG

C.V. Ramamoorthy and F.B. Bastani

Department of Electrical Engineering and Computer Sciences
and the Electronics Research Laboratory
University of California, Berkeley, CA 94720/USA

Zusammenfassung

Die Software zur Prozeßführung von Systemen soll zuverlässig und wartungsfreundlich
wegen ihrer kritischen Beschaffenheit und dem raschen technischen Fortschritt sein.
Mit Hilfe von Codierungsverfahren allein sind diese Ziele nicht zu erreichen. Diese
Abhandlung befaßt sich mit der Fehlerdynamik während der Software-Entwicklungsphase;
es wird eine grundsätzliche Methode für die Software-Entwicklung zur Prozeßführung
von Systemen hergeleitet. Insbesondere werden Anforderungen bezüglich Spezifikation,
Entwurf, Implementierung und Erprobungsphase der Software-Entwicklung angesprochen.
Außerdem enthält die Arbeit Beiträge zur Sprache und Dokumentation sowie Vorschläge
für Kriterien, ob die Erprobungsverfahren für die Software, die auf Fehlereinflußnahme
sowie "Fuzzy-Sets" beruhen, ausreichend sind.

The reduction in the cost and size of microprocessors coupled with the increase
in their performance has resulted in the widespread use of digital computers in process control systems. Reliability is an important factor in the development of these
systems. This paper discusses methods of designing and implementing reliable software for process control systems. Besides reliability, the software must be main-
tainable since the system configuration and the environment are in constant flux due
to technological advances. Further the development cost should be low since the
systems are usually one of a type. This can be achieved by designing re-usable modules
since process control requirements often constitute a family of applications, each
member differing from the others in certain small details. For example, drivers for
output devices have a lot of common features which constitute a basis for sharing the
development cost.

Section 1 discusses methods of formally specifying requirements and the type of
errors that can be detected at this stage. Section 2 addresses the issue of modular
software design techniques. In section 3 we propose language and documentation techniques which enable reliable implementation. The concept of estimating the sufficiency
of the validation of the software is discussed in section 4. Finally, in section 5
we develop an acceptance criterion for the software based on fuzzy sets. Throughout
we use the experience of the EPRI project [RAM 79] as an example. This project con-
cerns the dual specification and implementation methodology for developing software
for nuclear power plant safety control systems.

1.   REQUIREMENTS SPECIFICATION

As shown in figure 1, the major types of problems with the originating requirements document are inconsistent, ambiguous, unclear, incorrect, infeasible and incomplete specifications. Formal requirements specification will eliminate ambiguous and
unclear specifications. Unfortunately, the specifications are usually written by
applications specialists in free form   English (or some other natural language),
since they are not familiar with software engineering techniques and are reluctant
to expend the effort in learning formal requirements specification languages. Consequently, software engineers themselves transform the document into a formal requirements specification. Though this process can uncover unclear and inconsistent specifications (if automatic analyzers are available), it cannot eliminate all ambiguities
and, in fact, can introduce new errors. The development and inter-comparison of dual
specification (i.e., two independent teams transform the originating requirements
into a formal one), can remove most ambiguities and errors committed in the transformation process, since it is unlikely that the two groups will commit the same
errors. Incorrect and incomplete specifications can only be detected by careful
review of the requirements specification by independent applications specialists.
Even this process cannot uncover all errors. For example, it cannot settle the question of feasibility of the specification.

Several formal specification languages have been proposed [RAM 78]. However,
further research is needed to design a suitable language. The language should be easy
to use and understand, and analysis tools should check for consistency, provide trace-
ability to the originating requirements document and enable simulation studies. RSL
(Requirements Statement Language) developed at TRW [ALF 76(A), ALF 76(B)] has many
of these features. However, it is cumbersome to use and understand and is more a
design specification language since it introduces structural details into the requirements specification. A requirements specification language should preferably use
decision tables, function specification and function composition as in Higher Order
Software [HAM 76].

In the EPRI project the originating requirements were developed by nuclear engineers from Babcock and Wilcox Company (B & W). The document was thoroughly reviewed
by nuclear and software engineers from Science Applications, Inc. (SAI) and doctorate
students in software engineering from the University of California at Berkeley (UCB).
The document was revised by B & W using Truth Tables in order to enhance clarity.
The second column in Table 1 summarizes the number and types of errors found during
this stage.

The originating requirements document was transformed into a formal one using
RSL. Since the result was a preliminary design rather than a requirements specification, it is discussed in the next section.

2.   DESIGN

The design phase consists of a series of steps aimed at transforming the formal requirements specification into a software design so detailed that it can be directly implemented even by programmers not familiar with the application area. Thus, the design phase is concerned with how the system functions while the requirements specification phase is concerned with what the system does. Also, the design phase differs sharply with the requirements specification phase in that it explicitly considers several factors relevant to software development, namely:

Evolution Maintainability

The technology of process control systems is constantly evolving; it should be possible to incorporate these changes into the software without a major redesign of the system;

Comprehensibility

The design should be easy to understand; this will aid maintenance;

Reliability

It should be possible to test and validate the resulting software; also, the software should be fault-tolerant;

Performance

Process control systems have real-time and accuracy constraints, which must be considered in the design and implementation phases;

Re-usability

Software for different process control systems have several common features; this fact should be taken into consideration while designing the software in order to reduce the development cost and time.

The design process is very creative. Thus, there are no fixed rules which can achieve the above design goals. However, the following steps enhance the possibility of a good design:

1)   Decomposition

This is the most difficult step and involves the decomposition of the system into modules. Bad decompositions are those which are based on the available resources, the organization structure or flow charts. An example of a bad decomposition is one which decomposes a system into three modules just because three programmers are available. Parnas [PAR 71, PAR 72, PAR 75] has studied this aspect and has proposed a decomposition methodology based on the concept of information hiding, i.e., the use of a module should not require knowledge of the decisions made in its design and implementation. Every module is fully specified by the specification of its interface.

The system decomposition has a direct impact on (i) evolution maintainability: changes in a module should not require changes in other modules even though the system function may be dramatically altered; (ii) comprehensibility: it should be possible to understand the details of the system by concentrating on one module at a time; (iii) reliability: error detection and recovery modules should be designed into the sytem.

2) Interface Design

Each module should be designed and implemented so that it can be used for a family of applications (re-usability). For example, a matrix multiplication routine need have only three explicit parameters, namely, the two input matrices and the output matrix. However, it is useful to have the sizes of the matrices and the type of the inputs (FLOATING POINT or FIXED POINT) as additional parameters. Thus, the interface specification consists of two parts, one of which is assigned values at execution time by an invocation statement while the other is tuned to the particular application prior to the first invocation statement, i.e., it is transparent to the calling routines.

3) Module Design

A hierarchical approach in designing modules enhances comprehensibility. This approach is used in Structure Analysis and Design Technique (SADT) [ROS 77]. Thus the preliminary design decomposes the system into high level modules while the next design step further decomposes each module, and so on till the design is sufficiently detailed for direct coding. At the end of this stage most of the algorithms are completely specified so that feasibility and performance studies can be completed.

The design stage simplifies coding, enhances the coordination of the programming team and increases the reliability and evolution maintainability of the system. However, it is possible to introduce new errors into the system. Further, the design may be poor, i.e., it may fail to meet the design goals stated above. This is extremely difficult to rectify at a later stage. As shown in figure 1, a review of the design by an independent team can check for poor design decisions as well as detect some new errors. If two independent teams design the system, then an automated comparison of the dual designs can detect most new errors since it is unlikely that the two teams will commit the same errors. (Manual comparison is less effective). If the design is in a machine processable form (e.g., RSL), then simulation studies can lead to the early detection and correction of errors.

In the EPRI project, two designs were produced: one by UCB and the other by B & W. A hierarchical approach was adopted using RSL. Independent review and manual comparison of the two designs by SAI detected several errors. The errors in the UCB design are tabulated in the third column of table 1. The UCB design was completed by specifying input/output assertions for each module [RAM 79]. 8 errors were found in these assertions during the implementation phase.

3.   IMPLEMENTATION

As shown in figure 1, the implementation phase can result in the injection of new errors as well as problems arising from poor coding/documentation practices. The programming language and style have a great impact on the inherent correctness of the software system. Similarly, the documentation technique affects the comprehensibility and maintainability of the system. These issues are discussed below.

Programming Language Design

The reliability of a program depends greatly on the programming style and the language in which it is coded. For example, structured programming leads to fewer errors than unstructured programming [GOR 79]. Similarly, many more errors will be introduced in a program coded in a Machine Level Language (MLL) than in a program coded in a High Level Language (HLL) [HAL 77].

The main purpose of a programming language is to facilitate the creation of reliable programs rather than programs which can subsequently be proved correct. The language should be designed so that the programmer can represent his thoughts directly without having to invent artifices. Further, a good programming language construct maximizes the chance of detecting an error when it occurs, assuming that the methods of validating the software include code reading, static analysis, dynamic analysis and testing.

Functional Programming [BAC 78] is a step in the right direction, though further research is required. Here we give two examples of good language constructs using some of the Functional Programming concepts.

Example 1:

The following is a matrix multiplication routine: <u>function</u> multiply (a: <u>matrix</u> [1..m, 1..n], b : <u>matrix</u> [1..n, 1..p] <u>of type</u> a): <u>matrix</u> [1..m, 1..p] <u>of type</u> a; <u>begin</u>

```
for i := 1 to m
   {for j := 1 to p
      {multiply (i,j) := /+← [for k := 1 to n
                              {a(i,k)*b(k,j)}
                             ]

      }
   }
end;
```

Explanation

The dimensions are automatically fixed at run time. The innermost <u>for</u> loop returns the list [a(i,k)*b(k,j), k = 1,···,n]. '/' is the <u>insert</u> operator defined in [BAC 78]. The result is:

multiply (i,j) := a(i,1)*b(1,j) + ··· + a(i,n)*b(n,j).

The reasons for the increased reliability of the above multiply routine are: (i) there is almost a one-to-one correspondence between the definition of matrix multiplication and the code; no unnatural inventions are required; (ii) there are no temporary variables other than the loop control variables; this eliminates special cases, resulting in a greater error size, i.e., if an error exists in the code it will be detected by a large number of possible inputs; (iii) the routine is generic, i.e., it is valid for both floating point and fixed point inputs, without regard to the size of the matrices. Thus, it will be used more often, resulting in increased confidence in its correctness.

Example 2:

The following routine inserts an element x, in a list maintained in descending order.

```
function insert-descending (x: atom; y: list of type x): list of type x;
begin
    scan y(↑to↓){
        till case {
            def (y(·-1)>x and) x ≥ y(·)
                        {y(·-) := x}
            eoscan {y(↓+) := x}
                }
            }
        insert-descending := y
end;
```

Explanation

The scan statement looks at each element in the list y from top (↑) to bottom (↓) till (i) the current element (y(·)) is such that the element before it (y(·-1)) is greater than x and it (y(·)) is smaller than or equal to x or (ii) the entire list has been scanned (eoscan is the mnemonic for end of scan). In the former case x is inserted immediately before the current element (y(·-)) while in the latter case x is appended at the end of the list (y(↓+)). The statement:

def(y(·-) x and) x ≥ y(·)

is equal to

y(·-1) > x and x ≥ y(·)

if y(·-1) is defined. Otherwise, it is equal to:

x ≥ y(·).

This takes care of special conditions.

Though the explanation is long, the algorithm is clear and natural. Further, the routine is generic. The reader is urged to compare this approach with one using a conventional language, say, ALGOL.

Documentation

At present software documentation consists mainly of the code and some associated comments. This is not very useful since the code is presented to the programmer in the form in which it was created. It is necessary to view the code in as many different ways as possible, since this will increase the probability of detecting errors. For example, the FORTRAN expression:

    X = WEIGHT**2/(HEIGHT + SIZE)

is better documented by:

$$X = \frac{WEIGHT^2}{HEIGHT+SIZE}$$

This two dimensional layout of the expressions can reveal some undetected errors. Similarly, the matrix multiplication and insert-descending routines are better documented by:

    function multiply
    input: two matrices (say, a and b)
    output: the product, (say, c), of a and b
    algorithm: $c_{ij} = \sum_{k=1}^{n} a_{ik}b_{kj}$, where m,n,p
    $1 \leq i \leq m, 1 \leq j \leq p$
            are the appropriate dimensions automatically checked at run-time

    function insert-descending
    input: atom x, list y = {y(1)$\geq$...$\geq$y(n)}
    output: n = 0 : {x}
            n $\geq$ 1 and x $\geq$ y(1) : {x$\geq$y(1)$\geq$...$\geq$y(n)}
            n $\geq$ 1 and y(i-1) > x $\geq$ y(i), 1 < i $\leq$ n :
                {y(1)$\geq$...$\geq$y(i-1)>x$\geq$y(i)$\geq$...$\geq$y(n)}
            n $\geq$ 1 and y(n) > x : {y(1)$\geq$...$\geq$y(n)>x}

These are easier to understand than the code.

Further, the program documentation should be stored on-line in the form of a data base. This facilitates maintenance activities by enabling specific information to be requested, e.g., "show all the sections of the code from which this routine is called," or "elaborate on the functions of the following routines," or "display the program graph," etc.

Till now there has been a lot of emphasis on coding, neglecting the documentation required for reliable maintenance. However, process control systems have a life cycle of several years, over which there are gradual changes. Since the original implementors may no longer be available, emphasis must be put on documentation techniques for increasing the reliability due to future changes.

4. <u>VALIDATION</u>

As shown in figure 1, the implementation phase introduces new errors. Poor coding and documentation practices can be prevented only by an independent code review. Static analysis tools, like FACES [RAM 74], can detect data flow type of errors, e.g., missing initializations, bad control transfers, etc. Testing is the principal approach to detecting other errors, though it can be complemented by program proving wherever possible. A difficulty in testing software for process control systems is the problem of determining the correct output corresponding to a given test case since the computations are often complicated. One approach is to independently develop two programs and then compare their outputs for the same inputs [RAM 79], since it is unlikely that the two teams will commit the same errors. This can detect most implementation errors (and design errors, if the two programs are based on two independent designs) assuming that the testing is <u>sufficiently</u> exhaustive. A criterion for this is developed below.

We define the reliability of a set of test cases, irrespective of the test case selection strategy used, to be some measure of the confidence in the correctness of the program if it works for the given set of test cases. That is, the reliability of a set of test cases is a measure of our belief in the <u>a posteriori</u> correctness of the software. Software reliability theory provides several such measures. A measure based on fuzzy sets is discussed in the next section.

An interesting experimental approach is program mutation due to DeMillo and Lipton [DeM 78]. However, this technique is expensive since the number of mutations is explosive for programs of realistic sizes. The majority of the mutations are easily detected. A practical solution is to seed the program with errors, such that the size of the errors are controlled. (The <u>size</u> of an error is the probability than an input selected randomly according to the operational distribution will detect the error).

The error seeding technique was used to assess the reliability of the set of test cases used in the first phase of testing the program developed by UCB for the EPRI project [RAM 79]. 8 errors were seeded. Errors in expressions were detected by almost all test cases, implying that arithmetic errors usually have a large size. However, 3 errors escaped detection. These were of the boundary value and missing control flow types of errors. This indicates that futher test cases exercising the ranges of the variables and the boundary conditions are necessary.

5. ACCEPTANCE CRITERIA

As shown in figure 1, the final system should satisfy several criteria, of which reliability is of the most immediate concern. Here we develop an approach based on fuzzy sets for determining the degree of confidence in the software.

For each input element x_i, we can define a fuzzy set [ZAD 79] F_{x_i} with membership function μ_{x_i}. That is, $x_j \in F_{x_i}$ with _possibility_ or _likelihood_ $\mu_{x_i}(x_j)$. (The concepts of possibility theory are also discussed in [ZAD 79]). μ_{x_i} represents the _continuity_ in the input domain, namely, the likelihood that the program works for other elements given that it works for x_i.

Let $X_n = \{x_1, \ldots, x_n\}$ be the set of inputs for which the program is known to work. Then the likelihood that the program works for x_j is:

$$\mu_n(x_j) = \text{possibility } (x_j \in \bigcup_{i=1}^{n} F_{x_i}).$$

The possibility distribution of the union of fuzzy sets is defined to be the maximum of their individual membership function [ZAD 79]. Thus:

$$\mu_n(x_j) = \max_{1 \le i \le n} (\mu_{x_i}(x_j)).$$

We define the _possibility_ that the software is correct given that it works for a set of inputs, X_n, as:

correctness possibility $= \min_{x} \{\mu_n(x)\}.$

We also define _uncertainty_ in using a program, given that it works for the set of inputs, X_n, by:

$$U_n = \sum_i g(x_i) \log_2 \mu_n(x_i),$$

where $g(\cdot)$ is the probability density function over the input domain. U_n is a monotonically decreasing function, with a minimum value of 0. $U_n = \infty$ if there is at least one x_i such that $\mu_n(x_i) = 0$ and $g(x_i) > 0$. This is desirable since $\mu_n(x_i) = 0$ implies that nothing is known about how the program will react for x_i, and this is not permitted in critical process control software systems.

The theory of fuzzy sets assumes that the membership functions are available. These can be assigned on the basis of complexity and the past error history of the program. It is not necessary to have $\mu_{x_i}(x_j) = \mu_{x_j}(x_i)$, for $i \ne j$. Thus boundary value points (or other error-prone regions can be modelled by assigning a smaller membership function to them.

6.   CONCLUSION

We have discussed several aspects concerning the development of software for process control systems. The error dynamics depicted in figure 1 essentially leads to a
derivation of the dual development methodology proposed in [LON 77] and used in the
EPRI project. The study of error dynamics can also be used in developing suitable
software tools, programming languages and documentation and validation techniques.
All of these are fertile research areas.

7.   ACKNOWLEDGEMENT

Research sponsored by the Air Force Office of Scientific Research Contract
F49620-79-C-0173.

TABLE 1:   EPRI PROJECT ERROR DATA

CATEGORY	ERROR DISCOVERED AT	
	FUNCTIONAL REQUIREMENTS REVIEW	PRELIMINARY DESIGN
Incorrect	15	8
unclear	7	14
incomplete	1	6
missing info.	1	4
redundant info.	5	10
infeasible	0	4
other (type)	13	25

8. REFERENCES

[ALF 76(A)] Alford, M.W., "R-Nets: A graph model for real-time software require-
             ments," Proc. MRI Symposium on Computer Software Engineering, April
             1976.

[ALF 76(B)] Alford, M.W., "A requirement engineering methodology for real-time pro-
             cessing requirements," Proc. 2nd Int. Conf. on Soft. Eng., San Fran-
             cisco, CA, Oct. 1976.

[BAC 78]   Backus, J., "Can programming be liberated from the von Neumann style?
             A Functional style and its algebra of programs," Comm. of the ACM, Vol.
             21, No. 8, Aug. 1978, pp. 613-641.

[DeM 78]   DeMillo, R.A., Lipton, R.J., Sayward, F.G., "Hints on test data selec-
             tion: help for the practicing programmer," Computer (IEEE), April 1978,
             pp. 34-41.

[GOR 79]   Gordon, R.D., "Measuring improvements in program clarity," IEEE Trans.
             Software Eng., Vol. SE-5, March 1979, pp. 79-90.

[HAL 77]   Halstead, M.H., Elements of Software Science, Elsevier North-Holland,
             Inc., New York, 1977.

[HAM 76]   Hamilton, M., Zeldin, S., "Higher Order Software-A methodology for
             defining software," IEEE Trans. on Software Eng., Vol. SE-2, No. 1,
             March 1976, pp. 9-32.

[LON 77]   Long, A.B., et al., "A methodology for the development and validation
             of critical software for nuclear power plants," Proc. 1st Int. Conf.
             on Soft. and Applications, Nove. 1977.

[PAR 71]   Parnas, D.L., "Information distribution aspects of design methodology,"
             Proc. IFIP 71, North-Holland Publishing Co., 1972, pp. 339-344.

[PAR 72]   Parnas, D.L., "On the criteria to be used in decomposing systems into
             modules," Comm. of the ACM, Vol. 15, No. 12, Dec. 1972, pp. 1053-1058.

[Par 75]   Parnas, D.L., "The influence of software structure on reliability,"
             Proc. Int. Conf. Reliable Software, Los Angeles, CA, 1975, pp. 358-362.

[RAM 74]   Ramamoorthy, C.V., Ho, S.F., "FORTRAN Automated Code Evaluation System,"
             Electronic Research Laboratory, University of California, Berkeley,
             Rep. M-466, Aug. 1974.

[RAM 78]   Ramamoorthy, C.V., So, H.H., "Software requirements and specifications:
             status and perspectives," Memorandum No. UCB/ERL M78/44, Electronics
             Research Laboratory, University of California, Berkeley, June 1978.

[RAM 79]   Ramamoorthy, C.V., et.al., "A systematic approach to the development
             and validation of critical software for nuclear power plants," Proc.
             4th Int. Conf. on Software Eng., Munich, Germany, Sept. 1979, pp. 231-
             240.

[ROS 77]   Ross, D., "Structured Analysis (SA): A language for communicating
             ideas," IEEE Trans. on Software Eng., Vol. SE-3, No. 1, Jan. 1977.

[ZAD 79]   Zadeh, L.A., "Fuzzy sets and information granularity," Advances in
             Fuzzy Set Theory and Applications, edited by M.M. Gupta, R.K. Ragade
             and R.R. Yager, North-Holland Publishing Co., 1979.

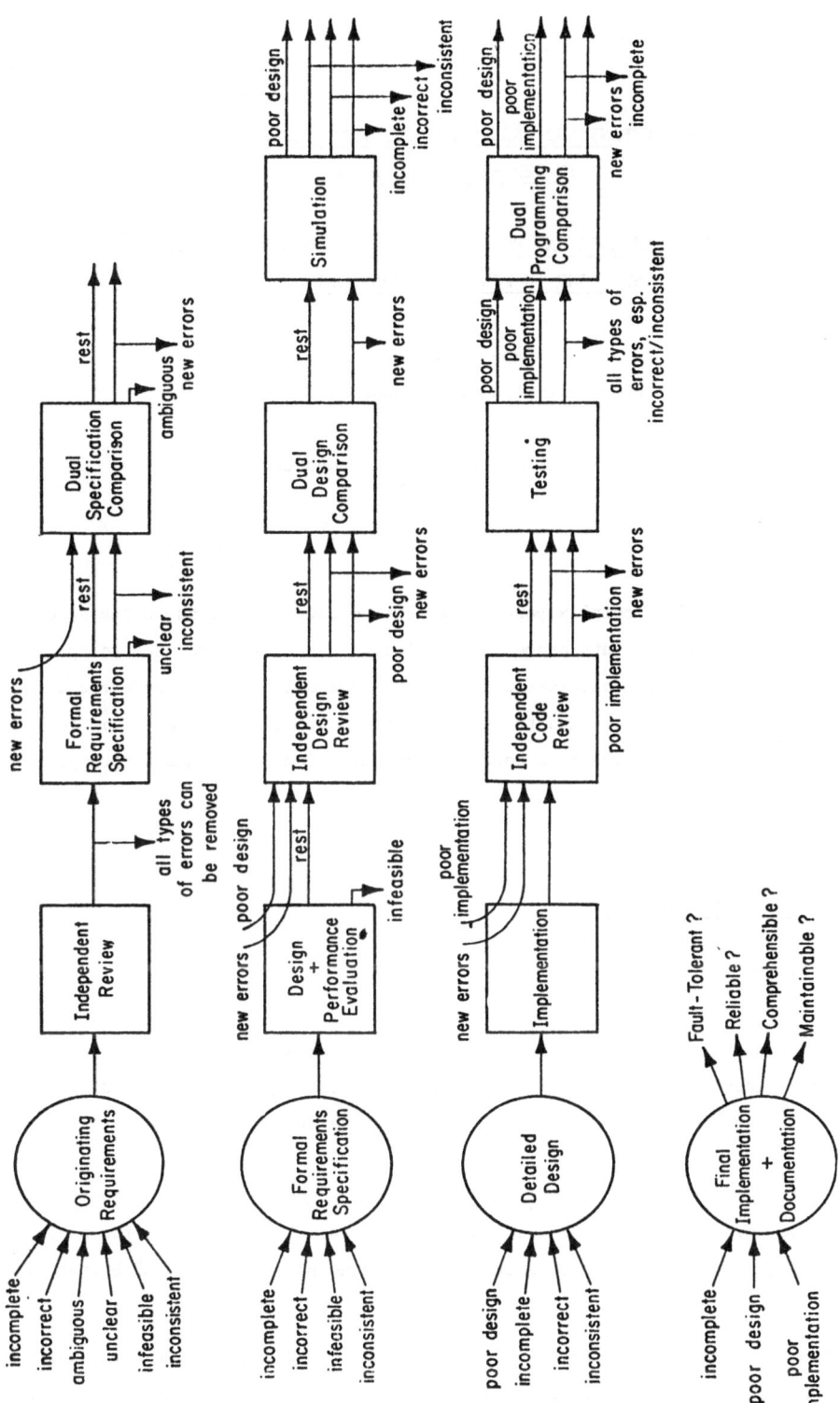

Figure 1. ERROR DYNAMICS IN SOFTWARE DEVELOPMENT

ECHTZEITDATENBANK UND PROZESSORGESTEUERTE FERNWIRKSTELLEN

IN DER NETZLEITTECHNIK

REAL-TIME DATA BASE AND PROCESSOR-CONTROLLED REMOTE-CONTROL

STATIONS IN POWER SYSTEMS CONTROL

Hans P. Keller

Brown Boveri & Cie. , Baden (CH)

Rudolf Dinges

Brown Boveri & Cie. A.G. , Ladenburg

Summary:

A requirement for building complex power distribution control systems is the separa-
tion of data management and data processing including data transfers. According to
this concept the data base management system stores a model of the structure and the
state of the controlled process and the control system itself under real time conditions. This can be faciliated by a powerful communication system and by pre-pro-
cessing the data in remote stations.

1. Aufgaben der Netzleittechnik

1.1 Netz -und Stationsleittechnik

Die Netzleittechnik sieht als ihre Hauptaufgabe das Informationsmanagement des Gesamtprozesses innerhalb eines Energietransport - und Verteilnetzes. In hierarchischer Ordnung wird aus der Leitebene heraus über die Einzelebene der Netzprozess verwaltet.

Typischerweise umfasst ein zentral geleitetes Transport -und Verteilnetz für Energie
und Stoff bis zu 100 Knoten, die überdeckte Fläche kann bis zu 100000 km^2 betragen.

Die Einführung moderner Technologien erlaubt den Einsatz "dezentraler Intelligenz"
in Knoten und Unterstationen derart, dass hier nicht nur fernwirktechnische, sondern
auch autarke leittechnische Funktionen realisiert werden können.

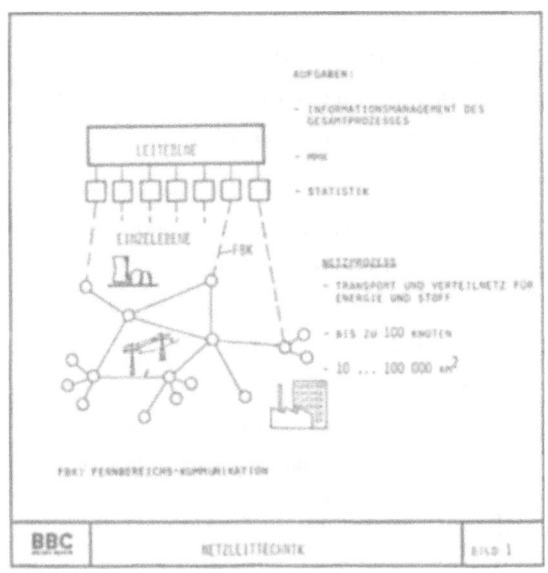

Unter "Einzelebene" ist hier die Gesamtheit der dem Prozess zugewandten FRONT-END-Systeme zu verstehen, die über Fernbereichs-Kommunikationswege mit den Knotenpunkten des Netzprozesses in Verbindung stehen (Bild 1).

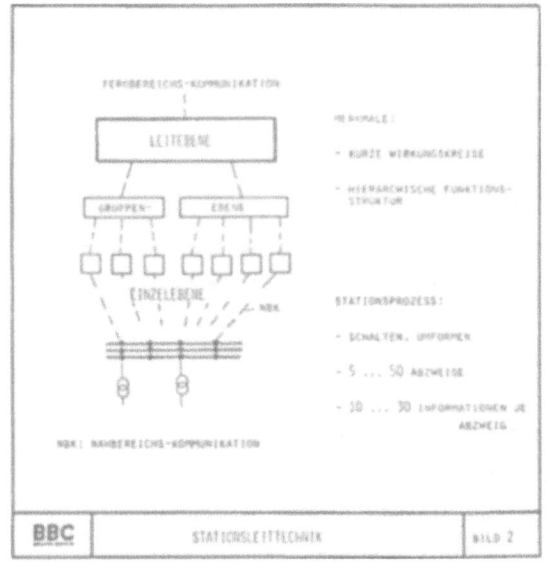

Die Verwaltung des Stationsprozesses obliegt der "Stationsleittechnik", deren Leitebene mit den FRONT-END-Systemen der Netzleitzentralen über Fernbusse kommuniziert (Bild 2).

Der Wirkungsbereich der Stationsleittechnik umfasst z.B. in einem Umspannwerk ca. 5...50 Abzweige mit je 10...30 Informationen (Ströme, Spannungen, Leistungen, Schalter -und Trennerstellungen).

1.2   Der Netzprozess

Die Steuerung eines Transport –und Verteilnetzes für Energie und Stoff erfordert die
Verarbeitung einer grossen Menge von Informationen nach verschiedenartigen Kriteri-
en. Der Netzprozess als Ganzes wird von der Netzleitstelle gesteuert.

Die Datenstrukturen und Rechenprozesse im Prozessor der Netzleitstelle vermitteln hierzu ein
Abbild des Netzprozesses, welches
jederzeit die Topologie und den
Zustand des Netzes genau wiedergeben muss um die nachstehend genannten Funktionen erfüllen zu
können (Bild 3).

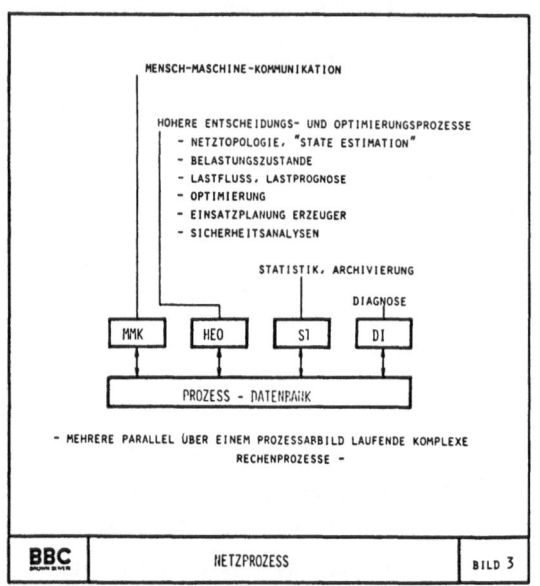

MENSCH-MASCHINE-KOMMUNIKATION

HÖHERE ENTSCHEIDUNGS- UND OPTIMIERUNGSPROZESSE
- NETZTOPOLOGIE, "STATE ESTIMATION"
- BELASTUNGSZUSTÄNDE
- LASTFLUSS, LASTPROGNOSE
- OPTIMIERUNG
- EINSATZPLANUNG ERZEUGER
- SICHERHEITSANALYSEN

STATISTIK, ARCHIVIERUNG

DIAGNOSE

| MMK | HEO | S1 | DI |

PROZESS - DATENBANK

- MEHRERE PARALLEL ÜBER EINEM PROZESSABBILD LAUFENDE KOMPLEXE
RECHENPROZESSE -

BBC   NETZPROZESS   BILD 3

- Kommunikation zwischen Mensch und Maschine.
   Sie dient zur Darstellung von Messwerten und Zuständen des Prozesses und zur Eingabe von Daten und Befehlen für die Prozessteuerung durch das Bedienungspersonal.
   Eigene Rechenprozesse steuern die dazu dienenden Ein –und Ausgabegeräte und prüfen die Daten und Befehle auf ihre Zulässigkeit.

- Durchführung höherer Entscheidungs –und Optimierungsaufgaben.
   Da Messwerte mit Fehlern behaftet sein können, führt ein eigener Rechenprozess
   aufgrund der Topologie und der Messwerte eine Abschätzung des Netzzustandes
   durch. Weitere Rechenprozesse verwenden die damit gewonnene Kenntnis über den
   Prozess um den Lastfluss nach technischen und wirtschaftlichen Kriterien zu regeln, vorauszusagen und zu optimieren. Eine für Energieverteilungsnetze entscheidende Funktion ist die Gewährleistung der Stabilität und der Sicherheit des Netzes, die durch Ausfälle von Erzeugern und Uebertragungswegen gefährdet werden
   kann. Es wird verlangt, dass gefährliche Zustände frühzeitig erkannt und sogar
   vorausgesagt werden können, damit sich der Netzprozess durch Ergreifen ausseror-

dentlicher Massnahmen, wie etwa das Uebergehen zum Inselbetrieb, wieder stabilisieren kann.

- Sammlung und Auswertung von Daten.
  Aufgaben wie Abrechnungen, Prognosen und Sicherheitsanalysen erfordern umfangreiche statistische Auswertungen und Archivierung von Daten. Die hierfür nötigen Informationen müssen periodisch erfasst, gespeichert und ausgewertet werden, oft in Abständen von wenigen Minuten oder gar Sekunden.

- Prüfung und Unterhalt von Netzkomponenten.
  Für einzelne Komponenten stehen gewöhnlich lokale Diagnosesysteme zur Verfügung. Für komplexe Systeme wie Netzprozesse der hier beschriebenen Art stehen umfassende Lösungen erst in Entwicklung, sind aber aus Gründen der Systemsicherheit gefordert.

- Verwaltung der Daten.
  Auf diese Aufgabe wird in Kapitel 2 näher eingegangen. Es sei hier nur festgestellt, dass die Speicherung und Organisation der Daten und der geordneten Zugriffe zu ihnen durch die oben genannten, parallel ablaufenden Rechenprozessen ohne ein angepasstes Prozess-Datenbank-Verwaltungsystem kaum mehr denkbar ist. Besonders, weil Aenderungen im Prozess, die eine Reorganisation der Daten nach sich ziehen, nur dann leicht durchführbar sind, wenn die Rechenprozesse und die Daten möglichst entkoppelt sind.

1.3 Der Stationsprozess

Der Stationsprozess ist gekennzeichnet durch eine Vielzahl kurzer Wirkungskreise in mehreren hierarchischen Ebenen: Die Leitebene koordiniert den Ablauf der Funktionen in der "Gruppenebene" und steuert die Fernbereichskommunikation, die hard -und software -orientierten Funktionsgruppen der Gruppenebene benutzen Moduln (Hard -und Software) der Einzelebene als Schnittstelle zum Prozess (Bild 4).

Noch zu Beginn der 70er Jahrewurden in Fernwirk-Unterstationen reine Transportfunktionen realisiert: Prozesszustände werden erfasst, Meldungen, Mess -und Zählwerte werden zur Leitzentrale übertragen. Aus der Leitzentrale empfangene Schalt -und Stellbefehle werden in den Prozess ausgegeben.

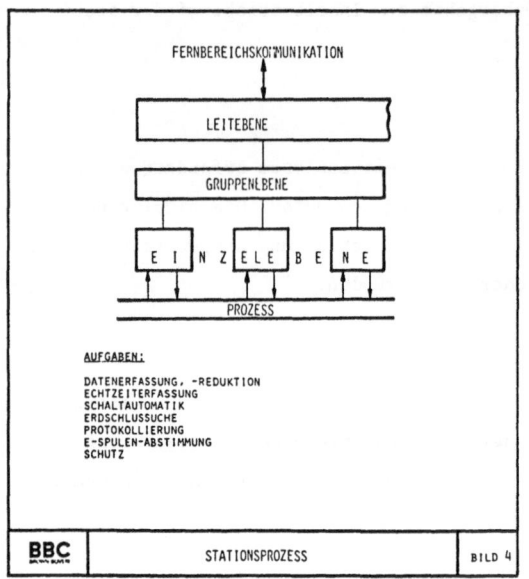

FERNBEREICHSKOMMUNIKATION

LEITEBENE

GRUPPENEBENE

E I N Z E L E B E N E

PROZESS

AUFGABEN:

DATENERFASSUNG, -REDUKTION
ECHTZEITERFASSUNG
SCHALTAUTOMATIK
ERDSCHLUSSUCHE
PROTOKOLLIERUNG
E-SPULEN-ABSTIMMUNG
SCHUTZ

BBC

STATIONSPROZESS

BILD 4

Durch den Einsatz von Mikroprozessoren bietet sich die Möglichkeit, durch dezentrale Intelligenz in Fernwirkknoten und Unterstationen die Netzleitzentrale
zu entlasten und die Fernübertragungswege effektiver zu nutzen.
Die Leitzentrale kann die dezentrale Intelligenz durch Fern-Parametrisierung und DOWN-LINE-LOAD
ING steuern. Funktionen, die in
der Unterstation realisiert werden können, sind

- Datenreduktion durch Alt-Neu-Vergleich und Meldungsverknüpfung und Messwertüberwachung, z. B. Erfassung von "Spontanmesswerten" durch Ueberwachung auf
  Schwellwertüberschreitung, Unterdrückung von Störstellungsmeldungen während
  der Trennerlaufzeit.

- Speicherung von Meldungssequenzen und Messwertverläufen zur Rekonstruktion von
  Vorgängen im Netz. Die Daten können vor Ort oder aus der Leitstelle per Befehl
  abgerufen werden.

- Generierung von Datensätzen mit Angabe der Absolutzeit, um in der Leitstelle Informationen mehrerer Unterstationen einander chronologisch zuordnen zu können.

- Protokollierung wichtiger Informationen in Steuer -und Ueberwachungsrichtung mit
  Uhrzeit und Ereignis.

- Steuern von Schaltsequenzen, die entweder projektiert oder fern-parametrisiert
  sind.

- Automatische Erdschlussuche durch temporäre Schaltmassnahmen.

- Einleitung von Netzschutzreaktionen, um Netzausfälle verhindern zu helfen.

- Die automatische Abstimmung von Erdschluss-Löschspulen zur Kompensation des kapazitiven Anteils des Fehlerstroms bei Erdschluss.

- Auswahl redundanter Uebertragungsstrecken bei hohem Störbelag oder Ausfall einer
  Strecke.

- Die datenbankgerechte Codierung und Decodierung von Informationen in Verbindung
  mit einem leistungsfähigen Kommunikationsprozessor als Schnittstelle zur Leitzentrale.

2. Die Datenbank

Ein Prozess-Datenbank-Verwaltungssystem, hier   kurz Datenbank genannt, hat Aufgaben zu erfüllen, die denen bekannter (kommerzieller) Datenbanksysteme vergleichbar
sind. Gegenüber diesen haben aber einige Eigenschaften ein ganz anderes Gewicht. So
sind etwa für eine Prozess-Datenbank minimale Zugriffszeiten im allgemeinen erheblich wichtiger als ein vollkommener Datenschutz. Man ist deshalb dazu bereit, die
Geschwindigkeit auf Kosten zusätzlicher Sicherheitsprüfungen zu erhöhen und sich
vermehrt auf die Zuverlässigkeit der Anwenderprogramme zu verlassen. Dies ist möglich, weil die Benützer der Datenbank in der Regel lediglich die verschiedenen parallel ablaufenden Rechenprozesse in der Netzleitstelle und den Fernwirkstellen
sind.

2.1   Anforderungen an ein Echtzeit-Datenbanksystem

Die unten erläuterten Anforderungen sind nicht grundsätzlich neu. Es soll aber auf
ihre besondere Bedeutung in der Netzleittechnik eingegengen werden.

- Programmunabhängigkeit der Daten.
  Programme und Daten sollen derart entkoppelt werden, dass die Definition der
  Datenorganisation vom Anwenderprogramm unaghängig wird. Dies ist wichtig, weil
  Netzleitsysteme umfangreiche und verwickelte Software-Systeme sind.

- Unabhängigkeit der Programme von der physikalischen Datenstruktur.
  Die Anwenderprogramme müssen nicht verändert und auch nicht neu übersetzt werden, wenn physikalische Speichermedien ausgetauscht werden. Zudem muss bei einer Reorganisation der Daten nicht wegen der Anwenderprogramme auf die physika-

lischen Aspekte der Datenspeicherung Rücksicht genommen werden.

- Unabhängigkeit der Programme von der logischen Datenstruktur.
Erweiterungen der Datenorganisation haben keinen Einfluss auf bestehende Anwenderprogramme. Diese sind zudem unabhängig von den Zugriffspfaden zu den Daten. Die Entwicklung und die Erweiterung von Netzleitsystemen wird dadurch erheblich erleichtert.

- Datenkonsistenz
Da möglicherweise mehrere parallel laufende Rechnerprozesse zur selben Zeit auf die gleichen Datensätze zugreifen wollen, ist es erforderlich die Konsistenz der Datensätze sicherzustellen. Dies wird dadurch erreicht, dass man zu einer gegebenen Zeit eine bestimmte Kombination von Daten nur von einem Anwenderprogramm modifizieren lässt. Damit wird ein wechselseitiger Ausschluss gewährleistet.

- Datensicherheit.
Die Daten sind zu schützen gegen ungewollte oder mutwillige Verfälschung oder Zerstörung. Da der Zugriff über eine normierte Schnittstelle erfolgt, kann hier leicht ein allgemeiner Schutzmechanismus eingebaut werden.

- Wiederherstellbarkeit.
Ein integrierender Bestandteil der Datenbank sind Möglichkeiten die Daten sicherzustellen und wiederherzustellen. Diese Aufgabe kann durch (periodisches) Herstellen von Kopien oder Auszügen gelöst werden.

- Kontrollierte Datenredundanz.
Die Daten werden grundsätzlich nur einfach gespeichert, es sei denn wichtige technische oder ökonomische Gründe sprächen dagegen.

- Datenschutz.
Obwohl ein Schutz der Daten vor unberechtigten Zugriffen in der Netzleittechnik im allgemeinen nicht die Bedeutung hat wie in kommerziellen Systemen, soll die Datenbank doch die Zugriffsberechtigung der Anwenderprogramme prüfen und einschränken können.

- Dokumentation.
Die Datenbank selbst stellt mit ihrer Datenorganisation einen wesentlichen Teil der Systemdokumentation dar. Um sie sichtbar zu machen muss es jederzeit möglich sein, die Daten und ihre Strukturierung in Form von Listen auszugeben.

- Leistungsfähigkeit.

  Die bisher genannten Erfordernisse verlangen, dass der Zugriff zu den Daten durch die Vermittlung einer zentralen Stelle erfolgt. Dennoch soll kein Zugriff auf Daten in langsamen Speichermedien einen Zugriff auf Daten in schnellen Speichermedien verzögern. Darin liegt ein gewisser Widerspruch. Die Algorithmen für den Datenzugriff müssen den bestmöglichen Kompromiss verwirklichen. Die Leistungsfähigkeit, d.h. in erster Linie das Verhalten unter Echtzeitbedingungen, ist das oberste Entwicklungsziel für eine Prozessdatenbank. Ist sie nicht genügend schnell, so ist sie unbrauchbar.

- Unabhängigkeit von Programmiersprachen.

  Anwenderprogramme in verschiedenen Programmiersprachen sollen mit einfachen Mitteln Datenbankzugriffe machen können. Deshalb wird für jede verwendete Programmiersprache eine passende Schnittstelle zur Verfügung gestellt.

2.2 Die Struktur der Datenbank

Ausgangspunkt für die Realisierung der Datenbank, auf die sich diese Betrachtung stützt [3], war das Relationsmodell [2], weil dieses die Entkopplung von Programmen und Daten mehr fördert als andere Modelle [1]. Dieses wurde allerdings nicht in voller Allgemeinheit verwirklicht aus Rücksicht auf die beschränkte Verfügbarkeit von Speicherplatz und Prozessorzeit in den verwendeten Mini-Rechnern.

Als Grundstruktur wurde die Darstellung der Daten in einer zweidemensionalen Tabelle gewählt. Diese wird "Array" genannt und durch einen Arraynamen identifiziert. Sie besteht aus m Zeilen und n Spalten. Die Spalten werden als "Attribute" bezeichnet und durch ihren Attributnamen identifiziert. Jedes Attribut desselben Arrays besteht aus derselben Anzahl von Datenelementen und alle Datenelemente desselben Attributs haben dieselbe Grösse. Ein Attribut, dessen Datenelemente alle voneinander verschieden sind, kann als Schlüsselattribut herangezogen werden, um mit Hilfe eines Schlüsselwertes eine Zeile innerhalb eines Arrays zu identifizieren. Die betreffende Zeile wird durch einen Suchvorgang ermittelt, bei dem der Schlüsselwert in diesem Schlüsselattribut gesucht wird. Es ist möglich unterschiedliche, der länge der Spalten angepasste Suchmethoden anzuwenden.

Eine Menge von Arrays bildet ein sogenanntes "Schema" und wird durch einen Schemanamen identifiziert. Dabei können die Zahlen m und n für jedes Array individuell gewählt werden (Bild 5). Die Datenbank verwaltet insgesamt eine (innerhalb gewisser Schranken) beliebige Anzahl von Schemas.

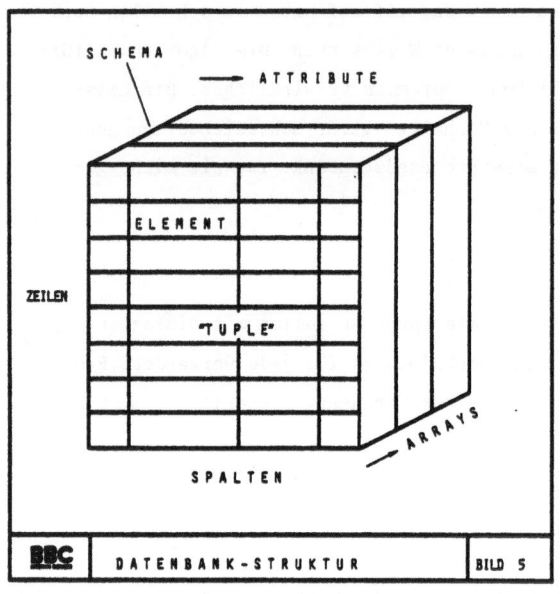

SCHEMA
ATTRIBUTE
ELEMENT
ZEILEN
"TUPLE"
ARRAYS
SPALTEN

BBC DATENBANK-STRUKTUR BILD 5

Die logische Struktur eines Schemas kann in einen dreidimensionalen Würfel eingebettet werden.

Ein Satz von Daten derselben Zeile wird "Tupel" genannt und entspricht einer Relation von Attributen. Ein Tupel kann allein durch Angabe von Schema-, Array- und Schlüsselattributnamen, der anderen Attributnamen (Relation) und des Schlüsselwertes identifiziert werden. Das Anwenderprogramm muss lediglich den Datentyp der Datenelemente kennen, nicht aber die interne Darstellung des verwendeten Schemas.

Die Strukturen und Daten des Prozesses lassen sich mittels dieser Datenorganisation einfach darstellen.

MESSWERT	OBERER GRENZWERT	UNTERER GRENZWERT	MESSWERT TYP	SKALIERUNGS- TYP
2 2 1	2 2 5	2 1 5	K V	1 6

ATTRIBUTE

BBC BEISPIEL ARRAY-ZEILE BILD 6

Eine Zeile eines Arrays vermag die volle Beschreibung eines Objekts (z.B: eines Schalters, eines Messwertes) wiederzugeben.

Die Beschreibung eines Schalters braucht u.a. etwa folgende Attribute: Zustande (ein/aus), Objektidentifikation, Name (für Protokollierung), Stationsreferenz, Abgangsreferenz, Fernwirkadresse, Befehlsadresse, Textreferenz (für Zustand). Die Beschreibung eines Messwertes (Bild 6) braucht u.a. die Attribute: Messwert, oberer Grenzwert, unterer Grenzwert

Skalierungstyp.

Die übergeortneten Strukturen werden durch ganz Arrays beschrieben. Die wichtigsten enthalten folgendes:

- Index-Tabelle (für Objekte, Bilder, Geräte).
- Einfache Objekte (wie messwerte, Schalter, Transformatoren, Zählerstände).
- Uebergeordnete Objekte (wie Abgänge, Stationen).
- Adressen-Umsetzungstabellen
- Tabellen für Leistungs-Frequenz-Regelung.
- Interne Tabellen (für Systemkonfiguration).

2.3 Realisierung der Datenbank

Bei der Realisierung der Datenbank mussten besonders folgende Punkte berücksichtigt werden:

- Bestehende Datenbanksysteme für kommerzielle Anwendungen konnten nur zum Teil herangezogen werden, da ein System für Prozesssteuerung bezüglich Zugriffszeiten besonders harten Anforderungen genügen muss. Dies schliesst eine umfangreiche Vorverarbeitung der Zugriffe aus.

- Das Prozess-Datenbanksystem soll vorwiegend auf Mini-Computern eingesetzt werden. Ausserdem sollte es sowohl für grössere als auch für kleinere Systeme verwendbar sein. Dies ist wichtig, wenn ganze Systemreihen kompatibel gemacht werden sollen.

Ausgehend von dieser Aufgabenstellung bestehen die Zugriffsroutinen aus zwei Teilen (Bild 7):

- Dem sogenannten logischen Teil, wo die physikalischen Adressen mit Hilfe eines Suchvorgangs nacheinander in den Schema-, Array -und Attributverzeichnissen ermittelt werden. Dieser Teil enthält auch einfache Optimierungen für den Datenzugriff mit dem Ziel, möglichst wenige Zugriffe zum Plattenspeicher zu veranlassen. Es können dabei wahlweise verschiedene Suchverfahren (lineares Suchen, Hash-Tabellen) angewandt werden.

- Dem sogenannten physikalischen Teil, wo die Daten möglichst effektiv trans-

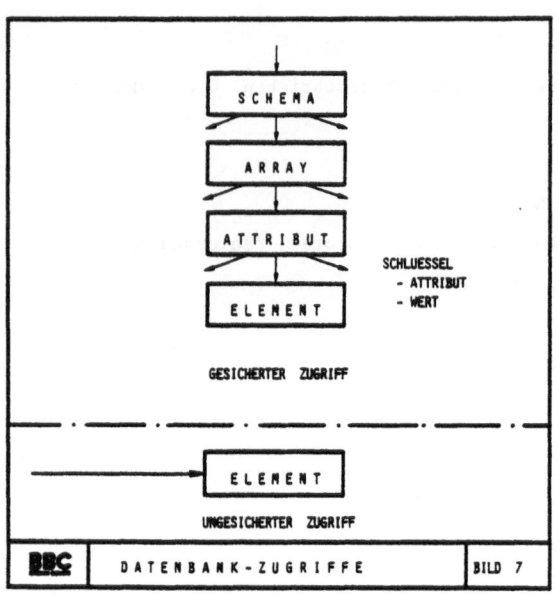

feriert werden. Spezielle Massnahmen gewährleisten hier die Datenkonsistenz (Verriegelung der
benötigten Hauptspeicherbereiche)

Die erreichbaren Zugriffszeiten
sind stark abhängig von der verfügbaren Hardware und der (physikalischen) Strukturierung der
Daten, auf die der Datenbank-
Administrator einen wesentlichen
Einfluss hat. So können etwa die
Datenelemente eines Arrays ganz
oder nur teilweise spalten -oder
zeilenweise zusammenhängend gespeichert werden.

Für normale (gesicherte) Zugriffe zu einem Tuple liegen die beobachteten Zeiten
zwischen 100ms und 8ms. Die langen Zeiten werden verursacht durch die Verwendung
relativ langsamer Plattenspeicher. Für einige besondere Anwenderprogramme sind diese
Zeiten noch zu lang. Diese können mit Unterstützung der Datenbank direkte (ungesich-
erte) Zugriffe ausführen, wodurch Zugriffszeiten im Bereich von 100μs und 10μs erreichbar sind.

Der Hauptspeicherbedarf für das Datenbankverwaltungssystem (ausschliesslich der Daten selbst) ist etwa gleich dem des Dateiverwaltungssystems des verwendeten Betriebssystems und damit relativ klein. Für die Daten jedoch wird ein erheblicher
Teil des noch verfügbaren Hauptspeichers benötigt, wenn die Zugriffszeiten klein
gehalten werden sollen.

Die Menge der für eine Netzleitstelle gespeicherten Daten liegt (ausgedrückt in Begriffen der Datenbank) in der Grössenordnung von einigen Schemas, dutzenden von
Arrays, hunderten von Attributen und tausenden von Zeilen. Dies entspricht total
einigen MBytes (Sekundaer-) Speicherbedarf.

Eine besondere Stellung nehmen die Datenbank-Dienstprogramme ein. Ihre grosse Bedeutung wurde schon während der Entwicklung festgestellt. Diese Programme, die oft
wesentlich kompliziertere Operationen ausführen als das zentrale Datenbanksystem,

tragen dazu bei, dass die Zugriffsroutinen klein und schnell werden. Ein typisches
Beispiel dafür ist der Schemagenerator, der alle Datenbereiche reserviert und die
Schema-, Array- und Attributverzeichnisse aufbaut. Da auch die Beschreibungen dieser Verzeichnisse in der Datenbank selbst gespeichert sind, können diese Operationen allein mit Hilfe von Datenbankzugriffen ausgeführt werden, ohne das Datenbanksystem ausser Betrieb zu nehmen. Da dieses Programm nur läuft, wenn die Datenstruktur geändert wird, lassen sich zahlreiche und aufwendige Tests und Optimierungen
ohne weiteres ausführen. Aehnliches gilt für das Laden von Initialwerten und anderen
Daten in die Datenbank.

3. Die Fernwirkstation als Teil des Datenhaltungssystems

3.1 Anforderungen an das Kommunikationssystem

Die Fähigkeit des Datenbanksystems kann nur effektiv genutzt werden, wenn sein Da-
tenbestand eine hohe Aktualität besitzt, wenn z.B. alle für eine Verarbeitung relevanten Daten einer Zeitscheibe von 2...10s entstammen. Voraussetzung hierfür ist
ein leistungsfähiges Kommunikationssystem:

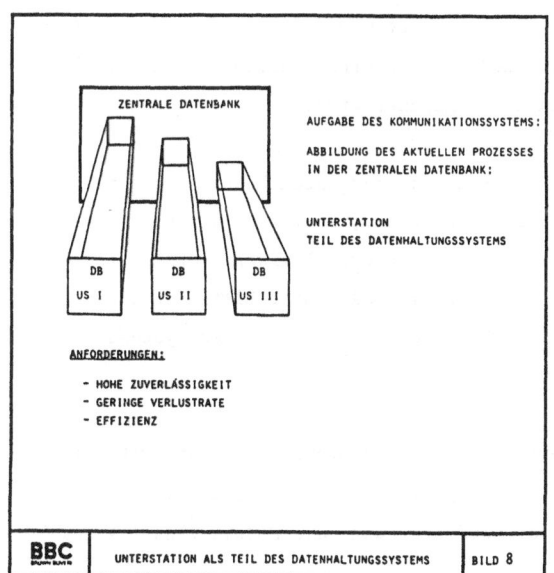

- Die Zuverlässigkeit muss hoch
  sein. Eine Restfehlerwahrschein-
  lichkeit von ca. 10^{-7} ist bereits erreicht, 10^{-12} sollte
  ohne Reduktion der Netto-Da-
  tenübertragungsrate mit vertretbarem Aufwand realisiert werden
  können.

- Die Verlustrate muss gering
  sein. Sie sollte nicht grösser
  sein als die Restfehlerwahr-
  scheinlichkeit.

- Die Uebertragungseffizienz
  muss hoch sein; die Bandbreite
  der Kanäle sollte ausgenutzt
  werden. Uebertragungsgeschwin-
  digkeiten von 200...600 bit/s

sind Standard, in Stadtnetzen wird bereits mit 4800 bit/s gearbeitet.

Unter Berücksichtigung der gegebenen Eigenschaften des Netzwerks müssen diese Anforderungen in grösstmöglichem Masse erfüllt werden, wenn der Prozesszustand am
FRONT-END-System schnell und fehlerfrei abgebildet werden soll (Bild 8); für die
Aktualität der Daten im Datenbanksystem ist die Art und Dauer des Zugriffs von entscheidender Bedeutung, da Datenbank-Zugriffe in der Regel sequentiell ablaufen müssen, während die Fernübertragung z.B. in Sternnetzen parallel erfolgen kann.

3.2 Adressebenen und Adresstransformation

Datenbank-Zugriffe können durch die vorgeschalteten und dezentralen Systeme durch
Vorverarbeitung der Daten erleichtert werden:

- Die Beschränkung auf die Uebertragung "neuer Daten" minimiert die Anzahl der
  Datenbank-Zugriffe. Die Generalabfrage erfordert hier eine besondere Behandlung!

- Die Qualität der Identifikation der Daten, d.h. des Identifikationsteils der Datensätze bestimmt die Art und damit die Dauer des Datenbank-Zugriffs.

- Eine an der projektierten physikalischen Datenbankstruktur orientierte Blockbil-
  dung erleichtert sequentielle Datenbank-Zugriffe. Die Unterstation kann als Teil
  des Datenhaltungssystems der Leitstelle betrachtet werden, wenn schon hier die
  erfassten Informationen "datenbankgerecht" aufgearbeitet werden, indem z.B. ihre
  Identifikation der Struktur der Datenbank angepasst wird.

Da am Ort ihrer Entstehung nur die "Hardware"-Adresse der Daten bekannt ist, z.B.
Etagen-Nr., Modul-Nr., Bit- bzw. Mess- oder Zählwert-Nr., so ist es sinnvoll, neben
dieser physikalischen Adressebene eine datenbankorientierte logische vorzusehen
(Bild 9). Ob die Adresstransformation über Algorithmen oder über Listen erfolgt,
wird in erheblichem Masse durch die Hardware-Struktur des eingesetzten Systems bestimmt.

Die Transformation mittels Algorithmus ermöglicht zwar "automatische" Systemkonfigurationen und vereinfacht die Dateneingabe (Rangierlisten sind von minimaler Länge)
führt jedoch zu geringer Packungsdichte der Hardware, wenn die Moduladressen steck-
platzorientiert sind.

Beispiele für Funktionen in getrennten Adressebenen sind in Bild 10 dargestellt:
Trennermeldungen werden nach digitaler Filterung mit ihrer physikalischen Adresse

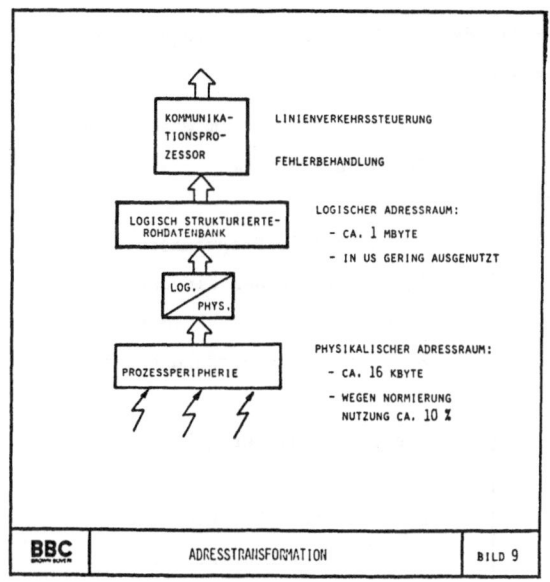

erfasst und in einem Puffer gespeichert.

Aufgrund der zugehörigen logischen Adresse werden Zusammenhänge mit eventuell gerade laufenden Schaltvorgängen erkannt:

- Die Störstellungsmeldung eines
  Trenners, der seine Endstellung
  noch nicht erreicht hat, wird
  unterdrückt.

- Durch Befehlsabsteuerung nach
  Erkennen der Endstellung wird
  die Befehlsausgabe (in der aus
  Sicherheitsgründen zu einer
  Zeit nur ein Befehl zugelassen
  wird) effektiv genutzt.

- Die Störstellung wird übertragen, wenn die Befehlsausgabe-
  zeit für das Erreichen der
  Endstellung nicht ausreicht.

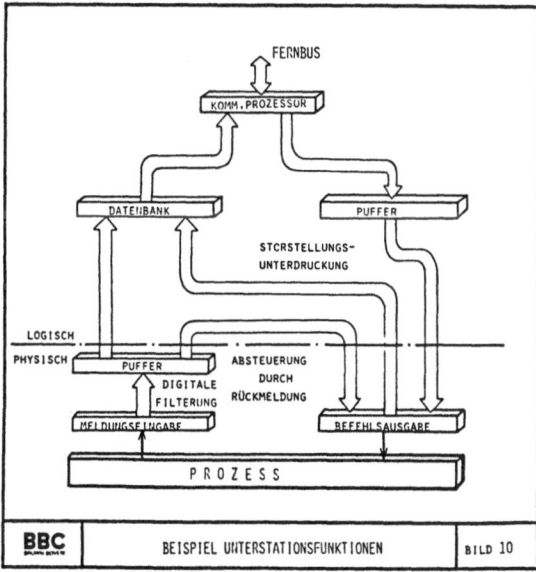

3.3 Aufwand zur Implementierung der Adressebenen

Der Aufwand, der in einer Unterstation für die datenbankgerechte Aufbereitung der
Daten erforderlich ist, ist in Bild 11 dargestellt.

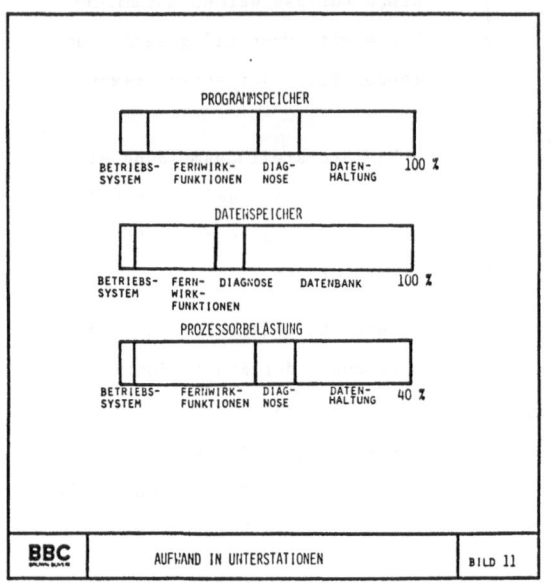

Die Angaben sind im wesentlichen
Erfahrungswerte.

Der Anteil im Programmspeicher
ist stark von den eingesetzten
"intelligenten" Funktionen abhängig; bei Beschränkung auf die
konventionellen Fernwirkfunktio-
nen ist er sicherlich geringer.

Der benötigte Datenspeicher –
Speicher für Listen, Parameter
und Variable – wird durch datenbankorientierte Listen und In-
formationspuffer stark ausgedehnt.

Der Einfluss der Adresstransformation auf die Prozessorbelastung ist – wie der auf
den Programmspeicher – von den implementierten Fähigkeiten abhängig. Die Darstellung gilt für die in Bild 10 dargestellten Funktionen.

Literatur

1. D.C. Tsichritzis, F.M. Lochowski:
    Hierarchical data-base management.
    ACM Computing Surveys 8 1976(1)5.102-124

2. D.D. Chamberlain:
    Relational data-base management systems.
    ACM Computing Surveys 8 1976(1)5.43-66

3. H. Koller, K. Frühauf:
    Datenbank-Verwaltungssystem PRIMO.
    Brown Boveri Mitteilungen 3/1976,Bd.66,S.204-209

DEZENTRALE AUTOMATISIERUNGSSYSTEME IN DER CHEMISCHEN INDUSTRIE

ANFORDERUNGEN UND PRAXIS

DISTRIBUTED PROCESS-CONTROL SYSTEMS IN THE CHEMICAL INDUSTRY

USER REQUIREMENTS AND PRACTICAL ASPECTS

M. Brombacher

IN PLT-PST, Bayer AG

5090 Leverkusen

1. Anforderungen

Der Entwickler von integrierten Automatisierungssystemen zur Steuerung, Führung und Verwaltung von Produktionsanlagen bzw. -betrieben hat es nicht leicht. Auch wenn er sich bei der Konzeptfindung nur auf die Belange der chemischen Industrie beschränkt, sind die Anforderungen vielfältig, je nachdem ob sie
- vom Ingenieur
- vom Betreiber der Anlage
- oder vom Prozeß selbst
gestellt werden.

1.1 Anforderungen des Ingenieurs

Ein optimal strukturiertes System muß dem Ingenieur bei stetig wachsender Komplexität der Aufgabenstellung die Arbeit erleichtern. Das beginnt bereits in der Periode der Planung, wo es zunächst darauf ankommt, das Konzept zu finden, das auch realisierbar ist. Es ist Aufgabe des Herstellers, dem Anwender Richtlinien zur Auslegung von Subsystemen, von zentralen Kommunikationseinheiten und deren Datenverbindungen in die Hand zu geben. Simulationsprogramme, die auf EDV-Anlagen laufen und den zu erwartenden Datenverkehr transparenter erscheinen lassen, decken rechtzeitig Schwachstellen des Konzepts auf und sind bei großen, insbesondere mit Buskopplungen ausgestatteten Systemen unverzichtbar. Außerdem wird durch solche Aussagen deutlich, wie nahe sich das geplante System an der oberen

Grenze der Ausbaufühigkeit befindet. Eine ausgereizte Konfiguration im Stadium der Planung führt zumindest längerfristig zu einem unzufriedenen Betriebsleiter und damit zu einer erheblichen Schmälerung des Erfolgs. Man sollte u. E. eine Reserve in der Erweiterbarkeit von ca. 20 % der beabsichtigten Auslegung nicht unterschreiten!

Erweiterungen sind erfahrungsgemäß leichter durchführbar, wenn der Planer systemkonforme Komponenten berücksichtigt, d. h. den Hersteller beibehält. Von einem neuen Konzept wird aber verlangt, daß es "offen" ist auch für die Integration von Fremdeinheiten. Geeignete Schnittstellen auf prozeduraler oder gar auf logischer Ebene stehen bisher nicht zur Verfügung, alles Gebotene erfordert ein qualifiziertes und langwieriges Engagement des Anwenders (u. U. Mannjahre), von Standardlösungen ist man weit entfernt, eine Situation, die auf Dauer nicht akzeptiert werden kann.

Der Wunsch des planenden Ingenieurs nach Unterstützung des Systems bei der Konfigurierung der Standardfunktionen zur Prozeßführung leitet über in die Realisierungsphase. Wichtig ist die Möglichkeit der Rückwärtsdokumentation von im Speicher aufgesetzten Konfigurationsdaten für Überwachungs-, Steuer- und Regelalgorithmen einschließlich ihrer Parameter in der Sprache des nicht in der Programmierung unterwiesenen Meß- und Regeltechnikers. Das gilt insbesondere für den Fall eingebrachter Änderungen, um in dieser hektischen Periode den Überblick zu behalten bzw. stets auf dem laufenden zu sein. Vorausgesetzt sei hier, daß neben der hierarchischen Strukturierung des Systems auch eine hierarchische Handhabung gewährleistet ist. Die PR-Konzepte der vergangenen Jahre mit ihren zentral konzentrierten universal-intelligenten Einheiten hatten durchweg den Nachteil, daß der Erfolg nur mit Spezialistengruppen zu gewährleisten war. Ein Durchbruch des PR auf breiter Front kam durch den Mangel an derart qualifiziertem Personal nicht zustande. Die bestehende Personalstruktur in den Automatisierungsabteilungen (ein PR-Spezialist steht etwa 7 - 8 MSR-Technikern gegenüber) zwingt dazu, Arbeiten mit dediziertem Charakter zu delegieren. Die Standardfunktionen der Überwachung und Regelung bereiten in dieser Hinsicht kaum Schwierigkeiten, ungünstiger stellt sich der Steuerungsbereich dar. Die Primitivbefehle zur Verriegelung und Ablaufsteuerung und ihre lineare Zusammenstellung zu einem Programm reichen häufig nicht aus, um diesbezügliche Aufgabenstellungen in der Chemie zu bewältigen (siehe später).

Schon während der Inbetriebnahme, spätestens aber nach Übergabe an die Produktion, wird der Ingenieur mit den harten Bedingungen bei der Störungslokalisierung und -beseitigung konfrontiert. Jeder gewachsene PR-Spezialist, der ein großes zentrales PR-system in Betrieb gesetzt hat, fürchtet die sporadisch wiederkehrenden Fehler, deren Ursache er oft nur mit genialen Softwarefallen aufspüren kann. Hard- oder Software, wo liegt die Quelle, eine Frage, die meist erst dann mit Sicherheit beantwortet werden kann, wenn das Rätsel gelöst ist. Diesen Mißstand zu mildern, das ist eine der vornehmsten Aufgaben der dezentralen Systemtechnik. Die Fehlersuche kann durch eine geeignete on-line-Selbstdiagnose wirksam unterstützt werden. Sie ist selbstverständlich im Bereich der Kopplung, aber auch zweckmäßig zur Überprüfung der Einzelelemente, unterstützt in kritischen Fällen durch eingeplante Redundanzen. Softwarefehler bleiben beschränkt auf die universell programmierten Einheiten, deren geringere Komplexität und höhere Transparenz die Wahrscheinlichkeit dieser Fehlerart verringert. Es wäre wünschenswert, wenn das Systemkonzept auftretende Fehler über eine begrenzte Zeit hinweg mit u. U. gewissen Einschränkungen für die Produktion tolerieren kann, um die Reparatur in diesen Grenzen disponibel zu halten.

Wenn die Fehlerhäufigkeit eines elektronischen Systems durch Alterungserscheinungen ansteigt, was mittlerweile sich für die Prozeßrechner der ersten Stunde in einzelnen Fällen ankündigt, dann ist es hohe Zeit, die Ablösung vorzubereiten. Bei zentralen, universell programmierten, großen Systemen dürfte diese Aktion den Ingenieur vor schwierige Aufgaben stellen, da ein einfacher Hardwareaustausch in der Regel wegen der Inkompatibilität der Software nicht infrage kommt. Andererseits fehlt aber die Zeit, um ein neues Softwaresystem in moderner Hardware aufzubauen, da die Anlage die Elektronik überlebt und der Betrieb die Produktion nicht für eine längere Phase unterbrechen kann. Hinzu kommt, daß die alten 24-Bit-Maschinen in Maschinensprache so optimal programmiert sind, daß eine vollständige Übertragung des Aufgabenvolumens auf neue Hardware und eine höhere Sprache unter Beibehaltung der Systemstruktur die Rechnerleistung überfordern kann. Aus diesen Erfahrungen heraus erscheint es mehr als gerechtfertigt, wenn der anwendende Ingenieur eine gewisse Zukunftssicherheit von einem neu konzipierten System verlangt. Es muß gewährleistet sein, daß ein Systemkonzept die Lebensdauer einer Anlage kompatibel übersteht.

1.2 Anforderungen des Betreibers

Der Betreiber, dem im Gegensatz zum Ingenieur das Verständnis der systeminternen Abläufe fehlt, hat primäres Interesse daran, daß sein Betrieb zuverlässig arbeitet, sein Prozeß im Normal- und insbesondere im Störfall einfach und sicher bedient werden kann. Redundante Auslegung zumindest der kritischen Einheiten scheitert heute nicht mehr an der Kostenfrage, die Frage stellt sich vielmehr, welche Art von Redundanz ist optimal. Wenn wir von Sicherheitsaspekten einmal absehen, können wir uns zunächst auf die Hardwareredundanz beschränken. Aktive oder funktionsbeteiligte Redundanz wird vermutlich auf die intelligenteren Einheiten beschränkt bleiben, während passive Redundanz für dedizierte Einheiten der einfachere Weg sein dürfte. Zu berücksichtigen ist, daß nicht nur Regelungen, sondern auch Ablaufsteuerungen in diese Überlegungen miteinzubeziehen sind. Welche Automatisierungsfunktion mit welchem Redundanzgrad auszurüsten ist, hängt vom jeweiligen Anwendungsfall ab und muß mit dem Betreiber der Anlage sorgfältig erörtert werden. Selbstverständlich wird die zentrale Bedienung immer doppelt auszulegen sein, da konventionelle Fließbilder auf Dauer gesehen auf ein Minimum reduziert werden. An die Bedienung von Prozessen über alphanumerische oder grafische Bildschirmgeräte wird man sich in der Chemie gewöhnen können, wenn man robuste, vereinfachte Funktionstastaturen vorsieht. Der Lichtgriffel dürfte nach unserem Dafürhalten nicht das geeignete Instrument sein, um die früheren Fließbildtasten zu ersetzen. Wohl aber wird er für die Phase der interaktiven Bildkonstruktion unentbehrlich bleiben. Die Erfahrung mit bisherigen Farbbildschirmen in Betrieben im Verbund mit einem Rechner zeigt, daß aktuelle Fließbilddarstellung nur in der Anfahrphase oder zur Einarbeitung neuen Bedienungspersonals unverzichtbar ist, daß eingearbeitetes Personal aber die kompakte Aussage der alphanumerischen Darstellung vorzieht. Das mag natürlich teilweise damit zusammenhängen, daß die bisherigen Installationen nicht dem heutigen technischen Stand entsprechen.

Ein letztes Anliegen des Betreibers liegt in der Beherrschung von Störungssituationen begründet. Durch die mangelnde Systemkenntnis drängt sich dem Betreiber leicht das Gefühl der Unsicherheit und Hilflosigkeit auf, wenn unvorhersehbare Störungen im Automatiksystem seine Aufmerksamkeit erfordern. Er muß in der Lage sein, die Störungsmeldung grob zu interpretieren, um Rückschlüsse auf die Bedienung des Prozesses ziehen zu können. Unterschiedliche Bedienungskonzepte im Normal- und Störfall sind dem Anlagenfahrer schwer verständlich zu machen und sollten nur für den Extremfall vorgesehen werden.

1.3 Anforderungen der Prozesse

Der wirkungsvolle Einsatz verteilter Betriebsmittel in chemischen Produktionsanlagen hängt nicht zuletzt ab von deren verfahrenstechnischer/-ablauforganisatorischer Struktur, die durch eine mehr oder weniger intensive Kooperation zwischen Verfahrens- und Automatikingenieur beeinflußt werden kann. Es gibt in der Chemie im wesentlichen drei verschiedene Kategorien von Prozessen, die im Hinblick auf ihre Automatisierung unterschiedliche Anforderungen stellen. Im Chargenprozeß werden in der Regel in Mehrzweckapparaturen mehrere unterschiedliche Produkte nach vorgegebenen Rezepturen hergestellt. Einer konsequenten dezentralen Automatisierung steht hier häufig die zunächst kostensparende Tatsache im Wege, daß die Produktionseinheiten sich gemeinsamer Betriebsmittel bedienen. Bild 1 zeigt einen typischen Chargenprozeß dieser Art.

Aus einem gemeinsamen Einsatzstofflager werden gemeinsame Wiegestationen zur Dosierung der Komponenten beaufschlagt, um die Reaktoren zu speisen, aus denen heraus das Produkt mit Hilfe gemeinsamer Abfüllstationen versandbereit gemacht wird. Um bei parallel laufenden Rezepturen die einzelnen Apparate zeitlich und unter Berücksichtigung von Produktverträglichkeiten optimal einzusetzen, bedarf es einer zentralen intelligenten Koordinierungsfunktion.

Im Vergleich mit dem Chargenprozeß verlangt die Konti-Anlage mit ihrem Einproduktausgang einen vergleichsweise geringen Steuerungsaufwand, es sei denn, die gefahrene Last wird an den jeweiligen Bedarf angepaßt oder die Anlage wird häufig an- bzw. abgefahren. Wir nennen dies die Betriebsartensteuerung, ein Aufgabenkomplex, der ebenfalls nur über eine Zentrale sinnvoll dirigiert und bedient werden kann. Für eine vorliegende Anlage werden bestimmte Betriebsarten wie Vorbereiten, Anfahren mit Produkt, Normalbetrieb, Laständerung, Unterbrechung, Weiterfahren nach Unterbrechung, Abfahren definiert, die dem Automatiksystem über Rückmeldungen oder Bedienereingaben mitgeteilt werden. Hinter jeder Betriebsart verbirgt sich eine Strategie zum Erreichen des beabsichtigten Zielzustands, die sich über alle Verfahrensabschnitte erstreckt und damit den gesamten Prozeß im Blickfeld haben muß. Im Gegensatz zur Apparatekoordinierung im Batch-Prozeß

wird die Betriebsartensteuerung allerdings nur selten aktiviert, da eine Konti-
Anlage im Normalbetrieb Strich fährt. Hierzu genügt eine mehr oder weniger
fortgeschrittene Regelung und Überwachung, deren Zuverlässigkeit sich durch
verteilte Anordnung erhöhen läßt.

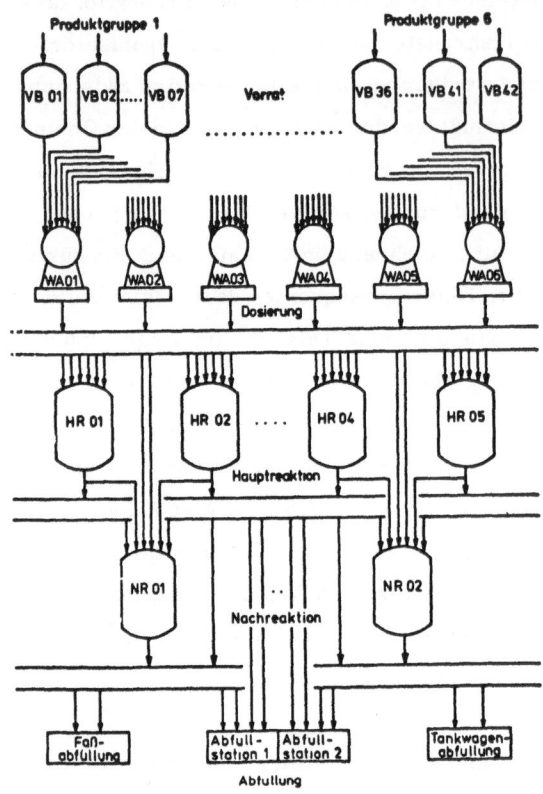

Chargenprozeß mit gemeinsamen Betriebsmitteln

Bild 1

Wiederum andere Forderungen liegen vor, wenn der Ingenieur im Vorfeld der
Produktion, nämlich im Technikum oder gar im Labormaßstab automatisiert. Ein
Technikum besteht überwiegend aus einer Vielzahl von autarken Pilotanlagen kleineren Formats, die dazu geeignet sind, Teilprozesse einer geplanten Produktion
für dieselbe vorzubereiten. Die Lebensdauer solcher Anlagen ist beschränkt und
liegt im Mittel bei 1 - 2 Jahren, der Betrieb erfolgt sporadisch je nach Bedarf
des betreuenden Chemikers. Das Automatisierungssystem muß also in der Lage
sein, kleine Anlagen über vergleichsweise kurze Perioden mit hohem Komfort vor

Ort steuer- und regeltechnisch bedienbar zu machen. Für eine Auslegung sind
zudem die Bedingungen des Explosionsschutzes zu berücksichtigen.

Die Automatisierung des Chargen- und Konti-Prozesses in Produktion und Techni-
kum, die auch kombiniert auftreten können, ist also primär das Revier des Meß-,
Steuer- und Regelungsspezialisten. Dagegen setzen Vorhaben aus dem Bereich
der Pharmazeutischen- oder z. T. auch der Farbenproduktion anders gelagerte
Schwerpunkte. Hier werden in vielstufigen Fertigungsprozessen (z. B. Mahlen,
Sieben, Wiegen, Mischen, Granulieren, Tablettieren ...) vergleichsweise geringe
Mengen zu hochwertigen Produkten veredelt, wobei der Grad der Mechanisierung/
Automatisierung innerhalb der einzelnen Stufen sehr unterschiedlich sein kann.

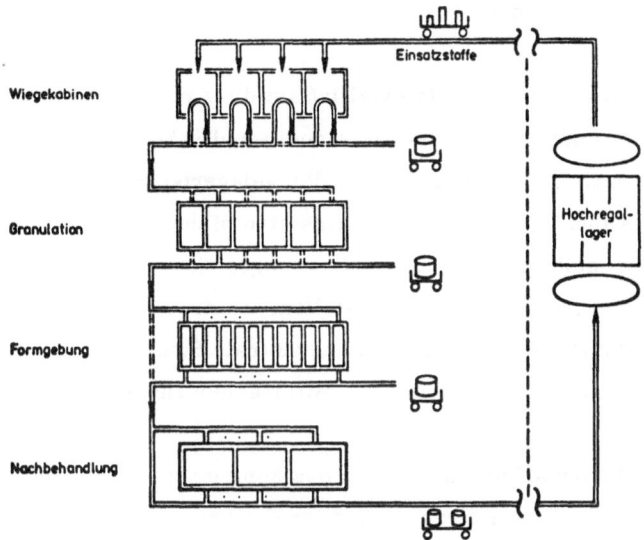

Vereinfachte Struktur eines Fertigungsbetriebs

Bild 2

Bild 2 zeigt in vereinfachter Form die Struktur eines solchen Fertigungsprozesses
aus der Pharma-Sparte. Nach vorgegebenen Rezepturen errechnet, werden die
Einsatzstoffmengen in bestimmten Losgrößen vom Lager in die Wiegezentrale
transportiert und dort hintereinander in einen Container verwogen. Das so nach
Rezept zusammengestellte neue Produkt wird nun wahlweise mehreren Fertigungs-
stufen unterworfen, z. B. der Granulierung, Tablettierung und Lackierung und gelangt anschließend über das Lager in die Verpackungsstraßen. Es ist Aufgabe der

Automatisierung eines solchen Betriebes, den Wiegevorgang auf Vollständigkeit und Richtigkeit zu überprüfen und den Produktfluß zu verfolgen und zu dokumentieren. Hinzu kommt die Disposition der Apparate nach vorgegebenen Kriterien, die Verwaltung der Rezepte und Aufträge und die Erstellung des betrieblichen Mengengerüsts. Die effektivste Unterstützung eines solchen Betriebsbereiches erwächst aus der planvollen Nutzung der Datentechnik zur Begrenzung und Kontrolle der Datenflut, ein Aufgabengebiet, das allzu leichtfertig in die unmittelbare Nähe der administrativen Datenverarbeitung gerückt wird. Dezentral wird erfaßt und geprüft, zentral wird verarbeitet und überwacht. Ohne Zweifel verfügt ein solches System über Schnittstellen zu übergeordneten Datenkreisen im Rechenzentrum, deren logischer Inhalt unter gebührender Berücksichtigung betrieblicher Gesichtspunkte sehr sorgfältig abgestimmt werden muß.

Entscheidend beteiligt an einem optimalen Materialfluß ist die Art der Lagerung von Einsatzstoffen, Zwischen- oder Endprodukten, wobei ein direkter Zugriff des Betriebs bestehen muß. Je nach Umfang und Vielfalt der gelagerten Materialien, geforderten Umschlagsziffern und Kommissioniertätigkeiten bilden solche Läger (meist in Hochregalbauweise) selbständige Automatisierungseinheiten mit sehr komplexem Innenleben und anspruchsvollen Schnittstellen. Zentrale Verwaltung der Bestände und Aufträge für Ein/Auslagerung und dezentrale Steuerung der Förderabschnitte und Fördermittel hängen sehr eng miteinander zusammen.

Bild 3 zeigt den Daten- und Materialfluß innerhalb eines komplexen Hochregallagers in Leverkusen. Die ankommende Warenlieferung wird im Einlagergondelkreis identifiziert und in den Bestand aufgenommen. Auslageraufträge werden so zusammengestellt, daß die zu kommissionierende Ware möglichst gering bleibt (Kommissionierung bedeutet Anbruch von Lagereinheiten). Förderwege und Fördermittel sind so festzulegen, daß das Lager die optimale Umschlagsziffer erreicht.

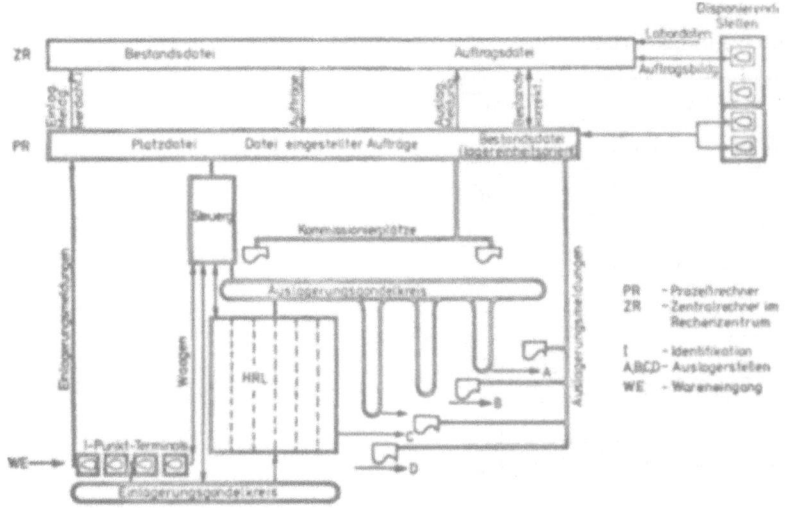

Rechnergestütztes Hochregallagersystem

Bild 3

2. Praxis

Wie stellen sich nun die Realisierungskonzepte in der Chemie aus dem Blickwinkel unseres Hauses in der vergangenen und gegenwärtigen Praxis dar, welche Trends werden sich in der näheren Zukunft durchsetzen?

Bild 4 zeigt die hierarchische Rechnerstruktur, wie sie für die Sparten der Bayer AG vorgesehen ist. Die dem Prozeß am nächsten gelegene Ebene 4 enthält die Elemente der Erfassung, Überwachung, Steuerung und/oder Regelung, die für den kontrollierten Prozeßablauf unverzichtbar sind. Dedizierte Mikrorechner oder auch universell programmierbare Prozeßrechner kommen hier zum Einsatz. Darüber in der Ebene 3 zeichnet innerhalb desselben Betriebs oder Betriebsbereichs der Leitrechner für Koordinierungszwecke und für Aufgaben der Betriebsleitung verantwortlich. Leitrechner entstammen in der Regel der Prozeßrechnerkategorie und befriedigen das betriebliche Informationsbedürfnis, ohne den Blick zum Prozeß zu verlieren. Leit- und Steuersysteme zusammen bilden das Automatisierungskonzept eines Betriebes, sie werden von Ingenieuren aufgebaut und gepflegt. Oberhalb der Leitebene übernimmt der verlängerte Arm des Rechen-

Rechnerhierarchie in der Produktion

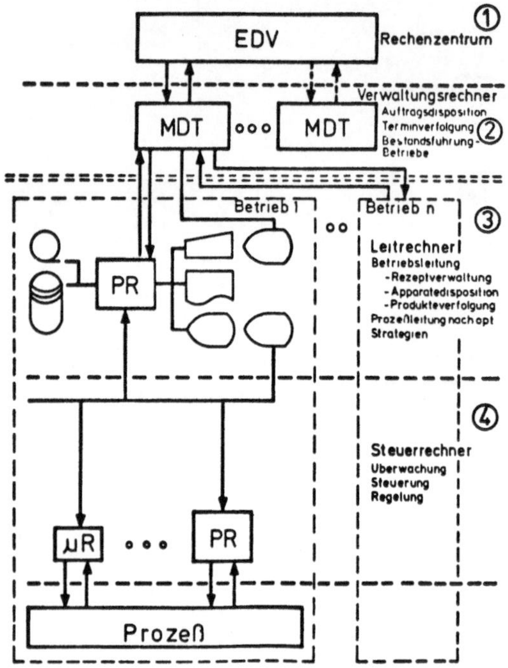

Bild 4

zentrums die ausgelagerten Verwaltungsaufgaben; man bedient sich häufig der Einheiten der mittleren Datentechnik (MDT), da sie sich einfacher in die Groß-rechner integrieren lassen als dies für Prozeßrechner der Fall ist, und da sie die geeignete Softwareunterstützung bieten.

In Ermangelung Bus-orientierter Systeme mit verteilten Einheiten wurden in der Vergangenheit bis heute ausschließlich universelle PR-systeme im hierarchischen Verbund mit einer unterlagerten konventionellen Ebene oder einem oder mehreren unterlagerten Prozeßrechnern desselben Typs in Sternkopplung eingesetzt. Be-liebt und demzufolge häufig anzutreffen sind die sog. Überwachungsrechner mit Bildschirmkommunikation und Protokolliermöglichkeiten, die durch konven-tionelle, naturgemäß dezentrale Techniken - von closed loop-Aufgaben entlastet - risiko- und mühelos in Betrieb genommen und gehalten werden können. In einer

fortgeschrittenen Einsatzstufe kommen Aufgaben der Sollwertvorgabe nach vorgegebenen Strategien hinzu, z. B. im Zusammenhang mit der Betriebsartensteuerung
bei Konti-Anlagen. In beiden Fällen ist es möglich, auf den PR zeitweise zu verzichten, ohne die Produktion ernsthaft zu beeinträchtigen.

Eine höhere Eindringtiefe des PR erreicht man bei Chargenprozessen, da dort in
vielen Fällen die Möglichkeit des Einfrierens der Reaktion besteht, ohne die Charge
zu gefährden. Hierarchische Zweirechnerkonzepte (Bild 5) mit Vordergrundrech-
ner für die Erfassung, Sequenzsteuerung und Regelung und dazu kompatiblem

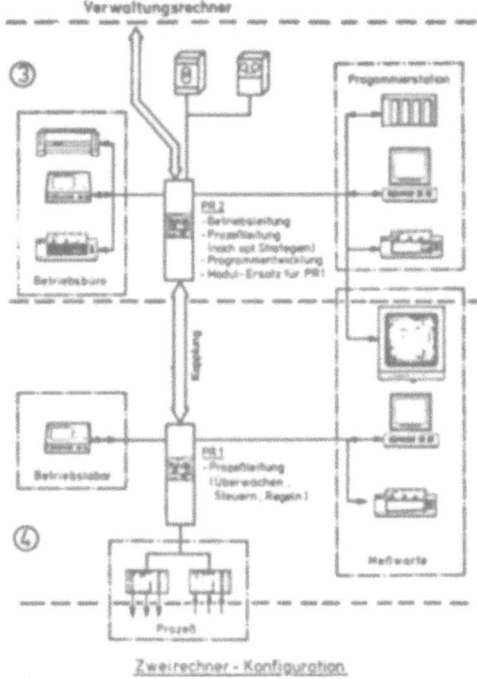

Bild 5

Hintergrundrechner für die Rezeptverwaltung und Mengenbilanz wurden mehrfach
realisiert. Im Vordergrund bearbeitet PR 1 mit hoher Verfügbarkeit (hauptspeicher-
resident) die besonders zeitkritischen Aufgaben der Ebene 4. Ohne PR 1 ist eine
sinnvolle Produktion nicht gewährleistet. PR 2 unterstützt Massenspeicher und
hält somit Teile niedrigerer Verfügbarkeit vom Prozeß fern. Er bezieht seine

Prozeßinformation über die Kopplung und dient zusätzlich zur Entwicklung ergänzender Programme bei laufender Produktion, ohne diese zu beeinträchtigen, und
bis zu einem gewissen Grad als lebendiges Ersatzteillager für PR 1. Eine automatische Umschaltung ist nicht vorgesehen. In konsequenter Fortsetzung dieser
Konzeption bietet es sich an, den PR 1 in mehrere kleinere, aber ebenso intelligente Einheiten aufzuspalten, um daraus ein verteiltes PR-system mit geteiltem
Ausfallrisiko zu erhalten. Wie bereits erwähnt, ist eine solche Vorgehensweise
nicht immer zweckmäßig.

Diese Konzepte einschließlich der prozeßnahen Kopplung und der erforderlichen
Anwenderstandardpakete zählen heute zum PR-standard. Mehr Aufwand an individueller Programmierung erfordern die Systeme, die im Fertigungsbereich oder
im Lagerwesen zu installieren sind.

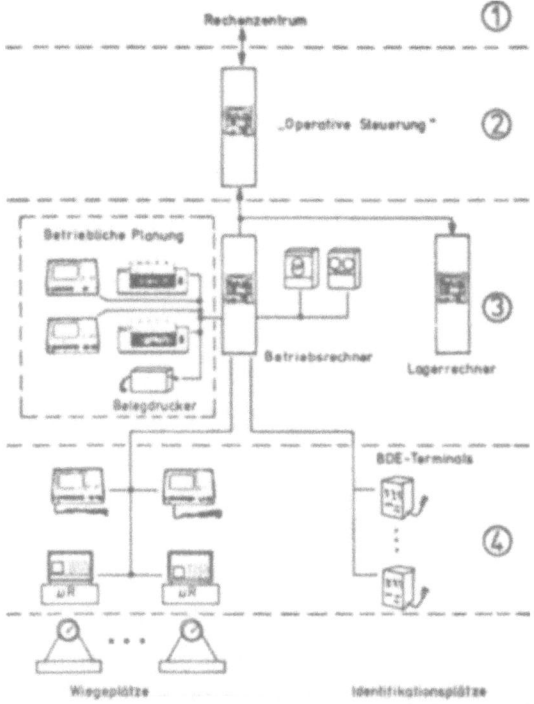

Betriebsrechnerkonzept im PH-Fertigungsbetrieb

Bild 6

Bild 6 zeigt das sog. Betriebsrechnerkonzept im oben genannten Pharma-Ferti-
gungsbetrieb, in dem sich ebenfalls die traditionelle Ebenenstruktur wiederfindet.
Die Ebene 4 enthält hier im wesentlichen Erfassungsfunktionen, die automatisch
(Wiegedaten) oder auch manuell (Identifikationsdaten) realisiert sind. Der Leitrechner übernimmt als Betriebsrechner die gesamte Datenmanipulation und unterstützt das damit verbundene Beleg- und Dokumentationswesen. Er verfügt über
Dateien, in denen Rezepturen, Aufträge und Produktbewegungen aktualisiert werden und kontrolliert die Wiegeoperationen und andere Verarbeitungsschritte
durch Vergleich mit den vorgegebenen Rezepturen. Infolge der einfachen, weitgehend standardisierten Schnittstelle zu Ebene 4 kommt als Leitrechner auch ein
MDT-System infrage, welches mit dem der Ebene 2 vergleichbar sein kann. Die
sog. "Operative Steuerung" versorgt von übergeordneter Stelle aus mehrere Be-
triebe und führt zentral Bestände, Aufträge und Termine. Dieses System steht
auch mit dem Lagerrechner in direktem Verbund, um Einsatzstoffe auftrags-
orientiert abzurufen bzw. Fertig- oder Zwischenprodukte einzustellen.

Ein typisches Rechnerkonzept zur Automatisierung komplexer Hochregalläger ist
in Bild 7 dargestellt. Der Unterschied zum Fertigungssystem in Bild 6 besteht
darin, daß durch die umfangreiche Steuerung der Fördermittel in Ebene 4 die
Schnittstelle zur Leitebene (3) ähnlich komplex wird wie im Falle der Rechnersysteme in der Produktion. In Ebene 3 muß also ein PR zum Einsatz kommen,
weil sonst die zeitlichen Anforderungen nicht einzuhalten sind und damit die Umschlagsziffern des Lagers in unzulässiger Weise sinken. Die Verwaltungsebene
wurde in diesem Beispiel noch dem Rechenzentrum einverleibt, da die Planung
dieses Lagers etwa 4 Jahre zurückliegt. Durch die volle Integration des Rechnersystems in den Lagerbetrieb erschien es zweckmäßig, die gesamte zentrale Hardware zu duplizieren. Der Notbetrieb über die Lochkartensteuerung gewährleistet
abgesehen von der dann nicht vorhandenen Datenverarbeitung nur einen erheblich
reduzierten Lagerumschlag.

Die Verteilung der Aufgaben auf die verschiedenen Ebenen ergibt sich wie folgt:
Im Falle eines produktionsspeisenden Lagers übernimmt der Verwaltungsrechner
im RZ die zentrale Bestandsführung bis zur Partie einschließlich aller Qualitäts-
daten, die Produktionsplanung und die Auftragsdisposition. Für die Ebene 2 ver-

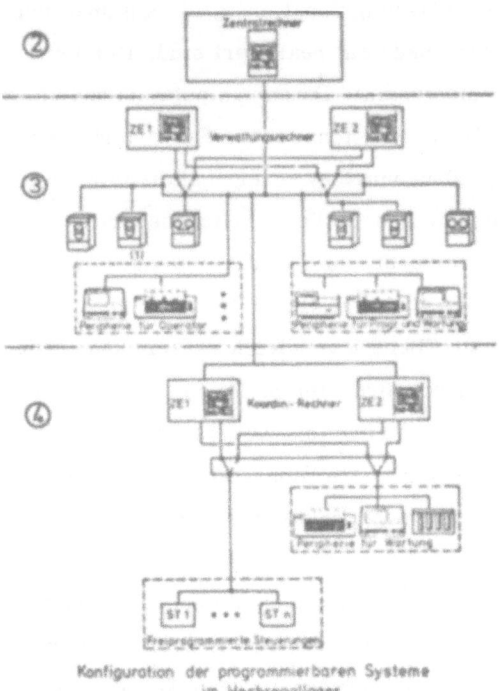

Konfiguration der programmierbaren Systeme
im Hochregallager

Bild 7

bleiben somit die lagerorientierte Bestandsführung, die Abwicklung von Ein/Aus-
lagerungen und von Kommissioniervorgängen sowie der Anstoß und die Überwachung der Fördermittel einschließlich möglicher statistischer Auswertungen in
Bezug auf die unterlagerte Technik (Schwachstellenanalyse, Wartungskontrolle
usw.). Die freiprogrammierbaren Steuerungen führen die Befehle des Leitrechners
aus und bewegen danach die Förderstrecken und Förderzeuge. Der Koordinierungs-
rechner dient ausschließlich dem Zweck, eine tragbare Schnittstelle für Ebene 2
zu erzeugen.

3. Ausblick

Allen oben genannten Konfigurationen gemeinsam ist die Notwendigkeit der einsatz-
freudigen Präsenz von PR-spezialisten, deren Kapazität begrenzt bleibt, so daß
der Rechnereinsatz sich nur schrittweise ausbreiten kann. Das busorientierte
Automatisierungssystem der heutigen Prägung mit seinen dedizierten, parametrierbaren, µP-gesteuerten Einheiten für Überwachung, Steuerung und Regelung wird
diesen Nachteil zumindest für die Produktionsprozesse teilweise lindern helfen.
Erfahrungen mit beim Anwender in der Chemie eingesetzten, größeren Systemen
insbesondere für Steueraufgaben liegen bisher nicht vor, da nur wenige kleine
Pilotprojekte bestehend aus ein bis zwei Einheiten mit Bedienung zum Einsatz
kamen. Man hat die ersten Kinderkrankheiten erkannt, muß aber bis zu einer
endgültigen Stellungnahme des Anwenders noch etwas Zeit verstreichen lassen.

Trotzdem soll hier zum Abschluß versucht werden, ein nach Ansicht des Verfas-
sers für die Belange der chemischen Produktion geeignetes Konzept darzustellen
(Bild 8). Alle Automatisierungstechniker sind bestrebt, im Gespräch mit den Ver-
fahrensplanern für den jeweiligen Prozeß auf eine verteilte Struktur hinzuwirken.
Für die einer solchen Strukturierung zugänglichen Fälle werden sich Teilprozesse
bilden, in denen alle Automatisierungsfunktionen vor Ort gebraucht werden. Das
beginnt in der Steuerebene mit den Funktionseinheiten für Überwachung (Ü) und
Überwachung/Regelung (ÜR) und setzt sich - eine Stufe höher, aber immer noch
im dedizierten Bereich - fort mit den komplexeren Einheiten, die zusätzlich die
Ablauf- und Verknüpfungssteuerungen (ÜRS) sowie Protokolliermöglichkeiten enthalten. Wichtig erscheint es, daß innerhalb einer solchen Insel auch universelle
Rechnerfunktionen (UR) benötigt werden, die den Direktzugriff auf den Prozeß
oder den Zugriff über die unterlagerten dedizierten Elemente gewährleisten. Die
Gründe hierfür sind in der Unzulänglichkeit der S-Komponenten zu suchen.
Bei größeren Installationen wird man in der Regel trotzdem auf den übergeordneten Universalrechner nicht verzichten können. Zentrale Aufgaben der Prozeß-
und Betriebsleitung, mit Rechner gelöst, sind oft das Aushängeschild für eine
sorgfältig geplante und optimierte Anlage. Die Verbindung dieser Einheit mit der
Steuerebene über den Bus ist auf logischem Niveau, d. h. auf der Sprachebene
des Meß- und Regelingenieurs softwaremäßig zu unterstützen. Welche Parameter

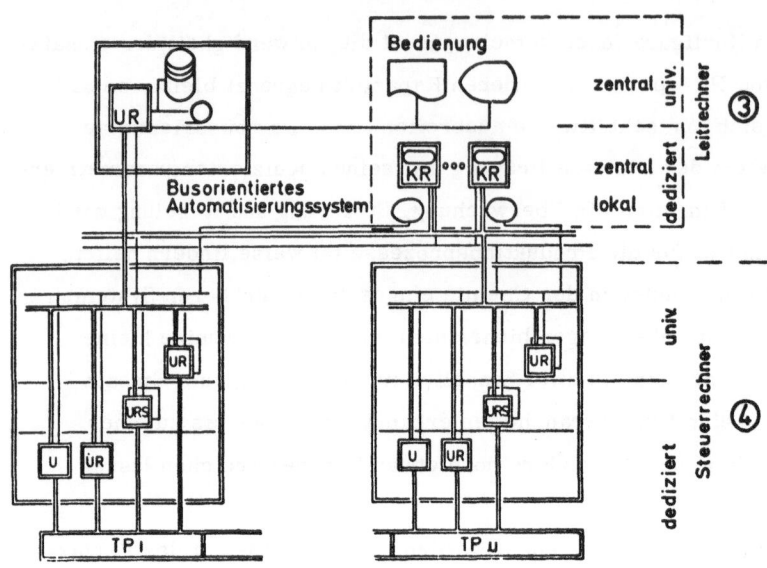

Bild 8

der Ebene 4 zugreifbar sein sollten, kann hier nicht im einzelnen ausgeführt werden; sicherlich wird eine sinnvolle Auswahl ausreichen.

Auch die Bedienung läßt sich in die Kategorie dediziert und universell einteilen,
je nachdem ob man die Standardfunktionen oder die universellen Elemente bedient.
Sie erfolgt in der Regel - auch für die verteilten Untereinheiten, welche nur in
Ausnahmefällen (Inbetriebnahme, Störung) zum Tragen kommt - von der zentralen Warte aus.

Trotz der gewaltigen Anstrengungen der einschlägigen Hersteller mit dem Ziel
der Entwicklung integrierter Automatisierungssysteme sollte aus den obigen Ausführungen u. a. hervorgehen, daß das klassische PR-system allerdings mit der
Tendenz wachsender Verteilung (ausgehend von der Struktur in Bild 5) nach wie
vor zum Einsatz kommen wird. Der viel gepriesene Bus muß seine Eignung für
große Systeme noch nachweisen. Vergleicht man die Entwicklung der Rechner-
architekturen, so wird der Uni-bus ebenfalls aufzugliedern sein, so daß sich
automatisch eine Annäherung der Konzepte ergibt.

DEZENTRALES MIKROPROZESSORSYSTEM MIT FARBBILD-

SCHIRMEN ZENTRAL GEFÜHRT *

DECENTRALIZED MICROPROCESSOR SYSTEM WITH COLOUR

VIDEO MONITORS, CENTRALLY CONTROLLED

D. Heger
Fraunhofer-Institut für Informations- und
Datenverarbeitung (IITB), 7500 Karlsruhe

Summary

Growing requirements on process control systems accompanied by increasing system complexity and the advances in applicable new technologies like high performance VLSI's and fiber optic transmission links
lead to distributed multi-microcomputer systems for industrial applications. In this paper it is reported on a computing system being designed in 1975 and supported by the government of the Federal Republic
of Germany. The objective of this granted project was to develop a
real-time computer system with very advanced features and to test the
practicability by an industrial pilot implementation. The system was
called RDC-system (Really Distributed Computer Control System) and is
described in detail in [10].

It is a fault-tolerant real-time computer system with locally distributed microcomputer stations, located in the field near to the technical
process. They communicate via a common fiber optic ring bus with a
completely decentralized high performance communication protocol. In
order to achieve a high reliability use is made of redundancy techniques
whether functional and dynamical or in special cases statical masking
incorrect outputs.

* Die Arbeiten zu diesem Beitrag wurden im Rahmen der geförderten Vor-
haben des BMFT DV 4908-081 5604 und P7.3/34-KA-SYR/3 durchgeführt. Die
Verantwortung für die Richtigkeit der Ergebnisse liegt allein beim
Verfasser.

The system is managed by colour TV-displays (EAF-System) being located in the central master control room, input actions are performed by a lightpen, addressing final elements directly via the displayed flow-chart of the process. This system is also linked to the optical ring bus, and is fault-tolerant by structural measures, too. Moreover, the whole system is programmed in the high level language PEARL, made applicable for multicomputing. The programs are produced in the master control room and down line loaded into the microcomputer stations. By these means the user is able to program the application algorithms by himself.

The pilot system was installed at a steel plant of THYSSEN AG. and has been operating since June 1979. Nearly all physical defects were tolerated with graceful degradation of system performance. The system availability attained after some corrections is near to 1 ($A_s=1-3{,}7 \cdot 10^{-4}$). The repair actions could take place during normal day-turns.

1. Aufgabenwachstum für komplexe Automatisierungssysteme und ihr Strukturwandel

Aufgrund der Verteuerung und Verknappung von Energie und Rohstoffen, aufgrund der Verschärfung des Wettbewerbs und schwankend ausgelasteter Produktionskapazitäten sowie aufgrund gesellschaftspolitischer Entwicklungen, wie Umweltschonung und humane Arbeitsplätze entstehen neue Aufgabendimensionen für die Automatisierungstechnik [1] . Bild 1 zeigt nach rechts die herkömmliche Dimension "Überwachen, Steuern, Regeln, Produktionsdatenerfassung", die im wesentlichen einen sicheren Betrieb der Produktionsanlage gewährleistet. Nach hinten ist die Dimension "Anlagensicherung durch geeignete Mensch-Maschine-Schnittstellen (M-M-S) und rechnergestütztes Training und Instruktion (CAI, computer aided instruction)" aufgezeigt, die einen sicheren Betrieb bei geeigneten Arbeitsplätzen bereitstellt. Nach oben ist die Dimension "Betriebserhaltung, Wartung" aufgetragen, die einen zuverlässigen Betrieb bei geringen Erhaltungskosten ermöglicht. Nach vorn zeigt die Dimension "Produkt- und Verfah-

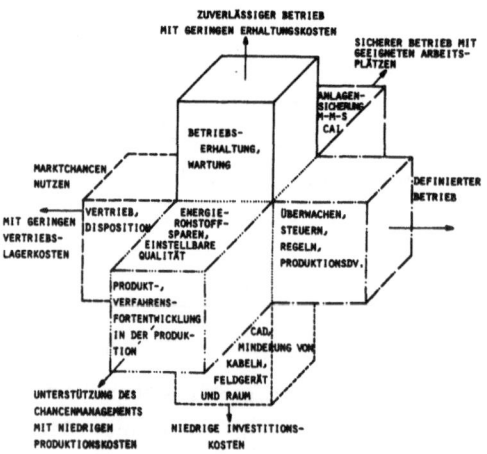

Bild 1: Dimensionen der Automatisierungstechnik

rensentwicklung in der Produktion", die eine Unterstützung des Chancen-
managements am Markt mit niedrigen Produktionskosten möglicht macht.
Diese bisher als Utopie geltende Maßnahme wird durch teilausgelastete
Anlagen und bessere Beobachtungs- und Führungsmethoden zunehmend in-
teressant. Nach unten ist die Dimension "rechnergestützte Projektierung
(CAD, computer aided design), Minderung von Kabel-, Feldgeräte- und
Raumaufwand" aufgeführt, die möglichst geringe Projektierungs- und In-
vestitionskosten ermöglichen soll. Nach links ist schließlich die Di-
mension "Vertrieb, Disposition" ergänzt, die für geringe Vertriebs- und
Lagerkosten zu sorgen hat und Marktchancen möglichst gut nutzen muß.

Diese neuen Aufgaben sind teilweise in den vorangegangenen Beiträgen
innerhalb der Themengruppe "Aufbau komplexer Automatisierungssysteme"
genannt [2, 3, 4]. Gleichzeitig mit diesem Aufgabenwandel vollzogen
sich entscheidende Technologiefortschritte, die leistungsfähige und
billige Mikroprozessoren, Bildschirmgeräte und sammelleitungs-(bus)-
orientierte Gerätestrukturen mit Lichtleitern hervorbrachten. Aufgabenwandel und Technologiedruck fördern einen Strukturwandel der Automatisierungssysteme in Richtung auf Multi-Mikrorechnersysteme mit räum-
licher Verteilung der Rechenleistung, wobei die so entstehenden Mikrorechnerstationen und ein zentraler Leitstand mit Bildschirmbedienung
über ein Sammelleitungssystem möglichst mit Lichtleitern [5] gekoppelt
sind. Werden derartige Systemstrukturen in einer höheren Programmiersprache für Mehrrechnersysteme programmiert, so legen sie die Basis zur
Bewältigung der obengenannten Aufgabenvielfalt, wobei gleichzeitig

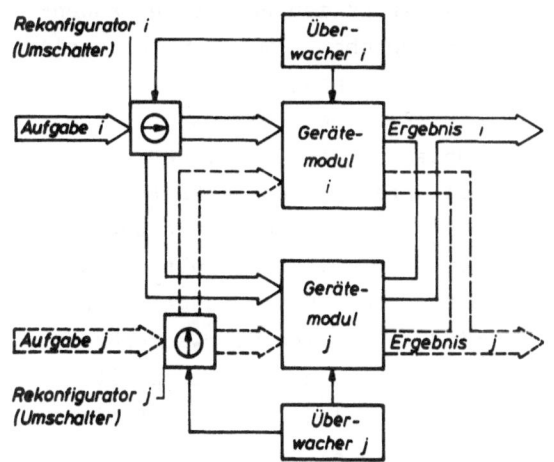

durch geeignete Konfigurierung und Nutzung von dynamischer funktionsbeteiligter
und/oder statischer Redundanz
(Bild 2) das gewünschte Maß an
Zuverlässigkeit erzielt wird
[6]. Besonders wirkungsvoll
eingesetzt werden können diese
Systeme in Verbindung mit verteilten Echtzeitdatenbanksy-
stemen [7, 8]. Um mit all
diesen neuen Lösungselementen
zu quantitativ beherrschbaren
Systemen mit projektierbaren
Eigenschaften zu gelangen,

Bild 2:   Schema für fehlertolerante
          Systeme nach dem Prinzip der
          dynamischen funktionsbetei-
          ligte Redundanz

sind auf der einen Seite quantitative Beschreibungs- und Optimierungsverfahren - ggf. selbst wieder rechnergestützt - anzuwenden [9] und
auf der anderen Seite praktische Erfahrungen anhand von Piloterpro-
bungen zu gewinnen.

2. Pilotsystem zur Erprobung eines Echtzeitrechnersystems mit verteilten, lichtleitergekoppelten Mikrorechnerstationen (RDC-System).

Hier wird über ein System berichtet, mit dessen Entwurf 1975 begonnen
wurde. Ziel dieses vom Bundesministerium für Forschung und Technologie
geförderten Vorhabens war es, ein Echtzeitrechnersystem mit besonders
forschrittlichen Systemmerkmalen und Gerätemoduln zu entwickeln und
eine praktische Erprobung zu unterziehen. Das System erhielt den Namen
RDC-System (Really Distributed Computer Control System), es ist detailliert in [10] beschrieben und befindet sich seit Juni 1979 bei der
THYSSEN AG. in industriellem Piloteinsatz. Seine Gerätestruktur ist in
Bild 3 dargestellt. Sie enthält räumlich verteilte Mikrorechnerstationen,

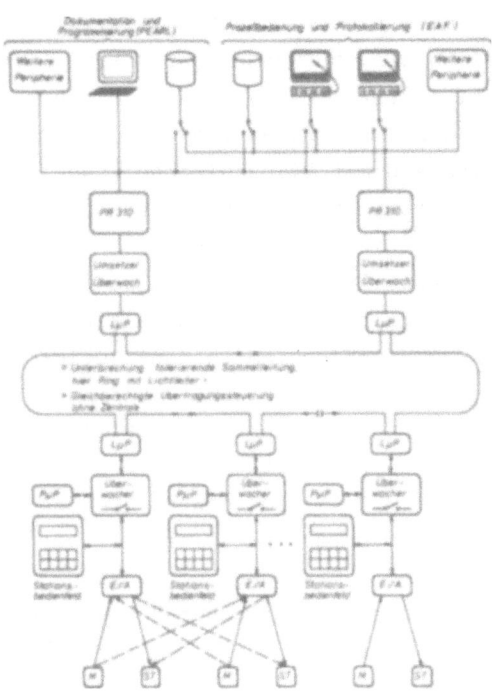

die sich vor Ort in unmittelbarer
Nachbarschaft zum jeweiligen technischen Teilprozeß befinden (Bild
3, unten). Jede Station ist in die
drei Busbereiche LµP-, PµP- und
E/A-Bereich untergliedert. Im ungestörten Normalbetrieb übernimmt
der prozeßsteuernde Mikrorechner
(PµP) die Funktionen, die sich
aus der prozeßtechnischen Anwendung ergeben. Im E/A-Bereich sind
die Baugruppen für die Prozeß-
Ein-/Ausgabe sowie das Stationsbedienfeld angeschlossen. Der
leitungssteuernde Mikrorechner
(LµP) stellt die Verbindung zu
dem Lichtleiter-Ringbus (Bild 3,
Mitte) her. Diese Busbereiche
sind durch eine Überwacherbau-
gruppe miteinander gekoppelt.

Bild 3: Gerätestruktur des RDC-Systems mit verteilten Mikrorechnerstationen, gekoppelt über ein dezentral gesteuertes Sammelleitungssystem (hier Lichtleiter-Ringbus),
verbunden mit dem zentralen Leitstand mit EAF-System und dem Programm-
erzeugungs- u.dynamischen Ladesystem

Sie führt laufend eine stations-
interne Diagnose mit gerätetechnischen Mitteln durch, so daß bei
Auftreten eines Fehlers dieser

mit Hilfe der zusätzlichen Schaltereigenschaften dieser Baugruppe isoliert werden kann. Ein aufgrund eines derart erkannten und isolierten
Fehlers über den Ringbus ausgesandtes Statustelegramm unterrichtet das
Gesamtsystem davon, so daß nun Rekonfigurationsmaßnahmen automatisch
ergriffen werden. Hierfür sind mehrere Möglichkeiten vorgesehen und
können je nach Anwendungs- und Störungsfall eingesetzt werden. Fällt
z.B. der PμP-Bereich in einer Station aus, so geht die Station in den
Betriebszustand "Fremdsteuerung der E/A" über, die E/A-Baugruppen dieser Station können nun mit Hilfe von Telegrammen über den Ringbus durch
eine andere Station des Systems nach dem Prinzip der dynamischen (funktionsbeteiligten) Redundanz bedient werden. Fällt dagegen der LμP-Be-
reich einer Station aus, so kann die Station im Zustand "Inselbetrieb"
alle Funktionen ausführen, die zur Aufrechterhaltung des technischen
Prozesses erforderlich sind. Will man schließlich Störungen im E/A-
Bereich tolerieren, so wird man die wichtigsten Meß- und Stellsignale
des betreffenden technischen Teilprozesses bei der Nachbarstation zusätzlich auflegen, so daß diese im Störungsfall den Betrieb des technischen Prozesses aufrecht erhalten kann. Neben dem Prinzip der funktionsbeteiligten dynamischen Redundanz lassen sich mit diesem System
auch Formen der statischen (maskierenden) Redundanz oderMischformen
leicht realisieren. Die Maßnahmen zur Fehlertoleranz im Bereich der
RDC-Stationen sind folgerichtig im Ringbussystem fortgeführt. Die Übertragungssteuerung ist hier selbsttestend völlig ohne Zentralinstanz
organisiert. Auf diese Weise kann jede beliebige RDC-Station ausfallen
oder abgeschaltet werden, ohne daß der Telegrammverkehr unterbrochen
wird. Weiterhin kann mindestens eine Unterbrechung der Ringleitung toleriert werden, das Übertragungssystem geht in diesem Fall in den sog.
Pendelverkehr mit periodischer Umkehr der Übertragungsrichtung über.
Nach Reparatur findet es sich schließlich wieder zu einem geschlossenen
Ring zusammen. Diese Eigenschaften ermöglichen u.a. Reparatur und War-
tungseinsätze sowie spätere Ausbauarbeiten während des laufenden Pro-
duktionsbetriebes. An denselben Ringbus angekoppelt ist ein Ein-/Aus-
gabe-Farbbildschirmsystem (EAF-System) als zentraler Leitstand und
ein Kleinrechner als Programmerzeugungssystem für PEARL-Programme (Bild
3, oben).

Die Darstellung des technischen Prozesses bzw. des Automatisierungssystems wird vom Anwender per Lichtgriffel "programmiert". Es sind
Fließbild-, Kurven- sowie abstrahierte (z.B. Matrizen-) Darstellungen
hierarchisch organisiert auch für große Systeme in übersichtlicher
und sinnfälliger Weise möglich. Sämtliche Anzeigen und Bedienungen

werden über den Bildschirm per Lichtgriffel vorgenommen [11]. Die Dokumentation und Archivierung der Zustände des technischen Prozesses
und des Automatisierungssystems geschieht auch im zentralen Leitstand
mit Hilfe der Plattenspeicher. Neue Möglichkeiten, die sich durch Ein-/
Ausgabe-Bildschirmgeräte erschließen lassen, sind in [12] angegeben.
Ebenfalls im zentralen Leitstand befindet sich ein Kleinrechner, der
für die Erzeugung von Anwenderprogrammen in Mehrrechner-PEARL vorgesehen ist. Darüber hinaus dient er als Rechner für das dynamische Laden von Programmen in die RDC-Stationen, z.B. bei Systemrekonfigura-
tionen oder nach der Reparatur einer ausgefallenen Station, aber auch
um die Stationen mit neuen Anwenderprogrammen zu versorgen. Weiterhin
wird dieser Rechner als Reserveeinheit für das EAF-System eingesetzt.
Seine Umschaltung erfolgt ebenso wie die der teilweise redundant vorhandenen Peripheriegeräte über periphere E/A-Umschalter (Bild 3, oben).
Mit diesen Mitteln wird im Bereich des zentralen Leitstandes ebenfalls
Fehlertoleranz nach dem Prinzip der funktionsbeteiligten dynamischen
Redundanz erreicht. Neben der zentralen gibt es auch die Möglichkeit
zur dezentralen Anzeige und Bedienung der prozeßtechnischen Größen und
Parameter über die Stationsbedienfelder. Außerdem erlauben diese eine
weitergehende Diagnose im Störungsfall der Stationen und zwar über die
Tastatur und/oder über die jeweils vorhandene Serienschnittstelle, an
die z.B. ein tragbarer Diagnoserechner angeschlossen werden kann. Über
diesen Anschluß können die Stationen auch dann noch urgeladen werden,
wenn die Verbindung zum Laderechner im zentralen Leitstand unterbrochen
ist. Das RDC-System erfüllt also die in [4] aufgestellte Forderung
nach universellen Rechnern, auch in der "untersten Ebene" einer Auto-
matisierungshierarchie. Die Standardprogrammierung dieser Rechner kann
durch vorgefertigte Standardprogramme auch für den Betriebs- oder Ver-
fahrensfachmann zugänglich gemacht werden. Die eingangs geschilderte
wachsende Vielfalt der Anforderungen an komplexe Automatisierungseinrichtungen kann durch die Programmierung in einer höheren Sprache
(Mehrrechner-PEARL) auch für Anwender ohne spezielle Informatikkennt-
nisse gelöst werden.

Bild 4 zeigt die gerätetechnische Realisierung einer RDC-Station.
Rechts befinden sich die Baugruppen des PµP- und LµP-Bereiches, links
sind die E/A-Baugruppen (Doppel-Europa-Format) zu sehen, wie Analog-
Eingaben, Binär-Eingaben und Leistungs-Binär-Ausgaben für die direkte
Ansteuerung der Stellglieder . Der E/A-Bereich läßt umfangreiche Erweiterungen zu, u.a. wurden hier Anschlüsse für das Telefonnetz mit
genormten Übertragungsprozeduren (X.25) verwirklicht. Die oben darge-

stellte Stromversorgung enthält eine Kurzzeitpufferung, so daß Versorgungsunterbrechungen bis zu einigen Minuten ohne weitere Auswirkungen toleriert werden können. In Bild 5 ist das Stationsbedienfeld wiedergegeben mit LED-Anzeigen für den Stationszustand und die Prozeßgrößen, mit der Eingabetastatur, einer Schlüsselschaltervorriegelung und dem Stecker für die Serienschnittstelle. Es ist staub- und spritzwassergeschützt. Bild 6 zeigt den Farbbildschirm des EAF-Systems im zentralen Leitstand. Ein Mitarbeiter des Betriebes nimmt gerade eine Lichtgriffeleingabe vor.

Bild 4: Gerätetechnische Realisierung einer RDC-Station
für die industrielle Pilotanwendung "Tiefofen"

3. Ergebnisse der Piloterprobung

Die Pilotanlage für die Automatisierung der Tieföfen bei der THYSSEN AG.
(Anfang mit vier Tieföfen, Endausbau für 28 Tieföfen) wurde Anfang 1979
in Betrieb genommen. Seit Juni 1979 läuft der Produktionsbetrieb ohne
Überwachung durch Herstellerpersonal.

Zwei Erprobungsphasen lassen sich unterscheiden:

A. Erste Erprobungsphase (Juni bis November 1979)

In diesem Zeitraum fielen Änderungs- und Ergänzungsarbeiten, um erkannte Entwurfs- und Realisierungsschwächen zu beheben bzw. den
vollen Leistungsumfang gemäß Pflichtenheft zu erfüllen. Diese Arbeiten wurden größtenteils während der Putz- und Reparaturschichten
durchgeführt, es ergab sich hiermit eine Netto-Betriebszeit von rund

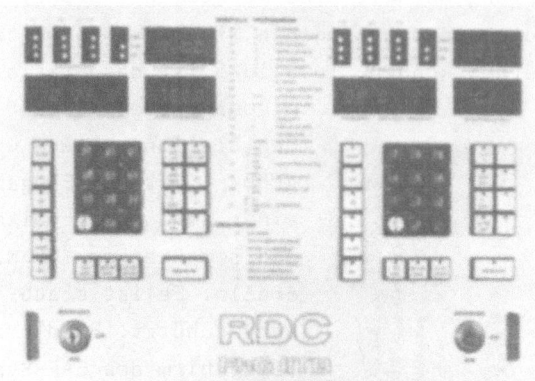

Bild 5: Ausführung des Stationsbedienfeldes
         einer RDC-Station für die Pilotan-
         wendung "Tiefofen"; Möglichkeit zur
         dezentralen Anzeige und Bedienung

Bild 6: Zentrale Anzeige und Bedienung
         durch Lichtgriffel an der Pilot-
         anlage "Tiefofen" mit Hilfe des
         EAF-Systems im Zentralen Leitstand

4270 h. Typische Fehler, die zu dieser Zeit auftraten, wegen der Fehlertoleranzeigenschaften des Systems jedoch keine (bis auf eine Ausnahme) Systemausfälle nach sich zogen, waren:

a. Physikalische Fehler

-   Ausfall von Halbleiterrelais zur direkten Ansteuerung der Stellantriebe (13 Fälle)
-   Ausfall von IC's, Baugruppensicherungen und diskreten Bau-elementen (insgesamt 5 Fälle)
-   Ausfall von Schaltreglern zur Stromversorgung (1 Fall)
-   Ausfall einer Lichtsendediode (sporadisch, s. Entwurfs-fehler in zweiter Erprobungsphase)

b. Bedienungsfehler

-   Verwechseln einer Funktionstaste für die Prozeßbedienung am Stationsbedienfeld mit einer Rechnerkernbedientaste (1 Fall)

Daraus ergab sich für das Automatisierungssystem aus der Sicht des technischen Prozesses eine Gesamtausfallzeit von rund 3 h. Hieraus errechnet sich für die erste Erprobungsphase eine Nichtverfügbar-keit des Systems von $\overline{V}_{syst}=7\cdot10^{-4}$.

B. Zweite Erprobungsphase (Dezember 1979 bis 15. Juli 1980)
Während dieser Zeit traten im wesentlichen folgende Fehler auf:

a. Physikalische Fehler

-   Ausfall von Halbleiterrelais (20 Fälle)
-   Ausfall von IC's (1 Fall)
-   Ausfall von Schaltreglern zur Stromversorgung (2 Fälle)
-   Dejustage der Plattenlaufwerke im zentralen Leitstand
-   Kontaktfehler bei Steckverbindern zu den Plattenlaufwerken
-   Ausfall einer Lichtsendediode (sporadisch, s. Entwurfsfehler)

b. Bedienungsfehler

-   Falsches Kopieren von Daten auf den Plattenspeicher (Ver-tauschung Quelle/Ziel)

c. Entwurfsfehler

Sporadische Störungen durch eine defekte Lichtsendediode (Temperatureffekt) deckten einen Entwurfsfehler auf. Diese

Störung verursachte eine hohe Folgefrequenz von verfälschten
Pausensymbolen auf dem Lichtleiter, die das Mikroprogramm des
Leitungssteuerungsprozessors (LµP) in einen Verklemmungszustand
versetzten. Dieser Fehler führte in einigen Fällen zur Störung
unterschiedlich großer Systemteile.

Die aufgetretenen Fehler führten zu einer Gesamtausfalldauer des
Systems von rund 2 h bei einer Netto-Betriebsdauer von rund 5360 h
(unter Berücksichtigung der Betriebsstillsetzung zwischen Weihnachten und Neujahr und der Produktionsunterbrechungen aufgrund von
Änderungsarbeiten). Daraus ergibt sich für die zweite Erprobungs-
phase eine Nichtverfügbarkeit des Systems von $\overline{V}_{syst}=3,7 \cdot 10^{-4}$ und
für die gesamte Erprobungszeit $\overline{V}_{syst}=5,19 \cdot 10^{-4}$. Nähere Angaben zur
Systemverfügbarkeit und zu den aufgetretenen Fehlern finden sich
bei [6] .

Die Bildschirmtechnik mit Rechnerstützung (EAF-System) im Bereich
des zentralen Leitstandes wurde vom Betriebspersonal vollständig angenommen.

Das Übertragungsmedium Lichtleiter hat sich im industriellen Einsatz
ohne Einschränkung bewährt.

Die dezentrale Übertragungssteuerung im Ringbussystem tolerierte
physikalische Ausfälle einzelner Lichtsende-/-empfänger-Dioden (bis
auf eine Ausnahme) ebenso wie Unterbrechungen durch Abschaltungen aufgrund von Reparaturarbeiten. Die Auslastung des Sammelleitungssystems
wurde gemessen [13] , sie ist so niedrig, daß man mit diesem System
auch noch wesentlich höhere Anforderungen hinsichtlich Durchsatz und
Übertragungszeiten erfüllen kann. Bild 7a zeigt in Prozenten die mittlere relative Belegungsdichte auf der Sammelleitung durch den Datenstrom während des Ladevorgangs einer Station. In Bild 7b ist die relative Häufigkeit der Belegungsdichte durch den Datenstrom dargestellt,
wie er bei gleichzeitiger Beobachtung von zwei Tieföfen im zentralen
Leitstand entsteht. Die Messungen bestätigen die theoretischen Überlegungen hierzu [14] , die diesbezüglichen Untersuchungen werden weitergeführt.

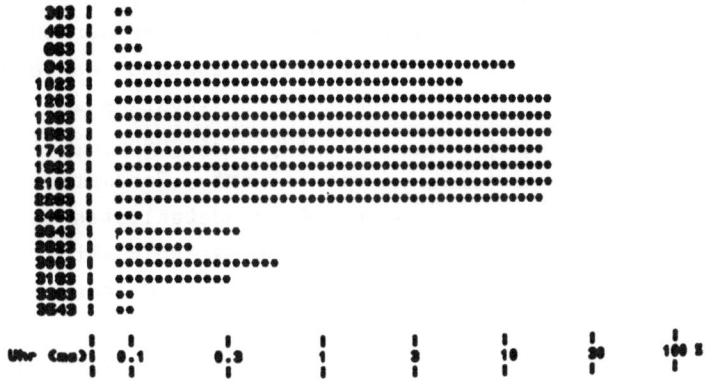

Bild 7a: Mittlere relative Belegungsdichte auf der
Sammelleitung durch den Datenstrom während
des Ladevorgangs einer Station

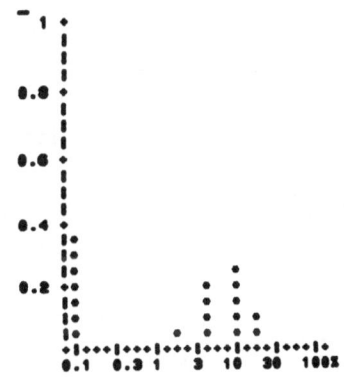

Bild 7b: Relative Häufigkeit der Belegungsdichte auf der Sammelleitung durch den Datenstrom
bei gleichzeitiger Beobachtung
von zwei Tieföfen im zentralen
Leitstand

Für das RDC-System wurde ein verteiltes Echtzeitdatenbanksystem realisiert, es ist beispielhaft für die Tiefofenanwendung in Bild 8 dargestellt. In jeder Station sind aktuelle Statuslisten vorhanden, die den
aktuellen Zustand des gesamten Auto-
matisierungssystems wiedergeben.
Die RDC-Stationen enthalten jeweils
die Meßwert-, Parameter- und internen Prozeßdatenlisten des "eigenen"
Tiefofens ständig aktualisiert mit
den Sollwert-, Parametereingaben,
den Istwerten und berechneten Zwi-
schenergebnissen. Weiterhin enthalten sie die gleichen Listen für
den Nachbarofen, hier werden jedoch
nur diejenigen Aktualisierungen
ständig vorgenommen, die für den
Fall einer Rekonfiguration nicht
unmittelbar aus dem Prozeß gewonnen
werden können. Im EAF-System befinden sich aktuelle Abbilder der Meß-
wertlisten für diejenigen beiden Tieföfen, die gerade über die Bildschirme dargestellt werden. Auf Platten-

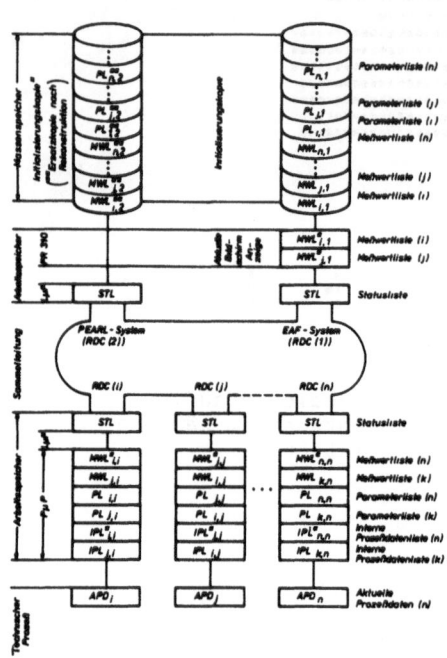

Bild 8: Verteilte Echtzeitdatenbank des RDC-Systems für
die Pilotanwendung "Tief-
ofen"

speicher werden die Initialisierungsdaten für das Anfahren der Prozesse
bzw. für deren Weiterfahren mit den
aktuellen Einstellungen gehalten.
Der Reserverechner verfügt auf seinem Plattenspeicher über eine Kopie
der Initialisierungsdaten, die Aktualisierung dieser Daten wird im Falle
einer Plattenumschaltung mit Hilfe
der in den RDC-Stationen vorhandenen
aktuellen Listen vorgenommen. Bild 9
zeigt die Verteilung des Programmsystems im RDC-System. Sämtliche Stationen enthalten im Bereich des LµP
(mikroprogrammiert) die gleichen
Transportsysteme, Statusmeldesysteme,

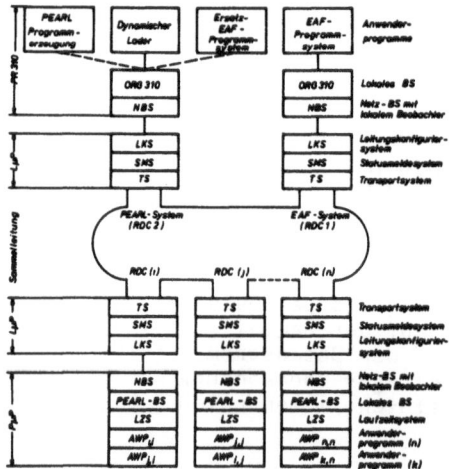

Bild 9: Verteiltes Programmsystem
des RDC-Systems für die
Pilotanwendung "Tiefofen"

Leitungskonfiguriersysteme und im
Bereich des PµP dis gleichen Netz-

Betriebssysteme, lokalen PEARL-Betriebssysteme und Laufzeitsysteme.
Die RDC-Stationen verfügen resident weiterhin über die Anwenderprogramme für den Normal- und den rekonfigurierten Betrieb. Die beiden
Rechner des zentralen Leitstandes enthalten das Betriebssystem des Herstellers (ORG 310) sowie die Anwenderprogrammsysteme für das EAF-System bzw. für die Aufgaben des Reserverechners (dynamischer Lader,
PEARL-Programmerzeugung, Ersatz für EAF-System).

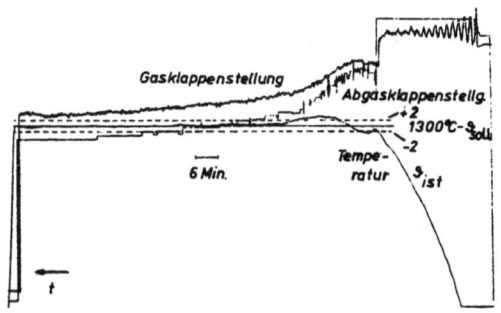

Bild 10: Temperaturverlauf beim
Aufheizen eines Tief-
ofens mit Adaption der
Reglerparameter kurz
vor Erreichen der Soll-
Temperatur

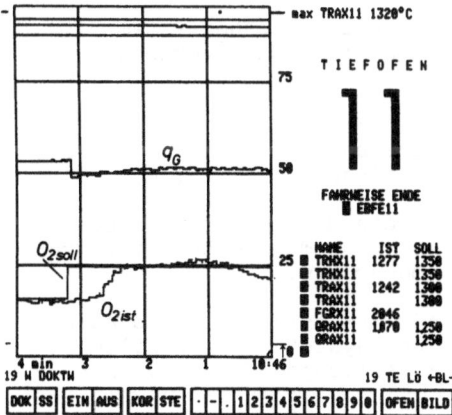

Bild 11: Übergangsfunktion des
O_2-Regelkreises mit
Totzeitkompensation
an einem Tiefofen
(q_G...Heizgasmenge)

Schließlich sei noch darauf hingewiesen, daß für die Tiefofenanwendung besondere Regelalgorithmen programmiert wurden. Sie können
später leicht modifiziert bzw. ergänzt werden. Beispielsweise wurde eine adaptive Herdraumtemperatur-
regelung realisiert, durch die
eine Anpassung der Reglerparameter kurz vor Erreichen der Soll-
temperatur vorgenommen wird, hiermit wird ein Überschwingen der
Herdraumtemperatur vermieden
(Bild 10, [15]). Zur Regelung des
O_2-Gehaltes im Abgas wird weiterhin die durch die Messung verursachte Totzeit kompensiert, so
daß bei Sollwertsprüngen, aber auch
im Falle von Störsignalen eine
Verbesserung der Dämpfungseigen-
schaften erzielt wurde (Bild 11,
[15]).

Abschließend sei noch vermerkt,
daß auch bei der hier beschriebenen Piloterprobung die Erfahrung gemacht wurde, daß die technische Reife eines komplexen Automatisierungssystems nur durch eine
sorgfältige Konzeption und Entwicklung sowie durch ausreichende
Betriebs- und Produktionserfahrungen erreicht werden kann.

Literatur

[1] Syrbe, M.: Regelungstechnik auf dem Wege. rt 27 (1979), H. 4,
S. 130 - 134.

[2] Borsi, L.; Mayer, K.: Grundsätzliche Betrachtungen zu Automatisierungsstrukturen und Lösungen. In diesem Band, 6. Themengruppe.

[3] Korn, N.; Weitzel, H.-W.: Konzeption von mikroprozessorintegrier-
ten Automatisierungssystemen und ihre anwenderfreundliche Strukturierung und Parametrierung. In diesem Band, 6. Themengruppe.

[4] Brombacher, M.: Dezentrale Automatisierungssysteme in der chemischen Industrie: Anforderungen und Praxis. In diesem Band, 6.
Themengruppe.

[5] Fiebelkorn, K.; Peschke, P.: Lichtleitersysteme der Meß- und
Prozeßtechnik, Aufbau und Erfahrungen. In diesem Band, 2. Themengruppe.

[6] Bonn, G.; Saenger, F.; Patz, M.: Grundprinzipien und Betriebserfahrungen mit Fehlererkennung und -anzeige bei fehlertoleranten
Prozeßrechnersystemen mit funktionsbeteiligter Redundanz. In diesem Band, 5. Themengruppe.

[7] Keller, H.P; Dinges, R.: Echtzeitdatenbank und prozessorgesteuerte Fernwirkstellen in der Netzleittechnik. In diesem Band, 6.
Themengruppe.

[8] Maryanski, F.J.; Slonin, J.: Microcomputer Database Systems
SIGSMALL Newsletters, 5 (1979), 4, S. 9 - 40.

[9] Syrbe, M.: Über die Beschreibung fehlertoleranter Systeme. rt 28
(1980), H. 10, S...

[10] Heger, D.; Steusloff, H.; Syrbe, M.: Echtzeitrechnersystem mit
verteilten Mikroprozessoren. Forschungsbericht Datenverarbeitung
des BMFT DV 79-01 (1979).

[11] Laubsch, H.; Rudolf, M.: Ein-/Ausgabe-Farbbildschirmsystem (EAF-
System) mit Doppelbedienplatz zur zentralen Führung eines verteilten Automatisierungssystems. IITB-Mitteilungen 1980, S. 46 - 51.

[12] Rudolf, M.: Ein-/Ausgabe-Bildschirmgeräte mit gemischt dargestellten realen und künstlichen Szenen, eine neue Möglichkeit zur Prozeßsteuerung. In diesem Band, 11. Themengruppe.

[13] Heger, D.; Bähre, R.: Meßprozessor für Rekonfigurationsabläufe
und Übertragungsströme im Echtzeitrechnersystem mit verteilten
Mikroprozessoren (RDC-System). IITB-Mitteilungen 1980, S. 32 - 36.

[14] Heger, D.: Kommunikationsverfahren für Sammelleitungssysteme und
deren Leistungsbeschreibung. rt 27 (1979), H. 1, S. 18 - 25.

[15] Kunze, E.: Anwendung adaptiver und kompensierender Algorithmen
zur Regelung von Tieföfen. IITB-Mitteilungen 1980, S. 29 - 31.

MÖGLICHKEITEN DER FEHLERTOLERIERUNG UND
PROJEKTIERUNG DER ZUVERLÄSSIGKEIT BEI
DEZENTRALISIERTEN PROZESSAUTOMATISIERUNGSSYSTEMEN

POSSIBILITIES OF FAILURE TOLERANCE AND
RELIABILITY DESIGN IN DECENTRALIZED PROCESS
CONTROL SYSTEMS

E. Neudorfer, G. Schmidt, W. Sendler
Lehrstuhl und Laboratorium für
Steuerungs- und Regelungstechnik
Technische Universität München
8000 München 2

Summary

The paper presents a systematic survey of types and concepts of hardware redundancy
for purposes of failure tolerance in process control systems. A qualitative evaluation of the redundancy concepts demonstrates that a concept called "global dynamic
redundancy" has major advantages with respect to economy and efficiency. On the basis
of these redundancy considerations, modern digital process control systems are investigated under the viewpoint of the redundancy concept applied to their decentralized
substations. The possibility of application of redundancy on the level of the sensors
and actuators is also discussed.
Finally, a newly developed controller station based on the concept of global dynamic
redundancy is described. It demonstrates the special advantages of this concept with
respect to the possibilities of failure tolerance on the level of the controller functions and the level of the sensors and actuators.

1. Vorbemerkungen

1.1 Fehler und Möglichkeiten ihrer Bekämpfung

In einem digitalen Prozeßautomatisierungssystem können, wie in jedem technischen System , sowohl während der Entwurfs- und Fertigungsphase als auch im Betrieb Fehler auftreten. Die entwurfs- und fertigungsbedingten Fehler, hierzu zählen Hardware-Fehler
und in der Regel sämtliche Software-Fehler, können, mit gewissen Einschränkungen, vor
Inbetriebnahme eines Systems durch intensives Testen eliminiert werden. Dagegen sind
zur Bekämpfung der im Betrieb auftretenden Fehler, bestehend aus Hardware-, Bedienungs-
und Wartungsfehlern,besondere, während der Betriebszeit wirksame Maßnahmen erforderlich.

Der vorliegende Beitrag befaßt sich mit der Bekämpfung von im Betrieb auftretenden
Hardware-Fehlern. Bild 1 zeigt für diese Fehlerart ein allgemeines Wirkungsschema.
Fehler werden verursacht durch Bauelemente-Ausfälle oder durch unzulässige Umgebungs-

bedingungen. Letztere können sowohl auf direkte Weise zu Fehlern führen, wie im Falle eines zu hohen elektromagnetischen Störpegels, als auch den Ausfall von Bauelementen beschleunigen,

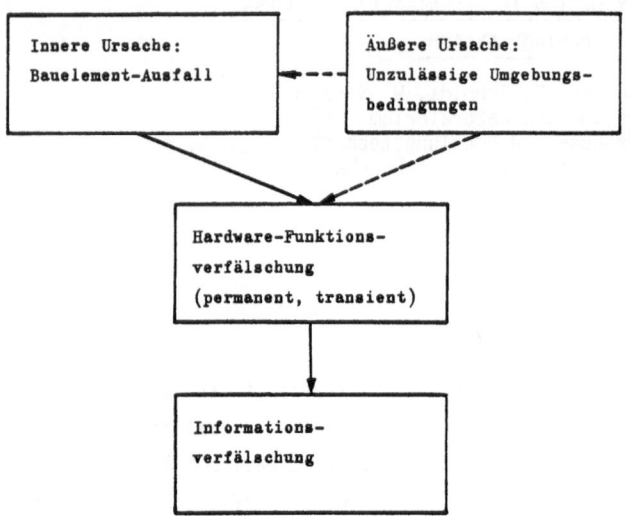

Bild 1: Wirkungsschema für während des Betriebs auftretende Hardware-Fehler

wie z.B. im Falle zu hoher Umgebungstemperatur. Ein Fehler äußert sich in einer Verfälschung der Hardware-Funktion einer Komponente. Dauert diese Fehlereinwirkung ständig an, so liegt ein permanenter Fehler vor, dauert sie nur kurzzeitig an, wie z.B. im Falle von Störimpulsen oder Wackelkontakten, so liegt ein transienter (sporadischer) Fehler vor. In digitalen Systemen können beide Fehlerarten zu einer bleibenden Informationsverfälschung führen. Bezüglich der Bekämpfung dieser Fehler wird zwischen vorbeugenden und strukturellen Maßnahmen unterschieden. Vorbeugende Maßnahmen bekämpfen die Fehlerursachen, wirken also fehlerverhindernd. Bei Prozeßautomatisierungssystemen sind dazu üblich: Einsatz ausgewählter Bauelemente, robuste Aufbautechnik und eingeengte Klimabelastung. Strukturelle Maßnahmen dienen entweder einer Begrenzung der Fehlerauswirkung, wozu das Prinzip der Dezentralisierung beiträgt, oder einer automatischen Fehlertolerierung, was den Einsatz von Redundanz bedingt.

1.2 Das Mittel der Dezentralisierung

Durch eine funktionell dezentrale Gestaltung eines Prozeßautomatisierungssystems (Bild 2) wird erreicht, daß die Auswirkung eines Ausfalls auf den Bereich eines Teilsystems begrenzt bleibt. Diese strukturelle Maßnahme hat außerdem vorbeugenden Charakter, da z.B. die einzelne Unterstation zum Regeln und Steuern eine im Vergleich zu einem größeren zentralen DDC-Rechner geringere Ausfallrate aufweist [1].

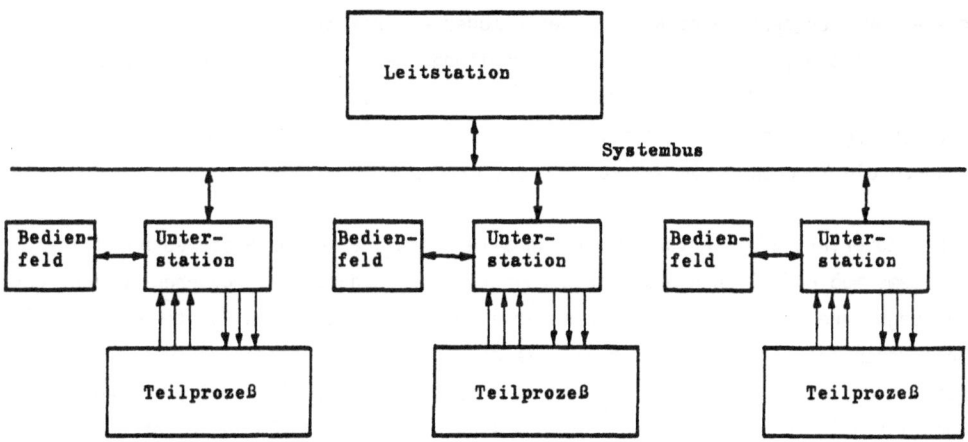

Bild 2: Dezentralisiertes Prozeßautomatisierungssystem

Bei modernen Prozeßautomatisierungssystemen wird die funktionelle Dezentralisierung
oft mit einer räumlichen Verteilung entsprechend den Teilprozessen verbunden. Die Vorgabe von Führungsgrößen, Regler- und Strukturparametern erfolgt von lokalen Bedienfel-
dern aus oder von einer zentralen Leitstation über einen überregionalen Systembus.
In konsequenter Anwendung des Prinzips der Dezentralisierung basieren eine Reihe moderner Prozeßautomatisierungssysteme auf digitalen Einzelreglern [2] [1]. Insofern gleichen diese Systeme, was die Ebene der Reglerfunktionen anbetrifft, herkömmlichen analogen Regelungssystemen. Die MTBF (mean time between failures) eines Mikrorechner-Ein-
zelreglers dürfte größenordnungsmäßig der MTBF eines analogen Reglers entsprechen, die
in [3] zu etwa acht Jahren angegeben wird. Fällt ein Regler aus, kann das Bedienper-
sonal gegebenenfalls den betreffenden Regelkreis per Handstation weiterfahren, das
bedeutet "Fehlertolerierung durch den Menschen".

1.3 Einsatz von Redundanz

Für Anwendungen mit hohen Zuverlässigkeitsanforderungen an die Regelung kommen nur
Prozeßautomatisierungssysteme mit Redundanz zum Zwecke automatischer Fehlertolerierung
in Betracht. Dies gilt z.B. dann, wenn "schnelle" Regelkreise oder gar eine instabile
Regelstrecke vorliegen, wenn eine Anlage bis nahe an ihre Leistungsgrenzen ausgefahren
wird oder wenn aufgrund starker Kopplungen zwischen Teilprozessen im Fehlerfall die
Gefahr der Störungsausbreitung von einem Teilprozeß auf andere besteht. Der Einsatz
von Redundanz ermöglicht außer höherer Zuverlässigkeit auch den Übergang zu disponierbarer Reparatur.

---

1) Dies ist z.B. der Fall bei den Systemen von Kent und Taylor.

Aus diesen Gründen sehen eine Reihe anderer moderner Prozeßautomatisierungssysteme für ihre Unterstationen, die meist multiplex arbeitende Mehrfachregler enthalten, Redundanz vor. Bei einigen dieser Systeme sind die Unterstationen in der Lage, neben Regel- auch Steueraufgaben und andere Automatisierungsfunktionen zu übernehmen, die z.T. ebenfalls durch die Redundanzmaßnahme abgesichert werden [2].

Bei hohen Zuverlässigkeitsanforderungen an alle Funktionen eines Prozeßautomatisierungssystems muß auf allen Hierarchie-Ebenen (Bild 2) Redundanz vorgesehen werden. Was die Führungsebene betrifft, so bieten moderne Prozeßautomatisierungssysteme, auch solche ohne Redundanz auf der Reglerebene, die Möglichkeit zu redundanter Ausführung von Leitstation und Systembus. Für die Ebene der Prozeßsignale (Meß- und Stellglieder) hingegen ist bei den meisten dieser Systeme eine redundante Auslegung nicht vorgeplant; hier müssen für den jeweiligen Anwendungsfall Speziallösungen realisiert werden. Die hierzu nötige Flexibilität ist bei den einzelnen Systemen in unterschiedlichem Maße vorhanden.

Im folgenden werden zunächst wichtige Redundanzarten und Konzepte für den Einsatz von Redundanz systematisch zusammengestellt. Die Redundanzkonzepte werden hinsichtlich ihrer fehlertolerierenden Eigenschaften und des Aufwandes für die Redundanzmaßnahme qualitativ verglichen und bewertet. Zur Veranschaulichung werden verschiedene industrielle Prozeßautomatisierungssysteme bezüglich ihrer Redundanzkonzepte zur Sicherung der Reglerfunktionen untersucht. Außerdem wird jeweils auf die Frage der Einbeziehung von Steuerfunktionen in die Redundanzmaßnahme und die Möglichkeit für Redundanz auf der Meß- und Stellglied-Ebene eingegangen. Anschließend wird das Konzept einer am Lehrstuhl und Laboratorium für Steuerungs- und Regelungstechnik der TU München entwickelten fehlertolerierenden Reglerstation beschrieben.

2. Redundanzarten und -konzepte

2.1 Redundanzarten

In Prozeßautomatisierungssystemen auf Rechner-Basis wird Redundanz in drei Grundformen eingesetzt:
- Hardware-Redundanz, d.h. zusätzliche Hardware-Komponenten,
- Software-Redundanz, d.h. zusätzliche Programme und Daten,
- Zeit-Redundanz, z.B. wiederholtes Durchlaufen eines Programmes.

Während eine Tolerierung transienter Fehler primär mittels Software- und Zeit-Redundanz erfolgen kann, so z.B. durch Wiederanlauf des gestörten Rechners, ist zur Tolerierung permanenter Fehler stets Hardware-Redundanz, meist in Verbindung mit Software- und Zeit-Redundanz nötig.

Hardware-Redundanz, und nur von dieser soll hier die Rede sein, kann unter Berücksichtigung von Begriffen aus [4;5;6] nach mehreren Gesichtspunkten in verschiedene Arten eingeteilt werden:

a) Einteilung nach dem Einsatzprinzip

- Statische Redundanz, auch Maskierungs- oder MvN-Redundanz genannt:
  Ein Fehler wird durch MvN-Auswahl überdeckt.

- Dynamische Redundanz, auch passive oder Standby-Redundanz genannt:
  Im Fehlerfall erfolgt Umschaltung auf eine Back-up-Einheit oder allgemeiner eine
  Rekonfiguration.

- Mischformen von statischer und dynamischer Redundanz, wie z.B.

  - Triplex-Duplex-Simplex (TDS):
    2v3-System, das bei Ausfall einer Einheit als Duplex-System mit einer aktiven
    und einer Reserve-Einheit weiterarbeitet und so noch einen zweiten Ausfall to-
    lerieren kann [7].

  - Self-purging redundancy ("Selbstbereinigende" Redundanz):
    MvN-System, bei dem ausgefallene Einheiten abgeschaltet werden, wodurch sich
    die Zahl der tolerierbaren Fehler erhöht [8].

  - Hybrid-Redundanz:
    MvN-System mit zusätzlichen Reserve-Einheiten, welche ausgefallene Einheiten
    des MvN-Kerns ersetzen [9].

b) Einteilung nach der funktionellen Bedeutung im fehlerfreien Fall

- Blinde Redundanz:
  Eine redundante Einheit hat im fehlerfreien Fall keine eigenen funktionellen Aufgaben.

- Funktionsbeteiligte Redundanz, auch aktive Redundanz genannt [2]:
  Eine "redundante" Einheit führt im fehlerfreien Fall eigene Funktionen aus. Im
  Fehlerfall werden diese Funktionen zwecks Übernahme von Aufgaben der ausgefallenen Einheit ganz oder teilweise stillgelegt (suspendiert) oder leistungsmäßig
  eingeschränkt, z.B. durch Verringerung der Abtastfrequenz. Dies wird häufig als
  "graceful degradation" oder "fail-soft" bezeichnet.

Denkbar ist auch der Fall, daß die Funktion einer ausgefallenen Recheneinheit von
einer anderen Recheneinheit mitübernommen wird, die noch genügend freie Kapazität
besitzt, so daß beide Funktionen uneingeschränkt fortgesetzt werden können. Diese
Form "funktionsbeteiligter" Redundanz kommt jedoch blinder Redundanz gleich, da
auch im fehlerfreien Fall die eine Recheneinheit beide Funktionen ausführen könnte,
während die andere als Standby dient.

Ist in einer "funktionsbeteiligt" redundanten Recheneinheit ein größerer Speicher-
ausbau zur Aufbewahrung einer Kopie von Programmen oder Daten einer anderen Recheneinheit erforderlich, so stellt dieser blinde Redundanz dar. In diesem Fall
liegt eine Mischform von blinder und funktionsbeteiligter Redundanz vor.

---

[2] Die hier gegebene Definition "funktionsbeteiligter Redundanz" entspricht nicht der-
jenigen in DIN 40042 [10], ist aber die heute allgemein gebräuchliche.

c) Einteilung nach der strukturellen Anordnung in einem System mit mehreren gleichartigen Funktionen

- Zentrale Redundanz:
  Eine redundante Einheit übernimmt im Fehlerfall sämtliche Funktionen des betrach-
  teten Systems, sie ist also funktionell zentral angeordnet.
- Dezentrale Redundanz:
  Eine redundante Einheit soll im Fehlerfall nur einen Teil der Funktionen des be-
  trachteten Systems übernehmen, sie ist also funktionell dezentral angeordnet.
  Hierbei ist eine weitere Unterscheidung möglich:
  - Lokale Redundanz:
    Eine redundante Einheit ist den Funktionen, die sie im Fehlerfall übernehmen
    soll, fest zugeordnet.
  - Globale Redundanz, in [11] auch "gleitende" Redundanz genannt:
    Eine redundante Einheit ist im fehlerfreien Fall ohne feste Zuordnung, diese er-
    folgt erst im Fehlerfall im Rahmen einer Rekonfiguration.

2.2 Elementare Redundanzkonzepte

Durch Kombination von Redundanzarten aus diesen verschiedenen Einteilungen können nun
allgemeine Konzepte für den Einsatz von Redundanz hergeleitet werden. Es ergeben sich
ohne Mischformen 8 sinnvolle Kombinationen (A-H). In Tabelle 1 sind diese elementaren
Redundanzkonzepte zusammen mit je einem schematischen Beispiel zusammengestellt. Bei
den Beispielen mit zentraler Redundanz sind die Signalleitungen durch Doppellinien
markiert, um anzudeuten, daß eine Einheit eine relativ große Anzahl von Funktionen
bearbeitet, im Gegensatz zu den Beispielen mit dezentraler Redundanz, wo eine dezentrale Einheit nur vergleichsweise wenige Funktionen übernimmt. Charakteristisch für
die Fälle mit statischer Redundanz ist die Verknüpfung redundanter Ergebnisse in einer
Auswahleinrichtung (Voter), wogegen die Fälle mit dynamischer Redundanz eine Möglichkeit zur Fehlererkennung und eine Umschalteinrichtung erfordern. Neben diesen elementaren Redundanzkonzepten sind zahlreiche Mischkonzepte denkbar.

2.3 Vergleichende Beurteilung der Redundanzkonzepte

Für den Einsatz eines Redundanzkonzeptes bei industriellen Anwendungen ist nicht nur
seine Wirksamkeit, sondern auch seine Wirtschaftlichkeit von entscheidender Bedeutung.
Mit möglichst wenig Redundanzaufwand sollte ein möglichst großer Nutzeffekt erzielt
werden. Daher sollen die Redundanzkonzepte aus Tabelle 1 unter folgenden Kriterien
qualitativ verglichen werden:

a) Aufwand zur Erzielung einer "punktuellen" Wirkung, d.h. zur Erhöhung der Zuverlässigkeit einer oder weniger Funktionen des betrachteten Systems.
b) Aufwand zur Erzielung einer "Breitenwirkung", d.h. zur Erhöhung der Zuverlässigkeit
aller Funktionen des betrachteten Systems.

<u>**Tabelle 1:**</u> Elementare (Hardware-) Redundanzkonzepte mit Beispielen. (Blinde Redundanz schraffiert)

c) Möglichkeit zum Einsatz des Redundanzaufwandes in mehreren Stufen, d.h. Projektierbarkeit der Zuverlässigkeit entsprechend den Vorgaben im jeweiligen Anwendungsfall [12].

d) Im Falle funktionsbeteiligter Redundanz Erzielung von graceful degradation mit "definierter Ausfallwirkung" bei Ausfall an beliebiger Stelle innerhalb des betrachteten Systems, und zwar

d1) bei Suspendierung von Funktionen:

Gezielte Suspendierung, d.h. Ausfall stets derselben, in der Regel der unwichtigsten Funktion;

d2) bei leistungsmäßiger Einschränkung von Funktionen:

Gezielte Leistungseinschränkung, wie z.B.

• Verminderung der Leistung stets derselben (der unwichtigsten) Funktionen oder
• geringe Verminderung der Leistung aller Funktionen.

Die Ergebnisse des Vergleichs sind in den Tabellen 2,3,4 angegeben. Es sei hier be-

Tabelle 2: Vergleichende Beurteilung der Konzepte mit blinder Redundanz

Redundanzkonzept	Redundanzaufwand für punktuelle Wirkung	Redundanzaufwand für Breitenwirkung	Zuverlässigkeits-Projektierung möglich?
A Zentrale statische Redundanz	sehr groß --	sehr groß -	nein -
B Lokale statische Redundanz	mittel o	sehr groß --	ja +
C Zentrale dynamische blinde Redundanz	groß -	groß o	nein -
D Lokale dynamische blinde Redundanz	klein +	groß -	ja +
E Globale dynamische blinde Redundanz	klein +	klein +	ja +

Tabelle 3: Vergleichende Beurteilung der Konzepte mit funktionsbeteiligter Redundanz bei Suspendierung von Funktionen im Fehlerfall

Redundanzkonzept	Redundanzaufwand für punktuelle Wirkung	Redundanzaufwand für Breitenwirkung	Gezielte Suspendierung möglich?
F Zentrale dynamische funktionsbeteiligte Redundanz	◄─────────── entfällt*) ───────────►		
G Lokale dynamische funktionsbeteiligte Redundanz	null ++	Breitenwirkung --	nein -
H Globale dynamische funktionsbeteiligte Redundanz	null ++	nicht erzielbar --	ja +

*) da Suspendierung von Funktionen der zentralen Redundanz widerspricht

Tabelle 4: Vergleichende Beurteilung der Konzepte mit funktionsbeteiligter Redundanz bei Leistungseinschränkung im Fehlerfall

Redundanzkonzept	Redundanzaufwand für punktuelle Wirkung	Redundanzaufwand für Breitenwirkung**)	Gezielte Leistungseinschränkung möglich?
F Zentrale dynamische funktionsbeteiligte Redundanz	null ++	null +	nein -
G Lokale dynamische funktionsbeteiligte Redundanz	null ++	null +	nein -
H Globale dynamische funktionsbeteiligte Redundanz	null ++	null +	ja +

**) mit Leistungseinschränkung

tont, daß die Bewertung sich auf die Redundanzkonzepte in ihrer allgemeinen, zuver-
lässigkeitstheoretischen Bedeutung bezieht und nicht etwa konkrete Realisierungen angesprochen sind. Was die Aussagen zum Redundanzaufwand betrifft, so gelten die verba-
len Angaben dem tatsächlichen Aufwand, während die Wertungssymbole diesen mit Blickrichtung auf die erzielte Wirkung (punktuelle bzw. Breitenwirkung) bewerten. Bei der
Beurteilung der Konzepte mit dezentraler Redundanz ist angenommen, daß die Anzahl dezentraler Einheiten relativ groß ist und die einzelne dezentrale Einheit nur eine
oder wenige Funktionen ausführen kann.

Bei den Konzepten mit blinder Redundanz besteht in den Fällen B, D, E die Möglichkeit
der Projektierung der Zuverlässigkeit. Durch eine Abstufung des Redundanzaufwandes
läßt sich vorgegebenen Zuverlässigkeitsanforderungen bei gleichzeitiger Berücksichtigung der Wirtschaftlichkeit Rechnung tragen.

Von den Konzepten mit funktionsbeteiligter Redundanz, wo ja im Fehlerfall Funktions-
ausfälle oder Leistungseinschränkungen bewußt in Kauf genommen werden, ist Fall H der
einzige mit der Möglichkeit definierter Ausfallwirkung,d.h. die Ausfallfolgen im voraus
festzulegen und minimal zu halten. Beim Konzept F, welches nur für den Fall der Leistungseinschränkung definiert ist, tritt im Fehlerfall eine Leistungseinschränkung
größeren Ausmaßes ein. Würde eine Suspendierung von Funktionen bei dem zu F skizzierten Beispiel vorgesehen - dies entspräche dann nicht mehr Konzept F, sondern lokaler
dynamischer funktionsbeteiligter Redundanz, also Konzepte G, - beträfe dies eine größere Anzahl Funktionen. In dem skizzierten Beispiel zu G bleibt es weitgehend dem Zu-
fall überlassen, welche Funktionen im Fehlerfall letztlich betroffen sind.

Insgesamt zeigt sich, daß von den Konzepten mit blinder Redundanz das der globalen
dynamischen blinden Redundanz (Fall E) und bei den Konzepten mit funktionsbeteiligter
Redundanz die globale dynamische funktionsbeteiligte Redundanz (Fall H) die meisten
Vorzüge aufweisen. Der Grund liegt in der Flexibilität der Redundanz-Zuordnung. In
allen anderen Fällen beeinträchtigt das zentrale Konzept bzw. die starre Zuordnung
der Redundanz ihren effektiven und ökonomischen Einsatz.

2.4 Das Mischkonzept der globalen dynamischen Redundanz

2.4.1 Redundanzkonzept

Die jeweiligen Vorteile der Redundanzkonzepte E und H lassen sich miteinander verbin-
den, wenn man beide Konzepte zu einem Mischkonzept I der globalen dynamischen Redun-

Als Hilfsmittel zur Darstellung von Rekonfigurationsstrategien eignen sich E-Netze
[13], eine Erweiterung von Petri-Netzen [14], [15]. Sie erlauben die Darstellung paralleler Abläufe und komplexer Vorgänge. In Bild 4 ist ein E-Netz zur Veranschaulichung
der Rekonfigurationsstrategie im Fall der gezielten Suspendierung von Funktionen dargestellt. Die Netzelemente Platz (Kreis), Transition (Balken) und die Verbindungen zwischen diesen Elementen (Pfeile) beschreiben die statischen Eigenschaften, während die
Belegung der Plätze mit Marken, die hier nicht dargestellt sind, den augenblicklichen
Zustand und der Fluß der Marken (durch das Schalten der Transitionen) die dynamischen
Vorgänge sichtbar machen. Eine Transition kann nur schalten, wenn alle Eingangsplätze
belegt sind und alle Ausgangsplätze frei sind. Durch das Schalten werden die Marken
von den Eingangsplätzen abgezogen und die entsprechenden Ausgangsplätze besetzt. Als
Erweiterung der E-Netze gegenüber den Petri-Netzen sind besonders hervorzuheben die
X-Transition - Weiche mit Entscheidungsplatz (Sechseck) - und die Möglichkeit, den
Marken Attribute zuzuordnen. Die Änderung der Attribute erfolgt beim Durchlaufen der
Transitionen.

Die innerhalb der gestrichelten Umrandungen des Bildes 4 zusammengefaßten Elemente
enthalten Zustands- und Zuordnungsdaten je einer (Rechner-) Einheit (obere Hälfte)
bzw. einer Funktion (untere Hälfte). Es sei angenommen, daß jeweils nur eine Funktion
einer Rechnereinheit zugeordnet wird. Der Rekonfigurationsvorgang nach der Ausfall-
meldung des Rechners i (Schalten von $a_{11,i}$ und Belegen von $b_{11,i}$ mit einer Marke) läuft
folgendermaßen ab:

- Zustandsübergang von "Rechner intakt" (Marke in $b_{12,i}$ mit der Nummer der zugeordneten Funktion j als Attribut) auf "Rechner ausgefallen" (Marke in $b_{13,i}$) durch
  Schalten der Transition $a_{12,i}$, wobei auch eine Marke in b_1 mit der Nummer der betroffenen Funktion j als Attribut erscheint;
- Auswahl der zu suspendierenden Funktion l (Transition a_2 zusammen mit dem Entscheidungsplatz r_2);
- Zustandsübergang von "Funktion wird bearbeitet" (Marke in $b_{22,1}$ mit der Nummer
  des zugeordneten Rechners k als Attribut) auf "Funktion stillgelegt" (Marke in
  $b_{23,1}$) durch Schalten der Transition $a_{22,1}$, wobei auch eine Marke in b_4 mit der
  Nummer des freigewordenen Ersatzrechners k als Attribut erscheint;
- Vereinigung der Attribute (a_3) und Verteilung der Marken nach Rechnernummern
  (a_4, r_4) bzw. nach Funktionsnummern (a_5, r_5);
- Neuzuordnung der vom Ausfall betroffenen Funktion j zum Ersatzrechner k durch
  - Schalten der Transition $a_{16,k}$ und Erzeugen einer Marke mit dem Attribut j
  - Schalten der Transition $a_{26,j}$ und Erzeugen einer Marke mit dem Attribut k.

Durch ähnliche Graphen kann die Wiedereingliederung reparierter Einheiten sowie die
Konfiguration des Systems bei Inbetriebnahme beschrieben werden.

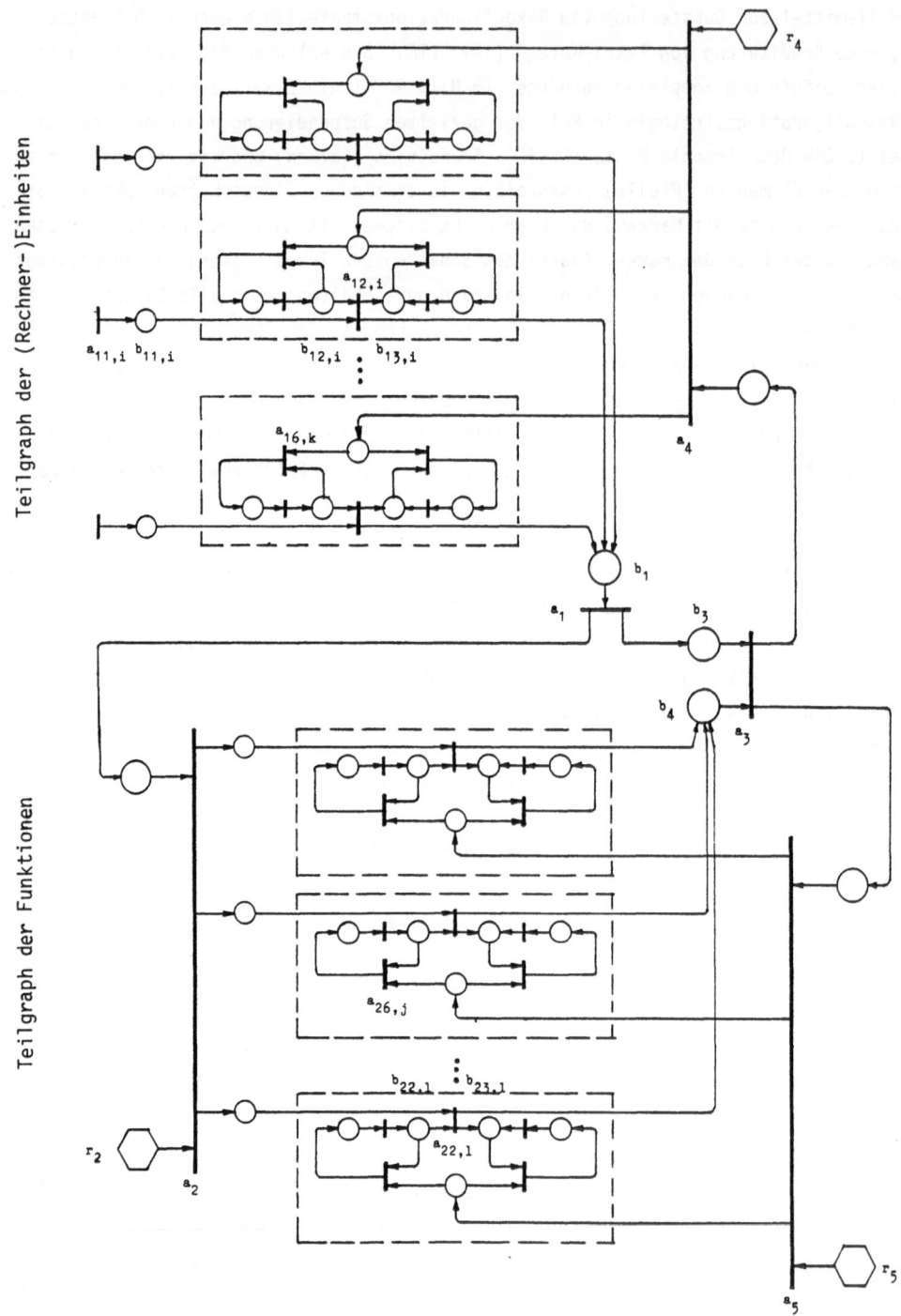

Teilgraph der (Rechner-)Einheiten

Teilgraph der Funktionen

Bild 4: E-Netz zur Veranschaulichung der Rekonfigurationsstrategie

danz (blind und funktionsbeteiligt) vereinigt, siehe Bild 3 und Tabelle 5. Die dezentralen aktiven Einheiten dienen untereinander als funktionsbeteiligte Redundanz. Zusätzlich können je nach Bedarf eine oder mehrere blinde Reserve-Einheiten hinzugefügt
werden.

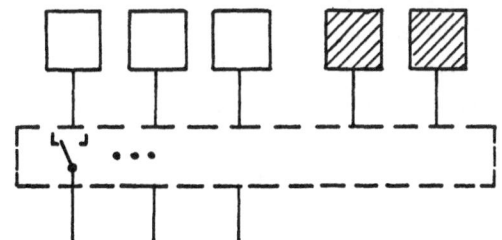

Bild 3: Beispiel zum Konzept der
globalen dynamischen Redundanz
(blind und funktionsbeteiligt)

Tabelle 5: Beurteilung des Konzeptes der globalen dynamischen Redundanz

Redundanzaufwand für punktuelle Wirkung	Redundanzaufwand für Breiten- wirkung	Zuverlässigkeits- Projektierung möglich?	Gezielte Suspendie- rung bzw. Lei- stungseinschränkung möglich?
null	klein*) +	ja	ja
++	null**) +	+	+

*) ohne Leistungseinschränkung
**) mit   "

2.4.2 Rekonfigurationsstrategie

Zur genaueren Festlegung des Redundanzkonzeptes I ist die Angabe eines geeigneten Pla-
nes (Rekonfigurationsstrategie) für den Einsatz der globalen dynamischen Redundanz im
Fehlerfall erforderlich. Für den Fall der gezielten Suspendierung von Funktionen gibt
es im Prinzip nur eine naheliegende Möglichkeit einer Rekonfigurationsstrategie: Im
Fehlerfall wird die jeweils unwichtigste Funktion stillgelegt und der zugehörigen Einheit die Funktion der ausgefallenen Einheit übertragen. Die Anordnung der Funktionen
in einer Prioritätsfolge entsprechend ihrer Wichtigkeit hängt vom Anwendungsfall ab
und ist Teil der Zuverlässigkeits-Projektierung. Reserveeinheiten lassen sich durch Zuordnung fiktiver Funktionen niedrigster Priorität in das gleiche Schema einbeziehen.
Im Fall der Leistungseinschränkung von Funktionen, der hier allerdings nicht weiter verfolgt wird, sind unterschiedliche Rekonfigurationsstrategien denkbar, die einer auf-
wendigeren Projektierungsarbeit bedürfen.

2.4.3 Quantitatives Beispiel

Ein Zahlenbeispiel soll die Wirkungsweise globaler dynamischer Redundanz in Verbindung mit obiger Rekonfigurationsstrategie veranschaulichen. Ein System gemäß Bild 3 bestehe aus n=8 aktiven Einheiten und r=0 oder 1 Reserve-Einheit. Für jede Einheit gelte eine MTBF von 10^5 h ≈ 11,4 Jahre und eine MTTR (mean time to repair) von 100 h. Den aktiven Einheiten seien die prioritätsbehafteten Funktionen i=1...8 zugeordnet, mit i=1 als wichtigster und i=8 als unwichtigster Funktion. Unter Annahme idealer Verhältnisse, wie Fehlerfreiheit der Umschalteinrichtung und Vollständigkeit der Fehlererkennung, werde die MTBF der einzelnen Funktionen für folgende Redundanzkonzepte und Rekonfigurationsstrategien berechnet:

a) Redundanzkonzept I mit r=0 (was auch dem Konzept H entspricht) und der Rekonfigurationsstrategie aus Abschnitt 2.4.2.

b) Redundanzkonzept I mit r=1 und der Rekonfigurationsstrategie aus Abschnitt 2.4.2.

c) Redundanzkonzept E mit r=1 und einer Rekonfigurationsstrategie, die darin besteht, daß die Reserve-Einheit eine ausgefallene Einheit so lange ersetzt, bis diese repariert ist.

d) Redundanzkonzept E mit r=1 und einer Rekonfigurationsstrategie, die darin besteht, daß die Reserve-Einheit stets für die ausgefallene Einheit mit der momentan wichtigsten Funktion einspringt.

In Bild 5 sind, in Anwendung des Markowschen Zuverlässigkeitsmodells [16], die Zustandsdiagramme für diese Fälle angegeben, zusammen mit den daraus abgeleiteten Ausdrücken für die MTBF der einzelnen Funktionen. Die Fälle a) und b) entsprechen einem iv(n+r)-System [17].

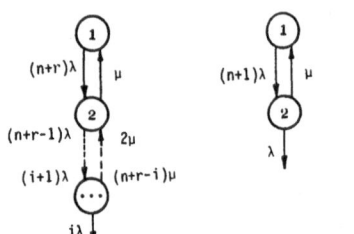

Bild 5: Zustandsdiagramme und MTBF der i-ten Funktion für die Redundanzkonzepte und Rekonfigurationsstrategien der Fälle a) - d). λ = Fehlerrate einer Einheit, µ = Reparaturrate, λ << µ.

$$\text{MTBF} \approx \frac{\mu^{n+r-i}}{i \cdot \binom{n+r}{i} \cdot \lambda^{n+r+1-i}}$$

a), b)

$$\text{MTBF} \approx \frac{\mu}{(n+1)\lambda^2}$$

c)

$$\text{MTBF} \approx \frac{\mu}{2i\lambda^2}$$

d)

Bild 6 zeigt die zahlenmäßigen Ergebnisse in grafischer Form. Die Kurve e) gilt im Falle ohne Redundanzmaßnahmen. Selbst unter der Berücksichtigung, daß die Ergebnisse auf vereinfachenden Annahmen beruhen, zeigt die Kurve zu Fall a), daß das hier angewandte Konzept der funktionsbeteiligten Redundanz nicht nur eine "punktuelle" Wirkung für eine oder wenige Funktionen bedeutet, sondern in Wirklichkeit eine starke Verbesserung für die meisten Funktionen mit sich bringt. Andererseits ist die definierte Ausfallwirkung

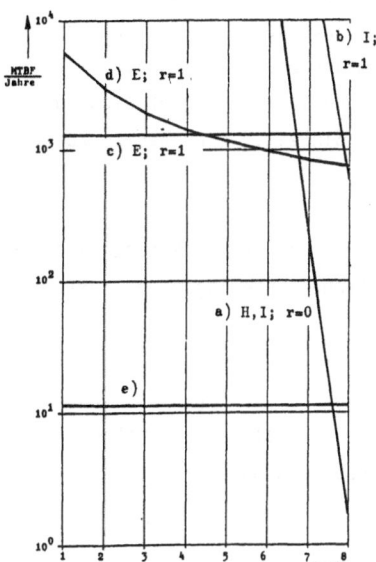

Bild 6: MTBF der i-ten Funktion
für verschiedene Redundanzkonzepte
und Rekonfigurationsstrategien

deutlich sichtbar: Ausfälle betreffen mit hoher Wahrscheinlichkeit nur die 8. Funktion. Die Kurve zu Fall b) zeigt die Möglichkeit zu weiterer Verbesserung auf breiter Basis ("Breitenwirkung") durch Einsatz einer Reserve-Einheit.

In den Fällen mit ausschließlich blinder Redundanz, c) und d), ist die erreichte Zuverlässigkeit für die meisten Funktionen geringer als im Fall a). Auch die Verwendung einer Rekonfigurationsstrategie, welche wichtige Funktionen bei der Zuteilung der Reserve-Einheit bevorzugt, wie im Fall d), kann hieran nichts ändern. Die sich dann ergebende Abhängigkeit der MTBF von i ist bedeutend schwächer als in den Fällen mit Nutzung funktionsbeteiligter Redundanz.

Diese Überlegungen demonstrieren in überzeugender Weise die Effizienz des Konzeptes der globalen dynamischen Redundanz.

3. Anwendung der Redundanzkonzepte bei Unterstationen bekannter dezentralisierter Prozeßautomatisierungssysteme

Bei der Anwendung obiger Redundanzkonzepte zur Erhöhung der Zuverlässigkeit dezentralisierter Automatisierungsfunktionen unterscheiden sich die industriellen Prozeßautomatisierungssysteme in vielfältiger Hinsicht, so z.B.

- im Redundanzkonzept selbst,
- in der gerätemäßigen Ebene, auf die das Redundanzkonzept angewandt wird, z.B. Ebene der Unterstationen oder Modul-Ebene innerhalb einer Unterstation,
- in der Realisierung des Redundanzkonzeptes,
- in der Art der Automatisierungsfunktionen, die durch die Redundanzmaßnahme abgesichert sind (nur Reglerfunktionen und logische Verknüpfungen oder auch Ablaufsteuerungen).

Aufgrund dieser vielfältigen Unterschiede stößt eine vergleichende Bewertung der realen Systeme hinsichtlich der Effizienz ihrer Redundanz auf Schwierigkeiten und ist hier nicht beabsichtigt. Jedoch liefern die Tabellen 2-5 für das einzelne, isoliert betrachtete Prozeßautomatisierungssystem mit seinen funktionellen und strukturellen Gegebenheiten eine Aussage über das dabei zugrundegelegte (theoretische) Redundanzkonzept.

Die Anwendung eines Redundanzkonzeptes auf Modul-Ebene innerhalb der einzelnen Unterstation statt auf der Ebene ganzer Unterstationen bringt eine Reihe von Vorteilen mit

sich. So besteht z.B. die Möglichkeit des Inselbetriebs einer Unterstation ohne Ein-
buße an Zuverlässigkeit, und es entfällt die Notwendigkeit der Verdrahtung der Prozeßsignale eines Teilprozesses auch zu anderen Stationen. Hinzu kommt ggf. eine höhere
Wirtschaftlichkeit der Redundanzmaßnahme bei kleinem Umfang eines Prozeßautomatisierungssystems, d.h. geringer Anzahl von Unterstationen. Schließlich ergibt sich aufgrund der niedrigeren Ausfallrate kleinerer redundanter Einheiten eine höhere Zuverlässigkeit der einzelnen Automatisierungsfunktionen.

Tabelle 6 zeigt die Verwirklichung der Redundanzkonzepte in den verschiedenen Prozeßautomatisierungssystemen, soweit sie den bisher zugänglichen Unterlagen der Hersteller
entnommen werden konnten.

Die Konzepte mit statischer Redundanz (Fälle A,B) sind aus der analogen und frühen
digitalen Technik bekannt, in neueren Prozeßautomatisierungssystemen auf Mikrorechner-
Basis jedoch kaum anzutreffen. Als Beispiel seien die REDUNDYN-Bausteine von Siemens
zum Aufbau analoger 2v3-Systeme erwähnt [18].

Dagegen sind sämtliche Konzepte mit dynamischer Redundanz in neueren Prozeßautomatisierungssystemen verwirklicht. So ist das Konzept C innerhalb der Unterstationen
MICROSPEC von Foxboro realisiert [19]. Es handelt sich um das auch aus herkömmlichen
Systemen bekannte Doppelrechner-Prinzip. Die Station kann neben Reglerfunktionen u.a.
auch Ablaufsteuerungen ausführen, die bei Ausfall des aktiven Rechnerkerns von der
ständig aktualisierten Back-up-Einheit weitergeführt werden können.

Das Konzept D wurde von Siemens für die Unterstationen des Systems TELEPERM M gewählt
[20]. Für den Zentralrechner einer Unterstation sind als Back-up, in einer projektierbaren Anzahl, mikroprozessorbestückte E/A-Moduln einsetzbar, die im Fehlerfall die
Regelung der betreffenden Kreise weiterführen. Vom Prinzip her entspricht dies der herkömmlichen Lösung mit analogen Back-up-Reglern. Zu den möglichen Funktionen des Zen-
tralrechners gehören auch Ablaufsteuerungen, jedoch können diese nicht von den Back-
up-Einheiten weitergeführt werden. Neuerdings wird bei diesem System auch das Konzept
C in der Weise angewandt, daß wichtige Funktionen einer Unterstation im Fehlerfall von
einer zweiten, nicht voll ausgelasteten Unterstation mitübernommen werden können.

Mit dem Konzept der globalen dynamischen blinden Redundanz (Fall E), zunächst von
Honeywell im System TDC 2000 realisiert [21], wurde ein neuer Weg bei Prozeßautomatisierungssystemen beschritten. Ein 8-Kreis-Reserveregler kann unter der Regie eines
"Bereitschaftswächters" bis zu 8 aktiven 8-Kreis-Reglern zugeordnet werden. Steuerungen sind mit den Reglern von TDC 2000 nicht realisierbar.

Beim System MICON MDC-200 von DRD [22] liegt ebenfalls das Konzept E vor, auch hier

Tabelle 6: Anwendung von Redundanzkonzepten für die Ebene der Reglerfunktionen in heutigen Prozeßautomatisierungssystemen. (Blinde Redundanz schraffiert)

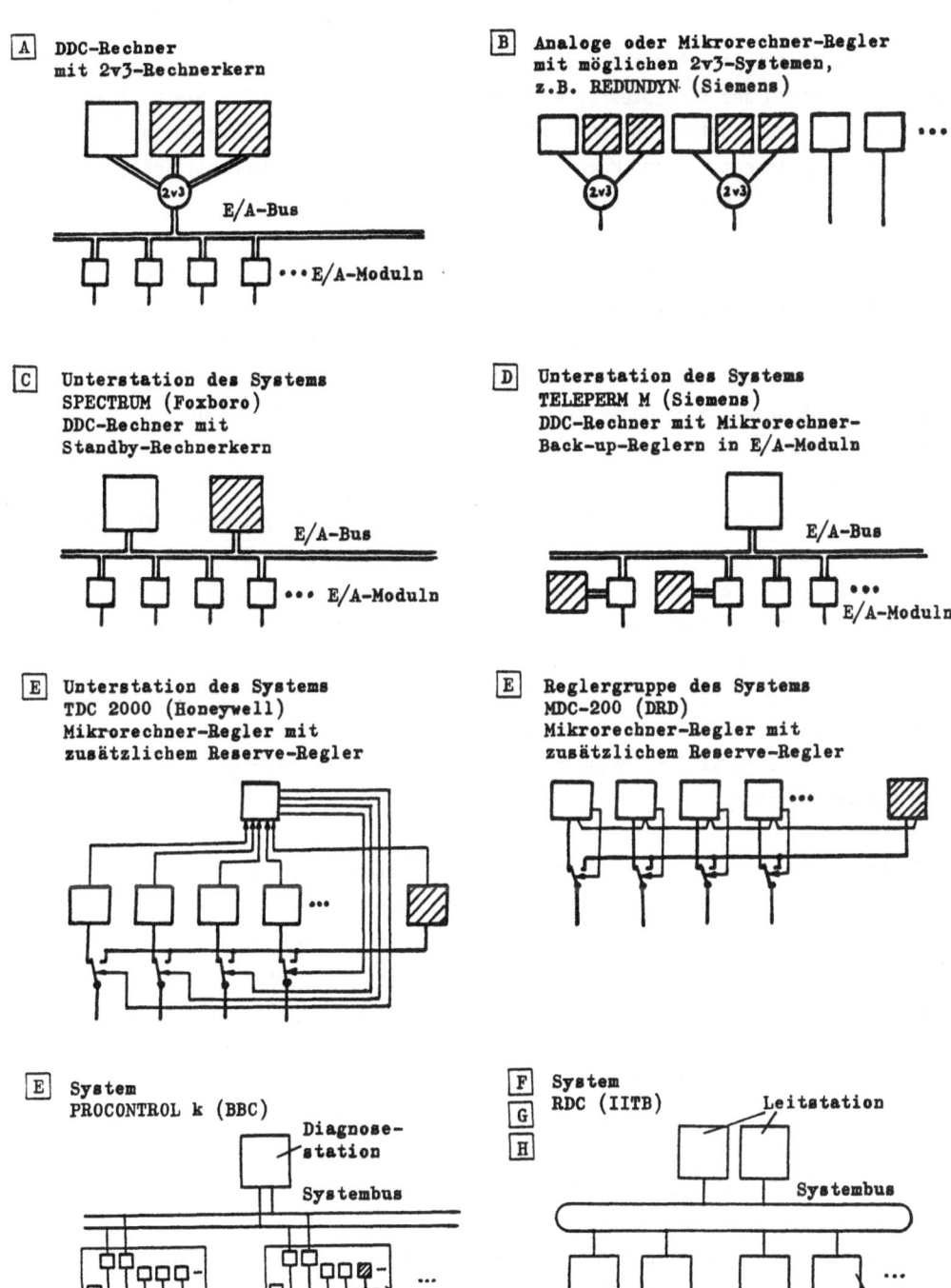

kommt ein 8-Kreis-Reserveregler auf bis zu 8 aktive 8-Kreis-Regler. Das System arbeitet ohne separaten Bereitschaftswächter. In den Reglern sind auch Ablaufsteuerungen realisierbar, im Fehlerfall werden diese vom Reserveregler mitübernommen.

Fischer & Porter arbeitet bezüglich des Systems DCI-4000 gleichfalls an einer Verwirklichung in Richtung des Konzeptes E, wobei eine Reserve-Unterstation bis zu 4 aktiven Unterstationen zugeordnet werden soll [23]. Mit der Redundanzmaßnahme sollen auch Steuerungen abgesichert werden. Momentan wird noch das Konzept D praktiziert, und zwar in Form analoger Back-up-Regler in den Unterstationen.

Als Anwendungsfall des Konzeptes E ist auch das System PROCONTROL k von BBC zu nennen [24]. Hier kann eine in einer Unterstation ausgefallene Regel- oder Steuer-Einheit sogar durch eine entsprechende Reserve-Einheit in einer anderen Station ersetzt werden. Dies erfolgt unter der Regie einer zentralen Diagnosestation und bedingt natürlich die Benutzung des überregionalen Bussystems (Systembus) zur Durchführung der Back-up-Maßnahme.

Den bisher einzigen Fall eines modernen Prozeßautomatisierungssystems mit der Möglichkeit funktionsbeteiligter Redundanz stellt das vom Fraunhofer-Institut für Informations- und Datenverarbeitung (IITB) entwickelte freiprogrammierbare System RDC dar [25]. Dort gilt bezüglich der beiden "Prozeß-Mikroprozessoren" einer Doppelstation das Konzept F, während bezüglich der Prozeß-Mikroprozessoren der Gesamtheit der Stationen die Konzepte G und H realisierbar sind. Auch hier wird z.T. der überregionale Systembus für die Redundanzmaßnahmen benötigt. Die Programmierung wie auch die Spezifikation der Rekonfigurationsstrategie erfolgt mit einem erweiterten PEARL für verteilte Echtzeitsysteme.

Je nach Realisierungsform eines Redundanzkonzeptes erfaßt die Redundanzmaßnahme außer der Rechnerebene der Unterstationen auch die Ebene der E/A-Moduln, welche die Prozeßsignalwandlung bewirken. Dies ist bei den Systemen TDC 2000 und MICON MDC-200 der Fall, wo die E/A-Moduln in die jeweiligen Rechner mit einbezogen sind und die Umschalteinrichtung in Form von Relais auf der analogen Seite der Prozeßsignale realisiert ist. Bei den anderen Systemen liegt die Umschalteinrichtung praktisch am E/A-Bus der Unterstationen, und die E/A-Moduln sind von der Redundanzmaßnahme für die Rechner nicht erfaßt. Die E/A-Moduln können in diesen Fällen den Meß- und Stellgliedern zuverlässigkeitsmäßig zugeschlagen, d.h. in deren Redundanzkonzept einbezogen werden, sie können aber auch unabhängig davon redundant angeordnet sein.

Bei den Systemen mit Umschaltern auf der analogen Seite der Prozeßsignale, wie z.B. TDC 2000, erweist sich die dort nicht gegebene Ausbaufähigkeit der Prozeßperipherie als nachteilig im Hinblick auf eine Einführung von Redundanz auf der Ebene der Meß- und Stellglieder. Auch kann dort infolge der starren Zuordnung zwischen Reglern und

Prozeßsignalen ein Regler bei Ausfall eines Prozeßsignales nicht ersatzweise auf ein Prozeßsignal eines anderen Reglers zugreifen. Bei einer Unterstation mit Anschluß aller E/A-Moduln an einen gemeinsamen E/A-Bus der Station sind diese Nachteile nicht vorhanden: Dort besteht Erweiterbarkeit und freie Rangierbarkeit der Prozeßsignale.

4. Anwendung von globaler dynamischer Redundanz in einer fehlertolerierenden Reglerstation

4.1 Grundstruktur der Reglerstation

Bei keinem der vorhandenen Prozeßautomatisierungssysteme ist das in Abschnitt 2.4 als besonders effizient erkannte Konzept I der globalen dynamischen (blinden und funktionsbeteiligten) Redundanz innerhalb einer Unterstation realisiert. Für eine Realisierung dieses Konzeptes sind die Unterstationen vorhandener Systeme meist ungeeignet: Entweder sind sie zentral strukturiert oder, wie z.B. bei einer Reglergruppe des Systems TDC 2000, die Verbindung zwischen dezentralen Einheiten und den Prozeßsignalen ist zu starr. Die Anwendbarkeit des Konzeptes der globalen dynamischen Redundanz verlangt für eine Unterstation außer einer dezentralen Struktur ein Kommunikationssystem an der Schnittstelle zu den Prozeßsignalen, welches jeder Rechner-Einheit Zugriff zu jedem Prozeßsignal erlaubt.

Bild 7 zeigt die nach Maßgabe von Bild 3 konzipierte Grundstruktur einer am Lehrstuhl und Laboratorium für Steuerungs- und Regelungstechnik der TU München neu entwickelten Reglerstation. Die aktiven Rechner-Einheiten dienen untereinander als funktionsbeteiligte Redundanz (entsprechend der Rekonfigurationsstrategie aus Abschnitt 2.4.2) und können durch eine projektierbare Anzahl Reserverechner ergänzt werden. Als universelles Kommunikationssystem dient ein gemeinsamer E/A-Bus. Da die E/A-Moduln mit den Rechnern nicht starr verbunden sind, ist leichte Erweiterbarkeit und freie Rangierbarkeit der Prozeßsignale gewährleistet. Folglich kann auch auf der Ebene der Meß- und Stellglieder leicht ein Redundanzkonzept verwirklicht werden.

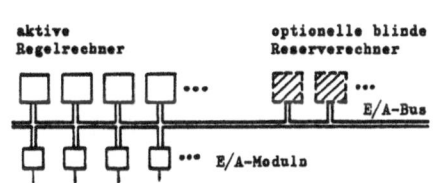

Bild 7: Grundstruktur der Reglerstation

Eine besonders ökonomische Form der Fehlertolerierung ist z.B. dann gegeben, wenn bei Ausfall eines Meßfühlers der betreffende Rechner auf ein am E/A-Bus vorhandenes Ersatzsignal zugreifen kann, welches zur Prozeßüberwachung benötigt wird.

Auf die hard- und softwaremäßige Ausgestaltung der Grundstruktur in Bild 7 wird im folgenden Abschnitt eingegangen.

4.2 Hardware- und Software-Architektur

4.2.1 Hardware

In Bild 8 ist die Hardware-Architektur der fehlertolerierenden Reglerstation detaillierter dargestellt [26;27]. Der Stationsbus, der dem E/A-Bus in Bild 7 entspricht,
ist ein Multi-Master-Bus und dient außer dem Verkehr der Rechner mit der Prozeßperipherie auch einer Kommunikation der Rechner untereinander. Die Aufgabe der Bussteuerung
(bus arbitration) ist per Software realisiert. Es wird das Prinzip der "rotierenden
Priorität" angewandt. Die Bussteuerung stellt im Rahmen der Rekonfigurationsstrategie
die Funktion mit der höchsten Priorität dar.

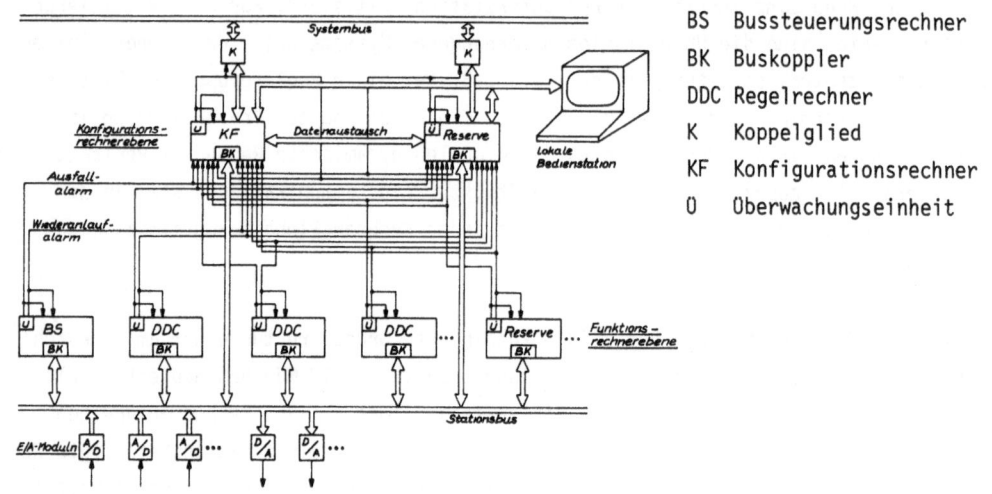

BS Bussteuerungsrechner
BK Buskoppler
DDC Regelrechner
K   Koppelglied
KF Konfigurationsrechner
Ü   Überwachungseinheit

Bild 8:   Blockschema der Reglerstation

Alle "Funktionsrechner" sind hardwaremäßig gleich aufgebaut und enthalten die gleichen
Programm-Bausteine. Ihre jeweiligen Funktionen sind durch Datensätze festgelegt, die
ihnen vom "Konfigurationsrechner" zugesandt werden. Dieser bestimmt die Zuordnung der
Funktionsrechner zu den zu bearbeitenden Regelaufgaben, der Bussteuer-Funktion und der
Reserve-Rolle. Bei Ausfall eines Funktionsrechners sendet er als "intelligentes" Um-
schaltorgan den entsprechenden Datensatz gemäß der Rekonfigurationsstrategie an einen
Reserverechner. Außerdem wickelt er die Kommunikation mit einem lokalen Bedienungs-
Sichtgerät und, über ein entsprechendes Interface, mit dem Systembus ab.

Dem Konfigurationsrechner kann ein mitlaufender Reserve-Konfigurationsrechner zugeordnet werden, um die Verfügbarkeit der Umschaltfunktion zu verbessern oder um höhere Zu-

verlässigkeit auf der Führungsebene zu erzielen.

Die Funktionsrechner der Reglerstation können neben Regelaufgaben auch Steuer- und andere Automatisierungsfunktionen übernehmen. Soll eine Ablaufsteuerung durch Redundanz abgesichert werden, so kann die dazu nötige Back-up-Datenhaltung im Konfigurationsrechner oder in einem anderen Funktionsrechner erfolgen.

Jeder Rechner der Reglerstation führt Selbsttest-Programme aus. Bei Erkennung eines Fehlers unternimmt der betreffende Rechner zunächst einen Wiederanlauf-Versuch mit Neuladen des Datensatzes vom Konfigurationsrechner aus, bevor eine Rekonfiguration ausgelöst wird. Auf diese Weise können transiente Fehler ohne Rekonfiguration toleriert werden.

Die Architektur der Reglerstation läßt auch andere Redundanzkonzepte bei den Funktionsrechnern zu. So ist z.B. die Bildung von 2v3-Systemen möglich, um gegebenenfalls von den Selbsttest-Programmen nicht erkennbare Fehler tolerieren zu können. Die Voter-Funktion kann per Software durch die Rechner selbst ausgeübt werden.

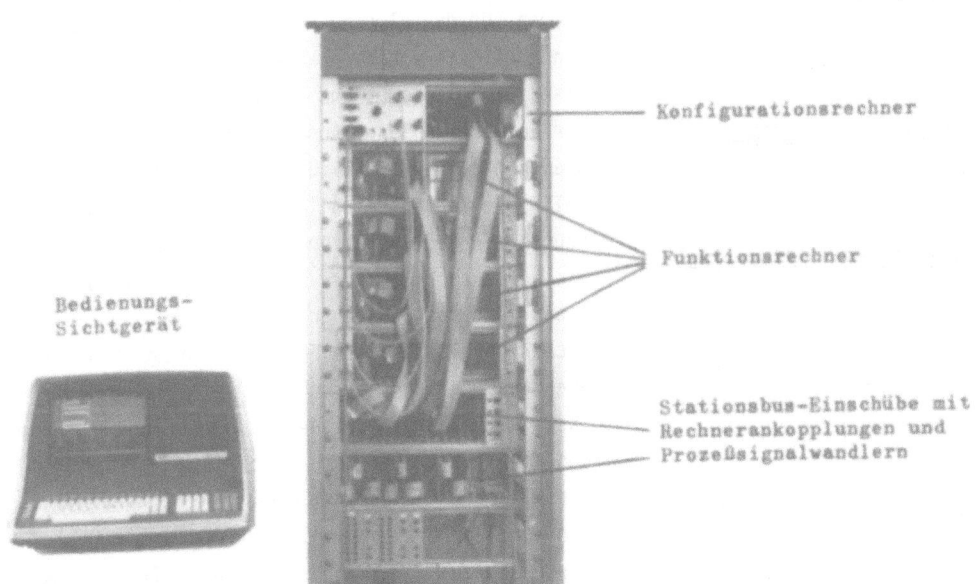

Bild 9: Laboraufbau der Reglerstation

Um zu verhindern, daß der Stationsbus zum Zuverlässigkeitsengpaß wird, sind verschiedene Sicherungsmaßnahmen getroffen. Beispielsweise ist der Stationsbus als Open Collector-Bus realisiert, fehlerhafte Low-Pegel werden durch Bauelemente-Redundanz (u.a.

Doppeltransistoren) aufgefangen.

Bild 9 zeigt einen mit Mikroprozessoren des Typs Z 80 entwickelten <u>Laboraufbau</u> der Reglerstation.[3)]

4.2.2 Software

Die Funktionsrechner enthalten Tasks für Regler- und andere Automatisierungsfunktionen, für Ein/Ausgabe und Test der E/A-Moduln, für die Bussteuer-Funktion, für die Rechner-Rechner-Kommunikation und für den Selbsttest [26;27].

Im Konfigurationsrechner laufen Tasks für Konfigurations- und Rekonfigurationsvorgänge (siehe Abschnitt 2.4.2), Übertragung von Datensätzen an die Funktionsrechner, Verwaltung einer aus den Datensätzen der Funktionsrechner und Konfigurationstabellen bestehenden Datenbasis, Eingabe und Ausführung von Bedien-Kommandos, Bildschirm-Ausgabe, Kommunikation mit dem Systembus und Selbsttest [26;27].

4.3 Quantitative Zuverlässigkeitsaussagen und Projektierungsmöglichkeiten

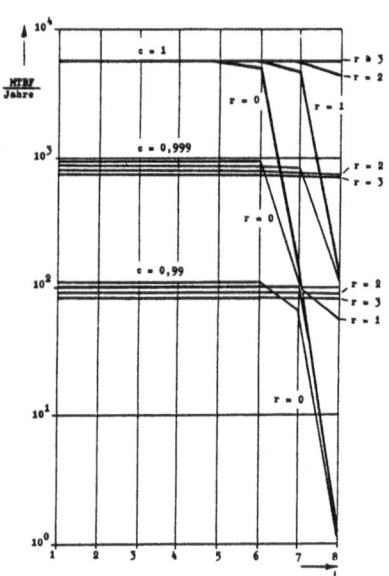

Bild 10: MTBF der i-ten Regler-funktion der vorgeschlagenen Station. Einfluß des Fehlerüber-deckungsfaktors und der Anzahl der Reserverechner.

Die MTBF-Kurven der Fälle a) und b) in Bild 6 galten für das allgemeine Schema in Bild 3 unter den idealisierenden Annahmen eines fehlerfreien Umschaltmechanismus und einer Vollständigkeit der Fehlererkennung. Analog dazu wurden mit den gleichen Zahlenwerten für die Rechner-MTBF und -MTTR die Kurven des Bildes 10 für die Rechner-gruppe der Reglerstation in Bild 8 berechnet. Sie berücksichtigen den Einfluß des Konfigurations- und des Bussteuerrechners und einer möglichen unvollständigen Fehlererkennung (Fehlerüberdeckungsfaktor $0 < c \leq 1$). Infolge des zuverlässigkeitsmäßig nichtidealen Umschalters in Form des Konfigurationsrechners ergibt sich nun für die MTBF der Reglerfunktionen eine Begrenzung, deren Höhe vom Grad der Vollständigkeit der Fehlererkennung abhängt. Während von den 8 Reglerfunktionen die 6 wichtigeren allein durch funktionsbeteiligte Redundanz($r=0$) diese Begrenzung erreichen, sind zur Anhebung der MTBF der beiden übrigen Reglerfunktionen 1 oder 2 blinde Reserverech-

[3)] Der Laboraufbau ist im Rahmen der Sonderausstellung "Angewandte Forschung" der INTER-KAMA 80 auf dem **Stand** des Projektträgers Fertigungstechnik (früher PDV) ausgestellt.

ner nötig. Mit mehr als 2 Reserverechnern kann praktisch keine weitere Verbesserung mehr erzielt werden. Wie sich zeigen läßt, entspricht der Wert der MTBF an der Begrenzung dem eines Duplex-Systems mit idealem Umschalter. Mit globaler dynamischer Redundanz und geringem Aufwand an blinder Reserve ist also der gleiche Effekt erzielbar wie mit einer konventionellen Verdopplung der Rechner. Die MTBF-Grenze kann durch Einsatz eines Reserve-Konfigurationsrechners weiter erhöht werden.

5. Zusammenfassung

Im vorliegenden Beitrag wurde eine systematische Übersicht über Redundanzarten und -konzepte der Hardware-Redundanz zur Tolerierung von Fehlern in Prozeßautomatisierungssystemen gegeben. Eine qualitative Bewertung der Redundanzkonzepte zeigte, daß das Konzept der "globalen dynamischen blinden" Redundanz (wenige Reserve-Einheiten stehen für viele aktive Einheiten bereit) und das Konzept der "globalen dynamischen funktionsbeteiligten" Redundanz (aktive Einheiten dienen bzgl. wichtiger Aufgaben gegenseitig als Back-up, im Fehlerfall tritt graceful degradation ein) jeweils besondere Vorzüge haben. Als besonders günstig erwies sich die Vereinigung beider Konzepte zum Konzept der "globalen dynamischen" Redundanz.

Auf der Grundlage dieser Redundanzbetrachtungen wurden moderne digitale Prozeßautomatisierungssysteme auf das bei den Unterstationen angewandte Redundanzkonzept hin untersucht sowie die damit bestehenden Möglichkeiten für Redundanz bei Meß- und Stellgliedern diskutiert.

Abschließend wurde eine neu entwickelte Reglerstation beschrieben, die auf dem Konzept der globalen dynamischen Redundanz beruht. Sie demonstriert die besonderen Vorzüge dieses Konzeptes im Hinblick auf Möglichkeiten zur Fehlertolerierung auf der Ebene der Automatisierungsfunktionen und der Meß- und Stellglieder.

Arbeiten zu diesem Beitrag wurden teilweise mit Mitteln des BMFT (DV 5.505), Projekt PDV, im Rahmen des 3. DV-Programmes der Bundesregierung durchgeführt.

Literatur

1. Birck, H.; Schmidt, G.: Dezentralisierte Prozeßregelung mit Mikrorechnern. Fachberichte Messen-Steuern-Regeln, Bd. 1: Automatisierungstechnik im Wandel durch Mikroprozessoren, INTERKAMA-Kongreß 1977 (Hrsg.: M. Syrbe, B. Will), Springer-Verlag, S. 363-381.

2. Früh, K.F.: Dezentrale Prozeßautomatisierung auf zwei Wegen. Regelungstechnische Praxis 21(1979), Heft 7, S. 198.

3. Escher, G.; Thies, K.H.: Untersuchung der Reparaturhäufigkeit von Meß- und Regelgeräten. Regelungstechnische Praxis 16(1974), Heft 9, S. 233-239.

4. Avizienis, A.: Fault-tolerant systems. IEEE Trans. on Computers, Vol. C-25, No. 12, Dec. 1976, S. 1304-1312.

5. Walze, H.: Welche Art Redundanz für dezentrale Systeme? Regelungstechnische Praxis 21(1979), Heft 10, S. 300-301.

6. Saenger, F.: Zur theoretischen Optimierung der Systemverfügbarkeit von Prozeßrechnern mit funktionsbeteiligter Redundanz. IITB-Mitteilungen, 1978, S. 48-54.

7. Masreliez, C.J.; Bjurman, B.E.: Fault tolerant system reliability modeling/analysis. Guidance and Control Conference, San Diego, Calif., August 16-18, 1976, Proceedings. New York, American Institute of Aeronautics and Astronautics, Inc., 1976, S. 130-137.

8. Losq, J.: A highly efficient redundancy scheme: self-purging redundancy. IEEE Trans. on Computers, Vol. C-25, No. 6, June 1976, S. 569-578.

9. Mathur, F.; Avizienis, A.: Reliability analysis and architecture of a hybrid redundant digital system: generalized TMR with self-repair. 1970 Spring Joint Comput. Conf., AFIPS Conf. Proc., Vol. 36. Montvale, N.J.: AFIPS Press, 1970, S. 375-383.

10. DIN 40042: Zuverlässigkeit elektrischer Geräte, Anlagen und Systeme; Begriffe. Vornorm Juni 1970.

11. Dal Cin, M.: Fehlertolerante Systeme. B.G. Teubner, Stuttgart, 1979.

12. Früh, K.F.: Optimalstruktur dezentraler Prozeßautomatisierungssysteme? Regelungstechnische Praxis 21(1979), Heft 10, S. 273-274.

13. Noe, J.D.; Nutt, G.J.: Macro E-nets for representation of parallel systems. IEEE Trans. on Computers, Vol. C-22, No. 8, August 1973, S. 718-728.

14. Peterson, J.L.: Petri Nets. Computing Surveys, Vol. 9, No. 3, Sept. 1977, S. 223-253.

15. Zuse, K.: Petri-Netze aus der Sicht des Ingenieurs. F. Vieweg, Braunschweig, 1980.

16. Höfle-Isphording, U.: Zuverlässigkeitsrechnung. Springer-Verlag, 1978.

17. Applebaum, S.P.: Steady-state reliability of systems of mutually independent subsystems. IEEE Trans. on Reliability R-14 (1965), S. 23-29.

18. Waldmann, H.; Weibelzahl, M.: Analoge redundante Regelungen mit REDUNDYN-Bausteinen. Siemens-Zeitschrift 45(1971), Heft 10, S. 747-749.

19. Früh, K.F.: Multiplexes Regeln und Steuern im dezentralen Prozeßautomatisierungssystem von Foxboro. Regelungstechnische Praxis 21(1979), Heft 7., S. 202-205.

20. Früh, K.F.: Tradition und Moderne: Das dezentrale Prozeßautomatisierungssystem von Siemens. Regelungstechnische Praxis 21(1979), Heft 5, S. 137-142.

21. TDC 2000 - Total Distributed Control. Allgemeine Beschreibung. Druckschrift der Firma Honeywell GmbH, 9/1977.

22. MICON MDC-200 - Das Mikroprozessor-Regelsystem. Druckschrift der Firma DRD Meß- und Regeltechnik GmbH.

23. Früh, K.F.: Hierarchisch dezentral strukturiert: Das Prozeßautomatisierungssystem von Fischer & Porter. Regelungstechnische Praxis 21(1979), Heft 10, S. 296-300.

24. Gratzki, V.; Stöckler, H.; Zimmermann, H.: PROCONTROL k - Bus: Digitales dezentrales Kraftwerksleitsystem mit BUS-Übertragung - eine neue Systemlösung. VGB Kraftwerkstechnik 1978, Heft 6, S. 407-413.

25. Heger, D.; Steusloff, H.; Syrbe, M.: Echtzeitrechnersystem mit verteilten Mikro-
    prozessoren. BMFT-FBDV 79-01, 1979.

26. Sendler, W.: Eine fehlertolerierende Reglerstation auf der Basis eines busorien-
    tierten Multi-Mikrorechner-Systems. Regelungstechnische Praxis 22(1980), Heft 3,
    S. 73-81.

    Oder:
    Schmidt, G.; Sendler, W.: A failure-tolerant multi-microcomputer controller for
    process control applications. Process Automation 2 (1980), no. 2.

27. Freyberger, F.; et al.: Entwicklung und Aufbau einer fehlertolerierenden Regler-
    station. Abschlußbericht zum Vorhaben "Prozeßnahe Komponenten mit Mikrorechner-
    Bausteinen" im Rahmen des Projektes PDV (Kennz.-Nr. P7.3/24, M-IMR/4). Lehrstuhl
    und Laboratorium für Steuerungs- und Regelungstechnik, TU München, Dezember 1980.

SELF-TUNING CONTROL AND ITS APPLICATION

SELF-TUNING CONTROL AND ITS APPLICATION

SELBSTEINSTELLENDE REGELUNG UND IHRE ANWENDUNGEN

D. W. Clarke and P. J. Gawthrop

Department of Engineering Science

Oxford University, Oxford, OX1 3PJ

Zusammenfassung

Selbsteinstellung ist eine relativ neue Methode zur adaptiven Regelung von industriellen
Prozessen. Es können damit zeitvariable Prozesse mit Transportverzögerungen, komplexer
Dynamik und zufälligen Störungen behandelt werden. Darüber hinaus kann der Algorithmus
auf einem 8-bit Mikroprozessor implementiert werden.

Dieser Aufsatz gibt eine Einführung in Regelalgorithmen mit Prädiktion und ihre Anwendung bei der selbsteinstellenden Regelung. Es wird gezeigt, daß die Minimierung der
Varianz eines verallgemeinerten Ausgangssignals auf eine große Vielfalt von Regel-
problemen führt, wie Modell-Folgeregelung und optimale Smith-Prädiktion. Es werden
die Gleichungen zur rekursiven Parameterschätzung für die Selbsteinstellung beschrieben, gemeinsam mit praktischen Hinweisen für ihren Gebrauch. Gesichtspunkte für die
Ausführung einer selbsteinstellenden Regelung werden erörtert mit Beschreibung eines
portablen Mikrocomputersystems für diesen Zweck.

Die Anwendung auf einen industriellen chemischen Batchprozeß wird vorgestellt und
gezeigt, wie Nichtlinearitäten der Stellglieder zu Schwierigkeiten bei der selbsteinstellenden Regelung führen können und wie eine erfolgreiche Regelung durch
Kaskadenanordnung erzielt wurde.

1.   INTRODUCTION

An abiding problem of industrial process control is the design of a controller
when the plant dynamics and disturbances are imperfectly known. The conventional
solution is to use a controller with a standard structure, typically a PID or three-
term regulator, and to adjust its parameters on-line until satisfactory response is
achieved. In some cases this procedure fails, as the standard controller may be
inadequate for systems with complex dynamics, or it may require frequent retuning
with nonlinear or time-varying plant such as chemical batch reactors. Moreover,
manual controller tuning requires skilled operators, the shortage of whom may pre-
clude the introduction of feedback control in new market areas. About ten years ago
system identification methods were proposed to overcome some of these difficulties.
In system identification [1] a mathematical model of the plant in the form of a
transfer-function is estimated directly from measured input/output data, and the
controller design is generally based on this transfer-function estimate as if it
were exact ("certainty-equivalent" control). This approach can be time-consuming
and expensive (requiring complex software), and the resulting controller may become
inadequate if there are significant changes in the plant dynamics.

Control theoreticians have for many years recognised this to be an important
problem, and it was found that the optimal controller has a dual [2] role of exercising control and of updating estimates of the parameters of its model of the
process. The control signal produced can be thought of having three components:
(i) the certainty-equivalent control which assumes that the estimates are exact,
(ii) a cautious component which reflects current uncertainties, and (iii) a probing
component for reducing future uncertainty. Unfortunately the optimal dual controller
is impossibly hard to compute in any other than the most trivial cases, so attention
has more recently been focussed on simplifications which are easier to implement.
Most current research is in the area of self-tuning control [3,4,5], which concentrates on the certainty-equivalent component, and which has been shown to operate
successfully using an industry-standard 8-bit microprocessor [6,7].

A self-tuning controller has three main elements. There is a standard feedback
law in the form of a difference-equation which acts upon the output and set-points
to produce the new control signal. A recursive parameter estimator monitors the
plant input and output and computes the best current estimate of the plant dynamics.
The set of estimated parameters is fed into a standard control-design algorithm
which provides a new set of coefficients for the feedback law. Such a self-tuner is
called *explicit*, and its structure is shown in Fig. 1. An *implicit* self-tuner omits
the third design stage; instead of the estimator deriving a plant model it calculates
the best feedback coefficients directly. In principle, therefore, implicit self-
tuners require less on-line calculation, and the remainder of this paper concentrates
on their design and application. In all cases, an algorithm is called self-tuning
if, as the number of samples increases without limit, the control signal tends towards

the optimal control for *known* plant parameters. The methods described below have been shown to be self-tuning in a wide range of practical situations [8].

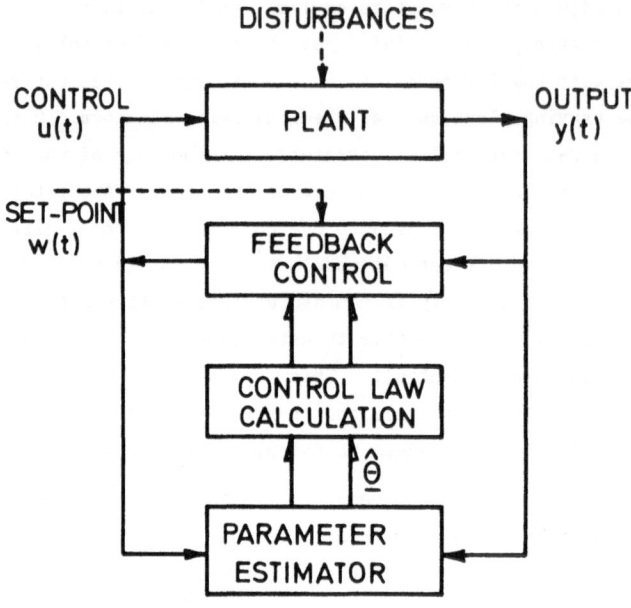

Fig. 1   Structure of an explicit self-tuner

As a self-tuner builds up a process model from input/output data, various assumptions are required about the most appropriate model structure to use, and a widely applicable structure has the following features:

 (i) it is in discrete-time, as the controller is digital and operates on sampled measurements

 (ii) it is locally-linearized, as we are considering the regulation of small output perturbations around the set-point w(t)

(iii) it includes a time-delay or transport lag

 (iv) it models process disturbances in the form of white noise passing through a linear dynamical system

  (v) it includes a constant to reflect that the locally-linearized model is with respect to a given operating point (i.e. nominally zero control may produce a non-zero output).

This leads to the difference-equation model

$$y(t) + a_1 y(t-1) \ldots + a_n y(t-n) = b_o u(t-k) + \ldots + b_n u(t-k-n) + e(t)$$
$$+ c_1 e(t-1) \ldots + c_n e(t-n) + d \qquad (1)$$

Here $u(t)$ and $y(t)$ are the plant input and output at sample instant t, $e(t)$ is an uncorrelated random process, $k(\geqslant 1)$ is the plant delay in sample-intervals, n is the model order and d is an additive constant. In z-transform terms this is

$$A(z^{-1}) \, y(t) = B(z^{-1}) \, u(t-k) + C(z^{-1}) \, e(t) + d \qquad (2)$$

where A, B and C are polynomials of degree n in z^{-1}, interpreted here as a backward-shift operator.

Similarly, the control law can be written as the difference equation:

$$g_0 u(t) + g_1 u(t-1) + \ldots = f_0 y(t) + f_1 y(t-1) + \ldots + d_1 \qquad (3)$$

or

$$u(t) = \frac{F(z^{-1})}{G(z^{-1})} \, y(t) + d_2 \qquad (4)$$

The objective of control tuning is to choose the coefficients of F and G so as to give 'good performance'. Hence the first step in designing a self-tuning algorithm is to decide what constitutes good performance in a practical case, and to derive a method which produces F and G for *known* A, B and C parameters. In effect a self-tuner replaces the conventional P, I and D tuning 'knobs' on a three-term controller by performance-oriented knobs. To this end this paper first discusses a range of performance criteria which can be shown to lead to the self-tuning property. For simplicity, the additive constant d is omitted from the analysis; it is nonetheless an important practical feature and one solution to the corresponding control problem of eliminating steady-state offset will be given later.

2.   TYPICAL CONTROL OBJECTIVES

In this section we discuss various performance criteria which can be shown to lead to self-tuning algorithms.

2.1   Minimum output variance

Plant disturbances affect the output $y(t)$. In quality control it is desirable tha the variance of $y(t)$ - w is as small as possible, where w is the set-point. For example, in paper-making one objective is to ensure that only a specified small fraction of the paper is below a given minimum thickness, so if the output variance is high the average thickness has to be set considerably greater than the minimum, which wastes paper. If the control minimises the output variance, the set-point w can be taken closer to the minimum thickness, as shown in Fig. 2. Hence the appropriate control criterion is Min. $E\{(y(t)-w)^2\}$, where $E\{\ \}$ is the expected value.

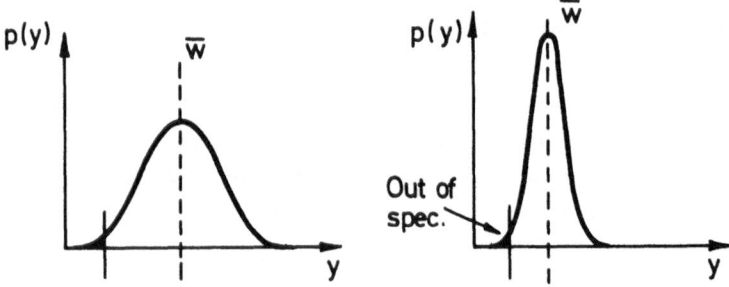

Fig. 2.1 Non-minimum variance control   Fig. 2.2 Minimum variance control

2.2   Control costing

A minimum output variance algorithm does not consider the amplitude of control that must be exerted. This may often be excessive, and can cause instability. One possible solution is to include a costing of control in the performance objective, leading to the criterion Min. $E\{(y(t+k)-w)^2 + \lambda u(t)^2\}$. Here λ is a constant which may be chosen by the control designer to trade off output variance against control variance; in practice the trade-off is very favourable in that a significant reduction in control effort often leads to only a small increase in output variance. Note that in the criterion there is a delay k between the contributions of u and y to the cost; this is to reflect the system's delay and leads to a simpler algorithm (e.g. there is no need to iterate a Riccati equation).

2.3 Model-following

In model-following control the design is such that the *closed-loop* transfer-function has pre-specified dynamics $M(z^{-1})$, giving $y(t) = M(z^{-1})w(t)$, where $w(t)$ is a time-varying set-point. This design also tailors, to some extent, the response of the closed-loop to the disturbances. The desired model M is usually chosen with regard to the time-scale of the process, such that M has rather faster dynamics that the plant together with minimal overshoot to a step change in $w(t)$. (Similar objec-ives are seen in aerospace control, where it is stated that a pilot would like a consistent response to his control actions, despite large changes in aeroplane dynamics. The self-tuning method used there is called Model Reference Adaptive Control, MRAC, although most such methods are deterministic and ignore stochastic disturbances.)

Prespecifying M implies that the controller attempts to cancel the plant zeros. However, if the zeros are near or outside the stability region, the control law is extremely sensitive. Hence pole-shifting controllers [9] are sometimes advocated which ignore the process zeros and thus reduce the sensitivity at the expense of a less well-determined overall response.

2.4 Generalised costing

A performance objective which combines many of the features of the above is of the form:

$$I = \text{Min. } E \left\{ \sum_{1}^{N} (\alpha(z^{-1})y(t) - \beta(z^{-1})w(t))^2 + (\gamma(z^{-1})u(t))^2 \right\}$$

where the transfer-functions α, β and γ are chosen according to the precise objective in mind. An N-stage cost-function, however, requires the on-line iteration of a Riccati equation and thus involves considerably more programming and computational effort than the simpler objectives described above.

As the above lead to self-tuning algorithms when used in conjunction with a recursive parameter estimator, we first show how the control design proceeds for systems with *known* parameters, concentrating on the simplest minimum output variance case.

3.   MINIMUM OUTPUT VARIANCE CONTROL FOR KNOWN SYSTEMS

At time t, the control task is to choose the current control u(t) on the basis of available input/output data. Because of the time-delay k in the process, u(t) does not effect y(t), but only y(t+k), y(t+k+1), and so on. Hence we are interested in how the disturbances affect y(t+k) so that u(t) can be chosen to nullify them; this requires a k-step-ahead *predictor* to be designed. Consider the *identity*

$$C(z^{-1}) = E(z^{-1}) \ A(z^{-1}) + z^{-k} \ F(z^{-1}) \tag{5}$$

where E and F are polynomials in z^{-1} of degree k-1 and n-1 respectively. The parameters of E and F are obtained by equating the coefficients of various powers of z^{-1} in (5). Premultiplying (2) by $z^k E$ gives

$$EA \ y(t+k) = EB \ u(t) + EC \ e(t+k)$$

or, using (5), and defining G = EB

$$C \ y(t+k) - F \ y(t) = G(z^{-1})u(t) + EC \ e(t+k)$$

which gives the *predictor* model

$$y(t+k) = \frac{Fy(t) + Gu(t)}{C} + E \ e(t+k) \tag{6}$$

The output y(t+k) is seen to have two components:

  (i) the prediction $\hat{y}(t+k|t)$, based on known data up to time t

 (ii) the prediction error $\tilde{y}(t+k|t)$, which is the *moving-average*

$$e(t+k) + e_1 \ e(t+k-1) + \dots + e_{k-1}e(t+1) \quad \text{(Note: } e_o = 1)$$

whose variance is $\sigma^2(1+e_1^2 + \dots +e_{k-1}^2)$, where σ^2 is the variance of the white-noise process e(t) underlying the disturbance. Note that the prediction error is statistically independent of the prediction, and that its variance increases with the prediction 'horizon' k.

Hence the *output* variance $E\{y^2(t+k)\}$ is given by

$$E\{y^2\} = E\{(\hat{y}+\tilde{y})^2\}$$
$$= E\{y^2+2\hat{y}\tilde{y}+\tilde{y}^2\}$$
$$= \hat{y}^2 + E\{\tilde{y}^2\}, \text{ as } \hat{y} \text{ is deterministic and independent of } \tilde{y}$$
$$\geqslant E\{\tilde{y}^2\}, \text{ with equality when } \hat{y} = 0.$$

Therefore a control u(t) which sets $\hat{y}(t+k|t)$ to zero minimises the output variance, and the irreducible variance is simply that of the prediction error $\tilde{y}$. From (6), then, the required feedback control law is

$$F(z^{-1}) \ y(t) + G(z^{-1}) \ u(t) = 0 \tag{7}$$

Example

Consider the plant with $n = 1$ and $k = 2$

$$(1-0.9 \ z^{-1}) \ y(t) = (0.5+0.1 \ z^{-1}) \ u(t-z) + (1+0.7 \ z^{-1}) \ e(t)$$

The identity (5) becomes

$$(1+0.7 \ z^{-1}) = (1+e_1 \ z^{-1})(1-0.9 \ z^{-1}) + z^{-2} \ f_o$$

so that $e_1 = 1.6$ and $f_o = 1.44$, and (7) then gives

$$u(t) = \frac{1.44}{(1+1.6z^{-1})(0.5+0.1z^{-1})} \ y(t)$$

or, in difference equation form:

$$u(t) = -1.8 \ u(t-1) - 0.32 \ u(t-2) - 2.44 \ y(t)$$

It can be shown that the uncontrolled output variance is 15.25 σ^2, whereas the controlled output variance is 3.56 σ^2. It is interesting to note that if $k = 1$, the controlled variance would simply be σ^2; this again shows the affect of process delay on ultimate control performance.

4.   GENERALISED MINIMUM OUTPUT VARIANCE

The minimum output variance objectiveleads to a very simple self-tuning algorithm, but is inappropriate in many cases. For example, (7) shows that as G = EB the
plant zeros are cancelled, and instability arises with nonminimum phase (NMP) zeros
(i.e. outside the unit cricle). Unfortunately NMP zeros are much more common in
discrete time process models than in continuous time models, arising particularly
for high-order systems sampled over relatively short intervals. One simple remedy
is to minimise the variance of a *generalised* output $\phi(t)$, defined by

$$\phi(t) = P(z^{-1}) \, y(t) + Q(z^{-1}) \, u(t-k) - w(t-k) \tag{8}$$

Here P and Q are user-chosen transfer-functions and w(t) is the set-point, leading
to the structure shown in Fig. 3.

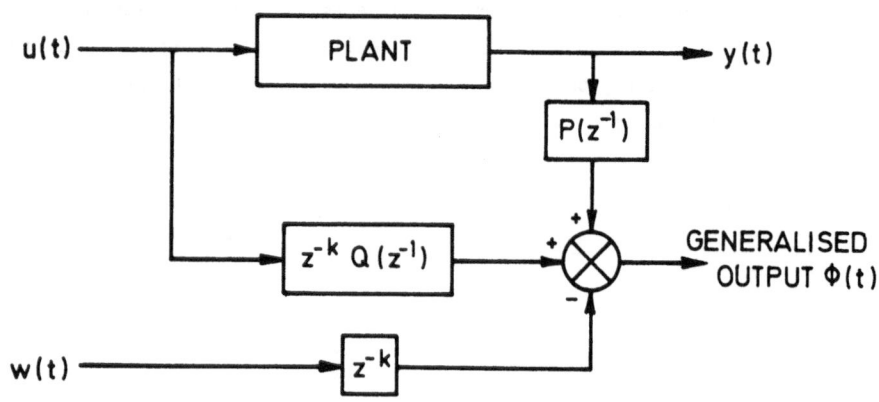

Fig. 3   Definition of the *generalised* output $\phi(t)$

Combining (8) with the plant model (2) gives

$$A\phi(t+k) = (PB+QA) \, u(t) + PCe(t) - Aw(t) \tag{9}$$

As w(t) is a known signal, a predictor model of the new plant (9) can be derived
easily as before, and a control u(t) which minimises the variance of $\phi(t)$ is of the
form

$$F'(z^{-1}) \, y(t) + G'(z^{-1}) \, u(t) + H'(z^{-1}) \, w(t) = 0 \tag{10}$$

where F', G' and H' are polynomials in z^{-1}, and which are related to the k-step-ahead
prediction of $\phi(t)$.

4.1   Interpretations of the generalised control law [10]

It can be shown that the closed-loop satisfies

$$y(t) = \frac{B}{PB+QA} \, w(t-k) + \frac{EB+QC}{PB+QA} \, e(t) \tag{11.1}$$

$$u(t) = \frac{A}{PB+QA} w(t) - \frac{FP_d}{PB+QA} e(t) \qquad (11.2)$$

where $P_d(z^{-1})$ is the denominator polynomial of the transfer-function P. The characteristic equation (CE) of the closed-loop, which determines the stability and the
dynamic performance, is PB + QA = 0. Recalling that P and Q are specified by the
user, note that for P = 1, Q = 0 we revert to the minimum output variance case whose
CE is B = 0 and which has a serious stability for NMP systems.

Choosing P = 1 and Q = λ gives the so-called 'λ-controller' in which the CE
is B + λA = 0. By choice of a large enough value of the 'tuning' parameter λ, we can
ensure stability in the control of open-loop stable but NMP plant; here λ can be
identified as a root-locus parameter. It can further be shown [11] that this control
law minimises $E\{(y(t+k)-w(t))^2+\lambda'u^2(t)\}$, where the expectation is conditioned upon
data acquired up to time t. Hence λ can be used to trade output against control
variance.

If P = $1/M(z^{-1})$ and Q = 0, where M is a desired transfer-function, (11.1)
becomes

$$y(t) = M(z^{-1}) w(t-k) + ME e(t)$$

This is model-following control with a tailored response to disturbances e(t).
Note, however, that (11.2) shows that the control u(t) has modes depending upon
$1/B(z^{-1})$, implying difficulty with NMP plant. This problem is overcome, as before,
by using 'detuned' model-following control in which a non-zero value of Q = λ is
chosen.

Finally, if P = 1 and Q = $1/L(z^{-1})$, where L is a transfer-function corresponding to a conventional control law, such as PID, it can be shown that the control
u(t) is of the form

$$u(t) = L(z^{-1}) \{w(t)-\hat{y}(t+k|t)\}$$

and the CE is LB + A = 0. The structure of this law is conventional feedback, except
that the *predicted* error w(t) - $\hat{y}(t+k|t)$ instead of the actual error w(t) - y(t) is
used. Again, a conventional law would lead to a CE of z^{-k} LB + A = 0, and the
troublesome time-delay k would force the controller L to be detuned. It is seen that
the predictive control gives the right amount of phase advance to overcome the delay,
and it can be interpreted as an *optimal* 'Smith Predictor" in that it includes optimal
prediction of stochastic as well as deterministic components of y(t). Moreover, in
the context of self-tuning, the predictive law does not suffer from the sensitivity
of the Smith predictor to changing plant dynamics.

5.   RECURSIVE PARAMETER ESTIMATION

Consider a model that is *linear-in-the-parameters*

$$\phi(t) = \theta_1 x_1(t) + \theta_2 x_2(t) + \ldots + \theta_n x_n(t) + \varepsilon(t) \tag{12.1}$$

or $\qquad \phi(t) = x^T(t) + \varepsilon(t)$ $\hfill$ (12.2)

where θ is a vector of unknown parameters

$\qquad\qquad$ x(t) is a vector of known data

$\qquad\qquad$ ε(t) is a noise sequence independent of the elements of x(t)

$\qquad\qquad$ φ(t) is an 'output' measurement.

The objective of the estimator is to calculate that vector $\hat{\theta}$ which makes the fit of the model to the data as 'close' as possible; usually the measure Min. $\sum_1^N \varepsilon^2(t)$ - the least-squares criterion - is chosen. A recursive estimator is desirable as we do not want the computing effort or the data-storage requirements to increase with time, so a feedback estimator (c.f. a Kalman Filter) is used which updates $\hat{\theta}$ based on the model's prediction error $\phi(t) - x^T(t) \hat{\theta}(t-1)$

$$\hat{\theta}(t) = \hat{\theta}(t-1) + K(t) (\phi(t)-x^T(t) \hat{\theta}(t-1)) \tag{13}$$

If $\tilde{\theta}(t)$ is the parameter error $\hat{\theta}(t) - \theta$, (11) gives

$$\tilde{\theta}(t) = (I-K(t)x^T(t)) \tilde{\theta}(t-1) + K(t) \varepsilon(t) \tag{14}$$

This is a system whose dynamics depend on K(t), subjected to a 'disturbance' which again depends on K(t). Hence K(t) can be chosen to vary such that there is rapid initial convergence ('large' K), followed by smooth variations less influenced by the noise ε(t) ('small' K). (Sometimes a fixed value of K is used as a compromise and to supply computation at the expense of inferior self-tuning performance). The measure which determines the best value of K(t) to choose is the *covariance matrix* of the parameters, defined as $\sigma^2 P(t) \triangleq E\{\tilde{\theta}(t)\tilde{\theta}^T(t)\}$, where σ^2 is the variance of the noise ε(t). By squaring (14) and taking expectations, $||P(t)||$ can be shown to be minimal by choosing

$$K(t) = \frac{P(t-1) x(t)}{1+x(t)^T P(t-1)x(t)} , \text{ the Kalman gain} \tag{15}$$

and P(t) at the minimum is given by

$$P(t) = (I-K(t) x(t)) P(t-1) \tag{16}$$

The basic recursive-least-squares estimator is given by equations (13), (14) and (15). Note that the storage requirements do not increase with time, as the dimensions of the vectors and matrices involved depend on n, not t. In practice, however, the following issues must be considered.

(i)   In theory, if K(t) x(t) ≠ 0 (i.e. there is data available), then $||P(t)|| \to 0$ and hence K(t) → 0, leading to $\hat{\theta}(t) \to$ a constant.   This is acceptable if θ itself were constant, but the objective of *practical* self-tuners is to control 'slowly-vary-ing' systems. Hence the least-squares criterion is modified to read Min. $\sum_{1}^{N} \beta^{N-t} \varepsilon(t)^2$, where β is called the 'forgetting factor' in that the effect of old data is progressively discounted. This modification leads to the denominator in (15) starting with β rather than 1 and to the right-hand-side in (16) being multiplied by $1/\beta$. Typical values of β are 0.98-0.999, giving an 'asymptotic sample-length' $1/(1-\beta)$ of 50-1000 samples.

(ii) Using (16) to update P can cause numerical problems, particularly with the short word lengths of microprocessors, which lead to divergence of parameter estimates. This implies that a numerically robust method, such as the 'square-root' method in which $P^{\frac{1}{2}}$ rather than P is updated [12], should always be used.

(iii) A matrix P with a large norm implies difficulty with self-tuning. For example, there may be no significant data for a period, and the forgetting factor β will then cause P to increase exponentially. One reason may be that there is no disturbance acting on the plant (or y(t) is consistently within a quantization interval of the transducer). Hence the estimator should be frozen if the model error is within some given bounds. Generally, the matrix P should be monitored by 'jacket' software to ensure that estimation takes place only when data is valid.

6.   SELF-TUNING

Assume, for the moment, that the noise polynomial $C(z^{-1}) \equiv 1$, and consider the predictor model (6) used in minimum output variance control:

$$y(t+k) = F\, y(t) + Gu(t) + E\, e(t+k), \text{ or}$$

$$y(t) = f_o y(t-k) + f_1 y(t-k-1) + .. + g_o u(t-k) + ... + E\, e(t) \qquad (17)$$

Comparing (17) and (12.1), and making the following equivalences

$$\{f_o,\ f_1\ \cdots,\ g_o,\ g_1\ ..\} \rightarrow \theta \qquad \text{parameters}$$

$$\{y(t-k),\ ...\ u(t-k),\ ..\} \rightarrow x(t) \qquad \text{data}$$

$$E\, e(t) \rightarrow \varepsilon(t) \qquad\qquad\qquad \text{noise}$$

$$y(t) \rightarrow \phi(t) \qquad\qquad\qquad \text{output}$$

it is seen that recursive-least-squares can be used to *estimate* the parameters $\{f_o,\ ...,\ g_o,\ ...\}$ which can then be inserted *directly* into the control law (7), giving a control

$$\hat{F}(z^{-1})\, y(t) + \hat{G}(z^{-1})\, u(t) = 0 \qquad (18)$$

This is an *implicit* self-tuner as no intermediate calculation is used between estimation and control calculation. No account, moreover, is taken of the errors in the estimates – described by P(t) – as it is generally found that tuning is relatively rapid and simple precautions such as setting limits on the control u(t) are effective.

It is seen from (18) that the parameter estimates can be multiplied by an arbitrary constant δ without (in principle) affecting u(t). In practice, however, δ may become either very large or very small, leading to over- or under-flow problems. Hence it is usual to *fix* a parameter. One way of doing this is simply to set the elements of the ith row and column of P(0) to zero, if the ith parameter is to be fixed; this avoids having to reprogram the recursive equations for each special case.

In practice, the process noise is coloured so that $C(z^{-1}) \neq 1$, and it would seem at first sight that recursive-least-squares is no longer an effective estimator. This is because the predictor (6) is no longer linear-in-the-parameters, and more sophisticated estimators such as recursive maximum-likelihood RML could be required. Although this is generally true for *explicit* self-tuners, which depend on unbiased estimates of the A, B, and sometimes the C parameters of the model (2), for minimum variance implicit self-tuners the simpler RLS is still sufficient. In (2) expand $1/C(z^{-1})$ using long-division into the infinite polynomial $1/C = 1 + \gamma_1 z^{-1} + \gamma_2 z^{-2} + ...$ Then (16) becomes $y(t) = F\, y(t-k) + Gu(t-k) + \gamma_1 (Fy(t-k-1) + Gu(t-k-1)) + ... + Ee(t)$. The terms depending on γ_1, γ_2 ... are all zero, as the control law is

$$F(z^{-1})\, y(t-k-i) + G(z^{-1})\, u(t-k-i) = 0 \qquad (18)$$

implying that in the general case (17) is an adequate model. Of course, in the self-tuning context (18) is not satisfied if the estimates have not converged, or if the control signal given by (18) exceeds the specified limits and is therefore not sent to the plant.

A straightforward implicit self-tuner for the generalised minimum variance controller would compare (10) with (7) and hence propose a regression model of the form of (17)

$$\phi(t) = F'y(t-k) + G'u(t-k) + H'w(t-k) + \epsilon(t) \tag{19}$$

and estimate the parameters of the F', G' and H' polynomials. This is, however, parametrically inefficient as F' G' and H' are combinations of the known P and Q transfer-functions and the unknown A, B and C polynomials. Moreover, as Q is often varied on-line to trade input and output variances, the estimation of the G' parameters is affected. There are other more effective approaches, as discussed in [13], in which only the minimal number of parameters need be estimated. For example, if a *filtered* output is defined by $y'(t) \triangleq y(t)/P_d(z^{-1})$, where P_d is the denominator polynomial of $P(z^{-1})$, the generalised predictor corresponding to (6) can be written as

$$\phi(t+k) = \frac{Fy'(t)+Gu(t)-C(w(t)-Qu(t))}{C} + Ee(t+k) \tag{20}$$

admitting a suitable regression model

$$\phi(t) = Fy'(t-k) + Gu(t-k) - Cw^*(t-k) + \epsilon(t) \tag{21}$$

where $w^*(t)$ is the known signal $w(t) - Qu(t)$. The parameter estimates in this case are not affected by user-demanded changes in Q. Moreover, as c_o can be taken to be 1 with no loss of generality, this parameter can be fixed in the estimation, avoiding the ambiguities that arise in the previous case.

It is straightforward to extend the algorithm to include feedforward terms. Suppose v(t) is a disturbance which is measurable; for example composition of the feed entering a distillation column. A feedback control law has to wait until the disturbance affects the controlled variable, and the control itself does not reduce the disturbance until the process time delay has elapsed. However, by adding a term $S(z^{-1})v(t)$ to the predictor model and using the estimates of S in the control as a feedforward term, the disturbance can be compensated for in a more effective way. Feedforward has often been advocated for improving the regulation of complex interacting plant, but has been difficult to apply because of the sensitivity to plant variation; with self-tuning good feedforward control becomes possible.

7.   MICROPROCESSOR SELF-TUNERS

A self-tuning algorithm can be implemented as part of a DDC package on a process computer, or in a dedicated microcomputer. A minimal self-tuner estimating around 10 parameters of (19) was programmed in machine-code for an Intel 8080 microprocessor [6], and was found to require $2\frac{1}{2}$ K-byte of ROM and $\frac{1}{2}$ K-byte of RAM, taking about 1 second for updating of parameters and computing the control. This is adequate for the majority of industrial processes for which typical sample intervals comfortably exceed this time. However, a practical self-tuner must include comprehensive signal conditioning, option-selection software and alarm checks, so rather more code and longer execution times would be required. As the recursive parameter estimator takes a significant fraction of the overall computing time, simplifications such as using a scalar Kalman gain can be made to improve matters, though it may be more effective to use a 16-bit microprocessor or a floating-point 'maths-chip' instead.

In order to test self-tuning on practical processes a portable microcomputer – SESAME – was built so that it could be transported by car to candidate sites and connected directly to existing plant instrumentation [7]. In a typical case self-tuning was operating within an hour of arrival. As SESAME is principally a research machine, it was found to be convenient to write the self-tuning software in a higher-level language which allows for easy modification during a plant trial. For example, experience on one self-tuning run may suggest that the phases of self-tuning (data acquisition only, estimation only with PID or manual control, self-tuning control) be sequenced in a particular way, so that the basic program should be changed before the next run. To this end SESAME was provided with a 'Control Basic' language which allows for real-time control and data acquisition on 8080/8085-based single-board computers. More recently, however, Pascal has been used to develop a comprehensive self-tuning simulation package as it enables the rather complex data structures involved to be clearly expressed.

8.   APPLICATION TO A CHEMICAL BATCH REACTOR

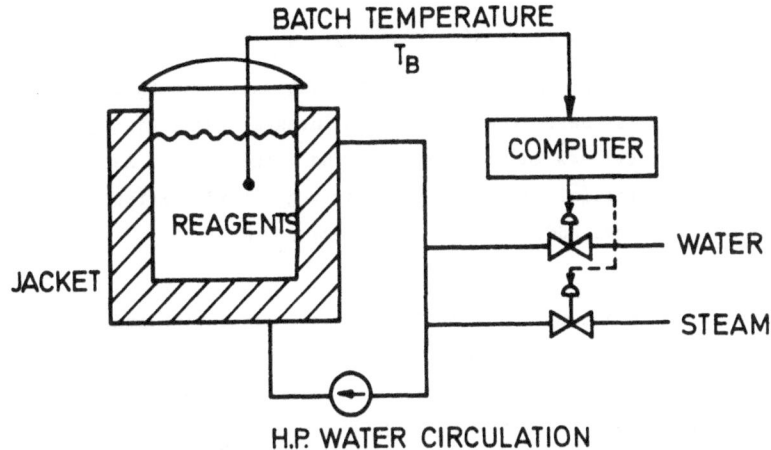

Fig. 4   Control of the batch reactor

This study indicates the potential application of self-tuning to an important industrial problem; Fig. 4 shows the principal features of the stirred-tank batch reactor that was investigated. The reactor is surrounded by a jacket which can either be heated by steam or cooled by water, the control being actuated using a split-range valve. After the reactor is filled with the reagents, steam is admitted to heat the contents towards the desired reaction temperature. Near the desired temperature a strongly exothermic reaction takes place, and cooling must be initiated before the set-point is reached. As the reaction progresses, the amount of heat extracted must be reduced exponentially so that the batch temperature can be maintained. If too much cooling is demanded, the temperature may fall so much that the batch has to be left reacting for an excessively long period, thus reducing the overall plant throughput. The conventional control system uses a precomputer 'profile' of desired jacket temperature, together with PI trimming based on the batch temperature. This method appears to be extremely sensitive to the precise batch temperature at which cooling is initiated, leading to periods of overshoot in the batch temperature.

For self-tuning it was felt that the appropriate performance criterion to use was detuned model-following control in which the desired model M was the discrete-time equivalent of $1/(1+sT)^2$, where T corresponded to the natural time-constant of the process without the exotherm. This implies that if the reaction attempts to accelerate the process dynamics (or make it unstable), the model-following control would slow down the reaction by introducing the right amount of cooling. The 'detuning' $Q(z^{-1})$ was chosen to be the inverse of the discrete-time equivalent of $K(1 + 1/sT_i)$, so that large values of K implied that there is little detuning (as was the case during the trials). The set-point w(t) being constant throughout each run means that a regression model of the form

$$\phi(t) = F(z^{-1})(y(t-k)-w)' + G(z^{-1}) u(t-k) + d + \varepsilon(t) \tag{22}$$

could be used, where d is a constant included in the estimation so that offset can be eliminated. (It is for this reason that 1/Q has an integral term, giving Q(1) = 0 and thus ensuring average (y) = w independently of the value of K). As the control u(t) is constant over the initial heating period, only g_o is identifiable unless special test perturbations are added; at a later stage g_o was fixed to a value determined by simulation.

We were provided with a comprehensive CSMP digital simulation model of the reactor, added a self-tuner and ran a set of simulation runs. These runs were successful in that the self-tuner was able to regulate the batch temperature despite the variations in the process dynamics. The initial tests on the reactor were less successful and manual control had to be exercised. This was conjectured to be due to the gross non-linearity of the split-range valve in which there is a marked difference in the incremental gain between heating and cooling, and this was not properly treated in the CSMP model. Further runs on an analogue simulation suggested that self-tuning was feasible provided that the value characteristics were linearized to some extent by using a cascade control law, as shown in Fig. 5. Here a simple PI control of jacket temperature is inserted in cascade with the self-tuner; as the jacket dynamics are sensibly constant the PI parameters are easy to tune at low temperatures.

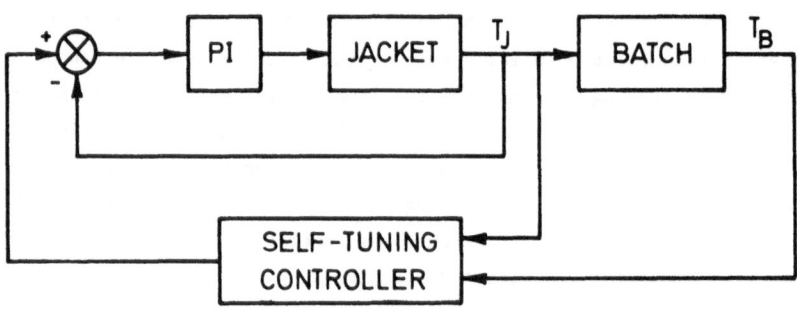

Fig. 5 Final self-tuning control structure

With this cascade structure new plant trials were started, and gave consistently good control over a series of batches. The number of F parameters and the assumed delay k were varied from 2 to 3 without affecting the results; the sample time chosen was 1 minute. Fig. 6 shows the jacket and batch temperature for a typical run; it is seen that the batch temperature is maintained reasonably constant and that the jacket temperature follows the expected profile. That self-tuning is effective in this context was shown by a further run in which the raw materials were of uncertain purity (near the bottom of the tank), so that the exotherm was considerably less active. In this run the batch temperature was maintained although this required a markedly different jacket temperature profile.

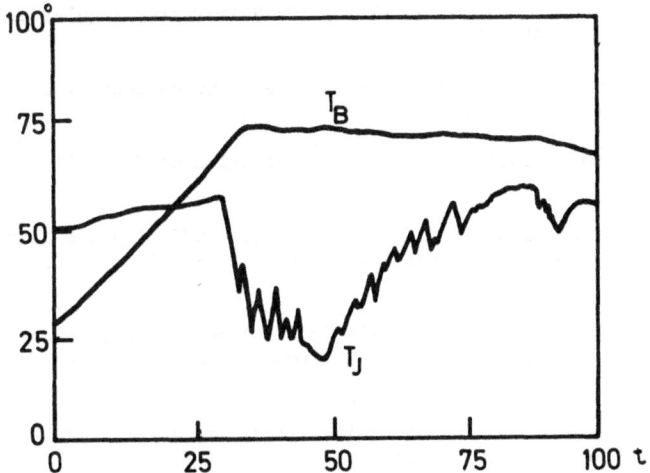

Fig. 6   Temperature profiles for a typical self-tuning run

In conclusion, it is seen that the self-tuning algorithm whose performance objective is the minimisation of a generalised plant output has properties that are very useful for industrial control. Self-tuning, however, requires a certain amount of care in its application in order to ensure that it maintains its integrity in the face of strong nonlinearities or weakly exciting data.

REFERENCES

[1] Eykhoff, P. (1974) 'System Identification', Pub. *Wiley*.

[2] Feldbaum, A. A. (1960) 'Dual Control Theory Problems', IFAC Congress, Moscow.

[3] Åström, K. J., and Wittenmark, B. (1973) 'On Self-Tuning Regulators', Automatica, Vol. 9, pp. 185-199.

[4] Clarke, D. W., and Gawthrop, P. J. (1975) 'Self-Tuning Controller', Proceedings IEE, Vol. 122, No. 9, pp. 929-934.

[5] Clarke, D. W., and Gawthrop, P. J. (1979) 'Self-Tuning Control', Proceedings IEE, Vol. 126, No. 6, pp. 633-640.

[6] Clarke, D. W., Cope, S. N., and Gawthrop, P. J. (1975) 'Feasibility Study of the Application of Microprocessors to Self-Tuning Regulators' OUEL Report, 1113/75.

[7] Clarke, D. W., and Gawthrop, P. J. (1979) 'Implementation and Application of Microprocessor-based Self-Tuners', IFAC Symposium on Identification, Darmstadt, FRG.

[8] Ljung, L., (1977) 'Analysis of Recursive Stochastic Algorithms', IEEE Trans. AC, Vol. AC-22, No. 4, pp. 551-575.

[9] Åström, K. J., and Wittenmark, B., (1980) 'Self-Tuning Controllers Based on Pole-Zero Placement', Proceedings IEE, 127, Part D. No. 3.

[10] Gawthrop, P. J. (1977) 'Some Interpretations of the Self-Tuning Controller', Proceedings IEE, Vol. 124, No. 10, pp. 889-894.

[11] Clarke, D. W., and Hastings-James, R., (1971), 'Design of Digital Controllers for Randomly Disturbed Systems', Proceedings IEE, Vol. 118, pp. 1503-1506.

[12] Peterka, V., (1975), 'A Square-Root Filter for Real-Time Multivariable Regression', Kybernetika, Vol. 11, pp. 53-67.

[13] Clarke, D. W., (1980), 'Some Implementation Considerations of Self-Tuning Controllers', in 'Numerical Techniques for Stochastic Systems', *North-Holland*.

DAS REGELVERHALTEN VON TEMPERATURREGLERN AUF DER
BASIS VON MIKROPROZESSOREN (DDC)

THE CONTROL BEHAVIOUR OF TEMPERATUR CONTROLLERS
BASED ON MICROPROCESSORS (DDC)

Peter Eberhardt, Jürgen Erlbacher
BBC-Metrawatt GmbH
D-8500 Nürnberg

Summary:
The continuous increase of the abilities of microelectronics involving
decreasing costs opened a steady growing area of industrial applications
to the digital technology. The introduction of microprocessors on
temperatur-control is coupled with the development of methods for
direct digital control. The represented simulations-diagrams show the
behaviour and the dependence of DDC on some chosen control algorithms
and offere possibilities to improve the performance of temperature-
control.

1. Vorbemerkung
Die ständige Steigerung der Leistungsfähigkeit der Mikroelektronik bei
gleichzeitiger Kostendegression hat dieser Technologie immer weitere
Gebiete der industriellen Anwendung erschlossen. Die Einsetzbarkeit
dieser modernen Bauelemente in einem speziellen Bereich wird aber im
wesentlichen durch die Anforderung der Anwender an derzeitige und zukünftige Produkte bestimmt. Daneben können Produktionsverbesserungen
von Bedeutung sein. Für die Hersteller von Temperaturreglern werden
dadurch Fertigungsvorteile erzielt, daß die große Variationsbreite der
Kundenwünsche, die bisher durch unterschiedliche hardware-Strukturen
befriedigt wird, kostengünstig in Form von standardisierter Software
realisierbar wird. Zur Erläuterung dieser Anforderungen werden die
unterschiedlichen Strukturen von konventionellen analogen Reglern und
DDC dargestellt (Bild 1).

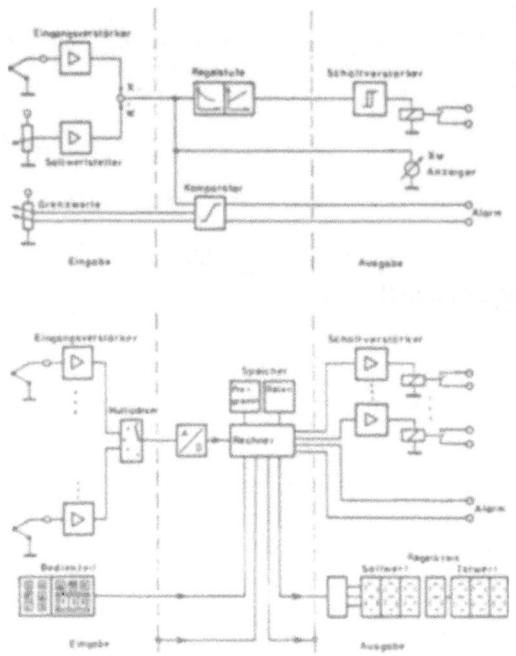

Bild 1: Die Strukturen von Analog- und Digitalregler (DDC)

2. Strukturvergleich von analogen und digitalen Reglern

Beim Analogregler wird durch eine Differenzverstärkerstufe die Regelabweichung als Spannungspegel gebildet und einer Regelstufe zugeführt.
Die Zuordnungsvorschrift von Regelabweichung und Stellgrad ist dabei
durch die Struktur der elektronischen Schaltung (hardware) festgelegt.
Das Übertragungsverhalten ist durch geeignete Eingriffs- und Verände-
rungsmöglichkeiten der Parameter meist so flexibel gehalten, daß für
den speziellen Anwendungsfall eine Optimierung möglich ist. Verschiedene weitere Einrichtungen zur Anzeige und Überwachung von Regelabweichung und Grenzwerten können als zusätzliche Baugruppen vorhanden sein.

Im Gegensatz dazu wird beim Digitalregler die Regelabweichung durch
die Differenz zweier Zahlenwerte gebildet. Dazu muß die Regelgröße
durch einen geeigneten Wandlerbaustein in einen Digitalwert umgeformt
werden. Der Sollwert kann mit Hilfe einer Tastatur in entsprechender
Weise für die Verarbeitung in den Rechner eingegeben werden. Der Regelalgorithmus, der hier in Form einer Rechenvorschrift durch das Programm (software) festgelegt ist, ordnet der Folge von Eingangssignalen
ein bestimmtes Ausgangsverhalten zu. Durch Veränderung der im Datenspeicher abgelegten Parameter kann wie beim analogen Regler das Regelverhalten geändert werden.

Die Leistungsfähigkeit und die Struktur eines solchen Rechenbausteines
erlaubt es aber, durch einen solchen digitalen Regler gleich mehrere
Regelaufgaben und andere zusätzliche Aufgaben im Zeitmultiplexverfah-
ren abzuwickeln. Dabei sind die Anpassung an verschiedene Anforderungen, z.B. Linearisierung von Eingangsgrößen, Ausfilterung von Störungen, Meßbereiche usw., auch noch nachträglich programmierbar und Änderungen der Bedien- und Steuerungsfunktionen, z.B. Protokollierung,
durch den Austausch eines einzigen Bausteines durchführbar.

3. Digitalregler für Temperaturregelung

Das Bild 2 zeigt ein Ausführungsbeispiel mit einer relativ einfachen
Aufgabe, der Temperaturregelung in einem Regelkreis. Als Parameter-
speicher und -eingabe sind hier Potentiometer vorgesehen; die Zustands-
anzeige erfolgt über ein Display und eine Reihe von Leuchtdioden.

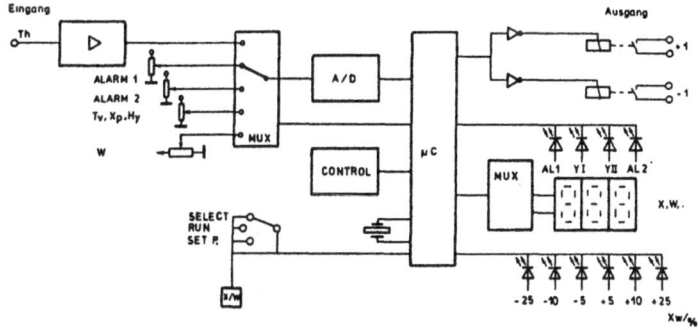

Bild 2 : EINFACHER EINKREISREGLER MIT EINCHIP-MIKROCOMPUTER

Die Leistungsfähigkeit dieses Digitalreglers ist etwa mit einem konventionellen Analogregler vergleichbar. Wegen der relativ großen Basis-
kosten für ein Mikrorechnersystem bieten sich hier kaum Kostenvortei-
le. Aus diesem Grund ist der Einsatz dieser Technologie erst durch die
Erweiterung der Aufgaben gerechtfertigt.

Als Beispiel wird das Blockschaltbild (Bild 3) für einen Mehrkreisregler vorgestellt. Das Mikrorechnersystem und der Analog-Digital-Wandler
wird von allen Kreisen gemeinsam benutzt. Im Gegensatz zum Einkreisregler hat sich allerdings die Zahl der zu verarbeitenden und gespeicherten Daten bzw. Parameter entsprechend vervielfacht. Für eine
benutzerfreundliche Ein- und Ausgabe dieser Daten sind die Bedien- und
Informationsprogramme entsprechend aufwendig ausgestaltet. Daneben ist
auch ein nicht zu unterschätzender Aufwand für die Speicherung dieser
Daten bei Netzabschaltung erforderlich.

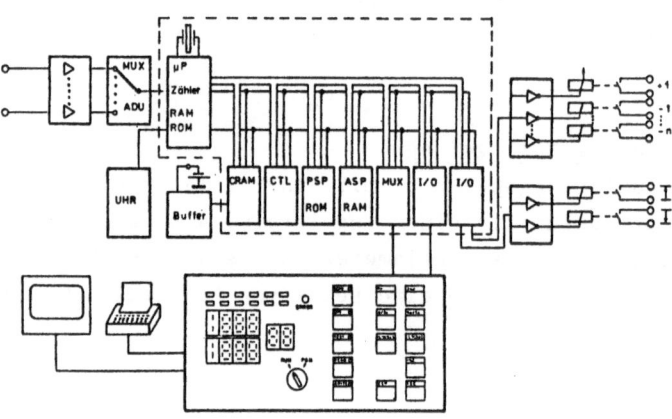

Bild 3 : MEHRKREISREGLER MIT MEHRCHIP-MICROCOMPUTER

4. Regelverhalten von digitalen Temperaturreglern

4.1. Vorbemerkung

Die Untersuchungen beziehen sich auf die Anwendungen von schaltenden
Temperaturreglern bei Kunststoffverarbeitungsmaschinen (Spritzgieß-
maschinen, Extruder etc.), Verpackungsmaschinen, Öfen und Umweltsimu-
latoren in Labor und Betrieb. Die in diesem Anwendungsbereich eingesetzten Zwei- und Dreipunktregler bestimmen auch die Mindestanforde-
rungen der Regelgüte für DDC. Wegen der damit verkoppelten Kostenseite
können diese Anforderungen nicht beliebig gesteigert werden. Der Auswahl einer geeigneten Regelstrategie kommt dadurch eine zentrale Bedeutung zu. Die Abhängigkeiten von Aufwand und Regelgüte müssen sorgfältig untersucht werden.

Diese Aufgabe läßt sich am besten durch die Kopplung eines geeigneten
Mikrorechnersystems mit einer simulierten Temperaturregelstrecke bewältigen.

4.2. Regelstrecke und Simulationsanordnung

Die Regelstrecke läßt sich durch die charakteristischen Größen Verzugs-
zeit T_u und Ausgleichszeit T_g beschreiben. Zur Definition dieser Grössen wird die Übergangsfunktion der ungeregelten Strecke für einen
Stellgradsprung herangezogen (Bild 4).

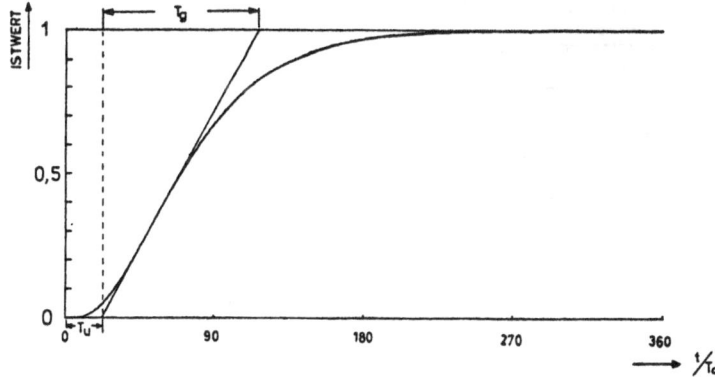

Bild 4: Übergangsfunktion und Streckenparameter

Bei einem schaltenden Regler wird im geregelten Betrieb die Heizleistung durch eine Variation der Einschalt- und/oder der Ausschaltdauer
des Heizkreises die Stellgröße kontinuierlich veränderbar. Der erforderliche Stellgrad im stationären Betriebspunkt ist als weiterer Parameter zu berücksichtigen.

Diese Verhältnisse lassen sich an einem Analogrechner nachbilden. Bei
den Untersuchungen verschiedener Regelalgorithmen können die Parameter
der Strecke in einfacher Weise geändert und Störeinwirkungen getestet
werden. Die Simulationsanordnung zeigt das Bild 5. Die Erfassung des
analogen Istwertes erfolgt mit einem hochauflösenden Analog-Digital-
Wandler. Die Rechenoperationen für den Regelalgorithmus werden mit
einem Tischrechner durchgeführt. Über eine Ein-/Ausgabeschnittstelle
wird das pulsbreitenmodulierte Ausgangssignal direkt auf den Analogrechner geführt. Für die Darstellung und zur Auswertung der Ergebnisse
steht ein Digitalplotter zur Verfügung. Die Programmierung des Systems
erfolgt in Basic.

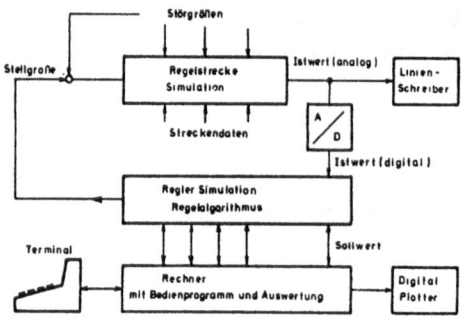

Bild 5 : BLOCKSCHALTBILD DER TESTANORDNUNG

4.3. Regelalgorithmen

Der Ausgangspunkt für die Untersuchungen des Regelverhaltens von Temperaturreglern mit Mikroprozessoren sind die in diesem Bereich bisher
bewährten schaltenden Analogregler mit PID-Übertragungsverhalten.

Die Überführung dieser Regelalgorithmen in eine diskrete Form für die
digitale Realisierung erlaubt auch unter bestimmten Bedingungen die
Übertragung der bekannten Einstellvorschriften und das Zurückgreifen
auf die Erfahrungen mit analogen Reglern.

Als Beispiele werden die Strukturen für die Reglertypen mit PD-, PID-
und PDPI-Verhalten als schaltende Zweipunktregler ausgewählt (Bild 6,
7, 8).

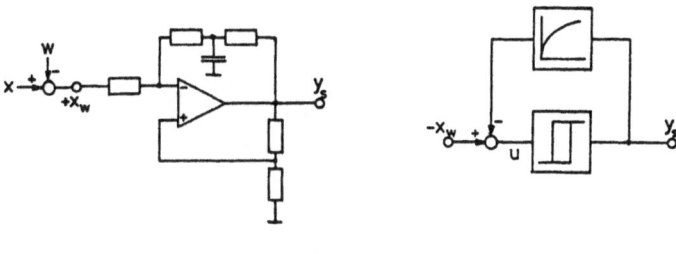

$$y(t) = -k \cdot \left(x_w(t) + T_D \frac{d\,x_w(t)}{dt} \right) \qquad\qquad y_K = -k_P \cdot \left(x_{wK} + k_D \cdot (x_{wK} - x_{w,K-1}) \right)$$

Bild 6: PD-Regelalgorithmus

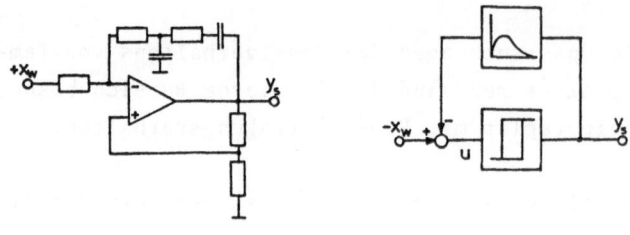

$$y(t) = -K \cdot \left(x_{w\omega} + \frac{1}{T_s} \int_0^t x_w(t) \, dt + T_D \cdot \frac{dx_w(t)}{dt} \right)$$

$$y_k = -K_p \cdot \left(x_{w\kappa} + K_I \cdot \sum_{\mu=0}^{\kappa} x_{w\mu} + K_D \cdot (x_{w\kappa} - x_{w,\kappa-1}) \right)$$

Bild 7: PID-Regelalgorithmus

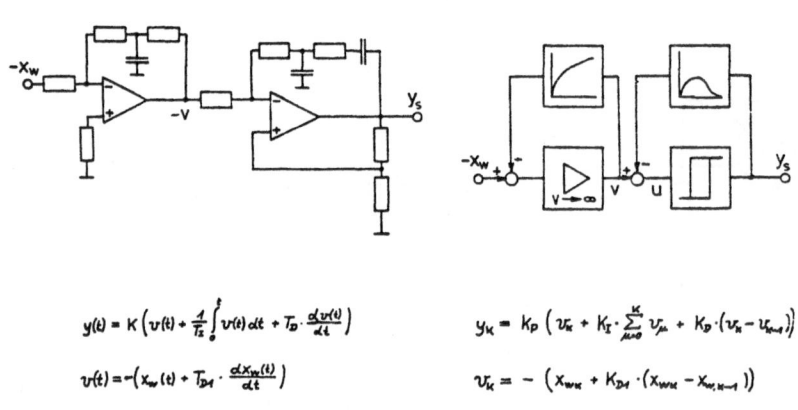

$$y(t) = K \left(v(t) + \frac{1}{T_s} \int_0^t v(t) \, dt + T_D \cdot \frac{dv(t)}{dt} \right)$$

$$v(t) = -\left(x_w(t) + T_{D1} \cdot \frac{dx_w(t)}{dt} \right)$$

$$y_\kappa = K_p \left(v_\kappa + K_I \cdot \sum_{\mu=0}^{\kappa} v_\mu + K_D \cdot (v_\kappa - v_{\kappa-1}) \right)$$

$$v_\kappa = -\left(x_{w\kappa} + K_{D1} \cdot (x_{w\kappa} - x_{w,\kappa-1}) \right)$$

Bild 8: PDPI-Regelalgorithmus

Die Bilder zeigen in einer Gegenüberstellung die Realisierung dieser Algorithmen in analoger Form durch eine elektronische Schaltung und für eine digitale Ausführung durch eine Rechenvorschrift.

4.4. Ergebnisse der Simulation und Bewertung

Als Test der Regeleigenschaften wird der Anfahrvorgang auf einen Betriebspunkt und das Übergangsverhalten nach einer Störgrößenaufschaltung untersucht.

Der Betriebspunkt wurde bei einem Stellgrad von 0,6 gewählt, das dem
typischen Anwendungsfall von ca. 60 % der maximal installierten Heizleistung entspricht. Die Störgröße wurde so festgelegt, daß im stationären Zustand der Stellgrad um ± 0,3 geändert wird. Die folgenden
Diagramme (Bild 9, 10, 11) zeigen das Führungs- und das Störverhalten
für die ausgewählten Reglerstrukturen. Die Ergebnisse entsprechen insgesamt den von analogen Reglern her bekannten Verhalten.

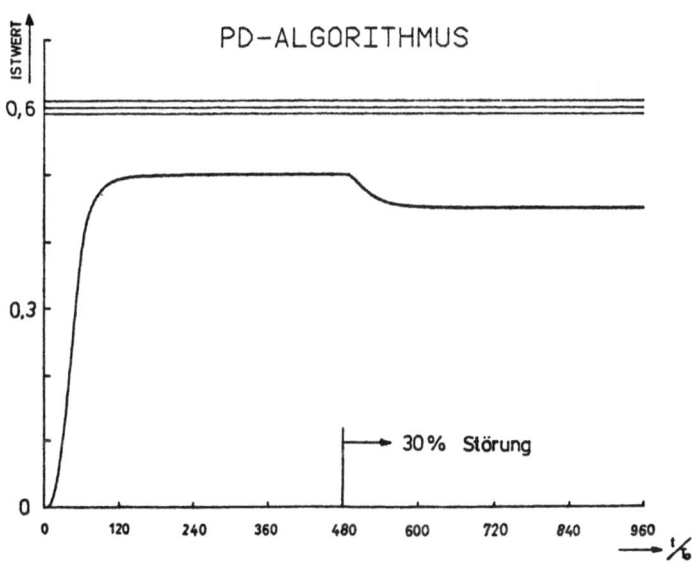

Bild 9: Regelverhalten PD-Regler

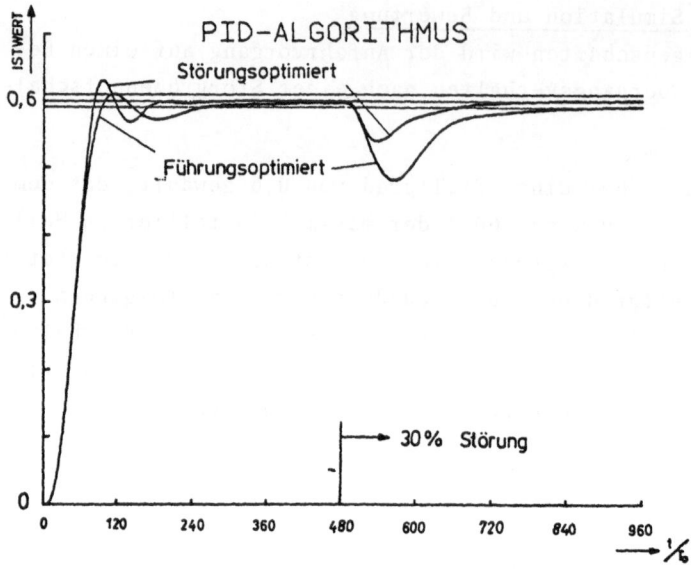

Bild 10: Regelverhalten PID-Regler

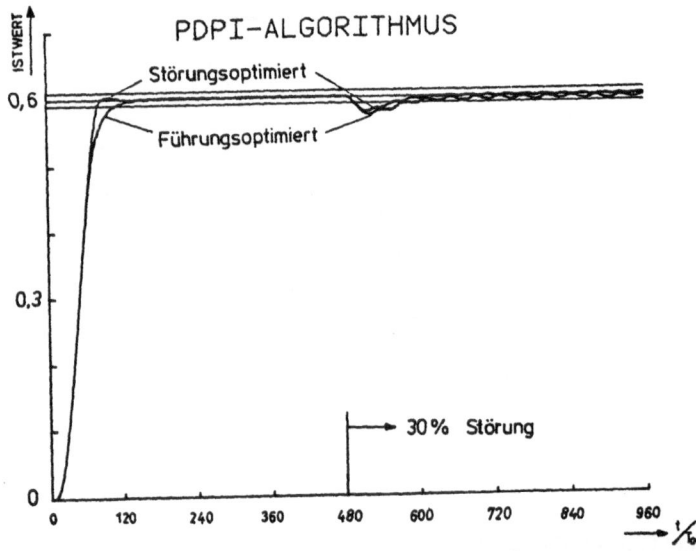

Bild 11: Regelverhalten PDPI-Regler

Für einen qualitativen Vergleich müssen die Erfordernisse der Anwendung und die Bewertungskriterien festgelegt werden. Vordergründig ist der Wunsch, eine möglichst kleine Abweichung zwischen Soll- und Istwert zu erzielen. Die Gütebewertung läßt sich jedoch nicht in einer allgemein gültigen Form definieren; stets sind die Erfordernisse des zu regelnden technologischen Prozesses ausschlaggebend.

Für Temperaturregelstrecken der betrachteten Anwendung kommt es neben einem schnellen und überschwingungsfreien Anfahrverhalten auch auf eine schnelle Ausregelung von Störungen der Regelstrecke an. Die Gewichtung dieser beiden Forderungen enthält auch subjektive Komponenten. Bei den dargestellten Regelalgorithmen wurde der Regelgrößenverlauf unter Berücksichtigung dieser Forderungen optimiert.

Je nach Anwendungsfall könnten aber auch andere Bewertungskriterien zur Beurteilung verwendet werden. Zu erwähnen ist, daß in der Literatur häufig neben dem quadratischen Mittelwert der Regelabweichung auch der erforderliche Stellaufwand betrachtet wird. Diese Größe ist als quadratischer Mittelwert der Stellgradänderungen zum stationären Zustand definiert. Je nach Bewertung dieser Größe ergibt sich eine mehr oder weniger große zusätzliche Dämpfung von Stell- und Regelgrößenverlauf und damit eine Verlängerung der Ausregelzeiten.

Die folgenden Bilder (Bild 12, 13, 14, 15) zeigen den Zusammenhang zwischen Übergangsfunktion und Stellaufwand. Der dargestellte Stellgradverlauf ergibt sich aus dem Ein-/Aus-Verhältnis des Zweipunktschaltverhaltens. Beispielsweise entspricht ein Stellgrad von 50 % einem Schaltzyklus mit gleichen Einschalt- und Ausschaltzeiten. Wie aus den Diagrammen ersichtlich ist, spiegelt sich der Regelgrößenverlauf in der Stellgröße wieder. Je nach Optimierungskriterium ergeben sich verschiedene Übergangsfunktionen. Zusätzliche Effekte ergeben sich durch eine gewisse Rasterung des Stellgrades. Die angegebenen Zahlen für die quadratisch bewertete Regelabweichung und Stellaufwand erleichtern einen Vergleich der Ergebnisse.

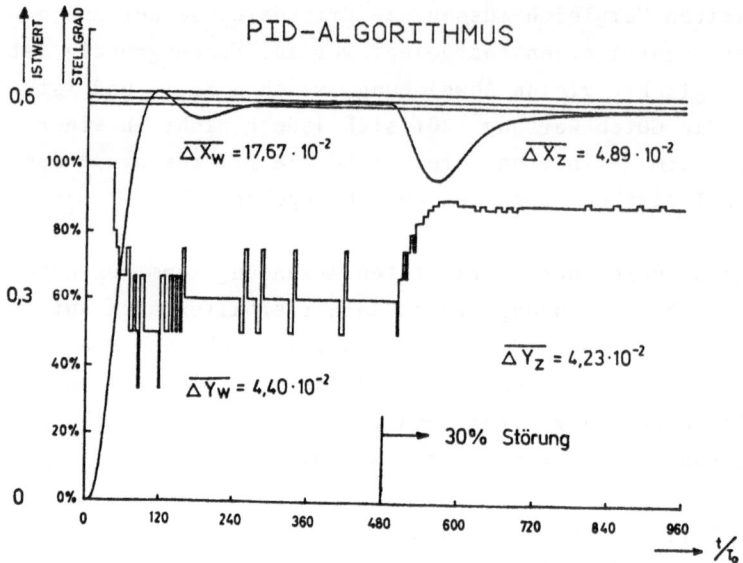

Bild 12: Regelverhalten und Stellaufwand (führungsoptimiert)

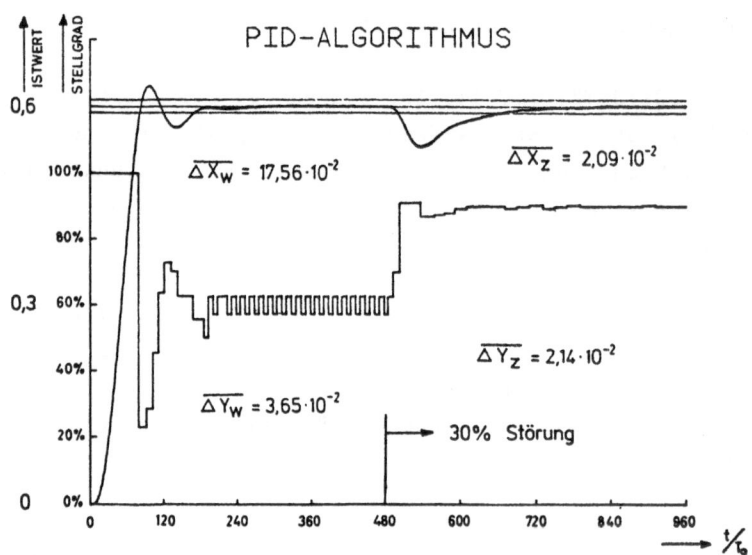

Bild 13: Regelverhalten und Stellaufwand (störungsoptimiert)

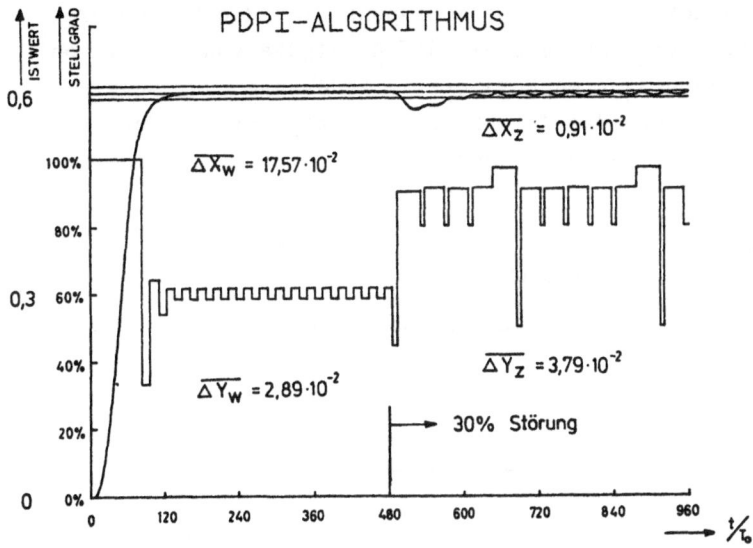

Bild 14: Regelverhalten und Stellaufwand (führungsoptimiert)

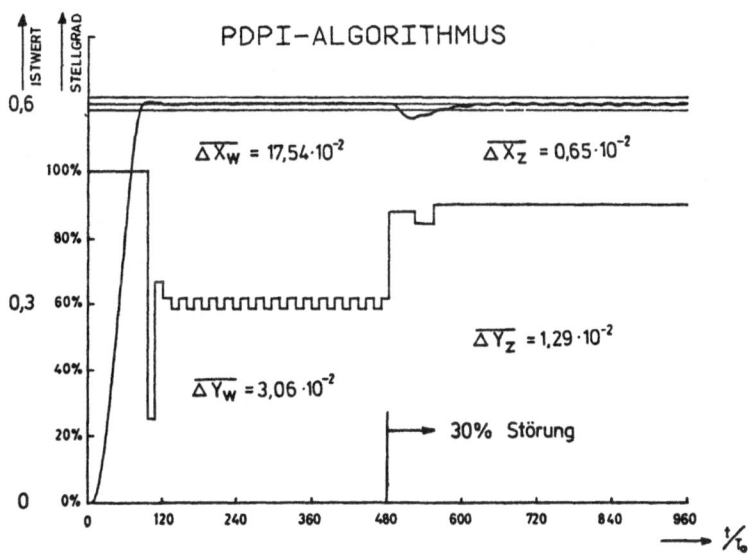

Bild 15: Regelverhalten und Stellaufwand (störungsoptimiert)

Ein bisher nicht berücksichtigter Gesichtspunkt ist die Parameter-
empfindlichkeit, d.h. die Abhängigkeit der Regelgüte von zufälligen
und betriebstechnisch bedingten Parameterveränderungen der Regelstrecke. Als Beispiel wird das Anfahrverhalten auf verschiedene Be-
triebspunkte für einen PID-Algorithmus in Bild 16 dargestellt.

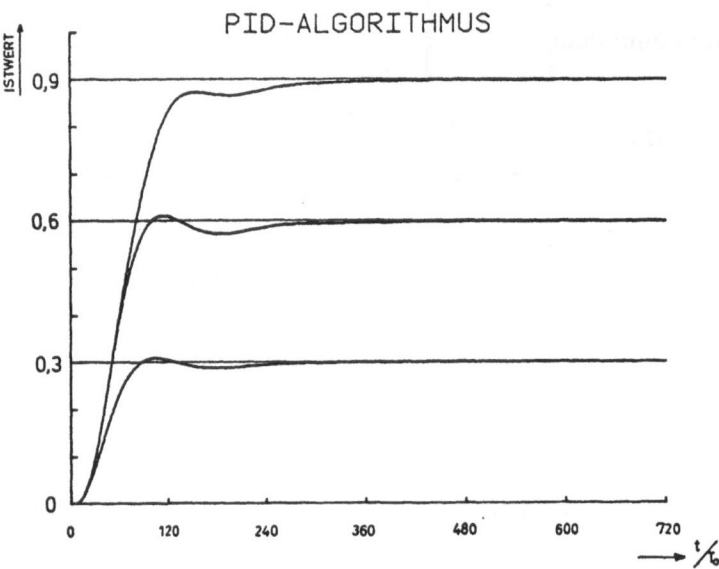

Bild 16: Anfahrverhalten für verschiedene Sollwerte

Die Rechnerverarbeitung erlaubt es, auf diese arbeitspunktabhängigen
Streckeneigenschaften durch eine Umschaltung von Regelparametern zu
reagieren (Bild 17).

Auch andere Eigenschaften der Strecke, soweit sie vorhersehbar und
bekannt sind, lassen sich auf diese Weise in den Algorithmus ein-
arbeiten.

Durch aufwendigere Verfahren kann diese Adaption auch selbsttätig
durchgeführt werden.

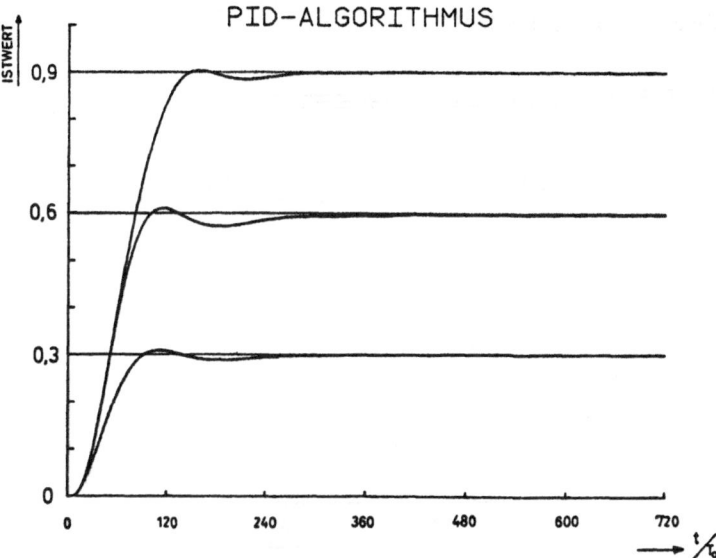

Bild 17: Anfahrverhalten mit Parameterumschaltung

Für den betrachteten Anwendungsbereich können aber bereits einfache
Modifikationen wesentliche Verbesserungen erbringen. Die zusätzlichen
Maßnahmen, wie Integralbegrenzung bzw. Integralabschaltung oder unterschiedliche Differentialbewertung für Sollwert und Istwert erfordern
nur geringen Programmehraufwand. Das folgende Bild 18 demonstriert
die Verbesserungsmöglichkeit der letztgenannten Maßnahme auf das Füh-
rungs- und Störverhalten.

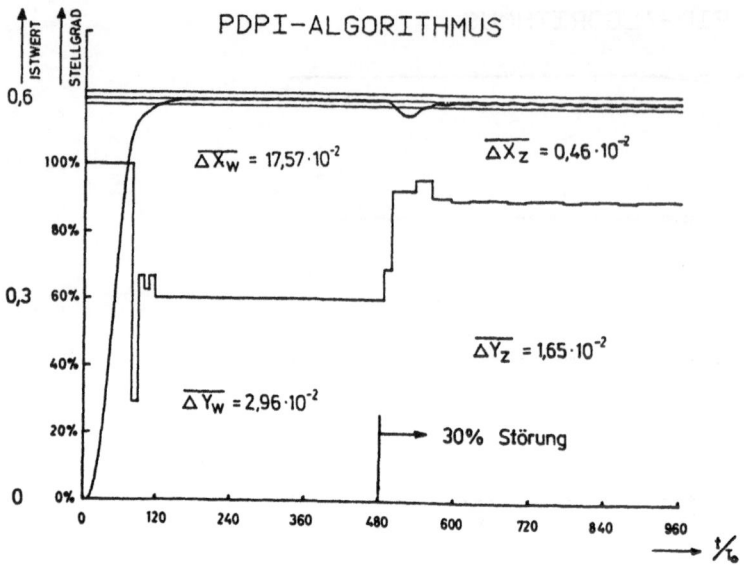

Bild 18: Regelverhalten mit Modifikation der Differentialbewertung

4.5. Realisierung mit Mikrorechner

Die bisher vorgestellten Ergebnisse beruhen auf einer weitgehend
idealen Realisierung der Rechenvorschriften für die Diskretisierung
analoger Regelalgorithmen. Für die Übertragung dieser Verhältnisse
auf einen Mikrorechner sind einige Einflüsse zu beachten.

Die geforderte Eingangsauflösung und der Regelalgorithmus bestimmen
die interne Verarbeitungsbitbreite. Je nach gefordertem Meßbereichs-
umfang sind dafür bei einem µC 2 bis 3 byte - oder 16...24 bit -
Arithmetik und der damit verbundene Programmspeicherbedarf vorzusehen.

Die Rechenzeit stellt für die relativ langsamen Temperaturstrecken
kein Problem dar. Die verschiedenen Regelkreise werden zyklisch abgerufen und die Zuordnung von aktuellen und gespeicherten Informationen
der Eingangsgröße zur Stellgradausgabe durchgeführt. Dem Wunsch, die
Eingangsgröße so oft als möglich abzutasten, um ein optimales Regel-
ergebnis zu erzielen, steht der Wunsch entgegen, die Stellglieder

möglichst selten zu betätigen. Eine verringerte Abtastrate wirkt sich
als zusätzliche Totzeit im Regelverhalten aus. Eine Verringerung der
Ausgabefolge bzw. ein grob strukturierter Stellgrad führt schließlich
zu Regelpendelungen. Unter Berücksichtigung dieser Verhältnisse ergeben sich für die betrachteten Temperaturregelstrecken Abtastintervalle
von 1...2 s.

Für die Auswahl eines Mikrorechners sind folgende Eigenschaften von
Bedeutung:

> Anzahl der digitalen bzw. analogen Ein- und Ausgänge
> Befehlssatz und interne Verarbeitungs-Bitbreite
> Zykluszeit
> Größe von Programm- und Arbeitsspeicher.

Die untersuchten Regelalgorithmen unterscheiden sich insbesondere
durch ihren Speicherbedarf:

| Reglertyp | Speicherbedarf in byte | | | |
| | Arithmetik u.Hilfsprogr. | | Regelalgorith. | Parameter je Kreis |
	ROM	RAM	ROM	RAM
PD	1400	100	450	25
PID	1400	100	520	26
PDPI	1400	100	850	34

4.6. Zusammenfassung, Ausblick

Die vorgestellten Untersuchungen zeigen, daß bereits relativ einfache
Digitalregler mit Mikroprozessoren für den betrachteten Anwendungsbereich der Temperaturregelung brauchbare Ergebnisse liefern. Die Erweiterbarkeit auf Bedien- und Steuerfunktionen und die Anpassungsfähigkeit an verschiedene Ein- und Ausgangssignale sind weitere Vorteile dieser Konzeption. Wegen der höheren Systemkosten wird der
Analogregler seinen Einsatzschwerpunkt bei den einfacheren Maschinen-
anwendungen zumindest für die nähere Zukunft bewahren können.

Die Entwicklung neuer Technologien und die Großintegration von Schaltkreisen mit analogen und digitalen Funktionen können in Zukunft in
diesem Bereich entscheidende Veränderungen bewirken. Für das Anwendungsgebiet Temperaturregler,z.B. bei Kunststoffverarbeitungsmaschinen,
wird die zu erwartende Kostendegression bei diesen Schaltkreisen von
ausschlaggebender Bedeutung sein.

ANPASSEN VON AUTOMATISIERUNGSEINHEITEN
DURCH VERKNÜPFEN VON
REGEL-, STEUER- UND ÜBERWACHUNGSFUNKTIONEN
IN EINEM MIKROPROZESSORSYSTEM

THE ADAPTION OF AUTOMATION UNITS
BY THE COUPLING OF
CONTROL AND MONITORING FUNCTIONS
IN A MICROPROCESSOR SYSTEM

H. Wilking
Hartmann & Braun AG
6000 Frankfurt

Summary

For the automation of a chemical process discussed in this paper various
control functions must be interweaved.
The fist method of automation encompasses conventional controllers which
are themselves controlled by a sequence control system.
For the second method a microprocessor-based automation system, tailored
to the particular requirements of this process, is used.
The highest level of automation comprises hardware and software components of a universal microprocessor system which can be applied by the
user without any programming knowledge. Such a system can be readily
adapted to changing requirements.

1. Einleitung

Die Fortschritte auf dem Gebiet der Digitalelektronik haben in den letzten Jahren dazu geführt, daß bisher mit diskreten analogen Bauelementen
arbeitende Automatisierungsanlagen durch Systeme ersetzt werden können,
die auf der Basis von Mikroprozessoren arbeiten. Einige Möglichkeiten
solcher Systeme sollen am Beispiel einer Aggregatautomatisierung mit
den Funktionen des Regelns, des Steuerns und des Überwachens gezeigt
werden.

2. Funktion der Anlage

Bild 1 zeigt das vereinfachte Schema einer Anlage zur Polymerisation von Vinylchlorid.

Folgender Funktionsablauf ist einzuhalten:

a) Im Ruhezustand sind alle Ventile geschlossen, alle Pumpen und Rühr-
werke ausgeschaltet, die Reaktoren sind leer und die Behälter für
die Medien A und B sind gefüllt. (Niveauregelung über die Regler
LC901 und LC902).

b) Der Dosierkreis FQ921 läßt über das Ventil V1.1 eine definierte Menge
des Mediums A (in Wasser gelöstes Vinylchlord) in den Reaktor 1 ein-
strömen. Das Rührwerk RW1 wird eingeschaltet, sobald das Niveau LI104
einen gewissen Minimalstand erreicht hat.

c) Die Pumpe P1 fördert über das Ventil FI105 ein Heizmittel in den Re-
aktormantel. Medium A wird über zwei in Kaskade geschaltete Regler
TC101 und TC103 auf W1 = 30 ^{0}C erwärmt.

d) Die noch im Reaktor enthaltene Luft und die bei der Erwärmung freigewordenen Gase werden nach Erreichen des Temperatursollwerts von
der Pumpe P3 über das Ventil V1.4 abgesogen, bis der Druck PC102 einen Tiefstwert erreicht.

e) Das Medium A im Reaktor 1 wird auf einen neuen Sollwert W2 = 50 ^{0}C
aufgeheizt. Dabei füllt sich die Gasphase mit VC-Molekülen auf, der
Druck steigt wieder.

f) Nach Erreichen des Sollwerts 50 ^{0}C wird die Menge FQ922 des Mediums
B (Katalysatoren) über das Ventil V1.2 in den Reaktor gegeben. In
Anwesenheit der Katalysatoren beginnt die Polymerisation. Dieser
Vorgang verläuft exotherm, so daß die Temperaturregelung zur Erhaltung des Sollwerts den Reaktor kühlen muß. Der Regler TC103 verfügt
deshalb über einen Split-Range-Ausgang, der zwei Ventile (für Heizen und Kühlen) alternativ ansteuern kann.

g) Gegen Ende der Polymerisation sinkt der Druck im Innern des Reaktors
ab, da nun auch die freien VC-Moleküle der Gasphase gebunden werden.
Man kann nun die noch freiwerdende Reaktionswärme dazu ausnutzen,

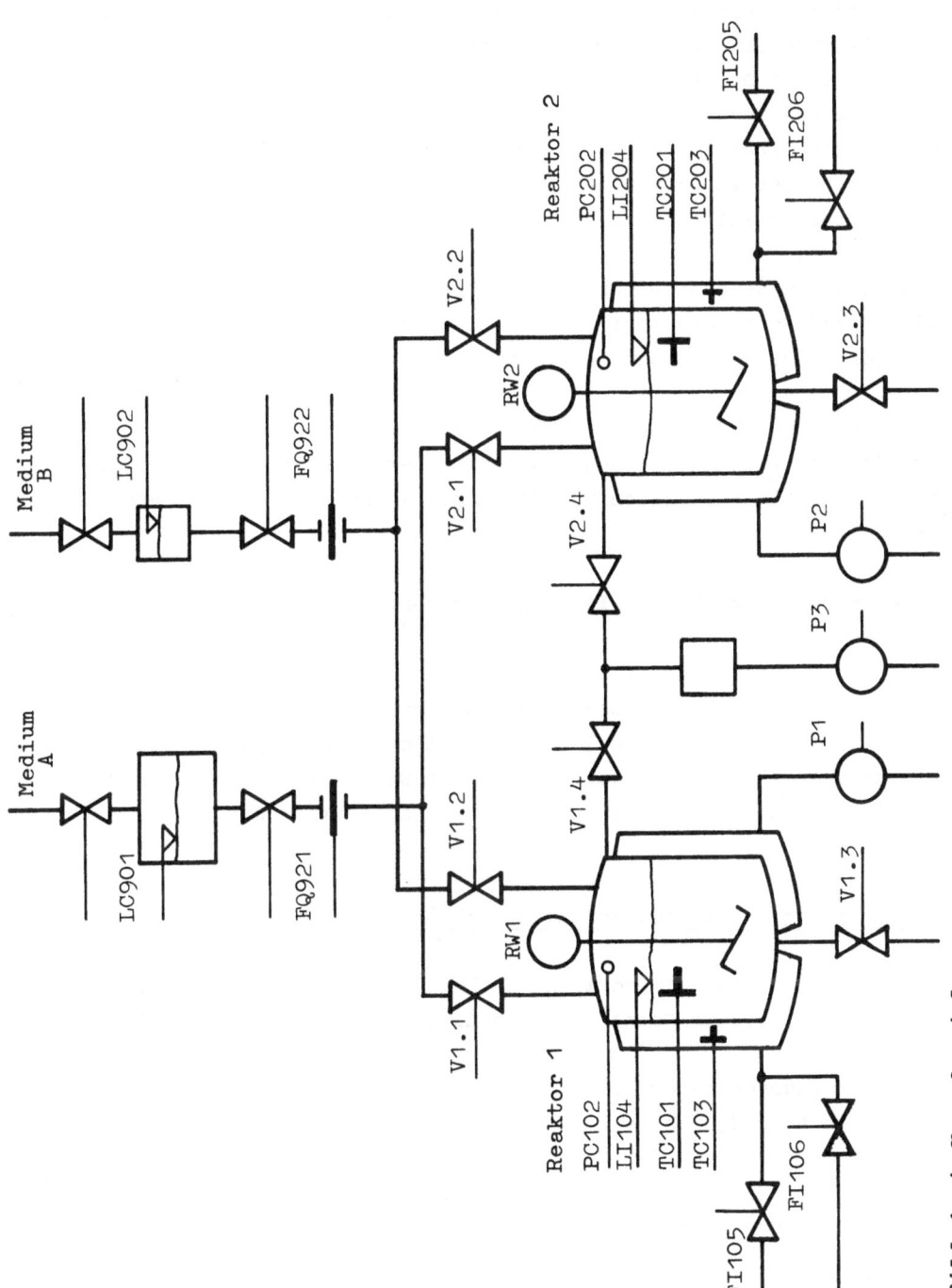

Bild 1: Aufbau der Anlage

das restliche Vinylchlorid aus der Flüssigkeitsphase auszutreiben
und gleichzeitig Kühlenergie zu sparen.
Dazu wird auf Druckregelung umgeschaltet. Der Regler PC102 erhält
den Wert des Reaktorinnendrucks zur Zeit des Umschaltens als Sollwert. PC102 arbeitet als Führungsregler. Folgeregler ist nach wie
vor der Regler TC103 mit dem Kühlmitteldurchfluß als Stellgröße. Die
Temperatur im Reaktor steigt an.

h) Erreicht die Reaktortemperatur einen Wert von etwa 70 °C, so wird
wieder auf Temperaturregelung umgeschaltet (Führungsregler TC101),
allerdings mit dem neuen Sollwert W3 = 70 °C.

i) Ist nach Erreichen des Sollwerts W3 eine gewisse Wartezeit vergangen,
so gilt der Vorgang als abgeschlossen. Der Reaktor wird über das Ventil V1.4 entleert, danach werden Pumpe P1 und Rührwerk RW1 abgeschaltet.

Bei Bedarf kann der Ablauf wiederholt werden.

Bis jetzt wurden ausschließlich die Vorgänge im Reaktor 1 beschrieben.
Die Vorratsbehälter können aber zwei oder mehrere Reaktoren mit den
Medien A und B versorgen. Sollen die Reaktionen überlappend ablaufen,
so müssen zusätzliche Bedingungen beachtet werden (z.B. darf ein Vorratsbehälter nicht gleichzeitig Reaktor 1 und Reaktor 2 füllen).

3. Realisierung mit konventionellen Geräten

Es bietet sich an, den im vorigen Abschnitt skizzierten Ablauf so zu
automatisieren, daß im Normalfall ein Eingriff eines Menschen nicht mehr
nötig ist.
Eine solche Aggregatautomatisierung ist mit konventionellen Steuer- und
Reglerbausteinen möglich.
Betrachtet man z.B. aus dem Gesamtkomplex der in Abschnitt 2 beschriebenen Anlage (zwei Niveauregelungen, zwei Dosierkreise, zwei Reaktor-
regelungen mit Umschaltung der Kaskadenstruktur) die Regelung des Reaktors 1, so ergibt sich ein Regelschema gemäß Bild 2.

Man erkennt eine übergeordnete Ablaufsteuerung, die neben dem Betätigen
von Ventilen und Pumpen auch in die Regelung eingreifen muß.

583

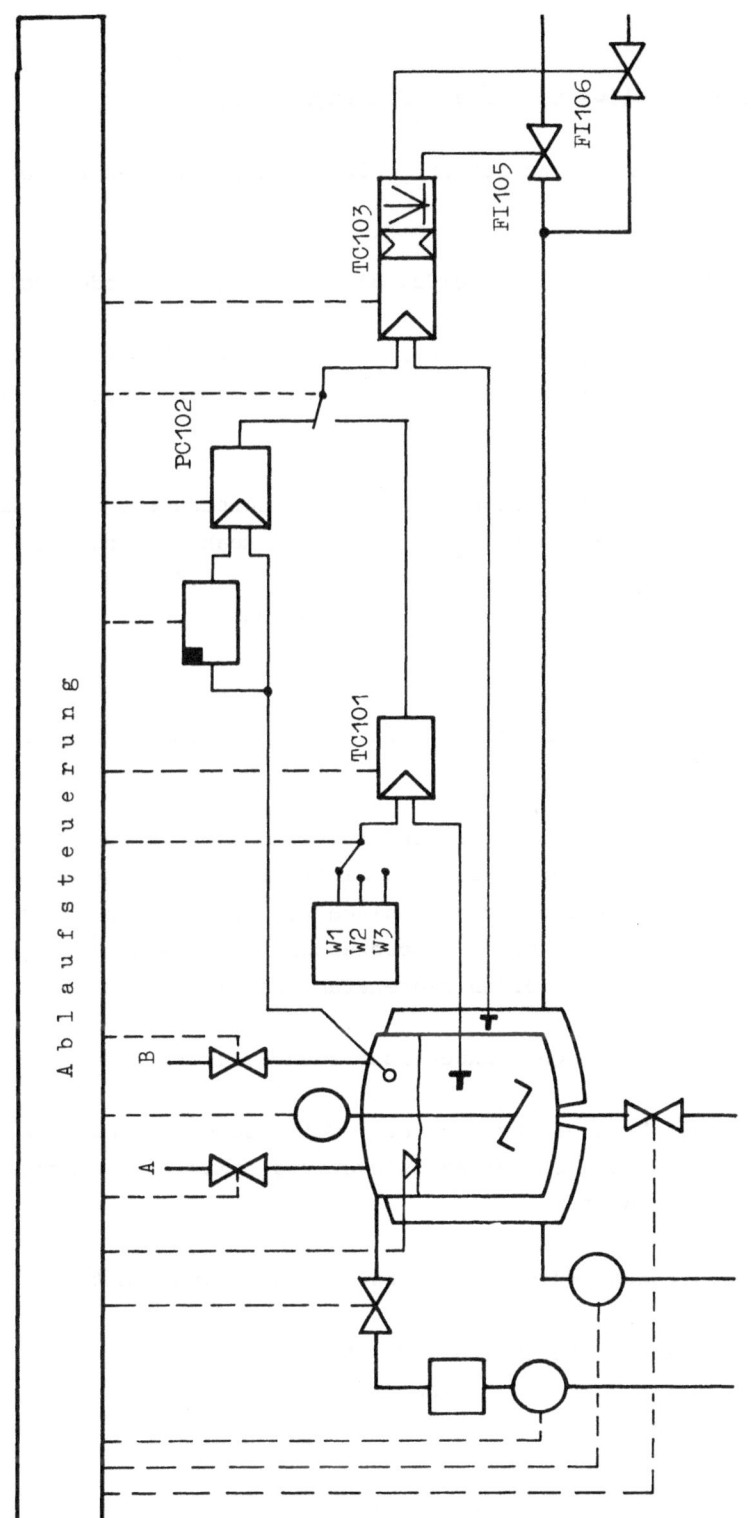

Bild 2: Automatisierung des Reaktors 1

Dies geschieht:

a) zum Verändern des Sollwerts für den Führungsregler TC101,

b) zum Speichern des momentanen Istwerts als Sollwert für den Regler PC 102,

c) zum Umsteuern des Folgereglers TC103, der entweder TC101 oder PC102 nachgeordnet ist.
   Damit verbunden sind interne Umsteuerungen der Betriebsarten der Führungsregler. Es muß verhindert werden, daß nach der Umschaltung im Sollwert von TC103 Sprünge auftreten.

Zur Abarbeitung dieser Funktionen braucht die Ablaufsteuerung Informationen aus dem Prozeß (z.B. über die Füllhöhe des Reaktors und die Regelgrößen) und über die Betriebsarten der Regler (um z.B. den gesamten Ablauf anzuhalten, wenn ein Regler in "Hand" genommen wurde).

4. Ersatz der konventionellen Instrumentierung durch ein System mit Mikroprozessoren

Die enge Verflechtung von steuerungs- und regelungstechnischen Funktionen einerseits und die Vielseitigkeit von Digitalrechnern andererseits legen es nahe, die Automatisierung der Anlage von einem festen Programm übernehmen zu lassen. Benutzt man Mikroprozessoren, so kann man gegenüber einem Prozeß-Rechner nur einen begrenzten Funktionsumfang realisieren.
Für kleinere Aufgabenstellungen können aber auch damit bereits gute Lösungen erzielt werden.
Bei größeren Aufgaben kann es möglich sein, Teilanlagen einzeln mit einem Mikroprozessor-System zu automatisieren und damit eine erhöhte Ausfallsicherheit zu erhalten.

Für eine Minimalausführung würden als Hardware-Bausteine benötigt:

a) die eigentlichen Rechnerbausteine (CPU, ROM, RAM),
b) Bausteine für die Eingabe von Analogwerten (AE),
c) Bausteine für die Ausgabe von Analogwerten (AA),
d) Bausteine für die Eingabe von Binärwerten (BE),
e) Bausteine für die Ausgabe von Binärwerten (BA),
f) eine Bedienkonsole für den Rechner (z.B. Teletype).

Gerätetechnisch würde sich dann ein Aufbau gemäß Bild 3 ergeben.

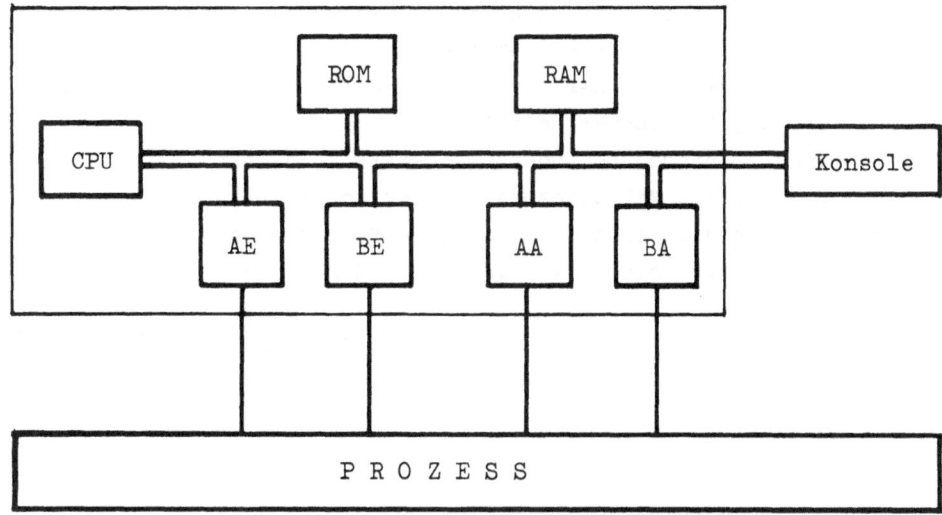

Bild 3: Automatisierung mit einem kleinen Mikroprozessorsystem

Vergleicht man die in Bild 3 gezeigte Einfachheit des Aufbaus der Automatisierungseinheit mit der komplexen von ihr zu leistenden Funktion, so erhält man einen Hinweis auf die Schwierigkeiten beim Realisieren eines solchen Konzeptes. Der gesamte Funktionsumfang muß nämlich vom Programm des Rechners übernommen werden, so daß die Erstellung dieses Programms aufwendig ist und vom Programmierer sehr viel Erfahrung verlangt.

Ein weiterer Nachteil eines solchen Systems ist seine Inflexibilität. Das System kann nur umständlich geändert werden. Dies erschwert seine Implementierung, da die Anlage als Ganzes schlagartig umgestellt werden muß.

Bei eventuell nötigen Änderungen des Prozesses muß das gesamte Programm neu durchgearbeitet werden. Das Ändern eines vorhandenen Programms dauert aber erfahrungsgemäß oft ebenso lange wie dessen Ersterstellung.

In dieser Hinsicht hat die mit einzelnen Bausteinen arbeitende konventionelle Instrumentierung eindeutig Vorteile, obwohl für die Hardware ein wesentlich höherer Aufwand zu treiben ist.

5. Ausbau zu einem konfektionierten Automatisierungssystem mit Mikro-
prozessoren

Die im vorigen Abschnitt skizzierte Methode, ein vorhandenes Automatisierungskonzept direkt in ein Programm zu übernehmen und die Anlage
somit über einen "Einzweckrechner" zu steuern und zu regeln, nutzt die
Möglichkeiten des Digitalrechners nicht genügend aus.
Deshalb sind Inbetriebnahme und Änderungen stark erschwert.
Wünschenswert ist es, ein Mikroprozessorsystem sowohl hard- als auch
softwaremäßig so zu konzipieren, daß einzelne Bausteine entstehen, die
schnell und wahlfrei miteinander kombiniert werden können.

Ein Beispiel für ein solches System ist in Bild 4 zu sehen /1/ .

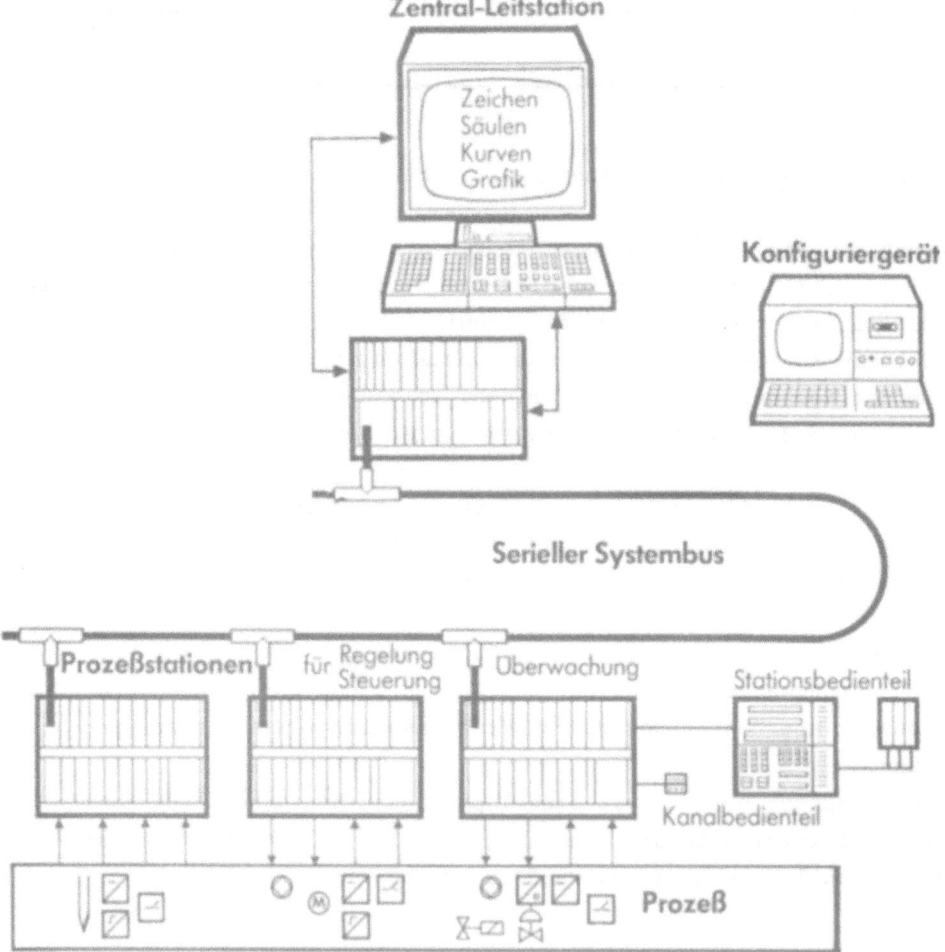

Bild 4: Systemaufbau

Die Aufgaben des Regelns, des Steuerns und auch des Überwachens von
Prozessen werden von den "Prozeßstationen" wahrgenommen. Die zugehörige
Software ist modular aufgebaut. Regel-, Steuer- und Überwachungsfunktionen können quasi parallel in einem Mikroprozessor abgearbeitet werden. Es ist deshalb möglich, Anlagen mit etwa der in Abschnitt 2 vorgestellten Funktion mit nur einer Prozeßstation zu automatisieren.

Der Mensch kann auf unterschiedlichen Ebenen in einen Ablauf eingreifen:

a) ein "Kanalbedienteil" gestattet es, eine einzelne Ausgangsgröße
   durch Handeingriff zu verändern,

b) ein "Stationsbedienteil" erlaubt das Leiten von Bausteinen einer angeschlossenen Prozeßstation (z.B. Ändern von Sollwerten).

c) ein "Konfiguriergerät" ermöglicht in einer angeschlossenen Prozeßstation Änderungen der Bausteinparameter und Eingriffe in die Struktur der Bausteinverknüpfungen,

d) eine "Zentral-Leitstation" kann für alle über einen Serienbus angeschlossenen Prozeßstationen die Funktionen des Stationsbedienteils
   und des Konfiguriergerätes übernehmen.

Die Möglichkeit, in die Struktur einer Aggregat-Automatisierung eingreifen zu können, bietet für den Anwender wesentliche Vorteile.
Eine bestehende Anlage kann "allmählich" auf ein anderes Konzept umge-
rüstet werden, indem vorhanden konventionelle Bausteine nacheinander
durch Mikroprozessor-Komponenten ersetzt werden.

Sind Prozeßsignale über analoge oder binäre Eingabeeinheiten (AE oder
BE) in das System gebracht worden, so erhalten sie symbolische Namen
und können damit von jedem Baustein angesprochen werden. Auch die Ausgabeeinheiten (AA oder BA) erhalten symbolische Namen, so daß die für
die Ausgabe bestimmten Größen ebenfalls frei rangiert werden können.
Der Aufwand an Verdrahtungsarbeiten beim Einfügen eines neuen Bausteins
wird minimal.
Ein neuer Verarbeitungsbaustein benötigt nämlich nur dann Hardware-An-
schlüsse, wenn die entsprechenden Eingangs- und Ausgangssignale noch
nicht im System bekannt sind.
Sämtliche überhaupt vorhandenen Verarbeitungsprogramme sind in den

PROMs einer Prozeßstation abgelegt. Sie werden von der Software dadurch
als Bausteine in die Automatisierungsanlage eingebaut, daß ihre Anfangsadressen in Listen im RAM-Bereich eingetragen werden.
Die Listen werden von einem Betriebssystem interpretativ abgearbeitet,
d.h. das Betriebssystem ruft die in den Listenelementen genannten Programme auf.
Die Programme arbeiten mit Variablen, deren Adressen ebenfalls in Listen
stehen. Die"softwaremäßige Verdrahtung" wird von einem Konfigurierprogramm dadurch vorgenommen, daß die Adreßverweise in den Listen neu definiert bzw. geändert werden.

6. Beispiel

Als Beispiel soll die Konfigurierung des Folgereglers TC103 der in Bild
2 dargestellten Reaktorregelung gezeigt werden. Die Konfigurierung wird
an einem Konfiguriergerät oder an einer Zentral-Leitstation vorgenommen.
Das Konfigurierprogramm läßt auf dem Bildschirm dieses Gerätes die in
Bild 5 dargestellten Texte und Zeichen erscheinen.

Der Benutzer wird veranlaßt, die für die Konfigurierung des Reglers erforderlichen Angaben zu machen. Dies geschieht über einen Dialog, in
dem das Bedienteil den aktuellen Parameter nennt und das jeweils auszufüllende Feld aufleuchten läßt. Gleichzeitig erscheint am unteren Bild-
schirmrand eine sog. "Virtuelle Tastatur". Diese besteht aus Feldern
mit möglichen Eingabetexten, von denen eines durch Drücken der unmittelbar darunter angeordneten Taste vom Benutzer ausgewählt wird. Der
so bestimmte Text erscheint daraufhin im zugehörigen Wertfeld und ist
damit eingetragen. Das Konfigurierprogramm im Bedienteil veranlaßt
durch Einträge in die entsprechenden Listen die "softwaremäßige Verdrahtung" der vom Eingebenden gewünschten Konfiguration und fährt danach mit dem Dialog fort, indem es das nächste auszufüllende Feld aufleuchten läßt.
Neben der Eingabe über die virtuelle Tastatur ist auch eine Eingabe über
eine alphanumerische Tastatur möglich.
Der Dialog ist so aufgebaut, daß nur sinnvolle Fragen an den Konfigu-
rierer gestellt werden. So wird z.B. nur dann nach dem symbolischen
Namen der Hilfsgröße gefragt, wenn der Regler mit Hilfsgrößen arbeiten
soll.
Die eingegebenen Antworten werden auf Plausibilität geprüft.

```
   LC901        TC101        PC102        TC103
   HOCH         TIEF         TIEF         HOCH

KONFIGURIERUNG REGELKREIS          VE-NR:  005                    21.06.1980

NAME: T103.0    TMPREAKT1 /MNT.TEMP.REGL.REAKTOR 1    ZYKLUS: 250 MSEC

EINGANG:    FESTWERT                              X :  T103.1
                                                 WE::
HILFSGR H1: OHNE                                 H1::
HILFSGR H2: OHNE                                 H2::

GRENZW G1: SICH-GW  H  F::  J   L::  N   MELDETYP:  SCHALT
GRENZW G2: SICH-GW  L  F::  J   L::  N   MELDETYP:  SCHALT
GRENZW G3: ALARM-GW H  F::  J   L::  J   MELDETYP:  STOER
GRENZW G4:             F::      L::      MELDETYP:

ZEITFKT:   PI

AUSGANG Y1: KONT.AUSG.                            Y1: F105.1
AUSGANG Y2: KONT.AUSG.                            Y2: F106.1

UMSCHALTFKT:ZWANGSHAND  --> /SPLIT-PKT  KRIT::  SICH-GW H   ALLE E/A
            ZWANGSHAND  --> /SPLIT-PKT  KRIT::  SICH-GW L   ALLE E/A
            ZWANGSHAND  --> /SPLIT-PKT  KRIT::  EXT.BIN.W.  ALLE E/A
            ZWANGSHAND  -->            KRIT::

COMPUTER:  OHNE COMP.              BEDIENT.VERR:    AUTO
BACK-UP :                          ANZ.UNTERDR :

=> MAN        AUTO         KASK                                   WEITER
```

Bild 5: Konfigurierbild fuer einen Regler - Baustein

Es soll noch auf einige Einzelheiten des in Bild 5 im Ganzen dargestellten Konfigurierbildes eingegangen werden:

Die obersten Zeilen geben als "Alarm-Feld" jederzeit, also auch während
des Konfigurierens, dem Benutzer an, ob eine der im Eingriff befindlichen Komponenten eine Störung innerhalb des Prozesses erkannt hat (z.B.
eine Grenzwertverletzung).

```
     LC901      TC101      PC102      TC103
     HOCH       TIEF       TIEF       HOCH
```

In den folgenden Zeilen werden im sog. "Kopf-Feld" einige allgemeine
Daten wie Datum, Name des Reglers und dessen Abtastzeit eingetragen.

```
KONFIGURIERUNG REGELKREIS              VE-NR.005      21.06.1980
NAME: T103.0    TMPREAKT1 /MNT.TEMP.REGL.REAKTOR 1  ZYKLUS: 250 MSEC
```

Die eigentlichen Konfigurierdaten werden in das "Variablen-Feld" des
Bildschirms eingetragen.

```
EINGANG:     FESTWERT                               X : T103.1
                                                    WE:
HILFSGR H1:  OHNE                                   H1:
HILFSGR H2:  OHNE                                   H2:


GRENZW G1:  SICH-GW H    F:   J   L: N    MELDETYP:   SCHALT
GRENZW G2:  SICH-GW L    F:   J   L: N    MELDETYP:   SCHALT
GRENZW G3:  ALARM-GW H   F:   J   L: J    MELDETYP:   STOER
GRENZW G4:               F:       L:      MELDETYP:


ZEITFKT:    PI


AUSGANG Y1: KONT.AUSG.                              Y1: F105.1
AUSGANG Y2: KONT.AUSG.                              Y2: F106.1


UMSCHALTFKT:ZWANGSHAND      /SPLIT-PKT  KRIT:   SICH-GW H   ALLE E/A
            ZWANGSHAND      /SPLIT-PKT  KRIT:   SICH-GW L   ALLE E/A
            ZWANGSHAND      /SPLIT-PKT  KRIT:   EXT.BIN.W.  ALLE E/A
                                        KRIT:


COMPUTER:   OHNE COMP.           BEDIENT.VERR:    AUTO
BACK-UP :                        ANZ.UNTERDR :
```

Es ist dem Bild zu entnehmen, daß T103.0 als Festwertregler und ohne
Hilfsgrößen arbeiten soll. Die Eintragung der symbolischen Adressen
von externer Führungsgröße WE und von den Hilfsgrößen H1 und H2 erüb-
rigt sich daher.

Als Reglereingänge wirken damit die Regelgröße X (mit der symbolischen
Adresse T103.1) und ein Sollwert, der aus einem Steuerbaustein stammt
und daher dort konfiguriert werden muß.

Die Regelgröße wird dauernd auf Grenzwertverletzungen überwacht, wobei
bis zu vier Grenzwerte zweckmäßig sind. Deren Bedeutung und Funktion
wird in den folgenden Zeilen festgelegt. Die Grenzwerte G1 und G2 sind
als Sicherheits-Grenzwerte konfiguriert, die bei Verletzung eine Schalt-
funktion einleiten. Bei Überschreiten des Grenzwertes G3 soll eine
Störmeldung gegeben werden.

Der Regler T103.0 hat als Zeitfunktion PI-Verhalten.

Da der Regler im Split-Range-Betrieb auf zwei Ventile (je eines für
Heizen und Kühlen) arbeitet, sind zwei Ausgangsgrößen zu definieren.
Beide Ausgänge arbeiten in diesem Fall kontinuierlich, es sind aber
auch Zwei-Punkt- und Drei-Punkt-Verhalten wählbar.

Die Umschaltfunktionen definieren das Verhalten des Reglers beim Eintreten gewisser vorzugebender Situationen. Der vorliegende Regler ist
so konfiguriert, daß er bei Verletzen der Sicherheitsgrenzwerte G1 und
G2 und beim Eintreten einer durch ein externes Binär-Wort definierten
Situation in die Betriebsart "Zwangshand" umschaltet.

Die Ausgangsgrößen nehmen dann den Wert "Split-Punkt" an, so daß Heiz-
und Kühlventil geschlossen sind.

In den letzten Zeilen des Variablen-Feldes ist zu sehen, daß für den
Regler kein Eingriff eines übergeordneten Rechners vorgesehen ist
("OHNE COMP.") und daß für das Bedienteil die Betriebsart "Automatik"
verriegelt ist.

Eine Back-Up-Funktion wird nicht gewählt (da kein übergeordneter Rechner Zugriff hat), außerdem wird keine Anzeigeunterdrückung gesetzt.

In der untersten Zeile ist die "Virtuelle Tastatur" für die Eingabe
der Bedienteil-Verriegelung dargestellt. Man erkennt die dem Benutzer
gegebenen Möglichkeiten, die Betriebsarten "Hand" (MAN), "Automatik"
(AUTO), "Kaskade" (KASK) oder auch keine dieser Betriebsarten zu ver-
bieten (durch Anwählen von WEITER).

MAN   AUTO   KASK   WEITER

In diesem Beispiel wurde nur die Konfigurierung eines Reglers dargestellt. In gleicher Weise werden aber auch Steuerungs- und Überwachungs-
bausteine im geführten Dialog konfiguriert.
Als besonders vorteilhaft hat sich dabei die Möglichkeit erwiesen, die
Steuerungsaufgaben direkt nach einem Funktionsplan (z.B. nach DIN 40719)
konfigurieren zu können.
Eine spezielle Umsetzung der Aufgabenstellung nur zum Zweck der Eingabe
in einen Rechner ist damit nicht nötig.

7. Zusammenfassung

Es sollte in diesem Vortrag gezeigt werden, wie durch Ausnutzung moderner Software-Technologien ein problemloses Übertragen bekannter Automa-
tisierungskonzepte in ein Mikroprozessorsystem ermöglicht wird. Dies
wird durch Programmierung von Software-Bausteinen erreicht, die in einem vom System geführten Mensch-Maschine-Dialog miteinander verknüpft
werden.
Durch Verwendung der aus der konventionellen Technik bekannten Rege-
lungs- und Steuerungsfunktionen wird dem Betreiber einer solchen Anlage der Übergang zu modernen Systemen wesentlich erleichtert.

Literatur:

1. Contronic P: Digitales Automatisierungssystem für die Prozeßtechnik
   H&B-Druckschrift (1980)

RATIONELLE UND ANWENDERORIENTIERTE SOFTWARE-ERSTELLUNG
FÜR SPEICHERPROGRAMMIERTE STEUERUNGEN

USER ORIENTED RATIONALIZED SOFTWARE PRODUCTION METHODS
FOR PROGRAMMABLE CONTROLLERS

E. W. Jüngst
AEG-TELEFUNKEN, Forschungsinstitut Berlin

Summary

Software production tends to become the primary cost factor for
programmable controllers. Cutting costs involves closing out error
sources, streamlining production methods and employing computer aided
design tools. As the communication gap between programmers and process
control engineers is considered a major source of errors, a change of
specification practices from computer-oriented methods towards a more
user-oriented descriptive concept is recommended [1]. The generalized
functional block diagramm is an example of such a graphical design and
programming language suitable for all areas of industrial controller
applications. A microcomputer-based graphics-oriented programming system
supporting this form of specification is presented.

1. Einführung

Im Spektrum der Realisierungsmöglichkeiten für Steuerungen, das der
Hardware-Software-Dualismus eröffnet, bildet die Speicherprogrammierte
Steuerung (SPS) definitionsgemäß das Extrem auf der Softwareseite.
Die Hardware einer SPS wird, abgesehen von der Art und Anzahl der Ein-
und Ausgabeeinrichtungen und der Programm- und Datenspeicher, weitgehend
unabhängig von der individuellen Automatisierungsaufgabe aus standardisierten Baugruppen zusammengestellt. Im Projektierungsgang für SPS
(Abb. 1) kann die Hardwareerstellung daher parallel zu den anderen,
unter dem Namen Softwareerstellung zusammengefaßten Arbeiten erfolgen.

Ziel der Softwareerstellung ist es, fehlerarme effektive änderungs-
freundliche Programme für SPS schnell und mit geringem Aufwand herzustellen. Wie diese Kriterien für eine rationelle Softwareerstellung zu
wichten sind, hängt stark von der Zahl der Implementationen ab.

Bei Einzelanwendungen von SPS (z. B. in der Anlagenautomatisierung),
die im folgenden betrachtet werden, entfällt der überwiegende Teil der
Projektkosten auf die Software [2]. Zu den Kosten der Ersterstellung
tritt noch der Aufwand im Betrieb (z. B. wegen Softwarefehlern oder zur
Anpassung an geänderte Aufgabenstellungen), der maßgeblich durch die
Softwarequalität bestimmt ist. Die Qualitätssicherung und -steigerung
ist daher neben einer Straffung des Projektierungsgangs und Entlastung
der Projektierer durch rechnergestützte Hilfen eine wichtige Möglichkeit zur Rationalisierung.

Die Softwareerstellung durchläuft von der Aufgabenstellung bis zum Betrieb der SPS mehrere Arbeitsschritte. Der Projektierungsgang (Abb. 1)
zeigt - bei aller Willkür der Einteilung in Phasen [3] - die grundlegende zeitliche und konzeptionelle Gliederung. In jeder Projektierungsphase gibt es Ansatzpunkte für Rationalisierungsmaßnahmen. Eine inge-
nieurmäßig anwendbare Theorie, wo und wie Aufwendungen für einen besten
wirtschaftlichen Gesamterfolg einzusetzen wären, ist heute noch eine
Utopie. Die Softwaretechnik ist vielmehr noch auf die Entwicklung und
Erprobung heuristischer Grundregeln und Verfahren angewiesen, die praktisch nutzbare Rationalisierungseffekte erzielen. Eine dieser Empfehlungen betrifft den Wechsel von rechnerorientierten Methoden zu einem
mehr anwenderorientierten Entwurfsverfahren.

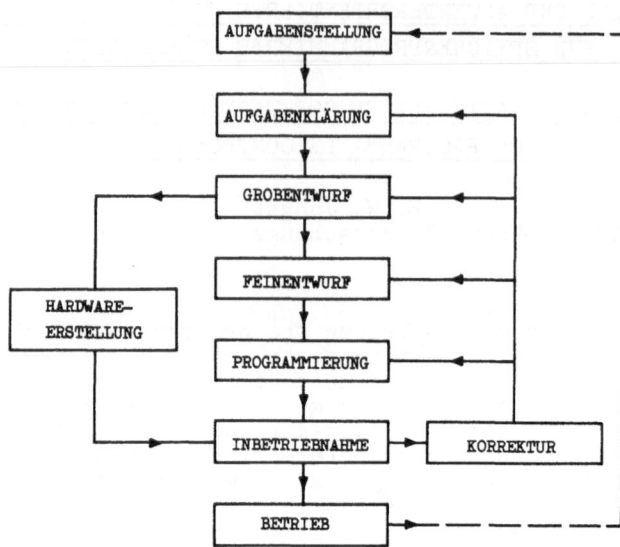

Abb. 1   Projektierungsgang Hardware/Software für SPS

2. Rechnerorientierter Entwurf

Die Programmierbarkeit der SPS legt es nahe, auch zur Beschreibung von
Automatisierungsaufgaben für SPS Darstellungsmittel einzusetzen, die
eine Auflösung der Aufgabe in streng sequentielle Bearbeitungsschritte
vornehmen, wie es der Arbeitsweise von Digitalrechnern entspricht.
Beispiele für diese rechnerorientierten Darstellungsmittel in Textform
sind die algorithmischen Programmiersprachen, in graphischer Form Pro-
grammablaufpläne. Diese in der Prozeßrechnertechnik übliche Art des Entwurfs von Automatisierungssystemen wird häufig auch für SPS übernommen.

Der Einsatz rechnerorientierter Darstellungsmittel zahlt sich natürlich
in der Programmierphase durch die Leichtigkeit der Umsetzung in ein Programm aus. Auch in der Feinentwurfsphase kann der rechnerorientierte
Entwurf wirksame Hilfe durch die in neuerer Zeit entwickelten Programm-
entwurfssysteme erhalten, z. B. [4]

- PDL   (Program Development Language), ein Textverarbeitungssystem mit
        prüfbaren Ablaufkonstrukten und Text-Macro-Möglichkeiten bzw.
- EPOS (Entwurfsunterstützendes PEARL-Orientiertes Spezifikationssystem
        für standardisierte Beschreibungs-Objekte, z. B. Ereignisse etc.

die eine TOP-DOWN-Methodik mit schrittweise verfeinerter Darstellung
unterstützen. TOP-DOWN- bzw. BOTTOM-UP-Strategie gliedern die Entwurfs-
aufgabe in überschaubare Teilaufgaben und zeichnen einen Weg zielge-
richteter Bearbeitung vor.

In Anwendungen, in denen die SPS rechnertypische Prozeßaufgaben wahr-
nimmt, z. B. Disposition, ist ein Entwurf mit rechnerorientierten Darstellungsmitteln der Aufgabe angemessen. In den für SPS charakteristischen Aufgaben Steuern und Regeln, die durch mehr parallel wirkende,
zeitkontinuierliche Systemstrukturen geprägt sind, ist die betont sequentielle Grundkonzeption rechnerorientierter Darstellungsmittel aber
wenig passend, was sich auch in erhöhten Fehlerzahlen auswirkt.

Daß rechnerorientierte Darstellungsmittel in den Phasen Aufgabenklärung und Entwurf allgemein weniger geeignet sind, zeigen statistische Untersuchungen an großen Softwareprojekten, die für mehr als 50 % der Fehler ein Entstehen vor der Programmierphase nachweisen [2]. Diese Fehler werden gleichzeitig als schwer erkennbar und aufwendig zu korrigieren klassifiziert.

Wenn dann - wie in Abb. 1 angedeutet - die Inbetriebnahme die einzige geplante Entwurfskontrolle ist, kann die Fehlerkorrektur durch rekursive Bearbeitung des Projektierungsgangs leicht den wesentlichen Teil der Software-Erstellungskosten fordern. Dies gilt selbst dann, wenn die Unterstützung der Inbetriebnahme weiter geht als es die Literatur [5] schildert.

Die beiden Zielrichtungen für eine Abhilfe sind schnellere Fehleraufdeckung durch Entwurfskontrollen nach jedem Arbeitsabschnitt und systematische Ausräumung der Fehlerursachen.

Für die Entwurfskontrolle können - ein geeignetes Darstellungsmittel vorausgesetzt - Formalprüfung, Konsistenztest und Simulation dienen.

Durch ungeeignete Darstellungsmittel verursachte Fehler sind z. B. eine an das Darstellungsmittel, nicht die Bedürfnisse der Aufgabe angepaßte Systemkonzeption in der Grobentwurfsphase oder ganz einfach ein Mißverständnis zwischen den am Entwurf beteiligten Fachleuten. Bekannt ist der Gegensatz zwischen der Denkweise von Steuerungs- und Regelungstechnikern, die traditionell auf die parallele, zeitkontinuierliche Wirkung verbindungsprogrammierter Systeme ausgerichtet ist, und der auf eine zeitdiskrete, sequentielle Arbeitsweise von Rechnern fixierten Methodik von Programmierern. Bei einem Entwurf mit rechnerorientierter Beschreibung kann die Erfahrung des Automatisierungstechnikers daher nicht in dem gewünschten Umfang genutzt werden.

3. Anwenderorientierter Entwurf

Frühzeitig setzten daher Bemühungen ein, dem Automatisierungstechniker einen seiner Denkweise entsprechenden Zugang zur speicherprogrammierten Steuerung zu eröffnen, der gleichzeitig die Darstellungsprobleme in der Entwurfsphase lösen sollte.

Dazu kommen in erster Linie genormte und eingeführte Darstellungsmittel für verbindungsprogrammierte Realisierungen in Frage. Bewährt haben sich z. B. der Kontakt-Relais-Stromlaufplan ähnlich DIN 40 713 und der Funktionsplan nach DIN 40 719 T. 6.

3.1 Kontaktplan-Darstellung

Die Kontaktplan-Darstellung entspricht der Realisierung binärer Steuerungen mit Relais. Die Bildung binärer Verknüpfungen durch entsprechende Verschaltung von Kontakten wird ergänzt durch Relais mit besonderen Eigenschaften, z. B. Bistabilität, Zeitverhalten oder Zählfunktion. Zur Festlegung einfacher binärer Steuerungsaufgaben für SPS ist die sinnfällige Kontaktplandarstellung gut geeignet.

Durch die Leistungsfähigkeit des Mikroprozessors werden der SPS allerdings viele Anwendungsbereiche, z. B. Ablaufsteuerung, digitale Informationsverarbeitung, Regelung erschlossen, die mit dem Kontaktplan nicht oder nicht annehmbar darzustellen sind. Zudem fehlen Darstellungsmittel geringerer Detaillierung, wie sie zur hierarchischen Gliederung beim schrittweisen Entwurf komplexer Systeme erforderlich werden.

3.2 Funktionsplan-Darstellung

Das andere, schon eingesetzte Darstellungsmittel für Steuerungsaufgaben ist der Funktionsplan nach DIN 40 719 T. 6. Neben den speziellen, für Ablaufsteuerungen definierten Symbolen Schritt, Befehl, Verzweigung und Zusammenführung stellt die Norm den Zeichenvorrat des Logikplans nach DIN 40 700 T. 14 zur Verfügung, so daß auch binäre Verknüpfungssteuerungen beschrieben werden können. Zur komfortablen Darstellung von mehrwertig digitalen Größen wird der Funktionsplan um Symbole des Signalflußplans nach DIN 19 226 erweitert, den Regelungstechniker zur Darstellung von Prozeßmodellen und Regelungsaufgaben bevorzugt einsetzen.

Der verallgemeinerte Funktionsplan besitzt damit Darstellungsmittel für alle Aufgabenbereiche speicherprogrammierter Steuerungen. Er weist darüber hinaus Eigenschaften auf, die ihn zu einem wertvollen Entwufshilfsmittel machen.

Teilbarkeit

Unter dem Gesichtspunkt einer Realisierung von Automatisierungsaufgaben mit dezentralisierten SPS-Systemen bilden die Realisierungsunabhängigkeit und Teilbarkeit der mit Funktionsplänen dargestellten Entwürfe und die Abschätzbarkeit des Informationsflusses zwischen Teilen einen deutlichen Eignungsvorsprung gegenüber rechnerorientierten Methoden.

Die Teilung eines Funktionsplans kann natürlich auch dem Ziele dienen, Teilsysteme durch verbindungsprogrammierte Schaltungen oder festprogrammierte Spezialprozessoren zu realisieren, die zunehmend häufiger am Markt erscheinen werden. In der Fähigkeit, diesen Software/Hardware-Tradeoff auch nachträglich problemlos zu ermöglichen, ist der Funktionsplan konkurrenzlos.

Strukturierbarkeit

Die Darstellungsmittel des Funktionsplans sind nicht auf eine bestimmte Abstraktionsebene beschränkt. Das Funktionsplankonzept umfaßt primitive Funktionsglieder (UND-Glied) ebenso wie komplexe Funktionen (Regelung) oder ganze Automatisierungseinrichtungen (SPS). Der Funktionsplan ist daher vorzüglich zur Unterstützung von Entwurfsmethoden geeignet, die beim schrittweisen Vorgehen mehrere Detaillierungsebenen berühren. Der Projektierer entscheidet im Einzelfall, ob er der TOP-DOWN- bzw. BOTTOM-UP-Strategie folgt oder einen ALLES-ZU-SEINER-ZEIT-Kompromiß wählt.

Beim Einsatz des Funktionsplans in der Aufgabenklärung und in der Grobentwurfsphase wird von der Betonung einer funktionellen Gliederung zudem ein klareres, wohlstrukturiertes Systemkonzept erwartet.

Simulierbarkeit

Die Teilbarkeit des Funktionsplans erleichtert die Simulation zur Entwurfskontrolle ganz wesentlich. Auch die Blockstruktur des Funktionsplans läßt sich leicht auf eine der blockorientierten Simulationssprachen für zeitkontinuierliche oder zeitdiskrete Systeme abbilden.

Die Simulation kann in allen Projektierungsphasen unterstützend eingesetzt werden. In der Aufgabenklärung kann sie Aufschluß über das Verhalten eines Systems geben, wenn das Prozeßmodell als Funktionsplan formuliert wird. Gleichzeitig ist durch Vergleich mit dem Prozeß eine Verifizierung des Prozeßmodells möglich. In der Grobentwurfsphase dient sie zur Bewertung alternativer Automatisierungsstrategien, z. B. Regelungsalgorithmen, die zusammen mit dem Prozeßmodell simuliert werden. In der Feinentwurfsphase kann durch Funktionstest (Abb. 2) jede bis auf die Ebene standardisierter Funktionsblöcke verfeinerte Teilfunktion getestet werden. Zur Vorbereitung der Inbetriebnahme ist sogar eine Quasi-Echt-Zeit-Simulation der Automatisierungsfunktionen und des Prozeßmodells möglich.

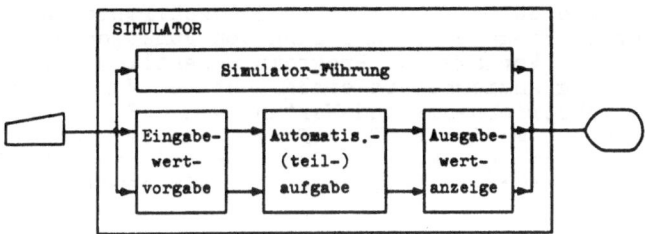

Abb. 2   Funktionstest durch Simulation des offenen Systems

4. Anwenderorientierte Entwurfshilfen

Das anwenderorientierte Entwerfen hat natürlich zur Folge, daß die entworfenen Funktionen nicht ohne zusätzlichen Arbeitsaufwand in das Programm einer speicherprogrammierten Steuerung übertragen werden können..

Für den Erfolg der anwenderorientierten Programmierung ist daher der Umfang der verfügbaren Rechnerunterstützung von großer Bedeutung. Dank des Mikrocomputers und der Entwicklung intelligenter Programmierplätze kann diese Voraussetzung - neben weiterer Entlastung der Projektierer - heute erfüllt werden.

Kontaktplan-Programmierung

Ein wegweisendes Beispiel für anwenderorientierte Softwareerstellung gibt die bereits erwähnte Kontaktplan-Programmierung von einfachen binären Steuerungsaufgaben. Aufgabenklärung, Grob- und Feinentwurf folgen bei Kontaktplan-Programmierung dem Projektierungsgang für Schützensteuerungen; die Erfahrung des Steuerungstechnikers und ggfs. vorhandene CAD-Entwurfshilfen können voll genutzt werden. Ergebnis der Projektierung ist ein Stromlaufplan mit Kontakten und Relais.

Um eine SPS so zu programmieren, daß sie sich nach außen praktisch wie die projektierte Schützensteuerung verhält, ist beim Einsatz moderner Programmiergeräte nur eine Übertragung der Vorlage in graphischer Form auf den Bildschirm des Programmiergeräts erforderlich. Eingabe und Änderung können bei der Mehrzahl der Geräte freizügig nach ausschließlich bildlichen Gesichtspunkten vergenommen werden. Die Umsetzung des dargestellten Kontaktplans in das Maschinenprogramm der SPS wird automatisch abgewickelt.

In der Inbetriebnahmephase dient das Programmiergerät in Korrespondenz mit der SPS zur Fernbedienung, -programmierung und -anzeige von Datenwerten. Durch auffällige Kennzeichnung durchgeschalteter Kontakte und aktivierter Relais in der Kontaktplandarstellung auf dem Bildschirm erhält der Inbetriebnahmeingenieur eine übersichtliche, sinnfällige Anzeige des Zustands interner und externer Daten bzw. Signale, ohne Kenntnisse der SPS oder ihres Maschinenprogramms erwerben zu müssen.

Funktionsplan-Programmierung

Besondere Programmiersprachen zur Förderung funktionsplan-orientierter Projektierung gibt es seit etwa zehn Jahren. Aus der Anfangszeit stammen beispielsweise alphanumerische Eingabesprachen für Steuerungen mit SPS und Regelungen mit Prozeßrechnern [6], die mit standardisierten, parametrierbaren Bausteinen dem Funktionsblockkonzept in Gliederung und Wirkung entsprechen. Weitere Pionierarbeiten dienten der Bereitstellung von Maschinenbefehlen für die Symbole Schritt, Verzweigung und Zusammenführung. Zur Projektierungsunterstützung mit Klebebildern gesellten sich später halbgraphische und graphische Rückdarstellungen in Bausteinform.

In neuerer Zeit wird durch intelligente Bildschirmprogrammiergeräte mit graphikorientierter Eingabe und Änderung von Funktionsplandarstellungen der Übergang von der Vorlage zum Programm wesentlich erleichtert. Die Tragbarkeit der Programmiergeräte ermöglicht den Vor-Ort-Einsatz für Programmierung, Inbetriebnahme und Wartung von SPS. Prototypen derartiger Programmiergeräte wurden z. B. auf der Hannover-Messe 1979 vorgestellt. Am Beispiel des graphischen Programmiersystems DOLOG 80 F wird die bereits heute verfügbare Leistungsfähigkeit deutlich [7].

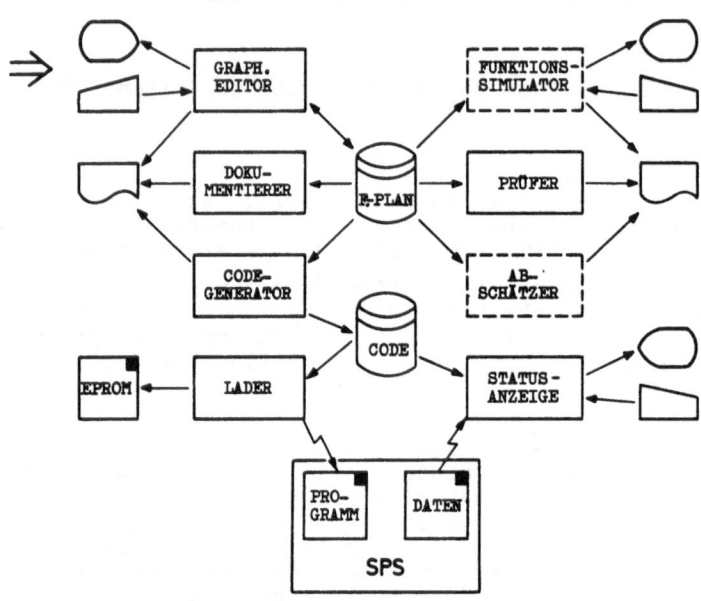

Abb. 3   Datenflußstruktur des Programmiersystems DOLOG 80 F

5. Programmiersystem DOLOG 80 F

Das Programmiersystem DOLOG 80 F umfaßt einen stand-alone-Bildschirmrechner mit Massenspeicher und eine Sammlung sich ergänzender Dienstleistungsprogramme (Abb. 3). Zu den Diensten gehören

- graphikorientiertes Eingeben, Ändern, Ablegen und Rückdarstellen von Funktionsplänen (EDITOR),
- Prüfen auf Vollständigkeit und korrekte Konstruktion der Aufgabenbeschreibung (PRÜFER),
- Erzeugen des Maschinencodeprogramms und der Programmdokumentation für verschiedene SPS-Zielmaschinen (CODEGENERATOR),
- Übertragen des Maschinencodeprogramms auf Datenträger (EPROM) oder in den Programmspeicher der Zielmaschine (LADER),
- Fernbedienen der SPS und Anzeigen des Wertes symbolisch adressierter Daten (STATUSMELDER) und
- Erstellen einer abschließenden Dokumentation von Aufgabenbeschreibung und Programm (DOKUMENTIERER),

die den Projektierungsgang von der Aufgabenklärung bis zur Inbetriebnahme begleiten.

5.1 EDITOR

Der Editor dient zur unmittelbar graphischen Eingabe und Änderung von
Funktionsplänen, die in kompakter Form als Dateien auf einer Diskette
abgelegt werden. Zur rechnergestützten Bearbeitung wird der Funktions-
plan in BILD genannte Organisationseinheiten untergliedert, die der
Bildfläche des Programmiergeräts entsprechen. Jedes Bild nimmt ein
Aggregat zusammengehöriger Funktionsblöcke und Wirkungslinien auf. Der
Zusammenhang zwischen Bildern wird durch identische Benennung unterbro-
chener Wirkungslinien hergestellt.

Vor der Ablage eines Bildes oder auf Anforderung wird der Bildinhalt
systematisch überprüft. Formalfehler, Inkonsistenzen bei Wirkungslinien
oder bei Funktionsblöcken werden festgestellt und nach Art und Ort zur
sofortigen Korrektur angezeigt.

Bereits abgelegte Bilder werden über eine Bild-Kennung angesprochen und
auf dem Bildschirm in graphischer Form rückdargestellt. Für die Änderung stehen alle Möglichkeiten der Eingabe zur Verfügung.

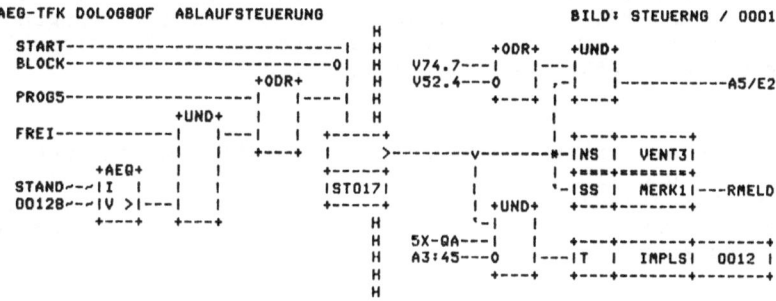

Abb. 4   Funktionsplandarstellung im System DOLOG 80 F

Zur Darstellung eines Funktionsplan-Bildes ist der Bildschirm des Programmiergeräts in eine Kopfzeile und eine gerasterte Bildfläche aus 23
Zeilen und 10 Spalten eingeteilt. Die Übertragung des Funktionsplans
auf die Bildfläche erfolgt nach rein graphischen Gesichtspunkten durch
Anwahl eines Rasterfeldes über den frei beweglichen Cursor und Einfügen
der Bildinformation durch eine der Sondertasten, ggfs. ergänzt durch
Zeichen der alphanumerischen Tastatur.

Funktionsblock-Darstellungen werden aus mehreren Bildelementen zusammengestellt, die jeweils ein Rasterfeld belegen (Abb. 4), z. B. für die
Blockbegrenzungen, Eingangs- und Ausgangsanschlüsse oder Parameter. Die
Anordnung und Reihenfolge der Eingänge (links) und Ausgänge (rechts)
sind beliebig. Außer Funktionsblöcken in Standardform können durch Vor-
auswahl Schritt-, Verzweigungs-, Zusammenführungs- und Befehlssymbole
mit wenigen Tastendrücken gezeichnet werden.

Andere Bildelemente sind Namen für Wirkungslinien. Eine Wirkungslinie
wird manuell durch Bewegen eines Cursors oder automatisch zwischen
Anschlußpunkten in einer Zeile gezeichnet. Knicke, Kreuzungen und Ab-
zweigungen von Wirkungslinien sind erlaubt.

Teilbildverschiebungen und Möglichkeiten zur Kommentierung, Zwischen-
speicherung und Dokumentation runden die Eingabefunktionen ab.

Zur Strukturierung des Entwurfs, zur Entlastung des Projektierers bei wiederholt auftretenden Funktionen und zur Stärkung der Wiederverwendbarkeit von Entwürfen werden anwendereigene Funktionsblöcke eingesetzt.

Die Definition eines anwendereigenen Funktionsblocks erfolgt durch Beschreiben seiner Funktion mit einfacheren Funktionsblöcken in einem Bild, dessen Kennung dem Funktionsblocktyp entspricht. Der Zusammenhang zwischen den Anschlüssen des Funktionsblocks und Wirkungslinien im Definitionsbild wird durch korrespondierende Benennung hergestellt (Abb. 6).

Anwendereigene Funktionsblöcke können beliebig tief (nicht rekursiv) verschachtelt werden. Wird ein anwendereigener Funktionsblock bei der TOP-DOWN-Methodik vor seiner Definition verwendet, so legt die Erstverwendung Art, Anzahl und Kennung von Anschlüssen und Parametern fest.

Die Zuordnung zwischen den intern verwendeten Wirkungslinien und den extern an die SPS angeschlossenen Signalen wird funktionsplankompatibel in den Anschlußbelegungsbildern festgelegt. Jede E-/A-Einheit wird durch einen Funktionsblock repräsentiert, dessen Anschlüsse die in der Hardware vorhandenen Anschlußklemmen zu Signalübergabeklemmen ergänzen. Typ, Platz und andere Eigenschaften der E-/A-Einheit spiegeln sich in Funktionsblock-Typ und Parametern. Anschlüsse werden ggfs. durch entsprechende Kennung identifiziert. Neben den E-/A-Einrichtungen werden auch andere Dienste der SPS, z. B. Zeittakte, durch Funktionsblöcke in Anschlußbelegungsbildern angesprochen (Abb. 8).

5.2 Prüfer

Die Vollständigkeitsprüfung behandelt Wirkungslinien und anwendereigene Funktionsblöcke und gibt einen Überblick über noch offene Entwurfsentscheidungen. Die ergänzende Plausibilitätsprüfung weist auf unsauber spezifizierte Wirkungsschleifen hin, die zu schlechterer Reaktionszeit der SPS führen könnten.

5.3 Codegenerator

Der Codegenerator setzt einen bis auf die Ebene von Standard-Funktionsblöcken verfeinerten, durch Anschlußbelegung vervollständigten Entwurf in das Maschinenprogramm jeweils einer SPS-Type um. Anwendereigene Funktionsblöcke werden natürlich automatisch berücksichtigt. Der Funktionsblock wird als Macro aufgefaßt und laufzeitoptimal durch Code ersetzt.

5.4 Inbetriebnahmeunterstützung

Zur Inbetriebnahme wird der Maschinencode mit einem Datenträger (EPROM) oder per Datenfernübertragung in den Programmspeicher der SPS gebracht. Die Fernprogrammierung wird ergänzt durch Fernbedienung und Fernanzeige von internen und externen Signalzuständen. Als erste Stufe der anwenderorientierten Präsentation von Daten ist bisher die Ansprache von Größen über die im Funktionsplan verwendeten symbolischen Namen eingerichtet. Die Umstellung auf eine graphische Statusanzeige in der Funktionsplan-Darstellung ist vorgesehen.

5.5 Erweiterungsmöglichkeiten

Eine der zukünftigen Erweiterungen für graphikorientierte Programmiersysteme ist ein Simulator für die Entwurfs- und Inbetriebnahmephase. Als erste Ausbaustufe wäre eine Funktionssimulation nach Abb. 3, die manuelle Vorgaben für die Eingangsgrößen eines Funktionsplans und eine Beobachtung des Verhaltens der Ausgangsgrößen zuläßt, schon eine wertvolle Hilfe bei der Durchführung von Entwurfskontrollen.

Eine andere rechnergestützte Entscheidungshilfe könnte ein Abschätzer zur ungefähren Bestimmung des Speicherplatzbedarfs und der Programmlaufzeit von Funktionsplanentwürfen für verschiedene SPS-Typen bieten.

```
AEG-TFK DOLOG80F  GROBENTWURF REGELSTRUKTUR WALZANTRIEB   BILD: ENTWURF  / 0001

                  +RGL+                              +MSR+
        GSOLL~---------~IS  I              IIST~--~I I
        DRCHM~---------~ID  I                       I  I
        GMESS~---------~IM SI~-------------------~ISOLL~-~I  I~-----------------~USOLL
                  +---+                              +---+


        GSOLL:WALZGUT-SOLLGESCHW  IIST :MOTORSTROM-ISTWERT
        DRCHM:DURCHMESSER WALZE
        TMESS:DREHZAHL-MESSWERT   ISOLL:MOTORSTROM-VORGABE   USOLL:SOLL-MOTORSPANNUNG
```

Abb. 5   Grobentwurf Reglerstruktur

6. Beispiel

Der Einsatz des Programmiersystems sei an dem stark vereinfachten Beispiel eines Reglers für einen Gleichstrom-Walzmotor demonstriert.

Automatisierungsziel ist die Regelung des Gleichstrom-Walzmotors auf
eine vorgebbare Geschwindigkeit des Walzmaterials. Dazu soll die Drehzahl der Walze mit einem Tachogenerator gemessen, der Durchmesser der
Walze - wie die Sollgeschwindigkeit - über Ziffernschalter eingegeben
werden. Meß- und Eingabewerte sind zu überwachen, Bereichsüberschrei-
tungen anzuzeigen.

In der Aufgabenklärung wird ein Prozeßmodell des Antriebssystems erstellt und mit dem Programmiersystem als Funktionsplan dokumentiert.
In der Grobentwurfsphase dient das Prozeßmodell bei gemeinsamer Simulation mit verschiedenen Reglerstrukturen zur Auswahl einer optimalen
Automatisierungsstrategie. Beim regelungstheoretischen Entwurf wird als
Grundstruktur ein PI-Drehzahlregler (RGL) mit unterlagerter PI-Motor-
stromregelung (MSR) festgelegt (Abb. 5).

Den Ablauf der Feinentwurfsphase für den Drehzahlregler (RGL) zeigt die
Bilderfolge (Abb. 6). Der Funktionsblock RGL wird in den eigentlichen
PI-Regler (PIO) und die Funktionsblöcke SWV und MWV unterteilt, die
Führungsgröße SOLLW und Regelungsgröße ISTWT liefern. Die Ausgangsgröße
des Reglers ist die Führungsgröße ISOLL des unterlagerten Stromreglers.

Die Verfeinerung des Funktionsblocks SWV zeigt die Umsetzung der Eingabedaten in die Binärdarstellung, die Begrenzung auf ein Plausibilitäts-
intervall und die Bildung des Drehzahl-Sollwertes durch Division der
Sollgeschwindigkeit durch den Walzendurchmesser. Der Quotient - mit
$2^{**}8$ geeignet skaliert - wird durch den Abtaster mit Halteglied (ATH)
gespeichert. Ein neuer Wert wird auf der Flanke (FLA) des Neuwert-Regi-
striersignals NWREG übernommen, wenn gleichzeitig beide Eingabewerte
im zulässigen Bereich liegen.

Die Detaillierung des Funktionsblocks MWV zeigt die Überwachung durch
einen Grenzwertmelder (GWM) und die Skalierung mit dem Faktor KONST.

Der Funktionsblock PIO wird als Abtastsystem mit verzögerter Rückkopp-
lung des Ausgangs projektiert. Das Funktionsplanbild zeigt die Bildung
der Ausgangsgröße aus der gewichteten Regeldifferenz als Proportional-
anteil und der Mitkopplung über die gewichtete, verzögerte Ausgangsgröße als Integralanteil. Die zeitliche Diskretisierung durch den Abtaster mit Halteglied (ATH) ist periodisch mit 0.1s-Takt vorgesehen. Vor
Integrator-Übersteuerung schützt der Begrenzer (LIM).

Der Entwurf enthält damit nur noch Standard-Funktionsblöcke.

```
AEG-TFK DOLOG8OF  WALZGESCHWINDIGKEIT-MOTORREGLER        BILD: BEISPIEL / 0001

                              +RGL+
       GSOLL----------------------------/|S  |
                                        |   |
       DRCHM----------------------------/|D S|/-----------------------------/ISOLL
                                        |   |
       MESSW----------------------------/|M  |
                              +---+

       GSOLL:WALZGUT-SOLLGESCHW
       DRCHM:DURCHMESSER WALZE                      ISOLL:MOTORSTROM-VORGABE
       MESSW:TACHOGEN.-MESSWERT
```

```
  AEG-TFK DOLOG8OF GROBSTRUKTUR  WALZGESCHWINDIGKEIT-REGLER BILD: BEISPIEL / $RGL

                    +SWV+
     $S------------/|S  |
                   |   |                             +PIO+
     $D------------/|D S|/-----------SOLLW----------/|F A|/----------------/WS
                   +---+                            |   |
                    +MWV+                           |   |
     $M------------/|M I|/----------ISTWT----------/|R  |
                   +---+                            +---+

     $S  :WALZGUT-SOLLGESCHW
     $D  :DURCHMESSER WALZE      SOLLW:SOLLWERT DREHZAHL   WS  :MOTORSTROM-VORGABE
     $M  :MESSWERT DREHZAHL      ISTWT:ISTWERT DREHZAHL
```

```
  AEG-TFK DOLOG8OF VORVERARBEITUNG REGLER-FUEHRUNGSGROESSE  BILD: BEISPIEL / $SWV

                            +LMM+                      +DIV+
             +BIN+  05999---/|0  |                      |008|
    $S------/|   |  |----------/|                       |Z  |
             +---+  00000---/|U E|---SWERR-.            |   |
                            +---+        |              |   |
                            +LMM+        |              |   |    +ATH+
             +BIN+  02999---/|0  |       |              |N G|---/|   |----------/WS
    $D------/|   |  |----------/|        |              +---+   |   |
             +---+  00600---/|U E|-.     |                      |   |
                            +---+  |     |              +UND+   |   |
                                   |     |       '----------/|0  |---/|T  |
             +FLA+                 |     '-DMERR----------/|0  |    +---+
    NWREG---/|   |-----------------------------------------/|   |
             +---+                                          +---+

     $S  :WALZGUT-SOLLGESCHW  SWERR:FEHLER SOLLWERT
     $D  :DURCHMESSER WALZE   DMERR:FEHLER DURCHMESSER  WS  :SOLLWERT DREHZAHL
     NWREG:TASTE NEUWERT-REG.
```

```
  AEG-TFK DOLOG8OF  MESSWERT-VORVERARBEITUNG REGLER         BILD: BEISPIEL / $MWV

                                               +MUL+
     $M----------------V----------------------/|   |----------------------/WI
                       |       +GWM+          |007|
                       |  04095---/|0  |      KONST---/|   |
                       '----------/|  I|                +---+
                          00000---/|U E|----------------------------------/TGERR
                                  +---+

     $M  :MESSWERT DREHZAHL   KONST:SKALIERFAKTOR.       WI  :ISTWERT DREHZAHL
                                                         TGERR:TACHOGEN.-FEHLER
```

```
  AEG-TFK DOLOG8OF  FEINSTRUKTUR PIO-ABTASTREGLER          BILD: BEISPIEL / $PIO

                               +MUL+                    +LIM+
             +SUM+             |004|  +SUM+   04095---/|0  |   +ATH+
    $F------/|   |-------------/|   |---/|   |----------/|  I|---/|   |---/WA
             |   |         PFAKT---/|   |   |   04095---/|U  |   |   |
             +---+             +---+  |   |             +---+   |   |
    $R------/M   |                    |   |                     |  |
             +---+             +MUL+  |   |             TO.1S---/|T  |
                               |010|  |   |                      +---+
                    +DEL+      |   |  |   |
    WA------/|   |-------------/|   |---/|   |    +---+
             +---+        IFAKT---/|   |   +---+
                               +---+

     $F  :FUEHRUNGSGROESSE   PFAKT:PROPORTIONALANTEIL  WA  :AUSGANGSGROESSE
     $R  :REGELGROESSE       IFAKT:INTEGRALANTEIL      TO.1S:ZEITTAKT 0.1 SEC
     WA  :AUSGANGSGROESSE
```

Abb. 6   Verfeinerung der Reglerfunktion RGL

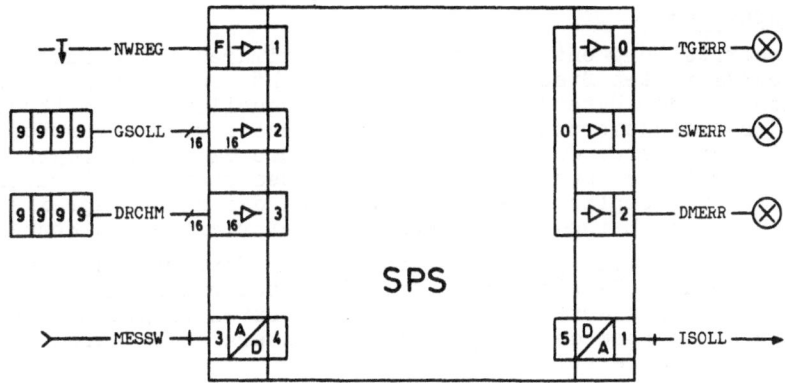

Abb. 7   Anschlußbelegung der Eingabe-/Ausgabeeinheiten

```
AEG-TFK DOLOGBOF  ANSCHLUSSBELEGUNG SPS-REGELGERAET A300  BILD: BEISPIEL / A001

      +BSE+                                        +BSA+
      !001!                                        !000!
      ! F!---NWREG                         TGERR---!0  !
      +---+                                SWERR---!1  !
                                           DMERR---!2  !
      +DSE+                 +DKV+   +DKS+           +---+
      !002!                 !000!   !000!
      ! 0!--,GSOLL   00200--,!0  !   ! 0!--,PFAKT
      +---+                 00010--,!1  !   ! 1!--,IFAKT
                           00937--,!2  !   ! 2!--,KONST
      +DSE+                 +---+   +---+
      !003!
      ! 0!--,DRCHM          +TKT+
      +---+                 ! 0!---TO.1S
                           +---+
      +ASE+                                        +ASA+
      !004!                                        !005!
      ! 3!--,MESSW                         ISOLL--,!1  !
      +---+                                        +---+


   NWREG:TASTE NEUWERT-REG.   PFAKT:PROPORTIONALANTEIL   TGERR:TACHOGEN.-FEHLER
   GSOLL:WALZGUT-SOLLGESCHW   IFAKT:INTEGRALANTEIL       SWERR:FEHLER SOLLWERT
   DRCHM:DURCHMESSER WALZE    KONST:SKALIERFAKTOR        DMERR:FEHLER DURCHMESSER
   MESSW:TACHOGEN.-MESSWERT   TO.1S:ZEITTAKT 0.1 SEC     ISOLL:MOTORSTROMVORGABE
```

Abb. 8   Anschlußbelegungsbild des Funktionsplans

Nach Abschluß der Entwürfe wird für RGL eine Realisierung mit SPS, für
MSR eine Hardwarelösung mit analoger Vorgabe der Führungsgröße gewählt.
Der Entwurf für RGL wird daher getrennt weiterbehandelt. Die in der
Hardwareprojektierung festgelegte Anordnung und Beschaltung der Eingabe-
und Ausgabeeinheiten (Abb. 7) wird in einem Anschlußbelegungsbild formuliert, das den Entwurf vervollständigt (Abb. 8). Neben Ein- und Aus-
gabevereinbarungen enthält das Bild den standardisierten Funktionsblock
TKT, dessen Ausgang O einen Systemtakt mit 0.1 s Periode bereitstellt.
Für die Reglerbeiwerte PFAKT und IFAKT und den Skalierfaktor KONST, die
in der Inbetriebnahme noch angepaßt werden sollen, weist der Funktionsblock DKS Speicherplätze in der SPS zu, die im Betrieb über die Konsole
für Anzeige und Änderung zugänglich sind. Mit dem Funktionsblock DKV
erhalten die Speicher fürs erste eine Vorbesetzung.

Mit diesen Festlegungen ist der Entwurf bis auf die Ebene von Standard-
Funktionsblöcken ausgeführt. Nach einer Simulation, die ggfs. noch Abweichung vom geplanten Verhalten aufdecken könnte, wird die Datei dem
Codegenerator übergeben und der erzeugte Maschinencode in die Ziel-SPS
übertragen.

7. Zusammenfassung

Die Softwareerstellung entwickelt sich zum primären Kostenfaktor bei speicherprogrammierten Steuerungen. Ansatzpunkte für Rationalisierung ergeben sich bei der Unterdrückung von Fehlerquellen, der methodischen Straffung des Projektierungsgangs und dem Einsatz rechnergestützter Hilfsmittel. Zur Überwindung der Sprachbarriere zwischen Programmierer und Prozeßautomatisierungsfachmann, die als bedeutende Fehlerursache eingeschätzt wird, empfiehlt sich ein Wechsel der Entwurfspraxis von rechnerorientierten Methoden zu einem anwenderorientierten Konzept [1].

Der Einsatz des Funktionsplans als graphischer Entwurfs- und Programmiersprache für alle Bereiche industrieller Steuerungs- und Regelungsaufgaben wurde diskutiert. Ein graphikorientiertes Programmiersystem für SPS, das diese Form der Programmierung unterstützt, wurde vorgestellt und an einem Beispiel erläutert.

Literatur

1. Goldsack, S.
   & al.

   A STEP TOWARDS APPLICATION ORIENTED SPECIFICATIONS. In: Meyer, H., Hrsg.: REAL-TIME DATA HANDLING AND PROCESS CONTROL, Proceedings of the 1st Symposium Berlin 1979, p. 535-532.

2. Boehm, B.

   SOFTWARE ENGINEERING. R & D TRENDS AND DEFENSE NEEDS. In: Wegener, P., Hrsg.: RESEARCH DIRECTIONS IN SOFTWARE TECHNOLOGY, MIT Press 1979, p. 44-86.

   McGowan, C.L.
   Henry, R.C.

   SOFTWARE MANAGEMENT. ibid. p. 207-253.

3. Lauber, R.

   Modelle zur Beschreibung des Entwurfs von Prozeßautomatisierungssystemen. Regelungstechnik 27 (1979), p. 373-404.

4. Caine, S.H.
   Gordon, E.K.

   PDL - A TOOL FOR SOFTWARE DESIGN. In: National Computer Conference, 1975, Anaheim, California, May 19-22.

   Biewald, J.
   & al.

   Das Softwarewerkzeug EPOS zur Unterstützung der Ingenieurtätigkeit beim Entwurf und der Wartung von Prozeßautomatisierungssystemen. Regelungstechnik 28 (1980) p. 11-15.

5. Glass, R.

   Real-Time: The "Lost World" of Software Debugging and Testing. Communications of the ACM 23 (1980) p. 264-271.

6. Düll, E.H.

   Ein frei programmierbares Prozeßsteuergerät auf der Basis eines Mikrocomputers. ELEKTRONIK 24 (1975) 4/5/6 p. 93-97/65-68/101-102.

   Profos, D.
   & al.

   SIMAT, ein Programmpaket für Automatisierungsaufgaben der Siemens-Systeme 300-16 Bit. Siemens-Zeitschrift 51 (1977) 7 p. 525-528

7. Jüngst, E.W.
   Zimpel, P.

   Das Programmiersystem LOGISTAT CP80. Techn. Mitt. AEG-TELEFUNKEN 70 (1980) 2/3.

PROZESSDIAGNOSE BEI SPEICHERPROGRAMMIERBAREN STEUERUNGEN (PC'S)

PROCESS DIAGNOSIS BY MEANS OF PROGRAMMABLE CONTROLLERS

K. Viebig

BROWN, BOVERI & CIE AG

Geschäftsbereich Niederspannungsschaltgeräte

D 6900 Heidelberg

Summary: Process diagnosis is a modern concept for trouble shooting by
means of programmable controllers. The aim of process diagnosis is the
automatic detection and analysis of process failures. In the application of classical programmable controllers trouble shooting is usually
realized empirically by means of program extension - preprogrammed
process diagnosis. Failure-analysis which has not been preprogrammed
requires diagnosis by means of special testing equipment.

Modern programmable controllers can be extended by specialized diagnosis processors, capable of analysis of any process failure - automatic
process diagnosis.

1. Einleitung:
Prozeßdiagnose ist ein aktuelles Konzept für Störungsanalysefunktionen
bei modernen programmierbaren Steuerungen (PC's). Die Prozessdiagnose
dient zur schnellen automatischen Erkennung und Analyse von Prozeßstörungen.

Das Konzept Prozeßdiagnose ist ein Resultat der Anforderungen aus fast
allen Bereichen, in denen programmierbare Steuerungen eingesetzt werden. Übereinstimmend kann festgestellt werden, daß in fast allen Ein-
satzbereichen für programmierbare Steuerungen ca. 95% aller Störungen
im Prozeß, und nur ca. 5% der Störungen in der Elektronik zu lokalisieren sind [1], [2]. Nur ein geringer Anteil dieser Störungen (z.B. 0,5%)
ist auf den Zentralteil der Steuerung zurückzuführen. Gleichzeitig kann
festgestellt werden, daß die Störungssuche einen wesentlichen Teil der
gesamten Reparaturzeit ausmacht, z.B. 80% [2].

In Konsequenz dieser Tatsache wird aus praktisch allen Anwendungsbereichen die Forderung nach einer Unterstützung der Fehlersuche durch die

programmierbare Steuerung erhoben [2], [3], [4]. Die Vorstellungen
reichen von zusätzlichen Fähigkeiten in der Steuerung bis hin zum
preisgünstigen und leistungsfähigen, ständig verfügbaren Programmiergerät [4], [5].

Hinter diesen Forderungen steht der Zwang, die Prozeßstillstandszeiten
auf ein Minimum zu reduzieren. Da die technologischen Grenzen in vielen
Anwendungsbereichen bereits erreicht sind, ist eine Steigerung der Effektivität nur noch möglich durch eine Reduzierung der Stillstandszeiten und Rüstzeiten. Die Konkurrenzsituation zwingt beispielsweise heute
den Werkzeugmaschinenhersteller einen Maximalwert für Stillstandszeiten
einer Werkzeugmaschine in Höhe von einigen Prozent zu garantieren. In
einer ähnlichen Situation befindet sich die Automobilbranche und weitere Branchen wie z.B. der Anlagenbau.

In einer Zeit, in der neue leistungsfähige elektronische Komponenten
wie z.B. Mikroprozessoren verfügbar werden, müssen die neuen harten
Forderungen nach einer Unterstützung der Störungsanalyse durch die programmierbare Steuerung zwangsläufig zu neuen Konzepten führen. Es
zeichnet sich ein Trend ab, daß ca. 10 ... 20% Mehrkosten für eine programmierbare Steuerung akzeptiert werden, die über einen additiven
Diagnoseprozessor zur Prozeßdiagnose verfügt, wenn damit eine sekunden-
schnelle Störungslokalisierung ermöglicht wird. (Bild 1)

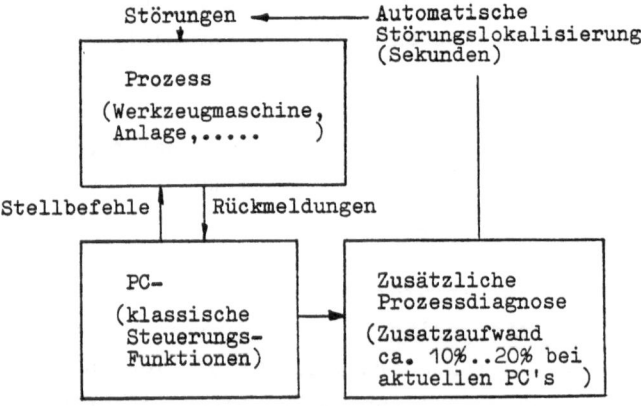

Bild 1. Prozeßdiagnose zur effektiven Störungslokalisierung

Im folgenden sollen neue Lösungsansätze, ein praktisches Beispiel und aktuelle Realisierungen aus dem Gebiet moderner Prozeßdiagnose dargestellt werden.

2. Lösungsansätze für eine Prozeßdiagnose.

Bei speicherprogrammierbaren Steuerungen ist Prozeßdiagnose ein Sammelbegriff für Verfahren, bei denen Meldungen über unzulässige oder abweichende Prozeßzustände über spezielle Meldeeinrichtungen wie z.B. Alarmlampen, Plasmaanzeigen in Zeilenform oder Sichtgeräte angezeigt werden.

Prozeßdiagnose im Sinne der obigen Definition geht weit über die klassische *Selbstdiagnose* von speicherprogrammierbaren Steuerungen hinaus, wo je nach Preisklasse und Qualitätsstufe z.B. Spannungsüberwachung, Zyklusüberwachung, Speicherüberwachung, Busüberwachung und eventuell weitere Überwachungsfunktionen Standard sind. Im wesentlichen werden durch die Selbstdiagnose die durch falsches Handling oder Alterung bedingten Ausfälle von Komponenten in der Steuerung erfaßt. Die *Prozeßdiagnose* dient zur Erfassung der häufigeren Prozeßstörungen *außerhalb* der Steuerung *mit Hilfe* derselben. Prozeßstörungen sind in der industriellen Praxis alltäglich. Eine Vielzahl von Störungen sind für einen speziellen Prozeß, z.B. für eine spezielle Anlage oder Maschine im typischen Ablauf *vorher* bekannt. In einem solchen Fall kann man das Programm der Steuerung um einen Diagnoseteil erweitern, der durch eine problemspezifische Verknüpfung aus den Prozeßsignalen eine Meldung (z.B. Alarm) über eine zusätzliche Anzeige (z.B. Alarmlampe) ausgeben kann. Komfortable Steuerungen erlauben z.B. die Ausgabe eines vorprogrammierten Textes über Plasmaanzeigen, Sichtgeräte, Fernschreiber etc. Das Resultat ist eine *vorprogrammierte Prozeßdiagnose,* wie sie sich als Industriestandard z.B. in der Automobilbranche bewährt hat.

Man kann beim Stand der Technik jedoch nicht alle bei einem Prozeß möglichen Störungen mit einer vorprogrammierten Prozeßdiagnose erfassen. Im Falle einer Störung, die nicht durch die vorprogrammierte Prozeßdiagnose erfaßt wird, muß man bei den klassischen Steuerungen ein Programmiergerät zu Hilfe nehmen. Über eine Analyse des Programms kann man versuchen die Störung einzukreisen - i.a. ist dies mit erheblichem Zeitaufwand und Kosten verbunden.

Es ergeben sich also im wesentlichen 2 Nachteile für die klassischen Steuerungen bei einer Störungssuche:

- Es muß ein Programmiergerät besorgt werden.
- Es muß eine Analyse des Programms durchgeführt werden.

Diese Nachteile können durch eine konsequente Weiterentwicklung der Technik der speicherprogrammierbaren Steuerung behoben werden.

Z.B. der erste Nachteil bei einfachen Steuerungen durch das Hinzufügen einer kostengünstigen Handbedieneinheit, mit der von Hand die Prozeß-zustände und -Variablen abgefragt werden können, so daß zusätzlich zur vorprogrammierten Prozeßdiagnose in Sonderfällen eine *Hand-Prozeßdiag-nose* vorgenommen werden kann. Diese Handdiagnoseeinheit ist dann stän-diger Bestandteil des Systems.

Beide Nachteile lassen sich bei komfortableren Steuerungen durch das Hinzufügen eines hochspezialisierten *Diagnoseprozessors* umgehen, wobei

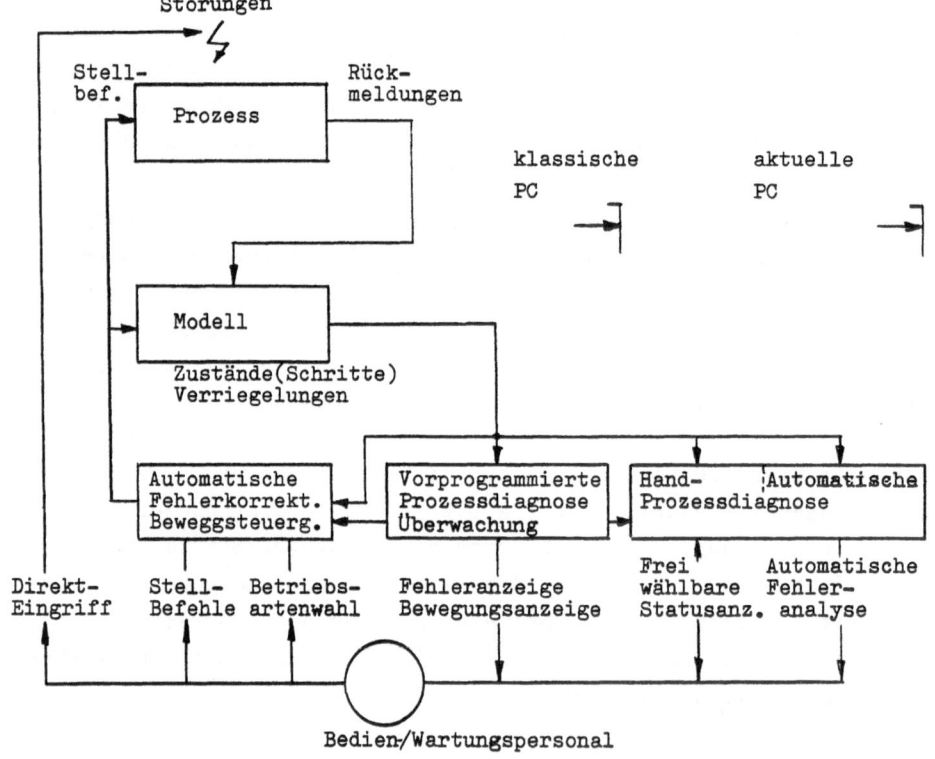

Bild 2. Zusätzliche Prozeßdiagnosefunktionen bei aktuellen PC's

im Dialog zwischen Mensch und Diagnoseprozessor z.B. über ein Sichtgerät eine automatische Programmanalyse durch Auflösung von Gleichungen
etc. vorgenommen wird.

Die Grundzüge einer solchen Vorgehensweise (Bild 2) sollen beispielhaft im folgenden aufgezeigt werden.

3. Beispiel: Fehlerlokalisierung bei einer Münzprägeeinrichtung.

Die Funktion einer hier als Beispiel dienenden Münzprägeeinrichtung
soll an Hand eines schematischen Bildes (Bild 3) erläutert werden. In
einem Magazin befinden sich die Prägestücke, die einzeln nacheinander
durch einen Schieber Z1 auf den Prägetisch an eine vorbestimmte Stelle
geschoben werden. Dort werden die Prägestücke unter hohem Druck mit
Hilfe eines Prägestempels Z2 geprägt und anschließend mit einem Aus-
stoßer Z3 und mit Preßluft aus einer Luftdüse in einen entsprechenden
Auffangbehälter geworfen. Die Bewegungen der Münzprägeeinrichtung werden durch die Endschalter b1 bis b7, sowie durch eine Photozelle überwacht.

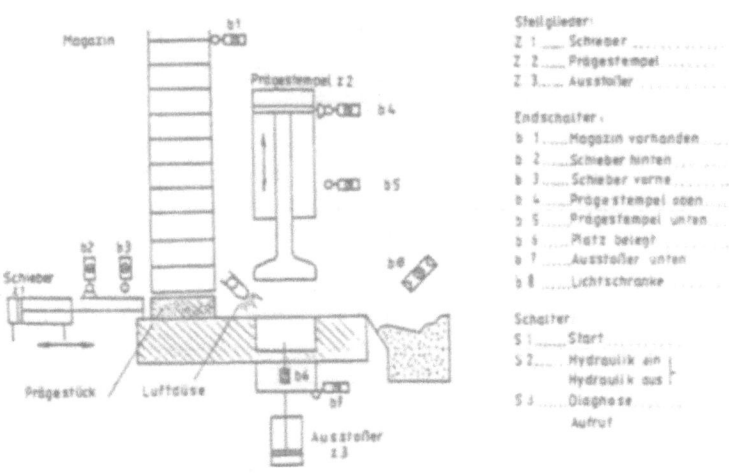

Zylinder 1 bis 3 sind auf Rückzug beaufschlagt, wenn die zugehörigen
Magnetventile spannungslos sind

Bild 3. Münzprägeeinrichtung

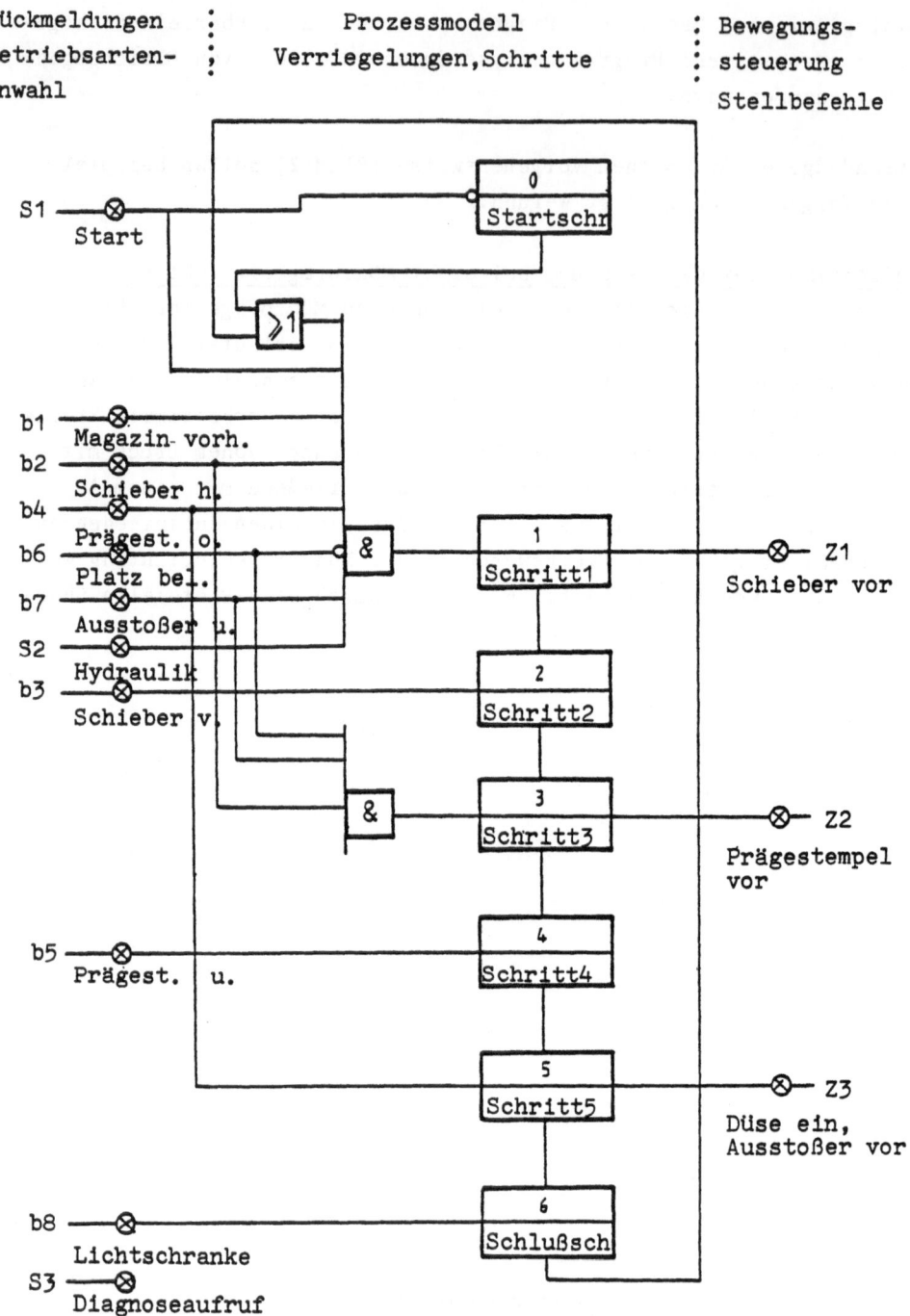

Bild 4. Funktionsplandarstellung von Prozeßmodell und Bewegungssteuerung (PC-Programm)

Die Funktion des Gesamtsystems Münzprägeeinrichtung läßt sich vorteilhaft durch einen Funktionsplan darstellen (Bild 4). Im Funktionsplan
werden die einzelnen Zustände der Maschine als Schritte dargestellt.
In der Darstellung wird der Ablauf der Maschinenfunktionen durch einen
Startschritt, eine Reihe von Zwischenschritten und dem Schlußschritt
modelliert. Stellbefehle für die Bewegungssteuerung werden beim Erreichen der zugehörigen Schritte ausgegeben. Die Fortschaltung der Schritte erfolgt durch sogenannte Verriegelungsbedingungen, die eine Rückmeldung des Prozesses über eine erfolgreiche Beendigung des vorangegangenen Arbeitsschritts beinhalten. Bei einer ordnungsgemäß arbeitenden
Münzprägeeinrichtung werden alle Schritte der Reihe nach zyklisch
durchlaufen, nach dem Schlußschritt folgt wieder der 1. Schritt usw.
Bei einem Fehler, z.B. bei einem verklemmten Rohling im Magazin der
Münzprägeeinrichtung wird jedoch die Rückmeldung "Platz belegt" (b6)
ausbleiben. Im Falle einer fehlenden Rückmeldung bleibt die Verriegelung des Folgeschritts bestehen, d.h. der Prozeß bleibt im vorangegangenen Schritt hängen. Die fehlende Rückmeldung ist ein Indiz für eine
unterbrochene Wirkungskette:

+ Ansteuerung   (Schaltanlage)

+ Antriebsaggregate   (Magnetventile, Motoren)

+ Stellglieder   (Hydraulik, Mechanik)

+ Prozeßmedium   (Münze bei Prägeeinrichtung)

+ Prozeßgeber   (Initiatoren, Endschalter)

+ E/A Geräte + Verkabelung

Als Strategie für eine *Fehlererkennung* im Rahmen einer Prozeßdiagnose
wird man folglich eine Zeitüberwachung vorsehen, um die Unterbrechung
einer Wirkungskette zu erkennen. Es sind unterschiedliche Vorgehensweisen dabei möglich:

+ Zyklusüberwachung

+ Einzelschrittzeitüberwachung

+ Kombinationen aus beiden

Bei der *zykluszeitüberwachung* wird die Zeit für einen kompletten Ablauf vom ersten Schritt bis zum Schlußschritt überwacht. Nach dem
Schlußschritt beginnt mit dem ersten Schritt ein neuer Zyklus, der in
gleicher Weise überwacht wird. Die Zykluszeitüberwachung ist in der

Praxis fast immer anwendbar.

Eine *Zeitüberwachung der Einzelschritte* setzt zuverlässige Vorkennt-
nisse über den Zyklusablauf voraus. In der Praxis ist es üblich nur
die Maschinenschritte zu überwachen, bei denen Störungen häufig auftreten, bzw. bei denen Störungen wahrscheinlich sind.

Leider wird es bei komplexeren Prozessen selten möglich sein, alle
Schritte zu überwachen. Eine vollständige Modellierung der Abläufe
und Störungen bleibt speziellen rechnergestützten Entwurfsverfahren
vorbehalten, die im Rahmen von Forschungsvorhaben zur Zeit noch entwickelt werden und daher erst in der Zukunft einsetzbar sein werden
[5], [7].

Als praktikabler Kompromiß für eine Fehlererkennung ergibt sich also
eine Kombination von Zykluszeitüberwachung und Zeitüberwachung der
wichtigsten Einzelschritte. In der Praxis wird diese Kombination häufig angewendet, manchmal ergänzt um einfache Plausibilitäts-Kontrollen,
wie z.B. eine Überwachung entgegengesetzter Endschalter auf antivalen-
te Signale.

Die Fehlererkennung ist die Voraussetzung für die *Fehlerlokalisierung,*
d.h. zusätzlich zur kombinierten Zeitüberwachung von Zyklus und Ein-
zelschritten ist eine Lokalisierung der hemmenden Verriegelungsbedin-
gung und innerhalb dieser eine Lokalisierung der falschen Eingangsbe-
dingung notwendig. Es ist in der Praxis jedoch nur in sehr begrenztem
Umfange möglich, neben der Fehlererkennung mittels Zeitüberwachung
auch die Fehlerlokalisierung im PC-Programm vorzuprogrammieren (Vorprogrammierte Prozeßdiagnose). Man muß sich dort auf die wahrscheinlichsten Störfälle beschränken. Im Falle von Störungen, die nicht
durch eine vorprogrammierte Prozeßdiagnose erfaßt werden, muß man über
eine Analyse des Ablaufs und der Verriegelungsbedingungen versuchen,
die Störung einzukreisen.

Es ist nun einer der wesentlichen Vorteile einer aktuellen programmierbaren Steuerung, daß die Abläufe und Verriegelungsbedingungen im PC-
Programm so abgelegt werden, daß eine eindeutige Rückübersetzung aus
dem Maschinencode in eine anwendernahe Darstellung möglich ist, wenn
der Befehlsvorrat der Steuerung bestimmten Anforderungen genügt:

+ Schrittbefehle zur Nachbildung der Maschinenzustände

+ Logische Verknüpfungen (Boole'sche Logik) für Verriegelungsbedingungen.

+ Ausgabebefehle für Bewegungssteuerung etc.

+ Zeitbefehle für Zeitüberwachungen etc.

+ Freigabebefehle für Ausgabeverknüpfungsbereiche bei Schritten.

Diese Vorbedingungen sind bei der BBC Procontic Sprache erfüllt. Zur
Prozeßdiagnose benötigt werden also Hilfseinrichtungen, die ohne
Stop bei laufender Steuerung das rückübersetzbare Programm auslesen
können und über eine Analyse des Programms die Einkreisung der Fehler
erlauben.

Ein kurzer Überblick über spezielle Diagnoseeinrichtungen (Diagnoseprozessoren) wird im folgenden gegeben.

4. Test- und Diagnosefunktionen: Stand der Technik.

Aus den vorangegangenen Überlegungen kann man die Möglichkeit und Notwendigkeit neuer Prozeßdiagnosekonzepte schlußfolgern. Diese neuen
Prozeßdiagnosekonzepte wurden im Rahmen einer Produktfamilie von speicherprogrammierbaren Steuerungen realisiert (BBC-Procontic). Hier
soll eine Übersicht über die neuen Funktionen gegeben werden:

Typische Testfunktionen klassischer PC's:

+ Statusanzeige bei Ein-/Ausgängen durch LED's.

+ Laufanzeige bei Zeiten durch LED's und 7-Segment-Anzeigen.

+ Anzeige von PC-Befehlen und Verknüpfungsbedingungen bei
  einer vom Anwender vorgewählten Adresse.

+ Anwendungsprogrammierung von Diagnoseläufen.

Prozeßdiagnosefunktionen bei aktuellen PC's:

+ Statusanzeige von Schrittzuständen und Merkern.

+ Automatische Verfolgung des logischen Programmlaufs vorwärts
  durch automatische Adressrechnung (z.B. bei Sprüngen).

+ Automatische Verfolgung des logischen Programmlaufs rückwärts
  durch Suchen fehlender Verriegelungsbedingungen.

+ Automatischer Start von Diagnoseläufen.

Bei kleinen Steuerungen kann die Prozeßdiagnosefunktion durch einen Diagnoseprozessor mit LED-Anzeige und Handbedienelementen realisiert werden (z.B. BBC Procontic L, siehe Bild 5). Bei großen modularen Systemen (z.B. BBC Procontic S) werden die Prozeßdiagnosefunktionen zweckmäßig verlagert in ein zusätzliches einsteckbares Spezialgerät mit serieller Schnittstelle zum Anschluß von Bildsichtgeräten oder Fernschreibern (ohne Bild). Über diese Peripherie-Geräte können automatisch Störungsmeldungen ausgegeben bzw. im Dialog Fehleranalysen durchgeführt werden.

5. Ausblick.

Mit der Ergänzung um einen Diagnoseprozessor werden die Vorteile der programmierbaren Steuerung um einen weiteren Vorteil vermehrt: Die Reduzierung der Prozeßstillstandszeiten durch eine Verkürzung der Fehlersuche. Besondere Aufmerksamkeit gilt dabei dem Vorhandensein einer geeigneten *anwendungsorientierten Programmiersprache,* die so festgelegt sein muß, daß eine automatische Fehleranalyse mit *standardisierten* Diagnoseprozessoren *anwendungsneutral* durchgeführt werden kann. Derartige Diagnoseprozessoren können in moderner Technik mit höchstintegrierten Mikroprozessoren kostengünstig realisiert werden. Mit dieser Technik wird ein weiterer Meilenstein gesetzt auf dem Weg der programmierbaren Steuerung in die breite Anwendung, insbesondere in Bereiche, in denen die Schützentechnik durch die zunehmend überlegene PC-Technik abgelöst werden wird.

Rechts oben: LED's zur Statusanzeige der Eingänge (klass.Fktn.).
Rechts unten: LED's zur Statusanzeige der Ausgänge (klass.Fktn.).
Links ganz unten: LED's zur Laufanzeige der Zeiten (klass.Fktn.).
Links Mitte: Anzeige- und Bedienelemente für Diagnoseprozessor.

Bild 5. Speicherprogrammierbare Steuerung mit integriertem Diagnose-
        prozessor

Literatur

1. Weck, M.; Schäfer, K.: Stand der Technik programmierbarer Steuerungen (PC). VDI Berichte Nr. 327 (1978), S. 1-6.

2. Schützenauer, H.-D.: Einsatzerfahrungen und Anforderungen an Programmierbare Steuerungen (PC) in der Automobilindustrie. VDI Berichte Nr. 327 (1978), S. 123-125.

3. Berner, E.: Wünsche an die PC Hersteller und Standardisierungsgremien aus der Sicht eines Werkzeugmaschinenherstellers, abgeleitet aus der Erfahrung. VDI Berichte Nr.327 (1978), S. 126-130.

4. Graber, I.: Einsatz von Programmierbaren Steuerungen (PC) in der chemischen Industrie. VDI Berichte Nr. 327 (1978), S. 116-122.

5. Heck, K.P.; Rieger, K.H.; Schimelle, A.: Rechnergestützter Entwurf von Funktionssteuerungen. HGF 78/74; Essen: Girardet 1980.

6. Müller, H.: Prozeßdiagnose mit Procontic S. Druckschrift GMJ4 60 0151, BBC intern.

7. Felkel, L.; Grumbuch, R.: Rechnergestützter Aufbau von Störungsablaufmodellen. Interkama Kongress 1977. Fachberichte Messen, Steuern, Regeln, Band 1 (1977), S. 614-624.

REGELUNG UND STEUERUNG MIT MIKROPROZESSOREN

FÜR MEHRGRÖSSENAGGREGATE AM BEISPIEL

VON HANDHABUNGSSYSTEMEN

AUTOMATIC CONTROL OF MULTIVARIABLE AGGREGATES

USING MICROPROCESSORS AND EXEMPLIFIED BY

INDUSTRIAL ROBOT SYSTEMS

H. Steusloff

Fraunhofer-Institut für Informations- und

Datenverarbeitung (IITB), 7500 Karlsruhe

Summary:

The techniques of automatic control today are in a state of change towards the application of advanced control methods, well known from theory but up to now not applied by reasons of their expenditure. The appearance of the 16-bit microcomputers facilitate the application of modern control theory to multi-variable systems. Industrial robots are
multi-variable systems with very high requirements. After discussing
multi-microcomputer systems and some examples of advanced methods of
control theory (decoupling, observers, dead-time compensation), this
paper presents the necessary functions of industrial robot control and
their distribution on a multi-microcomputer system. Functions comprise
nonlinear decoupling, direct digital control, path programming and calculation, system supervision.

1. Problemeinführung

Die Regelungs- und Steuerungstechnik befindet sich heute in einer Phase
der Neuorientierung, die der Einführung des elektronischen Reglers oder
des zentralen Prozeßrechners gleichzusetzen ist. Die in neuester Zeit
einsatzreifen 16-Bit-Mikrorechnersysteme, expandierbar auf Mehrrechner-
betrieb, bieten eine so hohe, aufgabenspezifisch und aufgabenlokal plan-
bare Verarbeitungsleistung, daß von der Theorie her bekannte,aber aus

Dieser Bericht enthält Ergebnisse aus Forschungsprojekten, die vom Bundesministerium für Forschung und Technologie in den Projekten Humanisierung der Arbeitswelt (HdA) und Fertigungstechnologie (PTF) gefördert wurden. Die Verantwortung für den Inhalt liegt ausschließlich
beim Autor des Berichtes.

Aufwands- oder Machbarkeitsgründen bisher nur zögernd eingesetzte fortgeschrittene Regelungs- und Steuerungsverfahren mit höherer oder erweiterter Leistungsfähigkeit an Bedeutung gewinnen, wie die adaptive
Regelung, die Regelung linearer oder nichtlinearer Mehrgrößensysteme
oder der Einsatz von Beobachtern. Einige Einsatzfälle sollen im folgenden vorgestellt werden. Die hohe Verarbeitungsleistung von Mehrfach-
Mikrorechnersystemen gestattet die Anwendung solcher Verfahren heute
auch bei Systemen mit kleinen Zeitkonstanten ("schnelle Systeme"), wie
etwa bei Antriebsregelungen.

Solche Verfahren, aber auch der Betrieb von Mehrfach-Mikrorechnersystemen, verlangen über die übliche Programmierung in Assembler hinaus
in mehrfacher Hinsicht bessere Verfahren, um die entstehenden Programm-
systeme für diese fortgeschrittenen Regelungssysteme wirtschaftlich im-
plementieren zu können. Es sind höhere Programmiersprachen notwendig,
die neben der Algorithmenbeschreibung auch strukturbeschreibende Sprachelemente besitzen und dennoch die hohen Echtzeitanforderungen erfüllen.

Ein Mehrgrößenaggregat mit sehr hohen Anforderungen an die Regelung
stellen Handhabungssysteme dar [1]. Hier ist durch die nichtlineare
Verkopplung der Kräfte und Momente verschiedener Freiheitsgrade des
Roboters (Schwerkraft, Zentrifugal- und Corioliskraft) sowie durch die
erforderliche Schnelligkeit der Regelung (elektrische Antriebe) der
Einsatz von Mehrrechnersystemen zwingend. Durch geeignete Rechnerstrukturen und Programmierungsmethoden können solche Anforderungen erfüllt
werden.

2. Struktur und Eigenschaften von Mehrfach-Mikrorechnersystemen als Mittel zur Steuerung und Regelung

Die Entwicklung der Mikroprozessorfamilien hat eine große Vielfalt von
Konfigurationen aus Verarbeitungs- Kommunikations- und Ein-/Ausgabe-
einheiten [2] ermöglicht, mit denen eine optimale Anpassung an sehr
unterschiedliche Leistungsanforderungen gelingt. Will man diese Vielfalt im Hinblick auf einen Einsatz zur Steuerung und Regelung ordnen,
so ist ein wesentliches Merkmal die Art der Kommunikation zwischen o.g.
Einheiten. Dabei ist zu unterscheiden nach der Kommunikationsleistung,
nach der Art der Kommunikationssteuerung und nach der Fehlertoleranz,
d.h. der Fähigkeit des Systems, nach Komponentenausfällen zumindest
Teilfunktionen aufrecht zu erhalten [3]. Drei Beispiele sollen dies
verdeutlichen.

2.1 Konfiguration von Mehrfach-Mikrorechnersystemen

Ein nicht verteiltes Einzel-Mikrorechnersystem zeigt Bild 1a [4]. Die
Verarbeitungs- und E/A-Einheiten arbeiten jeweils auf einem eigenen Bus.
Beide Bussysteme kommunizieren über einen speziellen Kommunikations-
Prozessor, der Nachrichten zwischen den E/A-Einheiten und dem Verar-
beitungsprozessor vermittelt. Als Verarbeitungsprozessoren sind unterschiedliche Ausführungen der INTEL-Familie zugelassen, wie 8080, 8085,
8086 für Regelungszwecke oder 1-Bit-Prozessoren für Steuerungen. Bild 1b
gibt ein Beispiel für die nach dem gleichen Baukastem mögliche Verbindung zwischen verschiedenen Bussystemen, wie etwa dem MULTIBUS, einem

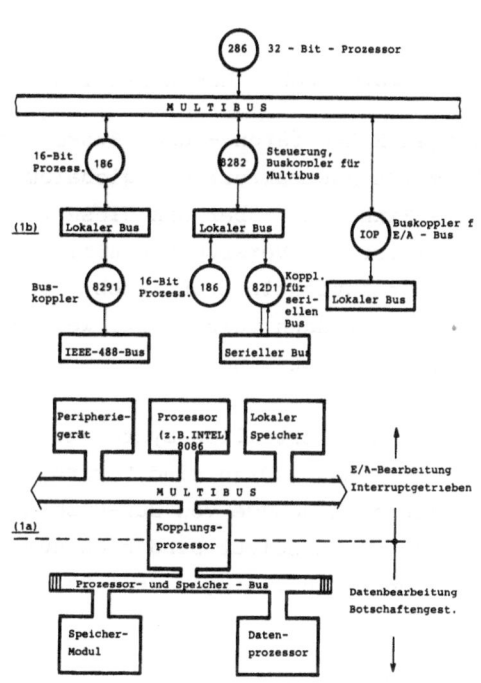

de-facto-Standard in USA, dem genormten IEEE-488-Bus und einem
seriellen Bus. Damit ist ein funktionell verteiltes System gegeben,
wenn auch die räumliche Verteil-
barkeit der Prozessoren wegen der
geringen möglichen Buslängen beschränkt ist. Die mögliche Verarbeitungsleistung solcher Mehrfach-
Mikrorechnersysteme ist durch fast
beliebiges Zusammenstellen von
Prozessoren und Kommunikationska-
nälen über Buskopplungen sehr hoch.
In den Systemen auf Bild 1 arbeiten
die Bussysteme überwiegend parallel, so daß die Kommunikationsleistung ebenfalls hoch ist (z.B.
100 K-Bytes/sec je Kanal). Die
Steuerung der Kommunikation erfolgt
durch einzelne Bussteuerungen und
Interface-Prozessoren, die jeweils
einen Kommunikationskanal bedienen

Bild 1: Mehrrechnerstruktur mit hier-
archischem Bussystem (INTEL)

und ihn bei einem Ausfall blockie-
ren.Damit ist eine Fehlertoleranz
des Rechnersystems nur unter Be-
achtung von Systemstruktur und Aufgabenstellung gegeben, denn der Ausfall eines Kommunikationskanals kann - etwa in einem hierarchischen
Bussystem nach Bild 1b - große Teile des Rechnersystems von notwendigen
Informationen, etwa von E/A-Daten, abschneiden.

Diesen Nachteil mindert ein Mehrfach - Mikrorechnersystem nach Bild 2 [5].
Hier sind lokale Verarbeitungseinheiten - bestehend aus Prozessoren,

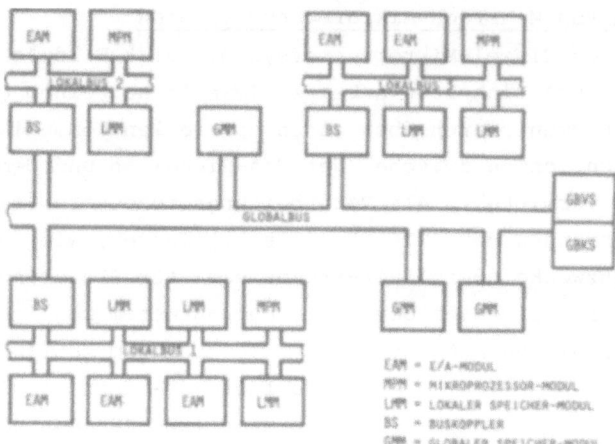

Bild 2: Mehrrechnerstruktur mit nicht hierarchischer Kommunikation
(M3R der Universität Karlsruhe)

Speichern und den zugehörigen, notwendigen E/A-Geräten - über Buskoppler
mit einem gemeinsamen passiven Globalbus (Sternstruktur) und globalem
Datenspeicher verbunden, beides zentrale Einheiten, über den diese Ver-
arbeitungsinseln kommunizieren. Auch hier ist die Verarbeitungsleistung
und - bei parallelem Globalbus - die Kommunikationsleistung hoch. Die
Fehlertoleranz des gesamten Rechnersystems ist dann verbessert, wenn die
globalen Einheiten selbst fehlertolerant ausgelegt sind.

Das System nach Bild 3 [6], in [7] (Bild3) als verteiltes System dargestellt, vermeidet zentrale Funktionen noch mehr. Dazu sind Verarbeitungseinheiten PμP an voneinander unabhängige Eingänge von Bus-Umschalt-
einheiten BSU angeschlossen. Die BSU-Komponenten selbst sind hoch zuverlässig aufgebaut und erlauben - zusammen mit der eingebauten Über-

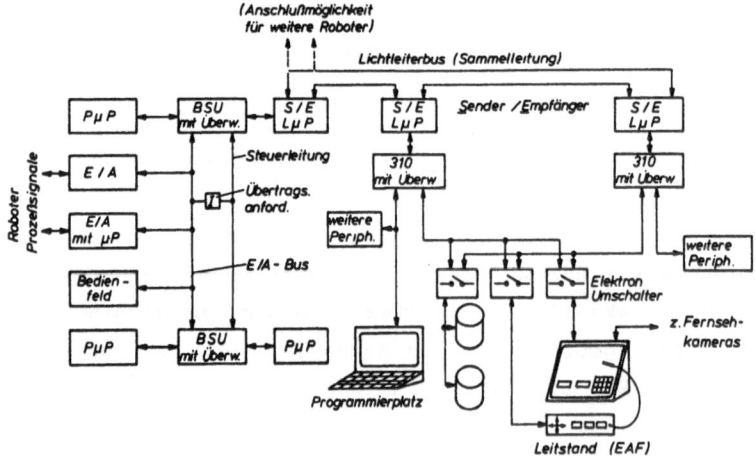

Bild 3: Fehlertolerantes Mehrrechnersystem (IITB, Karlsruhe)

wachungseinheit - eine dem jeweiligen Fehlerzustand angepaßte Rekonfiguration der Verbindungen zwischen Ein-/Ausgabe-Komponenten und Verarbeitungseinheiten. Der an beide BSU angeschlossene E/A-Bus bleibt auch
bei Ausfall eines BSU betriebsfähig. Das System nach Bild 3 weist für
die Kommunikation mit dem Programmierplatz und dem Bedien- und Leitsystem einen weiteren, mittels Lichtleitern realisierten schnellen Bus auf.
Programmierplatz und Bedien-/Leitsystem sind durch elektronische Umschalter bei Ausfällen wechselseitig als Redundanz verfügbar, um insbesondere die Bedien-/Leitfunktion zu sichern. Die Programmierungshilfs-
mittel zur Beschreibung und Festlegung solcher Rekonfigurationen sind
in Abschnitt 5 erläutert. Die Eignung der Systeme zum Steuern und Regeln
wird aber wesentlich durch ihre Verarbeitungsleistung und ihr Echtzeitverhalten bestimmt, deren Beschreibung folgender Abschnitt zeigt.

2.2 Beschreibung der Verarbeitungsleistung durch Modelle

Um bei der Vielfalt möglicher Systemkonfigurationen bei Mehrfach-Mikrorechnersystemen eine der jeweiligen Anwendung gut angepaßte Leistungsfähigkeit sicherzustellen, ist der bisher mehr intuitive Systementwurf
durch einen formalen Systementwurf und dessen Modellierung zu ersetzen.

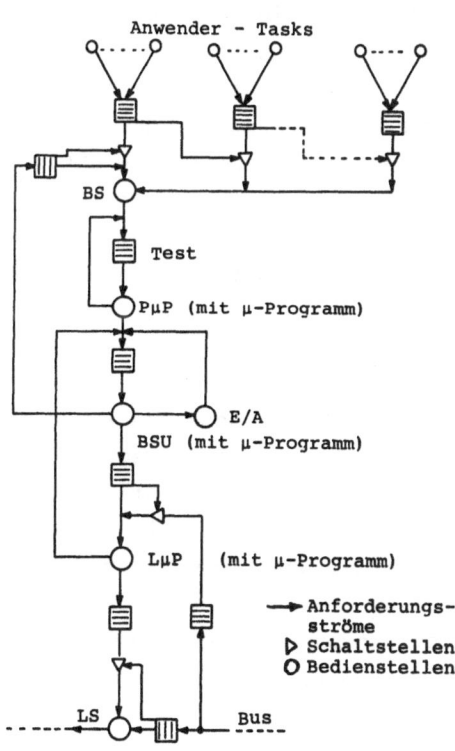

Bild 4: Systembeschreibung durch
Warteschlangenmodell

Ein solches System ist nach [8]
beschreibbar durch

- Warteschlangenmodelle

- Zustandsgraphen und

- Zuverlässigkeitsnetze.

Hier soll ein Beispiel für die
Beschreibung der hier besonders
angesprochenen Systemleistung
mittels Warteschlangenmodell gegeben werden.
Bild 4 zeigt das Warteschlangenmodell zum Echtzeitverhalten
einer Mikroprozessorstation, ausgehend von den Rechenprozessoren,
die simultan durch den Prozessor
der Station - verwaltet über das
lokale Betriebssystem - abzuar-
beiten sind. Ohne auf Details
einzugehen (siehe in [8]), ist
deutlich erkennbar, daß solche
Beschreibungsverfahren zur ge-

nauen Planung und sicheren Beherrschung komplexer Mehrfach-Rechnersysteme bei der Fülle der Konfigurationsmöglichkeiten unabdingbar sind.
Ihre Unterstützung durch Berechnungs- und Simulationsprogramme erleichtert ihren Einsatz.

3. Fortgeschrittene Verfahren der Regelungs- und Steuerungstechnik

Wie schon einleitend gesagt, ermöglicht die hohe Verarbeitungsleistung
von Mehrfach-Mikrorechnersystemen den Einsatz von fortgeschrittenen Verfahren der Regelungs- und Steuerungstechnik, die in der Theorie bekannt,
aber aus Aufwandsgründen bisher kaum eingesetzt sind. Die folgenden Bei--
spiele sollen dies belegen.

In vielen industriellen Prozessen erschweren Transportzeiten in Form
von Totzeiten die Regelung. Bild 5 zeigt im oberen Teil die Regelung
einer totzeitbehafteten Regelstrecke durch einen PI-Regler, wobei der
Einfluß der Totzeit durch Kompensation ihrer Wirkung auf das Stabili-
tätsverhalten gemindert wurde. Das Kompensationsglied $e^{-\tau_M S}$ ist für
große Totzeiten exakt nur durch einen digitalen Datenpuffer mit abge-
tasteten und mit dem Abtastintervall im Puffer vorrückenden Eingangsdaten realisierbar. Bei Regel-
strecken mit großer Verstärkung
und kleiner Zeitkonstanten T ist
aber die Genauigkeit der Totzeitkompensation besonders wichtig
und nur durch diesen digitalen
Datenpuffer realisierbar, der
bei der dann notwendigen hohen
Abtastrate und großer Totzeit
umfangreich wird (Zahl der Speicherplätze $\geq 5 \cdot \tau/T$). Eine solche Totzeitkompensation wurde erfolgreich für die O_2-Regelung
bei Tieföfen eingesetzt [9]. Im
unteren Teil zeigt Bild 5 das
Ergebnis: Das Einschwingverhalten
der O_2-Regelung ist durch die
Totzeitkompensation wesentlich
verbessert.

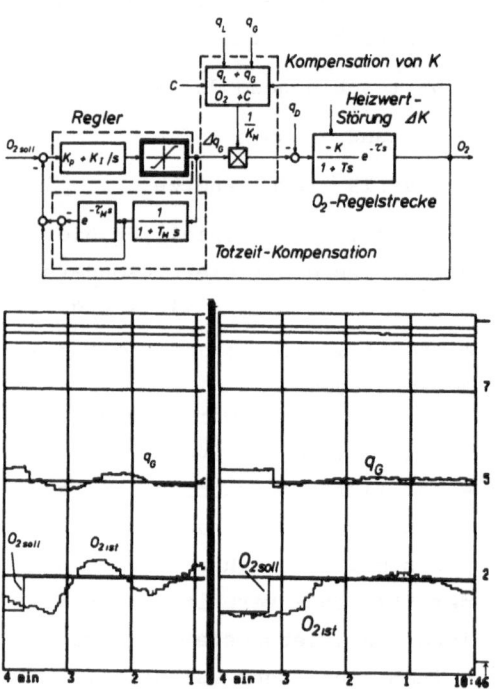

Bild 5: Totzeitkompensation für eine
O_2-Regelung

Das Schema eines adaptiven Beobachters zeigt Bild 6. Beobachter ermöglichen über eine Modellrechnung die Ermittlung von Prozeß-Zustandsgrößen und -Signalen, die einer Messung nicht zugänglich sind [10]. Solche Modellrechnungen, die unter Echtzeitbedingungen ablaufen müssen, sind ohne leistungsfähige Rechnersysteme nicht möglich, vor allem auch, wenn hohe Genauigkeiten gefordert werden und die oft unvermeidlichen Ungenauigkeiten des Prozeßmodells sich auswirken.

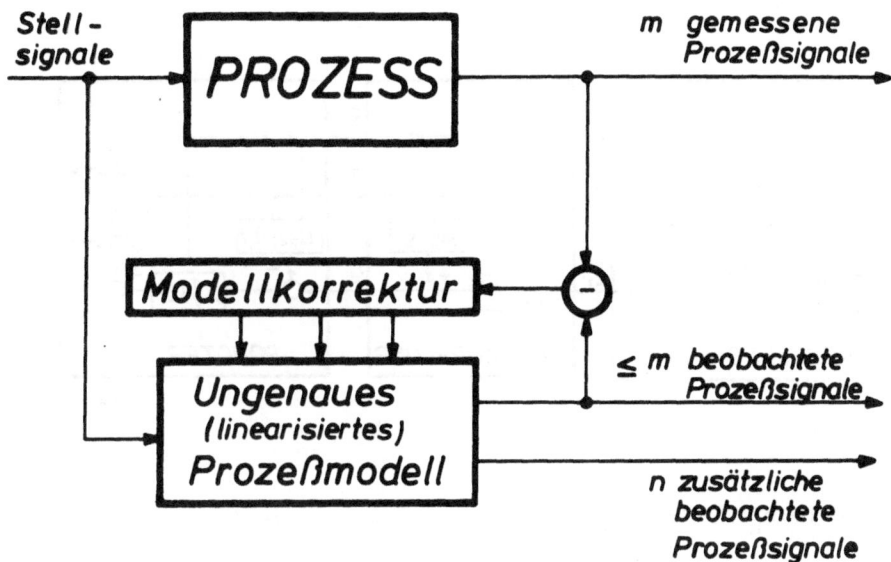

Bild 6: Adaptiver Beobachter

Hier kann eine, z.B. den aktuellen Arbeitspunkt des Prozesses berücksichtigende Modellkorrektur die erforderliche Genauigkeit der beobachteten Prozeßsignale herstellen.

Ein weiteres, bei nichtlinearen Mehrgrößensystemen komplexes Verfahren der Regelungstechnik ist die nichtlineare Entkopplung von Teilsystemen. Als Beispiel zeigt Bild 7 diese Entkopplung, die gleichzeitig eine Linearisierung bewirkt, bei einem Handhabungssystem [11]. Die Verkopplungen entstehen hier durch Zentrifugal- und Corioliskräfte, durch statische Lastmomente und durch Reibungskräfte in Abhängigkeit vom aktuellen geometrischen Zustand des Roboters und seiner Bewegungsgeschwindigkeit. So ist z.B. das vom Drehantrieb aufzubringende Moment für eine gegebene Beschleunigung abhängig von der Größe der Last und der Länge des Ausfahrarmes, während der Ausfahrantrieb je nach Ausfahrlänge eine unterschiedliche Zentrifugalkraft zu kompensieren hat. Diese Verkopplungen kann man durch ein Modell in Form einer Matrix $\underline{M}^{-1}$ $(\underline{q})$ (enthält alle geometrieabhängigen Einflüsse der Roboter-Freiheitsgrade untereinander) und einen Vektor $\underline{N}$ $(\underline{q};\underline{\dot{q}})$ (enthält Reibungseinflüsse und Einflüsse durch statische Lasten) darstellen. Die Entkopplung besteht im

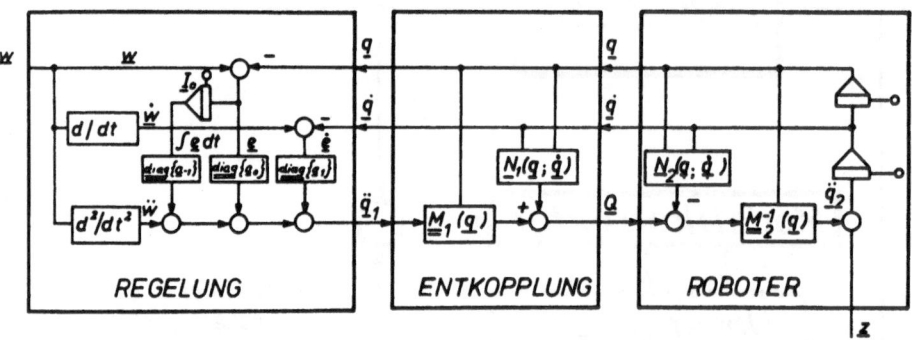

$$Q_r(t) = (m+m_L) \ r \ (t) - ((m+m_L) \ \ddot{r} \ (t) - \frac{1}{2} \ ml) \ \ddot{\alpha} \ (t)^2$$

<u>Bild 7:</u> Entkopplung und Regelung eines Roboters

Berechnen der inversen Matrix $\underline{M}(\underline{q})$ und des Vektors $\underline{N}$ $(\underline{q};\underline{\dot{q}})$ sowie einer geeigneten Beeinflussung der steuernden Momente Q (Antriebsmomente des Roboters). Beachtet man, daß die Elemente von $\underline{M}$ und $\underline{N}$ aus komplexen, in Echtzeit zu berechnenden mathematischen Ausdrücken entstehen, wie etwa die in Bild 7 notierte Abhängigkeit des Antriebsmomentes Q_r von der Drehwinkelgeschwindigkeit $\dot{\alpha}$, so wird die Notwendigkeit hoher Rechenleistung verständlich.

Am Beispiel für ein fortgeschrittenes Problem der Überwachung und Steuerung von HHS zeigt Bild 8 die Überwachung von Roboterzustandsgrößen bezüglich sicherer Betriebsbereiche [9]. Die beiden Grenzparabeln $q = \pm \ q_E \pm \dot{q}^2 \ \frac{m}{2F}$ geben in der Zustandsebene für einen Roboter-Freiheitsgrad die Punkte $(q,\dot{q})$ an, bei denen die verfügbare Bremskraft F noch ausreicht, um den Roboter an seinen Endanschlägen $\pm q_E$ auf die Geschwindigkeit $\dot{q} = 0$ abzubremsen (m = Robotermasse einschl. Nutzlast). Die ak-

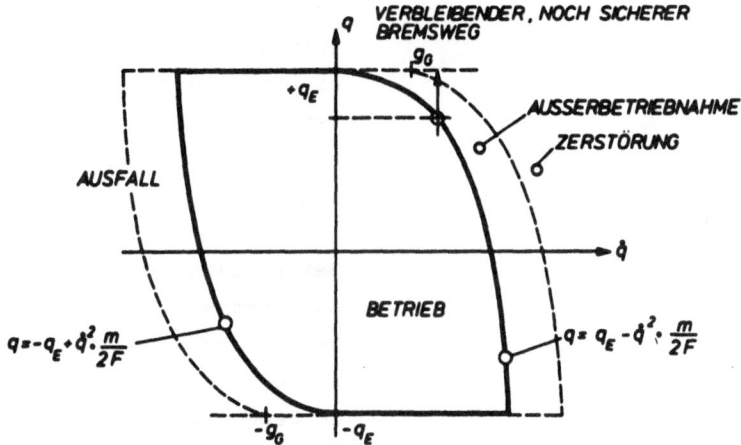

Bild 8: Überwachung von Lage und Geschwindigkeit (Zustandsüberwachung) bei einem Roboter

tuellen Roboter-Zustände müssen für alle Roboter-Freiheitsgrade ständig unter Echtzeitbedingungen mit den Grenzparabeln verglichen werden, um bei einem Verlassen des inneren, sicheren Betriebsbereiches sofort Gegenmaßnahmen einleiten zu können. Auch eine solche Überwachungs- und Steuerungsaufgabe bei schnellen HHS ist nur durch leistungsfähige Mehrfach-Rechnersysteme lösbar.

4. Das Mehrgrößenaggregat "Handhabungssystem"

Wie einleitend bemerkt, stellen Handhabungssysteme (HHS) besonders hohe Anforderungen an automatisierende Rechnersysteme. Zwei Aufgaben der Regelung, Steuerung und Überwachung bei HHS wurden im vorhergehenden Abschnitt beschrieben. Hier soll nun das gesamte Mehrgrößenaggregat "HHS" vorgestellt werden und über eine Zusammenstellung seiner Regelungs-/Steuerungsfunktionen die notwendige Struktur eines Mehrfach-Mikrorechnersystems abgeleitet werden.

4.1 Die Komponenten eines Handhabungssystems

Die Komponenten eines vollständigen HHS mit Sensoren zeigt Bild 9 [6]. Mit Hilfe der Antriebe und der Lage- bzw. Geschwindigkeitsgeber wird die Roboterbewegung auf vorgegebene Bahnen oder in vorgegebene Punkte geführt. Dazu ist eine Lage- und Bahnregelung erforderlich, welche die in Abschnitt 3 erwähnten Verkopplungen berücksichtigt. Die Vorgabe der Bahnen oder Punkte erfolgt über eine Bedienungseinheit, auch "Programmier"-Einheit genannt. Bei der Bahnvorgabe sind Hindernisse im Bewegungsraum zu berücksichtigen und Optimierungskriterien einzuhalten, wie z.B.

Geschwindigkeitsoptimalität bei vorgegebener maximaler Beschleunigung, die etwa beim Transport von Flüssigkeiten in offenen Behältern nicht überschritten werden darf.

Bei Einsatz externer Sensoren zur Erfassung der bearbeiteten Werkstücke nach Art und Lage oder zur Detektion von Hindernissen im Bewegungsraum des Roboters entstehen über die Bildverarbeitung Informationen, die auf ein externes Koordinatensystem bezogen sind. Gleiches gilt für eine Bahnkurveneingabe durch Vormachen vor externen Sensoren oder durch Einzeichnen von Sollbahnen in eine reale Szene mittels Lichtgriffel und teilgraphischem Bildschirmsystem. Die so gewonnenen Sollbahnen müssen in das roboter-

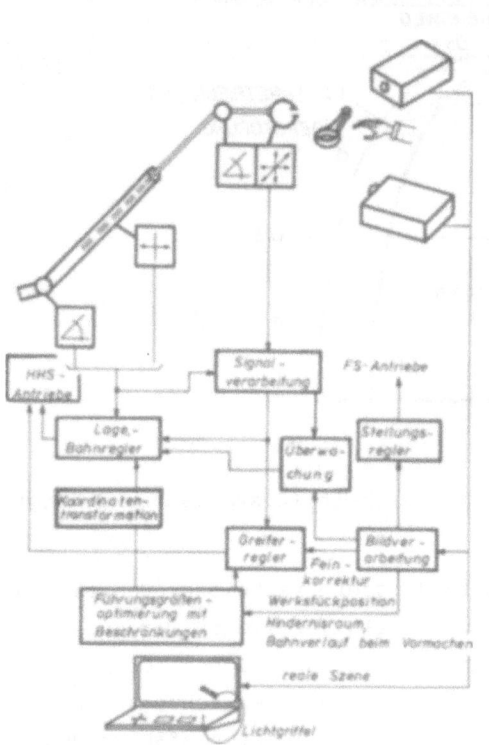

Bild 9: Komponenten eines Handhabungssystems

interne Koordinatensystem transformiert, d.h. in Lage-, Geschwindigkeits- und Beschleunigungs-Sollwerte für jeden einzelnen Roboterfreiheitsgrad umgewandelt werden (w, $\dot{w}$, $\ddot{w}$ in Bild 7). Diese Koordinatentransformation erfordert je nach Robotergeometrie umfangreiche Rechnungen mit transzendenten Funktionen [11], die in Echtzeit durchzuführen sind.

Schließlich sind für einen sicheren Betrieb des HHS bei gleichzeitig hoher Verfügbarkeit Überwachungen des Roboters, seiner Umgebung und der weiteren HHS-Komponenten durchzuführen, wie in Bild 8 beispielhaft angegeben, und ggf. mit Unterstützung durch externe Sensoren. Vom Umfang dieser Überwachungen hängt die Einsetzbarkeit von HHS wesentlich ab, insbesondere bei einer möglichen Gefährdung des Menschen.

4.2 Funktionen einer Steuerung für Handhabungssysteme
Die Komponente zur rechnergestützten Durchführung der in Abschn. 4.1 genannten Aufgaben wird "Steuerung" genannt. In Bild 10 sind die Funktionen einer solchen Steuerung detailliert aufgeführt. Man erkennt die aus Bild 9 bekannten Obergruppen Bedienung, Bahnvorgabe, Regelung, Über-

627

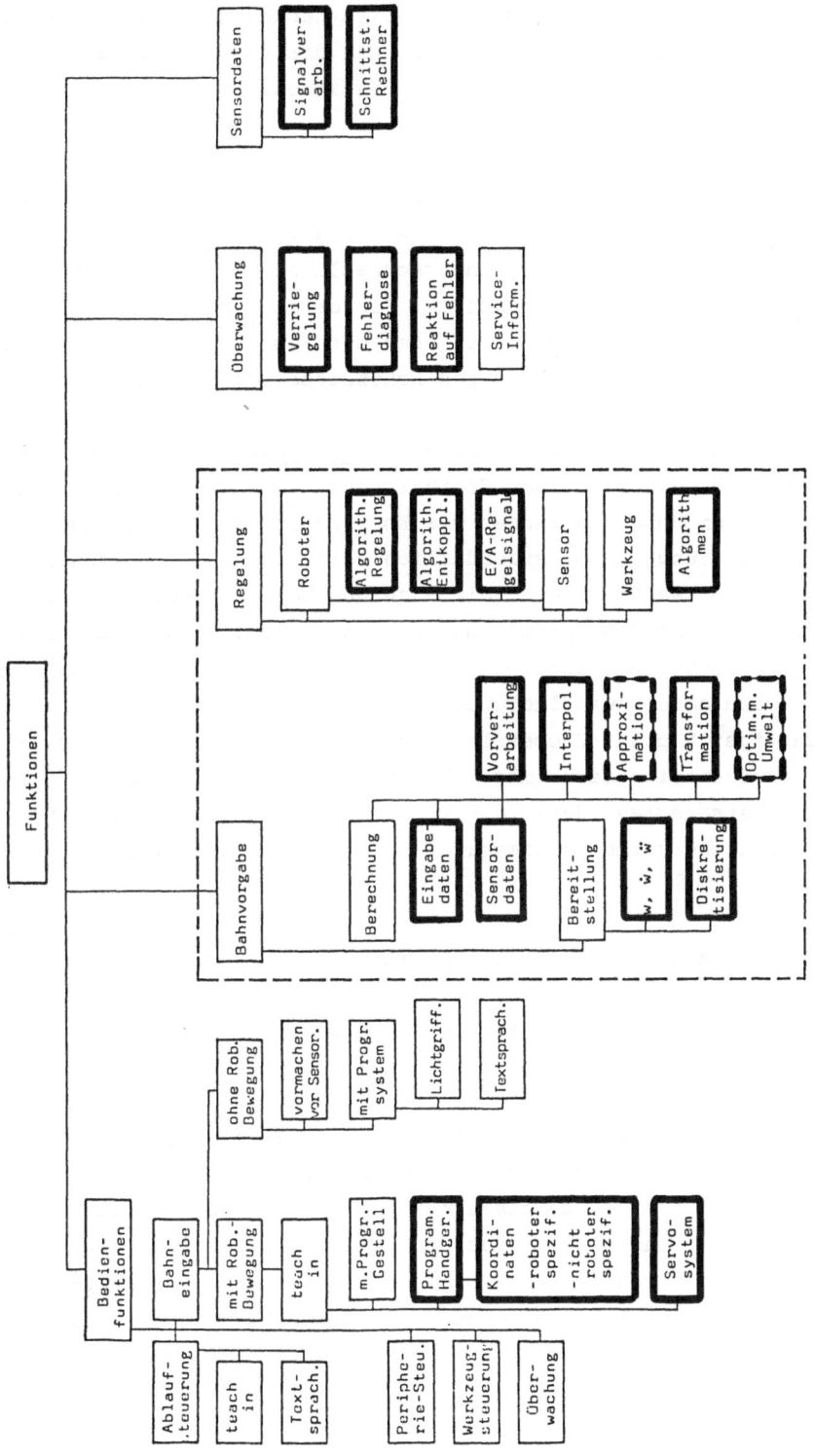

Bild 10: Funktionen einer Steuerung für Handhabungssysteme

wachung und Sensoren. Wichtig ist eine Hervorhebung der on-line, d.h.
in Echtzeit durchzuführenden Funktionen, die die erforderliche Leistungsfähigkeit des Steuerungs-Rechnersystems bestimmen. Diese Funktionen sind
dick umrandet in Bild 10.

Die Bedienfunktionen dienen zum Eingeben von Daten für die Bahnen, die
Ablaufsteuerung, Peripheriesteuerung, Werkzeugsteuerung und Überwachung.
Die Bahneingabe kann auf mehrere unterschiedliche Weisen erfolgen, die
aber nicht alle realisiert sein müssen. Sie erfolgt nicht in Echtzeit,
erfordert aber bei den Teach-in-Verfahren mit Roboterbewegung teilweise
Funktionen, die unter eingeschränkten Echtzeitbedingungen ablaufen.

Die Daten der Bahneingabe werden bei der Bahnvorgabe benutzt, um die
Sollwertkurven für die einzelnen Freiheitsgrade zu berechnen. Dazu können eine Reihe von Unterfunktionen wie Koordinatentransformation, Interpolation, Optimierung u.a.m. erforderlich sein. Nach der Berechnung werden die Bahnen zur Weitergabe an die Regelung bereitgestellt. Lediglich
die Approximation und Bahnoptimierung sind nicht voll den in Echtzeit
auszuführenden Funktionen zugeteilt. Unter Approximation sei ein Verfahren zur Koordinatenumwandlung verstanden, das notwendig wird, wenn
wegen ungünstiger Roboter-Geometrien eine geschlossen berechenbare Koordinatentransformation nicht möglich ist. Die Approximationsverfahren
verwenden Suchstrategien, deren on-line-Durchführbarkeit wegen ihres
Aufwandes und nicht vorab bestimmbarer Konvergenzzeit zumindest frag-
lich ist.

Die Regelungs- und Entkopplungsalgorithmen sind vollständig in Echtzeit
zu berechnen. Da die komplizierten Entkopplungsalgorithmen (s. Bild 7)
nur digital zu realisieren und in die Abtastzeitanforderungen der Regelalgorithmen einzubinden sind, entsteht eine direkte digitale Regelung
für die Roboterantriebe mit Abtastzeiten von etwa 20 - 30 msec. Ergebnisse aus einer ersten Systemrealisierung zeigt Bild 11 [12]. Die Ver-
läufe geben die Sollwerte $\underline{w}(t)$ und Istwerte $q(t)$ für **Wege** (s_i) und Geschwindigkeiten (v_i) eines Roboters bei der Aufgabe "Griff auf das laufende Band" wieder. Man erkennt das überschwingfreie Folgen des Roboters,
das allerdings wegen Fehlens der Vorgabe von $\underline{\dot{w}}(t)$ und $\underline{\ddot{w}}(t)$ sowie wegen
des Vorhandenseins starker Störungen, u.a. durch Reibungen, noch ver-
zögert erfolgt.

Überwachung und Sensordatenverarbeitung erfolgen unter Echtzeitbedingungen, lediglich die Aufbereitung von Service-Informationen geschieht

zu beliebigen Zeitpunkten.

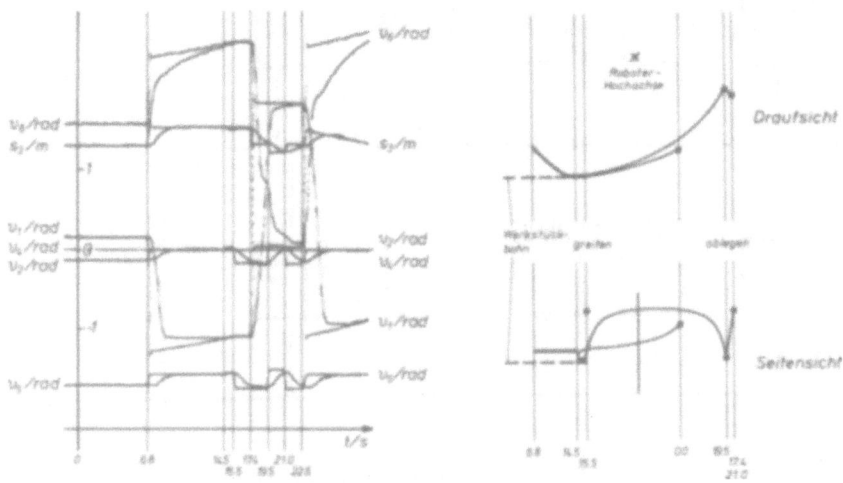

Bild 11: Zeitliche Signalverläufe einer Roboter-Regelung beim
"Griff auf das laufende Band"

4.3 Zuordnung der Funktionen zum Regeln und Steuern des Mehrgrößen-aggregates "Handhabungssystem" zu einem Mehrfach-Mikrorechner-system

Die in Bild 10 dargestellten Teilfunktionen von HHS sind den Teilsystemen eines Mehrfach-Rechnersystems nach Abschn. 2.1 zuzuordnen. Dazu müssen die Anforderungen der Teilfunktionen bezüglich Daten- und Programm-
speicherplatz sowie Programmlaufzeit und Ablaufhäufigkeit ermittelt und
der erforderliche Betriebsmittelbedarf bereitgestellt werden. Da eine
exakte Beschreibung der Anforderungen gemäß Abschn. 2.2 heute wegen
fehlender Hilfsmittel noch kaum möglich ist, muß eine Abschätzung von
Speicherplatz- und Laufzeitbedarf genügen. Dies wurde für die Funktionen
Bahnvorgabe, Regelung und Entkopplung eines Roboters mit 6 Freiheits-
graden durchgeführt und danach die Struktur eines geeigneten Mehrfach-
Mikrorechnersystems entworfen. Es ist in Bild 12 dargestellt [13].

Für die Regelung und Entkopplung eines solchen Roboters sind je ein
Prozessor (CPU) vorgesehen mit einer Verarbeitungsbreite von 16 Bit,
Gleitpunktbefehlen und einer mittleren Befehlsausführungszeit für Fest-
punktoperationen von ca. 4 μsec. Diese Prozessoren haben Zugriff zu
einem Programm- und Datenspeicher mit 16 - 24 kWorten (16 Bit) Kapazität sowie zu den Lage- und Geschwindigkeitsgebern und der Antriebssteu-
erung des Roboters. Die hier notwendige hohe Kommunikationsleistung

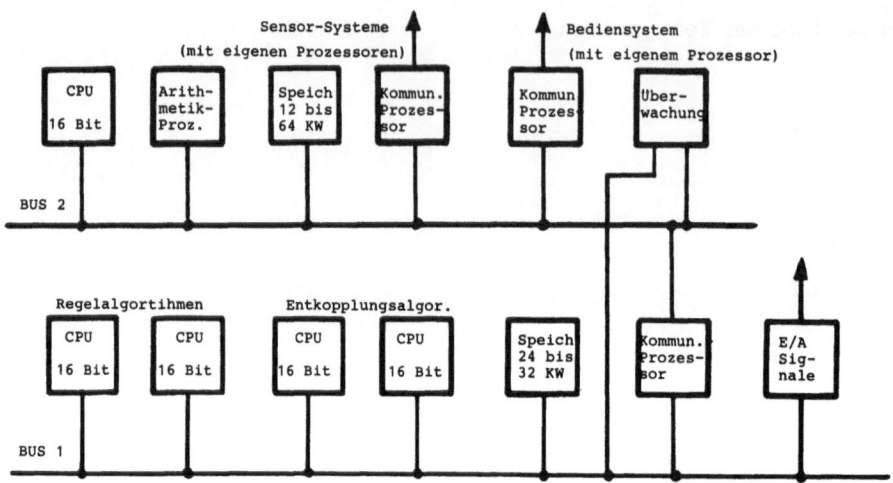

Bild 12: Mehrfach-Mikrorechnersystem für eine Roboter-Steuerung

wird durch einen gemeinsamen parallelen Bus erreicht (BUS1). Fehlertoleranz bei Prozessorausfall ist möglich durch Verzicht auf die Entkopplung und Übernahme der Regelung durch den Entkopplungsprozessor (funktionsbeteiligte Redundanz [3]). Die jeweils zweiten Prozessoren für Regelung und Entkopplung sind keine Redundanz, sondern dienen der Erweiterung der Verarbeitungsleistung für die Regelung von 12 Roboter-Freiheitsgraden.

Für die Bahnkurvenvorgabe ist ein eigener Prozessor mit einem großen Arbeitsspeicher vorgesehen, unterstützt durch einen Arithmetikprozessor für die transzendenten Funktionen, die zur Koordinatentransformation erforderlich sind. Der hier vorhandene BUS2 überträgt die Bahndaten über einen Kommunikationsprozessor an den BUS1 der Regelungsprozessoren und kommuniziert über weitere Schnittstellen mit dem Bediensystem und den Sensoren. Auch hier ist wegen der hohen Kommunikationsleistung ein paralleler Bus vorgesehen. Fehlertoleranz bei Prozessorausfall ist nicht gegeben, da bei Ausbleiben weiterer Bahndaten der Roboter stehen bleibt; die Übergabe unsinniger Bahndaten muß durch die Regelungsalgorithmen erkannt werden.

Schließlich ist eine autonome Überwachungseinheit für die Gerätekomponenten und Bussysteme vorhanden. Ein weiterer Überwachungsprozessor auf BUS1 führt Grenzwertkontrollen des Roboterzustandes durch, wie sie in Bild 8 dargestellt sind.

5. Programmierung von Mehrfach-Rechnersystemen

Die Programmierung von Mehrfach-Rechnersystemen mittels des heute noch
überwiegend angewendeten Assemblers führt zu fehleranfälligen, unüber-
sichtlichen und schwer dokumentierbaren Programmen bei sehr hohem Er-
stellungsaufwand. Die Lösung dieser Probleme erfordert den Einsatz höherer Echtzeitprogrammiersprachen mit Sprachmitteln zur Beschreibung
von Systemstrukturen. Bild 13 zeigt Aufbau und Komponenten einer solchen Sprache [14].

Zur Beschreibung von Regelungs- und Steuerungsfunktionen müssen wegen
des prozeßgekoppelten Echtzeitbetriebes außer den algorithmischen Sprach-
elementen auch Sprachmittel für die Prozeß-Ein-/Ausgabe und für die
Echtzeitsteuerung des Programmablaufes vorhanden sein. In Mehrfach-
Rechnersystemen kommen Sprachelemente für die Kommunikation und Synchronisation zwischen den Teilrechnern hinzu. Diese, in heute verfügbaren höheren Prozeßprogrammiersprachen nicht oder nur in Ansätzen vorhandenen Sprachelemente sind auf Bild 13 doppelt umrahmt.

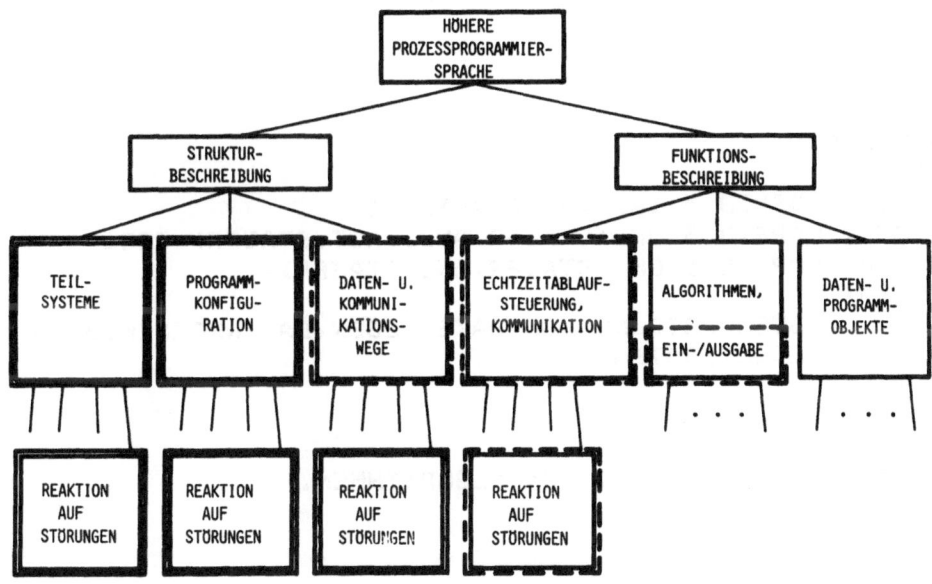

__Bild 13:__ Struktur und Komponenten einer höheren Echtzeitprogram-
miersprache für Mehrrechnersysteme

Für Mehrfach-Rechnersysteme sind Sprachmittel zur Strukturbeschreibung eines Automatisierungssystems unerläßlich. In heute verfügbaren Echtzeit-Programmiersprachen ist lediglich bei PEARL (Process and Experiment Automation Realtime Language) [15] ein Ansatz zur Datenwegbeschreibung vorhanden. Beschreibungsmittel für die geräte- und programmtechnische Struktur bzw. Konfiguration von Mehrfach-Rechnersystemen sind durchweg nicht vorhanden. Hinzu kommt die Beschreibung der Reaktion auf Störungen, die ein eigenständiger Teil der Anwendungsprogrammiersprache sein sollte, um einerseits die Algorithmen damit möglichst wenig zu belasten und andererseits das Verhalten des Mehrfach-Rechnersystems bei Störungen transparent zu machen.

Eine solche Sprache wurde im IITB auf der Basis von PEARL realisiert und wird bei der Programmierung der Regelungs- und Steuerungsfunktionen von HHS eingesetzt.

5.1 Programm-Konfiguration und -Rekonfiguration

Die einzelnen Teile eines PEARL-MODULEs für den Einsatz in einem rekonfigurierbaren Mehrfach-Rechnersystem zeigt Bild 14.

```
MODULE MOD1;
LOAD;
TO STA1 LDPRIO 5 INITIAL STARTNO 1;
TO STA2 LDPRIO 5 ON (STA1PR.AND..NOT.STA3PR) RES;
TO STA3 LDPRIO 5 ON (STA1PR.AND.STA3PR);
SYSTEM;
     .        BESCHREIBUNG VON DATENWEGEN,DATENKORREKTUR,
     .        ERSATZDATEN.
     .
PROBLEM;
     .
     .        BESCHREIBUNG VON ALGORITHMEN.
     .
MODEND;
```

Bild 14: PEARL-MODULE mit Ladeteil, Systemteil und Problemteil
          (Mehrrechner-PEARL)

Im LOAD-Teil steht die Zuordnung von μP-Stationen zu diesem Programm-Modul in Abhängigkeit von den Systemzuständen "INITIAL" (= Urlade- und Normalzustand) oder von weiteren, durch boolesche Ausdrücke von System-Statusbezeichnern beschriebene Systemzustände ("ON(Statusausdruck)"). Dieser LOAD-Teil gehört zu den Erweiterungen von PEARL zu "PEARL für Mehrrechnersysteme", wie sie in [16] beschrieben sind und im IITB realisiert werden. Die Ausführung dieser sog. Ladeanweisungen erfolgt durch den Dynamischen Lader, ein Systemprogramm, das in [17] beschrieben ist.

Die Ladeanweisungen sind selbsterklärend. Hervorzuheben ist die Ladepriorität LDPRIO, über die Konfliktmöglichkeiten beim Laden zu vieler MODULEs in dieselbe Station erkennbar sind. Das optionale Attribut RES[IDENT] bewirkt ein Urladen des MODULEs in den betreffenden Teilrechner; der MODULE wird dort aber erst aktiviert, wenn der hinter ON stehende Statusausdruck wahr ist, d.h. wenn im Beispiel auf Bild 14 der Prozessor des Teilrechners mit dem Namen STA1 ausgefallen, der Prozessor des Teilrechners STA3 aber intakt ist. Eine genaue Erläuterung dieser Vorgänge findet sich in [16] und [17]. Wesentlich ist die durch das optionale Attribut RES[IDENT] gegebene Planbarkeit der Systemredundanz sowie das durch die Ladeanweisungen transparent gemachte Verhalten des Mehrfach-Rechnersystems bei Störungen.

5.3 Prozeßdatenwege, -ersatzwege und -ersatzwerte

Ebenfalls in [16] ist die Ergänzung des PEARL-SYSTEM-Teils beschrieben, mit der die Ersatzwege und -werte für Prozeßdaten bei Störungen angegeben werden. Die erste Zeile in Bild 15 beschreibt eine normale Prozeßdatenverbindung von der Prozeßmeßstelle TEMP zum Gerät ANIN560, Kanal 8. Die folgenden Zeilen geben gerätetechnisch vorhandene Alternativ-Verbindungen an, die abhängig vom Zustand der Geräte oder dem Ergebnis einer Plausibilitätskontrolle der eingelesenen Werte (Prüfgrenzen hinter "PLAUS") ausgewählt werden. Zur Korrektur von Geräteeigenschaften sind Rechenvorgänge formulierbar. Die Zeile REP beschreibt einen Ersatzwert für den Fall des Versagens aller gerätetechnischen Alternativen; hier kann neben festen Werten z.B. auch ein Beobachter aufgerufen werden.

```
SYSTEM;

TEMP : -)    ANIN560 * 8
 /*$   -)    ANIN571 * 5,
             CORR: TEMP=TEMP/3-16
       -)    ANIN572 * 5,
             CORR : CALL ADJUST (TEMP,2)
       -)      REP  : TEMP=1300,
             PLAUS: (HI=1600,LO=100,DELTA=10)*/;
```

Bild 15: Mehrrechner-PEARL: Erweiterter Systemteil mit Alternativen

5.4 Schlußbemerkung

Die Steuerung und Regelung von Handhabungssystemen hat durch Mehrfach-Mikrorechnersysteme auch bei den erforderlichen schnellen Antriebs-regelungen eine wesentliche Steigerung der Leistungs- und Einsatzfähig-keit erfahren. Dies wird gestützt durch die nun mögliche Programmie-rung in höheren Echtzeitprogrammiersprachen, wie "PEARL für Mehrrechner-systeme". Damit sind auch komplexe Regelungs- und Steuerungsalgorithmen einfach und fehlerarm formulierbar sowie dokumentierbar und ihre Lei-stungsfähigkeit wird nutzbar.

Literatur

[1]   Steusloff, H. (Herausgeber): Wege zu sehr fortgeschrittenen Hand-
      habungssystemen. Fachberichte Messen, Steuern, Regeln, Band 4;
      Berlin, Heidelberg, New York: Springer 1980.

[2]   Färber, G.: Optimale Verteilung von Systemfunktionen auf Hardware,
      Firmware und Software von Prozeßrechnern. Regelungstechnische
      Praxis 1977, H.9, S.251-258.

[3]   Saenger, F.: Zur theoretischen Optimierung der Systemverfügbarkeit
      von Prozeßrechnern mit funktionsbeteiligter Redundanz. IITB-Mit-
      teilungen 1978, S.48-54.

[4]   INTEL: INTEL Consultant File, Vol. 1 1980. INTEL Corporation;
      Santa Clara, Cal. USA.

[5]   Tobler, H.-P.: Entwicklung eines modularen Mehr-Mikrorechner-
      Konzepts. Diplomarbeit Universität (TH) Karlsruhe, Institut für
      Informatik IV, 1977.

[6]   Syrbe, M.: Übersicht über ein Projekt "Sehr fortgeschrittene Hand-
      habungssysteme". Fachberichte Messen, Steuern, Regeln, Band 4,
      S. 10-26; Berlin, Heidelberg, New York: Springer 1980.

[7]   Heger, D.: Dezentrales Mikroprozessorsystem mit Farbbildschirmen
      zentral geführt. Vortrag zum INTERKAMA-Kongreß 1980. Im vorliegen-
      den Band. (Themengruppe 6, Beitrag 8).

[8]   Syrbe, M.: Über die Beschreibung fehlertoleranter Systeme.
      Regelungstechnik Band 28/1980, Heft 10. München: Oldenbourg-Verlag.

[9]   Kunze, E.: Anwendung adaptierender und kompensierender Algorithmen
      zur Regelung von Tieföfen. IITB-Mitteilungen 1980, S. 29-31;
      Karlsruhe: Fraunhofer-Institut für Informations- und Datenverar-
      beitung (IITB).

[10] Suzuki, T.; Nakamura, T.; Koga, M.: Discrete adaptive observer
      with fast convergence. International Journal of Control, Vol. 31,
      No. 6 (June 1980), S. 1107-1120.

Literatur (Forts.)

[11] Meisel, K.-H.: Programmierung und Führung von Roboterbewegungen. Fachberichte Messen, Steuern, Regeln, Band 4; Berlin, Heidelberg, New York: Springer 1980, S.58-76.

[12] Meisel, K.-H.; Patzelt, W.: Experimentelle Ergebnisse beim Betrieb eines bahngeführten, direkt digital geregelten Roboters. IITB-Mitteilungen 1979, S. 38-43. Karlsruhe: Fraunhofer-Institut für Informations- und Datenverarbeitung (IITB).

[13] ARGE-HHS: Jahresbericht 1979, Bericht zum Arbeitspaket 3.1.5, Stuttgart: Obmannbüro der ARGE-HHS, 1980.

[14] Steusloff, H.: Zur Programmierung von räumlich verteilten, dezentralen Prozeßrechnersystemen. Dissertation an der Universität (TH) Karlsruhe, Fakultät für Informatik, 1977.

[15] DIN 66253: Programmiersprache PEARL, Basic PEARL. Deutsches Institut für Normung (DIN), 1979.Berlin: Beuth-Verlag.

[16] Steusloff, H.: Programmtechnischer Entwurf verteilter Echtzeitrechnersysteme und dessen Grundlagen. Bundesministerium für Forschung und Technologie, Forschungsbericht DV 79-01 Datenverarbeitung, 1979, S.187-205.

[17] Hinderer, W.; Steusloff, H.: Dynamischer Lader. Bundesministerium für Forschung und Technologie, Forschungsbericht DV 79-01 Datenverarbeitung, 1979, S.242-252.

MIKRORECHNER IN DER ELEKTRISCHEN ANTRIEBSTECHNIK

MICROPROCESSOR-CONTROL OF ELECTRICAL DRIVES

W. Leonhard
Institut für Regelungstechnik
der Technischen Universität Braunschweig
3300 Braunschweig

Summary

The evolution of semiconductor technology in recent years has created new power-
electronic and microelectronic devices which are bringing about a reorientation of
controlled electrical drives. This involves an increasing emphasis on AC-drives, whose
complicated control structure can only be handled economically with the help of
advanced electronic components; additional incentives for the use of microelectronics
are the possible improvements in the characteristics of electrical drives, for example
with respect to output power, service requirements, speed of response, accuracy as
well as the autonomous   adaption of the control to the operating conditions imposed
by the load. The paper describes the present state of the art and points to main
areas of future development.

1. Einführung

Produktions- und Bewegungsvorgänge aller Art erfordern die Zufuhr mechanischer Energie in vielfältigen Formen, gekennzeichnet durch Kräfte, Geschwindigkeiten und Leistungen. Wegen der überlegenen Anpassungsfähigkeit und Steuerbarkeit fällt bei ortsfesten Anwendungen die Wahl meistens auf einen elektromechanischen Wandler; solche
Antriebe stehen über weite Drehmoment-, Drehzahl- und Leistungsbereiche in vielen
konstruktiven Formen zur Verfügung. Steigende Produktivität und fortschreitende Automatisierung der industriellen Arbeitsabläufe machen eine präzisere Dosierung der mechanischen Energiezufuhr notwendig und erhöhen so die Anforderungen an die statischen
und dynamischen Eigenschaften der Antriebe mit den zugehörigen Regelungen. Daß es
bisher möglich war, diesen Wünschen zu entsprechen, ist vor allem den Fortschritten
der Halbleitertechnik zu verdanken; dabei sind zwei getrennte Entwicklungslinien zu
unterscheiden,

a) die Verfügbarkeit leistungsfähiger und schnell schaltender elektrischer Stellglieder in Form von Thyristoren und Leistungstransistoren sowie

b) die Entwicklung zahlreicher elektronischer Bausteine zur analogen und digitalen
   Signalverarbeitung, z. B. Verstärker, Logik- und Arithmetikelemente, Zähler oder
   potentialtrennende Meßwandler. Qualität und Zuverlässigkeit dieser Elemente wurden wesentlich erhöht bei immer kleineren Abmessungen und geringeren funktionsbe-
   zogenen Kosten.

Die Fortschritte auf der Leistungsseite erlauben es, die elektromechanische Energie-
umformung durch Vorschaltung eines verlustarmen und praktisch verzögerungsfrei steuerbaren elektrischen Wandlers in einem einstufigen Prozeß zu vollziehen, während die
Entwicklung der signalverarbeitenden Elektronik den Aufbau umfangreicher Regelsysteme ermöglicht hat, mit denen sich die vom Prozeß diktierten Randbedingungen auf wirtschaftliche Weise erfüllen lassen. Wegen der gut definierten Grundstruktur von An-
triebssystemen haben sich Standardlösungen für die Regelung herausgebildet; so erwies sich z. B. die Kaskadenregelung als ein besonders zweckmäßiges und für Antriebs-
regelstrecken anpassungsfähiges Prinzip.

Der Übergang von analogen zu analog-digitalen Regelverfahren war vor allem durch erhöhte Genauigkeitsforderungen mancher Arbeitsabläufe, etwa bei Papiermaschinen, Walzwerken und Werkzeugmaschinen, bedingt; die Verfügbarkeit einfacher und hochgenauer
Analog/Digital-Wandler für Geschwindigkeit und Lage (Drehzahl und Winkel) waren dabei
Voraussetzung. Auch die Speicherung von Sollwertprogrammen und die Möglichkeiten der
Istwertverarbeitung wirkten als Triebfedern für die Digitalisierung |1 - 4|; wegen
der Kosten der speziell entwickelten Geräte blieb die Anwendung digitaler Verfahren
insgesamt jedoch beschränkt. Prozeßrechner fanden vorzugsweise in höheren Automati-
sierungsebenen Eingang, z. B. für die Programmaufbereitung bei Werkzeugmaschinen.

Die in den letzten Jahren vollzogene Entwicklung billiger, leistungsfähiger und äußerst
kompakter digitaler Mikroprozessoren hat den Übergang zur digitalen Signalverarbeitung bei Antriebsregelungen beschleunigt. Zu den bereits genannten Gesichtspunkten
für eine Digitalisierung

- Genauigkeit
- Speicherung von Führungsgrößen
- Meßwertverarbeitung

kommen nun weitere hinzu:

- Einsatz programmierbarer Standardschaltungen, wobei die Flexibilität durch Kombi-
  nation von Programmbausteinen entsteht ("Software statt Hardware")
- Rekonstruktion nicht meßbarer Größen, z. B. des inneren Drehmomentes, zur Verbes-
  serung der Regelung
- Linearisierung und Entkopplung der Regelstrecke
- Einsparung von Meßgebern
- Identifizierung veränderlicher Parameter
- Adaptive Regelung, Optimierung
- Vereinfachung des gerätetechnischen Aufbaus durch störsichere digitale Signalüber-
  tragung, z. B. Lichtleiter
- Erhöhung der Zuverlässigkeit, Möglichkeit einer kostenmäßig vertretbaren Redundanz.

Gegenüber einer Lösung mit Prozeßrechner wird der Aufwand einer Regelung mit Mikrorechner deutlich gesenkt; insbesondere entfällt die bisherige untere Schwelle für

den Einsatz digitaler Verfahren. Es besteht begründete Aussicht, daß die Kosten der Mikrorechner-Lösung sogar niedriger sein werden als die einer hochentwickelten analogen Regelung. Voraussetzung ist freilich die Bereitstellung einer ausreichenden Infrastruktur für Projektierung, Fertigung, Prüfung und Inbetriebnahme solcher Anlagen sowie für Wartung und Ersatzteilhaltung. Außerdem ist die gesicherte Verfügbarkeit eines kompatiblen Bauteilespektrums eine notwendige Bedingung für den breiten industriellen Einsatz. Diese Voraussetzungen sind wegen der stürmischen Entwicklung der Halbleitertechnik heute noch nicht gegeben, doch ist auch hier eine Konsolidierung unvermeidlich.

2. Aufgabenstellung bei Antriebsregelungen und Lösungsprinzip

Die Anforderungen an einen Regelantrieb werden naturgemäß durch die Randbedingungen der anzutreibenden Last und die gewünschte Betriebsweise bestimmt. Es gibt dabei eine außerordentliche Vielfalt von Aufgaben; man denke z. B. an den Betrieb eines Walzgerüstes, eines Traktionsantriebes, an die Bewegungen eines Industrieroboters oder eines Aufzugs; dennoch gibt es einige charakteristische und immer wiederkehrende Grundstrukturen |5 - 7|.

Im einfachsten Fall lassen sich alle rotatorisch und translatorisch bewegten Massen zu einer Ersatzmasse vereinigen und als konstantes Ersatzträgheitsmoment Θ auf eine Welle umrechnen; ein derartiges "Ein-Massen-Modell" setzt voraus, daß alle Verbindungen, Getriebe usw. als starr anzusehen, interne Torsionswinkel also vernachlässigbar sind. Für die Winkelgeschwindigkeit ω und den Drehwinkel ϵ gelten dann die Gleichungen für die rotierende Bewegung

$$\frac{d}{dt}(\Theta\omega) = \Theta\,\frac{d\omega}{dt} + \omega\,\frac{d\Theta}{dt} = m_a - m_w \quad , \tag{1}$$

$$\frac{d\epsilon}{dt} = \omega. \tag{2}$$

$m_a(t)$ ist das elektrische Antriebsdrehmoment, das durch die Einschwingvorgänge in der elektrischen Maschine und im Stellglied bestimmt ist und von der Drehzahl und manchmal auch vom Drehwinkel abhängen kann; häufig sind die Zusammenhänge nichtlinear. Ein entsprechender Zusammenhang gilt für das Widerstandsdrehmoment $m_w(t)$ der Last, etwa ein Turbo- oder Kolbenverdichter; das Trägheitsmoment Θ kann häufig als konstant angenommen werden. Bild 1 zeigt das Schema eines Ein-Massen-Modells und das zugehörige dynamische Blockschaltbild; nichtlineare Funktionen sind durch doppelt umrandete Blöcke gekennzeichnet. Je nach Art der Last kann ein Betrieb in verschiedenen Bereichen der Drehmoment-Drehzahl-Ebene gefordert werden; man spricht deshalb auch von einem 1-, 2- oder 4-Quadrantenantrieb.

Wie schon erwähnt, hat sich für Antriebsregelungen die Kaskadenstruktur als zweckmäßig erwiesen und fast allgemein durchgesetzt. Bild 2 beschreibt dies am Beispiel einer hochwertigen Lageregelung, wie sie für Positionierantriebe bei Werkzeugmaschi-

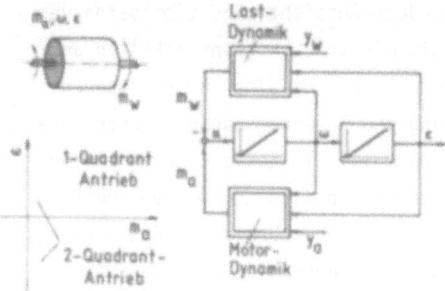

Bild 1: Antrieb mit konzentrierter Masse

nen eingesetzt wird. Man erkennt den zweifachen Integrator des mechanischen Ein-Massen-Modells; die Steuerung erfolgt durch das Antriebsdrehmoment m_a unter Zwischenschaltung eines elektrischen Stellgliedes. Die Kaskadenregelung enthält in diesem Fall vier ineinander geschachtelte Regelkreise für Antriebsmoment m_a (Strom), Winkelbeschleunigung α, Winkelgeschwindigkeit ω und Winkel ε. Die innerste Drehmoment-Schleife hat Schutzfunktionen (Strombegrenzung) und soll außerdem die nichtlinearen Effekte in Stellglied und Maschine überdecken. Ein besonderer Vorzug dieser Anordnung ist, daß jede durch eine Regelung erfaßte Größe über den zugehörigen Sollwert vorgesteuert und begrenzt werden kann. Bei Vorgabe kohärenter Sollwerte $(\varepsilon, \omega, \alpha)_{soll}$ durch einen Führungsgrößengenerator lassen sich damit genaue Bahnkurven steuern, wie sie bei Werkzeugmaschinen oder Satellitenantennen für mehrere lageregelte Achsen gefordert werden; dabei wird jede Teilbewegung getrennt geregelt. Auch zeitoptimale

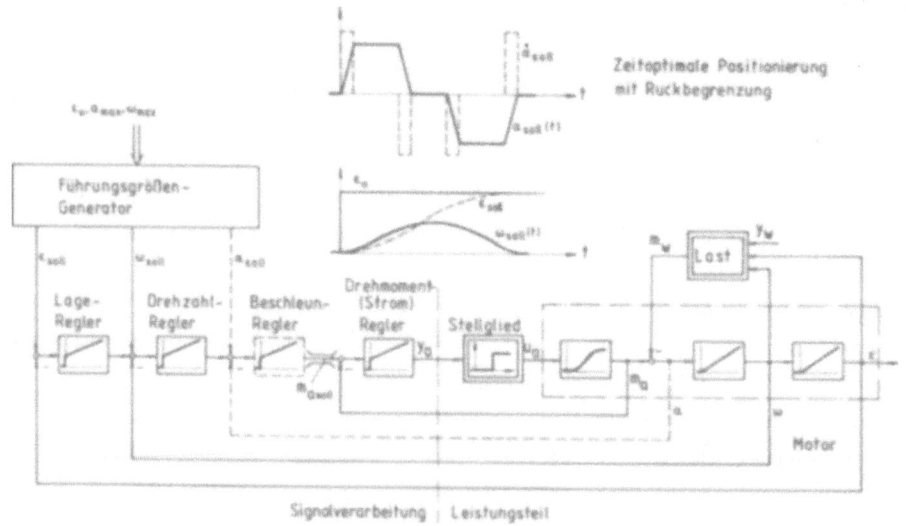

Bild 2: Lageregelung mit Drehzahl- und Beschleunigungsvorsteuerung

Verstellungen sind möglich, wie dies in Bild 2 oben für einen Positioniervorgang mit Ruckbegrenzung angedeutet ist. In einfacheren Fällen können der Beschleunigungsregelkreis und ein Teil der inneren Vorsteuerungen entfallen.

Im Bild ist in der Mitte die Trennlinie zwischen der Signalverarbeitung auf niedrigem Leistungsniveau und dem Stellglied hoher Leistung eingetragen. Alle links liegenden Funktionen lassen sich im Prinzip mit analogen Mitteln verwirklichen, wenngleich im Lageregelkreis wegen der geforderten Genauigkeit eine digitale Soll-/Istwertdarstellung und Differenzbildung meistens notwendig sind; auch der nichtlineare Führungsgrößengenerator macht eine digitale Ausführung wünschenswert.

Beim Einsatz eines Mikrorechners ist zu beachten, daß die Ausgleichsvorgänge bei einer Kaskadenregelung nach innen schneller werden müssen, da jeder überlagerte Regler den nächst-inneren Regelkreis als erweitertes Stellglied nutzt. Es liegt deshalb nahe, zunächst nur die übergeordneten Funktionen, wie Lageregelung und Führungsgrößenerzeugung, auf den Mikrorechner zu übertragen. Die mit neueren 16-Bit-Mikrorechnern erzielbare Auflösung (Genauigkeit) und Rechengeschwindigkeit sind dabei fast immer ausreichend; für die Lageregelung ist in den meisten Fällen eine Abtastzeit von einigen ms zulässig.

Da aus den Signalen eines absolut oder inkrementell arbeitenden Lagegebers auch Meßwerte für Geschwindigkeit und Beschleunigung abgeleitet werden können, bietet sich die Möglichkeit, auf einen analogen Drehzahlgeber, gewöhnlich ein Gleichstrom-Tachogenerator, zu verzichten und auch die inneren Regelkreise im Mikrorechner zu schließen. Allerdings erhöhen sich dabei die dynamischen Anforderungen. Falls der Drehmoment-(Strom-)Regler weiterhin analog ausgeführt wird, stellt der über ein Ausgangsregister mit nachfolgendem D/A-Wandler gebildete Strom-Sollwert eine günstige Schnittstelle dar. Es ist aber ohne weiteres möglich, auch den Stromregler in den Mikrorechner einzubeziehen; im Hinblick auf das elektronisch steuerbare Leistungsstellglied muß dann aber eine kleinere Abtastzeit, z. B. von 1 - 2 ms, gewählt werden, um ein der analogen Regelung vergleichbares dynamisches Verhalten zu erreichen. Die Ersatzzeitkonstante des Stromregelkreises liegt bei Verwendung üblicher Stromrichter bei 5 - 10 ms.

Da alle in Bild 2 gezeigten Regelaufgaben von einem einzigen Mikroprozessor gelöst werden können, resultiert ein billiger und funktionsneutraler Geräteaufbau; die Arbeitsanweisung erfolgt über den Programmspeicher.

Es bestehen darüber hinaus Bemühungen, auch die Steuerung des Leistungsstellgliedes mit einem Mikrorechner auszuführen, z. B., um einen netzgeführten Stromrichter bei variabler Netzfrequenz betreiben zu können oder um die Oberschwingungen in der Ausgangsspannung eines Pulswechselrichters zu minimieren. Auch diese Aufgabe ist lösbar - sie ist sogar von prinzipiellem Interesse, da ein Stromrichter, ebenso wie ein Mikrorechner, ein digitales System mit einem durch Binärmuster beschreibbaren Zustand verkörpert und analoge Zwischenglieder nicht notwendig sind - , doch stellt sie noch höhere Anforderungen an die zeitliche Auflösung |8 - 11|. Sie reicht im Fall eines Pulswechselrichters bis zu einigen μs, so daß es zweckmäßig ist, durch Verwendung eines separaten Prozessors eine funktionelle Trennung von den Regelaufgaben vorzusehen, um die Programmierung nicht zu sehr zu überladen.

Da die bisher verfügbaren Mikrorechner nicht über Gleitkomma-Maschinenbefehle verfügen, sind im Interesse kurzer Rechenzeiten alle Variablen im Festkommaformat zu definieren, was zahlreiche Überlaufkontrollen erfordert. Außerdem kann es zweckmäßig sein, unterschiedliche Wortlängen zu verwenden. In Bild 3 ist die Struktur eines im Mikrorechner verwirklichten PI-Reglers mit entkoppelt einstellbaren Parametern für Verstärkung und Integrierzeit skizziert. Die verwendeten arithmetischen Funktionen sind im wesentlichen Differenzengleichungen.

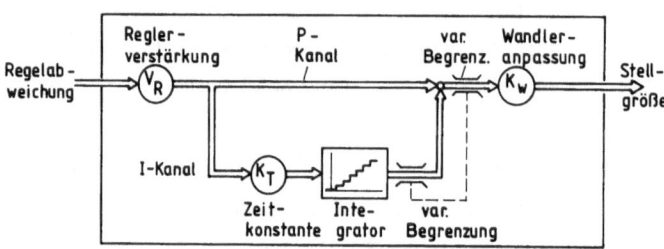

Bild 3: Strukturbild eines diskreten PI-Reglers

Die Programmierung der für Antriebsregelungen eingesetzten Mikrorechner erfolgt gegenwärtig fast ausschließlich in Assemblersprache, d. h. in einem mnemotechnisch verschlüsselten Maschinencode. Dies führt bei geschickter Handhabung zwar zu speicher- und rechenzeitoptimalen Programmen, erfordert aber sehr viel Aufwand und Mühe. Für einen künftigen breiten Einsatz wird es notwendig sein, auf höhere und prozessorunabhängige Programmiersprachen (z. B. FORTRAN, PL/M, Pascal) überzugehen; die Rechenzeit wird durch noch leistungsfähigere Prozessoren aufgefangen werden.

Im folgenden Abschnitt sollen einige Anwendungsbeispiele von Mikrorechnern in Regelantrieben erläutert werden.

3. Beispiele von Regelantrieben mit Mikrorechner

3.1 Stromrichtergespeiste Gleichstrommaschine

Elektrische Regelantriebe mit einem weiten und kontinuierlich zu durchfahrenden Stellbereich verwenden heute überwiegend Gleichstrommotoren, die bei ortsfesten Anlagen durch netzgeführte Stromrichter gespeist werden; mit einer Gegenparallelschaltung ist ein elektronischer Vierquadrant-Betrieb möglich. Die Ersatzzeitkonstante der über den Ankerstrom gebildeten Drehmomentregelung beträgt mit einer 6-pulsigen Drehstrom-Brückenschaltung 5 bis 10 ms. In der Ausführung als kreisstromfreie Gegenparallel-

schaltung ergibt sich ein besonders kompakter Aufbau des Stellgliedes. Sofern Feld-
schwächbetrieb zur Drehzahlerhöhung gewünscht wird, ist ein zweiter steuerbarer Stromrichter kleinerer Leistung für die Speisung der Feldwicklung erforderlich; hierbei
genügt eine einzige Stromrichtung.

Die Regelung des Gleichstromantriebes entspricht weitgehend dem in Bild 2 gezeichneten Schema; als Beispiel ist in Bild 4 eine Drehzahlregelung mit innerer Stromregel-
schleife vereinfacht dargestellt. Die rechte Hälfte enthält das Blockschaltbild der
fremderregten Gleichstrommaschine, links ist wieder der im Mikrorechner zu verwirkli-
chende signalverarbeitende Teil gezeigt; eine Lageregelung und eine innere Beschleu-
nigungsregelschleife sind im Bedarfsfall hinzuzufügen.

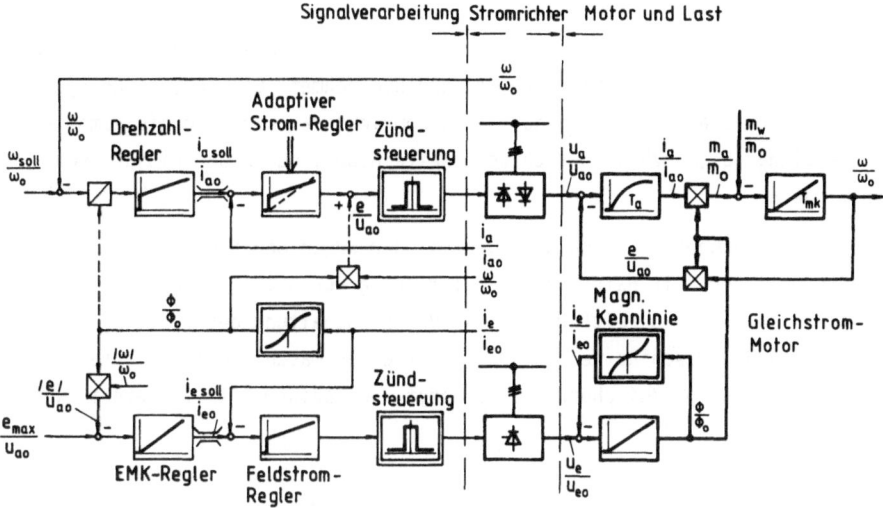

Bild 4: Drehzahlregelung eines Gleichstrommotors mit e- und ϕ-Aufschaltung, Lück-
stromadaption

Im Bild ist angedeutet, wie sich bei Einsatz eines Mikrorechners die Regelung durch
Entkopplung und gesteuerte Adaption verbessern läßt. Es sind dies

a) der Ausgleich des Einflusses der Feldschwächung auf die Dynamik des Drehzahlregelkreises unter Verwendung eines aus dem Feldstrom rekonstruierten Flußsignals und

b) die Kompensation der maschineninternen EMK-Rückwirkung durch Aufschaltung eines
   aus Fluß und Drehzahl gebildeten Signals, um die bei kleinem Trägheitsmoment des
   Antriebs mögliche Schwingungsfähigkeit des Motors zu beseitigen und die Regelung
   zu erleichtern; die Entkopplung ist in dieser Form allerdings nur bei nichtlücken-
   dem Strom voll wirksam.

c) Schließlich besteht noch die Möglichkeit einer Adaption des Stromreglers |12, 13|,
   um die unterschiedlichen Eigenschaften bei kontinuierlichem Stromfluß und im Lück-
   betrieb auszugleichen. Die Erfassung des Lückzustandes kann ebenfalls durch den
   Mikrorechner geschehen.

Falls die beiden in Bild 4 enthaltenen Stromregler digital ausgeführt werden, sind A/D-Wandler für die beiden Istwerte erforderlich; potentialtrennende Optokoppler sind als Meßgeber besonders interessant.

Ein weites Feld für die Entkopplung und Linearisierung durch Mikrorechner sind mehrachsige Werkzeugmaschinen und Industrieroboter, deren Bewegungen in komplizierter Weise mechanisch gekoppelt sein können, ferner Drehstrommaschinen mit nichtlinearen dynamischen Kopplungen |25, 26|.

3.2 Stromrichtergespeiste Synchronmaschine als Vierquadrant-Regelantrieb

Die durch den Kommutator gegebenen Begrenzungen einer Gleichstrommaschine hinsichtlich ihrer Drehzahl und Leistung sowie ihres freizügigen Einsatzes unter erschwerten Umgebungsbedingungen lassen sich durch den Übergang zu Drehstrom-Regelantrieben überwinden, wobei ruhende Stromrichter die Stromwendung übernehmen. Die Vereinfachung der Maschine wirkt sich zwar nachteilig auf den Stromrichteraufwand und die Kompliziertheit der Regelung aus, doch läßt sich der zweite Aspekt durch den Einsatz von Mikrorechnern mildern.

Zunächst soll der Synchronantrieb behandelt werden, der wegen der Möglichkeit des Einsatzes von Stromrichtern mit natürlicher Kommutierung vor allem für große Leistungen in Frage kommt |14|. Bild 5 zeigt rechts die Prinzipschaltung des Leistungsteils; die Ständerwicklungen der Maschine werden dabei über einen maschinenkommutierten Stromrichter aus einem Gleichstrom-Zwischenkreis versorgt, der seinerseits von einem Zwei-

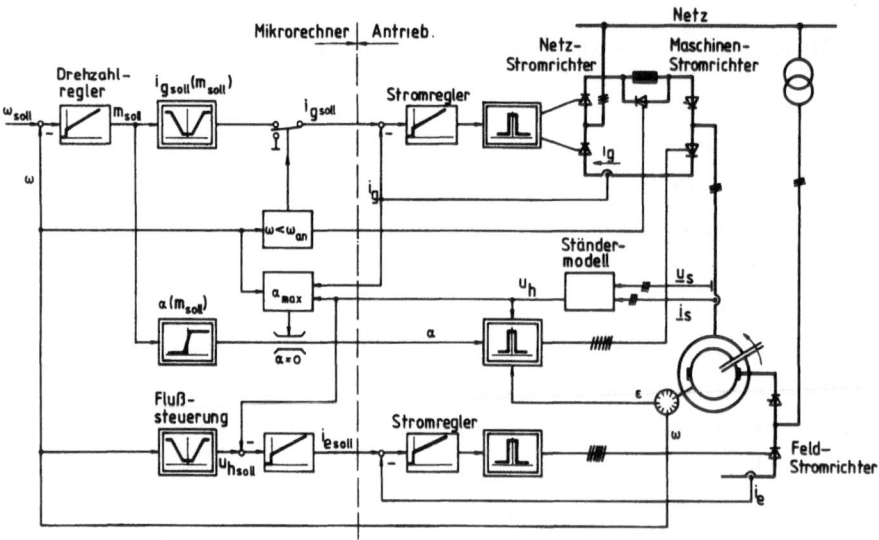

Bild 5: Stromrichtergespeister Synchronmotor mit Regelung durch Mikrorechner

quadrant-Netzstromrichter gespeist ist. Wegen der - hier analog ausgeführten - Stromregelung fließt im Zwischenkreis praktisch eingeprägter Strom; Lücken ist durch Wahl
der Glättungsdrossel und entsprechende Sollwertvorgabe des Stromes zu vermeiden. Die
Speisung der Feldwicklung des Polrades erfolgt über einen Zwei-Quadrant-Stromrichter
kleinerer Leistung, hier ebenfalls mit analoger Stromregelung.

Der maschinenseitige Stromrichter arbeitet bei genügend hoher induzierter Spannung
mit natürlicher Kommutierung; im Anfahrbereich ($|\omega| < 0,1\ \omega_o$) wird die Kommutierung
durch kurzzeitiges Nullsetzen des Zwischenkreisstromes über den netzgeführten Stromrichter ermöglicht. Die Absenkung des Zwischenkreisstromes läßt sich durch einen Frei-
laufthyristor erleichtern, der während der Kommutierung die Glättungsinduktivität kurz-
schließt und vom Stromrichter abkoppelt. Die Steuerung des Antriebes erfolgt somit
durch insgesamt drei Drehstrombrückenschaltungen, davon zwei netzgeführt, und einen
einzelnen Thyristor.

Eine mögliche Regelstrategie kann zum Ziel haben, ein dem Gleichstromantrieb möglichst
ähnliches Betriebsverhalten zu erreichen. Hierzu gehört die Bereitstellung einer - von
der Drehzahl abhängigen - maximalen Spannung im Zwischenkreis, um den Netzblindstrom
klein zu halten; gleichzeitig ist aber die Kippgrenze des Maschinen-Stromrichters zu
beachten; Kommutierungsfehler würden zu Drehmomenteinbrüchen führen. Zu diesem Zweck
wird aus den gemessenen Größen u_h, i_g, i_e und den bekannten Maschinenparametern mit
dem Mikrorechner ein maximaler Zündwinkel α_{max} berechnet und als Vorsteuerung eingestellt; auch eine überlagerte Löschwinkelregelung ist ausführbar.

Die Zündsteuerung des Maschinenstromrichters wird im Anfahrbereich von einem Winkel-
geber, bei höherer Drehzahl von der rekonstruierten Hauptfeldspannung der Maschine
synchronisiert, so daß eine volle leistungsmäßige Ausnutzung der Maschine möglich ist.

Eine der stromrichtergespeisten Gleichstrommaschine ähnliche Regelgeschwindigkeit,
z. B. bei der Drehmomentumkehr mit niedriger Drehzahl, ist mit dieser Anordnung grund-

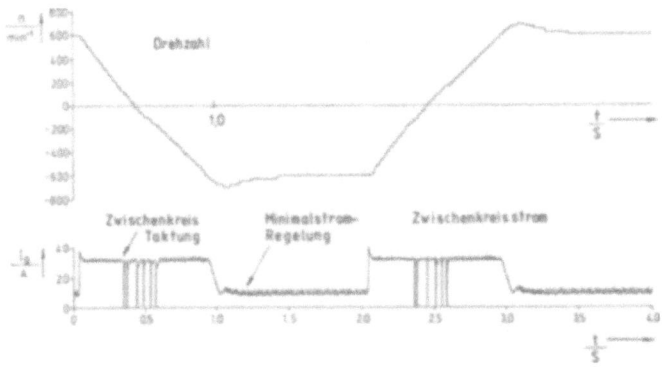

Bild 6: Reversier-
vorgang eines
stromrichter-
gespeisten Syn-
chronmotors mit
Regelung durch
Mikrorechner

sätzlich nicht erreichbar. Hierfür wäre ein aufwendigerer Stromrichter, etwa in Form eines Direktumrichters, notwendig. Dennoch läßt sich mit der beschriebenen Schaltung ein für viele Zwecke brauchbarer Regelantrieb verwirklichen, wie in Bild 6 an Hand des Reversiervorganges mit einem 20 kW-Antrieb gezeigt ist |15|. Der verwendete Mikrorechner INTEL 8085 ist mit den skizzierten Aufgaben voll ausgelastet, doch ließen sich mit einem leistungsfähigeren 16-Bit-Rechner auch die in Bild 5 noch analog ausgeführten Stromregelungen in den Digitalteil einbeziehen.

3.3 Stromrichtergespeiste Asynchronmaschine

Durch Übergang von der Gleichstrom- zur stromrichtergespeisten Synchronmaschine entfallen die kommutatorbedingten Leistungsbegrenzungen, doch sind in Form der Schleifringe und Bürsten noch bewegte Kontakte vorhanden; sie könnten durch eine induktive Übertragung zwar vermieden werden, allerdings unter Inkaufnahme zusätzlicher Komplikationen, darunter rotierende Gleichrichter. Für eine einfache und vielseitig einsetzbare Antriebsmaschine ist dies natürlich nicht erwünscht. Somit bleibt der Asynchronmotor mit Käfigläufer als Idealtyp eines robusten und - wegen des Wegfalls von Wicklungen und Hilfseinrichtungen im Rotor - hochtourigen und damit leichten Antriebes. Leider hat diese Vereinfachung auf der Maschinenseite ungünstige Konsequenzen für Umrichter und Regelung.

Da wegen der fehlenden eingeprägten Ständerspannung eine natürliche Kommutierung des Wechselrichters nicht mehr möglich ist, muß, um Freizügigkeit bei der Wahl der Ständerfrequenz zu gewinnen, ein zwangskommutierter Wechselrichter mit Zwischenkreis verwendet werden, was den Stromrichteraufwand und die Kosten erhöht |16|. Außerdem wird die Regelung wegen der einer Messung nicht zugänglichen Läuferdurchflutung und der stark verkoppelten und nichtlinearen Mehrgrößenstruktur des Motors erschwert. Im Gegensatz zur Gleichstrommaschine mit den geometrisch fixierten Längs- und Querachsen ist ja die Zuordnung der magnetischen Hauptachsen zu den Wicklungen zeitlich veränderlich.

Eine der stromrichtergespeisten Gleichstrommaschine vergleichbare Regeldynamik erfordert eine Messung oder Rekonstruktion der magnetischen Hauptachsen. Sobald die momentane Orientierung und die Amplitude der Läuferfluß-Welle vorliegt, ist auch bekannt, wie die Ständerwicklungen der Maschine zu speisen sind, um eine gewünschte Wirkung auszuüben. Eine Ständer-Durchflutungswelle, die senkrecht auf der Läuferflußachse steht, also die Querkomponente des Ständerstromvektors, steuert das Drehmoment; dagegen wirkt die Längskomponente als Erregerstrom, d. h., sie dient dazu, den Läuferfluß auf einem vorgegebenen Niveau zu halten. Da somit der Ständerstromvektor auf die jeweilige Lage des Läuferflusses bezogen wird, bezeichnet man dieses Verfahren auch als Regelung in Feldkoordinaten |17, 18|.

Es gibt zahlreiche Vorschläge zur Bestimmung des Läuferflußvektors, die von der Messung mit Hall-Sonden im Luftspalt über Prüfspulen in den Nutkeilen bis zur Berechnung unter Verwendung von Maschinenmodellen reichen. Dabei hat sich gezeigt, daß die Signalverarbeitung vektorieller Größen mit analogen Mitteln große praktische Schwierigkeiten bereitet, die nur mit Aufwand und viel Justierarbeit überwindbar sind. Der Mikrorechner mit seinen arithmetischen Fähigkeiten ist deshalb hier besonders willkommen |19, 20|.

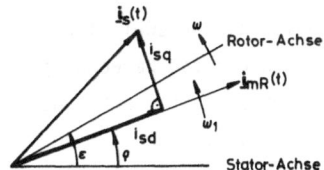

Bild 7: Winkelbeziehungen der Stromvektoren bei der Asynchronmaschine

Bild 7 zeigt zunächst das Prinzip der Feldorientierung an Hand der Strom- und Flußvektoren der Maschine |6|. $\underline{i}_{mR}(t) \sim \underline{\phi}_R(t)$ ist der die Feldkoordinaten bestimmende Läuferflußvektor, $\underline{i}_S(t)$ der Ständerstromvektor, der in eine flußbildende Längskomponente $i_{Sd}(t)$ und eine drehmomenterzeugende Querkomponente i_{Sq} zerlegt werden kann. In Bild 8 ist ein Blockschaltbild der Asynchronmaschine mit Regelung in Feldkoordinaten gezeichnet |19|, das im oberen Teil die Maschine mit ihren komplizierten Kopplungen enthält, während unten eine ähnlich wie in Bild 2 ausgeführte Kaskadenregelung dargestellt ist. Die Istwerte des Magnetisierungsstromvektors und des elektrischen Drehmomentes sind hier nicht meßbar, sondern müssen durch Rechnung gewonnen werden.

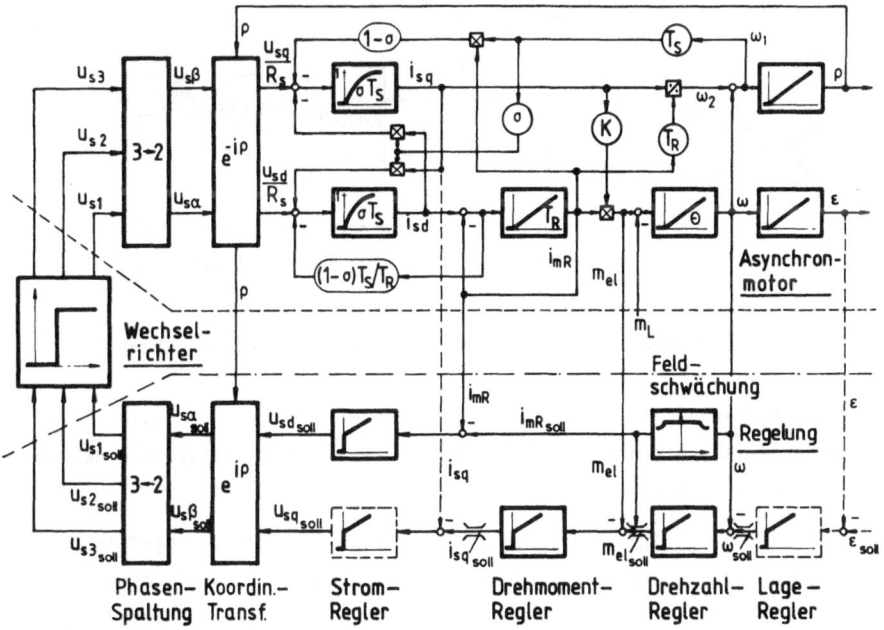

Bild 8: Regelung eines Asynchronmotors in Feldkoordinaten

Die wesentliche Vereinfachung einer Regelung in Feldkoordinaten leistet die links unten gezeichnete Koordinatentransformation, die vier Multiplikationen mit sin, cos
enthält und mit der die maschineninterne gegenläufige Transformation gerade aufgeho-
ben wird. Drehmoment- und Flußregler arbeiten damit "in Feldkoordinaten".

In Bild 9 ist das Blockschaltbild der ausgeführten Drehzahlregelung eines 7,5 kW-Asyn-
chronmotors dargestellt; die Speisung des Motors erfolgt dabei über einen Thyristor-
Pulswechselrichter mit Gleichspannungs-Zwischenkreis. Als Regler dienen zwei Mikroprozessoren INTEL 8085, die auch die Koordinatentransformationen und die Berechnung
des Flußvektors aus Ständerströmen und Drehzahl besorgen. Die Abtastzeit liegt dabei
je nach Teilaufgabe zwischen 1 ms und 10 ms. Die Berechnung des Flußvektors ist auch
im Stillstand der Maschine gültig, so daß der Antrieb auch für Lageregelung, z. B. bei
Werkzeugmaschinen, eingesetzt werden kann.

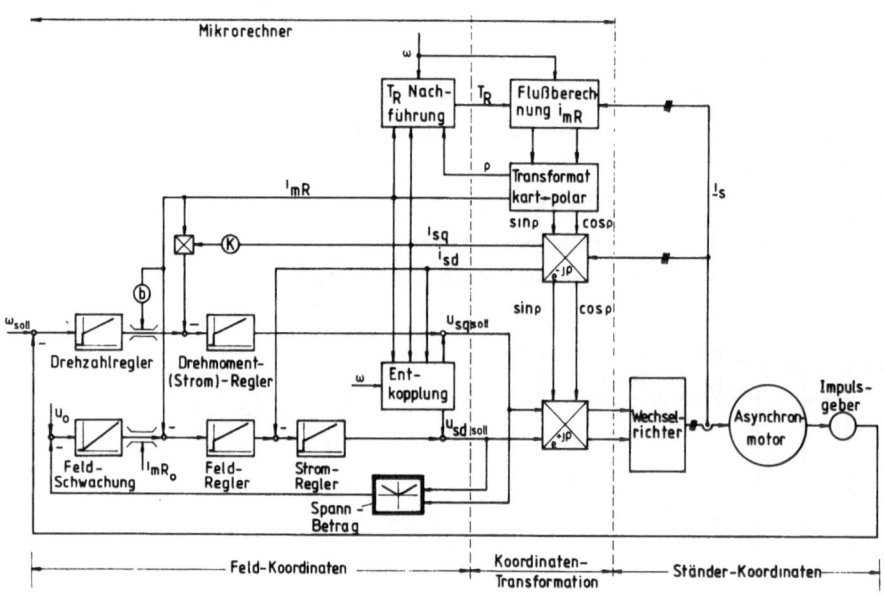

Bild 9: Blockschaltbild der Regelung einer Asynchronmaschine mit Mikrorechner

Die Zuordnung der Aufgaben auf beide Prozessoren ist dem Flußdiagramm in Bild 10 zu
entnehmen. Mit einem leistungsfähigeren 16-Bit-Rechner genügt für die gleiche Aufga-
be ein einziger Prozessor |19|.

Bild 11 zeigt schließlich mit dem leerlaufenden Motor gemessene Einschwingvorgänge.
Die Ersatzzeitkonstante des Drehmomentregelkreises beträgt weniger als 10 ms; die
Vorgänge in Längs- und Querachse sind entkoppelt. Damit ist erwiesen, daß ein durch
Mikrorechner geregelter Asynchronmotor die gleichen hochwertigen Regeleigenschaften
haben kann, wie man sie von einem stromrichtergespeisten Gleichstromantrieb erwartet.

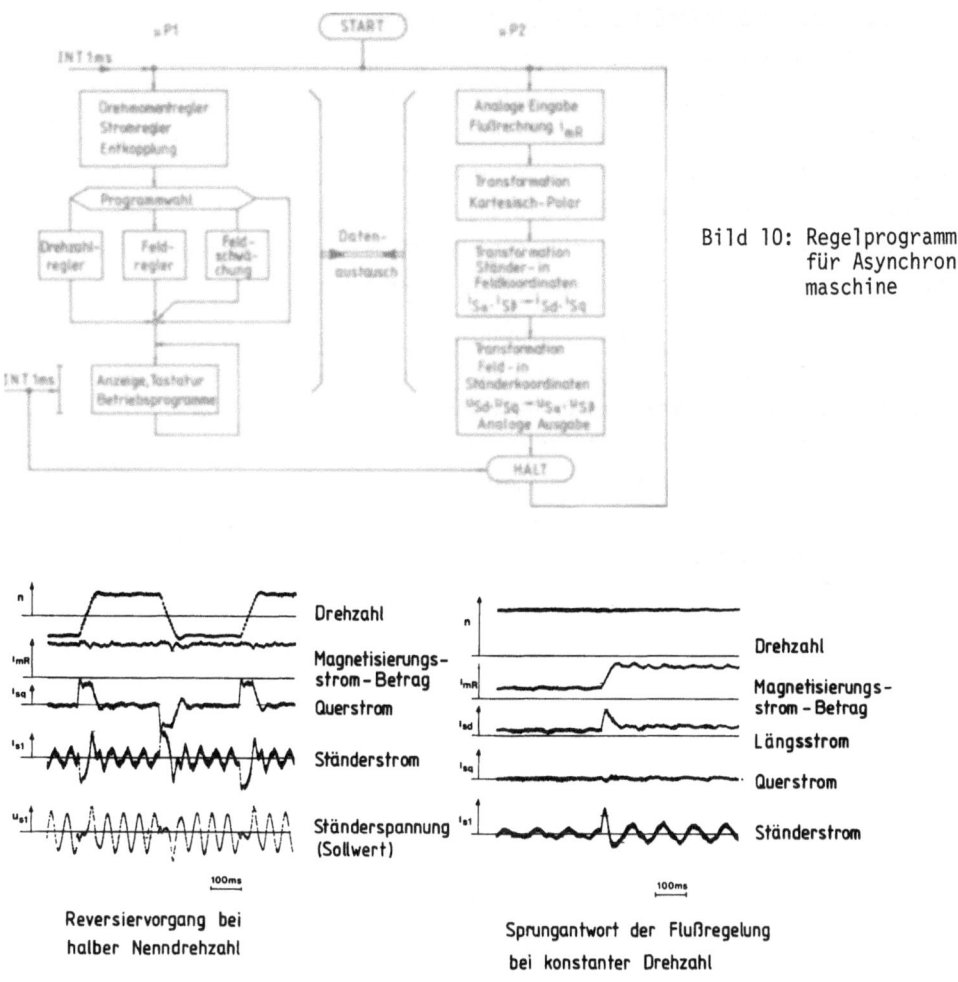

Bild 10: Regelprogramm
für Asynchron-
maschine

Reversiervorgang bei
halber Nenndrehzahl

Sprungantwort der Flußregelung
bei konstanter Drehzahl

Bild 11: Einschwingvorgänge der mikrorechnergeregelten Asynchronmaschine

Dieses Beispiel zeigt besonders deutlich, welche außerordentlichen Möglichkeiten die
Mikroelektronik bei elektrischen Regelantrieben bietet; umgekehrt wird die Leistungsfähigkeit der heute verfügbaren Mikrorechner bei Drehstromantrieben aber auch voll
beansprucht.

4. Anwendung von Mikrorechnern in elektrischen Antriebssystemen

Neben den in Abs. 3 beschriebenen antriebsspezifischen Anwendungen gibt es weitere
Aufgaben, die das Gesamtsystem betreffen, gleichgültig, ob es sich dabei um Gleich-
strom- oder Drehstromantriebe handelt; einige Beispiele sollen dies erläutern.

4.1 Dämpfung eines Mehrmassensystems mit Getriebelose

Bei manchen Produktionsanlagen erfolgt der Antrieb durch mehrere Motoren, die mit der Last, z. B. einer Papiermaschine, über Getriebe verbunden sind. Dabei besteht die Gefahr von Schwingungen als Folge der Elastizität der Übertragungsglieder, der verteilten Massen und der unvermeidlichen Getriebelose |21, 22|. Es ist bekannt, daß eine elektrische Getriebeverspannung in Verbindung mit dämpfenden Aufschaltungen Abhilfe bringen kann. Die Möglichkeiten hierfür sind bei Einsatz von Mikrorechnern wegen der programmtechnischen Verwirklichung wesentlich verbessert.

Bild 12 zeigt als Beispiel einen Zwillingsantrieb, wo zwei gleiche Motoren über Getriebe auf eine gemeinsame massebehaftete Last arbeiten. Auf der rechten Seite ist das mechanische Blockschaltbild des Drei-Massen-Systems mit sechs Integratoren zu sehen; m_{a1}, m_{a2} sind die beiden elektrischen Antriebsdrehmomente, die über entsprechende Regler schnell steuerbar sind. Getriebelose und Elastizität des Antriebsstranges werden durch nichtlineare Funktionsblöcke abgebildet; Dämpfungseffekte sind der Einfachheit halber weggelassen.

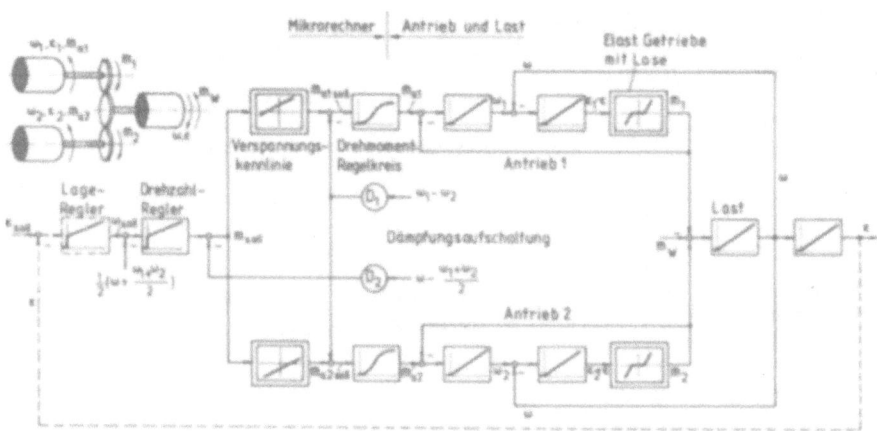

Bild 12: Drehzahl- und Lageregelung eines Mehrmotorenantriebes

Um die Getriebelose unwirksam zu machen, sind die beiden Antriebsmotoren im Teillastbereich gegeneinander verspannt, was durch Vorgabe entgegengesetzter Soll-Drehmomente über Funktionsbildner geschieht, die vom überlagerten Drehzahlregler beaufschlagt werden. In Bild 12 sind die Verspannungskennlinien durch Gerade angedeutet; bei Verwendung eines Mikrorechners sind auch kompliziertere Verläufe leicht ausführbar.

Zur Unterdrückung von Schwingungen beider Motoren gegeneinander kann die Differenzdrehzahl gegensinnig auf die Drehmomentregler geschaltet werden (D_1). Eine weitere Schwingungsform, bei der die Motoren sich gleichphasig gegen die Last bewegen, läßt sich durch eine Drehmomentaufschaltung auf beide Motoren dämpfen (D_2). Als Istwert für die Drehzahlregelung kann ein Mittelwert der Motordrehzahlen und der Lastdrehzahl dienen. Auch hier ist es möglich, wie angedeutet, eine Winkelregelung zu überlagern; Anwendungen dieser Art kommen z. B. bei Satellitenantennen mit Mehrmotorenantrieb vor.

Die in Bild 12 gezeichnete Regelstruktur läßt sich in sehr effektiver Weise in ein Mikrorechnerprogramm abbilden. Voraussetzung ist, daß die als Drehzahl-Istwerte verwendeten Impulsreihen genügend hochfrequent sind, die Impulsgeber also hoch auflösen. 10^4 Impulse/Umdrehung sind mit den heutigen optischen Mitteln ohne Schwierigkeit erreichbar.

4.2 Einsatz eines Mikrorechners als "Beobachter" zur Rekonstruktion nicht meßbarer Variablen

In Abschnitt 3.3 wurde am Beispiel der Asynchronmaschine gezeigt, daß ein Mikrorechner an Hand eines mathematischen Modelles nicht meßbare Variable aus verfügbaren Größen berechnen kann. Bei komplizierten Regelstrecken, z. B. stark gekoppelten Mehrgrößensystemen, läßt sich damit die Regelung wesentlich vereinfachen.

Für lineare Ein- und Mehrgrößensysteme gibt es eine allgemeine Theorie der sog. Beobachter |24|, deren Anwendung durch das Auftauchen des Mikrorechners praktikabel geworden ist; doch führen auf das jeweilige Problem zugeschnittene Lösungen häufig zu einfacheren Ergebnissen. Dies ist in Bild 13 am Beispiel eines drehzahlgeregelten Antriebs mit zwei elastisch gekoppelten Massen gezeigt.

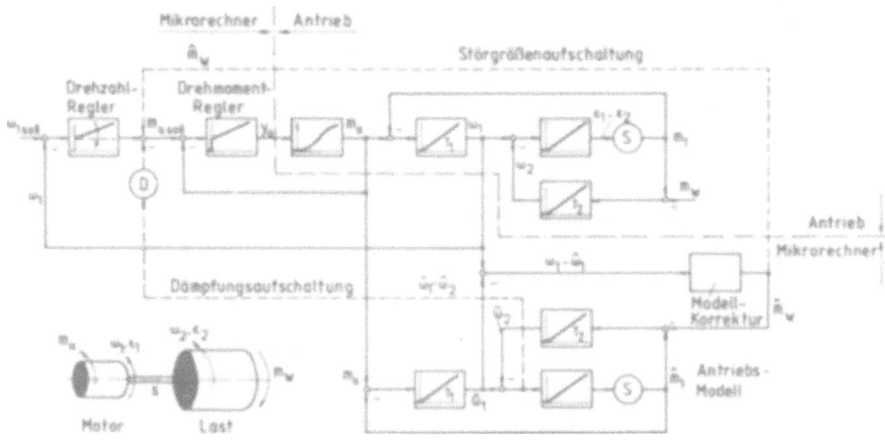

Bild 13: Drehzahlregelung eines Zwei-Massen-Systems unter Verwendung eines Beobachters

Dabei ist angenommen, daß ein Motor mit Drehmoment-(Strom-)Regelung über eine Welle der Torsionssteifigkeit S eine träge Last antreibt. Die Drehzahl ω_1 des Motors werde

z. B. mit einem Impulsgeber gemessen; der Anbau eines Meßgebers auf der Lastseite (ω_2) ist oft nicht möglich oder nicht erwünscht. Es ist bekannt, daß Antriebe dieser Art für bestimmte Massenverhältnisse schwer zu regeln sind, da schwachgedämpfte Massenschwingungen auftreten; durch Verwendung eines Beobachters läßt sich dieses Problem jedoch in zufriedenstellender Weise lösen |23|.

Hierfür wird dem Antrieb ein Modell genau gleicher Struktur und mit gleichen Parametern gegenübergestellt, das die gesuchten Schätzwerte liefern soll. Als Anregung des Modelles dient ein Meßwert des Antriebsmomentes, bei einer Gleichstrommaschine des Ankerstromes. Da aber natürlich Parameterfehler und unbekannte Störgrößen unvermeidlich sind, ist eine Modellkorrektur auf der Basis eines Vergleichs zwischen einer meßbaren Ausgangsgröße, z. B. ω_1, und ihrem dem Modell entnommenen Schätzwert $\hat{\omega}_1$ notwendig. Die Korrektur kann an der wahrscheinlichsten Störungsquelle, im vorliegenden Beispiel beim Lastdrehmoment, erfolgen, so daß gleichzeitig ein Schätzwert $\hat{m}_w$ für diese ebenfalls nicht meßbare Größe entsteht. Wie durch Versuche festgestellt wurde, muß die in Bild 13 nur skizzierte Modellnachführung durch weitere Einflüsse ergänzt werden, um ein gut gedämpftes Modellverhalten zu erzielen.

Die Modellgrößen lassen sich nun in folgender Weise zur Verbesserung der Regelung nutzen:

a) Störgrößenaufschaltung des geschätzten Lastdrehmomentes $\hat{m}_w$ auf den Eingang des Drehmomentreglers; damit kann der integrierende Einfluß des PI-Drehzahlreglers reduziert oder ganz weggelassen werden.

b) Aufschaltung der Differenzdrehzahl $\hat{\omega}_1 - \hat{\omega}_2$ auf den Drehmomentregler zur Dämpfung der Massenschwingung.

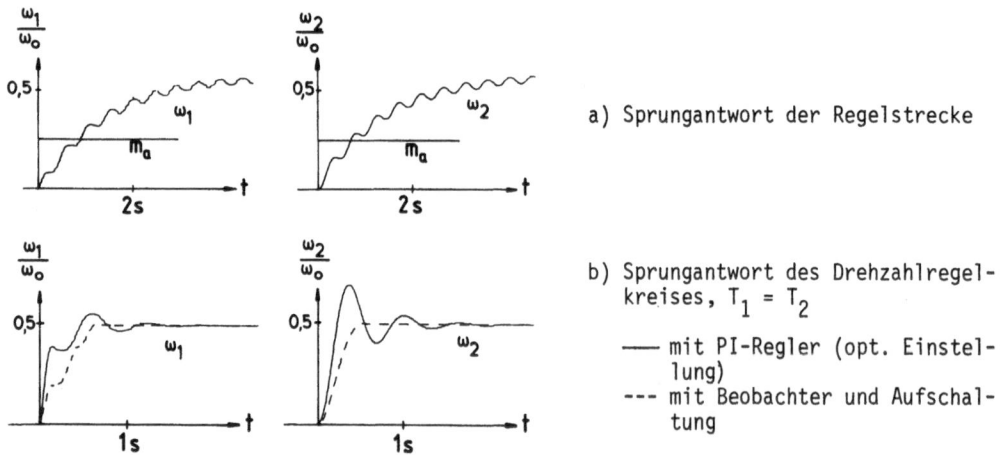

a) Sprungantwort der Regelstrecke

b) Sprungantwort des Drehzahlregelkreises, $T_1 = T_2$

   —— mit PI-Regler (opt. Einstellung)
   --- mit Beobachter und Aufschaltung

Bild 14: Einschwingvorgänge eines elastisch gekoppelten Antriebs mit Beobachter

Die gesamte in Bild 13 gezeigte Signalverarbeitung einschließlich Regelung und Beobachter läßt sich wieder in einem Mikrorechner unterbringen. In Bild 14 sind einige Einschwingvorgänge ohne und mit Beobachter gezeigt |27|.

4.3 Adaptive Regelung elektrischer Antriebe

Der Einsatz eines Beobachters setzt natürlich voraus, daß die Parameter des Antriebes, also Trägheitsmomente, Massen, Federkonstanten, Reibungswerte usw., einigermaßen konstant sind. Falls größere Änderungen auftreten, ist es notwendig, das Modell nachzuführen. Bild 15 zeigt als Beispiel das vereinfachte Blockschaltbild einer drehzahlgeregelten Trommelfördermaschine, bei der die Lastparameter und eine Störgröße als veränderlich anzunehmen sind. Es handelt sich dabei um

- die von der Förderhöhe abhängige Elastizität S des Förderseils
- die Belastung des Förderkorbes (M_2)
- einen Reibungskoeffizienten k_W sowie
- zusätzliche unbekannte Widerstandsdrehmomente m_W.

Nur ein Teil dieser Parameter ist unmittelbar meßbar oder aus Meßgrößen zu bestimmen.

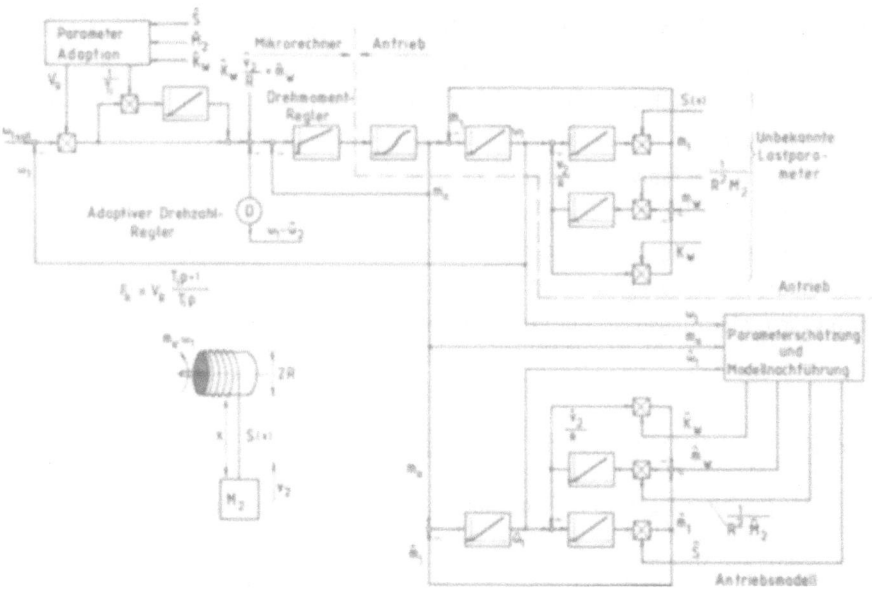

Bild 15: Adaptive Drehzahlregelung einer Fördermaschine

Es ist zweckmäßig, auch hier ein Modell zu verwenden, dessen Parameter aber nun nachgeführt werden müssen. Man bezeichnet diesen Vorgang als Regelstrecken-Identifizierung; es gibt zahlreiche Verfahren, die in einem umfangreichen Schrifttum beschrieben sind |28 - 31|. Häufig verwendete Nachführungsstrategien sind das Gradientenverfahren oder eine Regressionsanalyse, beide auf der Basis einer aus der Last und dem Modell gebildeten quadratischen Fehlergröße.

Aufgrund der so gefundenen Lastparameter können die Reglerparameter entsprechend angepaßt werden; im vorliegenden Fall sind dies Verstärkung und Integrierzeit des PI-Drehzahlreglers. Die Zuordnung Streckenparameter - Reglerparameter kann z. B. über eine gespeicherte Tabelle erfolgen |27|.

Es ist darauf hinzuweisen, daß das in Bild 15 skizzierte Identifizierungs- und Adaptionsverfahren arithmetische Operationen erfordert, deren Umfang weit über das bei einem Beobachter mit konstantem Modell notwendige Maß hinausgeht. Sie können nur von einem der neueren 16-Bit-Mikrorechner erbracht werden und auch dort nur mit größeren Iterationsintervallen. Dennoch ist inzwischen experimentell erwiesen, daß Mikrorechner auch für die adaptive Regelung von elektrischen Antrieben eine wirtschaftliche Lösung bieten; die Entwicklung solcher Regelverfahren befindet sich allerdings noch im Anfangsstadium.

5. Zusammenfassung

Durch den Einsatz der Mikroelektronik, insbesondere programmierbarer Mikroprozessoren, in Verbindung mit leistungselektronischen Stellgliedern ergeben sich bei elektrischen Antrieben neue Möglichkeiten, die das bisherige Spektrum von Regelantrieben erweitern. An Hand von Beispielen wird gezeigt, daß damit die schwierigen Regelprobleme bei Drehstromantrieben auf wirtschaftliche Weise lösbar geworden sind. Von besonderem Interesse sind die Verfahren der indirekten Meßgrößenerfassung durch Rekonstruktion, die Entkopplung und Linearisierung sowie die selbsttätige Anpassung des Antriebs an veränderliche Lastbedingungen. Das Gebiet befindet sich derzeit in einer Evolutionsphase; ein neuer stationärer Zustand ist zwar noch nicht in Sicht, doch sind wesentliche Entwicklungsrichtungen schon jetzt erkennbar.

Literatur

1. Anke, K.; Keßler, G.; Müller, H.: Digitale Drehzahlregelung. Siemens-Zeitschrift (1960), S. 660

2. Fritzsche, W.: Genaue und schnelle Regelung von Drehzahlen durch digitale Methoden. AEG-Mitteilungen (1960), S. 419

3. Leonhard, W.; Müller, H.: Ein stetig wirkender digitaler Drehzahlregler. ETZ-A (1962), S. 381

4. Keßler, C. (Hrsg.): Digitale Signalverarbeitung in der Regelungstechnik. VDE-Buchreihe, Bd. 8 (1962)

5. Pfaff, G.: Regelung elektrischer Antriebe. Oldenbourg (1971)

6. Leonhard, W.: Regelung in der elektrischen Antriebstechnik. Teubner (1974)

7. Bühler, H.: Einführung in die Theorie geregelter Drehstromantriebe. Birkhäuser (1977)

8. Claussen, U.; Fromme, G.: Motorregelung mit Mikrorechner. Regelungstechnische Praxis (1978)

9. Schnieder, E.: Control of DC-Drives by Microprocessors. Control in Power Electronics and Electrical Drives, IFAC Symposium Düsseldorf (1977), S. 603

10. Windmöller, R.: Sechsphasiger Pulsbreitenmodulator. Regelungstechnische Praxis (1980), S. 139

11. Pollmann, A.; Gabriel, R.: Zündsteuerung eines Pulswechselrichters mit Mikrorechner. Regelungstechnische Praxis (1980), S. 145

12. Buxbaum, A.: Einsatz von adaptiven Reglern bei geregelten Stromrichterstellgliedern. VDE-Aussprachetag, Industrielle Anwendung adaptiver Systeme, Freiburg (1973), S. 99

13. Schröder, D.: Einsatz adaptiver Regelverfahren bei Regelkreisen mit Stromrichter-Stellgliedern. VDE-Aussprachetag, Industrielle Anwendung adaptiver Systeme, Freiburg (1973), S. 81

14. Gölz, G.; Gumbrecht, P.: Umrichtergespeiste Synchronmaschinen. AEG-Mitteilungen (1973), S. 141

15. Richter, W.: Microprocessor Controlled Inverter-Fed Synchronous Motor Drive. IEE Intern. Conference on Electrical Variable-Speed Drives, London (1979), S. 161

16. Schönung, A.; Stemmler, H.: Geregelter Drehstrom-Umkehrantrieb mit gesteuertem Umrichter nach dem Unterschwingungsverfahren. BBC-Nachrichten (1964), S. 555

17. Blaschke, F.: Das Verfahren der Feldorientierung zur Regelung der Drehfeldmaschine. Dissertation TU Braunschweig (1974)

18. Blaschke, F.; Böhm, K.: Verfahren der Felderfassung bei der Regelung stromrichtergespeister Asynchronmaschinen. Control in Power Systems and Electrical Drives, IFAC Symposium Düsseldorf (1974), S. 635

19. Gabriel, R.; Leonhard, W.; Nordby, C.: Regelung der stromrichtergespeisten Drehstrom-Asynchronmaschine mit einem Mikrorechner. Regelungstechnik (1979), S. 379

20. Boehringer, A.; Stute, G.; Ruppmann, C.; Vogt, G.; Würslin, R.: Entwicklung eines drehzahlgeregelten Asynchronmaschinenantriebs für Werkzeugmaschinen. wt, Zeitschrift für industrielle Fertigung (1979), S. 463

21. Raatz, E.: Regelung von Antrieben mit elastischer Verbindung zur Arbeitsmaschine. ETZ-A (1971), S. 211

22. Böhm, E.: Führung und Regelung von Antennenantrieben für Satelliten-Bodenstationen. Siemens-Zeitschrift (1974), S. 828

23. Weihrich, G.: Drehzahlregelung von Gleichstromantrieben unter Verwendung eines Zustands- und Störgrößen-Beobachters. Regelungstechnik (1978), S. 349

24. Luenberger, D. G.: Observers for Multivariable Systems. IEEE Transactions Autom. Control (1966), S. 190

25. Claussen, U.: Inverses Modell zur Linearisierung und Entkopplung in Antriebsregelkreisen. Regelungstechnik (1979), S. 349

26. Claussen, U.: Adaptive zeitoptimale Lageregelung eines linearen Stellantriebs mit synchronem Linearmotor. Dissertation TU Braunschweig (1979)

27. Waschatz, U.: Adaptive Regelung von elektrischen Antrieben mit Mikrorechner. Interne DFG-Berichte (1980)

28. Speth, W.: Adaptive Regelsysteme in der Antriebstechnik. Dissertation TU Braunschweig (1971)

29. Weber, W.: Adaptive Regelungssysteme. Oldenbourg (1971)

30. Isermann, R.: Experimentelle Analyse der Dynamik von Regelsystemen. BI (1971, 1972)

31. Leonhard, W.: Statistische Analyse linearer Regelsysteme. Teubner (1973)

METHODEN UND ANWENDUNGEN DER

BETRIEBSANALYSENMESSTECHNIK

METHODS AND APPLICATIONS IN THE TECHNIQUE

OF INDUSTRIAL PROCESS ANALYSIS

Werner Stieler
Bayer AG, Werk Uerdingen
4150 Krefeld 11

Summary:

The paper reports on methods and significance of automatic process
analysis. It aims also at the non-specialist, and therefore it informs
less about the details of special procedures, but tries to comprehend
the analytical installation as a whole. Elaborately described are
sampling and conditioning techniques as well as the tools and working
habits which the specialist for process analysis needs to find solutions to problems typical for this field.
The analytical procedures are listed and grouped with respect to their
signal transformation. The significance of process analysis is
exemplified on several applications.
Finally future trends of this interesting field characterized by a
multitude of methods are presented.

1. Erläutern von Begriffen

Zu dem Thema Betriebsanalysenmeßtechnik soll eine Übersicht über Methoden und Anwendungen, den Stand dieser Technik und die Entwicklungstrends für eine breite Zielgruppe gegeben werden. Es scheint daher angebracht, zunächst einige Begriffe zu erläutern, zumal das Wort Betriebsanalyse oder Prozeßanalyse auch in der Betriebswirtschaft im Sinne der Untersuchung der Organisation und Abläufe innerhalb einer betrieblichen Einheit gebraucht wird.

Unter <u>Analyse</u> soll im Folgenden die Ermittlung von Einzelbestandteilen in Stoffgemischen mit physikalischen und chemischen Methoden verstanden werden.

Mit <u>Meßtechnik</u> ist sowohl die Gesamtheit der Meßmethoden als auch die zur Analyse eingesetzte hardware gemeint. <u>Methode</u> ist das planmäßige Vorgehen, um einen Analysenwert in eine meßbare Größe zu wandeln einschließlich seiner Sichtausgabe, zumeist als Konzentration oder Gehalt.

Von einer <u>on-line</u>-Analyse wird gesprochen, wenn die Meßwerterfassung in direkter örtlicher und zeitlicher Kopplung an den verfahrenstechnischen Prozeß oder an das Umweltmedium erfolgt. Unter <u>off-line</u>-Analyse wäre dann z.B. die Ermittlung des Meßwertes im Labor an einer am Entnahmeort gezogenen Probe zu verstehen. Eine Messung findet <u>in-situ</u> statt, wenn mit einem geeigneten Meßwertgeber oder Meßfühler der Meßwert direkt an dem interessierenden Ort im Meßmedium erfaßt wird. Ist dabei der Geber in eine Prozeßleitung eingebaut, so handelt es sich um eine <u>in-line</u>-Messung. Ein Geber wird mit <u>Fernmeßkopf</u> bezeichnet, wenn ein Analysengerät mit separatem, aktivem Meßwertwandler vorliegt; der komplementäre Meßzusatz kann in einem speziellen Analysengeräteraum oder auch Schaltraum untergebracht sein.

2. Aufgabe und Bedeutung der Betriebsanalysenmeßtechnik

Die <u>Aufgabe</u> der Betriebsanalysenmeßtechnik besteht in der selbsttätigen on-line-Analyse von Stoffen in der Energie- und Verfahrenstechnik, ferner im Arbeits- und Umweltschutz und in der Sicherheitstechnik. Gemeint sind hier nicht nur die verfahrenstechnischen Anlagen in der chemischen Industrie, sondern auch diejenigen in Kraftwerken, Eisenhütten, im Bergbau, in Kokereien, Kalk- und Zementwerken.

Tabelle 1: Aufgabe und Bedeutung der Betriebsanalysenmeßtechnik

Aufgabe	Bedeutung
Prozeßüberwachung -regelung -steuerung	Optimierung d. Prozesse hinsichtlich Ausbeute u. minimal. Energieeinsatz
Produktqualitäts- kontrolle	Gewährleisten spezifizierter Produkteigenschaften
Anlagensicherung	Vermeiden gefährlicher Betriebszustände in verfahrenstechn. Anlagen
Umweltschutz	Einhalten der Grenzwerte für Emissionen u. Immissionen
Arbeitsschutz	Erkennen von Gefahren am Arbeitsplatz, Einleiten von Maßnahmen

Die Bedeutung der Betriebsanalysenmeßtechnik innerhalb der
Aufgabenstellungen geht aus Tabelle 1 hervor. Aus den einzelnen, in der 2. Spalte aufgeführten Positionen ist ferner die
zunehmende Tendenz in Umfang
und Gewicht abzusehen, die bei
der Lösung von Aufgaben auf diesem speziellen Gebiet der betrieblichen Meßtechnik zu erwarten ist.

3. Meßanlage

3.1 Aufbau, Eigenschaften

Die Meßanlage ist die Gesamtheit der hardware, die zur zuverlässigen
Ermittlung eines genauen Analysenwertes erforderlich ist. Sie besteht
im allgemeinen aus einer Kette von Einzelteilen (Bild 1). Die Verfügbarkeit und Genauigkeit der gesamten Meßanlage ist nur dann gegeben,

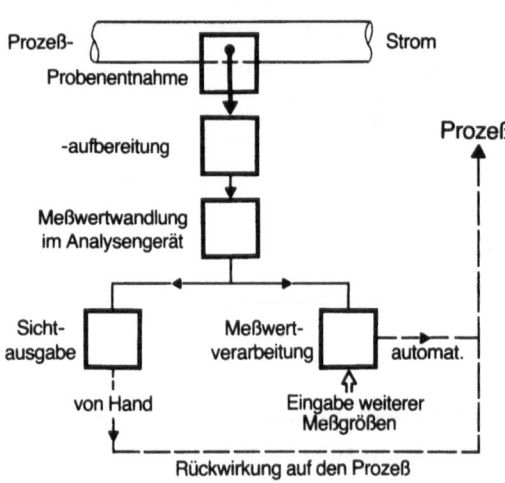

wenn jedes Anlagenteil für sich
verfügbar ist und sein Beitrag
zur Meßunsicherheit nicht zur
Überschreitung des zulässigen
Gesamtfehlers führt. Für die
Analysenmeßtechnik ist typisch,
daß Verfügbarkeit und Genauigkeit nur durch eine intensive
Bedienung und Wartung zu erreichen sind. Sinnvoll und zweckmäßig ist eine angepaßte Wartung,
die den an die Meßaufgabe gestellten Anforderungen und den
speziellen, für die Meßstelle
typischen Verhältnissen gerecht
wird und kostengünstig ist.

Bild 1: Schema einer Analysen-
Meßanlage zur Prozeßsteuerung

Eine weitere Senkung der Wartungskosten und des Zeitaufwandes, in der Fehler der Meßanlage erkannt werden, bringt eine "rechnergestützte automatische Überwachung der Betriebsanalytik", wie sie von H. Warncke [1] anläßlich eines 1974 gehaltenen INTERKAMA-Vortrages beschrieben wurde.

Der Bedeutung dieses Themas gemäß, wird E. Nicklaus im 4. Vortrag dieser Themengruppe eine solche fernüberwachte, autonome Prozeßanalysen-Meßeinrichtung beschreiben und über Erfahrungen mit bereits eingesetzten Systemen berichten.

3.2 Zu bestimmende Meßgrößen, Probleme

Es ist üblich, die mit Hilfe der Betriebsanalysenmeßtechnik zu bestimmenden Analysenwerte wie folgt zu gliedern [2]:

Qualitätsgrößen: Konzentration, Gehalt	Q
Feuchte (moisture)	M
Dichte	D
Viskosität	V

Die Beziehung zwischen Analysenwert und meßbarer Größe muß eindeutig sein.

Mit der anzuwendenden Meßmethode sollte der Analysenwert möglichst spezifisch erfaßt werden. Bei der Auswahl der Methode müssen der Einfluß von Dritt- und/oder Störkomponenten untersucht und geeignete Maßnahmen zur Vermeidung oder Kompensation getroffen werden. Hierin liegt ein entscheidender Unterschied zu der Meßtechnik für die Bestimmung von Zustandsgrößen. H. Hummel [3] kennzeichnete diesen Sachverhalt bereits in seinem 1960 gehaltenen INTERKAMA-Vortrag mit folgender Feststellung: "Jedes Meßproblem bedarf einer individuellen physikalisch-technischen Beurteilung und Bearbeitung". Das heißt, daß im allgemeinen keine Standardprobleme vorliegen, die routinemäßig gelöst werden könnten. Vielmehr ist grundsätzlich eine aufgabenspezifische Applikationsarbeit erforderlich, deren Zeitbedarf berücksichtigt werden muß. Nötigenfalls müssen Eigenentwicklungen durchgeführt werden.

3.3 Wie wird gemessen?

Nach diesen allgemeinen Betrachtungen über die Meßanlage, die zu bestimmenden Meßgrößen und die meßtechnischen Besonderheiten soll nunmehr auf Probenentnahme- und aufbereitung eingegangen werden.

Eine Reihe von Meßverfahren erlaubt eine <u>in-situ-Messung</u>. Die Probe-
entnahme und -fortleitung entfällt hierbei.
Die Vorteile einer solchen Arbeitsweise sind klar:
Die Zusammensetzung der Probe bleibt unverfälscht, der Meßwert wird
ohne zusätzliche Totzeit erfaßt und ermöglicht somit schnelle
Regelungen und Grenzsignalgabe.

Diese Vorteile müssen jedoch mit Nachteilen erkauft werden:
Die in-situ-Messung ist anfälliger gegen Verschmutzungen und darüberhinaus ist die Wartung erschwert.

Bei Messungen in Behältern und bei geringer Bewegung des Meßmediums
ist ferner zu prüfen, ob der Meßwert auch repräsentativ ist. Dies
gilt z. B. bei pH-Messungen mit Meßketten in Taucharmaturen.

Sind in einer betrieblichen Anlage mehrere Analysenmeßanlagen zu er-
richten, so ist es aus Gründen rationeller Wartung und in explosionsgefährdeten Bereichen zweckmäßig oder gar notwendig, die Analysengeräte örtlich in AGR genannte Analysengeräteräumen zusammenzufassen.

Hier soll zunächst auf die damit verknüpfte Probenfortleitung näher
eingegangen werden. Hierfür eignen sich in vielen Fällen Rohre aus
PTFE oder Edelstahl. Für den Transport kondensierbarer gasförmiger
und auch erstarrender flüssiger Proben haben sich heizbare Bündelrohrleitungen bewährt. Bild 2 zeigt bei uns gebräuchliche Ausführungen
von heizbaren Bündelrohrleitungen. Zur Heizung verwenden wir 5 bar-
Dampf in den Kupferrohren. Das 2. Kupferrohr wird zur Dampfrückführung
eingesetzt, wenn es aus örtlichen oder
wartungstechnischen Gründen zweckmäßig
ist, den temperaturgesteuerten Konden-
satableiter im Analysengeräteraum unterzubringen. Als probenführende Leitungen dienen im allgemeinen Rohre aus
Edelstahl oder - bei korrosiven Stoffen -
Rohre aus PTFE, die zur Ausschaltung
von verfälschenden Permeationen - sowohl von innen nach außen, als auch in
umgekehrter Richtung - metallummantelt
sind. Auch hier sind 2 Rohre vorgesehen,
da häufig Beipaßmengen wieder an den
Entnahmeort zurückgeführt werden müssen.

Bild 2: Heizbare Bündel-
      rohrleitungen
links: 2x8x1 PTFE +2x8x1 Cu
mitte: 2x8x1 PTFE
      m.Pb-Mantel +2x8x1 Cu
rechts:1x8x1 Cu

Der Einsatz von heizbaren Bündelrohrleitungen ist zwar eine teuere, jedoch technisch saubere Lösung. Fälle, in denen an kalten Winter-tagen kondensierbare Meßgasbestandteile in den Entnahmeleitungen und auch in den Meßküvetten von optischen Analysengeräten kondensierten, können mit dieser Technik vermieden werden.

Bei dem Fortleiten von Gasen besteht durch die hohe ($\gtrsim 100^{\circ}$C) Tempera-tur im allgemeinen ein so großer Taupunktabstand, daß Wandadsorptio-nen vernachlässigbar sind. Es muß jedoch erwähnt werden, daß bei Messungen im cm^3/m^3-Bereich längere (5 - 100 m) Leitungen problema-tisch sind. Wandadsorptionen und/oder Löslichkeit der Meßkomponente im Falle von Kunststoffrohren verleihen der Leitung Speichereigen-schaften und beeinträchtigen daher das Zeitverhalten.

Nachteilig kann sich auch die bei langen Leitungen gegebene Verweil-zeit auswirken, wenn ein Reagieren der zu messenden Spurenkomponente mit anderen Bestandteilen der Probe zu erwarten ist. Hier muß ggf. der Meßort nahe an den Entnahmeort verlegt werden.

Steht in betrieblichen Anlagen kein Dampf zur Verfügung, so können Bündelrohrleitungen mit elektrischer, selbstregulierender Begleit-heizung verlegt werden. Verwendung finden hier Chemelex-Heizbänder der Firma Raychem. Unter Befolgen von Installationshinweisen für den An-schluß des Heizbandes und bei fachmännischer Ausführung sind diese Heizbänder auch in explosionsgefährdeten Bereichen einsetzbar.

Bei Gasanalysen läßt sich die Problematik unverfälschter <u>Probenzufuhr</u> zum Analysengerät durch Einsatz von <u>Verdünnungssonden</u> entschärfen: Durch die definiert vorgenommene Verdünnung wird nicht nur der für Verfälschungen durch Wandadsorption maßgebende Taupunktabstand ver-größert, sondern auch die Konzentration gegebenenfalls im Probengas vorhandener Feststoffteilchen verringert.

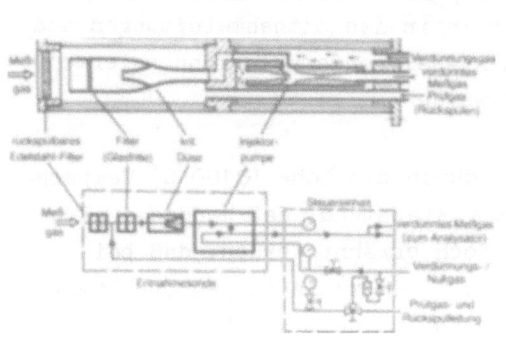

Eine derartige Sonde der Firma
kipp analytica, Vertrieb durch
Kontron/München ist in Bild 3
dargestellt. Die Sonde besitzt
ein rückspülbares Filter und erlaubt Prüfgasaufgabe über die
Rückspülleitung. Selbstverständlich bedingt die Verdünnung den
Einsatz eines entsprechend emp-
findlicheren Analysengerätes.

Bild 3: In-line-Probenverdünner zur
Probennahme von Abgasen und Prozeß-
gasen

Gemäß dem in Bild 1 gezeigten Schema einer Analysen-Meßanlage folgt
auf die Probenentnahme die Probenaufbereitung. Auch diese beeinflußt
die Verfügbarkeit und teilweise auch die Genauigkeit der Meßanlage.
Die Probenaufbereitung muß z. B. folgendes bewirken:
  Abscheiden von Staub, Nebel, Sprüh bei Gasanalysen.
  Herausfiltern von dispergierten Stoffen bei Gas- und
  Flüssigkeitsanalysen.

Trocknen oder Einstellen eines definierten Taupunkts bei Gasanalysen, z. B. durch Kühlen, Trocknen mittels hygroskopischer Substanzen oder mittels Permeationstrocknern. Falls die Trocknung
durch Kondensation oder Sorption zu Meßwertverfälschungen führt,
müssen konsequent alle mit der Probe in Berührung stehenden Bauteile beheizt werden.

Waschen einer Gasprobe kann sowohl eine Entfeuchtung als auch eine
Abscheidung herbeiführen.

Druck und Durchfluß werden auf die für den Analysator richtigen
Werte eingestellt. Durch Beipaßleitungen von der Entnahme bis vor
die Aufbereitungseinrichtung können Totzeiten infolge großer Leitungslängen verringert werden. Bei ungenügendem Druck an der Entnahmestelle muß eine - nötigenfalls beheizte - Pumpe installiert
werden.

Eine ausgeführte Aufbereitungseinrichtung soll als Beispiel (Bild 4) beschrieben werden:

In einem stark staubhaltigen Prozeßgas eines Röstofens werden zum Zwecke der Reaktionsführung SO_2 und O_2 unmittelbar am Ofenausgang bei ca. 1000°C gemessen. Verstopfen des aus korrosionsfestem Quarz bestehenden Sondenrohres wird durch periodische Dampfspülung (Ventil V 1) des Sondenteils vermieden. Durch das Ventil V 2 wird verhindert, daß der Spüldampf in die verhältnismäßig lange (ca. 30 m) Probenleitung eindringt. Nach der Spülphase wird über V 3 der Sondenteil mit N_2 trockengeblasen; hierdurch vermeidet man, daß restlicher Wasserdampf die weitere Aufbereitungseinrichtung mit Kondensat belastet.

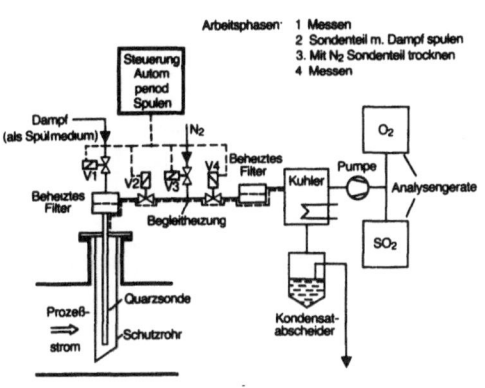

Bild 4: Entnahme- u. Aufbereitungseinrichtung bei einer Gasanalyse

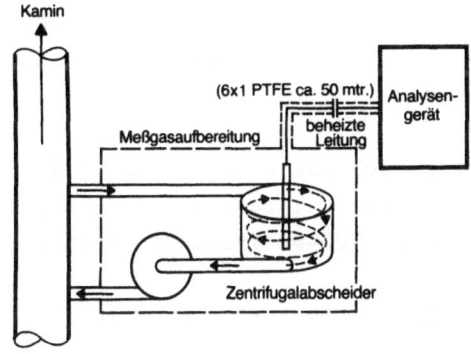

Bild 5: Zentrifugalabscheider für Aerosole bei Gasanalysen nach W. Melzer

Damit können Abscheider klein bemessen werden, was sich günstig hinsichtlich kleinerer Totzeiten auswirkt. Durch einen Meßgaskühler mit selbsttätigem Kondensatablaß wird eine Taupunktunterschreitung in den beiden Analysengeräten vermieden. Alle Bauelemente vor dem Kühler sind von der Sonde an beheizt, um auch dort Kondensationen und Verkrustungen zu vermeiden. Durch die automatische Steuerung der Spülzyklen ist der Wartungsaufwand gering.

Weitere 3 Beispiele sollen Aufbau und Wirkungsweise von Aufbereitungseinrichtungen verdeutlichen. W.Melzer [4] berichtete 1974 über eine Messung zur Chlor-Emissionsüberwachung (Meßbereich 0 - 5 cm^3/m^3 Cl_2), bei der erst durch Einbau eines Zentrifugalabscheiders (Bild 5) an der Entnahmestelle eine einwandfreie Funktion der Meßanlage erzielt wurde. Dieser bewirkt das Abscheiden von NaOH-Tröpfchen,

die das Abgas von einer Natronlauge-Wäsche enthält. Bei der ca. 50 m
langen Entnahmeleitung wird so vermieden, daß im Analysengerät (Cl_2-
Ionoflux/Hartmann & Braun) zu bestimmendes Cl_2 durch eine Wandbelegung
mit NaOH vorzeitig absorbiert wird.

Die nächsten beiden Beispiele betreffen die Probenaufbereitung in der
Abwasseranalytik. Bei der Bestimmung des Gesamtgehaltes an organisch
gebundenem Kohlenstoff (TOC-Gehalt) muß aus dem oft ungelöste Anteile
enthaltenden Abwasser ein zu analysierender Probenstrom entnommen werden, der Partikel bis 50 μm Durchmesser enthalten darf. Hierfür werden meist Beipaßfilter eingesetzt. Problematisch ist jedoch die Ver-
stopfung des Filters.

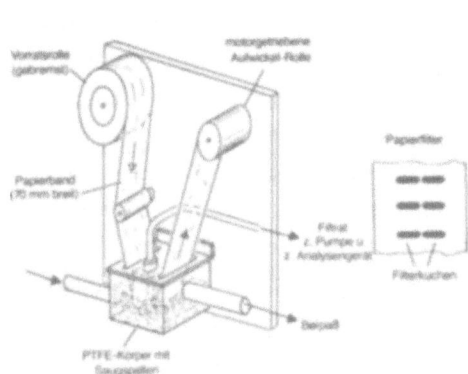 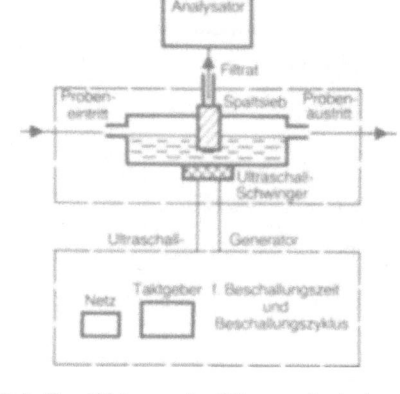

Bild 6: Automatisches Papierbandfilter zur Abwasserfilterung
nach Schirrmeister [5]

Bild 7: Ultraschallgereinigtes
Spaltfilter für die Wasser-
analyse; Maihak

Diese Schwierigkeit wurde in dem Papierbandfilter nach Bild 6 durch
diskontinuierlichen Filterbandtransport beseitigt. Etwa alle 30 Minuten wird das Filtrat über eine neue Filterfläche und zwei 4 mm breite
Spalte eines Teflonsaugkörpers abgesaugt.

Bei der in Bild 7 dargestellten Filtereinrichtung wird ein die Filtration bewirkendes Spaltsieb zyklisch mittels Ultraschall gereinigt.
Beide Methoden haben sich in Verbindung mit TOC-Analysatoren bewährt.

Die in den Abbildungen 4 - 7 gezeigten Beispiele lassen die Vielfalt
möglicher Aufbereitungstechniken und ihre Bedeutung für die Verfügbarkeit der Meßanlage erkennen.

Ein komplettes in-line-Entnahme- und Aufbereitungssystem "8900" für
Abgasanalysen an Kaminen liefert Bendix/UPK, Bad Nauheim. Die Probe

wird über ein rückspülbares Filter, ein zylindrisches Beipaßfilter, einen Nebelabscheider mit selbsttätiger Kondensatabsaugung und über einen Permeationstrockner abgezogen. Das System soll sich bei der Bestimmung von SO_2, NO_x, CO, CO_2, O_2 und bei der Bestimmung des Gesamtschwefelgehaltes eignen.

Entnahme- und Aufbereitungseinrichtungen verursachen häufig den meisten Wartungsaufwand. Deshalb sind auch hier Bemühungen mit dem Ziel lohnend, möglichst wartungsarme, selbstreinigende oder selbstregenerierende Bauelemente einzusetzen. E. Nicklaus wird in seinem Vortrag zeigen, daß auch diese Bauelemente in ein System rechnergestützter automatischer Überwachung und Instandhaltung einbezogen werden können.

3.4 Analysengeräteräume (AGR)

Die Zweckmäßigkeit und die im Falle explosionsgefährdeter Bereiche und nicht explosionsgeschützter Analysengeräte bestehende Notwendigkeit, die Geräte in einem besonderen AGR unterzubringen, wurden bereits zu Anfang des Abschnittes 3.3 erwähnt.

Für die Errichtung eines AGR sprechen noch weitere Vorteile:

> Nachteilige äußere Einflüsse z. B. durch Klima,
> gefährliche explosionsfähige oder toxische Atmosphäre
> werden weitgehend ausgeschaltet. Ein Aufenthalt im AGR
> ist somit auch im Falle einer Betriebsstörung ermöglicht.
> Für die Analyse erforderliche Hilfseinrichtungen brauchen
> nur einmal vorhanden zu sein.

Diese Vorteile überwiegen meist den Nachteil des baulichen Aufwandes. Teilweise kommen auch Fertigkabinen mit vormontierten Meßanlagen zum Einsatz.

In weiträumigen Anlagen können die größeren Entfernungen zwischen Entnahme- und Meßort im AGR dann zu Problemen führen, wenn schnelle Messungen oder Spurenbestimmungen erforderlich sind.

Neben den betriebsseitig einwirkenden Gefahren können auch von den Meßanlagen selbst Gefahren ausgehen. Um diesen gesamten Problemen zu begegnen, haben Fachleute aus dem Kreise der Gerätehersteller und der Betreiber in einer NAMUR-Empfehlung [6] Mindestmaßnahmen und -einrichtungen festgelegt, die ein gefahrloses Betreiben von Analysenmeßanlagen ermöglichen. Die empfohlenen Maßnahmen/Einrichtungen hängen davon ab, ob innere Ex-Gefahr infolge eingebrachter Meß- und Hilfsstoffe oder äußere Ex-Gefahr, die vom Betrieb ausgeht, besteht. Die Empfehlung ist in 2 Teile gegliedert: Teil A (AGR-Ex$_A$) gilt für Räume mit Gasanalysengeräten. Die hauptsächliche Schutzmaßnahme besteht hier in der Belüftung mit Frischluft in 5-fachem Wechsel pro Stunde.

Der in Vorbereitung befindliche Teil B bezieht sich auf AGR, in denen Geräte zur Analyse brennbarer Flüssigkeiten installiert sind. Hier stellt die Belüftung keine hinreichende Maßnahme mehr dar. Wirksamer Schutz kann jedoch durch Gaswarngeräte erzielt werden, die bei Überschreiten von 20% UEG (UEG: Untere Explosionsgrenze) die nicht explosionsgeschützten Betriebsmittel insgesamt abschalten. Die richtige Plazierung der Gaswarngeräte in Verbindung mit gezielter Luftführung gewährleistet ein sicheres und schnelles Erkennen entstehender Gefahr.

Die Skizze in Bild 8 soll die wichtigsten Merkmale und Einrichtungen veranschaulichen.

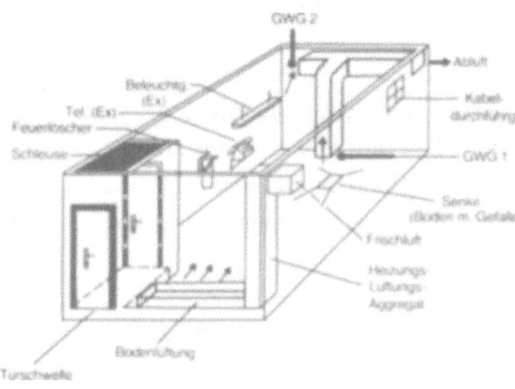

Bild 8: Analysengeräteraum AGR-Ex; Veranschaulichung der Maßnahmen/ Einrichtungen gegen innere und äußere Ex-Gefahr

Zusätzlich zu den Explosionsgefahren müssen ggfs. noch toxische Gefahren berücksichtigt werden. Auch hierfür können Gaswarngeräte installiert werden, die allerdings im Bereich der MAK- und TRK-Werte empfindlich sein müssen (MAK: Maximale Arbeitsplatzkonzentration; TRK: Technische Richtkonzentration. Vergl. Anlage 4 zu den Unfallverhütungsvorschriften der Berufsgenossenschaft der chemischen Industrie 1978). Während des Aufenthaltes innerhalb des AGR und vor allem bei Arbeiten an Meßeinrichtungen sind die Sicherheitsanweisungen des Betriebes und der für die Betriebsanalysenmeßtechnik zuständigen Abteilung zu beachten.

4. Auswahl der Meßmethode

4.1 Aufgabenformulierung, Lösungsweg

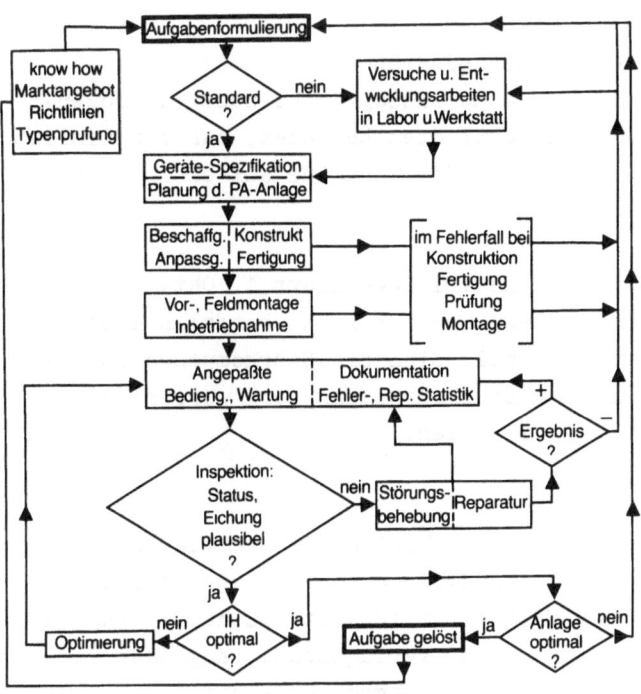

Die Wege zur Lösung von Aufgaben der Betriebsanalysenmeßtechnik sind in dem in Bild 9 gezeichneten Schema dargestellt. Es verdeutlicht gleichermaßen die Arbeitsweise der mit Betriebsanalysenmeßtechnik betrauten Gruppe und die Besonderheit, daß meist keine Standardlösungen möglich sind. Hieraus resultiert die Forderung, die betriebsanalytische Teilaufgabe möglichst bereits im Vorplanungsstadium des Gesamtprojektes zu formulieren. Hierzu kann ein "MSR-Stellenblatt Prozeßanalyse" genannter Fragebogen nützlich sein, der später - ergänzt und korrigiert - in die Meßstellendokumentation aufgenommen werden kann. Bild 10 enthält ein stark vereinfachtes Schema des Fragebogens.

Bild 9: Schema des Lösungsweges bei betriebsanalytischen Aufgabenstellungen

MSR-Stellenblatt Prozeßanalyse	Bezeichng. Anlage
Meßaufgabe Beschriftung	Betrieb Gebäude
Meßstoff	Meßort
	Rückführort
	Aufstellort
Meßprinzip Meßbereich	Art u. Ausrüstung d. Meßanlage
Daten u. Eigensch. des Analysators	Geforderte Verfügbarkeit, Genauigkeit, Zeitverhalten
Spezifikation weiterer Geräte (Schreiber, Signalgeber,...)	
Bemerkungen	
Prüf- u. Änderungsvermerke	

Bild 10: MSR-Stellenblatt Prozeßanalyse (Schema)

Aus der Vielzahl der zur Verfügung stehenden Meßverfahren muß nun ein erfolgversprechendes ausgewählt werden. Die Entscheidung wird mit Hilfe folgender Kriterien getroffen:

a) Meßkomponente, Meßbereich

Hier sei daran erinnert, daß zu messende Analysenwerte sich über 9 Zehnerpotenzen (mm^3/m^3 - m^3/m^3) erstrecken können und dabei die unterschiedlichsten Meßverfahren angewandt werden müssen.

b) Störkomponenten, Einfluß von Zustandsgrößen

In den häufigsten Fällen ist als Meßaussage eine zustandsgrößen-invariante Konzentration gewünscht; dies bedeutet, daß der Einfluß von Zustandsgrößen kompensiert und die Meßgröße auf einen zu vereinbarenden Normzustand bezogen werden müssen.

Über Querempfindlichkeiten (siehe VDI 2449 Blatt 1, Okt. 1970, Seite 10) seitens Störkomponenten muß man sich ebenfalls Rechenschaft ablegen. Erforderlichenfalls sind die Störkomponenten getrennt zu erfassen und muß ihr Einfluß kompensiert werden; dies kann mit Rechnerunterstützung erfolgen.

c) Genauigkeit und Verfügbarkeit

haben entscheidenden Einfluß auf die Wahl des Meßverfahrens und wirken sich auf die Kosten der hardware und die Instandhaltungskosten aus. Aus Gründen der Wirtschaftlichkeit muß die Wartung diesen Forderungen nach Genauigkeit und Verfügbarkeit angepaßt werden. Die Erfassung meßstellenbezogener Störungsdaten schafft die Grundlage für eine laufende Optimierung der Instandhaltung.

d) Überwachung, Instandhaltung

Die Wahl eines bestimmten Meßprinzips kann sich erheblich auf den zu treibenden Aufwand bei Probenentnahme und -aufbereitung auswirken. So kann es durchaus sinnvoll sein, zugunsten niedrigerer Instandhaltungskosten ein teureres Analysengerät einzusetzen.

Ist für die Meßanlage eine automatisierte Überwachung und Instandhaltung vorgesehen, so ist darauf zu achten, daß das Analysengerät entsprechend geeignet oder vorbereitet ist. So erübrigen bereits vorhandene Statussignalgeber den zusätzlichen Einbau entsprechender Sensoren.

4.2 Meßmethoden-Übersicht

Es gibt eine Reihe ausführlicher Darstellungen der Prinzipien und Methoden, die in der Betriebsanalysenmeßtechnik zur Konzentrationsbestimmung angewandt werden. So hat Hummel bereits auf der INTERKAMA

1960 [3] eine umfangreiche und detaillierte Darstellung vermittelt.
Eine neuere Übersicht gab 1977/78 W.Schaefer [7]. In der Neuauflage
des nunmehr 5-bändigen Werkes "Messen, Steuern und Regeln in der
Chemischen Technik" [8] enthält Band 2, Betriebsmeßtechnik II, in
methoden-orientierter Gliederung eine umfassende Darstellung der gebräuchlichen Analysenmethoden.

Im Rahmen dieser Darstellung kann daher auf detaillierte Schilderung
verzichtet werden. Einzelne Geräte werden nur beispielhaft im Zusammenhang mit den noch zu erläuternden Anwendungen kurz beschrieben.
Wie bereits in einer früheren Arbeit [9] wird bewußt auf die sonst
übliche Gliederung in Gas- und Flüssigkeitsanalyse verzichtet; dies
erscheint durchaus gerechtfertigt, da häufig der Aggregatzustand der
Probe bei der Analyse absichtlich verändert wird.

Eine Übersicht über die gebräuchlichsten Meßmethoden sollen die Tabellen 2a,b vermitteln. Der Übersicht liegt folgendes Ordnungsschema
zugrunde:

Spalte 1: Einteilung der Methoden in <u>Gruppen</u> gemäß dem Verfahren, das
zur Meßwerterfassung genutzt wird.

" 2: Kurzbezeichnung des <u>Analysenwertes</u> unter Verwendung der in
Abschnitt 3.2 erläuterten Größen Q,M,D,V. Die Indizes G,F
stehen für Gas, Flüssigkeit.

" 3: Als <u>Meßgröße</u> ist die vom Analysenwert abhängige Eigenschaft
aufgeführt.

" 4: Art des <u>Analysengerätes</u> oder des Meßverfahrens.

Die Tabellen verdeutlichen die bereits in Abschnitt 4.1 erwähnte Vielzahl der Meßverfahren und die daraus resultierende Vielfalt bei der
Methodenwahl für eine vorliegende Aufgabenstellung.

Für den Hersteller von Analysengeräten bedeutet die Methodenvielfalt
in Verbindung mit einem gegebenen Marktvolumen natürlich eine Einschränkung der Stückzahl für einen bestimmten Gerätetyp und erklärt
daher die Zurückhaltung bei der Entwicklung neuer Analysengeräte. Im
Anwenderbereich wird es jedoch immer wieder spezielle Aufgabenstellungen geben, deren Lösung zwar aufwendig, wegen der Bedeutung der Meßaufgabe aber dennoch sinnvoll ist. In diesem Zusammenhang sei daran

Tabelle 2a Übersicht über gebräuchliche Meßmethoden

[1] Gruppe	[2] Analysenwert	[3] Meßgröße	[4] Anal.gerät, Meßverf.
mechanisch	D(F) D(F,G) D(F) Q(F) V(F) " "	Druckdifferenz Wägung Auftrieb Ultraschall-geschw. Drehmoment Druckdifferenz Zeit	Hydrostat. Dichte-M. Dichtewaage Aräometer US-Konztr. Analysator Rotat. Viskosimeter Kapillar- " Fallkörper- "
thermisch	Q(G) " Q(F,G) M(G)	Wärmeleitfähigkeit katalyt.Wärmetöng. Reaktionswärme Gleichgew.-Temp.	Wärmeleitfähigkeit-M.G. Gaswarngeräte Flußkalorimeter LiCl-Feuchte-M.G.

elektrisch	Q(F)
	"
	Q(G)
	M(G)
	
	Q(G)
		Leitfähigkeit
		Dielektrizitätszahl
		Leitf. bei Ionisat.
		Dielektr.zahländg.
		  bei Sorption
		Leitf.ändg. bei
		  Chemiesorption
			Leitfähigkeit-M.G.
			Scheinleitwert-M.G.
			Ionisat.-Detektor
			
			Scheinleitw.-M.
			
			Halbleiter-Gasdet.

magnetisch	Q(O$_2$,G)	Suszeptibilität, Kraft i.inhom. Feld Druck/Strömung thermomagt.Eff.	 Servomex, Magnos 3 Oximat Magnos 2 u. 5, Oxigor
elektro- magnet.	Q(G) M	e/m-spezif. Ionenstrom Res.freq.änderg.	 Massenspektrometer /u-Wellen-Feuchte-M.G.

Erläuterungen zu den Tabellen 2a, 2b

    Q   : Qualitätsgrößen Konzentration, Gehalt
    M   : Feuchte
    D   : Dichte
    V   : Viskosität

    M.   : Messung
    M.G. : Ultraschall
    TOC : Gesamtgehalt an organ. gebund. Kohlenstoff
    CSB : Chem. Sauerstoffbedarf

Tabelle 2b   Übersicht über gebräuchliche Meßmethoden (Forts. v. 2a)

[1] Gruppe	[2] Analysenwert	[3] Meßgröße	[4] Anal.gerät, Meßverf.
optisch	Q(F,G)	Extinkt. v. Strahlg.	
		im IR	
		im UV	Fotometer
		im VIS	
		– durch Streuung	Trübungs-M.
	Q(F)	Fluoreszenz	Öl i. Wasser-M.G.
	Q(G)	"	SO_2-Fluoresz.Anal.
	"	Chemiluminesz.	NO_x-Analys.
	"	Emission	Flamm.photom.
	"	UV-Res.absorpt.	Radas/H. & B.
	Q(F)	Brechgs.index	Refraktometer
radiometr.	Q(p)	Neutron.-Bremsg.	Nukl.Feuchte-M.G.
	D,Q(F)	Absorpt. v.γ-Str.	γ-Fotometer
el.chem.	Q(Ionen,F)	Nernstspg.	Hochohm.Spgs.-M.
	Redoxpot.	"	"
	Q(O_2,G)	"	ZrO_2-Zelle
	M(G)	Elektrolysestrom	Elektrolyse-Hygrom.
	Q(G,F)	Amperometrie	
		mit 2 u.	niederohm.Strom-M.
		3 Elektr.	Potentiostat.M.
Verf. mit Hilfsreakt.	Q(G,F)	Färbung	Fotometer
	Q(G)	Nernstspg.	Gasspurenmonitor
	Q(G)	Leitfähigkeit	Ionoflux, Mikrogas
	Q(G,F)	Amperometrie	Potentiostat.M.
automatis. Analyse	Q(F)	Äquivalenzpkt.	Titrierautomat
	Q(F,G)	Chromatographie	Proz.Chrom.
	Q(F)	Polarographie	" -Polarograph
	Q(TOC,F)	CO_2 n.Verbrenng.	TOC-M.G.
	Q(CSB,F)	Farbumschlag	CSB-M.G.

erinnert, daß zahlreiche kommerzielle Analysengeräte auf Eigenentwicklungen im Bereich der chemischen Industrie basieren.

Bei der Methodenwahl und speziell der Auswahl eines bestimmten Gerätes
sollten auch ggf. bereits durchgeführte Prüfungen bezüglich Eignung
und Funktionstüchtigkeit berücksichtigt werden. Ergebnisse solcher
<u>Typenprüfungen</u> (verg. Bild 9; oberer linker Bildteil) sind ein zu-
sätzliches Entscheidungskriterium bei der Geräteauswahl.

5. Anwendungen

Automatische Prozeßanalysengeräte werden hauptsächlich für

       Prozeßüberwachung, -führung,
       Produktqualitätskontrolle,
       Anlagensicherung   und für Meßaufgaben im
       Arbeits- u. Umweltschutz

eingesetzt (vergl. Tabelle 1).

Im folgenden werden zu diesen Einsatzgebieten <u>Beispiele</u> von Problemlösungen angeführt und dabei gleichzeitig das jeweils eingesetzte
Analysengerät in Funktion und Aufbau kurz beschrieben.

5.1 H_2SO_4-Konzentrationsbestimmung zur Prozeßführung durch Ultraschallgeschwindigkeitsmessung

Bei der Herstellung von Schwefelsäure wird gereinigtes SO_2-haltiges
Gas mit Hilfe produzierter Schwefelsäure getrocknet und mit dem Sauerstoff zugeführter Luft katalytisch zu SO_3 umgewandelt. Das SO_3 wird
in konzentrierter Schwefelsäure absorbiert. Die so entstandene etwa
99%-ige Absorbersäure wird mit Wasser auf die gewünschte Ausgangs-
konzentration gebracht. Zur Prozeßführung ist es erforderlich, die
Konzentrationen der sogenannten Trockner-, Absorber- und Produktions-
säuren zu messen und auf die erforderlichen Werte einzustellen. Dabei
interessiert ein Konzentrationsbereich von 89 bis 99 Massen-%. Dichte
und Leitfähigkeit sind zwar mögliche Meßgrößen, sie führen in dem oben
genannten Bereich infolge von Maxima bei 98 bzw. 93% jedoch zu Doppel-
deutigkeiten. Neben der nuklearen Protonen-Dichte-Messung (mit einem
von 0 auf 100% steigenden H_2SO_4-Gehalt sinkt die Protonendichte von
111 auf 38 g/l) eignet sich besonders die Schallgeschwindigkeit als
Meßgröße. Wie aus Bild 11 ersichtlich ist, verläuft die Beziehung
zwischen Schallgeschwindigkeit v_{us} und H_2SO_4-Gehalt oberhalb 85% angenähert linear fallend. Eine Temperaturkompensation ist relativ einfach durchführbar.

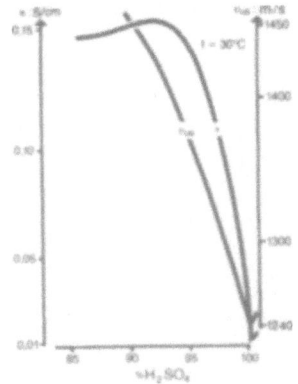

Bild 11: Abhängigkeit der Leitfähigkeit und der Ultraschall-
geschwindigkeit vom H_2SO_4-Gehalt

Bild 12: Schallgeschwindigkeitsmeßsonde zur in-line-Konzen-
trationsbestimmung, NUSonics

Zum Vergleich enthält Bild 11 auch die Darstellung des Verlaufs der
elektrischen Leitfähigkeit. Diese Meßgrundlage erlaubt nur Meßbereiche
von 93 - 99%.

Einen für die Schwefelsäure-Konzentrations-Bestimmung geeigneten Analysator stellt die Firma NUSonics, Tulsa/Vertrieb: Schwing Verfahrenstechnik 4133 Neukirchen-Vluyn, her. Bild 12 zeigt eine Aufnahme der
Schallgeschwindigkeitsmeßsonde. Die obere Platte enthält einen als
Geber und Aufnehmer fungierenden Piezokristall; ihr gegenüber ist eine Reflektorplatte angebracht. Als Maß für die Schallgeschwindigkeit
dient die sich einstellende Schallimpulsfolgefrequenz. Der Meßzusatz
des Gerätes enthält einen Mikroprozessor, in dem die Impulsfolgefre-
quenz in Schallgeschwindigkeit umgesetzt wird und ferner die Kompensation der Einflüsse von Temperatur und ggf. auch von Druck vorgenommen wird.   Die beschriebene Meßmethode ist zugleich ein Beispiel
für einen mechanischen Meßwertwandler (vergl. Tabelle 2a).

5.2 Induktive, elektrodenlose Leitfähigkeitsmessung zur Überwachung der Wirksamkeit eines Waschvorganges

In Verbindung mit dieser Aufgabenstellung soll ein elektrischer Meßwertwandler beschrieben werden, dessen Meßfühler weitgehend unabhängig von Verschmutzungen ist. Es handelt sich dabei um die sogenannte elektrodenlose Leitfähigkeitsmessung, bei der nur 2 gekapselte
Spulen über geschlossene Strompfade im Meßmedium gekoppelt sind. Die
Leitfähigkeit der Flüssigkeit bestimmt dabei den in die Empfänger-
spule eingekoppelten Wechselstrom (siehe Schema in Bild 13). Dieser

Strom als Meßsignal wird phasenempfindlich gleichgerichtet und zur
Anzeige gebracht.

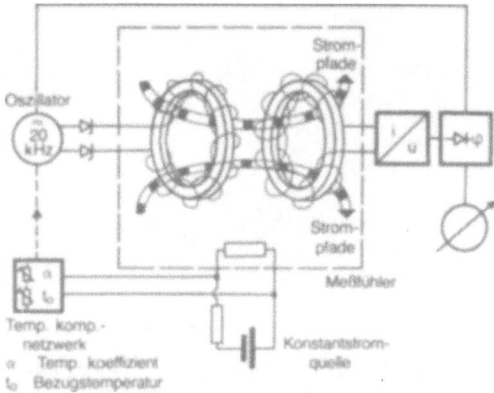

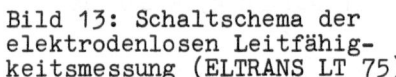

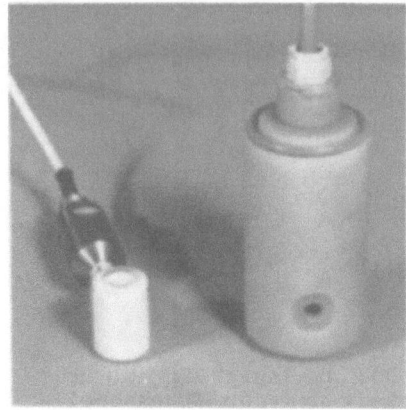

Bild 13: Schaltschema der
elektrodenlosen Leitfähigkeitsmessung (ELTRANS LT 75)

Bild 14: Fühler für elektrodenlose Leitfähigkeitsmessung
(ELTRANS; Knick)

Meßgeräte nach diesem Prinzip werden u.a. von den Firmen ELTRANS,
Zürich und Knick, Berlin hergestellt und ihre Eignung für den Einsatz
in explosionsgefährdeten Bereichen ist bescheinigt. Die zu diesen Geräten gehörenden Meßfühler sind in Bild 14 dargestellt. Der Fühler
LTF 1 von ELTRANS ist weichglasummantelt und daher gegen Korrosion
und Anquellen geschützt.

Durch Einsatz dieses Meßverfahrens gelang es, die Reinheit eines Produktes mit Hilfe der Leitfähigkeit des Waschwassers zu überwachen. Zu
hohe Leitfähigkeit signalisiert eine unzureichende Reinheit. Damit
konnten Schwierigkeiten, die durch Belegen der Elektroden bei konventionellen Leitfähigkeitsmeßanlagen ständig auftraten, völlig vermieden werden. Die Meßmethode besitzt noch die Vorteile, daß Polarisa-
tionseffekte ausgeschlossen sind und der Meßwert potentialfrei erfaßt wird.

5.3 Kontrolle der Produktqualität mit Hilfe einer Farbzahlbestimmung

Bei der Schilderung dieses Anwendungsfalles eines optischen Meßwert-
wandlers soll gleichzeitig gezeigt werden, wie ein kommerzielles Meßgerät durch eine eigenentwickelte Zusatzeinrichtung an eine zu lösen-
de Meßaufgabe adaptiert wird. Zunächst die Problemstellung: Eine
leichte Färbung eines flüssigen Produktes darf einen zulässigen Grenzwert nicht überschreiten und soll daher durch eine geeignete Messung
erfaßt werden. Die bislang durch visuelles Abmustern von gezogenen
Proben gegenüber Hazen-Standards (Platinchlorid-Lösungen) ermittelte

Färbung sollte automatisch und on-line erfolgen (vergl. Bild 9:
Lösungsweg für den Fall, daß kein Standardproblem vorliegt). Durch
Vorversuche im Labor wurde herausgefunden, daß die Hazenzahl Hz sich
gut durch die Rechengröße

$$Hz = const \quad . \quad \frac{\tau_x - \tau_z}{\tau_y}$$

nachbilden läßt. In diesem Ausdruck sind τ_x, τ_y, τ_z die Transmissionen
bei den 3 Wellenlängen x(rot), y(grün) und z(blau). Da kein kommerzielles, automatisches Betriebsphotometer für diese Aufgabe verfügbar
war, wurde ein Fotometer 6 A 100 der Firma Sigrist/Ennetbürgen, Schweiz
durch einen Filterrevolver ergänzt. Das Schema dieses "3-Filter-Foto-
meters" ist aus Bild 15 ersichtlich. Für die richtige Arbeitsweise der
Meßeinrichtung mußten Meß- und Vergleichsstrahlengang für die 3 ausgewählten Wellenlängen auf die gleiche Transmission abgeglichen werden.
Die rechnerische Verarbeitung der jeweils gespeicherten 3 Meßwerte erfolgt in der in Bild 16 dargestellten analogen Rechenschaltung.

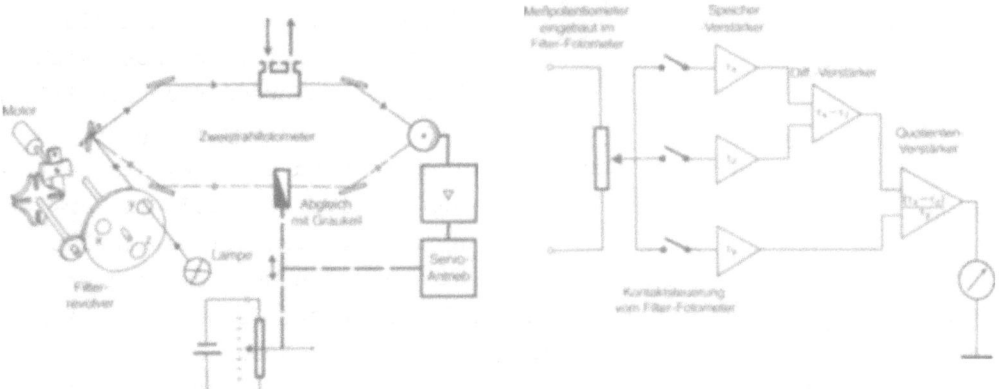

Bild 15: Aufbauschema eines
3-Filter-Fotometers zur
Farbzahlbestimmung

Bild 16: Rechenschaltung zur
Ermittlung der Hazenzahl

Die Verfügbarkeit und Genauigkeit der Meßanlage ist gut, nachdem an-
fängliche Schwierigkeiten infolge Küvettenverschmutzungen durch eine
automatische Spüleinrichtung beseitigt wurden.

5.4 Sauerstoff-Konzentrationsmessung im Desorptionskreislaufgas einer A-Kohle-Filteranlage zwecks Anlagensicherung

Neben der Überwachung der Einhaltung von Zustandsgrößen-Grenzwerten werden in wachsendem Anteil auch Analysenwerte zur Gewährleistung des sicheren Betriebes einer verfahrenstechnischen Anlage herangezogen. Hierbei spielt die Verfügbarkeit der Meßeinrichtung eine entscheidende Rolle. Sie kann durch eine redundante Ausführung - möglichst von der Entnahme bis zur Sichtausgabe der Meßwerte - gesichert werden. Aus diesem Grunde wurde auch die O_2-Meßanlage in dem zu schildernden Beispiel doppelt ausgeführt. Das Beispiel betrifft eine Adsorptionsanlage zur Desodorierung der Abluft aus biologischen Klärbecken. Die Adsorption der organischen Bestandteile in der Beckenabluft wird in A-Kohle-Filtertürmen vorgenommen (siehe Bild 17). Während sich ein Filter (I) in der Adsorptionsphase befindet, wird in einem der beiden anderen (II, III) mit erhitztem Stickstoff das Sorbat ausgetrieben und dem Brenner zur

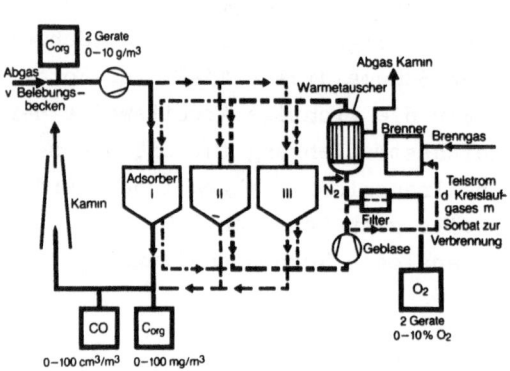

Bild 17: Fließschema einer A-Kohle-Filter-Anlage zur Desodorierung der Abluft aus einer biologischen Kläranlage

Vernichtung zugeführt. Wird nach der Beladung eines Filters ein neuer Desorptionszyklus begonnen, so wird erst dann der Brenner gestartet, wenn beide O_2-Meßgeräte Konzentrationen <2% anzeigen. Auf diese Weise wird eine mögliche Brandgefahr vermieden.

Meßtechnische Besonderheiten liegen darin, daß Entnahme, Filter, Probenleitung und das Meßsystem des zur O_2-Bestimmung eingesetzten Oximat 3 (Siemens) insgesamt auf 80 - 90°C beheizt sind.

Die Meßwerte und Grenzsignalgabe der O_2-Meßgeräte sind in das rechnergestützte Gesamt-Sicherheitssystem integriert.

Die Filteranlage ist noch mit weiteren Analysenmeßgeräten bestückt: Eingangsseitig überwachen Flammenionisationsdetektoren (FID) die Konzentration organischer Anteile in der Beckenabluft. Das CO-Meßgerät dient der Früherkennung von im Störfall möglichen Glimmnestern in der

Schüttung der A-Kohle. Der FID am Ausgang des Filters I soll die Reinheit der Abluft und damit die Wirkung der Adsorption überwachen.

Die hier beschriebene Anlage zur Abluftdesodorierung ist nicht nur unter dem Aspekt der Sicherheitstechnik interessant; sie ist ein Teil der im Uerdinger Werk der Bayer AG mit einer Gesamtinvestitionssumme von 80 Mio DM errichteten biologischen Kläranlage. Sie zeigt symptomatisch den auch im Abschnitt 6.1 "Allgemeiner Trend" erwähnten wachsenden Anteil des Umweltschutzes bei den Investitionen der chemischen Industrie.

5.5 Schadstoffspurenbestimmung im Bereich des Arbeits- und Umweltschutzes

Auch das letzte Beispiel betrifft den Umweltschutz. Gleichzeitig soll damit gezeigt werden, daß mit einer vorgeschalteten Hilfsreaktion die für eine Meßaufgabe erforderliche Selektivität erzielt werden kann. Ferner soll damit auf die Bedeutung von Eigenentwicklungen bei speziellen Aufgabenstellungen hingewiesen werden.

Die Aufgabe, Schadstoffspuren schnell, mit hoher Meßempfindlichkeit, ausreichender Überlastbarkeit und geringem Wartungsbedarf mit einem stationären Betriebsanalysengerät bestimmen zu können, ist sowohl für die Überwachung von Arbeitsbereichen als auch für Emissionsmessungen von großer und aktueller Bedeutung. Für einige Gase, wie z. B. Fluor, Chlor-Wasserstoff, HCN und $COCl_2$ war keine befriedigende und die oben genannten Bedingungen erfüllende Lösung vorhanden. Dies war der Anlaß, einen eigenen Gasspurenmonitor zu entwickeln. U. Fritze, Bayer AG, Leverkusen konzipierte ein Gerät, bei dem das schadstoffhaltige Gas mit möglichst wenig Lösungsmittel unter Bildung von Ionen in innige Berührung gebracht und unverzüglich auf die Sensorfläche einer auf den Schadstoff abgestimmten ionensensitiven Elektrode geleitet wird. Der erforderliche geringe Lösungsmittelverbrauch wurde durch ein pneumatisches Zerstäuberprinzip erreicht.

Um auf dieser Meßgrundlage auch $COCl_2$ bestimmen zu können, wurde eine Hilfsreaktion [12] vorgeschaltet, die nach dem Reaktionsschema

$$2R + COCl_2 \longrightarrow [R\text{-}CO\text{-}R]^{++} \; Cl_2^-$$

zu einem farbigen, und daher colorimetrisch indizierbaren Folgeprodukt führte. Entsprechend wurde die ionensensitive Elektrodenmeßkette durch ein Lichtleiter-Fotometer (Brinkmann Instruments, Westbury/USA) ersetzt.

Die Lichtleiter erlauben den Einsatz einer derart kleinen Küvette,
daß Empfindlichkeit und Zeitverhalten des ursprünglichen Konzepts erhalten blieben.

Der Meßzellenaufbau des Zerstäubungsgasspurenmonitors (ZGSM) für $COCl_2$
ist in Bild 18 dargestellt. Bild 19 zeigt eine Aufnahme des Gerätes.

Das Gerät eignet sich für Emissions- und Arbeitsschutzmessungen und hat
sich im praktischen Einsatz gut bewährt. Typische Meßbereiche sind
$0 - 5$ cm^3/m^3 oder $0 - 0,2$ cm^3/m^3; der letztgenannte ist für Arbeits-
schutzzwecke gedacht. Die Totzeit beträgt 15s, die 90%-Zeit 75s. Die
Wiedererholungszeit nach einer Beaufschlagung mit Meßgas liegt im
Minutenbereich und bedeutet praktisch keine Einschränkung für die vorgesehenen Einsatzzwecke.

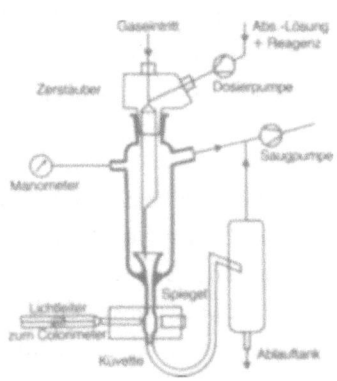

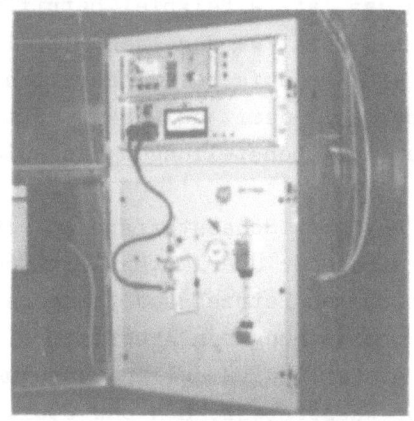

Bild 18: Skizze des Aufbaus der
Meßzelle eines Zerstäubungs-Gas-
spurenmonitors für $COCl_2$ nach
U. Fritze

Bild 19: Zerstäubungs-Gasspu-
renmonitor für $COCl_2$ mit Foto-
meter-Detektor

6. Trends

6.1 Allgemeiner Trend

Unser wirtschaftliches und soziales Umfeld wird u.a. durch 4 Faktoren
wesentlich beeinflußt: Knappheit von Rohstoffen und Energie einerseits
und Umweltschutz und Humanisierung der Arbeitswelt andererseits. Die
durch diese Faktoren geschaffenen Randbedingungen werden sich zwangsläufig auf die Verfahrenstechnik in der industriellen Produktion auswirken. Mehr als bisher werden Ausbeuten optimiert und wird der Energieeinsatz minimiert werden. Dies wird zu einem verstärkten Einsatz der
Meßtechnik und insbesondere der Betriebsanalysenmeßtechnik führen,
denn ihre Meßaussagen können am wirkungsvollsten das wirtschaftliche
Optimum eines Prozesses beschreiben.

Heute schon entfällt ein beachtlicher Anteil der Neuinvestitionen der chemischen Industrie auf Einrichtungen zur Reinigung von Abgas und Abwasser. Entsprechenden Anteil hat auch die Prozeßanalysentechnik an Meßaufgaben, die Qualitätsgrößen in Wasser und Luft betreffen. Hier seien beispielhaft nur die Analysenwerte erwähnt, die bei der biologischen Klärung von industriellen und auch kommunalen Abwässern on-line bestimmt werden: Gehalt an gesamtem organisch gebundenem Kohlenstoff am Ein- und Ausgang der biologischen Klärung (TOC). Gelöster Sauerstoff in den Belebungsbecken. Respirometer oder Biotester genannte Geräte, die den bakteriellen Stoffwechsel beim biologischen Klärprozeß beschreiben. Sauerstoffeintragsvermögen in das zu klärende Abwasser (α-Wert).

Ähnliche Anstrengungen werden im Hinblick auf die Ermittlung von Analysenwerten im Bereich des Arbeitsschutzes unternommen. Aus dem Bereich der chemischen Industrie selbst werden bei der Schadstoffspurenbestimmung in Luft (Immission) wesentliche Beiträge geleistet. Hier werden auf elektrochemischer Grundlage Spurenmeßgeräte im MAK-Bereich mit Gelelektrolyt entwickelt und gebaut [10], die eine personenbezogene Warnfunktion sicher auszuüben imstande sind. Zur Zeit wird daran gearbeitet, Selektivität und Belastbarkeit zu verbessern [11].

Derzeit schon erledigen zahlreiche Analysengeräte Aufgaben im Bereich der Prozeßsicherheit. So werden innerhalb und außerhalb von Anlagen Gaswarngeräte für den primären Explosionsschutz (siehe Explosionsschutz-Richtlinie "Ex-RL" der Berufsgenossenschaft der chemischen Industrie) eingesetzt. Sie bestätigen "keine Gefahr" oder warnen so frühzeitig, daß Maßnahmen wie z. B. technische Lüftung ergriffen werden können.

6.2 Spezielle Entwicklungs-Richtungen

Hier sollen einige spezielle geräte- und meßverfahrenstechnische Trends in der Betriebsanalysenmeßtechnik angedeutet werden.

Häufig bestehende Schwierigkeiten des Probentransportes zum Analysator ohne Meßwertverfälschung und die Forderung nach einer "schnellen" Meßgröße werden zu einer verstärkten in-situ-Meßtechnik führen.Während bei der Flüssigkeitsanalyse zahlreiche elektrische und elektrochemische Methoden a priori eine in-situ-Bestimmung des Meßwertes gestatten (Leitfähigkeit, Dielektrizitätszahl, pH-Wert mit Eintaucharmatur), bemüht man sich, solche "entnahmefreien" Meßwertgeber auch für die Gasanalyse zu konzipieren. Insbesondere die O_2-Messung mit der Zirkonium-dioxid-Festelektrolyt-Meßsonde wird häufiger zur schnellen Überwachung und Regelung von Feuerungen eingesetzt. Vielleicht gelingt es, die bekannten Halbleiterfühler für Gase so weiterzuentwickeln, daß spezifischer anzeigende Meßsonden zur Verfügung stehen.

Eine weitere Möglichkeit, Fehler infolge gewollter Kondensation in Meßgaskühlern auszuschalten, stellen auf ca. ≤100°C beheizte Meßwertgeber dar, in denen auch ohne vorherige Gastrocknung keine Taupunktunterschreitung eintritt. Während Servomex schon seit längerer Zeit (1975) ein Sauerstoff-Meßgerät Typ OA 292 mit auf 105°C temperierbarem Meßwertgeber anbot, stehen nunmehr auch der O_2-Analysator Oxymat 3 und das NDIR-Analysengerät Ultramat 3 der Firma Siemens mit auf 110°C beheizbaren Meßsystemen zur Verfügung. Ebenso kann auch der heterochromatische Einstrahl-IR-Analysator PSA 401 der Firma Anatek (früher Feedback Instruments Ltd.; Vertrieb durch Bühler/Ratingen) mit einer bis auf 120°C heizbaren Küvette geliefert werden.

Daß auch bereits lange bekannte Detektorsysteme wie z. B. der pneumatische IR-Strahlungsdetektor nach Luft sowie Wärmeleitfähigkeitsdetektoren durch Anwendung neuer Materialien und Techniken zu verbessern sind, wird G.Schunck in seinem Referat in dieser Themengruppe anhand zweier Beispiele zeigen.

In dem Bemühen, Sensitivität und Selektivität von Meßmethoden zu erhöhen, ist der Einsatz von Multireflexionsküvetten bei Fotometern zum Vergrößern der optischen Weglänge zu nennen. Die Selektivität eines Analysators kann in bekannter Weise durch vorgeschaltete Hilfsreaktionen verbessert werden. Ein Beispiel hierfür ist eine für empfindlichen und selektiven $COCl_2$-Nachweis modifizierte Version des "Zerstäubungsgasspurenmonitors ZGSM" (siehe 5.5).

Durch den Einsatz von Mitteln der elektronischen Datenverarbeitung können die Möglichkeiten von Analysengeräten erheblich erweitert werden. So können die Meßwerte von verschiedenen Analysengeräten zu neuen Werten kombiniert werden, die für den Betreiber einer verfahrenstechnischen Anlage aussagekräftiger sind.

Die IR-Analysatoren MIRAN 80 und 801 der Firma Wilks sind ein Beispiel für die Möglichkeit, durch Einsatz eines Mikrorechners Multikomponentenanalysen durchführen zu können, wenn vorab entsprechende Eichwerte der einzelnen Komponenten einprogrammiert werden. Mikroprozessoren und Kleinrechner werden ferner in steigendem Maße zur Steuerung von Analysenabläufen, wie zum Beispiel der Titration oder Inversvoltametrie Verwendung finden mit dem Vorteil, das Gerät besser auf sich ändernde Aufgabenstellungen anpassen zu können.

Der Einsatz eines Mikroprozessors zur rechnergestützten automatischen Überwachung der Betriebsanalytik war bereits in Abschnitt 3.1 erwähnt worden und wird in dem 4. Vortrag dieser Themengruppe ausführlicher behandelt werden.

7. Zusammenfassung

Es wurde ein hoffentlich auch für den Nicht-Fachmann verständlicher Überblick über die Meßprinzipien und die Bedeutung der Betriebsanalysenmeßtechnik vermittelt. Dabei wurden weniger einzelne Meßverfahren detailliert geschildert, als versucht, die Meßanlage als Ganzes zu beschreiben. So wurde ausführlich über Entnahme- und Aufbereitungstechniken berichtet und auch im Zusammenhang mit dem Weg zur Lösung von Aufgabenstellungen die Arbeitsweise der mit Betriebsanalysenmeßtechnik befaßten Fachleute beschrieben.

Die Meßmethoden selbst wurden anhand einer nach der Art der Meßwertwandlung gruppierten Übersichtstabelle behandelt.

Die Bedeutung der Analysentechnik sollte aus den geschilderten Anwendungsbeispielen ersichtlich sein.

Abschließend wurden die Trends dieser durch Vielfalt der Methoden gekennzeichneten interessanten Technik aufgezeigt.

Literatur

1. Warncke, H.: Rechnergestützte automatische Überwachung der Betriebsanalytik. In: Meßtechnik u. Automatik, 6. INTERKAMA. Düsseldorf: VDI-Verlag GmbH 1974, 37-41.

2. DIN 19 227 Bl.1 Sept. 1973, Tabelle 1, Seite 2.

3. Hummel, H.: Prinzip und Anwendung automatischer Analysengeräte. In: Von der INTERKAMA 1960. ATM, Jan. 1961, R2-R13.

4. Melzer, W.: Probleme der automatischen Gasspurenmessung bei der Abgas- und Raumluft-Überwachung in chemischen Produktionsanlagen. Chem.-Ing.-Techn. 46(1974)11, 461-466.

5. Schirrmeister, H.: Ein automatisches Papierband-Filter zur Abwasserfilterung. Interne Notiz Nov. 1979, Bayer AG, Werk Dormagen.

6. Explosionsschutz von Analysengeräteräumen Teil A: Räume für Gasanalysengeräte. NAMUR-Empfehlung, Mai 1974. Normenarbeitsgemeinschaft für Meß- u. Regeltechnik in der chemischen Industrie. Geschäftsführung: Bayer AG, Abtlg. IN-PLT/ST-A, 5090 Leverkusen.

   Teil B: Räume für Geräte zur Analyse brennbarer Flüssigkeiten, in Vorbereitung.

7. Schaefer, W.: Betriebsanalysenmeßtechnik für Gase und Flüssigkeiten - eine Übersicht. Technisches Messen atm, 12(1977) 415-422 (1. Teil) u. 1(1978) 23-30 (2. Teil).

8. J. Hengstenberg, B.Sturm, O.Winkler: Messen, Steuern und Regeln in der Chemischen Technik. Berlin, Heidelberg, New York: Springer 1980 (Bände 1 u. 2 von insgesamt 5 Bänden der 3. Auflage bisher erschienen).

9. Stieler, W.: Elektrische Wandler für Analysenwerte in der betrieblichen Analysenmeßtechnik. Chem. Ind. 23, Okt. 1971, 679-687.

10. Breuer, W., Deprez, J., Sturm, B.: Analysengerät zur Messung von Gaskonzentrationen: DBP 1773 795, Anmeldetag: 8.7.1968.

11. Petersen, O., Schmidt, H.-D.: Ionenselektive Elektrode in polarografischer Anordnung: DOS 2627 271; Anmeldetag: 16.6.1976.

12. Lamouroux, A.: Sur une nouvelle réaction colorée spécifique du phosgène. Mém. Poudres 38 (1956), 383-386.

NEUARTIGE DETEKTORSYSTEME (OPTOAKUSTISCHE IR-STRAHLUNGSDETEKTOREN UND WÄRMELEITFÄHIGKEITSDETEKTOREN FÜR DIE GASANALYSE)

MODERN DETECTOR SYSTEMS (OPTOACUSTIC INFRARED RADIATION DETECTORS AND THERMAL CONDUCTIVITY DETECTORS FOR GAS ANALYSIS)

Günter Schunck

LFE Laboratorium für industrielle Forschung GmbH
& Co. Entwicklungs-KG
D-8755 Alzenau

Summary:

The paper describes the metering properties of pneumatic infrared radiation detectors, which are equipped with a flowmeter, and the point of view of construction for those detectors.

A new method for measuring the thermal conductivity of gases are described. The features of this method are: a fast indication of measuring value, high temperature resistance, a good corrosion resistance and a independence flow changing.

1. Optoakustische Strahlungsdetektoren

In den letzten 14 Jahren wurde der pneumatische IR-Strahlungsdetektor nach Luft (Abb. 1) von einigen Firmen dahingehend verändert, daß anstelle des üblichen Membrankondensators zur Meßwertumwandlung ein miniaturisierter Strömungsfühler eingesetzt wurde (Abb. 2).

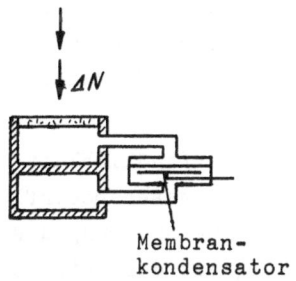

Membran-
kondensator

Abb. 1: Pneumatischer IR-Detektor nach Luft

Während der Membrankondensator mit seiner flexiblen Membrane den Meßraum vom Ausgleichsvolumen gasdicht abtrennt und somit hauptsächlich den Druckanstieg bzw. den Druckabfall erfaßt, der sich durch die Gaserwärmung oder die Gasabkühlung im Meßraum ergibt, wird beim Einsatz eines Strömungsfühlers jede Temperaturänderung des Meßrauminhaltes ge-

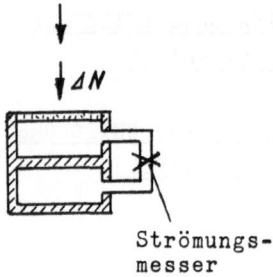

Strömungs-
messer

Abb. 2: Pneumatischer IR-Detektor mit Mikroströmungsfühler

genüber dem Inhalt des Ausgleichsraumes ohne nennenswerten Druckanstieg in eine Gasströmung umgesetzt.

An einen Strömungsfühler werden für diesen Anwendungsfall verschiedene Anforderungen gestellt. Eine besonders wichtige Eigenschaft ist,
daß der Fühler bei der Strömung Null eine hohe Ansprechempfindlichkeit
aufweist, da mit dem Detektor kleinste Strahlungsintensitätsänderungen
erfaßt werden sollen. Damit scheiden übliche Anemometeranordnungen aus,
deren Meßprinzip auf der Temperaturänderung eigenerwärmter Heizgebilde
beruht. Sehr gut eignen sich fremdbeheizte Temperaturmeßanordnungen,
bei denen durch einen miniaturisierten Heizkörper eine heiße Gaswolke
erzeugt wird, deren durch die Meßströmung verursachte Ortsverschiebung
mit Thermometeranordnungen gemessen wird.

Weitere Anforderungen an einen Strömungsfühler sind:
- es soll mit einer möglichst geringen Übertemperatur des Heizkörpers
  im Anemometer eine hohe Empfindlichkeit erreicht werden, um Gasum-
  wandlungen im Detektorinnenraum auszuschließen
- der mechanische Aufbau soll so erfolgen, daß kurzzeitig eine Umgebungstemperatur von mindestens $400^{\circ}C$ ertragen wird, um ein ausreichendes Ausheizen des gesamten Detektorinnenraumes für die Gasreinigung
  zu ermöglichen.

Die Detektorempfindlichkeit wird abgesehen von der Empfindlichkeit des
Strömungsfühlers auch von der Zusammensetzung des Füllgases beeinflußt.
Es ist daher wichtig, Maßnahmen zu ergreifen, die eine Änderung des
Gasinhaltes verhindern. Zunächst sollte die Dichtigkeit des Detektors
durch einen geeigneten mechanischen Aufbau in hohem Maße gewährleistet
sein. Klebungen sind wegen ihrer störenden Durchlässigkeit von Wasserdampf und Kohlensäure sowie wegen der begrenzten Ausheiztemperatur besser durch Einschmelzungen, Glaslotverbindungen oder Hartlötungen zu
ersetzen. Derartige Technologien ermöglichen am Detektor Leckraten für
Helium, die kleiner als 5 mal 10^{-11} mbarls^{-1} sind, so daß bei ausge-

heizten Detektoren auf Absorptionsmittel für Restwasserdampf oder Kohlensäure verzichtet werden kann. Gasfüllungen bleiben bei derartigem Aufbau über Jahrzehnte in Originalreinheit erhalten und gewährleisten ungewöhnte Langzeitstabilität der Empfindlichkeit. Wird der Detektor außerdem aus geeigneten, korrosionsbeständigen Werkstoffen aufgebaut, so sind auch Füllungen mit z.B. Blausäure oder Salzsäure für nahezu unbeschränkte Zeiträume stabil und gewährleisten damit gleichbleibende Meßempfindlichkeit.

Es zeigt sich, daß Absorptionsmittel zur Gasreinigung innerhalb des Detektorraumes aufgrund ihrer großen Oberflächen oder ihrer Porigkeit Effekte erzeugen, die temperaturabhängig oder zeitabhängig die Empfindlichkeit des Detektors beeinflussen und daher besser vermieden werden. Der Einfluß der Absorber auf die Gaszusammensetzung ist auch vom Beladungszustand und damit vom Alter des Detektors abhängig. Ausgeführte Beispiele absorberlos aufgebauter Detektoren bei gleichzeitig sinngemäßer Anwendung der genannten Technologien zeigen die erreichbare, ungewöhnliche Langzeitstabilität der Empfindlichkeit.

Mikroströmungsfühler haben in ihrem eigentlichen Wirkungsbereich eine Größe unterhalb eines Kubikmillimeters und sind damit vorzüglich geeignet, wenn es darum geht, den Detektor zu miniaturisieren. Eine Miniaturisierung ist dann interessant, wenn die Strahlung in der Detektorebene fokusierbar ist, z.B. bei der Temperaturmessung heißer Objekte oder bei mit Abbildung arbeitenden Fotometern. In diesem Falle läßt ein Mikroströmungsfühler gegenüber einem Membrankondensator eine günstigere konstruktive Gestaltung erwarten.

Messungen an handelsüblichen pneumatischen Strahlungsdetektoren zeigen, daß die Auflösung des Meßsignals bei Detektoren mit Membrankondensatoranordnung etwa vergleichbar ist mit der von gut konstruierten Anemometeranordnungen. Dabei sind die verfügbaren Konstruktionsparameter bei einer Strömungsfühleranordnung vielfältiger als bei einer Membrankondensatoranordnung, wo letztlich Membrandurchmesser, Membranabstand und Membransteifigkeit die hauptsächlichen Variablen sind.

Neue Möglichkeiten bei der Anwendung von Mikroströmungsfühlern ergeben sich aus der Eigenschaft von Anemometerfühlern, nicht wie beim Membrankondensator das sich ausdehnende Gasvolumen zu messen, sondern dessen Geschwindigkeit. Das Signal des Strömungsfühlers ist um so größer, je schneller ein bestimmtes Gasvolumen den Fühler durchsetzt. Hierfür ist allerdings Voraussetzung, daß die Temperaturmeßgebilde im Anemometer ausreichend massearm konstruiert sind und nicht durch Trägheit der Temperaturfühler diese günstige Eigenschaft unterdrückt wird. Ein gut ausgeführter Mikroströmungsfühler verleiht einem pneumatischen Detektor

ein Frequenzverhalten, das gleichbleibende Empfindlichkeit und gleichbleibenden Rauschabstand in einem Frequenzbereich von etwa 50 Hz bis
zu 1 kHz gewährleistet. Ausgeführte Infrarotfotometer arbeiten mit solchen Detektoren bei etwa 250 Hz Lichtchopperfrequenz und nützen keineswegs die obere Grenze für diese Detektorart aus.

Die hohe mögliche Arbeitsfrequenz veranlaßt den Vortragenden, von opto-
akustischen Strahlungsdetektoren zu sprechen. Es ist anzunehmen, daß
in Zukunft auf diesem Gebiet der anemometerbestückten pneumatischen
Detektoren wegen der vielen Konstruktionsvariablen noch einige interessante Lösungen vorgestellt werden und daß ausgeführte Beispiele noch
nicht das erreichbare Optimum darstellen mögen.

2. Wärmeleitfähigkeitsdetektoren

2.1 Grundsätzliches

Die Messung der Wärmeleitfähigkeit von Gasen in der Betriebsmeßtechnik
ist auch heute nach fast 100 Jahren des ersten Aufbaus aktuell. Besonders für die H_2-Messung, bei Zweistoffgemischen und bei stark korrosiven Gasen wird die Wärmeleitfähigkeitsmessung ihrer weitgehend problem-
losen Eigenschaften wegen oft verwendet. Neuere Tendenzen in der Chemischen Industrie gehen dahin, hochbeheizte Wärmeleitzellen ohne aufwendige und wartungsintensive Gasaufbereitung direkt mit dem Prozeßgas
zu beströmen und so eine schnelle und möglichst unverfälschte Aussage
über die gewünschte Gaskonzentration zu erhalten. Hierzu muß die Meßzelle zur Kondensatvermeidung auf Temperaturen von über 200°C gehalten
werden und aus hochkorrosionsbeständigen Werkstoffen wie Glas, Al_2O_3,
Platin und Gold aufgebaut sein. Angeregt aus diesem Industriezweig wurde von LFE ein Wärmeleitsystem entwickelt, das außer den Eigenschaften
wie hochtemperaturfest und korrosionsbeständig noch das Merkmal der
Strömungsunabhängigkeit und eine Zeitkonstante von etwa 1,5 s aufweist.
Ein Funktionsmuster dieses Wärmeleitmeßsystems befindet sich seit Januar 1980 in einem Chemischen Werk an einer SO_2-Erzeugungsanlage im Einsatz und ist nach einigen Verbesserungen als weitgehend problemlos anzusehen. Die Zellentemperatur beträgt bei diesem Muster 210°C. Die Gasaufbereitung besteht lediglich aus einem vor die Zelle geschalteten
Teflonmembranfilter, das als Sicherheitsfilter für Eventualitäten dient
und auch nach Wochen des Einsatzes noch keine Verschmutzung erkennen
läßt. Die Zeitkonstante von einer Prozeßänderung bis zur Anzeige liegt
bei etwa 3 Sekunden. Nach 4 Monaten Betriebszeit wurde studienhalber
die Zelle ausgetauscht und zersägt. Dabei zeigte sich, daß das Innere
der Wärmeleitmeßzelle vollständig sauber geblieben war. Die Wärmeleit-

zelle und der Membranfilter sind in einen Wärmeschrank eingebaut, der direkt über den Entnahmeflansch der Meßstelle gestülpt ist. Die Temperatur im Inneren des Wärmeschrankes beträgt 180°C und liegt damit deutlich über dem maximal möglichen Taupunkt des Prozeßgases.

2.2 Prinzip der Wärmeleitmessung

Übliche Aufbauten von Wärmeleitmeßzellen bestehen aus einem elektrisch beheizten, möglichst frei im Gas aufgehängten Körper, dessen Temperatur in 1. Linie von der Wärmeleiteigenschaft des umgebenden Gases bestimmt wird. Die Temperatur des Körpers wird mit dem selben Bauteil gemessen, mit dem auch die elektrische Heizleistung umgesetzt wird. Meist besteht der Körper aus einem Draht oder einer Drahtwendel. Über den Temperaturkoeffizienten des elektrischen Widerstandes des Drahtes läßt sich die Drahttemperatur ermitteln.

Bei dem LFE-Wärmeleitmeßprinzip wurde dieser Aufbau verlassen. Man geht davon aus, daß eine im Gas befindliche und den beheizten Körper vollständig umschlingende Meßkugelfläche von der gesamten, dem Heizkörper zugeführten Wärmemenge durchdrungen wird und das Integral aus Temperatur mal Flächenelement über die Mantelfläche der Kugel gebildet ein Maß für die Wärmeleitfähigkeit des Gases darstellt. In der Praxis wird die Meßkugelfläche durch eine den Heizkörper umschlingende Meßdrahtschlaufe ersetzt, die bei der vorhandenen Symmetrie des gewählten Aufbaus zur Wärmeleitungsbestimmung ausreicht. Wird dem beheizten Körper eine konstante Leistung zugeführt, so ist die beschriebene Art der Wärmeleitungsbestimmung in 1. Näherung unabhängig von überlagerten Gasströmungen.

2.3 Mechanischer Aufbau

Um eine schnelle Anzeige bei Wärmeleitungsänderungen des Meßgases zu erhalten, wird das Volumen der Meßzelle sehr klein gehalten und beträgt im ausgeführten Beispiel etwas weniger als 1 mm³. Der Heizkörper wird durch eine u-förmige Drahtschlaufe gebildet. Der Temperaturmeßdraht ist mit gleichförmigem Abstand um den Heizdraht herumgeführt. Der Aufbau ist aus Abb. 3 ersichtlich.

Der Gasaustausch in der Zelle erfolgt über Diffusion durch die seitlich angebrachte Bohrung und hat im durchgeführten Aufbau eine Zeitkonstante von etwa 1,5 Sekunden. Zur Gewährleistung hoher Korrosionsbeständigkeit ist die Zelle aus Al_2O_3-Keramikplatten in Sandwichweise aufgebaut. Die Platten sind über ein Keramiklot miteinander verschmolzen. Abb. 4 zeigt die ausgeführte Meßzelle mit der seitlichen Bohrung für Diffusionsbeströmung.

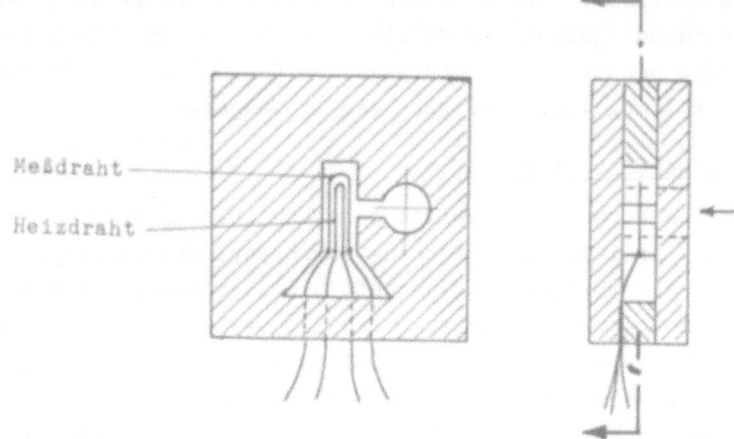

Abb. 3: Mechanischer Aufbau einer LFE-Wärmeleitmeßzelle

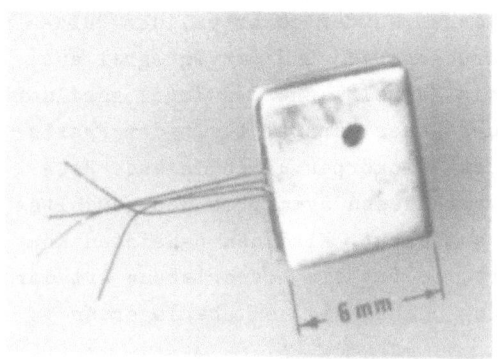

Abb. 4: Ausgeführte Wärmeleitmeßzelle

Ein kompletter, funktionsfähiger Wärmeleitmesser besteht aus 4 derartigen Meßzellen. 2 Zellen werden vom Vergleichsgas ausgefüllt, 2 weitere vom Meßgas. Die Meßdrähte aller 4 Zellen sind in einer Brückenschaltung zusammengeführt. Nur jeweils eine Meßzelle für das Meßgas
und eine Meßzelle für das Vergleichsgas ist mit einem Heizdraht bestückt.
Die 2. Zelle enthält nur den Meßdraht. Die elektrische Brückenschaltung
ist so aufgebaut, daß die vom gleichen Gas bespülten Zellen eine Brük-
kenseite bilden, wie in Abb. 5 dargestellt. Diese Schaltung ergibt eine zusätzliche Unterdrückung des Einflusses der Meßgastemperatur. Um
die Strömungsunabhängigkeit zu gewährleisten, muß außer der Diffusionsbeströmung noch die Meßdrahtübertemperatur ausreichend klein gehalten
werden.

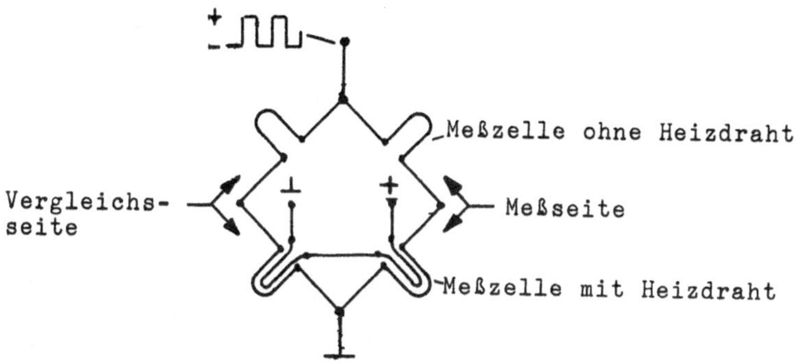

Meßzelle ohne Heizdraht

Vergleichs-
seite

Meßseite

Meßzelle mit Heizdraht

<u>Abb. 5:</u> Anordnung der Meßdrahtbrücke mit 2 fremdbeheizten Meßdrähten
und 2 kalten Meßdrähten

Zur Beseitigung aller Thermospannungen aus dem kleinen Meßsignal wird
die Meßbrücke mit einer Rechteckspannung gespeist. Die Arbeitsfrequenz
liegt bei 450 Hz. Das Meßsignal wird nach ausreichender Verstärkung
phasenabhängig gleichgerichtet.

2 zusammengehörende Meßzellen sind, wie Abb. 6 zeigt, seitlich in ein
direkt beströmbares Meßrohr eingesteckt und mit einem geeigneten Lot
abgedichtet. Die Meßrohre bestehen ebenfalls aus Al_2O_3-Keramik.

<u>Abb. 6:</u> Meß- oder Vergleichsrohr, bestückt mit 2 Meßzellen

Das Vergleichsrohr kann an seinen Enden für eine abgeschlossene Ver-
gleichsseite vakuumdicht zugeschmolzen werden. Um das Meßgas auf die
Temperatur der Wärmeleitmeßzellen zu bringen, leitet man es über eine
Anlaufstrecke von rechts in das Rohr der Abb. 6 ein.

Meß- und Vergleichsrohr sind in einen temperaturausgleichenden Aluminiumzylinder eingebaut, wie Abb. 7 zeigt. Der Aluminiumzylinder ist mit
der den Meßrohren abgewandten Seite von innen an einen thermostatisierten Aluminium-Hohlzylinder angeschraubt. Der Hohlzylinder ist seitlich
mit Aluminiumdeckeln versehen, durch die Gaszuführungsschläuche aus
Perfluoralkoxy geführt sind.

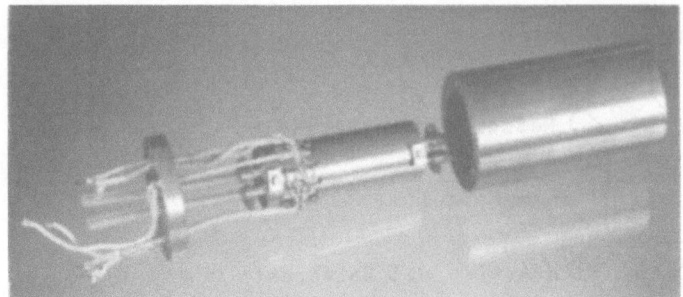

Abb. 7: Aufbau des thermostatisierten Meßblocks

Abb. 8 zeigt den kompletten physikalischen Teil des Wärmeleitmessers. Die in Abb. 7 gezeigte Meßblockanordnung ist thermisch isoliert in ein Blechgehäuse eingebaut. Die maximal zugelassene Dauertemperatur beträgt mit Rücksicht auf die Schlauchanschlüsse z.Zt. $230^{\circ}C$.

Abb. 8: Physikalischer Teil des Wärmeleitmessers System LFE

Neigungs- und Erschütterungseinflüsse werden nicht beobachtet. Das Verfahren ist zum Patent angemeldet.

Ein von der Probendosiérung unabhängiges TOC-(Total Organic Carbon) Messverfahren

A TOC (Total Organic Carbon) measuring system that is independent of sample dosing

W. Melzer, Hoechst AG, Frankfurt/Main

Summary:

The combustion type TOC process analyzers available on the market operate by dosing the watersample together with a larger airflow into a combustion reactor at +950° thus converting C to CO_2.

The offgas of the combustion reactor is cooled down below room-temperature to remove watervapor and its CO_2-concentration proportional to TOC is measured.
The inorganic carbon is stripped with acid before the water sample enters the combustion reactor, or alternatively its concentration is measured and considered separately.
TOC-measurement in chemical waste-water is running into problems mainly because sample dosing into the combustion reactor has to be constant.
The new TOC method solves this problem by direct measurement of CO_2 in the offgas of the combustion reactor at appr. +150°C using a relatively small but sufficient concentration of oxygen.
Under these conditions the TOC-signal is widely independent of sample dosing.
The following report describes development and testing of the new device including the sampling system.

1. Einführung

Bei den z.Zt. verfügbaren TOC-Prozeßanalysatoren (Total Organic Carbon) nach dem Verbrennungsprinzip wird die Abwasserprobe zusammen mit einem größeren Luftstrom in einen ca. +950°C heißen Verbrennungsofen dosiert und der Kohlenstoff zu CO_2 umgesetzt. Die der Kohlenstoffkonzentration im Wasser proportionale CO_2-Konzentration im Ofenabgas wird nach Meßgaskühlung, d.h. Wasserdampfkondensation mit einem Infrarotphotometer gemessen.

Der anorganische Kohlenstoffanteil wird dabei entweder durch eine Ansäuerung der Probe vor Eingabe in den Ofen ausgetrieben,oder gesondert ermittelt und berücksichtigt.

Abb. 1 zeigt das vereinfachte Funktionsschema eines solchen Analysators am Beispiel des TOC-TWA 2 der Firma Maihak [1] .

Das Abwasser wird in einer Probeentnahme und Aufbereitungsapparatur vorbehandelt (Filtration, Ansäuerung) und ein Teilstrom mit einer Schlauchpumpe in den Verbrennungsofen dosiert.

Die über die Ansäuerungsstufe dem Verbrennungsreaktor zugeleitete vom CO_2 gereinigte Brennluft soll die beim Ansäuerungsvorgang evtl. ausgetragenen flüchtigen Kohlenwasserstoffe dem Verbrennungsprozeß wieder zuführen.

Das Ofenabgas durchströmt einen Meßgaskühler, ein Filter sowie das Infrarotphotometer.

Der CO_2-Gehalt in der Verbrennungsluft nach dem Meßgaskühler und somit die Nachweisempfindlichkeit,hängt   direkt vom Zufluß der Verbrennungsluft sowie der Wasserprobe ab.

Die Konstanthaltung des Verbrennungsluftzuflusses stellt kein Problem dar. Bei der Messung chemischer Abwässer ergeben sich jedoch Schwierigkeiten bezüglich einer dosierkonstanten Wasserproben-Zugabe, die durch Zusetzen des Dosierweges sowie durch "Ermüden" der Pumpe verursacht werden.

Im folgenden wird ein TOC-Meßverfahren vorgestellt, bei dem die Dosierkonstanz der Flüssigkeitspumpe nur unwesentlich in die Nachweisempfindlichkeit eingeht. Dabei wird zunächst der Analysator vorgestellt und anschließend kurz auf die Auslegung des zugehörigen Probeentnahmesystems u der Ansäuerungsstufe sowie auf die Betriebserprobung der gesamten Meßanlage eingegangen.

2. TOC-Analysator

In Abb. 2 ist das Funktionsschema des neuartigen TOC-Analysators wiedergegeben. Auch hier wird der Abwasserstrom mit einer Schlauchpumpe aus der Probeentnahme und -Aufbereitung in den Verbrennungsreaktor

gefördert. Im Reaktionsgefäß, dem über eine Kapillare ein kleiner
Luft- oder Sauerstoffstrom zugeführt wird, wird das Wasser bei ca.
+950°C verdampft und der im Wasser vorhandene Kohlenstoff zu CO_2
umgesetzt. Die Sauerstoffkonzentration in Wasserdampf soll dabei
einerseits möglichst klein sein, andererseits aber für die Umsetzung
des Kohlenstoffs zu CO_2 ausreichen. Für den häufig geforderten Meßbereich von 0 - 1000 mg C/l ist z.B. eine Sauerstoffkonzentration
von ca. 1 Vol.% ausreichend.

Das Reaktorabgas besteht so im wesentlichen aus CO_2-haltigem Wasserdampf mit geringfügiger Luft- bzw. Sauerstoffbeimischung.

Im Gegensatz zu den "klassischen" Meßverfahren wird nun der CO_2-Ge-
halt mit einem beheizten IR-Photometer direkt im Reaktorabgas ohne
Wasserdampfkondensation gemessen.

Hervorzuheben ist die große Unempfindlichkeit dieses Meßverfahrens
gegen Dosierschwankungen der Wasserprobe. So nimmt die Meßempfindlichkeit bei einem Volumenverhältnis Luft zu Wasserdampf von 5 : 100
(entspricht 1 Vol.% in Wasserdampf) und bei einer Verminderung der
Probendosierung um den Faktor 2 nur ca. 4 % ab. Bei Verwendung von
reinem Sauerstoff statt Luft läßt sich dieser Wert nochmals um den
Faktor 4 verbessern.

Wegen der geringen Abhängigkeit der Meßempfindlichkeit von der Probendosierung kann mit einer realtiv einfachen und somit preiswerten
Förderpumpe gearbeitet werden. So kann z.B. die bei längerem Betrieb
von Schlauchpumpen zu beobachtende Dosierdrift in Kauf genommen werden. Auch ein langsames Zusetzen des Dosierweges wirkt sich nicht
nachteilig aus. Allerdings muß gewährleistet sein, daß überhaupt
Wasser in den Ofen gelangt.

Bei dem vorliegenden TOC-Analysator wird für die Probendosierung eine
Schlauchpumpe (Förderleistung ca. 18 ml H_2O/h, entspricht 22,4 l
Dampf/h) verwendet und die Luft (1 l/h) mit konstantem Vordruck über
eine Kapillare dosiert. Als Verbrennungsreaktor kommt der Keramik-
ofen des TOC-TWA 2 von Maihak [1] zum Einsatz.

Die Messung des CO_2-Gehaltes in Wasserdampf erfolgt bei +150°C mit
Hilfe einer in einen Thermostaten eingebauten IR-Photometerküvette.
Der IR-Strahler befindet sich ebenfalls im Thermostaten, Blendenrad,
Detektor und die zugehörige Elektronik im Außenraum. Beim IR-Photo-
meter handelt es sich um den Binos der Fa. Leybold Heraeus [2] .
Der Photometerküvette ist eine bei ca. +120°C betriebene mit Luft ge-
kühlte Kühlfalle vorgeschaltet, um eine eventuelle Kondensation bzw.
Sublimation von Reaktionsprodukten in der Photometerküvette zu ver-
hindern. Des weiteren ist die Meßküvette durch ein Staubfilter geschützt. Das Abgas wird in eine Tauchung abgeleitet.

Die relativ geringe Anzahl der Bausteine (Proben-und Luftdosierung,
Verbrennungsreaktor, Gasfilter, IR-Photometer) stellt eine günstige
Voraussetzung für die betriebssichere Funktion des TOC-Analysators
dar. Da die Proben- und Luftdosierung sowie das Gasfilter unproble-
matisch sind, hängt die Meßanlagenzuverlässigkeit im wesentlichen nur
von der Auslegung des Verbrennungsreaktors sowie des IR-Photometers
ab. Der Verbrennungsreaktor von Maihak sowie das Binos-IR-Photometer
haben sich, allerdings modifiziert, als optimale Bausteine bewährt
(s. Kap. 4).

Abb. 3 zeigt ein Photo des Analysators, wobei die Bausteine Proben-
und Luftdosierung, Verbrennungsreaktor und IR-Photometer deutlich zu
erkennen sind. IR-Küvette und Gasfilter sind an der hier verschlossen
gezeigten Thermostatentür angebracht und können zu Reparaturzwecken
zusammen mit der Tür nach vorn herangeschoben werden. Der Analysator
ist in einem Schutzschrank (570 mm x 1600 mm x 720 mm) aufgebaut.
Die zur Entfernung des anorganischen Kohlenstoffanteils notwendige
Ansäuerungsstufe wurde nicht in den Analysatoraufbau einbezogen,
sondern in die Probenentnahme integriert.Hierauf soll im folgenden
eingegangen werden.

3. Probeentnahme und Ansäuerungsstufe

Abb. 4 zeigt das Schema der Probenentnahme und Aufbereitungsapparatur
mit Ansäuerungsstufe und CO_2-Austreibung. Das Abwasser wird mit einer
Unterwasserpumpe am Einlaufkanal der biologischen Kläranlage entnommen und über eine Bypassleitung an der TOC-Meßanlage vorbeigepumpt.
Um auch außerordentlich verschmutzte Abwässer analysieren zu können,
wurde ein diskontinuierlich arbeitendes Probeaufbereitungssystem mit
drei Sedimentationsstufen aufgebaut, wobei die dritte Sedimentationsstufe auch zur Austreibung des organisch gebundenen Kohlenstoffs verwendet wird. Die Ansäuerung erfolgt hydrostatisch mittels pH-Wert-
geregelter HCl-Zugabe über ein elektrisch betriebenes Kugel- bzw.
Membranventil, der CO_2-Austrag durch Lufteinperlung.
Da das vorliegende Abwasser weitgehend frei von flüchtigen Kohlenwasserstoffen ist, wurde bei der Auslegung der Ansäuerungsstufe die
Messung solcher Verunreinigungen nicht berücksichtigt.
Der Zufluß in die einzelnen Sedimentationsstufen erfolgt hydrostatisch
über zeitgesteuerte Kugel- bzw. Membranventile, die über einen großen
glatten Durchgang verfügen. In die jeweilige nächste Sedimentationsstufe fließt nur der obere Wasseranteil der vorangehenden Stufe.
Leichte auf der Wasseroberfläche schwimmende Verunreinigungen werden
weitgehend über den Überlauf abgeleitet bzw. durch die unterschied-

lichen Gefäßvolumen nicht in die nächste Sedimentationsstufe überführt. Die mit Sediment angereicherte Flüssigkeit im unteren Teil
der Gefäße wird über Bodenauslaßventile weggeführt.
Das aufbereitete Abwasser wird in der dritten Sedimentationsstufe
über ein sich selbst erneuerndes Papierfilter entnommen und mit Hilfe
einer Förderpumpe (Schlauchpumpe) in den Verbrennungsreaktor gefördert. Wegen der geringen Abhängigkeit der Meßwertanzeige von der
Förderleistung muß diese Pumpe keine hohe Förderkonstanz besitzen.
Als Sedimentationsbehälter wurden Glasbehälter, für die Rohrleitungen und Verschraubungen PVC-Bauteile der Fa. Fischer (Albershausen)
verwendet. Der Aufbau erfolgte auf einer Montageplatte (550 mm x
1450 mm, Abb. 5).

4. Erprobung der TOC-Meßanlage im Labor und im Betrieb

4.1 Umsetzung verschiedener Kohlenwasserstoffe zu CO_2, Eichkurve

Die Umsetzung verschiedener Kohlenwasserstoffe bei ca. +950°C sowie
hohem O_2-Überschuß bewegt sich für die meisten Stoffe zwischen 90 %
und 100 %. Dies ergab sich auch bei der neuartigen TOC-Meßapparatur
für den hier vorliegenden geringeren Sauerstoffüberschuß von ca.
1 Vol.%; so wird z.B. Essigsäure, Pyridin und Äthanol nahezu 100%ig
umgesetzt.

Um den Einfluß der O_2-Konzentration auf die Kohlenstoff-Umsetzung
näher zu untersuchen, wurden verschiedene O_2-Konzentrationen im Brenngas (100 % O_2, 20 % O_2, 0 % O_2) und somit im Reaktorabgas realisiert
und mit jeweils 900 mg C/l Essigsäure verunreinigtes Wasser gemessen.
Die Registrierung (s. Abb. 6) zeigt, daß zwischen 100 Vol.% O_2 und
20 Vol.% O_2 im Brenngas, d.h. ca. 5 Vol.% O_2 und 1 Vol.% O_2 im
Reaktorabgas kein Unterschied in der Kohlenstoff-Umsetzung festzu-
stellen ist. Sogar bei N_2 als Brenngas ergibt sich eine weitgehend
korrekte Anzeige, die wahrscheinlich durch Sauerstoff verursacht wird,
der durch die heiße Keramikwand in das Innere des Verbrennungsreaktors diffundiert.

Abb. 7 zeigt schließlich die Eichkurve des Gerätes, wobei hierfür
Essigsäure verwendet wurde.

4.2 Übergangszeitverhalten

Das Übergangszeitverhalten wurde mit einem Konzentrationssprung von
0 auf 900 mg C/l (Essigsäure) der Wasserprobe aufgenommen. Dabei wurde zunächst die Konzentration der Wasserprobe am Eingang der Förderpumpe in den Verbrennungsreaktor dieser Änderung unterworfen und so
das Übergangszeitverhalten der eigentlichen Meßanlage (ohne Probenaufbereitung) ermittelt. Die auf diese Weise ermittelte Totzeit

und 90%-Zeit betrug ca. 3 min bzw. 3 1/2 min (s. Abb. 8).
Durch die diskontinuierlichen Sedimentationsprozesse (Zykluszeit
insgesamt 10 min) sowie Probenansäuerung wird die Analyse diskontinuierlich und erheblich zeitverzögert. Die Totzeit des gesamten Meß-
systems beträgt deshalb ca. 10 - 20 min, die 90%-Zeit 15 - 25 min.

4.3 Abhängigkeit der Nachweisempfindlichkeit von der Förderleistung der Probenstrompumpe

Durch Verstellen der Probenstrompumpe wurde die theoretisch zu erwartende geringe Abhängigkeit der TOC-Anzeige von der Förderleistung
der Probenstrompumpe getestet. Abb. 9 zeigt, daß nur die in Kap. 2
erwähnte theoretische Abnahme der Meßempfindlichkeit von 4 % bei
Förderminderung um den Faktor 2 auftritt.

4.4 Betriebserfahrungen (Zuverlässigkeit, Reproduzierbarkeit, Wartungsaufwand)

Die TOC-Meßanlage wurde über einen Zeitraum von 1/2 Jahr am Einlauf
der biologischen Abwasserreinigungsanlage Werk Hoechst betrieben und
TOC-Werte um 1000 mg/l beobachtet. In diesem Zeitraum wurde jede
Woche eine Kalibrierung (0-Punkt, Empfindlichkeit) durchgeführt, um
eine Information über die Reproduzierbarkeit der Meßwerte unter Betriebsbedingungen zu erhalten. Im Versuchszeitraum wurden dabei
Nullpunkts- und Empfindlichkeitsabweichungen von kleiner 3 % vom
Meßbereichsende (2000 mg C/l) pro Woche beobachtet. Im Versuchszeitraum ergaben sich insgesamt 12 Störungen. Der Verbrennungsofen mußte
dabei einmal gereinigt und der in der Probenförderpumpe verwendete
Schlauch einmal gewechselt werden.
Der Wartungsaufwand belief sich auf 3 h pro Woche, ein Wert der bei
der anberaumten häufigen Kalibrierung als sehr niedrig anzusehen ist.

5. Schlußbetrachtung

Der vorgestellte TOC-Analysator hat sich auch unter besonders erschwerten Betriebsbedingungen (stark verschmutztes und korrosives
Abwasser) als außerordentlich zuverlässig und anzeigestabil erwiesen. Der Wartungsaufwand war mit 3 h pro Woche sehr niedrig, die
Meßapparatur lief ohne wesentliche Störungen. Die Herstellungskosten
der Apparatur von ca. DM 45.000,- liegen dabei relativ günstig.

Literatur

[1] Druckschrift 1705, Fa. Maihak (Hamburg)

[2] Druckschrift 43-110.1, Fa. Leybold Heraeus (Hanau)

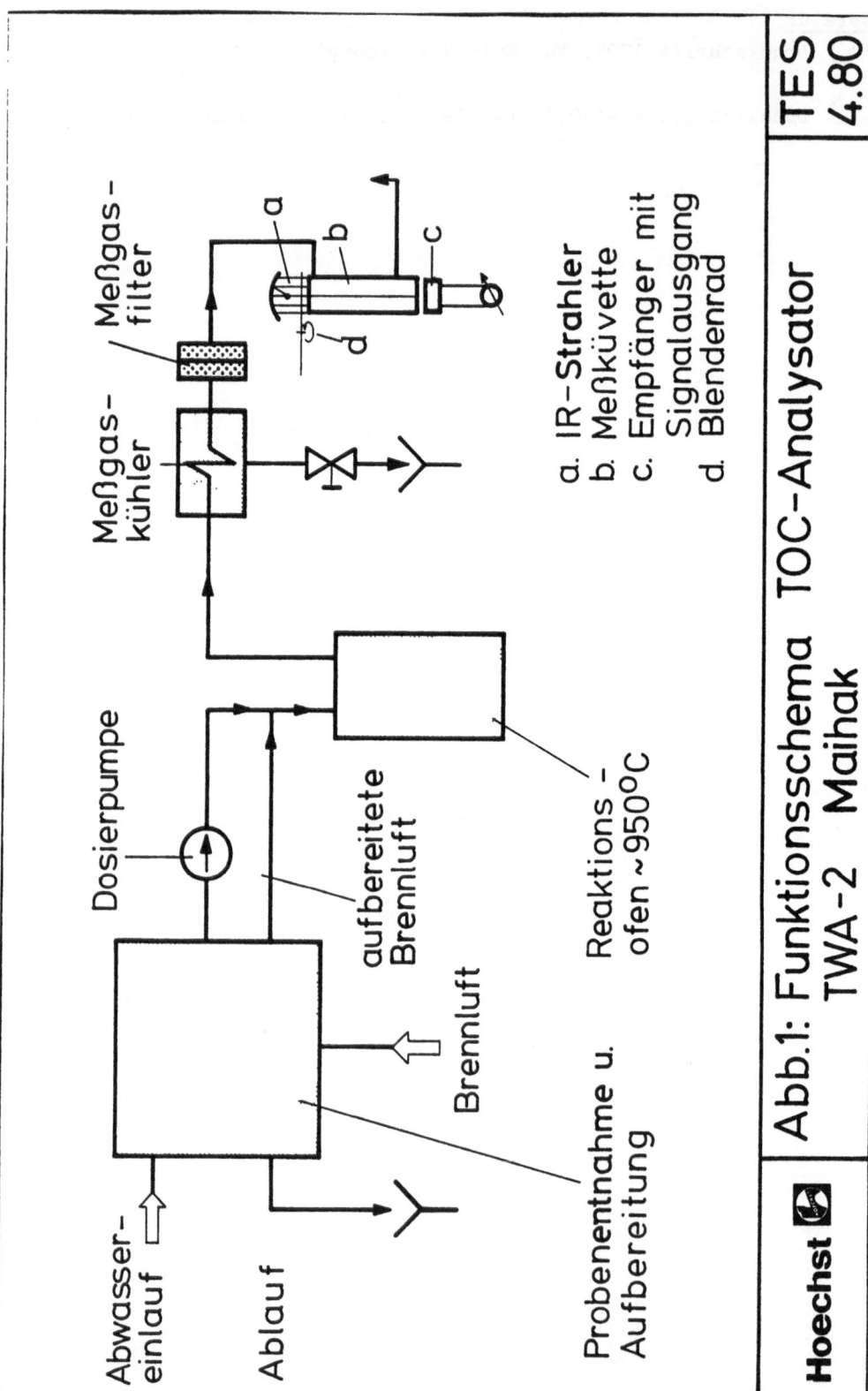

Meßgas-filter

Meßgas-kühler

a
b
c
d

Dosierpumpe

aufbereitete Brennluft

Reaktions-ofen ~950°C

Brennluft

Abwasser-einlauf

Ablauf

Probenentnahme u.
Aufbereitung

a. IR-Strahler
b. Meßküvette
c. Empfänger mit
   Signalausgang
d. Blendenrad

**Abb.1: Funktionsschema TOC-Analysator
TWA-2 Maihak**

Hoechst 🅢

TES
4.80

699

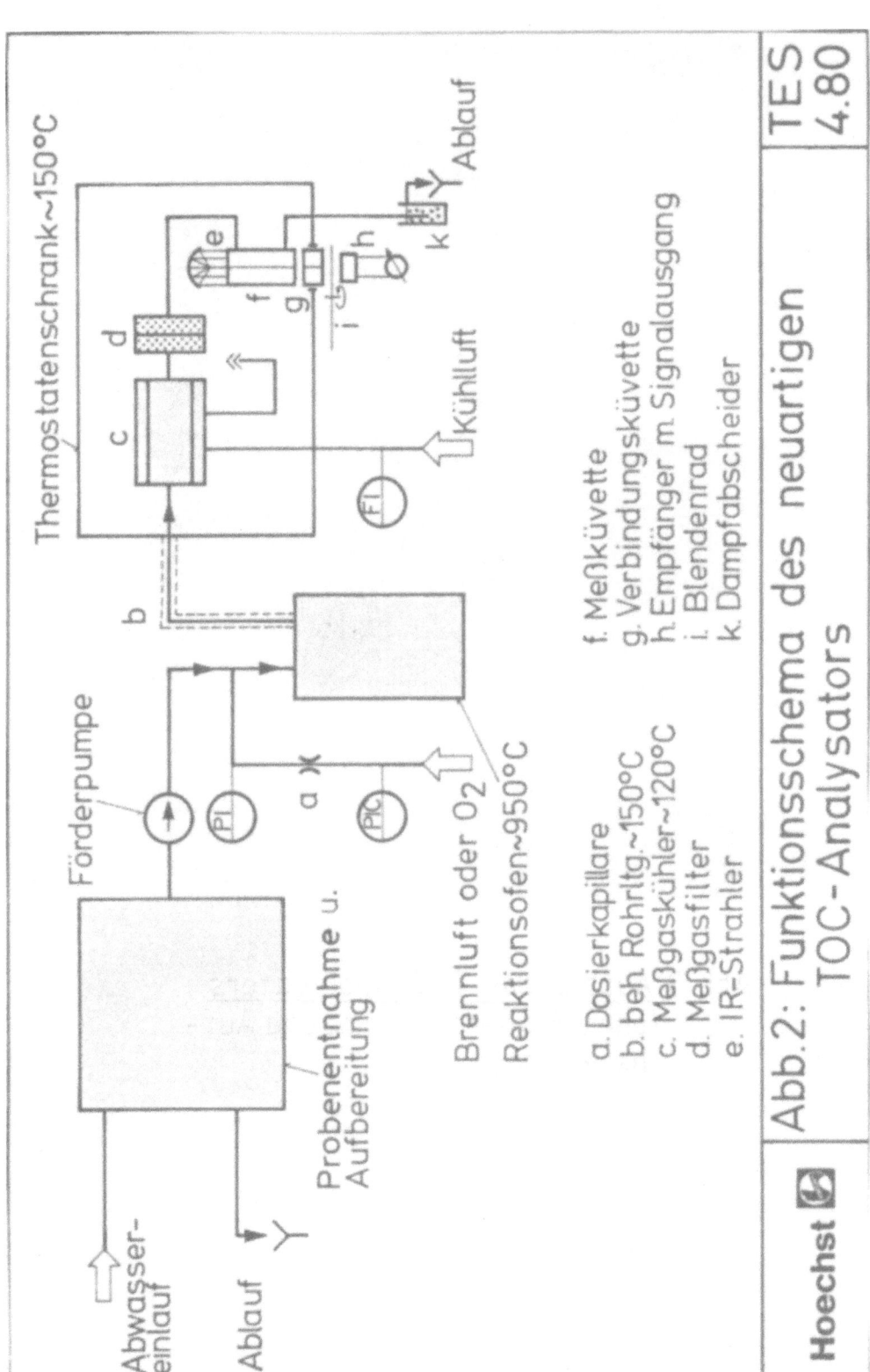

Abb.2: Funktionsschema des neuartigen TOC-Analysators

Hoechst ⊕

TES 4.80

a. Dosierkapillare
b. beh Rohrltg.~150°C
c. Meßgaskühler~120°C
d. Meßgasfilter
e. IR-Strahler

f. Meßküvette
g. Verbindungsküvette
h. Empfänger m Signalausgang
i. Blendenrad
k. Dampfabscheider

Thermostatenschrank~150°C

Förderpumpe

Probenentnahme u. Aufbereitung

Brennluft oder O₂
Reaktionsofen~950°C

Abwasser-einlauf

Ablauf

Kühlluft

Ablauf

Abb. 3 Aufbau des TOC-Analysators
(ohne Probenentnahme und Aufbereitung)

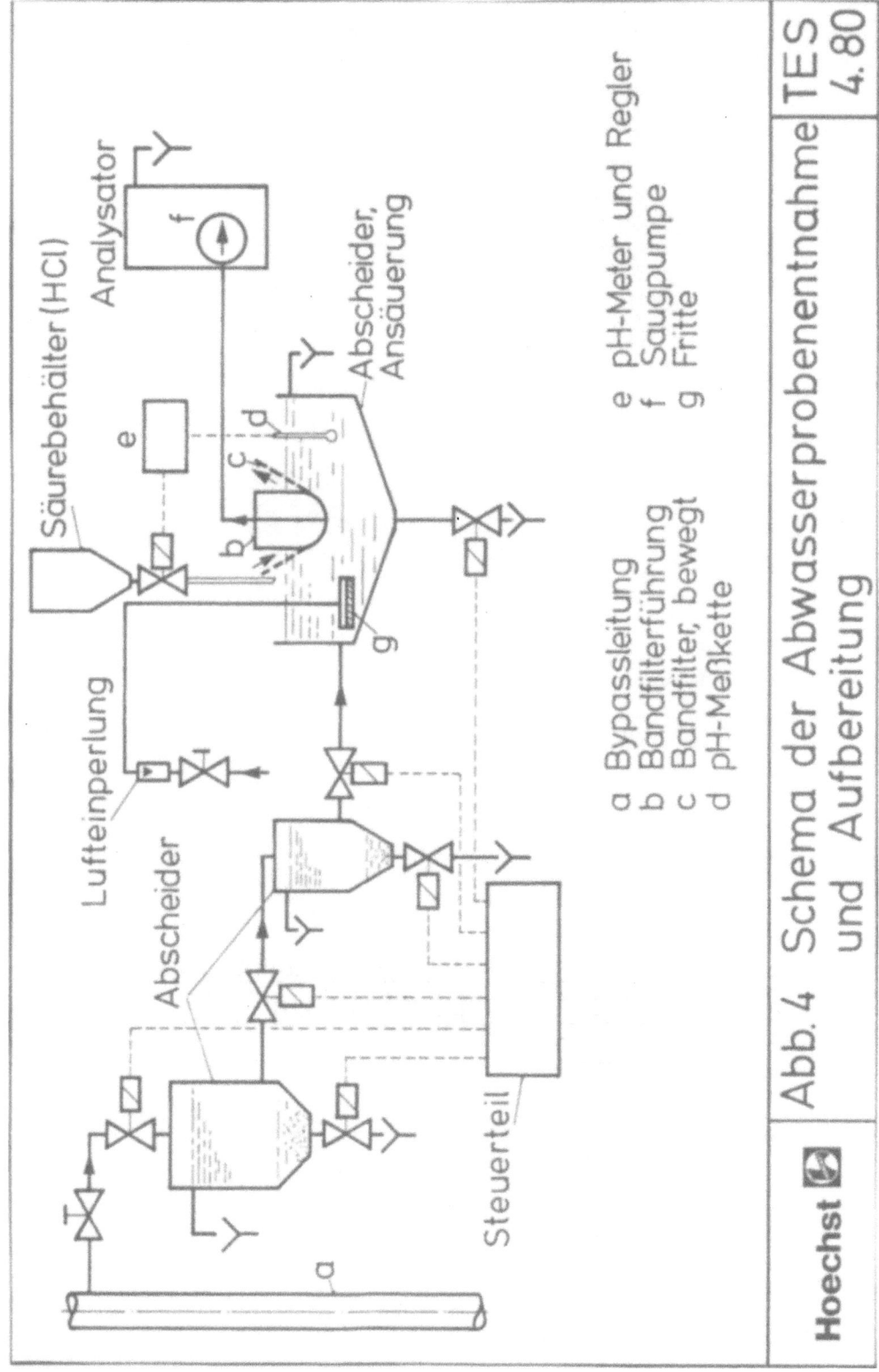

Säurebehälter (HCl)

Analysator

Lufteinperlung

Abscheider

Abscheider, Ansäuerung

Steuerteil

a Bypassleitung
b Bandfilterführung
c Bandfilter, bewegt
d pH-Meßkette

e pH-Meter und Regler
f Saugpumpe
g Fritte

Abb. 4 Schema der Abwasserprobenentnahme und Aufbereitung

Hoechst

TES 4.80

Abb. 5 Aufbau des Probenentnahme–und
Aufbereitungssystems zur TOC-
Messung

Abb. 6 Umsetzung von Essigsäure 900 mg C/l für verschiedene O_2 Konzentrationen im Brenngas

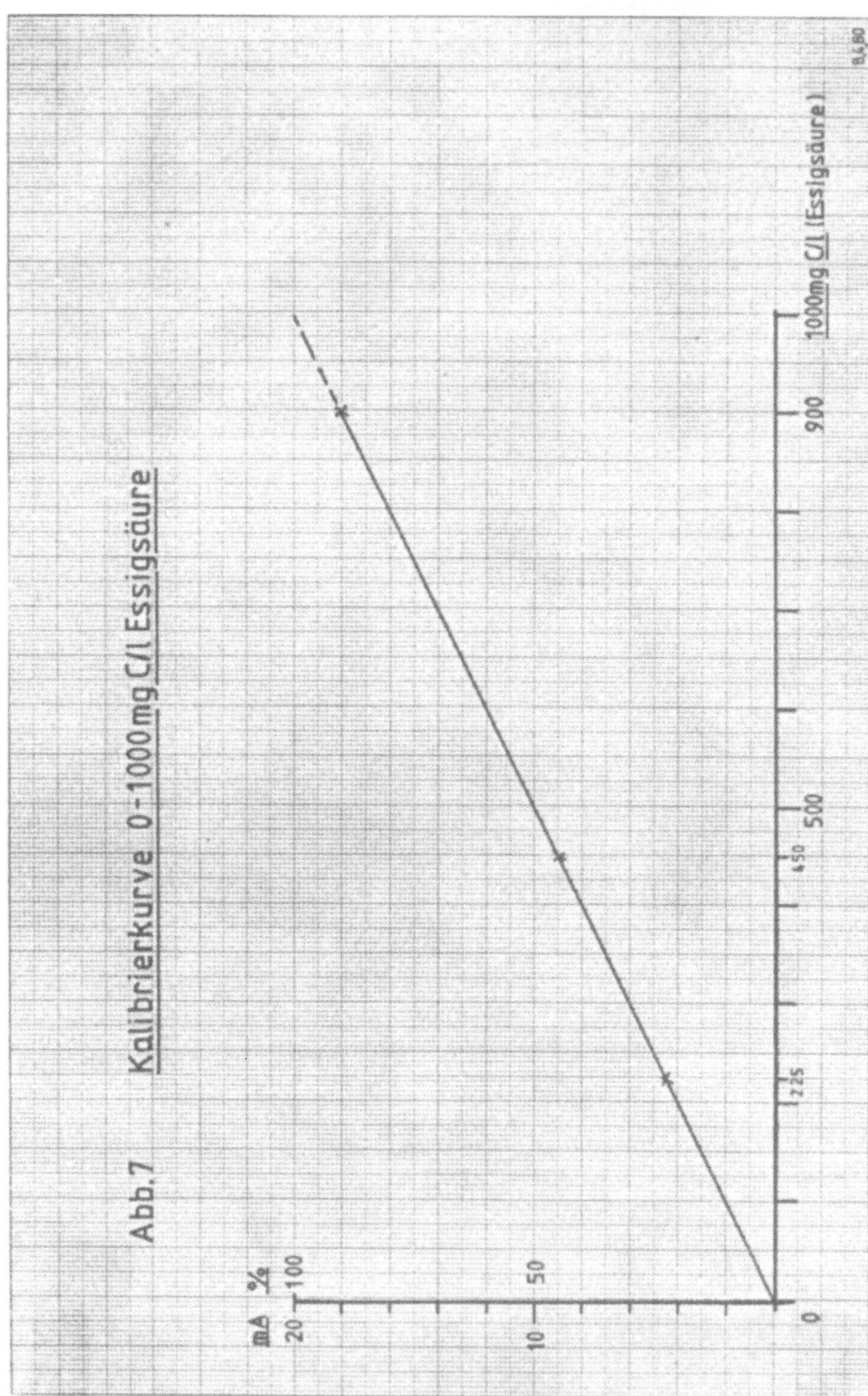

Abb.7   Kalibrierkurve 0 - 1000 mg C/l Essigsäure

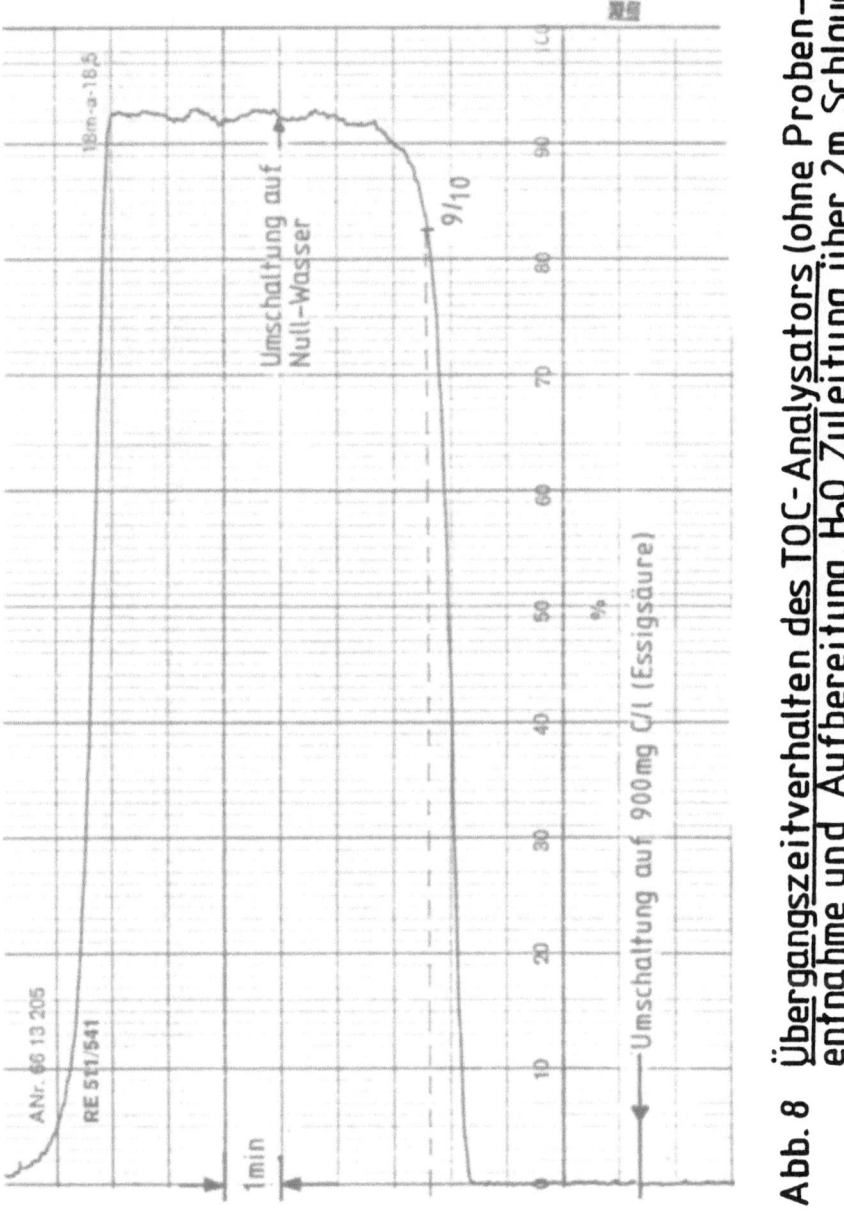

Abb. 8 Übergangszeitverhalten des TOC-Analysators (ohne Probenentnahme und Aufbereitung, H$_2$O Zuleitung über 2m Schlauch)

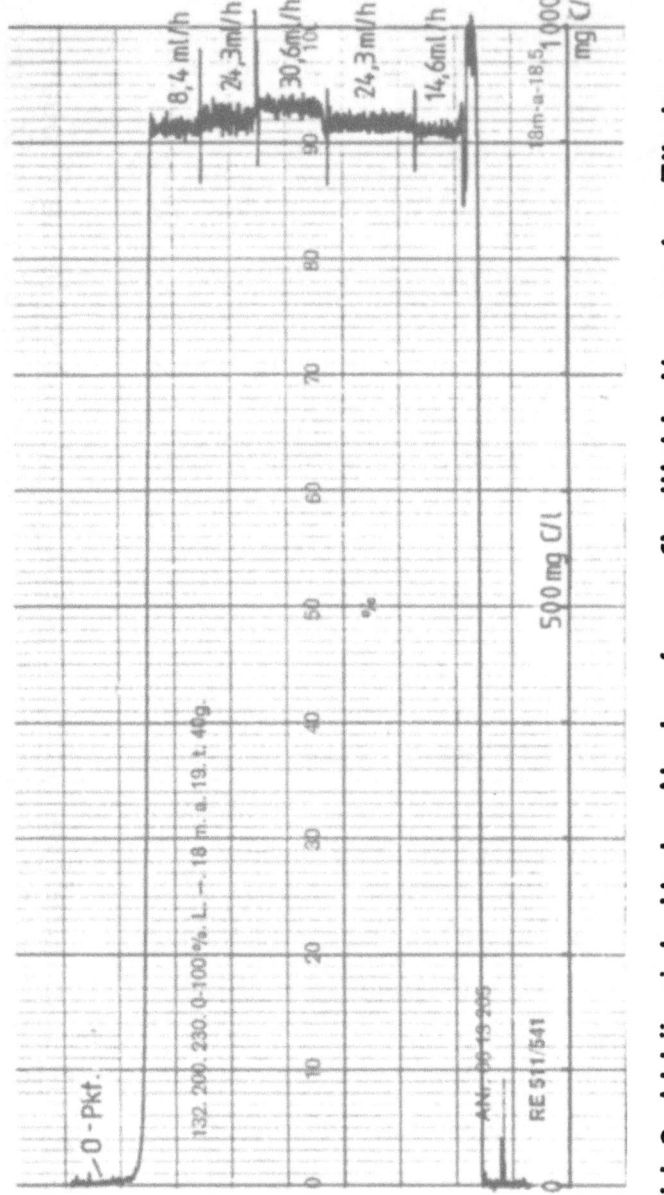

Abb.9 Abhängigkeit der Nachweisempfindlichkeit von der Förderleistung der Probenstrompumpe mit 900mg C/l Essigsäure

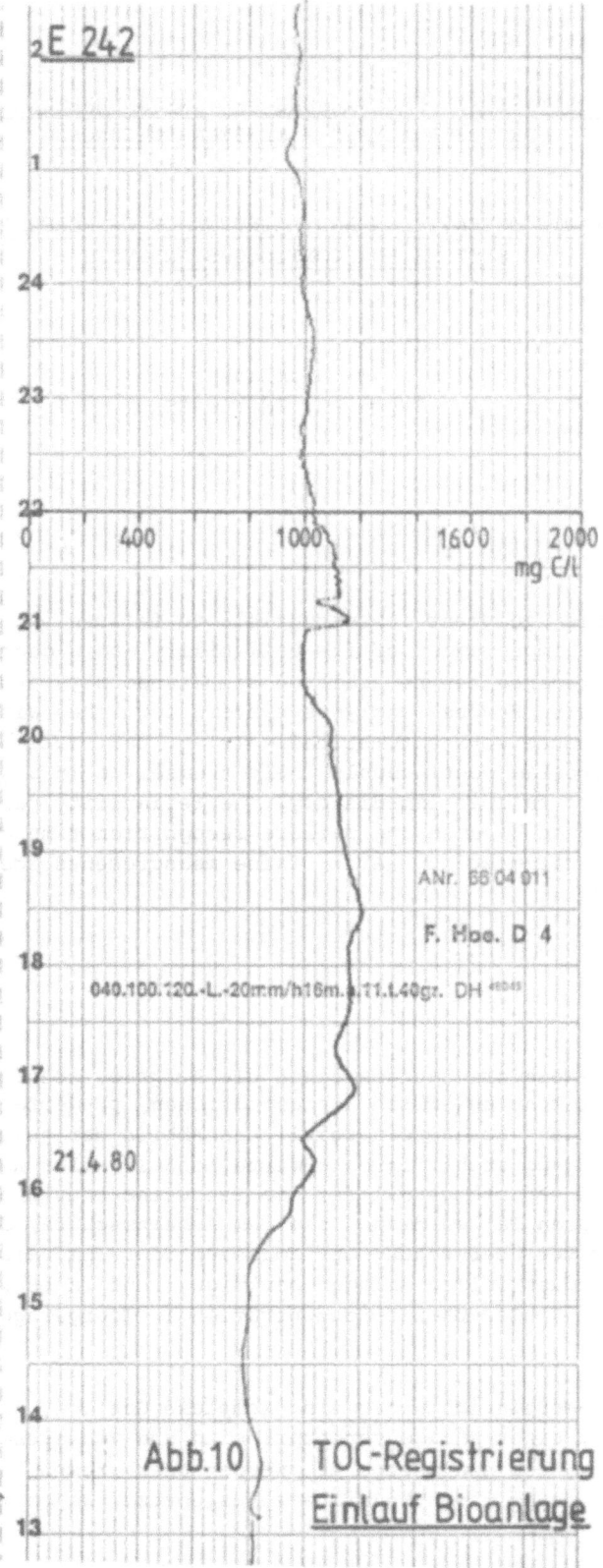

Abb.10 TOC-Registrierung
Einlauf Bioanlage

AUTOMATISIERTE ÜBERWACHUNG UND INSTANDHALTUNG VON
PROZESSANALYSEN - MESSEINRICHTUNGEN

AUTOMATIC SUPERVISION AND MAINTENANCE OF MEASUREMENT
SYSTEMS FOR CONTINUOUS ANALYSIS

E. Nicklaus
Bayer AG, IN PLT-ST
5090 Leverkusen

Summary

Process analysis equipment is susceptible to failure and intensive in
maintenance. An improvement of its reliability and a decrease of the
extent of maintenance can be achieved simultaneously with a microprocessor-based unit. Process analysis systems furnished with this unit do
routine maintenance work automatically (e. g. calibrations), perform a
self-testing program continuously, help themselves in a series of trou-
bles, and report failure immediately. The reliability parameter availability is improved because the failure recognition time disappears. The
credibility is optimized by having false measurements identified as
such.

1. Einleitung

Prozeßanalysen-Meßeinrichtungen haben die Aufgabe, kontinuierlich oder
zumindest quasi-kontinuierlich Konzentrationen, pH-Werte oder Redox-Po-
tentiale zu messen, so daß ein zeitliches Abbild der jeweiligen Meßgröße zur Verfügung steht. Ihre Meßwerte sind in aller Regel sehr aus-
sagekräftig und bedeutungsvoll für die Fahrweise oder Sicherheit einer
Anlage. In anderen Fällen dienen sie dem Arbeitsschutz, der Qualitätskontrolle oder der Überwachung der Emission oder Immission. Sie werden
nicht nur in industriellen Anlagen benötigt, sondern bspw. auch zur
Überwachung der Kohlenmonoxid-Konzentration in Tiefgaragen und in anderen Bereichen.

Prozeßanalysen-Meßeinrichtungen sind komplexe Gebilde, die in vielfältiger Weise mit einer Anlage verknüpft sind und von dieser abhängen. In
ihrem Kernstück, dem Analysengerät, werden energetisch kleinste Effekte
zur Erzeugung des primären Meßsignals ausgenutzt. Wegen ihrer Stör-

anfälligkeit sind sie instandhaltungsbedürftig. Die gewählte Instandhaltungsstrategie hängt davon ab, wie zuverlässig die Meßwerte sein
sollen.

Die Anforderungen an die Zuverlässigkeit steigen aus zwei Gründen: zum
einen wegen der intensiven Bemühungen um die Optimierung oder Sicherheit von Anlagen, bei denen man auf Analysenmessungen angewiesen ist,
und zum anderen, weil bei der zunehmenden Automatisierung der Anlagen
auch die Analysenmeßwerte immer häufiger in konventionellen Regelkreisen oder von Prozeßrechnern unmittelbar weiterverarbeitet werden, so
daß Ausfälle vom Personal in der Anlage mit geringerer Wahrscheinlichkeit erkannt werden und Folgeschäden von Ausfällen beträchtlich sein
können.
In der Vergangenheit wurden immer wieder die Möglichkeiten diskutiert,
bei gleichzeitiger Verbesserung der Zuverlässigkeit den Instandhaltungsaufwand zu reduzieren [1, 2, 3]. Die Mikroelektronik bietet die
Möglichkeit, mit einem Standard-Baustein bei einer Vielfalt unterschiedlicher Prozeßanalysen-Meßeinrichtungen diese Ziele kostengünstig
zu erreichen. Routine-Instandhaltungsarbeiten werden dabei automatisiert und die Meßeinrichtungen als Systeme gestaltet, die Fehler selbst
melden.

2. Konventionelle Prozeßanalysen-Meßeinrichtungen

Wie bei den diskontinuierlichen Labor-Analysenverfahren werden auch bei
Prozeßanalysen die vier Verfahrensschritte
- Probenahme,
- Probenaufbereitung,
- analytische Bestimmung und
- Darstellung des Ergebnisses
unterschieden [4]. Bei der Probenahme wird dem Meßgut eine repräsen-
tative Probe entnommen, in der Aufbereitung werden Störkomponenten
(z. B. Aerosole) abgetrennt, und bei der analytischen Bestimmung wird
mit einer geeigneten Methode der Meßwert erzeugt, der im letzten
Schritt dargestellt und übergeben wird.

Neben den Einrichtungen, in denen diese Verfahrensschritte automatisch
und kontinuierlich ablaufen, enthalten Prozeßanalysen-Meßeinrichtungen
apparative Hilfsmittel zur Qualitätssicherung der Messung (Fig. 1). Mit
ihrer Hilfe kann das Instandhaltungspersonal Fehler erkennen und zum
Teil auch beseitigen

Die vier Schritte von der Probenahme bis zur Darstellung bilden eine
Kette, bei der sich eine Störung in irgendeinem Verfahrensschritt auf
das Endergebnis auswirkt. Die Zuverlässigkeit der gesamten Meßeinrichtung wird im wesentlichen bestimmt durch die Zuverlässigkeit des

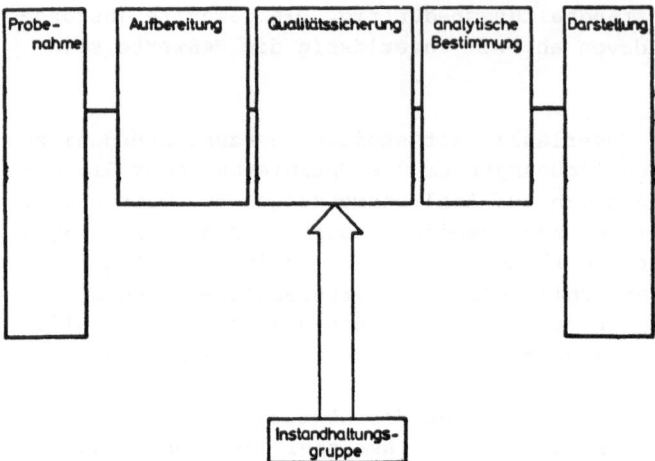

Fig. 1: Struktur einer konventionellen Prozeßanalysen-Meßeinrichtung

schwächsten Gliedes in der Kette. In der Praxis ist dies in der Regel die Probenahme oder Aufbereitung und weitaus seltener das Analysengerät, in dem die analytische Bestimmung stattfindet.

Ein Beispiel einer Prozeßanalysen-Meßeinrichtung ist in Fig. 2 dargestellt. Die Probenahme besteht hierbei aus einer Sonde, mit der aus einer Betriebsgasleitung ein repräsentativer Probenstrom abgezweigt wird, der durch eine beheizte Leitung in den Analysengeräteraum geführt wird. In der Aufbereitung werden mit einem Abscheider, Probengaskühler und Absorber Aerosole und Wasserdampf aus dem Probengas entfernt. Der analytischen Bestimmung dient das Analysengerät, in dem die Konzentration der Meßkomponente unter Ausnutzung von physikalischen oder physikalisch-chemischen Effekten in ein elektrisches Signal umgesetzt wird, das verstärkt und normiert in der Leitwarte angezeigt und weiterverarbeitet wird. Auf dem Schreiber erscheint das zeitliche Abbild der Konzentration in der Betriebgasleitung.

Dies ist, wie gesagt, nur ein Beispiel. Konfiguration und räumliche Anordnung hängen von der Meßaufgabe und den Eigenschaften des Analysengerätes bzw. von den örtlichen Gegebenheiten ab.

Zur Qualitätssicherung stehen in unserem Beispiel Ventile zur Einleitung von Prüfgasen zur Verfügung sowie ein Strömungsmesser zur Kontrolle des Probenstroms und ein Nadelventil zur Einstellung des Durchflusses. I. a. besteht beim Analysengerät die Möglichkeit, mit Hilfe von Potentiometern und einer Meßwertanzeige am Gerät Nullpunkt und Empfindlichkeit nachzustellen und so Driften zu kompensieren. Der Absorber wird aus Glas gefertigt, so daß man mit einem Blick den Zustand des Füllmaterials kontrollieren kann.

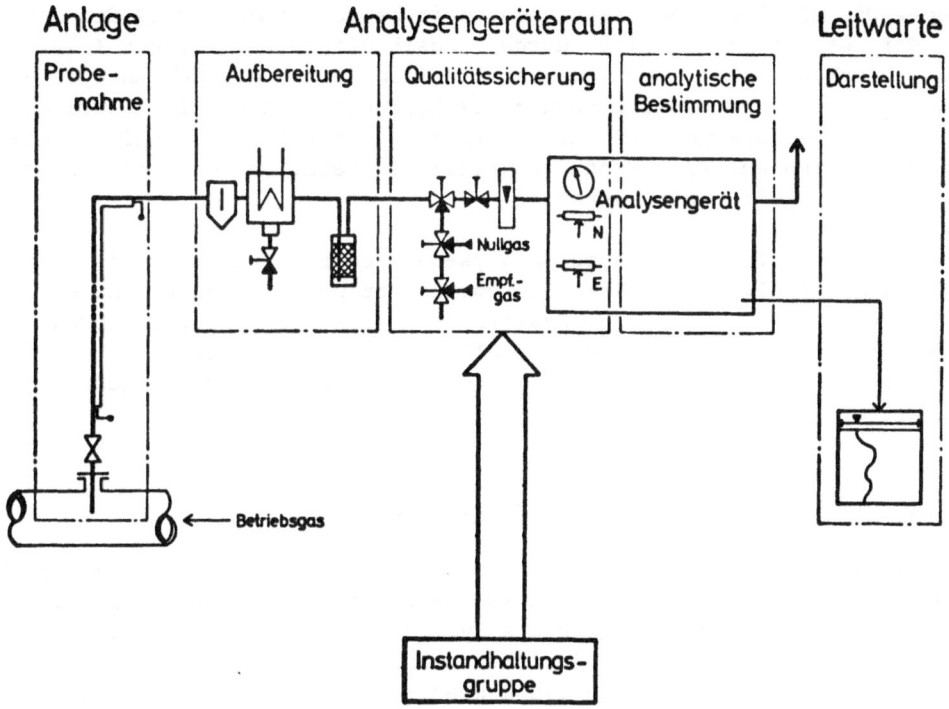

Fig. 2: Beispiel einer konventionellen Prozeßanalysen-Meßeinrichtung

Häufig werden Prozeßanalysen-Meßeinrichtungen täglich kontrolliert, und regelmäßig müssen Nachkalibrierungen durchgeführt werden. Verbrauchsmaterial, wie z. B. die Absorberfüllung, wird vorbeugend erneuert, und, wenn aufgrund der Erfahrung oder konkreter Anzeichen zu befürchten ist, daß ein Funktionsteil ausfällt, wird dieses vorsorglich ausgetauscht. Diese Instandhaltungsarbeiten sind hauptsächlich der Inspektion (Feststellung und Beurteilung des Istzustandes) zuzurechnen sowie der Wartung (Bewahrung des Sollzustandes; bspw. bei Nachkalibrierungen Einhaltung der Fehlergrenzen) [5]. Instandsetzung muß in den verhältnismäßig seltenen Fällen betrieben werden, in denen Funktionsteile ausgefallen sind.

Die Strategie der täglichen vorbeugenden Instandhaltung mit ihrem großen Anteil an routinemäßigen Inspektions- und Wartungsarbeiten war bisher die beste der zur Verfügung stehenden Möglichkeiten, bei vertretbarem Aufwand hinreichend zuverlässige Analysenmeßwerte zur Verfügung zu stellen. Sie ist allerdings arbeits- und damit zunehmend kostenintensiv; die Meßeinrichtungen sind dabei abhängig von der Instandhaltungsgruppe. Die mittlere Fehlererkennungszeit beträgt immerhin 12 Stunden, wenn der Betrieb nicht selbst durch Plausibilitätsüberlegungen falsche Meßwerte erkennt, was aber jedesmal die Glaubwürdigkeit der Analysenmessung vermindert. Dadurch werden die Beobachter in der Leitwarte geneigt sein, bei unerwarteten Meßwerten zunächst Fehler im Analysenverfahren zu vermuten. Dies kann eine Fehlinterpretation sein, die unter Umständen wertvolle Zeit kostet.

Bei einer konventionellen Prozeßanalysen-Meßeinrichtung sind die vier Schritte des Analysenverfahrens automatisiert und laufen kontinuierlich ab, während die Maßnahmen zur Qualitätssicherung manuell und diskontinuierlich durchgeführt werden. Vor allem bei Nachkalibrierungen sind die Arbeitsgänge komplex und die Fehler, die dabei auftreten können, vielfältig.

3. Autonome Prozeßanalysen-Meßeinrichtungen

Die Mikroelektronik hat die Möglichkeit geschaffen, die routinemäßigen Inspektions- und Wartungsarbeiten kostengünstig zu automatisieren und Prozeßanalysen-Meßeinrichtungen als Systeme zu gestalten, die Fehler selbst melden. Derartige Meßeinrichtungen sind weit weniger abhängig von der Instandhaltungsgruppe als konventionelle Meßeinrichtungen, die auf regelmäßige Instandhaltung angewiesen sind. Sie werden daher als autonome Prozeßanalysen-Meßeinrichtungen bezeichnet. Sie erfordern einen geringeren Instandhaltungsaufwand bei gleichzeitig verbesserter Zuverlässigkeit.

Zum Aufbau von autonomen Prozeßanalysen-Meßeinrichtungen steht eine mikroprozessorgesteuerte Überwachungs- und Automatisierungseinheit (Compur 8100, Compur-Electronic, München) zur Verfügung. Sie wird einer Meßeinrichtung hinzugefügt (Fig. 3) und erhält mit Hilfe von Statussensoren sowie des Meßwertes Informationen aus der Meßeinrichtung. Sie kann in diese mit Magnetventilen, Motorpotentiometern oder Schaltern eingreifen. Im Störungsfall werden intern sowie extern verwendbare Meldungen erzeugt.

Diese Überwachungs- und Automatisierungseinheit
- überwacht ständig die wesentlichen Funktionen einer Meßeinrichtung,
- prüft die Plausibilität des Meßwertes,
- hält in gewissen Störungsfällen die Funktion der Meßeinrichtung aufrecht,
- führt Routine-Instandhanltungsarbeiten (z. B. Kalibrierungen) automatisch durch und
- meldet selbständig Fehler.

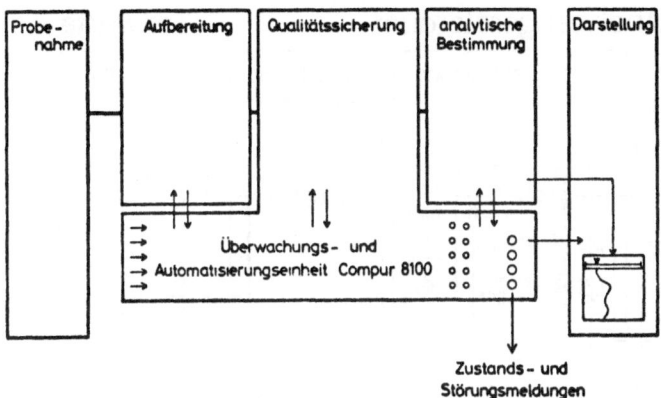

Fig. 3: Struktur einer autonomen Prozeßanalysen-Meßeinrichtung

Programm und Hardware-Aufbau sind so gestaltet, daß die Einheit ohne
weiteres an sehr verschiedenartige Meßeinrichtungen angepaßt werden
kann. Nur in Ausnahmefällen muß das Programm variiert werden. Die Überwachungseinheit stellt ein back up-System dar, das nicht Bestandteil
der Kette von der Probenahme bis zur Darstellung ist. Es besteht jederzeit die Möglichkeit, sie von der Meßeinrichtung abzukoppeln und von
der automatisierten auf die manuelle Instandhaltung umzuschalten.

In Fig. 4 ist das Beispiel einer konventionellen Meßeinrichtung von
Fig. 2 zu einer autonomen Meßeinrichtung erweitert. Sämtliche Ventile
sind mit Magnetantrieben ausgestattet, die die Überwachungseinheit
ansteuern kann. Mit Motorpotentiometern können Nullpunkt und Empfindlichkeit des Analysengerätes intern nachgestellt werden. Der bereits
vorhandene Absorber und ein zusätzlicher Reserveabsorber, der im Bedarfsfall eingeschaltet wird, werden mit Statussensoren überwacht. Weitere Informationen liefern Temperaturfühler im Probengaskühler sowie im
thermostatisierten Analysengerät, ein Minimalkontakt am Strömungsmesser
und vor allem der Meßwert, der in der Überwachungseinheit über einen
Widerstand geschleift wird. Die Spannungsversorgungen des Probengasküh-
lers oder der Thermostatisierung werden bei Unter- bzw. Überschreitung
des Temperatursollbereiches abgeschaltet. Liegt die Temperatur des
Analysengerätes nicht im Sollbereich, werden stündlich Nachkalibrierungen zur Kompensation von Temperaturdriften ausgeführt.

In einem Routinezyklus prüft der Mikroprozessor in der Überwachungseinheit ständig (10 mal pro sec.), ob sich die Meßeinrichtung im Sollzustand befindet, der Meßwert im Meßbreich liegt und seine Streuung nicht
unzulässig groß ist. Normalerweise alle 24 h oder 168 h wird das im
Probengaskühler angefallene Kondensat abgelassen und eine Nachkali-
brierung vorgenommen, bei der Fehler wie zu geringer Probengasdurch-

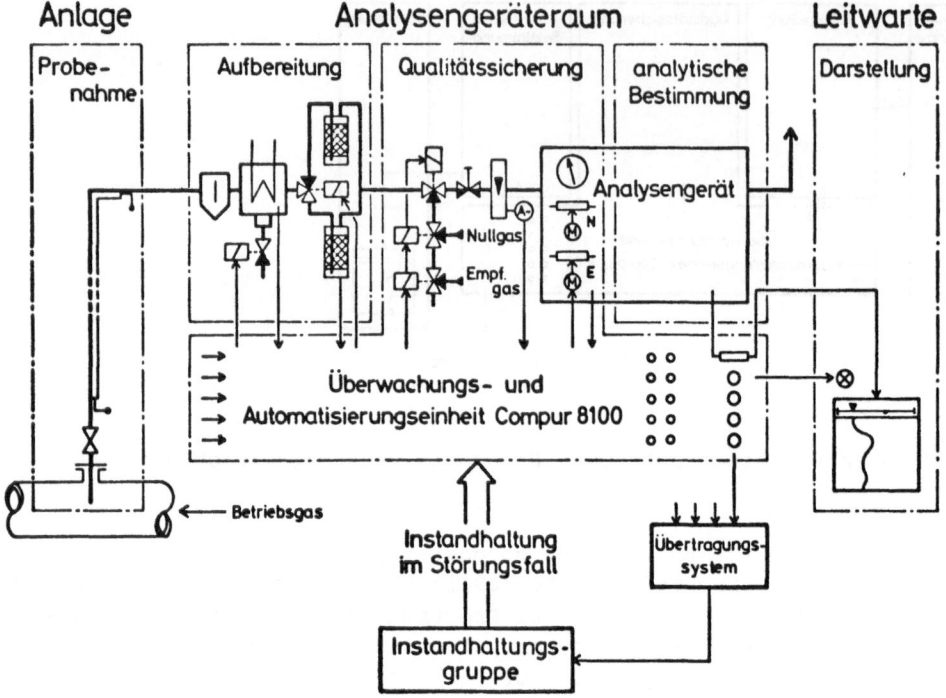

Fig. 4: Beispiel einer autonomen Prozeßanalysen-Meßeinrichtung

fluß, zu große Driften oder unruhige Meßwertanzeige in Fehlermeldungen
umgesetzt werden.

In unserem Beispiel sind die Möglichkeiten der Überwachungseinheit bei
weitem noch nicht ausgeschöpft. Es kann ein weiteres Analysengerät angeschlossen werden, und es stehen weitere Digitaleingänge z. B. zur
Überwachung einer Spülgasströmung, von Hilfsenergien oder der Status-
meldung eines Analysengerätes zur Verfügung. Schließlich ist es auch
möglich, zwei parallel arbeitende Meßeinrichtungen von einer Überwachungseinheit kontrollieren zu lassen.

Bei Abweichungen vom Sollzustand werden Störungsmeldungen erzeugt.
Insgesamt 14 interne Meldungen erleichtern die Fehlerdiagnose und
dienen damit der Instandhaltbarkeit. Extern verwendbar sind pauschale
Störungsmeldungen in zwei Stufen ("Warnung", "Messung ausgefallen"),
die Instandhaltungsmaßnahmen anfordern, wobei die letztere den anstehenden Meßwert als unbrauchbar kennzeichnet. Zwei weitere externe Meldungen beschreiben ebenfalls den Zustand der Meßeinrichtung: "Kalibrieren" bedeutet, daß das System mit sich selbst beschäftigt ist, und
"Wartung", daß auf Handbetrieb umgeschaltet wurde.

Die Verwendung der externen Meldungen hängt vom Einzelfall ab. Im
Beispiel von Fig. 4 wird in der Leitwarte lediglich der Ausfall der
Messung, also ihre Nichtverfügbarkeit gemeldet. Die Instandhaltungsgruppe erfährt über ein Übertragungssystem zusätzlich, wann ein kleinerer Fehler vorliegt, der noch nicht zu einem Ausfall führt (z. B. Umschaltung auf den Reserveabsorber), so daß der Fehler rechtzeitig behoben werden kann. Außerdem werden die übrigen Zustandsmeldungen fern-
übertragen. Bei diesem System kann die aufwendige regelmäßige Instandhaltung durch eine effektivere Instandhaltung im Störungsfall abgelöst
werden.

Im Werk Leverkusen der Bayer AG werden seit über einem Jahr Gasanaly-
sen-Meßeinrichtungen als autonome Meßsysteme aufgebaut. Ein Übertragungssystem für die Störungs- und Zustandsmeldungen (Fa. Funke und
Huster, Essen) wurde kürzlich in Betrieb genommen. Die älteste autonome
Meßeinrichtung, ein Prototyp, läuft seit 2 Jahren und wurde in dieser
Zeit $6 \cdot 10^8$ mal automatisch inspiziert und 100mal kalibriert, ohne
daß es zu einem Ausfall oder Fehler der Überwachungseinheit gekommen
ist.

4. Rentabilitätsbetrachtung und Zuverlässigkeit von autonomen Prozeß-
   analysen-Meßeinrichtungen

Prozeßanalysen-Meßeinrichtungen dürften unter den MSR-Einrichtungen
diejenigen sein, die die höchsten Instandhaltungskosten bezogen auf den
Wiederbeschaffungswert verursachen (bei Konzentrationsmessungen 10-20 %
p. a.). Der Aufbau von autonomen Meßeinrichtungen erhöht zwar die Investitionskosten um 20-30 %, aber da die Instandhaltungskosten - vor-
sichtig geschätzt - um 50 % gesenkt werden können, ist der Aufbau von
autonomen Meßeinrichtungen wirtschaftich sinnvoll. Je nach Auslastung
der Überwachungs- und Automatisierungseinheit, die den größten Anteil
an den zusätzlichen Investitionskosten hat, sind diese durch den geringeren Instandhaltungsaufwand nach 2 bis 6 Jahren kompensiert.

Nicht bewertbar sind die Vorteile, die sich aus der verbesserten Zuverlässigkeit von autonomen Prozeßanalysen-Meßeinrichtungen ergeben. Diese
melden auftretende Fehler sofort selbst. Im folgenden soll dargestellt
werden, welche Auswirkungen diese Eigenschaft auf ihre Zuverlässigkeit
hat.

Unter dem Aspekt der Zuverlässigkeitstheorie stellen Prozeßanalysen-
Meßeinrichtungen reparierbare Systeme dar, bei denen regelmäßige Eingriffe (z. B. Kalibrierungen) zur Aufrechterhaltung der Funktion erforderlich sind. Die Verfügbarkeit ist hierbei die Wahrscheinlichkeit, daß
eine Meßeinrichtung funktionsfähig ist, und kann als zeitunabhängig angesehen werden. Das Komplement zur Verfügbarkeit ist die Unverfügbar-

keit U, die verschiedene Ursachen haben kann (Tab. 1).

Die systematische Unverfügbarkeit U_S wird absichtlich herbeige-
führt; sie ist bekannt und kann vorher angekündigt werden. Die Ursache
für die zufällige Unverfügbarkeit U_Z ist ein Fehler. In der Zeit
vom Auftreten bis zum Erkennen des Fehlers, also während der Fehlererkennungszeit, ist die zufällige Unverfügbarkeit nicht erkannt (<u>uner-
kannte Unverfügbarkeit U_E</u>), und dieser Zustand ist besonders kritisch. Wenn man ein Auto fährt, dessen Bremsen nicht funktionieren,
kann man - sofern man dies weiß - Maßnahmen treffen, um

Tab. 1: Zuverlässigkeitskenngrößen für Prozeßanalysen-Meßeinrichtugen

Verfügbarkeit V Wahrscheinlichkeit, eine Meßeinrichtung in funktionsfähigem Zustand anzutreffen		
Unverfügbarkeit U Komplement zur Verfügbarkeit: V = 1-U		
systematische Unverfügbarkeit U_S (z. B. während Kalibrierungen)	zufällige Unverfügbarkeit U_Z	
	unerkannte Unverfügbarkeit U_E während der Fehlererkennungszeit	Unverfügbarkeit U_R während der Reparaturzeit

Folgeschäden zu entgehen. Ist aber die Unverfügbarkeit der Bremsen
nicht erkannt, sind die Folgen unabsehbar. Die Unverfügbarkeit U_R
während der Reparaturzeit von der Fehlererkennung bis zur erneuten
Inbetriebnahme ist wieder bekannt und damit vergleichsweise harmlos.

In Fig. 5 a ist ein Störungsablauf bei einer konventionellen Meßeinrichtung dargestellt, deren Meßergebnisse auf der einen Seite vom Betrieb verarbeitet werden, während auf der anderen die Instandhaltungsgruppe für das Funktionieren der Messung arbeitet. Im breiten Pfeil ist
die zeitliche Folge von Verfügbarkeitszuständen angedeutet: zunächst
ist der Meßwert verfügbar, dann erfolgt ein systematischer Eingriff
durch die Instandhaltungsgruppe, von dem der Betrieb in Kenntnis gesetzt wird. Danach ist die Messung wieder verfügbar, bis ein gravieren-
der Fehler auftritt, der bis zum nächsten systematischen Eingriff uner-
kannt bleibt (schraffierter Bereich U_E). Während dieser Zeit weiß
der Betrieb nicht, daß der angezeigte Meßwert nichts mit der Realität
zu tun hat.

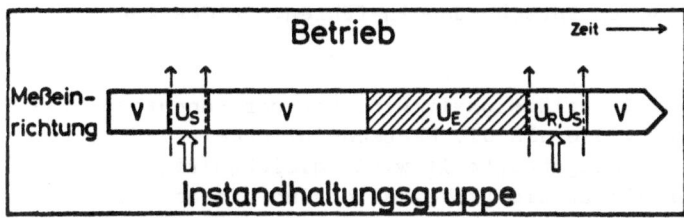

Fig. 5a: Störungsablauf bei einer konventionellen Prozeßanalysen-Meßeinrichtung

Bei autonomen Meßeinrichtungen (Fig. 5b) sind die Arbeitsgänge während
der systematischen Unverfügbarkeit automatisiert, und sowohl der Betrieb als auch die Instandhaltungsgruppe werden über das Ablaufen
dieser Vorgänge informiert. Der wie in Fig. 5a auftretende Fehler wird
sofort erkannt und auf beiden Seiten gemeldet. Die Instandhaltungsgruppe kann sofort tätig werden, ihn zu beheben.

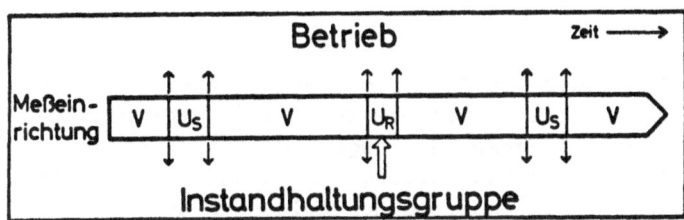

Fig. 5b: Störungsablauf bei einer autonomen Prozeßanalysen-Meßeinrichtung

Daraus ergibt sich, daß bei autonomen Prozeßanalysen-Meßeinrichtungen
   - die unerkannte Unverfügbarkeit verschwindet,
   - die Ausfallzeiten verkürzt werden und folglich die Verfügbarkeit
     gegenüber konventionellen Meßeinrichtungen vergrößert wird und
   - die Instandhaltungsgruppe im wesentlichen nur in Störungsfällen
     tätig werden muß.

Verfügbarkeit und Unverfügbarkeit sind objektive Kenngrößen der Zuverlässigkeit. Die Praxis zeigt, daß es auch von Bedeutung ist, wie eine
Messung vom Personal in der Leitwarte beurteilt wird. Bei ungewöhn-
lichen Betriebszuständen (z. B. zunächst nicht erklärbare Alarme, nicht
erwartete Meßwerte) wird nicht selten viel Zeit aufgewendet, die Meßwerte in Frage zu stellen und die Meßeinrichtung überprüfen zu lassen.
Unrichtig beurteilte Meßwerte können aber den gewünschten Handlungs-

ablauf hemmen oder zu falschen Entscheidungen führen. Beides kann
fatale Folgen haben.

Diese subjektive Seite der Zuverlässigkeit wird mit der Kenngröße Kredibilität K beschrieben [6], die als die Wahrscheinlichkeit definiert
ist, daß ein Meßwert als richtig beurteilt wird, gleichgültig ob er es
tatsächlich auch ist oder nicht. Die Extremfälle sind offensichtlich:
blindes Vertrauen (K = 1) und völliges Mißtrauen (K = 0).

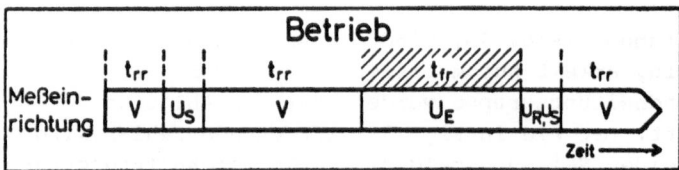

Fig. 6a: Zu große Kredibilität K: während der unerkannten Unverfügbarkeit $\ddot{U}_E$ wird der falsche Meßwert als richtig beurteilt.

Als Beispiel ist in Fig. 6a wieder die Folge von Verfügbarkeitszuständen einer Meßeinrichtung dargestellt sowie die Beurteilung des Meßwertes durch das Betriebspersonal. (Während der angekündigten systematischen Unverfügbarkeit entfällt eine Beurteilung.) Zunächst werden richtige Meßwerte als richtig angesehen. Während der folgenden Zeitspanne
einer unerkannten Unverfügbarkeit wird der falsche Meßwert für richtig
gehalten. In diesem Beispiel ist die Kredibilität zu groß; der Messung
wird in der betrachteten Zeitspanne ein zu großes Vertrauen entgegenge-
bracht.

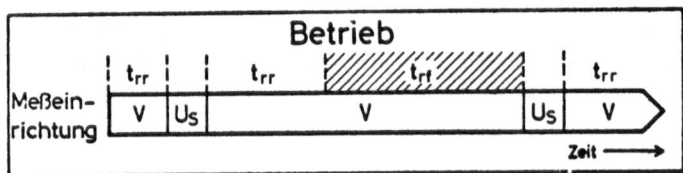

Fig. 6b: Zu geringe Kredibilität K: während der Zeitspanne t_{rf}
wird der richtige Meßwert als falsch beurteilt.

Im Fall von Fig. 6b hält der Beobachter im Betrieb während t_{rf} die
an sich richtigen Meßwerte unzutreffenderweise für falsch, weil sie
bspw. nicht mit der Erwartung übereinstimmen, Alarmursachen nicht zu

finden sind oder weil in der Vergangenheit zu wiederholten Malen er es
war, der Messungsausfälle festgestellt hat. Die Kredibilität ist zu gering.

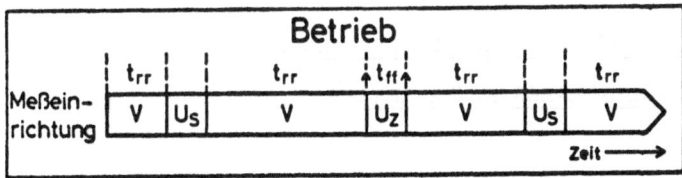

Fig. 6c: Die Kredibilität K ist gleich der Verfügbarkeit; objektive
Gegebenheit und subjektive Beurteilung stimmen überein.

In Fig. 6c meldet die Meßeinrichtung ihre Ausfälle selbst. Der Beobachter wird darauf aufmerksam gemacht, daß die Meßwerte während der zufälligen Unverfügbarkeit U_z zu verwerfen sind. Dies verringert die
Kredibilität, wenn sie zu groß ist, und vergrößert sie, wenn sie zu
gering ist. Denn solange keine Störungsmeldungen anstehen, wird die
autonome, Fehler meldende Meßeinrichtung gegenüber dem mißtrauischen
Beobachter in Zweifelsfällen recht behalten, so daß dieser sein Mißtrauen schließlich aufgibt.

In den meisten Fällen sind die Verhältnisse dann optimal, wenn der Meßwert wie in Fig. 6c ständig zutreffend beurteilt wird. Dann ist die
Kredibilität gleich der Verfügbarkeit, und die subjektive Beurteilung
stimmt mit der objektiven Gegebenheit überein. Die Informationen, die
eine Prozeßanalysen-Meßeinrichtung vermittelt, werden optimal weiterverarbeitet.

Literatur

1. Warncke, H.: Rechnergestützte automatische Überwachung der
   Betriebsanalytik. In: Meßtechnik und Automatisierung.
   Kongreßvorträge vom 6. Internationalen Kongreß mit Ausstellung für
   Meßtechnik und Automatik, Düsseldorf: VDI-Verlag 1974, S. 37-41.
2. Birkle, M.; Schölzke, D.: Analysengeräte mit Statussignaleinrichtung
   und ihr Einsatz in automatisierten Meßnetzen. Siemens-Z. 50 (1976)
   6, 394-402.
3. Gatzmanga, H.: Automatische Überwachung prozeßanalytischer Meßeinrichtungen und Anlagen. msr 22 (1979) 2, 81-86.
4. Henschler, D. (Hrgb.); Deutsche Forschungsgemeinschaft/Arbeitsgruppe
   Analytische Chemie: Luftanalysen. Weinheim: Verlag Chemie 1976.
5. DIN 40 042: Zuverlässigkeit elektrischer Geräte, Anlagen und
   Systeme; Begriffe. Juni 1970.
6. Nicklaus, E.: Zuverlässigkeit von Prozeßanalysen-Meßeinrichtungen.
   Tech. Messen 47 (1980) 5, 175-179.

AUTOMATISIERUNG DER PROZESSFÜHRUNG

KOMMUNALER KLÄRANALAGEN

PROCESS CONTROL IN COMMUNAL
WASTEWATER TREATMENT PLANTS

H. Dressler
AEG-Telefunken
6000 Frankfurt/M

1. Notwendigkeit den Betrieb von Kläranlagen zu optimieren

Die Entwicklung beim Bau kommunaler Kläranlagen zeigt sich in einer
Vielfalt von Anlagentypen. Hat man den steigenden Anforderungen an
die Ablaufqualität durch Reduzierung der Raumbelastung bzw. mehr-
stufige Anlagen im biologischen Bereich bislang Rechnung getragen,
so zeichnet sich nach Hegemann (1) eine Entwicklung ab, die auf eine
belastungsangepaßte Prozeßsteuerung abzielt.
Diese Entwicklung wird künftig insbesondere durch steigende Bau- und
Betriebskosten bei größeren Anlagen immer mehr an Bedeutung gewinnen.

2. Voraussetzungen für die belastungsangepaßte Prozeßsteuerung einer kommunalen Kläranlage

Die Voraussetzungen den Kläranlagenprozeß so zu automatisieren, daß
bei minimalen Kosten eine geforderte Ablaufqualität erzielt wird,
haben sich in den letzten Jahren erheblich verbessert.
Wichtige Argumente sind:
- für die Datenverarbeitung stehen preisgünstige, leistungsfähige Systeme zur Verfügung
- ein möglicher Algorithmus für die belastungsgemäße Prozeßsteuerung kann nach Heinrich (2) auf der Basis der Sauer-
  stoff-Zehrung von Belebtschlamm und Abwasserschlammgemisch
  aufgebaut werden.

2.1 Konfiguration des Datenverarbeitungssystems

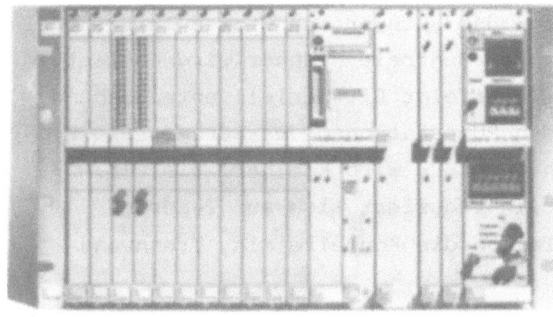

Abb. 1 Kleinrechner

Durch die Bereitstellung
leistungsfähiger, kompakter
Kleinrechner findet seit
Ende der siebziger Jahre
eine prinzipielle Um-
strukturierung von Prozeß-
datenverarbeitungs (PDV)-
Systemen zu dezentralen
Strukturen hin statt.
Abb. 1 zeigt einen
Kleinrechner.

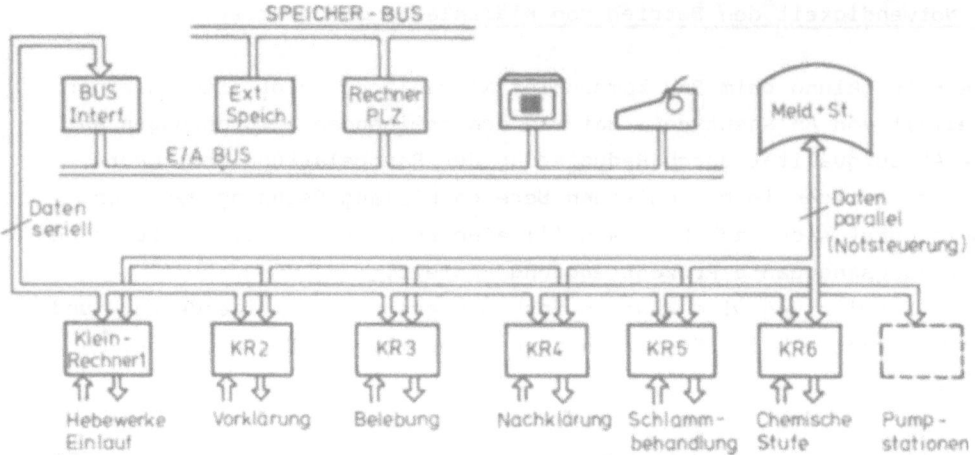

Abb. 2 Dezentrale Struktur eines PDV-Systems

Die Vorzüge einer dezentralen Struktur des PDV-Systems

Die meistens bisher in Kläranlagen installierten PDV-Systeme besitzen
einen zentralen Rechner der sämtliche Informationen vom Prozeß
über vieladrige Leitungen direkt verarbeitet. In der Peripherie in-
stallierte Automatik-Steuerungen sind konventionell aufgebaut.
Die Vorzüge eines dezentralen PDV-Systems sind weitgehend und bedeuten erhebliches Umdenken beim Konzipieren der Anlagen- und Gerätetechnik.

- technologische Teilprozesse werden vor Ort von den Kleinrechnern
  an Stelle der bisherigen konventionellen Transistor- und Relais-
  technik automatisiert (Räumer, Hebewerke, Faultürme, Schlammver-
  brennung usw.)
- Daten aus diesen Bereichen werden dem Rechner der Prozeß-Leitzentrale
  (PLZ) vorverarbeitet angeboten. Der Zentrale Rechner wird entlastet.
- Der Datenverkehr mit der Zentrale erfolgt Bit-seriell entsprechend
  dem üblichen Datenverkehr mit den Pumpstationen des Netzes. Die Pro-
  zeßschnittstelle des Zentralen Rechners wird kleiner, die Verlegung von vieladrigen Datenkabeln reduziert sich auf 2-adrige
  Leitungen. In der Zentrale entfallen die Koppelrelais, Trennwand-
  ler und Rangierverteiler.
- Die Funktionssicherheit der Anlage steigt, da bei Ausfall des zentralen Rechners die Teilprozesse peripher weiter laufen.

Ohne daß die bisherigen Rechner in der Zentrale größer werden
müssen, können sie infolge der Entlastung durch die Kleinrechner
in der Peripherie neue Aufgaben, beispielsweise der Informationsdarstellung und Prozeßsteuerungen über Monitor oder die Vorgabe
von Führungsparametern für eine optimale Prozeßführung übernehmen.

Prozeßdarstellung und Steuerung über Farbmonitor

Bei Installation des beschriebenen dezentralen PDV-Systems ist das
Farbmonitorsystem die notwendige Ergänzung zur Prozeßdarstellung
und Steuerung, um den Vorteil der Reduzierung der Prozeßschnitt-
stellen nicht durch Ein-Ausgabe-Karten an die Bedienungsperipherie
wieder zu verlieren. Das Installieren eines Farbmonitor-Systems
bedeutet

- die bekannten großen Mosaik-Prozeßbilder der Warten reduzieren
  sich auf die prinzipielle Darstellung der einzelnen technologischen
  Gruppen. Der einfache Aufbau ist mit einer erheblichen Kosteneinsparung verbunden.
- Das Prozeßbild für die einzelnen technologischen Teilbereiche
  wird auf dem Monitor abgebildet. In das Prozeßbild werden alle
  Prozeßinformationen einschließlich Bilanzwerten, Zeitverläufen
  usw. eingeblendet. Das heißt anzeigende und registrierende
  Geräte können entfallen.
- Die Steuerung wird ebenfalls über den Monitor vorgenommen (Licht-
  griffel oder Cursor). Befehlsgeber entfallen als Folge.

Um bei Inbetriebnahme, Wartungen und Störungen des Rechners der
PLZ nicht "total im Dunkeln" zu stehen, werden zusätzlich zu den
seriellen Daten wenige für die Gesamt-Übersicht und Notsteuerung
notwendige Daten parallel übertragen. (siehe Abb.2)

2.2 Belastungsangepaßte Prozeßsteuerung

Die nachfolgenden Ausführungen beziehen sich auf die biologischen
Stufen der Kläranlage, da dieser Bereich vom Energieverbrauch und
Reinigungsleistung von entscheidender Bedeutung für die optimale
Betriebsführung ist. Selbstverständlich müssen im Rahmen einer Ge-
samtbilanz auch Hebewerke, Schlammfaulung und Gaserzeugung berück-
sichtigt werden, beispielsweise um Energiespitzen zu vermeiden.
Diese Probleme sind jedoch leichter lösbar und sollen nachfolgend
nicht betrachtet werden.

Steuerung des biologischen Prozesses

Die biologischen Stufen der Kläranlage enthalten alle Elemente
eines Regelkreises gemäß Abb. 3.

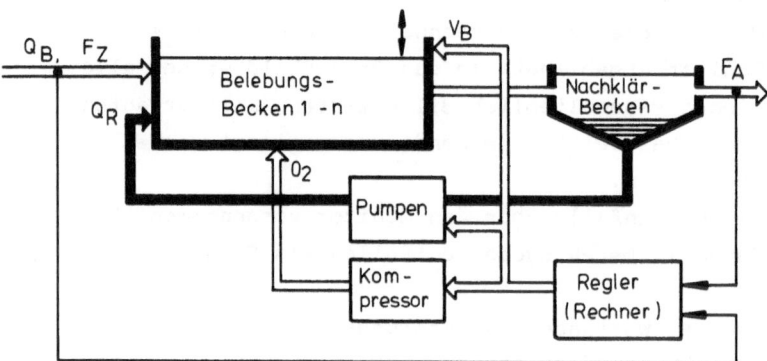

Abb. 3   Der biologische Prozeß als Regelkreis

Regelung bedeutet, daß bei Änderung der Eingangsgröße, d.h. Abwas-
sermenge Q_B und Fracht F_Z durch Veränderung der Stellgrößen Becken-
volumen V_B, Sauerstoffeintrag O_2 und Rücklaufschlamm Q_R die Regelstrecke, d.h. Belebungsbecken und Nachklärung so beeinflußt werden,
daß der geforderte Sollwert, d.h. die Restfracht im Auslauf F_A
konstant bleibt. Alle genannten Elemente des Regelkreises müssen
meßbar sein. Wird diese Forderung nicht erfüllt bzw. stehen die
Meßwerte nicht rechtzeitig zur Verfügung ist keine Regelung durchführbar.
Beispielsweise eignet sich die Bestimmung des BSB_5, indem der Wert

erst nach 5! Tagen zur Verfügung steht, ebensowenig wie die Bestimmung des CSB oder TOC zur belastungsangepaßten Steuerung, da diese
Werte die abzubauende Fracht nur bei konstanten äußeren Bedingungen
relativ genau beschreiben.

Sinnvoller scheint es wie eingangs erwähnt, nach Heinrich (2) die
Zehrungsmessung als Maß zur Fracht zu benutzen.

Der Vorteil dieses Verfahrens liegt darin, daß die Meßwerte innerhalb von 10 Minuten bereitstehen und die relativ handlichen Geräte
direkt im Belebungsbecken bzw. der Rücklaufschlamm-Leitung zu installieren sind. Aufbau und Funktion eines Zehrungs-Meßgerätes
zeigt Abb. 4. Bei geschlossenem Ventil V_2 ($V_{1,3}$ geöffnet) wird aus
dem Behälter, der in das zu messende Medium eingetaucht ist, das
Medium in den Rohr-Reaktor gefördert. Nach wenigen Umläufen wird
V_2 geöffnet. ($V_{1,3}$ schließt). Das Medium wird im Kreislauf durch
den Reaktor gefördert, die Zehrungsmessung beginnt.

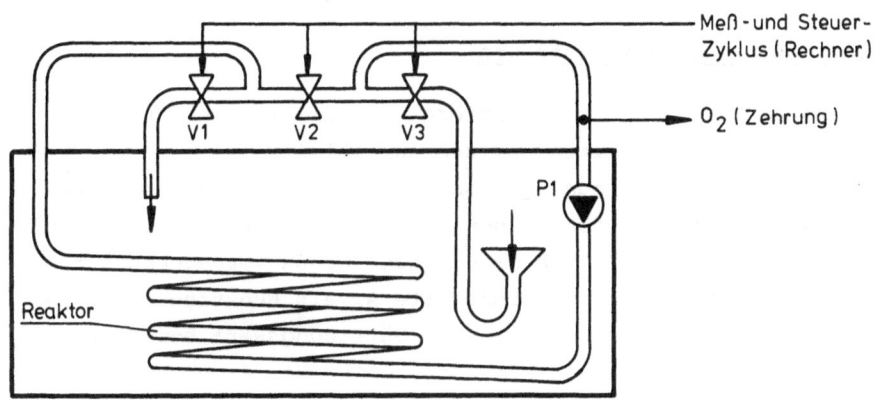

Abb. 4 Zehrungsmeßgerät

Konstante Schlammbelastung

Die Schlammbelastung B_{TS} gibt das Verhältnis von abzubauender Fracht
und Rücklaufschlamm (aktive Biomasse) an. In (3) nennt Hegemann
eine Beziehung zwischen B_{TS} und den Atmungswerten des Rücklaufschlammes A_R bzw. des Abwasser-Schlamm-Gemisches A_R im Belebungsbecken sowie des Verhältnisses $R = Q_R / Q_B$ also Menge Rücklaufschlamm und Zufluß Abwasser zum Belebungsbecken. In anderer Form
zeigt die genannte Beziehung eine einfache Abhängigkeit aller
relevanten Prozeßgrößen.

$$B_{TS} = K \frac{A_R}{A_B} (1 + \frac{1}{R})$$

Mit dieser Beziehung kann bei vorgegebenen B_{TS} die Anpassung an die Abwasserfracht über das Rücklauf-Schlamm-Verhältnis R bzw. durch Zugabe von gespeicherten Belebtschlamm gesteuert werden. Sind die Grenzen des verfügbaren Rücklaufschlammes erreicht bzw. die Schlamm-speicher leer, müssen zusätzliche Becken-Volumen bereitgestellt wer-den. Ist das max. Beckenvolumen belegt, kann die Ablaufqualität nur konstant gehalten werden, wenn das Abwasser zwischengespei-chert wird. Der Faktor K ist im Vorversuch abhängig vom erreichten Ergebnis zu bestimmen. Während des Betriebes wird der Faktor K ab-hängig vom Regelungsergebnis laufend durch den Prozeßrechner opti-miert. Die Atmungswerte A_R und A_B beziehen sich auf die Trocken-substanz, d.h. für den Rücklaufschlamm und das Abwasser-Schlammge-misch ist die Bestimmung der Trockensubstanz (Sedimeter) notwendig.

Steuerung des Sauerstoff-Eintrages

Den Eintrag an Sauerstoff zu minimieren ist die zweite Forderung beim Vorhaben den Aufbereitungsprozeß zu optimieren.
Die Größe A_B, d.h. die Atmung gemessen in den Belebungsbecken be-schreibt, wie schon ausgeführt, den wirklichen Bedarf an Sauerstoff. Der Eintrag an Sauerstoff kann nach dieser Größe vorgegeben werden. Nach (2) trägt man die Respirationswerte A_B als Funktion der vir-tuellen Sättigung C_S (d.h. normaler O_2 Sättigungswert bei Zehrung) auf. Das Rechner-System ermittelt nach der Funktion der kleinsten Fehler-Quadrate die Gerade durch Punkte $A_B = f (Cs)$. Der Schnitt-punkt der Geraden auf der A_B-Achse, d.h. bei $C_S = 0$ gibt den ein-zutragenden Sauerstoffwert an. Ob dieser Wert tatsächlich einge-stellt werden kann, wird durch die Forderung nach gleichmäßiger Durchmischung von Belebt-Schlamm und Abwasser letztendlich einge-schränkt.

Zusammenfassung

Ziel des Vortrages war es, dem Planer Probleme und Gedanken bei einer belastungsangepaßten Prozeßführung in kommunalen Kläranlagen aufzuzeigen. Es wird ein gangbarer Weg der Prozeß-Steuerung als Funktion der Abwasserfracht gezeigt. Versuche mit den Zehrungs-Meßgeräten finden z.Z. auf Kläranlagen statt.

Literatur

(1) Hegemann u.a. "Beispiele neuerer Entwicklungen beim Bau von
   Kläranlagen in Süddeutschland". Technische Mitteilungen 5/80
   Haus der Technik Essen.

(2) D. Heinrich, Dipl.Arbeit "Beitrag zu Sauerstoffeintragsmessun-
   gen mit Hilfe der Atmungsaktivität des Belebtschlammes".
   Uni Stuttgart 1979.

(3) Hegemann: "Mathematische Modelle zur Prozeßsteuerung von
   Belebungsanlagen – eine Bestandsaufnahme". GWF Wasser Abwasser 3/77.

BEDEUTUNG DER ANALYSENMESSTECHNIK
FÜR DIE
LUFTÜBERWACHUNG

IMPORTANCE OF ANALYTICAL MEASURING
TECHNIQUES IN MONITORING AIR QUALITY

F. Wodtcke
BASF Aktiengesellschaft
D-6700 Ludwigshafen/Rh.

Summary

The analytical measuring techniques are very important for environmental monitoring, especially the control of pollutant concentrations at the outlets of production plants and in conurbation
areas. The amounts of the different emission sources of industry,
traffic, energy production and households are compared. The difficulties of measuring very low concentrations of toxic substances
in the air at working places are described.

1. Einleitung

   Die Analysenmeßtechnik hat eine große Bedeutung für die Luftüberwachung, da erst durch die kontinuierliche oder auch dis-
   kontinuierliche Messung der Konzentration der verschiedenen
   Schadstoffe in den Abgasen der Betriebs- und Heizungsanlagen
   sowie der Kraftfahrzeuge eine Verbesserung der Luftsituation
   möglich geworden ist.
   Man unterscheidet zwischen Emissions- und Immissionsmessungen.
   Die Emissionsmessungen erfassen die Konzentrationen der Schadstoffe an den Auslässen von Produktions- und Gewerbebetrieben,
   Kraftwerken und Müllverbrennungsanlagen. Mittels der Immissionsmessungen werden in Wohngebieten - in der Regel in 1,50 m Höhe -
   die Schadstoffkonzentrationen bestimmt, um Belastungsspitzen
   erkennen und Gegenmaßnahmen ergreifen zu können.

2. Emissionsmessungen

   Emissionsmessungen werden entweder direkt im Abgaskanal durchgeführt, wie die photometrische Staubmessung, oder das Abgas
   wird über häufig beheizte Analysenleitungen und Probenaufbe-
   reitungen den Analysengeräten zugeführt. Die Zuverlässigkeit

der Messung hängt entscheidend von der Güte der Probenaufbereitung ab. Sie ist dann besonders schwierig und wartungsauf-
wendig, wenn es sich um heiße, sehr feuchte, staubhaltige und
korrosive Abgase handelt, wie sie z.B. in Verbrennungsanlagen
auftreten. Hierfür sind in den letzten Jahren geeignete Techniken entwickelt und verschiedene kontinuierlich arbeitende
Analysengeräte von den Technichnischen Überwachungsvereinen in
jahrelangen, eingehenden Versuchen auf ihre Eignung für die
entsprechenden Emissions- bzw. Immissionsmessungen nach festgelegten Kriterien geprüft worden und haben bei Eignung die
Zulassung des Bundesinnenministeriums für die betreffenden
Anwendungsfälle erhalten. Eine Zusammenstellung der zugelassenen bzw. in Prüfung befindlichen Analysengeräte wurde von
H. Stahl veröffentlicht |1|. Durch die kontinuierlichen Emis-
sionsmessungen mit automatischer Registrierung der Schadstoffkonzentration und Signalgabe bei Überschreiten eines bestimmten
Grenzwertes können Störungen an chemischen Produktions-, nachgeschalteten Abgasreinigungs- oder anderen Betriebsanlagen sehr
schnell erkannt und Gegenmaßnahmen ergriffen werden, so daß es
nicht zu einem größeren Auswurf von Schadstoffen in die Atmosphäre kommt. Die Gegenmaßnahmen können z.B. darin bestehen,
bei einer Wasserwäsche die Wassermenge zu erhöhen, bei einer
Laugewäsche zur Absorption saurer Komponenten dem Waschkreis-
lauf mehr Lauge bzw. bei einer sauren Wäsche zur Absorption
basischer Verbindungen mehr Säure zuzuführen, das Abgas über
eine zusätzliche Wäsche zu leiten oder bei der Adsorption an
Aktivkohle von einem Adsorber auf einen anderen umzuschalten.
Um es aber nicht erst zu höheren Emissionen kommen zu lassen,
die mit Hilfe der Emissionsmeßgeräte erkannt werden, hat es
sich bewährt, andere Betriebsparameter, wie den p_H-Wert und den
Durchfluß der Waschlösung, kontinuierlich zu messen und automatisch in einem bestimmten engen Bereich zu halten. Zur Sicherheit werden die dazu verwendeten p_H-Messungen doppelt ausgeführt, wobei wahlweise eine der beiden im Regelkreis liegt.
Ist eine davon gestört, so läßt sich diese Störung sehr schnell
an der Registrierung der Meßwerte, die dann auseinanderlaufen,
erkennen, ohne daß es zu einer erhöhten Emission kommt. Bei der
Adsorption luftfremder Stoffe an Aktivkohle wird häufig nicht
erst der Durchbruch abgewartet, sondern vorher nach bestimmten
Zeiten auf einen regenerierten Adsorber umgeschaltet.
Auf Grund der von der Industrie durchgeführten Abgasreinigungs-

maßnahmen ist die Emission im letzten Jahrzehnt trotz einer
Steigerung der Produktion um etwa 60 % auf ungefähr die Hälfte
zurückgegangen. Dies ist in Bild 1 für ein Großunternehmen der
chemischen Industrie der Bundesrepublik Deutschland beispielhaft dargestellt.

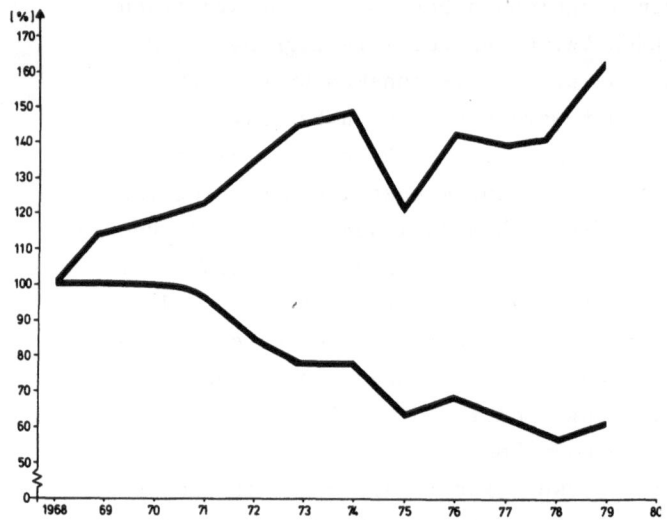

Bild 1: Änderung der Gesamtproduktion und Gesamtemission
des Werkes Ludwigshafen der BASF

Die von der Industrie emittierten Schadstoffmengen betragen
aber nur etwa ein Fünftel der Gesamtemission der Bundesrepublik, wie aus einer Abschätzung für das Jahr 1974/75 aus Ma-
terialien zum Immissionsschutzbericht 1977 |2| und Umweltgut-
achten 1978 |3| hervorgeht. Diese Abschätzung ist in Tab. 1
wiedergegeben.

Tabelle 1: Abschätzung der Gesamtemission in der Bundesrepublik
Deutschland 1974/75 (aus Materialien zum Immissionsschutzbericht 1977 und Umweltgutachten 1978)

| Bereich | Angaben in 1.000 t/a | | | | | Σ | %-Anteil |
	CO	Staub	SO_2	KW	NO_X		
Verkehr	6.400	20	80	760	555	7.815	36
Energieerzeu- gung/Haushalt	300 4.000	400	3.390	175	1.260	9.525	43
Industrie und Gewerbe	3.300	140	160	875	25	4.500	21
G e s a m t	14.000	560	3.630	1.810	1.840	21.840	100

3. Immissionsmessungen

Wie aus Tab. 1 hervorgeht, tragen zur Gesamtemission neben den
Industrie- und Gewerbebetrieben vor allem öffentliche und private Heizungsanlagen sowie die Kraftfahrzeuge bei, an denen
kontinuierliche Emissionsmessungen zu aufwendig wären.
Eine Begrenzung der Emission läßt sich hier durch periodische
Überprüfung der Abgassituation und optimale Einstellung des
Brenners bzw. Vergasers erreichen. Trotzdem ist eine Kontrolle
der Schadstoffkonzentrationen in der Atmosphäre an Luftmeßstationen sinnvoll, da die Immissionskonzentrationen nicht nur
von den emittierten Mengen an Schadstoffen, sondern in viel
stärkerem Maße von den Wetterverhältnissen abhängen. Bei windi-
gem Wetter werden die üblicherweise anfallenden Schadstoffmengen
schnell verteilt. Bei Windstille und Inversionswetterlage dagegen reichern sie sich in der Luft an, führen zur Smogbildung,
können die Gesundheit und das Wohlbefinden der Bewohner von
Ballungsgebieten beeinträchtigen und erfordern Gegenmaßnahmen,
wie Produktionseinschränkung bei einzelnen Produktionsbetrieben,
den Einsatz schwefelärmerer Brennstoffe oder gar eine Beschränkung des Kraftfahrzeugverkehrs.
Die Schadstoffkonzentrationen, die maximal erreicht werden dürfen, ohne daß Schäden für Menschen, Tiere und Pflanzen zu befürchten sind, werden für die wichtigsten Schadstoffe in der
Technischen Anleitung zur Reinhaltung der Luft (TA Luft) festgelegt. Wegen der Abhängigkeit der Immissionskonzentration von
der Wetterlage werden in den Luftmeßstationen nicht nur die
bei Verbrennungsprozessen emittierten Schadstoffe wie Staub,
Kohlenmonoxid, Schwefeldioxid, Stickoxide und Kohlenwasserstoffe,

sondern auch meteorologische Daten wie Windrichtung, Windge-
schwindigkeit, Lufttemperatur, Luftfeuchte, Niederschlag und
Globalstrahlung kontinuierlich gemessen.

Sämtliche Meßdaten von mehreren Überwachungsstationen werden
zu einer Meßwerterfassungszentrale auf einen Prozeßrechner
übertragen, der sie nach bestimmten Programmen auswertet. Hier
werden nicht nur Mittelwerte gebildet und ausgedruckt, sondern
je nach Ausbau des zentralen Prozeßrechners auch Vorhersagen
nach Trendanalysen berechnet, die dann zur Smog-Warnung und
Alarmgabe verwendet werden können. Die Analysengeräte der verschiedenen Meßstationen werden von dem Rechner aus auch automatisch in bestimmten Zeitabständen mit Prüfgasen auf ihre
Funktionsfähigkeit und Meßgenauigkeit überprüft und gegebenenfalls korrigiert. Der Ausfall eines Gerätes wird zusätzlich
signalisiert.

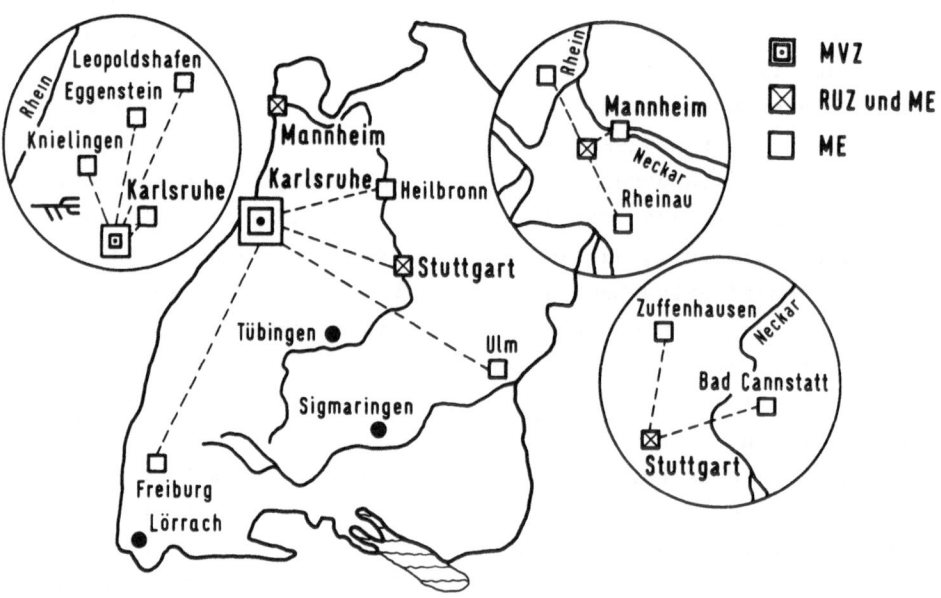

Bild 2: Luftüberwachungsnetz Baden-Württemberg |4|

Bild 2 zeigt als Beispiel den Aufbau des Luftmeßnetzes von Ba-
den-Württemberg, das aus der Meßwerterfassungszentrale in Karlsruhe, zusätzlichen Regionalen Unterzentralen in Stuttgart und
Mannheim sowie 12 weiteren Meßstationen besteht.

4. Selbstreinigung der Luft und Möglichkeiten
zur Verbesserung der Luftsituation

Die Konzentration luftfremder Stoffe in der Atmosphäre würde ständig zunehmen, fände nicht, ähnlich wie im Wasser, ein relativ schneller Abbau bestimmter luftfremder Stoffe und damit eine Selbstreinigung der Atmosphäre statt. In Tabelle 2 sind die Halbwertszeiten in Stunden für einige organische Verbindungen unter sommerlichen Bedingungen angegeben |5|.

Tabelle 2:   Umsetzungen organischer Verbindungen in der Atmosphäre

Substanz	Halbwertszeit |h| im Sommer	Reaktionsprodukte
Ethen	4,8	Aldehyde, Hydroperoxide,
Propen	1,5	Säuren, Alkohole, Keten,
1,3-Butadien	0,5	CO, CO_2, H_2O, CH_4
Ethan	134	Alkyl- u. Peroxiradikale,
n-Butan	12,6	Aldehyde, Ketone, Säuren,
n-Pentan	5,8	CO, CO_2, H_2O
Benzol	27	Acryl- u. Benzoylradikale,
Toluol	6,4	Benzaldehyd, 1-Methylphenol,
m-Hylol	1,6	Benzdialdehyd, PAN, CO, CO_2
Vinylchlorid	8	CH_2O, HCl, CO, CO_2, Ameisensäure, $COCl_2$, $HCOCl$

Aliphatische Halogenverbindungen und perhalogenierte Olefine haben Halbwertszeiten von mehreren Monaten.

Im Winter liegen die Halbwertszeiten um den Faktor 10 höher, d.h., es dauert zehnmal so lange bis die organischen Verbindungen jeweils auf die Hälfte ihrer Konzentration abgebaut sind. Die Abbauprodukte führen schließlich zu den nicht luftfremden Stoffen Kohlendioxid und Wasserdampf. Bei den chlorierten Kohlenwasserstoffen tritt daneben noch Chlorwasserstoff auf. Für die meisten anorganischen Luftverunreinigungen liegen die Verweilzeiten in der Atmosphäre in der gleichen Größenordnung wie für die Kohlenwasserstoffe |6|.
Die relativ hohen Abbauraten luftfremder Stoffe und die erreichten bedeutenden Verbesserungen der Luftsituation durch umfangreiche Umweltschutzmaßnahmen entbinden uns jedoch nicht davon, die Emission von Schadstoffen weiter zu verringern und noch besser zu überwachen, da die lokalen Konzentrationen in Ballungsgebieten zeitweise noch zu hoch liegen.

Zur Verbesserung der Luftsituation bietet sich u.a. eine katalytische Nachverbrennung der Autoabgase mit Nicht-Edelmetall-katalysatoren an, die in USA und Japan bereits durchgeführt wird. Dadurch würde die Emission von Kohlenmonoxid, Stickoxiden sowie Kohlenwasserstoffen und speziell von den krebserzeugenden polycyclischen aromatischen Kohlenwasserstoffen stark verringert werden. Bei den Heizungsanlagen könnte durch eine Verbesserung der Verbrennungsführung eine Verminderung der Schadstoffemission erreicht werden.

5. Überwachung der Luft am Arbeitsplatz

Auch die Luft in Arbeitsbereichen von Produktionsbetrieben wird einer intensiveren Überwachung auf Unterschreitung der maximal zulässigen Arbeitsplatzkonzentration (MAK-Wert) oder der Technischen Richtkonzentration (TRK-Wert) bei cancerogenen Substanzen unterzogen. So wurde z.B. die Emission von Vinylchlorid (VC), nachdem man erkannt hatte, daß es krebserzeugend wirken kann, drastisch dadurch verringert, daß man auf Grund der kontinuierlichen Messungen der VC-Konzentration in der Raumluft die Produktionsverfahren für Polyvinylchlorid änderte, die Reinigung der Polymerisationskessel automatisierte, die Arbeitsräume belüftet, die Prozeßabluft mit Aktivkohle reinigt, Armaturen, Flansche, Ventile, Stopfbuchsen an Pumpen usw. so gut abdichtet, daß die Konzentration an VC im Arbeitsbereich nur noch bei 1...2 ppm (d.h. 1 Teil VC auf 1 Million Teile Luft) liegt. Durch die kontinuierliche Raumluftüberwachung werden auch sehr kleine Leckagen an VC innerhalb von wenigen Minuten erkannt und schnell beseitigt.

Die hierbei gesammelten Erfahrungen bezüglich der Abdichtung von Armaturen wurden auf andere Betriebe übertragen und auf diese Weise die Leckraten auf etwa 1/10 des vorher angenommenen Wertes gesenkt |7| |8|.

Im einzelnen sollen an verschiedenen Beispielen die Forderungen der Behörden bezüglich der einzuhaltenden Grenzwerte der Schadstoffkonzentrationen und die analysenmeßtechnischen Möglichkeiten miteinander verglichen werden (s. Tab. 3).

Von den in Tabelle 3 aufgeführten gefährlichen Arbeitsstoffen werden bisher nur die krebserzeugenden Schadstoffe Vinylchlorid, Acrylnitril, Benzol und Nickelcarbonyl kontinuierlich gemessen, da hierfür automatisch registrierende Analysengeräte zur Verfügung stehen, die einen entsprechend kleinen Meßbereich und

niedrige Nachweisgrenzen ermöglichen. Bei den anderen hier aufgeführten Verbindungen ist eine kontinuierliche Überwachung des
TRK- bzw. MAK-Wertes bisher nicht sinnvoll möglich, da die rea-
lisierbaren Meßbereiche und damit die Nachweisgrenzen zu hoch
liegen.

Tabelle 3:   Schadstoffgrenzwerte und Meßmöglichkeiten

Schadstoff	TRK- bzw. MAK-Wert	kleinster Meßbereich	Nachweis- grenze
Vinylchlorid	5 (2) ppm	0...10 ppm	0,2 ppm
Acrylnitril	6 ppm	0...10 ppm	0,5 ppm
Benzol	8 ppm	0...10 ppm	0,5 ppm
Nickelcarbonyl	0,1 ppm	0...1 ppm	0,05 ppm
Hydrazin	0,1 ppm		
Bis-Chlormethylether		nur durch dis-	0,04 mg/m³
Dimethylsulfat	0,05 mg/m³	kontinuierliche	0,02 mg/m³
4-Aminodiphenyl			0,1 mg/m³
2-Naphthylamin		Messung mit	0,1 mg/m³
Arsenverbindungen	0,2 mg/m³	Voranreicherung	0,1 mg/m³
Chrom (VI)-Verbind.			0,1 mg/m³
Kobaltverbindungen		zu erfassen	0,1 mg/m³
Asbest	0,2 mg/m³		

Für einige der in der Tabelle 3 enthaltenen Verbindungen sind
noch keine TRK-Werte festgelegt worden, da hierbei mehrere Gesichtspunkte berücksichtigt werden müssen, die für jede Substanz erst in mühsamer Kleinarbeit zu ermitteln sind. Für die
Festlegung der Höhe der Technischen Richtkonzentrationen (TRK-
Werte) sind maßgebend:
- die Möglichkeit, die Schadstoffkonzentration im Bereich des
  TRK-Wertes analytisch zu bestimmen,
- der derzeitige technische Stand der verfahrens- und lüftungs-
  technischen Maßnahmen unter Berücksichtigung des in naher Zukunft technisch Erreichbaren,
- die vorliegenden arbeitsmedizinischen Erfahrungen.

Technische Richtkonzentrationen bedürfen darüber hinaus der ste-
ten Anpassung an den Stand der technischen Entwicklung und der
analytischen Möglichkeiten sowie der Überprüfung nach dem Stand
der arbeitsmedizinischen Kenntnisse. Außerdem kommen auf Grund

weiterer Erkenntnisse immer wieder Schadstoffe hinzu, bei denen eine krebserzeugende Wirkung vermutet oder bereits im Tierversuch bewiesen oder gar am Menschen erkannt wird.

Aus den angeführten Beispielen geht hervor, daß die Analysenmeßtechnik bei der in den letzten Jahren erzielten Verbesserung der Luftsituation eine bedeutende Rolle gespielt hat, aber noch weiterentwickelt werden muß, um neu auf sie zukommende Aufgaben erfüllen zu können.

Literatur

1. Stahl, H.: Erfahrungen mit registrierenden Meßgeräten, VDI-Bildungswerk BW 4351, Düsseldorf: VDI.

2. Umweltbundesamt Berlin: Materialien zum Immissionsschutzbericht 1977 der Bundesregierung an den deutschen Bundestag, Berlin: Erich Schmidt.

3. Deutscher Bundestag, 8. Wahlperiode: Umweltgutachten, Drucksache 8/1978, Bonn: Heger.

4. Sajonz, D.: Immissionsmeßeinrichtungen zur Bestimmung von Schadstoffkonzentrationen in der Luft, Siemens dr 060.

5. Bruckmann, P.: Reaktionen ausgewählter organischer Verbindungen in der Atmosphäre. Schriftenreihe der Landesanstalt für Immissionsschutz des Landes Nordrhein-Westfalen, Heft 49 (1979) 11-18.

6. Georgii, H.W.; Herrmann, K.: Umwandlung luftfremder Stoffe in der Atmosphäre. Umwelt, Zeitschrift des VDI, 6 (1979) 462-465.

7. Bierl, A.: Emissionen aus Dichtelementen, Auffinden, Ursachen. VDI-Berichte Nr. 339 (1979) 45-50.

8. Matthias, K.: Leckageemissionen im Vergleich zur Gesamtemission bei Chemieanlagen. VDI-Berichte Nr. 339 (1979) 51-55.

<u>MESSSTRATEGIEN ZUR MAK/TRK - ÜBERWACHUNG UND</u>
<u>DEREN AUSWIRKUNGEN AUF DIE MESSTECHNIK</u>

<u>SAMPLING STRATEGIES FOR THE MAK/TRK - SURVEILLANCE</u>
<u>AND THEIR EFFECTS ON ANALYTICS</u>

E. Drope
IN PLT-PAT, Bayer AG
5090 Leverkusen

Summary

The determination of concentrations of toxic work materials in air aims
at sample or continuous control of compliance with the limit values,
called TRK or MAK, or it aims at a warning against health hazardous
atmospheres in dangerous quantities. The requirements for the analytical instruments result from the interaction of sampling strategic aspects with the analytical potentialities and limitations, and with the
definitions of the limit values. According to two toxicological models
the chemicals are classified as MAK- and TRK-substances respectively.
The sampling strategies are contained in the technical standard TRgA
401. As a consequence special analytics are developping, as for example
the personal sampling, stationary multi-channel analytical installations, and the personal alarm units.

1. Einleitung

In den letzten Jahren ist unser Bewußtsein für gesundheitsschädliche
Arbeitstoffe gewachsen, wie allgemein unsere Gesellschaft begonnen hat,
sich konstruktive Gedanken zur ökologischen Situation in einer modernen
Industriegesellschaft zu machen.

Zwar hat die chemische Industrie sich schon immer strenge Vorsichtsmaß-
regeln für den Umgang mit Chemikalien auferlegt, bedingt durch das Interesse der Gesellschaft an dem Sicherheitsstandard in den Betrieben
ist neuerdings die Notwendigkeit entstanden, diese Regeln durchsichtig
zu machen und zu vereinheitlichen.

Es ist eines der Ziele des gerade geschaffenen Regelwerkes beginnend
mit dem Chemikaliengesetz über die Arbeitstoffverordnung bis zu den
Technischen Regeln für gefährliche Arbeitstoffe (TRgA) und den Unfall-

verhütungsvorschriften: daß Beurteilungen von Konzentrationsmessungen sowie Entscheidungen für betriebliche Maßnahmen allgemein einsichtig nachvollziehbar und übertragbar, kurz intersubjektiv, sind.

In diesem Referat sollen nur diese den Analytiker interessierenden Aspekte behandelt werden. Das sind zum einen die strategischen Erfordernisse und zum anderen die analytischen Bedingungen. Strategie und Analytik hängen gerade bei der Konzentrationsmessung in Arbeitsbereichen eng zusammen, da die Gasspurenanalyse eine sehr aufwendige Meßtechnik mit in der sonstigen Meßtechnik unbekannt großer Meßunsicherheit ist, so daß jede einzelne Messung gut geplant sein muß, um daraus ein Maximum an Information gewinnen zu können.

2. Einteilung der gesundheitsschädlichen Arbeitstoffe

Entsprecnend unterschiedlichen Einwirkungsmodellen [1] hat man zwei Gruppen von Arbeitsstoffen, die MAK-Stoffe und die TRK-Stoffe. Bei den MAK-Stoffen geht man davon aus, daß die Chemikalien bis zu einer stoffabhängigen Dosis vom Körper während einer Arbeitsschicht aufgenommen und ohne Schaden wieder ausgeschieden werden können (Bild 1). Diese Dosis, die Elimination, als mittlere Konzentration über

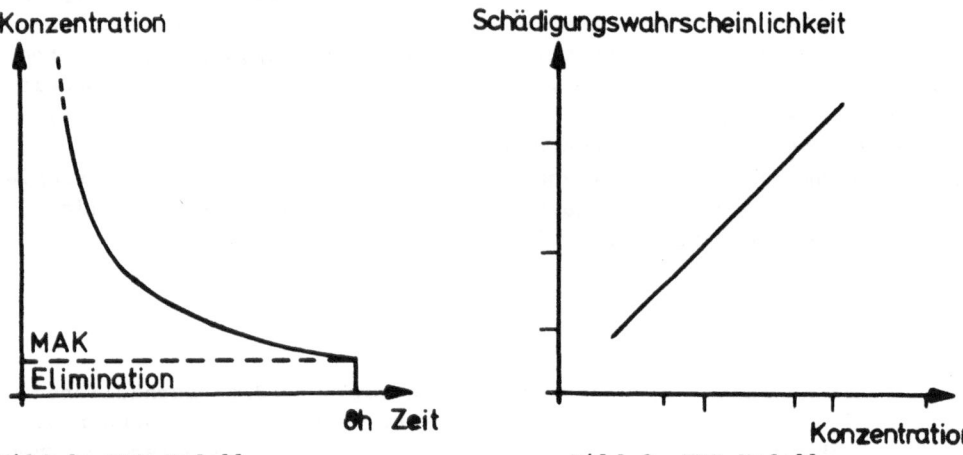

Bild 1: MAK-Modell   Bild 2: TRK-Modell

die Arbeitszeit ist der MAK-Wert [2] . Allerdings läßt sich das Modell nicht auf beliebig kurze Zeiten extrapolieren, vielmehr muß dann die Steilheit der jeweiligen Wirkungskurve berücksichtigt werden. Eine solche feinere Einteilung ist als Zusatz zum MAK-Konzept vorgesehen [3] . Sie gruppiert die MAK-Stoffe in fünf Kategorien und weist diesen maximale Kurzzeitwerte nach Höhe, Mittelungszeit und Häufigkeit zu.

Die Gruppe der krebserzeugenden Arbeitstoffe paßt in dieses MAK-Modell
nicht hinein, sondern hier muß ein statistisches Modell herangezogen
werden: die Wahrscheinlichkeit einer Schädigung ergibt sich als Funktion der aufgenommenen Gesamtdosis, weitgehend unabhängig von der Zeit,
über die sie verteilt ist (Bild 2). Dementsprechend ist der TRK-Wert
ein Langzeitmittelwert, aus Gründen der Praktikabilität ein Jahresmit-
telwert. Seine Höhe wird über eine Risikobetrachtung gemäß dem Stand
der Technik, der Analytik und den arbeitsmedizinischen Erfahrungen
festgelegt.

Zur vereinfachten Überwachungspraxis in den Fällen sehr niedriger Konzentrationen sind zusätzlich Einwirkungsrichtkonzentrationen [4] vorgesehen, die gewöhnlich unter dem MAK- bzw. TRK-Wert liegen, und deren
Einhaltung weitergehende Überwachungsmaßnahmen ersparen.

Zur Vervollständigung der Liste der Grenzwerte (Bild 3) für gesundheitsschädliche Arbeitstoffe müssen noch die Toleranzwerte in biologi-
schem Material [5] genannt werden, die als Alternative besonders bei
denjenigen Stoffen und Betriebsbedingungen angewandt werden können, bei
denen die Luftmessungen wenig repräsentativ für die individuelle Aufnahme sind.

MAK : Maximale Arbeitsplatzkonzentration **TRK** : Technische Richtkonzentration
Kurzzeitwert Einwirkungsrichtkonzentration Toleranzwert in biologischem Material

Bild 3: Grenzwerte für gesundheitsschädliche Arbeitstoffe

3. Die Meßaufgaben

Aus den Wirkungsmodellen, den Grenzwerten und den Vorschriften ergeben
sich unterschiedliche Aufgaben für die Meßtechnik, die zu unterschiedlichen Anforderungen an die Meßgeräte führen.

Es gehört in das Gebiet der Meßstrategie, die Aufgaben zu trennen und
den jeweils optimalen Weg zur Lösung der Aufgabe anzugeben. Der Ablauf
einer Problemlösung erfolgt nach dem Schema (Bild 4) der Herausarbei-
tung und Präzisierung der Fragestellung, der Planung des Meßprogramms,

der Durchführung der Messungen, der Auswertung der Meßergebnisse und
schließlich der Beantwortung der eingangs gestellten Frage.

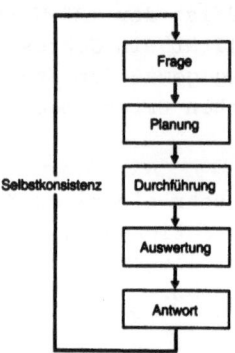

Bild 4: Ablauf einer Problemlösung

Es erscheint zwar trivial, daß die Antwort auf die Frage passen muß,
bei den im Gasspurenbereich vorhandenen meßtechnischen Beschränkungen
ist das allerdings keineswegs selbstverständlich, sondern häufig wird
man die Übereinstimmung von Frage und Antwort, die sogenannte Selbst-
konsistenz, nur erreichen können, indem man die präzisierte Frage an
die meßtechnischen Möglichkeiten anpaßt.

Die Aufgaben der
- Bestandsaufnahme
- Kontrolle
- Warnung
sind die drei Gebiete, für die hier Problemlösungen strategischer wie
meßtechnischer Art aufgezeigt werden sollen. Während die Messungen zur
Bestandsaufnahme und Kontrolle einer allgemeinen Regelung unterliegen,
festgelegt in der TRgA 401, ist die Warnung eine sich aus den speziellen Betriebsbedingungen und der Meßtechnik ergebende Problematik.

Bestandsaufnahme und Kontrolle beziehen sich auf Erstmessungen und
Wiederholmessungen in Arbeitsbereichen zur Feststellung und Überprüfung
der Einhaltung der Grenzwerte. Die Verfahrensweise wird in der TRgA 401
geregelt. Für TRK-Stoffe ist sie bereits seit einem Jahr veröffentlicht, für MAK-Stoffe ist sie noch in Arbeit, so daß die Beschreibung
hier sich auf die TRK-Überwachung beschränken muß, auch wenn die Grundzüge mit anderer Wichtung auf die MAK-Überwachung übertragbar sein
werden.

4. Überwachung der TRK-Stoffe

Die TRgA 401 teilt auf in Fragestellung, Feststellung und Kontrolle
(Bild 5). Während sich die Fragestellung mit der Verarbeitung des

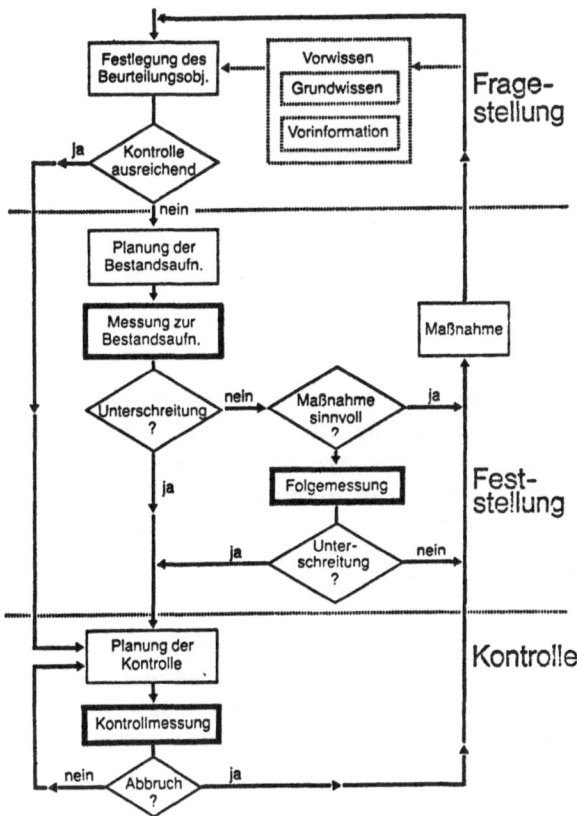

Bild 5: Arbeitsablauf zur Überwachung der TRK-Stoffe

Vorwissens befaßt, werden im Abschnitt Feststellung die Bestandsaufnahme und im Abschnitt Kontrolle der Kontrollmeßplan abgehandelt. Dabei
wird unterschieden zwischen einer Stichprobenmessung und einer Dauerüberwachung.

Bei der Stichprobenmessung handelt es sich um diskrete Einzelmessungen,
die im ersten Falle dicht hintereinander bis zu einer Entscheidung
durchzuführen sind, im zweiten Falle in regelmäßigen Abständen zu pla-
nen sind (Bild 6).

Im Sinne dieser Regel müssen die Messungen so angelegt sein, daß sie
einen Schichtmittelwert liefern oder zu berechnen gestatten. Mit den

	Bestandsaufnahme	Kontrollmeßplan
Frage	Liegt die mittlere Konzentration unter/über der TRK?	Haben sich die Konzentrations- verhältnisse geändert?
Planung	Intensives Messen bis zur Entscheidung	regelmäßige Messungen
Durchführung	Luftanalyse	Luftanalyse
Auswertung	Unsicherheitsbereich	Trenderkennung
Antwort	Ja – Nein (Weitermessen)	Ja – Nein

Bild 6: Bestandsaufnahme und Kontrollmeßplan

sich auf die Schichtlänge beziehenden Mittelwerten ist dann in den Aus-
wertealgorithmus einzugehen. Dieser Algorithmus ist im Falle der Feststellung eine Tabelle (Bild 7) bzw., wenn mehr als sechs Messungen benötigt werden, eine Kästchentreppe (Bild 8), im anderen Fall der Kontrolle ein sich auf einem Grundraster aufbauendes laufend fortzuschrei-
bendes zeitliches Schema, welches je nach Ausgang einer jeden Messung
sich verdünnt, unverändert bleibt oder sich verdichtet (Bild 9).

Bei der Dauerüberwachung mit einem fest installierten Prozeßanalysenge-
rät vereinfacht sich die Auswertung, indem dann genügend Meßwerte an-
fallen, aus denen sich Mittelwerte bilden lassen. Es genügt dann, von
jedem Meßort alle drei Stunden Meßwerte zu erhalten, aus denen Monats-
mittelwerte zu bilden sind.

n	Datum	Meßer- gebnis C_{in} (ppm)	geom. Mittel C_n	untere Grenze C_u	C_n/TRK	obere Grenze C_o	Befund
1				0.28		2.90	
2				0.35		1.95	
3				0.39		1.75	
4				0.41		1.60	
5				0.43		1.50	
6				0.44		1.45	

n = laufende Nummer der Messung bzw. Anzahl der Messungen

$C_n = \sqrt[n]{C_1 \cdot C_2 \cdots C_n}$

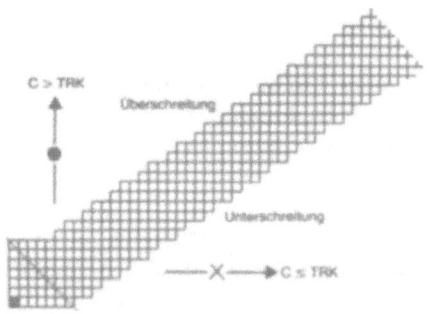

Bild 7: Bestandsaufnahme   Bild 8: Folgemeßplan

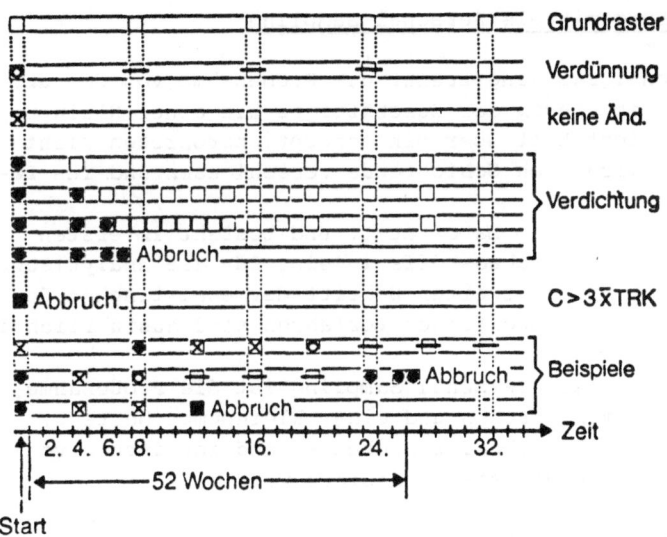

Bild 9: Kontrollmeßplan

5. Folgerungen für die Meßtechnik

Die TRK-Werte liegen durchweg im unteren ppm-Bereich. Die Meßtechnik
zur TRK-Überwachung gehört zur Gasspurenanalyse. Die Meßergebnisse müssen sich auf die Exposition des Beschäftigten im Arbeitsbereich beziehen. Messungen im niederen ppm-Bereich bewegen sich gewöhnlich in der
Nähe der analytischen Nachweisgrenze. Die TRgA zur TRK-Überwachung benötigt und fordert Verfahren, deren Nachweisgrenze kleiner als 1/5 des
Grenzwertes ist und mit denen die Meßunsicherheit unter 10 % gehalten
werden kann. Die Parameter Richtigkeit, Empfindlichkeit und Präzision
müssen geprüft sein. Ist ein Verfahren nicht spezifisch, so ist der
volle Meßwert für die Meßkomponente zu nehmen. Bei Meßgeräten darf der
kleinste wählbare Meßbereich nicht größer als das Fünffache des TRK-
Wertes sein. In der Unfallverhütungsvorschrift UVV "Krebserzeugende Arbeitstoffe" 6 werden im Anhang spezielle Analysenverfahren für TRK-
Stoffe angegeben.

Im folgenden werden beispielhaft für die Stichprobenüberwachung das
Personal Sampling und für die Dauerüberwachung eine Vielkanal-Umschalt-
Meßeinrichtung beschrieben, anschließend soll auf die gänzlich anderen
Anforderungen an Warngeräte eingegangen werden.

5.1 Stichprobenüberwachung mittels Personal Sampling

Das Verfahren des Personal Sampling trennt die Probenahme von den übrigen Verfahrensschritten ab, indem der Beschäftigte mit einer Kleinpumpe während der gesamten Schicht Luft über ein Adsorptionsröhrchen zieht (Bild 10). Das Röhrchen wird nach Schichtende verschlossen und ins Labor zur Analyse geschickt.

Die eigentliche Analyse findet im Labor statt und besteht im ersten Schritt aus dem überführen des Schadstoffs in eine für die analytischen Bestimmung geeignete Farm und im zweiten Schritt der analytischen Bestimmung selbst. Die heute gebräuchlichen Verfahren sind ausführlich in 7 beschrieben.

Der TRK-spezifische Teil dieses Personal Sampling ist die Probenahme, die apparativ an einem Sammelröhrchen und einer Kleinpumpe besteht. Die Sammelröhrchen - gewöhnlich Aktivkohleröhrchen - sind inzwischen von der NIOSH in verschiedenen größen standardisiert werden.

Die Kleinpumpe muß über 10 Stunden eine stabile Förderleistung im Bereich von 0,5 l/h bis 3 l/h mit einer Meßunsicherheit unter 10 % haben, sie sollte ein möglichst geringes Gewicht haben, einfach zu bedienen sein, und bei Einsatz in ex-gefährdeten Betriebsräumen eine entsprechende Zulassung der zuständigen Behörde besitzen.

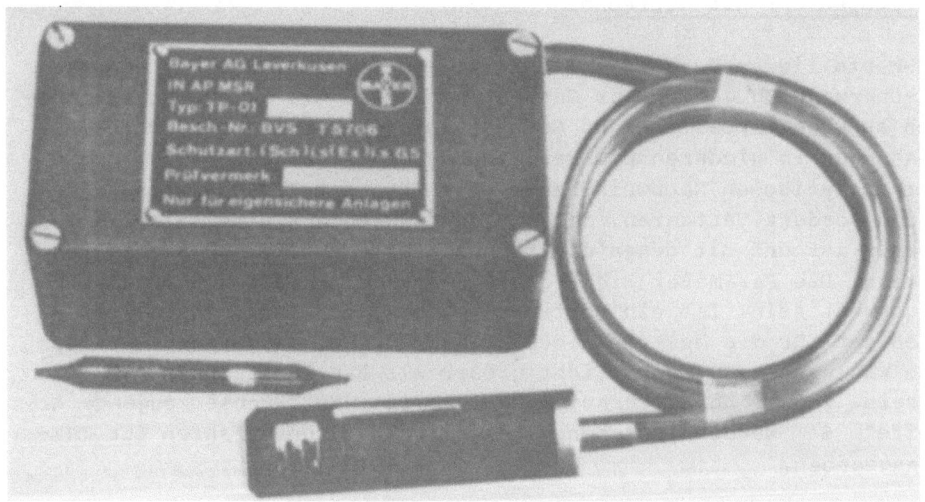

Bild 10: Kleinpumpe für das Personal Sampling

Für die Meßunsicherheit entscheidend ist die Abhängigkeit der Förderleistung von der Temperatur und dem Druck. Die Grenzwerte sind als Volumenkonzentrationen definiert, die Analyse liefert die gesammelte Arbeitstoffmasse über die Probennahmedauer, es besteht also keine eindeutige Korrelation zwischen dem Analysenwert und der Vergleichskonzentration, sondern diese muß erst über die Charakteristik der Kleinpumpe geliefert werden.

Häufig ist aus dem Arbeitsprozeß ersichtlich, daß eine Probenahmedauer von 8 Stunden nicht sinnvoll ist, dies insbesondere bei der MAK-Überwachung. Dann sind entsprechende Kleinpumpen mit einer Förderleistung von 10 l/h bis 60 l/h erforderlich.

5.2 Dauerüberwachung mittels Prozeßanalysengerät

Als Analysengerät zur Dauerüberwachung bietet sich bei den organischen Verbindungen die Prozeßgaschromatografie an. Zwar ist hierbei der apparative Aufwand groß, durch geschickte Auslegung kann dieser jedoch wieder kompensiert werden, insbesondere dann, wenn größere oder mehrere Arbeitsbereiche überwacht werden sollen. Dann nämlich läßt sich das Analysengerät mit einer Meßstellenumschaltung kombinieren, so daß mit

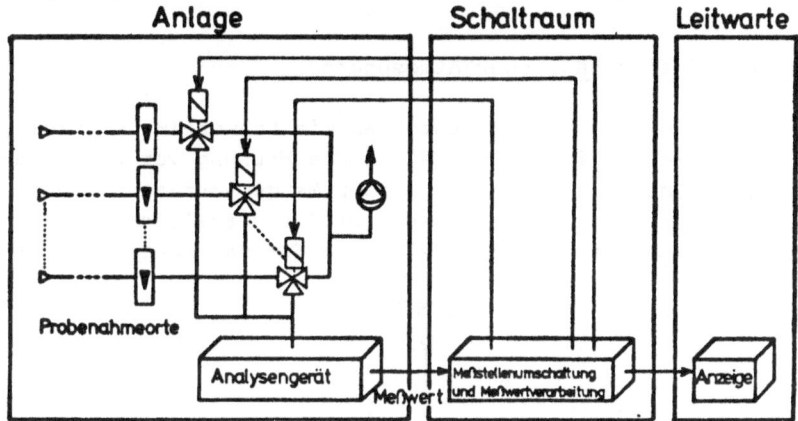

Bild 11: Meßeinrichtung zur TRK-Dauerüberwachung

einem Gerät viele Meßorte überwacht werden können (Bild 11). Die TRgA 401 schreibt vor, daß an jedem Meßort mindestens einmal in drei Stunden gemessen werden muß, es können daher vorgegeben durch die Analysendauer eine Vielzahl an Meßorten aus einem oder mehreren Arbeitsbereichen angeschlossen werden. Mit Zeitkonstanten von z. B. 6 Minuten, wie sie beim Prozeß-GC häufig sind, können bis zu 30 Probenahmeorte angeschlossen werden. Natürlich erfordert ein solch weites Meßnetz eine gute Datenorganisation. Hierfür ist eine automatische Datenverdichtung und Speicherung als Zusatz zum GC angebracht. Wünschenswert wäre als Datenausgabe neben dem jeweils aktuellen Stand auf einem Bildschirm der Monatsmittelwert mit dem Monatsprofil wie in Bild 12 beispielhaft dargestellt, im DIN A4 Format.

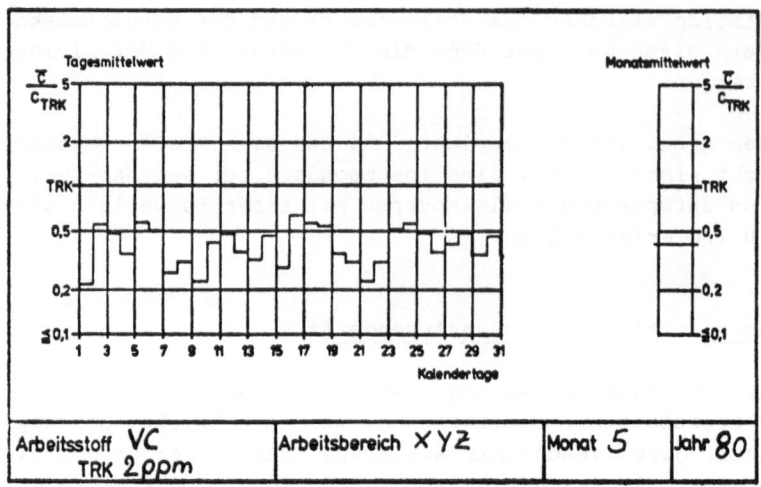

Bild 12: Monats-Konzentrationsprofil

5.3 Warnung vor gesundheitschädlicher Atmosphäre

Beim Umgang mit einer Reihe von Arbeitsstoffen wie Schwefelwasserstoff,
Kohlenoxid und Blausäure hat in vielen Fällen die Warnung vor einer ge-
sundheitsschädlichen Atmosphäre in gefährlicher Menge Vorrang vor der
Feststellung der Einhaltung des MAK-Wertes. Für diese Fälle sind das
Zeitverhalten und die Höhe der Alarmschwelle die für das Analysengerät

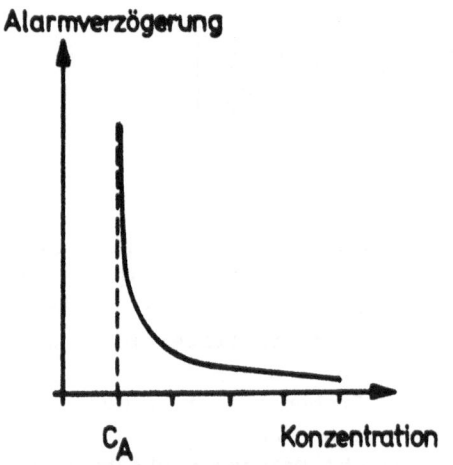

Bild 13: Alarmverzögerung

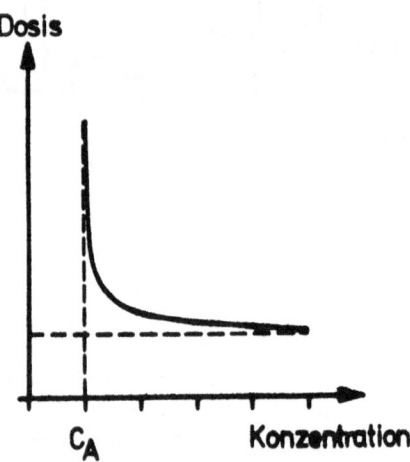

Bild 14: Alarmdosis

wichtigen Parameter. Durch die sensorbedingt verzögerte Antwort des
Warngerätes auf eine Änderung der Konzentration muß die Alarmschwelle

so gelegt werden, daß die Dosis, die sich aus Konzentration und Alarmverzögerung berechnet, nicht zu einer gefährlichen Menge werden kann.
Bild 13 zeigt die Alarmverzögerung für ein System erster Ordnung mit
verschwindender Totzeit, Bild 14 die zugehörige Dosis, die zum Alarm
führt 8 .

Bei hohen Konzentrationen wird die Dosis kleiner, das Warngerät schlägt
also früh Alarm. Asymptotisch läuft die Kurve gegen das Produkt aus
Alarmschwelle und Zeitkonstanten. Nur bei geringen Konzentrationen wird
aufgrund der überproportional wachsenden Alarmverzögerung die Dosis
groß werden können. Es empfiehlt sich deshalb, die Alarmschwelle auf
den MAK-Wert zu legen, da dann die Dosis immer unbedenklich ist, wenn
die Zeitkonstante des Sensors wenige Minuten nicht überschreitet, als
Grenze kann das Kurzzeitwertekonzept dienen.

Da der MAK-Wert eine sichere Grenze ist, sind dann die Anforderungen an
die Genauigkeit gering und es kann eine große Meßunsicherheit geduldet
werden. Dies erst erlaubt insbesondere den Bau von personengetragenen
wartungsarmen Warngeräten.

6. Schluß

Für die Entwicklung problemorientierter Meßgeräte und Meßeinrichtungen
ist das Zusammenspiel von Meßstrategie und Meßtechnik erforderlich. In
drei Beispielen ist gezeigt worden, wie solche Problemlösungen für den
Fall der Arbeitsstoffkonzentrationsmessung in Luft aussehen können. Bei
der Weiterentwicklung der Analysengeräte kann durch die Berücksichtigung des vorgesehenen Einsatzes bei der konzeptuellen Gestaltung dem
Praktiker wesentlich geholfen werden. Dies gilt insbesondere für die
aufwendigen stationären Meßgeräte, deren Einsatz nur dann vertretbar
ist, wenn sie zuverlässige wartungsarme und praxisnahe Meßeinrichtungen
bilden. Ansätze aus dem Bereich der automatischen Betriebsanalyse in
Richtung auf autonome Meßeinrichtungen 9 können hier als Vorbild
dienen.

Literatur

1. Breuer, W., D. Henschler, Maximale Arbeitsplatzkonzentrationen:
   Analytische Bewertung von Durchschnitts- und Spitzenkonzentrationen:
   Arbeitsmed., Sozialmed., Präventivmed. 10 (1975) 165

2. Maximale Arbeitsplatzkonzentrationen 1979 Mitteilung XV der
   Senatskommission zur Prüfung gesundheitsschädlicher Arbeitsstoffe
   Harald Boldt Verlag, Boppard, 1980

3. Henschler, D., et al., Begrenzung von Konzentrationsspitzen der
   Exposition gegenüber gesundheitsschädlichen Arbeitsstoffen
   (Kurzzeitwerte)
   Arbeitsmed., Sozialmed., Präventivmed. 14 (1979) 191

4. Spezifische Einwirkungsdefinitionen, ZH 1/600,
   Hauptverband der gewerblichen Berufsgenossenschaften Entwurf,
   Carl Heymanns Verlag Köln 1979

5. Mitteilung der Senatskommission zur Prüfung gesundheitsschädlicher
   Arbeitsstoffe to be published

6. Unfallverhütungsvorschrift "Schutzmaßnahmen beim Umgang mit
   krebserzeugenden Arbeitsstoffen", Entwurf, BG-Chemie, Heidelberg,
   1979

7. Analytische Methoden zur Prüfung gesundheitsschädlicher Arbeitstoffe
   Band 1 Luftanalysen, Allgemeine Vorbemerkungen
   Henschler D. (Hrsg), Verlag Chemie, Weinheim

8. Drope, E., Automatische Überwachung toxisch gefährdeter
   Arbeitsplätze: Betrachtungen zur Festlegung der Alarmschwelle
   Staub-Reinhalt. Luft 37 (1977) 449

9. Nicklaus, E., Zuverlässigkeit von Prozeßanalysenmeßeinrichtungen
   Technisches Messen 5 (1980) 175

ENERGIESPARENDE MASSNAHMEN AUS VOLKSWIRTSCHAFTLICHER SICHT

ENERGY-SAVING MEASURES - THE VIEW OF THE ECONOMY

Wolfgang Simon
Siemens Aktiengesellschaft
Bereich Energietechnik
8520 Erlangen

Summary

Brought about by the increase in the price of oil, meeting the demand
for energy has come to be the key issue of every economy. Of the two
possibilities of substituting oil und saving energy, the strategy of
saving has received priority. It is expected to be· the quicker way of
rolling back the dominating position of oil. For reasons of cost, the
industrial "production factor" of energy has always been the object of
a constant effort to save. That is why energy productivity is above
average in industry. However, it should be possible in future to further
increase energy productivity in the entire economy. But this will only
be possible through additional innovations and investments, meaning
through increased capital input. Instrumentation and automation engineering should continue to claim a considerable share in this respect.

Einleitung

Die Energieversorgung ist zu einer volkswirtschaftlichen Existenzfrage
geworden. Auslösendes Moment war die massive Verteuerung des Erdöls.
Als bedrohlich empfinden wir die Situation in jüngster Zeit vor allem
deshalb, weil sich parallel zu den exorbitanten Ölpreissteigerungen
das Risiko einer mengenmäßig ausreichenden Versorgung enorm vergrößert
hat. Deshalb wird es bei einem Anteil des Erdöls von über 50 % am Primärenergieeinsatz in den meisten Industrieländern höchste Zeit, sich
nun endlich - und zwar so schnell wie möglich - von dieser Abhängigkeit
zu lösen. Denn jedermann ist wohl klar: Nimmt als Folge der Monopoli-
sierung des Ölangebots die Politisierung weiter zu, wird ein so lebens-
wichtiger Rohstoff immer mehr zum Konfliktstoff, dann sind kollaps-
artige Zustände im Wirtschaftsleben jener Länder, die auf Ölimporte angewiesen sind, praktisch schon vorprogrammiert.

Die Energiebedarfsdeckung ist somit für die volkswirtschaftliche Prosperität zu einer Schlüsselfrage geworden. Man braucht nur an den Zusammenhang zwischen Wirtschaftswachstum und Energiebedarf, an die Forderung nach Vollbeschäftigung, an den Wunsch nach Verbesserung des Lebensstandards oder an die Inflations- und Zahlungsbilanzprobleme zu denken.

Unter den zwei möglichen Strategien, nämlich Öl zu substituieren und Energie sparsamer zu verwenden, hat die Energiespar-Strategie zweifellos Priorität bekommen. Man erwartet sich hiervon verständlicherweise schneller einen Abbau der dominierenden Stellung des Erdöls als von langwierigen Substitutionsprozessen, deren großtechnische Realisierung sich auf jeden Fall noch jahrzehntelang hinziehen wird. Zahlreiche Energiespargesetze und -verordnungen tragen deshalb ein noch recht junges Datum und ihren ersten politischen Höhepunkt erreichte die Energiesparwelle auf dem Weltwirtschaftsgipfel in Tokio Mitte 1979 mit dem Gelöbnis, den Ölverbrauch um 5 % unter das für 1979 angepeilte Niveau zu senken. Allein die Fakten sahen ganz anders aus: In der Bundesrepublik z. B. stieg der Ölverbrauch im letzten Jahr um mehr als 3 % an.

Energie wirtschaftlicher nutzen - eine technische und volkswirtschaftliche Herausforderung

Trotzdem: Energiesparen hat Priorität. Der verlustreiche Weg vom Primärenergieeinsatz bis zum Verbrauch der Endenergie (z. B. Heizöl, Benzin, Strom) als Nutzenergie in Form von Wärme, Kraft und Licht braucht nicht zum x-ten Male nachgewiesen und beklagt zu werden. Gleichwohl sei daran erinnert, daß in der Bundesrepublik 1978 die eingesetzte Primärenergie von 358 Mio t SKE nur 115 Mio t SKE Nutzenergie hergab. Das sind ganze 32 %. Jedermann sollte freilich einsehen, daß es keine Zauberformel dafür gibt, Energie im großen Stil und sozusagen per Knopfdruck einzusparen. Viele kleine Schritte sind dazu notwendig. Spektakuläre Erfolge sollten von vornherein nicht erwartet werden. Dennoch muß es das Ziel sein, unermüdlich zu versuchen, den Wirkungsgrad auf allen Umwandlungsstufen zu erhöhen und von den Verlustenergien so viel wie möglich wieder nutzbar zu machen. Das ist primär eine technische Herausforderung und deswegen ein Thema für INTERKAMA 80. Die volkswirtschaftliche Herausforderung ergibt sich aus der Vermarktung aller Energiespartechniken, wobei es darauf ankommt, Primär- und Endenergie (insbesondere Öl) einzusparen, ohne Einschränkung des Lebensstandards, d. h. die volkswirt-

schaftliche Bedingung kann nur lauten: Der Bedarf an Nutzenergie in
Form von Wärme; Kraft und Licht muß jederzeit gedeckt werden.

Für die Vermarktung von Energiespartechniken ist die Wirtschaftlichkeitsrechnung der springende Punkt. Wer unter der Fuchtel der Gewinn-
und Verlustrechnung scharf kalkulieren muß, ist bisher schon rationell
mit Energie umgegangen. Das wird oftmals übersehen. Denn: der spezifische Energieverbrauch in unserer Volkswirtschaft, gemessen am End-
energieverbrauch in SKE je DM Bruttosozialprodukt (zu konstanten Preisen von 1970), ist seit etwa 30 Jahren kontinuierlich gesunken.

Index 1950 = 100

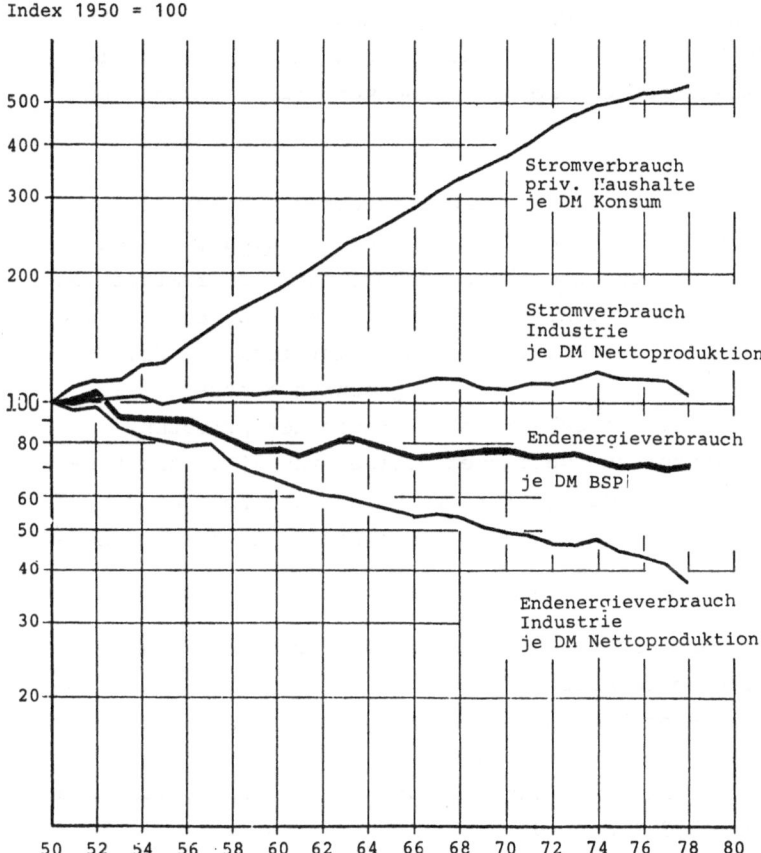

Spezifischer Energieverbrauch Bundesrepublik Deutschland

Quelle: Arbeitsgemeinschaft Energiebilanzen
Statistisches Bundesamt

Besonders eindrucksvoll ist die Abnahme des spezifischen Endenergieverbrauchs der Industrie um über 60 % in dieser Zeit. Man sieht, daß
der Produktionsfaktor Energie aus Kostengründen schon immer einem
ständigen Rationalisierungsdruck ausgesetzt war.

Innerhalb des Endenergieverbrauchs der Industrie hat der Anteil des
elektrischen Stroms ständig zugenommen. Daraus kann man den Schluß
ziehen, daß es einen ursächlichen Zusammenhang gibt zwischen dem
Mehreinsatz von Strom und der Verringerung des spezifischen Endenergieverbrauchs der Industrie. Immerhin: Trotz dieses Mehreinsatzes ist
der spezifische Stromverbrauch der Industrie, gemessen in kWh je DM
Nettoproduktion seit 1950 nahezu konstant geblieben, in einzelnen
Wirtschaftszweigen, z.B. in der Chemie, sogar deutlich gesunken. Insofern ist der wiederholt geäußerte Vorwurf, es werde namentlich in
der Wirtschaft mit elektrischer Energie verschwenderisch umgegangen,
aus der Luft gegriffen.

Allerdings: Ganz im Gegensatz zur kostenorientierten Wirtschaft ist
Energie für die privaten Haushalte ein typisches Konsumgut, dessen
Verbrauch ganz wesentlich von außerökonomischen, oftmals irrationalen
Verhaltensweisen, m.a.W. von nicht-meßbaren Bedürfnissen abhängt, wie
Komfort und Behaglichkeit, Bequemlichkeit und Gemütlichkeit, Erlebnis-
drang und Reiselust, aber auch bloßes Prestigedenken gehört hierzu.
Daher kommt es, daß der spezifische Stromverbrauch der privaten
Haushalte (kWh je DM Konsum zu konstanten Preisen von 1970) ununter-
brochen angestiegen ist. Gerade der Stromverbrauch pro Kopf gilt nicht
zuletzt deshalb weltweit als Indikator für den Wohlstand des einzelnen
wie für gesamte Volkswirtschaften.

Der Stellenwert der Energieausgaben im Rahmen des privaten Haus-
haltsbudget wird meist überschätzt. Es dürfte sicher überraschen,
daß bei uns für einen 4-Personen-Arbeitnehmer-Haushalt mit mittlerem
Einkommen die Energieausgaben 1979 insgesamt nur 8 % ausmachten.
Gemessen am verfügbaren Einkommen waren in diesen 8 % für Kraftstoffe
2,7 %, für Brennstoffe 3,3 % und für elektrischen Strom 2,0 % enthalten. Obwohl sich die Heizölpreise 1979 etwa verdoppelt haben, erscheint die tatsächliche Belastung immer noch als recht harmlos, weil
die Aufwendungen für Heizöl erst einen Anteil von etwas mehr als 1 %
an den gesamten Konsumausgaben erreicht haben.

Energieausgaben (Mengen x Preis) Privater Haushalte[a]

		1972	1974	1976	1978	1979
Verfügbares Einkommen[b] DM		1 573	1 934	2 352	2 640	2 827
davon Energieausgaben in % Gesamt		5,7	6,6	7,0	6,7	8,0
darin: Kraftstoffe		2,0	2,5	2,6	2,6	2,7
Brennstoffe		2,1	2,5	2,5	2,4	3,3
Elektrizität		1,6	1,6	1,9	1,7	2,0

a) 4-Personen-Arbeitnehmerhaushalt mit mittlerem Einkommen

b) Haushalts-Bruttoeinkommen abzüglich Einkommes- und Vermögenssteuern und Pflichtbeiträge zur Sozialversicherung (monatlich)

Quelle: Stat. Bundesamt

Da diese Energieträger völlig unterschiedliche Bedürfnisse befriedigen, können Energiesparapelle kaum große Wirkung erzielen, weil eben die Konsumgewohnheiten und Konsumwünsche ganz individuell eingeschätzt und auch finanziert werden. Kaum jemand wird wohl einen Farbfernseher deswegen kaufen, weil dieser heutzutage 70 % weniger Energie verbraucht als vor etwa 10 Jahren. Energiebewußtsein wird freilich schon eher dadurch geweckt, wenn es z.B. Staatszuschüsse für Wärmedämmung in den Häusern gibt. Aber beim Tempolimit scheiden sich schon wieder die Geister und ein Anschlußzwang an ein Fernwärmenetz findet sicher auch nicht überall ungeteilten Beifall.

Wie soll es nun weitergehen? Was wird aus den zahlreichen Ideen, Laborversuchen, technischen Erprobungen bis hin zu den marktreifen Geräten und Verfahren zur Einsparung von Energie? Welches volkswirtschaftliche Instrumentarium gibt es, um Energiespartechniken am Markt durchzusetzen und welche Rolle sollte dabei der Staat spielen?

Marktmechanismus oder Dirigismus?

Die herkömmliche Struktur der Energiebedarfsdeckung hat sich im wesentlichen über den Marktpreis als Regulator herausgebildet. Öl hätte
niemals diese dominierende Stellung errungen, wenn es nicht so konkurrenzlos billig gewesen wäre.

Einflußnahmen des Staates auf die Energiepreise z.B. in Form von
Steuern (wie bei Kraftstoffen und Heizöl) oder durch Subventionen (wie
bei Kohle) haben die Steuerungsfunktion der Marktpreise nicht außer
Kraft gesetzt. Man hat allerdings den Preis in seiner Funktion als
"Knappheitsmesser" oder "Kostenpegel" mehr oder weniger manipuliert.
Volkswirtschaftlich sind solche Interventionen, sind überhaupt Änderungen von Rahmendaten dann unschädlich, wenn sie marktkonform im Sinne
von flankierenden Maßnahmen gehandhabt werden, wenn also ein Ausgleich
von Angebot und Nachfrage dennoch erzielbar ist. Der Marktmechanismus
muß also funktionsfähig bleiben. Und was wichtig ist: Die Rahmendaten
müssen einigermaßen stabil bleiben, damit die Preisbildung nicht ver-
zerrt wird. Denn sonst wäre auch jede Wirtschaftlichkeitsrechnung
illusorisch. Energiesparende Geräte und -verfahren müssen aber gegenüber der herkömmlichen Energiebedarfsdeckung ihre Konkurrenzfähigkeit
ungeschminkt beweisen können. Normen und Vorschriften wie in Sachen
Wärmedämmung setzen zwar neue Daten, wenn man aber - wie hier - be-
hutsam vorgeht, bleibt die Steuerungsfunktion der Preise erhalten.
Anders könnte es schon bei der Einführung eines Abwärme-Malus sein,
ganz zu schweigen von einer marktwirtschaftswidrigen Energiever-
brauchsordnung, über die immer häufiger geredet wird.

Wirtschaftswachstum, Produktivität und Energiebedarf

Gehen wir in dem Exkurs noch einen Schritt weiter:
Volkswirtschaftlich stehen wir in Zukunft vor schwierigen Problemen,
nicht nur bei der Energieversorgung. Von ganz wesentlicher Bedeutung
für die Prosperität in unserem Lande ist nämlich eine weiterhin steigende Produktivität. Sie war die tragende Säule unseres Wohlstandes
und wird es hoffentlich auch bleiben.
Wie ist das gemeint? Welche Konsequenzen hat das für die künftige
Energiebedarfsdeckung? Was hat INTERKAMA 80 damit zu tun?

Wenn Vollbeschäftigung ein allgemein anerkanntes Ziel ist, wenn der
weitaus größte Teil der Menschen nach wie vor einen besseren Lebens-
standard anstrebt, wenn die Industrieländer weiterhin und mehr als
bisher Entwicklungshilfe leisten sollen, dann brauchen wir dazu Wirtschaftswachstum. Und wenn wir uns fragen, wodurch denn Wirtschaftswachstum in den letzten 30 Jahren überhaupt zustande kam, dann ist
die Antwort recht einfach: Es ist hauptsächlich der gestiegenen Arbeitsproduktivität zu verdanken. Und weiter: Steigende Arbeitsproduktivität ist eng verknüpft mit immer höherer Kapitalintensität. Die
zweite Komponente, nämlich das Arbeitsvolumen (Erwerbstätige x Arbeitszeit), hat seit Anfang der 60er Jahre keinen Beitrag mehr zum Wirtschaftswachstum geleistet.

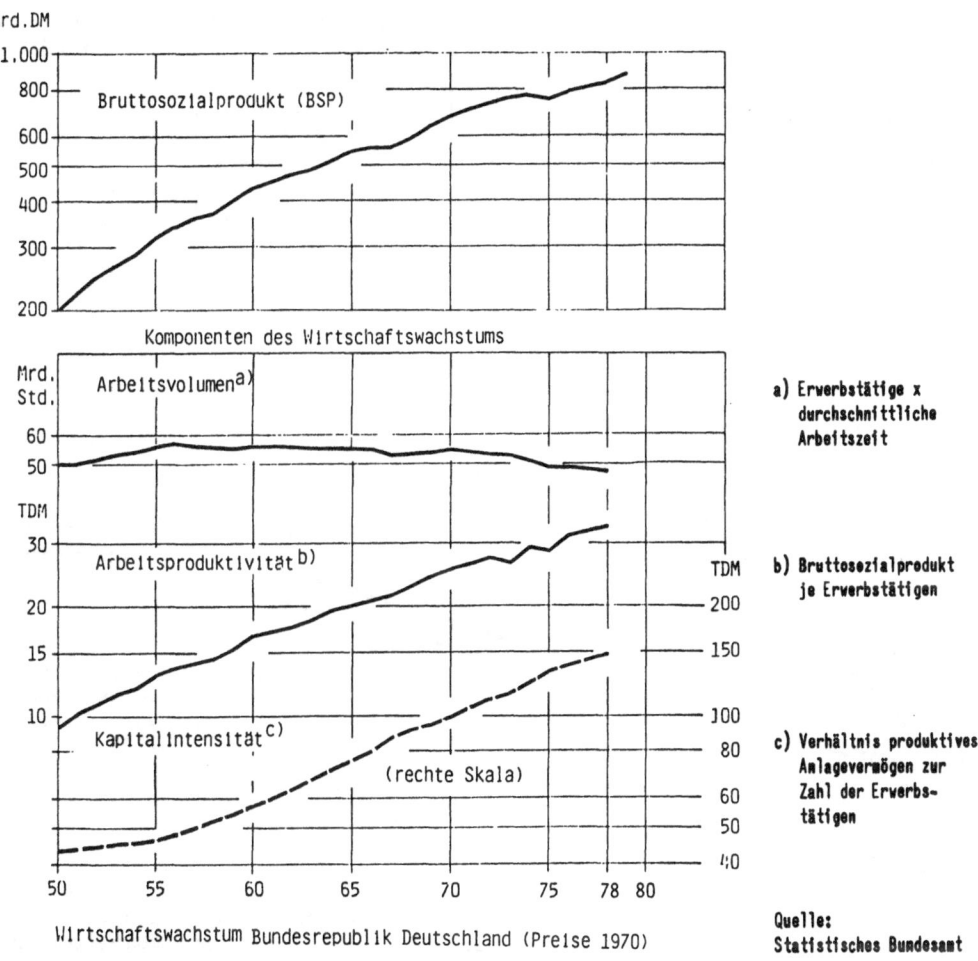

Wirtschaftswachstum Bundesrepublik Deutschland (Preise 1970)

Nun ist leicht nachweisbar, auch wenn oftmals in Zweifel gezogen, wie
eng Wirtschaftswachstum mit zunehmendem Bedarf an Nutzenergie gekoppelt
ist. Wir wissen andererseits, daß es ein großes Sparpotential an Primärenergie gibt. Durch staatlichen Energiespardirigismus kann dieses
Potential kaum mobilisiert werden. Es bieten sich hier wesentlich
intelligentere Methoden an, um die <u>Produktivität der eingesetzten
Energie</u> noch mehr zu steigern als bisher und zwar genauso wie es über
Jahrzehnte hinweg gelungen ist, die Produktivität der menschlichen
Arbeitskraft fortlaufend zu erhöhen.

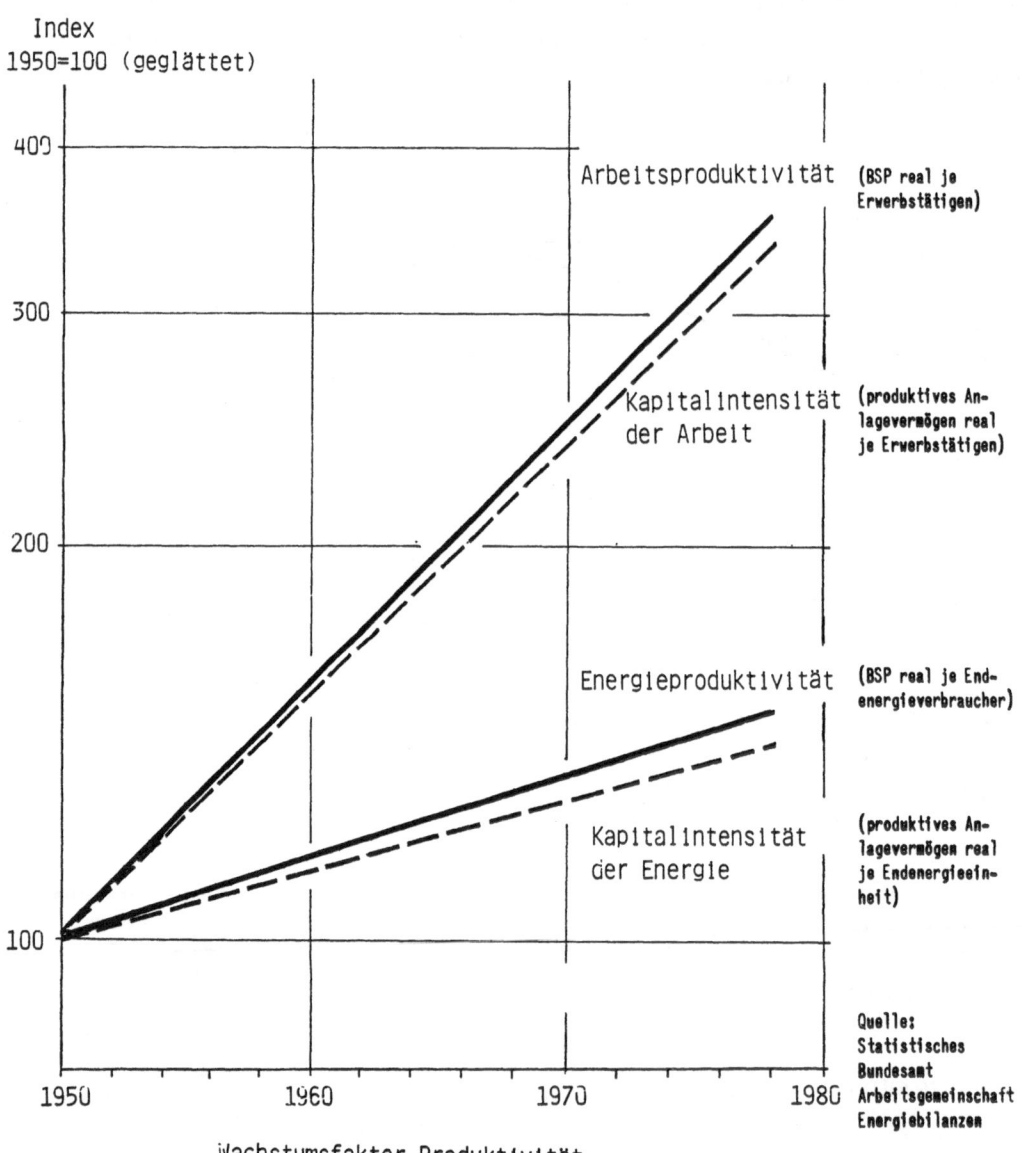

Index
1950=100 (geglättet)

Arbeitsproduktivität (BSP real je Erwerbstätigen)

Kapitalintensität (produktives An-
der Arbeit lagevermögen real je Erwerbstätigen)

Energieproduktivität (BSP real je End-
energieverbraucher)

Kapitalintensität (produktives An-
der Energie lagevermögen real
je Endenergieein-
heit)

Quelle:
Statistisches
Bundesamt
Arbeitsgemeinschaft
Energiebilanzen

Wachstumsfaktor Produktivität

Nun bedeutet steigende Energieproduktivität im Grunde dasselbe wie
sinkender spezifischer Energieverbrauch. Das ist auf dem ersten Bild
schon angesprochen worden. Auch wurde schon herausgestellt, welche
wesentliche Rolle dabei der elektrische Strom spielt. Zusammengefaßt
kann man sagen: Die klassischen Lösungen zur Steigerung der Produktivität kamen in erster Linie von der Meß- und Automatisierungstechnik.
Und durch forcierte Innovationen und Investitionen auf diesen Gebieten
haben wir die Chance, den vermeintlichen Konflikt zwischen Wirtschaftswachstum und Energiebedarf wenn schon nicht zu begraben, so doch zumindest zu entschärfen. Aber das Motto dafür kann nur heißen: Wir
brauchen den produktivitätssteigernden technischen Fortschritt. Wir
brauchen folglich auch eine höhere Kapitalintensität, um künftig sparsamer mit Energie umgehen zu können. Es muß also mehr in Energiespartechniken investiert werden. Nur der Vollständigkeit halber sei an
dieser Stelle angemerkt, daß in den nächsten Jahrzehnten für die Substitution von Öl zusätzlich noch Investitionsanstrengungen ganz erheblichen Ausmaßes volkswirtschaftlich verkraftet werden müssen.

Wir wissen alle, daß man die Physik nicht überlisten kann und daß sich
andererseits die Ökonomie nicht einfach unter den Teppich kehren läßt.
Deshalb sollten wir realistisch in die Zukunft sehen: Nur durch konsequente und kontinuierliche Weiterentwicklung aller technischen Möglichkeiten zur rationelleren Verwendung von Energie werden wir das
Klassenziel einer sinnvollen Energiesparstrategie erreichen. Patent-
lösungen wird es vermutlich ebenso wenig geben wie große Entwicklungs-
sprünge, sondern es wird weiterhin ein mühsamer Kampf der Ingenieure
um Geräte und Verfahren mit dem geringstmöglichen Energieverbrauch sein.
INTERKAMA 80 hat Wege hierfür aufgezeigt und die proklamierten "Schritte
nach vorn" sollten aus volkswirtschaftlicher Sicht so schnell wie nur
irgend möglich getan werden.

ENERGIEVERBRAUCHSOPTIMIERUNG FÜR DIE RAUMHEIZUNGS-
UND KLIMA-TECHNIK

OPTIMIZATION OF ENERGY CONSUMPTION IN THE SPACE
HEATING AND AIRCONDITIONING SECTORS

G. Färber
Lehrstuhl für Prozeßrechner
der Technischen Universität München
8000 München

Summary:
Intelligent control systems are used increasingly as an important aid
to save energy in the heating and airconditioning sectors. To optimize
(multivalent) heat generation systems is as important as to minimize
the use of energy on the consumer side. Since upto 6 % of the total
energy consumption can be saved by intelligent control systems, there
is a very large potential market for the control engineering industry:
Increasing cost of primary energy enhances the effectiveness of energy-
saving investments that replace the use of primary energy.

1. Einleitung

Es ist das Verdienst der OPEC-Staaten, wenn das Bewußtsein über die
Knappheit der Primärenergieträger heute außerordentlich breit vorhanden
ist. Fast alle Branchen denken seither darüber nach, wie der kontinuierlich steigende Bedarf an Energie eingeschränkt werden kann: In dieser
Arbeit soll untersucht werden, welchen Beitrag die Meß-, Steuerungs-
und Regelungstechnik mit ihren neuen technologischen Werkzeugen auf dem
Gebiet der Raumheizungs- und Klimatechnik zur Energieeinsparung beitragen kann.

40% des gesamten Primärenergiebedarfs werden für Zwecke der Raumhei-
zungs- und Klimatechnik eingesetzt. Ein Sachverständigenkreis des Bundesministeriums für Forschung und Technologie hat errechnet, daß durch
intelligentere Steuerungs- und Regelungstechniken bis zu 15% des Primärenergiebedarfs eingespart werden könnten: Wie Bild 1 zeigt, kann die
Automatisierungstechnik damit zur Einsparung von bis zu 6% der 70 Milli-
arden-Ölrechnung (sowie der übrigen Primärenergiekosten) beitragen. An-
gesichts dieser Zahlen wird deutlich, daß hier ein neuer, hochinteres-
santer Markt für Produkte der Automatisierungstechnik entsteht.

Erst seit kurzem sind die Energiekosten so hoch, daß hier Einsparungen
entsprechende Investitionen wirtschaftlich machen. Bild 2 zeigt schematisch als Beispiel eine Klimaanlage für ein größeres Gebäude: Ein zentral angeordnetes Kühlaggregat kühlt die Außenluft auf ca. 15°C ab und
verteilt sie zu den einzelnen Räumen. Die Regelung der Einzelraumtempe-
ratur erfolgt durch Aufheizen der Luft in elektrisch betriebenen Heiz-

geräten. Da diese, in großer Zahl benötigten Heizgeräte sehr preiswert
sind, sind die Investitionskosten für die Gesamtanlage niedrig. Der Betrieb der Anlage hat jedoch eine gewaltige Energieverschwendung zur
Folge: Luft wird zunächst mit hohem Energieaufwand abgekühlt und schließlich wieder aufgeheizt, wobei dort auch noch die besonders wertvolle
elektrische Energie eingesetzt wird. Hinzu kommt, daß viele derart aus-
gerüstete Häuser in naher Nachbarschaft zueinander stehen und daß durch
den großen Gesamtenergieeinsatz die Umgebungsluft weiter angewärmt wird,
so daß wiederum höhere Energiemengen für die Abkühlung der Luft benötigt
werden.

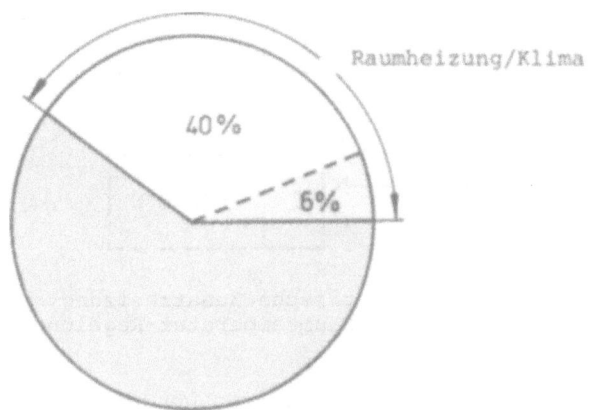

Bild 1: Potential der durch MSR in Heizungs- und Klimatechnik einzusparenden Energie.

Um den Energieverbrauch solcher Anlagen zu reduzieren, werden insbesondere in den USA Energieoptimierungssysteme verwendet. Häufig genügt es
im vorliegenden Beispiel schon, die Luft nur soweit abzukühlen, daß in
wenigsten einem Raum nicht mehr geheizt werden muß. Ohne Veränderung
der bestehenden Installationen kann durch den Einsatz einfacher Meß- und
Steuerungstechnik der Energiebedarf erheblich gesenkt werden.

Dies zeigt eine besonders wichtige Chance für Automatisierungssysteme
zur Energieeinsparung in der Raumheizungs- und Klimatechnik auf: Im Gegensatz zu vielen anderen Energiesparmaßnahmen sind Energiespareffekte
auch ohne große Neu-Installationen möglich. Ihr Einsatz bleibt damit
nicht auf Neu- oder Umbauten beschränkt, sondern kann auch dem Neubau-
bestand zugute kommen.

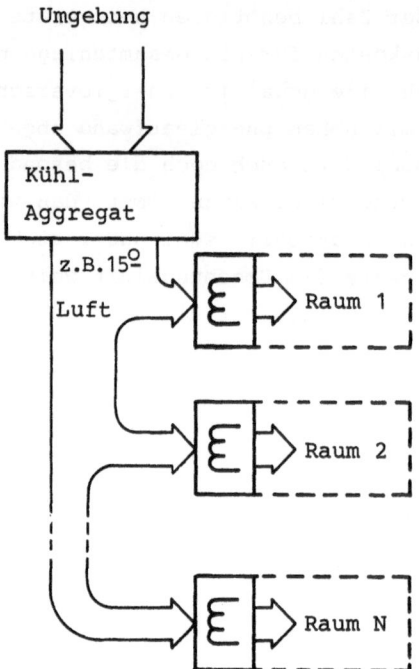

Umgebung

Kühl-
Aggregat

z.B.15°

Luft

Raum 1

Raum 2

Raum N

Elektrische Zusatzheizung
zur Raumtemperatur-Regelung

Bild 2: Beispiel für "Energieverschwendung" durch fehlende
MSR-Technik.

2. Prozeßoptimierung bei der Erzeugung und dem Verbrauch von Wärmeenergie

Die Optimierung der bei der Erzeugung und dem Verbrauch von Wärmeenergie beteiligten Prozesse stellt eine recht komplexe Gesamtaufgabe dar.
Bild 3 gibt einen Überblick über die dabei beteiligten Teilprozesse:

- Bei der Erzeugung der Wärmeenergie spielen fossile Energiequellen,
  die elektrische Energie, Sonnenenergie oder die aus der Umgebung entnommene Wärmeenergie eine Rolle. Multivalente Heizungssysteme haben
  die Aufgabe, aus diesen Energiequellen in möglichst optimaler (ener-
  giesparender) Weise Wärme für die Verbraucher bereitzustellen.

- Am Verbrauch der Wärmeenergie sind wiederum verschiedene Bedarfsträ-
  ger wie die Raumheizung, der Brauchwasserbedarf, das Schwimmbad sowie
  die Wasch- und Geschirrspülmaschinen beteiligt.

Die Steuerung der Wärmeenergieerzeugung bei multivalenten Heizungssystemen stellt bereits für die einzelnen Teilprozesse eine komplexe Aufgabe dar:

- Sonnenkollektoren können nur dann zur Wärmeerzeugung beitragen, wenn bestimmte Mindesttemperaturen erreicht werden. Dies muß durch entsprechende Steuerung insbesondere der Umlaufgeschwindigkeit erreicht werden; je nach Wetterverhältnissen oder Tageszeit muß dieses Subsystem zu- oder abgeschaltet werden.

- Wärmepumpen können nur dann mit gutem Wirkungsgrad arbeiten, wenn die Temperaturdifferenzen auf beiden Seiten der Pumpe eine bestimmte Grenze nicht überschreiten. Der Prozeß "Wärme-Pumpe" bedarf damit ebenfalls einer intelligenten Steuerung, welche sich je nach Anlage aus mehreren möglichen Wärmequellen (Umgebung, Schwimmbad, Solarkollektoren, Wärmespeicher usw.) die gerade günstigste aussuchen muß.

- Ein besonderes Problem stellt die Optimierung von Wärmespeichersystemen dar. Die Funktionen des Aufnehmens, Speicherns oder Abgebens von Wärme bedürfen einer genauen Kontrolle, wenn dieses Subsystem tatsächlich zur Energieeinsparung beitragen soll.

- Schließlich benötigt die Steuerung des Heizkessels, der zumindest in unseren Breitengraden immer noch benötigt wird, ein intelligentes System: Die Messung und Berücksichtigung von Temperaturgradienten, die Steuerung der Ein- und Ausschaltzeitpunkte des Brenners oder in Zukunft auch die kontinuierliche Dosierung der Brennstoffzufuhr bzw. des Brennstoff-Luftgemischs sind hier wichtige Teilaufgaben.

Neben die Steuerungs- und Regelungsaufgaben treten die Überwachungsaufgaben für die einzelnen Teilprozesse. Diese dienen zum einen der Systemdiagnose, also der Möglichkeit, im Fehlerfall rasch das ausgefallene Subsystem zu identifizieren und damit den zuständigen Kundendienst zu benachrichtigen. Andererseits spielt jedoch auch die Überwachung gegen kontinuierliche Veränderungen des Betriebszustands eine große Rolle: Verschmutzungen des Brenners, die zu einem wesentlichen Absinken der Wirkungsgrade führen, können beispielsweise ebenso entdeckt werden wie verrußte Kamine; der Wirkungsgrad von Wärmepumpen bedarf ebenfalls einer laufenden Überwachung.

Neben der Optimierung der einzelnen Teilprozesse muß insbesondere der Betrieb der verschiedenen Wärmequellen im Verbund betrachtet werden: Die wichtige Aufgabe des übergeordneten Steuerungs- und Regelungssystems

besteht darin, den jeweils optimalen Zustand des Gesamtprozesses herzustellen. Dieses übergeordnete System muß zu jedem Zeitpunkt festlegen,
ob der Einsatz der Wärmepumpe noch sinnvoll ist, aus welcher Quelle sie
gespeist werden soll, ob der Wärmespeicher noch günstig mit Wärmeenergie
beladen oder ob er Wärme abgeben soll, ob die Zusatzheizung von seiten
des Heizkessels erforderlich ist usw. Die Zielfunktion für diese Opti-
mierungsaufgabe ist natürlich die Minimierung des Gesamt-Energiebedarfs,
wobei im allgemeinen die Kosten als Maßstab herangezogen werden (elektrische Energie ist z.B. höher zu bewerten als die durch Verbrennung
gewonnene Wärmeenergie).

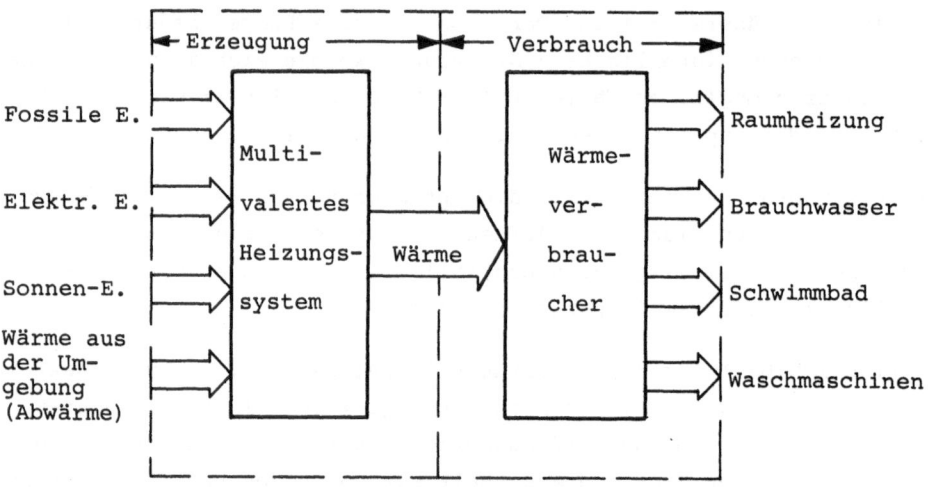

Bild 3: Optimierung von Energieerzeugung und -verbrauch.

Mindestens ebenso aufwendig ist die Minimierung des Wärmeenergiebedarfs
auf der Verbraucherseite.

- Die heute meist übliche globale Regelung etwa in Einfamilienhäusern
  muß durch die Regelung von Einzelräumen ersetzt werden. Voraussetzung
  dafür sind preiswerte ansteuerbare Stellglieder, welche an jedem Heizkörper installiert werden können. Die heutige Verwendung von Thermo-
  stat-Ventilen stellt hier eine gute Vorstufe dar, eine ungeeignete
  Einstellung (z.B. in dem Raum, der den Temperaturfühler für die Glo-
  balregelung enthält) kann wiederum zu hohem Verbrauch führen. Besonders wichtig wird es auch sein, in den verschiedenen Räumen unterschiedliche Temperaturprofile über den Tagesverlauf zu fahren. Es muß
  also individuell festgelegt werden, welche Temperatur in welchem Raum
  zu welchem Zeitpunkt herrschen soll.

- An die Stelle der heute meist üblichen Zwei-Punkt-Regelung (Thermostat) muß ein intelligenteres, kontinuierlich arbeitendes Regelungssystem treten.

- Das Zuschalten und Abschalten von weniger wichtigen Wärmeverbrauchern muß - in Analogie zu dem Höchstlastoptimierungsproblem elektrischer Verbraucher - in Abhängigkeit vom momentanen Wärmeangebot nach einer Prioritätsliste erfolgen. Typische Beispiele für weniger wichtige Verbraucher sind das Schwimmbad und die Brauchwasser-Versorgung.

- Es ist notwendig, mehr Zustände des Prozesses (z.B. mehrere Außentemperaturen, Differenztemperaturen zwischen innen und außen und deren Trends) zu berücksichtigen.

- Besonders wichtig wird die adaptive Anpassung des Reglers an die durch das Haus vorgegebene Regelstrecke sein. Heutige Heizungs-Regelungssysteme leiden in ihrem Wirkungsgrad häufig darunter, daß die an der Regelungsanlage einzustellenden Parameter fehlerhaft justiert sind. Intelligente Regelgeräte können diese Strecke ausmessen (identifizieren) und ihren Regelungsalgorithmus daran anpassen. So wird einerseits eine Verbesserung des Regelungsverhaltens erreicht, andrerseits vereinfacht sich die Systeminstallation, da die Justageaufgaben wegfallen.

Neben der Prozeßoptimierung für die Erzeugung und den Verbrauch von Wärmeenergie sind auch Geräte der Klima- und Lufttechnik als technische Prozesse zu behandeln, welche durch intelligente Automatisierungssysteme mit besserem Wirkungsgrad betrieben werden können. Das in Bild 2 gezeigte Beispiel zeigte deutlich die gegenüber dem heutigen Stand erreichbaren Verbesserungsmöglichkeiten.

Eine besondere Art der Prozeßoptimierung erfolgt durch den globalen Regelkreis, in welchem auch der Mensch ein Teilsystem darstellt: Die Wärmeenergie-Verbrauchserfassung, welche zu einer verbrauchsabhängigen Heizkosten-Berechnung führt. Solange in den heutigen Wohnungen die Heizkostenpauschalen völlig unabhängig vom Verbrauch berechnet werden, erfolgt die Temperaturregelung im allgemeinen durch das Öffnen der Fenster. Eine verbrauchsabhängige Heizkostenverteilung, welche mit einer möglichst kontinuierlichen Anzeige des Verbrauchsstands verbunden ist, erzeugt hier zweifellos auf dem Umweg über den Geldbeutel ein viel energiebewußteres Verbraucherverhalten. Die Forderungen aus dem Bundeswirtschaftsministerium zeigen, wie wichtig hier geeignete, ausreichend genaue Meßsysteme sind, welche auch eine laufende Verbrauchsanzeige ermöglichen. Neben den klassischen, nach dem Verdunstungsprinzip arbeitenden Wärmemessern gibt es elektronische System, bei welchen der Wärmeverbrauch auf Grund von Temperaturdifferenzen am Heizkörper und in der Umgebung gesetzt wird. Es wird eine wichtige industrielle Aufgabe sein, hier sowohl die Meßtechnik zu verbessern als auch den Installationsaufwand für derartige nachträglich zu installierende Einrichtungen so klein wie möglich zu halten.

3. Die Anwendung von Automatisierungssystemen zur Energieeinsparung

Für mittlere und große Gebäude oder Gebäudekomplexe werden seit vielen Jahren von verschiedenen Firmen Gebäudeleitsysteme angeboten. Eine wesentliche Aufgabe dieser Systeme, welche bei den Wirtschaftlichkeitsberechnungen eine besondere Rolle spielt, ist die Optimierung des Energieverbrauchs. Dabei werden von den Firmen Einsparungen von bis zu 20% vorgerechnet, so daß sich allein daraus für die Leitsysteme sehr kurze Amortisationszeiten (wenige Jahre) ergeben.

Diese großen Systeme ermöglichen die Implementierung sehr komplexer Optimierungsverfahren, welche noch dadurch unterstützt werden, daß dasselbe Leitsystem das gesamte Energie-Management in dem Gebäude übernimmt. Das a priori-Wissen um die Einschalt-Leitpunkte von Beleuchtungsgruppen erlaubt z.B. eine optimalere Vorgabe der Wärmeerzeugungs-Sollwerte.

Während diese Systeme früher als zentrale, große Rechensysteme ausgeführt wurden, sind sie heute typisch als verteilte Mikrorechnersysteme realisiert, wobei bis zu einige Hundert intelligente Stationen über ausgedehnte Bus-Systeme miteinander kommunizieren. Zehntausende von Stell- und Meßpunkte können an derartige Systeme angeschlossen sein.

Sehr oft werden diese komplexen Systeme leider nur unzureichend genutzt; vor allem aus den USA wird berichtet, daß häufig nach dem Einbau einer derartigen Anlage der Energieverbrauch höher war als zuvor. Dies ist auf die unfachmännische Einstellung und Bedienung der Systeme zurückzuführen: Inzwischen gibt es in den USA Spezial-Firmen, welche - ähnlich wie DV-Beratungsunternehmen - bestehende Anlagen in einen optimalen Zustand bringen und auch durch Kundenschulung zur Beseitigung dieser Mängel beitragen. Als Konsequenz hieraus ergibt sich, daß derartige Systeme durch den untrainierten Benutzer noch schwer zu bedienen sind. Es wird daher eine besonders wichtige zukünftige Entwicklung sein,

- die Benutzer-Oberfläche zu komplexen Steuerungs- und Meßsystemen noch anschaulicher zu gestalten und

- den Anteil an selbsttätig durchgeführten Anpassungs- und Optimierungs- vorgängen noch wesentlich auszuweiten.

Neben diesen Groß-Systemen entstehen heute intelligente Steuerungssyste- me auf Mikroprozessorbasis, welche auch für den Einsatz im Einfamilien- haus geeignet sind. Bild 4 zeigt beispielsweise die Struktur eines Steuerungssystems, welches für die Optimierung von multivalenten Hei- zungsanlagen geeignet ist. Je nach Ausbau des Hauses mit wärmetechni- schen Einrichtungen (einschließlich Wärmespeicher, Schwimmbad usw.) werden dem System entsprechende Hardware-Module hinzugefügt und die be- nötigten Programmteile des zentralen Mikroprozessors aktiviert. Einige der für den Entwurf eines derartigen Systems zu beachtenden Punktes sind im folgenden zusammengestellt:

- <u>Flexibilität.</u> Die Flexibilität des Systems muß stark eingeengt sein; wie oben bereits angedeutet, muß das Maßschneidern eines individuel- len Systems aus dem Zusammenstecken von vorgefertigten Moduln erfol- gen, wobei ebenfalls vorgefertigte Programm-Module in Betrieb genom- men werden. Auf keinen Fall darf ein solches System nach außen als "Rechner" in Erscheinung treten.

- <u>Anpassungsfähigkeit.</u> Die Anpassung der Heizungs-Regeleinrichtung an die jeweils durch das Haus gegebenen Verhältnisse muß automatisch geschehen, das Mikroprozessorprogramm muß sich also lernfähig (adap- tiv) verhalten. Dies gilt nicht nur für die Innenraum-Regelung, son- dern auch für die Berücksichtigung von Außentemperaturfühlern.

- <u>Die Bedienbarkeit</u> des Systems muß an die Erfahrungen der ungeübten Benutzer angepaßt werden. So muß beispielsweise untersucht werden, ob es dem Benutzer zumutbar ist, Schaltzeiten oder Temperaturen über eine Zehnertastatur in das System einzugeben, oder ob hierfür indi- viduelle Schalter oder Potentiometer vorgesehen werden müssen. Ein Bedien-Konzept mit Zehnertastatur, das durch Bedienerführung über eine Anzeige unterstützt wird, hat zwar den Vorteiler großen Flexi- bilität, viele Anwender trauen sich jedoch den Umgang mit solchen Einrichtungen noch nicht zu. Zweifellos wird hier die zunehmende Ver- trautheit mit Taschenrechnern und Digitaluhren die Erwartungshaltung besser an die neuen technischen Gegebenheiten anpassen. Vielleicht entsteht hier auch eine zusätzliche Anwendung des durch den Fernseher vorgegebenen "Sichtgeräts". Besonders wichtig ist die Absicherung des

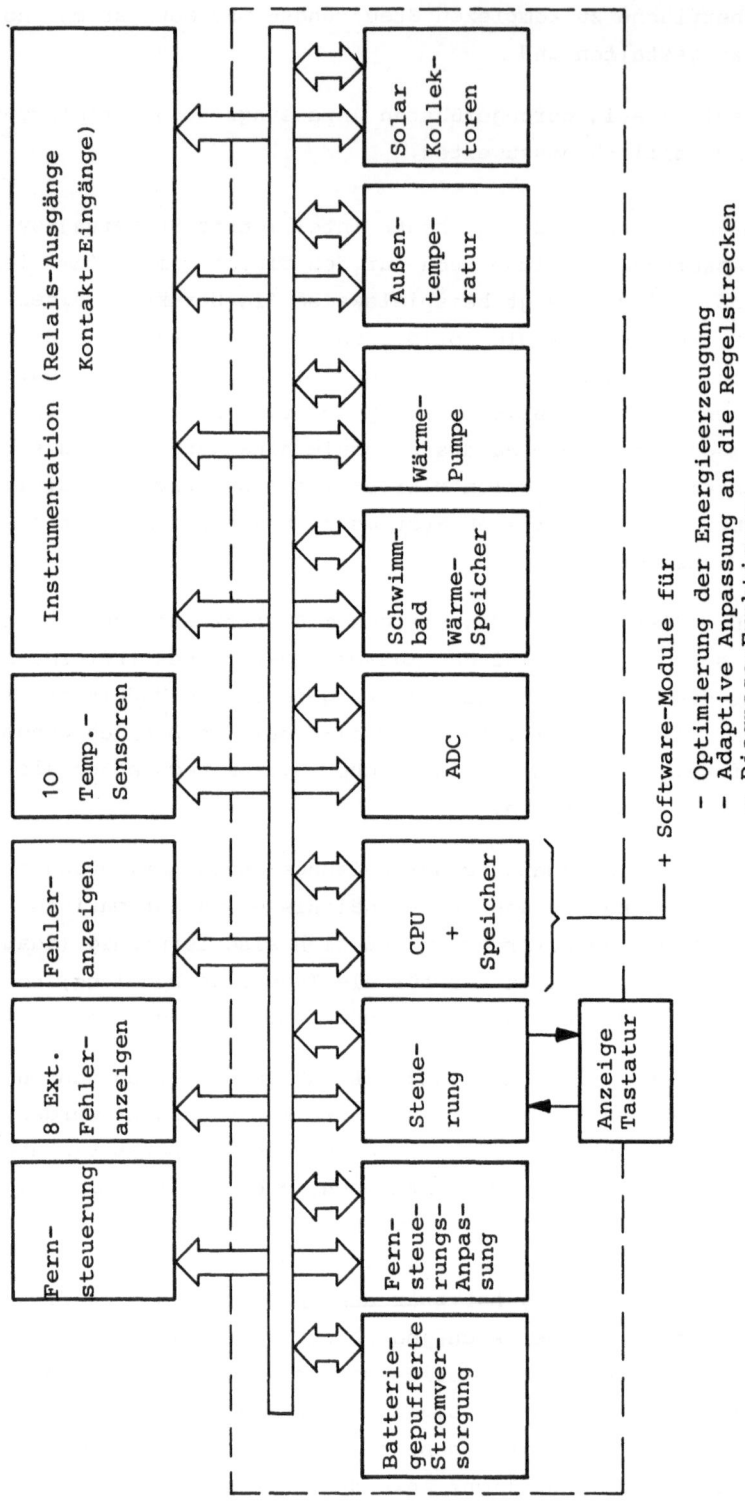

Bild 4: Steuerungssystem für multivalente Heizungsanlagen

Systems gegen Eingabe- und Bedienungsfehler.

- Sicherheit. Bei heizungstechnischen Anlagen steht der Sicherheitsaspekt im Vordergrund. So ist es nicht einfach, die TÜV-Zulassung für ein Kessel- und Heizungsregelungssystem zu erhalten, welches auf einem Mikroprozessor per Software realisiert ist. Das Problem des Nachweises der Sicherheit von Software muß hier genauso gelöst werden wie bei der Überwachung von Kernkraftwerken.

- Diagnosefunktionen. Da solche Systeme breit auf dem Markt eingesetzt werden sollen, ist es nicht nur notwendig, den Endkunden zu interessieren, vielmehr muß auch der Installateur für dieses neue Produkt gewonnen werden: Er muß damit leicht zurechtkommen können. Mikroprozessorsysteme können hier einen großen Beitrag leisten, indem sie eine genaue Fehlerlokalisierung nicht nur im Mikrorechnersystem selbst, sondern auch an den angeschlossenen Komponenten ermöglichen. Obwohl diese Systeme technisch viel komplexer sind als konventionelle Heizungsregelungssysteme, muß der Umgang damit doch wesentlich einfacher gestaltet werden.

4. Zukünftige Aufgaben

Die Automatisierungstechnik wird in Zukunft Verfahren und Hilfsmittel zur Verfügung stellen, welche eine kostengünstige Installation auch in Altbauten ermöglicht. Mit einem wirklich breiten Einsatz solcher Systeme kann man nur rechnen, wenn dieser Aufwand klein gehalten werden kann. Einen interessanten Ansatz stellt die Verwendung des 220V-Netzes zur Informationsübertragung dar.

Zahlreiche Komponenten fehlen noch im Angebotsspektrum. Die bereits erwähnten steuerbaren Stellglieder sind unbedingt erforderlich, wenn man die Einzelraumregelung anstrebt. Die Aufgabe besteht darin, diese Komponenten zu genügend niederem Preis und mit ausreichender Zuverlässigkeit bereitzustellen.

Ein besonderes Problem wird in Zukunft die Standardisierung dieser Komponenten und ihre Anschaltung an übergeordnete Meß-, Steuer- und Regelungssysteme sein. Die VDMA-Fachgemeinschaft "Allgemeine Lufttechnik" hat bereits vor längerer Zeit erkannt, daß ein solcher Standard unabdingbar ist, wenn die Kosten für Integration der Komponenten in ein übergeordnetes System nicht viel zu hoch werden sollen. Man denkt hier beispielsweise an einen Übertragungssystem-Standard, mit welchem die Subsysteme der Heizungs- und Klimatechnik ohne besonderen Anpassungs-aufwand zusammengeschaltet werden können.

Die steigenden Primärenergiekosten machen es zunehmend interessant, Primärenergie durch Investitionen zu substituieren. Geht man davon aus, daß durch genügend hohe Investitionen der ideale minimale Energiever-brauch erreicht wird, dann ergibt sich der aktuelle Energieverbrauch etwa nach folgender Formel:

$$V = V_o + K/I$$

mit V = Energie-Verbrauch

V_o = Theoretisch erreichbare Minimalgrenze

K = Bewertungsfaktor

I = Investition

Rechnet man als jährliche Gesamtkosten den Kapitaldienst für die In-vestitionen und die Primärenergiekosten zusammen, dann ergibt sich eine Beziehung, welche bei einer bestimmten Investition zu einem Minimum führt. Wenn das heute gültige Verhältnis von Energiekosten zu Investi-tionskosten weiter ansteigt, dann ergibt sich das in Bild 5 dargestellte Verhalten:

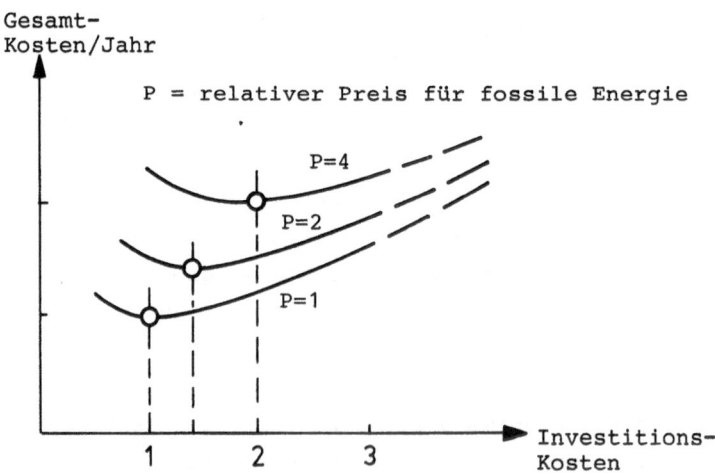

Bild 5: Substitution von Primärenergie- durch Investitionskosten.

Das wirtschaftliche Optimum verschiebt sich zu immer größeren Investitionen. Diese Kurven machen deutlich, daß gerade die steigenden Primärenergiekosten einen wesentlichen Beitrag für die rasche Entwicklung eines neuen, wichtigen Markts für intelligente Produkte der Automatisierungstechnik leisten.

ENERGIEEINSPARUNG DURCH LASTVORHERSAGE BEI EINEM WÄRMELASTVERTEILER

ENERGY SAVING BY LOAD PREDICTION IN A HEAT LOAD DISTRIBUTOR

C. Becker
Thyssen Aktiengesellschaft
4100 Duisburg

H.W. Früchtenicht, E. Lakatsch
Fraunhofer-Institut für Informations- u. Datenverarbeitung (IITB)
7500 Karlsruhe

Summary

By means of the "Load Prediction", which is part of a central control
system of a net of industrial steam pipelines, an optimal harmonization
of steam production and steam consumption is strived for. The steam is
a by-product of steel production and should be used by the consumers
to 100 %. For this an input-output-coloured-screen system (EAF-system)
records the actual situation of the net. From its data the algorithm
of the "Load Prediction" calculates production and consumption of the
steam, one has to expect next. By this way an eventually upcoming gap
in the steam supply can be detected and desired quantities for the steam
production by using primary energy are determined.

1. Einführung

Die zunehmende Energieverknappung zwingt Konzeptionen zur wirtschaft-
licheren Nutzung von Energie (meist zur Energieeinsparung) zu entwickeln
und zu realisieren. Nur so ist eine steigende Energieproduktivität, wie
sie auch bereits über Jahre hinweg zu beobachten ist, zu erreichen [1].
Voraussetzung hierfür ist die Bereitschaft, eine entsprechend zukunfts-
orientierte Investitionspolitik zu betreiben. Die Aktivitäten der Thyssen AG zum Aufbau einer zentralen Steuerung ihres Dampfleitungsnetzes
mit einem Ein-/Ausgabe-Farbbildschirmsystem (EAF-System) sind in diesem
Rahmen zu sehen [2].

Mit einem über eine reine Steuerung hinausgehenden Schritt wird durch
Integration eines Vorhersage-Algorithmus, der Lastvorhersage, eine optimale Abstimmung von Dampferzeugung und -verbrauch, d.h. Einsparung von

Energie, angestrebt. Mit der Einführung der Lastvorhersage wird die Steuerung des gesamten Dampfnetzes nicht nur auf der Basis einer momentanen
Situation sondern auch unter Berücksichtigung der zu erwartenden Entwicklung des Netzzustandes durchgeführt.

2. Problemstellung und Lösungsansatz

Möglichst optimal zu steuern ist ein räumlich sehr ausgedehntes und ver-
maschtes Dampfleitungsnetz (Bild 1). Es erstreckt sich auf einer Fläche
von ca. 7 km^2 bei einer Gesamtlänge der Dampfleitung von ungefähr 216 km.
Zwischen ein und drei Erzeuger speisen in das Verbundnetz ein. Demgegenüber stehen etwa 70 Verbraucher, die zwischen 0,03 und 20 t Dampf pro
Stunde benötigen. Reichen die in den Oxygenstahlwerken als "Abfallprodukt" diskontinuierlich anfallenden Dampfmengen nicht aus, um den überwiegend kontinuierlichen Verbrauch jederzeit zu decken, wird die Fehl-
menge vom Kraftwerk unter Einsatz von Primärenergie geliefert.

Die an sich vorhandene Speicherfähigkeit des Dampfleitungsnetzes allein
reicht für die Steuerung einer ungestörten Versorgung aller Abnehmer
nicht aus. Für eine gezielte Entnahme aus dem bzw. Einspeisung in das
Dampfnetz, die sogenannte Dampfsteuerung, muß daher gesorgt werden. Die
Güte der Dampfsteuerung ist umso höher anzusetzen, je mehr Dampf aus
der Stahlerzeugung verwendet wird und je geringer der Einsatz von Primärenergie ist.

Mit der Installation eines EAF-Systems für die Dampfsteuerung wurde ein
umfassender Einblick in den Netzzustand möglich. Das EAF-System erfaßt
rund 150 Meß- und Signalwerte des Netzes, d.s. Istwerte von Dampfdruck,
Dampftemperatur, entnommene und eingespeiste Dampfmengen sowie die Prozeßabläufe charakterisierende Binärsignale. Eine Aufbereitung und Wei-
terverarbeitung der Daten wird durchgeführt. Die für die Dampfsteuerung
relevanten Daten werden in einer leicht übersehbaren Form auf einem
Ein-/Ausgabe-Farbbildschirm dargestellt [3]. Mit den insgesamt durch
das EAF-System zur Verfügung gestellten Möglichkeiten wird dem Bedienen-
den jederzeit in einer komprimierten Form ein aktuelles Bild des Netzes
angeboten. Die Steuerung des Dampfleitungsnetzes ist hiermit so aufgebaut, daß das Bedienungspersonal auf Unregelmäßigkeiten aufmerksam gemacht wird und so im störungsfreien Betrieb von der ständigen Beobachtung aller Meßwerte entlastet ist.

Die Lastvorhersage zielt darauf, über die Erfassung des Istzustandes
hinaus das zu erwartende zukünftige Verhalten von Einzel- und Bereichs-
komponenten zu berücksichtigen. Der zu Grunde gelegte Algorithmus basiert auf einer Extrapolation von Erfahrungswerten in die Zukunft. Dabei

werden die vom EAF-System erfaßten Meßwerte von Netzdruck, Dampferzeugung und -verbrauch zu zeitlichen Mittelwerten verarbeitet und in sogenannten Lernschläuchen gespeichert. Weiterhin werden Bilanzen (z.B. Differenz zwischen Verbrauch und Erzeugung) und Tendenzen (z.B. zeitliche
Ableitung des Netzdruckes) herangezogen. Der Vorhersagezeitraum erstreckt
sich über zwei Stunden, während dieser Zeit werden die Vorhersagewerte
durch ein Abgleichverfahren laufend verbessert. Die Vorhersagekurven
werden schließlich dazu benutzt, Sollwertvorgaben für die Dampferzeuger
sowie Abschaltkriterien für die abschaltbaren Verbraucher abzuleiten.

3. Aufbau und Arbeitsweise der Lastvorhersage

Die Lastvorhersage gliedert sich in die drei Arbeitsphasen Zustandserfassung, Lernphase und Vorhersage. Sie werden mit einem Zyklus von 0,2;
5 bzw. 15 Minuten durchlaufen. In Bild 2 ist eine Prinzipdarstellung
der Lastvorhersage in Form eines Blockschaltbildes angegeben.

3.1 Zustandserfassung

Als Eingangsdaten stehen zur Verfügung momentane Meßwerte der lokalen
Netzdrucke, der lokalen Dampfeinspeisungen und der lokalen Dampfverbräuche sowie in Form von Binärsignalen anfallende Steuerdaten wie Blasbeginn und Blasende von den Konvertern sowie Behandlungsbeginn und Behandlungsende bei der Stahlentgasung. Für die lokalen Netzdrucke werden
zunächst fünfminütige Mittelwerte gebildet, um kurzzeitige, die Lastvorhersage nicht interessierende Druckschwankungen zu eliminieren. Aus den
so bereinigten lokalen Netzdrucken wird ein sogenannter repräsentativer
Netzdruck, der als für das Gesamtnetz maßgebender Dampfdruck angesehen
wird, ermittelt. Um die Verteilung der Druckmeßstellen über das Dampfleitungsnetz und örtliche Besonderheiten hierbei berücksichtigen zu
können, wird hierzu das gewichtete Mittel

$$\bar{P} = \frac{\sum_{i=1}^{n} K_i \bar{P}_i}{\sum_{i=1}^{n} K_i} \tag{1}$$

herangezogen. Die $\bar{P_i}$ stellen die fünf Minuten-Mittelwerte der lokalen
Netzdrucke, die K_i die ihnen zugeordneten Gewichtungsfaktoren und n die
Anzahl der Druckmeßstellen dar. $\bar{P}$ ist seiner Natur nach ein räumliches
Mittel.

Die Dampfeinspeisungen der Oxygenstahlwerke erfolgen diskontinuierlich.
Um dieser Besonderheit Rechnung tragen zu können, werden neben der ein-

gespeisten Menge die Dauern und die zeitlichen Abstände der Blasprozesse erfaßt. Aus ihnen läßt sich eine mittlere Blasdauer ($\bar{T}_D$) und ein
mittlerer Blasabstand ($\bar{T}_A$) zweier Blasprozesse ableiten. Sie lassen sich
darstellen als

$$\bar{T}_D = \frac{1}{m} \sum_{i=1}^{m} \left(t_E(i) - t_B(i) \right) \tag{2a}$$

und

$$\bar{T}_A = \frac{1}{m} \sum_{i=1}^{m} \left(t_B(i+1) - t_E(i) \right) \tag{2b}$$

Hierin geben $t_B(i)$ und $t_E(i)$ die Zeitpunkte von Beginn und Ende des
i-ten Blasprozesses an und m die Anzahl der Blasprozesse. Die Ereignis-
zeiten werden über entsprechende Signale erfaßt.

Korrespondierend zur mittleren Blasdauer erfolgt die Ableitung einer
mittleren lokalen Einspeisung pro Minute. Sie gibt an,welche Dampfmenge
der jeweilige Erzeuger während eines Blasvorgangs pro Minute im Mittel
ins Netz eingibt und läßt sich schreiben als

$$\bar{E} = \frac{1}{60 l} \sum_{i=1}^{l} E_i \tag{3}$$

wobei l die Anzahl der zur Mittelbildung verwandten Blasminuten (u.U.
aus mehreren Blasprozessen) angibt und die E_i für die Dampfflüsse in
t/h stehen. Sind mittlere lokale Einspeisung, mittlere Blasdauer und
mittlerer Blasabstand zweier Prozesse für einen Konverter einmal ermittelt, läßt sich vom Eintreffen des Signals "Blasbeginn" an die Einspeisung ins Netz über einen gewissen Zeitraum in die Zukunft extrapolieren. Dazu müssen die Zeitintervalle, mittlere Blasdauer und mittlerer
Blasabstand, abwechselnd aneinandergereiht werden. Die entsprechenden
Dampfmengen sind ihnen zuzuordnen (s. Bild 3).

Die lokalen Dampfverbräuche sind bis auf die Stahlentgasung kontinuier-
licher Art. Bei der Stahlentgasung wiederum liegt der gleiche zeitliche
Ablauf vor wie im Konverterbereich. Die entsprechenden Signale heißen
hier Behandlungsbeginn und Behandlungsende. Die für die Dampfeinspeisung dargestellte Zustandserfassung kann also unverändert auf den Dampf-
verbrauch der Stahlentgasung übernommen werden. Kontinuierliche Dampfverbräuche werden durch eine einfache zeitliche Mittelung in dieses
Schema eingefügt. Ähnlich wie beim repräsentativen Netzdruck wird dabei von fünfminütigen Mittelwerten ausgegangen.

Unter Einbeziehung der Einzelverbräuche werden Bereichsverbräuche ermittelt. Sie lassen sich formal darstellen als

$$\bar{A}_B = \sum_{i=1}^{n} q_i \, \overline{AL}_i \qquad (4)$$

Die $\overline{AL}_i$ stellen dabei zeitliche Mittel (s.o.) der in den jeweiligen Bereich hineinführenden bzw. der aus ihm herausführenden Dampfflüsse dar.
Das zugeordnete q_i ist plus eins bei Dampfzustrom und negativ bei Dampf-
abfluß.

3.2 Lernphase und Vorhersage

In der Lernphase werden die bei der Zustandserfassung ermittelten Erfahrungswerte verarbeitet, wobei der Lernvorgang mit Hilfe eines sogenannten Lernschlauches realisiert wird.

Als Lernschlauch wird hier ein Datenfeld definierter Länge bezeichnet,
das für jede Prozeßgröße einzeln angelegt wird, deren zukünftiges Verhalten man erfassen will. Im Falle der Lastvorhersage sind dies der
Mittelwert des repräsentativen Netzdruckes und der Bereichsverbrauch
sowie die Blasdauern/Blasabstände und die Behandlungsdauern/Behandlungs-
abstände. Die Erfahrungswerte dieser Meßdaten werden in der Reihenfolge
ihres zeitlichen Auftretens in dem ihnen zugeordneten Lernschlauch abgelegt. D.h. die Feldinhalte erfassen zeitlich gesehen ein Fenster, das
sich von der momentanen Zeit ausgehend,in die Vergangenheit erstreckt.
Mit fortschreitender Zeit werden alle Erfahrungwerte einer Prozeßgröße
durch ihren Lernschlauch hindurchgeschoben, bis sie schließlich verschwinden.

Die Behandlung der Daten in den Lernschläuchen zur Ableitung von Verhaltensgrößen, die sich in die Zukunft extrapolieren lassen, ist unterschiedlich. Im Falle Blasdauer und -abstand sowie Behandlungsdauer
und -abstand wird nach jedem Blas- bzw. Behandlungsprozeß entsprechend
der Gln. 2 aus den in den Lernschläuchen befindlichen Daten eine neue
mittlere Dauer bzw. ein neuer mittlerer Abstand berechnet. Diese werden dann unter Einbeziehung der mittleren minütlichen Einspeisung bzw.
des mittleren minütlichen Verbrauchs zur Extrapolation in die Zukunft
(s. Abschn. 3.1) verwendet. Beim repräsentativen Dampfdruck wird durch
Differenzbildung zwischen den Werten eines Lernschlauches eine Tendenz
abgeleitet und diese unmittelbar extrapoliert. Die Lernschläuche der
kontinuierlichen Bereichsverbräuche decken ein Zeitfenster von 1,5 Std.
ab, beinhalten also 18 fünfminütige Mittelwerte. Nach jeweils 30 Minu-

ten wird über diese 18 Werte gemittelt und der erhaltene Wert als zukünftig zu erwartender angesehen. Die erwarteten Bereichsverbräuche sind also über 30 Minuten konstant.

Mit Hilfe der so abgeleiteten Verhaltensgrößen werden durch Extrapolation Vorhersagekurven für die nächsten zwei Stunden aufgebaut. Sie geben an, mit welchen Verläufen des repräsentativen Netzdruckes der Bereichsverbräuche und der Einspeisung pro Erzeuger (Konverter) gerechnet werden muß. Aus den Kurven der z.T. diskontinuierlichen (Stahlentgasung) und z.T. kontinuierlichen Bereichsverbräuche wird schließlich eine Vorhersage des Gesamtverbrauchs abgeleitet. Ihr Verlauf setzt sich zusammen aus einer Geraden, die von den kontinuierlichen Verbrauchern herrührt, und einer überlagerten Rechteckkurve, die auf die Stahlentgasung zurückgeht. Durch eine ensprechende Aufsummierung der zu erwartenden Einspeisung der Konverter erhält man in ähnlicher Weise Aufschluß über die als "Abfallprodukt" im Gesamtnetz zukünftig zur Verfügung stehende Dampfmenge. Sie stellt eine Überlagerung mehrerer Rechteckkurven dar. Die Vorhersagekurve des Dampfbedarfs, der unter Verwendung von Primärenergie von einem Kraftwerk gedeckt werden muß, ergibt sich als Differenzkurve aus dem zukünftigen Gesamtverbrauch und der zukünftigen Gesamteinspeisung. Parallel hierzu wird das für die nächsten zwei Stunden zu erwartende Netzdruckverhalten bestimmt, um kritische Über- und Unterdrucke im Netz möglichst ganz zu vermeiden.

Alle Vorhersagekurven werden mit einem Zyklus von fünf Minuten neu berechnet bzw. fortgeschrieben. Dadurch wird erreicht, daß die in die Zukunft hineinreichenden Rechteckkurven allmählich in den Istzeitpunkt hineinlaufen. Alle 15 Minuten werden aus den Vorhersagekurven für die Konverter und dem Bedarf vom Kraftwerk halbstündige Mittelwerte der zugehörigen voraussichtlich eingespeisten bzw. benötigten Dampfmengen ermittelt. Diese werden den Dampferzeugern als Sollwerte vorgegeben.

3.3 Programmtechnische Aspekte

Der Lastvorhersagealgorithmus ist in der Echtzeit-Programmiersprache PEARL programmiert [4,5]. Das Gesamtprogramm hat einen Umfang von ca. 27 K-Worten und ist auf einem Prozeßrechner 310S der Firma Siemens implementiert. Da nur ein begrenzter Laufbereich im Arbeitsspeicher zur Verfügung stand (ca. 10,5 K-Worte), mußte eine Segmentierung des Programmes vorgenommen werden. Die einzelnen Segmente (insgesamt sechs) sind in Form eigenständiger Programm-Module auf einem Massenspeicher abgelegt. Sie werden entsprechend der gerade durchzuführenden Arbeiten in den Rechner geladen und gestartet. Von mehreren Moduln gemeinsam benutzte Daten sind in Form globaler Variablen in einem residenten Datenmodul abgelegt.

Das Programmsystem bietet ca. 150 über Bildschirmeingabe bedienbare Größen an. Sie dienen z.T. dazu, das Gesamtsystem zu initialisieren, also einen bestimmten Start-Zustand des Systems festzulegen. Bei dem restlichen Teil handelt es sich um einstellbare Parameter, die dazu dienen, das System im Betrieb möglichst eng an die Realität anzupassen, mit dem Ziel, die Lastvorhersage bzgl. ihrer Effektivität zu optimieren.

4. Zusatzfunktionen der Lastvorhersage

Der Gesamtalgorithmus der Lastvorhersage umfaßt eine Vielzahl über das bisher beschriebene Grundschema hinausgehende Detailfunktionen zur Optimierung, Überwachung, Bereichssteuerung und Komponentenregelung. Die wichtigsten sind im Bild 4 berücksichtigt.

Vorab feststehende Stillstände der Erzeuger sowie Änderungen in den Bereichsverbräuchen können durch Bildschirmeingabe mit Datum und Uhrzeit eingetragen werden. Sie werden von dem Vorhersagealgorithmus berücksichtigt.

Zur Erhöhung der Zuverlässigkeit der Lastvorhersage werden Korrekturwerte ermittelt. Sie finden bei der Berechnung der Vorhersagekurven Berücksichtigung. In die Berechnung der Korrekturwerte gehen ein: die mittleren Abweichungen zwischen vorhergesagten und tatsächlichen Dampfflußwerten, die Tendenz des repräsentativen Netzdruckes und die Tendenz der Bilanz. Die Einflüsse der Tendenzen auf die Berechnung der Korrekturgrößen sind über Wichtungsfaktoren optimierbar. Letztere können jeweils vor dem Start der Lastvorhersage durch Bildschirmeingabe eingestellt werden.

Ein weiteres Werkzeug zur optimalen Ausnutzung des vorhandenen Dampfes stellt die Lastvorhersage mit der Möglichkeit zur Verfügung, einzelne Verbraucher kurzzeitig vom Dampfnetz abzuhängen, wenn Bedarfsspitzen auftreten. Dazu wird aus der Vorhersagekurve des repräsentativen Netzdruckes die mögliche Fahrzeit, bis zu der die untere Alarmgrenze des Netzdruckes unterschritten wird, abgeleitet. Mit Hilfe der vorausberechneten Fahrzeit kann die kurzzeitige Abschaltung bestimmter Verbraucher aktiviert werden. An- und Abschaltung der Verbraucher erfolgen so, daß keine Produktionseinbußen vorkommen. Die Abschaltreihenfolge ist bedienbar, ebenso wie die maximal zulässigen Abschaltdauern der jeweiligen Verbraucher. Die Lastvorhersage überwacht dabei laufend, ob für den jeweiligen Verbraucher die zulässige Abschaltdauer überschritten ist und der Netzdruck in seiner Umgebung eventuell unter eine kritische Grenze gesunken ist. Gegebenenfalls wird seine Wiederankopplung ans Netz veranlaßt.

Um die Pufferkapazität der Netzleitungen ausnutzen zu können, geht in die Sollwertberechnung für eines der beiden Oxygenstahlwerke außer der erwarteten Dampfmenge auch die bei voller Fahrweise maximal lieferbare Menge und die erwartete Druckentwicklung im Netz ein. Ziel ist es, eine eventuell mögliche zusätzliche Dampflieferung dieses Oxygenstahlwerkes auszunutzen, indem vorübergehend mit einem höheren Netzdruck als notwendig gefahren wird.

Das gesamte Leitungsnetz verliert durch Aufheizung der umgebenden Luft laufend Energie, was sich in Kondensationsverlusten bemerkbar macht. Die Lastvorhersage berücksichtigt diese Verluste mit Hilfe einer empirisch festgelegten Beziehung zwischen Lufttemperatur und Kondensationsverlust.

Das Abblasen von Dampf und damit unnötiger Energieverlust soll durch die Lastvorhersage minimal gehalten werden. Als Maß für die Güte des Verfahrens werden deshalb laufend z.B. die abgeblasenen und kondensierten Dampfmengen, die zugehörigen Dauern und die einzusparende Einspeisung vom KW ermittelt und pro laufender Schicht angezeigt und gemeldet.

5. Erste Ergebnisse von den beiden Oxygenstahlwerken

Im Bild 5 ist der Verlauf der in das Verbundnetz eingespeisten Dampfmengen sowie der kondensierten bzw. abgeblasenen Dampfmengen über die Jahre 1976 bis 1980 dargestellt. Die vom Kraftwerksbereich zugelieferten Mengen entsprechen der doppelt und die auf die Oxygenstahlwerke entfallenden Anteile der einfach schraffierten Fläche. Die kondensierten (abgeblasenen) Mengen werden durch den nicht schraffierten Diagrammteil repräsentiert.

Die jährlich dem Verbundnetz angebotene Dampfmenge beträgt im fraglichen Zeitraum ca. 1 Mio. Tonnen. Die davon in den Oxygenstahlwerken kondensierte (abgeblasene) Dampfmenge beläuft sich 1976 auf 1,3 % und geht bis 1980 auf 0,5 % zurück. Die Gesamteinspeisung ins Netz entfällt 1976 anteilig zu 53,3 % auf die Oxygenstahlwerke und zu 45,4 % unter Einsatz von Primärenergie auf den Kraftwerksbereich. Vor dem Hintergrund der zuletzt genannten Zahlen wurde Ende 1976 das EAF-System einschließlich der Meßwerterfassung und Ende 1979 die Lastvorhersage installiert.

Der Verlauf der Kurven von 1976 bis 1980 zeigt deutlich, daß eine Verbesserung der Situation erreicht werden konnte. Die vom Kraftwerksbereich für das Netz beigesteuerte Dampfmenge fällt kontinuierlich bis auf 25,4 % (1980) ab. D.h. der unter Einsatz von Primärenergie zu erzeugende Anteil konnte um 20 % gesenkt werden. Dem steht gegenüber eine Steigerung des als "Abfallprodukt" anfallenden Anteils aus den Oxygenstahlwerken um 20,8 %. Dieser Gewinn wurde durch mehrere sich gegenseitig ergänzende Maßnahmen erreicht. Mit Hilfe der Dampfsteuerung/ Lastvorhersage konnte zum einen die effektive Aufnahmekapazität des Netzes erhöht werden. Um diese auch nutzen zu können, wurde zum anderen die maximal von den Oxygenstahlwerken erzeugbare Dampfmenge durch eine Heraufsetzung des Speisewasserangebots angehoben. Ein anderer Gewinnanteil entfällt auf die Reduzierung der Kondensation (des Abblasens) überhaupt und die Vermeidung von Dampfeinspeisung mit Primärenergie bei gleichzeitiger Kondensation bzw. gleichzeitigem Abblasen. Eine weitere Verbesserung der Dampfsituation bzw. eine weitere Reduktion der letztlich dahinterstehenden Kosten kann durch eine gezielte Optimierung der Lastvorhersage erreicht werden.

Dem Ziel, möglichst wenig Dampf aus dem Kraftwerk und möglichst allen Dampf aus den Oxygenstahlwerken zu verwenden, ist man mit Hilfe der Dampfsteuerung und Lastvorhersage sehr viel näher gekommen. Sowohl die Dampfsteuerung als auch die Lastvorhersage sollen deshalb auch auf andere Energieformen ausgedehnt werden.

Literatur

1. Simon, W.: Energiesparende Maßnahmen aus volkswirtschaftlicher Sicht. Im vorliegenden Band, Themengruppe 10, Beitrag 1.

2. Wischermann, H., Becker, C.: Erfahrungen mit einem Ein-/Ausgabe-Farbbildschirm-System zur zentralen Steuerung eines Dampfnetzes mit Datentransport über ringförmige Sammelleitungen. Fachberichte Messen, Steuern, Regeln, Band 1, Springer-Verlag Berlin, Heidelberg, New York, 1977.

3. Grimm, R., Hellriegel, W., Laubsch, H., Rudolf, M., Sassenhof, A., Syrbe, M.: Bildprogrammierbares Ein-/Ausgabe-Farbbildschirmsystem (EAF) als Warte — Grundprinzipien, Realisierung, Erprobung. KfK-PDV 134, Dezember 1978.

4. Hertlin, I., Lorenz, L.: PEARL-Programmierung auf der Siemens 310: Übersetzungssystem. 11. Jahrestagung des Siemens Anwenderkreises 1, KfA Jülich, 1980.

5. Bonn, G., Heine, P.: PEARL-Programmierung auf der Siemens 310: Betriebssystem. 11. Jahrestagung des Siemens Anwenderkreises 1, KfA Jülich, 1980.

Dampfleitungsnetz : 216 km
Fläche   : 7 km²
Erzeuger   : 3
Verbraucher   : 70
Verbrauchsmenge : 0,03 bis 20 t/h
Bilanz   : 90 - 120 t/h

Bild 1: Gegebenheiten des Dampfverbundes

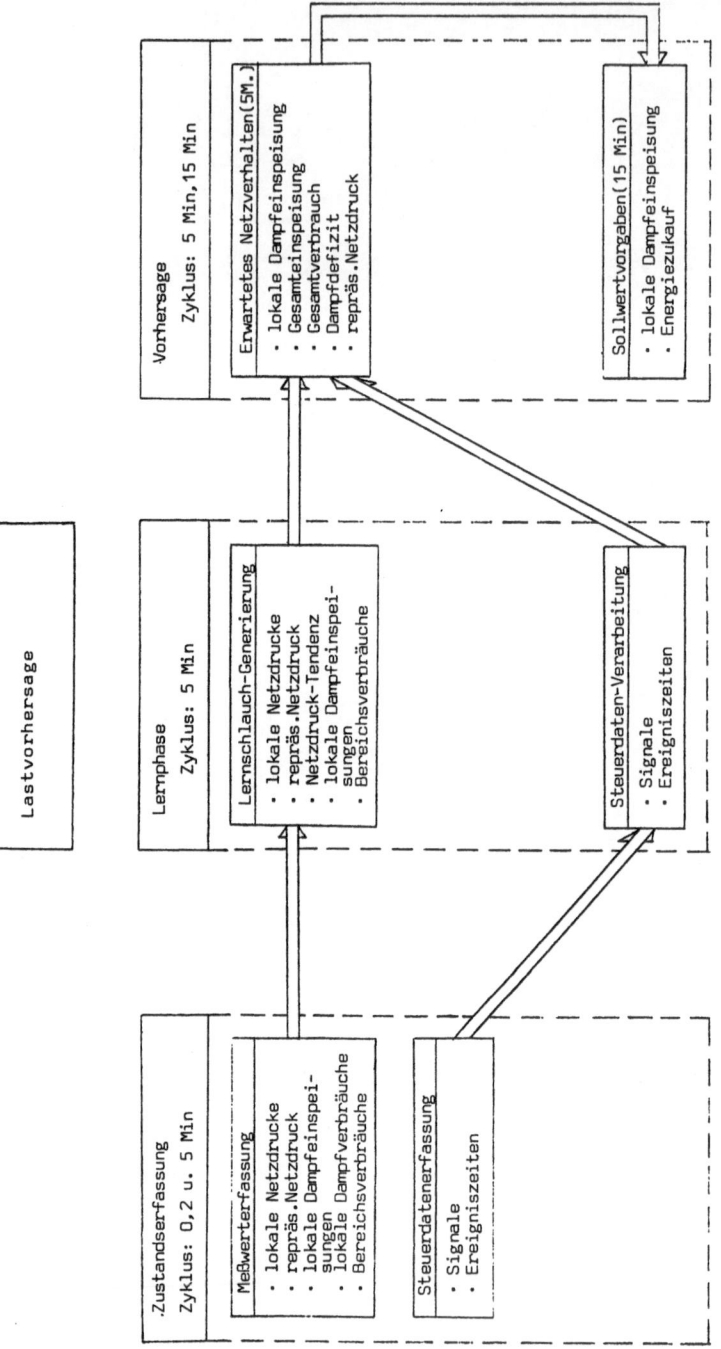

Bild 2: Prinzipdarstellung der Lastvorhersage

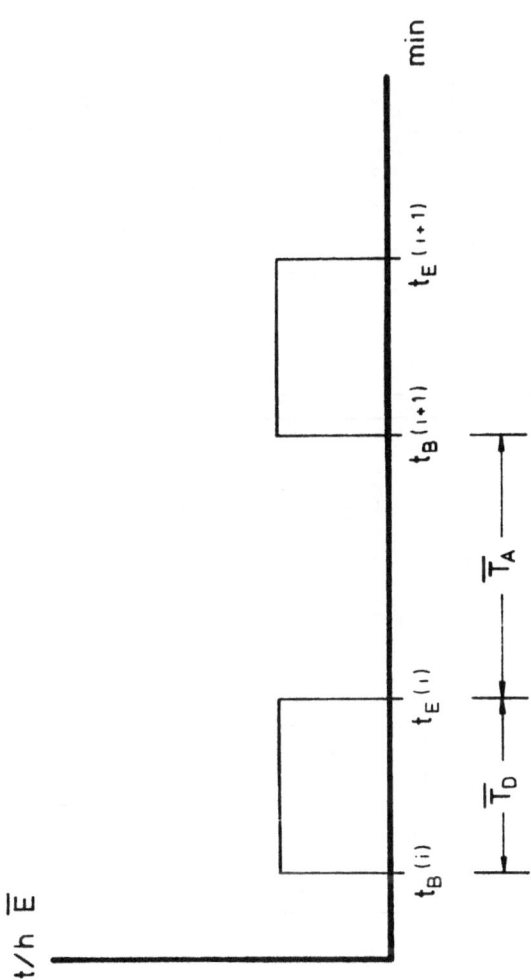

Bild 3: Extrapolation der mittleren Dampffeinspeisung eines Konverters

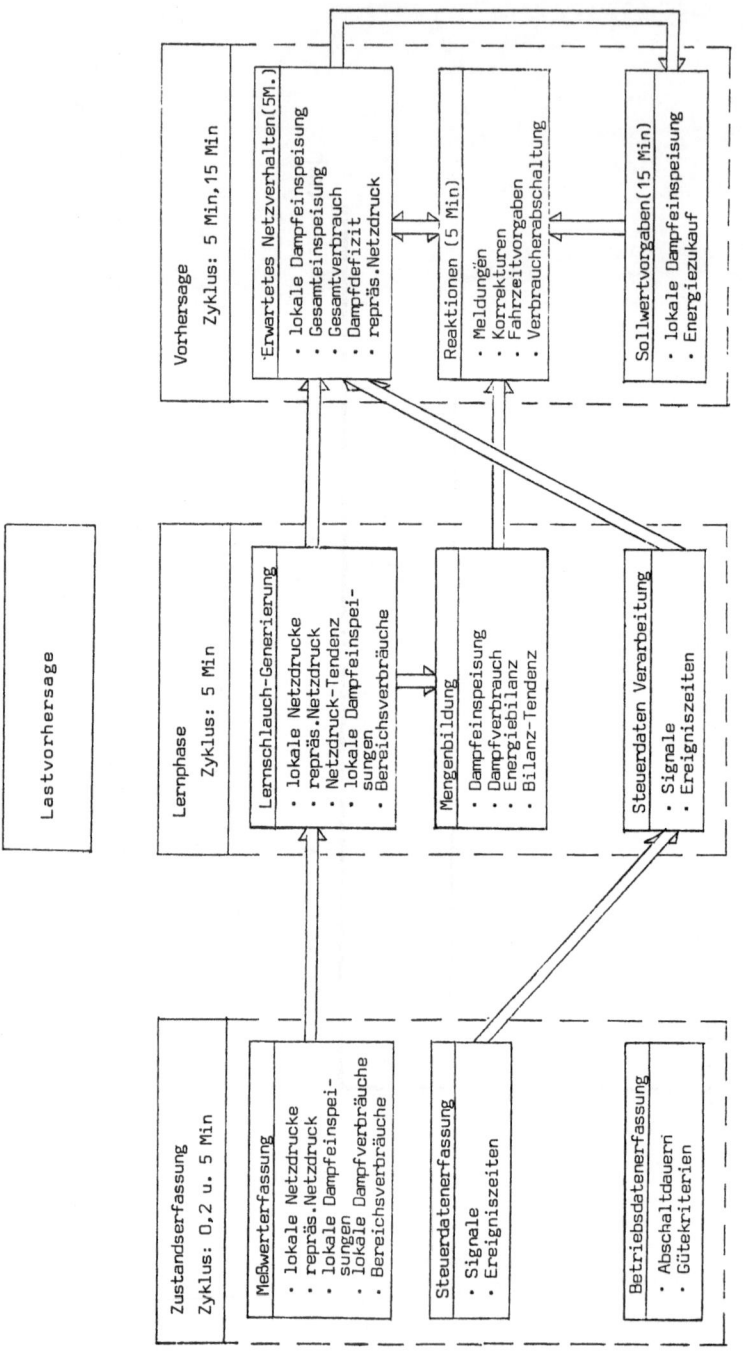

Bild 4: Gesamtumfang der Lastvorhersage

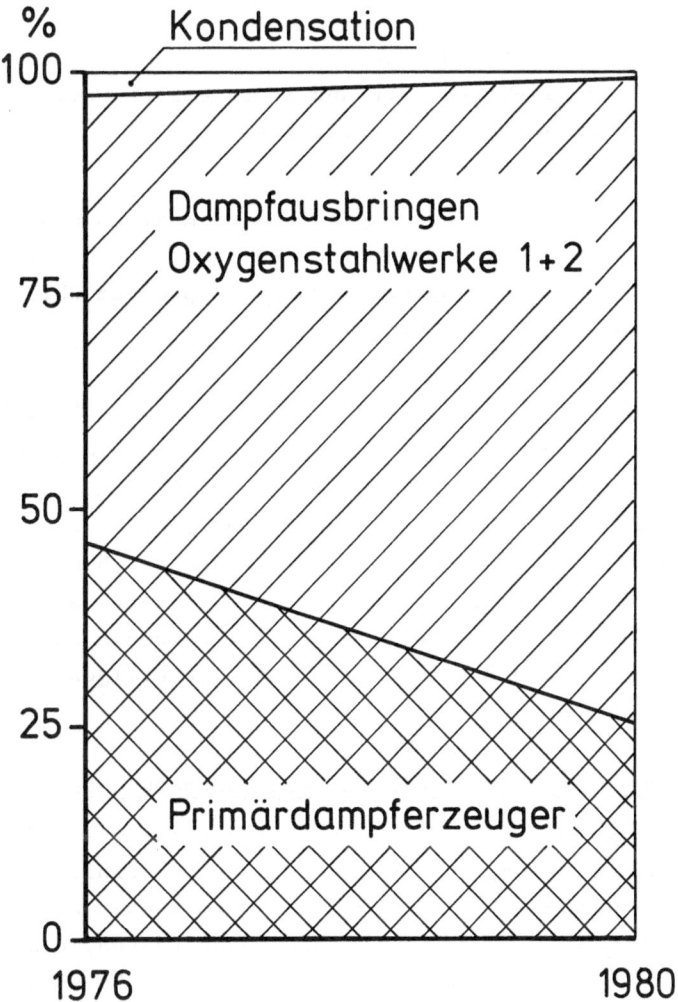

<u>Bild 5:</u> Verlauf der ins Verbundnetz eingespeisten und der kondensierten
Dampfmengen

AUTOMATISIERTE HÖCHSTLASTOPTIMIERUNG GROSSER INDUSTRIEVERBRAUCHER

AUTOMATIC MAXIMUM DEMAND CONTROL OF INDUSTRIAL CONSUMERS

M. Rudolph
Lehrstuhl für Energiewirtschaft und Kraftwerkstechnik
der Technischen Universität München

Summary:

The report describes the general problems of maximum demand control,
the principles of the devices applied and various aspects of a consumer'
strategy. In this line a computer simulation program which has recently
been developed proves to be helpful.

1. Die Lastbeeinflussung zur ökonomischen Energiebedarfsdeckung

Rationelle Energieverwendung heißt nicht nur "Energiesparen", sondern
beinhaltet auch das Anstreben einer möglichst ökonomischen Energiebedarfsdeckung. Bei der leitungsgebundenen Energieversorgung bedeutet
das eine möglichst gute Ausnutzung der Erzeugungs- bzw. Umwandlungs-
und Verteilungskapazitäten. Verbraucherseitig ergibt sich daraus die
Zielsetzung, den zeitlichen Verlauf des auftretenden Energiebedarfs so
zu beeinflussen, daß er in Einklang mit den jeweiligen Möglichkeiten
der Energieversorgung steht.

2. Der Leistungspreis als Anreiz zur Maximumüberwachung

Die hohe Fixkostenbelastung in der Elektrizitätswirtschaft ist der
Grund dafür, daß für industrielle und größere gewerbliche Abnehmer ein
Leistungspreis erhoben wird. Angerechnet wird dieser auf die höchsten
im Abrechnungszeitraum in Anspruch genommenen Lasten, die sich als
Mittelwerte über jeweils eine Meßperiode von üblicherweise 15 min
Dauer verstehen. Die dem Abnehmer hieraus erwachsenden Leistungskosten
sind erheblich; sie machen in typischen Einschichtbetrieben ungefähr
die Hälfte der gesamten Stromkosten aus.

Somit ergibt sich für den Abnehmer ein Anreiz, seinen Verbrauch elektrischer Arbeit während jeder Meßperiode auf einen selbstgewählten
Maximalwert zu begrenzen, indem er geeignete stromverbrauchende Anlagen
vorübergehend abschaltet bzw. drosselt. Diese Aufgabe ist komplizierter,
als es auf den ersten Blick scheinen mag. Bei ihrer Lösung spielen meß-,
regelungs- und systemtechnische Fragen eine wichtige Rolle. Im Mittelpunkt der Aufgabe stehen zwei Optimierungsprobleme:

- Die optimale Vorgehensweise innerhalb jeder Meßperiode.

- Die kostengünstigste Strategie über den Abrechnungszeitraum.

3. Optimierung des Vorgehens innerhalb der Meßperiode

Der Momentanlastgang des Abnehmers ist den unterschiedlichsten, meist nicht vorhersehbaren zeitlichen Schwankungen unterworfen. Wie Bild 1 [1] zeigt, sind im Vergleich zur angenommenen Leistungsgrenze während eines Teils der Meßperiode auch höhere Lasten durchaus zulässig. Denn begrenzt werden soll ja die innerhalb der Meßperiode verbrauchte elektrische Arbeit und damit die mittlere Leistung über die Meßperiode. Beides steht natürlich erst am Ende der Meßperiode fest. Andererseits müssen Abschaltungen von dafür vorgesehenen Anlagen bereits im Verlauf der Meßperiode durchgeführt werden. Die Kunst besteht darin, in jedem Augenblick möglichst zutreffend die Notwendigkeit von Abschaltungen (oder gegebenenfalls auch Wiederzuschaltungen) zu beurteilen.

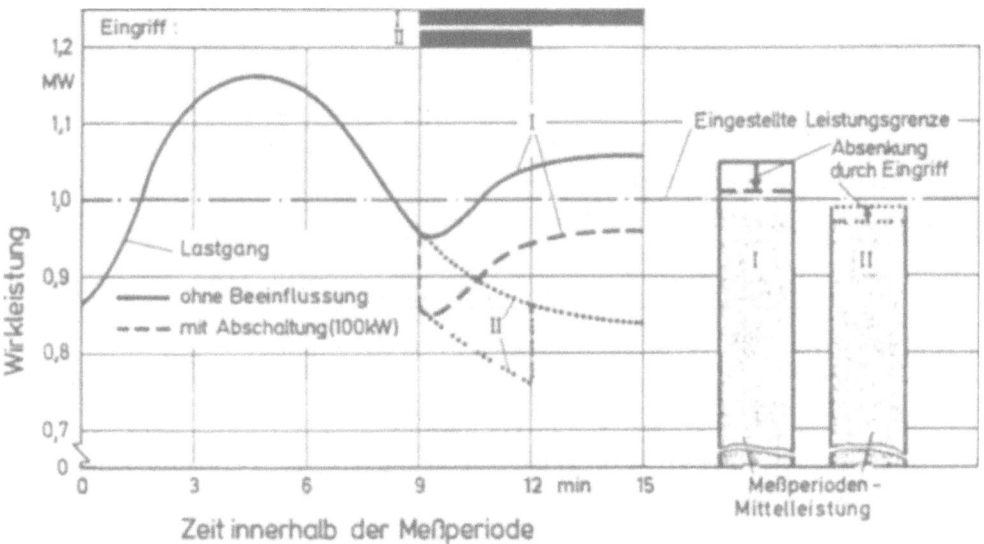

Bild 1: Grundlagen der Höchstlastoptimierung

Hierfür sind im Prinzip zwei Arten von ständiger Hochrechnung auf das Meßperiodenende hin erforderlich, nämlich

- für die zu erwartende Meßperioden-Mittellast. Die Sicherheit der dabei anzustellenden Prognose wird umso größer, je mehr man sich dem Meßperiodenende nähert;

- für die durch Eingriff bis zum Meßperiodenende noch erzielbare Lastabsenkung. Diese wird mit der zeitlichen Annäherung an das Meßperiodenende kleiner.

Der Optimierungscharakter dieses Problems drückt sich darin aus, daß man ständig einen schmalen Grat entlangwandert, an dessen beiden Seiten zwei gegensätzliche Gefahren stehen:

- Die Gefahr, daß infolge eines unerwartet hohen weiteren Lastverlaufs (Fall I in Bild 1) trotz Abschaltung der dafür vorgesehenen Anlage die effektive Absenkung nicht ausreicht, um die Leistungsgrenze einzuhalten. Die Abschaltung nach 9 min erfolgt in diesem Beispielfall zu spät.

- Die Gefahr, daß aber ebensogut eine z.B. nach 9 min als notwendig erscheinende Abschaltung sich infolge eines unerwartet niedrigen weiteren Lastverlaufs (Fall II) als unnötig erweist, da ja die Leistungsgrenze ohnehin unterschritten worden wäre.

Die beiden dargestellten Gefahren können nie vollständig gebannt werden. Im übrigen sind sie in starkem Maß von Art und Qualität der Hochrechnungen auf das Meßperiodenende hin abhängig, die nach ganz unterschiedlichen Algorithmen erfolgen können.

4. Verfahren und Einrichtungen zur Maximumüberwachung

Für die Aufgabe, die Eingriffe während der Meßperiode zu bestimmen und zu steuern, stehen dem Anwender heute elektronische Einrichtungen zur Verfügung, die laufend folgende Informationen verarbeiten:

- Meßdaten zur Charakterisierung der Lastverhältnisse des Abnehmers, z.B. verbrauchte Arbeit $W(t)$ seit Beginn der Meßperiode, Zeitpunkt t innerhalb der Meßperiode, Momentanleistung $P(t)$.

- Die Höhe der eingestellten Leistungsgrenze $\overline{P}_{Grenz}$ je Meßperiode.

- Art und Leistung der als nächstes zur Abschaltung (bzw. Wiederzuschaltung) anstehenden stromverbrauchenden Anlage.

Hinsichtlich der für die Hochrechnungen verwendeten Algorithmen lassen sich folgende Basisverfahren unterscheiden, die in Bild 2 anhand

der Prämissen für die Abschaltung einer Anlage einander gegenübergestellt sind:

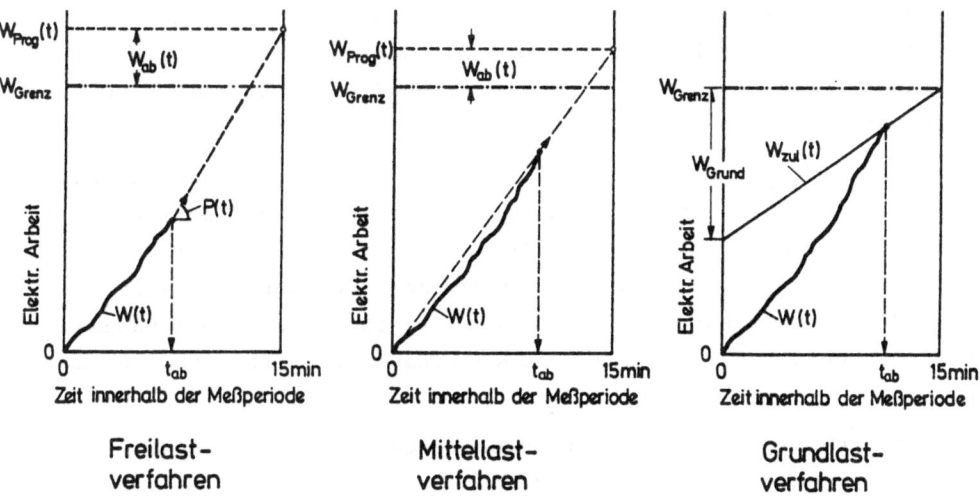

Bild 2: Basisverfahren zur Maximumüberwachung

- Beim Freilastverfahren wird zu jedem Zeitpunkt t, aufbauend auf
  dem bisherigen Verbrauch elektrischer Arbeit $W(t)$ seit Beginn
  der Meßperiode, unter der Prämisse hochgerechnet, daß die momentane Leistung $P(t)$ bis zum Ende der Meßperiode konstant bleibt.
  Der so prognostizierte Gesamtverbrauch $W_{Prog}(t)$ wird mit dem
  höchstzulässigen Verbrauch W_{Grenz} verglichen. Eine zu erwartende
  Überschreitung muß stets kleiner sein als der während der restlichen Meßperiode durch Abschalten einer Anlage vermeidbare Verbrauch $W_{ab}(t)$. Ist dies nicht mehr der Fall, so signalisiert die
  Einrichtung, daß nun der Zeitpunkt t_{ab} zum Abschalten der betreffenden Anlage gekommen ist.

- Das Mittellastverfahren unterscheidet sich vom Freilastverfahren
  durch die Prämisse zur Hochrechnung auf den zu erwartenden Gesamtverbrauch W_{Prog} am Meßperiodenende. In diesem Fall liegt zu
  jedem Zeitpunkt t die Annahme zugrunde, daß die mittlere Last
  seit Beginn der Meßperiode (auszudrücken durch $W(t)/t$) auch am
  Ende zu verzeichnen sein wird.

- Das <u>Grundlastverfahren</u> berücksichtigt im Gegensatz zu den vorstehend beschriebenen Basisverfahren nicht direkt die durch Eingriff bewirkte Laständerung, sondern geht von der gleichmäßigen Beanspruchung eines Grundbetrages W_{Grund} an elektrischer Arbeit während der Meßperiode aus. Daraus ergibt sich für jeden Zeitpunkt ein Höchstbetrag $W_{zul}(t)$ für den zulässigen Verbrauch elektrischer Arbeit, bei dessen Überschreiten die Notwendigkeit zur Abschaltung signalisiert wird.

Überwachungseinrichtungen nach dem Freilastverfahren und solche auf der Basis des Grundlastverfahrens sind seit langem auf dem Markt und verbreitet im Einsatz. In den letzten Jahren sind auch Modifikationen und Kombinationen zwischen diesen beiden Basisverfahren entwickelt worden. Das Mittellastverfahren wurde im Verlauf eines Forschungsprogrammes formuliert [2], wird jedoch (Stand: Frühjahr 1980) noch nicht gebaut.

Der gerätetechnische Aufwand der angebotenen Überwachungseinrichtungen ist sehr unterschiedlich. Für große industrielle Anwender kommen insbesondere vollautomatische Prozeßrechner in Betracht, die als Teil eines geschlossenen Regelsystems in den Betriebsablauf integriert sind. Hierbei werden die als notwendig errechneten Schalthandlungen automatisch eingeleitet (on-line-Betrieb), so daß die mit manuellen Eingriffen oft verbundenen betrieblichen Kompetenz- und Kommunikationsprobleme weitgehend vermieden werden. Voraussetzung dafür ist die detaillierte Vorgabe und automatische Einhaltung einer Eingriffsstrategie, wozu auch eine laufende Rückinformation über die Betriebsverhältnisse der für die Abschaltungen vorgesehenen Anlagen gehört. In der höchsten Entwicklungsstufe kann das bis zur laufenden Vorausberechnung des durch Abschaltung einer Anlage vermeidbaren Verbrauchs innerhalb einer Meßperiode gehen, was für intermittierend betriebene Großanlagen wie z.B. Walzstraßen interessant ist [3].

5. <u>Optimierung der Strategie über den Abrechnungszeitraum mit Hilfe von Simulationen</u>

Für den Betrieb einer Einrichtung zur Maximumüberwachung stellen sich für den Anwender im wesentlichen zwei Fragen:

1) Welche stromverbrauchenden Anlagen sollen für Eingriffe herangezogen werden und in welcher Reihenfolge?

Maßgebend für die Auswahl stromverbrauchender Anlagen zur Abschaltung ist deren technische und betriebliche Eignung. Diese beschränkt sich jedoch nicht nur auf periphere Anlagen, welche in irgendeiner Form der Aufrechterhaltung des Betriebs dienen, wie Lüfter, Pumpen, Fördereinrichtungen u.ä. Gerade Anlagen aus dem direkten Produktionsbereich, z.B. Elektroöfen oder Werkzeugmaschinen, können sich u.U. gut für eine vorübergehende Abschaltung eignen, auch wenn es bei derartigen Anlagen nicht gleichgültig ist, wie oft und wie lange sie abgeschaltet werden. Das läßt sich in der Regel durch entsprechende Kostenansätze quantifizieren. Die zweckmäßige Priorität, mit der die ausgewählten Anlagen für Abschaltungen herangezogen werden, bestimmt sich dann hauptsächlich aus der jeweiligen Höhe dieser Kosten, bezogen auf die dadurch erreichbare Lastabsenkung.

2) In welcher Höhe soll die Leistungsgrenze angesetzt werden?

Hierfür sind zunächst folgende zwei "Eckdaten" von Bedeutung:

- das für den Abrechnungszeitraum zu erwartende Leistungs-Maximum, und

- die durch die abschaltbaren Anlagen insgesamt höchstens erzielbare Lastabsenkung.

Dadurch liegt jedoch die zu wählende Leistungsgrenze noch nicht fest, zumal sich die beiden genannten Größen nicht exakt angeben, sondern nur abschätzen lassen.

Damit die Maximumüberwachung zu einer echten Höchstlastoptimierung im betriebswirtschaftlichen Sinne wird, müssen zur Festlegung der Leistungsgrenze die betreffenden Kostenbestandteile betrachtet werden, und zwar über den gesamten kommenden Abrechnungszeitraum, für den das Verrechnungs-Maximum bestimmt wird, also z.B. ein Stromrechnungsjahr. Es handelt sich dabei im wesentlichen um:

- die Einsparung an Leistungskosten sowie gegebenenfalls eine Erhöhung des Benutzungsdauerrabatts. Hierbei ist zu berücksichtigen, daß in der Praxis mit gewissen Überschreitungen der eingestellten Leistungsgrenze zu rechnen ist.

- die zusätzlichen Eingriffs- und Stillstandskosten, die durch die Abschaltungen zum Zweck der Lastspitzenbegrenzung verursacht werden. Man muß davon ausgehen, daß solche Eingriffe öfter und länger stattfinden, als sich hinterher als notwendig erweist.

Realitätsnahe Aussagen hierüber lassen sich nur auf dem Weg der Simulation erreichen. Ein entsprechendes Rechenprogramm, dessen Grundschema <u>Bild 3</u> zeigt, ist vor kurzem entwickelt worden [2]. Unter Verwendung der Eingabegrößen, welche das zu simulierende Verfahren, den zugrundegelegten Momentanlastgang und die abschaltbaren Verbraucher charakterisieren sowie die angenommene Leistungsgrenze angeben, können die Vorgänge einer Lastspitzenbegrenzung innerhalb einer Meßperiode durchgespielt werden. Damit werden Anzahl und Zeitpunkte der sich in der betrachteten Meßperiode ergebenden Eingriffe sowie die am Meßperiodenende festzustellende Lastüber- bzw. -unterschreitung in bezug auf die eingestellte Leistungsgrenze erhalten.

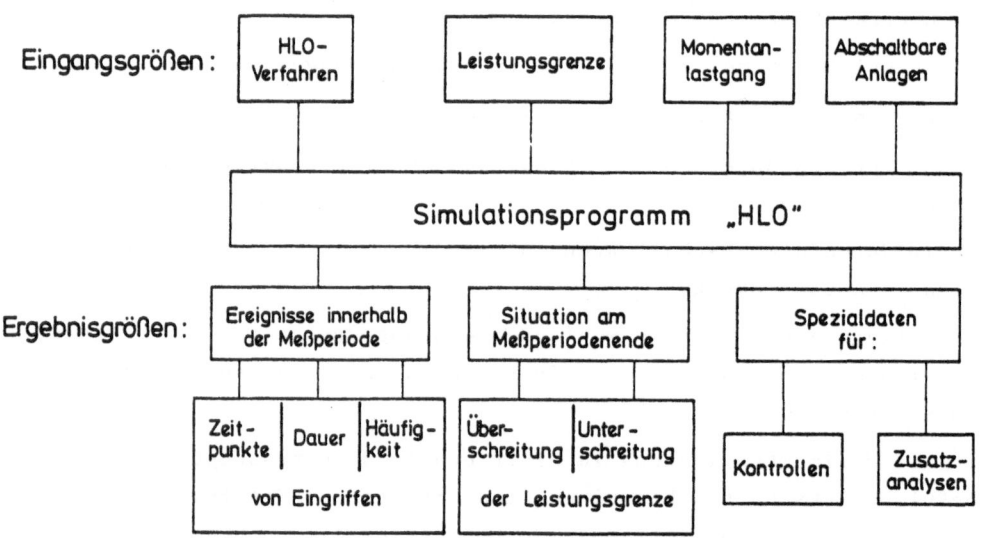

<u>Bild 3</u>: Grundschema für die Simulation zur Höchstlastoptimierung (HLO)

6. Ergebnisse einer Höchstlastoptimierung

Welcher Art die Aussagen sein können, die mit Hilfe der Simulation zu gewinnen sind, soll anhand eines Beispiels gezeigt werden, dem folgende Annahmen zugrundeliegen:

- Es werden zwei Basisverfahren simuliert: Das Freilast- und das Mittellastverfahren.

- Verrechnungswirksame Lastspitze ohne Absenkung: 10 MW

- Jährlicher Leistungspreis: 180 DM/kW

- Der obere Bereich der Jahresdauerlinie entstammt dem Erfahrungs-
  bereich aus Aufzeichnungen großer Industriebetriebe. Die Überschrei-
  tungsdauer für 95 % der Jahreshöchstlast beträgt rund 85 h, für 90 %
  rund 560 h.

- Die Momentanlastschwankungen bewegen sich in einer Bandbreite bis
  zu 500 kW mit einer durchschnittlichen Periodendauer von 4 min.

- Zur Abschaltung stehen die in Tab. 1 genannten Anlagen zur Verfügung:

Tab. 1: Abschaltbare Anlagen zur Höchstlastoptimierung

	Leistung/ Absenkpotential	Eingriffskosten	Verfügbarkeits-beschränkung
a	$150/_{30}$ kW	keine	Eingriffssperre bis 3 min vor Meßperiodenende
b	$100/_{100}$ kW	DM 2,50 je Eingriff DM 1,-- je Minute	keine
c	$600/_{600}$ kW	DM 15,-- je Eingriff DM 6,-- je Minute	keine

Bei Anlage a kann es sich z.B. um einen großen Druckluftverdichter
handeln, dessen Abschaltung zwar keine Kosten verursacht, jedoch wegen
der begrenzten Kapazität der Druckluftspeicher erst in den letzten
3 min der Meßperiode vorgenommen werden darf.

Als Ergebnis sind im Bild 4 die jährlichen Kosteneinsparungen in Abhängigkeit von der gewählten Leistungsgrenze aufgetragen: Einmal für
den Fall, daß nur die Anlagen a und b zur Lastabsenkung herangezogen
werden (kleines Absenkpotential von 130 kW); außerdem für den Fall, daß
die Anlage c hinzugenommen wird (großes Absenkpotential von 730 kW).
Grundsätzlich weist der Kostenverlauf ein ausgeprägtes Optimum auf.
Liegt die eingestellte Leistungsgrenze über dem optimalen Wert, so bedeutet das, daß die zu Gebot stehenden Absenkmöglichkeiten zu wenig
ausgeschöpft sind. Wird die Leistungsgrenze dagegen tiefer gelegt, so
führt das zu einer so großen Häufigkeit und Dauer von Eingriffen, daß
sich dadurch die Kosteneinsparungen wieder vermindern.

Ist das Absenkpotential relativ klein, so kann es durchaus ratsam sein,
die Leistungsgrenze sogar tiefer anzusetzen, als von der angenommenen
Lastspitze her beherrschbar erscheint. Dagegen ist im Fall relativ

großer abschaltbarer Leistungen bei der Festlegung der Leistungsgrenze
mehr Vorsicht geboten.

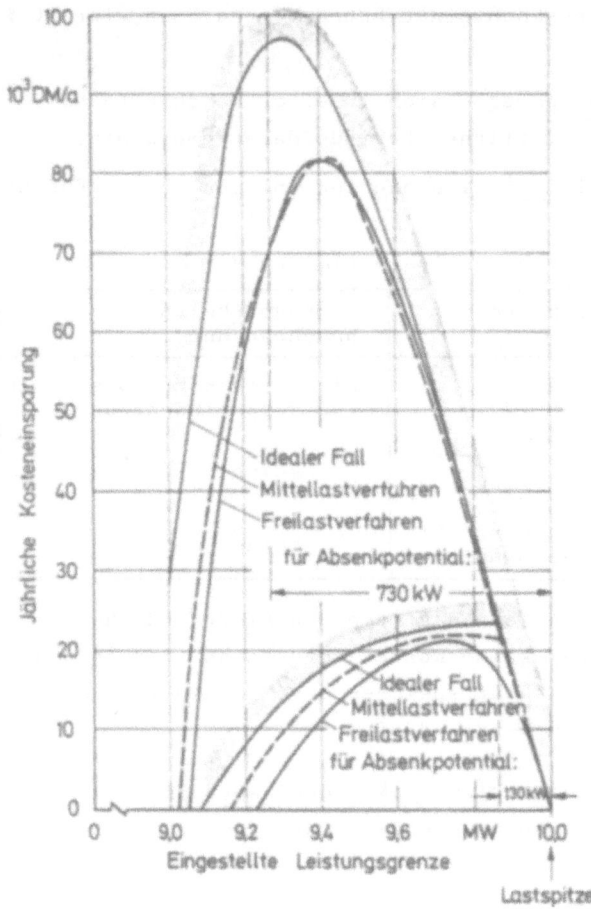

<u>Bild 4</u>: Kosteneinsparung durch Höchstlastoptimierung

Natürlich erreicht man praktisch nie den 'idealen Fall', da man in der
Praxis stets sowohl mit 'unnötigen' Überschreitungen der Leistungsgrenze als auch mit zu häufigen und zu langen Abschaltungen rechnen muß.
Die entsprechende Verminderung der erreichbaren Kosteneinsparung kann
je nach dem angewendeten Verfahren unterschiedlich ausfallen. In den
bisher durchgeführten Simulationen hat sich das Mittellastverfahren
in dieser Hinsicht durchweg konkurrenzfähig und z.T. auch deutlich
überlegen gezeigt. Das liegt in der Hauptsache daran, daß bei Anwendung

des Mittellastverfahrens mehrmalige Ab- und Wiederzuschaltungen innerhalb einer Meßperiode recht unwahrscheinlich sind.

7. Ausblick

Die Maximumüberwachung stellt zwar im Prinzip eine langerprobte Technik
dar, ist jedoch noch keineswegs am Ende ihrer Entwicklung angelangt.
Vielmehr wird man in Zukunft verstärkt eine echte Höchstlastoptimierung
anstreben. Die Rechnersimulation kann hierfür wertvolle, auf andere
Weise nicht erhältliche Aufschlüsse liefern, nämlich hinsichtlich

- des zweckmäßigerweise zu wählenden Verfahrens,

- der sinnvollerweise für Eingriffe heranzuziehenden Anlagen
  und ihrer Priorität,

- der Höhe der einzustellenden Leistungsgrenze sowie gegebenenfalls
  auch noch anderer, verfahrensspezifischer Parameter, und schließlich

- der Entwicklung neuer leistungsfähiger Verfahren, die unter bestimmten Bedingungen den bisherigen überlegen sein können.

Literatur

1. Rudolph, M.: Lastgang und Verbrauchersteuerung. In: Der Leistungsbedarf und seine Deckung, Schriftenreihe der Forschungsstelle für
   Energiewirtschaft, Band 13, Berlin, Heidelberg, New York: Springer
   1979, S. 127-132.

2. Rudolph, M.: Entwicklung der Theorie, der Verfahren und eines
   Simulationsprogramms für die Höchstlastoptimierung beim Bezug
   elektrischer Energie. Heft 9, hsg. vom Lehrstuhl und Laboratorium
   für Energiewirtschaft und Kraftwerkstechnik. Gräfelfing: Resch 1980.

3. Klammer, H.: Lastspitzensenkung in einem Röhrenwalzwerk. In: Der
   Leistungsbedarf und seine Deckung, Schriftenreihe der Forschungs-
   stelle für Energiewirtschaft, Band 13, Berlin, Heidelberg, New York:
   Springer 1979, S. 161-168.

VORTEILE UND GRENZEN NEUER DARSTELLUNGSMITTEL IN DER MENSCH-MASCHINE-KOMMUNIKATION

ADVANTAGES AND LIMITS OF NEW COMMUNICATION TECHNIQUES IN THE MAN-MACHINE-INTERFACE

Dipl.-Ing. Klaus Bindewald
SIEMENS AG, Systemtechnische Entwicklung
7500 Karlsruhe

Summary: Different techniques for design of man-machine-interface especially for use in control rooms will be discussed. As a result we can see, that we need still for a long time cathode ray tubes and conventional keyboards.

1. Allgemeine Anforderungen

Da wir uns hier auf einem Kongreß über Automatisierungstechnik befinden, möchte ich das Thema auf die Betrachtung der Mensch-Maschine-Kommunikation in Warten und Leitständen beschränken. Die allgemeinen Aussagen gelten aber auch für andere derartige Kommunikationen.

Die Mensch-Maschine-Kommunikation hat trotz aller Erfolge in der Automatisierungstechnik nicht an Bedeutung verloren, sondern durch die immer komplexer werdenden Prozesse ständig an Bedeutung gewonnen. Solange nicht alle Störfälle vorausbedacht und der Maschine entsprechende Programme eingegeben werden können, kann nur der Mensch Extremsituationen beherrschen. Nachteilig sind allerdings die bei Grenzbelastungen gelegentlich auftretenden Fehlreaktionen des Menschen. Diese können bedingt sein durch die in Störsituationen auf den Menschen einstürmende Informationsflut. Deshalb ist es notwendig, den Menschen soweit wie möglich von Störinformation zu befreien und ihm nur die für die Prozeßführung notwendigen Daten zu präsentieren. Dabei kann dies weitgehend automatisch auf Grund der eingehenden Alarme geschehen oder besser durch gezielte Anwahl durch den Operateur, denn nur dieser übersieht, was er im Augenblick wissen muß bzw. sehen möchte.

Will man also neue Darstellmittel für den Einsatz in Warten und Leitständen beurteilen, muß man von den Aufgaben des Menschen in der Warte bei der Prozeßführung ausgehen und die Fähigkeiten des Menschen, Information aufzunehmen und zu verarbeiten, berücksichtigen.

Die Aufgaben des Operateurs in einer Warte sind:

. Überwachung des Prozesses

. Eingreifen im Normalfall und bei Störungen

. Aufklären von Störursachen.

Folgende Fähigkeiten des Menschen sollten beachtet werden:

. Die maximale Informationsaufnahme ist begrenzt (z.B. beim Lesen von
   Text 50 bit/s).

. Wenig Verlaß auf das Kurzzeitgedächtnis! Deshalb müssen miteinander
   in Bezug zu setzende Größen gleichzeitig sichtbar sein und Kopfrech-
   nen und Interpretationen überflüssig machen.

Zusätzlich sollten allgemein bekannte Normen und Assoziationen von Formen und Farben im Sinne einer schnellen und sicheren Informationsverarbeitung genutzt werden.

Um die Beurteilung etwas einfacher zu gestalten, werden Ausgabe- und
Eingabemittel getrennt behandelt.

2. Ausgabemittel

Betrachtet man die Entwicklung der Warten und Leitstände, so ging bis
vor einigen Jahren der Trend zu immer größeren Warten und Leitständen
mit immer längeren Pulten und Tafeln. Durch die Vielzahl der dort verwendeten Anzeigen, Instrumente, Tasten und Stellglieder ist aber die
Übersichtlichkeit nicht gewachsen, sondern hat stark gelitten, denn der
Operateur ist gezwungen, sich die für die augenblickliche Situation notwendige Information meist an verschiedenen Stellen zusammenzusuchen.
Viele Verbesserungen sind aber hier erzielt worden, man denke nur an
die Kompaktwartentechnik (Bild 1).

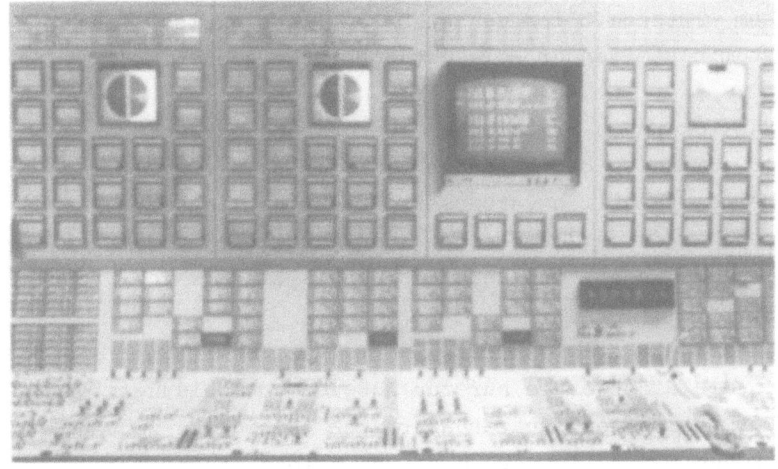

Bild 1 Kompaktwartentechnik

Auch die Regler werden durch Verwendung elektronischer Bauelemente immer kleiner. Allerdings sieht der Ergonom die heute üblichen selbstleuchtenden Plasma- oder LED-Anzeigen (Bild 2) nicht so gerne;

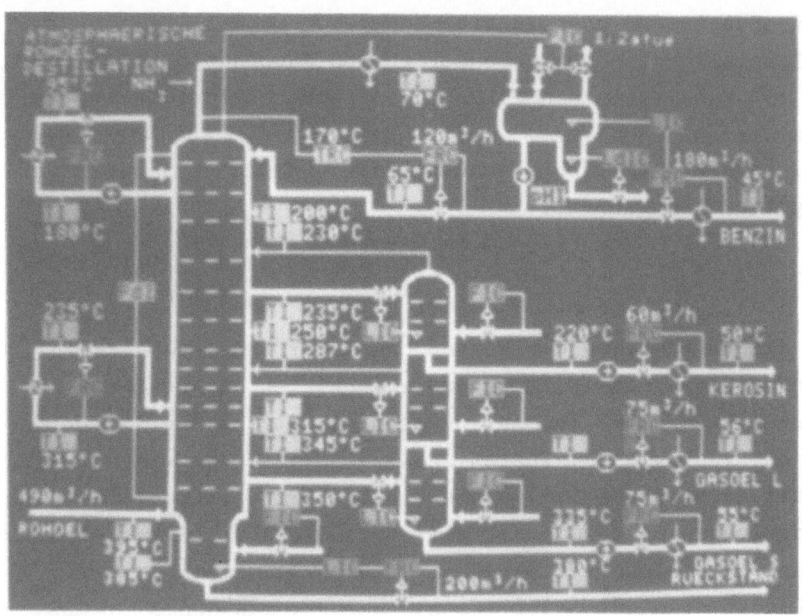

Bild 2 LED-Anzeigen

denn bei gemischter Bestückung von aktiven und passiven Anzeigen in
einer Schalttafel gibt es Probleme mit der Beleuchtung. Günstiger sind
hier die nun langsam wirtschaftlich einsetzbaren Flüssigkristallanzeigen, deren Kontrast mit steigender Beleuchtungsstärke wächst.

Alle diese neuen Entwicklungen ermöglichen zwar einen gedrängteren Aufbau der Warte, aber zumindest bei ausgedehnten Prozessen erzielt man
damit immer noch keine wesentlich verbesserte Übersichtlichkeit. Diese
läßt sich aber erreichen durch den Übergang von paralleler zu serieller
Informationsdarbietung, wie sie uns heute durch den Einsatz von Sichtgeräten möglich ist.

Ursprünglich wurden die Sichtgeräte nur zur Ausgabe von Meldungen in
alphanumerischer Form verwendet, später aber auch farbig und zur Ausgabe von semigrafischen Darstellungen, d.h. von Fließbildern.

Mit diesen Farbsichtgeräten erhält man schöne bunte Bilder. Untersucht
man diese jedoch nach ergonomischen Gesichtspunkten, so wird man schnell
feststellen, daß zumindest anfänglich zu viel Information in die Bilder
gepackt und mit der Farbe zu verschwenderisch umgegangen wurde (Bild 3).

Bild 3 Raffineriebild

Dies kam von dem Versuch, die konventionelle Warte mit paralleler Informationsdarstellung möglichst 1 : 1 auf das Sichtgerät mit im wesentlichen serieller Informationsdarstellung umzusetzen. Auch der Einsatz
mehrerer Bildschirme, was schon aus Redundanzgründen anzustreben ist,
konnte dieses Problem nicht lösen. Mit ein Grund für das Dilemma ist
das begrenzte Auflösungsvermögen der verwendeten Bildschirme.

Farbe läßt sich bis heute preiswert nur nach dem Fernsehrasterprinzip
wiedergeben. Das heißt, man verwendet die in großen Stückzahlen herge-
stellten Farbfernsehröhren und baut damit Farbfernsehmonitore.
Auf üblichen Farbfernsehmonitoren mit Lochmaskenröhre lassen sich in
32 Zeilen je 64 Zeichen mit einer Bildwiederholfrequenz von 50 Hz nahezu flimmerfrei darstellen. Dies entspricht etwa 290 x 450 ansteuerbaren Punkten. Leider ist die Unterhaltungsfernsehindustrie vor einigen
Jahren von der bis dahin allein eingesetzten Lochmaskenröhre zur In-

line-Röhre übergegangen. Diese bringt zwar große Vorteile bei der Einstellung der Konvergenz, d.h. beim zur Deckung bringen der 3 Elektro-
nenstrahlen, aber infolge ihrer andersartigen Struktur eine geringere
Auflösung. Deshalb sind für mehr als 64 Zeichen in einer Zeile z.B.
die vielfach gewünschten 80 Zeichen pro Zeile, sog. hochauflösende
Lochmaskenröhren erforderlich, die nur in kleinen Stückzahlen gefertigt werden. Damit geht man von dem bisher angestrebten Prinzip ab,
unter Verwendung preiswerter Monitore (abgeleitet von Farbfernsehge-
räten) Bildschirmgeräte für Farbdarstellung zu bauen. So erreicht man
heute schon den Punkt, an dem der Monitor teurer ist als die dazuge-
hörige Sichtgerätesteuerung einschließlich Bildwiederholspeicher.

Nun kommt es bei der Beobachtung von Bildschirmen darauf an, die einzelnen Zeichen und auch die Farben eindeutig zu erkennen. Die Arbeits-
mediziner fordern dazu einen Mindestsehwinkel von 18' (Minuten), unter
dem das Zeichen erscheinen soll.

Damit ergibt sich für einen normalen Monitor mit 67-cm-Bildschirmdia-
gonale und 32 Zeichenreihen ein maximaler Betrachtungsabstand von etwa
1,7 m.
Mit diesen Entfernungen lassen sich in einer Warte mehrere Bildschirme
noch einigermaßen übersichtlich vor dem Operateur anordnen. Schwieriger wird dies aber bei den von vielen Anwendern geforderten 48 Zeichen-
zeilen auf einem Schirm. Hier beträgt der maximale Abstand der Monitore
vom Operateur etwa 1,2 m. Mehrere Bildschirme sind dann kaum noch vernünftig anzuordnen.
Die heute üblichen Bildschirme ermöglichen also die Darstellung von
etwa 2000 bis 3500 Zeichen in einem Bild, und das nur bei relativ geringem Abstand zwischen Betrachter und Bildschirm.

Bedenkt man die in einer Warte anfallenden Datenmengen, so ist das
nicht viel, vor allem, da man aus Gründen der Übersichtlichkeit nicht
mehr als 30 bis 40 Variable in einem Bild darstellen sollte.

Um mit dieser geringen Auflösung die Informationen eines ganzen Prozesses über Bildschirme zeigen zu können, kann man eine hierarchische
Gliederung der Information vornehmen, nämlich in eine Bereichsübersicht,
d.h. eine Übersicht über die ganze Anlage (Bild 4), die ständig prä-
sent ist, und dazu anwählbar Gruppenübersichten (Bild 5) oder Gruppen-
bilder (Bild 6) oder Kreisbilder (Bild 7).

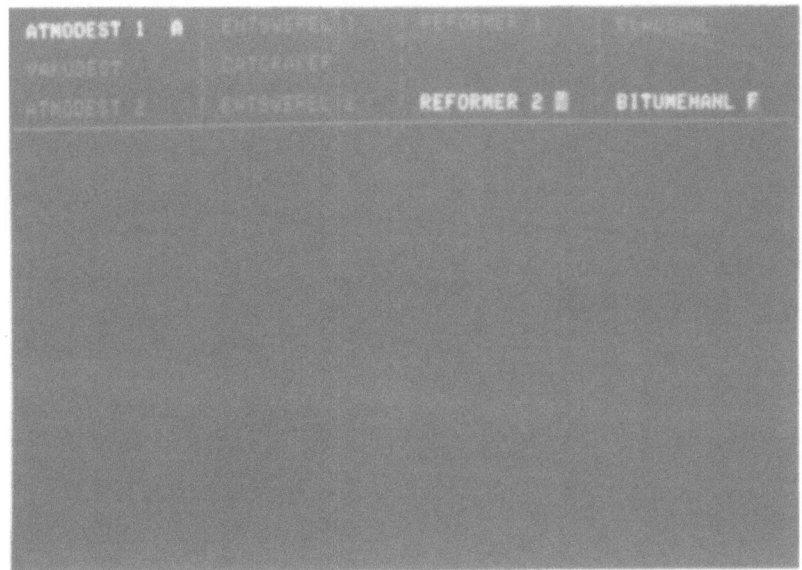

Bild 4 Bereichsübersicht (Übersicht über die Gesamtanlage)

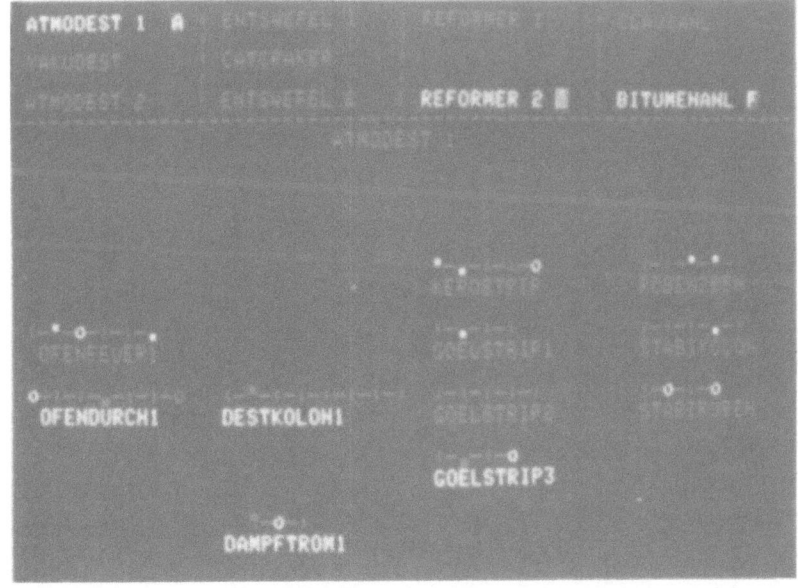

Bild 5 Bereichsübersicht und Gruppenübersicht

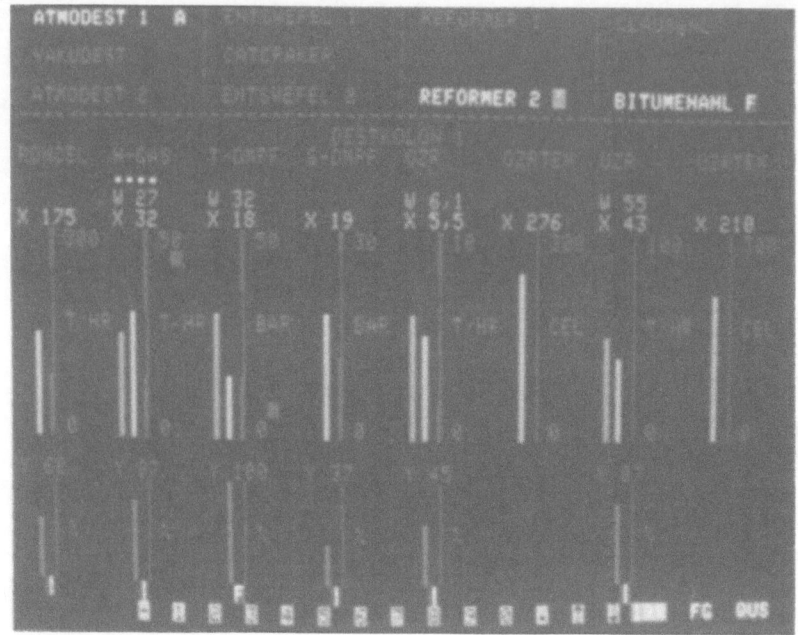

Bild 6 Bereichsübersicht und Gruppenbild

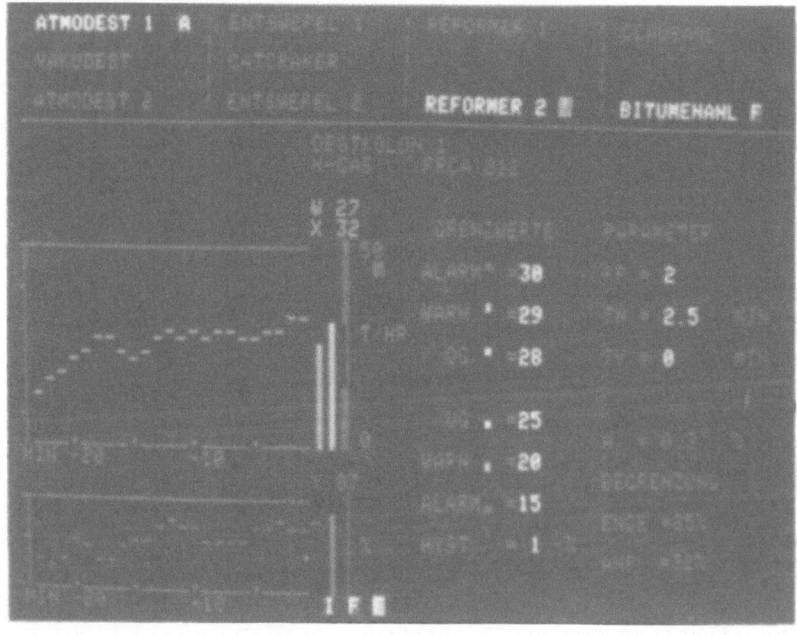

Bild 7 Bereichsübersicht und Kreisbild

Wie die Bilder erkennen lassen, ist dies natürlich nur bei Prozessen
durchführbar, die in ihrer Struktur relativ starr sind, wie z.B. beim
Kraftwerk.

Liegt dagegen die Information eines Prozesses in der Struktur selbst,
z.B. bei der Energieverteilung, so muß man zu den bekannten Fließbildern greifen (Bild 8).

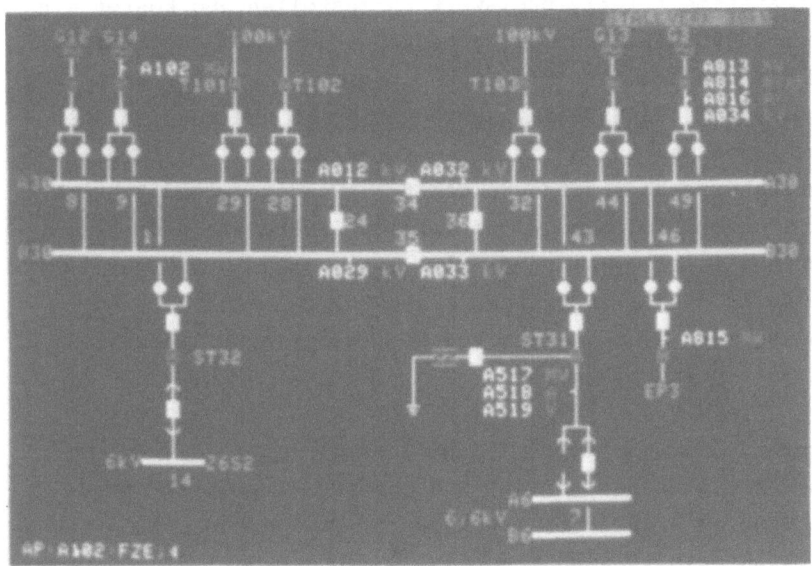

Bild 8 Fließbild

Natürlich reicht der Platz auf dem Bildschirm für das Fließbild nicht
aus, um einen ganzen Prozeß darzustellen, hier greift man dann zum Ausweg des Rollens, d.h. man bewegt den Bildschirminhalt wie ein Fenster
über ein größeres Bild, das aus vielen aneinandergereihten Bildern bestehen kann.

Dies ist kurzgefaßt der heutige Stand der Informationsdarstellung auf
Bildschirmen.

Nun haben wir aber vorher schon die Einschränkungen, die durch die
heutigen Bildschirme gegeben sind, gestreift: Geringe Auflösung, relativ kleine Bildschirmabmessungen und dadurch bedingte zu geringe Beob-
achtungsabstände, Probleme mit der Konvergenz usw.

Was gibt es hier nun für neue Wege und Mittel, um diese Probleme zu
lösen?

- Geringe Auflösung

  Bleibt man bei der Bildschirmtechnik, so kann die Auflösung nur durch
  Erhöhung der Zeilenzahl gesteigert werden. Derartige Systeme sind bekannt, sie entsprechen aber nicht mehr den Normen der Unterhaltungs-
  fernsehtechnik. Damit ist es uns nicht mehr möglich, mit den dort in
  großen Stückzahlen gefertigten Röhren und Baugruppen industrielle
  Farbsichtgerätesysteme relativ preiswert herzustellen. So kostet ein
  Farbmonitor mit 1000 Zeilen Auflösung heute etwa 30 TDM und damit
  das 5- bis 6fache von normalen Monitoren. Damit ist es aber noch nicht
  getan, denn bei 50 bis 60 Hz Bildwiederholfrequenz und 1000 Punkten
  in einer Zeile kommt man zu Ansteuerfrequenzen von 100 MHZ, die nicht
  mehr so leicht beherrschbar sind und damit aufwendigere und teurere
  Steuerungsteile erfordern. Wenn wir derartige Geräte einigermaßen
  wirtschaftlich realisieren, kann man mit diesen etwa 50 Zeilen mit
  jeweils etwa 140 Zeichen wiedergeben; diese Zeichen sind aber so
  klein, daß man sehr nahe an den Monitor herangehen muß, um die Zeichen eindeutig erkennen zu können.

- Größere Monitore

  Grundsätzlich wären größere Monitore wünschenswert, speziell dann,
  wenn die Auflösung, wie erwähnt, erhöht wird. Monitore dieser Art
  sind auch in Japan bereits gebaut worden, Diagonale etwa 81 cm. Damit erreicht aber die Farbfernsehröhre solche Ausmaße und vor allem
  ein solches Gewicht, daß die Monitore sehr unhandlich werden. Das
  scheint also nicht der richtige Weg zu sein.

- Projektionsfernsehen

  Eine andere Möglichkeit, die gerade bei uns im Konsummarkt eingeführt
  wird, sind Projektionsfernseher mit einer Diagonale von etwa 1,5 m.
  Über Dauerbetrieb liegen aber noch keine Erfahrungswerte vor, auch
  sind die Bilder nur aus einem eingeschränkten Betrachtungswinkel
  lichtstark; zusätzlich ergeben sich besonders große Probleme mit der
  Wartenbeleuchtung. Bei den Bildschirmgeräten lassen sich diese Probleme meist dadurch beherrschen, daß man die Bildschirme zu einem
  Block zusammenfaßt und in diesem Bereich der Warte die Beleuchtungsstärke entsprechend reduziert.

- Konvergenz

  Bei den in Farbfernsehern üblichen Kathodenstrahlröhren bereitet die
  Konvergenzeinstellung erhebliche Schwierigkeiten. Verbesserungen sind
  erzielt worden mit der Inline-Röhre, aber auf Kosten der Auflösung.
  Einen Ausweg zeigt hier die Penetrationsröhre. Diese hat nur ein
  Strahlsystem, und man erreicht mehrfarbige Darstellungen durch unterschiedliche Beschleunigungsspannungen, um verschiedene Phosphorschich-
  ten anzuregen.
  Die Darstellungen sind gestochen scharf, jedoch kann man, zumindest
  heute, nur vier wenig unterscheidbare Farben erzeugen. Zudem sind
  die Röhren bei großen Bildschirmabmessungen sehr teuer.
  Für flächenhafte Darstellungen sind sie kaum geeignet. Die Vorteile
  wiegen deshalb die Nachteile nicht auf.

Nun gibt es neben den Kathodenstrahlröhren auch einige weitere Verfa-
ren zur optoelektronischen Bilddarstellung. Zu nennen sind hier:

- Vakuumfluoreszens

  Das sind flach aufgebaute Elektronenstrahlröhren, bei denen die Elektronen ein fluoreszierendes Material zum Leuchten bringen. Sie sind
  heute nur für Darstellungen mit geringem Informationsinhalt geeignet.

- Leuchtdioden (LED)

  Diese Halbleiterbauelemente emittieren unter dem Einfluß einer angelegten Spannung Licht. Normalerweise werden damit einfarbige Anzeigen
  aufgebaut. Will man mehrfarbige Darstellungen erreichen, müßten, wie
  beim Farbfernseher, je eine rote, grüne und blaue LED zu einem Bild-
  punkt zusammengefaßt werden. Abgesehen davon, daß blaue LED heute
  noch nicht wirtschaftlich herstellbar sind, wäre die Verlustleistung
  einer solchen Anzeige viel zu hoch.
  Trotzdem wurden Anordnungen dieser Art im Labor schon erprobt; für
  großflächige Anzeigen mit hohem Informationsgehalt scheint dies aber
  nicht der richtige Weg zu sein.

- Flüssigkristallanzeigen

  Dies sind passive Anzeigen, die die Reflexionseigenschaften von
  Fremdlicht ausnützen. Durch Anlegen von Spannungen an den Flüssigkristall erhält man optisch unterscheidbare Zustände. Als Anzeigen
  für Uhren, Meßinstrumente und Taschenrechner sind sie heute weit verbreitet und auch wirtschaftlich herstellbar. Für große Datensicht-
  schirme erscheinen sie noch problematisch. Insbesondere sind die An-

steuerprobleme heute noch nicht gelöst und mehrfarbige Anzeigen noch im Laborstadium.

- Elektrochrome Anzeigen

Hier handelt es sich um eine ebenfalls passive Anzeige, die bei Stromdurchgang vom transparenten in einen tiefblauen Zustand übergeht. Die Ansteuerprobleme sind ebenfalls noch zu lösen, und mehrfarbige Anzeigen sind noch nicht in Sicht.

- Plasmaanzeigen

Bei diesen werden viele kleine Gasentladungsstrecken zwischen zwei Glasplatten zur Bilddarstellung genutzt. Diese Anzeigen sind heute bis zu 512 x 512 Punkten aus der Serienfertigung mit rotschwarzer Darstellung erhältlich (Bild 9).

Bild 9 Plasmaanzeige

Erhöht man die Anzahl der Zeilen und Spalten und regt man mit den Gasentladungen verschiedenfarbige Phosphore an, dann kann man auch Farbdarstellungen erreichen. Allerdings bereitet auch hier die Ansteuerung der vielen Zeilen und Spalten Probleme. Diese sind aber über entsprechende hochintegrierte Halbleiterschaltkreise in den Griff zu bekommen. Durch die matrixförmige Anordnung der Anzeigen sind die bei der Kathodenstrahlröhre dominierenden Konvergenzprobleme völlig eliminiert. Das heißt, diese Anzeigen scheinen ideal zu werden für die Darstellung großer Datenmengen, zusätzlich sind sie noch mit dem Vorteil der flachen Bauweise verbunden. Um aber preislich mit den heutigen Bildschirmgeräten konkurrieren zu können, ist es notwendig, daß die Konsumindustrie diese Anzeigen für Farbfernsehgeräte nutzt. Man kann dann wieder etwa 32 Zeilen mit 64 Zeichen darstellen bei einem optimalen Sehabstand von etwa 70 cm. Man hat dann zwar noch keinen größeren Bildschirm, aber doch einen ohne Konvergenzprobleme. Immerhin läßt die Plasmatechnik erhoffen, daß wir eines Tages zu grossen flachen Bilddarstellungen kommen. Bis dahin müssen wir wohl weiter mit der guten alten Kathodenstrahlröhre leben.

Bisher behandelten wir visuelle Kommunikationen. Nun kann der Mensch ja noch auf andere Weise Information aufnehmen. Den Geruchssinn wollen wir dabei außer acht lassen. Akustisch kann aber dem Menschen zusätzliche Information vermittelt werden, z.B. durch synthetische Sprachausgaben. Diese sind heute technisch möglich und bei entsprechender Qualität relativ preiswert herstellbar.
Einsatz finden diese Sprachausgaben heute schon bei Taschenrechnern und Schachcomputern, wobei allerdings nur einzelne Worte ausgegeben werden. Komplexere Sprachausgaben finden Verwendung bei Auskunftssystemen und im Experimentierstadium in Warten und Leitständen. Man wird diese Möglichkeit aber hauptsächlich für besonders wichtige Meldungen reservieren, d.h. für Alarme, die eine unmittelbare Reaktion des Menschen erfordern, um Gefahr für das Leben von Personen oder Schäden von Anlagen fernzuhalten.

3. Eingabemittel

Hier sind im wesentlichen Verfahren zu nennen, die eine manuelle Bedienung möglich machen. Die bekanntesten Eingabemittel sind natürlich Tastaturen, die für alphanumerische Eingaben sicher auch am geeignetsten sind. Im Lauf der Jahre sind vielfältige Verbesserungen durchgeführt worden, und man kann heute die Tastaturen als ausgereift ansehen. Will man aber mit Tastaturen Prozesse bedienen, ergeben sich schnell sehr umfangreiche Anordnungen. Diese sind nicht nur unübersichtlich, sondern erfordern auch einen hohen Aufwand in der Projektierung und Fertigung und sind damit sehr teuer. Zusätzlich sind sie auch wenig änderungsfreundlich.

Verwendet man zur Informationsausgabe Bildschirme, dann benötigt man
zur Kompensation der Nachteile der relativ langsamen seriellen Informationsausgabe eine schnelle Bild- bzw. Informationsanwahl. Tastaturen,
bei denen man unter vielen Tasten die richtige suchen muß oder mühsam
Codeworte eingibt, scheinen hierfür nicht die richtige Methode zu sein.
Hier bietet sich aber durch Verwendung von virtuellen Tastaturen der
Bildschirm selbst an (Bild 10).

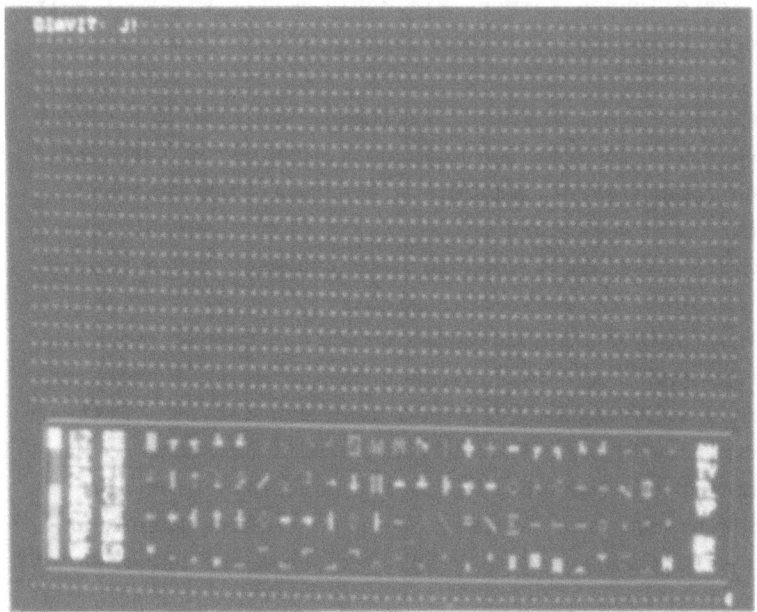

Bild 10   Virtuelle Tastatur

Virtuelle Tastaturen erscheinen auf Bereichen im Bildschirm, in denen
durch entsprechende Beschriftung eine Funktion gekennzeichnet und durch
Markieren der entsprechenden Koordinate aktiviert wird. Hierzu bewährt
sich bisher am besten der Lichtgriffel (Bild 11).

Bild 11 Lichtgriffelbedienung

Damit kann bei hierarchisch gegliederten Informationssystemen auf einfache Weise durch Antippen des gewünschten Bereichs auf dem Bildschirm
die nächste Informationsebene angewählt werden. Dabei finden virtuelle
Tastaturen nicht nur Verwendung um Bilder anzuwählen, sondern es können damit auch Eingaben zur Prozeßführung vorgenommen werden, d.h.
daß Schalter oder Aggregate ein- bzw. ausgeschaltet werden können. Besonders vorteilhaft ist dabei, daß man dem Operateur nur die für die
momentane Situation zulässigen Bedienungen in Form von virtuellen Tasten auf dem Bildschirm anzeigt, wobei es auch möglich ist, Bedien-
hierarchien abhängig von der Kompetenz der Operateure zu schaffen.
Nun ist es leider nicht jedermanns Sache, mit dem Lichtgriffel zu ope-
rieren, denn man muß relativ genau positionieren, außerdem ist die erforderliche Kabelverbindung zum Gerät hinderlich. Besser wäre es also,
direkt mit dem Finger die virtuellen Tasten zu bedienen. Auch das ist
möglich, z.B. mit Lichtschranken, hier ist allerdings die Auflösung
gering, oder mit drucksensitiven Einrichtungen, die durchsichtig sind,
und damit vor dem Bildschirm angebracht werden können. Leider verschmutzen dabei die Bildschirme sehr schnell.

Problematisch werden diese Eingabeverfahren, wenn man eine ganze Reihe
von Bildschirmen in der Warte installiert und diese, um bessere Übersichtlichkeit zu bekommen, in größerer Entfernung vom Operateur montiert. Hier muß man dann einen Cursor, d.h. eine Lichtmarke, verwenden,
die über einen Steuerknüppel oder eine Rollkugel über den Bildschirm
bewegbar ist. Damit lassen sich dann auch Eingabepositionen markieren.
Scheiden aus irgendwelchen Gründen diese direkten Eingabeverfahren aus,
so muß man wieder auf Tastaturen zurückgreifen. Um aber deren Umfang
zu begrenzen, sollte man sie quasi virtuell gestalten. Das heißt, die
Funktionen sind den einzelnen Tasten nicht fest zugeordnet, sondern
einige wenige Tasten können wechselnde Funktionen haben. Dazu sollten
die Tasten variabel beschriftbare Köpfe aufweisen, was technisch noch
nicht befriedigend realisierbar ist. Man kann aber z.B. oberhalb einer
Tastenreihe eine Anzeigezeile anordnen und damit Tasten mit wechseln-
der Funktion eindeutig kennzeichnen. Dies hat sogar den Vorteil, daß
man die Bedeutung der Taste auch noch erkennt, wenn man den Finger auf
der Taste hat. In einer Reihe von Anlagen sind derartige Tastaturen
auch schon mit großem Erfolg eingesetzt worden (Bild 12).

Bild 12   Quasi virtuelle Tastatur

Ein völlig anderes Eingabemittel, das aber noch im Experimentierstadium steckt, ist die Spracheingabe, d.h. Eingabe von Kommandos über Spracherkennungsgeräte. Diese sind heute schon in einem akzeptablen Preis-/ Leistung-Verhältnis auf dem Markt und erlauben das Erkennen von über hundert verschiedenen Kommandos. Wie weit sich diese Geräte in der Warte einsetzen lassen, bedarf noch intensiver Untersuchungen, da sich ja die Stimme des Menschen z.B. unter Streßsituationen ändern kann und die Geräte dann evtl. die Kommandos nicht mehr einwandfrei erkennen können.

4. Folgerungen

Zum Abschluß sollen die Einsatzmöglichkeiten der verschiedenen Darstellungsmittel, abhängig von den Datenmengen, noch einmal aufgelistet werden (Bild 13).

Ausgabemittel / Datenmenge	lichtemittierende Dioden (LED)	Flüssigkristallanzeigen	Vakuumfluoreszenzanzeigen	Elektrochrome Anzeigen	Plasmaanzeigen	Kathodenstrahlröhren	Sprachausgabe
gering bis ca. 20 Zeichen	heute	heute	heute	1982	heute	—	1983
mittel bis ca. 500 Zeichen	—	ca. 1983	?	?	heute	heute	1985
groß > 500 Zeichen	—	—	—	—	ca. 1988	heute	—

Eingabemittel / Datenmenge	Tasten	alphanumerische Tastatur	qudsivirtuelle Tastatur	Lichtgriffel	Touchpanel	Steuerknüppel Rollkugel	Spracheingaben
gering Anwahl, Bedienen	heute	heute	heute	heute	1981	heute	1981
mittel Anweisung	—	heute	heute	heute	1981	—	1985
groß Texte	—	heute	—	—	?	—	1985

▆ bevorzugte Anwendung

Eignung neuer Darstellungsmittel für Warten und Leitstände

Bild 13 Einsatzmöglichkeit neuer Darstellungsmittel

Insgesamt ist festzuhalten, daß heute bei neuen Warten der Übergang zu optoelektronischen Darstellungsmitteln in vollem Gang ist, wobei hier vor allem die Sichtgeräte zu nennen sind. Eine herkömmliche Back-up-Instrumentierung wird dabei meist noch beibehalten. Moderne Technologien zur Ablösung der Kathodenstrahlröhre sind zwar in Sicht, aber zum großen Teil noch nicht ausgereift, d.h., wir werden noch lange mit der Kathodenstrahlröhre leben müssen.

Bei den Eingabemitteln überwiegt die Tastatur, heute aber doch schon in einigen Fällen ergänzt oder abgelöst durch Lichtgriffel. Ein generell überlegenes Eingabemittel ist hier noch nicht in Sicht.

Literatur

1. Umbers, I.G.: Facing up to CRT Communication. Process Engineering (1978); 75 - 79.

2. Friedewald, W.; Charwat, H.-J.: Gestaltung von Grafikbildern für Farbsichtgeräte in Prozeßwarten. rtp 21 (1979); 10 - 16.

3. Friedewald, W.; Charwat, H.-J.: Prozeßbeobachtung und Prozeßbedienung mit "normierten Darstellungen" auf Sichtgeräten. rtp 21(1979); 159 - 164.

4. Zimmermann, R.: Gestaltung von Mensch-Maschine-Kommunikationssystemen. rtp 18 (1976); 9 - 15.

EIN-/AUSGABE-BILDSCHIRMGERÄTE MIT GEMISCHT

DARGESTELLTEN REALEN UND KÜNSTLICHEN SZENEN,

EINE NEUE MÖGLICHKEIT ZUR PROZESSSTEUERUNG*

INPUT/OUTPUT-SCREEN-DEVICES WITH MIXED

DISPLAY OF REAL AND ARTIFICIAL SCENES,

A NEW POSSIBILITY OF PROCESS CONTROL

M. Rudolf
Fraunhofer-Institut für Informations- und
Datenverarbeitung
7500 Karlsruhe

Summary

Subjects of this report are advances due to the improvements of tele-
vision techniques, their installations and use in industrial environment, due to the methods of image processing and the trend to central
monitoring and control systems with input/output-screen-systems. By
combining these to a system with mixed display of real and artificial
scenes and by concerning human engineering methods, the advantages are:
A new way to a higher degree of automation can be reached for the control and supervision of technical processes as well as an additional
possibility for optimizing the efficiency and correctness of process
operation.

1. Einleitung

Der Grad der Automatisierung, d.h. der Aufgabenverteilung zwischen
Mensch und Maschine, und die Art der Kopplung zwischen beiden können
mit dem technischen Fortschritt verändert und verbessert werden.

*Der Beitrag stellt Arbeiten aus dem vom BMFT geförderten Vorhaben
(Kennzeichen 01VC368-ZK-TAP 002) vor. Die Verantwortung für die Richtigkeit liegt allein beim Verfasser.

Die Gestaltung der Schnittstelle eines Mensch-Maschine-Systems ist einerseits an den Aufgaben und Eigenschaften des technischen Systems orientiert, andererseits ist sie aber auch auf die Fähigkeiten und Grenzen des Menschen als ein Bestandteil des Gesamtsystems auszurichten. Die besonderen Fähigkeiten des Menschen im Vergleich zu einer Automatik liegen in seiner Adaptivität an nicht vorhersehbare, nicht vorauszuberechnende oder stark veränderliche Situationen, die es zu beurteilen und zu steuern gilt, und vor allem an seiner überlegenen Fähigkeit, Merkmale zu extrahieren und verschiedenstartige Informationen zur Entscheidungsfindung zu verknüpfen. Die Fähigkeiten des Menschen werden immer dann anstelle einer Automatik eingesetzt, wenn technische Möglichkeiten nicht vorhanden, zu aufwendig, zu komplex oder zu ungenau sind.

Hier soll über Fortschritte berichtet werden, die durch die Weiterentwicklung und die Einführung der Fernsehtechnik in der Industrie, durch Verfahren der Bildverarbeitung sowie dem Trend zu Bildschirmleitständen ermöglicht werden. Es wird beschrieben, wie durch Mischung realer und künstlicher Szenen ein solcher Fortschritt erzielt werden kann, wobei sowohl eine neue Möglichkeit zur Steigerung des Automatisierungsgrades entsteht als auch eine Möglichkeit, die Leistungsfähigkeit und die Fehlerfreiheit der Bedienung auf anthropotechnischem Wege zu verbessern.

2. Einsatz von Bildschirmwarten

Die zunehmende Komplexität technischer Prozesse (Maschinen) führt zu ständig wachsenden Anforderungen an Automatisierungseinrichtungen, die in steigendem Maße auch durch den Einsatz von verteilten Mikroprozessorsystemen erfüllt werden. Trotz der Vorteile dieser verteilten Struktur bezüglich Modularität, Zuverlässigkeit und Investitionskosten würden sich hinsichtlich der Mensch-Maschine-Kommunikation jedoch Nachteile ergeben, weshalb sie im Normalfalle gerade keine örtliche Verteilung haben sollte.

Eine zentrale Führung verteilter Automatisierungssysteme über Sichtgerätewarten kann diese Widersprüche kompensieren, wobei sich heutzutage die Farbbildschirmgeräte als Darstellungsmittel anbieten (vgl. auch [1]) und sich der Trend zu Bildschirmleitständen durchgesetzt hat.

Die Mensch-Maschine-Kommunikation

- zur Beobachtung und Führung des technischen Prozesses sowie

- zur Überwachung des Automatisierungssystems selbst

findet dabei an einem oder mehreren Farbbildschirmgeräten [2] statt, wobei der Bildschirm als Ausgabemittel und alphanumerische Tastaturen, virtuelle Tastaturen, Lichtgriffel, Tasten, Rollschalter etc. als Eingabemittel beim interaktiven Arbeiten den Dialog zwischen Mensch und Maschine unterstützen.

Die Ein-/Ausgabe-Farbbildschirmsysteme <u>können</u> dabei in der Lage sein,

- z.B. in einer "off-line"-Betriebsart die Programmierung der Prozeßsteuerung mit Hilfe problemorientierter Sprachen (POL) zu ermöglichen,

sie <u>müssen</u> in der Lage sein,

- in der "on-line"-Betriebsart Prozeßführung

  o das Überwachen des Prozesses,

  o das Führen des Prozesses, d.h. Betrachten und Ändern von Werten
     im Normalfall und

  o das Melden von Störungen (Alarmen) und das Führen im Störfall

zu ermöglichen.

<u>Bild 1:</u> Anzeige und Bedienung am Farbbildschirmgerät

Bild 1 zeigt beispielhaft einen Wartenmann in einem zentralen Leitstand beim Arbeiten mit dem Ein-/Ausgabe-Farbbildschirmsystem (EAF-System [2, 3]), der über Lichtgriffel Eingaben an den Prozeß durchführt. Die Bilddarstellung des zu überwachenden Prozesses erfolgt hierbei als künstliche Szene in Form eines Fließbildes, das eine Mischung aller Zustandscodierungsformen einschließlich Kurvendarstellung in beliebiger, dem jeweiligen Prozeß optimal angepaßter Zusammensetzung erlaubt.

3. Aufgabenstellung

Ausgehend von der bei Ein-/Ausgabe-Bildschirmen bisher üblichen Darstellung künstlicher Szenen in Form von Übersichtsbildern, blockstrukturierten Bildern, Matrixbildern, Fließbildern etc. in graphischen oder semigraphischen Systemen mit Symbolfeldadressierung und -codierung sowie der Kurvendarstellung mit Punktauflösung und -adressierung soll nun eine solche künstliche Szene, zusammen mit einer realen, durch Kameras aufgenommenen Szene, gemischt dargestellt und zu Führungs-(Steuerungs-)zwecken verwendet werden.

Das Ziel dieser Kombination ist es, den Menschen mit seiner überlegenen Fähigkeit, Merkmale zu extrahieren, Beziehungen zwischen realer und künstlicher Szene herstellen zu lassen, so daß Prozesse besser überwacht, eine Entscheidung abgeleitet und in die Prozeßsteuerung eingegriffen werden kann.

Anhand von zwei Beispielen soll die Aufgabenstellung verdeutlicht werden. Das erste Beispiel (Bild 2) zeigt auf dem Bildschirm durch den Bedienmann zu überwachende und zu steuernde Transportbewegungen bei Anschlägen (Winkelpfeilen), die z.B. aus Gründen der Verschleißminimierung und der Forderung nach flexiblen Anschlagpositionen je nach zu transportierenden Blöcken nicht real vorhanden sind (virtuelle Anschläge). Der Bediener erkennt dann die Position des realen Objektes und den Abstand zu den virtuellen Anschlägen (Grenzsymbole) und führt am Bildschirm die notwendigen Befehlsausgaben mittels Tasten, Lichtgriffel und virtueller Funktionstastatur aus.

Bild 2 stellt ein einfach zu lösendes Aufgabenbeispiel dar, da hier mit einer einzigen Kamera bei symbol-konstanter Lage, bewegbarer künstlicher Szene und allein in der zweidimensionalen Darstellungsebene gearbeitet werden kann, wobei keine weitgehenden Anforderungen an die Genauigkeit der Positionen gestellt werden.

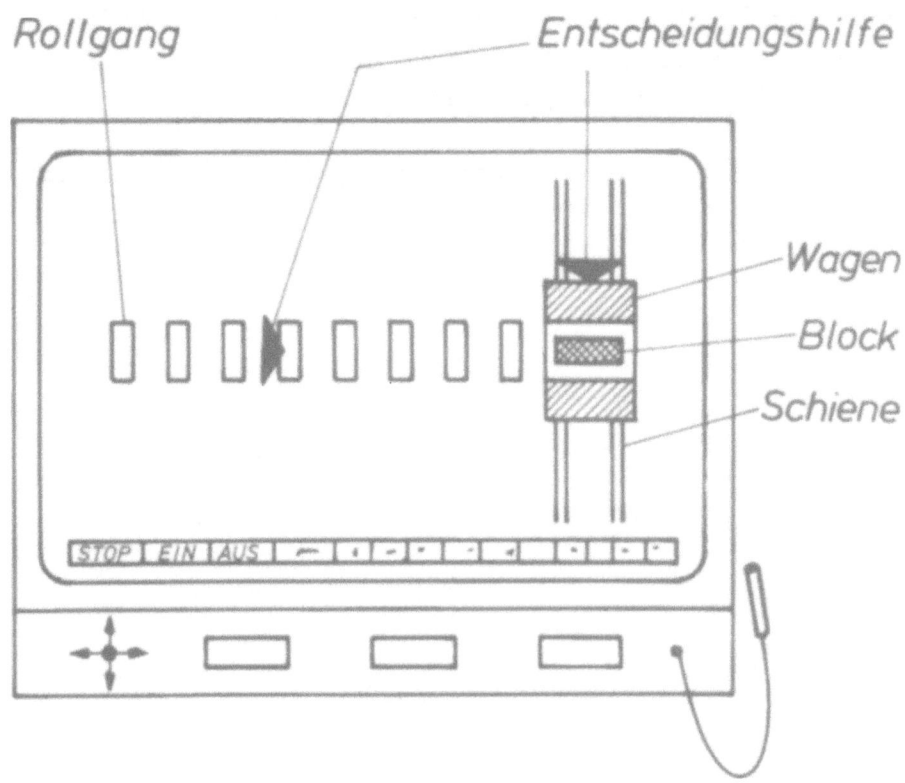

<u>Bild 2:</u> Reale Szene mit eingeblendeter Entscheidungshilfe

Das zweite Beispiel (Bild 3) richtet sich an die Steuerungen von Handhabungssystemen (Robotern), wobei über Fließband eintreffende Werkstücke
aufgegriffen und abgelegt werden müssen. Auf das Erkennen und Aufgrei-
fen der Werkstücke über Sensorsysteme [4] soll hierbei nicht eingegangen werden, sondern vielmehr auf die Aufgabe, Bahnkurven (Teilbahnen)
für den Roboter mittels Eingabe von Stützpunkten über den Bildschirm
zu definieren unter Berücksichtigung von Hindernissen und verbotenen
Zonen.

Für den Bediener soll somit die Instruktion des Roboters über zurück-
zulegende Bahnen rein aufgabenbezogen und auf das Problem hin orientiert durchgeführt werden.

Die Vorteile dieser "Programmier"-Methoden für Industrieroboter über
Bildschirmsysteme liegen in der Flexibilität [5] und in den Anforderungen an den Bediener begründet:

- Es werden keine Kenntnisse über Verfahren des Roboters benötigt.

- Es ist keine Beherrschung und Anwendung einer Programmiersprache
  (Datenverarbeitungsfachmann) erforderlich.

Anhand dieses Beispiels werden in den nachfolgenden Abschnitten die
Lösungsansätze aufgezeigt.

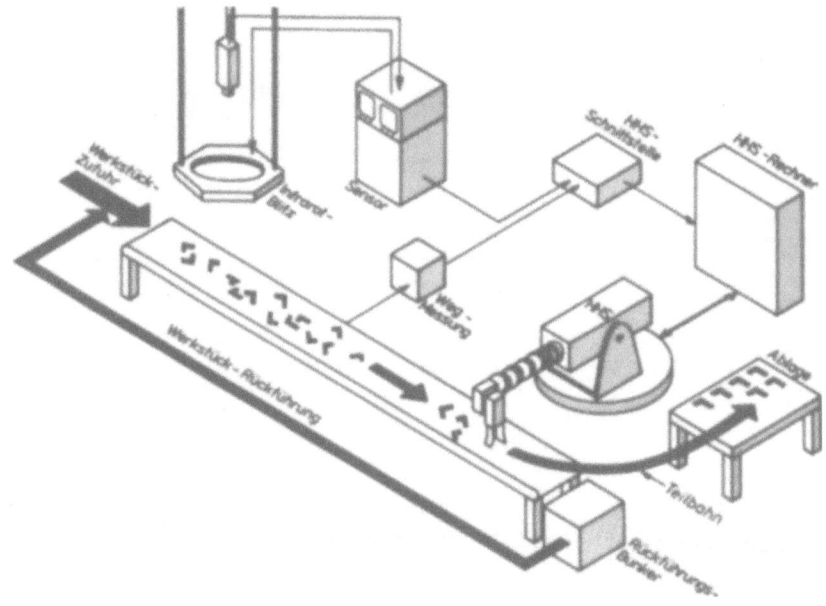

Bild 3: Einsatz eines Handhabungssystems im schematischen Aufbau

4. Lösungsansätze

In diesem Abschnitt soll kurz auf einige Verfahren eingegangen werden,
die es zum einen erlauben, die durch TV-Kameras aufgenommenen Video-
signale für die Bildschirmdarstellung zu optimieren und zum anderen
eine automatische Bildanalyse durchzuführen.

4.1 Lokaladaption

Fernsehkameraübertragungen von Bildszenen sind häufig auf die vorhandene Szenenbeleuchtung mit ihren lokalen Schwankungen in der Beleuchtungsstärke angewiesen, was beim Aufnahmevorgang zu ungleichmäßig aus-
geleuchteten Bildern führt und dadurch eine Auswertung erschwert.

Durch ein besonderes technisches Verfahren der ortsabhängigen Adaption
[6] wird die Wirkung einer ungleichmäßigen Ausleuchtung korrigiert
(siehe Bild 4) und fast vollständig beseitigt, indem dunkle Bildteile
verstärkt und helle abgeschwächt werden.

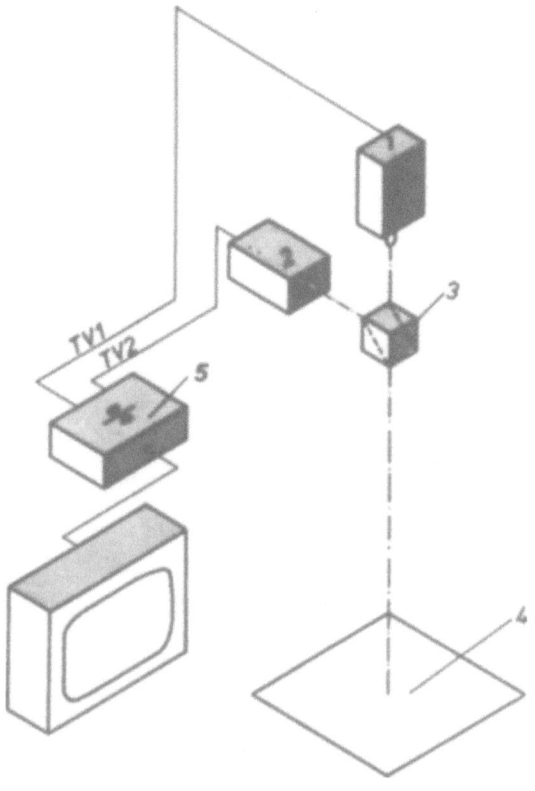

Bild 4: Prinzipieller Aufbau
eines lokaladaptiven
Aufnahmesystems

1 = Fernsehkamera

2 = optisch unscharf eingestellte
Fernsehkamera

3 = Strahlenteilungswürfel

4 = Bildvorlage

5 = Adaptionssteuerung

Die Arbeitsweise ist wie folgt: Parallel zur Eingangshelligkeit wird
über einen örtlichen Tiefpaß die mittlere Bereichshelligkeit gebildet,
wobei beide zusammen nach erfolgter Division die Ausgangshelligkeit
gemäß folgender Gleichung ergeben:

$$\overset{\bullet}{H}(x,y) = \overline{H}^{\bullet} \cdot \frac{1}{\overline{H}(x,y)} \cdot H(x,y),$$

(1)

Das Prinzip ist in Bild 5 veranschaulicht:

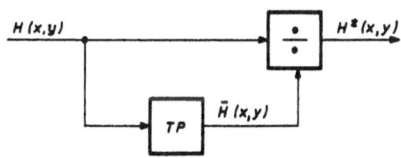

Bild 5: Prinzip der ortsabhängigen Adaption

H(x,y) = Eingangshelligkeitsverteilung
$\overline{H}$(x,y) = mittl. Eingangshelligkeitsverteilung
H*(x,y) = Ausgangshelligkeitsverteilung
TP = Tiefpaß

Bild 6: Nächtlich beleuchteter
Parkplatz (oben) nach
lokaladaptiver Video-
signalverarbeitung
(unten)

Wie ein Vergleich (Bild 6) zeigt, wird durch die Anwendung dieses Verfahrens beim Bildaufnahmevorgang eine beträchtliche Bildverbesserung
erreicht.

4.2   Bildverarbeitung

Bei technisch wichtigen Erkennungs- und Positionieraufgaben (vgl.Bild 7)
können aus einem binärwertigen Bild eines Werkstückes, z.B. aus einem
Konturbild, Merkmale gewonnen werden, die mit einfachen Mitteln zur
Lageklassifizierung und Positionsmessung führen.

Das Graubild der Kamera wird durch einen Schwellenentscheid in ein Binärbild umgewandelt. Die sodann angewendeten Techniken der Merkmals-
extraktion beruhen z.B. auf Berechnung der Silhouettenfläche [7] des
Schwerpunktes oder einfacher Formmerkmale, die durch Vergleich mit vor-

gegebenen Referenzmustern ermittelt werden.

Bild 7: Bildverarbeitung eines Werkstückes (von oben nach unten):
Graubild, Binärbild, Konturlinie

Um jeweils problemangepaßte, kostengünstige Systeme einsetzen zu können, werden heute modulare Systeme (z.B. MODSYS [4, 7]) verwendet, aus
deren Bausteinen verschiedene Systeme konfiguriert werden können (siehe
Bild 8):

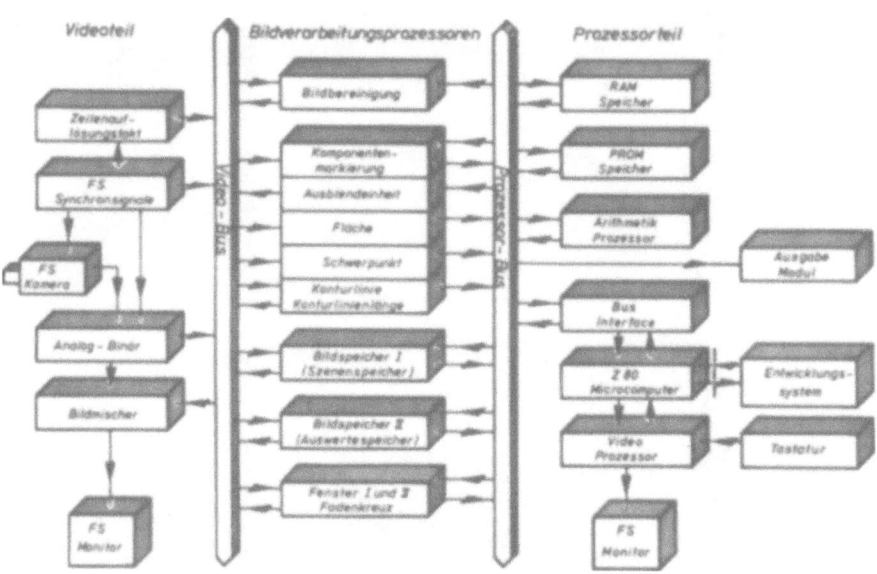

Bild 8: Blockschaltbild des modularen Bildanalysesystems MODSYS
        zur Auswertung komplexer Szenen (Maximalausbau)

5. Systemstruktur und Ablauf

5.1 Hardwarekonfiguration

Das Blockschaltbild zeigt den Geräteaufbau des EAF-Systems mit den für
die Einblendung realer Szenen erforderlichen Video-Baugruppen (Bild 9).

Die Sichtgerätesteuerung mit den Komponenten Zeilenwiederholspeicher,
Kurvengenerator, Symbolgenerator, Videostufe und Takterzeugung (vgl.
[8]) liefert die fernsehgerecht aufbereitete Information für den Farb-
fernsehmonitor aus dem Prozeßrechner. Die reale Szene wird mittels
Fernsehkameras erfaßt und im Mischer mit dem in der Sichtgerätesteuerung erzeugten Bild vereint und zur Darstellung auf den Monitoren gebracht.

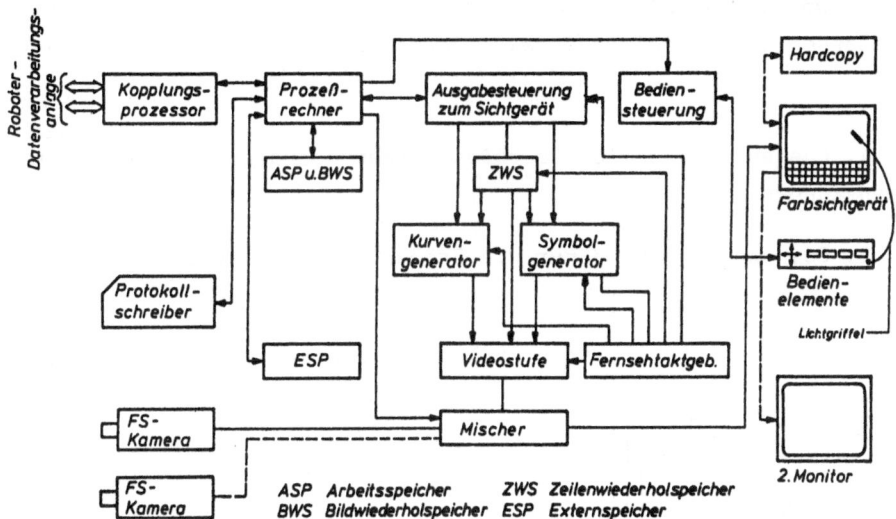

Bild 9: Blockschaltbild eines erweiterten Ein-/Ausgabe-Farbbildschirm-
        systems

5.2 Problemorientierte Programmierung

In den nächsten Abschnitten werden kurz die wesentlichen Funktionen
aufgeführt, um die ein EAF-Programmsystem für die Realisierung der gemischt dargestellten realen und künstlichen Szenen erweitert werden
muß. Zum einen sind dabei Programmerweiterungen und -zusätze für Berechnungsalgorithmen und übergeordnete Organisationsprogramme vonnöten,
zum anderen aber muß der Dialog zwischen Mensch und Maschine insbesondere in einer OFF-LINE-Instruktionsphase erweitert werden, um durch
interaktives Arbeiten eine problemorientierte Programmierung der Bahnkurven zu ermöglichen.

Struktur der Bilder

Für die Bilder erhebt sich die Forderung, sowohl bisherige, rein künstliche Szenen (z.B. zur Überwachung der Hardwarekomponenten) zuzulassen
als auch gemischte Szenen. Neu bei der Mischung von künstlichen und realen Szenen wird ebenso sein, daß Bildhierarchien und Bildzuordnungs-
gruppen untereinander existieren werden. Zum einen werden dies Bilder
sein, die

- die verschiedenen Schnittebenen beinhalten,

- dieselbe Szene in verschiedenen Vergrößerungsfaktoren einblenden.

Bei den jeweils zwei Bildschirmdarstellungen, die durch zweidimensionale
Schnittebenen den dreidimensionalen Raum darstellen, ist zu bemerken,
daß

- beim 1. Ebenenschnittbild für beide Achsen Koordinaten eingegeben
  werden können;

- beim 2. Ebenenschnittbild nur die Größen einer Achse zu variieren
  sind.

- Ein 3. Ebenenschnittbild kann zu Kontrollzwecken ergänzt werden.

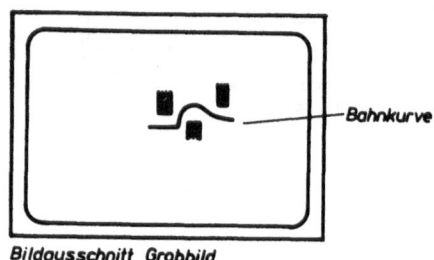

Bildausschnitt Grobbild

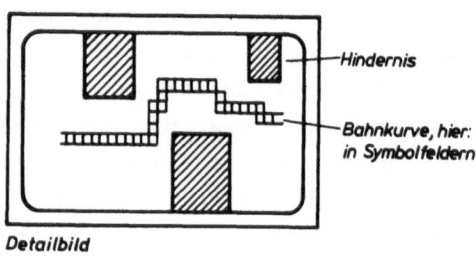

Detailbild

Bild 10: Bildabstufungen in
Abhängigkeit von
Vergrößerungsfaktoren

Zusätzlich zur Schnittebenenvielfalt müssen die Bilder einer Szene auch
aus Genauigkeits- und Übersichtsgründen in verschiedenen Vergrößerungen
dargestellt werden (siehe Bild 10).

Punktauflösung auf dem Bildschirm

Bei semigraphischen Systemen, die aus Kostengründen bei Farbdarstellungen allein infrage kommen, wird von einer 7 x 9 Punkte Symbolfeldadressierung und -codierung ausgegangen, wobei 64 x 32 Symbolfelder auf dem
Bildschirm dargestellt werden können. Aus Gründen der Genauigkeit ist
bei der Eingabe von Stützpunktkoordinaten auf dem Bildschirm eine Punktadressierung vonnöten. Durch eine programmtechnische Lupenfunktion

(siehe Bild 11) kann nach Anwahl eines Symbolfeldes und der Taste "LUPE" in diesem 7 x 9 Symbolfeldbereich die Punktadresse des angewählten Symbolfeldes über Lichtgriffel eingegeben werden.

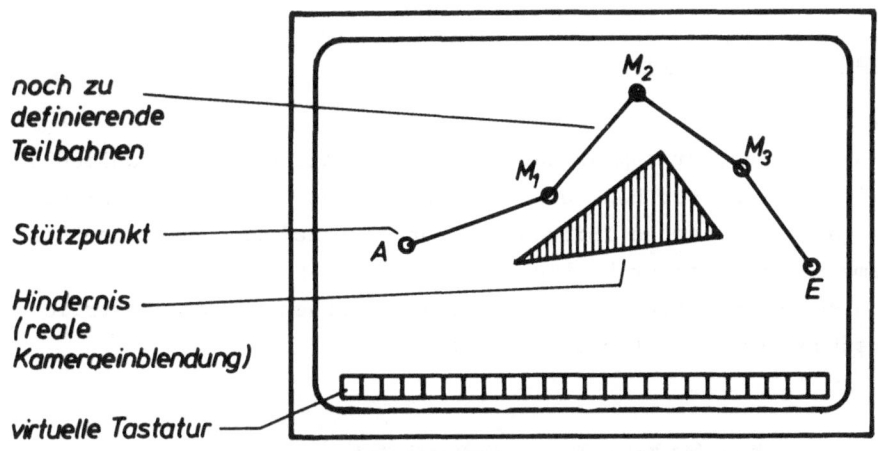

Einzugebende Bahnkurve

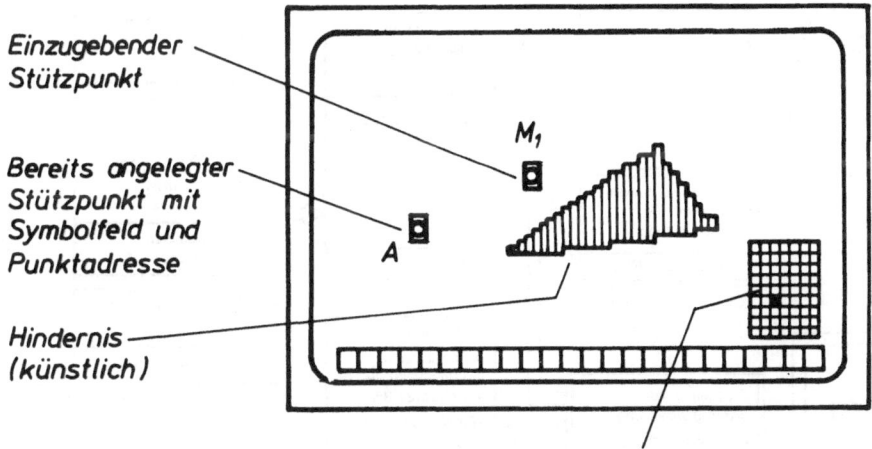

„Lupe" Bereich aus 7×9 Symbolfeldern zur Punktadressierung von M_4

Stützpunkt-Koordinateneingabe mithilfe einer Lupenfunktion

Bild 11: Bahnkurveneingabe im semigraphischen System

Somit wird eine Eingabe der Stützpunkte in der Größe der Symbolfelder,
aber eine Genauigkeit und eine Darstellung in Punktauflösung erreicht.
Insbesondere ist dabei anzumerken, daß weiterhin die kostengünstigen
semigraphischen Systeme verwendet werden können.

5.3 Verarbeitungssystem

Struktur

Das EAF-System besitzt zum Aufbau der Prozeßabbildungen einschließlich
Programmierung auch für Bahnvorgaben zwei von der jeweiligen Anwendung
unabhängige Betriebsarten "Bildaufbau" und "Prozeßführung", die über
gemeinsame Daten in einer Listenstruktur (siehe Bild 12) kommunizieren.
Für die Mischung von künstlichen und realen Szenen müssen zusätzliche
Bahnkurvenkoordinatenlisten eingeführt werden.

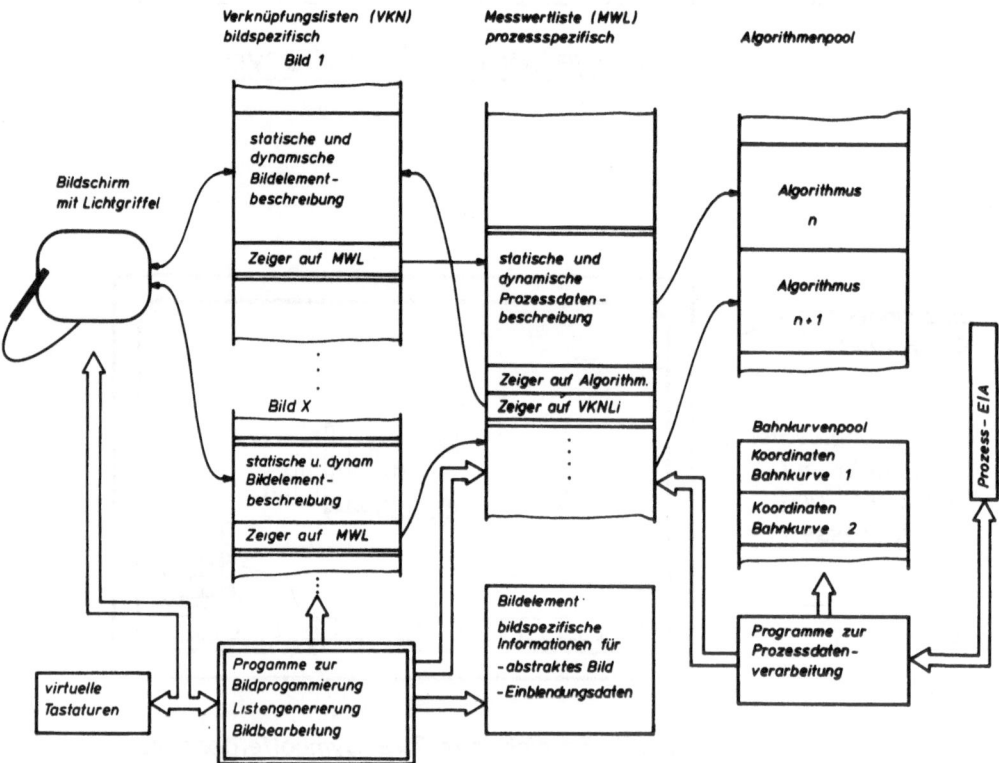

Bild 12: Grundstruktur des EAF-Systems

Koordinaten

Vom EAF-System sind die durch Bahnstützpunkte gewonnenen Bahnen zunächst in den Bildschirmkoordinaten samt Punktadressierung abzuspeichern. Sollen Bahnkurven neu generiert werden, so sind die Bildschirmkoordinaten zweier Schnittebenenbilder im dreidimensionalen Raum zu berechnen. Anschließend sind diese in Abhängigkeit von festgelegten Raumkoordinaten in ein kartesisches Koordinatensystem als allgemeine Anwenderschnittstelle umzuwandeln.

Ablauf

In der "off-line"-Instruktionsphase (Bild 13) finden alle Koordinaten-

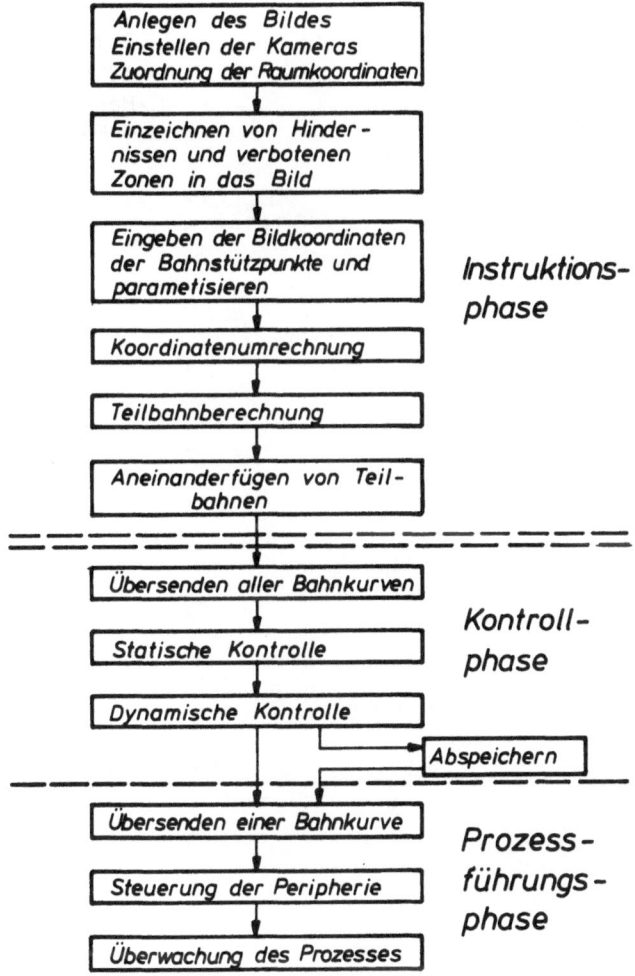

Bild 13: Betriebsphasen

eingaben und ihre Zuordnungen als Stützpunkte zu Bahnkurven oder Hindernissen statt, es werden die Stützpunkte und Bahnen parametrisiert und Berechnungsalgorithmen zugeordnet. In der Kontrollphase werden diese Bahnen vom Anwendersystem (Roboter) zunächst statisch durch rechnerische Kontrolle und dann dynamisch durch Nachfahren der Bahn überprüft und ggf. freigegeben.

In der "on-line"-Phase Prozeßführung werden anfangs u.a. die Bahnkurven zugesandt, die Peripherie (z.B. Fließband) grundgestellt und sodann der Prozeß überwacht.

6. Anwendungsbeispiel

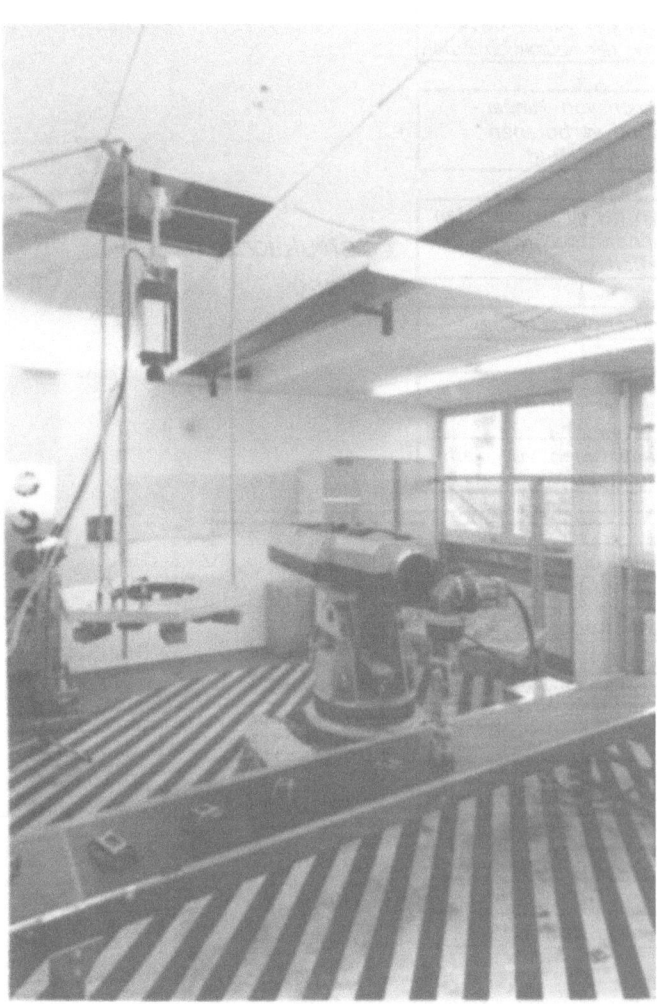

Bild 14:

Realer Aufbau des Handhabungssystems samt Peripherie

Bild 14 ist eine Aufnahme der realen Umgebung des Versuchsaufbaus mit den Komponenten Roboter, Fließband, Kamera und Ablegetisch.

Bild 15 zeigt eine Bildschirmaufnahme mit einer gemischt dargestellten realen und künstlichen Szene: In einer horizontalen Ebene ist das Fließ- band, der Roboter und der Ablagetisch etc. durch die Kamera eingeblen- det, zusätzlich ist die vorgeschriebene (künstliche) Roboterbahnkurve samt Hindernis zu erkennen.

<u>Bild 15:</u> Einblendung der realen Szene mit Bahnkurve und Hindernis

In der Betriebsphase Prozeßführung hat der Bediener die Aufgabe, die eingegebene und festgelegte Roboterkurvenbahn mit der wirklich durch- fahrenen Bahn bei Tolerierung gewisser Abweichungen zu kontrollieren; in einer weiteren Ausbaustufe erfolgt mit Hilfe der Bildverarbeitung (siehe Abschnitt 4) eine Bahnkontrolle durch ständige automatische Ver- gleiche seitens des Prozeßsteuerungs- und -überwachungssystems, so daß dem Bediener durch die Steigerung des Automatisierungsgrades die Auf- gabe verbleibt, das kontrollierende System zu kontrollieren.

Literatur

1. Bindewald, K.: Vorteile und Grenzen neuer Darstellungsmittel in der Mensch-Maschine-Kommunikation. INTERKAMA-Kongreß 1980.

2. Laubsch, H.; Rudolf, M.: Ein-/Ausgabe-Farbbildschirmsystem (EAF-System) mit Doppelbedienplatz zur zentralen Führung eines verteilten Automatisierungssystems. IITB-Mitteilungen 1980, FhG-Berichte 2-80, S. 46 - 51.

3. Grimm, R.; Hellriegel, W.; Laubsch, H.; Rudolf, M.; Sassenhof, A.; Syrbe, M.: Bildprogrammierbares Ein-/Ausgabe-Farbbildschirmsystem (EAF) als Warte — Grundprinzipien, Realisierung, Erprobung. Kernforschungszentrum Karlsruhe, KFK-PDV 134, Dezember 1978.

4. Foith, J.; Ossenberg, K.: Optischer Sensor zur Erkennung von Werkstücken auf einem Förderband — realisiert mit einem modularen System. IITB-Mitteilungen 1979, FhG-Berichte 1/2-79, S. 30 - 33.

5. Meisel, K.-H.: Methods for Optimal Guidance of Industrial Robot Motions. 2nd IFAC/IFIP Symposium "Information Control Problems in Manufacturing Technology", Stuttgart, 22 - 24 October 1979, Preprints Pergamon Press, S. 159 - 164.

6. Wedlich, G.: Serienreifes Gerät zur lokaladaptiven Videosignalverarbeitung. IITB-Mitteilungen 1977, S. 24 - 26.

7. Lübbert, U.; Ringshauser, H.: Ein modulares System für Fernsehsensoren. IITB-Mitteilungen 1978, FhG-Berichte 1/2-78, S. 9 - 13.

8. Büchsenschütz, B.; Grimm, R.; Rudolf, M.: Ein-/Ausgabe-Farbbildschirmsystem zur Bahnvorgabe. In: Wege zu sehr fortgeschrittenen Handhabungssystemen (Herausgeber: H. Steusloff) in der Reihe: Fachberichte Messen - Steuern - Regeln, Bd. 4 (Hrsg.: M. Syrbe und M. Thoma), Berlin, Heidelberg, New York: Springer 1980, S. 77 - 83.

MENSCH/LEITANLAGEN-KOMMUNIKATION
- EIN WESENTLICHER ASPEKT BEI DER HANDHABUNG
MODERNER LEITANLAGEN

MAN/CONTROL SYSTEMS COMMUNICATION
- AN IMPORTANT ASPECT IN THE HANDLING
OF MODERN CONTROL SYSTEMS

H. Zimmermann

Brown,Boveri & Cie

Aktiengesellschaft

6800   Mannheim

Summary

Due to new techniques such as microprocessors, bus systems and inter-
active VDU's new ways of communication between man and control system
have become possible.
The nucleus of the communication system within a digital, decentralized control system is a central service desk from where the maintenance personnel is able to communicate with the whole control system.
The application of this communication system leads to a higher plant
availability as well as to a simplification of the tasks during workshop test, commissioning and maintenance of control systems.

1. Definition und Abgrenzung der Mensch-Leitanlagen-Kommunikation

Unter dem Begriff Mensch-Maschine-Kommunikation in Zusammenhang mit der
leittechnischen Führung technischer Prozesse wurde bisher vor allem die
Kommunikation Mensch-Prozeß in Warten und Leitständen verstanden [1].
Ziel der Mensch-Prozeß-Kommunikation ist es, eine optimale Prozeßführung zu gewährleisten. Den Operateur in der Warte interessiert vor
allem die Zusammenarbeit mit dem Prozeß; die Leitanlage tritt dabei
als Hilfsmittel in den Hintergrund.

Davon zu unterscheiden ist die Mensch-Leitanlagen-Kommunikation;
sie beschränkt sich auf die Kommunikation nur mit der Leitanlage;
Bild 1. Die dafür vorgesehenen Einrichtungen werden z.B.während des
Betriebs vom Wartungspersonal genutzt und werden separat von den
übrigen Warteneinrichtungen zur Prozeßführung angeordnet. Sie sind dem
Tätigkeitsprofil und den Kompetenzen des Wartungspersonals angepaßt.

Das Wartungspersonal betrachtet den Prozeß vorwiegend als Lieferanten
von Informationen für die Leitanlage bzw. als Empfänger von Befehlen
aus der Leitanlage.

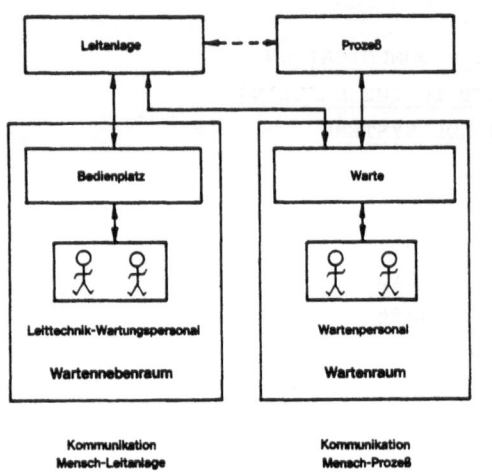

Bild 1

Abgrenzung der Mensch-Leitanlagen-
Kommunikation

Die Aufgabenverteilung z.B. im Betrieb ist folgendermaßen:
Das Warten- bzw. Fahrpersonal erhält in den Prozeßleitständen im Rahmen
von Betriebsablaufanzeigen Meldungen über den normalen und gestörten
Betriebszustand der Leitanlage.
Bei Störungsmeldungen aus der Leitanlage wird das Wartungspersonal zur
Störungsbehebung alarmiert. Das alarmierte Wartungspersonal findet
dann in den Einrichtungen zur Leitanlagen-Kommunikation weitere detail-
liertere Leitanlagen-Störungsmeldungen vor. Diese sind auf die Bedürfnisse des Wartungspersonals zugeschnitten.

2. Aufgaben der Leitanlagen-Kommunikation

Die Kommunikation des Menschen mit der Leitanlage erstreckt sich auf
die Phasen Werksprüfung, Inbetriebnahme, Betrieb und Revision.
Tabelle 1 zeigt die für jede Phase charakteristischen Tätigkeiten.

Tabelle 1   Aufgaben der Mensch-Leitanlagen-Kommunikation

Phase	Tätigkeit
Werksprüfung	- Auf- und Abbau der Prüfkonfiguration - Open-loop-Prüfung - Closed-loop-Prüfung - Dokumentation
Inbetriebnahme	- Geberprüfung - Grenzwerteinstellung - Parametereinstellung - Funktionstest - Optimierung - Dokumentation

Betrieb	- Störungsbehebung
	- Instandhaltung
	  . Wartung
	  . Inspektion
	  . Instandsetzung
	- Dokumentation

Revision	- Geberprüfung - Funktionstest - Dokumentation

Mit dem Leitanlagen-Kommunikationssystem werden die folgenden Ziele verfolgt:

- Effektive Nutzung sämtlicher funktioneller Fähigkeiten der Leitanlage in Bezug auf die Schnittstelle zum Menschen in den Phasen: Werksprüfung, Inbetriebnahme und Betrieb
- Weitgehend funktionsorientierte, leicht erlernbare Handhabung der Leitanlage; Reduzierung der Fehlbedienungen
- Erhöhung der Verfügbarkeit der Leitanlage durch automatische Fehlererkennung und schnelle Fehlerbehebungsmöglichkeit
- Verringerung des Wartungsaufwandes
- Sicherstellung einer fehlerfreien, immer aktuellen Leitanlagen-Dokumentation

3. Bisherige Leitanlagen-Kommunikationssysteme

Die Funktion der Leitanlagen-Kommunikation ist bereits bei den derzeit im Einsatz befindlichen elektronischen Leitsystemen anzutreffen. Dezentrale, verbindungsprogrammierte Leitanlagen sind z.B. zur Anzeige von Zustands- und Störungsmeldungen mit Leuchtmeldern ausgerüstet. Es handelt sich überwiegend um Frontplattenanzeigen auf den Elektronikgeräten. Diese Frontplattenanzeigen ermöglichen bereits die Realisierung von Systemen zur Fehlerlokalisierung durch das Wartungspersonal.

Bild 2 zeigt den Aufbau und die Funktion eines derartigen Fehlerlokalisierungssystems.

Das Auftreten eines Leitanlagenfehlers wird in der Warte gemeldet.

Das Personal wird über Raum-, Schrankreihen-, Schrank- und Gerätelampen zielgerichtet zum Störungsort geführt.

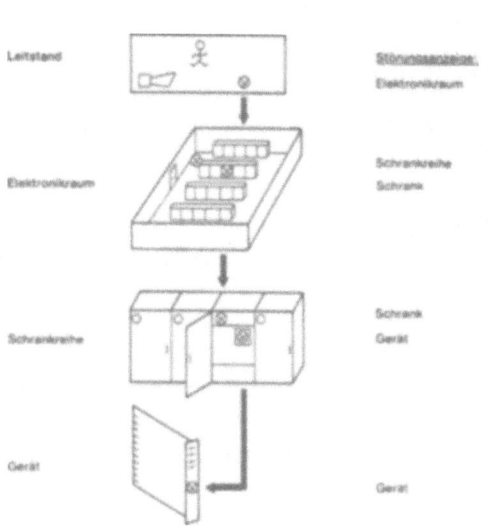

Bild 2

Fehlerlokalisierung bei konventionellen Leitanlagen

Die Bedienungselemente für die Aufgaben: Einstellung und Prüfung während der Inbetriebnahme, Betrieb und Wartung befinden sich auf den Frontplatten der Geräte bzw. auf der Printplatte, z.B.
- Potentiometer und Stufenschalter für Parameter wie Verstärkungen, Zeiten,Grenzwerte usw.
- Umschalter und Steckbrücken zur Auswahl der Betriebsart
- Prüfbuchsen zur Messung geräteinterner Signale
- Simulierschalter zur Vorgabe binärer Eingangsgrößen incl. Anzeige.

Zentrale digitale Leitanlagen (Prozeßrechenanlagen) bieten bisher aufgrund ihrer größeren Flexibilität weitaus mehr Möglichkeiten zur Leitanlagen-Kommunikation. Hierzu werden von den Herstellern über geeignete Ein-/Ausgabegeräte verschiedene Systemfähigkeiten angeboten, u.a.:

- **anwenderfreundliche** Strukturierung von Automatisierungsfunktionen
  (Messen, Steuern, Regeln)
- automatische Rückdokumentation dieser Automatisierungsfunktionen
- on-line Änderbarkeit von Reglerparametern und Grenzwerten
- Simulation von Meßwerten

Diese Fähigkeiten sind möglich aufgrund der Tatsache, daß sämtliche
Daten, durch die Struktur und Parameter der Leitanlage bestimmt werden,
in der Leitanlage zentral abgespeichert sind. Durch Eingabe und Änderung dieser Daten wird die Leitanlage definiert, geändert und optimiert.

4. Neue Möglichkeiten der Kommunikation durch moderne Techniken

Neue Techniken wie Mikroprozessoren, Bussysteme, interaktive Farbbild-
schirme bieten die Möglichkeit, die Handhabung und Wartung von der
Leitanlage wesentlich zu vereinfachen [2], [3].
Die dezentrale Intelligenz der Mikroprozessoren kann neben der Realisierung der leittechnischen Funktion zusätzlich Informationen zur Unterstützung des Wartungspersonals erzeugen. Störungsinformationen
z.B. werden von den dezentral angeordneten Mikroprozessoreinheiten
dezentral am Ort ihrer Entstehung erfaßt, vor Ort verdichtet und für
Wartungszwecke aufbereitet (Bild 3).

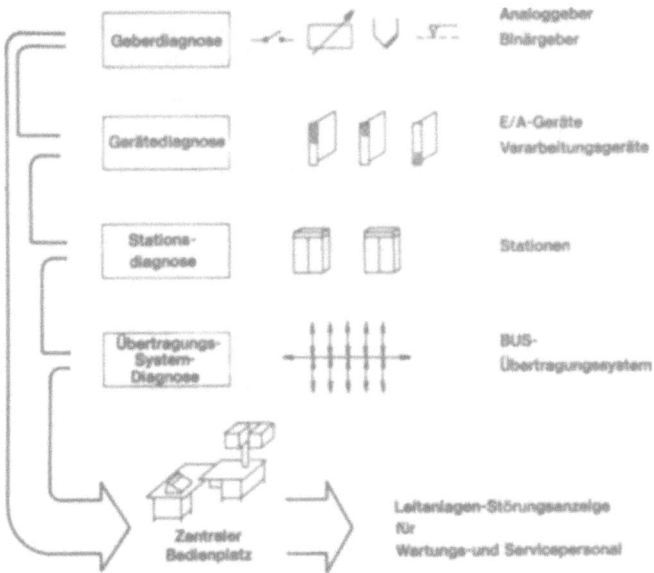

Bild 3
Diagnosesystem bei digitalen, dezentralen Leitsystemen

Auf Veranlassung des Wartungspersonals führen die Mikroprozessoreinheiten auch Funktionen durch, die bisher ein Eingreifen des Wartungspersonals vor Ort erforderten, z.B. Simulation gestörter Geber.

Der Einsatz von BUS-Systemen ermöglicht es, den Informationsaustausch
mit dem Wartungspersonal örtlich freizügig vorzunehmen, da über den
BUS alle Informationen an allen Stellen einer Leitanlage zur Verfügung
stehen [4] .
Für Wartungszwecke ist - wie bisher auch - ein dezentraler Informationsaustausch mit der Leitanlage möglich. Darüberhinaus kann jedoch
auch von zentraler Stelle, einem Zentralen Bedienplatz, eine Kommunikation mit der Leitanlage erfolgen. Damit ergibt sich, entsprechend der
Betriebsführung von einer zentralen Warte, auch die Möglichkeit, die
Wartung weitgehend von zentraler Stelle aus durchzuführen.
Der Einsatz interaktiver Farbbildschirmeinheiten erlaubt es, Leitanla-
geninformationen nach Bedeutungsinhalten farblich zu codieren. Damit
vereinfacht sich die Entscheidung über durchzuführende Eingriffe in
die Leitanlage.

5. Gestaltung der Schnittstelle Mensch-Leitanlage bei digitalen dezentralen Leitanlagen

Zur Kommunikation mit der Leitanlage werden - angepaßt an die unterschiedlichen Tätigkeitsbereiche während der Werksprüfung, Inbetriebnahme und Betrieb sowie abhängig von der Leitanlagengröße - Einrichtungen mit gestuften Fähigkeiten benötigt.
Bild 4 zeigt die Gerätekonfiguration eines Leitanlagen-Kommunikationssystems für ein dezentrales, digitales Leitsystem [5]. Die Fähigkeiten
der einzelnen Einrichtungen sind aufwärtskompatibel und zwar bezüglich
- Funktionsumfang
- Anwenderkomfort
- Wirkungsbereich innerhalb der Leitanlage
Kernstück des Leitanlagen-Kommunikationssystems ist ein Zentraler Bedienplatz mit Farbbildschirmen, Funktions- und alphanumerischer Tastatur sowie Aufzeichnungsgeräten (Bild 5).
Alle Geräte, Strukturen, Parameter usw. sind von hieraus erreichbar,
d.h. sie können angezeigt und geändert werden mit gleichzeitiger automatischer Dokumentation.

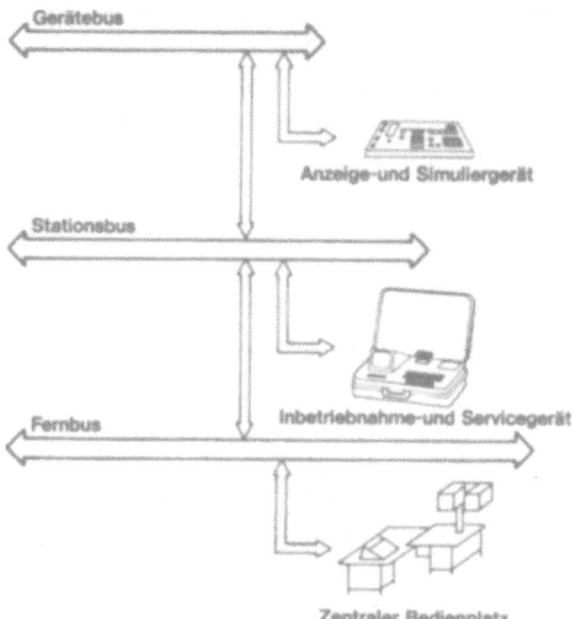

Bild 4

Gerätekonfiguration eines Leitanlagen-Kommunikations-Systems für
ein dezentrales, digitales Leitsystem

Bild 5

Zentraler Bedienplatz für das Wartungspersonal

Der Zentrale Bedienplatz ermöglicht insgesamt

- Eingriffe in die Leitanlage
- Anzeigen aus der Leitanlage
- Änderung von leittechnischen Funktionen
- Automatische Dokumentation von leittechnischen Funktionen

Bild 6 zeigt die interne Struktur des Zentralen Bedienplatzes.
Der informationsverarbeitende Teil des Zentralen Bedienplatzes enthält
ein Abbild der Leitanlage: Zunächst sind die projektneutralen Leitan-
lagenmerkmale gespeichert, wie z.B. Anzahl der Funktionseinheiten auf
einem Gerät. Darüberhinaus sind die projektspezifischen Daten der Leitanlage abgespeichert wie u.a.
- Typ und Einbauort von Geräten
- Einstellwerte
- Signalverbindungen zwischen den einzelnen Geräten.
Es wird ständig on-line geprüft, ob die abgespeicherten Daten die
realisierte Leitanlage beschreiben.

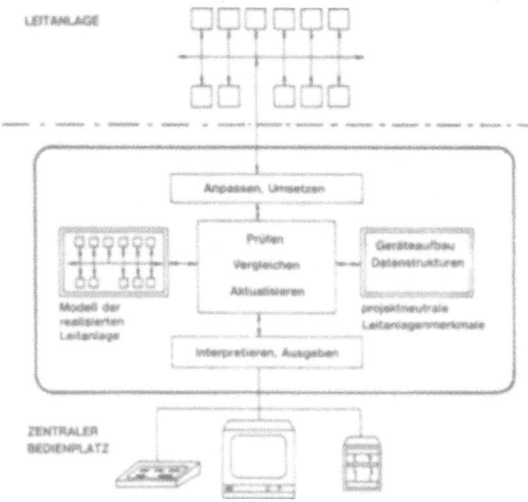

Bild 6

Interne Struktur des
Zentralen Bedienplatzes

Der Dialog zwischen dem Menschen und der Leitanlage erfordert eine
Sprache, die sich in Syntax und Semantik an den Problemen des Anwenders orientiert. Der Anwender muß zugunsten seiner technologiebezoge-
nen Aufgabenstellung freigehalten werden von leitanlageninternen Tätigkeiten wie z.B. Festlegung der Verarbeitungsreihenfolge, die automatisch zu erfolgen haben.

Für die Beschreibung und Implementierung von Meßwertaufbereitung,
Steuerung und Regelung bietet sich eine funktionsorientierte Sprache
in Blockschreibweise an. Sie entspricht am besten der Darstellung der
Funktionen im Funktionsplan, der als Aufgabenstellung für die Leitanlage anzusehen ist. In digitalen, dezentralen Leitsystemen stehen die
erforderlichen Funktionen in Form von Software-Bausteinen zur Verfü-

gung. Diese Bausteine werden entsprechend der vorliegenden Aufgabenstellung miteinander verbunden (Strukturierung) und mit Parametern
versehen (Parametrisierung).

Die Eingabe der projektspezifischen Daten erfolgt beim Zentralen Bedienplatz im Bildschirmdialog mittels der "fill-in-the-blanks-Technik".
Jeder Funktion z.B. "UND", "PI-Regler" zugeordnet ist ein "Bildschirmformular", d.h. ein festes Raster, in das die Informationen mit Hilfe
eines Cursor's und einer alpha-numerischen Tastatur eingetragen werden.

Bild 7 zeigt ein Bildschirmformular für die Strukturierung und Parametrisierung eines PI-Reglers. Die für die Sprache eingeführten Kürzel
sind mnemotechnisch günstig und fördern die Verständlichkeit.

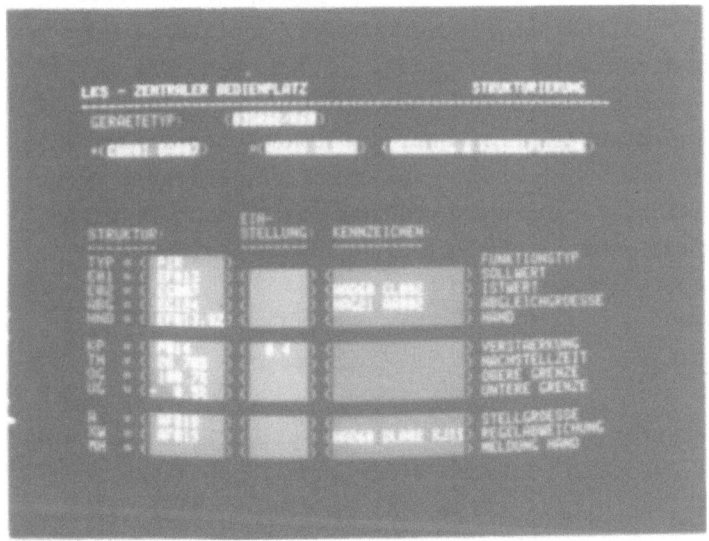

Bild 7
Bildschirmformular "Strukturierung"

Es ist nicht möglich, für alle Funktionen bzw. Bildschirmformulare jeweils eigene Ein-/Ausgabeeinheiten vorzusehen. Deshalb wird die "Menü-
Technik" eingesetzt, die eine gemeinsame Nutzung dieser Geräte für
alle Funktionen erlaubt. Die Bezeichnungen für die verschiedenen
Formulare erscheinen auf dem Bildschirm. Durch Antippen einer neben
der Bezeichnung angeordneten Markierung mittels eines Lichtgriffels
wird das entsprechende Formular angewählt. Durch diese Anwahltechnik
ist auch der weniger Geübte in der Lage, die Leitanlage zu handhaben.

Um eine möglichst fehlerfreie Kommunikation zwischen Mensch und Leitanlage sicherzustellen, sollten alle eingegebenen Daten auf Plausibilität geprüft werden. Werden nicht-plausible Datenkonstellationen festgestellt, so wird dies protokolliert. Ein Wirksamwerden fehlerhafter Datenkonstellationen in der Anlage wird verhindert. Der Anwender ist gezwungen, zur Korrektur notwendige Änderungen durchzuführen.

6. Einsatz des Leitanlagen-Kommunikationssystems

6.1 Werksprüfung

Mit Hilfe eines Zentralen Bedienplatzes kann die Werksprüfung mittels Dialog über den Bildschirm direkt an Hand der Funktionspläne durchgeführt werden. Digitale, dezentrale Leitsysteme mit BUS-Datenübertragung ermöglichen dabei eine einfache Zusammenschaltung der Leitanlagen-Komponenten zu den gewünschten Prüfkonfigurationen. Auf diese Weise wird die Prüfzeit verkürzt, notwendige und durchgeführte Änderungen werden automatisch dokumentiert. Durch Ausfüllen von Bildschirmformulare können spezielle Testfunktionen konfiguriert werden. Von allen Prüfungen werden Protokolle erstellt.

6.2 Inbetriebnahme/Revision

Die Inbetriebnahmephase erfordert eine besonders häufige Interaktion des Menschen mit der Leitanlage. Für eine effiziente Inbetriebnahme eines dezentralen digitalen Leitsystems werden sämtliche Untersysteme eines Leitanlagen-Kommunikationssystems entsprechend Bild 4 benötigt. Mit den tragbaren Inbetriebnahme- und Servicegeräten ist ein paralleles Arbeiten möglich. Der Zentrale Bedienplatz fungiert dann als Koordinationshilfsmittel der Inbetriebnahme.

Die während der Werksprüfung eingegebenen und bereits modifizierten projektspezifischen Daten werden in Massenspeichern abgelegt und auf der Anlage in die Einrichtungen zur Leitanlagen-Kommunikation eingelesen. Auf der Basis dieser Daten wird die Inbetriebnahme durchgeführt. Semigraphische Anzeigen vereinfachen die Inbetriebnahme von Antrieben und Steuerungen. Bei Regelungsversuchen werden zeitliche Signalverläufe automatisch angezeigt und dokumentiert.
Während der Inbetriebnahme überschneiden sich die Aufgabenbereiche des Zentralen Bedienplatzes und der Warte; die beim Betrieb übliche personelle Funktionsaufteilung entfällt. Das Inbetriebnahmepersonal hat die

Möglichkeit, die Auswirkungen, z.B. von Parameteränderungen, die vom Zentralen Bedienplatz aus vorgenommen wurden, auf den Gesamtprozeß in der Warte zu beobachten und von hier aus ggfs. Handsteuerungen vorzunehmen.

In der Revisionsphase ist die Vorgehensweise vergleichbar mit der bei der Inbetriebnahme.

6.3 Betrieb

Während der Betriebsphase kommt dem Leitanlagen-Kommunikationssystem die Aufgabe zu, eine möglichst hohe Verfügbarkeit der Leitanlage sicherzustellen.
Am Zentralen Bedienplatz werden die Leitanlagen-Störungsmeldungen angezeigt, die ein schnelles und zielgerichtetes Eingreifen des Wartungspersonals zur Störungsbehebung ermöglichen.
Bild 8 zeigt den Aufbau einer Störungsanzeige auf dem Bildschirm.
Die Leitanlagen-Störungsmeldungen enthalten folgende Angaben:
- Wichtigkeit der Meldung
- Ort der Störung
- Störungstyp mit Angabe in Klartext
- Störungsnummer, unter der im Störungs-Manual Hinweise zur Störungsbehebung gegeben sind.
Zusätzlich wird die Störungsmeldung mit Angabe der Uhrzeit protokolliert.

Mit dieser Störungsmeldung ist das Wartungspersonal in der Lage, z.B. das defekte Gerät auszutauschen, das Ersatzgerät mit den entsprechenden Konfigurationsdaten zu laden und in Betrieb zu nehmen.

Neben der Möglichkeit der Störungsanzeige bietet der Zentrale Bedienplatz die Möglichkeit der graphischen Anzeige von Leitanlagen-Details. Die hierbei angezeigten Signale werden laufend aktualisiert. Der aktuelle Informationsfluß in der Leitanlage kann verfolgt werden, z.B. die Ausbreitung von Störungen in der Leitanlage.

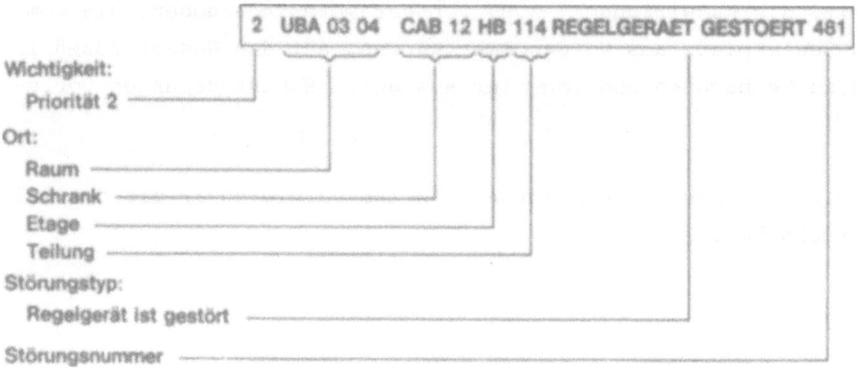

2 UBA 03 04 CAB 12 HB 114 REGELGERAET GESTOERT 481
Wichtigkeit:
Priorität 2
Ort:
Raum
Schrank
Etage
Teilung
Störungstyp:
Regelgerät ist gestört
Störungsnummer

Bild 8

Leitanlagen-Störungsmeldung

Bild 9 zeigt die Anzeige von funktionellen Details der Leitanlage, und zwar der Antriebsschutzverriegelung.

LKS - ZENTRALER BEDIENPLATZ
LEITANLAGEN-DETAILANZEIGE
HAUPTKUEHLMITTELPUMPE
SCHUTZKRITERIEN
ANTRIEBSSTEUERGERAET

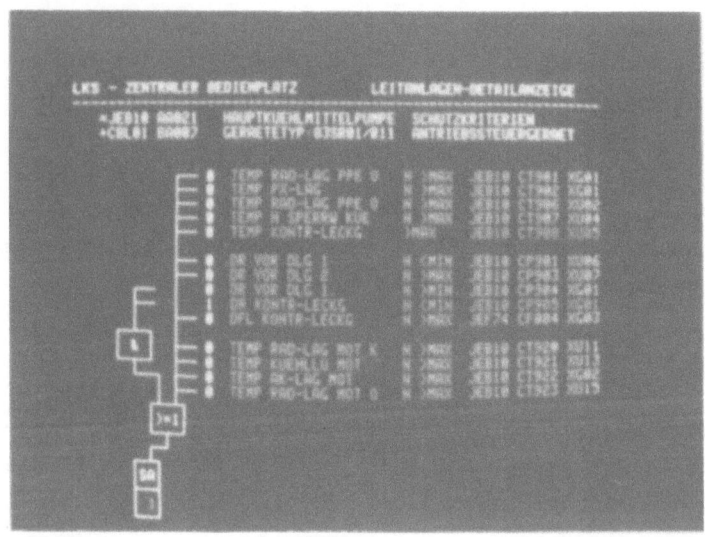

Bild 9

Leitanlagen-Detailanzeige

7. Ausblick

Neue Systemstrukturen und Techniken ermöglichen es, die immer umfang-
reicher werdenden Leitanlagen transparent und operabel zu halten.
Der Einsatz eines Leitanlagen-Kommunikationssystems führt zu einer
Erhöhung der Anlagenverfügbarkeit sowie zu einer Vereinfachung der
Arbeitsabläufe bei der Werksprüfung, Inbetriebnahme und Betrieb von
Leitanlagen.

Auch die Schnittstelle zwischen Mensch und Leitanlage in der Phase der
lösungsspezifischen Planung ist vom Einsatz eines Leitanlagen-Kommunikationssystems betroffen. Die Planungstiefe kann umso geringer sein, je
größer die Fähigkeiten des auf der Anlage eingesetzten Leitanlagen-
Kommunikationssystems sind. Um einen nahtlosen Übergang zur Werksprüfung, Inbetriebnahme und Betrieb zu erreichen, bietet sich eine
rechnergestützte Planung an.

Um die richtigen Arbeitsbedingungen für die Menschen zu schaffen, die
mit der Leitanlage umgehen, müssen deren spezielle Anforderungen und
Fähigkeiten von vornherein mit bei der Entwicklung der Leitanlage be-
rücksichtig werden. Ein nachträgliches "Anbauen" des Menschen an eine
Leitanlage führt nicht zum gewünschten Ergebnis.

In naher Zukunft stehen Leitanlagen zur Verfügung, die die Eigenschaft
der Fehlertoleranz aufweisen. Im Fehlerfall wird die anstehende Aufgabe
automatisch auf ein stand-by-Gerät verlagert. Dadurch wird das Wartungspersonal weiter entlastet, da dann nicht mehr die Notwendigkeit
besteht, den Fehler aus Verfügbarkeitsgründen sofort beheben zu müssen.

Das Leitanlagen-Kommunikationssystem ermöglicht indirekt auch eine
bessere Prozeßführung. Durch die detaillierten Störungsmeldungen am
Arbeitsplatz des Wartungspersonals werden Meldungen in der Warte
reduziert. Damit wird hier die Übersichtlichkeit erhöht.

Literatur

1. Fraser, G.L.: The man-machine interface in process control-
    state of the art and trends
    Interkama-Kongreß 1977

2. Ankel, Th., Pavlik, E.: Regelungstechnik am Wendepunkt
    Regelungstechnik 1979, H. 1, S. 3 - 11

3. Büsing, W.: Dezentrale Prozeßautomatisierungssysteme:
    Anforderungen und Schnittstellen
    Regelungstechnische Praxis, 1980, H. 2, S. 37 - 42

4. Pinkernell, H.: Übertragen und Verteilung von Informationen
    in Kraftwerken mit DATRAS k
    Chemie-Technik, 8. Jahrgang 1979, Nr. 1

5. Gratzki, V., Stöckler, H.P., Zimmermann, H.:
    Digitales, dezentrales Kraftwerksleitsystem mit BUS-Übertragung
    - eine neue Systemlösung
    VGB-Kraftwerkstechnik 58, Juni 1978, Heft 6

ANTHROPOTECHNISCHE GESICHTSPUNKTE BEI DER GESTALTUNG DER KOMMUNIKATION ZWISCHEN MENSCH UND HOCHAUTOMATISIERTEN SYSTEMEN

ERGONOMIC ASPECTS IN THE DESIGN OF COMMUNICATION BETWEEN MAN AND MACHINE IN HIGHLY AUTOMATED SYSTEMS

R. Bernotat, K.-P. Gärtner

Forschungsinstitut für Anthropotechnik

der Forschungsgesellschaft für angewandte Naturwissenschaften e.V. (FGAN)

5307 Wachtberg-Werthhoven

Summary :

In the ergonomic design of communications between man and machine the trend toward highly automated systems will be continued further. Design techniques used in succesful advanced cockpits are now the basic knowledge for the design of ground based systems. Modern displays and controls such as touch-input devices; voice synthesis (warning) and recognition systems; and integrated colored alphanumeric and graphic CRTs controlled by computers with sophisticated software such as evaluation, predictor and decision aiding programs can improve all types of man-machine systems with varying degrees of automation including highly automated systems with operational management support. The goal is to provide the man with all the control and display resources and authority to control the highly automated system, without comprimising the efficiency, reliability and safety of the overall system and without over-reaching or under-utilizing the man.

1. Einführung

Mit der schnellen Entwicklung der Technik, insbesondere der Mikroprozessoren und der elektronischen Anzeigen ergeben sich völlig neuartige Möglichkeiten zur Arbeitsteilung und Zusammenarbeit von Mensch und Maschine.

Der Trend der zunehmenden Automatisierung von Prozessen wird sich voraussichtlich weiter fortsetzen. Desto dringender muß aus der Sicht der Anthropotechnik untersucht werden, welche Aufgaben der Mensch in diesen hochautomatisierten Systemen übernehmen soll, welche Kommunikation Mensch-Maschine und welche Eingriffsmöglichkeiten für den Menschen vorgesehen werden müssen. Erst danach kommt die klassische Fragestellung zur anthropotechnischen Gestaltung der Schnittstellen oder besser der "Kommunikationsstellen" mit dem Ziel hoher

Leistungsfähigkeit und hoher Betriebssicherheit des Gesamtsystems ohne Über- oder Unterforderung des Betriebspersonals.

Ein Mensch-Maschine-System, das schon immer besondere Anforderungen an den Konstrukteur stellte und für das auch besondere, im allgemeinen kostenaufwendige Lösungen gefunden wurden, ist das Flugzeugcockpit.

2. Vorbild Flugzeugcockpit

Das Cockpit wird von vielen als Vorbild und Wegbereiter für die anthropotechnische Gestaltung der Kommunikation zwischen Mensch und hochautomatisiertem System angesehen. In Zukunft muß jedoch damit gerechnet werden, daß die Cockpitgestaltung nur noch bedingt als Vorbild für ähnliche Kommunikationsschnittstellen gelten kann. Der Grund liegt in den Einschränkungen, denen sich der Konstrukteur unterwerfen muß. Viele technisch mögliche Lösungen sind an Bord durch die geometrische Begrenzung des verfügbaren Raums für visuelle Anzeigen und Bedienelemente nur eingeschränkt oder gar nicht zu verwirklichen. Weiterhin kann trotz

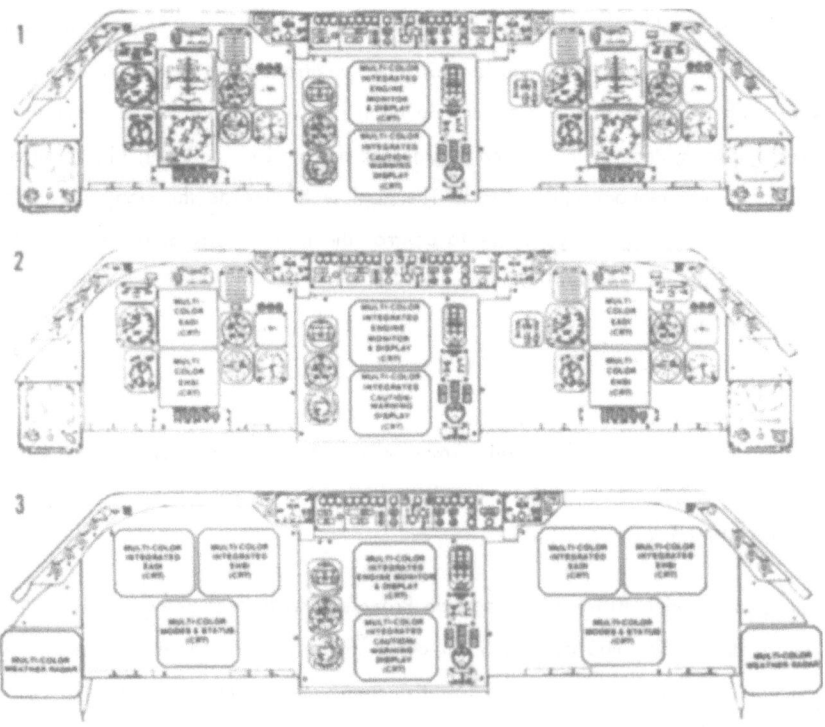

Bild 1 : Zunehmende Nutzung elektronischer Anzeigen [1]

vorhandenen Wissens- und Erfahrungsstands eine Realisierung eines Cockpitentwurfs an der Verfügbarkeit von Baugruppen aus Gründen des Gewichts, der nicht hinreichenden Widerstandsfähigkeit der Bauelemente gegen Vibration, Schock und Temperatur, der Redundanz usw. scheitern.

Dennoch lohnt es sich, beim Entwurf von Kommunikationsschnittstellen für Mensch-Maschine-Systeme, die diesen Einschränkungen nicht unterworfen sind, die in der Luftfahrt bereits realisierten oder z.Zt. in Entwicklung befindlichen Arbeitsplätze an Bord und in der bodenseitigen Flugsicherung auf ihre anthropotechnischen Auslegungsprinzipien hin anzusehen. Es finden sich zahlreiche Lösungsansätze, die wir voraussichtlich in 5 oder 10 Jahren in Prozeßwarten und an ähnlich komplexen Arbeitsplätzen wiederfinden werden.

3. Anzeigen

Nach mehr als 20-jährigen Vorarbeiten beginnen sich jetzt die elektronischen Anzeigen auf Bildschirmen im Cockpit durchzusetzen. Die anthropotechnischen Untersuchungen beziehen sich nicht nur auf die zweckmäßigste Darstellung der jeweiligen Informationsdarstellung sondern auch auf ihren Inhalt. Dabei besteht bei der Integration der zahlreichen Einzelinformationen durchaus die Gefahr, zuviel Information anzubieten und in dieser komprimierten Form möglicherweise den Piloten zu überfordern.

Optische Codierung

Eine wichtige anthropotechnische Gestaltungsdimension bei Anzeigen ist die Codierung mit Farben. Bei der Benutzung von farbtüchtigen Rasterbildschirmen als anzeigetechnisches Medium stellt sich u.a. die Frage, welche Farben für die Codierung von Symbolen zweckmäßig zu wählen sind. Antwort : Es werden diejenigen Farben zu wählen sein, die bei einer definier-

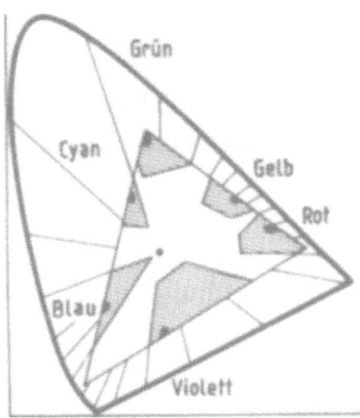

Bild 2 : Codefarben für Bildschirme

ten Beleuchtung des Arbeitsfeldes (Lichtfarbe, Helligkeit) von möglichst allen Farbtüchtigen fehlerfrei erkannt werden, d.h., es sind diejenigen Farbtöne mit entsprechender Farbsättigung auszuwählen, die mit möglichst hoher Wahrscheinlichkeit von einer repräsentativen Anzahl von Versuchspersonen mit dem richtigen Namen, z.B. Rot, Blau, usw., bezeichnet werden. Bei Bildschirmen läßt sich mit den Primärvalenzen Rot, Grün und Blau durch additive Mischung ein Farbkontinuum erhalten.

Wie im Bild zu erkennen ist, spannen die Primärfarben der verwendeten Phosphore innerhalb des Farbgebiets [2] ein Dreieck auf, über dessen Fläche und Berandung sich das technisch darstellbare Farbkontinuum erstreckt. In dieses begrenzte Farbkontinuum gilt es, Farbcodes einzuordnen, die einerseits optimale Erkennbarkeit gewährleisten, zum anderen möglichst unempfindlich gegen äußere Störeinflüsse sein sollen [3, 4] . Das Bild 2 erläutert das Ergebnis eines Versuchs, bei dem 70 zufällig über das Farbkontinuum verteilte Farbreize bei definierten Auflichtbedingungen mit einem der Farbnamen Rot, Grün, Blau, Gelb, Violett oder Cyan benannt werden mußten.

Um die Farbnamenbereiche Rot, Grün, Blau, usw. sind Bereiche unterschiedlicher Zuordnungssicherheit, in anderen Worten "Erkennungswahrscheinlichkeit" eingezeichnet. Schraffiert : 50 %, schwarz : ca. 97 % - 100 %. Man erkennt, daß nur kleine Farbnamenbereiche verwendbar sind, wenn Farben zur Codierung verwendet werden sollen. Die quantitativen Werte der Farbversuche sind inzwischen in den DIN-Entwurf 66 234, Codierung von Information auf Bildschirmarbeitsplätzen, übernommen worden [5] .

Akustische Codierung

Neben Anzeigen für den visuellen und taktilen Sinneskanal des Menschen werden heute in zunehmendem Maße auditive Anzeigen verwendet. Hierbei liegt der Schwerpunkt zunächst bei diskreten Nachrichten, z.B. in Form von Warnsignalen.

Das Bild 3 zeigt, daß akustische Signale besser als optische Signale erkannt werden und daß die beste anthropotechnische Lösung, insbesondere bei Langzeitüberwachungsaufgaben, in einer kombinierten optisch-akustischen Codierung besteht [6] . Noch deutlicher wird der Vorteil der Verbundcodierung bei Betrachtung der Reaktionszeiten des Menschen.

Wie in Bild 4 zu ersehen, reagierten im Gegensatz zu rein optisch codierten Warnanzeigen die Versuchspersonen bei verbundcodierten Anzeigen sehr viel schneller ; auch nahm ein höherer Prozentsatz der Personen die Information auf.

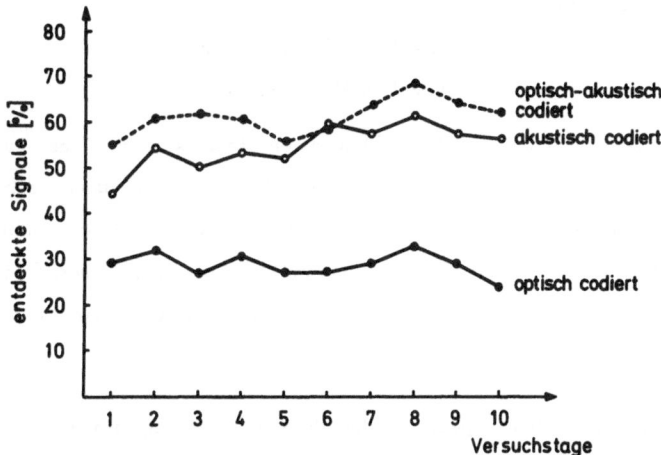

Bild 3 : Erkennungswahrscheinlichkeiten bei einfacher und bei Verbundcodierung [6]

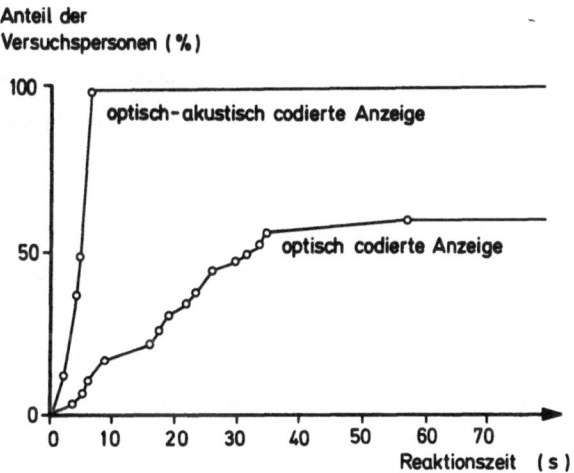

Bild 4 : Erkennbarkeit und Reaktionszeit bei rein optischer und bei optisch-akustischer Codierung [7]

Für die akustische Codierung von <u>kontinuierlichen Nachrichten</u> werden verbale Warnungen (Voice Warning) voraussichtlich wegen der hohen Aufmerksamkeitswirkung in zukünftigen Systemen mehr und mehr Verwendung finden. Akustische Anzeigen, die verbale Warnungen geben wie :

SINK RATE

DON'T SINK

TOO LOW - GEAR   usw.

und verbale Anweisungen wie :

"WHOOP-WHOOP" PULL UP

"WHOOP-WHOOP" TERRAIN usw.

sind heute technisch ausgereift und in vielen Flugzeugen schon Bestandteil der Instrumentierung. Aussagen von Piloten zufolge, scheinen diese Voice-Warning-Systeme jedoch noch nicht genügend anthropotechnisch untersucht worden zu sein. Abgesehen von der relativ schlechten Sprachqualität, empfinden die Piloten diese Art von Anzeige als einen Eingriff in ihre fliegerische Autorität und beurteilen deshalb die verbale Warnung negativ bzw. lehnen sie ganz ab.

Vergleichende Untersuchungen haben gezeigt, daß für Warnanzeigen, gemessen an einer Skala von 0 (geringste) - 10 (größte Aufmerksamkeitswirkung), die optisch-sprachliche Anzeige mit 10 am besten abschneidet, gefolgt von der optisch-akustischen mit 8, der sprachlichen mit 7 und schließlich der rein optischen mit 2 [8].

4. Bedieneingaben

Der Erfolg der Anzeigen-Integration führte zu Bestrebungen, auch Bedienelemente zusammenzufassen, um einerseits Platz zu sparen und andererseits durch Überlagerung mit der Anzeige den Bediener zu entlasten.

Die Bedienelemente-Integration bezog sich zunächst vor allem auf Schalter und Tasten. Beispiele sind elektromechanische Tastaturen und Schalteranordnungen, die zu Blöcken zusammengefaßt sind und bei denen jeder Taste bzw. jedem Schalter mehrere funktionale Bedeutungen zugeordnet sind. Weitere Vorteile bringt eine geeignete Verknüpfung von Anzeigen- und Bedienelementen. Das wird z.B. erreicht durch Schalterfelder mit umschaltbarer Funktion, deren Beschriftung programmgesteuert umgeschaltet werden kann.

Eine andere technische Lösung, die die Integration von Anzeige- und Bedienelementen bei hoher Flexibilität ermöglicht, besteht in der Verwendung einer Kathodenstrahlröhre mit einer berührempfindlichen Schirmbildoberfläche. Es handelt sich dabei um einen Bildschirm, der rechnergestützt graphisch programmiert werden kann und dessen Größe sich nach der jeweiligen Anwendung richten sollte. Auf die Bildschirmoberfläche bzw. um sie herum wird ein Gerät montiert, das jede Bildschirmberührung als digitale Koordinaten dem Systemrechner meldet. Eine mögliche technische Anordnung zur Dekodierung von Berühreingaben besteht aus einem Rahmen von jeweils gegenüberliegenden, matrixförmig angeordneten Infrarotdioden mit jeweils einem Fotodetektor, die im Zeitmultiplex als Lichtschranken mit hinreichend dichter Anordnung abgefragt werden. Unterbricht z.B. ein Finger diese Lichtstrahlen,

so werden die Koordinaten dieses Punktes digitalisiert [11] . Über eine solche Bildschirmoberfläche können Berühreingaben als Markierungsvorgänge in bildhaften Darstellungen oder als
Betätigung unterlegter virtueller Tasten ausgewertet werden.

Für Markierungsvorgänge ist zunächst experimentell zu prüfen, ob die Fingereingabe mit herkömmlichen Eingabeelementen wie der Rollkugel und dem Fingerknüppel oder mit dem sich
schon im Einsatz befindlichen Licht- oder Ortungsstift konkurrieren kann [12] . Bild 5 zeigt
das Ergebnis einer Markierungsstudie. Einer Reihe von Versuchspersonen wurde ein Bildschirm-
ziel dargeboten, welches an einem zufälligen Ort des Schirmes aufleuchtet. Dieses Ziel ist
ein Fadenkreuz mit einem umgebenen sichtbaren Toleranzkreis, dessen Durchmesser in den
Größen 11, 22 und 33 mm variiert werden kann. Diese Lichtmarke soll vom Operateur markiert, das heißt, mit dem Bedienelement angewählt werden. Dazu führt der Operateur bei
der bildschirmdirekten Eingabe einen Finger bzw. den Ortungsstift direkt auf das Ziel, bei der
bildschirmindirekten Eingabe steuert er eine Lichtmarke mit der Rollkugel oder dem Fingerknüppel dorthin. Die Zeiten sind beim Fingerknüppel deutlich größer als bei der Berühreingabe

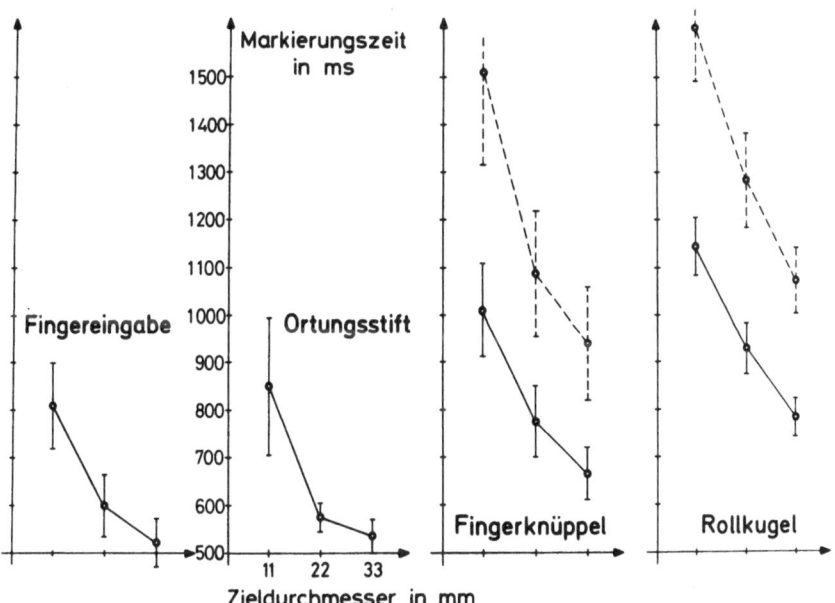

Bild 5 : Vergleich verschiedener Eingabetechniken [12]

und dem Stift, bei der Rollkugel länger als beim Fingerknüppel. Für die Bedienung der beim
Fingerknüppel und bei der Rollkugel üblicherweise erforderlichen Auslösetaste besteht ein zusätzlicher Zeitbedarf, dargestellt durch die mit einer Strichlinie verbundenen Meßpunkte.

Insgesamt zeigen die Ergebnisse für die Fingereingabe und den Ortungsstift im wesentlichen den gleichen Verlauf. Die Zielgenauigkeit ist naturgemäß beim Stift größer als beim Finger. Ein Vorteil der Fingereingabe gegenüber Stift und anderen Techniken ist jedoch die jederzeitige Verfügbarkeit, auch wenn der Operateur gerade andere Arbeiten durchführt, also beispielsweise ein Mikrophon in der Hand hält.

Mechanische Tastaturen dienen zur alphanumerischen Eingabe. Sie sind heute technisch als ausgereift anzusehen. Der quantitative Nachweis der Eignung von berührempfindlichen Tasten auf Bildschirmen für diese Aufgabe ist noch nicht erbracht. Im Bild 6 ist ein Versuch gezeigt, bei dem es geeignete Tastengrößen zur Betätigung virtueller Tastaturen zu ermitteln galt. Die

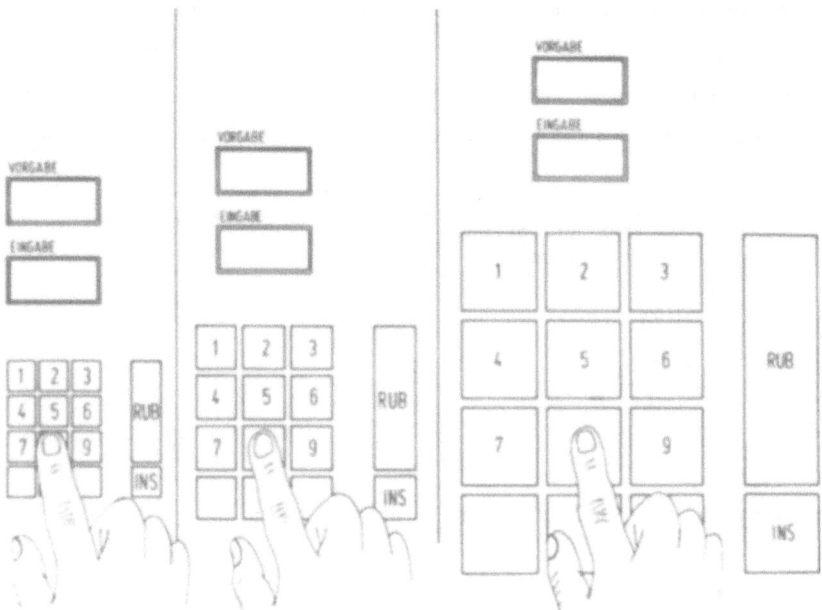

Bild 6 : Bestimmung der zweckmäßigen Tastengröße auf Bildschirmen

im Vorgabefeld erscheinende Ziffernangabe war einzutasten und konnte über das Eingabefeld kontrolliert und wenn nötig korrigiert werden. Die Seitenlängen der Tasten betrugen 16, 22 und 40 mm, die Abstände zwischen den Tasten, 2, 3 und 5 mm. Als Ergebnis führte eine Vergrößerung der Tasten von 16 auf 22 mm zu einer Abnahme der Eingabezeiten, eine Vergrößerung auf 40 mm jedoch, wahrscheinlich wegen der längeren Betätigungswege, wieder zu einem ansteigenden Zeitbedarf. Nachteilig wirkt sich bei virtuellen Tastaturen, sowohl für die Schnelligkeit als auch für die Zuverlässigkeit der Eingabe, das Fehlen der taktilen

Rückmeldung aus [13]. Es bieten sich optisch, akustisch oder optisch-akustisch codierte Rückmeldungen an, die jedoch noch nicht hinreichend anthropotechnisch untersucht sind.

Die Anwendung berührempfindlicher Bildschirme, insbesondere virtueller Tastaturen, bringt prinzipiell folgende Vorteile :

- Darstellung nur von den Betätigungsfeldern, die im Augenblick benötigt werden.

- Anzeigeinformation und Betätigungselemente befinden sich auf einem Schirm.

- Blockierung von Tasten, die zu einer fehlerhaften Syntax führen würden.

- Benutzerführung ist möglich.

- Schirmbildinformationen können auf andere Schirme umgeschaltet werden.

Die Verwendung eines berührempfindlichen Bildschirms ermöglicht die Zusammenfassung einer Vielzahl von erforderlichen Bedienelementen und Anzeigegeräten in ein integriertes Daten-eingabe/Datenausgabe-System. Dieses "universale" Gerät birgt in sich den Vorteil, daß das Anzeigeinstrument gleichzeitig auch das Bedienelement darstellt.

Der Entwurf dieser flexiblen Eingabetechnik sollte nicht nur die anthropotechnischen Gesichts-punkte einer Integration der Anzeige- und Bedienelemente berücksichtigen, sondern er muß auch eine Verbindungs-Software zum Systemrechner enthalten, die den Menschen mit Strate-gien, Alternativen und Regel- und Überwachungsprogrammen unterstützt [10] .

Spracheingabe

Ein völlig neues aussichtsreiches Eingabemittel ist die Spracheingabe. Bei Spracherkennungs-verfahren werden zwei unterschiedliche Fälle betrachtet :

- die Erkennung eines begrenzten Wortschatzes und
- die Erkennung eines unbegrenzten Wortschatzes.

Allen für die praktische Anwendung bisher geeigneten Geräten zur Erkennung eines begrenz-ten Wortschatzes [14] ist gemeinsam, daß mit Pausen von 100 ms isoliert gesprochene Wörter oder auch Sätze vom Spracherkennungssystem auf den jeweiligen Sprecher bezogen gelernt werden müssen. Die mit derartigen Geräten gewonnenen Erfahrungen zeigen, daß trotz der un-natürlichen Sprechweise, die sich aus der Sprache mit isolierten Wörtern ergibt, bereits ein breites Anwendungsgebiet existiert. Geübte Sprecher erzielen Wortraten von mehr als 70 Wörtern/ Minute. Nachteilig bei diesen Systemen ist, daß sie einen Gast-Rechner benötigen. Geräte, die von einem Gast-Rechner unabhängig sind, also eigenständig arbeiten, verfügen über einen Leistungsumfang von immerhin mehr als 500 Wörtern. Die Spracherkennungsgeräte für einen begrenzten Wortschatz arbeiten in zwei Phasen. In der Lernphase werden die gesprochenen Wörter in Form von Vergleichsmustern nach bestimmten Kriterien abgespeichert. In der eigentlichen Arbeitsphase, in der das System das gesprochene Wort erkennen muß, wird, wie in der Lernphase, das Wort nach denselben Kriterien parametrisiert und dann mit dem in der Lernphase abgespeicherten Wort verglichen. Das dem Wort entsprechend ähnlichste Vergleichsmuster wird herausgesucht und dessen Bedeutung dem gesprochenen Wort zugeordnet. Spracherkennungssysteme für isolierte Worte und begrenzten Wortschatz erreichen heute eine Zuverlässigkeit von 99 % für einen Sprecher ; für einen fremden Sprecher ist das Erkennungsergebnis unbefriedigend, da für das Spracherkennungssystem das Vokabular unbekannt ist. Die Schwierigkeit dieser Systeme liegt im Analyseteil. Sprachproben mit gleicher Bedeutung von verschiedenen Sprechern stammend, weichen stark voneinander ab ; müßten jedoch als gleich erkannt werden.

Auf Fachtagungen zu diesem Thema stellen heute bereits mehr als 25 Hersteller aus. Es sind z.B. Ausbildungsgeräte für Flugsicherungslotsen im Einsatz, die Flugzeugbewegungen und Umwelt simulieren und ohne menschlichen Lehrer mit dem Schüler über Spracheingabe und Sprachausgabe kommunizieren. Aussichtsreiches Anwendungsgebiet ist die Kommunikation auch naiver Benutzer mit großen Datenbanken per Telefon oder Bildschirm.

Beispiele :   Wartung komplexer Anlagen
                  Automobilproduktion
                  Ankauf und Verkauf usw.

Eine schnell zunehmende Verbreitung dieser Anlagen mit Sprachein- und -ausgabe ist in den nächsten 10 Jahren zu erwarten.

Ein unbegrenzter Wortschatz läßt sich für Erkennungszwecke nicht mehr abspeichern. Es wird daher versucht, die Worte in ihre Grundbestandteile, die sogenannten Phoneme, zu zerlegen. Die Sprache ist jedoch nicht aus einer Aneinanderreihung der etwa 40 bekannten Phoneme zusammengesetzt, was eine völlig unverständliche Sprache ergäbe, sondern aus den Phonemen und den Lautübergängen zwischen den Phonemen [15] . Es besteht heute das Ziel, Phonempaare einschließlich der Lautübergänge, zu erkennen [16] . Es werden zwischen 2000 und 4000 Möglichkeiten unterschieden. Folgende Schwierigkeiten treten auf :

- Auf der Sprecherseite begegnet man einer prinzipiell unbegrenzten Menge individueller Stimmen und Artikulationsweisen.

- Die akustischen Sprachsignale sind in ihrem Zeitverlauf stets einmalig und nicht exakt reproduzierbar.

- Die Sprachsignale werden von wechselnden Störgeräuschen überlagert, die z.B. aus der Umgebung stammen.

- Die hinsichtlich der Phoneme und Lautübergänge relevanten Signaleigenschaften sind nicht hinreichend bekannt.

Aus der Literatur ist zu ersehen, daß die Erkennung eines unbegrenzten Wortschatzes heute und auf absehbare Zukunft nicht möglich ist.

5. Rechnergestützte Planungshilfen

Neben der verbesserten Meßtechnik ist die Möglichkeit zur Automatisierung vor allem auf die Entwicklung der Rechner und Speicher zurückzuführen. Begonnen hat die Automatisierung bei relativ einfachen Aufgaben wie der Stabilisierung (Einhalten von festen Sollwerten). In der Lenkung (Einhalten von Sollwertverläufen) beginnt sie sich heute durchzusetzen. Auf der höchsten Ebene, der Planung, sind erste Ansätze zur computergestützten Entscheidung zu erkennen [18] .

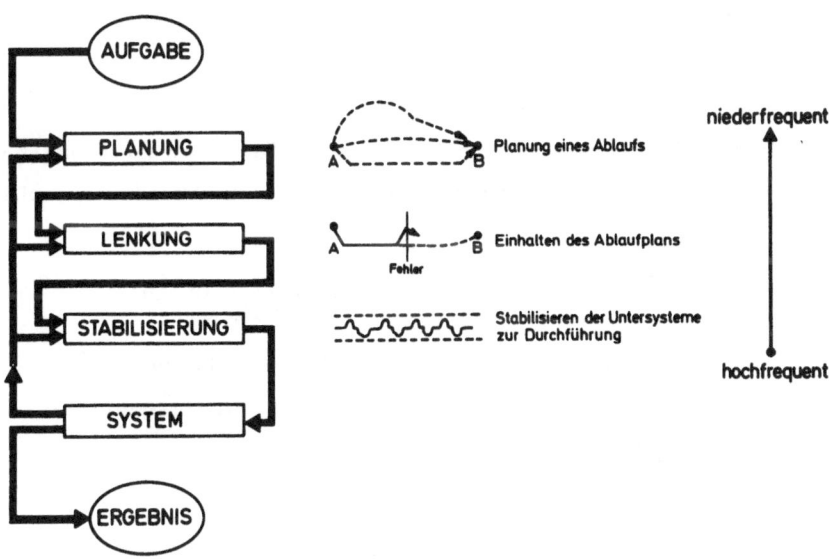

Bild 7 : Hierarchie der Systemführung

Das Bild 7 zeigt, daß auf der Planungsebene verschiedene Ablaufprogramme für einen Übergang des Gesamtsystems vom Zustand A in den Zustand B aufgestellt werden. Der die Randbedingungen wie Zeit, Kosten, Energieverbrauch usw. am besten erfüllende Plan wird ausgewählt.

Die Lenkung sorgt für die Einhaltung des gewählten Ablaufprogramms. Bei Abweichung werden entsprechende Korrekturen vorgenommen. Die Stabilisierung schließlich betrifft die Einhaltung von festen oder zumindest über längere Zeiten festen Sollwerten in den zahlreichen Untersystemen.

Die 3 Regelkreise im Bild 7 sind einander hierarchisch übergeordnet. Die Frequenzforderungen nehmen von unten nach oben ab. Dafür nehmen die Forderungen an die mentale Leistungsfähigkeit nach oben hin schnell zu. In der Luftfahrt entsprechen die genannten Ebenen [19] :

1.	Planung	–	Navigation
2.	Lenkung	–	Lenkung
3.	Stabilisierung	–	Flugregelung

In der Zivilluftfahrt ist die Flug-Regelung heute fast vollautomatisiert, die -Lenkung ist für große Flugstrecken automatisiert und in der -Navigation sind erste Ansätze der Automation zu erkennen [20] .

Aus anthropotechnischer Sicht ist ausreichendes Wissen um das menschliche Verhalten in den genannten 3 Ebenen die Voraussetzung für die zweckmäßige Arbeitsteilung Mensch-Rechner. Auf der Flugregelungs- und Lenkebene sind mathematische Modelle für das menschliche Regelverhalten heute weit entwickelt [21] . Modelle für Überwachungs- und Planungsverhalten des Menschen werden in der Forschung z.Z. erarbeitet [22, 23] .

6. Simulation als Hilfsmittel der Entwicklung

Bei einfachen Tätigkeiten des Menschen reicht im allgemeinen das Fachwissen des erfahrenen Anthropotechnikers aus, um eine brauchbare Anpassung der Maschine an den Menschen zu erreichen.

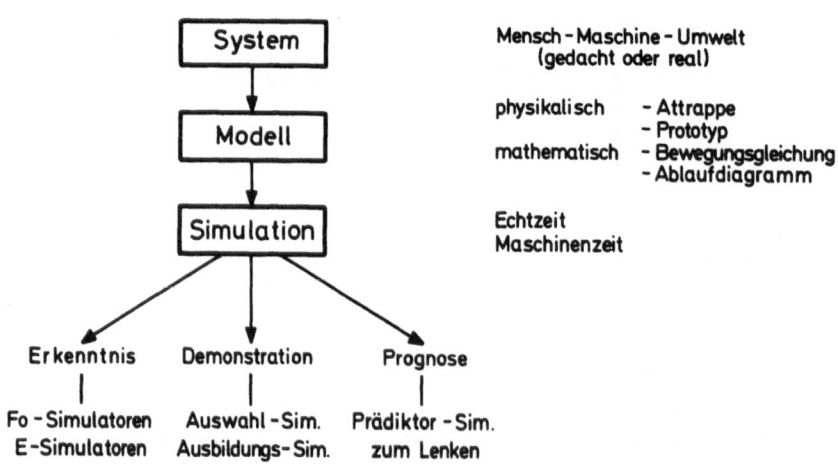

Bild 8 : Die Nutzung der Systemsimulation [25]

Bei komplexen Aufgaben reicht dieses Wissen nicht, da umfassende quantitative Modelle für den Menschen in seiner Vielfalt von Fähigkeiten und seiner Flexibilität nicht existieren und in absehbarer Zeit von der Forschung nicht geschaffen werden können. Komplexe Fragestellungen bei der Entwicklung eines Mensch-Maschine-Systems werden daher zweckmäßig in einem Simulator mit realen Versuchspersonen in Echtzeit ermittelt. In der Luftfahrt ist im letzten Jahrzehnt diese Methode ein inzwischen selbstverständliches Hilfsmittel geworden. In anderen Bereichen beginnt sich die Erkenntnis erst langsam durchzusetzen, daß in Zukunft die Leistungsfähigkeit des Gesamtsystems wesentlich von der rechtzeitigen Nutzung anthropotechnischer Bewertungsmethoden im Entwicklungsprozeß abhängt. Simulation kostet Zeit und Geld. Die Wahrscheinlichkeit von anthropotechnischen Fehlentscheidungen wird jedoch wesentlich geringer. Insbesondere wird es möglich, ein System, eine Anlage oder ein Gerät genau auf den zukünftigen Benutzer hin zu konstruieren.

7. Prognosesimulation als notwendiges Hilfsmittel in hochautomatisierten Systemen

Erst nach längerer Ausbildungszeit kennt der Bediener ein System so genau, daß er die Folgen von äußeren Einwirkungen oder inneren Eingriffen mit ausreichender Sicherheit vorhersagen kann. Überträgt man dieses Wissen statt über Ausbildung auf Bediener in ein mathematisches Modell des eigentlichen technischen Systems, so kann dieses Modell in einer Rechnersimulation, mit entsprechenden Eingangsdaten versorgt, laufend Prognosen über den zukünftigen Prozeßverlauf liefern und anzeigen. Dieser vielversprechende Ansatz ist in den vergangenen 10 Jahren an verschiedenen Forschungseinrichtungen untersucht worden, bisher jedoch kaum zum Einsatz gekommen.

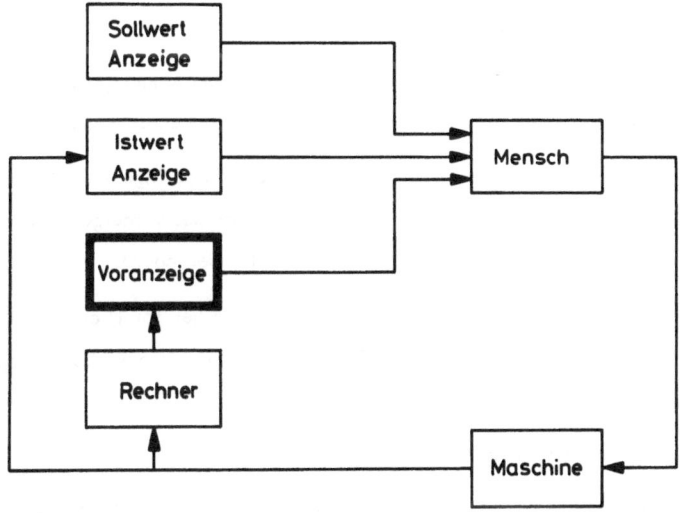

Bild 9 : Vorhersage und Voranzeige [24]

Das Problem steckt in der noch nicht gelösten erforderlichen Genauigkeit des Modells. Insbesondere bei komplexen Systemen sind häufig die Wechselwirkungen zwischen den Elementen bzw. die Eingangsdaten nicht genau genug bekannt. Mathematische Modelle für das Weltwirtschaftssystem oder für ein Industrieunternehmen oder für eine Universität sind hierfür anspruchsvolle Beispiele.

Im Bild 9 wird erkennbar, daß neben Istwert und Sollwert der Führungsgröße aufgrund von aktuellen Meßdaten eine Vorhersage im Computer errechnet und zusätzlich angezeigt wird [24] .

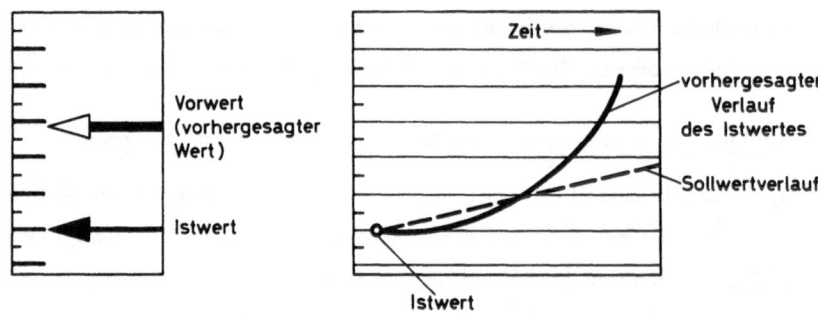

Bild 10 : Formen der Voranzeige

Im Bild 10 sind zwei mögliche Formen der Voranzeige für den 1- und 2-dimensionalen Fall dargestellt.

Die Vorteile sind :

1. Erhebliche Verkürzung der Ausbildungszeit für das Bedienungspersonal, da das Wissen im Modell weit genauer als im einzelnen Bediener gespeichert ist.

2. Wesentlich leichtere Überwachung des Prozesses, da geringe Änderungen des Systemzustandes im allgemeinen größere Ausschläge des vorhergesagten zulässigen Zustandes bewirken (Erkennbarkeit von Zustandsänderungen).

3. Bei Auftreten von Fehlern im System werden die Folgen sofort angezeigt. Der Rechner kann Eingriffsalternativen mit entsprechenden Folgewirkungen optisch anzeigen.

4. Entlastung des Bedienungspersonals

5. Der Prognosesimulator kann zu ständiger Inübunghaltung des Betriebspersonals benützt werden, da im off-line-Verfahren alle wichtigen Gefahrenfälle wiederholt geübt werden können. Hinweis : Die Überprüfung der Beherrschung von Gefahren-

situationen - allerdings ohne Prognosesimulation - ist in der Luftfahrt im Simulator heute Vorschrift.

In Anbetracht dessen, daß wir alle bei den täglichen Lenk- und Führungstätigkeiten aufgrund von
Prognosen Entscheidungen treffen, ist es erstaunlich, daß die Computervorhersage noch keine
breitere Anwendung gefunden hat.

8. Zweckmäßiger Automatisierungsgrad

Mit der schnell zunehmenden Leistungsfähigkeit der Mikrocomputer und Speicher werden Auto-
matisierungen in komplexen Prozessen möglich, wie sie vor wenigen Jahren noch für undenkbar
gehalten wurden. Wir sind heute jedoch an einem Punkt angelangt, bei dem man beginnt zu
fragen, ob es auch sinnvoll ist, das technisch Machbare wirklich zu machen. In der Prozeßführung
bedeutet dies, daß nicht unbedingt eine höhere Automatisierung auch zu höherer Leistungsfähigkeit führen muß, wenn man Leistungsdimensionen wie Flexibilität, Zustandserkennung, Wartung
und Zuverlässigkeit des gesamten Mensch-Maschine-Systems mit einbezieht [26] .

Das nachstehende Bild zeigt die Zusammenhänge Automationsgrad und Flexibilität des Gesamtsystems [27] .

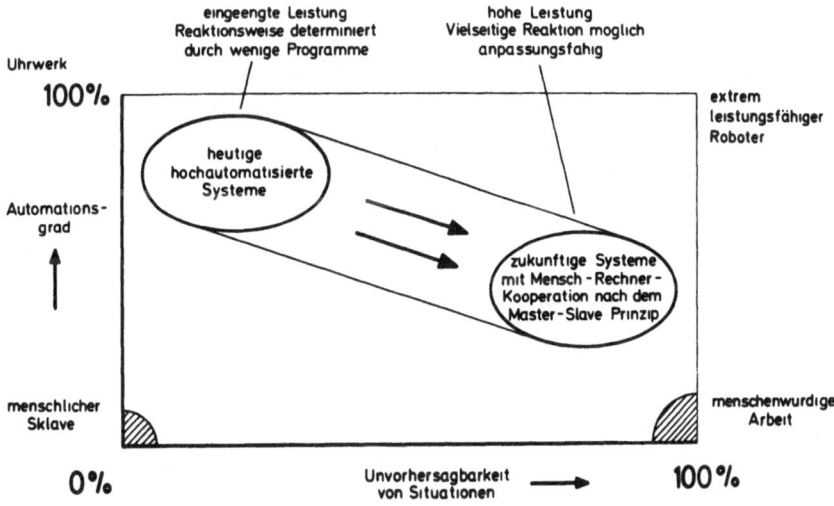

Bild 11 : Der zweckmäßige Automatisierungsgrad in Abhängigkeit von der Unvorhersagbarkeit
von Situationen und daraus resultierenden Aufgaben

Zum besseren Verständnis seien zunächst die vier Ecken des Diagrammes erläutert :

  ⌞ Die zu bewältigenden Situationen sind zu hundert Prozent bekannt.
  Bei einem Automatisierungsgrad von 0 % arbeitet hier der Mensch rein ausführend,
  ohne von seinen geistigen Fähigkeiten Gebrauch zu machen.

  ⌜ Eine voll vorhersagbare Situation wird allein durch die Maschine bewältigt.
  Ein Beispiel für diese Hundert-Prozent-Automation ist die Uhr, mit der die
  Zeit gemessen und angezeigt wird.

  ⌝ Hier ist eine Automatik anzuordnen, die mit jeder Art von unvorhergesehenen
  Situationen fertig wird. Dieses Ziel ist sicher zunächst nur hypothetisch. Einen
  derartigen Automaten wird es möglicherweise nie geben, der umfassend Information
  aufnehmen, neuartige Lösungswege suchen und auch auf die Umwelt rückwirken
  kann.

  ⌟ Das Bewältigen neuer unvorhergesehener Situationen nur unter Anwendung seiner
  geistigen Fähigkeiten ohne Unterstützung durch Geräte ist für den Menschen die
  höchste Herausforderung. Philosophisch betrachtet könnte man in dieser Ecke die
  eigentlich "menschenwürdige Tätigkeit" anordnen.

Unsere heutigen Mensch-Maschine-Systeme liegen, da sie im allgemeinen mehr oder weniger automatisiert sind, meist innerhalb der Fläche. Systeme, die wir als hochautomatisiert bezeichnen, können durch entsprechende Programmierung eine begrenzte Anzahl von Aufgaben bewältigen. In anderen Worten : Diese Systeme können nur mit Situationen fertig werden, die im voraus bekannt sind und bei denen die zweckmäßige Aktion oder Reaktion daher auch vorprogrammiert ist.

Um Mißverständnisse zu vermeiden, sei klar gesagt, daß hier nicht von einer Alternative Automation oder anthropotechnischen Gestaltung gesprochen wird, sondern im Gegenteil von zweckmäßiger Automation mit Anwendung der Anthropotechnik. Im Einzelfall kann dies durchaus zu einer stärkeren Verwendung von Mikroprozessoren zur Automatisierung von Teilfunktionen führen. Trotzdem wird insgesamt der Automatisierungsgrad des Systems sinken, wenn wir gleichzeitig eine Vielzahl von Eingriffsmöglichkeiten des Menschen schaffen mit dem Ziel, die notwendige Anpassungsfähigkeit des Gesamtsystems zu erreichen.

Genau dies ist gemeint mit dem in Abbildung 11 verwendeten Begriff "Master-Slave-Prinzip", den man mit "Meister-Geselle-Prinzip" übersetzen kann. Wenn der Benutzer der Anlage der Meister ist, so ist der Rechner der Geselle. Er führt vor allem Routineaufgaben aus und entlastet den Menschen. Zwecks Anpassung an Nichtroutineaufgaben oder bei Teilausfällen kann der Mensch, der stets die letzte Entscheidungsmöglichkeit hat, die Einsatzart ändern oder selbst die Aufgabe übernehmen.

Es ist daher sorgfältig zu prüfen, ob man nicht in zukünftigen Systemen bei geringerem Automatisierungsgrad durch zweckmäßige Integration des Menschen und Nutzung seiner Fähigkeiten ein leistungsfähigeres System erreicht, ein System, das sehr flexibel und anpassungsfähig ist, auch mit unerwarteten Situationen fertig wird, u.U. in unerwarteter Weise reagieren kann und bei Teilausfällen noch betriebsbereit bleiben kann.

9. Systemergonomie

Die geforderte Integration von Mensch und Maschine mit dem Ziel hoher Leistung des Gesamtsystems ohne Über- oder Unterforderung des Bedienungspersonals läßt sich bei komplexen Anlagen

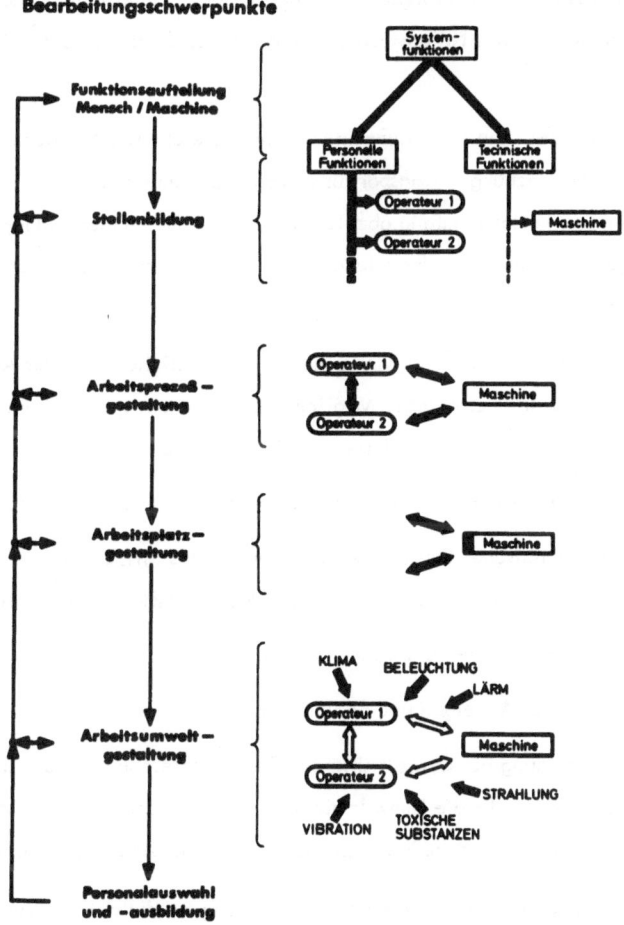

Bild 12 : Ergonomische Vorgehensweise in der Systementwicklung [28]

nur noch unter systematischer Nutzung anthropotechnischer Daten und Methoden erreichen. Entscheidend ist dabei, daß die anthropotechnische Auslegung bereits am Beginn einer Neuentwicklung, an dem meist die wesentlichen Entscheidungen getroffen werden, einbezogen wird. Hinweise auf die zweckmäßige Vorgehensweise liefert die Systemergonomie [28] . (Ergonomie = international übliche Bezeichnung für Arbeitswissenschaft [29] . Anthropotechnik = hardware-orientierter Teilbereich der Ergonomie [27]).

Ausgehend vom vorgesehenen Betriebsablauf müssen zunächst sorgfältig alle notwendigen Systemfunktionen im Detail festgelegt werden, ohne eine Aufteilung in materielle und menschliche Aufgaben vorzunehmen.

- Einer der wichtigsten Schritte bei der Entwicklung eines neuen Systems ist die Aufteilung der zuvor ermittelten Funktionen auf Mensch und Maschine, d.h. die Festlegung des Automatisierungsgrades eines Systems. Unterschiedliche Konzepte unter Einbeziehung von Teilausfällen im technischen System sind dabei mit zu erarbeiten.

- Anschließend kann eine Aufteilung in Funktionsbereiche wie Sollwerteinstellung, Regelung, Überwachung, Transport usw. vorgenommen werden, aus der wiederum der notwendige Personalumfang abzuleiten ist. Bei dieser Entscheidung sind bereits sorgfältige Schätzungen der Belastung des Personals durch die Aufgabendurchführung vorzunehmen.

- In der Arbeitsprozeßgestaltung wird zunächst die zeitliche Folge der Aufgaben des Operateurs im Detail festgelegt. Mögliche Aufgabenkonzepte sind unter dem Gesichtspunkt Über- oder Unterforderung des Personals zu vergleichen.

- Darauf folgt erst die klassische anthropotechnische Gestaltung des Arbeitsplatzes :

  o Anthropotechnische Gestaltung der Konsole, des Sitzes usw., d.h. Anpassung an Körpermaße, Bewegungsbereiche und Körperkräfte der Benutzer.

  o Auswahl der Anzeigen und Bedienelemente.

  o Anordnung der Anzeigen und Bedienelemente.

- Bei der Einbeziehung der Umwelt sind die Optimalbereiche und zulässigen Grenzwerte zu definieren. Ist die Umwelt nicht in diesen Grenzwerten zu halten, so sind entsprechende Schutzmaßnahmen wie Brille, Hitzeschutzanzug usw. vorzusehen.

- Alle vorstehenden Festlegungen sind Voraussetzung für die detaillierte Auflistung der Anforderungen an den zukünftigen Benutzer und des durch die Ausbildung zu

vermittelnden Kenntnisstandes. Es können jetzt verschiedene Konzepte mit unterschiedlichen Vor-
bildungen und Ausbildungen der Benutzer erarbeitet und verglichen werden. Insbesondere kann
jetzt abgeschätzt werden, ob Personal mit den zu fordernden Fähigkeiten und Kenntnissen bei
Inbetriebnahme in ausreichender Zahl bereitstehen kann.

Bei konsequenter Anwendung dieser ergonomischen Vorgehensweise läßt sich erreichen, daß der
Mensch vorwiegend die seinen speziellen Eigenschaften und Fähigkeiten entsprechenden Funktionen
im System übernimmt.

10. Literatur

1. Smith, B.A.: Performance capability boost sought. Z. Aviation Week & Space Technology,
   Nov. 12, 1979.

2. DIN 6163 vom September 1979: Farben und Farbgrenzen für Signallichter.

3. Häusing, M.: Gestaltungsrichtlinien für Bildschirmarbeitsplätze mit Datensichtgeräten,
   Bericht Nr. 26, 1975, Forschungsinstitut für Anthropotechnik der FGAN, Wachtberg-
   Werthhoven.

4. Häusing, M.: Color coding on shadow mask display devices. SID Conference San Diego,
   California 28. April - 2. Mai, 1980. Digest of Technical Papers, Mai 1980, pp. 178-179.

5. DIN 66234, Teil 1, Entwurf vom Februar 1978: Geometrische Gestaltung der Schriftzeichen,
   Teil 3, Entwurf vom November 1978: Bildschirmarbeitsplätze, Gruppierung und Formatierung
   von Daten, Teil 5, Entwurf vom Dezember 1978: Bildschirmarbeitsplätze, Codierung von
   Information.

6. Colquhoun, W.P.: Evaluation of auditory, visual and dual-mode displays for prolonged
   sonar monitoring in repeated sessions. Z. Human Factors, 1975, 17 (5), pp. 425-435.

7. Bouis, D., Voss, M., Geiser, G., Haller, R.: Visual vs auditory displays for different
   tasks of a car driver. Proceedings of the Human Factors Society, 23rd Annual Meeting 1979,
   pp 35-39.

8. Veitengruber, J.E.: Design criteria for aircraft warning, caution and advisory alerting
   systems, 77-1240, American Institute for Aeronautics and Astronautics, New York, 1977.

9. Gärtner, K.-P., Holzhausen, K.-P.: Human engineering evaluation of a cockpit display/
   input device using a touch sensitive screen. In: AGARD-CP-240, Guidance and Control
   Design Consideration for Low-Altitude and Terminal-Area Flight, pp. 7-1 - 7-13, 1977.

10. Kraiss, K.-F.: Neuere Methoden der Interaktion an der Schnittstelle Mensch-Maschine.
    32 (4 NF) 1978/2 Zeitschrift für Arbeitswissenschaft, S. 65-70.

11. Touch Input System, Firmenschrift, Carroll Mfg. Co., 1212 Hagan, Champaign, Ill. 61820,
    USA.

12. Holzhausen, K.-P., Gärtner, K.-P. : Eine Berühreingabe als Alternative zu Tastenfeld und Rollkugel des Radarlotsen am Schirmbildarbeitsplatz bei der bodenseitigen Flugführung. In : DGLR-Jahrbuch 1977, Köln, S. 021-1 - 021-11.

13. Veen, van der, K.G. : Touch controls and feedback. IPO Annual Progress Report 13 (1978), pp. 108-112.

14. Lowerre, B.T., Reddy, D.R. : The harpy speech understanding system. In : Trends in speech recognition (Ed. W.A. Lea), Englewood Cliffs, N.J. : Prentice Hall (1979)   chapter 15.

15. Fellbaum, K. : Verfahren der digitalen Sprachübertragung, ntz Bd. 32 (1979) Heft 9, S. 603-607.

16. Lea, W.A., Shoup, J.E. : Review of the ARPA SUR project and survey of current technology in speech understanding. Final Report Office of Naval Research, Contract No. N 000 14-77-C-0570, Arlington, Virginia (1979).

17. Bierfert, M A., Kirstein, M., Lancé, D., Rheinhard, C. : Automatische Klassifikation phonetischer Signale. Forschungsbericht Nr. T/RF 33/60011/61019, Institut für Kommunikationsforschung der Universität Bonn, 1979.

18. Kraiß, K.F. : Entscheiden und Problemlösen mit Rechnerunterstützung. Bericht Nr. 36, 1978, Forschungsinstitut für Anthropotechnik der FGAN, Wachtberg-Werthhoven.

19. Bernotat, R. : Anthropotechnik in der Fahrzeugführung. Ergonomics, Vol. 13, No. 3, Taylor and Francis, London, 1970.

20. Voigt, J. : Flight management systems. Z. f. Ortung und Navigation, Düsseldorf, Januar 1980.

21. Johannsen, G. u.a. : Der Mensch im Regelkreis. Oldenbourg, München, 1977.

22. Sheridan, T., Johannsen, G. (Eds.) : Monitoring Behavior and Supervisory Control. Plenum Press, New York, 1976.

23. Johannsen, G., Rouse, W.B. : A study of the planning process of aircraft pilots in emergency and abnormal situations. Proc. IEEE International Conference on Cybernetics and Society, Cambridge, USA, 1980.

24. Bernotat, R. : Das Prinzip der Voranzeige und seine Anwendung in der Flugführung. Z. f. Flugwissenschaften 13 (1965) Heft 10.

25. Bernotat, R. : Die Simulation von Verkehrssystemen als Methode für Forschung, Entwicklung, Ausbildung und Lenkung. Proc. DGON, Tagung "Simulation im Dienste des Verkehrs", Bremen, April 1975.

26. Masamitsu Oshima et al. : Human Factors which have helped Japanese industrialization. Z. Human Factors, 1980, 22 (1), pp. 3-13.

27. Bernotat, R. : Ergonomie - Ein Mittel zur Leistungssteigerung von Mensch-Maschine-Systemen. Z. f. Wehrtechnik, 10/1979, S. 26-31.

28. Döring, B. : Analytische Verfahren zur ergonomischen Gestaltung von Mensch-Maschine-Systemen. Bericht Nr. 28, 1977, Forschungsinstitut für Anthropotechnik der FGAN, Wachtberg-Werthhoven.

29. Rutenfranz, J. u.a. : Denkschrift zur Lage der Arbeitsmedizin und der Ergonomie in der Bundesrepublik Deutschland. Hrsg. Deutsche Forschungsgemeinschaft, H. Boldt-Verlag, Boppard, 1980.

Lecture Notes in Control and Information Sciences

Edited by A. V. Balakrishnan and M. Thoma